U0363440

生态文明建设规划
发展态势与路径响应

张义丰 编著

气象出版社
China Meteorological Press

内容简介

本书是基于人地关系和谐的理论、方法和实践结合的生态文明建设规划研究。全书共分 4 篇,第 1 篇为规划理论,综合国内外研究,紧扣新时代脉搏,夯实由思想认知、理论基础和技术方法体系组成的规划理论。第 2 篇为指标体系,构建生态文明评价指标、生态安全、生态环境、生态文化、生态人居、生态制度等体系。第 3 篇为国土空间,探究适宜性评价、全域综合整治、生态安全与修复等方向。第 4 篇为生态经济体系,由生态农业、清洁能源和生态工业、生态服务业组成,提出生态文明情怀培育体系,建立生态文明形象体系,梳理生态文明创建体系。全书汇集了北京平谷、山西大同、山东蒙阴、贵州赤水、甘肃兰州等规划实践。

图书在版编目(ＣＩＰ)数据

生态文明建设规划发展态势与路径响应 / 张义丰编著. -- 北京 : 气象出版社, 2024.2
ISBN 978-7-5029-8169-3

Ⅰ．①生… Ⅱ．①张… Ⅲ．①生态环境建设－研究－中国 Ⅳ．①X321.2

中国国家版本馆CIP数据核字(2024)第055230号

Shengtai Wenming Jianshe Guihua Fazhan Taishi yu Lujing Xiangying

生态文明建设规划发展态势与路径响应

张义丰　编著

出版发行:气象出版社

地　　址: 北京市海淀区中关村南大街 46 号	**邮政编码:** 100081	
电　　话: 010-68407112(总编室)　010-68408042(发行部)		
网　　址: http://www.qxcbs.com	**E-mail:** qxcbs@cma.gov.cn	
责任编辑: 郝　汉　张锐锐	**终　　审:** 吴晓鹏	
责任校对: 张硕杰	**责任技编:** 赵相宁	
封面设计: 地大彩印设计中心		
印　　刷: 北京建宏印刷有限公司		
开　　本: 889 mm×1194 mm　1/16	**印　　张:** 31	
字　　数: 1012 千字	**彩　　插:** 2	
版　　次: 2024 年 2 月第 1 版	**印　　次:** 2024 年 2 月第 1 次印刷	
定　　价: 168.00 元		

序

在生态文明建设如春风吹拂中华大地之际，欣闻张义丰先生的力作《生态文明建设规划发展态势与路径响应》即将与读者见面，感到由衷高兴！近年有关生态文明的论述颇多，但从规划视角论生态文明却很鲜见，顿觉耳目一新，实是可喜可贺！

人类社会发展，其实是一部人类不同文明相互融合和彼此激荡的发展史。

就社会发展阶段而言，人类文明可分为原始（社会）文明、农牧（社会）文明和工业（社会）文明，各文明间具层次性渐进性，后者在前者基础上延伸完善，到一定阶段后者替代前者。

就某一社会文明而论，一个社会的文明通常由主要领域文明组成。人们对当今社会文明的认识，已由20世纪的物质文明和精神文明，演变发展到今天的物质文明、精神文明、政治文明和生态文明。

18世纪中叶产业革命开启了传统高碳工业化进程，同时也开创了工业文明，两者对人类文明发展带来重要而深远的影响：一方面是积极正效应，即创造了人类社会前所未有的巨大财富，促进了物质文明极大发展；另一方面则是消极负效应，即始料未及地破坏了生态文明，造成了严重的环境污染、生态破坏和气候变暖三大危害，使人类面临着紧迫而严峻的挑战。

现代发达的科技、便捷的交通和高效的信息传播，令今天的世界变成了人类比邻而居的"地球村"，各种文明不再遥不可及，而是近在咫尺就在身边！人们因此可以对不同文明进行交流、反思和借鉴，推动着人类文明不断向前健康发展。

1992年6月联合国里约环境与发展大会，正是深刻反思传统高碳工业化和工业文明造成的严重危害，第一次提出了对人类文明发展具有里程碑意义的可持续发展理念，推出了保护人类文明和地球家园的《生物多样性保护公约》和《气候变化框架公约》。

改革开放的中国高度关注地球村面临的危机，清醒意识到应承担的与发展水平相适应的责任和义务。就在里约环境与发展大会后的仅仅两个月，中国决策高层即发布了《中国环境与发展十大对策》，对策之首便是实行可持续发展战略，"建立现代工业新文明"成为其中的重要举措。2002年中共第十六次代表大会创造性提出迥异于传统工业化的"新型工业化"理论，强调中国走生产发展、生活富裕、生态良好的文明发展道路。2007年中共十七大更是旗帜鲜明地提出了"建设生态文明"这一振聋发聩的全新理念和发展目标，生态文明建设由此波澜壮阔展开！随后中共十八大、十九大和二十大会议，无不将生态文明建设摆到战略地位，以习近平同志为核心的党中央近年来对生态文明建设做出了一系列战略性部署。

张义丰先生是中国科学院地理和资源研究所的资深研究员，学术思想活跃，研究成果丰硕。多年以来，他带领团队承担了一系列生态文明建设规划编制项目。他是一位"接地气"

的科学家,足迹遍及项目所在的鲁、浙、豫、冀、晋、皖、粤、桂、黔等省(自治区)和北京市相关区县。在编制北京市及平谷区生态文明建设与"沟域经济"发展规划时,他带领团队几乎走遍郊区近两百多个沟峪;为编制大同市广灵县生态文明建设规划和野生黄芪保护与开发利用规划,他深入现场一住就是一两个月,查阅获取县情乡情和各类相关资料,爬山涉水过沟坎,系统采集水、土和生态各类样品。他务实忘我的工作精神感染和激励着团队的年轻学者,他主持编制的生态文明建设规划受到领导和群众广泛称赞,得到评审专家一致肯定和高度评价。他多次获邀参加原环境保护部及有关司组织的省、市、县生态文明建设规划评审和重要生态研究项目审议和评定。

我曾多年在原国家环境保护总局政策法规司、生态保护司担任领导工作,任过中国环境与发展国际合作委员会三届副秘书长和原环境保护部科学技术委员会两届委员。张研究员是我多年的学术挚友,他在著作付梓前夕,希望我为新著出版写点什么,我觉得这是责任所系,欣然允诺。是故写了上面这些话,作为《生态文明建设规划发展态势与路径响应》一书之序。

2024 年 1 月

前　　言

习近平总书记在 2023 年全国生态环境保护大会上提出"四个重大转变",为生态文明建设再次指明了前进的方向,是新时代生态文明建设取得举世瞩目巨大成就的生动展示,也对环境资源相关工作提出了新的要求,是时代赋予的重任。一是实现由重点整治到系统治理的重大转变;二是实现由被动应对到主动作为的重大转变;三是实现由全球环境治理参与者到引领者的重大转变;四是实现由实践探索到科学理论指导的重大转变。这些转变集中体现在新时代生态文明建设的历史性变化,集中体现新时代生态文明建设的转折性变化,集中体现新时代生态文明建设的全局性变化。在生态文明建设规划实践过程中要深刻认识和把握"四个重大转变"的内在统一性和"四个重大转变"蕴含的科学世界观、方法论。

生态文明建设是我国经济社会发展到一定阶段后,经济增长与资源环境矛盾日益突出的背景下提出的,是以尊重自然和保护生态环境为核心价值、以人与自然和谐相处为基础的经济社会进步的成果,是发展与生态共赢、经济社会发展成果人人共享、公众幸福指数不断升高的文明。因此,生态文明是核心价值观问题、灵魂问题,也是经济社会发展问题、善待自然生态的生产行为方式问题。

本书依据地理学、生态学、经济学、气象学、环境科学、城乡规划学、社会学等相关学科理论,探讨生态文明建设规划的理论与方法,系统分析生态文明的定位、内涵与基本特征,力求完整阐述生态文明建设的框架、指标和体系结构,在多年实践规划的基础上,也在深入探索生态文明建设规划的发展态势和路径响应,并提出了在生态文明建设规划中原有的生态文明建设指标体系、生态安全体系、生态环境支撑体系、生态经济体系、生态文化体系、生态人居体系、生态制度体系的基础上,新增生态文明形象和品牌体系和生态文明情怀培育体系。一是生态形象和品牌是密切相关的,生态形象体系至今在规划中还是空白。二是生态文明情怀培育体系,提出生态文明建设工作的四大情怀,即家国情怀、人民情怀、历史情怀和世界情怀。这是我们多年生态文明建设研究和生态文明建设规划过程中的凝练和总结,是否可行,还待进一步实践检验。

本书作者及其团队长期从事生态文明建设研究和生态文明建设规划设计,先后参与了诸多国家、省、市、县、镇、乡、村等多尺度的研讨、评审与指导工作,有系统的积累和实践基础,并逐步形成了多学科联合的研究队伍。在本书的编写过程中,张伟教授主要负责生态文明建设概论、生态文明建设规划的理论基础、生态文明建设规划的技术方法体系;谢保鹏教授主要负责生态文明理念与国土空间规划、资源环境承载力和国土空间适宜性评价、基于生态文明理念的全域综合整治分区和生态安全的生态修复关键区识别及其修复策略;秦伟山教授主要负责生态文明建设指标体系、生态安全体系、环境支撑体系、生态文化体系、生态人居体系、生态制度体系;周盈研究员主要负责生态经济体系、生态农业体系、清洁能源和生态工业体系、生态服务业体系、生态文明形象和品牌体系、生态文明建设创建。

　　本书编写过程中得到了彭近新、李明德、杨明森、王捷等专家大力支持,在此致谢! 由于时间和经验等方面的原因,书中不足之处,敬请批评指正! 作者希望通过本书的出版和大家共同交流生态文明建设规划如何与时俱进,如何因地制宜,如何推进高质量发展,提供一种参考思路。

2024 年 1 月

作 者 简 介

张义丰　中国科学院地理科学与资源研究所　研究员
邮箱:13911822213@163.com
电话:13911822213

张义丰研究员简介:

毕业于北京大学地理系,长期从事区域发展与规划研究,主要研究领域:一是区域发展研究;二是生态文明建设与规划;三是沟域经济与山区发展;四是区域农业与乡村发展;五是旅游发展与规划;六是长寿之乡与长寿经济;七是生态文化与文学地理。主持国家自然科学基金和国家部委委托项目 10 余项,获得国家和省部级奖 6 项,发表学术论文 100 余篇,著作 10 部,主持各类规划 100 余部,指导各类规划 60 余部,为国家和部委撰写咨询报告 10 篇。

一、主要学术贡献

1. 中国沟域经济理论创始人、提出者
2. 中国"岱崮地貌"理论创始人、提出者
3. 中国生态名山理论创始人、提出者
4. 中国长寿经济理论创始人、提出者
5. 中国长城经济带理论创始人、提出者

二、主要承担的社会责任

1. 建设创新型国家战略指导委员会　专家
2. 中国长城学会　副秘书长
3. 中国长寿之乡绿色产业发展联盟专家委员会　执行主任
4. 中国农业与资源区划协会休闲农业专业委员会　副主任
5. 全国有机农业产业联盟　副理事长
6. 中国中医农业产业联盟　专家
7. 中国老年学和老年医学学会长寿发展分会　主任
8. 北京农研沟域经济发展促进中心　主任
9. 中国科学院精准扶贫评估研究中心　专家
10. 中国中药协会金银花专业委员会　主任
11. 中国国际投资促进会绿色创新专家委员会　专家
12. 北京城郊经济研究会　副理事长

目　　录

第3篇　生态文明时代的国土空间规划

第4篇　生态经济体系

第1篇 生态文明建设规划理论

第1章 绪 论

1.1 研究背景与意义

1.1.1 研究背景

18世纪工业革命以来,工业技术和资本主义生产方式大大提高了生产效率,也增强了人类改造自然的能力。但是,在人类财富的快速增长过程中也酝酿着前所未有的危机。20世纪以来,掠夺式工业化所造成的各种环境问题开始接连暴发。臭氧层空洞、全球变暖、生物多样性锐减、大气污染、土地荒漠化等生态危机已经严重威胁着人类的生存。在此背景下,各种关于生态环境保护的理论探讨与政策实践开始在西方工业化国家兴起。随着全球化进程的不断加快,生态危机也已经从局部蔓延到全球。环境污染没有国界,世界各国已经成为一个命运共同体。为此,在联合国等国际组织的协调和组织下,世界各国制定了应对气候变化的《联合国气候变化框架公约》《京都议定书》和《巴黎协定》等,以及加强全球生态环境保护的《国际重要湿地公约》《生物多样性公约》《联合国防治荒漠化公约》《保护臭氧层维也纳公约》和《生物安全议定书》等重要文件。如何在经济发展的同时实现生态环境的保护,推动人类文明的可持续发展,已经成为关系到整个人类社会存亡延续的重大议题。

改革开放以来,经过40多年的快速发展,我国的经济总量得到了快速提升,已经位居世界前列。但是,传统的粗放型经济增长模式也带来了大气污染、水质恶化、生物多样性破坏、水土流失等生态环境问题,对我国社会经济的持续健康发展造成了严重威胁。针对这些问题,党的十八大报告将生态文明建设提升到了国家发展战略级别,使之与经济建设、政治建设、文化建设和社会建设一起,形成"五位一体"的总体布局,成为我国现代化转型的一个重要标志。党的十八大以后,习近平总书记极为重视我国的生态文明建设,将其视为中华民族永续发展的千年大计。在此背景下,如何全面梳理生态文明的理论渊源和发展脉络,科学构建生态文明建设规划的方法体系,准确把握习近平总书记"两山理论""美丽中国"等生态文明建设新理论、新思想的时代内涵,推动新时代的生态文明建设,实现中华民族的永续发展,就成为了一个重要的研究课题。

1.1.2 研究意义

1.1.2.1 有助于丰富中国特色社会主义生态文明建设理论

生态文明的内涵丰富,理论根基深厚。从历史悠久的中国传统生态智慧,到近代的马克思主义生态思想,到现代生态学研究的丰富理论成果,以及新中国成立以来中国共产党历代领导集体的生态环境保护和治理思想与实践经验,都是生态文明建设理论生长和繁荣的土壤。通过全面梳理这些理论、观点和思想,可以为新时代生态文明建设理论的丰富和完善提供宝贵的理论营养。主要体现在以下方面:(1)中国传统文化中的生态思想。中国传统文化中儒家的"天人合一"思想,道家的"道法自然""自然无为"理念,以及佛家的"众生平等"思想,都可以为生态文明理论的丰富和完善提供思想源泉。(2)近代西方生态文明思想。近代西方生态文明思想主要包括以人类中心主义为基础的"浅绿"思潮和以自然中心主义为基础的"深绿"思潮两大部分(李芎霓,2021)。这些研究成果可以为生态文明理论提供具体的理论支撑。(3)马克思主义生态思想,马克思主义认为人与自然是一个整体,人类应在遵循自然规律的基础上改造自然界,实现人与自然的和谐共生。这些思想有助于为民众树立正确的生态文明观。(4)中国共产党历代领导集体的生态保护思想。历代领导人均提出了许多高瞻远瞩的生态环境保护思想,并将其落实在治国理政的过程中。这些思想在生态文明的理论与实践之间搭起了一道桥梁。

1.1.2.2 有助于完善生态文明建设规划方法体系

生态文明具有丰富的内涵,涉及生态学、地理学、经济学、社会学等多个学科领域,涵盖了广泛的知识谱系。生态文明建设规划是推动生态文明思想走向生态文明建设实践的重要步骤。只有全面梳理和总结相关学科的研究成果,选择科学合理的研究方法,构建生态文明建设规划的方法体系,才能够为生态文明建设规划的编制提供坚实的技术支撑。(1)生态学中环境影响评估、生态系统服务评价、景观格局分析、绿色国民经济核算等技术方法可以为生态环境评估、生态环境规划等提供方法支撑。(2)经济学中的产业选择、产业结构分析、产业关联分析等技术方法可以为生态经济系统的规划设计提供方法支撑。(3)社会学研究中的社会调查法、博弈分析法、社会网络分析等方法可以为生态社会系统的规划设计等提供方法支撑。

1.1.2.3 有助于探索新时代生态文明建设模式

生态文明建设既是理论问题,更是一个实践问题。生态文明的研究目的,就是在实践中推动新时代的生态文明建设,不断满足人民日益增长的美好生活需要,开启全面建设社会主义现代化国家新征程。我国的生态文明建设虽然已经取得了丰硕的成果,但仍然面临着发展观念尚未从根本发生转变,生产方式仍然较为粗放,生态资源的占有仍然存在诸多不公平现象,生态文明制度建设仍需完善等。近年来,习近平总书记提出了"两山理论""美丽中国"等多个新理论、新思想,为我国的生态文明建设提供了重要的方向标。如何在这些新理论、新思想的指导下,探索满足新时代发展要求的生态文明建设模式,进而全面建立以生态文明为指导的生产方式、生活方式和思维方式,将生态文明融入经济建设、政治建设、文化建设和社会建设的全过程,真正实现社会经济发展和生态环境保护的协调共赢,走出一条具有中国特色的社会主义生态文明建设道路,具有重要的现实意义。

1.1.3 研究目标

本研究主要有以下方面的目标。

(1)通过对国内外研究成果的总结和归纳,明确生态文明的基本内涵、历史演化脉络和主要特征;阐明生态文明观的具体内容;厘清生态文明建设的指导思想、现实意义、基本原则和重点任务等。确立新时代生态文明建设的战略方向。

(2)通过对国内外生态文明建设研究成果的总结和归纳,梳理生态文明建设研究的理论渊源和学科基础,构建生态文明建设规划所涉及的方法体系,明确生态文明建设规划的基本框架体系。

(3)以北京市门头沟区、贵州省赤水市、山东省蒙阴县等地为例,探讨生态文明建设的实践模式。

1.2 国内外研究进展

1.2.1 国外研究进展

国外关于生态文明思想的相关研究源远流长。按照其演化脉络,大致可以划分为空想社会主义、马克思主义和可持续发展理论这三个阶段。

1.2.1.1 空想社会主义的自然观

工业革命大大提高了生产效率,增强了人类改造和利用自然的能力,带来了巨大的物质财富。但是,工业文明的发展也严重破坏了生态环境。早在工业化时代刚刚开启的时候,一些空想社会主义思想家就在思考资本主义工业化生产对生态环境的影响,并提出了许多影响深远的观点。如托马斯·莫尔(1982)的著作《乌托邦》中蕴涵了许多生态城镇建设思想,强调城镇的选址、设计和建设需要充分考虑自然界的地形地貌、光照、水资源等因素,遵循自然界的规律。约翰·凡·安德利亚(1991)在《基督城》一书中描绘了一个理想的城市生活场景,在这个城市中,没有城镇和乡村的界限;城市的建设遵循绿色生态的理念,具有更强的包容性和多样性;承认人的价值,也认可自然的价值;通过人的回归自然,最终实现人与自然和谐统一。空想社会主义思想家们批评资本主义私有制和利润最大化,认为对利润的无止境追求是造成环境破坏和阶级压迫的根源。在人类社会发展过程中,应努力保护森林和河流,保留田野和乡村的自然景致,建设美好家园(陈永森 等,2015)。

1.2.1.2 马克思主义的生态观

进入19世纪,资本主义工业化发展水平不断提高,阶级剥削不断加剧,工业生产对区域生态环境的影响也日益明显。在此背景下,马克思和恩格斯创立了马克思主义,对资本主义生产方式进行了深刻的批判,也反思了资本主义工业化发展对于自然生态环境的破坏。马克思主义经典著作中的生态文明思想主要包括生态要素论、生态危机论、生态经济论、生态社会论和生态伦理论等内容(陈永森 等,2015)。

1)生态要素论

马克思和恩格斯深入思考了人—社会—自然之间的关系,形成了较为系统的生态要素思想。(1)人与自然是有机统一、和谐共存的关系。马克思和恩格斯认为,在全部人类历史中,人与自然的关系最为重要。没有厘清人与自然的关系,人与人、人与社会的关系也无从谈起。自然界是人类活动的认识对象和改造对象。人的主体性和能动性再大也无法改变自然的先在性,无法摆脱自然规律的制约性。因此,人类改造和利用自然必须以尊重自然规律为前提。(2)实践是联结人、自然、社会三者关系的基础。马克思和恩格斯认为,"我们不仅生活在自然界中,而且生活在人类社会中"。实践不仅是人与自然、人与社会之间关系的基础,也是沟通自然与社会的桥梁。(3)人与自然的关系折射出人与人、人与社会的关系。马克思和恩格斯认为,人与自然通过各种生产实践活动产生了紧密的联系,并逐步形成了人化的自然。同时,人与人、人与社会的关系也通过各种生产实践活动逐渐形成和发展起来,人不断被社会化,社会也不断被人化。人与自然之间的关系与人与人的社会关系互为前提、相互制约、相互影响。人与自然的关系是否和谐,最终取决于人与人、人与社会的关系是否和谐。

2)生态危机论

马克思和恩格斯对资本主义工业化和城市化进程中造成的生态危机与环境污染进行了深刻的批判。他们认为,资本主义工业化背景下的生态危机主要表现在三个方面:对自然资源的过度开采,生态环境的不断恶化,以及工人恶劣的工作与生活环境。产生生态危机的根源主要包括四个方面:一是阶级根源。资本的本性就是不断增值,不断追逐更多的剩余价值。资本唯利是图的本性是形成生态危机的根本原因。二是制度根源。为了攫取更多的剩余价值,资本家建立了以私有制为基础的资本主义制度。资本家通过不平等、不合理的制度安排,不断榨取剩余价值,造成了人与自然、人与社会关系的恶化。三是技术根源。科学技术也具有两面性。在资本的逻辑下,科学技术演变成为资本家榨取工人剩余价值的工具。四是认识根源。工业革命带来了科学技术上的巨大飞跃,增强了人们认识和改造世界的能力。在资本主义工业文明中,人们将自然界视为可以任意利用的工具和素材。

3)生态经济论

马克思和恩格斯的许多论述蕴含着生态经济思想。(1)自然生产力思想。马克思和恩格斯认为,自然资源是人类生存与发展的物质前提;自然资源和人类劳动共同构成了社会财富的两大源泉。自然资源和自然条件影响和制约着资本的实现和经济的发展趋势。(2)实践是人与自然之间物质变换的中介,是人类最基本的生存活动。资本主义生产方式和生活方式是导致人与自然之间的物质变换发生断裂的根本原因。调整和控制人的生产生活行为是实现人与自然之间的物质关系得以正常运行的重要手段。(3)马克思和恩格斯明确提出了循环经济的核心思想。他们认为,应通过城市与乡村的融合,建立城乡之间、产业之间物质交换的闭路循环,从而实现对生产过程中产生的废弃物的循环再利用和减量化。

4)生态社会论

马克思和恩格斯深入考察了人口、资源、环境之间,经济与社会发展之间的复杂关系,提出了其生态社会思想。(1)物质资料生产与人类自身生产的平衡。物质资料生产与人类自身生产决定着人类历史的进程。资本主义私有制是导致人口过剩的根本原因。应实现人口的合理空间分布,控制人自身的生产,保持物质资料生产与人类自身生产的动态平衡。(2)社会经济可持续发展思想。马克思和恩格斯认为,任何一代人都只能根据前一代人传给他们的生产力、资金和环境作为其活动的现实基础。由于环境资源在代际之间具有连续传递的特征,这就要求每一代人在满足他们自身物质和精神需求的同时,不能损害和牺牲下一代人的生存环境。(3)两个和解。两个和解是指人类与自然的和解,以及人类本身的和解。这两个和解是资本主义社会所面临的最紧迫的任务。只有在扬弃了私有制和私有财产的共产主义社会中,才能实现人与自然的和解,以及人类本身的和解。

5)生态伦理论

生态伦理是指人与自然之间的道德关系。马克思和恩格斯的论述中存在许多生态伦理思想。(1)马克思和恩格斯认为,人类是自然界长期发展的产物,自然界为人类的生存和发展提供了必需的物质资料。自然界孕育了人类,是人的无机身体。人类应该像爱护自己的身体一样去善待自然、敬畏自然、遵循自然规律。(2)人类应按照人的方式去处理人与自然的关系。这要求:第一,人类应该像自然本身那样进行生产。即人类的生产实践活动应遵循生态法则,确定生产的限度,实现生态循环生产。第二,应建立人与自然和谐的生态消费观,合理利用和消费自然资源。第三,应通过合理的制度安排,妥善处理好不同利益主体在生态资源利用中矛盾,维护生态正义,才能实现人与自然的生态和谐。

1.2.1.3 生态主义思潮

20世纪60年代,随着各种生态环境问题的不断出现,西方社会开始出现许多大规模的环境保护运动,引发了一股影响深远的生态主义思潮。1962年,雷切尔·卡森(2015)出版的《寂静的春天》一书第一次引发了公众对环境问题的关注。1972年,罗马俱乐部发表了题为《增长的极限》的研究报告(Meadows et al.,1972),首次挑战和批评了人类传统的发展观,提出通过建立全球意识来解决全球的生存和发展问题。1972年6月,联合国首次召开了人类环境会议,共同探讨了人类面临的环境问题,并发布了《只有一个地球》的报告(Ward et al.,1972)。这一生态主义思潮发展迅猛、影响深远,推动了全球生态保护活动的蓬勃发展。在随后的几十年中,生态主义思潮在西方社会不断发展、壮大、变化,形成了各种与环境保护相关的流派。

1)生态中心主义

生态中心主义以生态学理论为基础,将环境伦理关注的焦点从生物个体扩展至地球生态系统或生物共同体本身,并根据人类活动对环境的影响来判断人类行为的道德价值,其核心目标是实现环境利益与人类利益的协调。

生态中心主义的主要学者及其代表观点包括:(1)美国学者奥尔多·利奥波德(1997)出版的《沙乡年鉴》被誉为"现代环保主义的一本新圣经",其所倡导的"大地伦理"是生态中心主义的重要基石。利奥波德认为,应将生态学中的大地有机体理论作为环境保护的基础。一方面,应将生态系统视为一个整体,整体利益始终大于个体利益;另一方面,人类应尊重生命本身的利益,并将这种尊重进一步扩展到大地。(2)美国学者霍尔姆斯·罗尔斯顿曾任国际环境伦理学会会长,是现代西方环境伦理学的重要代表性人物。罗尔斯顿创立了自然价值论,对自然的内在价值进行了一次全面和系统的研究。他认为自然界不仅具有工具价值,还具有多种内在价值和生态价值。罗尔斯顿的自然价值论为生态中心主义环境伦理学体系的构建和完善提供了哲学前提,也为现代环境伦理学研究开辟了一条新道路(霍尔姆斯·罗尔斯顿,2000)。(3)挪威学者阿伦·奈斯创立的"深层生态学"是当代西方激进环境主义思潮中最重要的流派之一(Naess,1984)。该学派认为,传统的人类中心主义只关心人类的利益,忽略了自然界,属于浅层生态学。深层生态学则以非人类中心主义和整体主义为特征,关心整个自然界的根本利益。浅层生态学主张对现有的价值观念和社会制度进行改良,从而缓解生态环境危机;而深层生态学则认为生态危机的本质其实是一种制度危机和文化危机,要求重建人类文明秩序,使之成为大自然整体中的一个组成部分。

2)生态资本主义

与生态中心主义相比,生态资本主义是一种更为温和、更加务实的绿色政治社会理论,其基本目标是在资本主义制度框架下缓解或克服人类面临的生态环境危机(郇庆治,2013)。1999 年,保罗·霍肯和洛文斯夫妇出版了《自然资本论:关于下一次工业革命》一书,试图将自然资本纳入资本主义生产方式中,从而实现生态目标和经济目标的融合,由此引发了生态资本主义的热潮(Hawken et al. ,1999)。

生态资本主义得到了许多学者的认可,逐渐形成了以下理论流派:(1)生态现代化理论。该学派尝试从生态现代化的思路来应对环境保护和经济增长之间的矛盾。该学派认为,环境和发展之间并不一定是彼此排斥的零和关系,也得以呈现为共生性关系。通过国家层面的绿色革新和市场层面的竞争机制,可以在现有的资本主义社会经济体制下实现环境保护和经济增长的共赢(Jaenicke,2008)。该理论一经提出,就得到了许多资本主义国家和联合国、经济合作与发展组织、欧盟、国际自然保护联盟等国际机构的支持。(2)绿色国家理论。该学派认为,国家仍然是应对生态环境问题的重要主体。通过把人类共同体生产和发展所依赖的生态环境因素逐渐纳入民族国家、区域、全球等多个尺度的空间治理框架之内,就可以把自由主义的民主国家转变成为后自由主义的绿色民主国家,最终实现人与自然的和谐相处。在这个过程中,国家对内主要依据生态民主原则进行规制和管理,对外则承担着生态托管员和跨国民主促进者的角色。当国家不再是捍卫其辖区利益的自私行为体,全球生态环境危机自然迎刃而解(Jaenicke,2008)。(3)环境公民权理论。公民保护和改善生态环境的相关政治权利和义务是欧美学者广泛讨论的话题。该学派研究的焦点主要包括三个方面:一是环境公民权的基本概念及其与生态公民权的区别,二是环境公民权的理论基础,三是在民主社会中如何培育符合生态可持续性的环境公民权。从公众参与的视角来看,环境公民权的实现又包括三个相互关联的问题:如何在环境政治参与中界定公民个体?如何看待环境公正审议过程中公民个体的相互作用?如何设计容纳这些公民个体间相互作用的制度?(Baber,2004;Elstub,2010)。(4)环境全球管治理论。环境全球管治是指规制全球环境保护过程的组织机构、政策工具、金融机制、规则和规范等的总和。该理论认为,环境多边主义、生态现代化和绿色话语等新兴思想的出现可以抑制无政府国家体系、全球化资本主义、行政性国家等根深蒂固的反生态动力,从而提高国家对生态环境问题的敏感性和社会的生态学习能力。如果能够适当弱化国家主权,那么或许可以在现行民主制度框架下创建一种绿色的跨国民主国家,并通过各种协议和制度安排实现环境全球管治(Biermann et al. ,2010;Biermann et al. ,2009)。联合国环境规划署及其制定的大量环境政策、协议、行动计划等均是环境全球管治理论的实践探索模式。

3)生态学马克思主义

一些西方学者运用马克思主义的观点和方法分析发达资本主义国家的生态问题,试图通过社会主义制度来解决生态问题。1979 年,加拿大学者本·阿格尔首次提出了生态学马克思主义(Ecological Marxism)的概念,试图通过生态学和马克思主义的结合来克服生态危机(本·阿格尔,1991)。约翰·贝拉米·福斯特根据新陈代谢思想考察了资本主义生产方式下生产、交换、分配、消费领域的物质变换及其断裂,认为资本主义制度下的生态危机根源于资本主义私有制及其积累(约翰·贝拉米·福斯特,2006)。詹姆斯·奥康纳提出了著名的"双重危机"理论。他认为,资本主义社会不仅存在私人占有与社会化生产矛盾所引发的周期性经济危机,更存在资源有限与需要无限的生态危机(詹姆斯·奥康纳,2003)。戴维·佩珀认为导致全球生态问题的深层次原因是国家之间制度的不平等和物质与精神需求的不一致。西方发达资本主义国家通过产业转移的方式将生态环境问题转移到其他欠发达国家,以解决自身的环境问题。但是,生态危机不分国界,这种方式只能导致全球生态危机的不断加剧(戴维·佩珀,2005)。

1.2.2 国内研究进展

1.2.2.1 基本内涵

我国著名生态学家叶谦吉(1987)首次在国内提出了"生态文明"概念。他认为,生态文明就是人类既能从自然获利,也能为自然创造财富。也就是说,我们人类在改造自然之时又要保护自然,这种人与自然的和谐统一就是生态文明(戴维·佩珀,2005)。之后,许多学者就生态文明这一概念提出了自己的理解。总体上讲,对生态文明本质特征的理解主要可以分为以下类别。

(1)生态文明是一种文明形态。潘岳(2006)认为,生态文明是指人与人、人与自然、人与社会形成良性循环,达到和谐共生,至此达到一种持续繁荣且全面发展的文化伦理形态。俞可平(2005)认为,生态文明可被视为后工业文明中的一种,是一个独立存在的新的社会形态,也是人类迄今最高文明形态。申曙光(1994)也认为,生态文明将取代工业文明,成为未来社会的主要文明形态。余谋昌(2007)认为,生态文明是人类文明的新形态。曾刚(2014)认为,生态文明是与农业文明、工业文明并列的一种新的人类社会文明形态,是由社会和谐、经济发展、环境友好、生态健康、管理科学五个结构性基本要素所构成的地域系统。也有学者持有不同的观点,如邱耕田(1997)认为,生态文明是一种依附性的文明形式。刘海霞(2011)也认为,生态文明与工业文明之间并不存在替代关系,因此不能将生态文明等同为后工业文明。

(2)生态文明是一种要素。曾正德(2011)认为,生态文明是要素文明,它不是也不可能成为独立的阶段性文明。郭学军等(2009)认为,人类除了具有物质、精神、政治等方面的需求之外,还需要处理好与自然之间的关系。因此,人类文明也包括物质文明、精神文明、政治文明和生态文明。四个文明相互联系、相互促进,成为一个完整的体系。姚介厚(2013)认为,生态文明与物质文明、制度文明、精神文明互相联结、渗透,形成其多重子要素,促使社会整体文明良性发展。

(3)生态文明是一种发展成果。邱耕田(1997)指出,生态文明就是建设良好的生态环境所取得的物质和精神成果的总和。于晓雷(2013)认为,生态文明是指在经济社会活动中,遵循自然规律,积极改善和优化人与自然的关系,为实现经济社会的可持续发展所做出的全部努力和取得的全部成果。廖曰文等(2011)也认为,生态文明是遵循人、自然、社会和谐发展这一规律取得的创造性的物质、精神和制度成果的总和。

综上所述,学术界对生态文明的本质和内涵特征仍未达成广泛的一致。然而,无论是将生态文明视为一个文明形态,一个发展阶段,还是某个文明领域或发展观念,绝大多数学者都认为生态文明的最基本含义是人类发展与生态环境的和谐共生,是自然、社会、经济的全面生态化,是观念、制度、实践三个方面的生态耦合,更是人与自然、人与人、人与社会等各种关系的协调统一。

1.2.2.2 理论渊源

生态文明的理论渊源主要包括中国传统文化、马克思主义生态思想和现代生态主义思想等三个方面。

(1)中国传统文化

我国博大精深的传统文化中蕴含着丰富的人地和谐观点,为生态文明思想的孕育和成长提供了丰富的营养。曾小五(2007)认为,中国传统文化中的"天人合一"思想反映了人与自然的和谐关系。人与生态环境是一个有机的整体。只是在人的自我意识的作用下,才产生了人与环境之间的对立和矛盾。李宗桂(2012)也分析了"天人合一"思想对于中国生态文明建设的重要价值,认为应该把敬天、天道与人道的统一等观念渗透到生态文明建设中。王治河(2009)围绕中国传统文化中的阴阳思维,论述了生态文明中人与自然之间和谐共生、相互平等、相互依存、相互转换的特征。钱逊(2009)从先秦儒家和道家思想中的顺应自然、平等爱物、崇俭抑奢等观点出发,讨论了我国古代思想中的生态伦理情怀和生态保护观,探讨了其对我国生态文明建设的启示作用。任恒(2018)全面分析了我国儒家、道家的"天人合一""天人交相胜""仁爱万物""强本节用""无为而治"等观点中包含的生态思想,认为中国传统文化为我国生态文明建设提供了丰富的思想遗产。

(2)马克思主义生态思想

马克思、恩格斯等人也运用辩证唯物主义对资本主义社会的生态环境问题进行了深入思考,为我国的生态文明建设奠定了重要的理论基础。王明初等(2013)认为,马克思是第一个把生态环境问题视为社会问题的学者,开创了生态问题社会化的先河。因此,马克思主义应被视为生态文明建设的理论根源。杨雨婷(2013)也认为,马克思所提出的"人是自然界的产物,要与自然和谐相处""实现人与自然和谐要变革社会制度"等观点对我国的生态文明建设提供了重要的思想指导。马克思主义生态理论是我国生态文明建设的理论来源。蒋兆雷等(2013)分析了马克思主义著作中自然的先在性、自然资源循环利用、人与自然矛盾的和解等生态思想,并从文化、政治、经济和社会四个方面阐述了其对我国生态文明建设的启示。钟贞山(2017)认为,马克思主义政治经济学致力于人类解放和自然解放。人与自然的关系是马克思主义政治经济学的逻辑起点,也是生态文明观的起步源点。

(3)现代生态主义思想

20世纪60年代以来兴起的生态主义思潮涉及广泛、影响深远,已经融合了生态学、环境学、人类学、社会学、经济学、伦理学、哲学等多个学科的研究。现代生态主义思想也是生态文明的重要理论源泉。李芗霓(2021)认为,近代西方的生态主义思想大致包括以人类中心主义为基础的"浅绿"思潮和以自然中心主义为基础的"深绿"思潮。我国的生态文明思想吸收了其思想精华和理念精髓,克服了二者思想对立的局限性,是对二者思想的超越和发展。洪梅等(2020)认为,西方的生态学理论源于西方工业文明迅速发展中产生的环境问题,对于我们的生态文明建设有重要的借鉴意义。徐彬等(2017)认为,虽然西方生态主义对我国的生态文明建设具有一定的启示,但其理论并非完美无缺,其政策主张也存在着偏激、虚幻和多变的缺陷。因此,必须理性看待生态主义理论和政策,去其糟粕,取其精华。

1.2.2.3 建设路径

1)学术探索

随着生态文明在我国社会主义现代化建设中的地位不断提升,学者们就生态文明建设的具体路径展开了许多探讨。李娟(2013)认为,生态文明建设的关键在于明确建设的主体、动力、路径和保障。即要通过依靠科技创新、加强制度保障、发挥公众力量、鼓励公民参与等多个方面来推进生态文明建设。廖福霖(2003)认为,我国生态文明建设的要点主要有:一是创新生产、生活方式,实现生产方式和消费模式的生态转型;二是建立绿色生态的文化发展体系,并形成制度保障;三是加强生态保护的同时,也要重视生态恢复。杨萍(2008)构建了一个包括张力、引力、动力、推力和弹力的"五力模型",主张从加强生态理论建设、生态思想建设、生态产业建设、生态制度建设和生态行为建设这五个方面入手,形成生态文明建设的合力。王朝全(2009)强调,应通过发展循环经济,推广节能减排技术,来推进我国的生态文明建设。曾刚(2018)认为,由于我国长期存在着城乡二元化的现象,使得城市和农村的生态文明建设面临着不同的问题,也应该采取不同的建设路径。程秀波(2003)强调生态伦理在生态文明建设中的作用,认为只有通过培育生态伦理,转变现有的思维方式、生产方式和生活方式,才能推动人类文明从工业文明向生态文明的转换进程。孙新章等(2013)认为,应当积极参与国际可持续发展进程,维护并拓展国际发展空间,以全球视野来推动我国生态文明建设。谷树忠等(2013)从全民参与、科学规划和制度创新三个方面入手,提出了我国生态文明建设的基本路径。张智光(2017)构建了一个适应生态文明要求的新经济运行模式——超循环经济模型,以期实现产业和生态的互利共生。

2)实践经验

生态文明建设涉及的范围广、层次深,是一项长期性的系统建设工程。自20世纪90年代以来,我国各地在主管部门的推动下,开展了一系列生态文明建设试点工作,取得了丰硕的建设成果。从建设实践的角度上看,我国的生态文明建设主要经历了三个建设阶段。

(1)生态示范区阶段

1995年,原国家环境保护局发布了《全国生态示范区建设规划纲要(1996—2050年)》,正式启动了生态示范区建设工作。本阶段所指的生态示范区是以生态学和生态经济学原理为指导,以协调经济、社会发展和环境保护为主要对象,统一规划,综合建设,生态良性循环,社会经济全面、健康持续发展的一定行政区域。生态示范区是一个相对独立,对外开放的社会、经济、自然的复合生态系统;其根本目的是实现区域经济社会的可持续发展。生态示范区建设主要以乡、县和市域为基本单位组织实施;本阶段以县级单位为主。生态示范区建设的内容主要包括以下方面:一是保护农业生态和发展农村经济;二是推动乡镇工业合理布局和污染防治;三是促进自然资源的合理开发利用,实现农工贸一体化;四是防治污染,改善和美化环境;五是保护生物多样性,发展生态旅游;六是综合性的生态示范区建设。

自生态示范区建设工作启动以来,原环境保护部7个批次陆续认定了528个生态示范区建设试点区。其中,东部地区231个,中部地区185个,西部地区112个。生态示范区建设工作在防治环境污染和生态破坏等方面取得了一定的成果,对于建设环境友好型社会、推动环境保护工作具有重要意义。但其也存在着侧重于农村和农业生态环境保护、建设目标偏低、缺少系统性顶层设计等不足。

(2)生态建设示范区阶段

1999年,原国家环境保护总局提出了生态省的建设,进而构建起包括生态省、生态市、生态县、生态乡镇、生态村、生态工业园区这六个层次的生态建设示范区工作体系。其中,生态省、生态市、生态县是生态建设示范区的主要形式。随后,原国家环境保护总局印发了生态县、生态市、生态省建设的评价指标体系,进一步规范了对国家生态建设示范区的管理。

自生态建设示范区建设工作启动以来,共有16个省级单位开展了生态省建设试点,183个市县级单位获得了国家生态建设示范区称号,建成了4596个国家生态乡镇,涌现出一批经济社会与生态环境协调发展的先进典型。生态建设示范区是在原有的生态示范区基础上的提档升级,它以生态学和生态经济学原理为指导,统筹城乡环境保护,将可持续发展的阶段性目标工程化、时限化、责任化,把生态建设示范区的工作目标转化为实实在在的社会行动,提升了建设实效。

(3)生态文明建设示范区阶段

2007年10月,党的十七大报告首次提出了建设生态文明的战略任务,生态文明建设开始成为我国各级政府统筹社会经济与环境协调发展的重要着力点。2008年5月,原环境保护部批准了首批6个全国生态文明建设试点地区,原有的生态市、生态县建设开始逐渐转入生态文明建设的试点工作中。2013年6月,党中央批准将"生态建设示范区"正式更名为"生态文明建设示范区"。2018年6月,党中央开始推动生态文明示范创建、绿水青山就是金山银山实践创新基地建设活动,标志着我国生态文明建设迈入了新时代。

截至2022年底,生态环境部共命名六批468个生态文明建设示范区和187个"两山"基地,初步形成了点面结合,多层次推进,东、中、西部有序布局的建设体系。这些示范基地的建设实现了"三个走在前列",在改善生态环境质量、推动绿色发展转型以及落实生态文明体制改革任务三个方面走在区域和全国的前列;推动了"三个显著提升",显著提升了生态文明意识和参与度、人民群众获得感和幸福感以及建设美丽中国的信心,为我国的生态文明建设提供了鲜活的建设样本(张智光,2017)。

1.2.3 研究述评

综上所述,生态文明在国内外都有着悠久的思想传承和深厚的学术积淀。我国博大精深的传统文化中蕴含着丰富的人地和谐观点,为生态文明思想的孕育和成长提供了丰富的营养。西方的生态主义研究起源于人们对以工业为代表的资本主义经济体制的反思,其研究领域涵盖了生态学、哲学、经济学、政治学等许多领域,关注的焦点在于调和经济发展与资源环境保护之间的矛盾,对于我国的生态文明研究具有一定的借鉴意义。我国的社会主义生态文明建设理论萌发于中国传统文化,成长于马克思主义自然观,壮大于中国共产党历届领导集体的生态思想,最终形成了中国特色社会主义生态文明理论。虽然国内外已经就生态文明展开了广泛而深入的研究,但仍然存在以下不足:(1)理论体系的梳理不够完备。生态文明是一项宏大的系统工程,涉及生态学、经济学、哲学、社会学等多个学科领域。但是,现有的生态文明理论研究主要集中在马克思主义哲学、政治学等社会科学领域。这些学科领域的研究成果偏重定性描述，与其他学科，特别是理学和生态学的联系较弱，学科之间的交叉协作较少，不利于构建完备的生态文明理论体系。(2)理论与实践的结合不够紧密。如前所述，现有的生态文明理论研究主要集中于马克思主义哲学、政治学等社会科学领域，其研究成果主要包括宏观层面的生态文明建设政策、战略、理念等方面，缺少定量、可行、可操作性的技术工具来指导各地如火如荼的生态文明建设活动。(3)国内外研究有待进一步整合。目前，国内外的生态文明相关研究具有较大的差异。国外的相关研究大多不会直接涉及我国的生态文明建设，而是比较偏向于探讨如何解决生产、生活中产生的各种生态环境问题，其研究视角比较偏向于技术化、微观化、实证化和定量化。而我国的生态文明建设研究具有浓厚的政策导向，决策者的高度重视使得学术界涌现出了一大批生态文明建设的相关成果，这些成果中虽然也不乏高屋建瓴、气势恢宏的雄文，但也有许多成果只是随声附和的泛泛而谈。如何将国外优秀的研究方法、研究思路和研究视角有机地整合到我国的生态文明理论研究体系中，促进我国生态文明研究的脱虚入实、落地生根，是未来需要重点解决的问题。

1.3　本书的创新点

本书的特色和创新主要体现在以下方面：(1)夯实生态文明建设的理论基础。扎实的理论基础是生态文明建设活动得以顺利开展的重要保障。已有的生态文明研究过于分散，缺乏对基本概念和理论体系的系统梳理。本研究沿着"生态文明—生态文明观—生态文明建设—新时代生态文明建设思想"的脉络，全面梳理了生态文明的基本概念、核心特征与演进态势，以期为生态文明理论奠定基础。此外，针对国内生态文明理论研究偏重于马克思主义哲学、政治学，其他学科参与不足的问题，本研究从地理学、生态学、资源科学、规划学等学科领域入手，梳理了生态文明建设的关键理论，构建了生态文明建设的理论体系，以期夯实生态文明建设的理论基石。(2)"理论—方法—实践"的融会贯通。在现有的生态文明研究中，存在着"就理论谈理论""就方法谈方法""就案例谈案例"等现象。理论、方法和实践的割裂既不能推动生态文明理论的不断深化，也不利于生态文明建设活动的顺利开展。为此，本研究以理论框架为指引，以技术方法为工具，以实践案例为模板，实现理论、方法和实践的融会贯通与有机整合，最终形成生态文明建设的完整体系。(3)紧扣时代脉搏。世界形势风云变幻，各种新技术、新思想、新理念层出不穷。生态文明建设亦需要紧扣时代脉搏，直面现实挑战。为此，本研究注重收集国内外生态文明建设的最新成果，紧跟党和政府在生态文明建设方面提出的新理论、新动态、新表述，及时关注国内外在生态文明建设实践过程中的新难题和新挑战，以保障研究的时效性和实用性。

第 2 章　生态文明建设概论

2.1　生态文明

2.1.1　基本概念

"生态文明"是一个由"生态"和"文明"组合而成的复合名词。"生态"一词源自古希腊语,是指生物在一定的自然环境下的生存和发展状态,以及它们之间和它与环境之间的关系。"文明"一词则是指一种与"野蛮"相对应的社会进步状态,包括人类所创造的各种物质财富和精神财富。

生态文明是一个复合性概念,具有丰富的内涵。美国学者罗伊·莫里森最早提出了"生态文明"的概念,并将之定义为"继工业文明之后新的人类文明形式"(徐春,2010)。生态文明是人类社会继原始文明、农业文明和工业文明之后的一种更高级的文明形态,它是对工业文明的反思和扬弃。此外,也有学者从现实社会系统的维度上,将生态文明视为人类社会文明的一部分,即人类文明是由物质文明、精神文明、政治文明和生态文明等构成的完整体系(黄勤 等,2015)。本研究认为,生态文明是在马克思主义生态价值观的理论基础之上,人类为实现人与自然和谐发展所做出的全部努力和所取得的全部成果,即人类社会系统中生态环境建设领域的文明。我国目前开展的主要是现实社会系统维度的生态文明建设。生态文明建设与经济建设、政治建设、文化建设和社会建设一起,共同构成了社会主义建设的总体事业。

2.1.2　历史演进

生态文明是工业文明之后,人类社会发展的高级文明形态。具有中国特色的社会主义生态文明建设是中国社会主义建设的重要组成部分,也是中国共产党历届领导集体对马克思主义生态文明观的继承和发展,也是对人类文明发展作出的重要贡献。

以邓小平同志为核心的党中央领导集体在大力开展经济建设的同时,也意识到了环境保护的重要性,提出要走保护生态环境的可持续化战略道路。

以江泽民同志为核心的党中央领导集体明确指出了我国要坚持走可持续发展的道路,认为保护环境就是保护生产力,应大力建设减排节能、节能减耗、开源节流的资源节约型社会。

以胡锦涛为总书记的党中央领导集体在 2003 年提出了科学发展观这一重要战略思想;在 2004 年9 月召开的中国共产党十六届四中全会上提出了建设社会主义和谐社会的重要任务;在 2007 年 10 月召开的第十七次全国代表大会的报告中,正式提出要建设生态文明,基本形成节约能源、资源和保护生态环境的产业结构、增长方式和消费模式;在 2012 年 11 月召开的第十八次全国代表大会的报告中,生态文明建设首次与经济建设、政治建设、文化建设和社会建设这四大建设一起,纳入了社会主义建设"五位一体"的总体布局中。建设生态文明,是一项关系人民福祉、关乎民族未来的长远大计(王贯中等,2013)。

以习近平同志为核心的党中央领导集体在 2015 年 5 月下发了《关于加快生态文明建设的意见》,对生态文明建设做出了顶层设计和总体部署;2015 年 10 月,"美丽中国"首次被纳入国家"十三五"规划当中,成为了生态文明建设的最终目标;2016 年 12 月,中共中央办公厅、国务院办公厅正式印发了《生态文明建设目标评价考核办法》,这对于引导各地区落实生态文明建设等相关工作起到了重要的推动作用。

2.1.3　主要特征

作为一种先进的文明形态,生态文明倡导人与自然、人与社会、人与人的和谐共生和持续繁荣。生态文明包含着极为丰富的内涵,具有以下显著特征(王贯中 等,2013)。

2.1.3.1　人地协调的绿色理念

人与自然和谐相处的绿色发展观是生态文明与农业文明、工业文明等其他文明之间最本质的区别。生态文明要求牢固树立以人为本、以生态为本,全面协调可持续发展的新型发展观,倡导在人类社会的发展过程中尊重自然、顺应自然、保护自然。(1)尊重自然是人与自然相处时应秉持的首要态度。人对自然要怀有敬畏之心。必须深刻认识到人只是自然界的一部分,自然界是人类赖以生存和发展的基本条件。(2)顺应自然是人与自然相处时应遵循的基本原则。人类在改造和利用大自然的过程中,必须顺应自然规律,按客观规律办事。(3)保护自然是人与自然相处时必须承担的重要责任。人类社会的发展离不开各种自然资源的支持。人类在向自然界索取生存发展之需时,必须积极主动地保护自然生态系统,以确保人类社会的永续发展。

2.1.3.2　节能减排的绿色生产

工业化所造成的环境污染是当代环境问题的根源所在。因此,大力推行以节能减排为标志的绿色生产方式是生态文明的根本要求。绿色生产主要包括以下形式:(1)循环经济。循环经济遵循减量化、再利用、资源化的"3R"原则,通过"资源→产品→消费→再生资源"的物质资源反复循环使用来降低对资源的消耗,减小对环境的污染,从而以最小的资源环境代价实现经济的增长,推动经济社会的可持续发展。(2)低碳经济。碳排放的增加是导致全球气候变化的重要原因。低碳经济旨在通过提高能源利用效率,转变能源供给结构,实现生产、生活过程中的低能耗、低污染、低排放,降低人类活动对自然生态环境的影响。(3)清洁生产。清洁生产强调在生产过程中节约原材料和能源,减少排放物,从而最大限度地减少生产活动对人的健康和生态环境的不利影响。清洁生产与循环经济一脉相承,是对循环经济的具体实践。(4)新兴清洁能源。煤炭、石油等传统能源不仅难以再生,还容易造成一系列的环境污染。因此,大力发展风电、太阳能、核能等新兴能源能够有效地防止污染,保护环境。

2.1.3.3　和谐健康的绿色生活

人类的生活方式同样会对生态环境造成巨大的影响。传统的高消费、奢侈消费等生活方式消耗了大量的自然资源,加剧了环境污染。生态文明所倡导的绿色生活观要求人们摈弃不健康的消费方式,养成绿色健康的生活方式。如通过节水、节电、节气等行为,实现自然资源的节约;通过垃圾分类、一水多用、双面打印等方式,提高资源利用率;通过选购环保产品、使用电子贺卡、不使用野生动物制品等方式,减少环境代价。

2.1.3.4　生态宜居的绿色城市

城市是人类生产生活的中心。城市是否生态宜居是生态文明能否实现的重要环节。在绿色城市的建设过程中,应做到:(1)科学规划。应根据城市的区位条件、自然禀赋、人口规模、发展潜力等情况,对城市进行科学规划,确定城市的性质、功能和发展目标,制定合理的发展战略。(2)建设功能齐全的环境设施,从而为城市防治污染、改善环境提供必备的物质基础。(3)以循环经济为基础,大力提高资源的综合开发和回收利用率,提倡绿色消费。(4)贯彻"公交优先"的方针,集中力量优先发展城市公共交通,提高通行效率。(5)加强城市生态绿地建设和生物多样性保护,建设环境优美的居住空间。

2.1.3.5　治理高效的绿色行政

通过推广环境友好的绿色行政理念,加强资源保护与环境治理,实现社会经济的可持续发展。(1)构建绿色行政文化,树立人与自然和谐相处的行政价值观,将生态文明理念全面融入政府机构改革、职能转变和公共服务活动中。(2)进一步建立和完善绿色政绩考核机制、生态保护问责机制、环境损害赔偿机制等,督促政府人员践行生态文明理念。(3)积极推动经济发展模式由粗放型向集约型转变,大力发展生态环保产业,建立生态发展的长效机制。

2.1.3.6 繁荣昌盛的生态文化

生态文化是生态文明的灵魂。通过生态文化的积极引导和大力培育,在全社会形成生态文明的价值取向和绿色健康的生活行为,营造生态文明建设的良好氛围。(1)传承和发扬我国历史文化中的生态思想,发掘和学习古人的生态智慧,为现代生态文化的培养提供精神营养。(2)通过文学、影视、戏剧、摄影、音乐等多种方式,大力宣传生态文化,开展生态文明教育。(3)通过公益广告、地球日、节能宣传周等方式,开展生态文明宣传,推行生态的生活方式。

2.2 生态文明观

生态文明观是关于如何认识和建设生态文明的一系列理论观点和思想观念的总称。它体现了人们在生态认知、生态情感、生态权益与生态价值等方面的基本观念和价值取向。生态文明观的形成对于科学认识人与自然的关系,有效解决人与自然的矛盾,实现人与自然的和谐共处,具有里程碑式的历史意义(李铁英,2020)。

2.2.1 生态哲学观

生态哲学观主要探讨人与自然的关系问题。自然界是人类赖以生存和发展的物质前提和基础,为人类的生存、延续和发展提供必要的生活资料、物质资料和能源资源。人类是自然界发展到一定阶段的产物。作为自然界的一部分,人类并不是自然界的征服者和统治者,而应尊重自然、顺应自然、保护自然,与自然和平共处。人类在利用和改造世界的过程中,必须在尊重自然规律的基础上发挥主观能动性,实现人与自然的和谐共生。

2.2.2 生态历史观

生态历史观主要探讨人类文明兴衰与生态兴衰的关系。从历史上看,中外古文明的兴衰历程与当地生态环境的兴衰密切相关。如古楼兰随着战争频发植被破坏,生态环境衰败,古楼兰文明也随之衰亡。进入工业时代,工业化所引发的生态环境退化也严重威胁着工业化累积的人类文明成果。为此,习近平总书记作出了"生态兴则文明兴,生态衰则文明衰"的重大论断。因此,生态文明是人类对当代生态危机进行反思之后的必然选择,具有时代和历史发展的必然性。建设生态文明是中华民族永续发展的千年大计。

2.2.3 生态经济观

生态经济观主要探讨经济发展与生态保护之间的关系。经济发展与生态保护之间存在着辩证统一的关系。一是对立关系。经济发展所导致的环境污染不利于生态保护,各种生态保护措施也会增加经济发展的成本,制约经济发展。二是共赢关系。在一定的条件下,经济发展可以为生态保护提供必要的资金和技术,而生态保护活动带来的环境改善也可以为经济发展提供更多的资源,有助于经济的可持续发展。生态经济观倡导绿色发展方式,强调生态产品的经济价值。通过经济生态化和生态经济化等方式,降低经济发展对生态环境的污染与破坏,推动生态资源资产化、生态资产资本化和生态服务有偿化,凸显生态资源的生态功能和经济价值,最终实现经济发展与生态保护的协调统一。

2.2.4 生态政治观

生态政治观主要探讨执政理念、制度建设、行政管理等与生态保护之间的关系。各类生态环境问题的产生源于市场行为所产生的负外部性所引发的市场失灵现象。解决负外部性问题的关键就是更好发挥政府的管控作用,纠正市场失灵。因此,生态环境问题并不是简单的生态环境问题,而是一个政治和制度的问题。为此,在生态文明视域下,各类生态环境问题的解决,一方面要通过生态资源的价值化,通过市场机制来推动生态环境的改善;另一方面,要加强生态保护的政策导向和法制保障,用最严格制度、最严密法治保护生态环境,加快制度创新、强化制度执行,让制度变为刚性的约束和不可触碰的高压线(邱芬 等,2019)。

2.2.5　生态社会观

生态社会观主要探讨生态文明的和谐社会形态,以及该社会形态下社会结构、秩序、关系和法则。马克思主义认为,人与社会的关系是构成人与自然关系的基础。人与自然产生冲突的根源在于人与社会关系的不和谐。和谐社会形态下的社会结构、社会秩序和社会关系是解决生态危机的关键。生态和谐社会具有以下特征:一是社会秩序具有公平性,包括人类在改造自然过程中的代际公平和代内公平;二是社会关系具有和谐性,即人与人、群体与群体、人与群体及区域社会之间友善、融洽、和睦的关系。社会公平是人际关系和谐的重要保证,而人际关系和谐是保持社会稳定、有序、繁荣发展状态的基础。

2.2.6　生态文化观

生态文化观主要探讨生态文明社会中民众应具备的生态思想、生态价值观、生态伦理观、生态行为等。主要包括:(1)生态价值观。人类是一种意识性动物,其具体行为受其价值观念的支配。生态价值观要求牢固树立保护生态环境就是保护生产力,改善生态环境就是发展生产力的理念,将生态价值与人的价值辩证统一起来。(2)生态道德观。社会道德是社会稳定和发展的基础。生态道德观将传统的人与人的道德关系扩展到人与自然的关系,强调代际公平、代内公平和人地公正。(3)绿色消费观。公民的消费方式和消费行为决定了其生态环境影响的大小。绿色消费观倡导节约适度、绿色低碳、文明健康的生活方式和消费模式,反对奢侈浪费和不合理消费。

2.3　生态文明建设

2.3.1　现实意义

面对资源约束趋紧、环境污染严重、生态系统退化的严峻形势,必须树立尊重自然、顺应自然、保护自然的生态文明理念。建设生态文明,是关系人民福祉、关乎民族未来的长远大计。生态文明建设的重大意义主要体现在以下方面。

(1)建设生态文明是人类文明发展的必然趋势

人类文明的发展史就是一部人与自然的关系史。人类依托和利用各种自然资源,在漫长的发展过程中,创造出原始文明、农业文明、工业文明等多种文明形态,取得了巨大的成就。相对于农业文明而言,工业文明无疑是一个巨大的进步。但是,工业文明也带来了严重的生态危机和社会危机。要应对这些重大危机,唯有超越工业文明,走向生态文明,在推动生产力不断发展的同时实现人与自然的和谐共生。

(2)建设生态文明是遏制生态危机的现实选择

工业文明时代造成了能源枯竭、土地退化、水资源短缺、环境污染严重、全球气候变化、森林和湿地面积锐减、生物多样性急剧减少等多个全球性的生态环境危机。这些全球性危机是工业文明时代不可持续的生产方式、消费方式所带来的恶果。彻底转变原有的生产和消费方式,走上绿色、低碳、可持续发展的生态文明发展道路,大力建设生态文明,已经成为遏制全球生态危机的不二选择。

(3)建设生态文明是中华民族伟大复兴的必由之路

改革开放以来,我国创造了经济高速发展的世界奇迹,但也面临着生态问题日益突出的严峻形势。一个国家、一个民族的崛起必须有良好的自然生态作保障。大力推进生态文明建设,实现人与自然和谐发展,已成为中华民族伟大复兴的基本支撑和根本保障。

(4)建设生态文明顺应了人民群众对美好生活的迫切需求

党的十九大报告明确指出:"我国社会主要矛盾已经转化为人民日益增长的美好生活需要和不平衡不充分的发展之间的矛盾。"随着人们生活质量的不断提升,人民群众更加期待优美宜居的生活空间和山清水秀的生态空间。生态文明建设正是为了顺应人民群众的新期待而作出的重大战略决策。

2.3.2 基本原则

2018年5月,习近平总书记在全国生态环境保护大会上明确提出了我国生态文明建设的六大原则。

(1)坚持人与自然和谐共生

无序开发、粗暴掠夺,人类定会遭到大自然的无情报复;合理利用、友好保护,人类必将获得大自然的慷慨回报。坚持人与自然和谐共生,要遵循节约优先、保护优先、自然恢复为主的方针,像保护眼睛一样保护生态环境,像对待生命一样对待生态环境,让自然生态美景永驻人间,还自然以宁静、和谐、美丽。

(2)坚持绿水青山就是金山银山

绿水青山既是自然财富、生态财富,又是社会财富、经济财富。保护生态环境就是保护自然价值和增值自然资本,就是保护经济社会发展潜力和后劲,使绿水青山持续发挥生态效益和经济社会效益。坚持绿水青山就是金山银山,要贯彻"创新、协调、绿色、开放、共享"的新发展理念,加快形成节约资源和保护环境的空间格局、产业结构、生产方式、生活方式,给自然生态留下休养生息的时间和空间。

(3)坚持良好生态环境是最普惠的民生福祉

保护生态环境就是保护生产力,改善生态环境就是发展生产力。良好生态环境是最公平的公共产品,是最普惠的民生福祉。坚持良好生态环境是最普惠的民生福祉,要做到生态惠民、生态利民、生态为民,重点解决损害群众健康的突出环境问题,不断满足人民日益增长的优美生态环境需要。

(4)坚持山水林田湖草是生命共同体

生态是统一的自然系统,是相互依存、紧密联系的有机链条。人的命脉在田,田的命脉在水,水的命脉在山,山的命脉在土,土的命脉在林和草,这个生命共同体是人类生存发展的物质基础。坚持山水林田湖草是生命共同体,要统筹兼顾、整体施策、多措并举,全方位、全地域、全过程开展生态文明建设。

(5)坚持用最严格制度最严密法治保护生态环境

只有实行最严格的制度、最严密的法治,才能为生态文明建设提供可靠保障。坚持用最严格制度最严密法治保护生态环境,要加快制度创新,强化制度执行,让制度成为刚性的约束和不可触碰的高压线。

(6)坚持共谋全球生态文明建设

生态文明建设关乎人类未来,建设绿色家园是人类的共同梦想,保护生态环境、应对气候变化需要世界各国同舟共济、共同努力,任何一国都无法置身事外、独善其身。坚持共谋全球生态文明建设,要深度参与全球环境治理,形成世界环境保护和可持续发展的解决方案,引导应对气候变化国际合作。

2.3.3 重点任务

在党的十八大报告中,提出了推进生态文明建设的四项任务:优化国土空间开发格局,全面促进资源节约,加大自然生态系统和环境保护力度,加强生态文明制度建设。在党的十九大报告中,根据生态文明建设的进程,调整和完善了其重点任务:一是要推进绿色发展,二是要着力解决突出环境问题,三是要加大生态系统保护力度,四是要改革生态环境监管体制。

2021年4月30日,中共中央政治局就新形势下加强我国生态文明建设进行了第二十九次集体学习。

习近平总书记在会上系统总结党的十八大以来我国生态文明建设取得的显著成效,深入分析我国生态文明建设形势,全面部署"十四五"时期我国生态文明建设的重点任务,为全面推进生态文明建设、加强生态环境保护提供了方向指引和根本遵循。根据习近平总书记重要讲话精神,"十四五"时期我国生态文明建设的重点任务主要包括以下内容(孙金龙 等,2021;黎祖交,2020):

(1)推动绿色低碳发展

推动地方、重点行业和企业开展碳达峰行动,实施碳强度和碳排放总量"双控"制度,更加突出以生态环境质量改善、二氧化碳达峰倒逼总量减排、源头减排、结构减排,推动产业结构、能源结构、交通运输结构、用地结构调整,从严从紧从实控制地方盲目上马高能耗、高排放项目。加快推进"三线一单"落实落地,统筹推进区域绿色发展,构建国土空间开发保护新格局。

(2)开展污染防治行动

坚持精准治污、科学治污、依法治污,保持力度、延伸深度、拓展广度,持续打好蓝天、碧水、净土保卫战,集中攻克老百姓身边的突出生态环境问题。加强细颗粒物和臭氧协同控制,基本消除重污染天气。统筹水资源、水环境、水生态治理,有效保护居民饮用水安全,坚决治理城市黑臭水体。有效管控农用地和建设用地土壤污染风险。加强危险废物医疗废物收集处理。强化农业面源污染治理,明显改善农村人居环境。

(3)加强生态保护和修复监管

加快构建以国家公园为主体的自然保护地体系,完善自然保护地、生态保护红线监管制度,持续开展"绿盾"自然保护地强化监督。开展生态系统保护成效监测评估,加大对挤占生态空间和损害重要生态系统行为的惩处力度。加快编制进一步加强生物多样性保护指导意见,实施生物多样性保护重大工程,强化外来物种管控,举办好《生物多样性公约》第十五次缔约方大会。

(4)积极参与全球环境治理

坚持多边主义,加强应对气候变化、海洋污染治理、生物多样性保护等领域国际合作,进一步提升履行国际公约的能力、水平和实效。坚持共同但有区别的责任原则、公平原则和各自能力原则,主动承担同国情、发展阶段和能力相适应的环境治理义务,推动构建绿色"一带一路",推进绿色投资、绿色贸易发展,加强南南合作以及同周边国家的合作,展现我国负责任大国形象。

(5)建设现代环境治理体系

推动完善生态文明领域统筹协调机制,增强全社会生态环保意识,构建党委领导、政府主导、企业主体、社会组织和公众共同参与的"大环保"格局。继续推进第二轮中央生态环境保护督察,加大生态环境执法力度,对破坏生态环境的违法行为严惩重罚。构建以排污许可制为核心的固定污染源监管体系。推进排污权、用能权、用水权、碳排放权市场化交易,建立健全风险管控机制。认真贯彻落实新时代党的组织路线,推动全面从严治党向纵深发展,加快打造生态环境保护铁军。

2.4　生态文明建设实践

2.4.1　两型社会

改革开放以来,虽然我国社会经济发展的速度举世瞩目,但也广泛存在着高消耗、高投入、高污染、低产出的问题。经济增长与资源环境的矛盾日益尖锐。推动两型社会的建设是转变经济增长方式,实现全面建设小康社会奋斗目标的重要保障。

2.4.1.1　基本概念

"两型社会"是资源节约型社会和环境友好型社会的简称。其中,资源节约型社会是指在生产、流通、消费等社会经济运行的各环节中,通过各种新技术、新理念、新举措,不断提高资源利用效率,降低资源消耗,获得最大的经济效益、社会效益和生态效益的社会,其核心是节约资源。环境友好型社会则是指在各种生产生活活动中尽量减少废物排放,保护和改善生态环境,努力防治环境污染,实现人与环境和谐相处的社会,其核心是人与自然的协调和可持续发展。

从广义上讲,资源和环境这两个概念存在许多交叉重叠的部分。环境要素中包含了各种自然资源,而自然资源中也包括许多环境资源,它们共同构成了大自然。资源和环境之间互相重叠、交叉、融合的复杂关系,使得资源节约型社会和环境友好型社会之间也存在着既各有侧重,又密不可分的关系。因此,两型社会建设的共同目标就是推动社会经济系统和自然生态系统的协调发展,实现人与自然的和谐共生(简新华 等,2009)。

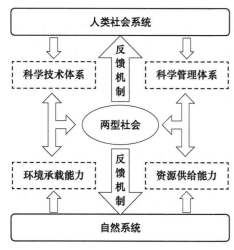

图 2-1　两型社会概念体系

综上所述,两型社会是指以环境友好、资源节约为基本特征,以资源的高效利用和合理配置为主要手段,促进社会经济发展和资源环境承载能力的协调,实现可持续发展的社会形态(图 2-1)。

"两型社会"这一概念具有以下内涵:(1)两型社会是一种有利于资源节约和环境友好的新型发展模式。它是对资源粗放利用的传统经济发展模式的反思和改进。(2)两型社会的建设要求人类的各种社会经济活动服从于客观的生态规律,遵循资源节约和环境友好这两大基本原则。(3)两型社会包括资源节约型社会和环境友好型社会这两个密不可分、相辅相成的组成部分。只有加强资源利用过程中的节约,才能实现人类活动对生态环境的友好。(4)两型社会是经济社会发展到一定历史阶段的必然产物,是可持续发展的持续深化和具体表现,也是建设社会主义和谐社会的重要基础(王鹏,2008)。

2.4.1.2　发展历程

两型社会的建设是一项复杂的系统工程,涉及社会、经济、生态等各个方面。近年来,国家围绕节能减排和环境保护出台了一系列的政策措施,以期大力推动两型社会的建设进程(表 2-1 和表 2-2)。

表 2-1　节能减排与资源综合利用类政策

序号	政策文件名称	文件号	政策类型
1	国务院关于加快建立健全绿色低碳循环发展经济体系的指导意见	国发〔2021〕4 号	节能减排
2	住房和城乡建设部等 15 部门关于加强县城绿色低碳建设的意见	建村〔2021〕45 号	节能减排
3	国家机关事务管理局 国家发展和改革委员会关于印发"十四五"公共机构节约能源资源工作规划的通知	国管节能〔2021〕195 号	节能减排
4	关于印发《中央和国家机关能源资源消耗定额》的通知	国管节能〔2021〕33 号	节能减排
5	国务院办公厅关于印发新能源汽车产业发展规划(2021—2035 年)的通知	国办发〔2020〕39 号	节能减排
6	国务院办公厅关于印发"无废城市"建设试点工作方案的通知	国办发〔2018〕128 号	资源利用
7	国务院办公厅关于加快推进畜禽养殖废弃物资源化利用的意见	国办发〔2017〕48 号	资源利用
8	国务院关于印发"十三五"节能减排综合工作方案的通知	国发〔2016〕74 号节能	节能减排
9	国务院办公厅关于印发生产者责任延伸制度推行方案的通知	国办发〔2016〕99 号	节能减排
10	国务院办公厅关于加强节能标准化工作的意见	国办发〔2015〕16 号	节能减排
11	国务院办公厅关于印发 2014—2015 年节能减排低碳发展行动方案的通知	国办发〔2014〕23 号	节能减排
12	国务院关于化解产能严重过剩矛盾的指导意见	国发〔2013〕41 号	节能减排
13	国务院办公厅关于加强内燃机工业节能减排的意见	国办发〔2013〕12 号	节能减排

序号	政策文件名称	文件号	政策类型
14	国务院关于加快发展节能环保产业的意见	国发〔2013〕30 号	节能减排
15	国务院关于印发"十二五"节能环保产业发展规划的通知	国发〔2012〕19 号	节能减排
16	国务院办公厅关于进一步加大节能减排力度加快钢铁工业结构调整的若干意见	国办发〔2010〕34 号	节能减排
17	国务院办公厅转发发展改革委等部门关于加快推行合同能源管理促进节能服务产业发展意见的通知	国办发〔2010〕25 号	节能减排
18	国务院办公厅转发发展改革委等部门关于加快推行合同能源管理促进节能服务产业发展的通知	国办发〔2010〕25 号	节能减排
19	国务院批转发展改革委等部门关于抑制部分行业产能过剩和重复建设引导产业健康发展若干意见的通知	国发〔2009〕38 号	节能减排
20	国务院办公厅关于深入开展全民节能行动的通知	国办发〔2008〕106 号	节能减排
21	国务院办公厅关于建立政府强制采购节能产品制度的通知	国办发〔2007〕51 号	节能减排
22	国务院批转节能减排统计监测及考核实施方案和办法的通知	国发〔2007〕36 号	节能减排

表 2-2　环境保护与治理类政策

序号	政策文件名称	文件号	政策类型
1	国务院办公厅关于加强城市内涝治理的实施意见	国办发〔2021〕11 号	环境保护
2	国务院办公厅关于生态环境保护综合行政执法有关事项的通知	国办函〔2020〕18 号	环境保护
3	国务院关于印发打赢蓝天保卫战三年行动计划的通知	国发〔2018〕22 号	环境保护
4	国务院办公厅关于转发国家发展改革委住房城乡建设部生活垃圾分类制度实施方案的通知	国办发〔2017〕26 号	环境保护
5	国务院关于印发"十三五"生态环境保护规划的通知	国发〔2016〕65 号	环境保护
6	国务院关于印发"十三五"控制温室气体排放工作方案的通知	国发〔2016〕61 号	环境保护
7	国务院关于印发水污染防治行动计划的通知	国发〔2015〕17 号	环境保护
8	国务院办公厅关于推行环境污染第三方治理的意见	国办发〔2014〕69 号	环境保护
9	国务院办公厅关于改善农村人居环境的指导意见	国办发〔2014〕25 号	环境保护
10	国务院办公厅关于印发大气污染防治行动计划实施情况考核办法(试行)的通知	国办发〔2014〕21 号	环境保护
11	国务院关于支持福建省深入实施生态省战略加快生态文明先行示范区建设的若干意见	国发〔2014〕12 号	环境保护
12	国务院办公厅关于印发近期土壤环境保护和综合治理工作安排的通知	国办发〔2013〕7 号	环境保护
13	国务院关于印发大气污染防治行动计划的通知	国发〔2013〕37 号	环境保护
14	国务院关于支持赣南等原中央苏区振兴发展的若干意见	国发〔2012〕21 号	环境保护
15	国务院关于进一步促进贵州经济社会又好又快发展的若干意见	国发〔2012〕2 号	环境保护
16	国务院关于印发国家环境保护"十二五"规划的通知	国发〔2011〕42 号	环境保护
17	国务院关于加强环境保护重点工作的意见	国发〔2011〕35 号	环境保护
18	国务院关于进一步促进内蒙古经济社会又好又快发展的若干意见	国发〔2011〕21 号	环境保护
19	国务院批转住房城乡建设部等部门关于进一步加强城市生活垃圾处理工作意见的通知	国发〔2011〕9 号	环境保护
20	国务院办公厅转发环境保护部等部门关于推进大气污染联防联控工作改善区域空气质量指导意见的通知	国办发〔2010〕33 号	环境保护
21	国务院办公厅转发环境保护部等部门关于实行"以奖促治"加快解决突出的农村环境问题实施方案的通知	国办发〔2009〕11 号	环境保护
22	国务院办公厅转发环保总局等部门关于加强重点湖泊水环境保护工作意见的通知	国办发〔2008〕4 号	环境保护

2.4.1.3 建设路径

两型社会建设是一个复杂的系统工程,涉及政府、企业、公众、科研机构等各类利益主体的共同努力,形成以政府为主导、以企业为主体、以技术创新为动力、以市场为平台、以公众参与为抓手的两型社会建设新格局,最终实现资源节约和环境友好的建设目标(图2-2)。

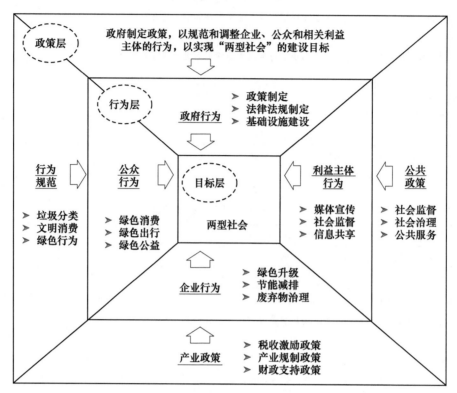

图 2-2 两型社会建设的系统框架

构建"两型社会"的具体路径主要包括以下方面:

(1)完善两型制度

两型社会的建设涉及社会经济的各个方面,需要有健全和完善的法规制度对各类主体的行为进行规范,以保证两型社会建设的有序开展。因此,两型社会的建设首先应该在制度上进行改革创新,构建一套以资源节约和环境友好为根本导向的制度体系。科学立法、严格执法,充分发挥法律制度的引导、监督、评价和警示功能。这些制度包括以下类型:一是综合配套制度,包括针对市场机制、企业管理、技术研发、社会民生、土地管理等基础性制度的改革;二是在自然资源的开发利用、科学定价等方面的制度改革;三是环境保护、污染治理等方面的制度改革。

(2)推进两型生产

产业生产是人类最重要的经济活动,也是建设两型社会的关键所在。不同的产业类型、不同的生产组织方式在自然资源消耗和生态环境影响上存在着巨大的差异。因此,大力发展自然资源消耗少、环境影响小的两型产业,逐步淘汰缩减自然资源消耗多、环境影响大的传统产业,就成为两型社会建设中的重要步骤。通过引入循环经济、生态经济等新技术、新理念,大力发展节能、生态、环保的产业,使用集约型、内涵型的产业组织方式,不断调整和优化传统产业结构,转变粗放式的经济增长方式,实现资源节约和环境友好的目标。

(3)倡导两型消费

消费是人类生活中的重要环节。人类的消费活动必然会消耗大量的自然资源和商品,产生许多的生活垃圾,从而对自然资源和生态环境产生影响。但是,不同的消费方式、消费结构、消费内容等对自然资源和生态环境的影响存在着较大的差异。因此,在两型社会的建设过程中,应提倡自然资源和商品消耗较少、环境影响较小的两型消费活动,反对和限制大量消耗各类产品和自然资源、环境污染严重的消费活动,禁止铺张浪费和奢侈挥霍的消费行为。通过切实转变公众消费观念与消费行为,倡导两型消费,为两型社会的建设提供社会支撑。

（4）研发两型技术

技术是第一生产力。技术创新对人类的生产生活活动具有重要影响。在两型社会的建设过程中,应将技术研发与推广的重点放在能够节约资源、循环利用、资源替代、环境保护、污染防治等两型技术上。通过为两型技术的研发、推广提供政策倾斜和资金保障,不断进行两型技术的创新和推广,提高生产生活过程中的两型技术支撑,从而为两型社会的建设提供有力的科学保障。

（5）建设两型政府

由于两型社会的建设涉及全社会的各个方面,使得政府在两型社会建设中处于重要的位置。两型政府的建设要点包括:一是在政府机构的运行管理过程中,切实做到资源节约和环境保护,避免铺张浪费,杜绝形式主义,从而在全社会产生良好的示范效应;二是制定符合两型社会导向的政绩考核标准,破除唯GDP 的倾向,让各级行政官员在行政管理、区域治理、区域发展中的决策和管理更加符合两型社会的建设要求;三是深化政府职能改革,逐步退出竞争性领域,建设服务型政府。通过政府、企业的合理分工,充分调动市场机制,提高资源利用效率。

2.4.2　两山理论

2.4.2.1　基本概念

两山理论是指习近平总书记所提出的"绿水青山就是金山银山"理论。其中,"绿水青山"通常是指良好的生态环境。在《之江新语》中,习近平总书记将其定义为"生态环境优势"。从生态学的角度上讲,"绿水青山"通常包括两个部分:一是有形的海洋、河流、湖泊、森林、草地、湿地等自然生态系统;二是无形的生态系统服务,如减轻灾害、调节气候、涵养水源、休闲娱乐等。"金山银山"也有多层含义。狭义上讲,它是指人类的各种生产活动所创造出的经济价值。广义上讲,它还包括民生福祉,如健康水平、幸福体验、审美福利等有助于提高人民群众的幸福感、获得感的社会价值。

两山理论深入阐释了绿水青山和金山银山之间的关系,其基本内涵如图 2-3 所示。第一,绿水青山是金山银山的前提条件。长期来看,没有了绿水青山,金山银山往往难以获取,也无法持续。第二,绿水青山并不直接等于金山银山。好的生态环境条件并不会直接变成经济价值。第三,绿水青山可以转化为金山银山。在一定的制度、资本、技术条件下,可以充分发挥绿水青山的生态环境优势,并将其转化为经济社会发展优势,最终促进民生福祉（李杨,2021）。

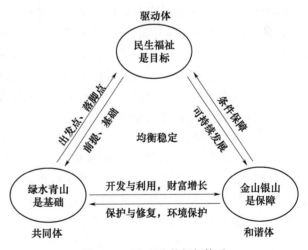

图 2-3　两山理论的框架体系

2.4.2.2　发展历程

长期以来,党和国家领导人曾围绕绿水青山与金山银山的关系开展了一系列的思考和探索,并在社会主义现代化建设过程中不断创新与完善,最终提出了两山理论。总体上看,两山理论的形成和发展可分为"用绿水青山换金山银山""既要绿水青山又要金山银山""绿水青山就是金山银山"这三个阶段（胡咏君 等,2019）。

2.4.2.3 践行路径

(1)加强生态治理与环境保护

保护好绿水青山是践行两山理论的基本要求。一是要深入贯彻山水林田湖草生命共同体理念,统筹开展自然资源和生态环境的保护、监管和污染防治工作,严格管理重点生态功能区,加快推进生态修复和治理,强化生态环境的监督管理。二是要着力解决环境污染问题。针对环境影响突出、民众广泛关注的大气污染、水污染、土壤污染等问题开展专项督察和治理行动,切实改善人居环境。三是科学编制国土空间规划,加强生态环境空间管控。根据"生态功能不降低、面积不减少、性质不改变"的基本原则,科学划定并严守生态保护红线,细化环境管控单元,明确环境治理要求,守住生态环境保护的底线和资源开发的上限。

(2)打通"两山"之间的转化通道

绿水青山并不直接等于金山银山。立足区域生态优势,大力发展生态经济,打通绿水青山与金山银山的转化通道,让一切创造社会财富的源泉充分涌流,真正实现绿色发展,是践行两山理论的关键。对于生态环境优势明显的地区,可以积极探索"生态十"模式,将绿水青山优势与旅游业、餐饮业、文化产业等充分融合,不断提高生态产品的产出效率,创造更多的具有经济价值的生态产品,推进农业和服务业转型升级。对于生态环境条件较为匮乏的地区,通过引入循环经济、低碳经济等新模式,一方面,要积极推动传统产业的转型升级,提升传统产业的绿色化水平;另一方面,要加快培育符合绿色发展要求的新技术、新产业、新业态,推动绿色低碳环保产业的发展。

(3)建立和完善生态资产核算体系

生态资产核算体系的建立可以通过货币化的方式计算绿水青山的生产能力,评估其经济价值,能够更准确地评估和分析资源、环境、经济之间的消长关系,掌握社会经济发展所付出的资源消耗和环境代价,从而为自然资源的高效利用提供决策支持。我国已经开展过自然资源资产负债表的试编工作和绿色GDP的核算工作。进一步推动相关工作的成熟和完善,能够为践行两山理论提供重要的技术支撑和决策支持。

(4)建立健全对公共生态产品的反哺机制

部分生态系统服务,如自然灾害防治、气候调节、生物多样性维持等,难以直接通过市场机制转换为相应的经济价值。应加快建立金山银山对绿水青山的反哺机制,显化公共生态产品的社会价值和经济价值,推动公共生态产品供给者的经济发展。一是要建立土地资源、水资源、矿产资源、森林资源等公共自然资源的有偿使用和代际补偿制度,实现自然资源的合理利用和保护。二是要进一步完善生态补偿制度。加大转移支付力度,逐步提高补偿标准,加快探索政策补偿、产业合作、技术研发等多元补偿方式。三是通过建立绿色发展基金,创新绿色信贷模式,完善绿色保险制度等方式,逐步建立有助于推动绿水青山向金山银山转化的绿色金融体系,助推生态文明建设(胡咏君 等,2019)。

(5)规范和完善绿色发展制度

习近平指出:"保护生态环境必须依靠制度、依靠法治,只有实行最严格的制度、最严密的法治,才能为生态文明建设提供可靠保障。"制度保障是践行两山理论的重要支撑。一是要建立和完善自然资源的产权制度和保护制度,避免对自然资源的无序开发和粗放利用。二是要建立和完善资源利用和环境保护的责任追究制度,以保证领导干部能够严格遵守和执行资源开发与生态环境保护的相关制度。三是要建立和完善企业排放许可制度,做好环境统计、排污收费、排污权交易等工作,规范企业行为。

2.4.3 新发展理念

2.4.3.1 基本概念

发展是中国共产党执政兴国的第一要务。"创新发展理念、破解发展难题"是党的十八大中所提出的重要任务。2015年10月,习近平总书记在党的十八届五中全会上明确提出了"创新、协调、绿色、开放、共享"的新发展理念。新发展理念指明了未来很长一段时期内我国的发展思路、战略方向和政策着力点,对于破解发展难题、增强发展动力、厚植发展优势具有重要意义。

新发展理念主要包括以下紧密联系的几个方面。其中,(1)"创新"是新发展理念的核心和灵魂,着力解决未来发展动力的问题。创新发展理念决定和制约其他发展理念,发挥着全局性、战略性、纲领性的作用。技术创新、制度创新、理论创新、文化创新等创新活动不仅能够破解发展难题,拓宽发展思路,还能够开拓发展新格局。(2)"协调"是新发展理念的关键着力点,着力解决我国社会经济发展过程中不平衡、不均衡的问题。近年来实施的城乡融合、精准扶贫、乡村振兴、区域均衡发展等国家重大战略,其目标就是解决发展失衡的问题,使得我国国民经济结构更合理,发展质量更高,发展后劲更足。(3)"绿色"是新发展理念的主题和基调,着力解决发展过程中人与自然如何和谐共生的问题。生态环境系统是人类生存和发展的重要基础。绿色发展也是贯穿于新发展理念始终的永恒主题。(4)"开放"是新发展理念的基本方向和外部条件,着力解决发展过程中如何内外联动的问题。在经济全球化的大背景下,需要积极主动地构建现代开放经济体系,加强国际合作,不断提升我国的对外开放水平。新冠疫情的出现,为我国的对外开放提出了严峻挑战。如何推动国内大循环和国际大循环的互动协调,树立我国在国际竞争合作中的新优势,是未来开放合作中亟待解决的重要问题。(5)"共享"是新发展理念的出发点和落脚点,着力解决发展过程中的公平正义与人民福祉问题。共享发展能够让改革开放的成果惠及广大人民群众,增强人民的幸福感和获得感,最终实现共同富裕。

2.4.3.2　演变历程

什么是发展? 如何发展? 这是中国共产党在治国理政过程中一直不懈探索的关键问题。改革开放以来,我国的发展理念也随着理论研究和实践探索的深入而不断调整和完善(表 2-3)。

(1)在改革开放初期,党和政府的工作重心逐步由阶级斗争转移到经济建设上来,并在中国共产党第十三次全国代表大会上确立了"以经济建设为中心,坚持四项基本原则,坚持改革开放"的基本路线。在这一阶段,"发展"重点为经济增长,强调通过较快的经济增长速度来消除贫困,提高人民的生活水平。

(2)进入 21 世纪后,面对我国社会经济发展中暴露出来的种种社会经济和生态问题,党和国家领导人开始逐渐拓宽和充实了"发展"的内涵。2003 年 10 月,中共十六届三中全会上正式提出了科学发展观,指出要"树立全面、协调、可持续的发展观,促进经济社会和人的全面发展"。党的十八大报告将生态文明建设正式纳入"五位一体"的总体布局中,从而解决传统发展主义过于强调经济增长的弊端,力图实现经济、社会、文化、政治、生态的全面协调发展。

(3)新时代的新发展理念。在党的十九大报告中,明确指出"中国特色社会主义进入新时代,我国社会主要矛盾已经转化为人民日益增长的美好生活需要和不平衡不充分的发展之间的矛盾"。在上述重大政治判断的基础之上,创新、协调、绿色、开放、共享的新发展理念应运而生。在新发展理念中,经济增长速度已经不再是主要目标,关注的焦点已经从"如何实现更快的发展"转向"如何实现更好发展"。

表 2-3　改革开放进程中发展理念的变迁(叶敬忠 等,2020)

发展进程	发展理念形态	动力机制	时代议题
改革开放初期	发展理念的重启	"革命"叙事的负面影响,发展主义思潮的引入	如何实现发展
新时期	发展主义理念的生成和强化	市场化改革,扩大内需的需求,区域关系和城乡关系全盘纳入现代化布局	如何实现更快发展
	科学发展观,对发展主义理念的部分矫正	发展主义实践问题的显现,社会管理复杂程度增加,自然资源的瓶颈约束	
新时代	新发展理念	经济下行压力增大,发展的不平衡性和不充分性尽显,科学发展观的理论推力,世界相互依赖性的增强	如何实现更好发展

2.4.3.3 发展思路

新发展理念是未来一段时期内统领我国改革发展的指挥棒。如何贯彻落实新发展理念,破解新时期的发展难题,关系到我国新时代决胜全面建成小康社会的关键。

(1)增强创新动力

创新是经济发展的主要动力。我国的经济增长长期依赖于要素投入和投资驱动,创新驱动的贡献率相对较低,无法满足人民群众日益提高的产品和服务需求。应从以下方面进一步增强创新动力:一是加快科技创新,推动创新链和产业链的有机融合,实现增长动能的转换,将传统的要素驱动型转换为创新驱动型增长。二是通过各种创新活动,推动产业结构的高级化,增强制造业在全球价值链中的优势,加快经济结构的优化调整。三是通过体制机制的改革,优化创新政策的供给,整合各类创新资源,打通适合创新发展的体制通道,变革创新模式,营造良好的创新环境。

(2)推动协调发展

我国社会经济发展中的不平衡、不协调问题日益明显。应从以下几个方面推动社会经济的协调发展。一是推动区域间的协调发展。以西部大开发、东北振兴、"一带一路"建设等重大战略为依托,大力推动老少边穷地区的社会经济发展,形成区域协调发展的新格局。二是推动城乡间的协调发展。以城市群建设为龙头,以乡村振兴、城乡融合等国家战略为依托,加快城乡之间、大城市和小城市之间各种生产要素的合理流动与优化配置,实现城乡之间的协调发展。

(3)强调绿色发展

我国之前的社会经济快速发展也带来了一系列的生态环境问题。绿色发展已经成为提高人民生活水平,满足人民美好生活需要的必然选择。应从以下方面推动社会经济的绿色发展。一是加快建立绿色低碳循环发展的产业体系,提高资源利用效率,推进能源结构的绿色转型,实现各产业的绿色健康发展。二是加强生态环境治理。通过国土空间管治、生态修复、环境综合治理等措施,不断改善生态环境质量,提高生态系统服务水平。三是深入开展绿色消费教育,转变消费观念,普及绿色环保知识,弘扬勤俭节约的传统美德,引导居民形成绿色健康的生活方式和消费模式。

(4)拓宽开放格局

以"一带一路"倡议为牵引,以国内国际双循环为依托,进一步发展高水平的开放经济。第一,充分利用国际国内市场的要素资源,增强自身竞争能力,拓宽开放发展格局。第二,通过国际国内资源的高效配置,生产要素的有序流动,国际国内市场的深入融合,不断融入全球产业链,提高开放发展的质量。第三,深入开展体制机制创新,积极探索自由贸易港、自贸试验区、边境经济合作区、跨境经济合作区等新的开放模式与平台,形成开放层次更高、辐射作用更强、合作程度更深的开放新高地。

(5)共享发展成果

让更多的人民共享发展成果,缩小收入差距是新时代建设发展过程中需要解决的重要问题。应从以下方面实现社会经济发展成果的共享。一是要深化收入制度改革,不断完善收入分配机制,增加低收入者的收入,缩小城乡之间、行业之间、区域之间的收入差距。二是进一步完善基本公共服务体系,努力增强教育、医疗、社保等基本公共服务的供给能力,提高供给质量。三是努力缩小城乡之间、区域之间基本公共服务的差距,不断推动基本公共服务的均等化,使得社会经济发展的成果惠及全体人民。

2.4.4 美丽中国

2.4.4.1 时代背景

2012年11月,中共十八大报告中明确提出要把生态文明建设放在突出地位,努力建设美丽中国,实现中华民族永续发展。这是"美丽中国"首次出现在党的重大文件中。2017年10月,党的十九大报告中,完善了中国特色社会主义建设的奋斗目标,即在21世纪中叶,将我国建成为富强、民主、文明、和谐、美丽的社会主义现代化强国。"美丽"一词首次被列入核心目标,表明美丽中国建设已经成为新时代党的重大战略任务之一。在 2018 年 5 月的全国生态环境保护大会上，习近平总书记进一步明确了美丽中国建设的时间表和路线图，美丽中国建设步入了加快实施阶段。

美丽中国概念的提出是中国转变经济发展方式的必然结果，也体现了中国特色社会主义理论和建设实践的不断成熟和完善（方创琳 等，2019）。1982 年 9 月，党的十二大报告强调了物质文明和精神文明这"两个文明建设一起抓"的战略方针；1989 年 6 月，党的十三届四中全会提出了社会主义经济建设、政治建设和文化建设"三位一体"的发展战略；2004 年 9 月，党的十六届四中全会明确提出我国社会主义物质文明、政治文明、精神文明与和谐社会"四位一体"的发展目标。2012 年 11 月，党的十八大制定了新时代统筹推进经济、政治、文化、社会、生态文明"五位一体"的总体布局。

美丽中国建设的提出和推进具有鲜明的时代背景。

（1）国际背景

工业文明时代引发了全球变暖、土地荒漠化、自然资源枯竭、水体污染等一系列的生态环境问题，引起了世界各国对于生态危机的重视。面对这些问题，许多国家开始推动经济转型，倡导可持续发展，抢占绿色发展先机。以联合国为首的世界组织召开了可持续发展大会、气候变化大会等多项重要活动，签署了《联合国气候变化框架公约》《巴黎协定》等一系列重要国际协议，在全球范围内有力地推动了可持续发展理念的传播和建设实践。

中国作为世界上最大的发展中国家，其经济发展模式和绿色转型过程与全球可持续发展目标的实现息息相关。我国历届领导人均高度重视绿色转型与可持续发展，积极参与全球环境治理，努力承担应尽的国际义务，携手共建生态良好的地球美好家园。习近平总书记高度重视全球生态环境问题，围绕生态文明建设发表了一系列重要讲话。美丽中国的提出进一步完善了习近平生态文明思想，顺应了由工业文明转向生态文明的全球性发展趋势，树立了我国坚持绿色生态发展的良好国际形象，体现了新兴大国在全球事务中的责任和担当。

（2）国内背景

改革开放以来，我国在经济建设领域取得了举世瞩目的成就。但是，传统粗放的经济增长方式也带来了生态系统退化严重、资源过度开发等问题，经济发展与生态退化、环境污染、资源枯竭等问题之间的冲突日益明显，传统的经济增长方式难以为继。转变经济发展方式，加快绿色转型已经成为我国社会经济发展过程中的必然选择。在此背景下，习近平总书记对于建设美丽中国，推进生态文明的论述正是为了破解我国经济增长与资源利用和环境保护之间的现实矛盾，实现中华民族的永续发展而提出的，具有明确的针对性和必然性（秦书生，2018）。

2.4.4.2　基本内涵

美丽中国建设的根本目标是落实生态文明建设，提升可持续发展能力，推动高质量发展。因此，美丽中国的内涵十分丰富。从广义上讲，美丽中国建设是在特定时期内，遵循社会经济可持续发展规律、自然资源永续利用规律和生态环境保护规律，将我国的经济建设、社会建设、政治建设、文化建设和生态文明建设具体落实到具有不同主体功能的国土空间上，最终形成山清水秀、富裕强大、人地和谐、文化传承、政体稳定的社会主义建设新格局，为"两个一百年"奋斗目标的实现奠定坚实的基础。美丽中国包括生态环境之美、绿色发展之美、社会和谐之美、文化传承之美和体制完善之美，它们共同组成了美丽中国建设的理论框架（方创琳 等，2019）。

2.4.4.3　建设路径

（1）加快转变民众思想理念

思想理念的转变能够为美丽中国建设的顺利开展提供必要的思想保证、精神动力和智力支持。必须牢固树立尊重自然、顺应自然、保护自然的生态文明理念，坚定绿水青山就是金山银山的生态价值观，构建生态文化体系，增强国民生态环保意识，营造爱护生态环境的良好风气。在这样的社会环境下，民众才会积极承担生态责任，才会理解和支持我国走绿色低碳道路，才会使得我国的生态文明建设能够事半功倍。

（2）加快构建生态经济体系

经济生产方式的选择对于生态环境状况具有决定性的影响。不断转变经济增长方式,推动经济活动的绿色低碳转型,构建生态经济体系,是美丽中国建设的根本保障。践行绿色发展理念,推动产业的绿色低碳转型,需要做到以下方面:一是积极研发和采用清洁生产技术,通过新工艺、新技术来不断降低资源和能源消耗,实现传统产业的生态化、绿色化、低碳化发展,做到生产过程中的少投入、高产出、低污染。二是基于循环经济理念,加快对传统污染产业的绿色化改造,打造循环经济产业链,实现传统污染产业的绿色开采、清洁生产和达标排放。三是大力推动各类生产资源的节约化利用、清洁化生产,加快废弃物的资源化和无害化处理。四是优化产业布局,加快淘汰高耗能、高污染的产品和企业,重点培育节能环保、新型能源、绿色环保的战略性新兴产业,形成新的经济增长点。

（3）加快完善生态文明制度

生态文明体制机制的完善是推进美丽中国建设的重要制度保障。一是要深化改革,进一步完善生态文明制度。习近平总书记非常重视生态文明的制度建设,指出要用最严格的制度、最严密的法治保护生态环境。应逐步建立和完善环境法律制度、资源有偿使用制度、生态补偿制度、自然资源资产产权制度、污染防治制度、环境损害赔偿制度、环境监督制度等一系列的相关制度,保障生态文明建设成效。二是要改革党政领导干部的政绩考核体系和责任追究制度。应摒弃传统的 GDP 挂帅式政绩考核目标,以生态环境质量的改善为核心,建立新的生态政绩考核评价体系,引导领导干部把精力集中到生态文明建设上来,强化生态文明建设的政治保障。

（4）加快生态环境的保护与改善

良好的生态环境是幸福生活的必要条件,环境保护工作也是重要的民生工程。应着力加快生态环境的保护与改善,不断满足人民日益增长的优美生态环境需要。一是要着力解决反映强烈的生态环境问题。通过推进污染源治理、清洁排放、汽车尾气防治等措施,有效实施大气污染防治行动,打赢蓝天保卫战。二是不断加大环保监督执法力度,做好环境污染防治工作。三是科学构建生态廊道和生物多样性保护网络,严守生态红线,提高生态系统服务水平。

（5）加快完善生态风险治理体系

维护区域生态安全,构建生态风险治理体系是生态文明建设的根本要求。一是要建立生态风险治理的综合决策体系,制订生态风险治理的基本原则、关键目标和管理战略,完善生态风险治理的管理支撑体系。二是要建立生态风险治理机构,科学开展生态风险的评估、识别和预警。三是在科学预测的基础之上,提前制订不同类型、不同强度、不同情景下生态风险的防范预案,做好应对准备,尽量减少或避免损失。

2.4.5 "双碳"战略

2.4.5.1 基本概念

碳达峰(Peak carbon dioxide emissions)是指在某一个时期,全球范围内的 CO_2 (二氧化碳)净排放量达到历史最高值,并在达到峰值后逐步降低的状态。其中,CO_2 净排放量是指 CO_2 排放量与 CO_2 移除量(如植树造林、生物炭、碳封存等)相减后的差值。碳中和(Carbon neutral)也被称为 CO_2 净零排放,即在规定时期内,人为 CO_2 移除量在全球范围内能够抵消人为 CO_2 排放量时的状态(王志轩,2021)。根据《京都议定书》及其修正案,涉及限排的温室气体包括二氧化碳、氧化亚氮(N_2O)、甲烷(CH_4)、六氟化硫(SF_6)、全氟化碳(PFC)、氢氟碳化物(HFC)和三氟化碳(CF_3)七大类。

碳达峰、碳中和涉及社会经济发展的各个方面,通常被合称为"双碳"战略。碳达峰、碳中和目标的实现是一项复杂的系统工程,需要社会经济各个领域的配合。由于各类经济活动对 CO_2 排放的影响并不相同,且各类产业在转型升级过程中对 CO_2 排放的影响机制错综复杂,相互交织。因此,应在碳减排的总原则之下,为不同区域、不同行业、不同企业设计不同的减排路径,将阶段性目标与长远战略目标有机结合,在全局碳减排目标下探索合理的多元化减排路径(图 2-4)。

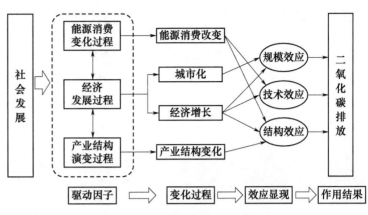

图 2-4　碳排放影响机制(原嫄 等,2020)

2.4.5.2　时代背景

2020 年 9 月,习近平总书记在第七十五届联合国大会一般性辩论上宣布,中国将提高国家自主贡献(NDC)的力度,力争在 2030 年前实现碳达峰,2060 年实现碳中和。此外,习近平总书记还提出了更具体的目标:到 2030 年,中国单位 GDP 的 CO_2 排放量将比 2005 年下降 65％以上,非化石能源占一次能源消费比重将达到 25％左右,森林蓄积量将比 2005 年增加 60 亿立方米,风电、太阳能发电总装机容量将达到 12 亿千瓦以上(王深 等,2021)。这一目标的提出引起了国际社会的广泛赞扬和热议。随后,在 2020 年 10 月举行的中共十九届五中全会,2021 年 3 月举行的十三届全国人大四次会议、全国政协十三届四次会议、中央财经委员会第九次会议等重要会议中,均对"双碳"目标的实现开展了具体的部署,"双碳"战略已经成为我国开展经济社会系统性变革、加快低碳转型、推进生态文明建设的重要抓手。

"双碳"目标的提出既体现了中国主动承担应对全球气候变化责任的大国担当,也是我国一直以来推进生态文明建设,积极应对全球气候变化的最新举措。早在 1992 年,中国就成为了《联合国气候变化框架公约》的最早缔约方之一。我国一直坚持共同但有区别的责任原则,采取了一系列的政策措施,为全球气候变化的减缓和适应作出了积极的贡献。1998 年 5 月,中国政府签署了《京都议定书》。2007 年 6 月,我国政府制定了《中国应对气候变化国家方案》,全面阐述了中国气候变化的现状和应对气候变化的努力,气候变化对中国的影响和挑战,明确了至 2010 年我国应对气候变化的具体目标、基本原则、重点领域及政策措施。随后,科技部等部门发布了《中国应对气候变化科技专项行动》,进一步明确了未来我国应对气候变化的关键目标、重点任务和保障措施。2013 年 11 月,中国发布了《国家适应气候变化战略》,使得各项应对制度和政策措施更加系统化。2016 年 4 月,中国率先签署了《巴黎协定》;同年 9 月,中国正式加入《巴黎气候变化协定》,成为完成了批准协定的缔约方之一。经过党和政府的不懈努力,中国已经成长为配额成交量规模全球第二的碳市场,并提前两年完成了 2020 年气候行动目标,节能减排成效显著(表 2-4 和表 2-5)。2020 年 9 月,习近平总书记在联合国大会提出的 2030 年、2060 年"双碳"目标是我国在应对全球气候变化过程中作出的重大战略决策,体现了我国推动构建人类命运共同体的责任担当,彰显了我国坚持绿色低碳发展的坚定决心,也使我国逐渐从应对全球气候变化的参与者、贡献者逐步转变为关键引领者(刘仁厚 等,2021)。

表 2-4　2005—2019 年中国 CO_2 排放情况

年份	CO_2 排放量/百万吨		单位国内生产总值 CO_2 排放量/(吨/万元)	
	世界银行世界发展指标	国际能源署	世界银行世界发展指标	国际能源署
2005 年	5897.0	5407.5	3.1	2.9
2006 年	6529.3	5961.8	3.0	2.7
2007 年	6697.7	6473.2	2.5	2.4
2008 年	7553.1	6669.1	2.4	2.1
2009 年	7557.8	7131.5	2.2	2.0
2010 年	8776.0	7831.0	2.1	1.9
2011 年	9733.5	8569.7	2.0	1.8

年份	CO$_2$排放量/百万吨		单位国内生产总值CO$_2$排放量/(吨/万元)	
	世界银行世界发展指标	国际能源署	世界银行世界发展指标	国际能源署
2012年	10028.6	8818.4	1.9	1.6
2013年	10258.0	9188.4	1.7	1.5
2014年	10291.9	9116.3	1.6	1.4
2015年	10145.0	9093.3	1.5	1.3
2016年	9893.0	9054.5	1.3	1.2
2017年	—	9245.6	—	1.1
2018年	—	9528.2	—	1.0
2019年	—	9809.2	—	1.0

数据来源:世界银行世界发展指标、国际能源署、中国国家统计局。

表2-5　2005—2019年中国各类能源占能源消耗总量比重　　　　　　（单位　%）

年份	煤炭	石油	天然气	一次电力及其他能源
2005年	72.4	17.8	2.4	7.4
2006年	72.4	17.5	2.7	7.4
2007年	72.5	17.0	3.0	7.5
2008年	71.5	16.7	3.4	8.4
2009年	71.6	16.4	3.5	8.5
2010年	69.2	17.4	4.0	9.4
2011年	70.2	16.8	4.6	8.4
2012年	68.5	17.0	4.8	9.7
2013年	67.4	17.1	5.3	10.2
2014年	65.8	17.3	5.6	11.3
2015年	63.8	18.4	5.8	12.0
2016年	62.2	18.7	6.1	13.0
2017年	60.6	18.9	6.9	13.6
2018年	59.0	18.9	7.6	14.5
2019年	57.7	18.9	8.1	15.3

数据来源:中国国家统计局。

2.4.5.3　实现路径

（1）加强顶层设计,统筹推进"双碳"工作

以应对气候变化为总目标,加强顶层设计,科学制定碳达峰、碳中和的技术路线图和行动方案。明确应对气候变化的指导思想、基本原则和关键目标等,划定"双碳"战略中的红线和底线。明确重点产业低碳化的基本思路,确定能源结构、工业结构、交通结构的优化调整方针,系统推进能源、工业、交通、建筑、农业、科技等重点领域的绿色低碳转型路径。明确各级政府以及各利益主体的责任,建立和完善绿色低碳转型的体制机制和政策保障等。

（2）加快绿色技术创新,构建绿色技术创新体系

以能源革命为契机,以市场应用为导向,破除新技术融合壁垒,加快绿色低碳技术研发布局。着力构建新能源技术体系,重点推进清洁低碳技术、零碳技术、负碳技术的研究计划,突破技术瓶颈,实现光伏、核电、风电等领域关键技术的自主可控,保障产业链的安全。大力加强碳移除、碳封存和碳利用技术的研发。以资源节约和节能环保为目标,大力开展碳循环利用技术的研发活动。重点研发废弃物的再利用技

术、减污降碳技术和节能环保技术。

(3)加快重点产业的低碳转型,构建绿色产业体系

第一,通过原料脱碳,工艺改造,碳捕获、利用与封存(CCUS)设备加装,全流程节能等方式,加快钢铁、石化、煤炭、水泥等节能减排的重点行业的转型升级。第二,加快新能源汽车领域的绿色技术创新,推动交通运输领域的电力改造和升级,倡导更加绿色低碳的交通出行方式。第三,利用人工智能、遥感监测、大数据等新技术对固定碳排放源进行空间监测和管治,降低二氧化碳排放量。

(4)建立健全碳排放权交易市场

基于市场运行规律,构建完备的市场监管体系,在全国范围内逐步建立和健全碳排放权交易市场。不断拓宽碳排放权交易市场的参与行业,提高交易企业的数量和规模,丰富不同类型的交易主体和交易品种,进一步完善碳税制度。通过市场机制来激励企业的绿色低碳化转型,降低整个社会的二氧化碳排放量。此外,应积极发展绿色金融、绿色保险等政策机制,通过市场力量提高企业转型升级、节能减排的积极性。

(5)大力建设"无废城市""无废社会"

通过构建循环经济体系,加强垃圾分类与回收等措施,加强固体废物的资源化利用,建设无废城市和无废社会。一是要优化城市公共交通,倡导绿色出行,鼓励低碳消费等,形成绿色低碳的生活方式。二是推广生活垃圾的分类、回收与再利用,减少垃圾填埋比例,降低资源消耗。

(6)积极发展各种形式的碳汇,提高碳移除总量

从生态、生产、生活等各个领域发展多种形式的碳汇,增加碳移除总量。一是通过植树造林、生物质生产等方式,大力提高森林、草原、湿地等生态系统的固碳作用,提高其碳汇能力。二是通过国土空间规划与生态修复等,保护和恢复生态系统功能,提高生态系统的稳定性。三是大力发展碳捕获、利用与封存技术,在各种生产生活环节降低碳排放量。

2.4.6　人类命运共同体

2.4.6.1　基本概念

随着经济全球化的不断深入,各国之间相互联系、相互依存的程度也空前加深,各国之间越来越成为了一个"你中有我、我中有你"的命运共同体(刘建飞,2020)。然而,在当今的全球化时代,仍然面临着许多逆全球化挑战。恐怖袭击、领土争端、宗教矛盾等引发的国际安全威胁持续升温,国际关系变化剧烈,地缘政治经济博弈更加复杂,全球性生态危机频繁发生。如何改革全球治理模式,构建新的国际秩序,已经成为亟待解决的重要问题。人类命运共同体理念就是党和政府为了重建国际秩序而提出的"中国方案"。所谓人类命运共同体,就是每个民族、每个国家的前途命运都紧密联系在一起,应该风雨同舟,荣辱与共,努力把我们生于斯、长于斯的这个星球建成一个和睦的大家庭,把世界各国人民对美好生活的向往变成现实(习近平,2017)。

人类命运共同体的核心思想是"要和平不要战争,要发展不要贫穷,要合作不要对抗,要共赢不要单赢"。该思想强调在谋求本国发展的同时兼顾他国的合理关切;通过共同挑战、共同利益和共同责任把世界各国团结在一起,构建一个"大同世界"(胡鞍钢 等,2018)。人类命运共同体的科学内涵主要包括以下方面(图 2-5):

(1)政治上的持久和平是建设人类命运共同体的关系基础

人类命运共同体思想倡导国与国之间的相互尊重、合作共赢。虽然各个国家的体量有大小之分,国力有强弱之别,但都有平等参与国际事务的

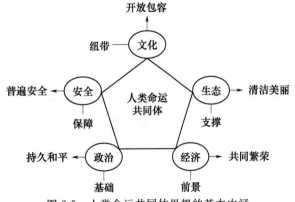

图 2-5　人类命运共同体思想的基本内涵

基本权利。人类命运共同体思想着眼于世界政治经济格局和大国战略关系变化,倡导构建一个平等相待、互商互谅的新型全球伙伴关系,从而消弭国际争端,实现持久和平。

（2）经济上的共同繁荣是建设人类命运共同体的前景目标

世界经济的发展仍然面临诸多问题,贫富差距拉大、经济增长乏力等问题仍然困扰着许多国家和地区。人类命运共同体思想把各国的共同繁荣、共同富裕作为最重要的发展目标,强调全球经济发展中的合作共赢和共同发展,进而打造包容、开放、均衡、普惠的全球经济新结构。

（3）文化上的开放包容是建设人类命运共同体的关键纽带

当今世界存在着许多不同类型的文明和文化。不同的文明之间只有特色之别,没有优劣之分,它们共同构成了丰富多彩的人类文明。人类命运共同体思想倡导在文化上的兼容并蓄、开放包容。应通过不同文明之间的交流互鉴,推动不同文明共同发展,淡化和搁置社会制度、意识形态等领域的矛盾分歧,共同应对当今世界发展中的诸多挑战。

（4）实现普遍安全是建设人类命运共同体的根本保障

在全球化深入发展的过程中,公共卫生安全、粮食安全、能源安全等问题日益凸显,恐怖主义、网络犯罪、大规模杀伤性武器扩散等安全威胁依然存在。随着各国联系的日益密切,各个国家无法在这些安全威胁面前独善其身。人类命运共同体思想倡导共同、综合、合作、可持续的安全观,致力于同各国增进互信、弥合分歧、深化合作,努力走出一条共建、共享、共赢、共护的安全新路。

（5）生态上的清洁美丽是建设人类命运共同体的重要支撑

人类社会经济的发展史也是人与自然关系的协调史。人类文明的兴衰消长在很大程度上也取决于人与自然的相处之道(吴志成 等,2018)。人类命运共同体思想倡导尊崇自然、绿色发展,强调社会经济发展与生态环境保护的协调共生,鼓励各国携手应对各种全球性生态环境危机,不断推进全球生态环境问题的协同治理。

2.4.6.2 发展历程

人类命运共同体理念是我国为国际社会贡献的全球治理新方案,它的提出和完善过程体现了党和国家领导人对国际关系、全球治理等关键问题的不断思考和探索。2011 年 9 月,在国务院发布的《中国的和平发展》白皮书中,首次提出了"命运共同体"的概念,指出"要以命运共同体的新视角,以同舟共济、合作共赢的新理念,寻求多元文明交流互鉴的新局面,寻求人类共同利益和共同价值的新内涵,寻求各国合作应对多样化挑战和实现包容性发展的新道路"。2012 年 11 月,胡锦涛总书记在中共十八大报告中明确指出,要"倡导人类命运共同体意识,在追求本国利益时兼顾他国合理关切,在谋求本国发展中促进各国共同发展,建立更加平等均衡的新型全球发展伙伴关系,同舟共济,权责共担,增进人类共同利益"。这也是"人类命运共同体"概念首次出现在中国共产党的重要文件中。党的十八大以后,习近平总书记在莫斯科国际关系学院、博鳌亚洲论坛年会、第七十届联合国大会等多个国际场合传递人类命运共同体理念。2017 年 2 月,在联合国社会发展委员会第 55 届会议(CSocD55)通过的"非洲发展新伙伴关系的社会层面"决议中,呼吁国际社会应本着合作共赢和构建人类命运共同体的精神,加强对非洲经济社会发展的支持。这是人类命运共同体理念首次被写入联合国决议。随后,在中国推动下,构建人类命运共同体理念十几次写入联合国人权理事会决议,标志着该理念得到了越来越多的认可,已经成为了国际共识。

2017 年 10 月,中共十九大报告明确提出要"构建人类命运共同体,建设持久和平、普遍安全、共同繁荣、开放包容、清洁美丽的世界",进一步明确了人类命运共同体的核心内涵。在此次大会上还修订了《中国共产党章程》,增加了"构建人类命运共同体"的内容,标志着人类命运共同体思想已经上升为全党的指导思想。2018 年 3 月,中共十三届全国人大一次会议通过了《中华人民共和国宪法修正案》,正式将"构建人类命运共同体"写入宪法,标志着"人类命运共同体"理念已经纳入我国法律制度体系之中,成为国家和人民的共同意愿。2020 年,中国同世界携手应对新冠肺炎疫情,生动诠释了人类命运共同体理念。

2.4.6.3　构建路径

（1）加强理论创新

马克思所提出的共同体思想是人类命运共同体概念的理论基础。构建人类命运共同体，应从理论上不断发展和创新马克思的共同体思想，为人类命运共同体的构建奠定坚实的理论基础。马克思认为，共同体的组建单位是人，而非国家；共同体的理想状态是自由人的自愿联合，其组织形态是共产主义。因此，马克思所提出的共同体建立在阶级和国家已经消亡的前提上，这已经远远超越了目前人类社会的发展阶段。因此，应结合现实情况，从理论上对马克思共同体思想进行创新和改造，使其更加符合现实中人类命运共同体的建设要求。

（2）构建新型国际关系

国际政治局势的持久和平和稳定是全球社会经济平稳发展的根本前提。因此，维护大国关系的稳定，确保大国之间不冲突、不对抗，实现国家之间的相互尊重与合作共赢是构建人类命运共同体的核心任务。为此，应在和平共处五项原则的基础上，秉持共商、共建、共享的全球治理观，高举和平、发展、合作、共赢的旗帜，恪守维护世界和平、促进共同发展的外交政策宗旨，建设相互尊重、公平正义、合作共赢的新型国际关系。

（3）打造普遍安全格局

安全是谋求世界社会经济发展的根本保障。在唇齿相依的全球化时代，没有全世界的普遍安全，就不可能有各个国家的持久安全。应坚持公道正义、共商共建的原则，进一步倡导各国牢固树立共同、综合、合作、可持续的新型安全观，构建灵活高效的多边安全合作框架，统筹应对各类安全威胁。中国应主动发挥建设者和贡献者的作用，积极参与各类安全领域的规则制定和体制机制建设，推动全球安全治理转型，打造全球普遍安全格局。

（4）推动全球共同繁荣

发展始终是世界各国的第一要务。共同繁荣是建设人类命运共同体的根本目标。构建人类命运共同体要求经济全球化朝着更加开放、包容、普惠、平衡、共赢的方向发展，更好地实现世界经济的持续增长和财富分配的公平正义。具体而言，应以推进"一带一路"建设为基础，探索各国经济合作发展的新模式，优化国际发展援助机制，着力消除全球贫困问题和贫富差距不断加剧的现象，推动全球各国的共同繁荣。

（5）促进文化交流互鉴

文明多样性是世界的基本特征，也是人类文明进步的根本动力。在构建人类命运共同体的过程中，一是要坚持文明交流、文明互鉴和文明共存的原则，促进和而不同、兼收并蓄的文明交流，为人类命运共同体的生根发芽创造有利条件。二是要加强各国的文化事业建设，增强各文明的文化自信，从而更好地融入世界文明中。三是要积极引导和培育全球公民意识，以人类命运共同体为基础，塑造积极的全球文明观和价值观。

（6）加强全球生态治理

清洁美丽是人类命运共同体建设过程中的必然要求。一是要在世界各国倡导并形成绿色发展共识，让各国坚持走上绿色、低碳的可持续发展道路，保护好全人类共同的地球家园。二是全面深化全球气候合作，探索应对气候变化的现实路径。三是积极推进清洁能源、循环经济等技术研发和应用的国际交流与合作，共同探索清洁发展模式，推动生态文明建设。

2.4.7　沟域经济

2.4.7.1　基本概念

沟域是指由沟长、沟宽、沟邦、沟梁（高）所构成的一个相对封闭的条带状区域（陈俊红 等，2010）。从区域的角度来看，沟域就是以山间沟谷线状区域为中心向两侧延伸，两侧山脊为分界线的"V"字型相对闭合区域（陈俊红 等，2012）。沟域经济是指以山区自然沟域为空间单元，以沟域内的自然景观、人文遗迹、产业资源为基础,融合一、二、三产业,对沟域内的山、水、林、田、路等各要素进行综合治理,对农、林、牧、副、游等各产业进行统一规划和有序打造,逐步形成形式多样、产业融合、规模适度、特色鲜明的沟域产业经济带,最终实现山区经济和生态建设协同并进的一种经济形态(陈邦炼 等,2017)。沟域经济属于区域经济范畴。沟域经济这一概念凸显了山区的基本空间特征,从本质上把握住了山区发展的方向,是区域经济发展研究的重要组成部分。

2.4.7.2 基本特征

作为一个新的区域经济体系,沟域经济具有以下基本特征:

(1)综合性。沟域经济涵盖了沟域内的山、水、林、田、路等各个要素,是一个宏观而综合的发展模式。沟域经济强调山区的发展应具有系统性,需要综合考虑社会、经济、生态环境等各个要素之间的耦合关系,从而实现山区经济系统—自然系统—社会文化系统的协同发展。

(2)区域性。每个沟域都具有明确的空间边界,每个沟域的山、水、林、田、路、产业等要素均不相同。发展沟域经济,要求每个沟域根据各自的要素禀赋和自然条件,实现各要素的耦合协调发展。

(3)开放性。开放性是沟域经济系统协调发展的必然条件。沟域并不是一个封闭的概念。沟域内部、沟域之间都有紧密的联系。通过合理的联结模式,能够实现沟域内部,以及沟域和外部世界在物质、能量和信息上的有效沟通,进而产生各种社会、经济和生态联系。

(4)分异性。沟域内部存在明显的地域分异。一般而言,一个典型的沟域通常可以分为上、中、下三段。每一段的资源禀赋状况和发展条件并不相同,其所肩负的发展功能也存在较大差异。沟域内部的分异性要求在发展沟域经济的过程中,充分整合资源禀赋优势,引导各区段发展特色产业,实现错位竞争。

(5)生态性。生态性既是沟域经济发展模式的内在要求,也是沟域经济的一个显著特征。沟域经济是一种生态经济发展模式,强调山区社会经济发展过程与生态保护之间的协同共进;是习近平总书记"绿水青山就是金山银山"理论的践行路径。

2.4.7.3 发展模式

北京市是沟域经济发展水平最高的地区,其发展思路是以山区沟域为单元,以其范围内的自然景观、文化历史遗址和产业资源为基础,以特色农业旅游观光、民俗文化旅游、科普教育、养生休闲、健身娱乐等为内容,通过对沟域内部的环境、景观、村庄、产业统一规划,建成内容多样、形式不同、产业融合、特色鲜明的具有一定规模的沟域产业带,以点带面、多点成线、产业互动,形成聚集规模,最终促进区域经济发展、带动农民快速增收致富(图2-6)。

具体而言,北京山区沟域经济的发展模式主要包括以下类别(郝利 等,2010):

(1)生态建设驱动模式

该模式的基本思路是通过开展流域治理、矿山修复等一系列生态建设工程来修复和改善山区生态环境,提高生态吸引力。在此基础上,通过产业结构调整、基础设施建设、招商引资等方式,大力转变经济增长模式,发展生态沟域经济。怀柔区的"雁栖不夜谷"是该模式的典型代表。自2006年开始,雁栖镇即开始大力开展生态环境建设,倾力打造生态一条沟。至2007年底,政府和社会投资共1.7亿元,完成了"不夜谷"的升级改造。如今,"不夜谷"年均接待游人113万人次,旅游综合收入高达1.36亿元。

(2)特色农业产业化模式

该模式的基本思路是以特色种养业为发展方向,以农产品加工企业为龙头,以农业资源整合为契机,建立规模较大、分工明确的特色农业产业链。"一沟一品,一品一产业"是其典型特征。密云县的"汤泉香谷"是该模式的典型代表。2008年初,密云县汤河至司马台沟域以香草产业为突破口,通过"公司+农户+合作社"的形式,推动香草的规模化生产,进而带动乡村民俗旅游、旅游接待服务等第三产业的发展,最终形成了集旅游观光、休闲度假、香草产品研发销售于一体的特色产业带,吸引了大批休闲度假的市民。

(3)乡村旅游带动模式

该模式的基本思路是依托沟域内丰富的旅游资源,大力开发生态休闲旅游、民俗文化旅游、红色遗址

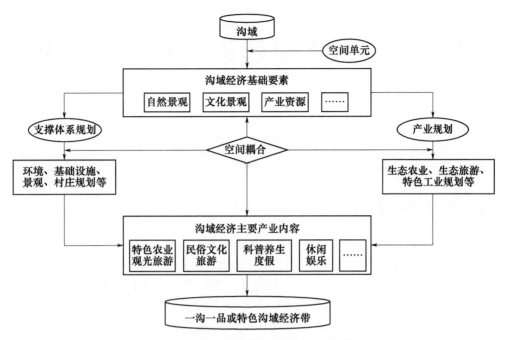

图 2-6　山区沟域经济的发展模式(张义丰 等,2009)

旅游、体育旅游等旅游产品。同时,以旅游产业发展为契机,对沟域内的村庄进行科学规划,对其产业结构进行优化调整,从而最终实现居民收入水平和生活品质的提升。北京市房山区南窖乡水峪村是该模式的典型代表。该村利用山水交融的自然风光优势,以及以古宅、古碾、古中幡为代表的民间传统积淀,充分挖掘山村文化内涵,整合特色旅游要素,重点打造农业观光和民俗文化品牌。

(4)水域建设模式

水域是景观建设中的重要元素。该模式的基本思路是通过河道清理、人工湖建设等改造措施,大力发展水上旅游项目,进而形成完整的水上绿色生态产业链。房山区长沟镇是该模式的典型代表。2004年,长沟镇利用其水资源丰富的优势,确定了"水域经济"战略,以北泉水河源头整治为契机,精心打造"京南第一水乡"。该镇兴建了水面达 70 公顷的龙泉湖和占地 18 公顷的圣泉公园,恢复了 53 公顷的湿地,开发了多个水上游乐项目,使之成为北方亲水型特色民俗旅游村,形成长沟镇新的亮点和经济增长点。

(5)创意产业模式

该模式的基本思路是依托乡村地区良好的民俗文化和传统工艺的基础,通过农业与文化、艺术、民俗等要素的有效对接,开发各种创意农产品、旅游文化消费品,从而提升农产品的文化附加值,带动当地乡村旅游业发展。房山区蒲洼乡的议合村是该模式的典型代表。该村最初主要发展"奇瓜异果"观光采摘业,随后通过恢复山梆子戏、古装戏小剧团,建立古装戏展室等方式大力发展旅游文化创意产业。

(6)多产业综合发展模式

该模式的基本思路是以沟谷地域带为基本空间单元,突破原有行政区划的限制,通过村与村之间、镇乡之间的联合开发,实现农业、工业、服务业等多个产业的协同并进发展。平谷区黄松峪乡的雕家窝村是该模式的典型代表。该村风景宜人、物产丰富、文化积淀深厚、经济基础较好,具有良好的发展基础。为此,该村依托石林峡景区、特色农产品、文化名人等资源,推动各类产业的全面协调发展,取得了很好的社会、经济和生态效益。

第3章　生态文明建设规划的理论基础

3.1　可持续发展理论

3.1.1　可持续发展的提出

开始于 18 世纪 60 年代的工业革命将人类带入了工业文明时代。随着科学技术的飞速发展,人类的物质财富迅速增加,生活水平也不断提高。但是,工业文明也带来了严重的环境污染和生态破坏,导致了伦敦烟雾事件、洛杉矶光化学烟雾事件等一系列的生态灾难。1962 年,美国海洋生物学家蕾切尔·卡森出版了著名的《寂静的春天》一书,第一次引发了公众对环境问题的关注。1970 年 4 月 22 日,美国举行了声势浩大的"地球日"环境保护运动,共有约 2000 万人参加,是全球第一次大规模的群众性环境保护运动(Carter,1970)。1972 年,罗马俱乐部发表了题为《增长的极限》的研究报告,该报告首次挑战和批评了人类传统的发展观,提出通过建立全球意识来解决全球的生存和发展问题。1972 年 6 月,联合国首次召开了人类环境会议,共同探讨了人类面临的环境问题,并发布了《只有一个地球》的报告。1980 年,由世界自然保护联盟(IUCN)、联合国环境规划署(UNEP)和野生动物基金会(WWF)共同发表的《世界自然保护大纲》中,首次提出了可持续发展的概念(Mccormick,1986)。1987 年,以挪威首相布伦特兰夫人为首的世界环境与发展委员会(WCED)发表了报告《我们共同的未来》,正式提出了可持续发展理论,在世界各国掀起了可持续发展的浪潮(Cassen,1987)。1992 年 6 月,在巴西里约热内卢召开的联合国环境与发展大会第一次提出了经济发展应与资源环境保护相协调的思想,并通过了《里约宣言》和《21 世纪议程》。《21 世纪议程》主要包括可持续发展战略、社会可持续发展、经济可持续发展、资源的合理利用和环境保护四个部分,很快成为了世界各国实施可持续发展的行动蓝图(Lafferty et al.,2000)。

3.1.2　可持续发展的内涵

在布伦特兰夫人的《我们共同的未来》报告中,将"可持续发展"定义为"既满足当代人的需求,又不对后代人满足其自身需求的能力构成危害的发展"。1989 年,联合国环境发展会议发布了《关于可持续发展的声明》,认为可持续发展包括以下含义:(1)走向国家和国际平等;(2)形成一种支援性的国际经济环境;(3)维护、合理使用并提高自然资源基础;(4)在制订发展计划和政策时纳入对环境的关注和考虑(赵士洞 等,1996)。

最近 30 年来,学者们从各个角度出发,对可持续发展的内涵进行了解析。牛文元(2014)认为,可持续发展的理论内涵包括发展的动力、质量和公平这三个本质元素。可持续发展的最终战略目标,就是追求上述三大元素的最大化交集(赵士洞 等,1996)。(1)发展的动力元素(DS)。可持续发展的驱动力通常由区域的发展能力、发展潜力、发展效率、发展速率及其可持续性组成,它们共同形成了不断推动区域发展的动力源。(2)发展的质量元素(QS)。可持续发展的质量是指区域内的自然平衡、资源支撑、生态服务和环境容量状况,以及它们对于理性需求的匹配和优化程度。(3)发展的公平元素(ES)。可持续发展中的公平是指区域内的共同富裕程度,主要包括社会财富占有的人际公平、资源共享的代际公平和平等参与的区际公平三个方面。

3.1.3　可持续发展的原则

可持续发展的内涵十分丰富,涉及的领域众多。因此,将可持续发展的核心理念拓展为更加具体和

明确的原则,可以为各个国家和地区践行可持续发展理论提供更加直接的参考和指导。可持续发展理论主要包括以下原则:

(1)持续性原则。即人类的社会经济发展不能超过自然资源与环境的承载能力。资源与生态环境系统是区域发展的支持系统,它的维持取决于其物质与能量循环的平衡,存在着承受干扰的上限与下限。如果人类在发展过程中在资源使用、污染排放等方面超出了生态系统的承受能力,不但会造成生态环境的破坏,也会限制人类的发展,甚至导致人类的灭亡。因此,在追求发展的同时,人们必须根据区域生态系统持续性的条件和限制因子来调整自身的生产生活方式,保持生态系统的平衡和稳定。

(2)公平性原则。可持续发展是一种机会、利益均等的发展。可持续发展理论所倡导的公平主要包括三个方面:一是区际间的公平,即一个地区的发展不能以损害其他地区的发展为代价;二是代际间的公平,即既满足当代人的需要,又不能损害后代的发展能力;三是人际间的公平,即区域发展过程中应尽量实现社会财富占有的相对公平,避免出现贫富悬殊、两极分化的情况。

(3)共同性原则。可持续发展所关注的问题是全球性问题,它所追求的是全人类共同的目标。因此,可持续发展要求各个国家和地区跨越文化与历史的障碍,全球合作,共同行动。只有全人类共同努力,将地区的局部利益与全球的整体利益紧密结合起来,才能最终实现可持续发展的总目标。

(4)时序性原则。发达国家优先利用了地球上的部分资源,剥夺了应当由发展中国家公平利用该部分资源来促进经济增长的机会。另外,发达国家还利用先发优势控制了世界经济与政治的基本格局,使得发展中国家处于更加不利的地位。因此,在可持续发展过程中,发达国家应当担负起更多的责任。

(5)需求原则。需求是人的生命存在、发展和延续的直接反映,是自然界生命物质和社会历史长期进化的产物。满足人类的合理需求是可持续发展的重要目标。区域的发展应立足于人类的合理需求,一方面,通过推动社会生产力的发展,不断提高人类的生活水平,满足人类的物质需求;另一方面,通过社会制度、文化、价值观等的建设,形成文明和谐的社会氛围,满足人类的精神需求。

(6)质量原则。可持续发展更加强调社会经济发展的质量,而非 GDP、人均收入等数量指标。可持续发展对质量的追求主要包括三个方面:一是经济发展的质量,即在经济发展中,应努力提高资源利用的效率,以尽可能低的资源环境代价换取尽可能多的产出;二是社会发展的质量,即在社会发展中,应通过加强精神文明建设,实现政治制度和社会结构的改善、科技教育的进步、文化的交流与融合,提高社会成员的生活水平和幸福指数等;三是生态环境系统的质量,即在人类发展过程中,不断改善生态环境,维护生态平衡,提高生态环境的质量。

3.1.4　可持续发展的指标体系

指标体系的设计是可持续发展研究的核心和关键。通过相应的指标,可以客观地衡量区域可持续发展能力的高低,也是开展后续宏观调控的主要依据。自可持续发展理论提出以来,对其评价指标体系的设计就成为了许多国际组织、国家政府以及专家学者重点关注的主题。20 世纪 90 年代以来,联合国开发计划署(UNDP)、联合国统计局(UNSTAT)、联合国环境规划署、世界银行、经济合作与发展组织(OECD)、联合国粮农组织(FAO)、荷兰政府、日本政府等诸多机构都开展了相应的研究工作,提出了一系列的可持续发展指标体系。总体上看,这些指标体系大致可以分为以下类别(谢强 等,2001):

(1)单一指标。即采用一个指标或指数来衡量区域可持续发展的程度。比较有代表性的主要有以下指标:一是由联合国开发计划署所提出的人文发展指数(HDI),它是由平均寿命、成人识字率和平均受教育年限、人均国内生产总值所组成的综合指数(Neumayer,2001)。二是世界银行开发的国家财富指标(World Bank,2011)。该指标由自然资本、人力资本、社会资本、生产资本所组成,利用该指标来衡量区域可持续性的方法称为真实储蓄。三是由世界资源研究所(WRI)提出的绿色国民生产总值(GNP)指标。绿色 GNP 就是指从原来的 GNP 指标中减去对资源环境的消耗后剩下的 GNP 值。

(2)综合核算体系。即通过一个综合核算体系来反映区域的可持续发展水平。其中,影响最为广泛、接受程度最高的是由联合国建立的综合环境与经济核算体系(SEEA)。2003 年,联合国发布的 SEEA 主要由流量账户、环境保护支出和环境市场交易账户、资产账户、环境调整总账户四个账户组成。通过该核算体系,可以比较全面反映区域的可持续发展状况(Smith,2007)。除此之外,还有欧盟统计局所建立的欧洲环境经济信息收集体系(SERIEE),荷兰统计局建立的包括环境账户的国民经济核算矩阵体系(NAMEA),菲律宾所使用的环境与自然资源核算计划(ENRAP)等。

(3)多指标体系。即通过多个评价指标所形成的指标体系来反映区域的可持续发展水平。如英国环境部制订了可持续发展的四个目标,即保持经济、人和环境的健康,不可再生资源的优化利用,可再生资源的可持续利用,经济活动负面影响的最小化。围绕这些目标,构建了由144个指标组成的可持续发展指标体系。美国可持续发展委员会围绕健康与环境、自然保护、资源管理、经济繁荣、可持续发展社会、平等、公民参与、人口、教育、国际责任这十个目标构建了可持续发展指标体系(曹凤中,1997)。此外,较有影响的包括中国科学院可持续发展战略研究组毛汉英(1996)所提出的可持续发展指标体系。

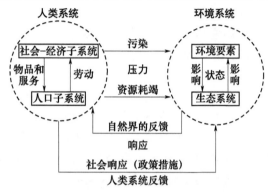

图 3-1 可持续发展的压力-状态-响应概念框架

(4)PSR指标体系。即通过一套"压力-状态-响应"(PSR)的指标体系来反映区域的可持续发展水平(图3-1)。该类指标体系能够较好地反映出经济、资源、环境之间相互依存、相互制约的关系,突出了环境所受到的压力与环境退化之间的因果联系,因此受到了不少学者的青睐。比较典型的是由联合国可持续发展委员会(UNCSD)所制定的"驱动力-状态-响应"(DSR)指标体系。该指标体系包括社会、经济、环境、制度四个子系统,共计142个指标。

3.1.5 可持续发展的实现路径

3.1.5.1 清洁生产

3.1.5.1.1 发展历史

20世纪60年代,为了治理环境污染,工业界开始在生产过程的末端,对所产生的污染物进行治理,以降低污染物对自然界及人类的危害。这就是末端治理,也就是通常所说的"先污染后治理"模式。

由于末端治理并未从根本上解决工业污染问题,各国政府和企业开始探索在生产过程中减少污染的产生。1977年,欧共体委员会制订了关于清洁工艺的政策,并于1984年和1987年制订了两个法规,对清洁工艺生产工业示范工程提供财政支持;1989年,联合国环境规划署首次提出了清洁生产的概念;1990年,美国国会通过了《污染预防法》,污染预防正式成为了美国的国家政策,取代了之前采用以末端处理为主要手段的污染控制政策。1992年,在联合国环境与发展大会通过的《21世纪议程》中,首次明确提出了清洁生产的定义;1998年,联合国环境规划署在第五届国际清洁生产高级研讨会上正式发布了《国际清洁生产宣言》,包括中国在内的多国政府要员签署了该宣言,表明清洁生产正式得到了许多国家的官方认可与支持;2009年,联合国环境规划署等筹备并建立了全球资源高效利用与清洁生产网络(RECPnet),以加强各成员国之间正式联络,分享各成员国在资源高效利用与清洁生产方面的经验与成果。

清洁生产是我国最早践行的可持续发展策略(毛汉英,1996)。其主要经历了四个发展阶段:第一阶段是1992—1997年,在此阶段,主要由国家环保部门进行清洁生产理论和技术的引进和准备推广工作;第二阶段是1998—2002年,本阶段主要开展了清洁生产立法的政策研究工作,同时,相关经济部门也正式介入了清洁生产行动,开展了清洁生产的试点工作;第三阶段是2003—2012年,2002年6月,国家正式审议通过了《清洁生产促进法》,标志着我国可持续发展在立法方面有了重大突破,清洁生产也从此走上了法制化和规范化的轨道;第四阶段是2012年至今,2012年7月,修订后的《中华人民共和国清洁生产促进法》正式实施,该法案将清洁生产促进工作纳入了国民经济和社会发展规划、年度计划当中,并建立了落后生产技术、工艺、设备和产品限期淘汰等制度,进一步推动了清洁生产的落实和完善。

3.1.5.1.2　基本概念

自清洁生产理论提出以来,其定义经过了多次修改和完善。在 1998 年联合国环境规划署发布的《国际清洁生产宣言》中,清洁生产被定义为一种新的创造性思想,该思想将整体预防的环境战略持续应用于生产过程、产品和服务中,以增加生态效率,减少人类及环境的风险,其概念模型如图 3-2 所示。

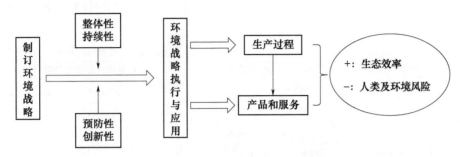

图 3-2　清洁生产的概念模型(刘燕 等,2010)

在 2012 年修订后的《中华人民共和国清洁生产促进法》中,对清洁生产的定义是:指不断采取改进设计、使用清洁的能源和原料、采用先进的工艺技术与设备、改善管理、综合利用等措施,从源头削减污染,提高资源利用效率,减少或者避免生产、服务和产品使用过程中污染物的产生和排放,以减轻或者消除对人类健康和环境的危害(钟少芬 等,2012)。

3.1.5.1.3　理论基础

清洁生产的理论基础主要包括以下方面(石芝玲 等,2004):

(1)物质平衡理论。在生产过程中,人类通过具体的劳动,将生产资料转变为产品和废弃物。根据物质平衡理论,废弃物的数量越少,则产品的数量就越多,生产效率也就越高。因此,清洁生产理论实现了生产资料利用的最大化和废弃物数量的最小化,是一种更有效率的生产模式。

(2)劳动价值理论。商品的价值由生产资料的转移价值和新创造的价值这两部分构成。一方面,清洁生产可以提高生产资料转化为商品的比例,从而提高其转移价值;另一方面,清洁生产降低了产生废弃物的比例,也就减少了废弃物处理的成本,进而实现了更多的新创造价值。

(3)外部性理论。工业生产过程中的环境污染往往会造成外部不经济性,环境破坏的成本最终只能由全社会负担。而清洁生产模式减少了生产过程中废弃物的数量,也就减少了环境污染的外部不经济性。

3.1.5.1.4　基本思路与模式

(1)基本思路

清洁生产的技术主要包括源头控制、过程减排和末端循环利用三大类。其基本思路是通过源头削减、过程减排、末端循环利用技术来减少生产过程产生的主要污染物,减轻末端处理的负荷。在宏观层面,努力通过技术的进步,使得减排能力逐渐赶超因经济发展而导致的污染物增加量;在微观层面,努力在帮助企业实现减排目标的同时,提高企业的经济效益。其基本思路如图 3-3 所示。

(2)实施模式

清洁生产具有多种实施模式,现在简单介绍基于生命周期评价(LCA)的清洁生产模式。

如图 3-4 所示,该模式共包括五个步骤:第一,确定清洁生产系统的边界。理论上讲,清洁生产应包括从原材料的获取到其产品最终废弃处置的全过程。但在实际应用中,企业可根据自身情况,只考虑其中的某个生产过程及其相关系统。第二,分析清洁生产清单。即根据 LCA 的要求,为审计对象建立详细的数据清单,并根据 ISO 14040 中所规定的分配原则进行数据的分配。第三,处理清单数据。对生产系统的资源消耗和环境排放进行详细分类和定量评价。分析重点是产品和生产活动对全球变暖、富营养化、臭氧合成及资源耗竭等的贡献。第四,确定清洁生产方案。根据数据分析和影响评价的结果,在产品生产的整个生命周期内寻找降低能源、资源的消耗,减少污染物排放的机会。第五,清洁生产方案的实施。设计具体的实施方案,实施清洁生产计划。

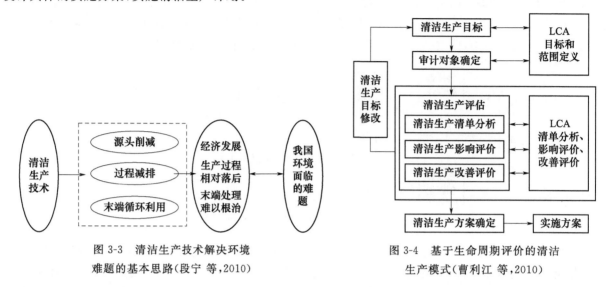

图 3-3　清洁生产技术解决环境
难题的基本思路(段宁 等,2010)

图 3-4　基于生命周期评价的清洁
生产模式(曹利江 等,2010)

3.1.5.2　循环经济

3.1.5.2.1　发展历史

1969 年,美国经济学家肯尼斯·博尔丁在其专著中首次提出了循环经济的概念(Boulding,1969)。在书中,博尔丁将人类生存的地球比喻为一艘飞行在宇宙中的飞船,它依靠消耗自身有限的资源而生存。如果不能合理地开发和利用资源,地球飞船就将早早走向毁灭。为了延长飞船飞行的时间,人们就需要创造出各类资源能够循环利用的循环式经济发展模式,替代传统的单程式经济模式。因此,循环经济理论又被称为"宇宙飞船理论"。

该理论提出后,得到了人们的广泛关注,提出了一系列类似的概念和理论。如巴里·康芒纳(1997)提出的封闭循环理论;拉格纳·弗里希等提出的工业生态学理论(Frosch et al. ,1989)等。20 世纪 90 年代后,可持续发展的热潮也推动了循环经济理论的快速发展。1992 年,以德国为代表的欧洲各国倡导实行循环经济战略,得到了其他发达国家的积极响应。循环经济理论在官方的推动下,开始指导实践工作。丹麦的卡伦堡生态工业园模式、德国的废弃物双元回收系统(DSD)模式、美国的循环型消费模式、日本的循环型社会建设等都是实施循环经济的典型案例。

1994 年,我国引入了循环经济理论,并展开了丰富的实践应用工作。2009 年,《中华人民共和国循环经济促进法》正式实施,循环经济的运行进入了法制化的轨道。在我国的《国民经济和社会发展第十三个五年规划纲要》中,也明确提出要实施循环发展引领计划,大力发展循环经济,为我国今后循环经济的发展提供了指导和依据(张忠华 等,2016a)。

3.1.5.2.2　基本概念

目前,循环经济并未有一个公认的定义。从狭义上讲,循环经济是一种以资源的高效、循环利用为核心,以减量化、再利用、资源化为原则,以低消耗、低排放和高效率为特征,符合可持续发展理念的经济增长模式(韩玉堂,2008)。从广义上讲,循环经济则是一个由经济系统、社会系统和自然系统所组成的复合型人工生态系统。

在 2009 年实施的《中华人民共和国循环经济促进法》中,将循环经济定义为在生产、流通和消费等过程中进行的减量化、再利用、资源化活动的总称。其中,减量化是指在生产、流通和消费等过程中减少资源消耗和废物产生;再利用是指将废物直接作为产品,或者经修复、翻新、再制造后继续作为产品使用,或者将废物的全部或部分作为其他产品的部件予以使用;资源化是指将废物直接作为原料进行利用,或者对废物进行再生利用。

3.1.5.2.3　理论基础

循环经济的理论基础主要包括以下理论。

（1）马克思主义理论

马克思在《资本论》的第三卷中,专门分析了社会再生产过程中的物质循环,提出必须弥补物质变换中的裂缝,减少物质循环过程中的废弃物,并尽可能地使其重新投入再生产过程,从而使自然生态与社会经济系统的物质循环实现有机统一和良性循环（张忠华 等,2016b）。这些思想是循环经济理论的思想萌芽。

（2）环境库兹涅茨曲线与脱钩理论

在 20 世纪 90 年代,经济合作与发展组织提出了脱钩理论。该理论以脱钩这一术语来表示阻断经济增长与资源消耗或环境污染之间的联系,即实现二者的脱钩发展（Mackillop,1990）。

1991 年,美国经济学家格罗斯曼和克鲁格根据大量的实证研究结果,提出了环境库兹涅茨曲线（EKC）理论（图 3-5）。该理论认为,环境质量与人均收入之间呈倒“U”型的关系。即在一开始,环境质量会随着收入的增加而降低;但是,当收入水平上升到一定程度之后,环境质量会随着收入的增加而改善。

上述两个理论均表明,尽管地球上的自然资源是有限的,但是,当经济发展到一定水平时,经济活动所消耗的资源与排放的污染物都会出现下降的趋势,这就为循环经济的可行性提供了坚实的理论基础（苑泽明 等,2016）。

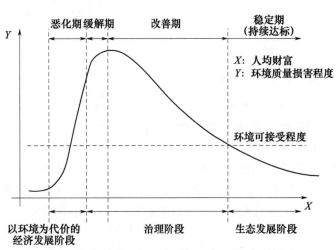

图 3-5　不同发展阶段的环境库兹涅茨曲线（Stern,2004）

（3）技术创新与内生增长理论

著名经济学家约瑟夫·熊彼特提出的技术创新理论认为,创新是生产要素和生产条件的新结合,它建立了一种新的生产函数。基于技术创新理论的内生增长理论认为,技术是一种内生的生产要素。通过技术不断地内生增长,可以促进社会分工水平的提高,降低协调成本,从而促进经济的不断发展（Michaelides et al.,2010）。该理论也为循环经济提供了有力的理论支撑,即经济的增长不一定需要增加对资源和能源的消耗,通过技术创新、制度创新、市场创新等同样可以实现经济的发展。

3.1.5.2.4　实践模式

国外已经出现了许多循环经济模式,其中,最为典型的当属丹麦卡伦堡生态工业园模式（图 3-6）。该园区主要由热力发电厂、炼油厂、制药厂和石膏板生产厂这四个企业组成。企业间通过收购对方生产过程中产生的废弃物或副产品来作为自己生产中的

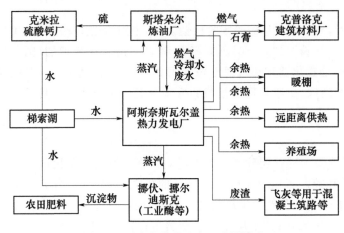

图 3-6　丹麦卡伦堡生态工业园模式

原料,自发生成了一个产业共生网络。这不仅减少了废弃物的数量和废物处理费用,还产生了很好的经济效益,使经济发展和环境保护处于良性循环之中。

国内循环经济的实践模式大致可以分为微观、中观、宏观三种尺度,每种尺度下又有不同的实践领域(表3-1)。

表3-1　中国循环经济的实践模式汇总(Su et al.,2013)

实践领域	微观尺度(单一对象)	中观尺度(共生联盟)	宏观尺度(城市、省、国家)
生产领域	清洁生产	生态工业园区	区域生态产业网络
三大产业	生态设计	生态农业系统	
消费领域	绿色采购与绿色消费	环境友好公园	租赁服务
废物管理	产品回收体系	废物交易市场	城市共生
		静脉产业园区	
其他	—	政策与法律,信息平台,能力建设,非政府组织	—

3.1.5.3　低碳经济

3.1.5.3.1　发展历史

1988年,吉姆·汉森等首先提出了全球变暖的概念(Besel,2013;Hansen et al.,1988),迅速得到了全世界的广泛关注,碳排放也成为了热点话题。1990年,芬兰开征了碳税,成为了全球最早征收碳税的国家。1992年,联合国环境与发展大会通过了《联合国气候变化框架公约》(UNFCCC)。这是世界上第一个为全面控制二氧化碳等温室气体的排放,应对全球气候变暖的不利影响的国际公约。1997年,多个国家签署了《京都议定书》,这是人类历史上首次以法规的形式限制温室气体的排放。2002年,英国成立了全球第一个二氧化碳排放权交易市场,并在与欧盟的碳排放权交易市场合并后,成为了世界上最大的碳交易市场(李玉婷,2015)。2003年,英国政府在其发布的能源白皮书《我们能源的未来:构建一个低碳经济》中,首先提出了低碳经济的概念,并提出了到2050年,英国要实现二氧化碳等温室气体排放量比1990年减少60%的目标。

低碳经济的概念一经提出后,迅速成为政府和学术界广泛关注的热点话题。2005年,特雷福斯等学者探讨了德国在2050年实现温室气体排放量比1990年减少80%的可行性(Treffers et al.,2005)。2006年,世界银行首席经济师,英国经济学家尼古拉斯·斯特恩经过一年的调研,完成并发布了著名的《斯特恩报告》。该报告指出,如果全球目前每年为低碳经济投入1%的GDP,则未来每年可以减少5%～20%的GDP损失(Stern,2006)。2007年12月,联合国气候变化大会在印尼巴厘岛举行,制订了应对气候变化的"巴厘岛路线图"。

中国也是低碳经济的积极倡导者和参与者。在2009年的哥本哈根会议上,中国承诺至2020年,单位国内生产总值的二氧化碳排放量将要比2005年下降40%～50%(刘海龙 等,2017)。在我国的《国民经济和社会发展第十三个五年规划纲要》中,也明确提出要积极应对全球气候变化,有效控制电力、钢铁、建材、化工等重点行业的碳排放,推进工业、能源、建筑、交通等重点领域的低碳发展。这为我国今后低碳经济的发展提供了指导和依据。

3.1.5.3.2　基本概念

综观国内外的研究,目前尚未对低碳经济的概念进行明确而清晰的界定。在2003年,英国政府发布的能源白皮书中,认为低碳经济的目标是降低和控制二氧化碳等温室气体的排放,避免全球气候发生灾难性变化,最终实现人类可持续发展;其实现路径则是在包括生产、交换、分配、消费等环节的社会再生产全过程中,推动经济活动的低碳化和能源消费的生态化;其本质是一场涵盖生产模式、生活方式、价值观念和国家权益的全球性能源经济革命(程全国 等,2013)。中国环境与发展国际合作委员会认为,低碳经济是一种新的经济形态,其最终目标是将二氧化碳等温室气体的排放量控制在生态环境可以调控的范围之内,从而避免全球气候变暖给各国带来的生态环境损失,危及人类的生存(王云飞,2015)。刘再起等(2010)则认为,低碳经济是一种以低能耗、低污染、低排放为特征的全新经济发展模式,是一个由低碳政策、低碳产业、低碳技术、低碳城市及低碳生活所构成的低碳经济体系。

3.1.5.3.3　理论基础

低碳经济的理论基础主要来自于经济学中的基本理论。

(1)低碳经济的思想渊源:世界主义经济学

以西斯蒙第、弗朗斯瓦·魁奈和亚当·斯密为代表的世界主义经济学家认为,经济学绝不仅是研究如何增加一个国家的 GDP 的学科。经济学的研究不仅要关注本国经济的发展,更要关注世界经济的发展,关注整个人类的发展。这样的全球性思维是低碳经济关注全球气候变化,减少全球温室气体排放的思想渊源(方大春 等,2011)。

(2)碳排放管制的理论基础:外部性理论

碳排放及其政府管制的经济学本质可以追溯到马歇尔在 1890 年提出的外部性理论。根据该理论,碳排放属于企业或个人的私人行为,但是,由此造成全球气候变暖的损失却是由所有人共同分担,即产生了碳排放的负外部性效应。在这种情况下,市场对于生态环境等公共物品的供给是失灵的,因此需要政府的干预来弥补市场的失灵,即政府对于碳排放的管制(阿尔弗雷德·马歇尔,2006)。

(3)碳交易的理论基础:科斯定理

碳交易的经济学理论源于科斯在 1960 年提出的科斯定理。该理论认为,如果交易费用为零,则无论权利是如何界定的,都可通过市场交易来达到资源的最佳配置。因此,虽然碳排放是一个典型的公共物品,但是如果不考虑交易成本,且政府能够对碳排放权进行明确的产权界定,那么碳排放权就能够在市场机制的作用下进行有效分配,自动实现帕累托最优(赵守国,2004)。

(4)碳税的理论基础:庇古税理论

碳税的经济学理论源于庇古在 1920 年提出的庇古税理论,其主要目的是解决外部性问题。该理论认为,市场失灵的原因是经济主体的私人成本与社会成本不一致,从而使得市场配置的结果是私人收益的最优,而非全社会收益的最优。因此,解决的方案是政府通过征税或者补贴来提高经济主体的私人成本,使得私人成本和私人利益与相应的社会成本和社会利益相等(甘清明,2006)。

3.1.5.3.4　减排方式

减少二氧化碳排放的方式可大致分为过程控制和末端治理两大类(Gerlagh et al.,2006)。

(1)过程控制

过程控制是指通过一系列的政策工具和经济手段,限制或减少经济主体在生产过程中的碳排放的减排方式。第一,行政命令。即以国家强制执行的行政命令方式,来控制和减少碳排放。这种直接控制的效果并不好,往往出现在推行低碳经济的早期阶段。第二,税收工具。即针对二氧化碳等温室气体的排放而对经济主体征收额外的税赋,其本质是一种用于纠正负外部性的庇古税。税收工具具有简单易懂、可操作性强、成本低等优点,成为最早应用的低碳政策工具。目前,芬兰、挪威、瑞典、德国、英国、意大利、美国、加拿大、日本等许多国家都已经开征了碳税或类似的税种。第三,财政补贴。补贴是一种与税收相对应的政策手段。即政府通过直接补贴、税收返还、电价补贴、公共研发支出等方式来鼓励节能技术及新能源的发展,实现经济活动的低碳化。国际能源署(IEA)的报告称,2012 年全球对可再生能源的补贴金额高达 1010 亿美元,并呈逐年增长的趋势(Ahmad et al.,2013)。第四,碳排放交易。即通过评估碳排放的社会成本,确定减排目标和排放权配额,进而建立全球碳排放权交易市场,实现碳排放权的市场化交易。通过碳排放权交易市场的建立,可以促使企业将低碳减排自动纳入决策,从而降低减排的整体成本并提高效率(Voss,2007)。第五,碳金融市场。碳金融是指服务于碳排放权交易市场的各种金融制度安排和金融交易活动,主要包括碳排放权及其相关产品的交易和投资,各种低碳产业项目开发的投资和融资,以及其他相关的金融中介活动等。世界银行的数据显示,自《京都议定书》实施以来,全球碳金融市场规模保持了每年100%以上幅度的高速增长,2011年已经达到960亿欧元,有望很快超过石油市场成为世界第一大市场(李玉婷,2015)。第六,碳关税。碳关税最早是由法国前总统希拉克在2006年提出的,是指主权国家针对高碳排放产品的进口而征收的特别关税。碳关税是对国内碳税的延伸和补充。

(2)末端治理

末端治理是指通过一些生物、物理方法,减少生产过程结束后已经产生的二氧化碳等温室气体的碳治理方式。具体包括以下措施:第一,生物措施。目前的主要研究方向是森林碳汇,即利用森林生态系统来吸收大气中的二氧化碳,并将其固定在植被或土壤中,从而降低二氧化碳在大气中的浓度,减缓全球气候变暖(Mcgarvey et al.,2015)。第二,物理措施。目前的主要研究方向是碳收集和封存技术(CCS)。如通过一定的技术手段,将化石燃料燃烧后产生的 CO_2 进行收集,并将其安全地封存于地质结构层或海洋中,从而减少大气中的二氧化碳含量。另外,也有学者提出通过实施太阳光反射工程等大规模的地球工程来减少照射到地球上的太阳辐射,从而缓解温室效应(Schelling,1996)。

3.2 现代生态学理论

3.2.1 复合生态系统理论

20世纪80年代,我国著名生态学家马世骏等(1984)提出了"社会-经济-自然"复合生态系统(SENCE)理论。该系统是以人的行为为主导、自然环境为依托、资源流动为命脉、社会体制为经络,人与自然相互依存、共生的复合体系,是自然子系统、社会子系统和经济子系统耦合所构成的复合系统。

该理论认为,虽然社会、经济和自然是三个不同性质的系统,都有各自的结构、功能和发展规律,但是上述各个系统的存在和发展也会受到其他系统的制约和影响。因此,可持续发展问题不能简单地视为社会问题、经济问题或生态问题,而是若干系统相结合的复杂问题。"社会-经济-自然"复合生态系统理论从复合生态系统的观点出发,研究各个亚系统之间纵横交错的相互关系,阐明其间各类物质、能量、信息的变动规律,探究其效益、风险和机会之间的动态关系,从而为解决此类重大而复杂的问题提供科学支撑。

3.2.1.1 结构与功能

复合生态系统主要由自然、经济、社会这三个子系统构成。子系统之间按照一定的规律进行协同和竞争,使得整个复合生态系统成为一个有机整体(图3-7)。

(1)自然子系统。自然子系统代表着人的生存环境,主要由水、土、气、生、矿这五个要素构成。各类要素的数量、分布及其相互循环与转换关系共同构成了人类赖以生存、繁衍的自然子系统。

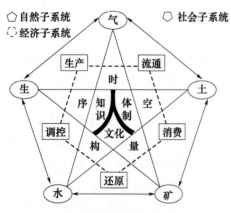

图3-7 "社会-经济-自然"复合生态
系统示意图(王如松 等,2012)

(2)经济子系统。经济子系统以人类的物质能量代谢活动为主体,它由生产者、流通者、消费者、还原者和调控者这五类功能实体及其相互作用关系耦合而成。其中,商品流和价值流对整个子系统的运行起着主导作用。

(3)社会子系统。社会的核心是人。人的观念、体制和文化及其相互关系构成了社会子系统。其中,体制网络和信息流对整个子系统的运行起着主导作用。

在各种生态流、生态场的作用下,上述三个子系统在不同时空尺度上紧密耦合,形成了一定的生态格局和生态秩序。在复合生态系统中,人类是主体,人的栖息劳作环境、区域生态环境及社会文化环境与人类的生存和发展休戚相关。

3.2.1.2　动力学机制

复合生态系统不断发展演化的动力学机制主要包括自然力和社会力两大类。(1)自然力。自然力的根本来源是各种形式的太阳能。这些能量在复合系统中不断流动和转换,形成了各种物理、化学、生物过程和自然变迁。(2)社会力。社会力主要包括三个类型:一是由资金形成的经济杠杆,二是由权力形成的社会杠杆,三是由精神形成的文化杠杆。资金刺激竞争,权力推动共生,精神孕育自生。这三种作用力相辅相成,共同构成了社会系统的原动力。

在自然力和社会力的耦合控制下,形成了复合生态系统在各个层次、各个尺度的运动规律。复合生态系统的演替原理可以归纳为三大原则:(1)竞争原则。即对有效资源及可利用生态位的竞争原则。竞争是一种促进复合生态系统不断发展演化的正反馈机制。它强调发展的效率、强度和速度,鼓励各类资源的合理利用和潜力的充分发挥,倡导优胜劣汰和开拓进取。竞争代表了系统在进化过程中的生命力。(2)共生原则。即人与自然之间、人与人之间,以及个体与整体之间的共生原则。共生是一种维持复合生态系统稳定的负反馈机制。它强调发展的公平性、整体性与稳定性,注意协调局部利益和整体利益、当前利益和长远利益、经济利益与环境效益等的和谐统一关系,倡导合作共生与协同进化。共生是避免社会冲突的缓冲力和磨合剂。(3)自生原则。即通过循环再生与自组织行为来维持复合生态系统的结构、功能和过程稳定性的自我生长原则。自我生长是生物的生存本能,也是生态系统应对环境变化的自我调节。自生的基础是复合生态系统的承载能力、服务功能和可持续程度(王如松,2000)。

3.2.1.3　调控与整合

3.2.1.3.1　生态控制论

复合生态系统的生态控制论主要包括开拓适应原理、竞争共生原理、连锁反馈原理、乘补协同原理、循环再生原理、多样性主导性管理、功能发育原理、最小风险原理等内容。上述原理可以概括为拓、适、馈、整。

(1)拓。即开拓、利用、营建和竞争一切可以利用的生态位,保持各种物理、化学、生物过程的持续运转、有机发育和协同进化。

(2)适。即生物改变自己以适应外部的生态条件,以及调节环境以适应内部的生存发展需求,推进与环境的协同共生。

(3)馈。即系统在生产、流通、消费、还原等过程中的物质循环再生、可再生能源的永续利用,以及信息从行为主体经过环境再回到行为主体的灵敏反馈等。

(4)整。即系统在时间、空间、结构、功能等范畴的有机复合、融合、综合与整合等。它包括系统的结构整合、过程整合、功能整合和方法整合,以及对象复合、学科复合、体制复合与人才复合。

3.2.1.3.2　整合框架

复合生态系统理论的核心在于生态整合。主要包括以下类型:

(1)结构整合。指城乡各种自然生态因素、技术及物理因素和社会文化因素耦合体的等级性、异质性和多样性。

(2)过程整合。指城乡物质代谢、能量转换、信息反馈、生态演替和社会经济过程的畅达、健康程度等。

(3)功能整合。指城市或区域的生产、流通、消费、还原和调控功能的效率及协调程度。

复合生态系统在时间(届际、代际、世际)、空间(地域、流域、区域)、数量(各种物质、能量、人口、资金代谢过程)、结构(产业、体制、文化)和秩序(竞争、共生与自生序)等各类关系的统筹规划和系统关联是生态整合的精髓。其整合框架包括一维基本原理、二维共轭关系、三维系统构架、四维动力学与控制论机制、五维耦合过程与能力建设这五个层次(表 3-2)。

表 3-2　复合生态系统的科学与社会整合框架(王如松,2000)

层次	科学整合与学术目标	社会整合与应用目标
一维基本原理	复杂性的生态辨识、模拟和调控	可持续能力的规划建设与管理
二维共轭关系	人与自然的共轭生态博弈	环境与经济的共轭生态管理:
	局部与整体	眼前与长远
	分析与综合	效益与代价
三维系统构架	自然-经济-社会生态关系的耦合	循环经济-和谐社会-安全生态
	关系辨识-过程模拟-系统调控	生态规划-生态工程-生态管理
	物(硬件)-事(软件)-人(心件)融合	观念更新-体制革新-技术创新
四维动力学与控制论机制	资源-资金-权法-精神	自然环境-经济环境-体制环境-社会环境
	竞生-共生-再生-自生	身心健康-人居健康-产业健康-区域健康
	开拓-适应-反馈-整合	横向联合-纵向闭合-区域整合-社会融合
	胁迫-服务-响应-建设	认知文化-体制文化-物态文化-心态文化
五维耦合过程与能力建设	水-土-气-生-矿	净化、绿化、活化、美化、进化的景观生态
	元-链-环-网-场	污染治理-清洁生产-生态产业-生态政区-生态文明
	物质-能量-信息-人口-资金	城乡统筹-区域统筹-人与自然-社会与经济-内涵与外延
	时间-空间-数量-结构-功序	生态服务-生态效率-生态安全-生态健康-生态福祉
	生产-流通-消费-还原-调控	温饱境界-功利境界-道德境界-信仰境界-天地境界

3.2.2　生态安全理论

3.2.2.1　基本概念

生态安全的内涵十分丰富,至今尚未形成一个广泛接受的定义。总体而言,关于生态安全的理解大致可以分为广义和狭义这两大类。(1)广义的生态安全是从生态-经济-社会复合系统的角度出发,将生态安全视为社会、经济和环境三者耦合的结果。因此,生态安全包括自然生态安全、经济生态安全和社会生态安全这三个方面(张琨 等,2018)。如国际应用系统分析研究所(IIASA)给出的定义,生态安全是确保人类生活、健康、安乐的基本权利,确保人类适应环境变化的能力不受威胁的状态。(2)狭义的生态安全是从生态系统的角度出发,将生态安全理解为自然和半自然生态系统自身的安全,即人类赖以生存和发展的生态环境系统处于健康和可持续发展状态(高长波 等,2006)。一个完整、健康、有活力的生态系统应具有以下特征:第一,它是一个具有生命演化特征的客观实体;第二,它是一个具有时间空间维度的复杂系统;第三,它是一个具有承载修复能力的功能单元;第四,它是一个具有可持续性的物质信息载体(吴柏海 等,2016)。

应从以下方面来理解生态安全这一概念:

(1)综合性。无论是广义上,还是狭义上的生态系统,都涉及许多的要素、格局和过程等,是一个复杂的整体。生态安全是针对生态系统而言的,涉及生态系统本身的结构、功能,以及外部风险的频率和强度等多个方面。同时,生态安全是对多个要素,以及各要素之间相互影响关系的综合考量,具有显著的综合性特征。

(2)地域性。自然界中的河流、湖泊、森林、草原等各类生态系统都具有明确的地理边界和显著的地域分异。因此,生态安全也带有很强的地域特征。在不同的地域、不同的评估对象,生态安全所要考虑的问题和解决的路径均大相径庭。因此,生态安全总是针对某个特定生态系统和特定空间范围而言的。

(3)层次性。生态学的研究具有种群、群落、生态系统、区域、全球等多个尺度,各尺度上的生态学研究具有较大的差异。因此,不同尺度上的生态安全也有不一样的评判标准。如全球尺度上的生态安全主要考察生物入侵、气候变化风险、生物多样性保护等,区域尺度上的生态安全则主要考察景观结构的合理性及通畅性等,生态系统尺度上的生态安全则主要考察生态系统结构和功能上的合理性、稳定性、演替成长性。

(4)相对性。生态安全是指自然生态系统和人类社会受到的威胁或风险保持在可接受的水平以下。这里的可接受水平受生态系统的类型、恢复力、风险类型及强度,以及人类生态修复的技术水平等多个因素的影响,也会随着人类社会对生态安全的理解和需求不同而发生变化。因此,生态安全是一个相对的概念,绝对的生态安全是不存在的。生态安全总是在一定的时空范围和社会背景下相对成立。

(5)动态性。生态安全评估中所考虑的诸多因素会随着时间和环境因素的变化而不断变化。因此,一个处于安全状态的生态系统可能因为突发的自然灾害或污染事件而变得不安全;反之,通过人工治理或自然恢复,一个已经退化、不够安全的生态系统也可以重新转变为安全状态。

3.2.2.2　生态安全评估

3.2.2.2.1　概念框架

由于生态安全的内涵十分丰富,涉及的要素纷繁复杂,如何构建生态安全评估的概念框架,将生态安全的内涵进行具体化就成为研究的重点。目前较为常见的生态安全评估框架主要包括以下类型(表 3-3)。

(1)"压力-状态-响应(PSR)"概念框架

PSR 概念框架体系是应用最为广泛的生态安全评估概念框架。该概念框架最初由加拿大统计学家 David J. Rapport 和 Tony Friend 提出,后被联合国环境规划署和经济合作与发展组织等国际组织应用和推广,逐渐为人所熟知。该模型包括压力、状态、响应这三类指标。其中,压力指标用于表征人类的各种社会经济活动对环境的作用,如资源开采、能源消耗、物质消费、废弃物排放等。压力越大,代表人类活动对生态环境系统造成的破坏和扰动越大。状态指标用于表征特定时空范围内生态环境系统的现状及其变化趋势。它既包括自然生态系统的结构、功能等状态,也包括人类社会的生活质量、健康状况等。响应指标用于表征人类社会通过何种措施来减轻、阻止、恢复和预防人类活动对生态环境系统的负面影响。"压力-状态-响应"这一思维逻辑体现了人类与环境之间的相互作用关系,回答了"发生了什么? 为什么发生? 我们将如何做?"这三个与可持续发展紧密关联的核心问题,得到了很多国内外学者的认可,在许多领域都得到了广泛的应用。

(2)"驱动力-状态-响应(DSR)"概念框架

联合国可持续发展委员会在 PSR 概念模型的基础上进一步提出了"驱动力-状态-响应"(DSR)评估框架。该框架更多地考虑了来自经济、社会等驱动因子与生态环境系统之间的因果关系,从而把原有的压力指标替换为驱动力指标。但是,该框架并没有很好地解释驱动力指标与生态环境状态之间的必然逻辑联系。同时,驱动力指标和响应指标之间也存在一定的模糊性,难以准确界定。

(3)"驱动力-压力-状态-暴露-响应(DPSER)"概念框架

联合国粮农组织也对 PSR 概念模型进行了改进,提出了"驱动力-压力-状态-暴露-响应"(DPSER)评估框架。该框架认为,如果生态环境系统没有暴露在人类扰动之下,那么就算人类扰动较大,也不会对生态环境系统造成太多影响。因此,该概念框架除了强调各种驱动因子与生态环境系统之间的关系之外,还将暴露单独列为一个模块,强调人类扰动与生态环境系统之间的接触暴露关系。但是,该框架的线性结构并不能很好地解释所有生态过程的复杂特征,且各个模块的含义较为模糊,导致指标的选择和分类也较为困难。

(4)"驱动力-压力-状态-影响-响应(DPSIR)"概念框架

欧洲环境署(EEA)也提出了一个"驱动力-压力-状态-影响-响应"(DPSIR)评估框架。该框架将 DPSER 评估框架中的暴露替换为了影响,着重强调各种自然因素和人文因素对于生态环境系统的动态影响。但是,该框架同样存在着与 DPSER 框架类似的问题,即影响因素的线性化和指标选择较为困难。

表 3-3　常用的生态安全评价指标体系概念框架及其特征(曹秉帅 等,2019)

评价体系名称	适用性	局限性
压力-状态-响应 (PSR)	适用于空间尺度较小、空间变异较小、影响因素较少的区域生态评价;适用于环境类指标	不适用经济和社会类指标;不适用人类活动作用超过自然环境承载能力的自然灾害;无法确定生态安全隐患及不确定的威胁因素;过于简化各因素间的因果关系,忽视了系统的复杂性
驱动力-状态-响应 (DSR/DFSR)	在PSR框架基础上考虑了来自经济、社会等驱动力因子与生态环境之间的因果关系	没有解决驱动力指标与生态环境状态之间没有必然逻辑联系的缺陷;驱动力指标和响应指标的界定存在一定的模糊性
驱动力-压力-状态-暴露-响应 (DPSER)	从生态系统服务功能与人类需求的角度出发,将污染物暴露单独列为一个模块,着重强调人类需求与生态环境压力的接触暴露关系	框架的线性结构不能很清楚地解释所有过程的复杂特征;指标分类较为困难;更多考虑了人类因素造成的环境问题,而忽视了自然灾害
驱动力-压力-状态-影响-响应 (DPSIR)	在PSR框架基础上添加了驱动力和影响指标,能够准确描述系统的复杂性和相互之间的因果关系;能够揭示经济运作及其环境间的因果关系	容易低估复杂的环境和社会经济方面固有的不确定性和因果关系的多样性维度
状态-隐患-响应 (SDR)	在PSR框架基础上增添了生态安全自然灾害因素的影响及人类活动隐患的非短期影响;能够反映生态安全不确定性因素的动态影响	生态安全隐患存在时空尺度差异,不能套用一般研究模式

3.2.2.2.2　评估流程

生态安全评估的基本流程包括:(1)明确评估对象。即从时间、空间、性质等方面对评估对象进行明确的界定。不同的时间、不同的空间尺度、不同的生态系统类型,生态安全评估指标的选取和结果的判定都会有较大的差异。(2)选择概念模型。根据评估对象的特征和潜在的威胁,选择恰当的概念框架。(3)在概念框架下选择能够反映各个模块特点的量化指标。根据评价对象的特征和空间尺度,确定各指标的评价标准,据此对评价对象的结构、功能、特性、效果等属性进行科学测定和评判,进而形成各个指标的统一价值判断。(4)灵活选择层次分析法、主成分分析法、模糊综合评价法、熵权法等方法,确定各个指标的权重,用以反映各个指标在生态安全上的重要程度。(5)根据评估对象的特点,选择综合指数法、物元评价法、景观生态模型法等方法,得到最终的生态安全评估结果。

3.2.2.3　生态安全格局构建

3.2.2.3.1　主要目标

优化和构建区域生态安全格局是保障区域生态安全和人类福祉的关键环节(彭保发 等,2018)。生态安全格局优化的主要目标包括:(1)保护和恢复区域生物多样性,为人类社会的可持续发展提供物质基础。(2)维持生态系统结构和过程的完整性。人类的生存与发展与生态系统的完整性和健康度关系密切。因此,维持自然生态系统结构和过程的完整性,提高生态系统的健康程度是生态安全格局构建过程中的基本目标。(3)维持区域生态系统的物质循环与代谢功能。通过生态安全格局的优化,实现区域内各种空间尺度上生态系统物质良性循环和代谢功能的正常发挥。(4)有效解决各类生态环境问题。在生态安全格局的构建过程中,需要重点考虑该区域已经存在的突出问题和生态风险,进而通过具有针对性的生态安全格局优化设计和管控策略,减少区域环境灾害的数量,降低其对人类社会的影响。(5)满足居民的生态服务需求。人类社会的可持续健康发展离不开各种生态产品和生态系统服务的提供。因此,在生态安全格局的构建过程中,需要考虑该区域内的居民在一定时期内对各种生态产品和生态系统服务的需求。

3.2.2.3.2　基本原则

区域生态安全格局的构建应遵循以下原则:

(1)系统性。生态安全是一个非常强调系统性的概念。不仅自然生态系统是一个复杂完整的整体系统,由社会-经济-自然耦合而成的复合生态系统也是一个完整的系统。因此,区域生态安全格局的构建必须遵循系统观,不仅要从社会、经济、生态这三大领域综合考虑生态安全格局的优化设计,还要从不同维度、不同要素出发,系统分析区域生态环境问题的形成机理,最终形成系统性的规划设计和空间优化方案。

(2)区域性。区域生态系统具有强烈的地域分异特征。对于不同的生态系统、不同的空间尺度,其景观结构、功能和生态过程均不相同,所面临的核心生态问题也不尽相同。因此,区域生态安全格局的构建必须遵循区域性的原则,针对该区域、该研究对象的特征、现状和主要问题,结合本区域内人类活动的特点和社会发展需求,设计出适宜于该区域的生态安全格局优化方案,提出相应的生态恢复措施和环境治理策略。

(3)尺度性。生态系统格局与过程的相互作用存在于多尺度上,各种人类扰动对生态系统的影响也具有多尺度性。不同尺度上的生态环境问题有自己的特点,同时也会对其他尺度上生态环境系统的生态安全造成影响。因此,在区域生态安全格局的构建过程中必须注意尺度问题。一方面,要根据不同尺度上存在的突出问题,开展有针对性的生态安全格局优化设计方案;另一方面,还需要各种优化设计方案在尺度之间的协调性。

(4)动态性。生态安全是一个动态的概念。生态安全程度会随着人类干扰活动、自然环境因素,以及人类社会需求的变化而发生变化。因此,在区域生态安全格局的构建过程中必须遵循动态性的原则,即在生态安全格局优化方案的设计过程中应具有一定的前瞻性和预测性,以保证设计方案在未来一段时期内都能够满足生态系统健康安全和人类社会可持续发展的需要。

3.2.2.3.3 构建路径

区域生态安全格局的构建主要包括以下步骤(图3-8):

(1)确定生态源地。基于生态学理论,结合实地调查与资料分析,通过判定生态系统结构,分析生态系统的生境重要性、生态敏感性、景观连通性等,提取出对区域生态过程与功能起决定作用,承担重要辐射功能,对区域生态安全具有重要意义的生境斑块。这些生境斑块就是区域生态安全格局构建中的关键地块,即生态源地。

(2)确定生态廊道。生态廊道是指生态网络体系中对物质、能量与信息流动具有重要连通作用,尤其是为动物迁徙提供重要通道的带状区域。通过最小累积阻力模型、GIS(地理信息系统)空间分析等方法,设置阻力面,提取对区域生态安全具有重要作用的生态廊道。

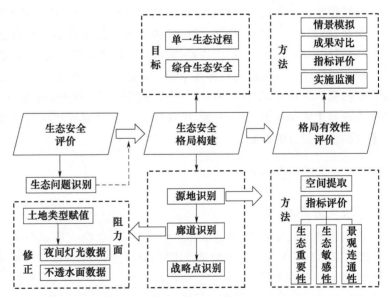

图3-8 区域生态安全格局构建的基本流程(彭建 等,2017)

(3)设置战略点。根据阻力面的空间分布,可以得到类似于地形图的阻力面峰、谷、脊线等要素。区域生态安全的战略点就是多条谷线的交汇点,以及单一谷线上的生态敏感区、脆弱区等重要战略节点。

(4)优化方案获取。通过对已经获取的生态源地、生态廊道、阻力面、战略点等要素进行空间叠加和优化分析,结合该区域生态系统的主要特征和关键生态环境问题,即可形成特定安全水平下的生态安全格局优化方案。

3.2.2.4 生态安全管理

科学有效的生态系统管理是维护生态安全的关键。近年来,中国采取了一系列的生态安全管理措施,以加强生态环境治理,推动受损生态系统恢复,改善生态系统结构与功能,增强生态安全的基础(张琨等,2018)。

3.2.2.4.1 生态恢复工程

针对主要生态问题,设立各类生态恢复项目是生态安全管理的重要措施。目前,我国已基本构建起一套内容丰富、保障有力的生态恢复工程体系,为保障我国的生态安全奠定了坚实的基础。从空间尺度上讲,这些生态恢复工程大致可分为两类:一是国家尺度的大规模生态恢复工程,如三北防护林工程、天然林资源保护工程、退耕还林工程等。二是区域尺度的重点生态恢复工程,即针对部分生态环境脆弱性高、土地退化风险大的地区所设立的生态恢复工程。如长江流域防护林体系工程、京津风沙源治理工程等。

3.2.2.4.2 生态保护红线

生态保护红线是指在生态空间范围内具有特殊重要生态功能、必须强制性严格保护的区域,是保障和维护国家生态安全的底线和生命线。通常包括具有重要水源涵养、生物多样性维护、水土保持、防风固沙、海岸生态稳定等功能的生态功能重要区域,以及水土流失、土地沙化、石漠化、盐渍化等生态环境敏感脆弱区域。生态保护红线是国土空间"三条控制线"之一。划定并严守生态保护红线,是提高生态产品供给能力和生态系统服务功能、构建国家生态安全格局的有效手段,是健全生态文明制度体系、推动绿色发展的有力保障。

3.2.2.4.3 保护区巡查

自然保护区是我国保护珍稀物种资源的重要措施,也是国家生态安全保障体系中不可或缺的组成部分。但是,随着社会经济的快速发展,各种人类开发建设活动对自然保护区的侵占和干扰现象也不断增加,威胁着国家生态安全格局。为此,2017年,我国政府开展了"绿盾2017"行动,对全国446处国家级自然保护区的违法违规问题进行排查整顿。这是中国首次实现全国尺度全覆盖性的保护区巡查,也是中国建立自然保护区以来,检查范围最广、查处问题最多、整改力度最大、追责问责最严的一次行动。此次行动有效遏制了资源开采、水电开发、工业生产等活动对保护区的破坏,促进了保护区监管水平的提升,巩固了我国生态安全的基础。

3.2.3 生态经济理论

3.2.3.1 基本概念

生态经济涉及生态学、经济学等多个领域,至今尚未形成一个广泛接受的定义。美国学者莱斯特·R·布朗(2002)从可持续发展的角度出发,将生态经济定义为一种"能够满足我们的需求而又不会危及子孙后代满足其自身之需的未来前景的经济";赫尔曼·E·戴利等(2014)认为生态经济是一种稳态经济,其主要目的是使财富和人类存量保持恒定不变,这些存量足以维持的通量应该处于低位而不是高位,而且总处于生态系统的再生和吸收能力范围之内,我国著名生态经济学家许涤新先生认为,生态经济并不是在搞自然主义,让自然环境保持原始状态,而是要求人们在进行生产建设的同时,把生态环境作为一个物质前提来看待。综合已有的观点,笔者认为生态经济是指在自然资源和生态环境承载力约束下,综合运用生态学、经济学、系统论等学科的基本原理和方法,通过产业生态化和生态产业化这两种基本模式,改造传统的生产和消费方式,发展环境友好型新兴产业,构建和完善生态经济市场运行和监督管理体制机制,实现社会经济与资源环境高度统一和协调发展的一种经济发展方式(图3-9)。

与传统经济增长模式相比,生态经济具有以下典型特征:

(1)整体性。传统经济增长模式侧重于经济指标的增长,而生态经济的目标则是生态、经济和社会的全面发展。生态经济理论认为,只注重于经济增长的发展模式往往会破坏生态环境。长期来看,生态环境的破坏必然会导致资源枯竭、能源短缺、污染治理成本持续上升等现象,从而又会影响到人类的各种社会经济建设活动。但是,一味保护生态环境,抵制正常的经济建设行为也无法满足人类的生产生活需求。因此,必须将生态环境、经济和社会视为一个整体,努力做到发展经济和保护环境的共赢,真正实现经济、生态和社会的全面进步和发展。

(2)持续性。传统经济增长模式侧重于当前经济收益的增长,而生态经济更强调长远的、可持续的发展。可持续发展理论是生态经济的重要理论基础。生态经济要求用更长远的眼光来调整产业结构,转变经济增长方式,节约社会资源,降低环境破坏。通过将经济发展的速度、规模和资源环境消耗控制在自然生态系统的承受范围之内,实现经济发展的长远性和可持续性。

(3)以人为本。生态经济的根本目标是人和社会的全面持续发展。生态经济并不是为了生态保护而保护,也不是为了经济增长而发展,而是为了人类生活更加美好,社会更加和谐公正,发展模式更加健康持续。因此,在生态经济发展的过程中,各种生态保护和经济发展策略都必须紧紧围绕着以人为本这一核心,推动人的自由和全面发展。

(4)环境友好。环境友好性是生态经济的重要特征。在经济发展的各个环节中均需要贯彻环境友好的理念。因此,生态经济要求开发和应用各种环保技术,在生产、消费、废弃物处理等各个环节尽量降低对生态环境的影响,实现人与自然的和谐共生。

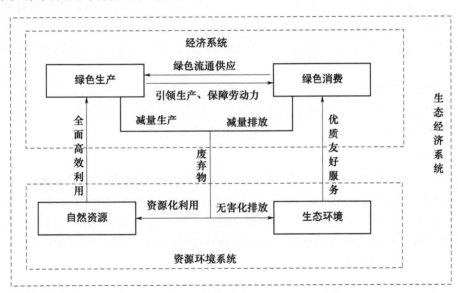

图 3-9　绿色发展理念下资源环境系统和经济系统相互关系模型(周宏春 等,2020)

3.2.3.2　生态平衡理论

3.2.3.2.1　基本内涵

从生态学意义上来看,在每个生态系统中,都具有由一定生物群体和生物栖居的环境所组成的结构,它们之间进行着物质循环、能量流动及信息传递。生态平衡就是指生态系统各部分的结构与功能处于相互适应与协调状态。无论是自然生态系统还是人工生态系统,都需要保持一定的生态平衡。但是,平衡是相对的,不平衡是绝对的。因此,生态系统总是循着"平衡→不平衡→新的平衡→新的不平衡"的规律,不断发展、不断变化、循环往复(叶谦吉,1982)。

生态平衡的重要性不仅体现在自然生态系统中,也体现在社会经济生态系统中。根据马世骏等(1984)提出的复合生态系统理论,以人为主体的社会、经济系统和自然生态系统通过各种协同互动而形成了一个复合生态系统。生态平衡原理不仅存在于自然生态系统中,也存在于社会-经济-自然复合生态系统中。牺牲自然生态系统来片面追求经济系统的发展必然会导致社会-经济-自然复合生态系统的失衡,最终导致整个复合生态系统难以为继。因此,生态平衡理论要求发展经济必须遵循经济规律和生态规律,维持社会-经济-自然复合生态系统的平衡,实现眼前利益与长远利益之间的统一。

3.2.3.2.2　影响因素

总体来讲,影响生态平衡的因素可以分为自然因素和人为因素两大类。一方面,自然灾害、气候变化等自然条件的变化可能影响到区域生态系统的生态平衡。另一方面,人类社会的资源开采、能源消耗、废弃物排放等行为也是导致生态失衡的主要原因。此外,在许多情况下,人为因素和自然因素会不断叠加和放大,形成更显著的生态失衡。如人类社会的巨量碳排放是导致全球气候变化的主因,而全球气候变化则会对许多区域生态系统造成巨大影响,引发生态失衡。

影响生态平衡的因素也会随着时间的变化而变化。在原始社会和农业社会,人类改造自然的能力较为不足,对于自然界的影响较小,使得各种自然因素往往成为导致生态失衡的主要因素。进入工业化社会,工业化发展极大地发展了人类社会的生产力,也使得人类利用自然资源、改造自然界的能力快速提升,人为因素随之成为导致生态失衡的主要因素。

3.2.3.2.3　平衡路径

生态平衡的实现路径主要包括以下方面:

一是经济建设必须遵循生态规律。人类社会是自然界的一个组成部分,自然界是人类社会赖以生存和发展的基础。自然界所形成的各种生态法则和生态规律是人类所有行为必须遵循的基本原则。因此,虽然各种经济活动具有自身的客观运行规律,但是,在开展各种经济建设活动时,仍然应遵循自然界的生态法则和生态规律。以此为前提,才能从根本上保证社会主义现代化建设的成果,避免影响全球生态系统的稳定。

二是人类建设活动必须考虑综合效益。在人类的社会经济建设过程中,必须树立整体观、系统观,从全局出发,从长远处着眼,综合分析各种建设活动的生态效益、社会效益和经济效益。只有有利于全局、有利于长远未来、有利于社会进步的经济建设活动才是应该进行的。

3.2.3.3　生态经济化理论

生态经济化是指通过政策、制度和市场手段,实现自然生态产品和服务的商品化。生态资源的经济化可以改变传统经济增长模式中自然生态资源的公共物品属性,实现自然生态资源外部收益的内部化,以此增加自然生态资源的供给,约束和规范各种经济建设行为。生态经济化主要包括生态资源资产化、生态资产价值化与资本化、生态服务提供有偿化和生态补偿等内容(谢高地 等,2010)。

3.2.3.3.1　生态资源资产化

生态资源是保障社会经济可持续发展的重要基础设施。从经济学的角度上讲,能够带来收益的东西均被视为资产。生态资源不仅在当前可以为人类社会带来现实收益,还可以在未来为人类社会带来稳定的价值流。因此,生态资源无疑也是一种资产。但是,除了土地资源之外,大多数生态资源仍然很少被视为推动国家经济增长的生产要素与资本,也并未将生态资源按照资产运营规则来进行经营与管理。进一步构建和完善生态资源管理制度,实现生态资源资产化管理需要做到以下方面:(1)引入经济运行规律,结合生态资源的自然演化规律和生态资源生产实际,从投入产出的角度对生态资源的开发、利用、保护、恢复、增值和积累等各种生产和再生产活动进行管理,明确各投入方的责权利和回报,为生态资源资产化配置奠定基础。(2)建立生态资源的资产化运营管理体制。一方面,建立各类天然生态资源的有偿使用制度。逐步建立市场化运营体系,将生态资源的开发利用权货币化,进行市场流通。将市场化运营所带来的部分收益再次投入生态资源再生产,以拓展生态资源供给总量。另一方面,进一步完善已经投入人工劳动的生态资源运营和管理体系,精确核算人工劳动和生态资源的价格,形成生态资源业生产和再生产市场体系。(3)构建和完善生态资源资产化的相关体制机制,如生态资源核算制度、生态资源开发与保护规划制度、生态资源保护的补偿制度和监督制度等。通过生态资源的资产化,凸显生态资源的市场价值,培育生态资源业,促进生态资源的持续增长。

3.2.3.3.2　生态资产价值化和资本化

生态资产即资产化后的生态资源。生态资产的价值化和资本化是保证其不断保值和增值的重要环节,也是持续稳定获取生态资源的重要保障。

(1)生态资产价值化。根据效用价值论,有用性和稀缺性是判断某个事物是否具有价值的根本标准。一方面,生态系统所提供的各种生态产品和服务对人类生存的重要性是毋庸置疑的;另一方面,随着人类社会经济的迅速发展,生态资源已经难以满足人类的需求,各种生态产品和服务的稀缺性日益显著。因此,生态产品和服务满足上述必要条件,具有效用价值。目前,国内外已经开发了多种方法来计算生态资产的市场价值。但是,由于生态资产的复杂性和特殊性,以及各种方法的局限性,使得评估结果的争议较大,尚未得到广泛接受。

(2)生态资产资本化。生态资产的价值化是其资本化的前提。完成生态资产的价值化后,方可建立较为完善的生态资源市场。通过生态资源市场的市场化运行机制,可以实现生态资产的流动性、增值性与有偿性,完成从生态资产到生态资本的根本性转变,使得生态资源所有者获得符合其市场价值的收入流。在完成了生态资产的资本化之后,生态资源的供给和需求将完全融入经济系统,从而形成完整的生态-经济系统。

目前我国的生态资源市场仍然处于理论探讨和萌芽阶段,在许多环节上仍然存在较多的争议。从体制上保障生态资产的所有权是培育与创建类生态市场的关键。明晰的产权能够激活生态资产所有者的经营意识,积极推动生态资产更充分地转化为经济生产要素,并根据其经济贡献程度来分享相关的经济利益。

3.2.3.3.3　生态服务生产者收费和消费者付费

生态系统可以为人类的各种社会经济活动提供丰富多样的生态产品和生态系统服务。但是,生态产品和生态系统服务的产生、形成、供给和消费与其他商品具有巨大的差异。如何建立生态服务生产者收费和消费者付费机制是生态经济化理论的重要组成部分。

(1)生态产品和生态系统服务的生产者收费机制。随着人类对各种生态产品和生态系统服务的需求不断增加,生态系统自身的生产能力已经越来越难以满足人类的需求。因此,需要人类社会主动参与到生态系统的自然生产过程中,通过各种生物、技术手段来扩大生态系统规模,提高生态系统功能,从而提高生态系统服务的供给总量。在这一人为干预过程中需要耗费相应的物资、技术和人类劳动,为生态产品和生态系统服务的生产者收费提供了依据。

(2)生态产品和生态系统服务的消费者付费机制。生态产品和生态系统服务的消费是指人类的各种生产生活活动对生态产品和生态系统服务的占用、利用和消耗过程。与普通产品的消费不同,生态产品和生态系统服务的消费付费机制并未完全建立,由此引发了诸多生态产品和生态系统服务的无偿使用、过度利用和滥用等现象,进而破坏了生态系统服务的供给能力。随着生态系统服务生产者收费和消费者付费机制的建立,有助于进一步明晰生态资本产权,完善生态系统服务交易市场。通过充分发挥市场机制在生态资源配置中的作用,能够更好地规范生态系统服务的供给和消费行为,实现生态资源价值的最大化,促进生态系统与经济系统的协调发展。

3.2.3.4　经济生态化理论

经济生态化是指综合运用清洁生产、绿色制造、环境设计、绿色供应链管理等手段,对传统经济生产方式和生活方式进行生态化改造,从而形成节约资源、降低消耗、减少污染、环境友好的社会经济运行模式,实现社会经济效益的最大化和生态环境损耗的最小化。

(1)社会经济过程的生态化转型

经济生态化的本质在于实现人类社会经济运行全过程的生态化。它要求彻底改变人与环境、产业与环境的关系,实现人类社会在生产、分配、流通、消费、再生产等各个环节的生态化。在此过程中,以生产过程的生态化为核心,同时延伸到生产前和生产后的各个环节,最终实现全程的生态化。

社会经济过程的生态化转型主要包括以下方面:一是在生产过程中努力提高资源利用效率,减少自然资源和不可再生能源的消耗。二是延长产业链,通过技术革新、清洁生产等方式,将污染物和排放物尽量在各生产环境中进行有效处理或再利用,减少最终的污染物排放量。三是加大生产过程中的生态化技术创新,尽量使用可再生和可更新的生产材料,选择无害化、无废料的技术和设备,降低生产过程中的环境影响。四是通过公益宣传、居民生活行为引导等途径,培养与引导人们的生活行为和消费方式。五是通过对生产生活废弃物品的分类回收,提高资源的重复利用率,最大限度地减少对自然资源的初次开采利用和污染废弃物排放总量。

(2)社会-经济-生态系统的生态化耦合协调

生态环境系统在社会经济生产过程中具有重要作用,它既是满足社会经济系统代谢物质与能量需求的生产者,也是被动接受与消纳社会经济系统代谢废弃物的还原者。区域社会-经济-自然复合生态系统的协调持续发展不仅受到自然、经济等子系统生产、消费和还原能力的制约,还受到人类协调和调控生态-社会-经济系统的能力的影响。

在区域社会-经济-自然复合生态系统的运行过程中,复合生态系统的代谢过程就是三个子系统之间通过持续不断的物质与能量交流、交换,实现系统内部结构、功能和行为联系的动态过程。通过提高人类对复合生态系统优化和调控能力,能够更好地实现社会经济系统与生态环境系统的耦合协调发展,实现系统整体的协同优化和有机平衡发展。具体而言,应彻底改变传统经济发展模式中社会经济代谢与生态资本利用的思维、行为与组织模式,充分考虑生态环境系统的多功能性及其不可或缺性,根据生态规律来主动调整社会经济行为,实现社会-经济-自然复合生态系统的生态化耦合协调。

3.2.3.5 生态-经济协调发展理论

生态系统与经济系统的协调发展是生态经济学的核心理论。生态系统与经济系统的协调发展是指在遵循自然发展规律、社会发展规律、经济发展规律和人的发展规律基础上,以实现人类社会的全面发展为根本目标,通过总系统与子系统的协调、子系统与子系统的协调、子系统内部各组成要素间的协调,使系统及其内部构成要素之间的关系不断朝着包括经济效益、社会效益和生态效益在内的社会综合效益最大化方向演进的过程。

社会经济发展对生态系统的资源、能源、环境等需求是无限的,而生态系统中用于满足人类需求的各类资源是有限的。一旦社会经济发展对生态系统的需求超过了其供给能力,生态系统的平衡状态就会被打破,生态系统和经济系统之间的矛盾也会日趋尖锐。生态系统和经济系统协调发展的过程就是逐步消除两者之间不协调的过程,其应遵循的基本原则包括:

(1)适度性原则

生态系统和经济系统是一对矛盾统一体。生态系统自身所处的进化、退化或稳定状态会对经济系统产生影响;同样,经济系统自身所处的发展、衰退或稳定状态也会影响到生态系统的存续演化。二者之间总是相互作用、相互影响,处于"平衡→不平衡→新的平衡"的循环往复演化过程中。在此过程中,保持平衡的关键在于人类开发利用生态系统的经济活动强度必须保持在适度的范围内,即在维持生态系统的健康稳定的前提下满足人类社会经济发展的资源环境需求。无数的事实已经证明,一旦人类经济活动的强度超越了生态系统允许的界限,生态系统和经济系统都无法正常运行。只有严格遵循自然规律、经济规律以及两者之间耦合发展规律,才能真正实现生态系统和经济系统之间的协调发展。

(2)共同性原则

地球是一个有机的整体,人类是地球生物圈中的重要组成部分。共同性原则要求人类深刻认识到地球的整体性和地球内部各要素之间的相互依存性。在人类社会的发展过程中,必须将自然生态系统和社会经济系统视为一个整体。通过系统性的视角,分析自然-社会-经济复合生态系统的结构和功能,探究各子系统之间的物质循环、能量转换、信息反馈等内在关系,揭示其内部运行机制。在此基础上,将经济发展与生态发展耦合成为一个完整的有机体,实现生态与经济、人与自然的和谐统一与协调发展。

（3）发展性原则

从系统论的角度上讲,在经济系统的增长过程中,生态系统是经济系统低熵物质输入的来源和高熵废物的接收器。经济系统就像是生态系统这棵大树所结出的果实,其增长的速度依赖于生态系统提供的物质资源和服务功能。当经济系统的增长高于生态系统的供给极限时,生态系统将会变得脆弱;而经济子系统的后续增长也会受到其生态母系统的限制。因此,不应过于强调生态系统和经济系统的对立性,应通过发展性的视角来审视生态系统和经济系统的协调发展关系。根据发展性原则,随着经济系统的发展速度越来越快,生态系统所提供的自然资本必然会变得越来越稀缺。因此,通过各种资金、技术的投入,不断创造生态盈余,促进自然资本的增值,才能够进一步拓展经济系统的发展空间,夯实可持续发展的生态基础(谢高地 等,2010)。

3.2.4　景观生态理论

景观生态学是研究一定的区域范围内,景观单元的类型组成、空间配置及其与生态学过程之间的相互作用的综合性学科。其研究的核心是景观的空间格局、生态学过程与尺度之间的相互作用(邬建国,2007)。随着景观生态学的不断发展,各种景观生态学理论也广泛应用于区域生态建设(肖笃宁 等,2004)、城乡生态规划(张林英 等,2005)、城市群生态网络构建与优化(尹海伟 等,2011)等领域。

景观生态学的理论基础是整体论和系统论(何东进 等,2003)。具体而言,与生态文明建设密切相关的景观生态学理论主要有如下几个方面。

3.2.4.1　等级理论

等级通常是指系统组织的层次秩序性。等级理论是 20 世纪 60 年代以来逐渐发展形成的,关于各类复杂系统的结构、功能和动态的理论(邬建国,2007)。

等级理论认为,整个自然界是一个具有多层次等级结构的有序整体,它们共同构成了一个等级系统。在这个等级系统中,每个层次上的系统都是由低一级层次上的子系统组合而成的,并产生出单个子系统不具备的新的整体属性。等级理论认为,任何系统都属于一定的等级,并具有一定的时间和空间尺度。等级结构系统中的每一层次都有其独特的整体结构和行为特征,并具有自我调节和控制机制。

等级理论最重要的作用在于简化复杂系统,以便达到对其结构、功能和行为的理解和预测。将各种系统中复杂多样而又相互作用的组成部分按照一定的标准组合起来,并使之表现出层次结构是应用等级理论的关键步骤。显然,地域景观系统是由城镇、村落、农田、森林、历史文化建筑等各种景观组分所共同组成的空间镶嵌体,具有明显的等级结构。按照等级理论,在地域景观系统的生态化重构过程中,不仅要加强该区域景观系统内部各要素的研究,还应该注重研究区域景观系统与周围其他生态系统或影响因素之间的关系,以及各个区域景观系统之间的关系。

3.2.4.2　岛屿生物地理学理论

岛屿是指四周被水域所包围的陆地。岛屿生物地理学理论认为,岛屿中的物种丰富度取决于物种的迁入率和灭绝率(黄瑞 等,2016)。而物种的迁入率和灭绝率则与岛屿的面积和隔离程度(岛屿离种源的距离)密切相关。一般而言,岛屿离大陆越近、面积越大,则其容纳的生物越多,这就是面积效应和距离效应。

岛屿生物地理学是关于生物多样性保护的重要理论。岛屿的概念也已经大大拓展。如被沙漠包围的绿洲、森林中的草原或沼泽、被农田包围的林地等都可以被视为大小、形状、隔离程度不同的岛屿。在区域景观系统的重构中,岛屿生物地理学理论也是进行景观规划和设计、保护景观多样性和生物多样性的重要理论依据。

3.2.4.3　景观空间结构理论

在景观生态学中,景观是一个由相互作用的各种景观要素所组成的,具有高度空间异质性的区域系统。景观要素是组成景观的基本单元,通常被分为斑块、廊道和基质三个类型。其中,(1)斑块是景观尺度上最小的均质单元。斑块的数量、面积、形状等参数对于景观多样性有着十分重要的影响。(2)廊道是景观系统内具有通道或屏障功能的线状景观要素。廊道是联系各个斑块的重要纽带。按照性质和来源的不同,廊道又可以分为干扰廊道、更新廊道、栽植廊道、环境资源廊道和残余廊道等类型。如对于森林景观而言,防火隔离带和传输线等就属于干扰廊道;对于农业景观而言,防护林带和绿篱等就是栽植廊道。(3)基质在景观系统中是相对面积比斑块和廊道更大,空间分布也更连续的景观要素,通常被视为景观系统的背景。基质通常具有三个特点:一是相对面积最大,二是连接度最高,三是在景观动态中起最重要的作用。

景观空间格局主要是指各种形状和大小的景观斑块在空间上的排列。它是多个因素和各种生态过程在不同尺度上作用的结果。由于各种能量、物质和物种在不同的景观要素中多呈异质分布,因此在空间结构上,景观系统往往表现出高度的空间异质性。

由于景观格局与生物多样性保护、景观的空间异质性,以及景观多样性等存在密切的联系,因此受到了人们越来越多的关注。目前,关于斑块、廊道、基质及其所形成的景观空间格局理论依据在景观规划与管理领域得到了广泛的应用(李红波 等,2014;田方 等,2014)。

3.2.4.4 景观连接度理论

景观连接度是指景观空间单元之间的连续性程度(邬建国,2007)。由于所有生态过程都会在一定程度上受到景观系统中各缀块的距离和排列的影响,因此景观连接度能够反映景观的功能特征。

景观连接度可以分为结构连接度和功能连接度两大类。其中,(1)结构连接度是指各景观要素在空间结构上表现出的连续性。结构连接度主要受到该景观要素的空间分布特征和空间关系的影响,可利用遥感影像、地图等,对景观要素的空间分布进行拓扑分析来确定。(2)功能连接度是指从特定景观要素的生态过程和功能关系入手,探讨其主要特征和景观连续性,它比结构连接度要复杂得多。

景观连接度对景观尺度和研究对象的特征尺度有很强的依赖性。在不同尺度上,景观空间结构的特征、生态学过程和功能都会有所不同,使得其景观连接度的差别也很大。此外,结构连接度和功能连接度这两个指标之间也存在着密切的联系。

景观连接度理论在景观规划中已经得到了广泛应用。在现实生活中,随着人类活动强度的日益增加,人类聚落和错综复杂的交通网络阻断了各个区域之间的生态联系,导致了城市蔓延、景观多样性降低、生态用地的孤立化等问题。而景观连接度理论则可以在野生动物通道设计、生态廊道建设、确定动植物栖息地等方面发挥重要作用,为区域景观生态规划与设计、区域可持续发展等提供理论依据(吴昌广 等,2010)。

3.3 人地关系理论

3.3.1 人地关系理论的提出

人地关系是地理科学中一个古老而年轻的话题(乔家君,2005;吴传钧,1991)。而现代地理学研究中的人地关系理论是由我国著名人文地理学家吴传钧院士所提出的。早在1979年底,吴传钧院士在中国地理学会第四次全国代表大会上作了题为"地理学的昨天、今天和明天"的学术报告,明确提出,人地关系地域系统是地理学研究的核心(吕拉昌 等,2013)。1991年,吴传钧先生在"论地理学的研究核心——人地关系地域系统"一文中,详细阐述了人地关系地域系统的研究意义、总体目标、研究内容等。人地关系理论提出后,得到了国内外学术界的广泛认可,在理论和实践应用方面都取得了丰硕的成果。2010年,在美国国家科学院国家研究理事会出版的《理解正在变化的星球:地理科学的战略方向》中,也明确提出:"必须关注人与资源的相互作用关系,……重视正在形成或已经形成的地球生物物理学和人类环境的演

变特征。"(美国国家科学院国家研究理事会,2011)

人地关系是指人类与地理环境之间的相互作用关系(蔡运龙,1995;吕拉昌,1994)。人地之间的客观关系主要包括:(1)人对地的依赖性。地是人赖以生存和发展的物质基础和空间场所。地理环境会对各种人类活动产生广泛影响,制约着人类社会活动的广度、深度和速度,并使各种人类活动表现出明显的地域特性。(2)人在人地关系中居于主动地位。人具有主观能动性。人是地的主人,而地理环境则是可以被人类认识、利用、改变和保护的对象。人地关系是否协调取决于人的行为选择,而不是取决于地(吴传钧,2008)。

人地系统是指由人类社会和地理环境这两个子系统交错构成的,复杂、开放,且内部具有特定结构和功能机制的巨系统。在这个巨系统中,人类社会和地理环境两个子系统之间各种物质循环和能量转化的结合,就形成了人地系统发展变化的基本演化机制。在一定条件下,人类社会子系统和地理环境子系统通过各种非线性的相互作用,能够产生协同现象或相干现象,进而宏观上形成特定的时间结构和空间结构,表现出有序的状态(吴传钧,2008),如图 3-10 所示。

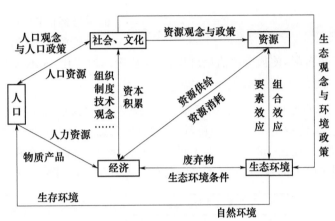

图 3-10   基于人地关系经典解释的人地关系
系统构型(杨青山 等,2001)

3.3.2   人地关系的历史演化阶段

根据人类文明的历史发展进程,可以将人类活动与地理环境的相互作用关系划分为以下阶段(王长征 等,2004)。

3.3.2.1   混沌阶段

在人类诞生之初,人的数量很少,生产方式主要是原始的狩猎采集。在这个时期,人类在强大的自然力面前显得微不足道,对环境也不会产生太大的影响。此时的人类活动仍然只是自然环境系统中的一部分,尚未形成真正的人地系统(图 3-11)。

3.3.2.2   原始共生阶段

在石器时代,随着火的利用和生产生活工具的改进,人口数量和质量有了显著的提高。人类也从环境中彻底分离出来,成为了一个相对独立的主体。人类、资源和环境之间存在着很强的自动均衡机制,形成了一种原始的协调关系。在这个时期,人地系统正式形成,但仍处于演化规模很小、速度缓慢的低级阶段(图 3-12)。

图 3-11   混沌阶段的人地关系示意图

图 3-12   原始共生阶段的人地关系示意图

3.3.2.3   主动适应阶段

在农业时代,人类逐渐摆脱了对自然的极度依赖状态,其角色也从对自然环境的直接消费者变为了

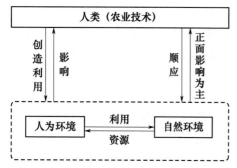

图 3-13　主动适应阶段的人地关系示意图

对环境的主动改造和索取者。随着人口的增加和技术的进步，人们在某些局部地区的环境改造能力甚至超过了生态环境所能容纳的限度，引发了一些生态灾难。但是，从总体上来看，这一时期的人类仍然自觉地遵循着自然界的基本规律，人地关系也比较协调(图 3-13)。

3.3.2.4　大规模改造阶段

进入工业大发展时代后，人类的生产力获得了迅速发展，征服自然的能力也空前提高。在这一时期，人类大量利用不可再生资源，一味追求经济上的快速增长，经常突破区域内的资源环境极限，使得资源消耗严重，环境质量迅速恶化，人地关系也空前的尖锐和紧张(图 3-14)。

3.3.2.5　人地协调共生阶段

20 世纪 60 年代以来，严重的生态危机迫使人们反思过去的发展方式，进而提出了可持续发展、工业生态学、清洁生产、循环经济等一系列的新理论，努力寻求一条人口、经济、资源和环境相协调的可持续发展道路。在这一时期，人类不再只追求经济增长，而是强调社会、经济、生态效益的最大化。人地关系也得到了较大的缓和，进入了新一轮的协调共生阶段(图 3-15)。

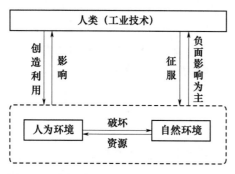

图 3-14　大规模改造阶段的人地关系示意图

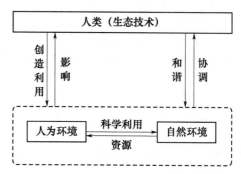

图 3-15　人地协调共生阶段的人地关系示意图

3.3.3　人地关系理论的演变过程

随着人类生产力的发展和变化，近现代的人地关系理论也在不断变化。具体而言，近现代中西方典型的人地关系理论主要如下。

3.3.3.1　地理环境决定论

这是最早形成的一种人地关系理论。早在 1748 年，法国思想家孟德斯鸠就阐述了气候因素等地域特征对法律制定的影响。德国地理学家弗里德里希·拉采尔将这一思想进一步系统化，提出了地理环境决定论。该理论认为，自然环境条件决定了人类的生理和心理特征，进而决定了人类社会的组织和发展，是人类社会发展过程中的决定性因素。地理环境决定论是对当时盛行的天命论、神创论的反叛，有一定的进步性。但是，该理论过于强调自然力的作用，走向了另一个极端(韩永学，2004)。

3.3.3.2　或然论

维达尔·白兰士并不赞同地理环境决定论的观点，认为自然环境只是为人类提供了有限的、可供选择的多种可能性。而究竟要如何利用自然环境，则取决于人类的当地文化、社会传统和欲望等因素。白兰士的学生白吕纳在《人地学原理》一书中进一步发展了这一思想，认为自然是固定的，而人文则是不固定的，它们之间的关系随时代的发展而变化。

3.3.3.3　唯意志论

如果说地理环境决定论是一个极端的人地观，那么，唯意志论就是与之相对立的另一个极端(海山，

2001)。唯意志论主要包括人类中心主义、生产关系决定论、人定胜天论等。这些理论完全否定了地理环境,甚至否定了生产力水平对人类社会发展的重要作用,无限夸大生产关系,以及人类的主观能动性和改造能力的威力,认为生产关系的变革和人的主观意识可以超越地理环境决定一切。这一理论在斯大林时代的苏联非常流行,1958 年前后在我国也广泛盛行,曾给我国的社会经济建设带来了灾难性的损失。

3.3.3.4 倒退论

倒退论认为地球生物圈的运动过程极其复杂,人类既不可能完全理解和认识生物圈的运动规律,也不能有效地控制生物圈的过程。面对日益严重的环境污染与生态危机,人类的技术已经无法解决。因此,人类应该放弃工业化,回归自然(韩永学,2004)。如法国思想家卢梭就认为,凡是自然的东西都是好的,人类应该褪去文明的外衣,重新恢复人的自然天性。德国著名哲学家尼采也主张回归自然。他认为自己回归自然的观点与卢梭的倒退主义并不相同,而是一种向上的攀升(韩永学,2004)。

3.3.3.5 协调论

在正确认识了工业化的不良后果之后,人们提出了协调论的观点。该理论将人类与地理环境看作一对亲密的伙伴,它们既相互作用,又相互依存,强调天人合一的思想。该理论认为,在人类的生产生活过程中,人类应该遵循自然规律,与自然界一起,共同创造出既符合人类主观意志,又不违背自然界客观规律的环境和社会(杜国明,2004)。该理论是当代人地关系论中的主流思想,也是可持续发展理论中的核心概念。与之类似的理论还包括适应论、生态伦理论、人地共创论等。

3.3.4 人地关系理论的基本框架

3.3.4.1 研究目标

人地系统研究具有鲜明的跨学科特点,其研究的中心目标是协调人地关系、优化人地系统,进而实现区域的可持续发展(吴传钧,2008)。

就人地关系地域系统研究而言,其研究的总目标是探求系统内各要素之间的相互作用关系、人地系统的整体行为及其调控机理。在研究中,应着重从时间过程、空间结构、整体效应、组织序变、协同互补等视角去认识和探索全球、全国,以及区域等尺度上人地关系的系统优化、综合平衡及有效调控的内在机理(吴传钧,2008)。

人地系统的优化需要落实到具体区域的综合发展上。因此,人地关系地域系统的研究还需要探讨多方面的优化目标,包括促进资源的有效利用;开展产业和城镇系统的合理布局;控制人口增长,提高人口素质;加强环境整治;保护自然生态系统和生物多样性;促进社会进步和区域间的协调发展等(郑度,2008)。

3.3.4.2 研究内容

人地关系地域系统的研究内容主要包括以下方面(吴传钧,2008):

(1)从理论上深入研究人地关系地域系统的形成过程、结构特点和发展趋势。

(2)利用各种定量模型,分析人地系统中各子系统之间的相互作用强度,估算潜力,并进行相应的后效评价和风险分析。

(3)探讨"人"与"地"这两大系统之间的相互作用,物质、能量传递与转换的内在机理、功能、结构,提出系统整体调控的路径与对策。

(4)分析区域内的人口承载力,预测粮食增产的幅度。

(5)根据系统的内部结构、功能,以及各要素之间相互作用的强度和潜力,建立特定区域内人地系统的动态仿真模型,预测区域人地系统的演变趋势。

(6)分析人地系统及其相关要素的地域分异规律,划分地域类型。

(7)建立各种层次、各种尺度、各种类型地区的人地关系协调发展与优化调控模型,即区域开发的多目标、多属性优化模型。

3.3.4.3 基本特征

人地关系地域系统主要具有以下基本特征(乔家君,2005;左伟 等,2001):

(1)地域性。在不同的地域中,不仅自然生态系统的结构、功能、稳定性等存在较大的差异,人类活动的类型和强度也有很大的不同。因此,不同地域的人地关系差异较大,表现出明显的地域性特征。

(2)动态性。人类文明一直处于动态演化发展的过程中。因此,即使是在同一地域内,其在不同的历史发展阶段中,不仅影响人地关系的关键因素会有所不同,这些因素之间的相互作用机制也会发生变化,从而导致人地关系表现出明显的动态性演化特征。

(3)开放性。任何地域的自然生态系统都会与外部环境进行大量的物质、能量和信息的交流,以保证自身系统的正常运转。任何区域的社会经济发展也需要同外界进行频繁的劳动力、资金、技术等的交流与合作。因此,人地关系地域系统具有显著的开放性特征。

(4)复杂性。在人地关系地域系统的内部,人口、社会、经济、文化、资源、环境等各个子系统之间存在着众多的联系。这些联系既有物理、化学、生态学、信息学等方面的,也有社会学、经济学、人口学等领域的。同时,不仅这些联系之间会产生复杂的相互作用关系,它们还会与系统外部环境中的各个要素产生密切的关系,这使得人地关系地域系统变得极为复杂。

(5)层次性。人地关系地域系统是一个级序系统,其内部存在着比较明显的等级划分。从要素层面上看,人地关系地域系统可以划分为人类社会子系统、资源子系统和环境子系统,而这三个子系统又可以进一步细分,如环境子系统又可以划分为水环境、大气环境、土壤环境等孙系统。从空间尺度上看,全球人地关系系统可以划分为陆地子系统和海洋子系统,而这两大子系统又可以进一步细分。因此,人地关系地域系统表现出明显的层次性特征。

3.3.4.4 基本原理

人地关系地域系统主要有以下基本原理(王爱民 等,1999)。

3.3.4.4.1 资源环境承载力的限制与突破原理

人地关系的历史发展过程表明,人地关系的矛盾和问题主要集中在区域资源环境基础的限制上。一方面,当区域内的耕地产出无法养活区域内的人口,区域内的各种自然资源无法满足人类社会生产的需要,区域内的生态环境系统无法通过体内循环消化人类排放的废弃物时,人地关系就会变得紧张而尖锐。另一方面,人类也可以通过扩大生存空间、科学技术进步、集约开发与利用等方式,来不断提高资源环境承载力。此时的人地关系就表现出缓和与发展的特征。在历史上,人地关系总是呈现出围绕不断发展的生产力水平和资源环境承载力水平的起伏波动而不断振荡、调整和发展的态势。

3.3.4.4.2 人地关系的地域关联与互动原理

任何人地关系地域系统都可以被视为一个相对封闭的、有限的,具有较为稳定的结构和功能的完整系统。但是,任何层次的人地关系地域系统的本质都是由比它更高层次的人地关系系统的非局部性联系所决定的。因此,各区域内的人地关系系统所呈现出的特有的格局和过程并不完全是自身发展演化的结果,而是在长期的历史进程中,地域与地域之间、自然要素与人文要素之间冲突、互补与协作的结果。

在当代,人类社会已经步入了全球一体化的时代,各个尺度、各个层次的人地关系系统均处于更加密切和频繁的关联互动中。任何一个区域的自然或人文环境发生变化都可能对周边地区,乃至全球造成不可预计的冲击。因此,现代的新型人地关系必须克服以邻为壑的地方主义思想,改变传统的武力征服与扩张,剥削与霸权的冲突模式,力图形成区域之间的和谐共同发展格局。

3.3.4.5 基本规律

人地关系地域系统的演进过程中主要存在着以下基本规律(王爱民 等,1999)。

3.3.4.5.1 人地渗透律

在人地系统中,人类社会和地理环境是两个相对独立的子系统。但是,在客观现实中,二者是合而为

一、不可分割的统一整体。地理环境的人工化过程和人的自然生命体本质,使得人、地两个子系统之间相互渗透、彼此交织、高度相关,呈现出人地合一的状态。

人地渗透律是构建现代新型人地关系,形成科学的价值观、社会观和发展观的基本理论依据之一。人地渗透律表明,人类对地理环境系统的干预其实也是对自身的干预。人类的过分索取,既是对地理环境系统自组织功能和生产能力的削弱,也意味着人类对自身的破坏和毁灭。

3.3.4.5.2　人地矛盾律

虽然人类社会系统和地理环境系统是不可分割的统一整体,但它们作为相对独立的两个子系统,客观上也存在着很大的差异和冲突,进而产生了一定的矛盾和对立。这些矛盾和对立主要体现在以下方面:一是自然环境系统的自然性和人类系统的社会性之间的矛盾和对立,二是人和地在各自发展秩序和节奏上的矛盾和对立,三是人类的无限需求和地的有限供给之间的矛盾和对立。

人地矛盾律表明,在人地系统的发展过程中,人与地之间的矛盾和对立是客观存在的,也是无法避免的。人地关系的发展史实际上就是人地矛盾不断产生、克服和转化的过程。人地矛盾的协调,既需要人类对自身行为的强力束缚,还需要人类开展服务于地理环境的各种生态建设活动。

3.3.4.5.3　人地互动律

在人地系统中,人类社会系统和地理环境系统一直处于紧密互动的共同演进过程中。人类社会系统的变化和行为必然会引起地理环境系统产生相应的变化,而地理环境系统也将深刻地影响人类社会的生产与生活。人地系统的演化发展过程不是任何单一要素、单一子系统、单一关联方式的作用结果,而是在人与地相互作用的主线下,各种要素和系统综合作用的结果。

人地互动律表明,随着人类科技水平和生产力水平的不断提升,地理环境系统已经深深地打上了人类活动的烙印,地理环境系统的发展状态也广泛而深刻地影响着人类的发展进程。人类社会的发展必须建立在地理环境系统发展的基础之上。

3.3.4.5.4　人地作用加速律

在人地系统的演化发展过程中,随着人类生产力水平的不断上升,人类活动在人地关系中的作用和地位也迅速升级。人类社会的加速发展也推动了人地关系的加速演化。随着人类对地理环境系统的作用速度、作用强度及其累积效应呈指数型递增,地理环境对人类活动的反应也越来越强烈和明显。

人地加速律表明,随着人类社会发展速度的加快,人类对地理环境系统的影响将越来越直接和明显。地理环境系统的自组织能力和自我修复能力在人类的强力扰动下显得越来越脆弱。因此,为了避免给地理环境系统带来毁灭性的破坏,人类系统需要更加谨慎地处理与地理环境系统的关系,尽快转变自身的发展方式,建立人地协调共生的发展模式。

3.3.4.5.5　人地关系不平衡律

无论是时间维度,还是空间维度上,人地系统的演化发展都是不平衡的。从时间维度上看,人地系统的演化过程并不是直线推进的,而是呈波浪式螺旋上升的。因此,在某些特定时段上,人地关系既有可能出现巨大的变革和飞跃式的前进,也有可能出现局部的停滞,乃至倒退的现象。从空间维度上看,人地系统的演化也表现出显著的地域差异,在不同的区域中,人地关系的发展阶段、主要矛盾、基本特征等方面都有可能存在巨大的差异。

人地关系不平衡律表明,人地关系在时间和空间维度上的不平衡是客观存在的。在实践过程中,我们需要正确判断特定区域在特定时段的人地关系所处的发展阶段、基本特征、内部作用机制等,从而更加准确地实现人地关系的有效调控。

3.3.5　人地关系的地理研究范式

人地关系并非地理学特有的研究主题。从本质上讲,它更像是一个哲学问题(王爱民 等,1999)。因此,有必要从地理学的视角出发,深入探讨人地关系理论在实践工作中的应用途径,建立一整套人地关系的实践和操作范式,将是地理学人地关系研究中的重要环节(吕拉昌,1998)。具体而言,地理学中人地关系的实践研究范式主要包括以下内容。

3.3.5.1 结构分析范式

人地关系的结构分析范式是指利用各种量化分析方法,探讨人地关系地域系统中人口、社会、经济、资源、环境等各个子系统中,以及子系统之间各主要要素的数量结构,分析其平衡关系。结构分析范式的主要研究内容包括以下方面:(1)人口与资源之间的平衡关系,即人类发展中的资源需求量与地球现有资源的供给量的平衡关系分析。这类研究中最为典型的就是承载力研究,如土地资源承载力(封志明 等,2008)、水资源承载力(夏军 等,2006)、综合承载力(石忆邵 等,2013)等一系列的研究。(2)人口与环境之间的平衡关系,即人类发展中各类废弃物的排放量与地球生态系统所能容纳的最大污染物数量之间的平衡关系分析。这类研究中最为典型的就是环境承受力的研究。如水环境容量(黄真理 等,2004)、生态足迹(徐中民 等,2006)、生态压力(肖玲 等,2008)、环境影响评价(卞正富 等,2004)等方面的研究。(3)资源与环境之间的平衡关系,即人类发展过程中各类资源的消耗量与生态环境系统再次培育和形成这些资源的数量和周期的平衡关系分析。这类的研究主要包括对资源的分类(再生资源和不可再生资源)、资源的生产和消费(陈晓峰 等,2002)、资源利用效率(黄祖辉 等,2009)等方面的分析。(4)各子系统内部的平衡关系,如人口系统内部年龄结构、性别结构的平衡问题,产业结构的优化与调整问题(潘文卿,2002),水土资源的匹配关系(刘彦随 等,2006)等。

3.3.5.2 功能分析范式

人地关系的功能分析范式是指利用各种功能分析方法,探讨人地关系地域系统整体,以及人口、社会、经济、资源、环境等各个子系统的功能及其运行状态,综合测度和分析系统内部及系统之间的时空耦合与协调关系,分析人地关系地域系统的提升或发展潜力。功能分析范式的主要研究内容包括以下方面:(1)生态系统现状及功能评估。主要包括森林、湿地、草地等各类生态系统的功能评价(吴钢 等,2001)、生态系统服务价值评估(石晓丽 等,2008)、生态健康评价(李春晖 等,2008)、生态风险评价(彭建 等,2015)、生物多样性监测与分析(马克平,2015)等研究方法。(2)功能定位与区划。主要包括城市及城市群的功能定位(陆大道,2015)、区域产业的功能定位(张倩 等,2011)、区域主体功能定位与区划(盛科荣 等,2016)等方面的分析。(3)人地系统的耦合度分析。主要包括城市化与资源环境系统的耦合度分析(张引 等,2016),产业发展与生态文明建设的耦合度分析(容贤标 等,2016),经济系统、社会系统与资源环境系统的耦合分析(党建华 等,2015),土地利用变化对于陆气耦合强度的影响分析(赵靖川 等,2015)等。(4)人地系统可持续发展能力的测度与评价。主要包括区域可持续发展状态的综合评价和可持续发展潜力评价(许学强 等,2001)、区域协调发展水平综合评价(吴玉鸣 等,2016)等。

3.3.5.3 系统分析范式

人地关系的系统分析范式是指利用各种仿真模拟方法,探讨人地关系地域系统整体,以及人口、社会、经济、资源、环境等各个子系统的时空响应特征和响应阈值,模拟预测系统演化的趋势,提出相应的调控策略。系统分析范式的主要研究内容包括以下方面:(1)人地系统的时空演化模型研究。主要包括人地系统时空演化的尺度特征分析和人地系统演化的时空响应特征(熊建新 等,2013)、人地关系系统演化的时空协同分析(张衍毓 等,2016)、人地系统演化的仿真模拟(张洁 等,2010)等。(2)人地系统的演化趋势研究。主要包括区域人地系统演化趋势预测(杨杨 等,2007),资源、环境子系统的演化阈值与突变分析(赵慧霞 等,2007),自然灾害预警研究(毛夏,2005)等。(3)人地系统优化与调控研究。主要包括人地系统的调控策略与思路(杨艳茹 等,2015)、调控效果的评估(李翔,2009)等。

3.3.6 人地关系理论的应用

中国的地理学界长期遵循"以任务带学科"的基本发展思路。将各种理论研究成果服务于国家和区域发展战略也是中国人地关系研究的重要特色(李小云 等,2016)。吴传钧先生在提出人地关系理论的时候,就强调人地关系地域系统的优化调控研究必须落实到区域综合发展上。任何区域开发、区域规划和区域管理的研究都必须以改善区域内的人地相互作用关系、开发人地相互作用的潜力,以及加快人地相互作用在地域系统中的良性循环为目标,为科学高效地进行区域开发和区域管理工作提供理论依据(吴传钧,1991)。因此,人地系统理论在提出之后,即被广泛应用于社会实践当中,着力解决国家及区域尺度的发展问题。

3.3.6.1　国家层面的应用

在国家层面,地理学者利用人地系统理论,开展了大量的区域开发与区域发展方面的研究,为国家的发展提供了重要的智力支撑。如以吴传钧院士为首的科学家团队应用人地系统理论先后完成了《中国土地利用》专著(吴传钧 等,1994)、编制了《中国1∶100 万土地利用图》,成为开展全国性的土地利用研究、制定农业发展规划等工作的科学依据。以陆大道院士、刘卫东研究员为首的科学家团队以人地系统理论为指导,完成了一系列的《中国区域经济发展报告》(1997—2015),为中国的区域发展提供了科学指导。以樊杰研究员为首的科学家团队开展了大量的区域发展战略、空间规划、主体功能区划等研究工作。其中,主体功能区划等研究成果多次被全国国民经济和社会发展五年规划纲要所采用。以毛汉英研究员为首的科学家团队则先后完成了《中国沿海地区区域开发与 21 世纪可持续发展研究》和《人地系统与区域可持续发展研究》(毛汉英,1995)等研究成果。这些研究成果为国家的社会经济发展作出了重要的贡献。

3.3.6.2　区域层面的应用

在区域层面,一大批专家学者探讨了各个地区的人地关系协调与可持续发展等问题(方创琳,2004)。如杨杨等(2007)探讨了浙江省人地关系变化的阶段特征,提出了相应的调整策略;刘成武等(2004)探讨了人地关系对湖北省自然灾害的影响;刘凯等(2016)分析了人地关系视角下山东省城镇化过程中的资源环境承载力响应;冯德显等(2008)基于人地关系理论,探讨了河南省主体功能区规划的方法与思路;余旭升(1991)以江苏省为例,探讨了土地承载力的预测方法,并分析了其在人地关系研究中的意义;洪舒蔓等(2013)基于人地关系理论,提出了黄淮海平原土地整治的策略。

这些研究从不同的时间尺度、空间尺度和研究视角出发,从资源、环境、社会经济、规划、工程等各个方面深入探讨了各个地域中人地关系的演变过程、影响因素、模型方法、优化调控策略等问题,不仅对各个地域的可持续发展起到了积极的指导作用,也大大丰富了人地关系理论的研究范畴与视野,推动了人地关系理论的进一步深化和完善。

3.4　资源环境评价理论

3.4.1　资源评价

资源的概念有广义和狭义之分(史培军 等,2009)。从广义上讲,资源是指人类在生产、生活和精神上所需要的物质、能量、信息、劳动力、技术等要素的总和。从狭义上讲,资源就是指自然资源,即在一定的社会经济条件下,能够产生生态价值或经济效益,提高人类生存质量的自然物质和自然能量的总和(史培军 等,2009)。在地理学的研究中,多是采用狭义上的资源概念。

自然资源评价是指依据资源科学的基本理论,根据自然资源的类型、特征、数量、质量、时空分布规律等,分析自然资源的开发利用潜力和适宜性,计算资源开发利用后的社会、经济、生态效益,探讨本区域自然资源的优势和劣势,从而为确定本区自然资源的开发利用方向、制订开发计划和方案提供可靠的科学依据。自然资源评价涉及的领域极广,从不同的角度出发,可以将其分为多个类型(图 3-16)。本部分仅简要介绍自然资源评价的基本原则、方法和步骤等。

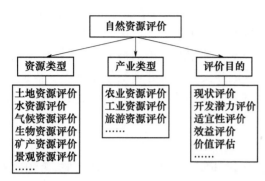

图 3-16 自然资源评价的类型划分体系

3.4.1.1 基本特征

理解和掌握各类自然资源的基本特征是开展自然资源评价工作的前提和基础。虽然自然资源的种类繁多、差别明显,但它们都具有以下共同特性。

(1)可用性。可用性是指能够被人类所利用。只有对人类社会具有使用价值,而且在人类当前的知识和技术条件下能够使用的自然物质或自然能量等才属于自然资源的范畴。可用性是自然资源的基本属性之一。

(2)稀缺性。稀缺性是指相对于人类的利用强度和需求,自然资源在数量或质量方面的有限性。稀缺性也是自然资源的基本属性之一。从某种意义上讲,自然资源的稀缺程度决定了该类自然资源的价值。

(3)整体性。自然资源是地球生态环境系统中的有机组成部分,广泛参与了地球系统中的各种发展和演化进程。因此,各类自然资源之间、自然资源与地球系统之间都不是孤立存在的,而是一个相互联系、相互作用的有机整体。因此,当某种自然资源遭到破坏时,也会影响到其他自然资源,还会影响到整个地球系统。

(4)不均匀性。自然资源在时间和空间上的分布都具有明显的不均匀性。在时间维度上,由于自然物质在形成和演化过程中均存在一定的周期性,如生物生长周期、季节更替周期、矿物质生成周期等,导致自然资源在时间上存在着明显的不均匀性特征。在空间维度上,不同区域的温湿状况,土壤、植被等要素的类型、数量、质量、特征及其组合状况等都有显著的差异,这也导致各区域的自然资源禀赋存在显著的地域差异。

(5)多用途性。几乎每种自然资源都可以提供多种用途。如土地资源可以用于耕种、养殖、建房等多种用途;水资源既可以用于工农业生产,也可以用于人们的日常生活。找出各类自然资源的最佳利用途径,是自然资源评价的重要任务之一。

3.4.1.2 评价原则

自然资源评价应遵循以下原则(武吉华,1999):

(1)人类利用原则。在自然资源的评价过程中,首先应考虑人类利用的目的和方式。自然资源往往都具有多种用途,在对同一个自然资源进行评价时,应根据人类的不同利用方式来确定评价标准、获取评价结果。如对饮用水和农业灌溉用水的水质进行评价时,其标准应有所不同。

(2)自然规律原则。自然资源的形成、分布、特征和演化过程都有一定的规律性。因此,在对自然资源进行适宜性、开发潜力等评价活动时,需要充分考虑各类自然资源的形成和演化规律。

(3)价值原则。从经济学的角度上讲,自然资源也是一种商品,具有自身的价值。因此,对自然资源进行开发潜力评价和效益评价时,既需要综合考虑自然资源的生态、社会、经济价值,也需要考虑开发过程中的劳动力、资金、设备、时间等方面的成本和投入。

(4)综合性原则。由于各类自然资源,以及自然资源和地球环境系统之间有着复杂而密切的联系,因此在自然资源的开发潜力、适宜性等评价工作中,需要综合考虑各类自然资源的数量、质量、分布及其环境状况,进行综合性开发和利用。

(5)操作性原则。在自然资源评价过程中,所采用的评价指标体系、评价方法、评价结果等应在保证科学性的前提下,尽量提高其可操作性。即基础数据应便于收集、管理和处理,评价方法应易于掌握和使用,评价结果应易于检验和应用。

3.4.1.3 评价内容

区域自然资源综合评价的主要内容包括以下方面(图 3-17):

(1)确定评价对象和评价目标;

(2)调查和评价区域内自然资源的种类、数量、质量、分布等基本情况,确定各类自然资源的相互影响和相互作用关系；

（3）评价各类自然资源的开发潜力和保证程度；

（4）评价各类自然资源的区位和开发条件，明确开发中的有利和不利因素；

（5）选择合适的评价指标体系；

（6）评价自然资源开发和利用过程中可能出现的生态环境问题；

（7）评价自然资源开发和利用后的经济效益、社会效益和生态效益；

在区域自然资源的单项评价中，需要重点解决以下问题：一是确定每一种自然资源开发利用的临界值，即在不影响自然资源可持续利用的前提下，资源开采的最大数量；二是确定最优的区域

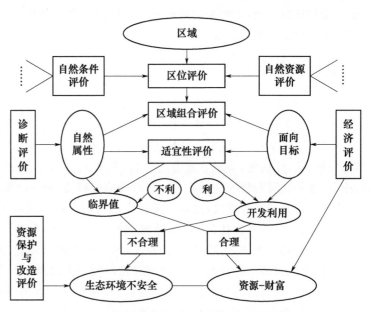

图 3-17　自然资源评价的框架体系(史培军 等，2009)

自然资源开发组合方式，分析单项自然资源在区域资源系统中的地位和作用，明确各类资源之间的联系及其相互制约关系，提出最佳的资源开发组合方式。

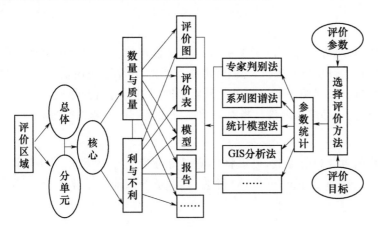

图 3-18　自然资源评价的方法体系(史培军 等，2009)

3.4.1.4　评价方法

在自然资源评价中，经常使用的方法包括专家判断法、系列图谱法、统计模型法和GIS空间统计与分析等方法，进而通过一系列的评价图、评价表、评价模型和评价报告等形式展示评价结果（图 3-18）。在具体的评价过程中，指标体系的构建和模型参数的选择是评价结果是否合理有效的关键。

3.4.1.5　评价步骤

自然资源评价主要包括以下步骤（图 3-19）：

（1）总体设计。明确自然资源评价的目标和对象，并根据区域和自然资源的特点选择评价指标体系。

（2）数据资料的收集。根据评价指标体系，通过实地观测、调查、访问和历史数据整理等手段，收集和获取所需要的数据、资料等信息。

（3）数据加工与处理。对已获取的数据、资料等进行加工和整理，并划分好具体的评价单元，为后续评价奠定基础。

（4）分析、评价和输出。选择合适的

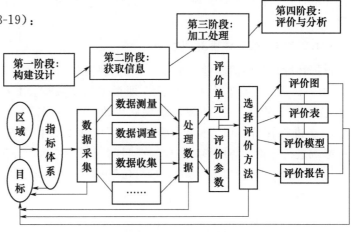

图 3-19　自然资源评价的评价流程(史培军 等，2009)

评价方法和评价参数,对相关数据和资料进行全面深入分析,获取评价结果,并利用评价图表、评价报告等方式进行评价结果的展示。

3.4.2 环境评价

按照《中华人民共和国环境保护法》中的规定,环境是指影响人类生存和发展的各种天然的和经过人工改造的自然因素的总体,包括土地、矿藏、大气、水、海洋、森林、草原、野生生物、自然保护区、风景名胜区、自然遗迹、人文遗迹、城市和乡村等(孙福丽 等,2010)。从广义上讲,环境评价是指通过对环境系统的要素、结构、状态、质量、功能等方面的分析,预测其变化趋势,评定环境系统对于各种人类行为(包括政策、法令、规划、经济建设在内的一切活动)的响应和协调性(孙福丽 等,2010)。开展环境评价的最终目的是调整人类自身的行为方式,协调人类社会与自然环境之间的关系,促进人类活动影响下的环境系统得以稳定和改善,实现人类社会和环境系统的协调和可持续发展。

环境评价具有重要的理论和实践意义,它是人类认识环境、保护环境、建设环境的重要基础科学研究工作,可以为人类调整自身的行为、实现可持续发展提供科学依据和技术保障。自20世纪60年代诞生以来,环境评价的研究内容和手段日益丰富,已经从传统的环境管理措施和评价技术发展为环境科学体系下一个重要的新兴分支学科:环境评价学(张征,2004)。

3.4.2.1 评价类型

由于环境评价涉及的领域非常广泛,目前还没有一个公认的类型划分方案。研究者可以从不同角度出发,对环境评价进行分类。

3.4.2.1.1 按照评价要素划分

根据环境评价的对象要素,可以将环境评价分为以下类别:(1)单要素评价。即针对单个环境要素开展的评价。主要包括大气环境质量评价、水环境质量评价、土壤环境质量评价、声学环境质量评价、生物环境质量评价等。(2)多要素评价或联合评价。即对两个或两个以上的要素同时进行评价。如地表水和地下水的联合评价、土壤与农作物的联合评价等。(3)综合评价。指对环境系统中所有的要素同时进行评价。

3.4.2.1.2 按照评价参数划分

根据环境评价的目的及其所选择的主要评价参数,可以将环境评价分为生态学评价、卫生学评价、污染物评价(化学污染物、生物学污染物)、物理学评价(光学、电磁学、热力学等)、地质学评价、经济学评价、美学评价等类型。

3.4.2.1.3 按照评价区域划分

根据环境评价所在区域的不同,可将环境评价划分为城市环境评价、农村环境评价、流域环境评价、景区环境评价、自然保护区环境评价、海洋环境评价、矿区环境评价、交通环境评价、全球环境评价等类型。

3.4.2.1.4 按照评价时间划分

根据环境评价时间属性上的差异,可以将环境评价划分为回顾评价、现状评价和影响评价(丁桑岚,2003)。(1)环境质量回顾评价。即根据历史数据,对某一区域某一历史阶段的环境质量的历史变化态势进行评价。(2)环境质量现状评价。即根据最新的区域环境监测数据,对区域当前的环境质量状态进行评价。(3)环境影响评价。即针对区域内的某个重大决策或重大建设项目可能对环境产生的影响进行评价。环境影响评价也是目前开展得最多的环境评价。按照评价层次的不同,环境影响评价又可细分为建设项目环境影响评价、区域开发活动环境影响评价、规划环境影响评价和战略环境影响评价等类型。

3.4.2.2 评价标准

环境标准是指为了保护生态环境与人类健康,改善环境质量,有效控制污染物排放,由政府所制定的强制性的环境保护技术法规(张从,2005)。环境标准既是开展环境评价的主要技术依据,也是环境评价工作的法律依据。按照内容的不同,环境标准体系主要包括环境质量标准、污染物排放标准、环境基础标准、环境监测方法标准、环境标准物质标准、环境保护行业标准六大类。

3.4.2.2.1　环境质量标准

环境质量标准是指为了保护人类健康,维持生态平衡,结合当前的技术经济条件,对一定时间和空间范围内的环境有害物质或因素的容许浓度所作出的限制性规定。它既是衡量环境是否受到污染的标尺,也是有关部门进行环境管理、制定污染物排放标准的基本依据。

根据环境要素的不同,环境质量标准又可分为水质量标准、大气质量标准、土壤质量标准、生物质量标准、声环境质量标准等类型。

3.4.2.2.2　污染物排放标准

污染物排放标准是指相关单位根据区域环境质量的要求,结合本区域的技术经济条件和环境特点,对污染排放主体排入环境的污染物在浓度和数量上所制定的控制标准。污染物排放标准是实现环境质量标准的具体手段,可以直接控制污染排放主体的污染物排放行为。

根据污染物类型的不同,污染物排放标准也可分为气态污染物排放标准、液态污染物排放标准、固态污染物排放标准、噪声污染排放标准等类型。

3.4.2.2.3　环境基础标准

环境基础标准是指在环境标准化工作范围内,对有指导意义的代号、符号、指南、规范、程序等所做的统一规定。如原环境保护部发布的《环境保护标准编制出版技术指南》(HJ 565—2010)等。环境基础标准是制定其他环境标准的基础。

3.4.2.2.4　环境监测方法标准

环境监测方法标准是指为规范环境质量监测和污染物排放、规范采样、分析测试、数据处理等技术环节,而制定的各种技术规范和技术要求。环境监测方法标准是强化环境监督管理的有力保证,也是提高环境质量、推动环境科学技术进步的重要动力。已有的环境监测方法标准包括《城市区域环境噪声测量方法》(GB/T 14623—1993)、《水质采样方案设计技术规定》(GB/T 12997—1991)等。

3.4.2.2.5　环境标准物质标准

环境标准物质是指按照规定的准确度和精密度确定了物理特性值或组分含量值,在相当长的时间内具有高度的稳定性、均匀性和量值准确性,并在组成和性质上接近于环境样品的物质。如水质 pH 值标准样品(GSBZ50017-90)、土壤标准样品标准值(GSS1-16)等。

在环境监测中,环境标准物质标准主要用于确定物质特性的量值、校准监测仪器、检验分析测定方法及监测质量考核等,以保证环境监测数据的可比性、一致性和可靠性,在环境监测的质量保证中发挥着非常重要的作用。

3.4.2.2.6　环境保护行业标准

环境保护行业标准是对在环境保护工作中需要统一协调的仪器设备、技术规范、管理办法等方面内容所作出的统一规定。如《场地环境监测技术导则》(HJ 25.2—2014)、《环境影响评价技术导则　总纲》(HJ 2.1—2011)等。

3.4.2.3　评价方法

经过多年的发展,国内外已经提出和应用许多环境质量评价方法。但是,目前的环境评价还没有形成统一的方法体系。较为成熟、应用较广的环境评价方法主要包括环境质量指数法、数理统计法、模糊数学法和生物指标法等(表3-4)。

表 3-4　环境质量评价的主要方法(刘绮 等,2008)

类型	子类	逻辑概念	评价因子(参数)	备注
环境质量指数法	(1)一般指数类 (2)分级指数类	在一定时空条件下,环境质量是确定性的、可推理的	(1)理化指标 (2)通过民意测验或专家咨询取得的评分值	这三类方法可以互相渗透、综合运用
数理统计法	—	在一定时空条件下,环境质量是随机变化的	(1)理化指标 (2)通过民意测验或专家咨询取得的评分值	
模糊数学法	(1)模糊定权法 (2)模糊定级法 (3)区域环境单元模糊聚类法	环境质量等级的界限是模糊的,环境质量变化的界限也是模糊的	(1)理化指标 (2)通过民意测验或专家咨询取得的评分值	
生物指标法	(1)指示生物法 (2)生物指数法 (3)其他	生物与它生存的环境是统一整体,生物对其生活环境质量的变化非常敏感	(1)生物的生理反应指标 (2)环境中生物的种、群变化	(1)生物指标也可用概率统计和模糊数学进行分级和聚类 (2)生物指数也是一种环境指数

3.4.2.4　评价程序

环境评价的类型很多,评价过程也不尽相同。下面将以区域环境质量评价为例,简单介绍环境评价的基本流程(刘绮 等,2008)。环境质量评价一般按以下程序进行(图 3-20):

(1)确定评价目的。进行环境质量评价首先应明确本次评价的目的,即本次评价的对象、性质、要求,以及评价结果的用途。评价目的决定了本次评价的区域范围、评价参数、采用的评价标准等基本内容。明确了评价目的后,即可制定评价工作大纲及详细的实施计划。

(2)背景资料收集。根据评价目的和评价内容的要求,收集相应的背景资料。不同类型的环境评价,其资料收集重点也有很大的不同。如环境污染方面的评价工作需要重点收集污染源与污染现状的调查资料,环境美学方面的评价工作则需要重点收集自然景观方面的资料。

(3)环境质量现状监测。根据本次评价的目的,通过对背景资料收集、整理、分析,确定主要的环境监测因子,开展环境质量现状监测工作,获取最新的环境监测数据。

(4)背景值的预测。如果评价区域比较大,或者实地监测能力有限,就需要根据实地监测得到的数据,建立污染物等数据的背景值预测模式。

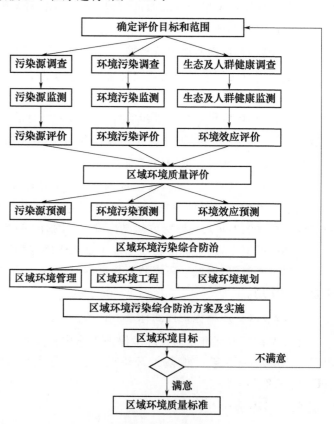

图 3-20　区域环境质量评价的基本程序(张从,2005)

(5)环境质量现状的分析。分析区域内的主要污染源,确定污染物的种类和数量。

(6)评价结论与对策。建立环境评价的数学模型,对环境质量进行分级,得出区域环境质量状况的总体评价结果,并提出相应的污染防治对策、环境管理措施等。

3.4.3　生态评价

生态评价是指利用生态学的基本原理和系统论的方法,对自然生态系统的重要生态功能进行系统评价(海热提 等,2004)。从广义上讲,生态评价也可理解为以生态学思想为指导,对自然-社会-经济复合生态系统的结构、功能及其协调程度的综合评定。

从总体上看,目前对生态评价的定量化研究主要有以下层次:(1)因素层次。包括辨识影响生态系统持续稳定发展的主导因子,并判断其作用力的大小。(2)状态层次。主要包括各种建设项目、重大决策的生态适宜性评价,复合生态系统中各子系统的协调程度评价等。(3)系统层次。即从特定时空尺度出发,对区域生态系统的稳定性、承载力、健康度、不可逆性等进行系统和综合评价。

3.4.3.1　评价类型

生态评价大致可以分为以下类别:(1)单要素评价。即生态系统中各主要生态因子对外部环境作用的评价。(2)生态系统综合评价。即从系统论的角度,对生态系统内部的生态因子及其相互关系进行综合评价。

3.4.3.1.1　单要素评价

根据生态系统中单个生态要素的发展过程及其与环境之间的关系,单要素过程评价又可分为以下种类:(1)生态暴露评价。污染物暴露是指人体在一定时期内,暴露于环境介质中。暴露评价就是通过描述人体与污染物接触的强度、频率和持续时间,计算污染物透过界面的速率、途径和最终透过量,评价人体对污染物的吸收量(黄虹 等,2006)。(2)生态影响评价。生态影响是指社会经济活动对生态系统及其生物因子、非生物因子所产生的任何有害或有益的影响。包括直接生态影响、间接生态影响和累积生态影响等。生态影响评价就是通过一定的评价方法,确定、量化和评估特定人为活动对生态系统及其组分的潜在影响(张全国 等,2003)。(3)生态风险评价。生态风险评价是指评估由于一种或多种外部因素导致可能发生,或正在发生的不利生态影响的过程。开展生态风险评价的目的主要是帮助环境管理部门了解和预测外界生态影响因素和生态后果之间的关系,为制定环境决策提供参考和依据。

3.4.3.1.2　生态系统综合评价

生态系统综合评价是指从系统论的角度出发,综合评价生态系统内部的生态因子及其相互关系。生态系统综合评价又可进一步细分为生态结构评价、生态功能评价和生态效益评价。(1)结构评价。是指对生态系统中的种群结构、形态结构、食物链结构、物质能量产出结构等方面的评价。(2)功能评价。是指通过生态系统内部的物质流、能量流、信息流,以及投入产出等方面的分析,评价生态系统完成和满足人类需求的能力。(3)效益评价。是指生态系统功能的实现过程及其实现之后的经济、社会和生态效益状况。

目前,国内外已经提出了许多生态系统综合评价的方法和模式,主要包括生态水平评价、生态系统健康评价、生态安全评价、生态系统服务功能评价、生态足迹评价、生态位评价等。

3.4.3.2　评价体系与标准

3.4.3.2.1　评价指标体系

生态评价指标体系的设计通常有以下模式:一是从生态、经济、社会等方面入手,构建相应的生态评价指标体系;二是从复合生态系统的结构、功能、效益(协调度)等方面入手,构建相应的生态评价指标体系;三是从生态系统的压力、状态、响应等方面入手,构建相应的生态评价指标体系。

在选取各个具体的评价指标时,通常会遵循科学性、地域性、可量化性、适度超前性、可操作性等基本原则。

3.4.3.2.2 评价标准的确定

各评价指标的标准值可以通过以下方式来确定(表 3-5):(1)国家、地方政府、相关行业所规定的标准值。(2)以评价对象所在区域的生态背景值或本底值作为评价标准。(3)选择与评价对象比较类似的生态系统,并根据它的相关参数确定评价标准。(4)根据科学研究中已经确定或证实的生态规律或生态效应等来确定各评价指标的参考标准。

表 3-5　国家生态市建设标准

	序号	名称	单位	指标	说明
经济发展	1	农民年人均纯收入: 经济发达地区, 经济欠发达地区	元/人	≥8000, ≥6000	约束性指标
	2	第三产业占 GDP 比例	%	≥40	参考性指标
	3	单位 GDP 能耗	吨标准煤/万元	≤0.9	约束性指标
	4	单位工业增加值新鲜水耗, 农业灌溉水有效利用系数	立方米/万元	≤20, ≥0.55	约束性指标
	5	应当实施强制性清洁生产企业通过验收的比例	%	100	约束性指标
生态环境保护	6	森林覆盖率: 山区, 丘陵区, 平原地区; 高寒区或草原区林草覆盖率	%	≥70, ≥40, ≥15; ≥85	约束性指标
	7	受保护地区占国土面积比例	%	≥17	约束性指标
	8	空气环境质量	—	达到功能区标准	约束性指标
	9	水环境质量, 近岸海域水环境质量	—	达到功能区标准, 且城市无劣 V 类水体	约束性指标
	10	主要污染物排放强度: 化学需氧量(COD), 二氧化硫(SO₂)	千克/万元(GDP)	<4.0, <5.0; 不超过国家总量控制指标	约束性指标
	11	集中式饮用水源水质达标率	%	100	约束性指标
	12	城市污水集中处理率	%	≥85	约束性指标
		工业用水重复率		≥80	
	13	噪声环境质量	—	达到功能区标准	约束性指标
	14	城镇生活垃圾无害化处理率, 工业固体废物处置利用率	%	≥90, ≥90; 且无危险废物排放	约束性指标
	15	城镇人均公共绿地面积	平方米/人	≥11	约束性指标
	16	环境保护投资占 GDP 的比重	%	≥3.5	约束性指标
社会进步	17	城市化水平	%	≥55	参考性指标
	18	采暖地区集中供热普及率	%	≥65	参考性指标
	19	公众对环境的满意率	%	>90	参考性指标

资料来源:原国家环保总局《关于印发〈生态县、生态市、生态省建设指标(修订稿)〉的通知》(环发〔2007〕195 号)。

3.4.3.3　评价方法

目前使用较为广泛的生态评价方法主要有三种:综合指数法、模糊评价法和矢量-算子法。(1)综合指数法。综合指数法是指在评价指标体系确定之后,利用一定的定性定量方法获取各指标的权重,进而对各项评价指标的数值进行加权平均,计算出生态系统的综合评价指数,用于反映生态系统的整体状态。一般而言,综合指数值越大,则生态系统的状况越好。(2)模糊评价法。模糊评价法是指利用模糊数学的理论,判断各个指标的隶属度,评定特定生态评价指标为"优"的可能性大小或可能程度,进而确定整个生态系统的状态。(3)矢量-算子法。矢量-算子法将所有的评价因子分为两大类:一是显式因子,即决定生态系统质量状况的因子;二是隐式因子,即生态系统中的次要因子。在具体计算过程中,该方法利用聚类分析等数学方法,得到评价矢量簇、评价矢量和综合评价常数三种形式的结果,为决策者和管理者提供了方便的决策、管理、评估手段(王海峰 等,1993)。

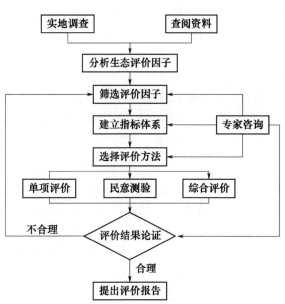

图 3-21　生态评价的基本程序(海热提 等,2004)

3.4.3.4　评价程序

生态评价一般主要包括确定评价目的、获取相关数据和资料、建立评价指标体系、确定评价方法、评价结果的获取与验证等环节(图 3-21)。

3.5　空间规划理论

3.5.1　区域规划

我国的规划体系主要包括发展规划和空间规划这两大系列(图 3-22)。区域规划则是空间规划系列中的重要环节(胡序威,2006)。区域规划是指在一定地域范围内,对未来一定时期的国土开发与利用、社会经济发展和建设等方面的总体部署(崔功豪 等,2006)。区域规划的主要目的是通过资源、人口和经济活动的空间配置,来协调不同空间单元的发展,解决空间差异和区域性问题,提高区域的整体竞争力(刘卫东 等,2005)。

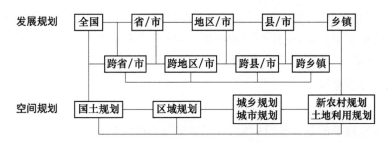

图 3-22　不同层次发展规划与空间规划的相互关联体系(胡序威,2006)

3.5.1.1　基本特征

区域规划除了具有目的性、前瞻性、动态性等一般规划工作的特点之外,还具有以下显著特点(崔功

豪 等,2006)。

3.5.1.1.1 综合性

区域规划的综合性特征主要体现在以下方面:(1)规划内容的综合性。区域是一个开放的复杂巨大系统,涵盖了自然、社会、经济等各个方面,涉及工业、农业、交通运输业、建筑业、商业贸易等社会经济的各个部门,因此其规划的内容也非常广泛与综合。(2)规划过程的综合性。在区域规划编制的过程中,需要进行各种综合性的评价和分析论证,强调各部门之间、各地区之间的相互协调和权衡。(3)规划决策的综合性。最终规划方案的选择和决策往往是多方向、多目标、多方案综合比选的结果。(4)规划工作队伍的综合性。区域规划的工作队伍一般都是由多个专业、多个部门的成员综合而成。规划最终成果的形成,需要各类专业人员的密切配合,共同完成。

3.5.1.1.2 战略性

区域规划是一项战略性很强的规划,主要体现在以下方面:(1)规划视野上的战略性。区域规划所关注的问题往往是带有宏观性、全局性的重大问题,追求区域整体效益的最大化。因此表现出明显的战略性特征。(2)规划时限上的战略性。区域规划的时间跨度一般都在20年以上,甚至可以展望到30年及更长的时间。因此,这使得区域规划表现出明显的超前性和战略性。(3)规划实施的战略性。区域规划方案中各项重大建设项目一旦实施,便很难再行变更,并且将会对区域的自然、社会、经济等各个方面都产生重大而长久的影响。

3.5.1.1.3 地域性

区域规划的地域性特征主要体现在以下方面:(1)规划对象的地域性。区域规划的规划对象是有特点的区域。每个区域在资源、社会、经济、生态等方面都具有自身的特点,因此,不同地区的区域规划也需要因地制宜、扬长避短,反映出该地区的特色。(2)规划范围的地域性。区域规划的范围可以是根据流域、行政区划等标准来确定的。但是,确定后的规划区域就成为了一个完整的地域单元,需要将其作为一个整体来考虑。

3.5.1.2 规划内容

区域规划主要包括以下方面内容(毛汉英,2005)。

3.5.1.2.1 区域发展定位与目标

(1)明确区域发展的定位。主要包括本区域的发展性质与功能定位、经济发展阶段的定位、区域综合竞争力的评估与定位等方面。(2)确定区域发展的目标。应根据上一级地域的总体发展目标,结合本区域的历史社会经济数据,确定本区域发展的总体目标,进而将总体目标分解到次级区域和各个发展阶段中。

3.5.1.2.2 产业分工与布局

首先,从全球、全国和上级地域的多维视角,确定本区域社会经济发展的总体战略思路。其次,根据本区域的产业基础,确定主导产业,设计相应的产业链,建设产业集群。再次,统筹和协调区域内各产业部门和各子区域的发展情况,确定各产业的空间布局,提出区域产业空间结构的优化与升级模式。

3.5.1.2.3 城镇体系建设

根据本区域城市化的历史数据,预测规划期内本区域的城市化水平,提出本区域城镇体系建设的总体框架,构建本区域城镇体系的等级规模结构、空间结构与功能结构。

3.5.1.2.4 基础设施建设与布局

首先,对区域内交通、通信、电力与水利等各类基础设施的需求进行预测。其次,具体确定区域内交通、通信、电力与水利等各类基础设施的空间布局。最后,提出基础设施的建设与城市总体规划、土地利用总体规划等规划的协调与衔接方案。

3.5.1.2.5　资源的开发、利用与保护

首先,分析区域内水资源、土地资源、矿产资源等现状,确定其对区域社会经济发展的保障程度和承载力。其次,计算区域社会经济发展对于各类资源的需求量,分析当前和未来各类资源的满足程度。最后,分析各类资源问题的解决路径和策略,提出未来各类资源的可持续开发利用模式。

3.5.1.2.6　环境保护与生态建设

首先,对区域内生态系统和环境的现状进行综合评价,确定存在的主要问题。其次,预测区域内未来的生态环境承载力,确定区域环境保护与生态建设的总体目标。最后,提出区域环境保护与生态建设的主要内容和对策措施。

3.5.1.2.7　区域空间管治

首先,需要明确区域空间管治的主要领域与重点内容。其次,提出本区域空间管治的基本方案,以区域协调发展的分级管治方案。

3.5.1.2.8　政策建议

区域政策是区域规划得以顺利实施的重要保障。本部分应提出规划实施的产业政策、投融资政策、财政税收政策、价格政策、环保政策和土地政策等方面的建议,并注意分析各类政策间的互补性和协调性。

3.5.1.3　规划方法

区域规划中经常使用的方法有以下几种(崔功豪,2006)。

3.5.1.3.1　调查研究法

对规划区域的实地调查研究能够增强对区域的感性认识,搜集相关的基础数据和资料,是选择和使用其他规划方法的基础。在区域规划中,通常采用实地踏勘、数据资料收集、开会座谈等方法,通过点面结合、上下结合、内外结合、远近结合等方式,全面了解本区域的历史演变发展过程,获取需要的数据和资料,从而为后续的空间规划与布局提供依据。

3.5.1.3.2　综合平衡法

综合平衡法是地理学传统综合方法的一种,也是区域规划中最基本、最常用的一种方法。总体上,区域规划中的综合平衡主要用于处理好以下方面的关系:一是供给和需求的关系,尽量使需求和供给在品种、数量、质量、时序等方面实现平衡和协调。二是土地利用平衡,尽量平衡国民经济各部门、各个具体建设项目之间的用地关系。三是区际关系的平衡,即在重大建设项目的空间布局、建设进程和次序上进行合理安排,推动区域之间的相互协作和共同发展。

3.5.1.3.3　区域分析法

区域分析法主要用于分析区域发展的自然条件和社会经济背景特征,探讨区域内部各要素及区域之间的相互联系,提炼区域发展规律的一种综合性方法。它主要包括经济学中的投入产出法、系统学中的系统分析法等方法。

3.5.1.3.4　数学模拟法

数学模拟法就是在搜集获取了相关指标和数据后,根据事物的基本特征及其运动规律,模拟预测区域的动态演化发展进程,从而为规划方案的提出与验证提供科学依据。常见的数学模拟法包括回归分析法、模糊聚类法、神经网络、元胞自动机、决策支持系统等方法。

3.5.1.3.5　SWOT-PEST 分析法

SWOT 分析法是一种企业战略分析方法,也常常用于区域规划中。其中,S 代表优势,W 代表劣势,O 代表机会,T 代表威胁。该方法通过调查列举本区域的竞争优势、竞争劣势、机会和威胁,对研究区域所处的情景进行全面、系统和准确地分析,进而制定相应的发展战略、计划以及对策等。

PEST 分析法主要用于分析特定区域所处的宏观环境。PEST 即代表政治、经济、社会和科技四个因素。这四个因素表示区域所处的外部环境。通过 PEST 分析与 SWOT 分析的结合,可以更好地确定本区域在发展中的机会与威胁(表 3-6)。

表 3-6　SWOT-PEST 分析框架

项目	内部优势(S) PEST	内部劣势(W) PEST
外部机会(O) PEST	机会优势(SO)策略:依靠内部优势,利用外部机会	劣势机会(WO)策略: 利用外部机会,克服内部劣势
外部威胁(T) PEST	优势威胁(ST)策略:依靠内部优势,迎接外部挑战	劣势威胁(WT)策略:减少内部劣势,迎接外部挑战

3.5.1.3.6　空间分析法

空间分析是指为了解决特定的地理空间问题,利用相应的软件和空间模型进行数据分析与数据挖掘,从一个或多个空间数据图层中获取派生的信息和新知识的过程。空间分析法主要包括空间信息量算、空间信息分类、缓冲区分析、叠加分析、网络分析、空间自相关分析、空间回归分析、趋势分析等具体方法。随着 GIS 技术和遥感技术的迅速发展和成熟,空间数据在区域规划中也变得越来越重要,空间分析法在区域规划中也得到了越来越广泛的应用。

3.5.1.4　基本流程

区域规划主要包括系统分析、模拟预测、优化配置、协调决策和跟踪调控五个工作阶段(胡云锋 等,2010),如图 3-23 所示。

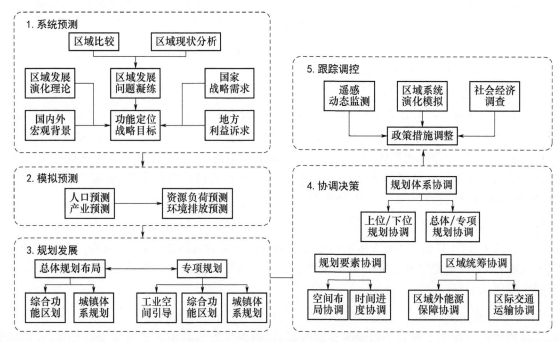

图 3-23　区域规划的基本工作流程

3.5.1.4.1　系统分析阶段

本阶段的主要工作是明确区域规划的系统边界,掌握区域内社会、经济、自然要素的空间分布格局及其特征,分析区域复合系统的状态、结构和关键功能,明确本区域在发展中的优势、劣势、机遇和挑战,提炼出本区域的发展定位及总体目标。

3.5.1.4.2　模拟预测阶段

本阶段的主要工作是通过对区域内人口、资源、产业、环境等关键因素的时空演化过程进行数学化和模型化表达,预测它们的未来发展趋势和空间分布格局,掌握其在未来时期的数量特征、结构特征和空间分布特征。

3.5.1.4.3　优化配置阶段

本阶段的主要工作是根据前面确定的总体目标,结合对区域内社会、经济、资源和环境等关键要素的数学模拟及预测成果,依托相关的区域规划理论和地理信息技术,将有关要素的数量、结构和强度等指标落实到时空地域上,实现区域发展要素的优化重组和空间布局。

3.5.1.4.4　协调决策阶段

本阶段的主要工作是在决策支持系统中,对区域规划的初步成果进行评价和验证,完成对各个区域规划方案的优化和比选,为政府的宏观决策提供相应的图件、报告和数据成果。同时,从规划主体协调、规划体系协调、规划要素时空协调三个方面进行规划方案的协调。

3.5.1.4.5　跟踪调控阶段

本阶段的主要工作是对已经批准实施的区域规划进行动态跟踪,并根据实时的反馈信息来评估和判断区域规划落实的方向、进度和存在的问题,进而提出相应的调控措施。

3.5.2　主体功能区规划

改革开放以来,我国的社会经济飞速发展。但是,在整体经济实力显著提升的同时,国土无序开发、区域差异增大成为了影响我国持续健康协调发展的主要问题。除了发展观、政绩观的偏差,以及经济增长方式方面的原因之外,我国在国土空间规划方面的不完备也是引发这些问题的重要原因。

主体功能区规划正是在这样的背景下提出的,其主要目标是在空间尺度上解决宏观布局问题,在时间序列上解决长远部署问题(樊杰,2013)。2006 年,在《国民经济和社会发展第十一个五年规划纲要》中明确提出,要根据资源环境的承载能力、现有的开发密度和发展潜力,统筹考虑未来我国的人口分布、经济布局、国土利用和城镇化格局,将我国的国土空间划分为优化开发、重点开发、限制开发和禁止开发这四大类主体功能区。2011 年,在《国民经济和社会发展第十二个五年规划纲要》中,已经将主体功能区规划提升到了战略高度,指出要实施区域发展总体战略和主体功能区战略,构建区域经济优势互补、主体功能定位清晰、国土空间高效利用、人与自然和谐相处的区域发展格局。2016 年,在《国民经济和社会发展第十三个五年规划纲要》中,进一步提出要加快主体功能区的建设,强化主体功能区作为国土空间开发保护基础制度的作用,加快完善主体功能区的政策体系,推动各地区根据主体功能进行定位和发展。在国家空间规划体系中,主体功能区规划已经成为了其他各类空间性规划的重要基础。

3.5.2.1　基本概念

主体功能区是根据区域的发展基础、资源环境承载能力,以及在不同层次区域中的战略地位等,对区域的发展理念、方向和模式进行确定的类型区(高国力,2007)。主体功能区规划,就是服务于国家自上而下的国土空间保护与利用的政府管制工作,运用和发展陆地表层地理格局变化的理论,利用地理学综合区划的方法,确定每个地域单元在全国和省(区、市)等不同空间尺度中开发和保护的核心功能定位,进而规划和设计出未来国土空间合理开发利用和保护整治格局的总体蓝图(樊杰,2015)。

主体功能区主要包括以下区域(图 3-24):

(1)优化开发区。优化开发区是指经济比较发达、人口比较密集、开发强度较高、资源环境问题更加突出,从而应该进行工业化、城镇化开发的城市化地区。

(2)重点开发区。重点开发区是指有一定的经济基础,资源环境承载能力较强,发展潜力较大,人口集聚和经济条件较好,从而应该重点进行工业化和城镇化开发的城市化地区。

（3）限制开发区。限制开发区主要分为两类：一是农产品的主产区，即耕地较多、农业发展条件较好，为了保障国家农产品安全以及中华民族永续发展的需要，必须把增强农业综合生产能力作为首要任务，从而需要限制进行大规模、高强度的工业化城镇化开发的地区。二是重点生态功能区，即生态系统较为脆弱，或生态功能比较重要，资源环境承载能力较低，不具备大规模、高强度的工业化和城镇化开发的条件，必须把增强生态产品的生产能力作为首要任务，从而应该限制进行大规模、高强度的工业化和城镇化开发的地区。

（4）禁止开发区。禁止开发区是指依法设立的各级、各类自然文化资源保护区域，以及其他禁止进行工业化、城镇化开发，并需要特殊保护的重点生态功能区。

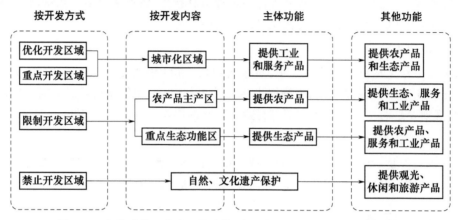

图 3-24　主体功能区分类及其功能（资料来源：全国主体功能区规划）

3.5.2.2　理论基础

主体功能区规划的主要理论基础是地域功能理论。地域功能理论的核心思想主要包括：（1）地域功能是人类社会和地理环境相互作用的产物，是某一个地域在更大的地域范围内，其在自然资源、生态环境系统，以及人类的生产、生活活动中所履行的职能和发挥的作用。（2）人类活动是影响地域功能的空间格局及其可持续性的主要驱动力，其空间均衡的过程就是各区域间，包括社会、经济、生态等的人均综合效益水平趋于相等的过程。（3）由于地域功能的分异而导致的经济、民生质量等方面的差距，应该通过分配和消费层面的政策调控予以解决（樊杰，2015）。

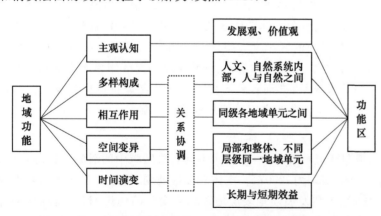

图 3-25　地域功能的属性及其与功能区划的关系（樊杰，2007）

地域功能具有主观认知、多样构成、相互作用、空间变异、时间演变这五个基本属性。它与功能区之间存在着密切的联系（图 3-25）。

3.5.2.3　基本原则

我国的主体功能区规划主要遵循以下基本原则（高国力，2007）：

（1）行政区划原则

我国是一个以行政区为主导的区域经济体系，长期以来形成的行政区划分割带有浓厚的时代色彩和烙印，在短时期内很难消除。虽然从理论上讲，主体功能区规划的基本单元不应该囿于行政区划，但是，考虑到实施过程中的可操作性问题，主体功能区规划应尽量依托现有的行政区划，以保障主体功能区规划的顺利实施。

（2）自上而下、上下互动

我国的主体功能区规划具有全局性、引导性、约束性的特点，因此应采用自上而下、上下互动的原则。即在总体上坚持自上而下的技术路线,但同时又允许部分省(区、市)先行试点,开展自下而上的探索,以便于积累一些经验和做法,为其他地区的主体功能区规划提供基础性信息和示范性样板。

(3)科学性和可行性并重

我国的主体功能区规划既需要国内外空间开发和规划理论的指导,也需要遥感、地理信息系统等高新技术手段的支撑,表现出很强的理论性和科学性。同时,主体功能区规划也是一项政策性和应用性很强的工作,在区划单元、边界、指标的选择等方面也必须考虑到我国的行政体制、管理体制等因素。因此,主体功能区规划需要坚持科学性和可行性并重的原则。

(4)动态调整原则

主体功能区规划是对于国土空间格局的中长期战略开发和空间布局安排,需要保持相对的稳定性。但是,随着社会经济形势和国土空间开发格局的不断变化,主体功能区规划的边界、范围、单元等基本特性也需要进行局部性和阶段性的动态调整。

3.5.2.4　规划流程

主体功能区规划的基本流程如图 3-26 所示,其主要的技术环节如下:

3.5.2.4.1　指标体系的构建

根据地域功能识别原理,可以从自然功能的重要性、自然环境对不同人类活动的适宜程度、地域功能的空间组织效应这三个维度来综合分析判断特定地区的地域功能。据此,可以筛选出全国主体功能区规划中地域功能识别的指标体系(表 3-7)。

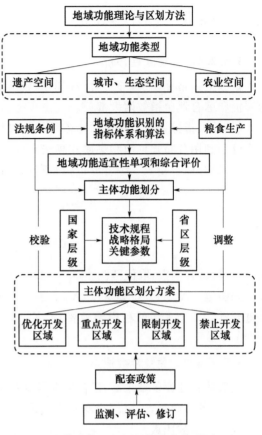

图 3-26　主体功能区规划的技术路线(樊杰,2015)

表 3-7　全国主体功能区划地域功能识别指标体系(樊杰,2015)

序号	指标项	作用	指标因子
1	可利用土地资源	评价一个地区剩余或潜在可利用土地资源对未来人口集聚、工业化和城镇化发展的承载能力	后备适宜建设用地的数量、质量、集中规模
2	可利用水资源	评价一个地区剩余或潜在可利用水资源对未来社会经济发展的支撑能力	水资源丰度、可利用数量及利用潜力
3	环境容量	评估一个地区在生态环境不受危害前提下可容纳污染物的能力	大气环境、水环境容量和综合环境容量
4	生态脆弱性	表征全国或区域尺度生态环境脆弱程度的集成性指标	沙漠化脆弱性、土壤侵蚀脆弱性、石漠化脆弱性
5	生态重要性	表征全国或区域尺度生态系统结构、功能重要程度的集成性指标	水源涵养重要性、水土保持重要性、防风固沙重要性、生物多样性、特殊生态系统重要性
6	自然灾害危险性	评估特定区域自然灾害发生的可能性和灾害损失的严重性的指标	洪水灾害危险性、地质灾害危险性、地震灾害危险性、热带风暴潮危险性
7	人口集聚度	评估一个地区现有人口集聚状态的一个集成性指标	人口密度和人口流动强度
8	经济发展水平	刻画一个地区经济发展现状和增长活力的一个综合性指标	地区人均 GDP 和地区 GDP 增长率

序号	指标项	作用	指标因子
9	交通优势度	评估一个地区现有通达水平的一个集成性指标	公路网密度、交通干线的空间影响范围和与中心城市的交通距离
10	战略选择	评估一个地区发展政策背景和战略选择的影响程度	—

3.5.2.4.2 适宜性评价

根据上述指标体系,即可对全国的陆域国土空间开展地域功能适宜性评价。适宜性评价包括单项指标评价和综合评价指数两大部分。

(1)单项指标评价。在单项指标评价的过程中,由于指标体系中各项指标属性具有一定的差异,因此需要分别利用分布式算法和集成式算法来计算各个单项指标的适宜性评价值。

(2)综合评价指数。综合评价指数利用下式计算获取:

$$
\begin{cases}
A = K \times \sqrt{\dfrac{(X_1^2 + X_3^2 + X_3^2)}{3}} - \max(X_4, X_5) \\
K = f\left\{ \dfrac{\min(X_6, X_7)}{\max(X_8, X_9)} \right\}
\end{cases}
\tag{3-1}
$$

式中:f 为适宜函数,取值范围为 $0.9 \sim 1.1$,主要根据本省(区、市)资源环境和社会经济发展相互关系的特征来确定。X_1 为人口集聚度,X_2 为经济发展水平,X_3 为交通优势度,X_4 为生态系统脆弱性,X_5 为生态重要性,X_6 为人均可利用土地资源,X_7 为人均可利用水资源,X_8 为自然灾害危险性,X_9 为环境胁迫度。

3.5.2.4.3 关键参数测定

获取适宜性评价结果后,还需要测算保护类区域下限和开发类区域上限这两个关键参数。在省(区、市)层面和城市化地区,这两个参数就决定了一个区域的开发强度,即区域内用于建设开发的国土空间占国土空间总量的比重。

3.5.2.4.4 主体功能区的划分

确定上述参数后,即可按照空间规划指向的要求,确定国土空间结构,形成区划边界的方案。在经过多方论证和协调后,即可形成最终的全国主体功能区规划方案。

3.5.3 城市群规划

进入 21 世纪以来,经济全球化的进程明显加快,各大城市逐步纳入了全球化的经济体系与市场体系之中,城市之间的联系也更加紧密,城市群、都市圈、大都市带等也成为了政府和学术界关注的热点。当前的中国也正处于快速城市化的阶段,城市群的快速发展也成为了新的时代特征。2006 年,在《国民经济和社会发展第十一个五年规划纲要》中明确提出,要将城市群的发展作为我国推进城镇化经济发展的主体形态。在《国家新型城镇化规划(2014—2020 年)》中,也提出要以城市群为主体形态,推动大中小城市和小城镇的协调发展。2016 年,在《国民经济和社会发展第十三个五年规划纲要》中也提出,要坚持以城市群为主体形态,以城市综合承载能力为支撑,以体制机制创新为保障,加快新型城镇化步伐,推进城乡发展一体化。

城市群是指在特定的地域范围内,具有一定数量的不同性质、类型和等级规模的城市,以一个或多个特大城市作为经济中心,依托一定的自然资源、生态环境条件和综合运输网络,不断加强各城市之间的社会经济联系,从而形成的一个相对完整和独立的城市集合体(祁巍锋 等,2010)。城市群规划就是一种以城市群为对象的地域空间规划,其主要目的是打破行政界限的束缚,从更大的空间尺度上来协调城市之间,城乡之间,城乡建设与人口分布、资源开发、环境整治和基础设施建设布局等方面的关系,推动城市群地区的整体发展,提高本区域的综合竞争力(顾朝林 等,2007)。

3.5.3.1　城市群的特征

城市群在发育过程中主要表现出四个基本特征,这些特征是开展城市群规划的基本出发点(祁巍锋 等,2010)。

3.5.3.1.1　城市群发育的阶段性与层次性

城市群的发育具有一定的阶段性与层次性。这种阶段性与层次性决定了城市群规划的类型与侧重点。研究表明,中国 28 个城市群之间的资源存量与结构体系存在较大的差异,表现出明显的空间分布特征(方创琳 等,2005)。不同发育阶段和层次的城市群在经济基础、技术水平、空间结构等方面都有显著的差异,因此,其规划的重点也应有所不同(表 3-8)。

表 3-8　中国不同等级的城市群其规划的类型与侧重点(祁巍锋 等,2010)

等级	城市群	特征	规划类型	规划重点
Ⅰ级	长江三角洲城市群、珠江三角洲城市群、京津冀都市圈	①城市化水平高,一般情况下大于50%;②具有两个或多个国家/国际级的中心城市;③经济发展水平较高;④已经形成了国家级城市经济区;⑤节点间要素流的强度大	优化提高型	①城市群的国际性地位和外向性要素的空间配置关系;②城市群间的宏观职能分工;③城市之间的空间竞争、资源共享等矛盾的协调
Ⅱ级	山东半岛城市群、成都城市群、闽南金三角城市群、辽东半岛城市群、中原城市群、大武汉城市群	①城市化水平相对较高;②具有一个或者两个国家/省级中心城市;③经济发展的综合性特征不明显,一般处于工业化的中期阶段或中后期过渡阶段;④节点间要素流的强度较弱	调整提高型	①确立中心城市及其发展方向;②重点推进工业化,并进行城市职能分工;③实施区域性基础设施的共建共享,优化大型公共服务设施的空间布局;④防止城市蔓延,实现区域生态环境的共同保护
Ⅲ级	重庆城市群、长株潭城市群、呼包鄂城市群、南北钦防城市群、关中城市群、哈大长城市群、皖中城市群	①城市化水平相对较低;②中心城市地位突出,外围城市的产业承载力较差;③以交通为主的基础设施网络还未成形;④经济区位较差,经济发展的外向性条件严重欠缺	填充促进型	①从各角度寻找比较优势,实施有序的资源开发与重点城镇建设;②重点规划第二产业的发展链条与模块,突出工业体系建设;③明确中心城市的职能定位,确立中心城市指引方向;④创造良好的城市人居环境和创业环境
Ⅳ级	晋中城市群、银川平原城市群、赣北鄱阳湖城市群、济宁城市群、滇中城市群、黔中城市群、兰白西城市群、酒嘉玉城市群、浙中城市群、个开蒙城市群、天山北坡城市群、拉萨—日喀则城市群	①城市化水平低;②经济与交通区位差,经济发展水平仅处于工业化初期阶段;③经济发展属于比较明显的资源依赖型,专业化程度相对较高;④中心城市规模小,腹地经济发展条件差,城市首位度高;⑤节点城市间的交互作用及促进因子作用力均较弱	极化培育型	①实现与所在省(区、市)城镇体系规划的衔接,争取扩大经济腹地,实现资源共享;②充分发挥政府公共资源的作用,争取纳入大区的规划范围;③集中力量发展中心城市,加速中心城市的对外联系;④开创特色资源市场,加快对自然资源和生态环境的改造利用

3.5.3.1.2　网络结构的稳定性

城市群的空间网络结构是在长期的历史发展进程中逐渐形成的,具有较强的稳定性。根据城市群内各节点的中心性和联系强度,城市群的空间网络结构可以大致分为单核分割型、单核集中型、单核偏离型、双核平衡型和双核偏离型这五大类。不同的空间网络结构具有不同的空间结构稳定性与空间联系方向(宋吉涛 等,2006)。因此,在城市群规划中,应根据城市群的空间网络结构及其稳定性来确立规划的主导空间范围和战略发展方向(表 3-9)。

表 3-9 中国主要城市群的空间网络结构类型和发展方向（宋吉涛 等，2006）

类型	城市群	发展核心区	主要发展方向	优势真空区	同类城市群
单核分割型	呼包鄂城市群	包头	包头—呼和浩特	鄂尔多斯	—
	兰白西城市群	兰州	兰州—西宁	白银	长株潭城市群
	武汉城市群	武汉、黄石	武汉—黄冈—鄂州—黄石	潜江、咸宁、仙桃、天门	滇中、黔中、浙中城市群
单核集中型	京津冀都市圈	北京、天津、廊坊	以北京、天津、廊坊为底边，以石家庄为顶角的三角形结构	张家口、秦皇岛、沧州	—
	中原城市群	郑州、洛阳、许昌	新乡—郑州—洛阳—许昌	焦作、开封、平顶山、漯河、济源	济宁、晋中、银川平原城市群
	珠江三角洲城市群	广州、佛山、中山	东莞—广州—佛山—江门—中山	肇庆、惠州、深圳、珠海	—
单核偏离型	赣北鄱阳湖城市群	南昌	以南昌—九江为主，南昌—景德镇为辅	鹰潭、上饶	哈大长城市群
	关中城市群	西安、咸阳	咸阳—西安—渭南	铜川、宝鸡	南北钦防城市群
双核平衡型	成渝城市群	成都、德阳和重庆	绵阳—德阳—成都—自贡—重庆一线	广元、达州、南充、宜宾	—
	山东半岛城市群	济南、淄博、青岛	济南—淄博—潍坊—青岛—威海	东营、烟台、日照（潍坊）	—
双核偏离型	长江三角洲城市群	上海、镇江、杭州	南京—镇江—无锡—苏州—上海—嘉兴—杭州一线，以沪甬铁路为主	泰州、湖州、绍兴、宁波、舟山	—
	辽东半岛城市群	沈阳、抚顺、阜新、盘锦、鞍山、大连	抚顺—沈阳—阜新—盘锦—鞍山—本溪	葫芦岛、营口、丹东	—

3.5.3.1.3 城市联系的紧密性和动态性

城市群中各城市之间联系的强度及其动态变化是确定城市群中各城市的职能分工、产业分工等的重要依据。一方面，通过分析各城市集聚与扩散的强度、城市间产业联系的强度、城乡一体化发展的程度等指标，可以判断城市群中各城市之间联系的强度，从而为中心城市的主导产业选择、产业空间布局、职能分工等提供依据；另一方面，通过分析各城市之间联系的动态变化特征，可以为确定城市群主导产业的发展方向、发展规模和空间结构设计等提供依据。

3.5.3.1.4 城市节点的等级性

城市群中的各个城市表现出明显的等级性。这种等级性主要包括行政等级、经济等级和空间等级三大类。在城市群规划中，城市的等级是确定城市性质、进行城市功能定位的主要依据。一般而言，高等级的中心城市在综合竞争力和发展基础上具有比较明显的优势。

3.5.3.2 规划原则

城市群规划一般应遵循以下基本原则：

3.5.3.2.1 适度开发原则

城市群规划应以城市空间结构为载体，以区域内的资源环境容量为基础，对城市群的三次产业、基础设施、人口分布等进行综合考虑和部署。在规划中，应充分考虑区域的资源环境承载力，尽量避免各县市的大规模盲目开发和无序竞争，实现区域资源与环境的适度有限开发和可持续发展。

3.5.3.2.2　资源高效利用原则

在城市群的发展规划中,应着力建立健全城市群区域产业发展与要素流动的市场机制,以城市为核心,以产业专门化为基础,以效率为导向,充分整合区域内的各类资源要素,实现资源利用效率的最大化。

3.5.3.2.3　统筹发展原则

在城市群的发展规划中,应着力建立区域间的统筹协调机制,通过各个城市在资源开发利用、大型基础设施建设、生产要素流动等方面的共同利用、共同建设和共同管理,实现区域之间、城市之间、城乡之间的统筹安排和协调发展。

3.5.3.3　规划内容

城市群规划并不是系统规划,而是问题导向规划,即着重解决该城市群生长发育过程中的关键问题(顾朝林 等,2007)。一般而言,城市群规划所需要解决的问题通常包括以下方面:(1)交通体系建设问题。努力加强各城市,特别是城市群中核心城市之间的快速交通体系建设。主要包括城际轨道交通网、快速道路系统、一体化交通管理等。(2)城市空间管制问题。城市群是一定地域范围内城市化高度发展的区域。在规划中,应通过划定城市之间的控制地带,严格限制控制地带的建设活动,防止各城市的无序蔓延,努力形成集聚发展、开敞有致的城市群空间结构形态。(3)生态环境问题。通过建立生态补偿、跨区域环境协同治理等区域协调机制,共同解决城市群建设过程中的生态保护和环境治理问题。

针对上述问题,城市群规划一般包括以下内容(表 3-10):(1)城市群社会经济协调发展策略。重点是如何避免区域内部的恶性竞争,促进城市群各城市之间的协调和共同发展。(2)城市群的空间组织。主要包括城市群各城市的性质、职能分工、功能定位等内容。(3)产业发展与就业。主要包括城市群各城市的主导产业选择、产业分工与协调、劳动力流动等方面的内容。(4)基础设施建设。综合考虑城市群中各城市在交通、水利、能源、生态环境等大型基础设施方面的供应现状和现实需求,统筹安排城市群中大型基础设施的建设和共享。(5)土地利用与区域空间管治。包括统筹协调城市群中各城市的住房和土地利用政策、科学划定城市发展边界等内容。(6)生态建设与环境保护。统筹协调城市群中的自然保护区、城市公园和绿色开敞空间等的空间布局与建设,协调解决区域生态保护与环境治理,提升区域的综合生态环境质量。(7)区域协调措施与政策建议。建立城市群与外部环境之间,城市群内部各城市之间、城乡之间的协调机制,提出相关的协调发展政策建议。

表 3-10　城市群规划的内容与形式(祁巍锋 等,2010)

内容与形式		具体内容
内容	空间设计	立足于空间运行效率的最大化,进行城市等级与城市职能、区域发展轴和主要功能组团的界定
	产业组织	确定主要城市的职能分工,并基于空间设计方案来确定产业发展组团;重点考虑高技术制造业和中心城市的高端服务业的布局
	基础设施	立足城市之间的产业联系方向,重点开展交通运输体系的规划,为空间运行效率最大化提供物质基础
	生态建设	划定城市生态开敞空间,开展生态功能分区和景观系统结构规划;处理好城乡之间的生态空间与功能关系,为区域空间管治奠定基础
	空间管治	进行跨区域基础设施的选址与协调;进行大型公共设施建设与生态建设、环境保护的协调;制定分区管治方案和分级管理方案,提出城市空间发展指引
形式	问题诊断篇	一是从宏观区位背景、空间、产业和交通基础设施等角度进行 SWOT 分析;二是确定城市群的主要空间关系;三是判定城市群所处的发展阶段、空间关系,存在的问题和规划的重点内容等
	目标导向篇	基于问题诊断,确定城市群的经济、社会和生态目标。本规划的目标应集中在城市之间的关系协调和新型城市关系主导下的生态发展目标
	战略设计篇	从区域空间结构、产业布局、中心城市的职能、大型基础设施、生态环境五个方面进行具体设计
	实施组织篇	主要包括空间管治、行动计划和政策保障措施等

3.5.3.4 编制程序

城市群规划的编制主要包括以下基本程序(祁巍锋 等,2010)。

(1)制定工作计划。明确本次规划的主要目标,初步拟定规划工作的主要阶段和进度要求,对各阶段的工作任务、工作内容和成果形式等提出明确的要求。

(2)资料收集。根据规划的目标和计划,收集和整理规划区域的相关数据、资料和地图等。

(3)实地调查。通过对城市群发展现状的调查,进一步了解研究区的实际情况,补充和完善相关数据和资料。

(4)规划背景分析。分析城市群发展的宏观背景、外部条件、内在动力等,明确本区域的自然条件、生态环境基础,掌握城市群所处的发育阶段和发育特征,判断城市群的综合竞争力和主要问题,提出城市群规划的范围和重点。

(5)确定发展目标。发展目标是城市群发展战略中的核心和关键。应根据城市群社会经济发展的总趋势,以及城市群内外的发展条件和资源状况,预测城市群未来的发展变化态势,进而确定城市群的发展目标。

(6)专题研究。针对城市群发展中的关键问题开展深入的专题研究。包括产业发展战略、重大建设项目、重点开发区域等方面的研究。

(7)初步规划方案的设计。根据城市群的总体发展战略和各专题的研究成果,拟定城市群发展的总体方案和主要的专项规划方案。主要包括城市群的空间结构、产业发展、土地利用、基础设施建设、生态建设和环境保护、重点区域管治和区域协调机制等内容。

(8)规划方案评估。请政府相关负责人、主管部门和相关领域的专家对初步规划方案进行评估和论证,形成最终的规划成果。

第4章　生态文明建设规划的技术方法体系

4.1　生态经济系统分析技术与方法

4.1.1　产业选择

产业发展是生态文明建设中的核心问题。在区域经济发展中,如何选择合适的主导产业和战略性新兴产业,推动区域产业的生态化进程,直接关系到区域的发展前景。产业选择方法的研究主要分为两类:一是以定性判断为主,确定主导产业的选择基准;二是以定量分析为主,提出各种产业选择模型。

4.1.1.1　产业选择基准

在不同的历史时期、不同的社会背景和生产组织方式之下,学者们所提出的区域主导产业选择基准也各不相同。随着科技的进步、区域联系的日益紧密,以及生态环境问题的日益凸显,地理学者对区域研究的重点和研究范式有了明显的变化。而在不同的区域研究范式的指导下,主导产业选择基准也会有明显的不同。

国外主导产业的选择基准研究多是建立在整个国民经济基础之上。他们认为,主导产业应该是那些扩散效应较强、需求收入弹性高、生产率上升较快、技术要素密集、产业关联度高带动性强、比较优势明显的产业。比较有代表性的产业选择基准包括罗斯托基准、赫希曼基准、筱原两基准等(表4-1)。

表4-1　国外主导产业选择基准及其评价指标体系研究进展

序号	评价基准	评价指标体系	代表人物
1	罗斯托基准	产业扩散效应	美国:罗斯托,1950年
2	筱原两基准(需求收入弹性基准、生产率上升率基准)	需求收入弹性系数、全要素生产率上升率	日本:筱原三代平,1957年
3	产业关联基准	感应度系数、影响力系数	美国:艾伯特·赫希曼,1958年
4	动态比较优势基准	比较优势系数、资源密集度	李嘉图、赫克歇尔和俄林
5	过密环境基准、劳动内容基准	能耗和排放治理的综合指数、就业增长指数	日本:产业结构审议会,1971年

国内主导产业选择基准研究起步于20世纪80年代(秦耀辰 等,2009),学者们既开展了国家层面的主导产业选择研究,也探讨了区域层面的主导产业选择问题(表4-2)。由于国内地理学者有许多区域应用的机会,因此在区域主导产业的选择基准研究上不断丰富和进步。主要表现为选择基准的逐步补充、选择指标的不断更新、指标体系的区域差异性不断增强。

表4-2　国内有代表性的区域主导产业选择基准及其评价指标体系(黄春分 等,2014)

基准类型	基准构成	评价指标体系
三基准	生产率上升率基准,收入弹性基准,产业关联度基准	全要素生产率增长率,产业关联度,需求收入弹性系数
四基准	需求弹性基准,生产率上升率基准,比较优势基准,产业关联基准	全要素生产率上升率,比较集中率系数、比较输出率系数、比较生产率系数、比较利税率系数、比较优势系数,感应度系数、影响力系数

基准类型	基准构成	评价指标体系
五基准	产业规模基准,经济效益基准,增长速度基准,比较优势基准,技术水平基准	工业总产值规模、工业增加值规模、固定资产规模、就业规模、利税规模,工业增加值效益率、员工生产效率、总产值利税率、资本利税率,工业总产值增长率、工业增加值增长率,区位商、比较市场占有率,技术水平系数
六基准	产业关联基准,区域比较优势基准,增长潜力基准,可持续发展基准,就业功能基准,技术进步基准	产业关联度,区位商,需求收入弹性,成本费用利润率,就业综合指数,技术进步率
补充基准	产业创新基准,产业风险基准,创业环境基准	技术进步贡献率、科技人力投入、科技经费投入、新产品产值、高学历人员比重,技术风险因素、市场风险因素、财务风险因素,在孵企业比例、在孵企业总收入比重、海外回国创业人数比例、国内扶持产业人数比例

唐常春(2010)结合我国的主体功能区建设背景,参考了波特钻石模型的研究思路,构建了一套重点产业环节选择的水晶模型,认为重点产业环节的选择主要包含主体功能区建设、市场需求、技术经济、生产要素供给、产业基础、产业关联、政府和全球化八大主要影响要素,进而提出了相应的八大选择基准。

4.1.1.2 产业选择方法

随着人们对区域发展的认识不断深化,区域产业选择方法也在不断丰富和改进。比较常用的产业选择方法包括区位熵法、偏离-份额分析法(SSM)、投入产出法、层次分析法、聚类分析法等(表 4-3)。

表 4-3 区域产业选择的主要方法(秦耀辰 等,2009)

代表模型	简单描述
区位熵法	方便地分析现有产业形成的区域比较优势
投入产出法	以物质流的形式分析各部门之间投入产出的依存关系
偏离-份额分析法	动态综合反映区域产业的现状基础和发展趋势
数据包络分析法	根据产业的输入输出数据来评价产业运行效率,科学客观、操作性强
钻石理论基准法	同时考虑区域的比较优势和竞争优势
主成份分析法	集中了原变量的大部分信息,通过综合得分来客观地评价分析对象
因子分析法	对原变量进行重组后的公因子具有更强的解释力
聚类分析法	根据变量的域间相似性逐步归群成类
层次分析法	建立层次模型,构造判断矩阵,确定指标值大的为区域主导产业
加权求总法	充分体现了主导产业的多属性、多功能、多层次等复杂特点
模糊分析法	能够从多层次、多角度处理复杂事物
灰色关联分析法	使指标间的灰化关系更加清晰化,找出主要影响因素
BP 神经网络法	有自适应能力,能够客观处理复杂指标间的非线性关系

4.1.1.2.1 区位熵法

区位熵是由哈盖特首先提出的,现在已经成为评价区域优势产业的基本分析方法。区位熵又称专业化率,它能够反映某一产业部门的专业化程度,以及某一区域的产业在更高层次区域中的地位和作用。通过计算某一区域产业的区位熵,可以找出该区域在全国具有一定地位的优势产业。区位熵的计算公式如下(秦耀辰 等,2009)。

$$LQ_{ij} = \frac{x_{ij} / \sum_{i}^{n} x_{ij}}{\sum_{j}^{m} x_{ij} / \sum_{i}^{n} \sum_{j}^{m} x_{ij}} \tag{4-1}$$

式中：LQ_{ij} 是指第 j 个地区、第 i 个产业的区位熵；x_{ij} 表示第 j 个地区、第 i 个产业的产业指标，如工业增加值、就业人数、销售收入等。

区位熵的计算结果为一个数值。其值越大，则该产业的专业化率也越高，其比较优势也更强。在省域尺度上，当 $LQ_{ij} > 1$ 时，则表明 j 省份的 i 产业在全国层面具有比较优势，显示出该产业在全国具有较强的竞争力；当 $LQ_{ij} = 1$ 时，则表明 j 省份的 i 产业在全国处于平均水平上，比较优势并不明显；而当 $LQ_{ij} < 1$ 时，则表明 j 省份的 i 产业在全国处于劣势，其竞争力较弱。

该方法操作简单、计算量较小、含义明确，因此得到了广泛应用（刘慧 等，2016；姚文捷，2015）。但是，该方法仅考虑了一个指标的影响。当区域内两个或多个产业的区位熵比较接近时，就很难判断哪一个产业对区域产业优势的形成具有更大的贡献。因此，区位熵往往只能用于区域优势产业的初步判断和选择。

4.1.1.2.2　偏离-份额分析法

偏离-份额分析法是由美国学者邓恩、佩罗夫等人提出的（Hoppes，1991）。

偏离-份额分析法将区域经济发展视为一个动态变化的过程。它将研究区域所在的大区域产业发展作为参照对象，把本区域的经济总量在某一时期的变动分解为份额偏离、结构偏离和竞争力偏离三个基本分量。根据这三个分量来分析区域经济的增长与衰退状况，评价本区域产业结构的优劣程度，判断本区域各产业的竞争力，进而找出本区域具有相对竞争优势的产业，为区域产业发展提供科学依据。与其他方法相比，偏离-份额分析法具有较强的综合性和动态性，能够较好地揭示区域产业部门结构变化的原因，确定区域产业发展的主导方向，其基本计算过程如下（卓玉国 等，2012）。

假设研究区域在经历了时段 $[0, t]$ 之后，其经济总量和产业结构均发生了一定的变化。将区域产业划分为 n 个产业部门，以 $b_{ij,0}$ 和 $b_{ij,t}(j=1,2,\cdots,n)$ 来分别表示第 i 个区域第 j 个产业部门在初始年（0）和截止年（t）的经济规模；以 $b_{i,0}$ 和 $b_{i,t}(i=1,2,\cdots,n)$ 来表示第 i 个区域在初始年（0）和截止年（t）的经济规模；以 $B_{j,0}$ 和 $B_{j,t}$ 表示标准区第 j 个产业部门在初始年（0）和截止年（t）的经济规模；以 B_0 和 B_t 表示标准区在初始年（0）和截止年（t）的经济总规模。

第 i 个区域第 j 个产业部门的变化率 r_{ij}：
$$r_{ij} = (b_{ij,t} - b_{ij,0})/b_{ij,0} \quad (j=1,2,\cdots,n) \tag{4-2}$$

标准区第 j 个产业部门的变化率 R_j：
$$R_j = (B_{j,t} - B_{j,0})/B_{j,0} \quad (j=1,2,\cdots,n) \tag{4-3}$$

产业规模的标准化处理。根据标准区各个产业部门所占的比重，将第 i 个区域各个产业部门的经济规模进行标准化。
$$b_{ij}{}' = (b_{ij,0} \times B_{j,0})/B_0 \quad (j=1,2,\cdots,n) \tag{4-4}$$

因此，可以将第 i 个区域第 j 个产业部门在时间段 $[0, t]$ 的经济增长量 G_{ij} 分解为份额偏离分量 N_{ij}、结构偏离分量 P_{ij} 和竞争力偏离分量 D_{ij}。其计算公式为：
$$G_{ij} = N_{ij} + P_{ij} + D_{ij} \tag{4-5}$$
$$N_{ij} = b_{ij}{}' \times R_j \tag{4-6}$$
$$P_{ij} = (b_{ij,0} - b_{ij}{}') \times R_j \tag{4-7}$$
$$D_{ij} = (r_{ij} - R_j) \times b_{ij,0} \tag{4-8}$$
$$PD_{ij} = P_{ij} + D_{ij} \tag{4-9}$$

式中：份额偏离分量 N_{ij} 是指第 i 个区域中标准化后的产业部门 j 按照标准区的平均增长率发展后所产生的变化量。以此分量作为产业选择基准，代表了区域产业部门的经济发展趋势。如果该值为正，则说明产业部门 j 在第 i 个区域中具有较好的发展前景。

结构偏离分量 P_{ij} 是指假设研究区域与标准区具有相同的增长速度，研究区域与标准区由于产业比例的差异而引起的第 i 个区域第 j 个产业部门的增长相对于标准区的标准所产生的偏差。以此分量作为产业选择基准，则代表了区域产业部门的产业结构基础。如果该值为正，则说明产业部门 j 在第 i 个区域中具有较好的产业结构基础。

竞争力偏离分量 D_{ij} 是指由于第 i 个区域第 j 个产业部门的增长速度与标准区相应产业部门增长速度的差异而引起的偏差。以此分量作为产业选择基准，则代表了区域产业部门的相对竞争力。如果该值为正，则说明第 i 个区域中的产业部门 j 的增长速度要高于标准区的相应产业部门，具有较强的竞争力。

4.1.1.2.3　模糊聚类法

无论是在自然科学中，还是在社会科学研究中，都存在着许多定义不很严格或者比较模糊的概念。即对于事物是否具有某种性态，以及是否属于某个类别等问题，具有亦此亦彼性或中介过渡性等性质，导致很难作出非此即彼的明确结论。在传统的集合论框架下，很难处理这些比较模糊的概念，从而催生了模糊数学这一科学分支，以便于更好地描述和处理现实世界中的各种模糊性数量关系（Zadeh et al.，1996）。1965 年，模糊数学由美国加利福尼亚大学的自动控制专家 Lotfi Zadeh 教授所创立。他在论文中，首次引入了隶属函数的概念，用于描述中间过渡问题（Zadeh et al.，1965）。经过多年的发展和完善，模糊数学在理论上不断成熟，在各个领域得到了广泛应用。

模糊聚类与灰色聚类之间既有相似性，也有差异性。灰色聚类法主要是利用白化权函数进行样本的分类，而模糊聚类法则依据隶属函数，通过迭代算法来搜寻样本数据集中、具有较高隶属度的样本簇。相较于灰色聚类法，模糊聚类法更加侧重于反映各样本数据间的贴近程度。模糊聚类法的具体计算步骤如下（赵亚莉 等，2009）：

（1）构建指标体系

设有 n 个待分类的产业，m 个评价指标。根据评价目标构建产业类型划分的评价指标体系，获取相应的评价指标值，构成原始数据矩阵 X。

$$X=\begin{bmatrix} X_{11} & X_{12} & \cdots & X_{1m} \\ X_{21} & X_{22} & \cdots & X_{2m} \\ \vdots & \vdots & & \vdots \\ X_{n1} & X_{n2} & \cdots & X_{nm} \end{bmatrix} \tag{4-10}$$

（2）进行原始数据的预处理

为了满足模糊矩阵的计算要求，必须对原始数据矩阵进行预处理。通常需要进行如下两种变换：

首先，利用下式进行平移·标准差变换：

$$x_{ik}'=\frac{x_{ik}-\overline{x_k}}{\sigma_k} \quad (i=1,2,\cdots,n;k=1,2,\cdots,m) \tag{4-11}$$

式中：$\overline{x_k}$ 为第 n 个产业第 k 个指标的平均值，σ_k 为第 n 个产业第 k 个指标的均方差。其计算公式分别为：$\overline{x_k}=\frac{1}{n}\sum_{i=1}^{n}x_{ik}$，$\sigma_k=\sqrt{\frac{1}{n}\sum_{i=1}^{n}(x_{ik}-\overline{x_k})^2}$。数据变换后，每个变量的均值为 0，标准差为 1，且消除了量纲的影响。

其次，可利用下式进行平移·极差变换：

$$x_{ik}''=\frac{x_{ik}'-\min_{1\leqslant i\leqslant n}\{x_{ik}'\}}{\max_{1\leqslant i\leqslant n}\{x_{ik}'\}-\min_{1\leqslant i\leqslant n}\{x_{ik}'\}} \quad (i=1,2,\cdots,n;k=1,2,\cdots,m) \tag{4-12}$$

通过上述变换，不但消除了各指标值量纲的影响，还将各指标值一一映射到 $[0,1]$ 区间内，从而获得了标准矩阵。

（3）建立模糊相似矩阵 R

设论域 $U=\{x_1,x_2,\cdots,x_n\}$，评价矩阵 $x_i=\{x_{i1},x_{i2},\cdots,x_{in}\}$，则可根据一定的方法来计算分类对象间的相似系数 r_{ij}，建立论域 U 中的模糊相似关系矩阵 R。r_{ij} 的计算方法主要如下。

数量积法：

$$r_{ij}=\begin{cases} 1 & i=j \\ \dfrac{1}{M}\sum_{k=1}^{m}x_{ik}\cdot x_{jk} & i\neq j \end{cases} \tag{4-13}$$

式中：$M = \max\limits_{i \neq j}(\sum\limits_{k=1}^{m} x_{ik} \cdot x_{jk})$。显然，$|r_{ij}| \in [0,1]$。

夹角余弦法：

$$r_{ij} = \frac{\sum\limits_{k=1}^{m} x_{ik} \cdot x_{jk}}{\sqrt{\sum\limits_{k=1}^{m} x_{ik}^2} \cdot \sqrt{\sum\limits_{k=1}^{m} x_{jk}^2}} \qquad (4\text{-}14)$$

最大最小法：

$$r_{ij} = \frac{\sum\limits_{k=1}^{m} (x_{ik} \wedge x_{jk})}{\sum\limits_{k=1}^{m} (x_{ik} \vee x_{jk})} \qquad (4\text{-}15)$$

切比雪夫距离法：

$$d(x_i, x_j) = \bigvee\limits_{k=1}^{m} |x_{ik} - x_{jk}| \qquad (4\text{-}16)$$

（4）建立模糊等价矩阵

前面建立的模糊相似矩阵通常只具有自反性和对称性，并不具备传递性。为了满足产业分类的需要，还需要将模糊相似矩阵 R 改造为模糊等价矩阵 R^*。一般可通过传递闭包法进行 R 的改造。计算方法如下。

首先，利用平方法对矩阵 R 进行自乘改造，即先将 R 自乘改造为 R^2，再自乘得 R^4。如此继续下去，经过有限次运算后，将存在 k，使得 $R^{2k} = R^k = R^*$。这一过程可以直观地表达为：$R \rightarrow R^2 \rightarrow R^4 \rightarrow R^8 \rightarrow \cdots \rightarrow R^{2k}$。此时，改造后的 R^* 满足了传递性，成为一个模糊等价关系矩阵。

（5）聚类动态分析

根据前文建立的模糊等价矩阵 R^*，利用"λ－水平截集法"，给定不同置信水平的 λ，即可按下式求取 R_λ^* 阵：

$$r_{ij}^*(\lambda) = \begin{cases} 0, & \text{当 } r_{ij} < \lambda \\ 1, & \text{当 } r_{ij} \geqslant \lambda \end{cases} \qquad (4\text{-}17)$$

每取一个 λ 值，即对矩阵 R^* 中的元素进行一次代换，从而获取不同的模糊截距阵。当 $\lambda = 1$ 时，每个产业自成一类。随着 λ 值的降低，产业将由细到粗逐渐归并，最后即可得到动态聚类谱系图。

4.1.2　产业结构分析方法

区域产业结构就是指区域经济中各类产业之间的内在联系和比例关系（陈栋生，1993）。对区域产业结构的分析，可使决策者掌握区域产业结构变动的方向和程度，把握产业结构的发展特征。

进行产业的分类是开展产业结构分析的前提。目前，已经提出了三次产业分类法、产业功能分类法和要素集约度产业分类法等多种产业分类方法。但是，应用最为广泛的仍然是克拉克所提出的三次产业分类法。根据该方法，所有的国民经济活动被划分为第一产业、第二产业和第三产业。在我国，第一产业是农业，主要包括种植业、林业、牧业和渔业等；第二产业为工业（包括采掘业，制造业，电力、煤气、水的生产和供应业）和建筑业；第三产业是指除第一、第二产业以外的其他各业。第三产业可细分为四个部分，即流通部门（交通运输、仓储及邮电通信业，批发和零售贸易、餐饮业等）、生产和生活服务部门（金融、保险业，地质勘查业、水利管理业，房地产业，社会服务业等）、科教文卫部门（教育、文化艺术及广播电影电视业，卫生、体育和社会福利业，科学研究业等）、社会公共服务部门（国家机关、党政机关和社会团体以及军队、警察等）。

4.1.2.1　产业结构变动分析法

常见的产业结构变动分析方法包括产业结构变动度、产业结构熵、Moore 指数和产业结构超前系数等(范金,2004)。通过这些方法,可以比较方便地掌握区域产业结构变动的程度。

4.1.2.1.1　产业结构变动度

产业结构变动度能够反映某一产业的结构变动程度及变动方向,其计算公式如下:

$$K_i = [(q_{i1} - q_{i0})/q_{i0}] \times 100\%$$ (4-18)

式中:K_i 为第 i 产业部门的产业结构变动度,q_{i0} 为基期的产业构成比,q_{i1} 为报告期的产业构成比。当 K_i 为负值时,表示第 i 产业所占的份额下降;反之,则说明份额上升。

4.1.2.1.2　产业结构熵

根据信息理论中干扰度的概念,可以将产业构成的变化视为产业结构的干扰因素,进而通过计算产业结构熵,来综合反映产业结构变化程度的大小。其计算公式如下:

$$E_{it} = \sum_{i=1}^{n} w_{it} \ln(1/w_{it})$$ (4-19)

式中:E_{it} 为第 i 产业在 t 时期的产业结构熵,w_{it} 为第 i 产业在 t 时期所占的比重,n 为产业部门的个数。

一般而言,由于计算得出的产业结构熵值的波动性较小,难以反映各产业在数量上的变动关系。但是,产业结构熵能够很好地反映产业结构的整体变动趋势。如果各产业的结构比例非常均衡,产业结构熵的值就会越大;反之,则越小。而产业结构熵的值越大,就说明区域产业结构的发展形态愈趋向于多元化;反之,产业结构熵的值越小,则说明区域产业结构的发展形态愈趋向于专业化。

4.1.2.1.3　Moore 指数

整个国民经济可以分为 n 个产业。根据空间向量测定原理,如果我们将每一个产业都当成空间中的一个向量,那么这 n 个产业就可以构成一组 n 维空间向量。当某一产业在国民经济中的份额发生变化时,它与其他产业向量的夹角就会发生相应变化。将所有的变化累计起来,就可以得到整个国民经济系统中各产业的结构变化情况,即 Moore 指数。Moore 指数的计算公式如下:

$$M_t = \sum_{i=1}^{n} W_{i,t} / \left[\sum_{i=1}^{n} W_{i,t}^2\right]^{1/2} \times \left[\sum_{i=1}^{n} W_{i,t+1}^2\right]^{1/2}$$ (4-20)

式中:M_t 表示 Moore 指数,$W_{i,t}$ 表示第 i 产业在 t 时期所占的比重,$W_{i,t+1}$ 表示第 i 产业在 $t+1$ 时期所占的比重。

4.1.2.2　产业结构比较分析法

常见的产业结构比较分析方法包括产业结构相似系数和霍夫曼系数等(范金,2004)。通过这些方法,可以方便地比较不同区域产业结构的异同。

4.1.2.2.1　产业结构相似系数

利用产业结构相似系数,可以反映不同国家或地区间同种产业结构的相近程度。其计算公式如下:

$$S_{ij} = \sum_{k=1}^{n} X_{ik} X_{jk} / \left[\sum_{k=1}^{n} X_{ik}^2 X_{jk}^2\right]^{1/2}$$ (4-21)

式中:S_{ij} 表示区域 i 和区域 j 的产业结构的相似系数,X_{ik} 表示 k 产业部门在区域 i 的产业结构中所占的比重,X_{jk} 表示 k 产业部门在区域 j 的产业结构中所占的比重。

4.1.2.2.2　霍夫曼系数

霍夫曼系数是霍夫曼在 1931 年提出的,用于揭示一个国家或区域在工业化进程中工业结构的演变规律。通过霍夫曼系数的计算和比较,可以分析不同区域的工业化进程。其计算公式如下:

$$H_k = P_m / P_n$$ (4-22)

式中:H_k 表示区域 k 的霍夫曼系数,P_m 表示区域 k 的消费资料工业净产值,P_n 表示区域 k 的资本资料工业净产值。

如果一个区域的霍夫曼系数呈现出不断降低的趋势,则表明该区域的工业化程度在不断加强,重工业化程度不断提高(表 4-4)。

表 4-4 工业化进程的四个阶段

工业化阶段	霍夫曼比例
第一阶段	5(±1)
第二阶段	2.5(±1)
第三阶段	1(±1)
第四阶段	1 以下

注:该比例值后面括号中的数字表示做判断时所允许的误差。

4.1.2.3 产业结构效益分析法

常见的产业结构效益分析方法包括比较劳动生产率、技术进步率、出口竞争力指数等(何天祥 等,2004)。通过这些方法,可以方便地比较不同区域产业结构的经济效益。

4.1.2.3.1 比较劳动生产率

比较劳动生产率是指一个区域中,不同产业所创造的国民收入份额与所投入的劳动力份额之间的比例关系。其计算公式如下:

$$B_i = P_{\text{inc}}/P_{\text{lab}} \tag{4-23}$$

式中:B_i 代表区域中 i 产业的比较劳动生产率,P_{inc} 表示 i 产业在区域国民收入中所占的比例,P_{lab} 表示 i 产业在区域劳动力总量中所占的比例。

一般认为,结构效益高的产业结构中,各产业的比较劳动生产率应该接近 1(郭亚帆,2012)。按三次产业分类法,则可以构建比较劳动生产率差异指数 S。

$$S = \sqrt{\frac{(B_1-1)^2 + (B_2-1)^2 + (B_3-1)^2}{3}} \tag{4-24}$$

式中:S 代表区域产业结构的比较劳动生产率差异指数,B_1、B_2 和 B_3 分别代表区域中三次产业的比较劳动生产率。一般而言,经济越发达的国家或地区,其第一产业与第二、三产业的比较劳动生产率的差距越小。

4.1.2.3.2 技术进步率

在现代社会中,技术进步是导致区域产业结构向高度化和高附加价值化方向演化的主要原因。技术创新对产业的发展前景也起着越来越重要的影响作用。因此,产业技术进步率也就成为了衡量产业结构效益的重要标志。在产业结构分析中,通常使用全要素生产率(TFP)来代表技术进步率。全要素生产率一般是指各类资源(包括人力、物力、财力)通过开发利用,转换为产出的效率,即总产量与全部要素投入量之比。全要素生产率有多种计算方法,下面将简单介绍索洛残差法的计算过程。

索洛残差法最早是由罗伯特·索洛提出的,其基本思路是在估算出总量生产函数之后,利用产出增长率扣除各投入要素增长率后的残差来测算全要素生产率的增长。总量生产函数的计算公式为:

$$Y_t = \Omega(t)F(X_{nt}) \tag{4-25}$$

式中:Y_t 为产出;X_{nt} 为第 n 种投入要素;$\Omega(t)$ 为希克斯中性技术系数,即技术进步不会影响投入要素之间的边际替代率。

$$\text{TFP}_t = \Omega(t) = Y_t/F(X_{nt}) = Y_t/(K^\alpha)(L^\beta) \tag{4-26}$$

式中:TFP_t 为全要素生产率,$F(X_{nt}) = (K^\alpha)(L^\beta)$ 为要素投入函数。其中,资本存量需要通过下式测算:

$$K_t = I_t/P_t + (1-\delta_t)K_{t-1} \tag{4-27}$$

式中:K_t 为 t 年的实际资本存量,K_{t-1} 为 $t-1$ 年的实际资本存量,P_t 为固定资产投资价格指数,I_t 为 t 年的名义投资,δ_t 为 t 年的固定资产折旧率。在确定了资本存量的初始值和实际净投资后,便可计算出各年的实际资本存量,估计出平均资本产出份额 α 和平均劳动力产出份额 β,最终得到全要素生产率增长率。

4.1.2.3.3　出口竞争力指数

出口商品竞争力指数主要用于衡量某一产业的产品在国际贸易中所处的地位。该指数较为全面地反映了该产业在附加价值程度、加工深浅度、技术密集度等方面的情况,是一个比较重要的产业结构效益分析指标。其计算公式如下:

$$R_{ij} = \frac{X_{ij}/\sum_{i=1}^{m} X_{ij}}{\sum_{j=1}^{n} X_{ij}/\sum_{i=1}^{m}\sum_{j=1}^{n} X_{ij}}$$ (4-28)

式中:R_{ij} 代表第 i 区域第 j 产品的出口竞争力指数;X_{ij} 为第 i 区域第 j 产品的出口值;$i=1,2,\cdots,m$;$j=1,2,\cdots,n$。如果第 i 区域第 j 产品的出口商品贸易额中所占比例较大,则 R_{ij} 的值也较大。当 R_{ij} 的值大于 1 时,则表明该项商品的外销竞争力强;反之,则外销竞争力较弱。

4.1.3　产业关联分析方法

产业关联是指在经济活动中,各产业之间所存在的广泛、复杂和密切的技术经济联系。产业关联分析就是对国民经济中各产业部门之间的技术经济联系与联系方式进行分析,探讨各产业之间的数量和比例关系。产业关联分析主要是利用美国经济学家里昂惕夫提出的投入产出法进行分析。

4.1.3.1　投入产出表

投入产出表是投入产出分析法的核心内容,主要用于反映一定时期内,各产业部门之间的相互联系和平衡比例关系。根据计量单位的不同,投入产出表可以分为实物表和价值表;根据计算范围的不同,可分为全国表、地区表、部门表和联合企业表等;根据模型特性的不同,又可分为静态表和动态表。本部分仅简单介绍静态的价值型宏观投入产出表。其基本格式如表 4-5 所示。

表 4-5　简化的全国价值型投入产出表(范金,2004)

投入		产出							最终需求				总需求(总产品)
		中间需求							投资	消费	净出口	小计	
		1	2	3	4	5	…	小计					
中间投入	部门1	x_{11}	x_{12}	…	…	…		$\sum x_{1j}$				f_1	q_1
	部门2	x_{21}	x_{22}					$\sum x_{2j}$				f_2	q_2
	部门3	…	…					…				…	…
	部门4	…	…					…				…	…
	部门5												
	…												
	小计	$\sum x_{i1}$	$\sum x_{i2}$	…	…	…		$\sum x_{ij}$				$\sum f_i$	$\sum q_i$
附加价值	折旧	D_1	D_2	…	…			$\sum D_j$					
	劳动报酬	V_1	V_2	…	…			$\sum V_j$					
	社会纯收入	N_1	N_2	…	…			$\sum N_j$					
	小计	$D_1+V_1+N_1$	$D_2+V_2+N_2$					$\sum(D_j+V_j+N_j)$					
总供给(总产量)		q_1	q_2	…	…			$\sum q_j$					

从上表可以看出,投入产出表是一张纵横交叉的矩阵平衡表格,主要由三大象限组成。

第Ⅰ象限主要用于反映各产业部门的生产技术联系,即产业部门间互相分配、互相消耗中间产品的情况,故又称为中间产品象限。第Ⅰ象限是投入产出表的核心部分。通过该象限的有关数据,可以计算各部门的直接消耗系数,进而得出完全消耗系数。从而反映各产业部门之间的生产技术联系,也可反映一定时期内一个区域在社会再生产过程中,各产业之间相互提供中间产品的相互依存和交易关系。

第Ⅱ象限主要用于反映各产业部门产品的最终使用量,故又称为最终使用象限。从水平方向看,该象限表明各产业部门的产品作为最终产品的使用去向;从垂直方向看,则表明不同类型的最终使用的规模及其实物构成。因此,该象限反映的主要是产业部门间的社会经济联系。

第Ⅲ象限主要用于反映国民收入的初次分配,因此又称增加值象限或初次投入象限。该象限的主栏是增加值构成,宾栏则是各产业部门。主宾栏结合,能够反映出增加值是由哪一个产业部门提供的,以及各部门所提供的增加值之构成。

4.1.3.2　投入产出指标

完整的国民经济价值型投入产出表包括中间使用、最终使用、中间投入和增加值四个部分。根据投入产出表,可以计算一些常用的投入产出指标,进而对区域内的产业关联情况进行分析。一般而言,投入产出模型主要包括以下计算指标(楚明钦,2013;姚星 等,2012)。

4.1.3.2.1　中间需求率

中间需求率是指国民经济的各产业对第 i 产业的中间需求量之和与第 i 产业的总需求之比。该指标主要反映了在各产业部门的总产品中,有多少产品属于中间产品,即其产品将会作为其他各产业的原材料。某一特定产业的中间需求率越高,则表明该产业越具有中间产品的性质。如果不考虑进出口贸易时,任何产品不是作为中间产品,就将是作为最终产品。此时的中间需求率加上最终需求率即等于1。中间需求率的计算公式如下:

$$D_i = \frac{\sum_{j=1}^{n} x_{ij}}{\sum_{j=1}^{n} x_{ij} + Y_i}, i=1,2,\cdots,n \tag{4-29}$$

式中: D_i 表示第 i 产业的中间需求率, x_{ij} 为国民经济中的 j 产业对第 i 产业产品的中间需求量, Y_i 为第 i 产业的最终需求量。中间需求率越大,说明该产业产品被其他行业的需求越多。

4.1.3.2.2　中间投入率

中间投入率是指第 j 产业在生产过程中所需要的国民经济其他产业的中间投入之和,与该产业需要的总投入的比值。该指标主要反映了该产业对国民经济其他产业的依赖程度。中间投入率的计算公式如下:

$$T_i = \frac{\sum_{i=1}^{n} x_{ij}}{\sum_{i=1}^{n} x_{ij} + Z_i}, i=1,2,\cdots,n \tag{4-30}$$

式中: T_i 表示第 i 产业的中间投入率, x_{ij} 表示第 i 产业在生产过程中需要的第 j 产业的投入, Z_i 表示第 i 产业的增加值。产业的中间投入率越大,则说明该行业在生产过程中使用的中间投入越多。

4.1.3.2.3　影响力系数

影响力系数是指当第 i 产业增加一个单位的投入时,对国民经济中其他产业的中间投入所产生的波及影响程度。影响力系数也被称为后向关联系数,其计算公式如下:

$$E_j = \frac{\sum_{i=1}^{n} b_{ij}}{\frac{1}{n}\sum_{j=1}^{n}\sum_{i=1}^{n} b_{ij}}, i,j=1,2,\cdots,n \tag{4-31}$$

式中：E_j 为第 j 产业对其他产业的影响力系数，b_{ij} 为里昂惕夫逆矩阵(I-A)-1 中第 i 行第 j 列的系数。当一个产业的影响力系数大于 1 时，则表明该产业的影响力在全部产业中居于平均水平以上。产业的影响力系数越大，表明该产业对其他产业的带动作用越强。

4.1.3.2.4　感应度系数

感应度系数是指当国民经济的各产业部门每增加一个单位的最终使用量时，第 i 产业部门由此而感受到的需求程度。即该产业部门为其他产业部门生产而提供的产出量。感应度系数也被称为前向关联系数。其计算公式如下：

$$S_j = \frac{\sum_{i=1}^{n} B_{ij}}{\frac{1}{n} \sum_{i=1}^{n} \sum_{j=1}^{n} B_{ij}}, i, j = 1, 2, \cdots, n \tag{4-32}$$

式中：S_j 为第 i 产业部门受其他产业部门影响的感应度系数，B_{ij} 为里昂惕夫逆矩阵(I-A)-1 中第 i 行第 j 列的系数。当第 i 产业的感应度系数大于 1 时，表明当国民经济的各产业部门每增加一个单位的最终使用量时，第 i 产业部门由此而感受到的需求程度大于社会平均值。

若将各产业按照感应度系数的大小进行排序，那么，排在前面的产业就属于区域的瓶颈产业。加快瓶颈产业的发展可以有效地推动区域经济的协调发展。

4.2　生态社会系统分析技术与方法

4.2.1　社会调查法

社会调查是指运用科学的手段和方法，从现实生活中搜集相关社会事实的真实资料，并对其进行描述和解释的社会认识活动（吴忠民，2003）。社会调查法是社会学研究的基本方法，也是生态文明建设中经常采用的重要方法。一般而言，社会调查法主要包括以下基本步骤（图 4-1）：(1)选择调查问题。调查问题的确定是一项社会调查活动的起点，它决定了整个调查活动的目标和方向。因此，调查问题的选择是否恰当，在很大程度上决定了整个社会调查工作的成败，也决定了调查成果的质量。(2)前期准备。前期准备阶段是顺利完成调查任务的基本保证。在本阶段，应围绕调查问题和调查目标，完成以下任务：一是通过初步的探索性研究，提出研究假设；二是设计研究方案，包括明确本次调查的基本内容、设计调查问卷或访谈提纲、选择调查方法、明确调查的时间进度和经费预算等；三是组建调查队伍，包括对调查人员的遴选和培训、准备相关的调查

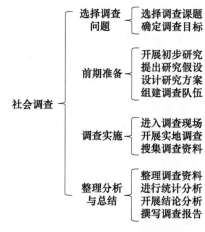

图 4-1　社会调查的基本步骤

工具和物资设备等。(3)调查实施。本阶段将根据调查方案中所确定的调查方法和进度安排，进入调查现场开展各种社会调查，搜集相关资料。(4)整理分析与总结。在实地调查结束之后，对原始调查资料和数据进行审核和整理，利用各种定性和定量方法进行统计分析，获取研究结果，撰写调查报告。

根据调查方法和对象的不同，社会调查法又可以分为个案调查法、统计调查法、问卷调查法、观察法、访谈法等。

4.2.1.1　统计调查法

统计调查是根据调查的目的与要求，运用科学的调查方法，有计划、有组织地搜集数据信息资料的统

计工作过程。统计调查的基本特点是通过对大量调查对象的观察,运用均值、方差、频数、统计检验等统计学方法来获取调查结果,发现各种社会现象的规律性和一致性。由于统计调查结果具有较强的客观性和可信度,因此在各个研究领域都得到了广泛应用。

根据统计调查的组织机构的不同,可将统计调查划分为官方统计调查和非官方统计调查两大类。其中,官方统计调查又可细分为国家统计调查、部门统计调查、地方统计调查等子类,这类调查通常在调查时间上具有长期性,在调查内容上具有全面性,在组织程序上具有稳定性的特点。非官方统计调查通常是由部分科研工作者或业务人员发起的,具有特定调查目的。这类调查多具有短期性、灵活性等特点。从具体调查方法上,统计调查法又可以分为普查、重点调查、抽样调查等类型。

4.2.1.1.1 普查法

普查即普遍调查,是指为了掌握调查对象的总体状况,对调查对象中的所有组成单元全部进行调查。普查的规模往往都比较大,通常涵盖了特定的行政辖区范围(如全国、全省、全市、全县等),和特定的系统(如人口、土地利用等)。

普查主要包括以下方式:(1)填写统计报表。即由普查的主管部门制定标准的普查表,由下级部门根据自己所掌握的数据和资料进行填报。国民经济和社会状况的普查通常采用这种方式。(2)直接登记。即由主管部门建立专门的普查机构,组织专门的调查人员,对调查对象中的每一个个体进行直接的调查登记。全国人口普查、土地资源普查等多采用这种方式。(3)快速普查。即主管部门为了快速获取某项专门数据,通过向下级基层单位直接布置任务的方式直接收集资料和数据,快速传递上报。该方法仅在特殊情况下使用,花费较大、调查项目较少。

普查的基本程序可以大致划分为以下部分:(1)前期准备。前期准备阶段的主要任务是:第一,制定和发布普查方案,包括普查对象、普查项目、普查时间等。在普查方案中,必须有严格而准确的定义、分类、计算说明等。第二,组织准备,即确定普查的各级领导机构,配备和训练普查人员。第三,物质条件准备,包括普查文件、表格的设计和印制,计算机、录音笔等调查工具的配备等。第四,普查试点,通过试点工作,对普查方案、工作细则等进行修订和完善。第五,宣传动员,即利用网络、广播、电视等各种宣传媒介,向公众宣传普查的意义和方法,以取得公众的积极配合。(2)调查登记。调查登记工作是普查中的关键环节,本阶段的主要任务是:第一,组织普查登记,既可组织被调查者到相应的登记站登记,也可由调查员上门访问进行登记。第二,复查核实,安排复核人员对初步登记结果进行检查并核实,发现错误后及时纠正。第三,普查质量检查,复查结束后,在每个普查区随机抽取一定比例的样本进行核查。(3)结果汇总。本阶段的主要任务是对各项普查数据进行编码、汇总,建立普查数据库,对普查数据进行分析,得出结论并予以公布。

普查法主要具有以下特点:(1)准确性高。与其他形式的调查相比,普查对全部调查对象进行了调查,收集的资料更加全面和完整,误差小、精确度高。(2)时间性强。普查的结果通常是反映某种社会现象在特定时间点上的总量和结构状况,调查的时间节点必须高度一致。(3)代价高昂。由于调查对象数量众多,使得普查的工作量非常大,组织工作异常复杂,需要消耗大量的人力、物力和财力。(4)调查难以深入。由于普查工作代价高昂,难以组织,导致普查的项目往往比较简单,只能涉及调查对象的一些最基本的情况,很难对特定的社会问题进行深入、细致研究。

4.2.1.1.2 抽样调查法

抽样调查法,是指按照一定的方式,从所有调查对象中抽取一部分个体单元作为样本来开展调查,并将从样本中获取的调查结果推论到调查对象总体的一种调查方法。简单地说,抽样调查就是从总体中抽取一定数量的样本来推断总体的情况。虽然普查是一种最准确的调查方法,但在很多时候,由于经费、人力、时间等方面的限制,往往难以开展全面性的普查。在这种情况下,抽样调查法往往就成为了人们的首选,得到广泛应用(吴增基 等,2014)。

(1)抽样调查法的主要类型

根据抽样方式的不同,抽样调查法可以大致划分为两大类型(图 4-2):第一,随机抽样。随机抽样是指依据概率论的基本原理,按照随机的原则来抽取样本。随机抽样能够避免抽样过程中的人为干扰,保证样本的客观性和代表性。随机抽样又可细分为以下类别:一是简单随机抽样,即按照随机原则,直接从总体中随机抽取若干个样本进行调查。简单随机抽样是最基本的抽样方式,每个样本被选中的概率是相同的。二是分层抽样,即先按照研究对象的主要特征将其划分为若干个类型,再在各个类型中随机抽取适当的个体,最终合并成一个样本集的抽样方法。三是系统抽样,即先将所有调查对象按照一定的规则排列起来,再按照固

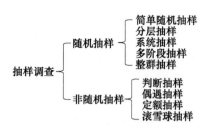

图 4-2 抽样调查的主要类型

定的顺序和间隔来抽取样本的一种抽样方法。四是多阶段抽样,在调查对象的数量庞大、分布很广,很难直接抽取调查样本的情况下,可以将抽样过程划分为若干个阶段,分阶段进行抽样。五是整群抽样,即先按照某种标准将所有调查对象划分为若干子群体,然后按照随机原则从中抽出若干个子群体,将这些子群体中的所有个体单元作为样本的一种抽样方法。第二,非随机抽样。非随机抽样是指根据研究者的主观判断,有选择地抽取样本的方法。非随机抽样的方法主要有以下四种:一是判断抽样,即由研究者根据主观判断来直接选取样本的抽样方法。二是偶遇抽样,即调查者根据其方便,任意抽选样本的方法。三是定额抽样,即将所有调查对象按一定标志分成若干个类型,在每一类中按照方便原则任意抽取样本进行调查的方法。四是滚雪球抽样,即先从调查对象中找出少数个体,然后根据它们的特征获取更多符合条件的样本,像滚雪球一样逐渐扩大样本范围。

(2)抽样调查法的基本程序

抽样调查法主要包括以下步骤:第一,界定总体调查对象。根据调查目的和要求,确定总体调查对象,明确调查对象的内涵、外延和数量。调查对象的明确界定是保证抽样效果的前提条件。第二,确定抽样单位。确定以何种单位或标准来将所有调查对象划分为各个独立个体。划分完成后,既要保证这些个体之间互不重叠,还要保证所有样本的组合就是总体调查对象。第三,设计和抽取样本。首先,应确定将要抽取的样本的数量;其次,根据调查的目的和要求,选择具体的抽样方法,抽取所需要的样本。第四,评估样本质量。样本的代表性是抽样调查中的核心问题。在抽取样本之后,应对样本的质量、代表性、偏差等进行初步的检验和判断,确定样本的准确性和精确性,避免由于样本偏差过大而影响调查结果。第五,收集、整理和分析样本资料。根据调查的目的和要求,选择具体的调查方法对样本进行实际调查,搜集、整理和计算有关的样本资料,并根据样本统计值来推测和说明总体情况,得出调查结论。

(3)抽样调查法的特点

与普查相比,抽样调查法具有以下优点:第一,调查的代价较小。抽样调查法仅仅对总体调查对象中的部分样本进行调查,大大降低了调查的工作量,不仅节省了很多的人力、物力、财力,还缩短了完成整个调查所需要的时间。第二,准确性较高。抽样调查中样本的抽取较为客观,样本的代表性比较有保证。同时,抽样调查根据概率论的基本原理,将样本的调查结果推论到调查对象总体,降低了调查中的误差。第三,应用范围广泛。抽样调查是非全面调查中最完善、最科学的方法,且调查工作量远小于普查,因此在现代社会调查中得到了广泛应用。第四,可获得丰富的资料。由于普查的工作量巨大,因此在调查中涉及的项目和内容较少,而抽样调查的工作量要小很多,因此可以设置更多、更复杂的调查项目,广泛搜集各类信息。

当然,抽样调查法也存在着一定的局限性:第一,该方法主要适用于定量研究,不太适合于定性的研究。第二,在难以准确界定调查的总体范围时,就无法进行抽样调查。第三,当样本量非常巨大的时候,调查的深度和广度仍然会受到很大的限制。

4.2.1.2 典型调查法

典型调查是指从调查对象中选择具有代表性的若干个个体单元进行调查,并根据调查结果来认识和分析调查对象整体的一种调查方法(王兰坤 等,2010)。

4.2.1.2.1　基本步骤

典型调查法主要包括以下步骤:(1)对调查对象的初步研究。根据本次调查的目的和要求,通过查找文献、搜集资料、实地考察等多种方式,从整体上分析和了解调查对象,掌握其总体特征,制订调查方案。(2)选择典型样本。按照调查的目的和要求,根据一定的标准,将所有调查对象分成不同的类别,然后在每个类别中选取一定数量的典型样本。(3)开展典型调查。根据实际情况的需要,灵活选择各种调查方法,深入实地进行调查。(4)资料整理与成果总结。对调查的成果资料进行整理、分析,得到调查结果。基于本次调查结果,尝试推论出调查对象总体的基本特征和变化规律。

4.2.1.2.2　主要特点

典型调查法具有以下特点:(1)调查对象的选择具有主观性。在典型调查法中,调查样本是由调查者根据自己的经验和研究的需要有意识地选择的。因此,调查者的经验和知识结构会对调查结果产生较大的影响。(2)可获取一手数据和资料。在典型调查中,调查者和调查对象多采用面对面直接调查的方式进行,能够了解比较真实的情况,调查结果的可信度较高。(3)是一种定性调查。相对于统计调查法而言,典型调查法更像是一种定性调查。典型调查法更倾向于通过对代表性样本的调查和分析,概括出由个别到一般、由个性到共性的基本规律。(4)实施难度较低。由于典型调查只是对总体中的少数代表性样本进行调查,调查中所需要的人力、物力和财力都比较少;同时,在调查内容、调查时间、调查方法等方面也具有较大的灵活性,能够根据具体情况随时做出调整。因此,典型调查法的组织和实施难度要比普查和抽样调查要低得多。

4.2.1.2.3　注意事项

从典型调查的特点也可以看出,该方法也具有一定的缺陷,如难以对调查总体进行定量的研究,典型样本的选择容易受到调查者主观因素的影响,典型样本的调查结论不一定适用于所有调查对象等。因此,在典型调查中,需要特别注意以下问题:(1)慎重选择典型样本。样本选择是否恰当是典型调查能否成功的关键。在典型样本的选择中,应该从调查的目的和要求、调查对象的总体特征等方面入手,从多层次、多方面、多角度出发,集思广益,选择合适的样本。(2)全面分析。典型调查具有定性分析的特点。在调查过程中,应尽量选择一些辅助性的数据和资料,对调查对象进行定量分析,从而提高调查结果的客观性和准确性。(3)谨慎使用调查结论。根据典型样本所得出的结论虽然具有一定的代表性,但是仍具有一定的特殊性。因此,应准确界定调查结论的适用范围和条件,避免过度夸大典型样本的代表意义,以偏概全。

4.2.1.3　个案调查法

个案调查法是指对某个特定的社会单位做深入细致调查研究的一种调查方法(吴增基 等,2014)。这个特定的社会单位涵盖的范围非常广,它可以是一个人、一个家庭、一个团体、一个事件,或者任何一种社会现象等。个案调查法通过收集与该社会单位相关的资料和数据,分析该社会单位的各种社会过程或特定事例及其与整体社会环境之间的关系,从而形成普遍性的原理。

4.2.1.3.1　主要特点

个案调查法主要有以下特点:(1)对特定研究对象进行具体、深入、细致研究。在具体研究过程中,不但要对该社会单位的历史发展过程进行详细分析,了解现状产生的主要原因和影响因素,加深对研究对象的理解;同时,还要对研究对象开展追踪调查,以掌握其发展变化的情况和规律。(2)个案研究的主要目的是理解和认识该社会单位本身的情况和问题,而不是直接用于分析它的同类事物。因此,该方法的研究对象选择并不一定要强调其代表性,其研究结论也不能直接用于推论相关的总体。只有通过多个同类型的个案研究,才能推导出总体性的结论。(3)个案调查法的研究方法比较灵活多样。在具体的研究过程中,可以综合选用实地观察法、访谈法、文献法等多种方法。

4.2.1.3.2　基本步骤

个案调查法主要包括确定个案、资料收集、调查分析、结论和建议这四个步骤。(1)确定个案。根据调查的目的、要求,以及被调查对象自身的条件来选择个案。调查对象应尽量具有明显的特点和代表性。(2)资料收集。确定好调查对象后,应尽可能全面地收集关于调查对象的各种数据和资料,包括各种政策文件、会议记录、档案、地方志、个人信件等。在资料收集过程中,应尽可能做到全面、深入、准确和细致。同时,还应做好资料的整理、归类和甄别工作。(3)调查分析。通过对数据资料的分析和整理,掌握调查对象的基本情况,明确调查的核心问题和重点。在此基础上,灵活选择观察、访谈等多种方式开展调查,进一步深入了解调查对象,分析各种事物和现象之间的因果联系,找出问题的症结所在,以便进行诊断和治疗。(4)结论和建议。根据调查中找到的问题,提出可能的对策和建议。调查的结论和建议通常包括两个方面:一是针对个案的具体问题所提出的结论和切实可行的建议;二是通过个案的深入分析,提炼出总体性的方针和解决思路,从而为同类问题的解决提供参考和依据。

4.2.1.3.3 主要问题

在社会调查法体系中,个案调查法是对统计调查法的重要补充。但是,个案调查法也存在着一些缺点。(1)调查对象的选择。由于在个案调查法中,难以保证所选案例的典型性和代表性,因此少量的个案调查结果很难推导出普遍性的法则。(2)调查结果的可信度。由于在个案调查法中,往往会根据具体情况选择各种研究方法,使得不同的个案调查会采用不同的方法。研究方法的不同使得其分析过程很难标准化,分析结论易于受到不精确观察和研究者主观判断的影响,导致不同个案调查的结果之间难以直接进行比较。因此,个案调查结论的可信度、客观性和精密性常常会受到质疑。

4.2.1.4 调查资料收集方法

调查资料的收集是所有社会调查方法的核心环节。在社会调查中,常见的调查资料收集方式主要包括实地观察法、访谈法、问卷调查法、文献法等。

4.2.1.4.1 实地观察法

实地观察法是指观察者有目的、有计划地运用自己的各种感觉器官或辅助工具,对处于自然状态下的调查对象进行观察,获取相关信息的方法。实地观察法是社会学研究中最基本、最常用的方法。

(1)实地观察法的特点

实地观察法具有以下显著特点:第一,实地观察法是一种有目的、有计划的观察活动。与人们在日常生活中的观察不同,实地观察法是根据特定目的,对特定的调查对象进行有计划、有规律的观察。第二,实地观察法是对处于自然状态下的调查对象进行观察。在观察过程中,观察者既不会干预调查对象的正常活动,也不会干预影响调查对象活动的各种社会因素。第三,调查的工具可以大致分为两大类,一是观察者的眼睛、耳朵等感觉器官;二是照相机、摄影机、录音机等仪器设备,它们是人类感知器官的延伸物。第四,实地观察法所观察到的主要是调查对象的外在行为,难以收集调查对象的态度、观念等主观意识方面的资料。

从实地观察法的上述特点可以看出,该方法的主要优点是能够灵活、方便地获得调查对象生动、形象的感性认识和真实可靠的第一手资料。其主要的缺点在于只能对少数样本进行观察,且观察结果容易受到观察者主观因素和观测条件的限制,不可避免地带有一定的观察误差。

(2)实地观察法的类型

从不同的角度出发,可以将观察分为不同的类型。

根据观察者是否参与被观察对象的活动,可以将实地观察划分为参与式观察和非参与式观察。参与式观察是指观察者深入被观察群体中,通过与被观察者的共同活动,收集和研究有关资料。参与式观察常用于对社区或群体的典型调查和个案研究。非参与式观察是指观察者不参与被观察者的日常活动,仅从旁观者的角度对调查对象进行观察的一种方法。非参与式观察多是在观察者无法进入被观察者内部,或者无须介入被观察活动时采用。

根据观察内容的要求,可以将实地观察划分为结构化观察和非结构化观察。结构化观察是指根据统一设计的观察记录表等,按照严格而详细的观察项目所进行的观察活动。非结构化观察是指只明确了观察者的总体观察目的和要求,或者大致的观察内容和范围,观察者可以根据观察现场的具体情况有选择地进行观察。

根据观察对象的不同,可以将实地观察划分为直接观察和间接观察。直接观察是指直接对人类行为、社会现象等调查对象进行观察,即观察者亲眼目睹人们的行为和正在发生的各种事件和过程。间接观察是指对调查对象所留下的痕迹和结果进行观察。

(3)实地观察法的原则

进行实地观察通常应遵循以下基本原则:第一,客观性原则。观察者在观察过程中应保持中立、客观的立场,实事求是,保证观察和研究过程不受个人情感或外界因素的影响。第二,全面性原则。任何事物都有多面性,观察者在观察过程中必须从不同角度、不同方面、不同层次对调查对象进行多方面的观察,了解调查对象的全貌,避免以偏概全。第三,深入性原则。观察者必须进行深入、细致、长期的观察,力图揭示各种复杂社会现象的本质,避免被一些表面现象所蒙蔽。第四,法律和道德原则。在观察过程中,观察者必须遵守相关的法律规定和道德规范,不可在违反法律和违背被观察者意愿的情况下,观察他们的活动。

4.2.1.4.2　访谈法

访谈法是指调查者通过与调查对象的口头交谈,了解有关情况的一种方法。访谈法也是社会调查中常用的基本方法。

(1)访谈法的特点

访谈法主要具有以下优点:第一,便于沟通。在访谈过程中,访问者与被访者多是通过面对面的交谈来收集社会信息。在整个访谈过程中,访问员与被访者相互影响、相互作用,能够进行直接的交流和沟通,利用收集到的有用资料和信息。第二,控制性强。访问者可以适当地控制访谈环境,掌握访谈过程的主动权。第三,适应性广。访谈法的适用性很广,只要没有语言表达障碍,任何人都可以作为被访对象。第四,成功率高。通过面对面的访谈,访问者能够得到大多数问题的答案。即使被访者拒绝回答某些问题,也可以大致了解人们对这些问题的态度。

当然,访谈法也存在一定的局限性。第一,受访问员的影响较大。访问员是整个访谈过程的主导者,访问员的性别、年龄、态度、素质以及经验等个人特征都会对被访者产生一定的影响。另外,访问员对被访者回答的误解或记录时的笔误等都会导致调查结果的误差。第二,匿名性差。在访谈中,被访者难以隐瞒个人信息,因此在回答问题时的顾虑较多。在面对一些敏感性问题时往往加以回避或者不真实地回答,影响访谈结果的真实性。第三,调查成本较大。与其他调查方法相比,访谈调查需要付出更多的人力、物力、财力和时间。调查材料的查证核实也很费时费力。

(2)访谈法的类型

从不同的角度出发,可以将访谈法分为不同的类型。

根据访谈内容的要求,可以将访谈法分为结构化访谈和非结构化访谈两大类。结构化访谈是指按照统一设计的,有明确的访谈项目、内容和结构的访谈。结构化访谈对访谈过程进行高度的控制,明确规定了访谈对象的选择标准、访谈中应提出的问题、提问的方式和顺序、记录方式等内容。非结构化访谈则是指一种半控制或无控制的访谈。非结构化访谈不会制定统一的调查表或问卷,而是根据一个粗略的访谈提纲,由访问者与被访者在这个范围内自由交谈。

根据单次访谈中受访者的数量,可以将访谈法分为个别访谈和集体访谈两大类。个别访谈是指在单次访谈中只有一位受访者。在个别访谈中,访问者和受访者之间的交流不会受到第三者的直接影响。集体访谈就是指在单次访谈中,同时邀请若干个受访者进行访谈,也就是通常所讲的开座谈会。

根据访谈的方式,可以将访谈法分为直接访谈和间接访谈。直接访谈就是由访问者与受访者直接进行面对面的交谈。间接访谈则是指访问者借助于某种工具对受访者进行访谈,常见的访谈工具包括电话、问卷等。

(3)访谈的基本程序

访谈法主要包括以下基本程序:第一,访谈准备。在访谈之前,应根据调查目的来选择适当的访谈方法,选择和熟悉访谈对象,选好访谈的具体时间、地点和场合。第二,进入访谈现场。在入户访谈时,通常需要请一位与访谈对象熟悉的人带路或陪同,获取受访者对访问者的信任。入户之后,访问者首先要进行自我介绍,说明来访目的,打消受访者的顾虑。第三,控制访谈过程。在访谈的过程中,访问员应通过适当的提问,以及自身的言行举止来引导受访者,使得访谈能够顺利进行。第四,结束访谈。访问员应控制访谈的时间,在恰当的时机结束谈话。在访谈结束时,应对受访者表示感谢和表达友善,并为可能的回访做好铺垫。第五,访谈资料整理。每次访谈结束后都要立即对访谈资料进行整理,确保所有问题都已经有了明确的答案,访谈记录没有遗漏或错误之处。

4.2.1.4.3 问卷调查法

问卷调查法是指通过一份精心设计的问题表格,收集人们对特定社会现象的行为和态度等信息的一种调查方法。问卷调查法是社会学研究中最常用的资料收集方法,在社会调查中被广泛使用。因此,问卷调查法也被称为"社会调查的支柱"(吴忠民,2003)。

(1)问卷的类型

根据问卷的填写方式,可以将问卷划分为自填式问卷和访问式问卷两大类。自填式问卷是指由被调查者本人亲自填写的问卷;访问式问卷则是由调查者根据问卷的内容向被调查者提问,并根据被调查者的回答进行填写的问卷。

根据问卷的发送方式,可以将问卷划分为邮寄式问卷和现场发放式问卷两大类。邮寄式问卷是指通过邮局将问卷寄给被调查者,被调查者答完后又通过邮局将问卷寄回的一种问卷方式。现场发放式问卷则由调查者直接将问卷发放给被调查者,在被调查者填答完毕后,由调查员统一收回的问卷方式。

(2)问卷的基本结构

一份问卷通常包括以下部分:第一,背景说明。主要用于向被调查者简单介绍调查者的身份、调查目的、调查内容、调查对象的选取方法,以及对调查结果的保密措施等。第二,解释和说明。即对问卷中的术语、内容、问题等的解释和说明,主要用于指导被调查者正确填答问卷。这些解释和说明既可以作为填表说明放在各个问题之前,也可以放在问卷中的相应位置。第三,问题和答案。各个问题和答案是问卷的主体,也是调查者所要了解的主要内容。问卷中的问题可分为开放式和封闭式两大类。开放式问题是指被调查者可以根据自己的理解自由作答,封闭式问题则是指被调查者必须在问卷里给出相应选项中选择。第四,其他内容。问卷中通常还包括问卷的编号、问卷发放及回收日期、调查员、审核员等内容。

(3)问卷的设计

问卷的设计主要包括以下步骤:第一,前期准备。在设计问卷之前,应通过一些前期的探索性工作,熟悉基本情况,对各种问题的提法和可能的回答有一个初步的印象和认识。第二,设计问卷初稿。问卷初稿的设计有多种方法,但基本都会包括确定研究假设、建立逻辑结构、设计每个问题及其答案、安排问题的顺序、检查和调整等步骤。第三,试用和修改。设计好问卷初稿后,还需要邀请相关专家、研究人员和典型的被调查者对问卷进行评价和试填写,找出问卷中的问题和不足,并对之进行分析和修改,获取正式的问卷。

4.2.2 博弈分析法

1928年,冯·诺依曼证明了博弈论的基本原理,标志着博弈论的诞生(钟冠国,2004)。1944年,冯·诺依曼和摩根斯坦在《博弈论与经济行为》这一巨著中,将二人博弈推广到n人博弈结构,并将其系统地应用于经济领域,从而奠定了博弈论的学科基础和理论体系(Canterbery,2015)。

自从博弈论诞生以来,博弈分析已经广泛应用于经济学、运筹学、社会学、地理学等各个领域(Gibbons,1997)。在生态文明建设研究中,博弈论也被广泛用于分析地方政府、企业、社会公众的行为决策机理,环境管理中的利益博弈等领域(傅景威 等,2014;罗兴鹏 等,2016)。

4.2.2.1 基本概念

博弈是指在一定的环境条件下,按照一定的规则,一个或几个拥有绝对理性思维的人或团队,依靠所掌握的信息,从各自可能的行为或策略集合中进行选择并加以实施,并从中各自取得相应结果或收益的过程(傅景威 等,2014;罗兴鹏 等,2016)。从博弈的定义中可知,博弈过程中主要包括以下概念。

(1)博弈方。博弈方是指在博弈中独立决策、独立承担后果,以自身利益最大化为行动准则的决策主体。博弈方可以是个人,也可以是厂商、政府、国家等团体或组织。但是,一旦博弈规则确定之后,所有参与的博弈方都是平等的,都必须严格按照博弈规则行动。

(2)博弈行为。博弈行为是指各个博弈方所有可能的策略或行动的集合。如政府的征地价格、农民种植某种作物的面积等。

(3)博弈信息。博弈信息是指各个博弈方在博弈过程中所掌握的,对自己行为选择有帮助的相关知识。博弈信息包括博弈方自身的信息、博弈对手的信息、环境信息等。博弈信息是博弈过程中的一个重要变量。一旦博弈信息发生了变化,所有的博弈结果都可能会发生改变。

(4)博弈策略。博弈策略是指各个博弈方可选择的全部行为或策略的集合。在不同的博弈过程中可供博弈方选择的策略或行为的数量很不相同,在同一个博弈过程中,不同博弈方的可选策略或行为的内容和数量也常常不相同。

(5)博弈次序。博弈次序是指各个博弈方做出行为策略选择的先后顺序。在现实的决策活动中,有时候需要所有的博弈方同时做出选择;但在很多情况下,各个博弈方的决策不仅有先后之分,而且有些博弈方还比其他的博弈方具有更多的选择机会。因此,在博弈分析时,必须规定各博弈方进行策略选择的次序。

(6)博弈方收益。博弈方收益是指博弈方在做出决策后的所得或所失。博弈方收益是该博弈方所有策略或行为的函数,是每个博弈方真正关心的东西,如农民的劳动收益、厂商最终所获得的利润等。

(7)博弈结果。博弈结果是指博弈方感兴趣的要素集合,如选择的策略、得到的相关收益、策略路径等。

(8)博弈均衡。博弈均衡是指所有博弈方的最优策略或行动的组合。这里的均衡特指博弈中的均衡,即纳什均衡。

根据上述基本概念,博弈论就是系统研究各种博弈问题,分析在各博弈方具有充分或者有限理性、能力的条件下,所能得出的合理的策略选择及其博弈结果,并分析这些博弈结果的经济学意义和效率意义的一套理论和方法。

4.2.2.2 主要类型

从博弈的基本概念可知,博弈结果受到博弈方的特征、策略空间、博弈次序等多个要素的影响。因此,从不同的角度入手,可以将博弈分为不同的类型。

4.2.2.2.1 按博弈次序划分

根据各个博弈方的博弈次序,可以将博弈划分为静态博弈和动态博弈。静态博弈是指各个博弈方同时采取行动或制定策略,博弈方所获得的收益依赖于他们所采取的策略组合。在有些情况下,虽然各个博弈方的行动有先后顺序,但是如果后行动的博弈方并不知道先行动的博弈方采取的是什么行动,那么这也被视为静态博弈。动态博弈是指在博弈过程中,各个博弈方的行动有先后顺序,而且后行动者能够观察到先行动者所选择的行动或策略,进而选择自己的行动或策略。

4.2.2.2.2 按博弈信息的完全程度划分

根据各个博弈方所掌握信息的完全程度,可以将博弈划分为完全信息博弈和不完全信息博弈。完全信息博弈是指在博弈过程中,每一位博弈者对其他博弈者的特征、策略空间及收益函数具有准确的信息。相应地,不完全信息博弈就是指在博弈过程中,各个博弈者并不能完全准确地掌握其他博弈者的特征、策略空间及收益函数等信息。

博弈次序和博弈信息是划分博弈类型的基本要素。根据这两个要素的组合,又可以将博弈划分为四个子类,它们又对应着不同的博弈均衡(表 4-6)。

表 4-6　博弈的分类及对应的均衡概念

类型	完全信息	不完全信息
静态	完全信息静态博弈(纳什均衡)	不完全信息静态博弈(贝叶斯均衡)
动态	完全信息动态博弈(子博弈精炼均衡)	不完全信息动态博弈(序列均衡)

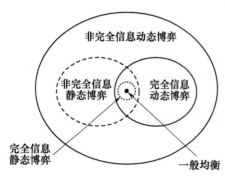

图 4-3　四个博弈模型的关系(姚国庆,2007)

这四个博弈模型的关系可用图 4-3 来表示。

4.2.2.2.3　按博弈方之间的关系划分

根据各个博弈方之间是否存在合作关系,可以将博弈划分为合作性博弈和非合作性博弈。合作性博弈是指博弈者之间存在一个对各个博弈方都具有约束力的协议,各个博弈者在协议的范围之内进行博弈。现实社会中的各种分工协作、商品交换等经济活动就是合作性博弈。非合作性博弈是指各个博弈者之间无法通过谈判来达成一个有约束力的契约限制和规范各个博弈者的行为,这种情况下的博弈就是非合作性博弈。著名的囚徒困境和公共资源悲剧案例就是非合作性博弈。

4.2.2.2.4　按博弈方的得益划分

根据所有博弈方的得益总和是否为零,可以将博弈划分为零和博弈和非零和博弈。零和博弈是指在所有情况下,所有博弈方的得益总和为零,反之则为非零和博弈。

根据所有博弈方的得益总和是否恒定,可以将博弈划分为常和博弈和变和博弈。常和博弈是指在所有情况下,所有博弈方的得益之和是一个恒定的常数,反之则为变和博弈。

4.2.2.2.5　按博弈方的数量划分

根据博弈过程中博弈方的数量,可以将博弈划分为单人博弈、双人博弈和多人博弈。单人博弈是指一个博弈方的博弈。由于在博弈过程中不存在其他博弈方,因此单人博弈要比双人或多人博弈简单得多。通常而言,单人博弈已经退化为一般的最优化问题,即博弈者面对一个既定的条件和情况如何进行决策。双人博弈和多人博弈则分别是指在博弈过程中存在两个和多个博弈方的博弈。

4.2.2.3　常用模型

4.2.2.3.1　零和博弈模型

零和博弈是一种完全对抗、强烈竞争的博弈,多表现为赌博、战争等形式。在最基本的二人有限零和博弈中,设两个博弈方分别为 P_1 和 P_2,他们的有限策略集为 S_1 和 S_2。此时,各个博弈方的得益可以用一个矩阵来表示,即矩阵对策。矩阵对策是博弈论中常见的研究模型,其理论研究和求解方法方面都比较完善,在各个领域中得到了广泛应用(钟冠国,2004)。

假设博弈方 P_1 和 P_2 的策略集 S_1 和 S_2 分别为:

$$S_1 = \{\alpha_1, \alpha_2, \cdots, \alpha_m\} \tag{4-33}$$

$$S_2 = \{\beta_1, \beta_2, \cdots, \beta_m\} \tag{4-34}$$

当博弈方 P_1 选定策略 α_i,博弈方 P_2 选定策略 β_j 后,就形成了一个博弈局势 (α_i, β_j)。对于任意一个博弈局势 (α_i, β_j),将博弈方 P_1 的得益记为 $\alpha_{ij} = f(\alpha_i, \beta_j)$。对博弈方 P_1 而言,这样的博弈局势共有 $C_m^1 C_n^1 = m \times n$ 个,将所有的博弈局势记为 $A = (\alpha_{ij})_{m \times n}$。将其用矩阵的形式表示:

$$A = \begin{bmatrix} \alpha_{11} & \alpha_{12} & \cdots & \alpha_{1n} \\ \alpha_{21} & \alpha_{22} & \cdots & \alpha_{2n} \\ \cdots & \cdots & \cdots & \cdots \\ \alpha_{m1} & \alpha_{m2} & \cdots & \alpha_{mn} \end{bmatrix} \tag{4-35}$$

相应地,博弈方 P_2 的得益矩阵为 $-A$。

当博弈方 P_1 和 P_2 选择了各自的策略集,确定了博弈方 P_1 的得益矩阵后,就可以给出一个矩阵对策。通常将该矩阵对策记为 $G = \{S_1, S_2; A\}$。

确定矩阵对策模型后,各个博弈方所面临的问题就是如何选取对自己最有利的策略,以谋取最大收益或最小的损失。

4.2.2.3.2　演化博弈模型

博弈者具有完全理性是传统博弈理论的重要假设。在博弈过程中,各个博弈者对博弈结构具有完全认知,具有很强的预测、推理和分析能力,能够通过演绎推理达到可预测的纳什均衡。同时,传统博弈理论也假设博弈者的内部认知体系和外部环境均保持不变。这些假设与现实情况有诸多不符,从而使得传统博弈理论难以处理有限理性的群体行为、动态多变的外部环境等复杂局面。

演化博弈理论起源于 20 世纪 80 年代的生物种群演化现象分析,并在 20 世纪 90 年代得到了蓬勃发展(Boccabella et al.,2017)。演化博弈理论突破了传统博弈理论中博弈者完全理性的基本假设,深入研究了群体博弈者以惯性(Sokolovska et al.,2015)、近视眼、试错试验等特征的有限理性行为。

演化博弈模型主要包括以下基本要素(刘德海,2008):一个或者多个博弈者群体在较长时期内的相互作用策略、策略分布的状态空间、正规型或扩展型的要素博弈,以及动态调整过程。每个时刻的要素博弈规定了每个策略或行动的得益,以及博弈者群体中采取不同策略的比例分布。在较长的时间内,博弈者将根据特定的动态调整过程,用收益较高的策略替代收益较低的策略。当要素博弈的结构发生变化时,各个策略的收益也将发生变化。根据这些定义,演化博弈的基本分析过程包括:(1)随机组合博弈,在生物系统或社会经济系统中存在着许多参与者,这些参与者分属不同类型的群体。通过随机抽样选出的参与者进行预先规定好的要素博弈,并获得相应的收益。要素博弈过程反映了任何一个时点上各参与者群体可行的策略集及其相应的收益,并可用策略式或扩展式博弈来表示。(2)有限理性行为,各个参与者群体根据惯性行为的假设,通过选取要素博弈的不同策略,形成选取不同策略的分布比例。(3)动态演化方程,在动态模仿过程中,这些策略的分布比例是不断变化的。不同的理性水平会产生不同的动态演化过程。(4)均衡的稳定性,根据不同比例分布的动态演化方程,分析演化过程的稳定性。

4.2.3　社会网络分析法

1940 年,英国人类学家布朗首次使用社会关系网络一词来描述社会结构,提出了社会网络的思想(White et al.,1996)。随着数学、图论、统计学、概率论等学科的不断发展,学者们提出了中心性、结构洞等许多关于社会结构的概念,大大推动了社会网络分析理论的发展(康伟 等,2014)。1977 年,国际性社会网络分析组织(INSNA)的成立标志着社会网络分析范式的正式诞生(Chambers et al.,2012)。在 2002 年的美国管理学年会中,社会网络和社会关系成为了年会主题,标志着社会网络分析(SNA)已经在世界范围内进入了繁荣发展时期(Cela et al.,2015)。近年来,社会网络分析已经广泛用于社会学、经济学、地理学、管理学等多个领域中。

4.2.3.1　基本概念

社会网络是指各种社会行动者及其关系的集合。作为网络中的节点,各种社会行动者可以是个人、组织或国家。相应地,社会行动者之间的关系可以是个人之间的关系、组织与个人的关系或组织间的关系。这些社会关系的汇总,就构成了一个完整的社会网络。

社会网络分析是指通过对各个社会行动者之间的社会关系结构及其属性的分析,探讨社会网络对各种社会行为的影响模式的一种分析方法。社会网络分析的重点是分析各个社会行动者之间的关系和社会网络的整体结构,主要包括对社会网络中的点、线、中心度、中心势、位置、角色、小集团等具体问题的研究(黎耀奇 等,2013)。

4.2.3.2 基本分析程序

社会网络分析一般包括以下程序(康伟 等,2014):(1)确定分析边界。当社会网络的规模过于庞大时,从整体的角度来测量社会网络结构的工作量将非常巨大,甚至完全不可操作。因此,确定分析的边界、层次,明确社会网络中的主要关系是开展社会网络分析的基础。(2)数据收集。在社会学研究中,社会网络分析的数据来源主要包括三大类:一是政府统计数据和文件资料,二是研究者通过问卷调查获得的量化数据,三是研究者通过访谈、调查等方式获取的定性数据。具体采用什么样的研究数据取决于研究的具体问题和建模方法。(3)构建关系矩阵。通过对各个社会行动者之间的社会关系的定性判断和量化分析,即可构建社会行动者之间的关系矩阵,建立社会网络分析模型。(4)数据分析与结论。基于所建立的社会网络分析模型进行各种数据分析,探讨该社会网络中的中心度、中心势、网络密度等参数,得出分析结论。

在实际研究过程中,社会网络分析往往是通过一些社会网络分析软件来完成的。常见的社会网络分析软件包括支持综合数据分析的 Ucinet 软件,支持时序分析的 Agna 软件,支持网络和图形分析环境的 GRADAP 软件,支持大量数据集的 Pajek 软件,可视化软件 InFlow 和 NetDraw 等。

4.2.3.3 分析内容

社会网络分析主要包括以下部分的内容:

4.2.3.3.1 基本网络要素

从本质上讲,网络是指某种关联。一个社会网络就代表着一种社会结构关系。因此,在进行社会网络分析之前,首先需要界定各种基本网络要素。在生态文明建设过程中,各个城镇可以视为社会网络中的各个节点,城镇之间的空间相互作用关系可以视为各个节点之间的关联。如城镇之间的信息交流、经济联系、人口流动等。这些城镇间的各种联系可以利用引力模型、指数模型等来测算。

4.2.3.3.2 网络密度

网络密度是社会网络分析中常用的测度指标,主要用于表征社会网络中各节点之间联系的密切程度。在计算过程中,网络密度是指实际存在的联系总量与理论存在的联系总量之比,即可能存在的联系总量的平均数(袁培 等,2016)。其计算公式如下:

$$D = \frac{L}{n(n-1)} \tag{4-36}$$

式中:D 为各城镇之间的网络密度,其取值范围为[0,1];L 为城镇社会网络的连接线条数;n 为城镇社会网络中的节点数。城镇社会网络的网络密度值越大,则表明网络中主要城镇节点之间的联系越紧密,城镇网络的整体发育程度越高,网络中资源与信息的传递也越流畅。

4.2.3.3.3 中心性分析

个人或单个团体组织在其社会网络中具有怎样的权力,居于怎样的中心地位,一直是社会网络分析者们最早探讨的内容之一。中心性分析主要包括中心度和中心势两大部分。城镇的中心度是指网络中各个城镇处于网络中心的程度,即该城镇在社会网络中的重要性程度。因此,一个城镇社会网络中有多少个城市,就有多少个城镇的中心度。中心势是指整个社会网络的集中趋势,主要表征整个网络中各个城镇的差异性程度。因此,一个社会网络只有一个中心势。

点度中心度通常又可分为绝对点度中心度和相对点度中心度。绝对点度中心度的计算公式如下:

$$C_D(n_i) = \sum_{j=1}^{n} w_{ij} \tag{4-37}$$

式中:$C_D(n_i)$ 为绝对点度中心度,w_{ij} 为城镇间的联系强度。

由于绝对点度中心度存在着较大的缺陷,即只能在同一规模、同一网络图中的城镇之间进行中心度的比较。因此,学者们又提出了相对点度中心度的概念。相对点度中心度是指绝对点度中心度与网络中可能最大的度数之比,其计算公式如下:

$$C_D{}'(n_i) = \frac{C_D(n_i)}{n-1} \tag{4-38}$$

式中：$C_D{}'(n_i)$ 为相对点度中心度，n 为城镇社会网络的城市数量。

同时，由于在有向网络中存在着物质、信息和能量的流动方向，因此，点度中心度又可分为点出度和点入度。其中，一个城镇的点出度表示该城镇节点流向其他城镇节点的联系总量，而点入度则是指其他城镇节点流向该城镇节点的联系总量。点出度和点入度的计算公式分别如下：

$$C_{D(n_i)}^{\text{out}} = \sum_{j=1}^{n} w_{ij} \tag{4-39}$$

$$C_{D(n_i)}^{\text{in}} = \sum_{j=1}^{n} w_{ji} \tag{4-40}$$

式中：$C_{D(n_i)}^{\text{out}}$ 代表点出度，$C_{D(n_i)}^{\text{in}}$ 代表点入度。

点度中心势是对社会网络整体集聚程度的测量。其计算思路是：首先，找到社会网络中最大的点度中心度；其次，计算该点度中心度与网络中其他点度中心度值的差值；最后，将这些差值的总和除以各个差值总和的最大可能值，即为该社会网络的点度中心势。其具体计算公式如下：

$$C = \frac{\sum_{i=1}^{n}(c_{\max} - c_i)}{\max\left[\sum_{i=1}^{n}(c_{\max} - c_i)\right]} \tag{4-41}$$

式中：C 为点度中心势，$c_{\max}$ 为社会网络中最大的点度中心度，c_i 为城镇 i 的点度中心度。

4.2.3.3.4　凝聚子群分析

凝聚子群是指在网络中某些行动者之间的关系特别紧密，以至于形成了一个次级团体，这样的团体就被称为凝聚子群。凝聚子群分析着重分析一个网络中存在着多少个凝聚子群，凝聚子群的内部成员之间、子群之间、不同子群成员之间关系的特点是什么。对于区域社会网络而言，凝聚子群分析是进行城镇聚落群分析的天然工具。通过凝聚子群分析，可以分析社会网络中是否存在联系密切的城镇聚落群，探讨各城镇聚落群、各城镇之间的互动关系。

根据理论思想和计算方法的不同，存在着不同类型的凝聚子群定义及分析方法。在具体的分析过程中，可通过 Ucinet 6 等软件来选择和实现。

4.2.3.3.5　核心-边缘结构分析

核心-边缘结构分析主要用于探讨社会网络中哪些节点处于核心地位、哪些节点处于边缘地位。在区域社会网络中，可以通过核心-边缘结构分析，分析哪些城市与其他城市的相互作用强度较大，是本区域中的核心节点；哪些城市与其他城市的相互作用强度较小，是本区域中散落在外的边缘节点。

社会网络的核心-边缘结构又可划分为离散型和连续型两大类（刘军，2004）。目前，应用较多的是 Borgatti 等在 1999 年提出的连续型核心-边缘结构分析模型。在该模型中，每个网络节点都有各自的核心度。其计算公式如下（Borgatti et al.，1999）：

$$P_{\max} = \sum a_{ij} b_{ij} \tag{4-42}$$

$$b_{ij} = \varepsilon_i \times c_j \tag{4-43}$$

式中：a_{ij} 为社会网络的原始邻接矩阵中的联系；b_{ij} 代表一种理想模式矩阵；c_j 是城镇 j 的核心度，是一个非负向量。当 $b_{ij} = a_{ij}$ 时，P 值达到最大，此时的社会网络就呈现为核心-边缘结构。核心度较高的城镇节点，在理想模式矩阵中的值也较高，位于矩阵中的中心位置；核心度较低的城镇节点，在理想模式矩阵中的值也较低，位于社会网络的边缘地带。

从本质上讲，核心度也属于中心度的一种。中心度较高的城镇节点不一定具有较高的核心度，而核心度较高的城镇节点一定具有高的中心度（Borgatti et al.，1999）。

4.3 生态环境系统分析技术与方法

4.3.1 区域环境质量评价模型

同第 3.4.2 节。

4.3.2 生态足迹模型

1992 年,加拿大学者威廉·里瑟提出了生态足迹的概念(Rees,1992)。生态足迹是指在一定的技术条件下,支撑一个区域内一定数量人口的自然资源消费,以及吸纳和转化其所产生的废弃物所需要的生物生产性土地面积。里瑟形象地将生态足迹比喻为"一只承载着人类所创造的城市、工厂、农田……的巨脚踏在地球上留下的脚印"。根据生产力大小差异,里瑟又进一步将地球表面的生物生产性土地划分六大类:耕地、草地、森林、化石能源用地、建筑用地和海洋(景跃军 等,2008)。

4.3.2.1 基本假设

生态足迹的计算是建立在一系列的假设上的。Wackernagel 等(2002)总结了计算全球生态足迹的基本假设:(1)人类社会所消费的大部分自然资源,以及生产生活中所产生的废弃物数量都是可以跟踪和估算的;(2)人类所消耗的自然资源和所产生的废弃物可以通过一定的方式统一换算成生物生产性土地面积;(3)各类生物生产性土地面积可以折算成统一的单位,即全球公顷,假定全球公顷土地的生物生产能力等于当年全球土地的平均生产力;(4)假设上述六类生物生产性土地的用途是互相排斥的,它们之间的和即为人类的总消费需求;(5)自然生态系统所提供的生态系统服务也可以用生物生产性土地面积来计量;(6)在一定的范围内,生态足迹可以大于生物承载力,即出现生态赤字。

4.3.2.2 基本计算过程

4.3.2.2.1 生态足迹的计算

生态足迹的计算公式如下(向秀容 等,2016):

$$ef = \sum_{j=1}^{6} w_j \times A_i = \sum_{j=1}^{6} (w_j \sum \frac{c_j}{p_j} \times y_j) \tag{4-44}$$

$$EF = N \times ef \tag{4-45}$$

式中:ef 为人均生态足迹,j 为生物生产性土地的类型,i 为资源消费科目的种类,y_j 为产量因子,w_j 为均衡因子,A_i 为消费科目 i 的生物生产性土地面积,c_j 为消费科目 i 的人均消费量,p_j 为消费科目 i 的当地单位面积产量,EF 为该区域的总生态足迹,N 为区域内的人口数量。

其中,均衡因子是一个换算参数,用于进行各类生物生产性土地面积的统一汇总计算。生态足迹模型中设定的耕地、草地等六类生物生产性土地的生态生产力具有明显的差异,故需要设置均衡因子,将不同类型的生物生产性土地面积换算为具有相同生物生产力的土地面积,以汇总生态足迹和生态承载力。均衡因子的计算公式为:

$$r_j = d_j / D \quad (j=1,2,\cdots,6) \tag{4-46}$$

式中:r_j 为第 j 类土地的均衡因子,d_j 为全球第 j 类生物生产性土地的平均生态生产力,D 为全球所有生物生产性土地的平均生态生产力。

2010 年,世界自然基金会所采用的均衡因子如表 4-7 所示(谭伟文 等,2012)。

表 4-7　各种生物生产性土地的均衡因子

生物生产性土地类型	均衡因子
耕地	2.51
草地	0.46
森林	1.26
水域	0.37
建筑用地	2.51
化石能源用地	0.31

注:该模型假设建筑用地占用了农业用地,因此建筑用地和耕地具有相同的均衡因子。

产量因子也是一个换算参数,用于进行全球各个地区土地生产力的差异换算。在现实中,由于在不同国家或地区中,各类生物生产性土地的生态生产能力存在着很大差异,不宜直接进行汇总和比较。因此,在计算过程中,需要将不同国家或地区的各类生物生产性土地面积换算为全球平均生产力的土地面积。产量因子的计算公式为:

$$y_{jk} = q_{jk}/Q_j \quad (j=1,2,\cdots,6) \tag{4-47}$$

式中:y_{jk} 是指第 k 区域第 j 类生物生产性土地的产量因子,q_{jk} 是指第 k 区域第 j 类生物生产性土地的平均生产力,Q_j 是指全球第 j 类生物生产性土地的平均生产力。

4.3.2.2.2　生态承载力的计算

生态承载力指在不损害该区域生态环境本底的前提下,一个区域所能承载的人类最大负荷量。生态承载力的计算公式如下(赵先贵 等,2005):

$$EC = \sum_{j=1}^{6} w_j \times y \times A \tag{4-48}$$

$$ec = EC/N \tag{4-49}$$

式中:EC 为该区域的总生态供给,ec 为人均生态供给,w_j 为第 j 类生物生产性土地的均衡因子,y 为该区域的产量因子,A 为该区域的生物生产性土地面积,N 为该区域的人口数量。需要注意的是,该计算结果还需要扣除 12% 的生物生产性土地面积,作为生物多样性保护用地。

4.3.2.2.3　生态赤字/盈余的计算

在计算出一个区域的生态足迹和生态承载力之后,即可通过对二者的比较,判断出该区域所处的状况。当该区域的生态足迹大于其生态承载力时,则表明该区域出现了生态赤字。生态赤字越高,说明该区域的生态环境压力越大;反之,则表明该区域存在生态盈余,生态环境状况良好。

4.3.2.3　模型的改进与拓展

近年来,Niccolucci 等(2009,2011)将自然资源存量的概念引入生态足迹模型中,以圆柱体的体积来表征区域的生态足迹,将原有的生态足迹/生态承载力二维模型拓展到三维模型的立体分析,从而建立了三维生态足迹模型。该模型引入了足迹深度和足迹广度这两个新的指标,用以解释人类对自然资源流量和自然资源存量的占用情况。当自然资源流量不能满足人类的消耗时,额

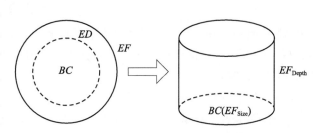

图 4-4　生态足迹模型由二维向三维的演变

外的资源消耗就将来自于自然资源存量。生态足迹模型的拓展过程如图 4-4 所示(靳相木 等,2017)。

在三维生态足迹模型中,存在以下关系:

$$EF = BC + ED \tag{4-50}$$

$$0 < EF_{Size} \leqslant BC \tag{4-51}$$

$$EF = EF_{Size} \times EF_{Depth} \tag{4-52}$$

$$EF_{Depth} = 1 + (EF - BC)/BC \tag{4-53}$$

式中：EF 为区域的生态足迹，BC 为该区域所能提供的生物生产性土地的面积，ED 为该区域的生态赤字，EF_{Size} 为该区域的足迹广度，EF_{Depth} 为该区域的足迹深度。

在三维生态足迹模型中：(1)当区域的生态足迹小于其生态承载能力时，就以足迹广度来表征人类活动对自然资源流量的占用程度，此时的足迹广度就等于生态足迹。(2)当区域的生态足迹大于其生态承载力时，就需要引入足迹深度指标来表征人类活动对区域内自然资源存量的占用程度，此时足迹深度就等于生态足迹与生态承载力之比。足迹深度的含义是：为了满足该区域目前社会经济发展的需求，当地的生态系统需要多少年才能再生产出该区域 1 年中所消耗的资源量。从这个角度上讲，足迹深度就是一个从时间尺度上反映区域生态压力的指标(靳相木 等，2017)。

4.3.3 生态系统服务价值评估

生态系统服务是指人类通过生态系统的结构、过程和功能，直接或间接得到的生命支持产品和服务(谢高地 等，2015)。生态系统服务价值评估是开展生态环境评价、生态功能区划、环境经济核算和生态补偿决策等工作的重要依据。Daily(1997)和 Costanza 等(1997)的研究成果把生态系统服务价值评估的研究推向了一个新的高潮，相关研究成果层出不穷。

目前，生态系统服务价值评估方法大致可以分为两类：一是功能价值法，即基于单位生态系统服务功能来核算其总价值的方法；二是当量因子法，即基于单位面积的价值当量因子来核算其总价值的方法(谢高地 等，2015)。

4.3.3.1 当量因子法

当量因子法是在划分生态系统服务类型的基础之上，根据可量化的标准来构建单位土地面积上各类生态系统服务的价值当量，进而结合各类生态系统的土地面积进行生态系统服务价值总量的评估。该方法较为直观易用，所需输入数据较少，特别适合于区域和全球尺度的生态系统服务价值评估(Costanza et al.，2014)。其基本评估过程如下：

(1)确定标准当量

标准当量是指一个标准单位生态系统服务价值当量因子的价值量。通常用区域内单位面积农田生态系统的年平均粮食产量的经济价值来表示。确定好标准当量后，即可根据专家知识，确定其他生态系统服务的当量因子，用于表征和量化各个生态系统类型对生态服务功能的潜在贡献能力。标准当量的计算公式如下：

$$D = \sum_{i=1}^{n} S_i \times F_i \tag{4-54}$$

式中：D 代表一个标准当量因子的生态系统服务价值量(元/公顷)，S_i 代表该区域内第 i 种粮食作物的播种面积占所有 n 种作物播种总面积的百分比(%)，F_i 代表该区域内当年第 i 种粮食作物的单位面积平均净利润(元/公顷)。

(2)划分生态系统服务的类型

目前，学术界已经提出了多种生态系统服务的类型划分方案。其中，由联合国发起的千年生态系统评估项目所提出的生态系统服务分类方案得到了许多学者的认可。在该分类方案中，生态系统服务共被划分为供给服务、调节服务、支持服务和文化服务四大类，涵盖了食物生产、原料生产、水资源供给、气候调节、气体调节、水文调节、净化环境、土壤保持、生物多样性、维持养分循环和美学景观 11 个生态系统服务细类(赵士洞 等，2006)。

(3)确定基础当量

基础当量是指各个类型生态系统在单位面积上的各类生态系统服务的年均价值当量(表 4-8)。基础当量的确定是构建动态当量表的前提和基础。通过动态当量表,可以有效地表征生态系统服务价值的区域空间差异和时间动态变化。在具体计算过程中,可以根据各类统计、观测数据,运用专家经验法、CASA模型等来综合确定。

表 4-8　单位面积生态系统服务价值的基础当量(谢高地 等,2015)

生态系统分类		供给服务			调节服务				支持服务			文化服务
一级分类	二级分类	食物生产	原料生产	水资源供给	气体调节	气候调节	净化环境	水文调节	土壤保持	维持养分循环	生物多样性	美学景观
农田	旱地	0.85	0.40	0.02	0.67	0.36	0.10	0.27	1.03	0.12	0.13	0.06
	水田	1.36	0.09	−2.63	1.11	0.57	0.17	2.72	0.01	0.19	0.21	0.09
森林	针叶	0.22	0.52	0.27	1.70	5.07	1.49	3.34	2.06	0.16	1.88	0.82
	针阔混交	0.31	0.71	0.37	2.35	7.03	1.99	3.51	2.86	0.22	2.60	1.14
	阔叶	0.29	0.66	0.34	2.17	6.50	1.93	4.74	2.65	0.20	2.41	1.06
	灌木	0.19	0.43	0.22	1.41	4.23	1.28	3.35	1.72	0.13	1.57	0.69
草地	草原	0.10	0.14	0.08	0.51	1.34	0.44	0.98	0.62	0.05	0.56	0.25
	灌草丛	0.38	0.56	0.31	1.97	5.21	1.72	3.82	2.40	0.18	2.18	0.96
	草甸	0.22	0.33	0.18	1.14	3.02	1.00	2.21	1.39	0.11	1.27	0.56
湿地	湿地	0.51	0.50	2.59	1.90	3.60	3.60	24.23	2.31	0.18	7.87	4.73
荒漠	荒漠	0.01	0.03	0.02	0.11	0.10	0.31	0.21	0.13	0.01	0.12	0.05
	裸地	0.00	0.00	0.00	0.02	0.00	0.10	0.03	0.02	0.00	0.02	0.01
水域	水系	0.80	0.23	8.29	0.77	2.29	5.55	102.24	0.93	0.07	2.55	1.89
	冰川积雪	0.00	0.00	2.16	0.18	0.54	0.16	7.13	0.00	0.00	0.01	0.09

(4)构建动态当量表

由于生态系统的内部结构与外部形态一直是不断变化的,因此其所提供的生态系统服务及其价值量也应该是不断变化的。研究发现,生态系统服务与生物量、降水量、地形坡度等因素的关系比较密切,因此可以根据上述因素,结合生态系统服务价值的基础当量,构建生态系统服务的时空动态变化价值当量表。其具体计算公式如下(谢高地 等,2015):

$$F_{nij} = \begin{cases} P_{ij} \times F_{n1} \\ R_{ij} \times F_{n2} \\ S_{ij} \times F_{n3} \end{cases} \tag{4-55}$$

式中:F_{nij} 是指某生态系统在第 i 区域第 j 月第 n 类生态系统服务的单位面积价值当量因子,F_n 是指该生态系统第 n 类生态系统服务价值的当量因子,P_{ij} 是指该类生态系统在第 i 区域第 j 月的净初级生产力时空调节因子,R_{ij} 是指该生态系统在第 i 区域第 j 月的降水时空调节因子,S_{ij} 是指该生态系统在第 i 区域第 j 月的土壤保持时空调节因子,n_1 表示该生态系统服务为食物生产、原材料生产、气候调节、气体调节、净化环境、维持生物多样性、维持养分循环和提供美学景观八类生态系统服务中的某一类,n_2 表示该生态系统服务为水资源供给或者水文调节服务功能,n_3 表示该生态系统服务为土壤保持服务功能。

(5)计算生态系统服务价值

根据上述参数,即可计算某区域的生态系统服务价值。其计算公式为:

$$\text{ESV} = \sum_{k=1}^{n} A_k \times F_k \tag{4-56}$$

式中:ESV 为该区域的生态系统服务价值总量,A_k 是指该区域第 k 种土地利用类型的面积,F_k 为第 k 种土地利用类型的单位面积价值当量因子。

4.3.3.2　功能价值法

功能价值法主要是通过建立单一生态系统服务功能与局部生态环境变量之间的生产方程来模拟区

域范围内的生态系统服务功能,进而根据生态系统服务功能量的多少和功能量的单位价格来计算区域内的生态系统服务总价值(谢高地 等,2015)。根据生态系统和自然资本的市场发育程度,功能价值法又可划分为三大类(表 4-9)。(1)直接市场法。此类方法主要应用于具有实际市场的生态系统产品和服务,根据以市场价格来估算生态系统服务的经济价值,主要包括市场价值法、费用支出法、人力资本法等。(2)替代市场法。此类方法主要应用于尚未形成直接的市场价格,但是这些服务的替代品已经形成了较为成熟的市场价格的生态系统服务,主要包括旅行费用法、享乐价格法、恢复和防护费用法、替代成本法、机会成本法、影子工程法等。(3)模拟市场法。对于没有实际市场价格的生态系统服务,可以通过构造假想市场来估算该生态系统服务的价值,主要包括条件价值法等。

表 4-9　生态系统服务功能价值评估法的比较(刘玉龙 等,2005)

分类	评估方法	优点	缺点
直接市场法	费用支出法	生态环境价值可以得到较为粗略的量化	各类费用的统计不够全面合理,不能真实反映游憩地的实际游憩价值
	市场价值法	评估结果比较客观,争议较少,可信度较高	必须拥有足够、全面的数据
	人力资本法	可以对难以量化的生命价值进行量化	违背伦理道德、效益归属问题以及理论上尚存在缺陷
替代市场法	旅行费用法	可以核算游憩生态系统的使用价值,也可以评价无市场价格的生态环境价值	不能核算生态系统的非使用价值
	享乐价格法	通过侧面的比较分析估算出生态环境的价值	主观性较强,受其他因素的影响较大
	机会成本法	比较客观全面地体现了资源系统的生态价值,可信度较高	待评估的资源必须具有稀缺性
	恢复和防护费用法	可通过生态恢复费用或防护费用来量化生态环境的价值	评估结果为最低的生态环境价值
	影子工程法	可以将难以直接估算的生态价值用替代工程表示出来	替代工程具有非唯一性,各种替代工程的时间、空间性差异较大
模拟市场法	条件价值法	适用于缺乏实际市场和替代市场的生态系统产品价值评估,能评价各种生态系统服务功能的经济价值,适用于以非实用价值为主的独特景观和文物古迹等的价值评价	调查结果的准确与否在很大程度上依赖于调查方案的设计和被调查对象的个体因素,评估结果容易出现重大的偏差

4.3.4　景观格局分析方法

景观生态学是研究一定的区域范围内,景观单元的类型组成、空间配置及其与生态学过程之间的相互作用的综合性学科,其研究的核心是景观的空间格局、生态学过程与尺度之间的相互作用(邬建国,2007)。随着景观生态学的不断发展,各种景观生态学的数量方法也广泛应用于区域生态建设(肖笃宁等,2004)、城市生态规划(张林英 等,2005)、城市群生态网络构建与优化(尹海伟 等,2011)等领域。

景观格局数量研究方法主要包括三大类:一是主要用于景观组分特征分析的景观空间格局指数,二是主要用于景观整体分析的景观格局分析模型,三是主要用于模拟景观格局动态变化的景观模拟模型(傅伯杰 等,2011)。

4.3.4.1　景观格局指数

景观格局通常是指景观的空间结构特征,主要包括景观单元的类型、形状、大小、数量和空间组合等。一定区域范围内的景观格局及其动态变化是在自然和人为等多种因素的相互作用下产生的,反映了该区域范围内生态环境的综合特征。

各种景观格局指数是对景观格局的量化表达。通过对各种景观格局指数的计算,不但可以对各种景观格局进行定量描述,探讨其生态学意义,还可以对不同的景观进行多角度的比较,分析它们在结构、功能和生态过程中的异同。景观格局指数通常可分为景观单元特征指数和景观异质性指数两大部分。景观单元特征指数是指主要用于描述景观单元的面积、周长和斑块数等特征的指数;景观异质性指数则是指从整体上定量描述景观格局的指数,主要包括景观多样性指数、景观镶嵌度指数、景观距离指数和景观破碎化指数等。

4.3.4.1.1　景观单元特征指数

(1)斑块面积

斑块面积(CA)是指某一斑块类型中所有斑块的面积之和,即某斑块类型的总面积。该指标具有很重要的生态意义,其值的大小制约着以此类型斑块作为聚居地的物种的丰度、数量、食物链及其次生种的繁殖等。同时,不同类型斑块面积的大小能够反映出其间物种、能量和养分等信息流的差异。斑块面积的计算公式如下:

$$CA = \sum_{j=1}^{n} a_{ij} \tag{4-57}$$

式中:a_{ij} 是指第 i 类斑块的总面积,j 为斑块数量。CA 的单位通常为公顷,CA 大于 0。

(2)斑块个数

斑块个数(NP)是指景观中某一斑块类型的斑块总个数。该指标经常被用来描述整个景观的异质性。它对许多的生态过程都有影响,如可以决定景观中各种物种的空间分布特征,改变物种间相互作用和协同共生的稳定性等。另外,斑块个数对景观中各种干扰的蔓延程度有重要的影响,其值的大小与景观破碎度也有很好的正相关性。

(3)面积加权的平均形状因子

面积加权的平均形状因子(AWMSI)是度量景观空间格局复杂性的重要指标,它对许多生态过程都有影响。如斑块的形状会影响到动物的迁移、觅食等活动,也会影响到植物的种植与生产效率。另外,对于自然斑块或自然景观的形状分析还有助于分析景观的边缘效应。

在斑块级别上,该指标等于某斑块类型中各个斑块的周长与面积比乘以各自的面积权重之后的和;在景观级别上等于各斑块类型的平均形状因子乘以类型斑块面积占景观面积的权重之后的和。当AWMSI 等于 1 时,表明所有的斑块形状为最简单的方形;AWMSI 的值越大,则说明斑块形状越复杂。

(4)平均斑块分维数

平均斑块分维数(FRAC_MN)主要用于反映景观内斑块形状的复杂性程度,其值越大,则说明斑块形状越复杂。平均斑块分维数的计算公式如下:

$$\text{FRAC\_MN} = \frac{\text{FRAC}}{n_i} = \frac{\dfrac{2\ln(0.25P_{ij})}{\ln a_{ij}}}{n_i} \tag{4-58}$$

式中:P_{ij} 代表第 i 类第 j 个斑块的周长,a_{ij} 代表第 i 类第 j 个斑块的面积,n_i 为景观中第 i 类斑块的总数量。

4.3.4.1.2　景观异质性指数

(1)景观多样性指数

景观多样性指数(SHDI)是一个基于信息理论的测量指数,对景观中各斑块类型的非均衡分布状况较为敏感,在生态学中应用很广泛。当 SHDI 等于 0 时,表明整个景观仅由一个斑块组成;SHDI 的值越大,则说明景观中的斑块类型越多,或是各斑块类型在景观中呈均衡化趋势分布。SHDI 的计算公式如下:

$$\text{SHDI} = -\sum_{i=1}^{n} (P_i)(\log_2 P_i) \tag{4-59}$$

式中:SHDI 为多样性指数,P_i 为景观类型 i 所占面积的比例,n 为景观类型的数量。

(2)蔓延度指数

蔓延度指数(CONTAG)主要用于描述景观中斑块类型的团聚程度或延展趋势。蔓延度指数的值较大,则表明景观中的优势斑块类型形成了良好的连接;反之,则表明景观主要呈现为多种要素的散布格局,景观的破碎化程度较高。一般而言,蔓延度指数与边缘密度呈负相关关系,与优势度和多样性指数高度相关。蔓延度指数的计算公式如下:

$$
CONTAG = \left[1 + \frac{\sum_{i=1}^{m} \sum_{k=1}^{m} \left[P_i \left(\frac{g_{ik}}{\sum_{k=1}^{m} g_{ik}} \right) \right] \left[\ln p_i \left(\frac{g_{ik}}{\sum_{k=1}^{m} g_{ik}} \right) \right]}{2\ln(m)} \right] \tag{4-60}
$$

式中:P_i 表示第 i 类型的斑块所占面积的百分比,g_{ik} 表示第 i 类型和第 k 类型斑块毗邻的数目,m 表示景观中斑块类型的总数目。

(3)景观破碎度

景观破碎度主要用于表征景观被分割的破碎程度,反映景观空间结构的复杂性。该指标也在一定程度上反映了人类对景观的干扰程度。景观破碎度的计算公式如下:

$$ C_i = N_i / A_i \tag{4-61} $$

式中:C_i 为景观类型 i 的破碎度,N_i 为景观类型 i 的斑块数量,A_i 为景观类型 i 的总面积。

4.3.4.2 景观格局分析模型

景观格局分析的主要内容包括景观的空间异质性、景观斑块的空间相关性、景观格局的趋向性和空间梯度、景观格局的等级结构、景观格局与景观过程的相互关系等。在该领域应用比较广泛的模型包括空间自相关分析、小波分析、地统计分析、波谱分析、聚块方差分析、趋势面分析、亲和度分析等。

4.3.4.2.1 地统计分析

地统计学是统计学一个新的分支。由于它最先是在地质学、采矿学等地学相关学科中逐步应用和发展起来的,因此被命名为地统计学。现在,地统计学的基本方法已经广泛应用于各种自然现象的空间格局分析,成为了一种研究空间变异的有效方法(傅伯杰 等,2011)。

目前,地统计学已经成为了空间统计学的核心领域,其研究的主要内容包括区域化变量的变异函数模型、克里格估计、随机模拟三大方面(秦昆,2010)。近年来,地统计学开始在景观生态学研究中得到了较为广泛的应用,主要用于描述和解释景观格局的空间相关性,建立空间格局的预测性模型,进行空间数据的插值、估计和设计抽样方法等。涉及的主要方法包括变异矩、相关矩、半方差分析、空间局部插值、探索性数据分析等。

4.3.4.2.2 小波分析

小波分析是当前应用数学和工程学科中一个迅速发展的新领域。法国工程师 Grossmann 等首先提出了小波变换的概念(Grossmann et al.,1987)。与 Fourier 变换相比,小波变换是空间(时间)和频率的局部变换。通过伸缩和平移等运算功能,小波变换能够对函数或信号进行多尺度的细化分析,解决了许多 Fourier 变换不能解决的困难问题。

在景观格局研究中,通常会使用多种遥感影像作为数据源。在数字图像的处理过程中,通常可利用离散二进制小波来对遥感影像进行多频道、多分辨率分析,通过分解原始遥感影像上的结构信息,计算一定的分解尺度下各个通道中相应像元小波系数的小波方差。以尺度和小波方差作图,则可反映出不同尺度上的图像结构特征,进而获得该景观格局的特征尺度。特定尺度上的小波方差越大,则表示该尺度上的结构信息越丰富,是该景观格局的主要特征尺度。研究表明,小波分析不受所分析数据统计的平稳假设的约束,在解释多尺度和多方向的景观结构上具有明显的优势(孙丹峰,2003)。

4.3.4.2.3 趋势面分析

趋势面分析是利用数学曲面模型来模拟各种地理系统要素在地表空间上的分布及变化趋势的数学方法。趋势面分析最早应用于地质学的研究中,现在已经广泛应用于几乎所有空间数据的数量分析中(傅伯杰 等,2011)。

一般而言,在大尺度上,景观将主要受到降水、气温、土壤性质等宏观环境因子的控制,其分布格局往往也由此产生出某种比较稳定的趋势或规律性。但是,在小尺度上,景观单元也会受到地理位置、植被等局地环境因子的影响,从而破坏了规律性的宏观分布格局。在某些复杂的景观格局中,局地环境因子的影响较大,甚至能够对宏观趋势带来很大的干扰,导致难以辨识大尺度的总体趋势。趋势面是一种抽象的数学曲面,它能够有效地过滤掉一些局域随机因素的影响,从而使得某种要素的空间分布规律明显化。

趋势面分析法最常用的计算方法是多项式回归模型。趋势面本身可以被看作一个多项式函数。一般而言,趋势面多项式的次数越高,则其拟合程度也就越高。同时,由于趋势面分析法是多元统计分析方法中的一种,因此可以很方便地应用于多变量、多样本的海量数据处理中(傅伯杰 等,2011)。样本数据越多,则其拟合程度也就越高,与要素的真实分布就越接近。

4.3.4.3　景观模拟模型

景观模拟模型是理解和建立景观结构、功能和过程之间的相互关系,预测景观未来变化趋势的有效工具。利用景观模拟模型,人们可以模拟出特定参数下景观生态系统的结构、功能或过程,分析不同参数条件下系统状态的响应,从而为景观决策和管理提供急需的信息和证据。常见的景观模拟模型有元胞自动机、空间马尔可夫链模型、林窗模型等。

4.3.4.3.1　元胞自动机

元胞自动机是一时间和空间离散的动力系统模型。它是由数学家冯·诺依曼在20世纪50年代提出的。一个简单的元胞自动机模型由栅格网络、元胞状态、邻域规则和转换方程组成。转换规则既可以是确定的,也可以是随机的。其基本定义如下(何东进 等,2012):

$$A_{t+1}^{s} = f(A_{t}^{s-r}, \cdots, A_{t}^{s}, \cdots, A_{t}^{s+r}) \tag{4-62}$$

式中:A_t^s 表示元胞 s 在 t 时刻的状态,r 是元胞 s 与相邻元胞的距离,f 是转移规则。

散布在规则网格中的每一个元胞都处于有限的离散状态,遵循同样的转移规则,依据确定的邻域规则进行同步更新。大量元胞通过简单的相互作用,可以形成精密而复杂的系统演化。

4.3.4.3.2　空间马尔可夫链模型

空间马尔可夫链模型是一种常用的景观空间动态模型,常被景观生态学家用于模拟土地利用格局的动态变化。空间马尔可夫链模型通常假设各个景观斑块的转移概率不随时间改变,而且其转移概率仅与该景观斑块前一个时间点的状态有关。在具体计算过程中,该模型用转移矩阵来模拟景观斑块从一种类型向另一种类型转化的动态规律。空间马尔可夫链模型的基本公式如下(何东进 等,2012):

$$A(t+1) = A(t) \times P \tag{4-63}$$

式中:$A(t)$ 为各景观斑块在时刻 t 的状态矩阵,$A(t+1)$ 为各景观斑块在 $t+1$ 时刻的状态矩阵,P 为景观斑块的转移矩阵。

空间马尔可夫链模型在计算转移概率时并不考虑空间格局本身对转移概率的影响,反映的是景观变化的总概率。因此,该模型可以比较准确地预测某些斑块类型的变化面积比例。但是,其预测结果在空间格局上的误差通常比较大(何东进 等,2012)。

4.3.5　绿色国民经济核算

绿色国民经济核算的主要目的是在原有国民经济核算体系基础之上,将资源环境因素纳入其中,通过描述经济系统与资源环境系统之间的相互影响关系,提供更加全面和系统的核算数据,从而为国家或区域可持续发展的分析、决策和评价提供依据。绿色国民经济核算体系就是为了开展绿色国民经济核算而确定的一套理论方法。绿色国民经济核算通常包括自然资源核算与环境核算,其中环境核算又由环境污染核算和生态破坏核算组成。

4.3.5.1　国外的绿色国民经济核算

早在1972年,美国经济学家诺德豪斯和托宾就提出应该修改国民经济核算体系,在核算过程中减去污染所造成的损害(Bartelmus,2003)。后来,多个国家和国际组织建立了各自的绿色国民经济核算体系,如联合国建立的综合环境与经济核算体系,欧盟统计局建立的欧洲环境经济信息收集体系,菲律宾提出的环境与自然资源核算计划(EN RAP),以及荷兰统计局建立的包括环境账户的国民经济核算矩阵体系。其中,联合国统计局建立的 SEEA 影响最为广泛,并被联合国、欧盟、国际货币基金组织、世界银行和经济合作与发展组织五大国际组织接受(朱启贵,2006)。

2003 年发布的 SEEA 主要由以下部分组成:(1)流量账户。该账户包括实物流量账户和混合型流量账户,主要用于分析资源和环境利用过程中产生的实物流量,并将其与经济生产过程中的实物和货币信息关联起来。流量账户只考虑与原料和能源流量等相关的实物数据,并尽可能地使用传统的国民经济核算体系对其进行定义、分类和整理。(2)环境保护支出和环境市场交易账户。该账户主要用于对现行的国民经济核算体系进行拆解,以便于找出与环境直接相关的货币交易。包括环境保护活动、自然资源管理与利用活动、减灾活动等的相关支出,以及生态补偿、环境税、环境补贴项目等。(3)资产账户。该账户主要用于了解各种环境资源在核算期间的存量及其变动情况,包括实物和货币资产账户。该账户主要记录了自然资源、土地与生态系统这三类自然资本。(4)环境调整总账户。该账户主要用于探讨如何对现行的国民经济核算体系进行调整,以更好地分析经济体对环境的影响。

4.3.5.2　国内的绿色国民经济核算

2004 年 3 月,国家环境保护总局和国家统计局启动了《中国绿色国民经济核算研究》项目,完成了《中国绿色国民经济核算研究报告(2004)》。

2004 年的绿色国民经济核算内容主要由以下部分组成:(1)环境实物量核算。该部分主要是运用实物单位来建立不同层次的实物量账户,用于描述与经济活动相对应的各类污染物的产生量、处理量、排放量等。在核算中,将污染物分为水污染、大气污染和固体废物实物量三类进行计算。(2)环境价值量核算。该部分在实物量核算的基础上,运用治理成本法和污染损失法这两种方法来估算各种污染排放造成的环境退化价值损失。(3)经环境调整的 GDP 核算。该部分把经济活动的环境成本从 GDP 中予以扣除,并进行相应调整,从而得出一组以"经环境调整的国内产出"为中心的综合性指标。其中,环境成本包括环境退化成本和生态破坏成本(王金南 等,2006)。

事实上,《中国绿色国民经济核算研究报告(2004)》并不是完整意义上的绿色 GDP 核算。该报告仅仅涉及了环境核算的部分内容,并没有包含资源核算。另外,报告中的环境核算也是不完整的。如环境保护的投入产出核算、生态破坏损失核算均未被纳入;室内空气污染损失、地下水污染损失、土壤污染损失等多项环境污染损失也并没有核算在内。

4.3.6　能值分析法

能值分析法是由美国生态学家奥德姆创立的(Campbell,2016)。能值是指一种流动或贮存的能量中所包含的另一种类别能量的数量(蓝盛芳 等,2001)。所谓能值分析,就是以能值为基准,通过一定的转换规则,将生态经济系统中不同种类、不可比较的能量统一换算为能值,并对生态经济系统的结构功能特征和生态经济效益分析进行量化分析,判断系统的可持续发展状况。由于各种自然资源、产品或劳务的能量均直接或间接来自于太阳能,因此通常将太阳能值作为统一的计量标准,以此来衡量各类能量的真实价值及其对生态经济系统的贡献(李苏,2010)。

能值分析的基本步骤如下(蓝盛芳 等,2001),如图 4-5 所示。

(1)资料收集。根据研究对象的特点,全面收集相关的资源环境、地理条件和社会经济等各种调查资料和统计数据。

(2)绘制能量系统图。根据奥德姆提出的能量系统语言,绘制研究对象的能量系统图,分析生态经济系统的主要组分及其相互关系。

(3)编制能值分析表。根据前期收集的数据和资料,分析生态经济系统的主要物质流、能量流和经济流。同时,根据各类资源的能值转换率,将这些不同类型的物质流、能量流和经济流统一换算为能值单位。在此基础上,编制各种能值分析表,评价各类物质流、能量流和经济流在生态经济系统中的地位和贡献。

(4)构建能值综合结构图。以能值为单位,构建生态经济系统的能值综合结构图,对生态经济系统及其子系统的能值流进行综合分析。

(5)建立能值指标体系。基于能值分析表和系统能值综合结构图,选取和计算出各种能值指标,建立能值指标体系(表

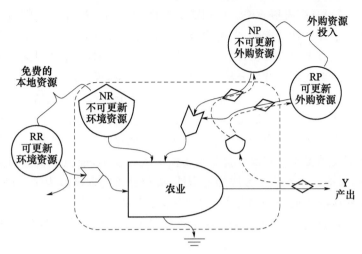

图 4-5　农业生态经济系统的能量系统图

4-10),分析生态经济系统的各方面状态,明确影响生态经济系统发展的关键因子。

表 4-10　常见的生态经济系统能值评价指标体系

序号	能值指标	计算	含义
1	可更新资源能值	R	系统自有的能值财富
2	不可更新资源能值	N	系统自有的能值财富
3	输入能值	I	输入的资源、产品等财富
4	输出能值	O	输出的资源、产品等财富
5	废弃物能值	W	系统排放的废弃物的能值
6	总能值	$U=R+N+I$	系统拥有的总能值财富
7	能值货币比	$EDR=U/GDP$	系统的经济现代化程度
8	人均能值	$EPP=U/人口$	人民生活水平的高低
9	能值密度	$EPA=U/面积$	能值的集约度和强度
10	能值自给率	$ESR=(N+R)/U$	系统的自我支撑能力
11	能值投资率	$EIR=I/(N+R)$	系统的经济发展和环境负载程度
12	可更新资源能值比	$RER=R/U$	系统可利用的环境能值潜力
13	不可更新资源能值比	$NER=N/U$	系统资源的利用对环境的压力
14	能值产出率	$EYR=(R+N+I)/I$	系统的经济效率
15	资源产出率	$REYR=(R+N+I)/N$	系统产出对经济贡献的大小
16	资源循环利用率	RRR	资源及废弃物的综合利用情况
17	环境负荷率	$ELR=(U-R)/R$	系统各类活动对环境的压力
18	废弃物能值比	$EWR=W/U$	系统的废弃物排放对环境的压力
19	人口承载量	$PCC=8\times(R/U)\times P$	目前环境水准下可容纳的人口总量
20	可持续发展指数	$ESI=EYR/ELR$	系统的可持续发展状况
21	改进的可持续发展指数	$SDI=ESI\times(I/O)$	系统可持续发展性能的综合状况
22	循环经济能值指数	$EREI=ESI\times RRR$	循环经济的发展状况
23	生态效率指数	$UEI=EYR\times(1-W/U)^2\times(1-N/U)^2$	资源、环境及经济的协调发展状况

(6)系统模拟。利用各种能量系统动态模拟方法,对影响生态经济系统发展的关键因子进行模拟,评估和预测生态经济系统的发展态势。

(7)系统发展策略。根据能值指标分析和系统评价与模拟的结果,提出未来发展中可行的管理措施和生态经济发展策略,促进生态经济系统的良性循环和可持续发展。

经过多年的发展,能值分析已经形成了比较完整的理论和方法体系,为各类生态经济系统提供了一系列的系统可持续性分析与评价的指标体系,现已广泛应用于农业生态系统(张伟 等,2012)、工业生态系统(何秋香 等,2010)、旅游生态系统(王楠楠 等,2013)、城市新陈代谢分析(宋涛 等,2015)等多个领域。与传统的经济学和能量分析方法相比,能值分析方法的优点主要体现在以下方面:能值分析为经济系统和生态系统的联合分析提供了一个统一的平台;能值分析提供了一种以生态为中心的评价方法,弥补了现实货币无法客观地评价非市场性输入的缺陷;能值分析具有坚实的理论基础,既具备了科学上的合理性,又兼具了热力学方法的严密性;能值分析均以能值为统一的量纲,使得人们可以在一个统一的平台上比较所有不同类型的资源和能量;能值分析法给出了系统发展过程中的环境贡献与资源利用可持续性的信息,为许多与环境相关的决策方提供了一个更加全面的分析方案。

参考文献

阿尔弗雷德·马歇尔,2006.经济学原理(上)[M].陈瑞华,译.西安:陕西人民出版社.

奥尔多·利奥波德,1997.沙乡年鉴[M].侯文蕙,译.长春:吉林人民出版社.

巴里·康芒纳,1997.封闭的循环:自然、人和技术[M].侯文蕙,译.长春:吉林人民出版社.

本·阿格尔,1991.西方马克思主义概论[M].慎之,译.北京:中国人民大学出版社.

卞正富,路云阁,2004.论土地规划的环境影响评价[J].中国土地科学,18(2):21-28.

蔡运龙,1995.科学技术在人地关系中的作用[J].自然辩证法研究(2):17-22.

曹秉帅,邹长新,高吉喜,等,2019.生态安全评价方法及其应用[J].生态与农村环境学报,35(8):953-963.

曹凤中,1997.美国的可持续发展指标[J].环境与可持续发展(2):5-8.

曹利江,金声琅,2010.基于生命周期评价的清洁生产模式研究[J].环境保护与循环经济,30(8):27-30.

曾刚,2014.我国生态文明建设的理论与方法探析——以上海崇明生态岛建设为例[J].新疆师范大学学报(哲学社会科学版),35(1):48-54.

曾刚,2018.我国生态文明建设的科学基础与路径选择[M].北京:人民出版社.

曾小五,2007.人与环境——如何重新解读中国哲学的"天人合一"理念[J].武汉大学学报(人文科学版),60(1):23-29.

曾正德,2011.生态文明的理论基础、本质、地位与形态阐释[J].南京社会科学,22(12):61-66.

陈邦炼,简小鹰,2017.沟域经济理论起源与发展历程研究:文献回顾与趋势展望[J].安徽农业科学,45(31):244-246.

陈栋生,1993.区域经济学[M].郑州:河南人民出版社.

陈俊红,李红,周连第,2010.北京市山区沟域经济发展的探索与实践[J].生态经济(学术版),6(1):57-62.

陈俊红,周连第,2012.北京沟域经济发展模式的内涵及区划初探[J].广东农业科学,39(9):177-180.

陈晓峰,吴晶,2002.非再生资源的消费率模型[J].上海师范大学学报(自然科学版),31(4):25-27.

陈永森,蔡华杰,2015.人的解放与自然的解放[M].北京:学习出版社.

程全国,于明华,李晔,2013.中国低碳经济研究进展[J].沈阳大学学报(自然科学版),25(2):98-103.

程秀波,2003.生态伦理与生态文明建设[J].中州学刊,25(4):173-176.

楚明钦,2013.装备制造业与生产性服务业产业关联研究——基于中国投入产出表的比较分析[J].中国经济问题(3):79-88.

崔功豪,2006.当代区域规划导论[M].南京:东南大学出版社.

崔功豪,魏清泉,刘科伟,2006.区域分析与区域规划(第2版)[M].北京:高等教育出版社.

戴维·佩珀,2005.生态社会主义:从深生态学到社会正义[M].刘颖,译.济南:山东大学出版社.

党建华,瓦哈甫·哈力克,张玉萍,等,2015.吐鲁番地区人口-经济-生态耦合协调发展分析[J].中国沙漠,35(1):260-266.

丁桑岚,2003.环境评价概论[M].北京:化学工业出版社.

杜国明,2004.人文地理学、自然辩证法与人地关系理论的发展[J].内蒙古师大学报(哲社汉文版),33(5):110-112.

段宁,但智钢,王璠,2010.清洁生产技术:未来环保技术的重点导向[J].环境保护(16):21-23.

樊杰,2007.我国主体功能区划的科学基础[J].地理学报,62(4):339-350.

樊杰,2013.主体功能区战略与优化国土空间开发格局[J].中国科学院院刊(2):193-206.

樊杰,2014.人地系统可持续过程、格局的前沿探索[J].地理学报,69(8):1060-1068.

樊杰,2015.中国主体功能区划方案[J].地理学报,70(2):186-201.

范金,2004.应用产业经济学[M].北京:经济管理出版社.

方创琳,2004.中国人地关系研究的新进展与展望[J].地理学报,59(s1):21-32.

方创琳,宋吉涛,张蔷,等,2005.中国城市群结构体系的组成与空间分异格局[J].地理学报,60(5):827-840.

方创琳,王振波,刘海猛,2019.美丽中国建设的理论基础与评估方案探索[J].地理学报,74(4):619-632.

方大春,张敏新,2011.低碳经济的理论基础及其经济学价值[J].中国人口·资源与环境,21(7):91-95.

封志明,杨艳昭,张晶,2008.中国基于人粮关系的土地资源承载力研究:从分县到全国[J].自然资源学报,23(5):865-875.

冯德显,张莉,杨瑞霞,等,2008.基于人地关系理论的河南省主体功能区规划研究[J].地域研究与开发,27(1):1-5.

傅伯杰,陈利顶,马克明,2011.景观生态学原理及应用(第2版)[M].北京:科学出版社.

傅景威,管宏友,2014.生态文明视域下环境管理中的利益博弈与政府责任[J].西南师范大学学报(自然科学版),39(7):169-174.

甘清明,2006.庇古税和排放量限制对环境污染外部性的作用机理[J].环境科学与管理,31(2):32-33.

高国力,2007.我国主体功能区规划的特征、原则和基本思路[J].中国农业资源与区划,28(6):8-13.

高长波,陈新庚,韦朝海,等,2006.区域生态安全:概念及评价理论基础[J].生态环境,15(1):169-174.

谷树忠,胡咏君,周洪,2013.生态文明建设的科学内涵与基本路径[J].资源科学,35(1):2-13.

顾朝林,于涛方,刘志虹,等,2007.城市群规划的理论与方法[J].城市规划(10):40-43.

郭学军,张红海,2009.论马克思恩格斯的生态理论与当代生态文明建设[J].马克思主义与现实(1):141-144.

郭亚帆,2012.基于全国视角的内蒙古产业结构效益分析与评价[J].未来与发展(2):99-103.

海热提,王文兴,2004.生态环境评价、规划与管理[M].北京:中国环境科学出版社.

海山,2001.关于人地关系实质问题的主要理论[J].内蒙古师大学报(哲社汉文版),30(2):7-10.

韩永学,2004.人地关系协调系统的建立——对生态伦理学的一个重要补充[J].自然辩证法研究,20(5):5-9.

韩玉堂,2008.我国循环经济理论研究综述[J].经济纵横,275(10):122-124.

郝利,王苗苗,钟春艳,2010.北京沟域经济发展模式与政策建议[J].农业现代化研究,31(5):549-552.

何东进,洪伟,胡海清,2003.景观生态学的基本理论及中国景观生态学的研究进展[J].江西农业大学学报,25(2):276-282.

何东进,游巍斌,洪伟,等,2012.近10年景观生态学模型研究进展[J].西南林业大学学报,32(1):96-104.

何秋香,王菲凤,2010.福州青口投资区工业系统能值分析[J].福建师范大学学报(自然科学版),26(3):104-111.

何天祥,朱翔,2004.湖南省产业结构效益分析及其优化对策[J].湘潭大学学报(哲学社会科学版),28(4):130-134.

赫尔曼·E·戴利,乔舒亚·法利,2014.生态经济学:原理与应用(第二版)[M].金志农,陈美球,蔡海生,译.北京:中国人民大学出版社.

洪梅,韩文君,2020.中国共产党生态文明建设思想的发展历程及其时代价值[J].城市学刊,41(6):7-13.

洪舒蔓,郝晋珉,艾东,等,2013.基于人地关系的黄淮海平原土地整治策略[J].农业工程学报,29(24):251-259.

胡鞍钢,李萍,2018.习近平构建人类命运共同体思想与中国方案[J].新疆师范大学学报(哲学社会科学版),39(5):7-14.

胡序威,2006.中国区域规划的演变与展望[J].城市规划,61(11):8-12.

胡咏君,吴剑,胡瑞山,2019.生态文明建设"两山"理论的内在逻辑与发展路径[J].中国工程科学,21(5):151-158.

胡云锋,曾澜,李军,等,2010.新时期区域规划的基本任务与工作框架[J].地域研究与开发,29(4):6-9.

郇庆治,2013.21世纪以来的西方生态资本主义理论[J].马克思主义与现实(2):108-128.

黄春分,王哲,2014.区域主导产业选择方法研究述评[J].安徽工业大学学报(社会科学版),31(1):3-6.

黄虹,李顺诚,曹军骥,等,2006.利用人体肺部PM浓度模型定量评估广州市夏、冬季抽样人群 $PM_{2.5}$ 的暴露[J].生态毒理学报,1(4):375-378.

黄勤,曾元,江琴,2015.中国推进生态文明建设的研究进展[J].中国人口·资源与环境,25(2):111-120.

黄瑞,董靓,吴林梅,2016.基于阻力指数的屋顶斑块生态网络规划研究[J].中国园林,32(6):100-104.

黄真理,李玉梁,李锦秀,等,2004.三峡水库水环境容量计算[J].水利学报,35(3):7-14.

黄祖辉,林本喜,2009.基于资源利用效率的现代农业评价体系研究——兼论浙江高效生态现代农业评价指标构建[J].农业经济问题,31(11):20-27.

霍尔姆斯·罗尔斯顿,2000.环境伦理学[M].杨通进,译.北京:中国社会科学出版社.

简新华,叶林,2009.论中国的"两型社会"建设[J].学术月刊,41(3):65-71.

蒋兆雷,张继延,2013.马克思的生态思想及其对我国生态文明建设的启示[J].江淮论坛,56(6):21-24.

靳相木,柳乾坤,2017.自然资源核算的生态足迹模型演进及其评论[J].自然资源学报,32(1):163-176.

景跃军,张宇鹏,2008.生态足迹模型回顾与研究进展[J].人口学刊(5):9-12.

康伟,陈茜,陈波,2014.公共管理研究领域中的社会网络分析[J].公共行政评论(6):129-151.

莱斯特·R·布朗,2002.生态经济:有利于地球的经济构想[M].林自新,戢守志,译.北京:东方出版社.

蓝盛芳,钦佩,2001.生态系统的能值分析[J].应用生态学报,12(1):129-131.

蕾切尔·卡森,2015.寂静的春天[M].吕瑞兰,李长生,鲍冷艳,译.上海:上海译文出版社.

黎耀奇,谢礼珊,2013.社会网络分析在组织管理研究中的应用与展望[J].管理学报,10(1):146-154.

黎祖交,2020.党政领导干部生态文明建设简明读本[M].北京:中国林业出版社.

李春晖,崔岚,庞爱萍,等,2008.流域生态健康评价理论与方法研究进展[J].地理科学进展,27(1):9-17.

李红波,张小林,吴江国,等,2014.苏南地区乡村聚落空间格局及其驱动机制[J].地理科学,34(4):438-446.

李娟,2013.中国特色社会主义生态文明建设研究[M].北京:经济科学出版社.

李苏,2010.生态学和经济学的桥梁——能值理论分析法述评[J].河北联合大学学报(社会科学版),10(6):62-64.

李铁英,2020.公众生态文明观培育的意蕴、价值与进路[J].思想政治教育研究,36(4):75-79.

李芗霓,2021.习近平生态文明思想的理论来源、基本内涵及时代价值[J].兵团党校学报(3):11-16.

李翔,2009.土地政策参与宏观调控的效果评估[J].软科学,23(5):46-51.

李小云,杨宇,刘毅,2016.中国人地关系演进及其资源环境基础研究进展[J].地理学报,71(12):2067-2088.

李杨,2021."两山"理念的理论贡献与实践路径研究[J].理论研究(1):27-32.

李玉婷,2015.国外低碳经济政策研究:进展、争论与评述[J].当代经济管理,37(5):7-13.

李宗桂,2012.生态文明与中国文化的天人合一思想[J].哲学动态,35(6):34-37.

廖福霖,2003.生态文明建设理论与实践[M].北京:中国林业出版社.

廖曰文,章燕妮,2011.生态文明的内涵及其现实意义[J].中国人口·资源与环境,21(3):377-380.

刘成武,黄利民,吴斌祥,2004.论人地关系对湖北省自然灾害的影响[J].水土保持研究,11(1):177-181.

刘德海,2008.演化博弈理论在我国农村劳动力转移中的应用分析[M].北京:冶金工业出版社.

刘海龙,单良艳,张汉飞,等,2017.低碳经济政策多层比较及其研究进展[J].区域经济评论(1):153-160.

刘海霞,2011.不能将生态文明等同于后工业文明——兼与王孔雀教授商榷[J].生态经济,27(2):188-191.

刘慧,徐长乐,2016.基于灰色关联法与区位熵的区域产业结构与经济增长关系探究——以重庆市万州区为例[J].科技和产业,16(4):38-43.

刘建飞,2020.人类命运共同体的形态、基本特征与核心要义[J].国际问题研究(1):31-39.

刘军,2004.社会网络模型研究论析[J].社会学研究(1):1-12.

刘凯,任建兰,张理娟,等,2016.人地关系视角下城镇化的资源环境承载力响应——以山东省为例[J].经济地理,36(9):77-84.

刘绮,潘伟斌,2008.环境质量评价(第2版)[M].广州:华南理工大学出版社.

刘仁厚,王革,黄宁,等,2021.中国科技创新支撑碳达峰、碳中和的路径研究[J].广西社会科学(8):1-7.

刘卫东,陆大道,2005.新时期我国区域空间规划的方法论探讨——以"西部开发重点区域规划前期研究"为例[J].地理学报,60(6):894-902.

刘彦随,甘红,张富刚,2006.中国东北地区农业水土资源匹配格局[J].地理学报,61(8):847-854.

刘燕,赵曙明,2010.生态伦理与清洁生产的双重功用:基于低碳经济背景[J].改革(1):114-118.

刘玉龙,马俊杰,金学林,等,2005.生态系统服务功能价值评估方法综述[J].中国人口·资源与环境,15(1):88-92.

刘再起,陈春,2010.全球视野下的低碳经济理论与实践[J].武汉大学学报(哲学社会科学版),63(5):770-775.

陆大道,2015.京津冀城市群功能定位及协同发展[J].地理科学进展,34(3):265-270.

罗兴鹏,张向前,2016.福建省推进绿色转型建设生态文明的演化博弈分析[J].华东经济管理,30(9):19-25.

吕拉昌,1994.地理学人地关系的新探讨[J].云南师范大学学报(对外汉语教学与研究版)(2):51-57.

吕拉昌,1998.人地关系操作范式探讨[J].人文地理,13(2):18-21.

吕拉昌,黄茹,2013.人地关系认知路线图[J].经济地理,33(8):5-9.

马克平,2015.中国生物多样性监测网络建设:从CForBio到Sino BON[J].生物多样性,23(1):1-2.

马世骏,王如松,1984.社会-经济-自然复合生态系统[J].生态学报,4(1):1-9.

毛汉英,1995.人地系统与区域可持续发展研究[M].北京:中国科学技术出版社.

毛汉英,1996.山东省可持续发展指标体系初步研究[J].地理研究,15(4):16-23.

毛汉英,2005.新时期区域规划的理论、方法与实践[J].地域研究与开发,24(6):1-6.

毛夏,2005.数字城市中的气象灾害预警对策[J].自然灾害学报,14(1):110-115.

美国国家科学院国家研究理事会,2011.理解正在变化的星球:地理科学的战略方向[M].刘毅,刘卫东,译.北京:科学出版社.

孟祥林,2016.循环经济:从发达国家的理论与实践论中国的发展选择[J].中国发展,16(2):7-14.

牛文元,2014.可持续发展理论内涵的三元素[J].中国科学院院刊,29(4):410-415.

潘文卿,2002.一个基于可持续发展的产业结构优化模型[J].系统工程理论与实践,22(7):23-29.

潘岳,2006.论社会主义生态文明[J].资源与人居环境(24):62-66.

彭保发,郑俞,刘宇,2018.耦合生态服务的区域生态安全格局研究框架[J].地理科学,38(3):361-367.

彭建,党威雄,刘焱序,等,2015.景观生态风险评价研究进展与展望[J].地理学报,70(4):664-677.

彭建,赵会娟,刘焱序,等,2017.区域生态安全格局构建研究进展与展望[J].地理研究,36(3):407-419.

祁巍锋,宋吉涛,2010.城市群规划的视角与规范性研究[J].经济地理,30(12):2012-2017.

钱蒨,2009.先秦儒道生态思想对建设生态文明的启示[J].重庆科技学院学报(社会科学版),11(6):30-31.

乔家君,2005.区域人地关系定量研究[J].人文地理,20(1):81-85.

秦昌波,苏洁琼,王倩,等,2018."绿水青山就是金山银山"理论实践政策机制研究[J].环境科学研究,31(6):985-990.

秦昆,2010.GIS空间分析理论与方法[M].武汉:武汉大学出版社.

秦书生,2018.习近平关于建设美丽中国的理论阐释与实践要求[J].党的文献(5):28-35.

秦耀辰,张丽君,2009.区域主导产业选择方法研究进展[J].地理科学进展,28(1):132-138.

邱芬,张孟奇,何娇,等,2019.社会主义生态文明观发展历程及其当代价值[J].环境与可持续发展,44(6):77-79.

邱耕田,1997.对生态文明的再认识——兼与申曙光等人商榷[J].求索,17(2):84-87.

任恒,2018.习近平生态文明建设思想探微:理论渊源、内涵体系与价值意蕴[J].贵州大学学报(社会科学版),36(6):7-14.

容贤标,胡振华,熊曦,2016.旅游业发展与生态文明建设耦合度的地区间差异[J].经济地理,36(8):189-194.

申曙光,1994.生态文明及其理论与现实基础[J].北京大学学报(哲学社会科学版),40(3):31-37.

盛科荣,樊杰,2016.主体功能区作为国土开发的基础制度作用[J].中国科学院院刊,31(1):44-50.

石晓丽,王卫,2008.生态系统功能价值综合评估方法与应用——以河北省康保县为例[J].生态学报,28(8):3998-4006.

石忆邵,尹昌应,王贺封,等,2013.城市综合承载力的研究进展及展望[J].地理研究,32(1):133-145.

石芝玲,侯晓珉,包景岭,等,2004.清洁生产理论基础[J].城市环境与城市生态,17(2):38-39,42.

史培军,周涛,王静爱,2009.资源科学导论[M].北京:高等教育出版社.

宋吉涛,方创琳,宋敦江,2006.中国城市群空间结构的稳定性分析[J].地理学报,61(12):1311-1325.

宋涛,蔡建明,杜姗姗,等,2015.基于能值分析的北京城市新陈代谢研究[J].干旱区资源与环境,29(1):37-42.

孙丹峰,2003.IKONOS影像景观格局特征尺度的小波与半方差分析[J].生态学报,23(3):405-413.

孙福丽,张雪飞,李喆,2010.中国环境影响评价管理[M].北京:中国环境科学出版社.

孙金龙,黄润秋,2021.以习近平生态文明思想为指引　推动生态文明建设实现新进步[J].环境保护,49(15):8-10.

孙新章,王兰英,姜艺,等,2013.以全球视野推进生态文明建设[J].中国人口·资源与环境,23(7):9-12.

谭伟文,文礼章,仝宝生,等,2012.生态足迹理论综述与应用展望[J].生态经济(中文版)(6):173-181.

唐常春,2010.重点产业环节选择理论与方法研究——水晶模型分析框架[J].经济地理,30(11):1865-1870.

田方,李明阳,葛飒,等,2014.基于GIS的紫金山国家森林公园声景观空间格局研究[J].南京林业大学学报(自然科学版),38(6):87-92.

托马斯·莫尔,1982.乌托邦[M].戴镏龄,译.北京:商务印书馆.

王爱民,樊胜岳,刘加林,等,1999.人地关系的理论透视[J].人文地理,14(2):43-47.

王朝全,2009.论生态文明、循环经济与和谐社会的内在逻辑[J].软科学,23(8):69-73.

王贯中,田爱军,黄娟,等,2013.生态文明视角下江苏省生态工业园区建设及区域差异分析研究[J].环境科学与管理,38(9):173-179.

王海峰,薛纪瑜,1993.环境质量评价与管理的新方法——矢量算子法[J].环境科学,14(6):73-76.

王金南,於方,曹东,2006.中国绿色国民经济核算研究报告2004[J].中国人口·资源与环境,16(6):11-17.

王兰坤,刘瀛纪,2010.农村社会学教程[M].北京:中国环境科学出版社.

王明初,孙民,2013.生态文明建设的马克思主义视野[J].马克思主义研究(1):32-37.

王楠楠,章锦河,刘泽华,等,2013.九寨沟自然保护区旅游生态系统能值分析[J].地理研究,32(12):2346-2356.

王鹏,2008."两型社会"内涵与区域经济可持续发展——以武汉城市圈为例[J].吉林工商学院学报,24(5):72-76.

王如松,2000.论复合生态系统与生态示范区[J].科技导报,18(6):6-9.

王如松,欧阳志云,2012.社会-经济-自然复合生态系统与可持续发展[J].中国科学院院刊,27(3):337-345.

王深,吕连宏,张保留,等,2021.基于多目标模型的中国低成本碳达峰碳中和路径研究[J].环境科学研究,34(9):2044-2055.

王云飞,2015.低碳经济的理论基础及其经济学价值[J].生产力研究(4):16-20.

王长征,刘毅,2004.人地关系时空特性分析[J].地域研究与开发,23(1):7-11.

王志轩,2021.碳达峰、碳中和目标实现路径与政策框架研究[J].电力科技与环保,37(3):1-8.

王治河,2009.中国式建设性后现代主义与生态文明的建构[J].马克思主义与现实(1):26-30.

邬建国,2007.景观生态学:格局、过程、尺度与等级(第2版)[M].北京:高等教育出版社.

吴柏海,余琦殷,林浩然,2016.生态安全的基本概念和理论体系[J].林业经济,38(7):19-26.

吴昌广,周志翔,王鹏程,等,2010.景观连接度的概念、度量及其应用[J].生态学报,30(7):1903-1910.

吴传钧,1991.论地理学的研究核心——人地关系地域系统[J].经济地理,11(3):7-12.

吴传钧,2008.人地关系地域系统的理论研究及调控[J].云南师范大学学报(哲学社会科学版),40(2):1-3.

吴传钧,郭焕成,1994.中国土地利用[M].北京:科学出版社.

吴钢,肖寒,赵景柱,等,2001.长白山森林生态系统服务功能[J].中国科学:生命科学,31(5):471-480.

吴玉鸣,刘鲁艳,2016.城市工业空间布局与区域协调发展水平综合评价及差异——环渤海地区与西部能源"金三角"比较[J].经济地理,36(7):91-98.

吴增基,吴鹏森,苏振芳,2014.现代社会学(第5版)[M].上海:上海人民出版社.

吴志成,吴宇,2018.人类命运共同体思想论析[J].世界经济与政治(3):4-33.

吴忠民,2003.社会学理论和方法[M].北京:中共中央党校出版社.

武吉华,1999.自然资源评价基础[M].北京:北京师范大学出版社.

习近平,2017.携手建设更加美好的世界——在中国共产党与世界政党高层对话会上的主旨讲话[J].中国应急管理(12):5-6.

夏军,张永勇,王中根,等,2006.城市化地区水资源承载力研究[J].水利学报,37(12):1482-1488.

向秀容,潘韬,吴绍洪,等,2016.基于生态足迹的天山北坡经济带生态承载力评价与预测[J].地理研究,35(5):875-884.

肖笃宁,解伏菊,魏建兵,2004.区域生态建设与景观生态学的使命[J].应用生态学报,15(10):1731-1736.

肖玲,董林林,兰叶霞,等,2008.基于生态压力指数的江西省生态安全评价[J].地域研究与开发,27(1):117-120.

谢高地,曹淑艳,2010.发展转型的生态经济化和经济生态化过程[J].资源科学,32(4):782-789.

谢高地,张彩霞,张雷明,等,2015.基于单位面积价值当量因子的生态系统服务价值化方法改进[J].自然资源学报,30(8):1243-1254.

谢强,杜世勇,孙兆海,等,2001.可持续发展理论基础及方法主要研究热点简述[J].中国人口·资源与环境,11(52):112-113.

熊建新,彭保发,陈端吕,等,2013.洞庭湖区生态承载力时空演化特征[J].地理研究,32(11):2031-2040.

徐彬,吴蔚,谢天,2017.理性对待生态主义推进我国经济与生态的协调发展[J].学习与实践(2):29-37.

徐春,2010.对生态文明概念的理论阐释[J].北京大学学报(哲学社会科学版),47(1):61-63.

徐中民,程国栋,张志强,2006.生态足迹方法的理论解析[J].中国人口·资源与环境,16(6):69-78.

许学强,张俊军,2001.广州城市可持续发展的综合评价[J].地理学报,56(1):54-63.

杨萍,2008.构建"五力模型"推进我国生态文明建设[J].理论建设(2):8-10.

杨青山,梅林,2001.人地关系、人地关系系统与人地关系地域系统[J].经济地理,21(5):532-537.

杨艳茹,王士君,陈晓红,2015.石油城市经济系统脆弱性动态演变及调控途径研究——以大庆市为例[J].地理科学,35(4):456-463.

杨杨,吴次芳,韦仕川,2007.浙江省人地关系变化阶段特征及调整策略[J].中国人口·资源与环境,17(1):61-65.

杨雨婷,2013.马克思主义生态观对中国生态文明建设的启示[J].重庆理工大学学报(社会科学),27(12):86-90.

姚国庆,2007.博弈论[M].北京:高等教育出版社.

姚介厚,2013.生态文明理论探析[J].中国社会科学院研究生院学报,35(4):5-12.

姚文捷,2015.生猪养殖产业集聚演化的环境效应研究——以嘉兴市辖区为例[J].地理科学,35(9):1140-1147.

姚星,唐鹓,林昆鹏,2012.生产性服务业与制造业产业关联效应研究——以四川省投入产出表的分析为例[J].宏观经济研究(11):103-111.

叶敬忠,张明皓,2020.发展理念的变迁与新发展理念的形成[J].济南大学学报(社会科学版),30(1):5-12.

叶谦吉,1982.生态农业[J].农业经济问题(11):3-10.

叶谦吉,罗必良,1987.生态农业发展的战略问题[J].西南农业大学学报(1):5-12.

尹海伟,孔繁花,祈毅,等,2011.湖南省城市群生态网络构建与优化[J].生态学报,31(10):2863-2874.

于晓雷,2013.中国特色社会主义生态文明建设[M].北京:中共中央党校出版社.

余谋昌,2007.生态文明:人类文明的新形态[J].长白学刊,23(2):138-140.

余旭升,1991.土地资源人口承载量的预测及其在人地关系研究中的意义[J].自然资源学报,6(2):117-126.

俞可平,2005.科学发展观与生态文明[J].马克思主义与现实(4):4-5.

袁继池,秦武峰,2014.生态文明简明教程[M].武汉:华中科技大学出版社.

袁培,刘明辉,2016.中国与中亚五国能源贸易联系网络结构研究-基于社会网络分析方法[J].苏州市职业大学学报,27(1):2-7.

原嫄,孙欣彤,2020.城市化、产业结构、能源消费、经济增长与碳排放的关联性分析——基于中国省际收入水平异质性的实证研究[J].气候变化研究进展,16(6):738-747.

苑泽明,孙乔丹,李田,2016.实现我国经济循环与绿色发展的有效路径[J].理论与现代化(5):8-14.

约翰·贝拉米·福斯特,2006.马克思的生态学:唯物主义与自然[M].刘仁胜,肖峰,译.北京:高等教育出版社.

约翰·凡·安德利亚,1991.基督城[M].黄宗汉,译.北京:商务印书馆.

詹姆斯·奥康纳,2003.自然的理由——生态学马克思主义研究[M].唐正东,臧佩洪,译.南京:南京大学出版社.

张从,2005.环境评价教程[M].北京:中国环境科学出版社.

张洁,李同昇,王武科,2010.渭河流域人地关系地域系统模拟[J].地理科学进展,29(10):1178-1184.

张琨,林乃峰,徐德琳,等,2018.中国生态安全研究进展:评估模型与管理措施[J].生态与农村环境学报,34(12):1057-1063.

张林英,周永章,温春阳,等,2005.生态城市建设的景观生态学思考[J].生态科学,24(3):273-277.

张倩,刘颖,2011.黑龙江省创意产业功能定位及发展对策研究[J].科技管理研究,31(23):86-89.

张全国,廖万金,2003.生态影响评价与生物多样性保护[J].生物学通报,38(9):7-9.

张伟,王秀红,申建秀,等,2012.伊犁地区农业生态经济系统的时空分异规律与可持续发展[J].经济地理,32(4):136-142.

张衍毓,郭旭东,陈美景,2016.土地系统多级综合观测研究网络建设框架[J].中国土地科学,30(7):4-13.

张义丰,贾大猛,谭杰,等,2009.北京山区沟域经济发展的空间组织模式[J].地理学报,64(10):1231-1242.

张引,杨庆媛,闵婕,2016.重庆市新型城镇化质量与生态环境承载力耦合分析[J].地理学报,71(5):817-828.

张征,2004.环境评价学[M].北京:高等教育出版社.

张智光,2017.面向生态文明的超循环经济:理论、模型与实例[J].生态学报,37(13):4549-4561.

张忠华,刘飞,2016a.循环经济理论的思想渊源与科学内涵[J].发展研究(11):15-19.

张忠华,刘飞,2016b.我国循环经济主要发展模式及展望[J].环渤海经济瞭望(9):3-5.

赵慧霞,吴绍洪,姜鲁光,2007.生态阈值研究进展[J].生态学报,27(1):338-345.

赵靖川,刘树华,2015.植被变化对西北地区陆气耦合强度的影响[J].地球物理学报,58(1):47-62.

赵士洞,王礼茂,1996.可持续发展的概念和内涵[J].自然资源学报,11(3):288-292.

赵士洞,张永民,2006.生态系统与人类福祉——千年生态系统评估的成就、贡献和展望[J].地球科学进展,21(9):895-902.

赵守国,2004.科斯定理的实质及其学术纷争[J].经济学家,4(4):92-96.

赵先贵,肖玲,兰叶霞,等,2005.陕西省生态足迹和生态承载力动态研究[J].中国农业科学,38(4):746-753.

赵亚莉,吴群,龙开胜,2009.基于模糊聚类的区域主体功能分区研究——以江苏省为例[J].水土保持通报,29(5):127-130.

郑度,2008.人地关系地域系统与国土开发整治——贺吴传钧院士90华诞[J].地理学报,63(4):346-348.

中国科学院国情分析研究小组,1992.国情研究第二号报告 开源与节约——中国自然资源与人力资源的潜力与对策[M].北京:科学出版社.

钟冠国,2004.决策与博弈分析[M].贵阳:贵州科技出版社.

钟少芬,刘煜平,李阳苹,等,2012.浅析中国清洁生产及其相关法律法规[J].环境科学与管理,37(9):166-169.

钟贞山,2017.中国特色社会主义政治经济学的生态文明观:产生、演进与时代内涵[J].江西财经大学学报(1):12-19.

周宏春,管永林,2020.生态经济:新时代生态文明建设的基础与支撑[J].生态经济,36(9):13-24.

朱启贵,2006.绿色国民经济核算的国际比较及借鉴[J].上海交通大学学报(哲学社会科学版),14(5):5-12.

卓玉国,刘军,郭环洲,2012.河北省主导产业的定量选择方法研究——基于区位熵和SSM方法的分析[J].经济研究参考(47):68-73.

左伟,周慧珍,李硕,等,2001.人地关系系统及其调控[J].人文地理,16(1):67-70.

AHMAD N A,BYRD H,2013.Empowering distributed solar PV energy for malaysian rural housing:Towards energy security and equitability of rural communities[J]. International Journal of Renewable Energy Technology,2(1):59-68.

BABER W F,2004. Ecology and democratic governance:Toward a deliberative model of environmental politics[J]. Social Science Journal,41(3):331-346.

BARTELMUS P,2003. Dematerialization and capital maintenance:two sides of the sustainability coin[J]. Ecological Economics,46(1):61-81.

BESEL R D,2013. Accommodating climate change science:James Hansen and the rhetorical/political emergence of global warming[J]. Science in Context,26(1):137-152.

BIERMANN F,DAVIES O,VANDER GRIJP N,2009. Environmental policy integration and the architecture of global environmental governance[J]. International Environmental Agreements Politics Law and Economics,9(4):351-369.

BIERMANN F,BETSILL M M,GUPTA J,et al,2010. Earth system governance:A research framework[J]. International Environmental Agreements Politics Law and Economics,10(4):277-298.

BOCCABELLA A,NATALINI R,PARESCHI L,2017. On a continuous mixed strategies model for evolutionary game theory[J]. Kinetic and Related Models,4(1):187-213.

BORGATTI S P,EVERETT M G,1999. Models of core/periphery structures[J]. Social Networks,21(4):375-395.

BOULDING K E,1996. The economics of the coming spaceship earth[C]//6th Resources for the Future Forum on Environmental Quality in A Growing Economy.

CAMPBELL D E,2016. Emergy baseline for the earth:A historical review of the science and a new calculation[J]. Ecological Modelling,339:96-125.

CANTERBERY E R,2015. Game theory:An introduction[J]. Reference Reviews,14(7):35-36.

CARTER L J,1970. Earth day:A fresh way of perceiving the environment[J]. Science,168(3931):558-559.

CASSEN R H,1987. Our common future:Report of the world commission on environment and development[J]. International Affairs,64(1):126.

CELA K L,SICILIA M Á,SÁNCHEZ S,2015. Social network analysis in E-Learning environments:A preliminary systematic review[J]. Educational Psychology Review,27(1):219-246.

CHAMBERS D,WILSON P,THOMPSON C,et al,2012. Social network analysis in healthcare settings:A systematic scoping review[J]. Plos One,7(8):520-521.

COSTANZA R,DARGE R,GROOT R D,et al,1997. The value of the world's ecosystem services and natural capital[J]. Nature,387(1):3-15.

COSTANZA R,GROOT R D,SUTTON P,et al,2014. Changes in the global value of ecosystem services[J]. Global Environmental Change,26(1):152-158.

DAILY G C,1997. Nature's services:Societal dependence on natural ecosystems[J]. Pacific Conservation Biology,6(2):220-221.

ELSTUB S,2010. The third generation of deliberative democracy[J]. Political Studies Review,8(3):291-307.

FROSCH R A,GALLOPOULOS N E,1989. Strategies for manufacturing[J]. Scientific American,261(3):144-152.

GERLAGH R,ZWAAN B V,2006. Options and instruments for a deep cut in CO_2 emissions:Carbon dioxide capture or renewables,taxes or subsidies? [J]. Energy Journal,27(3):25-48.

GIBBONS R,1997. An introduction to applicable game theory[J]. Journal of Economic Perspectives,11(1):127-149.

GROSSMANN A,MORLET J,KRONLANDMARTINET R,et al,1987. Detection of abrupt changes in sound signals with the help of wavelet transforms[J]. Advances in Electronics and Electron Physics,69(156):289-306.

HANSEN J,LEBEDEFF S,1988. Global surface air temperatures:Update through 1987[J]. Geophysical Research Letters,15(4):323-326.

HAWKEN P,LOVINS A,LOVINS L H,1999. Natural Capitalism:Creating the Next Industrial Revolution[M]. New York:Little,Brown and Company.

HOPPES R B,1991. Regional versus industrial shift-share analysis—with help from the Lotus Spreadsheet[J]. Economic Development Quarterly:The Journal of American Economic Revitalization,5(3):258-267.

JAENICKE M,2008. Ecological modernisation:New perspectives[J]. Journal of Cleaner Production,16(5):557-565.

LAFFERTY W M,ECKERBERG K,2000. From the earth summit to local agenda 21:Working towards sustainable development[J]. Earthscan Library Collection,26(1):128-129.

MACKILLOP A,1990. On decoupling[J]. International Journal of Energy Research,14(1):83-105.

MCCORMICK J,1986. The origins of the world conservation strategy[J]. Environmental History Review,10(3):177-187.

MCGARVEY J C,THOMPSON J R,EPSTEIN H E,et al,2015. Carbon storage in old-growth forests of the Mid-Atlantic: Toward better understanding the eastern forest carbon sink[J]. Ecology,96(2):311-317.

MEADOWS D H,GOLDSMITH E,MEADOW P,1972. The Limits to Growth[M]. New York:New American Library.

MICHAELIDES P,MILIOS J,VOULDIS A,et al,2010. Emil lederer and joseph schumpeter on economic growth,technology and business cycles[J]. Forum for Social Economics,39(2):171-189.

NAESS A,1984. A defence of the deep ecology movement[J]. Environmental Ethics,6(3):265-270.

NEUMAYER E,2001. The human development index and sustainability — A constructive proposal[J]. Ecological Economics,39(1):101-114.

NICCOLUCCI V,BASTIANONI S,TIEZZI E B,et al,2009. How deep is the footprint? A 3D representation[J]. Ecological Modelling,220(20):2819-2823.

NICCOLUCCI V,GALLI A,REED A,et al,2011. Towards a 3D national ecological footprint geography[J]. Ecological Modelling,222(16):2939-2944.

REES W E,1992. Ecological footprints and appropriated carrying capacity:What urban economics leaves out[J]. Environment and Urbanization,4(2):121-130.

SCHELLING T C,1996. The economic diplomacy of geoengineering[J]. Climatic Change,33(3):303-307.

SMITH R,2007. Development of the SEEA 2003 and its implementation[J]. Ecological Economics,61(4):592-599.

SOKOLOVSKA N,TEYTAUD O,RIZKALLA S,et al,2015. Sparse zero-sum games as stable functional feature selection [J]. Plos One,10(9):13-24.

STERN D I,2004. The rise and fall of the environmental kuznets curve[J]. World Development,32(8):1419-1439.

STERN N,2006. Stern review on the economics of climate change[J]. South African Journal of Economics,75(2):369-372.

SU B,HESHMATI A,GENG Y,et al,2013. A review of the circular economy in China:Moving from rhetoric to and nbsp; implementation[J]. Journal of Cleaner Production,42(3):215-227.

TREFFERS D J,FAAIJ A P C,SPAKMAN J,et al,2005. Exploring the possibilities for setting up sustainable energy systems for the long term:two visions for the Dutch energy system in 2050[J]. Energy Policy,33(13):1723-1743.

VOSS J P,2007. Innovation processes in governance:The development of 'emissions trading' as a new policy instrument [J]. Science and Public Policy,34(5):329-343.

WACKERNAGEL M,MONFREDA C,DEUMLING D,2002. Ecological footprint of nations,2002 update[J]. Quellen Und Forschungen Aus Italienischen Archiven Und Bibliotheken,91(1):1-29.

WARD B,DUBOS R,RENÉ J,1972. Only One Earth:The Care and Maintenance of a Small Planet[M]. New York:Norton.

WHITE D R,JORION P,1996. Kinship networks and discrete structure theory:Applications and implications[J]. Social Networks,18(3):267-314.

WORLD BANK,2011. The changing wealth of nations:Measuring sustainable development in the new millennium[J]. World Bank Publications,47(2):286-288.

ZADEH L A,1965. Fuzzy sets,information and control[J]. Information and Control,8(3):338-353.

ZADEH L A,YUAN B,KLIR G J,1996. Fuzzy sets,fuzzy logic,and fuzzy systems:selected papers by Lotfi A. Zadeh[J]. Archive for Mathematical Logic,32(32):1-32.

第2篇 生态文明建设指标体系

第5章 生态文明建设指标体系研究进展

20世纪60年代以来,伴随着世界范围内经济的高速发展,人口的飞速增长,环境污染、生态破坏问题严峻,世界面临着一系列资源、环境与人口问题,在这一过程中世界人民逐渐认识到我们只有一个地球,体会到了保护环境的重要意义,因此国外学者们提出"可持续发展"理念,在世界范围内受到广泛认同,并积极开展了可持续发展方面的理论与实践研究。我国对生态文明建设的研究也起始于对可持续发展的研究,并使"可持续发展"理念得到了升华,我国学者们对生态文明建设的研究对象从宏观到微观覆盖了全国、大区域、省域、城市、县域五个层次,他们针对不同层级研究区的具体特点,构建了各具特色的生态文明建设评价指标体系。

5.1 中国生态文明评价指标体系研究的开端

在21世纪最初的10年,我国关于生态文明指标体系的研究刚刚起步,学者们尝试着进行指标体系构建的有益探索,取得了初步成果,并积极运用所构建的指标体系进行实证研究,积累了经验,为之后的生态文明指标体系构建的深入研究打下基础。

关琰珠等(2007)根据可持续发展、生态资源价值理论与生态承载力等多个理论,在坚持系统性、综合性、代表性、科学性、实用性等诸多原则的基础上,在国内首次建立了资源节约、环境友好、生态安全和社会保障四个系统层,下设32个指标生态文明指标体系,并分析了厦门市生态文明指标的完成情况,其特色在于除已有的统计指标外,新创10项具体指标,例如"生态环境议案、提案、建议比例""生态知识普及率"等较有特色。指标体系层次分明,具有首创精神,但也存在一些缺点:个别指标设定过于理想化,数据不易获取,例如"人均绿色GDP""污染扰民服务行业集中区比例"等,忽略了产业绿色化水平的评价,对于生态制度建设及发展循环经济的考量不足。

曾刚(2009)建立的生态文明评价指标体系分成了"环境友好、生态健康、社会和谐、经济发展、管理科学"共五个专题领域,并依据联合国可持续发展委员会的"驱动力-状态-响应"模型建立评价主题,筛选出24个具体指标,这些指标中有60%的指标贡献率从属于"环境友好""生态健康"专题领域,这两个领域的指标注重对自然环境状态的评价,能够直接反应生态环境的健康程度,例如"空气污染指数(API)达到一级天数比例""自然湿地保有率"等。另外三个领域的指标则重点关注社会经济的发展与管理对生态文明的影响,例如"有机、绿色和无公害农产品种植面积的比重""环境优美乡镇占比"等。该指标体系的特色在于将指标分成了对自然生态环境状况和对社会经济发展和管理两个领域进行的系统全面的分析考量,指标选取考虑周到全面,但也存在一些不足,第一,存在与生态文明评价无关指标,如"调查失业率""现代服务业增加值占GDP比重"等;第二,部分指标数据的可获取性较差,例如"实绩考核环保绩效权重""土地开发强度"等。

5.2 生态文明建设指标体系构建分类

5.2.1 全国范围生态文明建设评价指标体系

2016 年,中共中央办公厅、国务院办公厅印发《生态文明建设目标评价考核办法》,之后,国家发展改革委等部门制定了《绿色发展指标体系》和《生态文明建设考核目标体系》,成为了我国生态文明建设评价的规范、有效的依据,极大地推动了我国生态文明建设步伐,有利于促进绿色发展。

学者们也积极进行全国范围的生态文明建设评价,主要是对全国的全部省级行政区进行生态文明指标体系的构建与实证研究。

彭一然(2016)选择生态经济、生态环境、生态社会三个一级指标,下设经济水平、产业结构、循环经济、生态健康、环境友好、社会公平、社会服务共 7 个二级指标,包括 30 项具体指标来构建中国省域生态文明评价指标体系,并从生态经济、生态环境、生态社会三个子系统以及从整体水平上对我国各省级行政区生态文明建设进行实证分析。其在二级指标中列出"循环经济"作为一个指标大类,涵盖了 6 个具体指标,其中部分指标新颖且具有创新性,例如"可再生资源占能源消费总量的比例""三废综合利用产品产值占 GDP 比重"。在"产业结构"大类里设立了有创新性的"林业产业总产值占 GDP 的比重",体现了在省域产业结构方面对林业等生态产业的关注。在"环境友好"大类里设立"环境污染治理投资占 GDP 比重"指标,体现出在生态文明建设中对环境污染治理的重视,在"社会服务"大类里设立"每万人拥有公共交通车辆"指标,体现了生态文明建设对低碳出行的重视。但是该评价指标体系也明显存在不足,部分指标与生态文明建设相关性不大,例如"每千人口卫生技术人员""人均财政教育支出"等。此外,部分指标数据较难获取,例如"农药使用强度"等。

宓泽锋等(2016)依据"社会-经济-自然复合生态系统"理论,在参考国外指标体系以及我国 16 个省(区、市)的生态省建设规划纲要基础之上,建立了包括自然、经济、社会三大领域的共 24 个具体指标的评价指标体系,对我国省域生态文明建设水平空间演化格局进行实证分析。在"自然"领域,采用了"粪便无害化处理率""主要污染物排放量强度"等相较于其他指标体系采用较少的指标,在"经济"领域,采用"单位建设用地创造的 GDP"指标,体现出对建设用地使用的经济效率的关注,这些都体现出该指标体系的特色。

郭本初(2020)构建评价指标体系,对全国各省级行政区生态文明建设进行评价,该指标体系共分"生态环境""资源环境""经济发展""社会进步"和"生态文明制度建设"五个一级指标,其下共分为 37 个具体指标,其中具有创新性的指标主要集中在"生态文明制度建设"一级指标之下,例如"现行有效的环境保护地方性法规总数""排污费征收金额占财政收入比例""环保部门承办的人大建议数""审批的建设项目环境影响评价文件数量",这几项指标能够从不同侧面对生态文明建设进行深入挖掘和分析,与多数指标体系仅使用现有指标形成对比,具有自身特色。

5.2.2 区域范围生态文明建设评价指标体系

我国学者也根据某一地区或经济区的具体特色对该地区的生态文明建设进行评价,例如对长江经济带、西部地区、中部地区、南四湖流域等区域进行生态文明建设评价。

邓宗兵等(2019)建立指标体系对长江经济带的生态文明建设进行评价,该指标体系依据中共中央、国务院《关于加快推进生态文明建设的意见》中对生态文明建设的具体要求,建立了包括"国土空间优化""资源节约集约""生态环境保护""制度健全保障"共四个系统层的生态文明评价指标体系,下分 21 项具体指标。该指标体系既体现了国家生态文明建设相关文件精神,又结合了本地区具体特色,但是也仍然存在诸如"农用地面积占辖区面积比重""城市人口密度"等与生态文明建设较为不相关的指标。

刘志博等(2020)构建评价指标体系对黄河流域 9 个省(区)生态文明建设进行评价,其指标体系由"生态本底"和"经济社会"两大领域共 18 项具体指标构成,"生态本底"领域主要从森林、土地、山体、草原、湿地的质量以及水的生产生活保障、水土保持、固废循环等方面考察黄河流域生态文明建设质量;在"经济社会"领域主要从城乡融合、经济发展、人民生活、医疗保障、养老服务、城市宜居、公共交通、卫生设施、人居环境等方面关注生态文明建设质量,指标体系内容较为全面,结构合理,符合黄河流域各省(区)实际。

张黎丽(2011)根据生态文明理论和思想,并采用灰色层次分析法建立生态文明评价指标体系,对我国西部地区生态文明建设水平进行评价,共分为"生态经济""生态承载力""生态保障""生态环境""生态发展"五个一级指标,15 个二级指标,下分 39 个具体指标,并利用方根法确定指标权重,该指标体系覆盖内容较为全面,全方位考虑了各因素对西部地区生态文明建设的影响,指标能够很好地针对西部地区生态文明建设的具体特点进行优化设置,例如在"资源优势"二级指标下的"天然气、煤炭、水能资源占全国比重",体现了西部地区在生态文明建设中自身所具有的优势条件,同时也充分考虑了"贫困人口比率"指标对西部地区生态文明建设的影响。但仍然存在个别指标数据可获取性较差,例如"环境管理能力标准化建设达标率",此外,部分指标与生态文明建设关系不紧密,例如仅有"工业产值占 GPD 比重",而没有考虑环保产业占 GDP 的比重。

曹丽平(2015)构建指标体系对我国中部 6 个省(区、市)生态文明建设进行评价,该指标体系分"环境纳污能力""资源供给能力""人类支持能力"三个一级指标,其中环境纳污能力主要考察大气、水、土壤的纳污能力,资源供给能力考察了矿产、水、土壤、植被资源的储量与丰富程度,人类支持能力主要考察管理建设水平、技术进步与社会经济进步,共分为 27 项具体指标,该指标体系构成新颖、逻辑清晰,尤其是三个一级指标,其独特的分类标准与其他生态文明评价指标体系有明显不同,富有自身特色,27 个具体指标也分别针对中部地区各省(区、市)生态文明建设中存在的不同问题与挑战进行选择,有较强的针对性。

赵婷婷等(2021)构建评价指标体系对南四湖流域的水生态文明建设进行评价,该指标体系分为准则层、中间层、指标层三个层次,其中准则层包括"水资源""水环境""水生态""水景观"和"水管理"五大类,共包含 33 项具体指标,该指标体系的内容根植于南四湖流域的自身特点,重点关注了采煤塌陷区生态治理、化肥农药污染以及农村生活污水排放、南水北调工程对水体水质的要求、河道行洪标准等方面的水生态文明的建设情况,特色鲜明。

成金华等(2013)针对矿产资源开发造成的生态破坏和环境污染严重的情况,建立了矿区的生态文明评价指标体系,该指标体系共分为"资源利用""环境保护""生态经济""社会发展""绿色保障"五个系统层,每个系统层对应各自不同的目标,其下分设 36 个具体指标,在"资源利用"系统中,主要涵盖了矿产资源的储采比、回采率、综合利用率等针对矿区而设的具体指标;在"环境保护"系统中,主要考量了矿区的水、土、大气环境的质量、噪声治理、植被覆盖率和物种多样性等要素;在"清洁生产"系统中,主要分别考察了各种工业污染物的排放量;在"社会发展"系统中,主要考察了人均公共绿地面积、环境保护满意率等指标;在"绿色保障"系统中,主要考查了塌陷土地复垦率、水土流失治理率等指标。从这些指标可以看出,该指标体系从多个维度对矿山的生态文明建设进行了评价,结构合理,内容全面,切中了矿山地区的具体问题。

5.2.3　省域生态文明建设评价指标体系

省域的生态文明建设评价主要是对省(区、市)内部的生态文明建设水平进行评价。

黄娟等(2011)在对江苏省生态文明建设进行评价时构建了一个"生态意识""生态经济""生态环境""生态人居""生态行为"共六个一级指标的评价指标体系,共 12 个二级指标体系,52 个具体指标,该指标体系在"环境成本"二级指标中对 COD、SO_2、NH_3-N(氨氮)、CO_2 等主要污染物设立了"主要污染物排放强度"指标,对这几种主要污染物进行了强调;此外,在"宣传教育"二级指标中,设立"生态教育基地数量"

指标,体现生态教育基地的建设和普及对进行生态文明建设的重要意义;在"资源节约"二级指标中,设立了"政府无纸化办公率"以及"政府绿色采购率"指标,以上这些指标的设立使该指标体系具有自身特色,其不足之处在于仅提出了江苏省生态文明建设评价指标体系,但没有对江苏省进行实证研究。

高玉慧等(2014)在北京林业大学生态文明研究中心发布《中国省域生态建设评价指标体系》,并结合黑龙江省的实际情况,构建指标体系,对黑龙江省生态文明建设质量进行评价,该指标体系包含"生态环境""经济发展""社会进步"三类一级指标,其指标权重依次被确定为50%、30%、20%,可见生态环境类指标所占权重最大,共有16项具体指标。其中,"生态环境"类指标主要考察了森林覆盖率、森林质量(即单位面积蓄积量)、建成区绿化覆盖率、自然保护区的有效保护、湿地面积占国土面积比重,可以看出该部分关注森林和湿地等的指标众多,体现出了黑龙江省森林、湿地面积广阔的自然生态特征,具有省区特色。在"经济发展"类指标中,其特色在于出现了"农林牧渔总产值"指标,体现出农林业在黑龙江省经济发展中的重要地位。在"社会进步"类指标中,出现"农村改水率"指标,体现出农村社会经济生活的发展进步对生态文明建设的重要意义。总体来看,该指标体系富有省区特色,考虑到了黑龙江省自然与社会经济条件方面的特色,结构体系完整,具有系统性、综合性特点。

5.2.4　城市生态文明建设评价指标体系

城市人口密集,经济发达,同时也是人类活动对自然地理环境改造最为深刻的地方,其人工生态系统具有脆弱性的特征,随着对改善城市人居环境,建设"生态城市"的要求的不断提高,诸多学者开始关注我国大城市生态文明建设的情况,并对此进行了研究。

钱敏蕾等(2015)依据经济合作与发展组织提出的"压力-状态-响应"模型,从"压力""状态""响应"三方面选取能够体现大城市生态文明建设水平的指标,其中"压力"层面分出"社会""资源""环境"三种不同压力,其下分7个具体指标。"状态"层面分"环境状态""人居状态"两种,其下有10个具体指标。"响应"层面分"经济响应""环境响应""社会响应"三种,其下细分11个具体指标。通过熵值法计算出各指标权重,对上海市生态文明建设进行评价,该指标体系结构合理,层次清晰,符合作为我国特大城市的上海市的具体实际,其主要特色在于通过压力指标体现城市中人类活动给生态环境带来的具体影响,以及通过响应指标体现城市居民为促进城市生态文明发展所作出的积极努力。例如,压力层面的"人口密度""二氧化硫排放强度"等指标,以及响应层面的"环保投入相当于GDP的比重""生活垃圾无害化处理率"等指标都是具体体现。同时,该指标体系也在指标方面具有创新,例如"响应"层面的"新增立体绿化面积"。但是,该指标体系也存在数据不易获取的指标,例如"生态文明制度建设"。

张欢等(2015)构建了包含"生态环境的健康度""资源环境消耗强度""面源污染的治理效率""居民生活宜居度"四个准则层的特大城市生态文明评价指标体系,对武汉市生态文明建设进行评价。该体系共包含20项具体指标,其特色在于对特大城市工业粉尘、废水和固体废弃物的处理与再利用方面,以及单位GDP下的耗水量、废水、废弃物的排放量指标方面的关注。

李艳芳等(2018)构建评价指标体系对我国东北地区的大连、沈阳、长春、哈尔滨四市进行生态文明建设水平评价,一级指标包括"生态经济发展""资源能源利用""生态环境保护""生态文化建设""生态制度建设"共五个,下设26个二级指标,其中一级指标中权重最大的为"生态环境保护",其次为"生态经济发展",体现出该指标体系对环境保护和生态经济的发展重视。在具体指标层面采用了诸如"有机农产品种植面积比例""主要再生资源回收利用率""节能节水器具普及率""政府无纸化办公率"等较为有特色的指标,指标种类全面详尽、层次清晰,适于城市生态文明的评价。

刁尚东(2013)构建评价指标体系对广州市生态文明建设水平进行评价,该指标体系共分"政策保障""经济水平""科学技术"三个一级指标,7个二级指标,34个具体指标。由一级指标可以看出,该指标体系的内容构建突出了政策、经济发展、科学技术对生态文明建设的重大意义,而较少有对当前生态环境状况进行评价的指标,其具体指标的特色在于设立了"居民对政府绿色行政满意度""生态环境保护规划完善程度"等指标,指标体系整体内容新颖。

5.2.5　县域生态文明建设评价指标体系

我国学者构建的生态文明评价指标体系多用来评价国家、省域、市域或者某一经济区的生态文明建设情况,但对县域或更小区域等微观层面的评价较少。

田倩倩(2020)基于"全生态化"的理念,构建了"生态环境系统"和"文明生态化系统"两个系统层,其中"生态环境系统"包括"生态环境状况""生态环境建设"2 个目标层,"文明生态化系统"包括"物质文明生态化""政治文明生态化"以及"精神文明生态化"等共 5 个目标层,下设 33 个具体指标的县域生态文明评价指标体系,对湖南省桃园县的生态文明建设进行评价,该指标体系内容设置角度新颖,结构合理,内容全面,符合县级行政区具体特点,同时创新了较多新指标,例如在"政治文明生态化"中的"排污费征收金额占财政收入比例""生态文明建设工作占党政实绩考核的比例""企业生态环境信息公开率"等,但是也存在一些与生态文明建设较为不相关的指标,例如"九年义务教育巩固率",以及一些数据较难获取的指标,例如"政府绿色采购比例"等。

赵好战(2014)采用"生态文明指数"对石家庄 23 个县级行政区生态文明建设进行评价,从"生态活力""经济活力""社会活力""协调程度"共四个层面,选取 28 个具体指标。该指标体系注重了"生态活力"层面的评价,并将其细分为"森林覆盖率""水网密度指数"等自然地理方面的具体指标,以及"生态敏感度""农药施用强度"等环境生态方面的具体指标。在"经济活力"层面分别考虑了宏观与微观两方面因素,例如"人均收入"以及"再生能源利用率"指标等;"社会活力"层面的指标选取考虑到了城乡发展差距,选取了"农村改水率"和"农村改厕率"等指标。"协调程度"层面注重了经济发展对生态与社会的影响。该指标体系构建思路较为新颖,但部分指标缺乏可操作性,例如"水源保护"等指标数据不易获取。

钮小杰(2015)构建评价指标体系对处在重点生态功能区的勐腊县生态文明建设水平进行评价,主要包括"生态经济""生态发展""社会进步"三个一级指标,在"生态经济"层面下设"集约化程度""循环经济""产业结构"三个二级指标,在"生态发展"层面下设"人力资本""生态投资""生态保持"三个二级指标,在"社会进步"层面下设"生态参与""民生改善"两个二级指标。该指标体系的特色在于注重对居民生态环境保护参与程度的评价,具体指标有"生态文明知识普及率""居民绿色消费指数""公众对环境质量的满意度"等,此外,该评价指标体系也注重生态文明建设对民生改善的重大意义,加入了"恩格尔系数""幸福感指数"等指标,体现出生态文明建设要以人为本的特点,同时也符合作为重点生态功能区的勐腊县的实际情况。

王蓉(2011)构建了包含"生态经济""生态环境""生态安全""生态人居""廉洁高效""生态保障"六个系统,共 38 个指标的生态文明评价指标体系,对陕西省安塞县的生态文明建设情况进行评价,其主要特色表现为在"生态环境"系统内设立了"降水酸度平均值""噪声达标覆盖率"指标,此外,针对安塞县地处黄土高原地区,生态环境脆弱,水土流失严重的特点,在"生态安全"系统下设立了"水土流失率"指标,用以考察该县水土保持情况,相较于其他指标体系具有明显自身特点。

5.3　当前生态文明建设指标体系构建中存在的问题分析

经过我国学者、科研机构等十几年的不断研究探索,我国生态文明评价指标体系在指标选择、体系构建等各方面取得了飞速发展,对我国生态文明建设提供了重要的学术支撑,也起到了重大推动作用。但是,当前评价指标体系在内容和结构体系等方面仍然存在诸多问题,值得不断思考、改进与提升。以下对当前我国生态文明建设评价指标体系中存在的问题进行深入分析。

5.3.1　指标选取的科学性不足

科学的指标体系是指该指标体系是在科学的思想指导下,以事实为具体依据所构建的能够获取指标数据、具有实际应用价值、结构合理、逻辑清晰的完整的指标体系。运用这种指标体系可以有效地评价生态文明建设情况,找出优势并发现存在的不足。我国学术界构建的生态文明评价指标体系在科学性方面取得了长足的发展进步,使指标体系的科学性不断提高,但是仍然存在不足之处。

(1)指标数据的可获取性差

指标体系中的部分指标数据可获取性较差,即由于该指标是自主设立的,没有办法通过政府部门公布的数据中获取或通过社会调查获取,因此不具有可操作性。例如有的指标体系中"人均绿色 GDP""污染扰民服务行业集中区比例""农药使用强度"等指标,这些指标在政府网站的统计公报中较难找到,并且即使进行社会调查来获得数据,也十分不容易,因此数据的可操作性不强。

(2)部分指标与生态文明建设相关性不强

在指标体系中存在部分指标与生态文明建设相关性不强的问题,例如"互联网普及率""城镇登记失业率""农用地面积占辖区面积比重""城市人口密度"等,这些指标内容与生态文明建设的相关性不大,尽管其与生态文明建设可能存在少许的间接相关性,但加入其中往往显得格格不入,使评价结果因这些无关指标的加入而科学性不足,也相应降低了应有的生态文明指标的权重,使评价指标体系变得臃肿,因此其可以不必列入指标体系中。

(3)指标体系缺少实际应用性

当前,我国学者与科研机构从各自不同的研究对象出发,构建了诸多各具特色的评价指标体系,但是,部分评价指标体系存在着缺乏实际应用能力的问题。一方面,一些指标由学者自己构建设立,存在理想化、主观化的特点,存在指标科学性方面的问题,忽视了指标数据的可获取性,应用在实际评测中可能会存在指标数据搜集困难的问题,因此其缺乏应用能力。另一方面,部分指标虽然具有学术价值和理论意义,但是其在实际的生态文明建设中实践意义却不够明显,使生态文明建设评价仅停留在学术层面。因此,应该注重生态文明评价指标体系的适用性特点,选取构建合理、有效、具有实际应用价值的评价指标体系,使之能够直接应用到生态文明建设评价之中。

(4)指标体系内容驳杂、臃肿或结构组成不合理

当前,学者们构建的一些评价指标体系在具体指标方面存在指标数量过多、内容驳杂及臃肿现象,使指标评价的内容存在大量的信息冗余。一方面,尽管指标体系应该完整,但一个指标体系是不可能面面俱到的,其应该根据评价的具体地区而具有不同的侧重点。另一方面,指标体系内容的臃肿也造成了不同学者所构建的评价指标体系存在评价指标内容相似的问题,其体系构成也大同小异,没有突出自身特色。例如,一些指标体系过分追求内容全面,其包含了接近 40 个具体指标,这些指标中包含了一些与生态文明建设不相关的指标,例如"工业产值占 GPD 比重""国内有效专利数""失业率"等。

相反,部分指标体系也存在指标体系内容结构不合理、不系统的问题,例如有的指标体系过于关注环境保护,其环境保护类的相关指标占比过大,从而忽视了其他方面(例如经济、社会等对生态文明建设的影响)。

使评价指标体系做到体系完整、内容全面、特色突出、内容简洁明了、避免臃肿,是一件富有挑战性的事情,需要不断探索与修改完善。

(5)指标体系没有依据当地实际情况影响科学性

我国国土面积广阔,自然环境复杂多样,各地自然与社会经济发展情况差异大,仅用一套生态文明建设评价指标体系难以评价不同地区的生态文明建设水平。例如,我国西北干旱区、青藏高原区等生态环境条件十分脆弱的地区,以及我国西南横断山区、海南热带雨林、大兴安岭林区等各具生态特色的地区,它们自然生态环境独特,因此,对其进行生态文明评价,需要科研机构与政府部门根据各地区的具体实际情况,因地制宜地建立一套具有科学性的、适合本地区自然与社会经济情况的生态文明评价指标体系,以提高生态文明建设评价指标体系的适用性。

(6)指标体系构建缺乏多学科协同影响科学性

当前,生态文明评价指标体系均是由与生态学、地理学或社会经济领域相关学科的专家学者们提出

的,尽管各学科领域学者提出的生态文明评价指标体系各有侧重点与特色,但是其对生态文明评价的某些指标及权重方面存在不同的观点与认识,难以形成一个针对某一地区的完善的评价指标体系。因此,应该鼓励与促进各专业领域专家学者共同合作,发挥自身专业优势与技能,形成优势互补,培养生态文明建设评价领域的专门人才,以此构建一个融合相关各学科专业特点与优势的生态文明建设评价指标体系。

5.3.2　评价指标体系的影响力与公众认知度缺乏

指标体系的影响力与公众认知度是社会公众对生态文明建设评价指标体系的接纳认知程度。指标体系是否具有公信力,是否能被公众接纳,是衡量一个指标体系优劣的重要因素,因此应该十分注重指标体系影响力的建设。但是,当前不同学者与科研机构针对生态文明建设的评价构建了诸多的指标体系,尽管其各有特色,但是这些指标体系在社会影响力与认知度方面较为缺乏,没有一个指标体系能够被社会大众所广泛接受并获得广泛认可。生态文明建设评价指标体系公信力缺乏的原因,归结起来主要有以下方面:

(1)指标体系科学性不足,影响公众认知度

前文提到,当前各评价指标体系在具体指标的设定上均有不同程度的科学性问题,如数据可获取性差、与生态文明建设相关性不强而缺乏实际应用能力,这导致了指标体系存在种种不足而缺乏公信力,此外,部分指标虽然在理论上可行,但是运用到实际中会存在种种困难,缺乏公众认知度。

(2)指标体系宣传不足,影响公众认知度

生态文明评价指标体系的构建与广泛应用,离不开大众的积极参与与广泛认可。而当前众多的生态文明评价指标体系均存在着社会宣传不到位的问题,民众对生态文明评价方面的问题知之甚少,一方面是因为指标体系内容在表述上专业化,导致民众对生态文明建设评价指标的了解缺乏兴趣,另一方面是因为指标的学术化文字表述,也使民众在指标内容的理解上存在困难。例如,指标体系中出现的"API"是指"空气污染指数",但是仅写"API"会使得一般民众无法理解其中的含义。因此,应该在保证表述准确科学的基础上,尽量采用群众可以明白其含义的表述方式,并且积极宣传生态文明建设评价指标体系的具体含义,使大众广泛深刻了解生态文明建设评价指标体系的重要意义与价值,提高其在人民大众之间的接纳与认知水平。同时,要在指标体系中引入更多的与民众生活息息相关的、能直接感受到的指标,在引导人民群众积极践行生态文明的价值理念的基础上,提高生态文明评价指标体系的影响力与公众认知度。

5.4　山东省蒙阴县生态文明指标体系构建案例分析

5.4.1　蒙阴县生态文明建设背景及思路

以蒙山、泰山为核心的鲁中山区是山东省的绿心和重要的生态功能区。蒙阴县处于鲁中山区的腹地,在维护山东省生态建设和生态屏障上发挥了重要作用。

山东省新旧动能转换重大战略中对于蒙阴县的发展要求是以升级为国家重点生态功能区为重大机遇,严格执行国家重点生态功能区负面清单制度,大力发展生态旅游、机械等主导产业,壮大优势产业和特色经济,培育经济发展的内生动力。云蒙湖是临沂水源地,蒙阴县是临沂市的重要生态功能区,建设好生态屏障可以推进环境质量改善,推进控源截污、湿地建设,保障临沂市民的饮用水安全和临沂市的生态安全屏障。

生态文明建设功在当代、利在千秋。加大力度推进生态文明建设、解决生态环境问题,就一定能推动形成人与自然和谐发展现代化建设新格局,让中华大地天更蓝、山更绿、水更清、环境更优美。由于蒙阴县在山东省的生态保障功能、在临沂市的水源地功能和生态产品功能等方面尤为重要,省市两级考核,尤

其是临沂市对蒙阴县的分类考核,主要考核生态指标、生态经济发展情况,因此,促进蒙阴县生态文明建设对于满足上级的考核任务具有重要意义。

依托蒙阴县地处鲁中山区腹地,多市、多县交界的区位优势,良好的生态环境质量,以及丰富的农林资源、多样的生物资源、独特的旅游资源和丰富的文化资源,抓住山东省新旧动能转换和乡村振兴发展的机遇,以生态文明建设和可持续发展为核心,科学推进国土空间开发和保护,全面推进蒙阴县的城镇化、工业化、农业现代化和信息化建设,统筹考虑城市与乡村、工业与农业、旅游与民生、经济林与生态林的关系。农业开展提质增效、工业进行提升转型、旅游实施整体联合,力争把蒙阴县建设成为生态强区、文明高地,壮大健康养生、文化创意、休闲旅游等产业。

(1)形成以果蔬的无害化生产、畜牧养殖业的绿色有机循环和观光体验、休闲度假为一体的区域现代生态农业体系;形成以都市型产业为主的生态工业,重点发展食品加工业、文化创意产业等新兴产业体系;形成集山、水、林、河、沟等自然景观、红色文化、民俗文化、地质文化等历史文化遗址和现代休闲度假设施为一体的生态旅游体系。

(2)形成水土资源高效配置和其他资源合理利用的资源保障体系。

(3)基本形成集山地、丘陵、河道生态防护为一体的生态安全体系和环境设施齐备、废物高效循环利用的环境支撑体系。

(4)形成以高速公路,国道,省道,市、区、乡镇、村道和专用公路为一体的绿色交通运输体系和覆盖区、乡镇、村的多元化生态流通服务体系。

(5)形成以人为本、人与自然和谐共生的生态人居体系和融合历史文化的保护利用、政府绿色决策和公众环境行为规范为一体的生态文化和制度体系。

5.4.2 蒙阴县生态文明建设指标体系构建

生态文明是在物质文明、精神文明和政治文明高度发达基础上产生的更高级的文明形态,其本质是实现人与自然的和谐发展。

生态文明指标体系是对生态文明建设进行准确评价、科学规划、定量考核和具体实施的依据,其目的是客观、准确评价人与自然的和谐程度及其文明水平,为正确决策、科学规划、定量管理和具体实施等提供科学依据。生态文明指标体系的建立是社会主义生态文明建设的核心内容,不仅为资源、环境和发展的协调程度提供了评价工具,而且起到了一种导向作用。

(1)指标体系构建原则

中共中央、国务院意见已确立指导全国生态文明建设的基本原则:一是坚持节约优先、保护优先、自然恢复为主的基本方针;二是资源开发与节约,坚持节约优先;三是环境保护与发展,坚持保护优先;四是生态建设与修复,坚持自然恢复为主;五是坚持绿色发展、循环发展、低碳发展的基本途径。

中共中央、国务院意见上述基本原则,也是构建蒙阴县生态文明指标体系的纲领性指导原则。结合蒙阴县实际情况,在选取实际指标时还应该遵从以下具体原则:

① 指标的地域性和综合性原则

指标选取要充分考虑地理环境的时空差异性,所囊括的内容应体现不同地区城市的地域特色。同时,要求所选择的各个指标能够形成一个有机整体,在其相互配合中全面、准确地反映和描述生态文明城市的内涵和特征。此外,各指标间要保持相对独立性,避免信息上的重复。

② 指标的科学性和导向性原则

指标选取一定要建立在对系统充分认识和研究的科学基础上,要能比较客观和真实地反映生态文明建设状况,并能较好地量度生态文明建设水平。同时,指标体系不仅要反映目前生态文明的发展程度,也要反映生态文明建设的努力方向,引导各级领导和广大群众提高生态文明意识,正确处理各类关系。

③ 指标的时效性和代表性原则

指标选取要充分注重时效价值,以《国家生态文明建设试点示范区指标(试行)》(环发〔2018〕58号)为基本准则,尽量选取最新、最近的指标。同时,考虑指标在不同地区的实际代表性,有目的的选取代表意义最大化的指标。

④ 指标的定量化和动态性原则

指标选取要充分考虑其定量性,有利于评价结果更加直观可行,但对特殊重要指标仍须考虑采用定性描述作为补充。同时,评价指标内容可随发展需要适时进行调整,使指标能够及时、动态地反映年度生态文明建设成效或不足,便于领导机关和主管部门及时采取针对性措施进行调控。

⑤ 指标的公众理解度及参与度原则

指标体系构建要充分关注社会公众的意愿,提高公众在具体指标选取中的参与度和对指标的理解度,注重选取"接地气"、普适化的指标,充分体现全民参与的原则。

(2)指标体系构建方法

① 整体与分解相结合的方法

根据系统论原理,蒙阴县生态文明评价体系可以分为不同的层次。在同一层或不同层次之间,有许多指标都有分解与综合的问题。一个指标只能反映一个侧面问题上的一个小侧面,如果要综合地反映某个层面,就涉及把本层次各个侧面指标加以综合。如果要建立一个反映某个问题的指标时,若没有现成的指标进行综合,则可以把这个问题进行分解,使之简单化,然后再综合。因此,综合与分解可以作为建立指标体系的最简单的方法。

② 定性与定量相结合的方法

由于蒙阴县地域环境具有复杂性,建立指标体系也是一个极其复杂而连续的过程,在所需要的指标与现有的数据之间不可能都存在着简单的对应关系。同时,现有的定量指标数据也未必能组合完全令人满意的指标。在定量分析的基础上,定性分析往往使认识更趋于深刻。从另一个方面分析,定性分析也是定量分析的基础,人们往往是先定性地认识某问题,然后再逐步走向定量。因此,定性分析与定量分析在分析和认识问题过程中是相辅相成的。

(3)蒙阴县生态文明建设的具体指标系列

参照《关于印发〈国家生态文明建设示范市县建设指标〉〈国家生态文明建设示范市县管理规程〉和〈"绿水青山就是金山银山"实践创新基地建设管理规程(试行)〉的通知》(环生态〔2019〕76 号)设计规划指标体系,建立"生态制度""生态空间""生态安全""生态经济""生态生活""生态文化"6 个领域的评价指标,具体指标 34 小项,采用列表形式展示,并区分约束性指标、参考性指标和特色指标。其中,约束性指标 20 项,参考性指标 13 项,特色参考指标 1 项。特色指标主要根据蒙阴县产业转型发展的特色,增加了旅游业占 GDP 比重这一特色指标。指标数据的获取来源于课题组问卷调研数据和蒙阴县统计年鉴及各部门的统计数据,见表 5-1。

表 5-1　蒙阴县生态文明建设指标体系

领域	任务	序号	指标名称	单位	指标值	指标属性	现状值		规划值	
							2019 年	水平	2022 年	2025 年
生态制度	(一)目标责任体系与制度建设	1	生态文明建设规划	—	制定实施	约束性	制定实施	达标	制定实施	制定实施
		2	党委政府对生态文明建设重大目标任务部署情况	—	有效开展	约束性	有效开展	达标	有效开展	有效开展
		3	生态文明建设工作占党政实绩考核的比例	%	≥20	约束性	约 15	不达标	20	20
		4	河长制	—	全面实施	约束性	全面实施	达标	全面实施	全面实施
		5	生态环境信息公开率	%	100	约束性	100	达标	100	100
		6	依法开展规划环境影响评价	%	开展	参考性	开展	达标	开展	开展

续表

领域	任务	序号	指标名称	单位	指标值	指标属性	现状值 2019年	水平	规划值 2022年	规划值 2025年
生态安全	(二)生态环境质量改善	7	环境空气质量	%	完成上级规定的考核任务;保持稳定或持续改善	约束性	—	—	—	—
			优良天数比例				56	不达标	完成	完成
			PM$_{2.5}$浓度下降幅度				10	达标	完成	完成
		8	水环境质量	%	完成上级规定的考核任务;保持稳定或持续改善	约束性	—	—	—	—
			水质达到或优于Ⅲ类比例提高幅度					达标	完成	完成
			劣Ⅴ类水体比例下降幅度					达标	完成	完成
			黑臭水体消除比例				100	达标	完成	完成
	(三)生态系统保护	9	生态环境状况指数	%	≥60	约束性	60.16	达标	61	62
		10	林草覆盖率	%	≥60	参考性	60.80	达标	63	65
		11	生物多样性保护	—	—	参考性	—	—	—	—
			国家重点保护野生动植物保护率	%	≥95		约98	达标	100	100
			外来物种入侵	—	不明显		不明显	达标	不明显	不明显
			特有性或指示性水生物种保持率	%	不降低		100	达标	不降低	不降低
	(四)生态环境风险防范	12	危险废物利用处置率	%	100	约束性	100	达标	100	100
		13	建设用地土壤污染风险管控和修复名录制度	—	建立	参考性	建立	达标	建立	建立
		14	突发生态环境事件应急管理机制	—	建立	约束性	建立	达标	建立	建立
生态空间	(五)空间格局优化	15	自然生态空间	—	面积不减少,性质不改变,功能不降低	约束性	—	—	—	—
			生态保护红线				划定	达标		
			自然保护地				划定	达标		
		16	自然岸线保有率	%	完成上级管控目标	约束性	100	达标	完成	完成
		17	河湖岸线保护率	%	完成上级管控目标	参考性	100	达标	完成	完成
生态经济	(六)资源节约与利用	18	单位地区生产总值能耗	吨标准煤/万元	完成上级规定的目标任务;保持稳定或持续改善	约束性	0.118	不达标	完成	完成
		19	单位地区生产总值用水量	立方米/万元	完成上级规定的目标任务;保持稳定或持续改善	约束性	49.79	不达标	完成	完成
		20	单位国内生产总值建设用地使用面积下降率	%	≥4.5	参考性	4.66	达标	4.8	5.2
	(七)产业循环发展	21	农业废弃物综合利用率	—	—	参考性	—	—	—	—
			秸秆综合利用率	%	≥90		约90	达标	95	98
			畜禽粪污综合利用率		≥75		约80	达标	85	90
			农膜回收利用率		≥80		约80	达标	85	90

续表

领域	任务	序号	指标名称	单位	指标值	指标属性	现状值		规划值	
							2019 年	水平	2022 年	2025 年
生态经济	(七)产业循环发展	22	一般工业固体废物综合利用率	%	≥80	参考性	95	达标	98	100
		23	旅游业占 GDP 比重	%	≥30	特色参考	23.6	不达标	28	30
生态生活	(八)人居环境改善	24	集中式饮用水水源地水质优良比例	%	100	约束性	100	达标	100	100
		25	村镇饮用水卫生合格率	%	100	约束性	100	达标	100	100
		26	城镇污水处理率	%	≥85	约束性	98	达标	100	100
		27	城镇生活垃圾无害化处理率	%	≥80	约束性	100	达标	100	100
		28	农村无害化卫生厕所普及率	%	完成上级规定的目标任务	约束性	约 60	不达标	完成	完成
	(九)生活方式绿色化	29	城镇新建绿色建筑比例	%	≥50	参考性	50	达标	55	60
		30	生活废弃物综合利用	—	实施	参考性	—			
			城镇生活垃圾分类减量化行动				实施	达标	实施	实施
			农村生活垃圾集中收集储运				实施	达标	实施	实施
		31	政府绿色采购比例	%	≥80	约束性	约 90	达标	100	100
生态文化	(十)观念意识普及	32	党政领导干部参加生态文明培训的人数比例	%	100	参考性	100	达标	100	100
		33	公众对生态文明建设的满意度	%	≥80	参考性	约 82.25	达标	≥85	≥90
		34	公众对生态文明建设的参与度	%	≥80	参考性	约 81.52	达标	≥90	100

5.4.3　蒙阴县生态文明建设指标体系指标解析

5.4.3.1　生态文明建设规划

适用范围:地级行政区、县级行政区。

指标解释:指创建地区围绕推进生态文明建设和推动国家生态文明建设示范市县创建工作,组织编制的具有自身特色的建设规划。规划应由同级人民代表大会(或其常务委员会)或本级人民政府审议后发布实施,且在有效期内。

数据来源:当地政府及各有关部门。

5.4.3.2　党委政府对生态文明建设重大目标任务部署情况

适用范围:地级行政区、县级行政区。

指标解释:指创建地区党委政府领导班子学习贯彻落实习近平生态文明思想的情况,对国家级、省级有关生态文明建设决策部署和重大政策、中央生态环境保护督查与各类专项督查问题,以及本行政区域内生态文明建设突出问题的研究学习及落实情况。

数据来源：当地党委政府及各有关部门。

5.4.3.3 生态文明建设工作占党政实绩考核的比例

适用范围：地级行政区、县级行政区。

指标解释：指创建地区本级政府对下级政府党政干部实绩考核评分标准中，生态文明建设工作所占的比例。包括生态文明制度建设和体制改革、生态环境保护、资源能源节约、绿色发展等方面。县级行政区要对乡镇党政领导干部考核，地级行政区要对县级党政领导干部考核。该指标旨在推动创建地区将生态文明建设工作纳入党政实绩考核范围，通过强化考核，把生态文明建设工作任务落到实处。

$$生态文明建设工作占党政实绩考核的比例 = \frac{生态文明相关考核得分}{绩效考评总分} \times 100\% \qquad (5-1)$$

数据来源：组织、人事、生态环境等部门。

5.4.3.4 河长制

适用范围：地级行政区、县级行政区。

指标解释：指由各级党政主要负责人担任行政区域内河长，落实属地责任，健全长效机制，协调整合各方力量，促进水资源保护、水域岸线管理、水污染防治、水环境治理等工作。具体按照中共中央办公厅、国务院办公厅《关于全面推行河长制的意见》（厅字〔2016〕42号）及各省份相关文件执行。

数据来源：水利、生态环境等部门。

5.4.3.5 生态环境信息公开率

适用范围：地级行政区、县级行政区。

指标解释：指政府主动公开生态环境信息和企业强制性生态环境信息公开的比例。生态环境信息公开工作按照《中华人民共和国政府信息公开条例》（国务院令第711号）和《环境信息公开办法（试行）》（国家环境保护总局令第35号）要求开展，其中污染源环境信息公开的具体内容和标准，按照《企事业单位环境信息公开办法》（环境保护部令第31号）、《关于加强污染源环境监管信息公开工作的通知》（环发〔2013〕74号）、《关于印发〈国家重点监控企业自行监测及信息公开办法（试行）〉和〈国家重点监控企业污染源监督性监测及信息公开办法（试行）〉的通知》（环发〔2013〕81号）等要求执行。

数据来源：生态环境部门。

5.4.3.6 依法开展规划环境影响评价

适用范围：地级行政区、县级行政区。

指标解释：指创建地区依据有关生态环境保护标准、环境影响评价技术导则和技术规范，对其组织编制的土地利用有关规划和区域、流域、海域的建设、开发利用规划，以及工业、农业、畜牧业、林业、能源、水利、交通、城市建设、旅游、自然资源开发的有关专项规划，进行环境影响评价。

数据来源：生态环境部门。

5.4.3.7 环境空气质量

适用范围：地级行政区、县级行政区。

(1)优良天数比例

指标解释：指行政区域内空气质量达到或优于二级标准的天数占全年有效监测天数的比例。执行《环境空气质量标准》（GB 3095—2012）和《环境空气质量指数（AQI）技术规定（试行）》（HJ 633—2012）。

$$优良天数比例 = \frac{空气质量达到或优于二级标准的天数}{全年有效监测天数} \times 100\% \qquad (5-2)$$

注：地级行政区完成国家级、省级生态环境部门规定的考核任务，县级行政区完成省级、市级生态环境部门规定的考核任务。考核任务是否完成，依据国家级、省级、市级生态环境主管部门发布的年度考核结果判定。要求已达到《环境空气质量标准》（GB 3095—2012）的地区保持稳定，其他地区持续改善。

数据来源：生态环境部门。

（2）PM$_{2.5}$ 浓度下降幅度

指标解释：指评估年 PM$_{2.5}$ 浓度与基准年相比下降的幅度。PM$_{2.5}$ 浓度按照《环境空气质量标准》（GB 3095—2012）和《环境空气质量评价技术规定（试行）》（HJ 663—2013）测算。

数据来源：生态环境部门。

5.4.3.8　水环境质量

适用范围：地级行政区、县级行政区。

（1）水质达到或优于Ⅲ类比例提高幅度

指标解释：指评估年水质达到或优于Ⅲ类比例与基准年相比提高幅度，包括地表水水质达到或优于Ⅲ类比例提高幅度、地下水水质达到或优于Ⅲ类比例提高幅度。地表水水质达到或优于Ⅲ类比例指行政区域内主要监测断面水质达到或优于Ⅲ类的比例。地下水水质达到或优于Ⅲ类比例指行政区域内监测点网水质达到或优于Ⅲ类的比例。执行《地表水环境质量标准》（GB 3838—2002）和《地下水质量标准》（GB/T 14848—2017）。

注：①地级行政区完成国家级、省级生态环境部门规定的考核任务，县级行政区完成省级、市级生态环境部门的考核任务。考核任务是否完成，依据国家级、省级、市级生态环境主管部门发布的年度考核结果判定。要求水质已达到《地表水环境质量标准》（GB 3838—2002）和《地下水质量标准》（GB/T 14848—2017）的地区保持稳定，其他地区持续改善。

② 行政区域内有国控断面则考核国控断面达标情况，无国控断面则考核省控断面，无国控、省控断面的则考核市控断面。

③ 可提供详实的监测分析报告和有关基础数据，并由省级生态环境部门提供证明或意见，剔除背景值影响。

数据来源：生态环境部门。

（2）劣Ⅴ类水体比例下降幅度

指标解释：指评估年劣Ⅴ类水体比例与基准年相比下降的幅度，包括地表水劣Ⅴ类水体比例下降幅度、地下水劣Ⅴ类水体比例下降幅度。地表水劣Ⅴ类水体比例指行政区域内主要监测断面劣Ⅴ类水体比例。地下水劣Ⅴ类水体比例指行政区域内监测点网劣Ⅴ类水体比例。执行《地表水环境质量标准》（GB 3838—2002）和《地下水质量标准》（GB/T 14848—2017）。

数据来源：生态环境部门。

（3）黑臭水体消除比例

指标解释：指行政区域内黑臭水体消除数量占黑臭水体总量的比例。要求黑臭水体消除比例明显提高。

$$黑臭水体消除比例 = \frac{黑臭水体消除数量（个）}{行政区域内黑臭水体总量（个）} \times 100\% \tag{5-3}$$

数据来源：生态环境部门。

5.4.3.9　生态环境状况指数

适用范围：地级行政区、县级行政区。

指标解释：生态环境状况指数（EI）是表征行政区域内生态环境质量状况的生物丰度指数、植被覆盖指数、水网密度指数、土地胁迫指数、污染负荷指数和环境限制指数的综合反映。执行《生态环境状况评价技术规范》（HJ 192—2015）。要求生态环境状况指数不降低。

$$生态环境状况指数 = 0.35 \times 生物丰度指数 + 0.25 \times 植被覆盖指数 + 0.15 \times 水网密度指数 +$$
$$0.15 \times (100 - 土地胁迫指数) + 0.10 \times (100 - 污染负荷指数) +$$
$$环境限制指数 \tag{5-4}$$

注：干旱半干旱区指年降水量在 200～400 毫米的地区。原则上按区域主要气候类型对应的目标值考核。

数据来源:生态环境部门。

5.4.3.10 林草覆盖率

适用范围:地级行政区、县级行政区。

指标解释:指行政区域内森林、草地面积之和占土地总面积的百分比。森林面积包括郁闭度 0.2 以上的乔木林地面积和竹林地面积,国家特别规定的灌木林地面积,农田林网以及村旁、路旁、水旁、宅旁林木的覆盖面积。草地面积指生长草本植物为主的土地面积。执行《土地利用现状分类》(GB/T 21010—2017)。

$$林草覆盖率 = \frac{森林面积(平方千米) + 草地面积(平方千米)}{行政区域土地总面积(平方千米)} \times 100\% \qquad (5-5)$$

注:若行政区域水域面积占土地总面积的 5% 以上,指标核算时的土地总面积应为扣除水域面积后的面积。原则上按区域主要地貌类型对应的目标值考核,当行政区域内平原、丘陵、山区面积占比相差不超过 20% 时,按照平原、丘陵、山地加权目标值进行考核。

数据来源:统计、林草、自然资源、农业农村等部门。

5.4.3.11 生物多样性保护

适用范围:地级行政区、县级行政区。

(1)国家重点保护野生动植物保护率

指标解释:指行政区域内,通过建设自然保护区、划入生态保护红线等保护措施,受保护的国家一、二级野生动植物物种数占本地应保护的国家一、二级野生动植物物种数比例。国家一、二级野生动植物参照《国家重点保护野生动物名录》和《国家重点保护野生植物名录》。

数据来源:林草、自然资源、水利、农业农村、园林、生态环境等部门。

(2)外来物种入侵

指标解释:指在当地生存繁殖,对当地生态或者经济构成破坏的外来物种的入侵情况。外来物种种类参照《国家重点管理外来物种名录(第一批)》(农业部公告 2012 年第 1897 号)、《关于发布中国第一批外来入侵物种名单的通知》(环发〔2003〕11 号)、《关于发布中国第二批外来入侵物种名单的通知》(环发〔2010〕4 号)、《关于发布中国外来入侵物种名单(第三批)的公告》(环境保护部公告 2014 年第 57 号)。创建地区要实地调查确定外来物种入侵情况,并制定外来物种入侵预警方案。要求没有外来物种入侵,或者存在外来物种入侵,但入侵范围较小,对行政区域生态环境没有产生实质性危害,对国民经济没有造成实质性影响,且已开展相关防治工作,有完备的计划和方案。

数据来源:林草、自然资源、水利、农业农村、园林、生态环境等部门。

(3)特有性或指示性水生物种保持率

指标解释:指创建地区河流中特有性、指示性物种以及珍稀濒危水生物种的保护状况,以历史水平数据为基准,进行对比分析。要求特有性或指示性水生物种种类和数量不降低。根据水生物种调查或问卷统计获得。

数据来源:调查问卷、相关专家咨询、农业农村部门。

5.4.3.12 危险废物利用处置率

适用范围:地级行政区、县级行政区。

指标解释:指行政区域内危险废物实际利用量与处置量占应利用处置量的比例。危险废物指列入《国家危险废物名录》或者根据国家规定的危险废物鉴别标准和鉴别方法认定具有危险特性的固体废物。

$$危险废物利用处置率 = \frac{危险废物利用量(吨) + 处置量(吨)}{危险废物产生量(吨) + 利用往年贮存量(吨) + 处置往年贮存量(吨)} \times 100\%$$

$$(5-6)$$

数据来源:生态环境、住房城乡建设、卫生健康、工业和信息化、应急等部门。

5.4.3.13 建设用地土壤污染风险管控和修复名录制度

适用范围:地级行政区、县级行政区。

指标解释:指创建地区人民政府根据《土壤污染防治法》建立建设用地土壤污染风险管控和修复名录制度,强化自然资源、住房城乡建设、生态环境等部门联合监管,对存在不可接受风险的建设用地地块,未完成风险管控或修复措施的,严格准入管理。没有发生因建设用地再开发利用不当,造成社会不良影响的"毒地"事件。

数据来源:自然资源、住房城乡建设、生态环境等部门。

5.4.3.14　突发生态环境事件应急管理机制

适用范围:地级行政区、县级行政区。

指标解释:指行政区域内各级生态环境主管部门和企业事业单位组织开展的突发生态环境事件风险控制、应急准备、应急处置、事后恢复等工作。建立突发生态环境事件应急管理机制,以预防和减少突发生态环境事件的发生,控制、减轻和消除突发生态环境事件引起的危害,规范突发生态环境事件应急管理工作。

数据来源:生态环境、应急等部门。

5.4.3.15　自然生态空间

适用范围:地级行政区、县级行政区。

(1)生态保护红线

指标解释:指在生态空间范围内具有特殊重要生态功能,必须强制性严格保护的区域,是保障和维护国家生态安全的底线和生命线,通常包括具有重要水源涵养、生物多样性维护、水土保持、防风固沙、海岸生态稳定等功能的生态功能重要区域,以及水土流失、土地沙化、石漠化、盐渍化等生态环境敏感脆弱区域。要求建立生态保护红线制度,确保生态保护红线面积不减少,性质不改变,主导生态功能不降低。主导生态功能评价暂时参照《生态保护红线划定指南》和《关于开展生态保护红线评估工作的函》(自然资办函〔2019〕1125 号)。

数据来源:自然资源、生态环境等部门。

(2)自然保护地

指标解释:指由政府依法划定或确认,对重要的自然生态系统、自然遗迹、自然景观及其所承载的自然资源、生态功能和文化价值实施长期保护的陆域或海域,包括国家公园、自然保护区以及森林公园、地质公园、海洋公园、湿地公园等各类自然公园。

数据来源:统计、林草、自然资源、生态环境等部门。

5.4.3.16　自然岸线保有率

适用范围:地级行政区、县级行政区。

指标解释:指沿海地区行政区域内限制开发、优化利用岸段中计划予以保留和开发建设后,剩余的自然岸线长度以及列入严格保护的自然岸线长度,占省级人民政府批准的大陆海洋岸线总长度的比例。自然岸线指由海陆相互作用形成的海洋岸线,包括砂质岸线、淤泥质岸线、基岩岸线、生物岸线等原生岸线,以及修复后具有自然海岸形态特征和生态功能的海洋岸线。海洋岸线保护和利用管理参照《海岸线保护与利用管理办法》执行。

$$\text{自然岸线保有率} = [(\text{列入严格保护的自然岸线长度} + \\ \text{限制开发、优化利用岸段中计划予以保留和开发建设后剩余的自然岸线长度})/ \\ \text{省级人民政府批准的大陆海洋岸线总长度}] \times 100\% \tag{5-7}$$

数据来源:海洋、自然资源等部门。

5.4.3.17　河湖岸线保护率

适用范围:地级行政区、县级行政区。

指标解释:指行政区域内划入岸线保护区、岸线保留区的岸段长度占河湖岸线总长度的比例。河湖岸线指河流两侧、湖泊周边一定范围内水陆相交的带状区域。岸线保护区、岸线保留区、岸线控制利用区及岸线开发利用区的划定参照水利部《河湖岸线保护与利用规划编制指南（试行）》。

$$河湖岸线保护率=\frac{列入岸线保护区、岸线保留区的岸段长度（千米）}{河湖岸线总长度（千米）}\times100\%$$ (5-8)

数据来源：水利、自然资源等部门。

5.4.3.18 单位地区生产总值能耗

适用范围：地级行政区、县级行政区。

指标解释：指行政区域内单位地区生产总值的能源消耗量，是反映能源消费水平和节能降耗状况的主要指标。根据各地考核要求不同，可分别采用单位地区生产总值能耗或单位地区生产总值能耗降低率。要求单位地区生产总值能耗或单位地区生产总值能耗降低率完成上级规定的目标任务，保持稳定或持续改善。

$$单位地区生产总值能耗=\frac{能源消耗总量（吨标准煤）}{地区生产总值（万元）}$$ (5-9)

数据来源：统计、工业和信息化、发展改革等部门。

5.4.3.19 单位地区生产总值用水量

适用范围：地级行政区、县级行政区。

指标解释：指行政区域内单位地区生产总值所使用的水资源量，是反映水资源消费水平和节水降耗状况的主要指标。根据各地考核要求不同，可分别采用单位地区生产总值用水量或单位地区生产总值用水量降低率。要求单位地区生产总值用水量或单位地区生产总值用水量降低率完成上级规定的目标任务，保持稳定或持续改善。

$$单位地区生产总值用水量=\frac{用水总量（立方米）}{地区生产总值（万元）}$$ (5-10)

数据来源：统计、水利、工业和信息化等部门。

5.4.3.20 单位国内生产总值建设用地使用面积下降率

适用范围：地级行政区、县级行政区。

指标解释：指本年度单位国内生产总值建设用地使用面积与上年相比下降幅度。单位国内生产总值建设用地使用面积指单位国内生产总值所占用的建设用地面积，是反映经济发展水平和土地节约集约利用水平的重要指标。

$$单位国内生产总值建设用地使用面积=\frac{建设用地使用面积（亩）^{①}}{地区生产总值（万元）}$$ (5-11)

$$单位国内生产总值建设用地使用面积下降率=\left(1-\frac{本年度单位生产总值建设用地使用面积}{上年度单位生产总值建设用地使用面积}\right)\times100\%$$

(5-12)

数据来源：统计、自然资源等部门。

5.4.3.21 农业废弃物综合利用率

适用范围：县级行政区。

（1）秸秆综合利用率

指标解释：指行政区域内综合利用的秸秆量占秸秆产生总量的比例。秸秆综合利用的方式包括秸秆气化、饲料化、能源化，秸秆还田、编织等。

$$秸秆综合利用率=\frac{综合利用的秸秆量（吨）}{秸秆产生总量（吨）}\times100\%$$ (5-13)

数据来源：农业农村、统计、生态环境等部门。

---

① 1亩≈666.67平方米，下同。

（2）畜禽粪污综合利用率

指标解释：指行政区域内规模化畜禽养殖场通过还田、沼气、堆肥、培养料等方式综合利用的畜禽粪污量占畜禽粪污产生总量的比例。有关标准按照《畜禽规模养殖污染防治条例》（国务院令第 643 号）、《畜禽养殖业污染物排放标准》（GB 18596—2001）和《畜禽粪便无害化处理技术规范》（GB/T 36195—2018）执行。

$$畜禽粪污综合利用率 = \frac{综合利用的畜禽粪污量（吨）}{畜禽粪污产生总量（吨）} \times 100\% \qquad (5\text{-}14)$$

数据来源：农业农村、生态环境等部门。

（3）农膜回收利用率

指标解释：主要指用于粮食、蔬菜育秧（苗）和蔬菜、食用菌、水果等大棚设施栽培的 0.01 毫米以上的加厚农膜的回收利用率。各地区参照原农业部《关于印发〈农膜回收行动方案〉的通知》（农科教发〔2017〕8 号），采取人工捡拾回收、地膜机械化捡拾回收、全生物可降解地膜等技术措施，采用以旧换新、经营主体上交、专业化组织回收、加工企业回收等多种回收利用方式。

数据来源：农业农村、统计、生态环境等部门。

5.4.3.22　一般工业固体废物综合利用率

适用范围：地级行政区、县级行政区。

指标解释：指行政区域内一般工业固体废物综合利用量占一般工业固体废物产生量（包括综合利用往年贮存量）的百分率。固体废物综合利用量指企业通过回收、加工、循环、交换等方式，从固体废物中提取或者将其转化为可以利用的资源、能源和其他原材料的固体废物量（包括综合利用往年贮存量）。有关标准参照《一般工业固体废弃物贮存、处置场污染控制标准》（GB 18599—2001）执行。

$$一般工业固体废物综合利用率 = \frac{一般工业固体废物综合利用量（吨）}{一般工业固体废物产生量（吨）+综合利用往年贮存量（吨）} \times 100\%$$

$$(5\text{-}15)$$

数据来源：生态环境、住房城乡建设、卫生健康、工业和信息化等部门。

5.4.3.23　旅游业占 GDP 比重

适用范围：地级行政区、县级行政区。

指标解释：指行政区域内旅游业收入占整个区域总收入的比例，反映的是一个地区的产业调整程度。

数据来源：旅游部门。

5.4.3.24　集中式饮用水水源地水质优良比例

适用范围：地级行政区、县级行政区。

指标解释：指行政区域内集中式饮用水水源地，其地表水水质达到或优于《地表水环境质量标准》（GB 3838—2002）Ⅲ类标准、地下水水质达到或优于《地下水质量标准》（GB/T 14848—2017）Ⅲ类标准的水源地个数占水源地总个数的百分比。

$$集中式饮用水水源地水质优良比例 = \frac{集中式饮用水水源地水质达到或优于Ⅲ类的水源地个数}{集中式饮用水水源地总个数} \times 100\%$$

$$(5\text{-}16)$$

注：可提供详实的监测分析报告和有关基础数据，并由省级生态环境部门提供证明或意见，以剔除外来输入影响。

数据来源：生态环境、水利等部门。

5.4.3.25　村镇饮用水卫生合格率

适用范围：县级行政区。

指标解释：指行政区域内以自来水厂或手压井形式取得合格饮用水的农村人口占农村常住人口的比

例,雨水收集系统和其他饮水形式的合格与否需经检测确定。饮用水水质符合国家《生活饮用水卫生标准》(GB 5749—2006)的规定,且连续三年未发生饮用水污染事故。要求创建地区开展"千吨万人"(供水人口在 10000 人或日供水 1000 吨以上的饮用水水源保护区)饮用水水源调查评估和保护区划定工作,参照《饮用水水源保护区标志技术要求》(HJ/T 433—2008)、《关于印发〈集中式饮用水水源环境保护指南(试行)〉的通知》(环办〔2012〕50 号)、《关于印发农业农村污染治理攻坚战行动计划的通知》(环土壤〔2018〕143 号)执行。

$$村镇饮用水卫生合格率=\frac{取得合格饮用水的农村人口数(人)}{农村常住人口数(人)}\times 100\% \tag{5-17}$$

数据来源:卫生健康、住房城乡建设、水利、生态环境等部门。

5.4.3.26　城镇污水处理率

适用范围:地级行政区、县级行政区。

指标解释:指城镇建成区内经过污水处理厂或其他污水处理设施处理,且达到排放标准的排水量占污水排放总量的百分比。要求污水处理厂污泥得到安全处置,污泥处置参照《城镇排水与污水处理条例》(国务院令第 641 号)执行。

$$城镇污水处理率=\frac{污水厂达标排放量(吨)+其他污水处理设施达标排放量(吨)}{城镇污水排放总量(吨)}\times 100\% \tag{5-18}$$

数据来源:住房城乡建设、水利、生态环境等部门。

5.4.3.27　城镇生活垃圾无害化处理率

适用范围:地级行政区、县级行政区。

指标解释:指城镇建成区内生活垃圾无害化处理量占垃圾产生量的比值。在统计上,由于生活垃圾产生量不易取得,可用清运量代替。有关标准参照《生活垃圾焚烧污染控制标准》(GB 18485—2014)和《生活垃圾填埋污染控制标准》(GB 16889—2008)执行。依据《关于印发〈"十三五"全国城镇生活垃圾无害化处理设施建设规划〉的通知》(发改环资〔2016〕2851 号)要求,特殊困难地区可适当放宽。

$$城镇生活垃圾无害化处理率=\frac{生活垃圾无害化处理量(吨)}{城镇生活垃圾产生量(吨)}\times 100\% \tag{5-19}$$

数据来源:统计、住房城乡建设、生态环境、卫生健康等部门。

5.4.3.28　农村无害化卫生厕所普及率

适用范围:县级行政区。

指标解释:指使用无害化卫生厕所的农户数占同期行政区域内农户总数的比例。无害化卫生厕所指按规范建设,具备有效降低粪便中生物性致病因子传染性设施的卫生厕所,参照《关于进一步推进农村户厕建设的通知》(全爱卫办发〔2018〕4 号)执行。其包括三格化粪池厕所、双瓮漏斗式厕所、三联通式沼气池厕所、粪尿分集式厕所、双坑交替式厕所和具有完整上下水道系统及污水处理设施的水冲式厕所等。

$$农村无害化卫生厕所普及率=\frac{使用无害化卫生厕所的农户数(户)}{同期行政区域内农户总数(户)}\times 100\% \tag{5-20}$$

数据来源:农业农村、卫生健康、住房城乡建设等部门。

5.4.3.29　城镇新建绿色建筑比例

适用范围:地级行政区、县级行政区。

指标解释:指城镇建成区内达到《绿色建筑评价标准》(GB/T 50378—2019)的新建绿色建筑面积占新建建筑总面积的比例。绿色建筑指在全寿命期内,节约资源、保护环境、减少污染,为人们提供健康、适用、高效的适用空间,最大限度地实现人与自然和谐共生的高质量建筑。

$$城镇新建绿色建筑比例=\frac{新建绿色建筑面积(万平方米)}{城镇新建建筑总面积(万平方米)}\times 100\% \tag{5-21}$$

数据来源：住房城乡建设、统计等部门。

5.4.3.30　生活废弃物综合利用

适用范围：地级行政区、县级行政区。

（1）城镇生活垃圾分类减量化行动

指标解释：指按一定规定或标准将垃圾分类投放、分类收集、分类运输和分类处理，提高回收利用率，实现垃圾减量化、无害化以及资源化。依据《关于加快推进部分重点城市生活垃圾分类工作的通知》（建城〔2017〕253 号），垃圾分类要做到"三个全覆盖"，即生活垃圾分类管理主体责任全覆盖，生活垃圾分类类别全覆盖，生活垃圾分类投放、收集、运输、处理系统全覆盖。

数据来源：住房城乡建设、生态环境、统计等部门。

（2）农村生活垃圾集中收集储运

指标解释：指行政区域内开展农村生活垃圾分类试点，建立"村收集、乡储运、县处理"的垃圾集中收集储运网络，建立完善的监管制度。

数据来源：住房城乡建设、生态环境、农业农村等部门。

5.4.3.31　政府绿色采购比例

适用范围：地级行政区、县级行政区。

指标解释：指行政区域内政府采购有利于绿色、循环和低碳发展的产品规模占同类产品政府采购规模的比例。采购要求按照《关于调整优化节能产品、环境标志产品政府采购执行机制的通知》（财库〔2019〕9 号）执行。

$$政府绿色采购比例 = \frac{政府绿色采购规模（万元）}{同类产品政府采购规模（万元）} \times 100\% \tag{5-22}$$

数据来源：统计、财政等部门。

5.4.3.32　党政领导干部参加生态文明培训的人数比例

适用范围：地级行政区、县级行政区。

指标解释：指行政区域内副科级以上在职党政领导干部参加组织部门认可的生态文明专题培训、辅导报告、网络培训等的人数占副科级以上党政领导干部总人数的比例。

$$党政领导干部参加生态文明培训的人数比例 = \frac{副科级以上干部参加生态文明培训的人数}{副科级以上党政领导干部总人数} \times 100\%$$

$$\tag{5-23}$$

数据来源：组织部门。

5.4.3.33　公众对生态文明建设的满意度

适用范围：地级行政区、县级行政区。

指标解释：指公众对生态文明建设的满意程度。该指标值以统计部门或独立调查机构通过抽样问卷调查所获取指标值的平均值为考核依据。问卷调查人员应涵盖不同年龄、不同学历、不同职业等情况，充分体现代表性。生态文明建设的抽样问卷调查应涉及生态环境质量、生态人居、生态经济发展、生态文明教育、生态文明制度建设等相关领域。

注：抽样样本量参照"一次性消费品人均使用量"。

数据来源：统计部门或独立调查机构。

5.4.3.34　公众对生态文明建设的参与度

适用范围：地级行政区、县级行政区。

指标解释：指公众对生态文明建设的参与程度。该指标值通过统计部门或独立调查机构以抽样问卷调查等方式获取，调查公众对生态环境建设、生态创建活动以及绿色生活、绿色消费等生态文明建设活动的参与程度。

注：抽样样本量参照"一次性消费品人均使用量"。

数据来源：统计部门或独立调查机构。

5.4.4 蒙阴县生态文明建设指标体系指标可达性分析

指标可达性分析是指对规划指标现状值与目标值之间的差异进行分析，是衡量区域生态文明建设可达性程度的重要标准和手段分为已达标指标、易达标指标和难达标指标三类，可为后续规划行动中明确重点领域提供支撑。然而在实际操作过程中，由于部分指标数据获取困难或者目前尚无统计，因此出现无数值指标的特殊类型，本研究在对蒙阴县生态文明建设评价中，尽量避免或控制该类指标的存在数量。

通过对比指标和标准，蒙阴县 34 项指标中，已达标 28 项，未达标 6 项，其中无数据 3 项，达标率达到 82.35%，说明蒙阴县生态文明建设基础良好，为下一步创建国家生态文明示范区提供了坚实的基础。

（1）达标指标分析

① 农村无害化卫生厕所普及率

蒙阴县生态文明建设过程中，农村生态环境建设是重中之重，在农村生态环境综合整治过程中，农村卫生厕所改革是重点。规划期内将在农村无害化厕所建设上加大力度，按照时序进行推进。

② 生态文明建设工作占党政实绩考核的比例

生态文明建设工作占党政实绩考核的比例这一指标目前还没有数据，在蒙阴县生态文明建设推进过程中将会把该指标纳入重要年终考核范畴。

③ 旅游业占 GDP 比重

旅游业的发展程度反映了一个县域的产业调整力度，因此将旅游业占 GDP 比重作为蒙阴县生态文明建设的特色参考指标。但是，目前蒙阴县的旅游产业处于起步阶段，还需要长期的培育和发展。规划期内，一是促进产业结构调整，调整全县的产业结构，增加旅游业的比重；二是产业结构内部调整，增加休闲农业、乡村旅游、观光采摘等产业的比重，调整工业结构，适度发展工业旅游、健康养生产品制造业等比重；三是深挖县域旅游资源和旅游产品的潜力，加大招商引资、推广宣传的力度，立足红色旅游、岱崮地貌两个旅游品牌，提升蒙阴县旅游经济发展水平。

（2）难达标指标分析

① 优良天数比例

受山东省周边大环境的影响，蒙阴县空气质量优良天数的比例仅为 56%，距离生态文明建设 85% 的考核要求差距较大。但是，空气质量受区域大环境的影响较大，难以直接控制，所以在规划期内实现达标难度较大。

提升措施：一是改变能源利用结构，当前区域能源结构中煤炭、石油、薪柴等比例偏高，逐步调整区域的能源结构，降低生物质能源的比重。二是增加县域的绿化覆盖率，加大退耕还林的力度，增加林地面积，尤其是恢复天然林的面积。三是增加县域湿地面积，在云蒙湖、主要的河流和水库坑塘区域逐步恢复湿地，发挥湿地的净化作用。加强生物多样性保护，尤其是围绕云蒙湖、主要的生物多样性保护区等，加强严管，保护县域生物多样性。四是加大对主要水域的梳理，加强农田水利建设，保持水网密度。五是加大区域内的生态、环境管控力度，严格立法，保护生态环境。

② 单位地区生产总值能耗

单位地区生产总值能耗是反映地区能源利用效率的指标。受制于产业结构的影响，当前蒙阴县的产业体系中以机械制造业、食品酿造业、纺织服装业、矿产建材业为主体，对于能源的消耗过大，需要逐步进行产业结构调整，以降低能耗，尽快达到生态文明建设的要求。

提升措施：一是大力调整产业结构，发展旅游服务业、新技术、新材料和健康养生产业等，降低单位生产总值的能耗。二是调整现有产业内部的能耗比例，企业内部进行技术革新、产业链条调整等，降低能耗。

③ 单位地区生产总值用水量

单位地区生产总值用水量是反映地区水资源利用效率的指标。蒙阴县当前的产业体系中耗水量偏高,对于水资源的使用较为粗放,受制于产业发展水平,很难达到上级的考核要求。

提升措施:一是大力调整产业结构,逐步退出高耗水、资源粗放利用型企业。二是引进新技术、新工艺,减少现有企业的耗水量。三是大力推进新旧动能转化工作,严格审批企业水耗、能耗,从制度上进行控制。

5.5　本章小结

从全国、大区域、省域、城市、县域五个层面对我国生态文明建设评价指标体系的发展进行梳理,厘清了生态文明建设评价指标体系的发展脉络。经过十几年的不断深入研究与实践,我国生态文明评价指标体系的构建取得了长足的发展进步,指标内容、结构体系更加科学合理,更加适应我国生态文明建设的需要。

当前尽管生态文明建设评价指标体系的构建蓬勃发展,但是也存在诸多问题。在指标科学性方面,如指标不易获取、与生态文明建设相关性不强、实际应用能力较差等;在指标体系的影响力与公众认知度方面,如缺乏广泛的群众宣传、在构建指标体系时各学科之间的缺少协同等。找准指标体系存在的具体问题,对各问题进行精准突破,问题的有效解决必能极大地促进我国生态文明建设评价指标体系的发展完善,有利于生态文明建设水平的有效提高。

最后,本章以山东省"绿心"、全国生态文明建设示范县、全国"绿水青山就是金山银山"理论实践创新基地为案例,在遵循地域性和综合性、科学性和导向性、时效性和代表性、定量化和动态性、公众理解度和参与度五大原则的基础上,从"生态制度""生态空间""生态安全""生态经济""生态生活""生态文化"六个领域构建了蒙阴县生态文明建设指标体系,并对其达标情况和难易程度进行了分析。蒙阴县生态文明建设指标体系的构建可作为县域生态文明建设指标体系构建的参考样本。

第6章　生态文明建设生态安全体系研究

生态安全是指生态系统的健康和完整情况,是人类在生产、生活和健康等方面不受生态破坏与环境污染等影响的保障程度,包括饮用水与食物安全、空气质量与绿色环境等基本要素。健康的生态系统是稳定的和可持续的,在时间上能够维持它的组织结构和自治,以及保持对胁迫的恢复力。反之,不健康的生态系统,是功能不完全或不正常的生态系统,其安全状况则处于受威胁之中。

6.1　生态安全体系研究进展

生态环境是人类赖以生存的根基,人类的任何行为都会对环境产生影响,反之,环境的任何改变也直接影响到人类的生存与发展,二者是相互依存,又相互影响、相互制约的辩证关系。付允等(2008)认为,我国作为一个人口众多、资源相对不足、环境脆弱的发展中国家,生态环境的恶化已经逐步威胁到整个国家的生态安全,同时也成为了制约经济发展的重要因素之一,究其原因是在不合理人为活动的背后尚无科学合理的国土空间生态安全格局。因此,如何保障国土生态安全,实现社会-经济-环境的可持续发展,已成为目前我国急需解决的重点问题之一。自党的十八大会议召开后,我国就提出要大力推动生态文明建设的战略决策,并将建设社会主义生态文明写入《中国共产党章程》中,明确了生态文明建设的重要地位,集约利用的资源保障体系是建设生态文明的根基和保障。而山水林田湖草生命共同体统筹治理、生态保护红线政策、国土空间规划中的生态格局构建、自然资源产权制度、生物多样性安全保障、水资源安全保障、土壤保持安全保障等都是我国在推进生态文明建设过程中制定的一项独具中国特色的重大战略部署。

(1)山水林田湖草是生命共同体

随着社会经济发展,我国生产、生活空间在不同程度上挤占生态空间,造成生态退化、生态系统服务供给能力下降等问题。为了破解生态环境难题,各地方不同部门均积极开展生态工程修复退化、受损的生态系统;但护山、治水、养田各自为战的单要素治理模式忽视了生态系统的完整性,成效并不明显(郇庆治,2016)。习近平总书记早在2013年,就从哲学的高度提出了"山水林田湖生命共同体"的概念,阐述了人与山水林田湖间的辩证关系。"我们要认识到,山水林田湖是一个生命共同体,人的命脉在田,田的命脉在水,水的命脉在山,山的命脉在土,土的命脉在树。"习近平总书记指出:"如果种树的只管种树、治水的只管治水、护田的单纯护田,很容易顾此失彼,最终造成生态的系统性破坏。"为了更好地推进生态文明建设,保障生态系统功能完整性,财政部、原国土资源部与环境保护部于2016年9月联合发文,明确以"山水林田湖草是一个生命共同体"为重要理念,指导开展山水林田湖草生态保护修复工作,生命共同体理念强调,山、水、林、田、湖、草等要素相互联系,形成完整的生态系统,实施生态保护需兼顾其整体性和系统性。习近平总书记在2018年5月18—19日召开的全国生态环境保护大会上强调,推进新时代生态文明建设必须坚持"山水林田湖草是生命共同体"等六大原则,指出"山水林田湖草是生命共同体,统筹兼顾、整体施策、多措并举,全方位、全地域、全过程开展生态文明建设"。山水林田湖草作为一个大面积的、整体性和系统性的生命共同体,对我国自然生态系统整体保护、系统修复和治理具有十分重要的意义。

关于"山水林田湖草是生命共同体",我国学者从2013年对其展开研究。最初主要研究其理论基础内涵概念,刘威尔等(2016)以系统科学和景观生态学为理论基础,探索了"山水林田湖生命共同体"生态保护修复的指导思想、目标和方法;宇振荣等(2017)认为,"山水林田湖是一个生命共同体"深刻诠释了土地综合体以及土地利用形成的景观综合体的内在含义,为耕地质量、耕地数量和耕地生态的"三位一体"

保护提供了方法;赵文霞(2018)提出了山水林田湖草的现实含义与哲学精神,认为山水林田湖草系统治理是打赢脱贫攻坚战、建设美丽中国的关键;洪银兴等(2018)认为,发展不可避免会消耗资源和污染环境,会对山水林田湖草生态系统产生破坏,会影响山水林田湖草生命共同体的健康,所以我们在发展的同时要注重生态环境保护,要坚持生态优先、绿色发展,要建立绿色低碳循环的现代经济体系;成金华等(2019)认为,生命共同体各要素之间是普遍联系和相互影响的,不能实施分割式管理,要运用系统论的思想方法管理自然资源和生态系统,协调好人与自然的关系。随着与自然资源管理、区域可持续发展、生态保护与修复、生态综合分区等问题展开研究,尚缺乏对山水林田湖草-人生命共同体的系统性探讨,黄贤金等(2016)在研究自然资源管理问题中融入了山水林田湖生命共同体理念,为自然资源管理的机制和体制提出建设性意见;王波等(2018)以国家首批试点地区之一的承德市为例,通过生态环境问题研判,在明确总体思路的基础上,提出了"一条主线、两个功能、三大片区、四项任务、五个突破"的"山水林田湖草是生命共同体"的实践路径,以期为其他试点地区提供参考;王夏晖等(2018)认为,"山水林田湖草生命共同体"核心要义是树立自然价值理念,确保生态系统健康和可持续发展,要求从过去的单一要素保护修复转变为以多要素构成的生态系统服务功能提升为导向的保护修复,具有尺度性、整体性、功能性、均衡性特征;邹长新等(2018)以山水林田湖草系统治理的基本内涵为出发点,对山水林田湖草生态保护修复展开了研究,对生态系统的完整性、稳定性以及生态系统健康进行了介绍;陈晶等(2020)构建了山水林田湖草统筹视角的矿山生态修复的评价体系,包含要素层、指标层及因子层三级指标,在对山地矿山生态损害充分认识的基础上,确立了山水林田湖草生态修复模式。党的十九大为我们描绘了中国特色社会主义建设的宏伟蓝图,到 2035 年,要基本实现美丽中国的目标,"生态环境根本好转,美丽中国目标基本实现"。"统筹山水林田湖草系统治理"是中国和世界从未有过的生态治理方式,是美丽中国的战略安排。从国家战略层面上必须坚持创新驱动发展战略、乡村振兴战略和区域协调发展战略,不受旧有框框的限制和约束,创新思想、观念、制度和方法,统筹解决山水林田湖草发展不平衡的问题,统筹解决发展和保护的矛盾。

(2)生态红线

根据《生态保护红线划定指南》可知,生态保护红线是指依法在重点生态功能区、生态环境敏感区和脆弱区等区域划定的严格管控边界,是国家和区域生态安全的底线。生态保护红线是我国在环境保护方面提出的一项重大创新制度,通过强制性、约束性手段提高区域生态系统服务功能,维护区域生态安全和社会-经济-环境的可持续发展。

国外多使用建立保护地系统的方法来确定需重点进行生态保护的区域(胡潇方,2007)。保护地是指通过立法和其他有效途径得到管理的陆地和海洋地域,特别致力于保护和维护生物多样性、自然资源以及相关联的文化资源。早在 19 世纪末,霍华德就提出"花园城市"理念,以改善人居环境,其后产生以绿道运动为代表的生态网络建设、生态基础设施、绿色基础设施等理论和案例研究。国内学者也相继提出"反规划"和生态安全格局等理论,认为通过构建生态安全格局,能够实现国家或区域的生态安全(马克明等,2004;俞孔坚 等,2005,2009)。综上,生态系统的保护工作一直是全世界关注的热点问题,虽然不同地区对于保护区的叫法有所差异,但从实质来看,均是结合各地的地理特征,针对具有重要生态功能、生态价值的区域进行特殊保护,以实现维持生态系统稳定、保持良好生态环境的目的。目前,国内学者的研究主要集中在对于生态系统红线划定实践中存在的问题进行分析并提出对策,探究特定类型生态系统红线划定标准和方法,以及通过研究特定省份或特定区域来确定该区域的红线划定方案或红线划定方法等领域。如蒋大林等(2015)从理论分析的角度对生态保护的内涵、研究进展及划定的理论和技术方法展开讨论,他指出在划定生态保护红线时,应重点关注"生态"二字,从红线的根本目的出发,重点考虑生态安全、生态承载力、生态的完整性及生态功能的重要性等,并选取科学合理的评价指标展开评价,此外,他还提出"生态保护红线最小面积的确定、评价方法和权重的确定、数据精度和空间化处理"等问题是生态保护红线划定工作时需要特别关注的;尚文绣等(2016)通过对水生态系统表象特征和水生态系统演化过程的关联分析,提出了水生态保护的红线框架体系:水量红线、空间红线和水质红线,阐释了三条红线间的相互关系及其内涵,提出"三位一体"的水生态红线框架体系和红线划定方法,并以淮河水系淮滨、王家坝和蚌埠断面为例,进行了水生态红线划定的示例应用;林勇等(2016)在对国内外生态保护红线研究成果总结分析的基础上,提出了目前中国红线研究中存在的问题,并结合生态系统管理、海岸带综合管理、景观/区域安全格局理论及 DPSIR 概念模型和适宜性评价等工具和方法,提出了生态红线划定路线;赵连友等(2017)通过对正安县的实证研究,针对喀斯特地区生态红线的划定,从石漠化敏感性评估、水土流失敏感性评估、水源涵养功能、土壤保持功能、生物多样性保护功能和禁止开发区等方面进行分析,划定了七大类保护红线;李晓翠等(2017)根据生态保护红线的原理和目标,提出了更为完整的生态保护红线划定方法,从生态环境敏感性评价、生态服务功能重要性评价、生态灾害危险评价三个维度展开生态适宜性评价,并根据评价结果划分出生态保护红线、黄线、蓝线、绿线,提出分类管控方案;倪维秋(2017)指出,目前土地生态红线划定存在相关法律法规缺失、部门之间协调机制不健全、缺乏公众参与机制,并从健全体制机制、结合土地利用总体规划、鼓励土地生态保护红线划定创新、做好相关政策宣传四个方面提出建议;马琪等(2018)则选择干旱半干旱区为研究区域,结合区域水资源短缺的实际现状,以保障区域水资源安全为核心,展开关键生态系统服务功能和生态敏感性评价,识别生态保护红线范围。此外,生态红线的保障与维持也是很多学者研究的一个领域,张雪(2015)指出,因为生态保护红线制度缺乏国家层面的专门立法,使得生态红线的法律保障遭遇监管主体缺位、监测预警制度不完善、激励措施单一、越线行为的追责等法律困境,并从国家层面专门立法、完善生态红线保障主体、确立生态红线保护的公众参与制度、完善对生态红线的管理、完善越线法律责任这五个方面提出了相关建议;马志伟(2017)指出了江苏省雨花台区的生态红线制度的保护工作存在着区界划线不精准、责任主体不明确、经费保障不到位、保护能力不相配等一系列问题,进而提出了建立生态红线联席会议和问责制度,建立生态准入和补偿制度的建议;姚岚等(2019)归纳了当前生态保护红线研究的主体内容,拓展并构建了生态保护红线研究的框架体系;汤峰等(2020)以河北省青龙县为研究区,利用土地利用调查及影像数据和多年气象数据等,将生态保护红线划定方法及生态网络构建方法融合,通过空间叠加及分析,将生态系统服务功能重要性评价、生态敏感性评价结果融合构建了县域生态安全格局。发展是人类永恒的主题,节约资源和保护生态环境是我国的基本国策。我们必须在开发利用自然资源时,注意保护自然资源和生态环境,在不断推进社会经济发展的同时,推进自然资源节约集约利用和生态环境健康发展。生态系统的良性循环是生态平衡的基本特征,是生态安全的标志,也是人与自然和谐的象征。我国生态安全体系建设,必须牢固树立底线思维,把生态环境风险纳入常态化管理,构建全过程、多层级生态环境风险防范体系。

(3)生态补偿

近些年来,人类从过去以牺牲环境资源为代价而获取经济利益,逐渐转向以生态保护为主的思想观念。我国高度重视生态保护,随着党的十九大将生态文明建设提升到战略高度,生态保护范围和力度越来越大,生态补偿作为生态保护的重要手段,在生态文明实践中起到重要作用。生态补偿的目的是保护环境、促进区域可持续发展、实现人与自然的和谐相处。健全的生态补偿机制是调节生态补偿中所涉及的利益纠纷的关键。关于生态补偿的定义,学者们从不同学科角度给予了不同的看法。毛显强等(2002)认为,生态补偿应当是指以提高收益或成本的方式,激励或减少行为主体保护或破坏环境行为带来的外部经济性与外部不经济性,从而对资源进行保护;俞海等(2008)认为,生态补偿是以调整主体间的利益关系,使得生态环境的外部性内部化,从而实现自然资本或生态服务功能的保护与增值的一种制度安排;王兴杰等(2010)通过人类活动对生态系统作用类型分析,将生态补偿定义为:通过将保护、恢复等生态系统服务的行为外部效应内部化,从而调节相关方的利益关系,实现可持续利用生态系统服务的制度安排。对于生态红线与生态补偿二者关系的研究,王灿发等(2014)提出建立生态补偿制度是生态红线法律保障制度实施的配套措施;代静等(2020)认为建立和完善各层次的生态补偿制度是实现生态保护红线性质不改变、功能不降低、面积不减少的有力保障;王怀毅等(2022)从生态补偿概念和理论基础出发,研究生态补偿主客体,分析补偿存在的不足之处并展望了未来的研究方向。在对生态补偿的概念有了基本了解之后,学者们开始基于实践,评估各类生态补偿政策的实施效果和优化路径。唐克勇等(2011)在环境产权视角下研究建立和完善中国生态补偿机制需要;周晨等(2015)基于南水北调中线工程水源区

2002—2010 年的土地利用变化分析,全面评估了水源区生态系统服务价值及其动态变化情况,据此确立了生态补偿的上限标准和分摊机制;吴乐等(2018)测算了贵州省黄平县、威宁县和大方县农户的生计资本,发现不同类型的生态补偿方式对农户生计资本的影响存在显著差异;奚恒辉等(2022)在海岛产权研究的基础上,结合海岛生态补偿的实例,对海岛生态补偿主客体的界定、补偿标准的核算、补偿方式的选用进行了探究,推动构建海岛生态补偿机制。经济发展和生态容量的矛盾是人类无法回避的问题,完善的生态补偿机制,可以有效缓解生态环境压力,促进生态功能的恢复和人类可持续发展。

(4)生态格局构建

国土空间规划是国家空间发展的指南、可持续发展的空间蓝图,是各类开发保护建设活动的基本依据。传统规划理念以城乡建设发展为目标,主要着眼于建设空间的总体布局,与土地开发利用强度的控制与引导;在这种理念下,生态保护属于约束性条件(林坚 等,2018)。新时代,我国进入生态文明建设阶段,特别是习近平生态文明思想形成后,国土空间规划作为国土空间保护与利用和资源配置的指南,更应体现"尊重自然、顺应自然和保护自然"生态文明理念。郝庆等(2019)认为,生态格局的构建是国土空间规划的核心内容,是承接地区双评价进行底线约束的基本格局,是维系生态安全格局的重要保障,生态发展正式与空间规划相融合,特别是将"山水林田湖草生命共同体理念"融入规划体系,将生态约束转变为生态文明建设。

关于生态格局的构建,国内外学者开展了大量的研究,国外主要研究生物多样性的保护、生态系统服务评估、自然经济社会系统耦合等。国内研究起步较晚,国土空间规划实施以来,国内学者从地理学、生态学等领域进行了大量的研究,并且将生物多样性也融入生态格局的划定中。关文彬等(2003)通过对景观生态规划的基本原则的增补,来确定区域生态安全格局的设计原则;王棒等(2006)认为区域生态安全格局的评价不仅要考虑生物及其生境的保护,而且更要考虑受损生态系统和破坏景观的恢复;赵筱青等(2009)采用适宜性评价与土地资源利用格局整体优化相结合的方法,用最小累积阻力模型(MCR)确定土地利用的功能分区和生态格局组分,探讨山地土地资源空间格局生态优化途径;张小飞等(2009)基于景观功能网络评价,提出城市复合空间优化方案,并选择常州市为研究区,实证城市生态安全格局理念在空间优化过程中的操作性;何玲等(2016)采用植被净第一生产力核算生态系统服务价值,借助该价值构建生态安全格局;杨姗姗等(2016)以生态红线区域作为生态安全格局构建的生态源地,基于最小累积阻力模型构建了江西省生态安全格局,确定了生态廊道、辐射通道、生态战略节点等生态安全格局组分的空间分布;陈昕等(2017)从生态系统服务重要性、生态敏感性与景观连通性三个方面提取生态源地,并基于最小累积阻力模型识别生态廊道,综合构建生态安全格局;韩宗伟等(2019)将以生物迁徙廊道、潜在雨水廊道为代表的自然廊道与核心生态源地叠合形成生态格局,并提出应对策略,进而建构联系紧密、系统平衡、结构稳定且廊道与源地相协调的生态安全格局;陈立群等(2021)通过分析生态用地的演变、识别稳定生态源地、识别现状生态廊道、建构生态格局,提出生态保护与发展策略。未来一段时期,正是我国走向生态文明和高质量发展的新时期,是构建生态新格局的关键时期,以完善的生态格局和发展格局融入区域协同为基本路径,保障生态系统的完整性,达到共建生命共同体的战略目标。

6.2　生态安全体系建设存在的问题分析

(1)近些年来,中国政府一直高度重视生态文明建设,大力践行"绿水青山就是金山银山"的理念,统筹推进山水林田湖草综合治理,全面打造"美丽中国"新局面。由于自然生态系统提供的服务属于公共产品,加之大部分人生态保护意识相对薄弱,不能充分尊重自然、顺应自然和保护自然,造成"公地悲剧"的现象随处可见,致使人与自然生命共同体一直处于非健康状态,不能协调有序发展。生活垃圾的掩埋与焚烧、农药化肥的过量使用、禽畜粪便以及生活污水的随意排放、医疗废弃物的丢弃等一系列不合理的人类活动正严重威胁着生命共同体服务功能的持续有效供给。因此,只治环境不约束人的行为,不提高人的生态环保素养就无法实现人与自然的和谐共处,生态文明就无法实现。今后,应加大宣传保护力度,同时转变观念将"要我做"转变为"我要做",真正地将山水林田湖草生命共同体的理念植于心践于行。

(2)划定生态保护红线,为生态保护确立一个基本的标准,不仅是党的十八届三中全会的重要精神,也是加快生态文明制度建设、用制度保护生态环境的重要举措。划定生态红线,对提升生态功能、改善环境质量、促进资源高效利用、维护国家生态安全及经济社会可持续发展具有关键作用。但在实施过程中存在一些不容忽视的问题,首先就是生态红线区域的适度问题,从生态脆弱保护生态环境角度来看适合多划,但从维持近期发展速度的层面不适合多划。如何求得两者平衡,找到适度规模,是一个关乎工作成败的重大问题。生态红线划定和落地是关系当前和今后发展的核心问题,也是一项庞大的系统工程。虽然目前开展生态保护红线划定工作有《国家生态保护红线—生态功能基线划定技术指南(试行)》等文件和技术规范指导,但各地自然条件和经济社会条件差别巨大,必须针对各自的情形,开展全方位多层面的研究论证。在针对国土空间生态安全格局建设划分生态保护红线的同时,还要从更多的领域,探索全方位的生态安全路径,划分更多更细的生态红线出来。

(3)目前,我国的生态补偿主要以中共中央或省级政府部门的财政资金作为资金来源,是一种典型的由政府部门主导的生态补偿机制,补偿主体和受偿主体一般也以地方政府为代表。然而,面对生态环境保护的大量资金需求以及相关政策约束下导致的机会成本,仅依靠政府的财政资金投入很难有效满足区域内生态建设资金需求,更难弥补区域发展的机会成本。在财政资金显得"杯水车薪"的情况下,社会资本参与区域生态补偿十分必要。

(4)在国土空间规划生态格局空间边界划定具体操作上,"三生空间"会出现一定的交叉、重叠,难以准确界定。就城市内部来看,"三生空间"的生产空间和生活空间往往难以切割,特别是在倡导产城融合、城市功能适当混合的要求下,城市中的生产空间和生活空间更是难以准确划定界线。另外,在不同地理尺度上,"三生空间"识别可能会出现不一致的现象,尤其是在宏观区域层面存在识别困难的问题。"三生空间"一般在中观的城市尺度和微观尺度基本可以识别,比如工业用地、物流仓储用地集中区域可以被归纳成为生产空间,居住用地及相应的公共服务配套设施用地可以被认定为生活空间。但从宏观的区域尺度来看,很难对一个城镇进行准确的生产和生活空间的划分。又比如在广大的乡村地区,村庄和农田往往紧密结合,而且村庄往往分散且细碎。在宏观尺度的区域空间图纸上,很难清晰判别每个村庄的边界,这导致乡村地区的生活空间、生产空间无法落位。

6.3 贵州省赤水市生态安全体系建设案例分析

6.3.1 赤水市生态安全本底分析

(1)赤水市基本情况分析

赤水市位于贵州省西北部,赤水河中下游向四川盆地过渡的边缘斜坡地带,地理坐标 $105°36'35''$E、$28°17'6''$N,地处黔北,紧连川南,东南与贵州省习水县接壤,西北分别与四川省古蔺、叙永、合江三县交界。赤水市距遵义市 225 千米、贵阳市 377 千米、重庆市 172 千米、成都市 293 千米、泸州市 40 千米,为黔川重要古镇,素有"川黔锁钥"之称,全市总面积 1801.2 平方千米。

赤水市周边分布有成都双流国际机场、重庆江北国际机场、贵阳龙洞堡国际机场三大国际机场和泸州云龙机场、遵义新舟机场等重要支线机场。

赤水河绕城而过,在下游 60 千米处汇入长江,距泸州港国际集装箱码头 40 千米,通航能力达 800 吨。赤水港是贵州省最大的通江港口,客货船可达重庆市至上海市的各大港口和码头。

截至 2016 年,赤水市境内有赤水河谷旅游公路、G546 国道(赤习路)、S208 省道(赤长路)、S424 省道(官葫路)等,G4215 成遵高速公路过境赤水,高速交通方便。

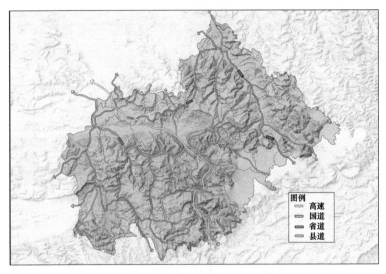

图 6-1　贵州省赤水市区域位置及交通路线分布

规划中的遵泸铁路将过境赤水，建成后将与川南城际铁路、蓉昆高铁形成贵阳—遵义—赤水—泸州—自贡—成都的出海大通道(图 6-1)。

(2)生态质量现状

生态质量是生态文明的重要衡量指标。2001 年以来，中国环境监测总站研究评价表明赤水市生态环境质量指数一直大于 75，始终处于优类级，被中国环境监测总站综合评价为贵州省生态环境质量唯一处于优良级的县(市)。在赤水市内，从生态系统和生物资源层次上认识生态质量，反映生态环境对赤水市居民福利及社会经济可持续发展的适宜程度，是赤水市生态文明规划的重要内容。根据赤水市生态文明发展的具体要求，对生态环境的性质及变化状态的结果进行评定。

① 生态系统空间特征

本规划的赤水市生态系统是指在赤水市范围内，其内部特定的生物要素和非生物要素之间通过物质循环、能量代谢等过程形成的相互联系的有机统一整体。生态系统类型的划分，是景观格局分析的基础。目前，生态类型的划分大部分研究都基于土地资源调查中采用的土地利用类型分类系统，这与景观生态学的发展有着渊源关系。赤水市具有多种多样的生态系统类型，既包括自然生态系统(森林生态系统、淡水生态系统、湿地生态系统等)，也包括人工生态系统(城镇生态系统、农田生态系统、人工林生态系统、果园生态系统等)。各种生态系统均承担着重要的生态文明功能。

生态系统是由生物与其生活的环境共同构成的统一体。由于赤水市复杂的地理条件、亚热带季风气候、丰富的植物资源，其形成了生态系统的多样性，生态系统主要可以分为以下类别：

a. 森林生态系统

森林生态系统是赤水市主要的自然生态系统，属于亚热带常绿阔叶林。赤水市总面积 1801.2 平方千米，其中林地面积 1476.6 平方千米(214 万亩)，占 81.98％；非林地面积 324.6 平方千米，占 18.02％。作为全国最大竹乡，赤水市拥有 885.3 平方千米竹林，林木绿化率 83.96％。赤水市活立木总蓄积 543.01 万立方米，其中森林蓄积 521.95 万立方米，占 96.12％；散生木蓄积 10.99 万立方米，占 2.02％；四旁树蓄积 10.07 万立方米，占 1.86％。

赤水市有公益林 102.28 平方千米，其中国家级公益林 91.81 平方千米(习水保护区 7.2 平方千米)，地方公益林 10.47 平方千米。主要分布在市中办、文华办、金华办以外的乡镇和国有林场。

b. 湿地生态系统

赤水市湿地资源管辖区内调查的湿地资源面积为 2.87 万亩，湿地占比率为 1.06％(表 6-1)。湿地资源包括面状湿地和线状湿地，其中：面状湿地共 50 宗湿地斑块，面积 2.26 万亩；线状湿地共 111 宗湿地斑块，面积 0.62 万亩。

表 6-1　赤水市湿地资源管辖区内调查的湿地资源面积

序号	乡镇	合计/亩	面数据/亩	线数据/亩
1	市中办	554.6	554.6	0
2	文化办	1239.9	1093.8	146.1
3	金华办	472.6	472.6	0

序号	乡镇	合计/亩	面数据/亩	线数据/亩
4	天台镇	404.7	90.8	313.9
5	复兴镇	4177.7	3941.1	236.6
6	大同镇	2283.0	2261.6	21.4
7	旺隆镇	810.7	308.6	502.1
8	葫市镇	2674.2	2122.2	552
9	元厚镇	2540.8	1885.5	655.3
10	官渡镇	2814.9	2140.1	674.8
11	长期镇	1945.1	1433.7	511.4
12	长沙镇	1079.3	1079.3	0
13	宝元乡	849.1	458.5	390.6
14	两口河乡	1956.8	1632.9	323.9
15	丙安乡	1589.3	1180.3	409
16	石堡乡	1022.7	871.4	151.3
17	白云乡	701.2	645.5	55.7
18	同兴林场	350.8	147.7	203.1
19	楠竹林场	495.3	99.3	396
20	官渡林场	113.5	0	113.5
21	木司采育场	77.9	2.4	75.5
22	大白塘管理站	137.4	0	137.4
23	长嵌沟管理站	399.3	204.2	195.1
24	长坝管理站	60.3	0	60.3
25	小坝管理站	13.3	0	13.3
	总计	28764.4	22626.1	6138.3

c. 淡水生态系统

赤水市淡水资源丰富,境内河流分属长江流域赤水河水系及綦江水系。赤水市境内有大小河流352条,总长度1255千米,其中流域面积大于20平方千米的河流26条,总长度335千米。流经赤水市的主要河流有赤水河、习水河。赤水市河网密度达到0.7千米/平方千米,赤水河为境内最大的河流,是长江一级支流。赤水市水资源总量100亿立方米,其中地表水资源总量为95亿立方米,境内有各类水库、山塘800多处,蓄水总量达3000万立方米。

赤水河系长江上游南岸的一级支流,发源于云南省镇雄县鱼洞乡大洞口。上源称大洞河,东流至云贵川三省交界之三岔河后,称毕数河,再向东流经赤水河镇后始称赤水河,纳右岸支流堡合河、二道河后,于仁怀市茅台镇折转西北,纳右岸支流桐梓河经太平渡,蜿蜒于元厚等地,纳左岸支流枫溪河,在赤水县城向东北折转进四川省合江县,纳右岸支流习水河后注入长江。赤水河流域范围涉及云南省、贵州省及四川省多个县市,全流域面积19007平方千米(其中贵州省境内流域面积为8653.8平方千米),干流全长436.5千米,全河总落差1473.9米,平均比降3.9‰,河口多年平均流量为309立方米/秒。

赤水河干流赤水市中心城区河段设有赤水水文站,控制流域面积16544平方千米,多年平均流量为249立方米/秒,赤水市辖区内控制流域面积1219平方千米,干流河长约72.9千米,中心区域河段枯水水面高程223.00～218.50米。

习水河为赤水河下游右岸一级支流,发源于习水县寨坝镇境内的白杨坪,山顶高程1453.2米。河流先由东北向西南流,经风箱坪、寨坝镇、大坡、龙灯、典礼、白龙潭、狮子、程寨乡等地,在程寨乡转向由东南向西北流,又经白村坝、沙坝场、大坝塘,在半坡处出县境进入赤水市,然后继续向西北流,再经官渡、缠溪、石笋等地,在赤水市的白米坝进入重庆市的合川区后汇入赤水河。习水河全流域面积 1654 平方千米(其中贵州省境内 1538 平方千米),多年平均流量 31.3 立方米/秒,河长 156 千米(其中贵州省境内 120 千米),总落差 1190 米,河道平均比降 7.63‰。该流域地势东南高西北低,海拔 210～1751 米,山高坡陡,傍河台地少,多梯田。

　　d. 农田生态系统

　　农田生态系统包括耕地与园地,面积为 24328 公顷,占赤水市面积的 16.8%。全市金钗石斛 8.5 万亩,竹子 132.8 万亩;年出栏以乌骨鸡为主的家禽 800 万羽,农村土地流转总面积 18.3 万亩。

　　e. 城镇生态系统

　　城镇生态系统是典型的人工生态系统,本规划中这一生态系统主要是指赤水市的人类聚居区域,其中包括城市和村镇,主要体现在赤水建成区和三个新城及各个乡镇,这一生态系统是人类的智慧和力量对于自然作用的体现。未来发展的是人工智能的生态系统,这一生态系统中聚集了在这一区域生活的人口、产业和公共服务设施,重点发展现代服务业、工业和房地产业。

　　② 生物资源

　　赤水市内具有亚热带生物生存和活动的条件,其植被类型属贵州植被分类系统中的贵州高原偏湿性常绿阔叶林地带—四川边沿樟木林、松杉林—毛竹林地区—赤水河谷低中山樟栎林、松杉、毛竹林小区。具有针叶林、针阔混交林、中亚热带常绿阔叶林、中亚热带竹林四个群系网。人工栽培树种主要有杉木、马尾松、华山松、香樟、楠木、栎、楠竹、杂竹等,常见灌木树种主要有小径杂竹、小果南烛、花椒等。

　　赤水市拥有地球同纬度保存最完好的中亚热带常绿阔叶原生林 206 万亩。赤水市境内有高等植物 2116 种,其中维管植物 1964 种,国家重点保护植物 20 种,特有植物 27 种,代表植物包括小黄花茶、赤水蕈树等。国家一级保护植物、侏罗纪残遗种——桫椤,在赤水市生长十分密集,仅赤水市桫椤国家级自然保护区内就达 4.7 万株,是全世界分布最集中的区域。赤水市境内有野生动物 1668 种,其中脊椎动物 404 种,昆虫 1264 种,云豹、长尾雉、苏门羚等国家重点保护动物 39 种,长江上游特有鱼类 25 种。

　　赤水市竹林面积 132.8 万亩,竹林总面积和人均面积均居全国第一,有各类竹 36 种。年产木材 4 万立方米,楠竹 400 万根,杂竹 40 万吨,竹笋 3 万吨。赤水市物产以南亚热带的荔枝、龙眼、香蕉、柚子等水果为主要品种,中草药种类达 300 多个。

　　赤水金钗石斛是中国国家地理标志产品。赤水市境内地形地貌复杂,是云贵高原向四川盆地递降的过渡地带,海拔高度从 1730 米陡降至 221 米,地质地貌变化巨大,背阴避光地势的丹崖绝壁,奇山怪石、岩壁多,且岩石、岩壁表面有腐殖质,含钾量高,保肥保水能力较强,为金钗石斛提供了不可复制的生长附主。

　　③ 景观格局

　　景观格局是景观要素在景观空间内的配置和组合形式,一般是指其空间格局,即大小和形状各异的景观要素在空间上的排列和组合,包括景观组成单元的类型、数目及空间分布与配置,比如不同类型的斑块可在空间上呈随机型、均匀型或聚集型分布。它是景观异质性的具体体现,又是各种生态过程在不同尺度上作用的结果。

　　将赤水市遗产地及缓冲区的景观类型分为 6 大类,即:林地,包括针叶林、阔叶林、竹林;耕地,包括旱田、水田;灌丛,包括灌丛、草地;水体,包括较大的河流、湖泊、水库;建筑用地,包括居民点、厂房建设、基础设施建设、高速公路建设;裸地,包括裸土、裸岩等。具体指标及数值详见表 6-2。

表 6-2　景观格局指数

景观类型	景观面积(CA)/公顷	斑块所占景观面积比例(PLAND)/%	斑块数量(NP)/个	斑块密度(PD)/(个/平方千米)	边缘密度(ED)/(米/公顷)	景观形状指数(LSI)	分离度指数(SPLIT)	蔓延度指数(CONTAG)	香农多样性指数(SHDI)
赤水市	185892	—	—	—	24.9334	118.4777	2.7535	73.2028	0.5545
林地	138345	85.7	313	0.43	19.6458				

续表

景观类型	景观面积(CA)/公顷	斑块所占景观面积比例(PLAND)/%	斑块数量(NP)/个	斑块密度(PD)/(个/平方千米)	边缘密度(ED)/(米/公顷)	景观形状指数(LSI)	分离度指数(SPLIT)	蔓延度指数(CONTAG)	香农多样性指数(SHDI)
耕地	24328	9.4	2950	4.09	17.1469	—	—	—	—
灌丛	6235	3.11	1819	2.52	7.8531	—	—	—	—
水体	2560	0.67	504	0.70	1.8111	—	—	—	—
裸地	7440	0.51	4358	6.04	1.6641	—	—	—	—
建筑用地	5647	0.62	4099	5.68	1.7459	—	—	—	—

根据景观面积指标,林地为赤水市的主要景观,占赤水市面积的74.4%,其次依次是耕地、裸地、灌丛、建筑用地、水体。

根据斑块所占景观面积比例指标,林地占比为85.7%,林地斑块的优势度最大,其次依次是耕地、灌丛、水体、建筑用地、裸地。

赤水市属四川台坳、四川盆地分区泸州小区,赤水河为境内最大的河流,全市为中亚热带湿润季风气候区,冬暖春早,全年日照少,立体气候和地区差异显著。赤水市生态环境良好,生态功能突出,境内有亚热带常绿阔叶林原生植被带,有世界自然遗产地1个、国家级风景名胜区1个、国家森林公园2个、国家级自然保护区2个、国家地质公园1个、国家4A级景区2个。

随着经济社会发展,赤水市未来城镇化水平将进一步提高,居民对生态环境的要求也将逐步提高,这些因素均对区域资源和生态承载力提出了更高的要求。赤水市应以划定生态红线、开展生态修复、构建生态廊道、形成生态屏障为重点,进一步优化生态空间,构建完善的生态安全格局,为赤水市经济社会发展提供良好的生态基础。

6.3.2 自然生态系统保护

(1)继续加强保护地建设,保障重要生态功能

赤水市正处于快速城镇化的发展过程中,这种趋势对生物多样性的影响已经引起极大关注,其对物种多样性的影响主要是带来生境改变,导致物种生存环境趋于单一化。这个过程中,因城市建设、道路修整、城市植物栽培和人为景观营造等人类干扰活动,破坏了动植物栖息的自然生境。这一进程使大量原有物种灭失的同时,又引进了许多外来物种,这必然导致城市及其郊区生物多样性的严重失衡。而且污染和人为干扰严重影响了生物在栖息地的活动,同时打破了生物与栖息地原有的协调关系。因此,赤水市应加强自然保护区、国家公园等保护地建设和保护,对保护野生动植物资源及其生态环境具有重要意义。

赤水市现有国家级赤水风景名胜区、贵州赤水桫椤国家级自然保护区、长江上游珍稀特有鱼类国家级自然保护区(赤水段)、赤水竹海国家级森林公园、赤水燕子岩国家级森林公园、市级赤水原生林野生动植物自然保护区等重点保护区域,保护范围、对象广泛,已初步建立起覆盖地区所有生态系统、适应赤水自然生态保护工作要求的保护体系和网络,赤水市是国家重点生态功能区,生态功能明确为水土保持和水源涵养。

严格控制自然保护区环境容量,禁止在自然保护区核心区和缓冲区内开展任何旅游和生产经营活动,在实验区内开展的开发建设活动,不得影响其生态功能,不得破坏其自然资源或景观。赤水市应协调处理好自然保护区与风景名胜区、森林公园的关系,重叠区避免出现管理工作混乱、保护工作不力、责任体系不明等问题。强化自然保护区的科学研究,不断改善管理和科研条件,努力提高自然保护区的管护能力和水平。要充分调动全社会各种积极力量支持和参与自然保护区的建设与管理,加强与各级政府及其综合职能部门的联系,争取其对自然保护区发展在政策和资金上的支持。

① 国家级赤水风景名胜区

本区域自然生态保护建设工作的主要保护对象为以丹霞地貌、珍稀物种、历史遗迹为内容的景点、景区。对风景名胜区的开发要在保持自然风貌的前提下,经充分论证后逐步进行,在景区开发活动中要尽量保持景点、景区的原生态风貌,完善必要的游览设施,生活、其他游乐设施应远离景区建设。在开发旅游的同时,注意对本区域的自然生态保护工作,合理控制景区游人数量,减少人为活动对自然环境的破坏。

② 贵州赤水桫椤国家级自然保护区

加强桫椤、小金花茶等珍稀物种研究,加强对保护区核心区域的监管,禁止核心区、实验区一切开发建设活动,严格控制实验区的旅游活动对保护区的影响,逐步完善有关保护区设施。应以生物多样性和桫椤特殊生境为保护目标,加强自然保护区的管理,合理开发生态旅游,切实保护流域内的植被以及生态环境。

③ 长江上游珍稀特有鱼类国家级自然保护区(赤水段)

赤水河自然原生态保护较为完整,珍稀鱼类繁多,具有极高的保护价值。对国家级长江上游赤水河珍稀特有鱼类自然保护区的管理要求是尽快依托畜牧局建立保护区相应管理机构,完善增殖放流场等保护设施,坚持赤水河禁渔制度,扩大禁渔时间和禁渔范围,制订保护区管理制度,编制保护区建设规划,进一步加强对赤水河的自然生态管理工作。

④ 赤水竹海国家级森林公园、赤水燕子岩国家级森林公园

竹海、燕子岩国家级森林公园的自然保护重点以公园范围内植被保护为主,对其核心区域加强管护,合理控制景区游人数量,确保景区生态环境质量。

⑤ 市级赤水原生林野生动植物自然保护区

保护区范围是赤水陆地原生态较好区域,其范围多为高山原始森林,物种丰富,是赤水河谷和习水河谷的水源涵养林和气候调节林。规划对赤水原生林野生动植物自然保护区加强管理和争取加大保护区建设的投入,建设森林防火、管护和野生动植物救助等设施。

(2)加强生物多样性保护工作,防范本地物种资源流失

赤水市水物种资源丰富,地貌奇特,是难得的天然物种基因库。其自然生态保护建设的重点工作应放在生物多样性保护工作上,以保护为前提,坚持开发促保护、开发促发展的方针,保证数量、提高质量,加强对重点区域和活动的监督管理。

在自然保护区内部,应该根据各区域(可以从海拔高度进行划分)内特殊的生物、地理情况,因地制宜地开发规划,在众多被保护的物种资源中,珍稀濒危物种、存在灭绝危机的物种及受到破坏的生物群落、对于人类具有较高的利用价值或具有潜在较高价值的物种应该具有优先权。

完善监管体系,健全保护法规。保护区必须建立有效的环境影响评价和监测体系,在实行大型建设项目前必须进行科学论证和公示,加强以生物监测为主的环境监测系统建设。

加大科研力度,加强保护教育宣传。加强对保护区关键保护物种的科学研究,积极与有关科研单位、高校联手进行生物多样性方面的科学研究,弄清其各种资源生物的组成成分、分布、结构及功能,了解基因、物种和生态系统的作用和效益。

(3)监控资源开发过程的生态风险

为了加强生态文明建设,防治潜在的生态风险,在自然资源开发过程中,可能发生的对于生态系统产生损伤的不确定性的灾害和事故,需要在资源开发过程中进行全程监控。

资源开发过程的生态风险首先表现在土壤的污染,人类的活动带来了经济的发展和社会的进步,同时也存在废弃物垃圾管理不当、农药化肥施用造成土壤污染风险。同时,赤水河流域、习水河流域是赤水市的两大重要水系,水污染风险不容忽视。

针对存在的土壤污染风险,赤水市应在建成区及各乡镇农业用地(粮田、菜地)、居住区布设采样点,对重金属进行监测调查,分析重金属含量,对比标准限值,进行赤水市在保护土壤环境的文明状态下发展

的状态监测。针对水环境污染风险,赤水市增加对赤水河流域和习水河流域监测点位和监测频率,新增点位每月进行一次定时定点采样和检测。

赤水市作为国家重点生态功能区,生态功能明确为水土保持和水源涵养。保护赤水市的生态环境,在进行生产建设过程中,注重生态风险防范,对于赤水市未来的发展具有重要作用,也有利于更好地发挥其生态涵养、水土保持功能,同时,依托独特的生态资源,也能够促进赤水市未来的可持续发展。

(4)建设跨区域一体化生态环境监控体系

利用卫星、网络等技术建立赤水—习水—古蔺—叙永—合江五县(或者贵川渝三省)一体化生态环境监控站。生态环境监控体系是保障赤水市生态文明一体化发展的重要基础,五县(或三省)协同建立跨区域一体化监控体系有利于维护地区生物多样性,形成合力,集中治理和管控,更好地发挥监控体系对于维护区域生态安全的作用。

建立以监测和预测预报为基础,提高生态系统风险防范为重点的综合预警技术,借助遥感与 GIS 技术对生物多样性的综合生境敏感性特征进行监测,从而为生态环境建设和生物多样性保护提供基础性研究成果。

6.3.3　生态建设和修复

(1)构建生态廊道,完善生态景观建设

赤水市作为国家重点生态功能区,探索资源节约型、环境友好型发展道路的发展过程中,要采取生态建设和恢复的有力措施,大力推进生态文明建设。

生态廊道是联系自然生态空间和城镇发展空间的纽带,发挥着加强生态系统间的联系、提高生态系统稳定性、控制城镇空间无序蔓延的功能。本规划中,生态廊道建设包括水生态廊道建设、道路生态廊道建设和水生态廊道之间、道路生态廊道之间、水生态廊道与道路生态廊道之间的节点景观建设。促进林网化和水网化协调统一,构建近自然的生态廊道,通过生态廊道将自然保护区、森林公园等生态敏感区以及其他绿地系统相互连接,形成功能完善、结构稳定的区域生态系统控制结构体系,构成区域生态安全格局的骨架,优化区域空间发展布局。

规划未来在赤水市形成"多心,多脉,多基,多轴"的城市生态廊道景观格局。"多心"就是赤水市各类保护地(包括自然保护区、森林公园等)等生态敏感区,赤水市北部山区林地主要以自然廊道和人工/自然廊道交混为特征,是赤水市域的一道绿色的屏障。"多脉"是指赤水市的两河流域多条河流、干渠,河道改造和建设(包括两岸的绿化、净化、美化),提高其在赤水市生态环境保护、城市景观和形象建设的功能与作用就成为城市生态廊道的重要内容。"多基"是指河道与道路或者其他绿带的叠加与连接节点,具有景观生态学意义上的斑块或基质的特征,成为调节城市景观、改善城市生态环境的重要因素,成为市民生活和休闲的主要场所。"多轴"是指交通通道生态廊道建设,交通通道是重要的城市人工廊道,通道两旁的林带、绿地和植被则是人工-自然廊道以及景观带,它与两河流域共同构成了赤水市的绿色生态网络和不可替代的景观带。

道路生态廊道建设,包括对公路的生态廊道建设。规划建议在赤水市境内高速主干道路的两侧,布设至少 50～60 米宽的绿化带;在国道及各省道的两侧,布设 10～30 米的绿化带或 5～10 米的植被花道。以道路系统为骨架,以提高近自然的生态连通性为目标,结合绿色通道工程,建设纵横交错的绿色交通廊道和绿色节点。

节点生态景观建设。节点是对区域自然生态系统的稳定性和连通性具有重要意义的关键点。在节点范围内,尽量减少人类干扰,维护其生态传输功能。道路的交叉口也可以作为节点,在这里的道路旁可以进行生态文明的宣传,使这里具有独特的自然和人文环境的融合,充分体现生态文明的成果;在自然河流的交汇节点处,或者公路和河流的节点处,建立野生动物巡游通道,保证生物迁徙和活动的自由。

(2)建设生态公益林

公益林是指维护和改善生态环境、保持生态平衡、保护生物多样性等满足人类社会的生态、社会需求和持续发展为主体功能,主要提供公益性、社会性产品或服务的森林、林木、林地。其包括水源涵养林、水土保持林、防风固沙林和护岸林、自然保护区的森林和国防林等。生态公益林建设对于维持地区生态平衡,保护地区生物多样性,促进地区经济发展具有重要作用。

赤水市有公益林153.42万亩,其中,国家级公益林137.71万亩(习水保护区10.8万亩),地方公益林15.71万亩。主要分布在市中办、文华办、金华办以外的乡镇和国有林场。

提高对当地百姓的生态补偿标准,实施绿岗就业政策,最大限度地吸纳失地农民参与后期林木养护、林下经济发展,将生态建设与农民增收相结合,实现生态效益和经济效益双赢局面。

加强生态公益林精细化管理,制定生态公益林规范性文件及相关管理办法,规范生态公益林管护工作。在生态公益林面积逐渐扩大的趋势下,认识造林面积与造林质量的关系,推动生态公益林建设提质增效。

(3)推进重点河流湿地综合整治

河流湿地是赤水市生态环境的重要组成部分,是以自然景观为主的城市公共开放空间,可以为解决各种城市生态环境问题提供基础条件和重要保障。河流湿地能提供水资源,调节城市气候,净化污染,调蓄洪水,提供丰富的动植物资源和多样的生境。城市湿地主要有环境、生态、资源、旅游休闲、经济和教育科研文化等方面的功能。

全面实施重点河流流域治理工程,按照兴水、增绿、造景、治污并重的原则,抓好以赤水河、习水河为重点的"两河"水环境重点保护和综合整治。

赤水河和习水河两流域赤水段主要的污染指标为氨氮、化学需氧量、总磷、总氮,主要来源于工业废水、流域生活污水和垃圾,以及农业面源污染等复合型污染。

规划对赤水河和习水河两条重点河流流域赤水段进行水环境综合整治:

① 对赤水河(习水河)流域赤水段进行环境功能分区,详见表6-3。

表6-3　赤水河(习水河)流域赤水段环境功能分区

环境功能区	乡(镇、办事处)
生态环境控制区	白云乡、官渡镇、长期镇、长沙镇、石堡镇
生态环境恢复区	市中、金华、文华街道办事处,元厚镇,葫市镇,旺隆镇,丙安乡,复兴镇,两河口乡,大同镇,宝源乡,天台镇

生态恢复区环境功能主要为让河流水体修养,区内禁止新建化工、造纸、涉重金属等易造成水体污染的项目,严格控制煤炭等矿产采选类项目,环境保护任务以治理污染、削减污染物总量为主。生态环境控制区环境功能主要为控制流域生态环境不恶化,区内可在生态环境承受范围内根据资源禀赋做适度开发,环境保护任务以控制污染为主。

② 削减赤水河流域污染物,主要污染物总量分配,详见表6-4。

表6-4　赤水河(不包括习水河)流域主要污染物总量分配

总量分配	氨氮/(吨/年)	化学需氧量/(吨/年)
主要污染物环境容量	686	24027
主要污染物削减目标	212	11970
现有主要污染物环境容量	474	12057

严格禁止沿河污染物直接排放,保证入河水质达到国家排放标准。清理河道两岸的违法占地和违章建筑,疏浚污泥底泥,清理河道水面漂浮物与河岸周边废弃物。

③ 生态修复与景观美化。发展水生动物,改善水域生物群落结构和多样性,增加水体自净能力。改造硬质堤岸,构建堤岸植物群落,恢复河流生态功能。布设水面景观带,建设滨河公园,修建生态湿地等,逐步改善水环境。

④ 强化两河流域湿地环境监控网络。通过现有的高新技术,加强河流湿地普查,建立河流湿地数据

库,通过遥感、卫星定位系统等技术,建立湿地环境实时监控网络,动态监测和管理湿地。

⑤ 继续加强河流湿地长期规划的制订和执行。河流湿地保护和建设是一项长期的任务,需要不间断管理和维护,因此,湿地保护和建设需要有短期和中长期的规划作保证,才不会重蹈"破坏-功能丧失-保护-再破坏"的覆辙。

(4)继续加强水土保持工作,防治水土流失

赤水市属于紫色砂页岩分布区,风化强烈,水土流失严重,难修复。由于区域特殊的地理条件,且河流众多,赤水市的水土流失主要以小流域为区域单元。

积极围绕探索紫色砂页岩地区水土保持与经济社会发展的内在联系,深入探索产业结构调整与生态修复的促进作用,巩固水土流失治理成果。加强以坡耕地改造及坡面水系工程配套为主的小流域综合治理,巩固退耕还林成果。实施重要水源地和江河源头区预防保护,建设与保护植被,提高水源涵养能力。积极推行重要水源地清洁小流域建设,维护水源地水质。积极申请加入水土保持监测科研合作、水土保持科学研究及依托大学院校和科研院所,积极开展科学研究,不断提高科技水平,推动监测成果转化应用。同时,争取通过运用无人机航测等"3S"技术手段,更好地开展赤水市的水土保持工作。

坚持"预防为主,全面规划,综合治理,因地制宜,注重效益"的水土保持方针,精心组织,强化监管,狠抓建设,大力推广封禁防治区域水土流失。严格实行建设项目水土保持方案和建设工程"三同时"制度,防止乱弃土、弃渣;加快造林、封育管护,促进植被生长。加强重点保护区和重点监督区的监管,每年由市人大牵头,组织水利、国土、城建、环保等部门联合执法检查,加大水保工作力度,水保行政执法步入法制化、规范化轨道。

具体措施:①水土保持林。在赤水市大于25°的陡坡耕地和荒山荒坡,营造水土保持林和水源涵养林,有利于增加山地陡坡植被覆盖,减少水土流失,改善生态环境。②封禁治理。区域内的生态修复措施在实施人工治理的同时,可采取封禁的方法,并辅以农村替代能源建设等相关措施,充分发挥生态的自我修复能力,加快植被恢复进程,减轻现有林区的水土流失。生态修复布设在中轻度水土流失、具有一定数量母树或根蘖更新能力较强的疏林地或灌草地上。③小型水利水保工程。赤水市降水量分布较为集中,坡面径流既造成土壤侵蚀,又降低了水资源的有效利用率。调控坡面径流,有效利用水资源,是实施治理的关键措施。应科学布设小型水利水保工程,拦蓄和排导径流,减少泥沙下泄,从而改善农民生产、生活条件,做到合理利用,变害为利。

6.3.4 区域生态安全体系建设

(1)生态红线划定

生态保护红线是指依法在重点生态功能区、生态环境敏感区和脆弱区等区域划定的严格管控边界,是区域生态安全的底线。科学划定生态保护红线区域,对于有效加强生态环境保护与监管、维护区域生态安全格局、保障生态系统功能、支撑经济社会可持续发展具有极为重要的意义。

本规划根据《生态红线划定技术指南》中的划定原则,划定生态红线,生态红线面积为889.29平方千米,占比48.02%(图6-2)。赤水市生态红线区内涉及中国丹霞赤水世界自然遗产地、长江上游珍稀特有鱼类国

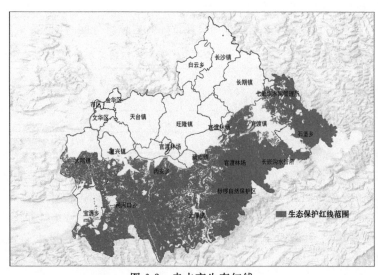

图 6-2　赤水市生态红线

家级自然保护区(赤水段)、贵州赤水桫椤国家级自然保护区、赤水竹海国家级森林公园、赤水燕子岩国家森林公园、赤水国家级风景名胜区和赤水丹霞国家地质公园等类型的保护地,区内有两河口、白云—石堡、宝源—旺隆、葫市—三岔河等生物多样性保护生态功能小区。

(2)生态安全格局

本规划结合生态敏感性区,采用"生态源地-生态廊道-生态节点"模式构建生态安全格局(图 6-3)。

生态源地是物种栖息和扩散的源点,具有空间扩展性、连续性,一般生境质量高且对生态系统稳定性和服务功能起到正向推动作用。生态源地识别是构建区域土地生态安全格局的基础环节,其准确性极其关键,应依据格局优化所针对的关键生态问题的不同而确定。赤水地区土地生态安全格局构建应以提高生态系统稳定性为根本目标。因此,在生态敏感性评价的基础上,本规划将生态敏感性较高的地区确定为生态源地。

生态廊道是联系自然生态空间和城镇发展空间的纽带,是连接生态源地之间的线状或带状生态景观,通常由植被、水体等自然要素构成。生态廊道发挥着加强生态系统间的联系、提高生态系统稳定性、控制城镇空间无序蔓延的功能。规划赤水市的两河流域多条河流、干渠等河道生态廊道改造和建设,以及赤水境内国道、省道和高速公路交通通道生态廊道建设。水生生态廊道和道路生态廊道共同构成了赤水市的绿色生态网络和不可替代的景观带。

生态节点是指对生态流的运行

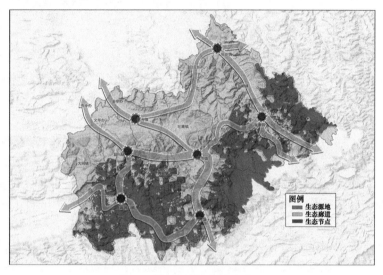

图 6-3　赤水市生态安全格局

起关键作用的块状景观,一般位于生态廊道上生态功能最薄弱处,并对生态流的运行起关键作用。节点是对区域自然生态系统的稳定性和连通性具有重要意义的关键点。规划建立河道与道路或者其他绿带的叠加与连接节点,具有景观生态学意义上的斑块或基质的特征,成为调节城市景观、改善城市生态环境的重要因素。

6.4　本章小结

生态环境是人类赖以生存的根基,生态环境的恶化已经逐步威胁到整个国家的生态安全,因此,如何保障国土生态安全,实现社会-经济-环境的可持续发展,已成为目前我国急需解决的重点问题之一。

赤水市"三生"空间建设中正面临着一系列亟待解决的矛盾:国土开发利用强度低,适宜开发的空间少;小城镇建设空间较集中,农村生产和生活空间分散;生态系统支撑能力较强,生态经济优势发挥不足等。虽然,高达 82% 的森林覆盖率为赤水市的生态经济发展提供了强大的支撑,但是,在将生态优势转化为经济优势方面稍显不足。目前,赤水市农户主要以饲养、种植等传统经济方式增收,其产品附加值低,也破坏了生态环境;同时缺乏对生态农产品的深加工、生态农产品的品牌塑造、生态旅游的开发等生态经济意识。由于赤水市是以山地和喀斯特为主的地形地貌,因此城乡建设用地的约束性较大,农村小城镇分布较为散乱,集约利用程度较差,城镇之间联系较为松散,国土开发利用强度较低。另外,特殊的地形地貌、传统的经济发展方式也带来了系列生态问题。

第7章　生态文明建设环境支撑体系研究

良好的生态环境体系是生态文明建设的根本目标。建设环境支撑体系是实现生态文明建设的重要途径之一,环境支撑体系能加强源头严防、不欠新账,加快环境污染治理、多还旧账,改善环境质量,防范环境风险,强化自然生态保护与恢复,努力提高生态产品生产能力。

7.1　环境支撑体系研究进展

生态文明建设是当下我国关注的热点,良好的生态环境是生态文明建设的内在要求和立足点,环境支撑体系建设是生态文明建设的内核和根本任务。改革开放以来,经济的快速增长带来了物质文化的丰富,与此同时,社会经济的高速发展对生态环境的依赖性过大也导致了日益严重的生态环境危机。此外,长期以来生态环境保护和建设投资不足,造成了资源短缺、环境污染等严重问题,严重影响了人类的正常生活。同时,进入新时代,随着我国社会主要矛盾发生变化,人民群众对优美生态环境的需要成为这一矛盾的重要方面,人们对美好生活的需求更加全面和多样化,这必然充满了对高品质生态产品的需求和对良好生态环境的追求,环境保护已占据了民生事业中不可或缺的地位。但是,目前我国环境承载能力已经达到或接近上限,独特的地理环境也加剧了地区间的不平衡。从发展的角度看,环境正日益成为一个经济发展的限制因素。从系统论的角度看,张子玉(2016)认为生态环境作为影响人类基本生存和社会经济发展的复杂系统,具有牵一发而动全身的性质和特点。一旦盲目追求社会经济的快速发展,由此产生的生态环境问题便可能导致整个生态系统结构和功能的严重失衡,从而威胁到人类的正常生存。这种后果在很大程度上是不可弥补和不可逆转的。突出的环境问题、国家发展观念的转变以及人们对美好生态环境日益增长的需求,都为环境治理的改革和创新提供了机遇和动力(聂国良 等,2020)。

生态文明建设的环境支撑体系主要解决关系群众切身利益的环境问题,维护公民环境权益,促进区域持续和健康发展。建设生态文明就要治理好环境污染,修复破损的生态系统,加强生态建设和保护,切实努力维护和保障生态环境安全。生态环境没有替代品,必须像保护眼睛一样保护生态环境,像对待生命一样对待生态环境,坚持节约资源和保护环境的基本国策,坚持节约优先、保护优先、自然恢复为主的方针,坚定走生产发展、生活富裕、生态良好的文明发展道路,就是解决发展模式和生活方式的问题。生态是统一的自然系统,是相互依存、紧密联系的有机链条,必须坚持山水林田湖草沙一体化保护和系统治理,统筹兼顾、整体施策、多措并举。要深入贯彻落实党的十九大关于生态文明建设的战略部署,以提高环境质量为核心,以污染物总量减排为主线,开展水、大气、土壤污染防治,重点加强城乡环境治理基础设施的建设和管理,解决损害群众健康的突出环境问题,强化环境监管和风险防范;积极开展生态保护与修复,维护山水资源的生态系统服务功能,确保绿水青山常在,为建设美丽中国奠定坚实的基础。

目前,关于生态文明环境支撑体系主要从以下方面进行研究:首先是生态环境质量的综合评价,尽管相关文章很多,但是到目前为止仍没有形成一个统一的方法体系,基本上都是采用定性与定量分析相结合的方法,比如生态指数评价法、神经网络、物元可拓模拟等。崔秀萍等(2011)、王娟娟等(2013)多位学者在评价生态环境质量时运用了主成分分析法;朱嘉伟等(2017)基于生态平衡理论和生态稳定性原理,提出了生态环境质量指数的动态评价方法;柴燕妮等(2018)基于空间视角,根据模糊神经网络对北京的生态环境进行动态综合评价,在生态环境质量评价方法中取得了突破性进展,早期研究重点关注野生动植物的生境质量以及人类活动对生境质量造成的影响,研究方法与内容更偏向于生态学范畴,主要从单一物种的生境条件入手,分析影响其生存的自然或人为因素,通常采用野外调查方法获取生境质量的相关参数,并构建指标体系进行综合评价。此类评估方法多适用于微观地理单元,随着土地利用/覆被成为全球变化研究的焦点,利用遥感、GIS 等技术的定量化、可视化、精细化评估生境质量的模型被广泛应用于实践,基于地理学视角的研究范式逐渐形成。

其次,伴随着经济增长与生态环境的矛盾与冲突愈演愈烈,大量生态环境和经济发展之间关系的内容也得到越来越多学者的关注。谢锐等(2018)利用空间自相关检验和局域 LISA(空间关联的局部指标)指数,发现新型城镇化和生态环境质量都存在空间集聚和空间溢出效应;蔡文杰等(2019)基于武汉城市圈 9 个城市的面板数据,研究城镇化与生态环境耦合协调度的演变规律,并运用障碍因素模型探究其主要影响因素;高复阳(2020)基于 IPAT(人类活动对环境影响的定量关系模型)和 STIRPAT(可拓展的随机性的环境影响评估模型)模型的理论基础,探析了我国金融发展、技术创新与环境污染之间的内在机制影响。

再次就是生态环境治理方面,在 2005 年党的十六届五中全会上,党中央明确提出建设资源节约型、环境友好型社会。田鹏颖(2009)认为,支配自然的错误理念、科学技术的滥用、资本逐利的弊端、社会制度的缺陷是环境问题产生的根源。由于生态资源属于典型的公共物品,具有市场失灵的缺陷。这一缺陷要求政府在生态文明建设中发挥"有为政府"的作用。随着对环境问题的认识,党的十七大报告中明确在经济社会发展中,将人与自然的关系纳入统筹范畴,提出进行生态文明建设。俞可平(2015)指出,生态文明是人类文明的高级形态,建设社会主义生态文明,是贯彻落实科学发展观的客观要求;姚志友(2017)从生态价值观角度出发,认为人与自然的关系经历了从盲目崇拜到肆意掠夺,再到追求和谐发展,而生态环境问题存在于人与自然关系变化过程中,环境作为典型的纯公共物品,政府作为其管理主体应当树立正确生态价值观,以生态效益为先,追求人与自然和谐;温斯棋(2019)把习近平生态文明思想的内容概括为人类与生态共兴衰的生态历史观、和谐共生的生态自然观、经济与生态双赢的生态发展观、满足人民良好生活环境的生态民生观、"山水林田湖草是生命共同体"的生态系统观、以严格的法律制度做保障的生态法治观、基于全球视角进行生态文明建设的全球治理观;汪希(2016)从社会治理的角度指出,要注重创新社会治理方式,不断完善法治型的治理模式,构建以国家、社会、政府、企业和大众等为多元主体的共治模式,实现生态环境的科学治理与绿色治理;张纪华(2017)对云南加强环境保护提出了思考,指出重点应做好生态思想、生态空间、生态方式、生态质量、生态保护、生态机制方面的工作,以实际行动推进云南成为全国生态文明建设排头兵;关成华等(2018)指出,城市绿色发展是人民美好生活的实现,可以从城市的发展理念、发展模式以及发展的协同性等多个方面努力,让"绿色"成为城市发展最鲜亮的底色。针对生态文明的环境支撑体系建设的水、大气、土壤等方面,相关学者也就各自所研究的领域提出自己的观点。

(1)加强水环境的综合整治。生态文明建设以人与人、人与自然、人与社会和谐共生为宗旨,以建立可持续的生产方式和消费方式为内涵,以引导人们走上持续、和谐的发展道路为着眼点。我国是一个水资源既丰富又短缺的国家。水资源丰富是指我国水资源总量丰富,我国淡水资源总量约为 2.8 万亿立方米,占全球水资源的 6%,仅次于巴西、俄罗斯和加拿大,居世界第四位。但是,我国人均水资源占有量只有 2200 立方米,而生态系统的破坏和工业化、城市化的加速,又进一步加剧了水资源的紧缺。保护水环境,首先就是要全面保障饮用水安全。要加强城镇饮用水源地保护,尤其是在新型城镇化建设背景下。童晶(2015)认为,水源地高质高效的规划保护和经济可持续性发展具有同等重要的价值,既关系到人类生命安全,又与地方经济发展和新农村建设息息相关,水源地保护与发展面临多重目标,但有轻重优先顺序,建议如下:保障水资源安全供给,生态环境改良,当地居民增收,保障地方政府财政能力,充分的就业,发展环境友好的产业;在技术信息层面,水源地保护可以采用最先进的生态环境监控防管系统,结合人工巡防,布局网络监测,制定应急指挥系统,保护地表与地下水水源环境与质量。要保障农村饮用水安全,可持续发展道路是农村经济社会的必然选择。黄雪媛等(2014)提出,水源地周边农村环境治理中必须注重水环境治理的效率,要依据所处流域的自然地理条件及污染物排放量的实际情况,合理分配或增加不同污染治理项目的资金投入,防止污染治理中"一刀切"现象的重复出现,走水环境与经济协调发展之路是实现自身社会经济发展的有效途径。众所周知,农村生态环境的破坏主要来源于农业内部因素(如化肥、农药不合理施用及废弃农膜残留等农业面源污染和畜禽集约养殖造成的污染)与农业外部因素(如乡镇工业企业"三废"未经处理排放对农村发展的影响)。许玲燕等(2017)认为,应当将农业面源污染纳入农村水环境治理范畴。种植业作为重要的农业面源污染,尤其是以农林业为主的地区,在农村水环境污染整治中应增强对该污染源的认识,并将其纳入污染整治的范围内,建立专项种植业污染治理资金。一方面,要加强环保宣传,广泛利用各种媒介,积极开展多种方式的农业环保知识宣传,使农民充分认识农业面源污染的严重程度和对生态环境及对自身生活的危害。另一方面,引导科学种植,大力实施测土配方施肥技术,减少污染物排放;推广循环农业生产模式,合理施肥,减轻化肥污染;同时,对购买高效、低毒、低残留农药和可降解塑料薄膜的农户给予适当的补贴,并逐步推广,提高作物的产量和品质。周文广等(2022)指出,综合性的水生态治理项目往往会涉及厂网河湖等多个要素,其中,厂网河湖分别指区域系统内的污水收集环节的排水管网、污水处理环节的污水处理厂及其泵站和污水受纳环节的河流、湖泊等水体,要完善工业污水防治系统,以排污许可证为核心,强化总量控制,改、扩建的原有优势传统产业要落实"增产不增污"或"增产减污",确保水环境安全。开展水资源、水环境承载能力监测评价体系,实行承载能力监测预警,已超过承载能力的地区要实施水污染物削减方案。同时,要加强生活污水防治与再生利用。钱海燕等(2014)认为,生活污水防治采用分散式生活污水处理组合工艺,具有更强的适用性和应用性,国内现有的适用于污水分散处理的主要技术分为初级处理工艺和主体处理工艺,初级处理工艺包括化粪池、沉淀池等,主要用于去除部分SS(固体悬浮物),主体处理工艺包括人工湿地、稳定塘、曝气池、生物滤池、膜反应器等,主要用于去除COD、SS或N、P。人工湿地是通过模拟自然湿地,人为设计与建造的由基质、植物、微生物和水体组成的复合系统,利用"基质-微生物-植物"复合生态系统的物理、化学和生物的三重协同作用,通过过滤、吸附、沉淀、离子交换、植物吸收和微生物分解来实现对污水的净化,具有高效、低耗、投资省、适用范围广等诸多优点。位于重点区域的处理终端优先纳厂处理,推荐采用A^2/O+人工湿地、A/O+人工湿地、MBBR+人工湿地等组合处理工艺,不宜采用单独的无动力处理工艺。对于地质条件差、布局分散、污水不易集中收集的区域,建议采用净化槽等分散处理模式,同时需完善散居式生活污水处理技术、排放标准以及管理服务。

(2)改善城乡大气环境质量。第一,区域性、复合型大气污染是中国目前以及今后一段时期内所面临的主要大气污染问题,但我国现行"属地"特征的环境管理制度无法满足区域性、复合型大气污染所需要的合作解决问题的要求。王金南等(2012)认为,亟须建立区域大气污染联防联控机制,开展多污染物总量协同减排,完善区域大气污染防治联席会议制度,建立新型区域大气污染联防联控协作机制,完善重度及以上污染天气的区域联合预警机制,统一区域内环境准入门槛、落后产能淘汰政策、高污染燃料控制政策和在用车管理措施,实现区域空气质量监测信息的互通和共享。第二,要加快转变能源消费结构。林伯强等(2015)指出,以环境治理为目标导致的能源结构转变,可以对煤炭消费和二氧化碳排放起到显著的抑制作用,煤炭和二氧化碳峰值提早出现将成为自然过程,而不会明显抑制经济发展。对建材、机械制造等燃煤消耗量大的工业企业进行技术改造,鼓励采用煤改油、煤改气,减少工业燃煤消耗量。严格对煤炭的质量管理,实施低硫、低灰分配煤工程,推进煤炭清洁化利用。提高燃油品质,全面供应国IV标准的车用汽、柴油,加强油品供应升级后的市场监管,严厉打击非法生产、销售劣质汽油、柴油行为。大力推行集中供热。陈娟(2017)提出,在产业集聚区等地区开展集中供热工程,鼓励热电企业发展以热电联产集中供热为主导的供热方式,不具备热电联产条件的要配备完善的集中供热系统,推广使用空气能热泵作为供热系统。大力推广清洁能源,鼓励使用可再生能源发电、沼气等能源,鼓励新增工业热利用企业与厂房建筑同步设计施工太阳能集热系统,结合推进煤炭清洁高效利用,支持企业进行太阳能工业热利用改造。第三,对工业废气进行综合防治。贾宏杰等(2015)强调,加快生态工业集约发展,提高产业集聚区的环境基础设施建设水平,实现集中供热和热电冷多联供,实施清洁能源和可再生能源替代煤炭,建立集中治污和再生水回用等基础设施,同时探索园区准入管理的"负面清单"模式,尝试目录管理的"负面清单",引导园区围绕主导产业规划,制定禁止或限制发展的行业目录,杜绝"两高一资"项目入园。任保平等(2018)强调,合理运用去产能倒逼机制、产能置换指标交易机制等,引导优势企业加快优化产品结构,加强重大项目规划布局。建立健全产能结构优化长效机制,通过产业政策、金融、财税、质量、环保、能耗、电价等手段,促进优势产业加快转型升级,倒逼一批落后产能退出。第四,发展绿色交通体系,推进车辆结构升级,同时加快油品质量升级。王韵杰等(2019)强调,加强非道路移动机械的污染防治,对非道路移动机械摸底调查,划定非道路移动机械低排放控制区,严格管控高排放的非道路移动机械。推进排放不达标工程机械清洁化改造和淘汰。第五,加强城市扬尘等面源污染整治。加强施工扬尘污染管理,推广施工扬尘污染防治技术,建立扬尘源动态信息库和颗粒物在线监控系统。王泽云(2005)提出,要积极推进绿色施工,确保落实施工现场围蔽、砂土覆盖、路面硬化、洒水压尘、车辆冲洗、场地绿化六个100%防尘措施。强化道路扬尘污染防治。马俊杰(2007)认为,所有上路运输的车辆,应当采用密闭措施运输物料、渣土、垃圾,保证运输物料不遗撒外漏。加强渣土和粉状物料运输车辆污染路面执法查处,采取有效措施控制运输车辆超载超限、冒装渣土、带泥上路和沿途洒漏污染。吴丹洁等(2016)强调,持续推进生态绿化增容工程建设,严格落实城市规划确定的空间管制和绿地控制要求,提高城市绿地面积和绿化率,持续大力推进城市园林绿化建设,保护和利用城市现有绿地和自然山水景观资源,加强城市林荫路、街头游园等建设。加大城区裸土治理力度,建设城市绿道绿廊,实施“退耕还林还草”。继续实施城市绿化工程,因地制宜提高城市建成区绿化覆盖率。

(3)完善固废循环利用体系,要深入贯彻实施《中华人民共和国固体废弃物防治法》,以“减量化、资源化、无害化”三原则为统领,以建立资源节约型、环境友好型和谐社会为目标。第一,加快研究推行生活垃圾源头分类、资源化利用体系。凡是农(居)民用煤炭取暖、做饭的地区,可将生活垃圾分为五大类,即“灰土垃圾＋可堆肥垃圾＋可再生垃圾＋有害垃圾＋其他垃圾”。在居民不用煤炭取暖做饭的地区,可以去掉灰土垃圾,只将垃圾分为四类。要将垃圾分类工作同其他各项工作相融合,统一部署,统一要求,一票否决。加快生活垃圾利用、处理设施建设,在特定地域范围内实现资源化利用。赵大鹏(2013)提出,要落实危险废物经营许可证及转移联单制度,规范危险废物贮存和标识,建立定期监测制度,加强危险废物贮存期间的环境风险管理,建立和完善突发危险废物环境应急预案,避免危险废物贮存、收集、转运、综合利用和处置过程中的二次污染。持续加强危废经营企业监管,规范企业内部管理,严格许可证审查,加强监督性检查和监测,严格依法处罚违法行为。完善环评审批,建立监管重点源清单,强化监督管理,开展对自有利用处置设施的专项检查。第二,工业固废综合利用。降低工业固废排放强度,优化产业结构。杨洪刚(2009)强调,推进清洁生产,进一步加强排污申报制度建设,对工业固体废物产生单位和一般工业污泥、危险废物产生单位全面实行排污申报。对固废产生量大的行业和重点企业,开展清洁生产审核,提出减少固体废物产生的清洁生产方案。深化工业固废综合利用,加大一般工业固废利用技术推广,优化解决冶炼废渣、炉渣、粉煤灰、脱硫石膏的处置利用,充分依托建材行业,构建综合利用与处理处置体系,提高一般工业固废利用率和环境无害化处置率。鼓励开发工业固废综合利用新技术和新产品,拓展综合利用途径。第三,农业固废综合利用。推进秸秆机械化还田,张照新等(2013)提出,完善相关扶持政策,加大机械推广和配套力度,提高高性能农业机械比例,同时做好秸秆还田农艺配套新技术培训与推广,切实提高农业农民的专业素养和管理能力。加快制定还田作业标准,加强农机作业管理,为推进秸秆机械化还田技术打下扎实基础;废旧农膜收集与利用,推进废旧地膜回收与综合利用。钟秋波(2013)提议,建立废旧农膜污染防治核心示范区,开展试点示范,树立防治废旧农膜污染的典型,向农民展示推广农膜科学使用和回收利用技术。第四,其他固废的综合处置。加强工业危险废物收运管理,提升危险废物无害化处理能力。规范危险废物贮存和标识,建立定期监测制度,加强危险废物贮存期间的环境风险管理,建立和完善突发危险废物环境应急预案,避免危险废物贮存、收集、转运、综合利用和处置过程中的二次污染。完善环评审批,建立监管重点源清单,强化监督管理,开展对自有利用处置设施的专项检查。

(4)推进土壤污染防治。第一,加强土壤污染源头控制。加强企业日常监督管理,对土壤存在潜在污染的地区必须进行防腐防渗处理,如固废堆场、原辅料仓库、废水处理区等。完善“三废”处理设施建设,并确保稳定达标排放。第二,加快典型高险污染场地修复。庄国泰(2015)强调,以城镇周边、重污染工矿企业、集中污染治理设施周边、重金属污染防治重点区域、集中式饮用水水源地周边、废弃物堆存场地等为重点,开展污染场地土壤综合治理与修复试点示范,确保土地转换用途后的安全利用,避免环境风险和社会纠纷。陈卫平等(2018)提出,应该积极开展农田土壤修复与综合治理试点示范,建立不同地区、不同农产品产区优先控制污染物清单、食品安全评价和监控体系,形成农产品绿色供应链。

保护生态环境,就是保护自然价值,增加自然资本的价值,保护经济社会发展的潜力和后劲,使绿水青山充分发挥生态效益和经济社会效益。在习近平生态文明思想指引下,全国全面加强生态环境保护,决心之大、力度之大、成效之大前所未有。污染防治攻坚战阶段性目标全面完成,蓝天白云重新展现,浓烟重霾有效抑制,黑臭水体明显减少,土壤污染风险得到管控。绿色经济加快发展,产业结构不断优化,能源消费结构发生重大变化;全面节约资源有效推进,资源能源消耗强度大幅下降。国土绿化持续推进,建立各类自然保护地区上万个,有效保护了植被类型和陆地生态系统85%的重点保护野生动物种群。人民群众的生态环境获得感、幸福感、安全感不断增强。

7.2　环境支撑体系建设存在的问题分析

目前,我国生态环境质量有所改善,大气环境质量明显好转,优良天数比重上升,空气质量指数(AQI)明显提高;地表水质量稳中有进,水质标准上升断面明显;声环境质量有所改善,区域噪声评价等级"良好",保持稳定,功能区声环境质量提高;土壤修复持续推进,受污染耕地安全利用率和污染地块安全利用率均有所提升。但我国生态文明建设仍然面临诸多矛盾和挑战,生态环境稳中向好的基础还不稳固,从量变到质变的拐点还没有到来。生态文明建设正处于压力叠加、负重前行的关键期,已进入提供更多优质生态产品以满足人民日益增长的优美生态环境需要的攻坚期,也到了有条件有能力解决生态环境突出问题的窗口期,必须再接再厉、攻坚克难,以高水平保护推动高质量发展、创造高品质生活。主要存在以下问题:

(1)环境污染问题未得到根本性改善。生态文明建设,重在污染防治,在污染防治上虽然取得了一定成效,但是环境污染问题仍然存在,未得到根本性改善。传统控制污染的思路和策略解决不了新的污染,面临新的挑战。另外,随着我国工业化、城镇化、农业集约化的加速推进,对土壤造成了严重的污染,比如工业废弃物造成的重金属污染,为增产而过量使用农药化肥等,对我国的土壤环境造成了不可逆转的损害。土壤污染治理不是一朝一夕的事情,一旦一个地区土壤被污染,将会影响这个地区十几年甚至几十年的生产生活,需要花费很长时间来治理。

(2)公民的环境保护意识不强。同济大学余敏江教授认为,环保意识差是我国公民和政府都存在的问题。在政府层面和民众层面有不同的表现。第一,对于政府机构的官员而言,他们的考核主要是受到经济增长因素的影响,往往为了提振经济而有意识忽视环境保护的重要性,环保意识差存在于机关和工作人员中。第二,民众环保意识有待进一步加强,公民本是环境污染的受害群体中的一分子,他们属于生态环境政策执行的参与者。但是,许多市民并不了解本地的环境状况,也不清楚此类问题会给生活带来哪些影响,因此乱丢垃圾、乱倒废弃物的现象非常普遍,比如,很多人不知道旧电池需要回收,以及屡禁不止的滥砍滥伐现象等,这都将对生态环境造成危害。

(3)各个体系之间联动性不强。综观目前的研究工作,大部分集中在对单个生态环境问题的研究上,缺乏对多种生态环境问题的综合研究,特别是对各生态环境问题间的相互关系及其区域分异规律研究不够。在2008年,北京和天津就联合开展了跨区域的大气污染防控治理工作,为了保障奥运会期间的大气质量,山西、内蒙古、山东、河北、天津等多个省(区、市)联合出台了《京津冀污染防治管理办法》,统一规划、统一治理、整体监测,保障了2008年北京奥运会期间的空气质量。因此,应该增强跨行政区划、跨领域的环境治理。

(4)考核压力下的"一刀切"问题。在环保考核的压力下,"一刀切"的治理模式常常被地方政府盲目采用,有环保问题的企业被直接通知停产,不停产企业甚至直接被断电解火,环保督察由"督企"转为"督政"。这种情况使得企业不得不重视自身环保问题,因为不生产意味着没有收入,整个企业有倒闭的风险。

(5)基层生态环境执法能力建设不足。按照国家级、省级生态环境保护综合执法改革文件精神,应充分加强生态环境保护综合执法力量,配齐配强执法队伍。在环境管理方面,执法队伍能力不足问题凸显。当前,我国的环境政策法律规章更新较快,基层执法人员对法律法规政策和污染物排放标准的掌握不准,执法工作不规范、不到位的现象时有出现。污染源在线监控属于运用科技设备监管企业的新方式,但由于技术性较强,对设备检查还停留在表面。排污许可证涉及的规范较多,在审核企业申报的排污许可方面知识储备不足。同时,还应对生态环境保护领域的权力和职责划分清楚,制定权责清晰的责任清单,避免九龙治水,推诿扯皮的问题发生。

7.3　山西省大同市环境支撑体系建设案例分析

7.3.1　大同市环境质量现状

7.3.1.1　大气环境质量较好

作为"煤都"的大同市,2003—2006 年曾连续在全国重点监控城市中空气质量排名倒数第三。近年来,大同市通过集中供热改造和燃料结构调整,空气质量有了明显改善。2014 年,市区空气质量二级以上良好天数为 300 天,其中一级天数 41 天,全市空气质量二级以上良好天数和空气质量综合指数均排名全省第一,空气质量整体较好。

同周边城市相比,大同市也具有显著的空气质量优势,2014 年空气质量优良天数仅次于张家口市,远多于太原市、北京市、保定市等(图 7-1)。良好的空气质量是大同市积极发展旅游业的重要基础。

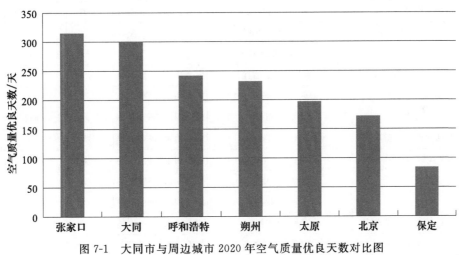

图 7-1　大同市与周边城市 2020 年空气质量优良天数对比图

从大同市近几年的空气质量变化趋势来看,2017—2020 年各项指标均达到国家空气环境质量二级标准(表 7-1)。

表 7-1　大同市市区环境空气质量年均浓度数据

指标名称	SO$_2$/ (毫克/立方米)	NO$_2$/ (毫克/立方米)	PM$_{10}$/ (毫克/立方米)	PM$_{2.5}$/ (毫克/立方米)
2017 年	0.039	0.031	0.072	—
2018 年	0.037	0.027	0.078	—
2019 年	0.044	0.032	0.101	—
2020 年	0.046	0.032	0.095	0.043

指标名称	SO₂/ (毫克/立方米)	NO₂/ (毫克/立方米)	PM₁₀/ (毫克/立方米)	PM₂.₅/ (毫克/立方米)
国家二级标准(老)	0.06	0.04	0.10	—
国家二级标准(新)	0.06	0.04	0.07	0.035

注:《空气质量标准》(GB 3095—2012)中 PM₁₀ 年均浓度标准调整为 0.07 毫克/立方米,新增 PM₂.₅ 浓度指标。

7.3.1.2 水环境质量有所改善

(1)地表水环境质量

大同市境内的主要河流有 8 条,分别为:桑干河、南洋河、壶流河、御河、十里河、口泉河、甘河、唐河。根据《山西省地表水域水环境管理区划方案》(晋环发〔2005〕208 号)以及大同市地表水的使用现状,大同市的水环境功能区分为环监Ⅰ类区、环监Ⅱ类区、Ⅳ类区、Ⅴ类区,区划具体方案见表 7-2。

从表 7-2 中可以看出,2020 年各条河流基本满足地表水环境功能区要求。其中,地表水Ⅲ类水质(良好)断面 1 个,占监测断面总数的 7%;Ⅳ类水质(轻度污染)断面 10 个,占监测断面总数的 71%;无Ⅴ类水质(中度污染)断面;由此可以判定,2020 年大同市地表水整体水质属轻度污染。

2017—2020 年,大同市各断面水质有好转趋势。劣Ⅴ类水质断面个数从 2017 年的 1 个减少到 2020 年的 0 个,Ⅴ类水质断面个数从 2017 年的 8 个减少到 2020 年的 0 个,Ⅳ类水质断面个数从 2017 年的 5 个增加到 2020 年的 10 个,Ⅰ～Ⅲ类水质断面稳定在 1 个。

表 7-2 大同市"十二五"水环境功能区划及地表水水质

河流名称			河段名称	控制断面	功能	水质目标	2017 年	2018 年	2019 年	2020 年
桑干河	干流		新桥至固定桥	固定桥(省控、国家考核)	农业用水	环监Ⅰ类	Ⅴ类	Ⅴ类	劣Ⅴ类	Ⅳ类
			册田水库至出省境	册田水库出口(国控、国家考核)	工业用水	Ⅳ类	Ⅳ类	Ⅳ类	Ⅴ类	Ⅳ类
	御河	干流	入省境至孤山水库	堡子湾(对照、国控)	农业用水	Ⅴ类	Ⅴ类	Ⅴ类	Ⅴ类	Ⅳ类
			孤山水库至大同市北	古店(削减、市控)	农业用水	Ⅴ类	全年断流	全年断流	全年断流	全年断流
			大同市北至小南头	小南头(削减、省控)	农业用水	环监Ⅱ类	劣Ⅴ类	Ⅴ类	Ⅴ类	Ⅳ类
			小南头至干流	利仁皂(省控、国家考核)	农业用水	环监Ⅰ类	Ⅴ类	Ⅴ类	Ⅴ类	Ⅳ类
			御河	御河桥(市控)	农业用水	环监Ⅱ类	全年断流	全年断流	全年断流	全年断流
		十里河	十里河水库出口至高山	高山(对照、省控)	农业用水	环监Ⅱ类	Ⅴ类	Ⅴ类	劣Ⅴ类	Ⅳ类
			小站至红卫桥	小站(削减、市控)	农业用水	环监Ⅱ类	Ⅳ类	Ⅳ类	Ⅳ类	—
				六一六桥(市控)	农业用水	环监Ⅱ类	Ⅴ类	Ⅴ类	劣Ⅴ类	—
				红卫桥(省控)	农业用水	环监Ⅰ类	Ⅴ类	Ⅴ类	Ⅴ类	Ⅳ类
	口泉河		永定庄矿至下米庄水库	五一桥(省控)	农业用水	环监Ⅰ类	Ⅳ类	Ⅴ类	劣Ⅴ类	Ⅳ类
唐河			源头至出省境	南水芦(国控、国家考核)	农业用水	Ⅳ类	Ⅲ类	Ⅲ类	Ⅲ类	Ⅲ类
壶流河			源头至出省境	洗马庄(省控、国家考核)	农业用水	环监Ⅰ类	Ⅳ类	Ⅳ类	全年断流	全年断流
南洋河			源头至大白登	大白登(省控)	农业用水	环监Ⅱ类	Ⅳ类	Ⅳ类	Ⅳ类	Ⅳ类
			大白登至宣家塔	宣家塔(省控、国家考核)	农业用水	环监Ⅱ类	Ⅴ类	Ⅳ类	Ⅳ类	Ⅳ类
甘河			甘河	甘河桥(市控)	农业用水	环监Ⅱ类	Ⅴ类	Ⅴ类	劣Ⅴ类	—

注:古店断面自 2005 年 11 月断流至今,御河桥断面自 2009 年 1 月断流至今,洗马庄断面自 2013 年 1 月断流至今。

(2)集中式饮用水源地

大同市集中饮用水源地均为地下水源地,2020 年共有 7 片,分别为白马城水源地、城东水源地、城南水源地、党留庄水源地、古东水源地、口泉高庄水源地和十里河水源地。2020 年,全市地下水水源地水质均达到Ⅲ类以上,Ⅱ类和Ⅲ类水质类别的比例分别为 20% 和 80%。因此,全市地下水的主要水质类别为Ⅲ类,满足饮用水源要求(表 7-3)。

表 7-3　2020 年大同市地下水源地水质监测及污染程度评价表

水源地	水源地性质	水质类别	超标项
白马城水源地	地下水	Ⅲ	无
湖东水源地	地下水	Ⅲ	无
城东水源地	地下水	Ⅲ	无
城南水源地	地下水	Ⅲ	无
大同县二、三十里铺水源地	地下水	Ⅲ	无
矿区魏辛庄水源地	地下水	Ⅲ	无
矿区西万庄水源地	地下水	Ⅲ	无
南郊区安家小村水源地	地下水	Ⅲ	无
南郊区口泉河水源地	地下水	Ⅲ	无
南郊区十里河水源地	地下水	Ⅲ	无
全市	地下水	Ⅲ	无

（3）地下水环境质量

2020 年，大同市地下水的主要水质类别为Ⅲ类，但个别水源地水质较差，如党留庄水源地 4# 井、口泉高庄水源地旧 2# 井年均浓度超过Ⅲ类标准，超标项目主要有总硬度、硫酸盐、氟化物（表 7-4）。

表 7-4　2020 年大同市地下水测井水质监测及污染程度评价表

测井名称	测井类型	水质类别	超标项
白马城 11# 井	承压水层	Ⅲ	无
白马城 12# 井	承压水层	Ⅲ	无
白马城 13# 井	承压水层	Ⅲ	无
城东 3# 井	承压水层	Ⅱ	无
城东 7# 井	承压水层	Ⅱ	无
城东 8# 井	承压水层	Ⅲ	无
城南 10# 井	承压水层	Ⅲ	无
城南 6# 井	承压水层	Ⅲ	无
党留庄 4# 井	浅水层	Ⅳ	氟化物
古东水源地 5# 井	承压水层	Ⅲ	无
古东水源地 7# 井	承压水层	Ⅲ	无
古东水源地 9# 井	承压水层	Ⅲ	无
口泉高庄旧 2# 井	承压水层	Ⅴ	总硬度、硫酸盐
口泉高庄新 2# 井	承压水层	Ⅲ	无
十里河西水磨 4# 井	承压水层	Ⅲ	无
十里河西水磨 8# 井	承压水层	Ⅲ	无
全市	—	Ⅲ	—

7.3.1.3　声环境质量稳定

（1）区域声环境质量较好

大同市共有区域环境噪声监测点位 202 个，2019 年，全市昼间等效声级为 53.4 分贝，较上年下降 0.1 分贝，夜间等效声级为 43.7 分贝。昼间和夜间区域环境噪声评价为二级，较好。

（2）道路交通噪声基本稳定

2019年，大同市30条主要交通干线昼间道路交通噪声平均等效声级为65.6分贝，夜间平均等效声级为54.0分贝，按照道路交通噪声强度等级划分属于一级，评价为良好。

（3）五大功能区噪声略有超标

2019年，大同市五大功能区（特殊住宅区，居民文教区，居住、商业、工业混合区，工业区，道路交通干线两侧）昼间等效声级均未超标；特殊住宅区，居住、商业、工业混合区，道路交通干线两侧夜间等效声级有所超标，超标最严重的为道路交通干线两侧7.9分贝。

7.3.1.4 土壤环境质量良好

（1）企业周边土壤环境质量清洁

2017年，以国电电力发展股份有限公司大同第二发电厂和山西合成橡胶集团有限责任公司两家污染企业为代表，对其周围土壤进行监测评价，结果表明，两家企业周边土壤环境理化特征和重金属都未超过《土壤环境质量标准》（GB 15618—1995）二级标准，表明大同市企业周边土壤环境质量基本清洁。

（2）基本农田土壤环境质量良好

2018年，以三个行政村（西坪村、滹沱店村和北村）为代表，开展基本农田区土壤环境质量监测，结果表明，三个基本农田区8项无机污染物镉、汞、砷、铅、铬、铜、锌、镍浓度均达到《土壤环境质量标准》（GB 15618—1995）二级标准，2项有机污染物六六六、滴滴涕浓度亦达到二级标准，表明大同市基本农田区土壤环境质量基本清洁。

2017年，对三个行政村（水磨瞳村、燕家湾村和要庄村）的蔬菜种植基地进行采样监测，以评价基本农田土壤环境质量，结果表明，本次监测大同市蔬菜种植区土壤环境中的无机和有机污染物均未超标，表明大同市蔬菜种植区土壤环境质量基本清洁。

（3）水源地周边土壤环境质量优良

2020年，对大同市城南（沙岭村）和城东（牛家堡村）两处水源地土壤环境质量进行了例行监测，结果表明，按《土壤环境质量标准》（GB 15618—1995）一级标准评价，全部监测点位均能达标，表明大同市水源地环境质量清洁。

7.3.1.5 关键问题识别

（1）地表水水质较差

虽然全市地表水水质有所改善，但是水质整体依然较差。2020年，地表水Ⅲ类水质断面仅有1个，其余断面均为Ⅳ类水质。《水污染防治行动计划》要求"到2025年，长江、黄河、海河等七大重点流域水质优良（达到或优于Ⅲ类）比例总体达到70％以上"，这对于大同市地表水水质提出了更高要求。

（2）农村污水处理难

通过实地调研，发现大同市各区县农村污水基本处于无序排放状态。农村生活污水、畜禽养殖污水以及化肥、农药残留等，共同形成农业面源污染。大同市农村居住人口少，而且十分分散，不利于建设统一的污水处理设施，进一步增加了农村污水的处理难度。

7.3.2 污染防治与生态建设现状

7.3.2.1 环境基础设施建设情况

（1）污水处理设施

大同市积极推进城镇污水处理厂的建设，已实现县县有污水处理厂的目标。截至2020年，大同市共有污水处理厂13家，污水日处理能力达40.9万吨，城市污水集中处理率达到86.3％。污水排放执行《城镇污水处理厂污染物排放标准》（GB 18918—2002）中表1的一级B标准。

随着对污水处理厂的提标改造，大同东郊污水处理厂、大同西郊污水处理厂、御东污水处理厂、同煤赵家小村污水处理厂、开发区污水处理厂、左云县污水处理厂、天镇县污水处理厂、广灵县污水处理厂、新荣区污水处理厂已实现一级 A 类标准排放。全市污水处理设施运行情况见表 7-5。

表 7-5　大同市污水处理设施运行情况

行政区	名称	处理工艺	设计规模/(万吨/天)	排放标准	收纳水体
市城区	东郊污水处理厂	一、二级处理:奥贝尔氧化沟;三级处理:高密度沉淀池+转盘式过滤器深度处理	10	一级 A 类	御河
市城区	西郊污水处理厂	一级处理:奥贝尔氧化沟;二级处理:A2/O;三级处理:高密度沉淀池+转盘式过滤器	10	一级 A 类	十里河
市城区	御东污水处理厂	强化复合水解酸化+HAF 反应池+FSBBR 流离床反应池+臭氧生物炭	6	一级 A 类	御河
矿区	同煤赵家小村污水处理厂	奥贝尔氧化沟	4	一级 A 类	口泉河
开发区	开发区污水处理厂	奥贝尔氧化沟	2	一级 A 类	御河
左云县	左云县污水处理厂	改造提升为厌氧池+A2/O 氧化沟	0.4	一级 A 类	十里河
大同县	大同县污水处理厂	奥贝尔氧化沟	0.5	一级 B 类	桑干河
阳高县	阳高县污水处理厂	奥贝尔氧化沟	1.5	一级 B 类	白登河
天镇县	天镇县污水处理厂	三沟式氧化沟处理改造成 A2/O 工艺	1	一级 A 类	南洋河
浑源县	浑源县污水处理厂	奥贝尔氧化沟	2	一级 B 类	浑河
灵丘县	灵丘县污水处理厂	奥贝尔氧化沟	2	一级 B 类	唐河
广灵县	广灵县污水处理厂	厌氧池+奥贝尔氧化沟改造为 A2/O 生物池	1	一级 A 类	壶流河
新荣区	新荣区污水处理厂	浮动生化+人工湿地	0.5	一级 A 类	淤泥河

(2)生活垃圾处理设施

目前,大同市共有 7 座垃圾无害化处理厂,其中 6 座已经建成使用,1 座正在建设过程中,即天镇县生活垃圾处理厂(表 7-6)。全市生活垃圾无害化处理厂的处理能力达到 1890 吨/天。2020 年,全市常住人口中城镇人口为 207.86 万,按照全市多年城市地区人均生活垃圾产生系数 0.9 千克/(天·人)估算,全市每日城镇生活垃圾产生量约为 1870.74 吨。全市的生活垃圾无害化处理厂基本能够消纳城镇生活垃圾产生量。2020 年,全市城市生活垃圾无害化处理率达到 99%。

表 7-6　大同市垃圾处理设施情况

序号	垃圾处理场名称	所属区县	处理垃圾类型	处理方式	设计规模/(吨/天)
1	大同富乔垃圾焚烧发电有限公司	南郊区	生活垃圾	焚烧	1000
2	广灵县利民生活垃圾处理厂	广灵县	生活垃圾	卫生填埋	128
3	灵丘县大涧生活垃圾处理有限公司	灵丘县	生活垃圾	卫生填埋	142
4	阳高县利洁垃圾处理有限责任公司	阳高县	生活垃圾	卫生填埋	130
5	左云县凯洁垃圾处理有限公司	左云县	生活垃圾	卫生填埋	160
6	浑源县无害化垃圾处理场	浑源县	生活垃圾	卫生填埋	200
7	天镇县生活垃圾处理厂	天镇县	生活垃圾	卫生填埋	130(在建)

(3)危废及医疗废物处理设施

大同市危险废物处理单位有 2 家,分别是大同日新化工有限公司和大同天岳化工有限公司,具体情况见表 7-7。

表 7-7　危险废物处置设施情况

单位名称	经营类别	经营规模/（吨/年）	经营方式	许可证有效期
大同日新化工有限公司	二氯丁烯（HW13）	2300	收集、贮存、利用	2016 年 4 月 25 日
大同天岳化工有限公司	二氯丁烯（HW13）	6000	收集、贮存、利用	2013 年 11 月 12 日

大同市精谊环保危险废物处置有限公司是大同市医疗废物处置单位，位于南郊区西韩岭乡北村村北，拥有医疗专用运输车辆 6 辆，具体情况见表 7-8。

表 7-8　医疗废物处置设施情况

单位名称	医废处置设施名称	处置工艺	投运时间	处置能力/（吨/年）	配套环保设施
大同市精谊环保危险废物处置有限公司	立式旋转热解气化焚烧炉	焚烧	2009 年	1825	急冷除酸塔，布袋除尘器，活性炭吸附装置，生化法、物化法水处理设置

7.3.2.2　生态建设情况

（1）自然保护区、风景名胜区、森林公园建设

大同市共有 5 个自然保护区，其中灵丘黑鹳自然保护区为国家级自然保护区，恒山自然保护区、六棱山自然保护区、桑干河自然保护区以及壶流河湿地自然保护区为省级自然保护区，自然保护区总面积为 1815.35 平方千米，占国土面积的 12.86%，高于山西省平均水平（7.4%）。风景名胜区包括恒山风景名胜区、大同火山群地质公园、摩天岭长城风景名胜区和六棱山风景名胜区，森林公园有国家级云冈森林公园、恒山森林公园，省级山西桦林背森林公园、广灵南壶森林公园、大泉山森林公园（表 7-9）。大同市按照相关法律法规条例，建设和管理自然保护区、风景名胜区和森林公园，不断加强管理力度，为区域内野生动植物群落的自然恢复和繁衍生息提供了安全可靠的自然生态环境，使其生态系统服务功能得以正常发挥。

表 7-9　大同市大型自然保护区、风景名胜区和森林公园建设情况表

类别	名称	级别	位置	面积/平方千米	主要保护对象、重点文物、景区
自然保护区	灵丘黑鹳自然保护区	国家	灵丘县南部	715.92	黑鹳，青羊，珍贵树种青檀等
	桑干河自然保护区	省级	桑干河流域	735.28	水禽类野生动物，杨树、油松、樟子松等为主的森林生态系统
	六棱山自然保护区	省级	大同、阳高、浑源、广灵四县交界处	120.00	黑鹳金雕、金钱豹、猞猁、秃鹫、石貂、白尾鹞、鹈鹕等
	恒山自然保护区	省级	浑源县西南部	114.97	金钱豹、黑鹳、金雕、大鸨、石貂、原麝、猎隼、大天鹅等
	壶流河湿地自然保护区	省级	广灵县城东南	129.18	黑鹳、白尾海雕、大鸨、金钱豹，天鹅，野生大豆珍贵植物资源
风景名胜区	恒山风景名胜区	国家	浑源县	147.51	悬空寺、汤头温泉度假区、千佛岭森林旅游区、神溪景区等
	大同火山群地质公园	省级	大同盆地东部	129.80	火山群
	摩天岭长城风景名胜区	省级	左云县北部	73.40	明长城
	六棱山风景名胜区	省级	广灵、阳高、浑源三县交界处	50.90	古迹、奇山、松海、高山草甸

类别	名称	级别	位置	面积/平方千米	主要保护对象、重点文物、景区
森林公园	云冈森林公园	国家	大同市	158.20	石窟、化石遗迹,十里河、云冈、采凉山等自然、人文景观
	恒山森林公园	国家	浑源县	282.74	曲溪云雾、摩崖传说,森林古刹,奇峰异石等奇观东山
	山西桦林背森林公园	省级	阳高县西部	125.00	白石林、六棱山、空中草原、瀑布群、冰洞火山、白玉滩、团堡峪、石门峪
	广灵南壶森林公园	省级	广灵县	40.00	古迹、森林
	大泉山森林公园	省级	阳高县	18.37	林地

注:资料来源于《大同市城市总体规划》(2006—2020 年)(2014 修订)。

(2)湿地资源

全市湿地总面积约 2.32 万公顷,占国土总面积的 1.7%。湿地类型主要有河流湿地、湖泊湿地、泉水湿地和人工湿地,湿地资源主要分布在广灵县、大同县、浑源县、新荣区、城区(表 7-10)。全市湿地均为淡水湿地,类型较为单一、数量少、面积小、分布分散,多为封闭或半封闭的孤立湿地。由于湿地面积小、深度低,极易萎缩消失,因此属于生态系统的脆弱地段。

表 7-10　大同市各区县湿地资源概况

区县名称	湿地面积/公顷	重要湿地资源
城区	1237.2	文瀛湖湿地公园、古城墙护城河湿地公园、御河湿地生态公园
南郊区	507.42	十里河湿地公园、口泉河、墙框堡水库
新荣区	1856.32	饮马河、淤泥河、万泉河、涓子河、赵家窑水库
大同县	3552.82	大同县土林湿地、丰峪湿地自然保护区、册田水库湿地公园、大同县茹庄水库、下羊落水库
左云县	895.2	十里河、源子河、大峪河、淤泥河、山井河、马营河
阳高县	695.7	—
天镇县	758.3	南洋河、孤峰山水库
浑源县	1953.6	神溪湿地公园、西辛庄湿地、海村湿地、汤头温泉、恒山水库
广灵县	11463.2	壶流河湿地、下河湾湿地、枕头河湿地、丰水湖湿地、百步湖湿地
灵丘县	278.5	灵丘县湿地公园、唐河水田站

(3)水土流失综合治理

大同市地处黄土高原,疏松的黄土,高低悬殊的地形,多暴雨的降水气候,构成了水土流失严重的自然因素。同时,大同市作为能源重化工基地,大量的采煤开矿取石,造成了严重的土地沙化和水土流失,2005 年全市的水土流失面积达 9793 平方千米,占土地总面积的 69%。据统计,大同市仅煤炭开采造成的弃土弃渣累计达 24.7 亿吨,造成水土流失面积 824 平方千米。为了治理水土流失,搞好水土保持,大同市政府始终坚持"统一规划,综合治理,沟坡兼治"的方针,以小流域水土保持综合整治为治理单元,综合运用工程措施、生物措施和耕作措施,开展小流域工程建设,集中连片,综合治理。通过退耕还林还草,开展自然保护区建设工程、矿区造林绿化、森林抚育及保护、矿区荒漠化治理、农业节水节地等措施,大同市的水土流失问题得到了一定程度的改善,截至 2015 年,全市累计治理水土流失面积 5814.8 平方千米。

(4)造林绿化工程建设

"十二五"期间,大同市开展了一系列城市绿化建设工程,成效明显:共完成营造林 207.2 万亩;左云县、大同县、新荣区先后被省政府命名为生态县;全市净增森林面积 72 万亩,新增未成林造林地 64.08 万亩,总量增加 136.08 万亩,森林覆盖率从 20.11% 增长到了 23.5%。截至 2016 年 4 月,全市共有 30 万亩以上规模的连片工程 2 处,10 万亩以上的 8 处,10 万亩以下 1 万亩以上的工程 56 处。这些集中连片工程不仅有效改善了全市就地起尘、水土流失严重的脆弱生态,而且成为了京津地区防风固沙的重要屏障。

(5)矿山开采生态治理

大同市境内含煤面积 632 平方千米,累计探明储量 376 亿吨。在矿区生产过程中,对土地资源、地表水环境、大气环境、生物多样性造成一定程度的破坏。大同市对煤炭企业进行了兼并重组,淘汰产能落后的煤炭企业,关闭大量地方煤矿。同时,要求生产煤矿的锅炉、热风炉等安装脱硫除尘装置,实施矿区造林绿化、矿区森林抚育及保护、矿区荒漠化治理等工程来保护矿区生态环境。严格按照《大同市煤炭开采生态环境恢复治理规划》开展矿区生态恢复。

7.3.3 水资源节约

7.3.3.1 加强宏观管理

(1)严格执行用水总量控制制度

各县(区)人民政府根据大同市下达的区域用水总量控制指标,制定分年度用水计划并上报水行政主管部门批准,按照批准的年度用水计划制定下达各取水户的年度用水计划,依法对本行政区内的年度用水进行总量控制管理。

(2)严格规划和建设项目水资源论证

根据国家和山西省有关规定,严格执行规划水资源论证制度,积极推进国民经济和社会发展规划、城市总体规划以及重大建设项目布局的规划水资源论证工作。严格执行新建、改建、扩建项目水资源论证制度。

(3)严格取水许可审批和监督管理

进一步规范取水许可审批程序,规范取水许可审批管理。对取用水总量已达到或超过控制指标的地区,暂停审批建设项目新增取水。对取用水总量接近控制指标的地区,限制审批建设项目新增取水。在地下水严重超采区或禁采区,除生活用水外,严禁审批新建、改建、扩建涉及新增取用地下水的项目。

(4)严格水资源有偿使用

严格按照规定的水资源费征收范围、对象、标准和程序征收水资源费。水资源费主要用于水资源的宣传、节约、保护和管理。对不按规定征收、缴纳或使用水资源费的,要依法查处,并核减该区域下一年度用水指标。

(5)严格地下水保护

加强地下水动态监测,实行地下水取水总量控制和水位控制。逐步关闭自备水源井,以涵养地下水资源。依据大同市人民政府办公厅《大同市关闭城市规划区地下水取水井实施方案》的要求,到 2016 年 12 月 31 日前,关闭城市供水管网覆盖范围内地下水取水井 468 眼,可置换引黄工程供水量 7000 万立方米。

7.3.3.2 提高用水效率

(1)工业

按照以供定需的原则,合理调整产业结构和工业布局,限制淘汰高耗水项目。新建项目严格执行"三同时,四到位"制度,确保主体工程与节水措施同时设计、同时施工、同时投入使用,做到用水计划到位、节水目标到位、节水措施到位、管水制度到位。工业企业用水大户应定期开展水平衡测试。引导和扶持工业企业应用新型节水技术、节水设备,实行一水多用和重复利用,推行废水减量和零排放技术。

(2)农业

农业领域要继续推进大中型灌区和井灌区的节水改造,大力推广喷灌、滴灌和渗灌等先进实用的节水灌溉技术,同时,重视秸秆覆盖、地膜覆盖、免耕栽培等农艺节水措施的广泛应用,发展现代旱作节水农业,不断提高水资源利用效率。完善和落实农业节水的产业支持、技术服务、财政补贴等。

（3）生活

城镇生活领域要以提高城镇供水保障为目标，促进节约用水工作不断深化。主要包括加快城市供水水源、输水、净水工程以及供水管网的技术改造，降低管网漏失率；完善城镇节水设施，强制推行节水设备和器具，及时更换城镇生活的计量水表；加大宣传力度，提高公众节水意识等。此外，还应进一步加大雨污分流力度，促进提高用水效率。

7.3.3.3　增加污水回用

推行清洁生产审核，引导和督促企业积极采用高效、安全、可靠的水处理技术工艺，有效提升水循环利用率，降低单位产品取水量。加强废水综合处理，实现废水资源化，加强尾水利用回收，减少水循环系统的废水排放量。积极开展废水"零"排放示范企业创建活动，树立行业"零"排放示范典型。鼓励工业园区采取统一供水、废水集中治理模式，实施专业化运营，实现水资源梯级优化利用。在城市景观、住宅、企业技术改造、产业发展等规划中，都应统筹考虑清污分流、中水回用措施。城市景观用水要充分利用处理后的再生水。

7.3.4　水污染防治

7.3.4.1　加强排污企业废水治理

加强对工业废水的末端治理，逐步建立环境使用权和排污权交易市场，构建"排污者付费、治污者受益"的生态补偿机制。全面削减水污染物排放，严格审批程序，对不符合产业政策以及重污染项目一律不予审批，从源头防治污染。加大落后产能淘汰力度，全面淘汰设备水平低、环保设施差的工业企业。对炼焦、造纸、化工等重点行业，严格按照新排放标准进行提标改造，削减污染物排放量。加强工业废水处理设施建设，提高行业污染治理水平。工业园区内企业废水在内部预处理达到集中处理要求的基础上，统一进入污水处理管网进行处理。同时，大力推进高污染行业企业的中水回用工程，提高水资源循环利用率。

加大工业污染源的监管力度，规范工业企业排污行为。重点废水排放企业全部安装在线监控系统，并与环保部门联网，实现全天候监控，确保重点监控企业环保设施正常运转，各项污染物稳定达标排放。通过日常检查和不定期抽查，对于企业偷排、漏排、超标排放等环境违法行为进行严厉打击。

7.3.4.2　加快城市污水处理设施建设

加快推进同煤集团生活污水处理厂和大同县、阳高县、浑源县、灵丘县污水处理厂的提标改造进程，保障污水处理厂出水水质达到《城镇污水处理厂污染物排放标准》（GB 18918—2002）中的一级 A 类标准。新建广灵县污水处理厂中水回用工程，回用中水作为电厂生产用水，提高水资源重复利用率。各县（区）在充分满足污水处理厂日处理能力的基础上，完成相应的配套管网建设。

加强污水处理厂的运行监管，通过安装在线监测设备，对进出水流量、水质主要指标（化学需氧量、氨氮）、曝气设备的运行情况、曝气池的溶解氧浓度、污泥浓度、滤池堵塞率等数据进行实时监控，确保污水处理设施正常运行，保证出水水质达到排放标准。同时，加大现场检查力度，通过日常检查和不定期抽查，对污水处理厂的偷排、超排等问题进行严肃处理。

适当推进城市污水处理设施建设和运营市场化，按照"谁投资、谁收益"的原则，鼓励各类社会资金参与。对现有的污水处理企业，可鼓励有实力的大企业进行并购和重组，盘活存量资产，促进污水处理产业化发展、专业化经营。新建污水处理厂应统筹考虑项目建设和企业运营机制，采用独资、合资、合作、项目融资等方式进行项目运作和建设，推行建设经营转让（BOT）等模式，推进市场化。

7.3.4.3　推进镇村生活污水治理

选择人口较为集中、工业比较发达或位于环境敏感区域的重点乡镇，推进生活污水处理设施建设，并同步建设污水收集管网等配套设施，减少乡镇生活污水直接排放的现象。乡镇污水处理厂的出水水质应满足《城镇污水处理厂污染物排放标准》(GB 18918—2002)的相关要求。此外,针对乡镇生活污水处理设施建设、运营经费不足以及管理人才缺乏等问题,可尝试以合资合作、股权/产权转让、建设经营转让等形式,引入社会资金参与建设和运营。通过市场化、专业化的运营模式,确保污水处理设施稳定运行,实现污染物减排的良好效果。

针对大同市农村地区的不同特点,因地制宜地选择生活污水分散处理或集中处理。(1)对于居住分散、规模较小、地形条件复杂、污水收集困难的村庄,以单户或几户为一个单元建设小型污水处理系统,采用"三格化粪池+土壤渗滤"工艺。三格化粪池进行预处理,去除大部分悬浮物和有机物,出水排入土地渗滤生态处理系统,利用微生物、土壤、蒸发以及涝池内的植物净化污水。(2)对于人口相对集中、污水排放量大的村庄可进行集中处理,建设统一的处理设施并铺设管网,采用的工艺为"三格化粪池+人工湿地处理系统+土壤渗滤"。污水经三格化粪池预处理后,排入人工湿地,通过过滤、吸附、生物降解等过程,进入土地渗滤生态处理系统,再利用微生物、土壤、蒸发以及涝池内的植物净化污水。

7.3.4.4 强化农业面源污染治理

全面实施测土配方施肥工程,调整优化种植业用肥结构,提倡使用高效有机肥,推进平衡配方施肥。推广应用物理技术(光、热、电、辐射等)、生物技术(自然天敌、昆虫信息素等)以及基因技术防治农业病虫害,减少农药的使用。加强农民生态农业知识和技术模式培训,突出农药、化肥等农用化学物质的面源污染防治和无公害农产品生产知识、技术和法律培训。

实施集约化畜禽养殖,逐步淘汰小规模畜禽养殖。对散养户比较集中的地区,引导分片建设集中处理设施。加强新建规模化畜禽养殖场的审批管理,落实环境影响评价、排污申报、排污许可制度。加强对规模化畜禽养殖场的管理,鼓励采用先进环保的养殖技术,进行干清粪作业,实施干湿分离,并通过建设堆肥设施、沼气池、发酵床等净化手段对畜禽粪便进行无害化处理。

7.3.4.5 推进重点河流综合整治

实施《御河流域生态修复与保护规划》和《桑干河流域生态修复与保护规划(大同部分)》。全面实施大流域治理工程,按照兴水、增绿、造景、治污并重的原则,抓好以御河、口泉河为重点的"两河"水环境治理,谋划实施桑干河跨流域修复治理工程。作为永定河水系的上游地区,大同市是京津冀三地重要的水源涵养地带。经过多年的粗放式发展,大同市河流污染严重,亟须综合治理。规划对桑干河、十里河、御河、口泉河、甘河、浑河、唐河、南洋河、壶流河 9 条重点河流进行水环境综合整治:(1)截污治污。推进沿河污水处理设施及污水收集管网建设,严格禁止沿河污染物直接排放,保证入河水质达到国家排放标准。(2)清淤清障。清理河道两岸的违法占地和违章建筑,疏浚污泥底泥,清理河道水面漂浮物与河岸周边废弃物。(3)生态修复。在水中种植多种喜水、耐水植物,发展水生动物,改善水域生物群落结构和多样性,增加水体自净能力。改造硬质堤岸,构建堤岸植物群落,恢复河流生态功能。(4)景观美化。布设水面景观带,建设滨河公园,修建生态湿地等,逐步改善水环境。

7.3.5 大气污染防治

7.3.5.1 推进煤炭清洁化利用

继续推进大型发电企业热电联产改造,逐步完善供热管网建设,扩大市县区集中供热范围,尤其加强县区集中供热热源和供热管网建设。争取 2020 年实现市区和各县区集中供热全覆盖和基本实现计量供热全覆盖。对热网覆盖范围内的分散燃煤锅炉逐步拆除。通过大容量的供热发电机组取代低效、分散的小型燃煤锅炉供热,有效减少大气污染物排放。

在农村地区建立清洁煤供应网络,通过政策补贴等方式,推广燃用低硫份、低灰份的燃煤或焦炭,并对农村炊事、采暖和设施农业燃煤装置和设备进行改造提升,减少农村散煤燃烧的大气污染。

7.3.5.2 强化工业废气治理

全面削减大气污染物排放,严格新建项目审批,禁止新建、扩建高污染项目。加快现有燃煤电厂的超低排放改造工程建设,按照新的排放标准开展污染物治理改造工程。加大落后企业淘汰力度,区范围内10蒸吨以下燃煤锅炉、茶浴炉全部淘汰,实施集中供热、清洁能源替代(包括使用燃气、电、太阳能、地热泵、生物质等)和联片供热。同时,要求10蒸吨以上在用蒸汽锅炉和7兆瓦以上在用热水锅炉进行升级改造,改造后的烟尘、二氧化硫、氮氧化物和汞及其化合物等污染物排放全部达到新标准要求。加强对燃煤电厂、水泥厂、钢铁厂等重点减排企业的在线监控,确保治理设施正常运行,促进管理减排措施落实。

7.3.5.3 实施机动车污染控制

以降低机动车污染排放水平、改善环境质量为核心,加快提升机动车环境监督管理水平,严格实施国家机动车排放标准。严格执行机动车排放检验制度,加强机动车车辆的年检和抽检,禁止排放不达标的机动车上路行驶,公安交管部门对无定期排放检验合格报告的机动车,不予核发安全技术检验合格标志。加大黄标车、老旧车等高污染车辆的淘汰力度。鼓励、引导黄标车及老旧车提前淘汰报废更新,在公交车、出租车行业以及全市机关事业和国有企业推广使用电动车,鼓励市民购买天然气汽车、电动车等新能源汽车,逐步完善全市加气站、充电桩等配套设施建设。推广使用优质油品,自2017年1月1日开始使用国Ⅴ标准车用汽油、柴油,此后按照国家标准逐步升级,从源头净化市场,严格车用成品油流通准入,加强加油站、储油库和油罐车油气回收设施的运行管理。

7.3.5.4 推进城市扬尘污染治理

推进绿色施工,建设施工现场必须设置全封闭围挡墙,严禁开敞式作业。施工现场道路、作业区、生活区必须进行地面硬化,进出口设置车辆冲洗装置,物料堆场做到密闭、覆盖。限定散体物料、垃圾、污泥运输车辆的行驶时间与运输路线,并对运输车辆进行全覆盖,杜绝扬撒遗漏现象。储煤场、物料堆放场必须落实防风抑尘措施。加强城市道路清扫保洁和洒水抑尘,提高机械化作业水平,推广吸尘式除尘器或吹吸一体式除尘设备,减少道路交通扬尘污染。加强城市绿地建设,开展植树造林,减少城市市区和城乡结合部裸露地面,充分发挥绿化滞尘防尘功能。积极开展扬尘污染控制区创建活动,不断扩大控制区面积。

7.3.5.5 推广使用清洁能源

充分利用大同市风能、太阳能资源优质、闲置荒山荒坡多的优势,积极发展太阳能光伏发电、风力发电、生物质能等清洁能源项目,不断提高清洁能源在全市能源消费中的比重。结合城中村、棚户区改造,通过政策补偿、峰谷电价、季节性电价、阶梯电价、调峰电价等措施,逐步以天然气或电力替代燃煤。

推广天然气、生物质能集中供热项目,逐步替代燃煤锅炉。在道路、公园、车站等公共设施及公益性建筑物照明中推广使用太阳能电源,引导用户根据自身特点和情况,积极利用风能、太阳能等新能源,鼓励建设与建筑物一体化的屋顶太阳能集热设施。

7.3.6 噪声污染防治

7.3.6.1 交通噪声控制

优化交通网络。合理规划新交通线路,科学布局沿线项目,并在道路两侧划定防交通噪声距离,避免产生新的噪声敏感点。优化现有交通线路,合理调整车流量,减少交通堵塞。改善道路路面状况,开展降噪渗水路面建设,减少因轮胎摩擦地面产生的噪声。

加强交通管制。城区内主要交通干线实行交通分流,大、中型汽车、载重汽车和拖拉机等高噪声车辆只能从城区外通行,或在规定时间段内从城区通行。限制车辆在城区交通干线内的行驶速度,继续推行城市禁鸣区的设定,禁止汽车在有禁鸣标识的地段鸣喇叭。

控制噪声传播。加强城市道路绿化带建设,行道树尽量种植高大、枝叶繁茂的乔木,再配以灌木和草地植物群落,充分发挥绿色植物对噪声的吸附作用;对于噪声敏感区域(尤其是高铁、铁路沿线),采取安装隔声屏障、隔声窗等措施,降低噪声污染。

7.3.6.2　社会生活噪声控制

社会生活噪声的污染源比较复杂,多数与人的生活直接相关,偶然性大,形式比较多样。社会生活噪声的控制治理包括以下方面。

易产生噪声污染的商业经营活动的控制:在噪声敏感建筑物集中区域内,不得从事金属切割、石材和木材加工等易产生噪声污染的商业经营活动。在住宅楼及其配套商业用房、商住综合楼内以及住宅小区、学校、医院、机关等周围,不得开设卡拉 OK 等易产生噪声污染的歌舞娱乐场所。

商业经营活动中有关设施的噪声防治:沿街商店的经营管理者不得在室外使用音响器材招揽顾客;在室内使用音响器材招揽顾客的,其边界噪声不得超过国家规定的社会生活环境噪声排放标准。

在噪声敏感建筑物集中区域内,不得举行可能产生噪声污染的商业促销活动。在其他区域举行使用音响器材的商业促销活动,产生噪声干扰周围居民生活的,应采取噪声控制措施。

在商业经营活动中使用冷却塔、抽风机、发电机、水泵、空压机、空调器和其他可能产生噪声污染的设施、设备的,经营管理者应当采取有效的噪声污染防治措施,使边界噪声不超过国家规定的社会生活环境噪声排放标准。

装修噪声污染防治:每日 18 时至次日 08 时以及法定节假日(不含双休日)全天,不得在已交付使用的住宅楼内开展产生噪声的装修作业。在其他时间进行装修作业的,应当采取噪声防治措施,避免干扰他人正常生活。

公共场所噪声控制:每日 22 时至次日 06 时,在毗邻噪声敏感建筑物的公园、公共绿地、广场、道路(含未在物业管理区域内的街巷)等公共场所,不得开展使用乐器或者音响器材的健身、娱乐等活动,干扰他人正常生活。

7.3.6.3　建筑施工噪声控制

严格建筑施工申报审批制度。建筑施工开工前需向所在地环保部门提出申报,经批准后方可开工建设。施工中禁止人工打桩、气打桩、搅拌混凝土、联络性鸣笛等施工方式,施工设备和土石方、打桩、结构、装修等施工阶段的噪声排放必须符合国家《建筑施工场界环境噪声排放标准》(GB 12523—2011)。

严格按国家规定的时限作业,22 时至次日 06 时不得有噪声扰民作业;各搅拌站 22 时后不准向施工工地运送水泥。同时,加大执法力度,集中整治建筑噪声扰民问题,对违反规定的开发建设单位,实行一次警告、二次通报批评、三次罚款、四次停工整顿、五次降低施工资质等级的处罚。

建成区和其他噪声敏感区内如确需夜间施工作业,须提前向所在地环保部门提出申请,经审核批准后方可施工。建筑施工主管部门要加强现场连续监督检查,并公示于众。

7.3.6.4　工业噪声控制

合理布局。城镇建设规划中贯彻将工业区与学校、医院、居住等相对安静区分离的原则;工业企业建设时,规定生产区与生活区分离、高噪声车间与低噪声车间分离,并且在噪声区与相对安静区间保持必要的防护间距;同一车间内高噪声设备与低噪声设备分离,高噪声设备尽可能集中在车间的一端,以防止扩大污染面,并便于采取措施集中治理。

屏障隔声。规划或建设厂矿等工业区时,利用天然地形,如山岗、土坡、树木、草丛、建筑(厂房、围墙)等减弱或屏蔽噪声的传输,并规定必要时采取隔声、吸声、消声、隔振与阻尼等常规噪声治理技术措施。

维护保养。对已有噪声源设备制定严格的维修保养制度,减少噪声发生的强度。同时,对于违反噪声管理法令、条例的单位或个人进行从批评教育、经济罚款直到判刑的处理。

7.3.7　固体废弃物综合处理及回收利用

7.3.7.1　加快生活垃圾处理设施建设

重点推进市区处理规模达 300 吨/天的富乔垃圾焚烧发电厂渗滤液处理项目,以及阳高县、广灵县和灵丘县生活垃圾处理厂的升级改造项目。各生活垃圾处理厂应严格按照《生活垃圾焚烧污染控制标准》(GB 18485—2014)、《生活垃圾填埋场污染控制标准》(GB 16889—2008)等相关要求进行管理、监测和运行。进一步完善城乡垃圾收集转运系统,加快垃圾转运站、垃圾收集车和垃圾箱的配置以及垃圾收集专业队伍的建设,力争实现城乡生活垃圾收集和无害化处理率100%。此外,依托驰奈能源科技有限公司,开展餐厨废弃物资源化利用和无害化处理试点。

7.3.7.2　推进生活垃圾分类收集试点

积极推进生活垃圾分类收集,于城镇建成区先行开展生活垃圾规范分类收集和处置试点并逐步在全市推广:(1)配置垃圾分类箱。按照可回收物、厨余垃圾、有害垃圾、其他垃圾四类,设置不同颜色的垃圾箱分类收集,并制定垃圾分类和废旧物资回收鼓励政策。(2)配备分类运输车。优先在垃圾分类取得较好成效、管理较为规范化的地区配备分类垃圾清运车,保证垃圾分类运输,促进垃圾后续的分类利用。(3)建设垃圾分选设施。大同市目前没有专门的垃圾分选场,垃圾焚烧场仅对垃圾进行简单分选。新建垃圾转运设施应设有垃圾分类功能,以提高垃圾的减量化、资源化水平。(4)加强垃圾分类宣传。通过发放垃圾分类指导手册、设置垃圾分类宣传展板、开展知识竞赛等方式,提升市民生活垃圾分类意识。

7.3.7.3　强化工业固体废弃物综合利用

充分发挥煤炭、焦化、电力、冶金等主导产业间的耦合优势,积极推进企业入园、集聚发展,打造横向关联、纵向延伸、接环补链的综合产业链条,推动煤矸石、粉煤灰、矿渣、炉渣等工业固体废弃物在企业间的循环利用。继续加强煤-煤矸石-发电,煤-煤矸石-高岭土产品,煤-发电-粉煤灰-陶瓷、新型建材,煤-发电-脱硫石膏产品等传统废物利用链条建设。积极探索废弃物高端化利用途径,力求在煤矸石制取化工产品,煤系高岭土超细煅烧硅酸铝纤维,粉煤灰提取氧化铝、白炭黑,粉煤灰制造陶粒、分子筛、絮凝剂和吸附材料等方面有所突破。培育和扶植一批工业固体废弃物综合利用专业化、现代化企业,推动全市节能环保材料产业的发展。

7.3.8　土壤污染防治

7.3.8.1　开展土壤污染监测

按照山西省的统一安排,贯彻国务院发布的《土壤污染防治行动计划》,结合实际制定大同市土壤污染防治行动计划实施方案和大同市土壤污染防治专项规划,全面开展土壤污染调查,分析土壤污染的程度、原因和范围,掌握土壤污染的总体状况,并建立土壤样品数据库。构建土壤污染防治监督管理体系,制定土壤环境监测计划,初步建立土壤环境监测网络及相应的数据库。进一步加大投入,引进一批专业人才和先进监测设备,提高土壤监测能力。

7.3.8.2　开展修复示范工程

(1)工矿区土壤重金属修复示范工程

在全市土壤污染调查的基础上,筛选有代表性的重污染工矿场地,开展土壤治理与修复试点,所采用的土壤修复实用技术主要包括生物修复、施加抑制剂、客土、淋洗等。加强污染土壤修复技术集成,建立污染场地优先修复清单,形成大同市的土壤污染场地修复机制,为在更大范围内修复土壤污染提供示范、积累经验。

(2)农田土壤重金属污染修复示范工程

按照山西省划定的省级以上重金属污染防治重点区域,结合土壤调查的监测结果,开展农产品产地土壤重金属污染修复试点工程。建立产地土壤重金属污染修复试点区2处,每处试点区划定修复区域根据土壤调查的监测结果确定。重金属污染修复工程主要采取物理修复、生物修复等技术,改变农艺措施、改变耕作制度等措施,改善土壤环境质量。

7.4　本章小结

　　良好的环境质量是地区实现可持续发展的保障,也是生态文明建设的关键。大同市是我国重要的能源基地,煤炭资源丰富,工业产业发达。长期以来大规模的煤炭开采和高速的工业发展,对大同市的环境造成了严重影响,面临水资源匮乏、水环境恶化、农村污染严重等一系列问题。在严峻的环境保护形势下,大同市有必要加强环境支撑体系建设,围绕水资源节约、水污染防治、大气污染防治、噪声污染防治以及固体废弃物综合处理及回收利用等方面,进一步强化治理力度,改善环境质量。

第8章 生态文明建设生态文化体系研究

8.1 生态文化体系研究进展

8.1.1 生态文化体系研究方向的进展

加快构建以生态价值观念为准则的生态文化体系是构建生态文明体系的重要组成部分。由此可见,探究生态文化体系具有重要意义。生态文化体系建设是生态文明建设的核心所在。对此,应牢固树立尊重自然、顺应自然、保护自然的生态价值观,把生态文化建设融入生态文明建设之中(高锡林,2017)。

生态文化体系研究的发展是一个延续过程,依据我国学者对生态文化体系的构建与探究,大致可以分为以下阶段:(1)起始阶段。时间为 1990—2000 年,该阶段有关生态文化体系的研究文献从无到有,生态文化体系指标系数及相关政策性导向还未形成,只停留在体系表层认识阶段。(2)快速发展阶段。时间为 2000—2010 年,该阶段有关生态文化体系的研究取得了很大进展,从文献数量上来看,这一时期发表论文的数量呈现出稳步增长的趋势,每年的论文数量较上年都有较大幅度的增加;生态文化指标体系初步形成,政策性导向随着新时代的发展也逐步出台。(3)稳步发展阶段。时间为 2010—2020 年,该阶段生态文化体系的相关研究更加繁荣,文献数量大幅增加,并且保持相对较高的发文数量;生态文化指标体系得到了丰富与发展,生态文化相关政策得到了实质性的落实,如生态文化示范区、生态文化建设保障平台等实体性区域及基础设施油然而生。

基于起始阶段的研究:1990—2000 年是生态文化体系发展的基础十年。1989 年,余谋昌教授发表"生态文化问题"一文。该文从文学与哲学的层面关注生态文化问题,从自然辩证法的角度研究生态文化,以马克思关于人与自然关系的论述为论述点(祝元志,2011)。经过多重思考与辨析,他首次提出"文化是人与自然关系的尺度"。他认为,要解决环境问题,必须构建新型的生态文化,从生态文化维度和人与自然关系维度来探讨生态文化建设的价值取向(雷毅,2018)。基于余谋昌教授的探究观点与时代导向,周义澄教授在同年发表了"中国经济改革的生物圈保护问题以及全球生态文化观"一文。该文的提出背景是苏联举行的"人与生物圈"国际学术讨论会,文章提出了当时中国所面临的严峻的生态环境问题,指出造成这种问题的主要原因是"对待自然界的'征服者'态度",提出要建立与自然全面和谐的关系并由此推开至全世界,指出要形成"全球生态文化观",在世界范围内协调人与自然、人与社会的关系(王向东,2020;林坚,2019;郭茹 等,2018)。该文的创新点与引领点在于借助了儒家文化与中华传统文化的"中庸之道",将传统文化与生态环境保护相融合,首次提出了生态文化"中国化"的概念,为生态文化体系的基础性奠定理论基础(石莹 等,2016;吴斌,2015)。

基于快速发展阶段的研究:进入 21 世纪,国内生态文化的研究保持在稳定的水平,从发表文献的数量上来看,2000—2010 年,十年间基于中国知网期刊全文数据库的检索数据,我国生态文化体系相关文献共检索出 166 篇,年均约 16 篇,比前期的文献量有所增长,但一直保持在每年 20 篇以下。这说明生态文化体系还未被更多的研究者纳入研究对象的范围,仍然处于少数学者零星研究的状态。从研究内容上看,学者对生态文化体系的探究由理论研究上升为实践探究,生态文化体系相关指标量化出现,生态文化体系的政策性导向在研究中逐步出现,生态文化体系的探究视野由传统的自然保护区、文化底蕴重点区域向四周不断扩散(侯小波 等,2018;郭正春,2018;马仁锋 等,2018)。从时代背景上看,党中央立足于社会主义初级阶段基本国情,科学认识我国经济社会发展的一系列阶段性特征,不断深化对统筹人与自然和谐发展的认识,提出了生态文明建设理论,确立了生态文明建设的战略任务。党的十六届三中全会明确提出科学发展观,统筹人与自然和谐发展是科学发展观"五个统筹"的重要组成部分。党的十六届四中全会完整地提出了构建社会主义和谐社会的理念,人与自然和谐相处是社会主义和谐社会的基本特征之一。党的十七大首次将"生态文明"写入党的全国代表大会报告,党的十七大报告指出:建设生态文明,基本形成节约能源资源和保护生态环境的产业结构、增长方式、消费模式。循环经济形成较大规模,可再生能源比重显著上升。主要污染物排放得到有效控制,生态环境质量明显改善(廖波,2012;杜明娥,2010;李振勇,2009)。党的十六大与十七大的政策性引导为生态文化体系第三阶段的发展奠定了优秀的理论与实践基础。

基于稳定发展阶段的研究:2010—2020 年是我国生态文化体系建设的跨越式发展期。从 2010 年起,生态文化研究的论文数量又有大幅增长。从检索到的文献来看,2010 年以来发表的论文数量超过了150 篇,此后每年发表的论文数量都在 100 篇以上,近几年几乎都达到了每年 200 篇以上。较短时间内的大幅增长,在一定程度上可以说是生态文化研究领域的大发展、大繁荣,保持了良好的发展势头。在党的十八大报告中,"大力推进生态文明建设"被作为报告的一部分,指出建设生态文明是关系人民福祉和民族未来的长远大计。面对资源约束趋紧、环境污染严重、生态系统退化的严峻形势,必须树立尊重自然、顺应自然、保护自然的生态文明理念,把生态文明建设放在突出地位,融入经济建设、政治建设、文化建设、社会建设各方面和全过程,努力建设美丽中国,实现中华民族永续发展(廖波,2012;杜明娥,2010;李振勇,2009;吴平,2009;高学武等,2008;但新球等,2008;蔡登谷,2007)。党的十八届三中全会强调,要加快生态文明制度建设,改革生态环境保护管理体制。建立健全严格规范各类污染物排放、独立的环境监管和行政执法的环境保护管理体制。建立陆上、海上生态系统保护与修复和污染防治的区域联动机制。完善国有林区管理体制和集体林权制度改革。及时公布环境信息,完善报告制度,加强社会监督。完善污染物排放许可制度,实行企事业单位污染物排放总量控制制度。严格执行生态环境损害责任人赔偿制度,依法追究刑事责任。从制度建设上保障生态文明建设的推进,确保生态文明建设和美丽中国的实现。党中央和全社会对生态文明建设的推动,使相关研究有了很大的进步和发展,这也是 2010 年以后生态文化制度研究发展的重要原因。

8.1.2 生态文化体系研究层次的进展

从生态文化体系的研究层次来看,1990—2000 年,比较注重对生态文化概念的探索。概念是对研究对象内涵和外延的界定,概念的确立是科学研究的前提。这十年间,对生态文化的本质、生态文化的内涵和外延特征、生态文化的研究对象、生态文化的研究范围以及生态文化与相关学科的相互关系等问题进行了基本的探究。1990—1995 年,学者们对生态文化与传统文化的关系进行了辩证的探究。学者们从传统文化的对立面来理解生态文化。比较一致的观点是,生态文化是人类文化发展史上的一种新型文化。从人与自然关系的角度审视人类文化史,根据科学理论将文化分为三种类型:一是以自然为核心的"原始文化",二是以人类为核心的"人类中心主义文化",三是以人与自然和谐发展思想为核心的"人类文化"。第三种是"生态文化",其核心是人与自然和谐发展的思想。生态文化是与工业文化相对应的一种新型文化,是现代文化的最佳模式(匡跃辉 等,2010;廖江华,2009;卢丹阳 等,2009)。以生态文化为核心的生态文明,是人类历史上继农业文明和工业文明之后的一种新的文明形态。1995—2000 年,随着"211 和985 高等教育工程"的推进,生态文化与高等教育的关系得到了热烈的讨论(徐岩,2014;赵继伦等,2013;程丕金,2010;《湖南林业》编辑部,2007)。学者们认为,生态文化是人类文化的一种新形态,是人类文化的最新方向。大学作为承载和弘扬人类文化的学术机构,有责任推动生态文化的发展。作为知识和智慧的集散地,作为新思想、新观念的生产者和推广者,大学在推动生态文化方面具有独特的优势。同时,作为社会文化系统的一个子系统,高校校园文化必须借鉴生态文化理念,致力于校园生态文化建设,营造和谐的校园环境、文化氛围,构建良好的管理生态、学术生态和信息生态,以促进新世纪高校的可持续发展。高校是培育和传播生态文化的主要阵地。中国的高等教育体系在整个国民教育体系中处于主导地位,承担着培养社会建设所需的各类高级人才的重任。从大学教育的规律、大学教学和科研的条件、大学生的成长特点和知识结构来看,大学有义务承担起培养和传播生态文化的主体责任。为实现生态教育,高校应充分利用其科技储备和智力资源,推动生态文化建设。要在生态文化理念的指导下,树立新的教育理念和教育模式,将生态文化理念渗透到教学内容、课程设置、校园建设和文化建设中,在物质、管理、制度、文化等方面形成多层次、立体化的生态文化氛围,实现生态教育。要加强自身的生态文化建设,加强生态文化研究,让生态文化走进课堂,构建生态文化课程体系,树立人与自然和谐相处的价值观。

2000—2010 年,这十年间我国学者对生态文化研究的内容和范围与以往相比也有了很大的拓展。相关文献涉及更多的研究领域,并与其他领域交叉渗透,借鉴其他学科的理论和方法,或将生态文化的概念和方法结合到其他研究领域,在促进生态文化研究的同时,也为其他学科的研究作出了贡献,形成了一些跨学科的研究成果。如,生态文化研究与民族研究的结合,以及对不同地区、不同领域的生态文化建设的研究。比较突出的是对民族生态文化的探索。2000—2005 年的生态文化研究文献中,学者们试图将生态文化研究与少数民族和少数民族地区的研究相结合。中国少数民族聚居的地区大多经济社会发展相对落后。与经济发达地区相比,少数民族地区的生态环境保护得比较好,这与少数民族的生态文化不无关系。因此,研究少数民族的生态文化传统对生态文化建设具有一定的意义。随着少数民族地区经济的发展和社会的进步,生态环境面临越来越严重的破坏。而且,由于自然地理环境的原因,大多数少数民族地区的生态系统比较脆弱,一旦遭到破坏,需要较长的时间恢复,且恢复起来也比较困难。因此,少数民族地区的生态保护变得更加迫切。2005—2010 年,学者们更加关注生态文化建设的实践和实施。生态文化建设最终要落实到实践上。在各地区的生态文化建设过程中,由于自然地理、历史文化、经济社会条件的差异,必然要求各地区根据自身条件和特点,扬长避短,制定各自的生态文化建设路径(田文富,2014a)。许多地区在生态文化建设中探索了一些路径,积累了一些经验,找到了一些规律,这些成果对于进一步加强生态文化建设,对于其他地区的生态文化建设,如攀枝花、鸡西、鄂尔多斯等资源枯竭型城市的生态文化转型发展的探索,具有一定的意义。2005 年以来“和谐社会”成为一个热门话题,它与生态文化的相互促进也得到了学术界的关注。社会主义和谐社会建设是传统和谐文化思想在现代社会的回归,是中国人在现代化进程中想要实现的社会理想,它要求以和谐为核心的文化精神的引导和支持。文化是社会稳定与和谐的凝聚因素,以人与自然和谐为核心的生态文化是和谐社会价值体系的核心,是社会主义先进文化的重要内容。生态文化是以人与自然和谐发展为导向的价值观念、情感态度和心理自觉。构建社会主义和谐社会需要先进文化的支撑。生态文化作为先进文化的重要组成部分,是构建社会主义和谐社会的精神保障。因此,生态文化建设是构建和谐社会的基础工程。

随着国家对生态文明建设的定位,2010—2020 年,生态文化的相关研究也进入了一个繁荣的阶段。2010—2015 年,随着生态文明建设成为我国的国家战略,研究者开始从马克思主义理论中探索生态文明建设的思想基础,为生态文明建设提供理论依据。作为生态文明建设组成部分的生态文化,随着研究的不断深入,一些学者也试图在马克思主义基本理论中梳理出生态文化的思想,这体现了生态文化与哲学的科学辩证关系。生态文化与哲学的研究,既包括马克思主义哲学和西方现代哲学,也包括中国古代哲学思想。生态文化的发展,逐渐形成了一种新的哲学思想,即生态哲学。生态哲学已经成为生态文化、生态文明建设乃至新社会发展的指导思想,是一种新的世界观,在各个方面都产生了影响。现阶段,专家学者们对生态文明与生态文化的关系有了更深的认识。生态文化和生态文明是一对既相互区别又相互联系的概念。在生态文明建设和生态文化建设中,不同的研究者从不同的角度对二者的内涵和外延,以及二者的关系有不同的看法,但比较一致的看法是,生态文化是生态文明的基础,是生态文明的重要组成部分,在生态文明建设中,加强生态文化建设是前提和基础(张昶 等,2012)。两者相互影响,两者之间的良好关系是生态文明建设和生态文化建设的需要。许多学者对生态文化与生态文明的关系进行了研究,形成了高质量的理论和实践成果。2015—2020 年,随着旅游经济这一新兴产业的迅速崛起,学术界对生态文化与旅游经济的联动效应进行了探讨,并拿出了相应的论证。学者们认为,随着我国社会经济的快速发展,旅游业逐渐成为重要的支柱产业,旅游业已从单一的自然旅游或文化旅游发展到以生态理念为核心,依托自然旅游资源和文化旅游资源,集生态旅游和文化旅游于一体的综合旅游形式,即生态文化旅游,并逐渐成为全国各地竞相发展的一种旅游形式。生态文化旅游也成为旅游文化界共同关注的热点问题。在生态学和可持续发展理论的指导下,生态旅游是以自然区域或某些特定的文化区域为对象,在不改变生态系统的有效循环、保护自然和人类生态资源及环境的前提下,以享受自然、了解和研究自然景观、野生动物及相关文化特征为目的,使当地居民和旅游企业在经济上受益的一种特殊旅游形式。国际生态旅游协会将生态旅游定义为一种特殊的旅游形式。国际生态旅游协会将生态旅游定义为一种具有保护自然环境和维护当地居民生计双重责任的旅游活动(蔡登谷,2015)。生态旅游的内涵强调的是对自然景观的保护,是可持续的旅游。中国具有发展生态旅游的良好条件,拥有丰富的生态旅游资源和巨大的客源市场,随着人们生态意识的觉醒,对生态旅游的需求将持续增长。

8.2 生态文化体系建设存在的问题分析

8.2.1 生态文化体系建设存在问题

基于生态文化系统的研究进展,可以得知,从 1990 年至今,我国的生态文化研究取得了长足进步。经过 30 多年的发展,在相关学科的带动和众多学者的努力下,生态文化研究从无到有,相关研究成果从少到多;生态文化研究不断发展和深化,从文献研究的内容来看,生态文化研究的范围不断扩大,一些领域正在深入研究。生态文化研究开始与其他学科结合,形成跨学科研究,对一些问题的研究也越来越深入;研究方法多样化;相关研究的视角、研究方法逐渐丰富。不同的研究者从各自的研究领域、学术背景、研究专长出发,以不同的研究视角和研究方法从事生态文化研究。但是,我国的生态文化体系建设还存在着以下问题:

(1)民众的生态文化意识薄弱

我国大多数人,特别是农民,文化程度不高,思想保守,满足于现状,接受新知识、新技术的速度慢;再加上传统观念和小农经济思想的影响,大多数人的生态文化意识普遍薄弱,生态文化观念相对落后,只是为了追求眼前的经济效益。同时,由于对“生态文化”的认识不足,多数人对生态文化建设的热情不高,多数人缺乏整体意识和全局观念,没有意识到生态文化建设的重要性。部分公众的生态意识还停留在卫生清洁层面,生态文化行为还没有成为全社会的普遍习惯,公众对更高层次的生态文化理念的接受还需要一个适应和消化的过程。此外,生态文化教育与先进地区相比仍有差距,生态文化教育发展不平衡,缺乏规范化、制度化的教育体系。因此,生态文化建设在城镇难以实施,大多数人,特别是农民,在涉及自己的切身利益时,不太配合,甚至抵触。另外,一些地区的领导班子文化素养一般,在生态文化意识上往往比较保守,甚至有些守旧和固执,导致一个村自上而下的生态文化意识普遍不强,影响了生态文化在各个层面和各个方向的推广。

(2)生态文化建设的制度不完善

健康有序、内容丰富的生态文化建设需要完善的管理制度作为保障。第一,我国的生态文化体系还不够完善和健全,城乡生态文化体系存在差异,生态文化宣传教育、生态保护群体、生态文化普及等方面缺乏相应的制度保障,使得生态文化建设工作停滞不前,无法有章可循。第二,特别是在农村,生态文化建设的法律法规执行不到位,存在着一些技术落后、资源浪费、环境污染严重的乡镇企业,由于缺乏有效的监督管理,导致环境污染加剧,生态破坏严重。

大型公共文化服务设施的领先优势逐步弱化,文化馆的功能和作用受到制约。文化人才队伍的总量和文艺作品的创作力量还比较薄弱。公共文化机构活力不强,文化机构内部治理结构在一定程度上制约了文化队伍的建设和文化事业的发展。公共文化服务的数字化、社会化水平不高。文化遗产保护的政策体系和保障机制不完善,资源优势的展示和利用及转化程度不高。公众对生态文明建设的认识不足,对生态文明建设的深层次内涵还不熟悉。

(3)部分地区生态文化建设的基础设施比较薄弱

我国生态文化建设起步较晚,尚未形成高质量的规范化体系。一是上层建筑失调,有的地方暂时没有设立负责生态文化基础设施建设的机构,有的地方虽然设立了相应的机构,但效果不尽如人意。二是生态文化建设的其他配套设施还不完善,公共文化活动场所有限。特别是许多农村地区不能有效利用文化场所,甚至缺乏必要的文化活动场所,没有真正活跃农民的文化生活,不能真正地提高农民在精神层面上享受生态文化建设的幸福感。三是生态文化建设的人才匮乏现象严重。生态文化建设是一项长期而艰巨的任务,需要一支高素质的文化建设队伍。以企业为例,国内许多企业制定生态环保标准的认证工作进展缓慢,生产工艺和设备不符合环保要求的现象较为普遍。在产品运输、储存、装卸、使用和处置等诸多环节,一般都没有向用户提供必要的环保信息和建议。在企业内部,大多没有建立企业生态文化的教育和培训体系,与员工和公众在安全和环保方面的沟通不够。在企业形象策划、产品开发、商标设计和广告宣传等经营活动中,对生态文化因素重视不够。根据中国人民大学能源与气候经济学项目对中国六大耗能行业(钢铁、水泥、化工、建筑、交通、发电)的调查,在涉及节能减排的 60 多项关键核心技术中,中国有 42 项未被掌握。中国重化工业近年来发展迅速,未来面临的减排任务十分艰巨,许多节能减排的关键核心技术瓶颈有待突破。在加强自主研发的同时,也要加强技术的引进和吸收。欧洲很多小公司也拥有非常先进的绿色技术,面对 BP、通用等全球大公司的竞争,他们急需市场和资金的合作伙伴。如何合作,获得先进适用的绿色技术,是值得思考的问题。

8.2.2 生态文化体系建设解决措施

(1)强化民众生态文化意识

要加强生态文化知识的宣传教育,提高人们的生态文化意识。要充分利用电视、网络、报纸等载体,积极宣传生态文化知识。政府部门或协会组织专业人员进行生态保护宣传,可以通过设立宣传栏、举办展览等方式,开展多形式、多层次的生态道德教育,培养人们的责任意识和参与意识,深化人与自然和谐相处的生态文化理念,为生态文化建设营造良好的社会氛围。坚持科学引领,增强绿色发展的自觉性。坚持理念先行,让绿色发展更加入脑入心。努力实现"三个转变",即从"征服自然"的观念向"人与自然和谐共生"的观念转变,从"绿水青山就是金山银山"的观念向"既要金山银山,又要绿水青山"的观念转变,从"以物为本"的观念向"以人为本"的观念转变。坚持规划引领,使生态建设更加有章可循。按照创建国家生态文明示范村的目标,编制和完善农村总体规划、土地利用总体规划和生态环境功能区规划,更好地引领全县生态文明建设。坚持文明倡导,让群众参与更广泛、更深入。要立足农村等生态文化建设攻坚区,针对乡村经常出现的各种不利于生态文明建设的行为,切实加强舆论监督,通过典型案例教育,使广大村民认识到其危害性,并以此为教材,代替农民学习;要注重宣传生态富民的好典型,让农民以身边的例子为榜样,积极参与生态富民,实现经济发展与生态文化共赢的状态。

(2)加快各省(区、市)生态文化均衡性建设

要加大对部分地区生态文化建设的投入。生态文化教育、生态文化宣传、生态文化挖掘、生态文化普及都需要稳定的专项资金,政府不仅要在这方面投入大量资金,而且要建立严格的资金管理和审计制度,做到专款专用,每一笔支出都要透明。例如,政府应结合当地发展的实际情况,投资建设"生态文化社区图书馆""社区和农村书屋",将生态文化建设与经济发展相结合,大力发展生态产业。以东部沿海经济发展较强的省市为龙头,推动生态文化强市的生态文化建设,带动相对薄弱的城市发展。从产业集聚和经济互补的角度推进生态文化建设,发挥市场机制的作用。加快实施合同能源管理,推行节能发电调度、能效标识、节能产品认证和节能产品政府采购制度。推广先进的节能技术和产品。继续开展节能减排全民行动。优化和调整各省(区、市)的能源结构。坚持节约优先、立足国内、多元发展、保护环境、加强国际互利合作的方针,调整和优化能源结构,着力构建安全、稳定、经济、清洁的现代能源产业体系。

(3)坚持生态文化政策引导与实践贯彻相结合

政府是可持续发展的领导者,是生态环境责任的承担者,是生态环境正义的主持者。以习近平同志为核心的党中央不断强调生态文明建设的重要性,要坚持习近平总书记关于生态文明建设的新论断,新时代的生态文明建设需要有中国特色的新理念,并强调要推动生产方式和生活方式的绿色发展。每个人都要强化自己的公民意识,积极参与生态环境建设,把建设美丽中国变成自觉行动。推进生态文明建设,需要制度进行改革和变革,形成适应生态文明理念要求的制度。我国已将生态文明建设纳入"五位一体"总体布局,生态文化作为生态文明建设的灵魂,应予以重视。应加强环保法律法规的执法宣传,使人民群众知法、懂法、依法办事、用法维权,并使人民群众形成一定的生态伦理道德观念,逐步形成适应现代农业发展的生态道德观。运用法律法规道德规范理念共同约束村民的行为,引导群众树立生态环保意识,有利于他们养成良好的生态文明行为习惯。政府要畅通群众监督和检举的渠道,制定相应的激励措施,及时处理相关问题,让群众感受到政府对生态环境的重视和贯彻"以人为本"理念的决心,为生态文化的顺利开展创造制度条件。

(4)农村地区的特殊解决方案

农村地区在追求经济发展的同时,往往忽略了生态环境问题。然而,为了国家的长远发展,更重要的是为了子孙后代的幸福,在追求经济效益的同时,也应该关注生态问题。生态文化建设与经济发展相结合,就是要重点发展生态产业,发展具有特色的农村生态文化产业。发展生态产业是改善农村生态环境、消除生态危机的有效途径。

大学生在农村生态文化建设中可以发挥教化和传播优秀文化的作用。因此,应鼓励大学生回乡反哺,建立一支高素质的生态文化建设队伍。建立与教育部和相关党政系统的合作机制,固化大学生定向培养模式和人才输送模式,宣传和鼓励大学生回乡反哺。完善机构编制、待遇保障、学习培训等方面的政策措施,吸引优秀文化人才到基层服务,对大学生定向培养岗位、待遇和人才输送模式、培养方式等进行公示,尽可能给予更多优惠政策。积极落实有关政策,宣传有关方针、措施,鼓励本地大学生参加定向培养。设置三支一扶、大学生村官等多种招聘考试,鼓励高校毕业生到农村从事文化工作。建立一支充满生机和活力的高素质农村生态文化带头人队伍。

(5)取优弃缺学习并借鉴西方生态文化建设经验

生态文化在西方的发展与生态学的发展有关,生态学是由德国动物学家恩斯特·海克尔于1866年首次提出的。生态文化的发展从亨利·戴维·梭罗的《瓦尔登湖》开始,到奥尔多·利奥波德的《地球伦理学》,再到雷切尔·卡森的《寂静的春天》,乃至"环保运动""生态社会主义""绿党"的发展,以及"绿党"等政治团体的出现,都经历了一个不断发展的过程。在学术研究领域,生态文化研究作为生态学的一个分支,也逐渐形成了一个相对独立的研究领域,并在不断发展和深化。因此,从整体上看,西方的生态文化建设要早于中国,可以将其"中国化",以资借鉴。

生态文化是一个全球性问题。世界上许多国家都非常重视生态文明建设,并结合本国的实际情况进行了许多有益的探索,取得了较好的成绩,积累了一些经验。我国要建设好生态文化,既要立足于中国特色社会主义发展的历史方位和现实,又要有国际视野,吸收、参考和借鉴国外生态文化的经验教训。比如,美国的农业生态环境保护、日本的循环经济发展战略、德国的近自然森林战略、韩国的低碳绿色发展战略等,都有中国可以借鉴和吸收的地方。中国的生态文化不仅要吸收和借鉴国外的经验,更要注重加强国际环境合作。中国的生态文化建设离不开良好的全球生态系统,如利用生态足迹法、生态效率计算等先进的工具和方法,应用于中国各地域单位的生态文化建设,进而推动中国生态文化建设的全面、全层次发展。

8.3　北京市平谷区生态文化体系建设案例分析

平谷区处于北京市东北部,属于北京远郊区,其中心城距北京城区70千米,西北部与北京市密云区、西部与北京市顺义区接壤,南部与河北省三河市为邻,东南部与天津市蓟县毗连。其地处京、津、冀交汇处,是京津冀一体化发展的重点区域和先锋区域。在京津冀一体化大背景和环首都生态经济圈建设的大背景下,平谷区的区位优势越发明显。在与天津市蓟县、河北省三河市的对接中,平谷区要充分发挥区位优势和产业优势,准确定位,促进区域一体化和协调发展。

同时,平谷区位于燕山山脉的末端区域,是燕山山脉中的重要节点城市。因此,平谷区应该充分发挥区位优势,利用区域一体化发展的政策优势,在整个燕山山脉的区域发展中发挥作用。

平谷区是北京市五个生态涵养发展区之一,全区森林覆盖率 65.5%,林木绿化率 69.7%,居北京市首位,是北京市东北部的绿色生态屏障。同时,平谷区位于燕山山脉,植被覆盖优势突出,涵养水源作用突出。2012—2014 年,平谷区积极配合北京市平原造林、维护生态涵养做了大量的工作,先后进行了三次平原造林,其中第一次造林面积 0.88 万亩,第二次造林面积 1.8 万亩,第三次造林面积 0.67 万亩,共计 3.35 万亩,在平谷新城周边、京平高速两侧等地形成了多处大规模、大尺度的景观生态林。在京平高速、密三路、新平蓟路、昌金路等重要道路两侧打造"紫色大道""桃花大道""金色大道",增强了林带生态防护功能。

平谷区在生态文化建设方面采取了一系列措施,取得了一定的成效。一是组织多渠道多形式的宣传活动。统筹区内广播电视台、信息中心、《平谷报》《绿谷》杂志等媒体对平谷区空气清洁行动进行宣传,共播出 300 余期新闻节目和 6 期专题节目,刊发稿件 40 篇,发布信息 280 余条。二是开设中小学生环保教育课程。利用学科教学、生活指导课专题教育、社会实践体验教育活动等课程形式,分别在小学二至六年级和中学一至三年级开展中小学环境教育,每年级每学年环境教育达到 12 课时。三是围绕"6·5"世界环境日这个宣传主题,开展了丰富多彩的环保宣传活动。在平谷区世纪广举办纪念 2013 年度"6·5"世界环境日暨创模环境曝光平台启动仪式。四是举办了 2013 年平谷区"我爱地球妈妈"中小学生环保演讲比赛活动。五是围绕"创建环保模范城区、共享碧水蓝天家园"这一主题,开展创模宣传进社区、进乡村活动。活动采用小品、杂技、变脸、河北梆子、民族舞蹈以及创模知识有奖问答等形式,营造了浓厚的创建国家环保模范城区氛围,强化了创模知识的宣传普及。

8.3.1　加快培育生态文明意识

8.3.1.1　完善生态文明教育体系

生态文化教育体系是由各教育类生态文化载体为主体构成的,是以通过教育手段传递生态文化知识,根植生态文化核心价值观念为目的的综合性生态文化载体集合。从操作层面上讲,生态文化教育体系的建设即是生态文明教育开展及其场所的建设。就平谷区而言,应着重加强以下方面的工作。

(1)修订相关教材,将生态文明纳入中小学素质教育中

目前,平谷区生态文明专项教育体系并不完善,青少年生态文明意识的培养主要集中于地理课堂和少数课外教师讲授中,整体对生态文明教育的重视程度不够,学校在实施生态文明教育的部署和安排不足,课时少、教材更新速度慢。而且,学校各级教师对普及生态文明知识的能动性不足,激励机制和考核标准匮乏,缺乏生态文明教育意识。

因此,完善生态文明教育体系,使生态文明教育贯穿素质教育成为平谷区构建生态文明意识的第一要务。第一,区政府财政应划拨专项资金补贴,面向中、小学发行和发放非营利的生态文化宣传读本。读本需涵盖平谷区的乡土地理、生态环境发展趋势、重点生态工程、生态法制、生态伦理等内容。读本编纂需针对不同读者认知水平体现不同特点,小学读本图文并茂、通俗易懂;中学读本注重知识性表达和理论教育。读本教材编写工作可委托具有相关经验的教育和科研部门开展。第二,鼓励学校设立相应的生态文明教育课程,加大激励机制和考核标准向生态文明倾斜力度。

(2)鼓励大学开展相关实践

加强大学生生态文明教育,是落实科学发展观、全面建设小康社会的必然要求。一方面,生态文明社

会实践教育是进行大学生生态文明教育不可或缺的一部分,进行生态文明教育必须要强化生态文明实践育人环节。另一方面,大学生应当具有面向未来的生态文明理念,并逐步培养良好的生态道德和生态世界观,自觉地参加各种生态文明实践活动,深入具有代表性的地区进行生态文明实践,在潜移默化中得到教育。

目前,平谷普析通用有限责任公司和清大天达光电科技有限公司等与清华大学建立了产学研基地,营造了崇尚科学、尊重创新、生态发展的良好氛围。

鉴于平谷区大学教育现状,平谷区应结合位于京津冀结合部的良好区位优势,建设综合性的高校生态文明教育实践基地。抢抓"京津冀一体化"战略机遇,强化区校合作,建设三地高校生态产业的产学研综合实践基地,在硬件、教育内容等方面提供充分支持,有效开展企业实习教育、户外实地教育、媒体宣传教育、游憩体验教育、展馆综合教育等教育活动。从更高的角度阐释生态安全、生态文化、生态道德、绿色消费、生态法制等生态文明核心价值观。为国家培养具有科学生态素养和生态价值观的全方位发展的高素质人才。

(3)建设科普教育基地,普及生态文明知识

科普教育基地建设是实现生态文明教育的重要途径。科普教育基地是为实施"科教兴国"战略和提高公众科学文化素质服务,利用社会科普资源,面向公众开展科普宣传活动的基地。作为面向大众的开放性科普教育基地,生态文明教育主要通过生态文化普及和科普基地的建设实现。建立科普教育基地对于全体人民了解生态科学、热爱生态文明是非常必要的,特别对于青少年树立生态科学思想和生态文明观有很好的作用。

全区各级已开始重视对科普工作的投入,文化桃科普示范基地、黄松峪乡农村科普学校、北京市创新型科普社区等的建设卓有成效。但是,平谷区在科技资源的组织模式和运行机制等方面探索不足,尤其是生态文明科普类设施建设尚缺,高新技术应用对于自主创新的拉动作用不明显,核心科技成果转化和产业化力度不够。

平谷区应建立科普教育基地体系,综合利用平谷区的自然资源和人文资源,拓展生态文明认知空间。首先加强科普基础条件建设,提升开展科普活动能力。推动科普示范基地建设,完善科普场馆建设,建立现代科技展示基地、科研成果宣传基地、科学理念展示基地,尤其是生态型基地的建设。强化地区合作、区校所合作等,为农业、工业配备科普设施和相关的实验设备,加强新型科普社区建设,逐步提高平谷区开展科普活动的能力。其次构建科技成果展示机制,推动科普工作的社会化。加强重大科技项目的科普工作,将最新的科技成果通过科技馆、周期性的"科普知识下乡"活动或者媒体等及时向公众发布。进一步提高科普活动组织管理的专业化水平,建立集中性和经常性活动相结合的科普宣传长效机制。最后要开拓科普发展新途径。充分利用平谷区丰富的林业资源、旅游资源、音乐产业资源、地质矿山等资源,将科普与旅游、环保、文化艺术、娱乐休闲等有机结合,开拓科普工作新形式、新途径,促进科普产业的形成和发展,进而促进生态文明建设进程。

由平谷区教委统筹,在全区中小学范围内,通过课堂讲授生态环保相关知识的同时,重点开展品牌环保实践活动,鼓励学生在日常学习和生活中主动践行生态环保理念。除继续举办"我爱地球妈妈"中小学生环保演讲比赛活动,并在"6·5"世界环境日开展相关活动外,积极开展以生态环境为主题的社会大课堂活动,并通过鼓励中小学生在校、在家实行垃圾分类,珍爱每一滴水,光盘行动等,对他们进行生态文明的养成教育。此外,区教委将一如既往地鼓励、支持全区中小学生成立生态保护类社团,发挥学生在生态文明教育和实践中的主体作用。结合平谷区山多、树多,容易亲近大自然的优势,鼓励中小学生每年暑假举办走进大自然的生态教育夏令营。

平谷区可进行"生态学校,文明教育"典型示范建设项目,重点打造五所生态文化示范学校:小香玉艺术生态文化示范学校、北师大附中生态文化示范学校、平谷区第九小学生态文化示范学校、南独乐河中心园生态文化示范学校和黄松峪中学生态文化示范学校。表 8-1 为平谷区生态教育项目的建设规划。

表 8-1　平谷区生态教育项目建设规划

序号	项目名称	建设时序	责任单位
1	平谷区科教联合行动计划(科学家进校园)	2015—2016 年	教委
2	京津冀一体化背景下的区域教育的联网与整合	2016—2017 年	教委
3	"生态学校,文明教育"典型示范建设项目	2016—2017 年	教委

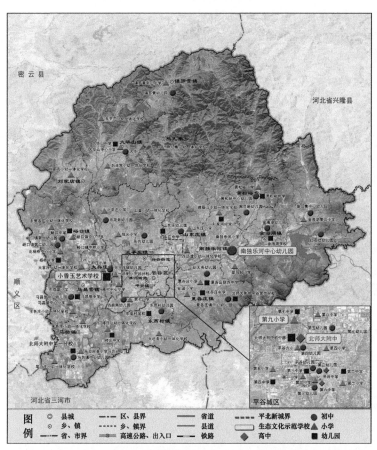

图 8-1　平谷区生态文化示范学校规划图

(4)重视各级政府的生态文明教育,完善生态文明执政体系

针对政府的生态文明教育是推动科学执政的前提和保障。生态文明是科学执政的出发点和归宿,而且生态文明建设水平是政府科学执政成效的反映。所以,政府各部门应接受生态文明教育,以先进的理念和方式引领生态文明建设,以政府"绿色绩效"展现突出的执政成效。图 8-1 为平谷区生态文化示范学校的规划图。

在区政府正确指导下,平谷区稳步推进"人文平谷、科技平谷、绿色平谷"建设,尤其是在重大项目引进上,更加注重低碳、环保、节能的理念,创建了如东高村创意文化产业基地、马坊物流园等一系列具有代表性的产业区。但各级政府仍存在部分官员生态意识不强、盲目追求大项目而忽略环境等问题。环保、林业、国土等部门对于环境污染、资源破坏的监测、惩治等缺乏合作联动机制,生态文明建设责任有待进一步明确。

平谷区下一步应在现有条件基础上,强化以生态为纲的决策准则,建立政府自我约束机制。

第一,构建生态行政体系。由平谷区政府牵头,建立一支具备较强生态意识的决策集体,在充分领会生态文明建设内涵的基础上,制定社会发展所需的相关法规、制度、政策、措施等。将生态文明理念充分融入政府决策中,使经济发展、政治民主、文化繁荣、社会和谐和生态文明共同支撑地区发展。

第二,开展公务员生态文化教育,建立健全监督约束机制,提高各级领导干部的生态责任感,促进政府官员追求绿色政绩,坚持保护环境和节约资源的基本国策,着力推进社会绿色发展、循环发展、低碳发展。

第三,明确各部门生态文明建设的任务。明确资源破坏、环境污染等问题的惩治措施,规范绿色、节能、环保的行政行为,树立政府在生态文明建设过程中扮演的决策者、制定者、监督者、服务者和示范者的多元化形象,帮助及引导公众树立正确的生态文明价值观念。

(5)强化企业生态文明约束,走绿色生态化生产道路

企业作为社会的主体,其社会活动同社会的整体发展密切联系,在生态文明建设当中,企业环保意识的增强和生态责任的担当,不仅是社会对企业的要求,同时也是企业自身发展的要求。企业履行生态责任在生态文明建设中具有重要的意义,因此,应加强企业的环保意识教育,规范企业生产模式,重视企业生态责任建设。

目前,平谷区针对水环境、大气环境、声环境和固体废弃物处理等方面始终进行着不懈努力,其环境正进一步改善。但是,对于作为主要污染源的工业企业来说,仍是利润至上,忽视环境效益,环保意识依然比较淡薄。因此,企业的道德素质和社会责任感有待进一步加强,环境友好型生产技术与方法有待进一步革新,政府各项制度需进一步完善。

第一,树立正确的生态文明发展观,提升企业的生态道德素质。培养正确的生态文明观,使企业自觉承担起保护环境和维护生态平衡的责任。企业领导者争做地区绿色生产榜样,并定期为全线员工进行职业道德培训,强化道德素质,生态文明建设理念在生产过程每个细节体现。

第二,加大对企业领导与员工的生态文明教育培训。结合企业自身情况,加强节能减排和环保新技术的学习,推动企业向资源节约型、环境友好型企业转变。邀请企业负责人,尤其是高污染企业负责人参加公益性环保组织,通过参观学习等方式提高企业负责人的生态生产责任意识。

第三,重视企业文化在生态文明建设中的重要作用。企业文化是企业的灵魂,是企业赖以持久发展的动力,是企业价值观和行为准则的体现。企业自身要积极培育体现生态文明理念的企业文化。

第四,加强制度建设,增强责任意识。逐步制定和完善企业管理中的环保规章和文明权益,建立企业环境行为监管制度、环境友好企业的激励制度、企业环境报告和环境审计的社会公示与听证制度、环境治理代理人制度、环境污染责任保险制度、污染物排放许可有偿使用和交易制度、科学顺畅的群众监督机制。

8.3.1.2 弘扬本土特色传统文化

(1)发掘本土文化,展现独特城市形象

本土文化主要是指扎根本土、世代传承、有民族特色的文化。本土文化既有历史传统的沉淀,也有植根于现实生活的变化和发展,其主要包括自然地缘文化、环境形态文化、历史文化等,有效整合开发地区民间民俗、本土特产、家乡风景等人文或自然资源是塑造独一无二的平谷形象的源泉。表8-2为平谷区生态文化发掘项目的建设规划。

表8-2 平谷区生态文化发掘项目建设规划

序号	项目名称	建设时序	责任单位
1	长城文化节	2015—2020年	文委
2	非物质文化遗产方面的抢救和保护	2015—2016年	文委
3	生态文化规划项目	2017—2020年	文委
4	平谷区长城保护与利用规划	2015—2020年	文委
5	洵河、泃河两河文化研究	2018—2020年	文委
6	平谷区地下文物保护的文化价值的研究	2017—2020年	文委
7	丫髻山的形成演化与开发价值研究	2015—2016年	旅游局
8	燕山美食文化发展战略研究	2015—2016年	旅游局
9	平谷区桃文化的创新路径研究	2014—2016年	果品办
10	大华山镇桃文化深度开发项目	2015—2016年	大华山镇
11	"诗歌之乡"的创建规划项目	2017—2018年	大华山镇
12	大兴庄镇村落文化保护和抢救项目	2015—2016年	大兴庄镇
13	东高村镇林泉寺复建的基础设施项目	2014—2016年	东高村镇
14	黄松峪石长城恢复工程	2014—2016年	黄松峪乡
15	水关长城的发展规划	2015—2016年	黄松峪乡
16	王辛庄镇杨家会轩辕石的保护与利用	2014—2016年	王辛庄镇
17	熊儿寨长城的抢救及保护项目	2015—2016年	熊儿寨乡
18	罗营镇四公里石长城保护与修复项目	2015—2016年	镇罗营镇

序号	项目名称	建设时序	责任单位
19	山东庄镇轩辕圣地基础设施建设工程	2015—2016 年	山东庄镇
20	轩辕文化旅游区整体规划	2015—2017 年	山东庄镇
21	马坊生态文化建设项目	2015—2017 年	马坊镇
22	刘家店镇庙宇集群的复建工程	2014—2020 年	刘家店镇

平谷区具有丰富的历史文化、民俗文化、企业文化、名人文化、旅游文化等物质、非物质文化。应充分发掘和发扬本土文化,展现平谷历史厚重感和文化创新力,打造地区特色文化,提高生态文化影响力。首先要深入挖掘本地特有的轩辕文化、上宅文化、宗教文化、皇家文化、长城文化等历史文化,有计划地修缮重点文保单位和编纂地方文化宣传读本,扩大文化影响力。巧抓机遇,做好本地书法、书画、奇石、木制工艺品、音乐等文化保护与发展工作,打造平谷文化特色品牌,尤其是将音乐文化打造成代表国家水平、具有国际影响力的文化新旗帜。其次,继续做大做强已具有一定规模的文化品牌,如国际桃花音乐节、轩辕祭祖、丫髻山庙会、秧歌大拜年、桃花大舞台、精华武术等,不断推陈出新,打造文化精品。最后,依托文化站进行文化资源普查,充分发掘流落民间的艺术人才、艺术经典作品等物质和非物质文化,如中医药文化、特色养生文化等仍需继续挖掘并推广。

(2)创作并传播生态文化作品

文化作品是本土文化的表现形式,文化基础设施和文化队伍是本土文化传播的载体,不断传承和创新是本土文化保持持续影响力的保障。

平谷区现有的本土文化种类多样,如丫髻山道教文化、上宅文化、桃文化等;产品传播方式丰富,如文化大舞台、数字影厅等。但是,文化传播队伍素质和专业化水平有待加强,文化传播的系统性和生态文化之间结合度不强。因此,有效梳理和综合开发生态文化资源,实现整体、精致、新颖的目标,是平谷区生态文化传播的重点。

① 完善生态文化传播所需的基础设施和文化服务体系。各级文保单位按照自身需要,建立展现文物历史及文化内涵的文化馆、博物馆等基础设施,整合和综合利用地区文化资源,增强生态文化传播效果。各级政府继续文化站、社区文化活动室、桃花大舞台、数字影厅等文化基础设施建设,并配备图书、影像播放设备,更新演出道具等,使生态文化在社区和村级民众中广泛流传,继承和发扬优秀的文化。图 8-2 为平谷区生态文化发掘项目的规划图。

② 做好生态文化队伍建设,丰富和完善表演形式。建立一支具有展现时代特色的先进生态文化传播队

图 8-2　平谷区生态文化发掘项目规划图

伍,打造村-镇-区不同规模的表演团队。通过从业人员资格考核,实现各级生态文化传播队伍的专职化;聘请高校专业表演团队,提升表演水平;选择各种题材和多种表演形式,实现表演方式与表演门类多样化。

③ 弘扬传统文化,创新生态文化演艺产品,展现时代风采。继续通过秧歌队大拜年、桃花节、丫髻山庙会三大品牌活动,促进当地旅游、经济、文化全面发展。另外,将传统文化通过合理改编,赋予时代特色,展现新形势下平谷区生态文明新局面,并开展文化下乡和各种主题文化活动,为各级群众展现文化风采。

8.3.1.3 广泛开展生态文明宣传活动

(1)生态教育主题宣传活动

生态教育主题宣传活动是进行生态文明建设的重要途径,它能使各利益相关者围绕与生态文明相关的主题进行交流,使生态文明的理念深入人心。

平谷区已经进行了不同主题和形式的主题宣传活动。

首先,可在此基础上继续拓展,如在每年的国际湿地日、世界水日、世界气象日、世界地球日、世界无烟日、世界环境日、世界防治荒漠化和干旱日、世界人口日、国际保护臭氧层日、世界动物日等与生态文明建设相关的国际节日,有针对性地策划和举办主题纪念或活动日,不断提高环境保护宣传教育普及率。也可依托高校、科研院所等,开展国内、国际研讨会或经验交流会,提高各层次公民对于生态文明建设的认识水平。

其次,适应平谷区本土发展要求和时代特征,继续"做深""做新""做活""做久"生态文明教育主题宣传活动。

"深":认真领会,准确把握,做深生态文明主题活动。生态文明相关的主题活动不但内涵丰富、涉及面广,而且关注度高、政策性强,只有深入领会其精髓,找准建设着力点,准确把握其实质,才能在宣传中充分挖掘平谷区优势资源,突出生态文明建设的重点,驾驭好每一个主题活动的宣传。

"新":紧扣时代,贴近实际,做新生态文明主题活动。要把生态文明宣传活动做好,必须紧扣时代脉搏、贴近生活实际、增强针对性,把宣传内容与群众力所能及的事情融合起来,把丰富生动的内容与喜闻乐见的形式结合起来,从"新"字入手,宣讲新政策、解剖新问题、宣传新典型、推广新经验,使生态文明主题宣传活动具有更加鲜明的时代特征。

"活":创新形式,增强互动,做活生态文明主题宣传活动。能否与群众产生共鸣是衡量主题宣传活动是否有成效的一个重要标志。平谷区生态文明主题宣传活动,不仅要求有一定的规模和声势,更要重视宣传活动的实效。活动进行中不仅要关注民生,更要注重具有鲜明时代特征的生态文明建设理念的传播,如紧扣"京津冀一体化"等理念。寻求创新,注重与百姓进行多种形式的沟通与互动,采用百姓乐于、易于接受的宣传报道方式,要让百姓有"说话"的机会,有表达心声的途径,使主题宣传活动更有"亲和力",而不是"灌输"和被动接受。

"久":统筹兼顾,不断完善,做久主题宣传活动。平谷区生态文明相关的主题宣传活动是一项长期和艰巨的任务,绝不能浅尝辄止,要立足于做久"生态绿谷"这一相关主题宣传活动,要从本地实际出发,统筹兼顾,不断完善,长期坚持。

(2)积极在报纸、杂志、刊物等平面媒体上开展宣传

将区内文化现象、文化名人、文化活动、文化历史、文化精品等集中编写成册,并定期举办文化推介活动,将本土故事通过书画、书法、杂志、报纸等媒介进行推广;创立区级期刊,鼓励本地民众投稿,充分展现平谷和谐的生产、生活氛围;设立社区环境小品、社区公共宣传栏、社区文化设施。

以平谷区的一些民间艺术为载体,通过生态文明进社区活动对广大民众进行宣传,一方面,主动向居民宣传日常生活中的生态理念和行为;另一方面,通过举办环保公益活动,让居民主动参与其中,展现全民参与的生态文化。

(3)在广播、电视、网络等媒体上开展宣传

由区委、区政府牵头,多部门联动,邀请市级及以上媒体进行"生态平谷,和谐平谷"等主题的大型纪

录片拍摄,以及制作生态城区、生态乡村等主题的宣传短片,充分展示自信、自强、淳朴的平谷人形象。除此之外,通过数字媒体活动室、平谷电视台等,不定期举办"生态与环境大讲堂",鼓励生态文明行为,唤醒人们的生态潜意识,并建立人与自然和谐相处的内在情感,实现人与自然的和谐发展。

8.3.2　强化生态文明共建共享

8.3.2.1　深入推进公众参与

生态文明建设需要全民参与,必须充分发挥人民群众的积极性、主动性、创造性,凝聚民心、集中民智、汇集民力,为生态文明建设注入不竭动力。

(1)公开生态环境信息

环境信息公开是社会公众参与环境保护的前提,是社会公众环境知情权的重要保证,生态环境信息公开制度是生态文明建设的重要保障。应完善生态环境信息公开制度,保障公民知情权、参与权、监督权。政府、企业、其他公共机构等环境信息的持有者,也应将其所掌握的环境信息通过适当方式让社会公众知晓。

建立信息公开制度,推进政府和企业信息公开化、透明化,鼓励社会公众参与生态文明建设,推进循环经济建设。在保证政府环境信息的公开化前提下,政府应严格监督企业环境信息公开化和环保部门政务透明化,积极引导广大群众对企业环境行为进行评判和监督,定期在社会上公开。规范项目审批、排污收费规章和来信来访处理等公示制度,主动接受广大公众和社会各界监督,并定期邀请公众代表对政务公开提建议。

平谷区应在不断完善和强化信息公开制度、拓宽信息交流渠道、扩大信息沟通平台等措施的基础上,建立完善的公众参与制度,引导和鼓励公众以个人、社区、团体等多种形式更多地参与到生态文明建设中,避免因环境问题激化社会矛盾,成为社会不和谐因素的导火索。

(2)组织公众听证

完善公众听证制度,保障生态文明建设透明化、民主化、科学化是提升平谷区生态文明建设公共行政合法性,促进法制政府建设,构建政府与社会公众之间协商合作,以及培养社会公众的"主人翁"意识,保障社会公众实体权利的有力工具。

平谷区应通过新的机制、政策和行动方案,促使各种社会团体、媒体、研究机构、社区和居民参与到决策、管理和监督工作之中。通过深化城乡统筹机制、建立生态文明建设第三方监督机构、环境公益诉讼制度等措施,优化完善生态文明监督制度、公众听证制度,保障公众参与、监督生态环境发展,为平谷区生态文明建设献策献计。

8.3.2.2　鼓励社会组织参与

(1)组织生态文明建设公益活动

生态文明建设具有显著的公益性质,组织公益活动是鼓励公众参与生态文明建设的重要方式,也是强化公众的生态环保意识、形成全民参与的良好局面的保障之一。

平谷区各级政府和各部门在整体上要完善公益组织准入机制,鼓励全民参与生态文明公益活动,应提倡和组织生态文明建设相关公益活动,加强基层生态保护组织的培育,尤其针对环境管理薄弱的农村地区。根据平原区和山区不同环境状况,鼓励社会组织参与生态文明示范区建设公益事业;建立环保志愿者激励机制,支持和鼓励社会公众申请加入环保公益组织,并表彰、奖励对平谷区生态文明作出杰出贡献的单位和个人;通过平面媒体和网络媒体等宣传,使公众意识到参与生态文明创建活动的重要意义,推动公众自愿参与到生态文明公益活动中,营造有利于生态文明建设的社会氛围。

(2)推动生态环境维权

环境维权机制的建立是城镇化、工业化背景下,政府依法保护与响应民间合法诉求的重要途径,它在生态文明建设中发挥重要作用。

平谷区首先要建立和完善生态环境权益维护机制。加强制度内的环境维权体系建设。行政主管部门以及环保职能部门应迅速回应居民的环境诉求,及时给出解答和建议;改善本地的法律环境,减少对法院立案、判决和执行的不必要干扰,并提高居民对司法渠道的获取能力,引导居民通过法律手段维护环境权益;鼓励民间环保力量发挥积极、理性的引导作用。民间环保力量相较政府部门而言,具有更强的灵活性,同时又具有一定的专业性和组织能力,如果善加引导,则能够对环保事业发挥较为积极的作用;构建政府、媒体和社会力量间的良好互动合作关系。针对现实中的环境维权问题,应首先保障平谷区的环境诉求渠道畅通,特别是针对居民的信访、投诉,要有有效回应。

其次,尽快出台可操作细则,使公众有序、有组织地参与到涉及公民环境权益的项目,尤其是前期规划决策、环评立项环节。

最后,设立生态环境投诉中心和公众举报电话,鼓励检举揭发各种违反生态与环境保护法律法规的行为。

8.3.2.3 积极推进生态示范创建

按照国家生态文明示范区建设标准,区政府应广泛发动各级部门、企业、组织等,全面开展生态文明示范区建设,以建设(示范区)促(生态文明)建设。政府各级部门合理定位,制定具有本土特色的生态文明示范建设目标。进行多种形式的生态文明模范个人、生态环保示范村(社区)、生态环境优美镇等与生态文明相关的评定。最终将平谷区打造成为市级生态文明示范区、国家级生态文明示范区。星工业是生态文明建设的重要组成部分,区政府应加大力度鼓励规模以上企业积极创建"清洁生产审核企业""循环经济试点企业""市级环保模范企业""市级绿色企业""国家环境友好企业"等称号,为生态文明示范区建设增添强劲动力。

在生态文明建设示范区基础上,针对城区与农村地区,机关、学校与企事业单位等不同主体的特点,积极开展绿色机关、绿色企业、绿色学校、绿色社区、绿色家庭、绿色宾馆等"多绿"系列创建活动,将这些生态文明建设工作纳入各相关职能部门的考核内容,制定完善的激励机制,使创建活动成为广泛动员全社会重视环保、节约资源、保护环境的有效载体,形成上下联动、合力推进机制。

通过系列创建,将环境友好、生态文明的理念普及、渗透到全区各部门、各行业中,形成政府主导、公众参与的生态文明建设新模式,使全区居民在参与环境保护过程中,真正感受到生态文明建设带来的利好。

8.4 本章小结

以德润身、以文化人,生态文明建设离不开绿色、和谐、系统的生态文化的引领、指导和潜移默化。生态文化建设是生态文明建设的灵魂工程,各县市生态文明建设过程中必须将生态文化建设放在重要位置加以考虑。通过完善生态文明教育体系,弘扬本土特色传统文化,广泛开展生态文明宣传活动;强化生态文明共建共享,深入推进公众参与,积极推进生态示范创建等措施,促进生态文化建设。

第9章 生态文明建设生态人居体系研究

9.1 生态人居体系建设研究进展

城市的建设不仅要求拥有优良的自然环境,还需要有相对完善的人居硬环境,从而满足居民物质和精神生活的基本需求。随着经济的快速发展和人口的迅速增长,人居问题越来越受到关注和重视。一直以来,国家对环境和民生的问题都十分关注,从"可持续发展理念""低碳经济",到"生态文明建设",对社会发展的方向与经济的发展越来越重视,对生态建设与环境治理的力度也逐渐加大(杨万平 等,2018)。习总书记也不断强调人居环境的重要性,"生态宜居"的乡村振兴战略总要求,"绿水青山就是金山银山"等重要发言无疑都显示出党和国家提高人居环境的决心。与此同时,人居环境在不断迈向现代化的同时也面临诸多难题。交通拥堵、生态破坏、公共服务供给不足等成为各国普遍面临的问题,经济社会发展存在的区域不平衡问题仍在规模效应和经济集聚规律的作用下持续深化,基础设施建设、公共服务提供等不充分问题在快速城市化背景下日益突出(李雪铭 等,2022)。人居环境是维持和推动区域发展进步的重要载体,特别是在当前生态文明建设过程中,良好的人居环境对生态文明和美丽中国建设的健康可持续发展发挥着重要作用。

人居环境研究是伴随着城市生态环境问题以及人们对更高质量生活水平生活空间的追求而逐步发展的(吴良镛,1996)。人居环境主要研究人与环境相互关系,是涵盖经济水平、社会关系、生态环境的复杂巨大系统,因此成为了矛盾的集中点。1961年,WHO(世界卫生组织)基于人类基本生活条件"安全性、健康性、便利性、舒适性"等提出"居住环境"理念(周杨,2012)。人居环境理念越来越受到国际上的重视。近年来,世界范围内有关人居环境的研究呈现指数式增长,国外学者关于人居环境的研究最初是由城市规划衍生出的,西方国家城市化水平较高,人口和生产资料主要集中在城市,国外学者对城市人居环境问题进行了大量研究,20世纪50年代,希腊城市规划学家道萨蒂亚斯最早提出"人类聚居学"理论(Doxiadis,1970;Doxiadis,1962)。1968年,其在专著中最早提出人居环境这一概念(Dubos,1975)。人居环境重点在于研究人类的聚居环境,注重人与环境的关系,他认为人类聚居是整个人类世界本身,这一观点一经提出就受到西方各发达国家的重视,并在立法工作上付诸实施。第二次工业革命后,工业的集聚使得社会生产力快速发展,促使大量人口涌入城市,随之,一系列生态环境和社会安全问题开始涌现。在此背景下,部分城市规划学者试图从城市规划、以人为本的角度来解决城市环境问题,走可持续发展的道路,为"人居环境"概念的提出奠定了思想基础,如霍华德的"田园城市理论"等(宗仁,2018)。根据目前研究,最早提出人居环境概念是在1976年联合国召开的"人类居住会议"上发表的《温哥华宣言》,其认为人居环境是社会、物质、组织、精神和文化要素的集合体,包含城市、乡镇或农村,且由物理要素以及为其提供支撑的服务组成(Izbavitelev et al.,1977)。人居环境的定义与特定的时间、空间相关联,且受到地域文化的影响(Pacione,2003)。我国先秦时期传统风水理论"天人合一"中就包含了人与自然和谐共生的理念(黄新荣,2003)。"天人合一"思想与人居环境建设相贯通主要体现在其强调人与自然的协调、融合、和谐。我国关于人居环境的研究开始于20世纪90年代,也是集中于城市规划学的领域,被誉为"中国人居环境科学研究创始人"的吴良镛院士建立了一套以人居环境建设为核心的空间规划设计方法和实践模式。他认为人居环境不仅是指居民的居住环境和社会环境,还是维持居民生活所必需物质及非物质的结合体,不仅包括了人们的居住条件和基础设施等有形的空间,还包括了居住人口、资源、环境、经济发展、社会政策等无形空间(吴良镛,1996)。吴院士从宏观角度出发,为我国城市规划和建筑学指明了一条前进道路,此后,人居环境科学理论的内涵不断扩展,并呈现出多学科交叉式的发展路径,与地理学、管理学等的联系更加紧密。

以人居环境和"human settlements"为主题和关键词,在期刊搜索近 30 年关于人居环境的相关研究,学者们从不同学科背景出发展开了大量关于人居环境的研究和讨论,主要集中在以下方面。

(1)人居环境的理论基础和科学意义。人居环境由于其自身较强的学科交叉性质,使得不同学者结合其自身研究方向对人居环境科学理论进行科学探讨。Newman(1999)探讨了城市宜居的可持续性意义;Yanistky 的"生态城市"模式,按照生态学原理综合考虑社会、经济、自然等各种要素,建立高效、和谐的居住环境(祁新华 等,2007);社会学者多从社会与人及人与人之间错综复杂的相关关系角度思考人居环境问题,如从人类社会学的角度,用因子分析法代替传统的社会区域分析法,对城市社会生态、邻里关系、人口、种族、犯罪等影响人居的社会因素进行研究(王海荣,2019)。人居环境是与人类生存活动密切相关的地表空间,它是人类联系自然、作用自然的主要场所,是人类生存与发展的基础(吴良镛,2001)。人居环境是与人类生存、生活和生产发展密切相关的,具有一定空间范围的地域(周直 等,2002)。刘建国等(2014)将人居环境的内涵总结为人们居住、工作、学习、生活等一系列活动的重要场所,是由自然、经济、社会、人文等多种环境因素构成的有机综合体。随着研究的不断深入,越来越多的学者开始对人居环境发展的竞争力(晋培育 等,2011)、影响因素(罗萍嘉 等,2019)、失配性(李雪铭 等,2014)、脆弱性(杨晴青 等,2019)、可持续发展力(王成 等,2019)等进行了丰富的探索。现已形成了国家(张云彬 等,2010;Fernández et al.,2020)、省域(Yan et al.,2014;李航 等,2017)、城市群(曹伟宏 等,2017)、城市(Li et al.,2020)、乡村(朱媛媛 等,2018)、区域(黄宁 等,2012;高家骥 等,2017)、街道(刘贺,2020)的宏观到微观的跨度。此外,还有学者从人居软环境出发,充分考虑居民对生活环境的满意度、幸福度及认同度,对人居文化环境和人居满意度进行测度,丰富了人居环境内涵(丛艳国 等,2013)。总体上,人居环境的理论内涵不断外延,逐渐由简单的生活空间和居住环境延伸到影响区域发展的多个方面。

(2)人居环境质量的评价研究。对人居环境建设质量的评价与测度是目前人居环境研究的热点内容,学者们针对不同类型、不同尺度的人居环境展开了大量的评价研究,并取得了丰富的研究成果。从研究尺度上看,目前关于人居环境的评价主要分为乡村人居环境和城市人居环境。刘颂等(1999)把以人为本原则、层次性原则、区域性原则、可操作性原则、稳定性与动态性原则作为基础,建立了一整套层次分明的城市人居环境宜居性可持续发展评价指标体系。李雪铭等(2014)从城市人居环境类型、空间格局角度,运用主成分法对大连市沙河口区的人居环境进行评价,发现居住质量、邻里关系、自然环境、生活便利度、轻轨交通、教育医疗影响着城市人居环境。谷永泉等(2015)从人居环境适宜度角度,运用熵值法和模糊层次分析法对我国 30 个城市的人居环境进行排序,发现北京市和上海市的人居环境适宜度最高,且优势明显。曾菊新等(2016)从农户生活水平、出行环境、公共服务水平、农业生产条件、生态安全、生态产品供给方面构建了重点生态功能区乡村人居环境质量综合评价指标体系。李伯华等(2014a)以南岳旅游区为研究对象,探讨了旅游发展影响下乡村区域人居环境的演变特征。从研究方法来看,大多数学者通过构建评价指标体系的方法对各类型人居环境质量进行量化分析,建立评价体系的方法有:熵值法、主成分分析法、模糊综合层次分析法和综合比较法等。张武宏(2010)运用生态学和安全评价理论,并结合 BP 神经网络,对江西省人居环境生态安全进行评价,研究表明江西省人居环境生态安全形式严峻,需立即加强环境保护。唐宁等(2018b)通过熵值法从基础设施、公共服务、环境卫生条件、居住条件、乡村经济条件方面建立人居环境综合评价体系,分析了重庆市县域人居环境综合质量的空间分异特征。李雪铭等(2019)通过熵权法对人居环境宜居性进行评价。湛东升等(2015)利用均方差赋权法和空间计量模型探讨了全国 286 个地市的人居环境支撑条件,并揭示了空间发展的非均衡性特征,发现我国人居支撑条件整体不高,并呈现东部、中部、东北部、西部依次递减的区域性特征。陈菁等(2018)通过构建经济发展水平、基础设施与公共服务、生态环境和居住环境评价指标体系,利用主成分分析法对粤东和闽南地区 7 个城市近 17 年的人居环境进行评价。李帅等(2014)运用层次分析法对宁夏回族自治区各城市人居环境进行评价。杨俊等(2012)以 DPSIRM 因果关系模型拟定指标体系,运用模糊层次分析法和综合比较法对大连市社区人居环境状况和全空间分析格局进行研究,同时也融合了计算机学、生态学、地理信息系统学里的神经网络(李雪铭 等,2008;Corbane et al.,2021)、模糊聚类(Xue et al.,2020)、空间分析法(Tang et al.,2017;Chai et al.,2003)等多种算法进行综合测算。一些学者从"满意度""幸福感"等角度对生活质量进行主观评价,或通过构建评价指标体系进行综合测度和实证研究,指标体系涵盖财富、社会福利、人际关系、身体健康等方面(Song et al.,2018;Jab et al.,2018)。

(3)人居环境优化的实践探索和优化路径。在人居环境科学研究的 30 年时间里,对于不同区域尺度的人居环境评价已经相当丰富,而对于人居环境的研究结论,不少学者对其产生的影响因素与驱动机制进行了更为深入的探索。早在 1962 年,法国绿色革命就有关于绿色空间设计的规划,在创造地区自然生态环境平衡的实践中起到了积极的作用。1973 年,德国召开会议,在会上首次提出用城市生态学研究人居环境,将城市提到了一个生态良性循环的聚居群的高度。目前,国外对人居环境的研究主要集中于人居环境的影响因素,Jenerette 等(2007)通过多元模型进行人居环境的路径分析,论证了城市植被覆盖情况对城市区域气候产生影响,从而影响人居环境的模式。Hsieh 等(2012)通过改进的德尔菲法和问卷调查对台湾人居环境质量进行评价,发现室内环境质量、居民日常发生灾害防治的安全设备、社交互动空间影响着居民的生存质量。当前,中国已经进入"生态文明新时代",美丽中国建设不断深入。对人居环境的驱动机制和演化机理进行深层次的研究具有重要的现实与科学意义。经过归纳,以往的人居环境优化集中于乡村环境,比如唐宁等(2018a)在综合评价重庆市乡村人居环境建设水平的研究基础上,提出了乡村人居环境差异化调控的具体方案和建设任务。李伯华等(2014b)对基于自组织理论对乡村人居环境的演化特征与机理进行探讨。关于城市人居环境的优化提升,相关研究相对较少,大多是关于大城市人居环境的优化提升,如宁越敏等(1999)以上海市为例,探讨大都市人居环境评价和优化研究。冯琰玮等(2022)以整个内蒙古自治区为例,探讨人居环境综合适宜性评价及空间优化。张文忠(2019)认为对人居环境优化,各区域要采取差异化的针对性政策。在人居环境测算与评价的基础上,李双江等(2013)从经济与人居环境关系方面,采用指数法、剪刀差法和协调发展耦合度模型,测算石家庄市的人居环境与经济系统之间的耦合协调状况,研究发现石家庄市的人居环境和经济发展在 2002—2010 年都稳步上升,并且协调发展度也在不断提高。夏钰等(2017)从经济环境、人文环境、生态环境、服务和居住环境适宜度层面,选取 28 项社会统计指标,探讨长三角地区城市人居环境宜居性的空间分布特征,指出长三角地区城市人居环境宜居度逐步提升发展,区域差异逐渐缩小。岑家伟(2018)从经济、居住、服务、生态及文化环境分析环杭州湾地区人居环境宜居性的时空变化。李雪铭等(2019)认为人居环境的系统并不是独立的,系统间的耦合协调关系亦有时空演变趋势规律。钱坤等(2013)采用主成分法进行综合评价,并建立变异系数的人居环境与城市化协调发展度模型,发现武汉城市圈城市化快速提高,人居环境也得到一定改善,并且她提出人居环境和城市化虽然属于两个不同的系统,但同属于社会经济系统,其间存在着耦合关系,两个系统之间是相互渗透、相互影响的。党的十九大提出建设"富强民主文明和谐美丽"的社会主义现代化强国,表明人口、资源、环境预警机制的可持续发展战略对我国建设非常重要,建设与改善人居环境已然成为我国全面建成小康社会的历史要求,人居环境研究成为生态学、社会学、规划学、地理学等众多学科关注的重点。

总体来讲,国内人居环境的研究开展的时间较短,范围不及发达国家广,研究方法略有局限,需要比较多诸如 GIS、遥感技术等高科技手段。但在我国能动机制强的制度下,会涌现出很多先进技术,让我国的人居环境研究迎头赶上。发展不是无源之水,提升人居环境水平不失为一个良好的切入点。一方面,建设生态宜居的居住环境是大势所趋;另一方面,人居环境质量的提升有助于提高整体影响力,形成经济发展的内驱力。

9.2　人居环境建设存在的问题分析

人居环境同生态文明息息相关,良好的人居环境既是生态文明建设的产物,也是生态文明的缔造者。

人居环境以人为中心,满足人类拥有良好的聚居环境,而生态文明建设是在一切生产生活中尊重自然、保护自然、顺应自然,按照自然规律形成与之相对应的人居体系。切实提高人居环境质量,实现人居环境的可持续发展是建设生态文明,实现美丽中国的重要任务。基于人居环境的生态文明建设是一个持久复杂和充满不确定性的过程。以"人居环境问题"为主题在知网搜索,当前大多数的研究集中于农村人居环境的问题,关于城市人居环境发展中的矛盾研究较少。经过梳理相关文献,当前我国人居环境建设主要存在以下方面的问题。

(1)人居环境与城镇化建设的矛盾。人居环境与城市化的关系研究已成为近几年世界上广泛关注的课题。人居环境是体现人与自然相容状态的最佳指标,在内容上可分为自然、人类、社会、居住和支撑网络共五大子系统,而城市化是一种文化观念和生活方式的转变过程。城市化引起环境、科技、资源、经济的改变,城市化的最终目标是改善人居环境质量。当前,我国城市建设发展的工作重点还是主要建立在外部物质条件建设上面,以人为核心的城市发展理念依然缺乏,以"摊大饼"式的外部机械扩张与专注于经济建设的规划方式依然充斥在城市建设过程中,同时全国各地均在不同程度上出现了侵占农用耕地、工业和城市垃圾向农村转移的问题,以致于在我国农村地区普遍存在着土壤和水污染问题。以人为本的发展理念是城市必然的选择,也是城市规划的发展方向。城镇化建设的本质是"人的城镇化",从空间立体视角上看,当大规模的外部土地扩张未能与城市居民的需求相呼应,城市道路、绿地、街区的设计建设并未承载城市的人文关怀,则不可避免地出现土地、物质资源浪费现象。城市建设用地规模触及了行政区范围内生态红线的底线,顶到了所谓的开发极限的天花板,这同时也有违生态文明建设的发展理念。与此同时,环境污染、大量的城市人口使得城市能源消费短缺、交通拥挤、住房紧张,城市的无限制扩张造成植被的破坏、水土的流失、气候的改变、资源的大量消耗等,使得人居环境受到极大的挑战和威胁。而当城市内部产业乏力与生态环境的恶化矛盾激增时,城市居民便会产生迁居的意向,城市的发展进而会随着人才流失而走下坡路。城以人为本,人以城为家,城市的发展建设离不开以人为本的发展理念。当前,我国城市建设已陆续从增量发展向质量更新方向转型,如何在城市建设中真正满足城市居民的需求,摒弃唯经济论、唯 GDP 论的发展观念,提升城市居民的生活品质,充分发挥人的主观能动性,关注人类经济社会发展的整体和长远利益;打造有利于社会公平、城乡可持续发展的社会系统;合理规划居住空间及其配套设施;完善包括污水处理、道路交通等在内的公共服务设施系统,实施低影响开发等措施,以降低对自然生态系统的干扰,建造舒适宜人的人居环境对城市管理者和设计者具有重要的现实意义。

(2)行政层级上的分配不均衡。中小城市和小城镇经济规模有限,公共服务投入不足,公共服务水平相对较低,与特大、超大城市相比,中小城市和小城镇的公共交通、环境保护等基础设施投资的溢出效益不高,建设积极性不强,建设水平相对落后。虽然政府的宏观调控市场会在这种分层配置中起重要作用,但是仍然不能改变资源流动的方向。在这种隐秘的分层配置中,下级行政单元常处于弱势地位,这对社会矛盾的刺激性更强,下级行政单元的人居环境问题亟待改善。由于城市与较发达的县区具有经济发展的基础优势,又在公共资源配给中占有重要的地位,容易产生虹吸效应,从而形成资源集聚的优势条件,对人居环境的发展带来正向影响。与此同时,下级行政单元必然在经济发展过程中流失一部分人才与资源,降低整体发展的驱动力。又因为各行政单元的发展由各自承担,由此发展较弱的下级行政单元由于不具备资源配置与人才竞争的优势而缺乏促进经济与社会发展的动能,在这种循环下,下级行政单元在竞争中失利,在供给上乏力,难免会陷入发展困境,无法改善该区人居环境状况。基于人居环境理念的生态文明建设是一个持久、复杂和充满不确定性的过程,根据发展阶段、区域定位、基础条件等差异,可能涉及多种不同的发展目标权衡。应在人居环境框架指导下,通过分析地区条件,确定城市和区域的多重发展目标与方向,从而有针对性地制定地区行动纲领和备选发展方案,通过各关键子系统的协同配合,形成面向不同目标可灵活调整的行动纲领,进而不断提升生态文明建设水平。

(3)规划上缺乏创新性。当前我国城市建设发展处于初级阶段,我国生态文明建设的制度和规划存在很多的不足。现如今大多数地区的建设都存在于对别的城市的模仿,往往看来都如出一辙,这样的模仿造成的结果就是使城市看起来完全相同,毫无差别之处,从而使城市缺乏个性的深度。城市若想要充分展现城市特色和魅力以及城市的突出亮点,就得使用创新方法,在依照经济发展战略的基础上,通过结合现阶段经济发展和人们生产生活的所需,在此基础上创建生态人居环境,要对当地的自然、物质、人类环境进行整合,从而构建和谐生态人居环境。地方都各具特色,不仅要突显当地特色,还要展示当地的历史风貌、传统风俗,用最新的方式大胆规划城市环境空间,让过去与现在相辅相成,制定出一套适合城市建设和生态文明建设的相关科学规划,从而实现可持续发展。

9.3　北京市平谷区生态人居建设规划分析

9.3.1　规划思路

9.3.1.1　指导思想与基本原则

生态人居环境是根据生态学原理和可持续发展环境伦理观,并应用现代科学与技术等手段,逐步创建的自然-社会-经济-文化复合生态系统,是一种可持续发展的人居环境模式。以统筹经济社会协调发展为主线,以生态学和人居环境学理论为基础,以提高人民健康素质、率先基本实现现代化为根本目标,以满足人的基本需求、完善人人享有基本服务为出发点,在经济持续、快速、健康、协调发展的基础上,打造平谷区和谐宜居的人居生态环境,促进平谷区人与自然的和谐相处。

平谷区生态宜居体系建设坚持的基本原则:

(1)因地制宜原则。结合平谷区经济结构现状、自然资源优势、环境保护情况、基础设施建设和社会文化,从本地实际出发,发挥区位、环境和资源优势,突出特色。

(2)坚持统筹兼顾和整体协调原则。从平谷区发展全局和广大人民的根本利益出发,统筹兼顾,合理布局,妥善处理区域保护与发展的关系,调节并处理好各种具体的利益关系,促进城乡间、区域间公平协调发展,促进整个社会协调发展。强化以政府为主导,各部门分工协作,全社会共同参与的工作机制,促进生态宜居体系建设深入、扎实、有序地向前发展。

(3)坚持可操作性原则。生态文明建设是个新生事物,它体现了一种全新的环境伦理观,是一种崭新的社会文明形态。因此,生态宜居体系建设规划需要全新的理念,同时作为一个建设规划与设计又要有很强的可操作性,从而使规划落实到实际建设中。

(4)坚持公众参与原则。建设生态宜居环境,不仅要实现人与自然的和谐,更要实现人与人的和谐,因此应当接受公众的参与和监督,通过全民参与,形成合力。

9.3.1.2　规划目标与技术路线

在对平谷区人居环境的主要限制因素及其生态化途径分析的基础上,从衣、食、住、行、游、购、娱等人类基本生存需求和消费需要出发,以生态文明建设系列工程为载体,通过优化城乡布局、完善城镇基础设施和乡村社区建设,构建城乡景观赏心悦目、建筑和交通绿色低碳、居住环境干净整洁、基本保障舒适安全、消费行为节约适度的生态生活体系(图9-1)。

9.3.1.3　规划内容

(1)通过建设大型公共绿地、社区绿地以及水域湿地等,以及建设各具特色的城镇形态,打造赏心悦目的城乡景观。

(2)通过推广新能源和新材料在建筑中的应用、老旧小区改造、新建小区绿色建设等措施,实现城乡建筑绿色低碳;通过完善公共交通基础设施、倡导绿色出行、完善自行车租赁模式等措施,打造高效便捷、舒适安全、绿色环保、节能、开放的综合交通系统。

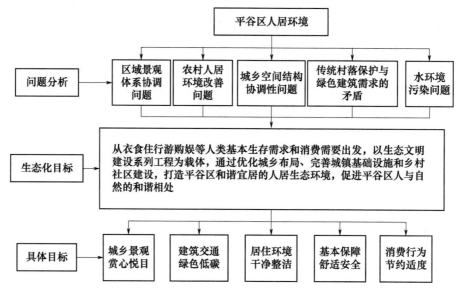

图 9-1 平谷区生态宜居体系建设规划技术路线

(3)通过城镇环境综合整治和农村环境综合整治,营造干净整洁的居住环境。

(4)通过完善城乡一体化的公共设施、加强饮食安全监管力度等措施,为城乡居民创造舒适安全的基本生活保障。

(5)培育节约型的生活方式和消费模式。

9.3.2 城乡景观建设

9.3.2.1 建设大型公共绿地、社区绿地以及水域湿地等

树立"大生态、大园林、大绿化、大产业"的发展理念,以建设首都"生态强区""美丽平谷"为目标,稳步推进"山区绿屏、平原绿网、城市绿景"工程,建设结构合理、物种多样、功能高效、层次鲜明的绿地系统,发挥绿地在净化空气、保护生物多样性、防灾减灾、休闲娱乐、健康人居环境等方面的综合功能。结合洳河、泃河河道治理和景观建设,加大新城西部、洳河两岸改造力度,加快城北湿地公园建设,建成以滨河休闲为特色的城市发展新区;重视滨河绿化的建设,修建带状公园,突出绿色休闲生活,将自然景观引入城市之中,构建由两条河流、三条绿化环带(滨河绿化环带+新城环城绿化环带+旧城绿化环带)、五个城市公园、多条绿色轴线共同构筑的绿色生态网络,提升城区人居环境。通过大型绿地、公园和绿色廊道体系的构建和布局规划,形成点、线、面有机结合的城乡绿地格局,保障平谷区生态系统的持续发展。

9.3.2.2 建设各具特色的城镇形态

实施中心镇(村)培育工程,重点建设一批功能齐全、特色鲜明、辐射面广、带动力强的生态文明试点镇,建成一批集聚能力强、服务功能全、管理水平高、经济繁荣、环境优美、人居舒适的特色乡镇。推动城镇建设由形态开发向功能开发转变,更加注重商贸综合、生态休闲、文体活动等功能的优化完善。将市政建设向城镇延伸,切实完善道路绿化、垃圾处置、供水供电、信息网络等基础建设。

9.3.3 建筑和交通绿色低碳

9.3.3.1 绿色建筑

绿色建筑是指在建筑的寿命周期内,最大限度地节约资源、保护环境和减少污染,为人们提供健康、适用和高效的使用空间,与自然和谐共生的建筑。绿色建筑注重从微观层面考虑建筑功能和节地、节能、

节水、节材、保护环境之间的辩证关系,以降低建设行为对自然环境的影响,实现建筑全寿命期内的资源节约和环境保护。推广新能源和新材料在建筑中的应用,建成一批低碳、低固废、低污水排放和低能耗的示范建筑。建立装修企业的环保信用评价与发展体系,对推行低碳节能装修的企业进行奖励。

(1)老旧小区生态改造

制定《平谷区低碳(绿色)建筑技术导则》,开展既有建筑的节能改造,从实施绿色屋顶、太阳能光热光电建筑一体化工程、既有建筑节能改造、可再生能源建筑应用等方面入手,以外墙、屋顶、窗户节能改造为重点,推进既有建筑节能改造,努力打造绿色建筑。在滨河街道和兴谷街道选择典型小区进行示范,积极实施小区面貌改观工程、房屋修缮工程、基础设施改造工程和居住环境改善工程;改变传统的按面积收费,实行按热量计量收费,进而促进增强建筑保温、提高供热系统运行管理水平、实现末端调控等一系列节能措施的实施;遵循"补缺、完善、提升"三原则,稳步推进老旧小区绿化改造,通过"边角废地"绿化、建筑墙体垂直绿化等模式提高小区绿化覆盖率;逐步完善城区慢行设施配套,因地制宜地规划建设一批体量大、立体式、生态化停车场,适当采用高大乔木遮阴、异形花架等绿荫停车场的建设模式,处理好居民机动车停车场、自行车停放点、居民休闲场地的设置。

(2)新建小区绿色建设

平谷新城以及各镇镇区的新建建筑应严格执行《民用建筑节能条例》《绿色建筑评价标准》(GB/T 50378—2006)、《低碳住宅与社区应用技术导则》等标准,从设计、施工、监督到验收等环节的全过程实行低碳监管制度,推进系统节能、节地、节水、节材;建立便民废品回收站,实现垃圾分类收集、回收的完整体系;社区绿化追求高效益、低维护,实现节水、降噪、吸尘、遮阴等生态功能;在平谷新城以及大华山镇、镇罗营镇、刘家店镇、金海湖镇等生态文明试点镇,鼓励使用隔热保温的新型墙体材料和高能效比的采暖空调设备,家庭推广使用节水龙头和低容量抽水马桶。

9.3.3.2　绿色交通

(1)完善公共交通基础设施建设

优化城市功能和布局规划,不断完善绿色出行基础设施建设,建设与平谷区未来发展和各项职能相适应的高效便捷、舒适安全、绿色环保、节能、开放的综合交通系统。以道路系统为骨架,结合绿色通道工程,建设纵横交错的绿色交通廊道和绿色节点。贯彻落实公交优先战略,构建方便快捷的公共交通网络体系,建成以轨道交通为骨干的大运量客流走廊,以地面公共交通为主体的快速公交骨架,积极发展地铁、公交车、出租车、免费单车等公交系统;加快地铁与公交线网布局,扩大支线、接驳线的覆盖面,形成方便快捷的公共交通网络体系;加快综合枢纽换乘中心建设,重点推进换乘中心建设,实现综合交通工具的有效衔接和"零距离"换乘。在高速路口建设园林式休闲驿站,为乘客提供综合服务。

规划建设密涿高速和承平高速,配合北京市铁路网规划建设,提高整体对外辐射能力;完善市道网布局,加强对外联络线及服务东部、北部的联络通道建设,加大对市道提级改造力度,规划新建道路 4 条,改建道路 5 条,提级道路 1 条;完善全区内部县道网布局,加快中心城区至新城、城市综合体和工业功能区的快速通道建设,支持区内观光农业、旅游业、沟域经济等重点产业的发展升级,新建县级道路 20 条(123.6 千米),改建道路 5 条(56.7 千米),研究确定轨道交通线路布局;完善重点镇、一般镇、行政村之间的联络道路,提高北部和东部山区公路网的连通性,打通断头路,改善农民的出行条件。

规划建设综合枢纽客运站,加强客运管理,提高旅客运输服务质量。轨道交通站点附近规划建设二级综合枢纽客运站,总占地面积 4 公顷以上。客运站建成后将设置宽敞的候车大厅、现代化的售票厅及行李包房、小型超市、餐饮、旅馆,设大型停车场、站前广场,并设微机售票系统、电视监控系统、微机客运调度等。

全力推进公共交通智能化。在公共交通中推广应用 PiS(乘客信息系统)、AVM(车辆自动监控系统)、GPS(全球定位系统)、GIS(地理信息系统)等技术,提高公共汽车、轨道交通的准点率,缓解高峰时段运力不足和低峰时段运力浪费、百姓对乘车的环境需求与优质服务等之间的矛盾,全面提升公共交通服务质量。

(2)倡导绿色出行

加快城乡路网建设和旅游干线公路的升级改造,采用节能环保的景观路灯,形成靓丽的生态景观大道;规划建设以人为本的自行车道和步行街,优化公交场站建设,进行合理的交通组织与换乘设计,在公交站点为乘客提供完善的公共交通信息服务,改善绿色出行环境;加大城区交通拥堵治理力度,提倡步行、骑自行车、搭乘公交,同时间线路的熟人或同事搭"顺风车"上班,对部分路段实施公交免费乘车,公交刷卡换乘免费等措施,减小交通压力和环境污染压力;改现金车补为公交车乘车卡车补,实施差别化的停车供给策略和停车收费标准;大力发展新能源、清洁能源交通,倡导购买小排量、新能源等节能环保型机动车,逐步推进电动汽车充电站布点;采用技术手段改变汽车尾气成分,对安装过滤装置实施补贴政策,控制机动车污染排放,加快黄标车的淘汰步伐。到2020年,居民绿色出行比例达到70%;全区新能源和清洁能源汽车应用规模达到6000辆,实现电动、天然气车辆比例达到75%;纯电动和天然气环卫车辆比例达到60%,淘汰老旧机动车2万辆。

(3)完善自行车等租赁模式

发展公共自行车,接驳公共交通,形成多层次、一体化的公交运输体系;服务短距离出行,解决自行车停车和管理的困扰;服务大型旅游、休闲景区,构建自然、和谐的交通环境。按照"总量控制、分类分块、平衡规模、灵活调整"的总体布局思路,充分利用人行道、广场、社区空地等,按照公交点、公建点、居住点、游憩点等不同类型设置自行车租赁点,让更多的人有机会使用公共自行车;增设办卡退卡网点,稳步推进公共自行车租赁;采用"政府支持,企业运营"的模式进行经营,通过在车身、车筐、租赁点设置广告等方式实现盈利;运用先进技术,加强技术创新,包括自行车本身和配套设备的制造技术、自行车调度系统、自行车定位系统、防盗报警系统、智能芯片技术等。

9.3.4 居住环境干净整洁

9.3.4.1 城镇环境综合整治

(1)加强清洁水系工程建设,打造"四水环绕"生态城

完成沟河上游及新城段、小辛寨石河的治理,启动沟河下游、洳河右支、无名河等河道治理,同步实施两岸截污和绿化,初步形成河清水秀的环城水系;营造景观节点,结合河道治理,布局一批园林景观和休闲设施,重点建设城北湿地公园和洳河滨河公园,铺设沿河健身绿道,打造开放型亲水空间;建设滨河大道,修建沟河堤顶路、南环路,拓宽洳河滨河路,初步建成环城景观通道。实现新城段河道水质全部还清,水功能区水质达标率达到65.00%。完善集中式饮用水源环境保护措施,防治饮用水源地周边的各类污染源和风险源,确保饮用水安全。按照"谁污染、谁治理"的原则,加强入河排污口监管和交界断面水质监测,共同改善水环境质量。

(2)餐饮、娱乐等服务行业三废、噪声污染治理

以区中心治污为中心、以生态文明试点镇治污为重点,积极扩大城区和乡镇污水处理厂、污水收集管网覆盖范围,新城建设区污水管道覆盖率和处理率达到90%以上;加快镇级集中式污水处理设施建设,显著提升平谷区城镇污水集中处理率;完善乡镇污水处理设施,加强对已有处理设施的管理,保证正常运行。新城、生态文明试点镇、生态文明镇应按雨污分流制的原则,配套建设污水管道系统。升级改造北京洳河污水处理厂(一期),加快推进金海湖镇污水处理厂、刘家店镇污水处理厂、东高村镇污水处理厂、南独乐河镇污水处理厂、马昌营镇污水处理厂和大兴庄镇污水处理厂的运营,加快筹建夏各庄镇污水处理厂、大兴庄(河西)污水处理厂、金海湖景区污水处理厂、大华山镇污水处理厂;规划在平谷新城西南洳河和沟河汇合处建设污水处理厂(表9-1)。同时,因地制宜、分类指导,推动农村污水处理设施建设,探索微型自净化污水处理技术,优先推进市级民俗旅游村、应急水源地核心区和新城水系周边的农村污水处理设施建设。同时,规划建设平谷区污泥无害化处理厂1座。2020年,实现城镇(乡)污水集中处理率达到95%。建成新城及分组团再生水厂及管网并投入运营,增加城市生态用水量。

表 9-1　平谷区镇级污水处理设施情况

序号	镇乡名称	设计规模/(吨/天)	处理工艺	设计出水标准	现状
1	平谷新城(洳河污水处理厂)	80000	氧化沟	二级	运营
2	峪口镇	1500	SBR	北京市二级	运营
		1500	SBR	北京市二级	运营
3	熊儿寨乡	10	MBR	北京市二级	运营
4	黄松峪乡	100	MBR	北京市二级	运营
5	镇罗营镇	24	MBR	北京市二级	运营
6	马坊镇	11000	氧化沟	国家一级 B	运营
7	刘家店镇	800	MBR	国家一级 A	完工
8	东高村镇	4000	氧化沟	国家一级 A	完工
9	南独乐河	70	MBR	国家一级 A	完工
10	马昌营镇	6000	SBR	国家一级 B	运营
11	金海湖镇	2000	MBR	北京市二级	厂区完工
12	大兴庄镇	70	MBR	国家一级 A	完工
13	夏各庄镇	3000	MBR	国家一级 A	筹建
14	大兴庄(河西)	11000	MBR	国家一级 A	筹建
15	金海湖景区	800	MBR	国家一级 A	筹建
16	大华山镇	3000	MBR	国家一级 A	筹建
合计		124874			

贯彻执行《工业企业厂界环境噪声排放标准》，建立噪声污染源申报登记管理制度，确保厂界噪声达标率 100%；严禁在居民密集区、学校、医院等附近新建、改建、扩建有噪声或震动危害的企业、车间和其他设备装置；开展农村地区工业企业噪声污染防治。严格执行《建筑施工场界噪声限值》，查处施工噪声超过排放标准的行为；严格建筑施工噪声申报审批制度，加强建筑工地管理，推进噪声自动监测系统对建筑施工的实时监督；夜间施工应上报相关管理部门，在噪声敏感区和高考等特殊时段，禁止夜间施工；组织推广使用低噪声建筑施工。全面落实《地面交通噪声污染防治技术政策》，完善城镇道路系统，改善路面状况，开展降噪渗水路面建设；在地铁、高架道路、铁路等沿线的噪声敏感区路段采取声屏障、绿化防护带、隔声窗等降噪措施；严格控制机动车机械噪声，积极推广使用低噪声车辆；调整优化城市机动车禁鸣区，全面落实"双禁"措施。严格实施《社会生活环境噪声排放标准》(GB 22337—2008)和《北京市环境噪声污染防治办法》，禁止商业经营活动在室外使用音响器材招揽顾客；严格控制加工、餐饮、娱乐、超市等服务业噪声污染，有效治理冷却塔、水泵房等配套服务设施造成的噪声污染；对室内装修进行严格管理，加大执法和处罚力度；加大生活噪声管理力度，提高生活噪声监测和监管的次数。

(3)促进生活垃圾、建筑垃圾的减量化处理和综合利用，提高垃圾分类收集率、无害化处理率以及综合利用水平

垃圾源头分类收集和消减。推行生活垃圾减量化和资源化，进一步做好垃圾的分类收集制度和设施建设工作，尽量减少送往填埋场或焚烧场的垃圾数量。加大道路清扫保洁推广力度，增加机械化清扫作业面积，扩大清扫保洁新工艺应用范围，城区主要街道进行全天候洒水除尘，有效控制环卫作业扬尘污染。建立平谷区卫生清洁长效机制，生活垃圾做到"统一清扫、统一收集、统一清运、统一处置"，减少二次污染；推进危险废物全过程的规范化管理，完善医疗废物无害化处理设施；积极推行建筑废弃物现场分类制度，鼓励通过使用移动式资源化处置设备、堆山造景等方式进行建筑废弃物的就地利用；加强建筑垃圾运输车辆的规范管理，有效控制渣土运输车辆的扬尘污染。规范平谷区生活垃圾综合处理场的运营，实现垃圾运输封闭化、垃圾处理无害化、粪便排放管网化、环卫作业机械化。到 2020 年，全区城镇生活垃圾

无害化处理率达100%。

加强城乡垃圾综合利用设施建设,不断提高平谷区垃圾综合处理能力。完善餐厨垃圾的专门收集与专业化处理设施,建立餐厨垃圾处理厂,加快建设一座集垃圾焚烧减量、焚烧发电、制肥、填埋为一体的综合性现代化垃圾处理中心;发展废旧物资回收网络,改造提升北京绿色城市废旧物资回收中心,加快推进平谷区金属分拣中心建设,建成覆盖面广、运作规范的再生资源回收体系,提高综合利用能力,实现建筑废弃物的减量化、资源化、无害化、再利用。

(4)积极开展城镇建设用地整治,塑造良好的宜居环境

加快实施旧城改造,盘活兴谷街道和滨河街道的低效闲置建设用地,提高新城的土地利用水平和宜居水平;建设商业、教育、医疗等配套设施项目,健全新城服务体系。按照建筑生态化、环境园林化、管理规范化、服务人文化原则,通过旧城改造促进常规房地产业发展,注重保障性住房建设,改善本地居民居住条件;依托京平高速公路和生态资源优势,面向京津两地高收入群体,适度发展养老、养生、文化创意等特色房地产。

有计划、有步骤地推进"城中村"改造。严格执行土地利用总体规划和城市规划,把城中村建设纳入城镇规划体系,加强新增建设用地审批和供应管理,遏制"城中村"现象的扩大。实施"城中村"撤村建居工程,建成城市新型社区。将"城中村"各项管理纳入城市统一管理体系,推进规划区内土地市场和土地管理一体化。规划期内,稳步开展实施小辛寨、和平街、杜辛庄等"城中村"改造。

9.3.4.2 农村环境综合整治

以环境优美乡镇及文明生态村创建相关指标为基础,从基础设施、环境卫生、污染控制、绿化美化、资源保护、文体活动等方面全面改善农村环境。

加强村庄基础设施与公共服务配套设施建设。贯彻新农村建设标准,完善基础设施和服务配套建设,重点改善村容村貌和农村生活条件。按照有利生产、方便生活和公共服务均等化的要求,合理进行村庄功能分区。支持农村基础教育、公共卫生和基本医疗服务设施建设,建立和完善符合农村需要的公共服务体系。完善农村道路、水电及生活垃圾、通信、邮政、污水处理等基础设施,推进供热、供气设施建设。农村生活垃圾得到全面集中处理处置,实现生活垃圾的源头分类。

大力推行田园化村庄整治模式。以生态文明村建设为突破口,推进环境优美乡镇、绿色村庄和花园式农村社区创建工作,争创"北京市最美乡村"。优先选择部分区位条件较好、环境优美的村庄,充分利用村庄内部的闲置用地以及宅基地面积较大的优势,大力改善村庄基础设施和生态环境,开展平原田园基础设施建设项目;大力开展闲置宅、废弃宅基地、闲置校舍、坟茔墓地等的造林绿化工程,明确利益分配机制,提高农村的林木覆盖率。推广村落景观设计,保留乡村历史风貌和景观特色,强化乡村乡土人情与乡土风貌,发展庭院经济和乡村旅游,创建集生态、旅游、休闲于一体的农村居民点。新建农村居民点的绿地率应达到35%以上。

推进新型农村社区建设。重点选择社会经济基础较好的村庄,加快编制农村社区发展规划,建立健全农村新型社会管理制度,开展新型农村社区建设。建立行业、产业以及各类社区经济合作组织,顺应职能转变和管理体制的转化,逐步形成新的农村管理和发展模式。加大政府公共财政对社区建设投入,整合资源,引导教育、卫生、劳动就业、社会保障等公共服务进社区,丰富农民群众精神文化生活,实现乡镇综合文化站、村文化活动室全覆盖。宣传普及随手关灯、关电源等日常生活细节对于降低二氧化碳排放的重要作用,同时倡导居民减少一次性用品的消耗。

加强闲置和低效利用的农村建设用地整治。以"空心村"整治和"危旧房"改造为重点,合理开发利用腾退宅基地、村内废弃地和闲置地,盘活农村低效利用土地。严格划定农村居民点扩展边界,合理安排农村宅基地,禁止超标准占地建房,逐步解决现有住宅用地超标准问题。积极引导农村闲置宅基地合理流转,提高宅基地利用效率。村庄建设注重房屋安全,建筑形式应体现当地文化特点,布局与农民的生产生活方式相结合,体现"节地、节能、节水、节材"原则。

实施农村"清洁生产"工程。加强规模化畜禽养殖污染防治,在泃沟河沿岸、水源保护地等环境敏感

区域划定禽畜养殖禁养区,逐步消除养殖业对水体的污染;在峪口镇、马昌营镇、东高村镇、夏各庄镇的蛋鸡和生猪产业带,以及峪口镇、刘家店镇、大华山镇、镇罗营镇的优质畜禽养殖带,鼓励畜禽养殖废弃物的资源化利用,形成养殖-沼气-种植生态循环经济产业链,实现畜禽养殖废物的无害化和资源化;实施农作物秸秆的循环利用工程,强化对菜田秸秆等农业废弃物的循环利用;在马坊镇—平谷镇—东高村镇—夏各庄镇的高速公路沿线蔬菜生产带加快推进蔬菜清洁生产示范基地建设,并通过基地的示范推广作用,有效防治蔬菜生产中的农业面源污染。

9.3.5　基本保障舒适安全

9.3.5.1　完善城乡一体化的公共设施

(1)供水设施建设

全面改造平谷新城供水管网,铺设供水管线,加快实现城区集中供水。2020 年平谷区各城镇总计规划建设自来水厂 12 座,总供水能力 32.69 万立方米/天,水厂占地面积约 15.7 公顷。建成平谷新城、河西、夏各庄和马坊组团自来水厂及配套管网,完成金海湖、峪口、东高村、大华山等镇中心区集中供水工程,加强农村地区水源井保护和管网维护,确保城乡饮水安全。到 2020 年,新城、分组团及中心镇中心区全部实现集中供水。

(2)排水设施建设

在新城、生态文明试点镇和一般镇采用"雨污水分流"的排水体制,按规划建设分流制排水系统。新城内的现状合流管道,要随着旧城区的改建和城市建设的发展,逐步改建为分流制。区域内的生态文明试点镇,应按规划要求逐步修建雨水排除系统,将各镇雨水就近排入河道内。充分利用现有雨水管道,并完善雨水管道系统将雨水排入洳河、泃河和小辛寨石河。

城镇雨洪利用即通过城镇建设格局的调控,采取低于硬化地面一定高度、大面积均匀分布的城市绿地、透水铺桩、渗坑渗井和调蓄池(坑)等工程措施,在平谷区将降雨分散收集接纳,或渗入地下,或加以利用,使雨水资源化。根据平谷新城的区域特点,将平谷新城以顺平路为界分为两大部分:北部地区主要包括兴谷工业区,以雨水回灌为主,减少降雨径流量;南部地区包括核心区、滨河开发区两部分,建设大面积湿地对雨水进行滞蓄和调控,并结合湿地生态景观建设,将滞蓄的雨洪作为景观用水。

再生水回用规划。各生态文明试点镇、一般镇的污水处理厂根据实际发展需要,逐步提高污水处理等级,安排中水厂的建设,为中水回用提供水源。现在新城已建有处理规模为 5 万吨/天的污水处理厂,规划在现状污水处理厂的位置上建设中水厂,为新城提供中水水源,到 2020 年新城再生水利用率达到50%以上。

(3)电力设施

在周村(平谷新城的西侧)规划新建一座 220 千伏变电站,站内安装 3 台 180 兆伏安主变压器,规划占地 1.5 公顷。规划周村变电站由顺义 500 千伏变电站供电,供电线路为两回 220 千伏架空输电线路。在南独乐河、太平庄(马坊)、刘店(峪口)、大华山、金海湖、东高村新建 6 座 110 千伏变电站,每座占地0.54 公顷。

根据全市电网规划,顺义—迁西 500 千伏高压线从平谷境内穿过,现已建成一回路,该线路远期规划为双回路,规划远期建设的 500 千伏输电线路考虑安排在平谷新城的北部山区。同时,平谷周村 220 千伏变电站进线规划与 500 千伏输电线路按同一路由位置平行架设,在平谷新城以西地区预留 110 米宽线路走廊,平谷新城以北地区为一条现状 500 千伏线路走廊,并在北部山区预留 70 米宽线路走廊,平谷新城以东地区预留 140 米宽线路走廊。周村变电站进线为双回 220 千伏线路,安排在新城外围西侧的绿化隔离带内,该位置同时安排周村—平谷、兴谷站、周村—刘店(峪口)的 110 千伏线路,线路走廊总宽度为 120 米。

(4)供热设施

目前,平谷区主要采用清洁煤技术的集中锅炉房供热方式。严格采用清洁煤或生物型煤作为燃料,并在集中锅炉房装备高效除尘设施,做到污染物达标排放。完成全部二级管网改造,形成滨河、兴谷、河西三个集中供热区域,拆除分散式小锅炉房;马坊、夏各庄新城组团和金海湖、峪口、东高村、大华山等镇中心区实现集中供热;农村地区因地制宜利用太阳能、生物质能等新能源,提高供热水平。随着与市区天然气管网联网,老城区的部分地区逐步采用天然气供热。

(5)燃气设施建设

继续推进现有天然气管线的东延和北扩,建设高压燃气管网、中压管网及配套调压站(箱),完善管道燃气集中供应建设,平谷新城、开发区、重点镇以及距离天然气管线1千米两侧范围内的村庄以及城中村地区,推广使用天然气,实现新城地区天然气管网的全覆盖;在山区乡镇建设压缩天然气站及相关设施,保障瓶装液化石油气的稳定供应;在农村大力提倡应用沼气、太阳能、热泵等新能源。

(6)环卫设施规划

健全和完善生活垃圾收集和处理系统,从生活垃圾的收集、运输到最终处理实施全过程管理;建成科学合理的粪便处理体系,粪便得到有序消纳、无害化处理,2020年新城粪便集中处理率99%以上;逐步建成数量满足需求、方便适用、绿色环保的公共厕所体系;其他环卫设施布局合理,满足使用要求。

建立自主管理、规范有序的垃圾粪便管理系统,实现居民生活垃圾粪便密闭收集、压缩转运、集中处理。规划在南独乐河镇、大华山镇、平谷镇和峪口镇建设4座垃圾转运站,在前芮营填埋场外侧和峪口地区建设垃圾处理厂2处;建设生活垃圾综合处理厂,处理规模600吨/天,占地16.34公顷。新城居住区规划新建垃圾收集站14座(箱);建设平谷区粪便消纳站工程,处理新城及周边乡镇产生的粪便及餐厨垃圾;建设环卫停车场1处,保证新城环卫车辆的日常停放、维护、保养和作业准备工作。新建公共厕所51座,使平谷新城公共厕所布局合理。为保证新城建筑垃圾的有序消纳,新建建筑垃圾消纳场2处(表9-2)。

表 9-2   规模主要环卫设施建设一览表

项目	服务区域	建设位置	占地面积/项目数量
平谷垃圾综合处理厂	平谷区	东高村镇南宅村沟河南侧	16.34公顷
垃圾收集站	平谷新城规划建设区居住区	新城规划城市建设区	14座
平谷垃圾转运站	平谷新城、马昌营镇及夏各庄镇西部、东高村镇北部地区	平谷新城西南洳河西侧,与规划污水处理厂为邻	1.32公顷
环卫停车场	平谷新城	平谷新城西南洳河西侧,与新城垃圾转运站为邻	1.5公顷
平谷粪便消纳站	平谷新城及平谷区乡镇政府所在地和主要旅游景区	平谷新城3号街区西现状污水处理厂南侧	0.51公顷
东高村建筑垃圾消纳场	平谷新城	东高村镇东高村废弃砖瓦厂	0.75公顷
太后建筑垃圾消纳场	平谷新城	王辛庄镇平程路东侧太后村废坑	0.3公顷
公共厕所	新城规划城市建设区	新城规划城市建设区	51座
清扫、保洁人员休息场所	新城规划城市建设区	新城规划城市建设区	23处

(7)公共文化基础服务设施

继续加强公共文化基础设施和服务网络建设,加快推进平谷特色文化展示中心和体育中心二期建设,新建一批主题文化广场、乡镇文体中心和社区文化活动室,实现乡镇文体设施全覆盖,不断提高公共文体物品和服务的供给能力;注重提高公共文体设施效益,探索基层文体活动场所的运营与考核机制,培养和引进文化人才,扶持社会文化团体,夯实文化发展基础;完成校舍安全工程、乡镇中心幼儿园、平谷十中及夏各庄中学等项目,实现教育的合理布局及设施完全达标;完成疾病预防控制中心、中医医院综合楼、精神病医院和妇幼保健院、人口和计划生育服务中心建设,改善公共卫生和医疗条件;筹建妇女儿童活动中心,完成区档案馆新馆建设,实现公共服务各领域均衡发展。

9.3.5.2　加强饮食安全监管力度

(1)饮用水安全

加强集中式饮用水源地建设与保护,改善地表水水质,确保城乡居民饮用水安全。规范饮用水源地建设,建成水源地污染来源防护和预警、水质安全应急处置以及净水厂应急处理等饮用水安全保障体系;综合采取经济、技术、工程和必要行政手段,以构筑"生态修复、生态治理、生态保护"三道水土保持防线为重点,涵养水源,降低非点源对水源的影响,确保水源地生态安全;在各支流源头汇水区实施退耕还林、还草工程,搞好水土保持,提高植被覆盖率;实施地表水综合整治工程,改善地表水水质,保证本地区下游居民的农业等生产用水。到 2020 年,平谷区集中式饮用水源水质达标率达到 100%,农村生活饮用水卫生合格率 100%,建成区生活污水处理率达到 100%。

平谷区水源保护区主要以中桥、王都庄两个水源地为中心,由峪口、王辛庄、平谷、山东庄、南独乐河、夏各庄、东高村、马昌营、马坊 9 个镇组成,其中平谷镇、马昌营镇、马坊镇为平原区,其余为半山区。规划水源涵养 I 区由金海湖地区、黄松峪乡组成,其水土保持主攻方向是通过各种措施减少泥沙入库量,延长水库使用寿命,同时做好生活污水处理工作。规划水源涵养 II 区由大华山镇、刘店镇、镇罗营镇、熊耳寨乡组成,总面积 284.5 平方千米,该区水土保持主攻方向是提高植被覆盖度,严格控制果树的化肥和农药施用量,做好面源污染的防治工作。平谷区常用和备用的集中供水地下水水源地主要有峪口村、马坊开发区、马昌营天井村、韩庄村、大华山村东、刘家店村等水源井。表 9-3 为平谷区规划集中供水地下水源地现状情况。图 9-2 为平谷区三道防线构建图。

表 9-3　平谷区规划集中供水地下水源地现状情况

序号	水厂	水源地	核心保护区	保护区
1	峪口水厂	峪口村(备用)	井群外围各单井半径 50 米圆的外切线所包含区域	核心保护区外围 50 米范围
2	马坊集中供水厂	马坊开发区(备用)		深层承压水,不设保护区
3	马昌营集中供水厂	天井村南(备用)		
4	韩庄集中供水厂	韩庄村北(备用)		
5	大华山水厂	大华山村东		
6	刘家店集中供水厂	刘家店村南		

(2)公众食品安全

通过政府搭台、政府补贴等方式,加快无公害农产品、绿色食品、有机农产品、地理标志产品和名牌农产品的认证和评选工作;强化农产品标识管理,加快农产品质量安全和食品安全追溯体系建设,实现生产记录可存储、产品流向可追踪、储运信息可查询,有效提高农产品质量安全追溯能力;改革和健全食品安全监管体系,加强综合协调联动,落实从田头到餐桌的全程监管责任,加快形成符合区情、科学完善的食品安全体系;强化农业生产过程环境监测,严格农业投入品生产经营使用管理,积极开展农业面源污染和畜禽养殖污染防治,加大监管机

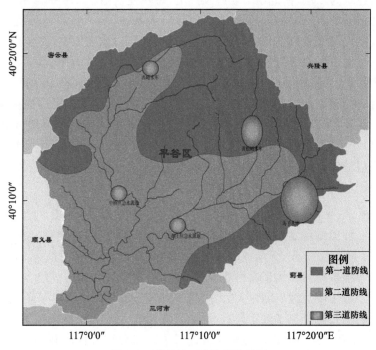

图 9-2　平谷区三道防线构建图

构建设投入,全面提升监管能力和水平。

9.3.6 培育节约型生活方式和消费模式

在全社会树立绿色消费和适度消费理念,从源头上减少生产、消费的浪费,促进生态城镇化建设。鼓励购买和使用环境友好型产品,推广普及节水节能产品和器具,在平谷新城和生态文明试点村镇加快实施水电等资源的阶梯式收费,提倡家庭生活节能节水;完善家庭垃圾分类投放措施,加大垃圾分类设施的投入力度,设专人对居民垃圾分类投放进行指导和监管;倡导住房适度消费,鼓励使用环保装修材料;提倡购买简装和大包装商品,大力提倡使用布袋、菜篮;积极推动"换物超市"进社区、进校园活动,为闲置物品和废旧物品互换提供平台,促进物品循环利用;治理露天烧烤,倡导文明健康饮食习惯。

实施政府绿色采购。完善相关制度措施,引导规范绿色产品设计和生产,打造绿色产品流通渠道;实施政府绿色采购与绿色消费计划,优先采购再生材料生产的产品、通过环境标志认证的产品、通过清洁生产审计或通过 ISO 14000 认证的企业产品,逐步提高政府采购中绿色产品、绿色企业的比例。

开展以节约、节能为主题的"绿色办公"活动,建设节约型机关。公共建筑、政府投资或参与投资的工程项目,要严格执行建筑节能标准;杜绝过度装修办公室、会议室;完善公务车辆配备配置标准和管理制度,压缩公务用车规模,优先选用节能环保型车辆;加强办公电器设备待机管理,减少不必要的电能消耗;大力推进电子政务建设,实行无纸化办公;高效利用办公用品,提倡双面用纸,注重信封、复印纸再利用,减少一次性办公耗材用量。

9.3.7 平谷区人居环境建设的典型模式

9.3.7.1 可再生能源应用的典范——东高村镇南宅村

以新能源、新建材技术为主的新民居建设工程,通过重新规划及改造,对于改变农村现状、保护当地自然环境、改变农民居住生活条件,起到积极的促进作用。本项目位于平谷区东高村镇南宅村东路,建于2005 年,为建设部、财政部第二批可再生能源建筑应用示范项目,总建筑面积 17685 平方米,总投资388.2 万元,其中示范面积 17358 平方米。

本示范项目示范类型为太阳能采暖和供热水,太阳能系统收集的热量用于生活热水和地板采暖,示范建筑为二层、南北朝向坡屋顶民宅,每户建筑面积 218 平方米,层高 3 米,屋面坡度 24°,共 81 户,每户一套独立的且形式相同的太阳能供暖/热水系统,均为强制循环直接系统,水箱均安装在室内,集热器为平板型太阳能集热器,集热器安装屋顶坡屋面上,朝南安装,安装角度为坡屋面角度。

太阳能采暖/热水系统单户集热器面积 19.2 平方米,集热器连接方式采用并联连接,强制循环直接式系统。系统包括供暖储热水箱 300 升及生活热水水箱 100 升,供暖水箱与生活热水水箱分离,水箱保温材料为聚氨酯。供暖系统采用直接加热形式,热水系统采用间接加热形式,辅助热源为燃煤锅炉,当光照不足及连续阴雨天时保障热量供应。屋面采用 150 毫米厚聚苯保温板,屋面做法符合《屋面质量验收规范》;外墙采用外保温做法,聚苯板厚度为 60 毫米;外窗采用塑钢门窗(88 系列推拉窗),玻璃采用中空浮法白玻璃,建筑外门窗的物理性能满足《住宅建筑门窗应用技术规范》DBJ 01—79—2004 的规定。工程采用了以上的保温做法,使建筑达到了节能 65% 的标准。

9.3.7.2 北京郊区生态文明村——大华山镇挂甲峪村

挂甲峪村隶属平谷区大华山镇,位于平谷北部深山区,三面环山。全村面积 5.5 平方千米,146 户460 人。2015 年,人均纯收入突破 25300 元,全村经济总收入 3120 万元,集体总资产 2.1 亿元。

挂甲峪村作为新农村建设试点村,紧紧围绕"富裕、节约、环保、和谐"的理念,实施"五项工程"。①新居别墅工程。挂甲峪村大力发展新型住宅,每家每户都建了别墅,在自住的基础上开展民俗旅游接待,充分利用资源开拓了致富渠道,增加了农民收入。②节能减排工程。按照市、区政府提出的"亮起来、暖起来、循环起来"的政策,挂甲峪村进行了新能源综合推广利用,在景区道路和村街道一侧安装太阳能路灯

260 余盏,节约用电,增强照明;在果园内安装数百盏光能频振式杀虫灯,有效减少了农药使用;新建设的农户别墅式新居,用太阳能取暖,用生物质气化炉做饭,有利于保持村内的空气清新;别墅小区还建了2 处污水处理池,净化村民生活污水,然后循环利用。③水电改造工程。为了提高生活质量,挂甲峪村进行了饮用水管道改造工程 1800 米,安装了消毒设施,建设了饮用水井房。同时,完成了电网改造,将村口至新区的高压线缆改为地下线缆。④生态经济工程。挂甲峪村利用自有资源和庭院优势,给每户居民分发了葡萄秧,发展庭院生态经济,而且村委会统一施工修建葡萄长廊 5000 米,种植葡萄、丝瓜等,逐渐成为挂甲峪村经济发展的新模式。⑤美化环境工程。挂甲峪村对新民居别墅区进行了绿化、美化,在道路两旁、街道旁栽种了绿化林木,而且有专门的园林工人定期修剪,营造了优美整洁的村镇环境。

挂甲峪村组建起了工业、农林、畜牧、旅游、物业管理 5 个公司,形成了统一管理的企业集团,积极推动乡镇经济的快速稳定发展。①全面发展旅游业。近年来,旅游业已成为挂甲峪村的支柱产业。通过不断开发,加大投入,挂甲峪村旅游公司正在进行 3 A 级景区的认证审核工作,同时带动了民俗户开展乡村游。②合作发展工业。挂甲峪村同北京高压气瓶厂合作,建立了生产高压容器附件的北京天甲容器附件有限公司,产量达到 50 多万套,销售收入 700 万元,利税达 150 万元。同时,通过自主创新,成功研制出了做饭、烧水、取暖多用的"老君山"牌生物质气炉,并取得了专利,为挂甲峪村经济发展奠定了基础。③积极发展农牧业。挂甲峪村逐步实现了"一坡一品、一沟一品、一岗一品"的规模化经营,提高了果品的质量、产量和销售效益。其中,有机果品开发获得农业部和国家环保局颁发的有机果品转换证书,形成了独特的观光采摘优势。

近年来,挂甲峪村以"倡导文明新风、培育新型农民"为主要目标,采取一系列措施进一步深化文明创建工作。多年来,挂甲峪村先后被评为"全国创建文明村镇工作先进村镇""首都文明村"、北京郊区"最美的乡村""北京市山区建设样板村""京郊山区综合开发先进村""北京郊区生态文明村"、市级"文明建设"标兵村、"北京市山区水利富民工程先进村""中国十大最具魅力休闲乡村"等多项荣誉称号。

9.3.7.3 生态循环农业园区——大兴庄镇西柏店村

大兴庄镇西柏店村位于平谷区西部,距城区 7 千米,东靠北埝头村,南邻大兴庄村,西接良庄子村,北靠峪口镇中桥村。村域面积 1048 亩,其中耕地 800 亩,现有 220 户 707 人,其中劳动力 420 人。2016 年,全村总产值 8000 万元,农民人均纯收入 17000 元,村容村貌相对整洁,基础设施相对健全。

西柏店村采取"支部+合作社"的模式,发展以畜禽养殖和蔬菜生产为主导的循环农业。依托村域资源,加强与中国农业科学研究院、中国农业大学、北京农学院等科研院所互动,建立长期合作关系,科学规划、大力建设包括"畜牧养殖区""蔬菜种植区"和"沼气能源区"组建的西柏店生态循环农业园区。该园区充分利用园区种养业资源,通过可再生能源技术的优化组合,按照生态形式安排生产,形成一种充分利用生物质能资源的、以沼气池为纽带的"猪-沼-菜"能源生态模式,实现种养经济高效化、园区生产有计划、园区环境清洁化、农民致富生态化的发展模式。

2016 年,平谷区正式启动大兴庄镇西柏店村生态能源循环利用示范村项目,主要工程内容有:沼气站内设施设备改造完善;以西柏店沼气集中供气站为核心铺设管网,实现西柏店、唐庄子、良庄子 3 个村832 户沼气联供;加大沼肥综合利用,建有机肥加工场,沼渣制作颗粒有机肥,设施园区配套沼液滴灌;打造农旅结合的生态农业园以及推出"一线六景"的生态第一村观光线路。

西柏店村连续多年被评为"首都文明村",2006 年获"北京郊区生态文明村""京郊环境优美村容整洁先进村"和"北京市健康促进示范村"称号,2007 年获"首都绿色村庄""首都绿化美化花园式单位"称号,2008 年获"全国绿色小康村"荣誉称号,2009 年获"北京市科普先进集体"荣誉称号。

9.3.7.4 北京市民俗旅游村——镇罗营镇张家台村

张家台村位于平谷区东北部,镇罗营镇镇域东南部,西南距平谷城区 36 千米,西北距镇政府驻地11 千米,黄(松峪)关(上)公路从村东经过,交通方便。张家台村域面积 4.67 平方千米,辖南水峪、范家台、朱家台和史家台 4 个自然村,共有 75 户 258 人。

张家台村地处深山峡谷中,群山环抱,依山傍水,冬暖夏凉。拥有杨家台水库 1 座,水库库容 260 万立方米;有泉眼 1 眼,常年有水,汇成小溪北流;有松柏人工林 1000 亩,自然生长的椴树、杏树林 1500 亩。土壤为长石质岩类淋溶褐土,地下水资源为山地基岩裂缝水弱富水区;自然植被丰富,各种果树、松柏树、天然次生林以及奇花异草满山遍野,享有"天然绿色大氧吧"的美誉。

2009 年,新民居建成以来,张家台村重点发展民俗旅游业,全村有 60 多户从事民俗接待。到目前为止,全村接待游客约 6 万人次,户均接待 1.2 万人次,年民俗接待收入约 360 万元,户均收入 7 万元。同时,张家台村的新农村建设也得到了社会各界的关注和好评,先后获得"北京市郊区生态村""北京市民俗旅游村""北京市最美乡村"等荣誉。

9.3.7.5　北京市旅游专业村——黄松峪乡黑豆峪村

黑豆峪村位于黄松峪乡乡域西部,西南距平谷城区 18 千米,东北距乡政府 2.5 千米,昌(平)金(海湖)路从村南经过。村域面积 11.8 平方千米,730 户 2320 人。黑豆峪村地处山前平原,平原土壤为洪积冲击物褐土,地下水资源为第四系孔隙水强富水区;北部山区为硅质岩类淋溶褐土,地下水资源为基岩裂隙水贫富水区;黄松峪水库西干渠绕村而过。

黑豆峪村的旅游资源丰富,成为京东著名的旅游胜地。国家地质公园、国家森林公园和国家矿山公园几乎涵盖了黑豆峪村的全部村域。在现已开发的 4 个景区中,京东大溶洞是在北京东部地区最早发现的溶洞群,是我国目前在高于庄白云岩底层发现的第一个大型溶洞群,有"天下第一古洞"之称,2003 年被评为国家 AAAA 级风景区,北京市地质科普教育基地;湖洞水是国家 AA 级风景区;飞龙谷于 1988 年被联合国生态资源考察团誉为"北方的张家界";东方石窟神像逼真。2005 年开发建成千佛崖景区。从 2010 年开始,该村又投资亿元开发东湖汽车营地与小木屋项目,供游客休闲娱乐、住宿观光,进一步增加大溶洞景区休闲项目。2010 年,黑豆峪村启动新民居建设工程,建成楼房 288 栋,目前村民已入住。在大力开发旅游景区的同时,黑豆峪村通过发展景区观光带动旅游住宿和果品采摘。目前,全村有 70 家依托景区开展民俗接待,有 40 多家从事旅游商品销售,其设施水平和卫生标准达到北京市和平谷区民俗旅游接待要求。

9.3.7.6　北京市民俗旅游专业村——黄松峪乡雕窝村

雕窝村位于平谷区东北部,距平谷城区 25 千米,三面环山一面依水,聚落呈南北向矩形。境内有湖洞水、石林峡两个景区,黄(松峪)关(上)公路穿村而过。雕窝村自然资源丰富,有果园 800 亩,山场面积 2250 亩,植被覆盖率 70%。土壤为洪积冲积物褐土性土,地下水源为基岩裂隙水贫富水区。

雕窝村是北京市第一批市级民俗旅游专业村。利用其优美的自然条件和独特的人文环境,雕窝村将田园文化与现代文化有机结合,倾力打造"京东艺术谷"。在被称为"十里画廊"的山川间,山水画家陈克永、作家王蒙等文化界名人建立了自己的工作室,已故著名作家浩然为民俗院题写牌匾。全村每年接待文化名人 300 多人次,雕窝村成为了人杰地灵的文化村。

从 2001 年开始,雕窝村利用山区优势,引导村民发展民俗旅游,民俗旅游已成为全村的主导产业。全村有 39 户从事民俗旅游,占总户数的 95%。雕窝村率先建起了电脑专业村,购进电脑 30 台,每个接待户都建立自己的网页,网上预订占接待的 39%。村里建起了两个污水处理厂,新安装上水管道 2180 米,下水管道 1800 米,新打了一眼机井,硬化村内道路 11000 平方米,村内安装了太阳能路灯 120 盏,整修了三条沟的登山步道,成立了居家养老助残服务站。

2011 年初,雕窝村筹资开发野生植物园,挖掘当地的野生猕猴桃、野葡萄、树莓等野生资源,打造旅游观光、采摘野生资源的旅游新模式,实行股份制经营,入股分红,解决本村及周边邻村年轻人就业问题。同时,打造麻核桃生产基地,提升麻核桃的品质。该村投资 9 万元,从河北省涞水县引进 5 个麻核桃新品种,接穗 1800 个。

村民素质提高,全村 50 岁以下的村民拿到了中专等级毕业证书,每家至少有一个中级厨师本。2015 年,全村经济总收入 823 万元,其中旅游收入 124 万元,人均收入 29511 元。2009 年被评为"北京市最美乡村"。

9.3.7.7　北京小城镇建设的典范——金海湖镇韩庄村

韩庄村位于平谷区东部,镇域中部,金海湖镇镇政府驻地。韩庄村西南距平谷城区 14.2 千米,平(谷)蓟(县)和上(宅)陡(子峪)公路分别经过该村,交通方便。村域面积 4 平方千米,聚落呈东西向矩形,地势东高西低,海拔 73 米。地处丘陵与平原相交地带,村北有丘陵,其他三面为平原。村东有小河向南流入洵河。海子水库"三八"干渠和北干渠由村北、南通过。

2009 年 11 月 18 日,平谷区金海湖韩庄村回迁楼工程正式开工奠基,国家 AAAA 级景区、美丽的金海湖畔崛起一座颇具欧美风情的湖边小镇。建成回迁楼 24 栋,建筑面积 78000 平方米。韩庄村百姓告别传统的农村生活,住进新楼房,开始了城市化新生活。在未来几年,韩庄村将建起文体中心、污水处理厂、集中供热和 110 千伏安变电站等完善的城镇基础设施和综合服务区,最终将金海湖打造成为"主题鲜明、配套完备、具有产业支撑"的特色小镇,树立北京市乃至全国小城镇建设的新典范。

9.3.7.8　国家级生态文明村——金海湖镇将军关村

将军关村距平谷城区 23.4 千米,距金海湖镇政府 13.8 千米,是平谷区东北部的门户,东临天津市蓟县,北与河北省兴隆县陡子峪乡相邻,是鸡鸣三省的宝地,现有 500 户 1700 人。将军关村旅游资源丰富,可分为人文景观资源和自然景观资源两类。人文景观资源包括市级文物保护单位将军关明代石长城及石关遗址、将军关古村遗址、大金山采金矿洞遗址;自然景观资源包括周边山野峡谷自然风光、将军关石河、关北人工湖等。

在平谷区委、区政府的新农村建设政策支持下,将军关村于 2005 年开始了新农村建设一期工程,工程建有 40 余栋,共计 80 余户村民入住并开始民俗旅游接待工作。新农村建设二期工程在 2008 年正式开工,共有 101 栋工程已经建完,入住了 180 余户村民。新农村建设三期工程一阶段始于 2011 年 3 月 15 日,主体建设现已完工,共计 62 栋,114 户。因此,将军关村被评为首批"北京市最美乡村"。

将军关新村舒适、优美的居住环境,以及各级政府的大力支持,使民俗旅游业发展迅速。新村现有民俗旅游接待户 60 余家,自 2005 年至今,共接待国内外游人约百万人次,共创收上百万元,在一定程度上带动了全村经济发展。将军关村成立的《和谐之声》合唱团参加北京市歌舞大赛荣获三等奖,《将军关之歌》获全国十大金曲奖。将军关村也因此被评为"北京市及国家级生态文明村"。

第10章 生态文明建设生态制度体系研究

健全的生态文明制度体系是推动生态文明建设的重要保障。党的十八届三中全会明确提出:"建立系统完整的生态文明制度体系,实行最严格的源头保护制度、损害赔偿制度、责任追究制度,完善环境治理和生态修复制度,用制度保护生态环境。"2015年4月,中共中央、国务院发布《关于加快推进生态文明建设的意见》,进一步提出"基本形成源头预防、过程控制、损害赔偿、责任追究的生态文明制度体系",更凸显了建立长效机制在推进生态文明建设中的基础地位。

10.1 生态制度体系研究层次的进展

(1)生态补偿制度完善与发展

我国的生态保护补偿机制最早是从森林领域开始的。1998年,我国开始实施天然林保护工程等重大生态建设工程,开始了基于生态建设工程的生态补偿实践。《财政部关于印发〈企业住房制度改革中有关会计处理问题的规定〉的通知》(财会〔2001〕5号)出台,标志着森林生态效益补偿制度的正式建立。2005年,生态保护补偿扩展到矿产资源领域(刘伟玮 等,2019)。《国务院关于全面整顿和规范矿产资源开发秩序的通知》(国发〔2005〕28号)提出,探索建立矿山生态环境恢复性补偿机制。2006年,《矿山环境治理恢复保证金制度》的出台,标志着以《矿山环境治理恢复保证金制度》为代表的矿山生态环境恢复补偿制度在国家层面正式建立。2007年起,国家对矿山环境治理恢复保证金进行了调整,将其设为矿山环境治理恢复基金,并明确将矿山企业作为恢复主体。2008年,财政部发布《国家重点生态功能区转移支付办法(试行)》,首次将国家重点生态功能区的转移支付确定为均衡性转移支付。2011年,财政部、农业部出台了《草原生态保护奖励补助政策》,中国的草原生态补偿制度正式建立。2010年,财政部会同林业局开展了湿地保护补助工作,启动了湿地生态保护补偿工作,并相继开展了"湿地退耕""退耕还湿"以及湿地生态效益补偿试点和湿地保护奖励工作。同年,国家海洋局开始实施海洋生态补偿试点。2013年,《中共中央关于全面深化改革若干重大问题的决定》要求推动建立区域间实施横向生态补偿制度。此后,安徽、浙江、广东等15个省(区、市)对10个流域开展了跨省流域上下游之间的横向生态保护补偿,跨界断面的水环境质量稳步提升,流域上下游合作治理能力明显增强。2013年以来,国家将生态补偿试点扩大到土地沙化封闭保护区,并在沙漠地区开展生态保护补偿。2016年,国家在内蒙古、河北、黑龙江等省份推出土地轮作休耕试点工作,开展耕地生态保护补偿(于晶晶 等,2018;赵可金 等,2018;杨勇 等,2018)。

(2)生态空间管制制度完善与发展

生态空间管制制度是我国生态文明制度建设的关键节点。中国生态环境空间管制制度的研究和实践进展已经改革开放40余年,这也是中国生态环境保护发展的40余年。随着生态环境形势的日益严峻,中国不断加强以空间管制制度为基础的生态环境管理体制,在研究层面和实践层面都取得了重要进展。总体而言,中国生态环境空间管制制度的发展经历了三个阶段。20世纪80年代,以环境要素为主的探索阶段,中国开始在生态环境空间管制制度领域进行探索,先后制定了以环境要素管理为目标的大气环境功能区划、声环境功能区划、水环境功能区划、土壤环境功能区划等单一生态环境要素的空间管制(穆虹,2019)。相关成果在生态环境保护五年规划、生态省(市、县)建设规划、生态环境保护专项规划中得到了实际应用,特别是水功能区划、水环境功能区划和生态功能区划研究取得了一系列的应用成果。这一阶段以单因素环境功能区划为主,对环境保护起到了积极的作用,但以协调区域环境保护与经济发展、提高环境管理能力为目的的区域层面的综合环境功能区划研究较少。

2006 年,中国"十一五"规划纲要将"推动形成主体功能区"作为"促进区域协调发展"的重要内容。2008 年,原环保部和中国科学院联合编制了《全国生态功能区划》,在此基础上,原环保部于 2012 年发布了《全国环境功能区划编制技术指南(试行)》,并分两批在河南、湖北等 13 个省(区、市)开展了环境功能区划编制试点工作。在区域、流域和城市层面也开展了实际应用,如国家发改委发布的《京津冀协同发展生态环境保护规划》提出了基于主体功能区的生态环境分区控制方案和要求,原环保部环境规划院提出了基于控制单元的水污染控制分区方法,宜昌市城市环境总体规划的试点编制,进一步认识到环境总体规划的内涵。2014 年,原环保部发布了《国家生态保护红线—生态功能红线划定技术指南(试行)》,成为我国首个生态保护红线划定的纲领性技术指导文件。2015 年,经过一年的试点试验、地方和专家反馈、技术论证,形成了相应的技术指南。生态保护红线是生态功能区和主体功能区的"线中线",具有强制性和约束力。同年,原环保部发布《关于开展生态保护红线管控试点工作的通知》(环办函〔2015〕1850 号),选择江苏、海南、湖北、重庆、沈阳等地开展生态保护红线管控试点工作,将山、水、林、田、海、动物、植物等各种生态系统连接起来。2016 年,原环保部印发《"十三五"环境影响评价改革实施方案》,明确提出要"三线一单"。2018 年,原环保部印发《生态保护红线、环境质量底线、资源利用上线和环境准入负面清单编制技术指南(试行)》,并在连云港、承德、鄂尔多斯、济南开展了首批项目。长江经济带 11 个省份正在开展"三线一单"的编制工作,逐步构建生态的空间管控制度体系。

(3)生态安全制度完善与发展

生态安全制度是我国生态文明制度体系的有力保障。我国对生态安全的研究大致可分为两个阶段。第一阶段:1999 年以前,我国学者主要依靠其他国家的研究成果,研究范围狭窄,仅限于工程、植物保护等方面。第二阶段:1999 年以后。首先,国内学者丰富和发展了生态安全的概念和内涵(陈健鹏,2019)。伴随着研究的深入,研究课题逐渐细化,演变为"国家生态安全""城市生态安全""土地生态安全""农业生态安全"等分支。其次,我国学者在构建生态安全评价指标体系方面也进行了许多探索和尝试。在此期间,许多学者通过引用国外文献,结合中国实际,把建立生态安全评价指标体系作为研究的基础和重点。生态安全研究得到了快速发展,进入了一个繁荣期。为了维护国家或地区的生态安全,政府部门应制定一些政策、法律法规和安全标准,通过行政手段保障生态安全。在国际上,1992 年制定的《生物多样性公约》和 2014 年最新修订的《中华人民共和国环境保护法》,为实现生态安全建立了法律框架。

近 30 年,郭中伟和曲格平教授对中国国家尺度的生态安全制度的概念、特征、衡量标准和预警进行了较为充分的讨论(王丹丹,2018)。对于地方和区域尺度,肖荣波和李政等结合实地案例,对所选区域的生态系统安全进行了评价和分析(郑艳玲 等,2018;杨勇 等,2018)。同时,一些典型地区,如喀斯特地貌,也被涵盖和研究。在时间尺度上,生态安全可以通过时间"点"和时间"段"两个尺度进行分析,这样可以快速了解评价对象的现状和特征,总结评价对象的动态变化特征。例如,郭斌等利用遥感影像数据,分析了 1988—2000 年西安市土地利用的时空演变,并对生态安全作出了动态评价,有利于制定科学的土地利用规划,为我国其他地理单元生态安全体制的完善与发展奠定了基础(李波 等,2018)。

10.2　生态制度体系研究方向的进展

生态制度体系是生态文明建设的强有力保障与依托。党的十八大以来,我国的生态文明制度体系建设越来越注重生态环境治理体系中制度之间的相互联系,呈现出一个紧密关联、相互协调的整体。根本原因在于这个制度体系建立在科学理论基础之上。新发展阶段坚持和完善生态文明制度体系,要坚持以习近平生态文明思想为指导,坚持党对生态文明建设的领导;统筹推进实现碳达峰及碳中和目标相关制度建设;推进关键制度的建设和完善(秦书生 等,2021;许敏娟,2021;邬晓燕,2020)。

我国生态制度体系的研究序列可分为以下阶段。

(1)生态制度体系的兴起与起步:1970—1980 年

1972 年,中国参加了第一届联合国人类环境会议,这是我国环境保护工作的开始。从 1972 年到 2012 年党的十八大,40 年来中国的环境治理理念发生了巨大转变。首先,从认为环境危机是资本主义社会特有的,社会主义国家没有环境危机的错误认识,到第一次联合国人类环境会议启发的环境保护理念;其次,从"可持续发展"思想,到"科学发展观""两型社会"建设,再到党的十七大提出的"建设生态文明"。从环境保护的理念,到建设生态文明的理念的发展过程中,中国的环境保护体系也得到了不断的推进和完善。1979 年,《中华人民共和国环境保护法(试行)》颁布,这是中国第一部环境保护的专门法律,标志着中国生态保护法律体系的开始(马萍,2021;云小鹏 等,2020;方世南,2020;吴舜泽 等,2020)。这为环境保护立法奠定了宪法基础。

(2)生态制度体系"中国化"与"国际化":1980—2005 年

20 世纪 80 年代末至 90 年代初,联合国提出的"可持续发展"战略给中国带来了新的思考,中国的环境保护政策发生了变化。1983 年,第一次全国环境保护会议提出了"污染防治措施必须与主体工程同时设计、同时施工、同时投入使用"的原则。同年,第二次全国环境保护会议制定了"经济建设、城乡建设和环境建设同步规划、同步实施、同步发展,实现经济效益、社会效益和环境效益相统一"的战略方针和"预防为主、防治结合""谁污染、谁治理""加强环境管理"三大政策(李宏 等,2020)。1992 年,国务院批准了国家体改委《关于 1992 年经济体制改革的要点》,明确提出要建立生态补偿制度,包括森林价格制度和森林生态效益补偿制度,以及森林资源的有偿使用。这是第一次在国家正式文件中提出生态补偿制度,也是我国政府正式启动建立生态保护补偿机制的一个重要节点(李周,2020;张乾元 等,2020;陈硕,2019)。1996 年,中华人民共和国第八届全国人民代表大会第四次会议将实施"可持续发展"提升为我国现代化建设的重大战略。1999 年,国家在反思过去环境保护工作的基础上,提出了"环境污染治理与生态保护并重"的政策。2000 年,国务院发布了《全国生态环境保护纲要》。2005 年,原国家环保总局发布了《全国生态示范区建设规划纲要(1996—2050 年)》,将污染防治、生态保护和资源可持续利用提上重要日程。它还将 1983 年第二次全国环境保护会议确定的"保护环境"的基本国策扩展为"节约资源,保护环境"。"科学发展观"是中国共产党对中国几十年来粗放发展造成的资源和环境危机进行反思的结果,标志着中国共产党开始领导全国人民探索中国特色的环境治理道路。同年,党的十六届五中全会公报提出要加快建立生态补偿机制,并相应提出了"谁开发、谁保护,谁受益、谁补偿"的原则,首次明确了生态补偿机制的原则。这是生态文明制度体系的进一步发展与完善(梅子侠 等,2014;郭亚红,2014;蔡永海 等,2014;冯志峰 等,2013)。2001 年,财政部决定设立森林生态效益补贴,森林生态效益补偿制度由此建立。同年,在这一政策的支持下,森林生态效益补偿开始在河北、黑龙江、浙江等 11 个省级地区实施。

(3)生态制度体系发展与进步:2005—2010 年

在科学发展观的指导下,2005 年党的十六届五中全会提出,要加快建设资源节约型、环境友好型社会,促进经济发展与人口、资源、环境相协调,并推出了一系列具体政策措施(朱坦 等,2015;姚佳 等,2015;田文富,2014b;刘登娟 等,2014)。例如,《中华人民共和国国民经济和社会发展第十一个五年规划纲要》将主要污染物排放总量减少 10% 作为八个约束性指标之一。"十一五"期间,国家进一步加大了自然生态和环境保护力度,制定了建设"两型社会"的一系列政策,大力发展循环经济,加强资源管理,建立了节能减排统计监测考核体系和制度。2007 年,党的十七大报告首次提出建设生态文明,实施主体功能区战略,探索建立生态补偿机制。经过 40 年的实践探索,具有中国特色的生态环境保护政策体系已初步建立。同年,原国家环保总局发布《关于开展生态补偿试点工作的指导意见》,多领域的生态保护补偿开始在全国开展。纵向生态保护补偿机制是这一阶段的主要内容,即中央财政设立生态保护补偿专项资金,以转移支付等方式支持生态保护(张平 等,2015)。

(4)生态制度体系深度完善与健全:2010 年至今

习近平总书记指出:"保护生态环境,必须依靠制度和法治。只有实行最严格的制度、最严格的法治,才能为生态文明建设提供可靠保障。"2010 年以来,国家围绕生态文明建设出台了 100 多个改革文件,制定了 40 多个涉及生态文明建设的改革方案,初步建立了生态文明制度体系的规格与规范;修订了《中华人民共和国环境保护法》和一系列环保法律法规和环境标准。由此,初步建立了源头严防、过程严管、损害严赔、后果严惩的生态文明制度体系。党和国家在生态文明体制机制的创建中,注重制度体系的整体性和针对性。比如,《生态文明体制改革总体方案》所设计的八大体系是紧密联系、相互支撑的,构成了一个完整的制度体系。各大体系中的具体措施和机制都具有很强的可操作性和针对性。在污染防治攻坚战中,以新修订的《中华人民共和国环境保护法》为支撑,出台了大气、水、土壤污染防治"三个十条"。2018 年 6 月,中共中央、国务院发布了《关于全面加强生态环境保护坚决打好污染防治攻坚战的意见》。2020 年 4 月,中共中央办公厅、国务院办公厅印发《省(自治区、直辖市)污染防治攻坚战成效考核办法》。各项规定要求立法时注重法律法规建设的系统性和协调性(何化利,2015;伏润民 等,2015;黄蓉生,2015)。修订后的法规确立了"保护为主、预防为主、综合治理、公众参与、损害担责"的基本原则,特别是确立了"保护为主"的原则,扭转了过去重经济轻环保、重发展速度轻发展质量的状况。该项法规为扭转过去重经济轻环保、重发展速度轻发展质量的做法提供了法律支撑。该项法规还建立了环境保护目标责任制、考核评价、现场检查、排污费征收、排污许可证管理、环境公益诉讼、生态保护补偿等制度,在环境保护法律领域基本形成了约束与激励并存的生态文明制度(张修玉 等,2015)。为保证修订后的《中华人民共和国环境保护法》的有效实施,制定了《中华人民共和国环境保护税法》,修订了《中华人民共和国大气污染防治法》及《中华人民共和国水污染防治法》等一系列法规,并明确了检察机关作为环境民事公益诉讼和行政公益诉讼的原告资格。为完善环境保护行政执法与刑事司法衔接的工作机制,依法惩治环境犯罪,生态环境部、公安部、最高人民检察院联合制定了《环境保护行政执法与刑事司法衔接工作办法》。

2018 年,《中华人民共和国宪法》修正案不仅将"促进生态文明协调发展"作为国家的基本任务之一,而且将"领导和管理生态文明建设"作为国务院的职权写入第八十九条,为生态文明建设提供了根本法的保障。对现行法律法规中与绿色发展不相适应的内容进行了全面的清理(赵成 等,2016;庞庆明 等,2016;夏广毅,2015;陈海嵩,2015)。这样一来,以《中华人民共和国宪法》和《中华人民共和国环境保护法》为核心,突出生态文明理念的生态文明法律体系基本形成。执法力量大大增强。法规要求企业应当承担清洁生产、信息公开,建立环境保护责任制和自我监督等义务。提高罚款标准,规定每日罚款不设上限,人人参与共同治理,跨区域污染联防联控,重点污染物排放总量控制,每年向人民代表大会报告环境状况,使环境执法有法可依,为提升执法效能提供了保障,彻底改变了以往"违法成本低、守法成本高"的现象。

10.3　生态制度体系建设存在的问题分析

10.3.1　生态制度体系建设存在问题

(1)生态制度体系建设缺乏协调性

生态制度体系缺乏连贯性和协调性。生态制度体系是一项系统工程,因此,需要其制度体系环环相扣、相互支撑。然而,在党的十八大之前,中国各部门的环境治理体系是相互脱节的。例如,在顶层设计上,虽然在 21 世纪初,党中央提出要正确处理经济发展与人口、资源、环境的关系,努力开创生产发展、生活富裕、生态良好的文明发展道路。但是,生态文明建设在过去并没有纳入社会主义现代化建设的总体布局。在具体制度的协调和衔接方面,1979 年,《中华人民共和国环境保护法(试行)》第十六条规定:"地方各级人民政府对本辖区的环境质量负责,采取措施,改善环境质量。"但长期以来,保护和改善地方环境质量没有纳入党政干部的考核评价体系。1973 年,提出了著名的"三同时"制度,并写入《中华人民共和国环境保护法(试行)》第二十六条,但第二十六条同时规定:"污染防治设施不得擅自拆除或者闲置,确需拆除或者闲置的,必须经环境保护行政主管部门同意。"该条没有对"确有必要"的法律情形进行界定,这为违反"三同时"制度和寻租打开了缺口。此外,环境保护法律制度之间缺乏协同性,有些甚至相互冲突。

(2)生态制度体系建设缺乏执行力及科学规范

生态制度建设需要科学规范、有效执行及内在驱动力。目前,我国已经颁布了大量的环境政策法规,建立了完整严密、科学规范的生态文明制度。但是,环境污染整体恶化的趋势并没有得到有效遏制,一些地区的环境污染程度甚至不降反升。截至 2017 年底,我国正式完成对 31 个省(区、市)的中央环保督察全覆盖,第一轮中央环保督察数据显示,共受理群众信访举报案件 135.5 万件,共处罚案件 2.9 万件,两年内问责干部 18 万余人。可见,建立科学规范的生态文明制度,体现了政府环境治理能力的现代化水平和执政为民的责任感。但生态文明制度的科学规范架构与有效实施之间还存在着不小的差距,当前生态环境治理存在着责任缺失、权力分割、利益多元、问责不力等问题,揭示了生态文明制度在实践中存在着顶层设计与地方实践的严格标准和广泛实施之间的矛盾。在经济发展与生态环境保护的矛盾和冲突面前,地方政府往往把经济发展放在首位,注重地方利益和短期收益。落实生态文明制度的内生动力不足、激励不足、约束不足,有法不依的现象依然客观存在。"保护生态环境就是保护生产力,改善生态环境就是发展生产力"的生态理念在现代实践中难以真正落实。建立严格公正的生态文明制度是实现公民环境权益和国家生态安全的有效保障,但生态监察的效果却不容乐观。

由于空间规划的重叠与冲突、部门职责的重复与交叉,许多地方性法规与新出台的国家生态文明制度存在部门冲突,这说明生态文明制度的顶层设计已经完成,但其全面推广和地方实践还需要更多时间来完成。另一方面,地方政府在生态文明制度实施过程中存在隐瞒、虚报、放松要求、降低标准等违法违规现象,这说明,虽然生态文明绩效评价考核和问责制度已经建立,但由于生态环境问题的累积性、潜伏性和长期性,对环境污染和生态破坏的问责往往比较困难,如何落实、落实多少、生态文明绩效评价考核的落实程度,仍是一个难题,制度的落实难以落到实处。

(3)生态制度体系建设贯彻性较弱

一方面,生态文明制度的内在合力还没有形成。生态文明体制改革总体方案,从顶层设计和战略安排上确立了生态文明体制的基本框架和目标。党的十八大以来实施的诸多法律法规,也推动了生态文明体制的具体实施。但由于制度建设和生态治理的部门化和碎片化,生态文明体制暴露出其自身缺乏系统性、整体性和协调性。然而,由于制度建设和生态治理的部门化和碎片化,生态文明制度尚未形成有效互动和制度合力,未能充分释放环境保护的政策红利、法治红利和技术红利,也未能有效实现为人民提供"最公平的公共产品"和"最普惠的福利"的价值。为人民提供良好的生态环境是"最公平的公共产品"和"最普惠的福利"的目标。另一方面,从"五位一体"的总体布局来看,生态文明制度还没有全面、系统地纳入"五位一体"的总体布局中。

党的十八大把生态文明建设放在"五位一体"总体布局的基础地位。近年来,我国生态文明制度建设力度很大,成效明显,但中国特色社会主义的市场经济体制、政府治理体制、文化体制和社会治理体制还没有系统地、全面地纳入"五位一体"总体布局,生态文明在"五位一体"总体布局中的引领作用还没有落到实处。同时,许多生态文明制度建设往往与中国特色社会主义的市场经济体制、政府治理体制、文化体制和社会治理体制建设分散交叉。环境治理中,多头交叉的现象难以消除,最终体现为生态制度体系建设的贯彻性较弱。

10.3.2 生态制度体系建设解决措施

党的十九届四中全会坚持"源头严防、过程严管、后果严惩"的思路,明确了生态文明制度的基本构成和重点任务。按照生态环境治理的基本流程和阶段,坚持和完善涵盖源头治理体系建设、过程控制体系建设和问责惩戒体系建设的生态文明制度,三个阶段的制度前后呼应、相辅相成。

(1)源头治理与制度协调相结合

生态文明制度建设首先要从源头上预防,不能走"先污染后治理"的老路,要通过完善生态保护红线制度、完善资源利用制度、优化国土空间规划制度,实现源头严防。第一,完善和落实生态保护红线制度。

在生态保护红线框架下,遵循高标准、严要求的生态准入原则,加快构建以生态功能保护为底线、以环境质量安全为底线、以自然资源利用为底线的三大体系,将环境污染治理、环境质量改善和环境风险防范有机结合起来。二是建立资源高效利用体系。以归属清晰、权责明确、监管有力的自然资源资产产权制度为基础,明晰每一寸国土空间的自然资源产权,建立和完善资源有偿使用制度、综合保护制度和循环利用制度。三是优化国土空间规划体系。严格按照主体功能区定位,划定生产、生活、生态空间开发管制边界,建立国土空间开发保护制度和用途管制制度,建立国家公园制度,形成全国统一、定位清晰、功能互补、统一协调的空间规划体系。

源头治理与制度协调的生命力在于执行。只有切实提高生态环境治理能力和水平,才能有力保障生态文明制度和生态环境治理政策的落实,才能把中国特色社会主义生态文明制度的优势转化为治理成效。在国家层面,提升生态文明治理能力,要加强顶层设计,强化思想引领,提升治理技术。

(2)坚持过程控制与互动修复相结合

过程控制主要是对生态环境保护和自然资源利用的监测和管理,通过完善污染物排放制度,健全资源环境承载力预警监测机制,建立污染防治区域联动机制和陆海统筹生态环境治理体系,完善生态环境修复体系,实现过程的严格控制。第一,完善污染物排放制度。建立健全对所有污染物排放进行严格监管的环保管理制度,完善污染物排放许可制度、污染物排放总量监测制度和控制制度。二是完善资源环境承载力预警监测体系。在摸清区域资源禀赋和环境容量的基础上,完善资源总量管理制度、用量监测制度和使用控制制度,实现对资源环境承载力的用量和使用情况的监测和实时预警。三是建立污染防治区域联动机制和陆海统筹制度。在大气、水污染防治重点区域陆续建立联防联控机制,形成陆海统筹的生态环境治理体系,促进沿海陆地和海洋生态保护的良性互动、互利共赢。四是完善生态环境修复体系。加强森林、草原、河流、湖泊、湿地、海洋等自然生态保护,形成山、水、林、田、湖、草一体化保护与修复体系。

(3)建立健全生态制度体系追偿与惩罚制度

追偿和惩罚制度主要涉及生态环境治理的末端,包括生态环境损害的评估、追偿和惩罚。通过建立科学严格的后果评价体系,完善生态损害恢复制度,健全生态环境损害赔偿补偿制度,严格处罚后果。一是建立科学严格的后果评价体系。健全生态文明制度建设目标评价考核体系,丰富考核内容,强化对环境保护、自然资源管控、节能减排等重要约束性指标的管理,同时,针对不同主体和地区实行差异化的考核评价制度。二是完善生态环境损害恢复制度。探索建立自然资源资产负债表制度、领导干部任期内自然资源资产损益审计制度和生态环境损害责任终身追究制度,为落实生态环境责任提供有力支撑。三是完善生态补偿和生态损害赔偿制度。坚持谁受益、谁补偿的原则,完善重点生态功能区生态补偿机制,推动建立区域间横向生态补偿制度;严格落实生态环境损害责任人赔偿制度,加快建立配套的生态环境损害调查制度和鉴定评估制度,将生态环境修复纳入生态环境损害赔偿责任办法。

(4)强化政府与市场对生态制度体系建设双重作用

政府通过制定一系列宏观领域的生态环境保护制度,发挥其对环境问题的监督、监测、保护和管理作用。具体而言,应通过完善决策程序和决策体系、加强环保督查制度、建立生态环境监管的联动机制,形成科学、严格的政府监管体系。首先,完善决策程序和决策体系。各级政府应致力于完善生态文明建设的协商合作机制,明确议事规则和议事程序,同时,建立第三方环境影响评价参与机制,使环境影响评价进入综合决策。其次,加强环保督查制度建设。进一步规范生态环境保护督察的督察程序、督察权限、督察纪律和督察责任,落实地方政府环境保护的主体责任,构建督查问责监督体系。最后,建立生态环境监测管理联动机制。结合主体功能区管理制度,探索建立上下联动、区域协调的生态环境监管机制。

生态环保市场体系要求在政府宏观调控下,培育、建立和规范生态环保产品、技术和服务的交易市场,依靠价格杠杆和竞争机制,实现要素和资源的均衡、合理、高效配置。在制度建设方面,生态环保市场体系建设主要包括建立健全自然资源和环境使用权交易制度,发展绿色产业和绿色金融体系,实现自然资源和生态环保产品的标准化。首先,建立健全资源环境使用权交易制度。建立能源使用权、水使用权、排污权、碳排放权交易平台,建立配套的计量审批制度,明确交易价格机制和交易平台运行规则,充分发挥市场机制和企业的主体作用。其次,发展绿色产业和金融体系。围绕绿色产业和循环经济的发展,完善制度建设、税收制度和法律制度,积极推进绿色保险、绿色金融、绿色证券和绿色信贷,建立绿色投资者网络和环境信息披露机制。最后,推进自然资源和生态环保产品的标准化建设。在自然资源资产管理体制框架下,探索自然资源标准化体系建设,同时,建立统一的绿色产品标准、认证和标识体系,完善绿色产品认证有效性的评价和监督机制,增加绿色产品的有效供给。

10.4　山东省蒙阴县生态制度体系建设案例分析

健全的生态文明制度体系是推动生态文明建设的重要保障。党的十八届三中全会明确提出"建立系统完整的生态文明制度体系,实行最严格的源头保护制度、损害赔偿制度、责任追究制度,完善环境治理和生态修复制度,用制度保护生态环境"。2015年4月,中共中央、国务院发布的《关于加快推进生态文明建设的意见》进一步提出"基本形成源头预防、过程控制、损害赔偿、责任追究的生态文明制度体系",更凸显了建立长效机制在推进生态文明建设中的基础地位。

10.4.1　源头保护制度

10.4.1.1　完善生态保护红线监管体系

2017年,山东省开展生态保护红线划定工作,确立生态保护红线优先地位。蒙阴县需建立完善生态保护红线监管体系:建立监测网络和监管平台,充分发挥地面生态系统、环境、气象、水文水资源、水土保持等监测站点和卫星的生态监测能力,布设相对固定的生态保护红线监控点位,构建生态保护红线地面观测体系,及时获取生态保护红线监测数据;定期对生态保护红线生态状况进行成效评估,准确核算生态保护红线"生态盈亏";强化执法监督,建立考核机制,严格责任追究,实现一条红线管控重要生态空间。

生态保护红线划定后,相关规划要符合生态保护红线空间管控要求,空间规划编制要将生态保护红线作为重要基础,发挥生态保护红线对于国土空间开发的底线作用。

10.4.1.2　实行最严格的耕地保护制度

严守耕地保护红线,开展土地整治,推进高标准农田建设,加强土地复垦利用。建立健全统一规范的耕地质量调查监测与评价制度。探索开展耕地休养生息。率先建立耕地保护信用奖惩机制。

10.4.1.3　自然资产产权管理和用途管制制度

健全自然资源资产产权制度和用途管制制度。对蒙阴县水流、森林、荒地、滩涂等自然生态空间进行统一确权登记,形成归属清晰、权责明确、监管有效的自然资源资产产权制度。

建立空间规划体系,划定生产、生活、生态空间"三生空间"开发管制界限,落实自然生态空间用途管制,将管制范围扩大到山水林田湖草等全县范围所有自然生态空间。健全能源、水、土地节约集约使用制度。健全国家自然资源资产管理体制,统一行使全民所有自然资源资产所有者职责。完善自然资源监管体制,统一行使所有国土空间用途管制职责。

10.4.1.4　健全森林保护与管理制度

全面停止天然林商业性采伐,将所有天然林纳入保护范围,在国家级自然保护区、国家森林公园生态功能重要区域自主探索开展禁伐补贴和非国有森林赎买(置换)。完善天然林管护体系,建立生态护林员制度。自主探索生态公益林以效益论补偿新机制,逐步提高生态公益林补偿标准,探索建立古树名木保护补偿制度。深化集体林权制度改革。

10.4.1.5　严格落实环境影响评价制度

为了从源头减少环境污染、减小生态破坏,蒙阴县必须对各类开发、建设项目进行环境影响评价,实行严格的环评审批制度。另外,在项目实施过程中,管委会应当加强监管,确保防治污染的设施与主体工程同时设计、同时施工、同时投产使用,全面控制项目的环境影响。

10.4.1.6　建立最严格的环保准入门槛

对不符合环保法律法规、国家产业政策和转型发展要求的项目,选址与规划不符、布局不合理的项目,现有污染问题治理不达标又上新的项目,不具备治污能力、没有排污容量地区的项目不予批准。将项目审批与区域环境质量、环保基础设施建设、产业布局、污染减排绩效等挂钩,从源头上防治污染;在项目审批过程中,入园企业必须符合园区规划环评,绝不允许不符合园区规划环评、高耗能、高污染的项目落地;严格实施环境影响评价,实施战略环评和规划环评,强化空间、总量、准入、风险预警管理,为经济绿色化转型提供有力的支撑和保障。

10.4.1.7　建立流域综合管理与水土保持制度

建立流域水生态环境功能分区与评价标准,强化对生态系统脆弱、环境容量较小流域的保护与修复。建立流域综合修复制度,开展生态清洁型流域综合治理。推动水土保持监测评价,探索村民自建、以奖代补、民间资本参与等水土流失治理投入和管理机制。加强水土流失综合防治。严格执行水土保持方案审批和设施验收制度,强化监督执法,严防人为水土流失和生态破坏。加大重要生态保护区、水源涵养区、江河源头区的生态修复和保护力度。完善水土保持监测网络,开展水土保持监测评价。健全水土保持生态补偿机制。

10.4.2　过程严管制度

10.4.2.1　完善污染物排放许可制度

《生态文明体制改革总体方案》提出"完善污染物排放许可制度",要求"尽快在全国范围建立统一公平、覆盖所有固定污染源的企业排放许可制,依法核发排污许可证,排污者必须持证排污,禁止无证排污或不按许可证规定排污"。《方案》确立了许可证制度作为重点环境管理制度的地位,对于实施一体化环境管理模式、依法监管和有效执法固定污染源有重要意义。

专栏 10-1

浙江省排污许可证制度改革"一证式"管理模式

2015 年,浙江省成为国家层面排污许可证制度改革的试点省份,以排污许可证为核心,建立了覆盖污染源建设、生产、关闭全过程的"一证式"管理模式。

(1)在落实政府环保主体责任上,建立主要污染物财政收费和排污权基本账户制度,按照"以减量定增量"的原则,在确保完成减排任务的前提下,谁淘汰落后产能力度大、削减的排污量多,可用于新上项目的排污指标就多,以此来规范各市、县区域排污指标的使用与管理。

(2)在落实企业治污责任上,建立企业刷卡排污制度。截至 2015 年 12 月底,浙江省已经建成2100 套刷卡排污系统,省控以上污染源实现全覆盖。

(3)在推进行业转型升级上,建立主要污染物排污权激励制度,对重污染行业开展以吨排污权税收贡献的"三三制"评价排序和考核,严格落实差别化激励约束政策,推动产业转型升级。

(4)在环境资源配置上,以排污许可证作为排污权确权载体,深化排污权交易。截至 2015 年 12 月底,浙江省累计排污权有偿使用和交易金额达 50.65 亿元,排污权抵押贷款 145.07 亿元。

(5)在统一规范上,省级层面正在建设全省统一的污染源管理平台并针对各市县开展培训,力图将污染源信息纳入统一管理;环保厅印发了统一的排污许可证文本,制定了统一的排污许可证编号,初步制定了证照管理规范。

"一证式"排污许可证制度改革可以有机整合点源环境管理各项制度,有效简化当前环保审批流程;推动环境信息集成统一,促进环境管理精细化,便于环境执法监管开展;进一步落实企业环境保护主体责任,推动环境信息公开化、环保技术服务专业化,能够更好地满足基层环保高效监管的实际需要。

蒙阴县可以将环境影响评价制度作为企业能否获得排污许可证的先决条件;将总量控制指标和总量目标作为许可证排污量确定的一部分或参考,并且使许可证制度逐渐取代总量控制制度,或者将总量控制指标作为许可证管理的一部分;排污费需根据排污许可证载明的排放情况进行缴纳。

10.4.2.2 健全环境监管体系

(1)完善环境监测系统

环境监测要充分发挥好大数据的作用,积极推进环境监测信息化、数字化和现代化建设,以更加快速、更加精准、更加高效的监测手段为环境保护和政府科学决策、为环境质量的改善、为保障环境安全提供监测技术支撑。

加强环境监测人才培养和队伍建设,努力建成人员数量、素质上基本适应先进的环境监测体系建设与实际监测工作需要的专业化监测人才队伍。

建立严格的上报数据审核制度,要求监测站在数据录入前,认真检查数据的有效性、准确性;加强对检测设备的管理,运行记录、原始记录按质量管理手册的相关规定进行登记、使用与保存;在数据上传前,对照有关要求认真检查,按规定格式填报数据,不得漏报、错报,不得擅自修改附件表中顺序结构。

(2)严格环境管理

建设项目未经环评审批及未按环评要求落实污染防治设施的要停建、停产;对环保设施不正常运行、污染物超标排放、私设暗管等环境违法行为进行依法从重处罚;对直接向环境排放污染物的单位要依法足额征收排污费;排污单位严重违法导致较大以上突发环境事件和造成严重后果且社会影响恶劣,负有监管职责的国家公职人员存在失职、渎职行为的,一律追究行政责任;对污染饮用水水源、非法排放、倾倒、处置危险废物,非法排放含重金属、持久性有机污染物等严重危害环境、损害人体健康,私设暗管排放、倾倒、处置有放射性的废物、含传染病病原体的废物、有毒物质等严重污染环境的违法行为,构成犯罪的,移交司法机关追究刑事责任;对排污企业环境违法行为一律向社会公开,接受社会监督,并进入环保黑名单,记入企业诚信信息网信用信息数据库,对其进行失信惩戒。

(3)倡导公众参与

强化宣传教育,提高公众参与意识。大力倡导生态文明和环境文化,充分运用电视、广播、报刊、网络等媒体广泛开展多层次、全覆盖的生态度假区建设舆论宣传。

开展绿色创建,搭建公众参与平台。在区内开展形式多样、内容丰富的环保素质教育,培养良好的环保行为习惯。

畅通诉求渠道,维护群众环境权益。利用各种信息公开平台发布环境信息,公开涉及公众环境权益的规划、项目、收费,听取公众意见,保障公众对环境的知情权、参与权、监督权。

10.4.2.3 完善环境信息公开制度

环境信息公开,是指依据和尊重公众知情权,政府和企业以及其他社会行为主体向公众通报和公开各自的环境行为,以利于公众参与和监督。

环境信息公开制度既要公开环境质量信息,也要公开政府和企业的环境行为。完善信息公开制度,需要完善环保部门自身信息收集机制,完善企业环境信息公开监督机制,完善环境信息共享机制。为公众了解和监督环保工作提供必要条件,这对于加强政府、企业、公众的沟通和协商,形成政府、企业和公众的良性互动关系有重要的促进作用,有利于社会各方共同参与环境保护。

专栏 10-2

环境信息公开制度

（1）完善环保部门自身信息收集机制

环保部门应全面公开环境保护法律、法规、规章、标准和其他规范性文件，区域环境保护规划、环境质量状况等内容，着重公开与本部门工作相关的建设项目环境影响评价文件批准与验收、排污收费、信访调处、行政处罚等情况。对当事人以信函、传真、电子邮件等书面形式申请环境信息公开的，属于公开范围的，应告知申请人获取环境信息的方式和途径，或直接予以告知。不属于公开范围的，要出具书面答复文书，明确告知申请人不公开的具体理由。对公众符合要求依申请公开的信息，环保部门发现没有列入正常公开范畴的，应及时补充公开到位。

（2）完善企业环境信息公开监督机制

原环境保护部已经制定发布了《企业事业单位环境信息公开办法》，明确规定重点排污单位应当公开基础信息、排污信息、防治污染设施建设和运行情况、建设项目环境影响评价及其他环境保护行政许可情况、突发环境事件应急预案等环境信息。同时要求县级以上环境保护主管部门负责指导、监督本行政区域内的企业事业单位环境信息公开工作。环保部门在日常执法监管中，要同时做好宣传引导工作，不断提升企业环境意识和信息公开水平，定期开展重点排污单位环境信息公开活动专项检查。对不按照规定公开或公开内容不真实、弄虚作假等违法行为，要根据相关规定责令企业改正。

（3）完善环境信息共享机制

目前，很多地方都制定了《企业环境信用评价办法》，积极推进企业环境信用评价工作，督促企业自觉履行环境保护法定义务。要全面落实这一措施，就要结合当地信用体系建设实际，建立健全环保信用信息平台共享与交换机制，拓展信用市场应用。比如，与人民银行、银监部门联合完善绿色信贷制度，及时传递企业环境违法信息，将企业环境信用信息作为贷前审批、贷后监管的重要依据。又如，与工商部门联合完善证照联动制度，及时将依法吊销、撤销、注销许可证或其他环境批准文件的信息、许可失效信息，提供给工商部门，纳入警示管理。

10.4.2.4　完善生物多样性保护制度

加强生物多样性保护优先区域监管，优化自然保护区空间布局，完善自然保护区管理制度和分级分类管理体系。加强云蒙湖特色水生动植物、候鸟等资源保护，建立珍稀濒危物种种群恢复机制。健全国门生物安全防范机制，防范物种资源丧失和外来物种入侵。

选择重点动植物物种分布区域和迁徙廊道，基于架设的地基遥感平台安装多光谱相机、红外探测仪和物候相机等观测设备，建设实时视频综合监控网络，对重要物种和珍稀野生动物进行实时动态监测。

10.4.2.5　加强流域管理

全面推行河长制，进一步细化责任、强化考核，落实水资源保护、水域岸线管理、水污染防治、水环境治理等职责，完善执法监督制度，落实河湖管护主体、责任和经费。在汶河和梓河流域建立流域水环境保护协作机制，对流域开发与保护实行统一规划、统一调度、统一监测、统一监管。

10.4.3　政绩考核和责任追究制度

随着我国经济发展方式的转型，以往对于经济增长速度的政绩评价考核方式正逐步向结构优化、民生改善、环境保护、资源节约、基本公共服务和社会管理等综合评价考核方式转变。为了激励地方政府开展环境保护工作，有必要将资源消耗、环境损害、生态效益等体现生态文明建设状况的指标纳入政绩考核体系和责任追究中。

10.4.3.1　建立生态文明保护考核办法

中共中央、国务院《关于加快推进生态文明建设的意见》中提出"完善政绩考核办法,根据区域主体功能定位,实行差别化的考核制度"。蒙阴县于2017年被列入了国家主体功能区划中的国家重点生态功能区,具有重要的水土保持和水源涵养定位。

蒙阴县应适度减弱对下辖乡镇地区生产总值的考核要求,实行生态保护优先的绩效评价。将环保目标、指标和工作任务纳入领导干部责任考核体系,并增加其考核权重,制定年度工作计划,落实工作责任。建立环境保护进展情况考评制度,对主要环境保护与生态建设目标及任务完成情况、重点工程实施进展情况、区域环境质量变化情况进行监督、评估和考核。

10.4.3.2　资源环境离任审计制度

2013年底,党的十八届三中全会明确提出"探索编制自然资源资产负债表,对领导干部实行自然资源资产离任审计,建立生态环境损害责任终身追究制"的要求。根据蒙阴县山水资源相对丰富的特点,审计的重点内容是森林资源资产、国土资源资产、水资源资产、矿产资源资产、生态环境建设情况、非物质文化遗产和生态旅游资产、创新体制机制以及政绩观考核七个方面。

森林资源资产责任审计把森林覆盖率、森林积蓄量、造林保存率、林业政策的执行力等指标作为评价重要内容;国土资源资产审计把土地确权、土地征收、土地储备、土地利用、亿元GDP耗地量、土地保护、违法违规占用耕地面积、土地政策的合规性列入评价内容;水资源资产审计把水环境质量指数、水库蓄水量、万元GDP用水量、水资源政策的合规性列入评价内容。

蒙阴县开展自然资源资产责任审计应参照上述要求,因地制宜构建合理的评价指标体系,对领导干部的责任界定提出明确的指导意见,促进审计结果的应用。

10.4.3.3　生态环境损害责任终身追究制度

生态环境损害责任终身追究制度是生态文明制度体系不可或缺的重要环节,终身追究问责解决的是环境问题的滞后性,即环境危害总是发生在环境项目之后若干年。2015年8月,中共中央办公厅、国务院办公厅印发了《党政领导干部生态环境损害责任追究办法(试行)》,建立了生态环境损害责任终身追究制。

加强生态文明考核与责任追究的统筹协调。建立由各级党委负责的生态文明考核追责统筹机制,实行生态文明建设一岗双责制,加强生态文明建设评价、科学发展综合考核评价、领导干部自然资源资产离任审计、环境保护督察等考核评价体系的协调,统筹开展评价考核标准衔接、结果运用、责任追究工作。

10.4.4　完善经济政策

10.4.4.1　健全价格、财税、金融等政策

严格贯彻"收支两条线"制度,使资源环境税的收入真正用于生态环境的治理和修复。逐步建立反映市场供求和资源稀缺程度、体现生态价值和代际补偿的资源有偿使用制度和生态补偿制度,完善资源类产品价格体系,促进资源环境成本进入企业和各类经济主体的决策方案中,避免排污者将污染成本转嫁给社会,实现资源环境成本内化,利用资源环境税的倒逼机制,加快粗放式向集约型、环境友好型经济发展方式的转变步伐。

对破坏生态环境的生产行为征收相应数量的税收。《环境保护税法》已经于2018年1月1日起施行,规范了环境税征收管理程序。环保税税目分类包括大气污染物、水污染物、固体废物和噪声四类。通过征收环境保护税,可以加强对污染行为的调节和限制。蒙阴县可以根据当地实际情况,依法提高环保税税率,增加企业的排污成本,从而约束企业的污染物排放。

完善税收优惠政策,加强对环保产品和行为的导向。税收优惠是推动生态文明建设投资的一项重要措施,要完善税收优惠政策,明确和细化优惠标准,使其具有实际可操作性。另外,还应采用多种税收优惠形式,如差别税率、投资减免、加计扣除、税收返还等,确保对生态文明建设的税收优惠具有独享性,从

而鼓励和刺激生态文明建设。

10.4.4.2 加大财政资金投入政策

建立稳定的生态环保资金投入机制，加大财政对环保的投入力度。国际经验表明，一国治理环境污染投资占其 GDP 的 1%～1.5% 时，可以控制生态恶化趋势，当该比例达到 2%～3% 时，环境质量才能有所改善。因此，蒙阴县也应继续加大财政支出中环保支出的比例，在财政支出结构中体现环境与生态治理的基础性民生工程地位。

加大对环保财政资金的监督力度，提高资金的使用效率。建议财政支出预算科目中增设生态财政支出预算科目，以规范专项资金的使用。同时，加大对环保财政资金的检查力度，定期进行检查，对大规模项目进行跟踪反馈，及时监督环保财政资金的划拨、使用等情况。

10.4.4.3 严格执行生态损害赔偿制度

2015 年，中共中央办公厅、国务院办公厅印发了《生态环境损害赔偿制度改革试点方案》。在吉林、山东、江苏、湖南、重庆、贵州、云南七个省(市)开展生态环境损害赔偿制度改革试点工作。山东省是率先开展生态损害赔偿制度改革七个试点省份之一，出台了《山东省生态环境损害赔偿制度改革实施方案》(山东省委省政府印发)政策。

生态环境损害赔偿制度有助于破解企业污染、群众受害、政府埋单的困局，让造成生态环境损害的责任者承担赔偿责任，修复受损生态环境。

严格执行生态损害赔偿制度，建立完善环境损害鉴定技术和制度、生态环境损害修复基金制度等，充分发挥该制度对生态环境保护的积极作用。

专栏 10-3

生态环境损害赔偿制度主要内容

2015 年 12 月 3 日，中共中央办公厅、国务院办公厅印发《生态环境损害赔偿制度改革试点方案》，要求"探索建立生态环境损害的修复和赔偿制度"，明确 2015—2017 年，选择部分省份开展生态环境损害赔偿制度改革试点。从 2018 年开始，在全国试行生态环境损害赔偿制度。试点主要内容包括：

(1)明确赔偿范围。生态环境损害赔偿范围包括清除污染的费用、生态环境修复费用、生态环境修复期间服务功能的损失、生态环境功能永久性损害造成的损失以及生态环境损害赔偿调查、鉴定评估等合理费用。

(2)确定赔偿义务人。违反法律法规，造成生态环境损害的单位或个人，应当承担生态环境损害赔偿责任。现行民事法律和资源环境保护法律有相关免除或减轻生态环境损害赔偿责任规定的，按相应规定执行。

(3)明确赔偿权利人。试点地方省级政府经国务院授权后，作为本行政区域内生态环境损害赔偿权利人，可指定相关部门或机构负责生态环境损害赔偿具体工作。

(4)开展赔偿磋商。经调查发现生态环境损害需要修复或赔偿的，赔偿权利人根据生态环境损害鉴定评估报告，就损害事实与程度、修复启动时间与期限、赔偿的责任承担方式与期限等具体问题与赔偿义务人进行磋商，统筹考虑修复方案技术可行性、成本效益最优化、赔偿义务人赔偿能力、第三方治理可行性等情况，达成赔偿协议。磋商未达成一致的，赔偿权利人应当及时提起生态环境损害赔偿民事诉讼。赔偿权利人也可以直接提起诉讼。

(5)完善赔偿诉讼规则。试点地方法院要按照有关法律规定、依托现有资源，由环境资源审判庭或指定专门法庭审理生态环境损害赔偿民事案件;根据赔偿义务人主观过错、经营状况等因素试行分期赔付，探索多样化责任承担方式。

（6）加强生态环境修复与损害赔偿的执行和监督。赔偿权利人对磋商或诉讼后的生态环境修复效果进行评估，确保生态环境得到及时有效修复。生态环境损害赔偿款项使用情况、生态环境修复效果要向社会公开，接受公众监督。

（7）规范生态环境损害鉴定评估。试点地方要加快推进生态环境损害鉴定评估专业机构建设，推动组建符合条件的专业评估队伍，尽快形成评估能力。研究制定鉴定评估管理制度和工作程序，保障独立开展生态环境损害鉴定评估，并做好与司法程序的衔接。

（8）加强生态环境损害赔偿资金管理。经磋商或诉讼确定赔偿义务人，赔偿义务人应当根据磋商或判决要求，组织开展生态环境损害的修复。赔偿义务人无能力开展修复工作的，可以委托具备修复能力的社会第三方机构进行修复。修复资金由赔偿义务人向委托的社会第三方机构支付。赔偿义务人自行修复或委托修复的，赔偿权利人前期开展生态环境损害调查、鉴定评估、修复效果后评估等费用由赔偿义务人承担。

赔偿义务人造成的生态环境损害无法修复的，其赔偿资金作为政府非税收入，全额上缴地方国库，纳入地方预算管理。试点地方根据磋商或判决要求，结合本区域生态环境损害情况开展替代修复。

10.4.4.4　生态补偿引入社会资金

蒙阴县的生态补偿主要以中共中央或省级政府部门的财政资金作为资金来源，是一种典型的由政府部门主导的生态补偿机制，补偿主体和受偿主体一般也以地方政府为代表。然而，面对全县生态环境保护的大量资金需求以及相关政策约束下导致的机会成本，仅依靠上级政府的财政资金投入很难有效满足区域内生态建设资金需求，更难弥补区域发展的机会成本。在财政资金显得"杯水车薪"的情况下，社会资本参与区域生态补偿十分必要。

专栏 10-4

设置生态补偿基金

蒙阴县可设置生态补偿基金，其资金包括引导资金和社会资本两部分。其中，引导资金主要来源于政府投入以及利益相关方（如旅游企业、农产品加工企业、酒类企业）的环保投入。作为整个基金的种子资金，引导性资金与基金潜在的投资项目对接，通过贴息、担保等方式提高项目的收益率，进而吸纳社会资本以扩大资金规模。

需要成立专业化的蒙阴县环境保护基金管理公司作为基金的一般合伙人，具体负责基金的运作管理，而其他投资者则作为基金的有限合伙人参与基金。

设立蒙阴县环境保护基金投资决策委员会负责基金投资项目的决策，基金管理公司承担投资决策委员会的秘书处职能。同时，投资决策委员会还将包括基金的部分重要有限合伙人、政府方代表及基金管理专家等重要相关方。

投资决策委员会的设立可以有效保障基金投资项目选择的合理性，协调生态保护目标与经济利益目标，进而保障区域生态补偿基金的可持续性，确保投资方向有利于蒙阴县环境生态保护的初始目标。

蒙阴县环境保护基金管理公司需要设立专门的风险控制部门，控制基金的市场化风险；山东省政府需要承担基金运作的政策风险，进而实现风险分担的最优对应。

作为生态补偿机制的一种创新模式，生态补偿基金要投入一些财政资金所无法支撑的非营利性项目建设中，促进蒙阴县的生态保护和社区居民发展，实现由传统的"资金补偿"到"产业补偿"的发展。

基金的整体收益率仍然是吸引社会资本的关键所在，因此基金也需要投资一些盈利能力较强的环境友好型产业项目。通过较高的投资盈利保障基金总体的投资回报，是实现 PPP 模式利益共享的基本要求。

云蒙湖区域在生态农业、退耕还林产业、生态旅游、环境类项目等产业中都存在较好的发展前景。同时,这些产业也都属于各地方政府经济发展规划的重点领域,具有较大的资金需求。在具体的投资运作中还需要进一步识别出具有较大潜力的盈利性项目,保障区域生态补偿机制的持续性。

10.4.5　健全市场运行机制

10.4.5.1　推行排污权交易制度

排污权交易是指在污染物排放总量控制指标确定的条件下,利用市场机制,建立合法的污染物排放权利,即排污权,并允许这种权利像商品那样被买入和卖出,以此来进行污染物的排放控制,从而达到减少排放量、保护环境的目的。

蒙阴县推行排污权交易制度包括以下方面:

(1)科学核定排污总量。开展污染源普查,全面掌握全县范围内的各类污染源的数量、行业和分布,了解主要污染物及其排放量、排放去向、污染治理设施运行状况、污染治理水平和治理费用等情况,根据环境质量标准、环境容量现状、污染源情况、经济发展状况、生态功能区划要求等因素缜密考虑,科学核定区域内排污总量,以确保排污权交易顺利开展。

(2)逐步提高排污费收费标准,改变违法成本低于守法或治理成本问题,促使企业参与排污权交易。首先提高区域环境容量范围内排污的排污费征收标准,至少使排污费征收标准不低于排污权交易价格;其次进一步采取"总量控制"的管理策略,严格禁止企业超过区域环境容量的排污行为,促使企业只能通过到排污权二级市场上购买,才可以多排污。

10.4.5.2　探索林业碳汇交易

林业碳汇即是指森林植物吸收大气中的二氧化碳并将其固定在植被或土壤中,从而减少该气体在大气中的浓度。森林是陆地生态系统中最大的碳库,在降低大气中温室气体浓度、减缓全球气候变暖中,具有十分重要的生态效益。当前,国际社会高度重视森林在减缓与适应气候变化中的功能与作用。国内许多地区已经开始尝试林业碳汇交易项目开发。2013 年 10 月以来,我国林业碳汇备案项目达 100 多个,分布在吉林、广东、黑龙江、湖南等十多个省份,相关方法学也已经完备,国家发改委已发布了包括造林碳汇、森林经营管理、竹林碳汇以及草场可持续管理 4 个农林碳汇项目的方法学。

实施林业碳汇项目,一方面可以充分发挥林业在当前和未来应对气候变化中的作用,另一方面也可以拓宽林业发展的融资渠道,改变生态建设单纯依靠政府投资的格局。引入民间资金参与森林培育,探索生态建设投融资机制的改革,同时推动我国森林生态服务市场的发育,补充完善国家生态效益补偿基金。

我国的林业碳汇项目分为造林项目和森林经营类项目。造林项目是指在某段时间以来的无林地上植树造林,形成森林固碳能力;森林经营碳汇项目是指通过科学经营森林,将生物量和碳密度较低的林分,逐步转变为生物量和碳密度较高的林分,从而增强现有森林的固碳能力和综合效益的一种碳汇项目。

针对蒙阴县森林覆盖率高达 80% 以上、可用于造林的土地面积较少的情况,可以考虑重点申请森林经营碳汇项目,通过科学抚育经营,提高现有的林木资源的固碳能力,实现二氧化碳减排。

专栏 10-5

碳汇项目开发步骤

第一步:项目设计

由技术支持机构(咨询机构),按照国家有关规定,开展基准线识别、造林作业设计调查和编制造林作业设计(造林类项目),或森林经营方案(森林经营类项目),并报地方林业主管部门审批,获取批复。

请地方环保部门出具环保证明文件(免环评证明)。

按照国家《温室气体自愿减排交易管理暂行办法》(发改气候〔2012〕1668号)、《温室气体自愿减排项目审定与核证指南》(发改气候〔2012〕2862号)和林业碳汇项目方法学的相关要求,由项目业主或技术支持机构开展调研和开发工作,识别项目的基准线、论证额外性,预估减排量,编制减排量计算表、编写项目设计文件(PDD)并准备项目审定和申报备案所有必需的一整套证明材料和支持性文件。

第二步:项目审定

由项目业主或咨询机构,委托国家发改委批准备案的审定机构,依据《温室气体自愿减排交易管理暂行办法》《温室气体自愿减排项目审定与核证指南》和选用的林业碳汇项目方法学,按照规定的程序和要求开展独立审定。项目审定程序又细分为7个环节,详见《温室气体自愿减排项目审定与核证指南》。由项目业主或技术咨询机构,跟踪项目审定工作,并及时反馈审定机构就项目提出的问题和澄清项,修改、完善项目设计文件。审定合格的项目,审定机构出具正面的审定报告。

截至目前,具有资质的审核CCER林业碳汇项目的审核机构有6家:中环联合(北京)认证中心有限公司(CEC)、中国质量认证中心(CQC)、广州赛宝认证中心服务有限公司(CEPREI)、北京中创碳投科技有限公司、中国林业科学研究院林业科技信息研究所(RIFPI)、中国农业科学院(CAAS)。

第三步:项目备案

项目经审定后,向国家发改委申请项目备案。项目业主企业(央企除外)需经过省级发改委初审后转报国家发改委,同时需要省级林业主管部门出具项目真实性的证明,主要证明土地合格性及项目活动的真实性。

国家发改委委托专家进行评估,并依据专家评估意见对自愿减排项目备案申请进行审查,对符合条件的项目予以备案。

第四步:项目实施

根据项目设计文件、林业碳汇项目方法学和造林或森林经营项目作业设计等要求,开展营造林项目活动。

第五步:项目监测

按备案的项目设计文件、监测计划、监测手册实施项目监测活动,测量造林项目实际碳汇量,并编写项目监测报告(MR),准备核证所需的支持性文件,用于申请减排量核证和备案。

第六步:项目核证

由业主或咨询机构,委托国家发改委备案的核证机构进行独立核证。核证程序又细分为7个环节,详见《温室气体自愿减排项目审定与核证指南》。由项目业主或技术咨询机构,陪同、跟踪项目核证工作,并及时反馈核证机构就项目提出的问题,修改、完善项目监测报告。审核合格的项目,核证机构出具项目减排量核证报告。

第七步:减排量备案签发

由项目业主直接向国家发改委提交减排量备案申请材料。由国家发改委委托专家进行评估,并依据专家评估意见对自愿减排项目减排量备案申请材料进行联合审查,对符合要求的项目给予减排量备案签发。

10.4.5.3 促进环境污染第三方治理

环境污染第三方治理是排污者通过缴纳或按合同约定支付费用,委托环境服务公司进行污染治理的新模式。第三方治理是推进环保设施建设和运营专业化、产业化的重要途径,是促进环境服务业发展的有效措施。

环境污染第三方治理主要有两种运作模式:一种是适用于新建、扩建项目的"委托治理服务"型。排污企业以签订治理合同的方式,委托环境服务公司对新建、扩建的污染治理设施进行融资建设、运营管理、维护及升级改造,并按照合同约定支付污染治理费用。在合同期内,环境服务公司通过第三方运营确保达到合同约定的减排要求,并承担相应的法律责任。另一种是适用于已建成项目的"托管运营服务"型。排污企业以签订托管运营合同的方式,委托环境服务公司对已建的污染治理设施进行运营管理、维护升级改造等,并按照合同约定支付托管运营费用。在合同期内,环境服务公司通过第三方运营确保达到合同约定的污染减排要求,并承担相应的法律责任。两种模式的区别在于环境服务公司是否拥有治污设施的产权。前者拥有或者部分拥有产权,后者不拥有产权,只接受排污企业托管,负责其治污设施运营管理。

蒙阴县在环境保护基础设施建设方面,如污水处理厂建设、垃圾处理厂建设,可采用第三方治理模式。政府部门财力、人力有限,难以负责每座污水处理设施、垃圾处理设施的运营。环境保护基础设施转由掌握专业技术及管理经验的环境服务公司进行运营,可以降低治污成本,提高治污效率。政府环保部门则加强对环保企业的监管,可有效降低环境污染事件的风险。

专栏 10-6

贵州龙里县环境污染第三方治理

(1)龙里县同壹水务有限公司运营的龙里县污水处理厂

早在 2008 年,龙里县政府决定要建设生活污水处理设施解决县城生活污水处理问题时,就要求采用 BOO 模式(建设-拥有-运营)进行建设。县政府与龙里县同壹水务有限公司于 2008 年 5 月签订项目建设运营合同,由龙里县同壹水务有限公司出资修建并运行龙里县污水处理厂,县政府向龙里县同壹水务有限公司支付处置费用。

(2)贵州新欣环保投资有限责任公司运营的龙里县生活垃圾卫生填埋场

2009 年 2 月,龙里县政府与山东万通环保工程有限公司签订生活垃圾卫生填埋处置工程建设合同,采用 BT 模式(建设-移交)。项目建设完成后,直接移交龙里县政府使用。2014 年 12 月,县政府正式与山东新欣环保投资有限责任公司签订运营合同,县政府向山东新欣环保投资有限责任公司支付处置费用。

10.5　本章小结

推进生态文明建设是一个长期的过程,依赖于一个规范的、长期的、稳定的制度环境,形成"硬约束"的长效机制。制度文明是生态文明的重要内容,也是生态文明建设的根本保障。要把环境公平正义的要求体现到经济社会决策和管理中,加大制度创新和体制机制改革的力度,引导、规范和约束各类开发、利用、保护自然资源和生态环境的行为。蒙阴县从源头保护制度、过程严管制度、政绩考核和责任追究制度、完善经济政策、健全市场运行机制等方面构筑了完善的生态制度体系。

参考文献

蔡登谷,2007.生态文化体系建设的内容[J].中国林业(14):5.

蔡登谷,2015.北京森林与生态文化——北京生态文化体系建设的战略思考[J].绿化与生活(3):6-11.

蔡文杰,涂方园,2019.武汉城市圈城镇化与生态环境耦合协调研究[J].资源开发与市场,35(11):1368-1374.

蔡永海,谢滟檬,2014.我国生态文明制度体系建设的紧迫性、问题及对策分析[J].思想理论教育导刊(2):71-75.

曹丽平,2015.中部六省生态文明建设指标体系与测度研究[D].郑州:郑州大学.

曹伟宏,王淑新,2017.京津冀地区城市人居环境气候舒适性评价[J].冰川冻土,39(2):435-442.

岑家伟,2018.环杭州湾地区人居环境适宜性研究[D].上海:上海师范大学.

曾刚,2009.基于生态文明的区域发展新模式与新路径[J].云南师范大学学报(哲学社会科学版),41(5):33-43.

曾菊新,杨晴青,刘亚晶,等,2016.国家重点生态功能区乡村人居环境演变及影响机制——以湖北省利川市为例[J].人文地理,31(1):81-88.

柴燕妮,魏冠军,侯伟,等,2018.空间视角下的多尺度生态环境质量评价方法[J].生态学杂志,37(2):596-604.

陈海嵩,2015."生态红线"制度体系建设的路线图[J].中国人口·资源与环境,25(9):52-59.

陈健鹏,2019.完善生态文明制度体系,推进生态环境治理体系和治理能力现代化[J].中国发展观察(24):12-15.

陈菁,洪婉娜,2018.近17年粤东与闽南地区人居环境变化对比研究[J].经济地理,38(7):84-89.

陈晶,余振国,孙晓玲,等,2020.基于山水林田湖草统筹视角的矿山生态损害及生态修复指标研究[J].环境保护,48(12):58-63.

陈娟,2017.能源互联网背景下的区域分布式能源系统规划研究[D].北京:华北电力大学.

陈立群,熊国礼,李现超,等,2021.鲁西南地区县域生态演变及生态保护策略探究——以菏泽市东明县为例[C]//2020—2021中国城市规划年会暨2021中国城市规划学术季.

陈硕,2019.坚持和完善生态文明制度体系:理论内涵、思想原则与实现路径[J].新疆师范大学学报(哲学社会科学版),40(6):18-26.

陈卫平,杨阳,谢天,等,2018.中国农田土壤重金属污染防治挑战与对策[J].土壤学报,55(2):261-272.

陈昕,彭建,刘焱序,等,2017.基于"重要性—敏感性—连通性"框架的云浮市生态安全格局构建[J].地理研究,36(3):471-484.

成金华,陈军,易杏花,2013.矿区生态文明评价指标体系研究[J].中国人口·资源与环境,23(2):1-10.

成金华,尤喆,2019.华山水林田湖草是生命共同体"原则的科学内涵与实践路径[J].中国人口·资源与环境,29(2):1-6.

程丕金,2010.浅谈生态文化体系建设的内容及其重点[J].新疆林业(2):9-10.

丛艳国,夏斌,魏立华,2013.广州社区人居环境满意度人群及空间差异特征[J].人文地理,28(4):53-57.

崔秀萍,刘果厚,2011.呼和浩特城市生态系统环境评价与分析[J].地域研究与开发,30(6):79-83.

代静,王小燕,刘善军,等,2020.市级生态保护红线生态补偿框架初探——以济南市为例[J].环境保护科学,46(1):47-52.

但新球,李晓明,2008.生态文化体系架构的初步设想[J].中南林业调查规划(3):50-53.

邓宗兵,宗树伟,苏聪文,等,2019.长江经济带生态文明建设与新型城镇化耦合协调发展及动力因素研究[J].经济地理,39(10):78-86.

刁尚东,2013.我国特大城市生态文明评价指标体系研究[D].北京:中国地质大学.

杜明娥,2010.生态文化:社会主义核心价值体系的时代内涵[J].社会科学辑刊(1):44-46.

方世南,2020.生态文明制度体系优势转化为生态治理效能研究[J].南通大学学报(社会科学版),36(3):1-7.

冯琰玮,甄江红,2022.内蒙古自治区人居环境综合适宜性评价及空间优化[J].地球信息科学学报,24(6):1204-1217.

冯志峰,黄世贤,2013.生态文明考核评价制度建设:现状、体系与路径——以江西省生态文明建设为研究个案[J].兰州商学院学报,29(4):98-105.

伏润民,缪小林,2015.中国生态功能区财政转移支付制度体系重构——基于拓展的能值模型衡量的生态外溢价值[J].经济研究,50(3):47-61.

付允,马永欢,刘怡君,等,2008.低碳经济的发展模式研究[J].中国人口·资源与环境(3):14-19.

高复阳,2020.金融发展、技术创新对环境污染的影响研究[D].北京:中国地质大学.

高家骧,李雪铭,陈大川,等,2017.基于 GIS 的大连市沙河口区城市绿地公平性研究——以可持续人居环境为视角[J].测绘通报(6):40-44,52.

高锡林,2017.繁荣生态文化体系推动生态文明建设[J].内蒙古林业(8):4-5.

高学武,刘丽莉,王吉祥,2008.我国新农村生态文化体系构建研究[J].环境保护与循环经济,28(11):45-48.

高玉慧,罗春雨,张宏强,等,2014.黑龙江省生态文明建设指标体系研究[J].国土与自然资源研究(5):21-22.

谷永泉,杨俊,冯晓琳,等,2015.中国典型旅游城市人居环境适宜度空间分异研究[J].地理科学,35(4):410-418.

关成华,韩晶,2018.城市绿色发展战略研究[J].中国国情国力(5):45-48.

关文彬,谢春华,马克明,等,2003.景观生态恢复与重建是区域生态安全格局构建的关键途径[J].生态学报(1):64-73.

关琰珠,郑建华,庄世坚,2007.生态文明指标体系研究[J].中国发展(2):21-27.

郭本初,2020.中国省域生态文明建设水平测度与影响因素研究[D].武汉:中南财经政法大学.

郭茹,廖婷,2018.生态文化村评价指标体系构建及应用[J].城乡规划(4):66-72.

郭亚红,2014."美丽中国"生态文明制度体系构建与实践路径选择[J].理论与改革(2):80-83.

郭正春,2018.加快构建中国特色生态文化体系[J].社会主义论坛(7):12-13.

韩宗伟,焦胜,胡亮,等,2019.廊道与源地协调的国土空间生态安全格局构建[J].自然资源学报,34(10):2244-2256.

郝庆,邓玲,封志明,2019.国土空间规划中的承载力反思:概念、理论与实践[J].自然资源学报,34(10):2073-2086.

何化利,2015.美丽中国愿景下的生态文明制度体系构建[J].中学政治教学参考(12):11-12.

何玲,贾启建,李超,等,2016.基于生态系统服务价值和生态安全格局的土地利用格局模拟[J].农业工程学报,32(3):275-284.

洪银兴,刘伟,高培勇,等,2018.习近平新时代中国特色社会主义经济思想笔谈[J].中国社会科学(9):4-73,204-205.

侯小波,何延昆,2018.新时代高校生态文化建设体系研究[J].天津大学学报(社会科学版),20(4):350-355.

《湖南林业》编辑部,2007.建设繁荣的生态文化体系[J].湖南林业(11):1.

胡潇方,2007.浅析加拿大自然保护区规划体系[J].科技创新导报(33):66.

郇庆治,2016.社会主义生态文明观与"绿水青山就是金山银山"[J].学习论坛,32(5):42-45.

黄娟,王惠中,孙兆海,等,2011.江苏生态文明建设指标体系研究[J].环境科学与管理,36(12):157-161.

黄宁,崔胜辉,刘启明,等,2012.城市化过程中半城市化地区社区人居环境特征研究——以厦门市集美区为例[J].地理科学进展,31(6):750-760.

黄蓉生,2015.我国生态文明制度体系论析[J].改革(1):41-46.

黄贤金,杨达源,2016.山水林田湖生命共同体与自然资源用途管制路径创新[J].上海国土资源,37(3):1-4.

黄新荣,2003.中国古代乡村环境美初探[J].华南农业大学学报(社会科学版)(2):88-93.

黄雪媛,孙小霞,苏时鹏,2014.饮用水源地经济与环境协调发展的路径探析[J].福建农林大学学报(哲学社会科学版),17(2):47-51.

贾宏杰,王丹,徐宪东,等,2015.区域综合能源系统若干问题研究[J].电力系统自动化,39(7):198-207.

蒋大林,曹晓峰,匡鸿海,等,2015.生态保护红线及其划定关键问题浅析[J].资源科学,37(9):1755-1764.

晋培育,李雪铭,冯凯,2011.辽宁城市人居环境竞争力的时空演变与综合评价[J].经济地理,31(10):1638-1644.

匡跃辉,谢华,尹小礼,2010."两型社会"生态文化体系构建——长株潭城市群实证分析[J].中国集体经济(6):179-180.

雷毅,2018.余谋昌生态思想评析[J].鄱阳湖学刊(2):14-19.

李波,于水,2018.生态公民:生态文明建设的社会基础[J].西南民族大学学报(人文社科版),39(3):199-204.

李伯华,刘沛林,窦银娣,2014a.乡村人居环境系统的自组织演化机理研究[J].经济地理,34(9):130-136.

李伯华,刘沛林,窦银娣,等,2014b.景区边缘型乡村旅游地人居环境演变特征及影响机制研究——以大南岳旅游圈为例[J].地理科学,34(11):1353-1360.

李航,李雪铭,田深圳,等,2017.城市人居环境的时空分异特征及其机制研究——以辽宁省为例[J].地理研究,36(7):1323-1338.

李宏,尚华,2020.新时代生态文明制度体系的整体构建[J].辽宁行政学院学报(5):86-90.

李帅,魏虹,倪细炉,等,2014.基于层次分析法和熵权法的宁夏城市人居环境质量评价[J].应用生态学报,25(9):2700-2708.

李双江,胡亚妮,崔建升,等,2013.石家庄经济与人居环境耦合协调演化分析[J].干旱区资源与环境,27(4):8-15.

李晓翠,何建华,2017.生态红线划定的技术方法研究——以鄂州市为例[J].测绘与空间地理信息,40(1):50-55.

李雪铭,李明,2008.基于体现人自我实现需要的中国主要城市人居环境评价分析[J].地理科学,28(6):742-747.

李雪铭,田深圳,杨俊,等,2014.城市人居环境的失配度——以辽宁省14个市为例[J].地理研究,33(4):687-697.

李雪铭,张英佳,高家骥,2014.城市人居环境类型及空间格局研究——以大连市沙河口区为例[J].地理科学,34(9):1033-1040.

李雪铭,白芝珍,田深圳,等,2019.城市人居环境宜居性评价——以辽宁省为例[J].西部人居环境学刊,34(6):86-93.

李雪铭,郭玉洁,田深圳,等,2019.辽宁省城市人居环境系统耦合协调度时空格局演变及驱动力研究[J].地理科学,39(8):1208-1218.

李雪铭,徐梁,田深圳,等,2022.基于地理尺度的中国人居环境研究进展[J].地理科学,42(6):951-962.

李艳芳,曲建武,2018.城市生态文明建设评价指标体系设计与实证[J].统计与决策,34(5):57-59.

李振勇,2009.从发展森林文化入手构建生态文化体系[J].河北林业(6):10-11.

李周,2020.夯实生态文明制度体系加快生态文明建设进程[J].中国农村经济(6):18-20.

廖波,2012.论小浪底生态文化体系建设[J].水利发展研究,12(8):79-81.

廖江华,2009.构建校园生态文化体系促进创新型人才培养[J].廊坊师范学院学报(社会科学版),25(6):62-64.

林伯强,李江龙,2015.环境治理约束下的中国能源结构转变——基于煤炭和二氧化碳峰值的分析[J].中国社会科学(9):84-107,205.

林坚,吴宇翔,吴佳雨,等,2018.论空间规划体系的构建——兼析空间规划、国土空间用途管制与自然资源监管的关系[J].城市规划,42(5):9-17.

林坚,2019.建立生态文化体系的重要意义与实践方向[J].国家治理(5):40-44.

林勇,樊景凤,温泉,等,2016.生态红线划分的理论和技术[J].生态学报,36(5):1244-1252.

刘登娟,黄勤,邓玲,2014.中国生态文明制度体系的构建与创新——从"制度陷阱"到"制度红利"[J].贵州社会科学(2):17-21.

刘贺,2020.基于街道尺度的城市人居环境活力研究[D].大连:辽宁师范大学.

刘建国,张文忠,2014.人居环境评价方法研究综述[J].城市发展研究,21(6):46-52.

刘颂,刘滨谊,1999.城市人居环境可持续发展评价指标体系研究[J].城市规划汇刊(5):35-37.

刘威尔,宇振荣,2016.山水林田湖生命共同体生态保护和修复[J].国土资源情报(10):37-39,15.

刘伟玮,全占军,罗建武,等,2019.新时期生态监管职能解析及制度体系构建建议[J].环境科学研究,32(8):1259-1263.

刘志博,郝钟,张海英,等,2020.黄河流域省域生态文明建设评价初探[J].环境保护,48(17):49-54.

卢丹阳,王钦昊,2009.谈森林公园在林业生态文化体系建设中的重要作用[J].林业勘查设计(1):47-48.

罗萍嘉,苗晏凯,2019."外因到内生":村民参与视角下乡村人居环境改善影响机制研究——以徐州市吴邵村为例[J].农村经济(10):101-108.

马俊杰,2007.公路建设工程的风险管理[J].黑龙江交通科技(10):123-124.

马克明,傅伯杰,黎晓亚,等,2004.区域生态安全格局:概念与理论基础[J].生态学报(4):761-768.

马萍,2021.完善生态文明制度体系保障生态安全屏障建设[J].经济研究导刊(36):41-43.

马琪,刘康,刘文宗,等,2018.干旱半干旱区生态保护红线划分研究——以"多规合一"试点榆林市为例[J].地理研究,37(1):158-170.

马仁锋,候勃,窦思敏,等,2018.海洋生态文化的认知与实践体系[J].宁波大学学报(人文科学版),31(1):113-119.

马志伟,2017.雨花台区实施生态红线保护工作的困难与建议[J].西部资源(1):66-67.

毛显强,钟瑜,张胜,2002.生态补偿的理论探讨[J].中国人口·资源与环境(4):40-43.

梅子侠,孙鸽,2014.创新林区生态制度体系建设研究——以黑龙江省大兴安岭为例[J].林业经济,36(7):114-117.

宓泽锋,曾刚,尚勇敏,等,2016.中国省域生态文明建设评价方法及空间格局演变[J].经济地理,36(4):15-21.

穆虹,2019.坚持和完善生态文明制度体系[J].宏观经济管理(12):8-11.

倪维秋,2017.土地生态红线划定策略初探[J].中国土地(12):32-33.

聂国良,张成福,2020.中国环境治理改革与创新[J].公共管理与政策评论,9(1):44-54.

宁越敏,查志强,1999.大都市人居环境评价和优化研究——以上海市为例[J].城市规划(6):14-19,63.

钮小杰,2015.重点生态功能区生态文明建设社会经济评价指标体系研究[D].昆明:云南大学.

庞庆明,程恩富,2016.论中国特色社会主义生态制度的特征与体系[J].管理学刊,29(2):1-6.

彭一然,2016.中国生态文明建设评价指标体系构建与发展策略研究[D].北京:对外经济贸易大学.

祁新华,程煜,陈烈,等,2007.国外人居环境研究回顾与展望[J].世界地理研究(2):17-24.

钱海燕,陈葵,戴星照,等,2014.农村生活污水分散式处理研究现状及技术探讨[J].中国农学通报,30(33):176-180.

钱坤,金艳,陈志,2013.武汉城市圈城市化与人居环境协调发展研究[J].湖北科技学院学报,33(3):44-46.

钱敏蕾,李响,徐艺扬,等,2015.特大型城市生态文明建设评价指标体系构建——以上海市为例[J].复旦学报(自然科学版),54(4):389-397.

秦书生,王曦晨,2021.坚持和完善生态文明制度体系:逻辑起点、核心内容及重要意义[J].西南大学学报(社会科学版),47(6):1-10.

任保平,李禹墨,2018.新时代我国高质量发展评判体系的构建及其转型路径[J].陕西师范大学学报(哲学社会科学版),47(3):105-113.

尚文绣,王忠静,赵钟楠,等,2016.水生态红线框架体系和划定方法研究[J].水利学报,47(7):934-941.

石莹,何爱平,2016.生态文明建设:一个研究进展述评[J].区域经济评论(2):152-160.

汤峰,王力,张蓬涛,等,2020.基于生态保护红线和生态网络的县域生态安全格局构建[J].农业工程学报,36(9):263-272.

唐克勇,杨怀宇,杨正勇,2011.环境产权视角下的生态补偿机制研究[J].环境污染与防治,33(12):87-92.

唐宁,王成,2018.重庆县域乡村人居环境综合评价及其空间分异[J].水土保持研究,25(2):315-321.

唐宁,王成,杜相佐,2018.重庆市乡村人居环境质量评价及其差异化优化调控[J].经济地理,38(1):160-165,173.

田鹏颖,2009.生态问题及其根源的哲学反思[J].甘肃理论学刊(5):9-12.

田倩情,2020.湖南省桃源县生态文明建设成效评估[D].长沙:湖南师范大学.

田文富,2014a.论社会主义生态文明制度体系建设[J].区域经济评论(5):109-112.

田文富,2014b.培育生态文明意识,构建生态文化体系——以郑州市为例[J].黄河科技大学学报,16(4):77-80.

童晶,2015.新型城镇化建设背景下的水源保护研究——以成都郫县饮用水源地保护为例[J].中共成都市委党校学报(6):59-63.

汪希,2016.中国特色社会主义生态文明建设的实践研究[D].成都:电子科技大学.

王棒,关文彬,吴建安,等,2006.生物多样性保护的区域生态安全格局评价手段——多样性分析[J].水土保持研究(1):192-196.

王波,王夏晖,张笑千,2018.千山水林田湖草生命共同体"的内涵、特征与实践路径——以承德市为例[J].环境保护,46(7):60-63.

王灿发,江钦辉,2014.论生态红线的法律制度保障[J].环境保护,42(z1):30-33.

王成,李颢颖,何焱洲,等,2019.重庆直辖以来乡村人居环境可持续发展力及其时空分异研究[J].地理科学进展,38(4):556-566.

王丹丹,2018.关于中国特色社会主义生态文明制度哲学的理论思考[J].现代交际(8):208-209.

王海,2019.空间理论视阈下当代中国城市治理研究[D].长春:吉林大学.

王怀毅,李忠魁,俞燕琴,2022.中国生态补偿:理论与研究述评[J].生态经济,38(3):164-170.

王金南,宁淼,孙亚梅,2012.区域大气污染联防联控的理论与方法分析[J].环境与可持续发展,37(5):5-10.

王娟娟,何佳琛,2013.西部地区生态环境脆弱性评价[J].统计与决策(22):49-52.

王蓉,2011.生态文明评价指标体系构建及应用研究[D].西安:长安大学.

王夏晖,何军,饶胜,等,2018.山水林田湖草生态保护修复思路与实践[J].环境保护,46(z1):17-20.

王向东,2020.加快构建以生态价值观为准则的生态文化体系——以扬州为例[J].经济研究导刊(36):142-143.

王兴杰,张骞之,刘晓雯,等,2010.生态补偿的概念、标准及政府的作用——基于人类活动对生态系统作用类型分析[J].中国人口·资源与环境,20(5):41-50.

王韵杰,张少君,郝吉明,2019.中国大气污染治理:进展·挑战·路径[J].环境科学研究,32(10):1755-1762.

王泽云,2005.建筑施工技术(第4版)[M].重庆:重庆大学出版社.

温斯棋,2019.习近平生态文明思想研究[D].大庆:东北石油大学.

邬晓燕,2020.新时代生态文明制度体系建设:进展、问题与多维路径[J].北京交通大学学报(社会科学版),19(4):23-28.

吴斌,2015.关于京津冀生态保护和建设的几点思考——北京生态文化体系建设的战略思考[J].绿化与生活(4):38-43.

吴丹洁,詹圣泽,李友华,等,2016.中国特色海绵城市的新兴趋势与实践研究[J].中国软科学(1):79-97.

吴乐,靳乐山,2018.贫困地区生态补偿对农户生计的影响研究——基于贵州省三县的实证分析[J].干旱区资源与环境,

32(8):1-7.

吴良镛,1996.关于人居环境科学[J].城市发展研究(1):1-5,62.

吴良镛,2001.人居环境科学导论[M].北京:中国建筑工业出版社.

吴平,2009.少数民族原生态文化保护体系创新与发展[J].西南民族大学学报(人文社科版),30(11):77-81.

吴舜泽,崔金星,殷培红,2020.把生态文明制度体系优势转化为生态环境治理效能——解读《关于构建现代环境治理体系的指导意见》[J].环境与可持续发展,45(2):5-8.

奚恒辉,崔旺来,陈骏玲,2022.基于自然资源产权视角的海岛生态补偿机制研究[J].海洋湖沼通报,44(1):171-178.

夏广毅,2015.新常态背景下生态文明制度体系建设研究[J].赤子(上中旬)(22):125.

夏钰,林爱文,朱弘纪,2017.长三角地区城市人居环境适宜度空间格局演变[J].生态经济,33(2):112-117.

谢锐,陈严,韩峰,等,2018.新型城镇化对城市生态环境质量的影响及时空效应[J].管理评论,30(1):230-241.

徐岩,2014.建设性后现代主义视角下中国生态文化体系的构建[J].青岛农业大学学报(社会科学版),26(2):68-72.

许玲燕,杜建国,刘高峰,2017.基于云模型的太湖流域农村水环境承载力动态变化特征分析—以太湖流域镇江区域为例[J].长江流域资源与环境,26(3):445-453.

许敏娟,2021.论我国生态文明制度体系建设的历史进程与完善路径[J].安徽农业大学学报(社会科学版),30(2):35-41.

杨洪刚,2009.中国环境政策工具的实施效果及其选择研究[D].上海:复旦大学.

杨俊,李雪铭,李永化,等,2012.基于DPSIRM模型的社区人居环境安全空间分异——以大连市为例[J].地理研究,31(1):135-143.

杨晴青,杨新军,高岩辉,2019.1980年以来黄土高原半干旱区乡村人居环境系统脆弱性时序演变——以陕西省佳县为例[J].地理科学进展,38(5):756-771.

杨姗姗,邹长新,沈渭寿,等,2016.基于生态红线划分的生态安全格局构建——以江西省为例[J].生态学杂志,35(1):250-258.

杨万平,赵金凯,2018.中国人居生态环境质量的时空差异及影响因素研究[J].华东经济管理,32(2):658-677.

杨勇,阮晓莺,2018.论习近平生态文明制度体系的逻辑演绎和实践向度[J].思想理论教育导刊(2):22-26.

姚佳,王敏,黄宇驰,等,2015.我国生态保护红线三维制度体系——以宁德市为例[J].生态学报,35(20):6848-6856.

姚岚,丁庆龙,俞振宁,等,2019.生态保护红线研究评述及框架体系构建[J].中国土地科学,33(7):11-18.

姚志友,2017.我国环境问题的现实逻辑与应对指向——基于习近平总书记系列讲话的分析[J].理论与改革(1):33-37.

于晶晶,王康,2018.京津冀跨区域生态文明制度体系的法治构建研究[J].法制与经济(11):149-150.

俞海,任勇,2008.中国生态补偿:概念、问题类型与政策路径选择[J].中国软科学(6):7-15.

俞可平,2015.文明的教化[J].同舟共进(3):36-37.

俞孔坚,李迪华,韩西丽,2005.论"反规划"[J].城市规划(9):64-69.

俞孔坚,王思思,李迪华,等,2009.北京市生态安全格局及城市增长预景[J].生态学报,29(3):1189-1204.

宇振荣,郧文聚,2017.山水林田湖"共治共管治"三位一体"同护同建[J].中国土地(7):8-11.

云小鹏,马莉,2020.京津冀跨区域生态文明建设制度体系法治完善研究[J].经济师(12):11-13.

湛东升,张文忠,党云晓,等,2015.中国城市化发展的人居环境支撑条件分析[J].人文地理,30(1):98-104.

张昶,王成,2012.生态文化建设的内容体系及其林业载体构建[J].中国城市林业,10(6):5-8.

张欢,成金华,冯银,等,2015.特大型城市生态文明建设评价指标体系及应用——以武汉市为例[J].生态学报,35(2):547-556.

张纪华,2017.争当生态文明建设排头兵擦亮"绿色云南"名片[J].环境保护,45(22):47-52.

张黎丽,2011.西部地区生态文明建设指标体系的研究[D].杭州:浙江大学.

张平,黎永红,韩艳芳,2015.生态文明制度体系建设的创新维度研究[J].北京理工大学学报(社会科学版),17(4):9-17.

张乾元,冯红伟,2020.中国生态文明制度体系建设的历史赓续与现实发展:基于历史、现实与目标的三维视角[J].重庆社会科学(1):5-16.

张文忠,2019.中国人居环境基本格局与优化对策[J].智库理论与实践,4(4):68-70,74.

张武宏,2010.基于BP神经网络的城市人居环境生态安全评价体系研究[D].赣州:江西理工大学.

张小飞,李正国,王如松,等,2009.基于功能网络评价的城市生态安全格局研究——以常州市为例[J].北京大学学报(自然科学版),45(4):728-736.

张修玉,李远,石海佳,等,2015.试论生态文明制度体系的构建[J].中国环境管理,7(4):38-42.

张雪,2015.论生态红线法律保障的困境及其解决[C]//中国环境资源法学研究会2015年年会暨2015年全国环境资源法学研讨会.

张云彬,吴伟,刘勇,2010.中国城市人居环境的综合水平评价与区域分异[J].华中农业大学学报,29(5):623-628.

张照新,赵海,2013.新型农业经营主体的困境摆脱及其体制机制创新[J].改革(2):78-87.

张子玉,2016.中国特色生态文明建设实践研究[D].长春:吉林大学.

赵成,于萍,2016.生态文明制度体系建设的路径选择[J].哈尔滨工业大学学报(社会科学版),18(5):107-114.

赵大鹏,2013.中国智慧城市建设问题研究[D].长春:吉林大学.

赵好战,2014.县域生态文明建设评价指标体系构建技术研究[D].北京:北京林业大学.

赵继伦,仇竹妮,2013.构建生态文化体系的思考[J].新长征(7):44-45.

赵可金,翟大宇,2018.互联互通与外交关系——一项基于生态制度理论的中国外交研究[J].世界经济与政治(9):88-108.

赵连友,杨广斌,陈智虎,等,2017.喀斯特地区生态红线划定研究——以正安县为例[J].绵阳师范学院学报,36(2):100-110.

赵婷婷,荆惠霖,陆夏轶,等,2021.南四湖流域水生态文明建设评价指标体系构建[J].人民黄河,43(3):107-111.

赵文霞,2018.关于"山水林田湖草生命共同体"的几点哲学思考[J].国家林业局管理干部学院学报,17(4):3-7.

赵筱青,王海波,杨树华,等,2009.基于GIS支持下的土地资源空间格局生态优化[J].生态学报,29(9):4892-4901.

郑艳玲,高建山,2018.生态文明视域下生产者责任延伸制度的政策体系建设[J].治理现代化研究(2):89-96.

钟秋波,2013.我国农业科技推广体制创新研究[D].成都:西南财经大学.

周晨,丁晓辉,李国平,等,2015.南水北调中线工程水源区生态补偿标准研究——以生态系统服务价值为视角[J].资源科学,37(4):792-804.

周文广,殷西宁,周建,等,2022.基于生态系统完整性的水生态环境项目综合评价研究[J].生态经济,38(3):188-195.

周杨,2012.基于GIS的深圳市宝安区人居环境适宜性研究[D].重庆:西南大学.

周直,朱未易,2002.人居环境研究综述[J].南京社会科学(12):84-88.

朱嘉伟,谢晓彤,李心慧,2017.生态环境承载力评价研究——以河南省为例[J].生态学报,37(21):7039-7047.

朱坦,高帅,2015.新常态下推进生态文明制度体系建设的几点探讨[J].环境保护,43(1):21-23.

朱媛媛,孙璇,揭毅,等,2018.基于乡村振兴战略的人居文化环境质量测度与优化——以长江中游地区为例[J].经济地理,38(9):176-182.

祝元志,2011.余谋昌:经济发展需要生态学思维——专访中国社会科学院专家、环境伦理学创建人余谋昌教授[J].节能与环保(8):18-24.

庄国泰,2015.我国土壤污染现状与防控策略[J].中国科学院院刊,30(4):477-483.

宗仁,2018.霍华德"田园城市"理论对中国城市发展的现实借鉴[J].现代城市研究(2):77-81.

邹长新,王燕,王文林,等,2018.山水林田湖草系统原理与生态保护修复研究[J].生态与农村环境学报,34(11):961-967.

CHAI F,JUN L I,2003. Research of human settlements information system based on RS and GIS[J]. Application Research of Computers,7(2):1-10.

CORBANE C,SYRRIS V,SABO F,et al,2021. Convolutional neural networks for global human settlements mapping from Sentinel-2 satellite imagery[J]. Neural Computing and Applications,33(12):6697-6720.

DOXIADIS C A,1962. Ekistics and Regional Science[J]. Ekistics,14(84):193-200.

DOXIADIS C A,1970. Ekistics,the science of human settlements:Ekistics starts with the premise that human settlements are susceptible of systematic investigation[J]. Science,170(3956):393-404.

DUBOS R,1975. Anthropopolis,City for Human Development[M]. New York:Anthropopolis,City for Human Development.

FERNÁNDEZ R I,ANGULO B F,PÉREZ C E,et al,2020. Distance distributions of human settlements[J]. Chaos Solitons and Fractals,136:109-118.

HSIEH Y P,HSIEH Y W,LIN C C,et al,2012. A study on the formation of a measurement scale for the environmental quality of Taiwan's long-term care institutions by the Delphi method[J]. Journal of Housing and the Built Environment, 27(2):169-186.

IZBAVITELEV P V,LESHCHINSKII D,BRZHESKAIA E M,1977. The vancouver action plan[J]. Habitat International, 2(5-6):409-414.

JAB A,IS B,2018. Small and medium cities and development of Mexican rural areas[J]. World Development,107:277-288.

JENERETTE G D,HARLAN S L,BRAZEL A,et al,2007. Regional relationships between surface temperature,vegetation, and human settlement in a rapidly urbanizing ecosystem[J]. Landscape Ecology,22(3):353-365.

LI X M,BAI Z Z,TIAN S Z,et al,2020. Human settlement assessment in Jinan from a facility resource perspective[J]. SAGE Open,10(2):21-24.

NEWMAN P W,1999. Sustainability and cities:Extending the metabolism model[J]. Landscape and Urban Planning,44(4): 219-226.

PACIONE M,2003. Urban environmental quality and human wellbeing—a social geographical perspective[J]. Landscape and Urban Planning,65(1-2):19-30.

SONG M,HUNTSINGER L,HAN M,2018. How does the ecological well-being of urban and rural residents change with rural-urban land conversion? The case of Hubei,China[J]. Sustainability,10(2):527.

TANG L,RUTH M,HE Q,et al,2017. Comprehensive evaluation of trends in human settlements quality changes and spatial differentiation characteristics of 35 Chinese major cities[J]. Habitat International,70:81-90.

XUE Q R,YANG X H,2020. Evaluation of the suitability of human settlement environment in shanghai city based on fuzzy cluster analysis[J]. Thermal Science,24(4):2543-2551.

YAN X,LI J P,LI F Z,2014. Spatial pattern and the process of settlement expansion in Jiangsu Province from 1980 to 2010, Eastern China[J]. Sustainability,6(11):8180-8194.

第3篇　生态文明时代的国土空间规划

第11章　生态文明理念与国土空间规划

11.1　国土空间规划

11.1.1　国土空间规划背景

生态文明建设是关系中华民族永续发展的根本大计,而贯彻生态文明思想是党的十八大以来国家发展理念和体制的重大改革。从党的十八大、十八届三中全会、十九大、二十大对于生态文明的论述,以及《生态文明体制改革总体方案》和《关于加快推进生态文明建设的意见》等一系列政策文件的出台,到2018年3月通过的《中华人民共和国宪法修正案》中生态文明的纳入,生态文明已经上升为党的主张和国家意志。2018年5月召开的全国生态环境保护大会,习近平总书记针对生态文明建设提出了五个体系六个原则,为新时代生态文明建设指明了方向。

当前,国土空间规划进入生态文明新时代,要求推进高质量发展、高品质生活和高水平治理。国土是生态文明建设的空间载体,国土空间规划是生态文明理念落实到行动的重要政策载体,应将生态文明新时代作为工作的起点和基点。党的十八大以来,关于生态文明的一系列重要文件都对优化国土空间规划的理论、方法和实践提出了要求,基于生态文明的空间规划体系改革路线图逐渐明晰。2019年5月,中共中央、国务院发布《中共中央国务院关于建立国土空间规划体系并监督实施的若干意见》,深刻把握了生态文明思想的内涵,彰显了实现以人民为中心、以社会经济高质量发展为目标的绿色发展理念,也标志着国土空间规划从注重经济、服务于经济发展迈向强调经济、社会和生态环境协调发展的新阶段,具体体现在三个方面的重大任务。

一是推进高质量发展,提高国土空间利用效率和产出效率。当前,低质量高代价的传统城镇化发展模式问题频现、难以为继。扩张型、粗放式、唯增长论的发展方式造成了生态系统退化、环境污染严重、资源能源约束趋紧的严峻局面。新的国土空间规划要求通过对国土空间资源的配置、管控,在国土空间开发保护中发挥战略引领和刚性管控作用,以生态为底线和前提,践行"绿水青山就是金山银山"理念,坚持人与自然和谐共生,努力实现以最少的国土空间资源满足最优的增长需求,构建高质量发展的空间格局。

二是引导高品质生活,提高人居环境质量和空间品质。过去几十年的快速城市化发展过程忽视了城市的活力和宜居性,与人民美好生活的需求产生差距。新的国土空间规划目标在于逐步实现国土空间供给质量升级,要求坚持把人民对美好生活的向往作为规划的出发点和着力点,形成匹配理想人居环境的高品质城市建设,将历史文化、风貌景观、基础设施、民生服务、综合整治、生态修复、能源保障、政策创新等重要空间战略进行系统落地,实现城乡高品质生活。

三是实现高水平治理,统筹国土空间资源可持续利用和规划高效运行。国土空间规划改革也是推动以质量变革、效率变革、动力变革为特点的国家空间治理方式的创新转型。从规划层级上看,新的国土空间规划体系改革从顶层设计上真正建立了从全国到省、市、县、乡镇级国土空间规划管控的完整规划体系。从规划运行上看,要求建立统一的编制审批体系、实施监督体系、法规政策体系和技术标准体系,构建统一的基础信息平台,强调"山水林田湖草是生命共同体"的系统思维和整体保护,改变过去各类自然资源由不同部门管理造成的冲突,形成全国国土空间开发保护"一张图"。

11.1.2　国土空间规划的内涵与属性

人类社会进步过程总体上经历了从"农业文明"到"工业文明",再到"生态文明"的发展过程,随着我国逐步步入生态文明发展的新阶段,推动生态文明建设,实现人与人、人与自然、人与社会的和谐共生,已成为国家在各个领域进行深刻改革的重大命题。国土空间规划是对一定区域国土空间开发、保护的空间与时间上所做出的统筹安排,它是国家空间发展的指南、可持续发展的空间蓝图,是各类保护与开发建设活动的基本依据。国土空间规划既有别于传统以发展建设为主导的城乡规划,也不同于传统要素单一、纯管控思维的土地利用规划,必须在生态文明的理念下,对原有各类空间规划的理念与方法进行重大的调整与重构。

11.1.2.1　国土空间具备多元价值

国土空间不是纯粹的物质形态空间,也不是纯粹的、不受扰动的纯自然空间,而是现实经济社会活动与需求的鲜活投影,也是充满人性、文化和活力的"场所"——空间就是社会。构建国土空间规划体系的前提是对国土空间多元价值属性的准确认识,既要通过对国土空间"自然资源"价值属性的强调,改变过去很长一段时期的"增长主义"所导致的"重发展、轻保护"等问题与倾向,也要充分认识到国土空间所具备的更广泛、更实际的人文社会属性、资产资本经济属性等。

11.1.2.2　国土空间规划的综合目标

对于国土空间规划而言,生态环境保护、自然资源管控固然是前提基础,但并非规划内容的全部,更不能将国土空间规划狭隘化为"土地与生态资源保护规划"。也就是说,国土空间规划不仅需要高度重视对自然资源要素的有效保护与管控,同时,也要努力促进生态产品的价值实现,更需要将如何实现人与自然和谐的高质量发展作为第一要务,也就是中国传统文化中一贯强调的人地和谐、天人合一。忽视人与自然的任何一方,或者片面强调任何一方,都是不对的。国土空间规划的最终目的是实现更高质量、更可持续的发展,其他的专项规划是实现这一目标的手段和路径。

11.1.2.3　国土空间规划的属性与作用

国土空间规划是经济、社会、文化、生态政策等在特定地理区域的表达,是政府管理空间资源、保护生态环境、合理利用土地、改善生境质量、平衡地区发展的重要手段。国土空间规划兼具管控工具和公共政策的属性,国土空间规划通过限定各空间要素保护或发展的区位、建设方式与建设强度,对空间资源及其利用方式进行优化配置,从而发挥规划的战略引领与刚性管控作用,是国家治理体系的重要手段和有效手段。2008年颁布实施的《中华人民共和国城乡规划法》中,明确将城乡规划定位于政府的重要公共政策,意味着国土空间规划已经超越了空间布局管控技术工具的角色,成为对空间资源的使用和收益进行统筹配置、促进经济社会健康发展的复杂治理活动。同时,也是塑造高质量的国土、满足美好生活需求的支撑。国土空间规划并非仅仅是关注刚性的管控、上下传导的要求,而且更关注如何通过规划促进区域均衡发展、城乡协调发展、人与自然和谐发展。

11.1.3　国土空间规划的核心理念

国土空间规划整合了城乡规划、土地利用规划、主体功能区规划等重要的空间规划类型,因此,相关规划的思想与理论都在国土空间规划中得到了继承和发展。同时,与原有的城乡规划、土地利用总体规划、主体功能区规划相比,国土空间规划体系更加注重落实新发展理念,聚焦生态文明建设,促进高质量发展;更加注重坚持以人民为中心,满足人民对高质量美好生活向往的愿望,更加致力于提高空间治理体系和治理能力现代化。

11.1.3.1　坚持全要素保护、全系统规划

与以往各类空间规划相对单一、片面的发展或保护目标不同,国土空间规划是全要素、全过程、全系统的规划。兼顾保护与发展,兼顾各类空间要素的统筹协同,目标是形成生产空间高效集约、生活空间宜居适度、生态空间山清水秀,以及安全和谐、富有竞争力和可持续发展的国土空间格局。国土空间规划的核心理念,首先体现在对"山水林田湖草"等全域全要素的保护,通过"陆海统筹、区域协调、城乡融合"以及各类保护与发展要素的综合统筹,实现全要素生产率的进一步提升,科学有序统筹布局生态、农业、城镇等功能空间。国土空间规划更加强调全过程思维、全系统的规划,规划编制审批体系、规划实施监督体系、法规政策体系、技术标准体系构成"四梁八柱",全方位支撑国土空间规划的运行。

11.1.3.2　强化战略引领,推进协调发展

国土空间规划是体现国家意志的约束性规划,目的是把国家重大决策部署以及国家安全战略、区域发展战略、主体功能区战略等重要战略,通过约束性指标和管控边界逐级落实到最终的详细规划等实施性规划上,保障国家重大战略的落实和落地,提升国土空间开发保护质量和效率。国土空间规划是自上而下编制的,下级规划要服从上级规划,专项规划和详细规划要落实总体规划,充分体现了国土空间规划在国土空间开发保护中的战略引领和刚性管控作用。

11.1.3.3　坚持底线思维,促进绿色发展

长期以来,我国扩张型、粗放式、唯增长论的发展方式造成了生态系统退化、环境污染严重、资源能源约束趋紧的严峻局面,直接影响到人民福祉和民族的未来生存和发展。国内国外的双重压力,倒逼我国的发展方式必须从粗放型向集约型、从外延型向内涵型、从资源消耗型向创新驱动型转变。在生态资源环境紧约束的背景下,文化、社会、经济、政治的发展都离不开对生态的有效保护,生态文明建设的要求应当成为国土空间规划工作的核心价值观,要努力实现在有限空间上的无限高质量发展,并在此基础上建立一整套的评价标准和操作规则,发挥国土空间规划在国家生态文明建设中的基础性作用。

11.1.3.4　体现以人为本,推进高质量发展

国土空间规划是实现高质量发展和高品质生活的重要手段。中共中央、国务院在《关于建立国土空间规划体系并监督实施的若干意见》中明确提出,国土空间规划"是坚持以人民为中心、实现高质量发展和高品质生活、建设美好家园的重要手段"。国土空间规划要"综合考虑人口分布、经济布局、国土利用、生态环境保护等因素,科学布局生产空间、生活空间、生态空间""坚持陆海统筹、区域协调、城乡融合,优化国土空间结构和布局,统筹地上地下空间综合利用,着力完善交通、水利等基础设施和公共服务设施,延续历史文脉,加强风貌管控,突出地域特色"。以人民为中心的高质量发展是国土空间规划的核心目标和最终落脚点,应当建立"人本主义"的生态文明,实现基于"人与自然和谐共生"的人类可持续发展。

11.2　生态文明理念和国土空间规划的关系

11.2.1　生态文明视野下的国土空间

国土空间是指国家主权与主权权利管辖下的地域空间,是国民生存的场所和环境,包括陆地、陆上水域、内水、领海、领空等。国土空间是人们赖以生存和发展的家园,是承载人类一切经济社会活动的空间载体。

11.2.1.1　国土空间是山水林田湖草"生命共同体"

从自然资源的整体性、系统性特征来看,自然资源各个要素之间是一个有机联系、相互作用的整体,

共同支撑着自然资源生产力、生态承载力,维系着人与自然之间的平衡与协调。山水林田湖草生命共同体、人与自然命运共同体等概念的提出,揭示了多层次国土空间中各自然资源要素相互作用及人地协同格局,告诉大家必须处理好国土空间系统中的局部与整体、开发与保护、近期与远期等关系,从而实现人与自然的和谐共生、社会经济的永续发展。

11.2.1.2 国土空间利用面临的现实冲突

在统一的国土空间规划体系建立之前,我国许多部委的规划都或多或少带有空间规划的属性,最典型的有住房和城乡建设部的城乡规划体系、原国土资源部的土地利用规划体系、国家发展和改革委员会的主体功能区规划体系、原环境保护部的环境保护规划体系等。在实际工作中,每个部委的规划都是各自为政,彼此间交叉重复、互不协调,造成了中国的空间规划体系高度分割、相互冲突。规划编制时各部门相互之间不配合、不沟通、不衔接,规划管控时又相互争抢权力、推诿责任,导致规划失效和空间管理失控。这样的局面不仅伤害了空间规划的统一性、权威性,而且严重影响了国家治理体系与治理能力的现代化。

11.2.1.3 生态文明建设对国土空间利用的需求

(1)树立生态文明导向的国土空间利用原则

节约集约原则。国土资源是经济社会发展的重要物质基础,经济发展方式与资源利用方式关系密切。经济发展方式在相当程度上决定了资源利用方式,粗放的发展方式往往导致资源的大量消耗和粗放利用;资源利用方式反过来也深刻影响着经济发展方式,粗放外延的资源利用方式会进一步固化和加剧落后的经济发展。所以,节约集约原则是缓解经济发展资源约束、保障经济社会又好又快发展的必然选择。

供需平衡原则。在国土空间资源开发利用过程中应遵守供需平衡原则,力求资源供给与需求之间实现动态平衡。人口增长变化与空间迁移是影响资源供求平衡的主要问题,只有控制人口数量和优化空间分布格局,才能维持国土空间资源供需的总体平衡。同时,也需要通过经济全球化过程来充分利用全球资源与市场,在一定程度上促进中国国土空间资源供需平衡的状况的改善。

数量与质量并重原则。国土空间资源是数量与质量的有机统一体,在资源利用过程中既要注重资源规模化利用以提高效率,也要防止使用强度过大、突破生态环境承载力的问题。注重开发与保护的统一、数量与质量的统一、近期与长远的统一,不断提高国土空间资源的质量和承载能力。

优化国土空间格局原则。我国国土资源的空间分异性与时间的变异性,决定了国土空间利用方式的多样性。因此,国土空间规划利用必须要考虑促进国土利用结构与布局的不断优化,更好地满足经济社会发展与生态保护的需要。要把国土空间资源的保护与利用有机结合起来,保护资源数量不减少、质量不下降,在保护中合理利用,在利用中进行有效保护,真正实现国土空间的可持续发展。

(2)构建完整、完善的国土空间开发保护制度

面向文明建设的总体要求,必须改变过去那种国土空间资源分散式管理、无序化利用的局面,构建完整、完善的国土空间开发保护制度。加强对生态文明建设的总体设计和组织领导,设立国有自然资源资产管理和自然生态监管机构,完善生态环境管理制度,统一行使全民所有自然资源资产所有者职责,统一行使所有国土空间用途管制制度和生态保护修复职责,统一行使监管城乡各类污染排放和行政执法职责。健全自然资源资产产权制度和用途管制制度,对水流、森林、山岭、草原、荒地、滩涂等自然生态空间进行统一确权登记,形成归属清晰、权责明确、监督有效的自然资源资产产权制度。构建国土空间开发保护制度,完善主体功能区配套政策,建立以国家公园为主的自然保护地体系。建立国土空间规划体系,划定生产、生活、生态空间开发管制界限,落实用途管制等。这样一整套的国土空间开发保护制度,在党的十八大以后得以迅速建立,并正在发挥积极、有效的作用。

(3)建立生态文明导向的国土空间规划体系

人类社会进步过程总体上经历了从"农业文明"到"工业文明",再到"生态文明"的发展过程,随着我

国逐步步入生态文明发展的新阶段,如何推动生态文明建设,实现人与人、人与自然、人与社会的和谐共生,已成为国家在各个领域进行深刻改革的重大命题。基于此,国土空间规划既有别于传统以发展建设为主体导向的城乡规划,也不同于传统要素单一、纯粹管控思维导向的土地利用规划,必须在生态文明的理念下对空间规划理念与方法进行重大的调整与重构,建立目标明确、管控有力、分级传导、统筹协调的国土空间规划体系。

面向生态文明时代的国土空间规划,其主要内容包括:开展资源环境承载力评价、国土空间开发适宜性评价,寻找国土开发的适宜空间、确定适宜的用途;建立严格的生态保护制度,划定并严守生态保护红线、永久基本农田控制线,优化重要生态功能区布局,构建国土生态安全屏障;实施国土综合整治工程,修复受损生态系统,强化国土开发利用与资源环境承载力的匹配程度;引导人口、经济聚集发展,促进区域均衡发展。保障基本公共服务均等化;优化用地与设施布局,塑造高质量的城乡生活环境,满足人民群众对美好生活的需求;建立健全生态补偿制度等支撑规划实施的体制机制,有效促进国土空间规划所确定的各项重要目标实现。

11.2.2　生态文明与国土空间规划的关系

生态文明理念与国土空间规划的联系十分紧密,二者互相作用,缺一不可,是共同实现经济发展、社会和谐、生态保护与文明建设的重要基础。而就我国当前的基本情况来看,基于生态文明理念进行国土空间规划十分有必要。总体而言,二者的关系主要体现在以下方面。

11.2.2.1　国土空间规划是践行生态文明理念的重要途径

近年来,我国大力提倡生态文明建设,而国土空间规划正是其中的重要建设途径。从生态文明建设的本质来看,尊重、顺应和保护环境是生态文明理念的核心,这与我国当前资源紧张、环境污染严重、生态系统破坏严重的基本情况紧密关联。国土空间规划能够从主体功能区、土地利用及城乡等方面对土地及空间进行规划,从而能够实现资源开发的有效控制、空间结构的合理调整,同时还能从绿化等层面加强生态环境保护。因此,综合来看,国土空间规划是协调社会、经济、生态、资源的有效手段,对生态文明建设有着积极促进作用。

11.2.2.2　生态文明理念是指导国土空间规划的基础标准

早在 20 世纪 80 年代,我国就已经着手进行国土规划编制工作,但是由于理论基础薄弱、起步较晚、实践性不强、对生态环境的保护与开发协调不足等原因,所起的效果较为有限。经过数十年的发展,我国国土空间规划水平不断提升,相应标准也在不断完善,而生态文明理念正是其重要的指导思想。在新时代背景下,国土空间规划应当从空间层面实现人类、社会、自然、经济、资源、生态等的协同发展,坚决杜绝以牺牲环境为代价的经济发展模式,构建更为绿色环保的可持续发展模式。不管是从出发点还是从最终结果来看,国土空间规划都是以生态文明理念作为指导准则。

11.2.2.3　生态文明建设优先是国土空间规划体系构建的核心价值观

党的十八大以来,以习近平同志为核心的党中央站在战略和全局的高度,将生态文明建设纳入中国特色社会主义事业的总体框架,为努力建设美丽中国、实现中华民族永续发展,指明了前进方向。国土空间规划在中共中央、国务院《关于生态文明体制改革总体方案》中,作为一项重要的制度建设内容予以明确,在《中共中央、国务院关于建立国土空间规划体系并监督实施的若干意见》中也明确提出,国土空间规划"是加快形成绿色生产方式和生活方式、推进生态文明建设、建设美丽中国的关键举措"。可见,国土空间规划就是为践行生态文明建设提供空间保障,生态文明建设理应优先成为国土空间规划工作的核心价值观。

11.2.3　基于生态文明认识论视角构建国土空间规划体系的要点

从生态文明认识论的视角出发,未来国土空间规划体系的构建要明确以下要点。

第一,树立生态视角。生态视角是观察和理解现实的一把关键钥匙,要养成用生态视角看问题的习惯,提高用生态视角看问题的能力。当然,生态既包含自然生态,也包括经济生态、社会生态、文化生态、产业生态、创新生态甚至政治生态,只有建立了多元、整体的生态视角,才能更好地分析、研究和谋划城市。其实,树立了生态视角,诸多事情就会豁然开朗:如工业文明时代我国提出西部大开发,是因工业文明时期西部不如东部,沿海地区外向型经济占优,因此需要"以东带西",以生产来推动西部发展,拓展国家开放发展格局。而当前生态文明时代,北方发展较为缓慢,就是因为其多样性缺乏,不仅仅是自然生态系统多样性缺乏(华北平原植物几乎都以杨树为主,物种相对匮乏),经济生态系统也较为单一(国有企业往往占据绝对主体,只有少量外资、合资与私营企业),甚至连文化生态也更加单调。

第二,树立生态价值观。要用生态文明的价值观替代工业文明的价值观,重构什么是好什么是差、什么应该什么不应该的价值体系。首先是多样性,不要单一化,单一会导致韧性不足,应对能力不强。城市多样性的涵盖面很广,不仅自然资源要多样,功能、产业、人群、空间、景观等都要多样。其次是包容性,有机包容讲究内在的关联与平衡,不能相互排斥,不能以大压小,要实现生态复合系统之间的平衡。如公共服务设施的布局,工业文明时代关注集聚和效率,传统规划将大量文化设施集中布局,提升服务能级;到了生态文明时代,更好的做法应该是将文化设施分散到社区中,让服务设施与社区形成有机融合的包容体,通过关联性提升社区的活力和设施使用的效率。当然,还有诸多生态价值观下的关键词,诸如有机、平衡、分散、就近、韧性、复合、步行、适度、小微、体验、绿色、循环、开放、协作、友好、依存、连通、集群、网络等。以"就近"为例,看上去非常不起眼的两个字,却蕴含了深刻的生态学价值观:城乡要融合,城市发展和农业生产就近布局利于食品就近供应,更安全、更绿色,且能减少因远距离运输带来的不经济和碳排放等负面影响;污染物应就近、分散处理,利于提升城市的安全韧性,强化对外部变化的应对能力。

11.3 生态文明视角下国土空间规划技术创新体系

11.3.1 生态文明视角下的国土空间规划及其创新需求

生态文明理念的核心观点在于将节约资源和保护环境放在生态文明建设的首位,以此二者为基础来发展经济,促进经济发展与生态保护的和谐,同步实现社会文明的进步与自然生态的保护。生态文明理念与国土空间规划的联系十分紧密,二者互相作用,缺一不可,是共同实现经济发展、社会和谐、生态保护与文明建设的重要基础。而就中国当前的基本情况来看,基于生态文明理念进行国土空间规划十分有必要。

生态文明建设要求着力解决区域过多优质资源过度开发导致的生态破坏和环境污染等问题。国土是生态文明建设的载体,统筹考虑、科学配置湿地、森林、草原、河流、湖泊、海洋等自然生态要素,准确把握资源环境、人口和经济发展水平的平衡点,使得区域人口规模、经济发展、增长速度不能超出当地资源环境承载能力和容量。新时代国土空间规划须以促进绿色发展、安全发展、可持续发展为目标,坚持保护优先、节约集约、严控增量、盘活存量、激活流量。强化底线约束,划定生态保护红线、永久基本农田、城镇开发边界等空间管控边界,以及各类海域保护线,加快形成绿色生活方式和生产方式。同时,国土空间开发利用还应与资源环境承载能力匹配,实现人地和谐;将集聚开发作为国土开发主要方式,提升双率和效益。同时,重视对国土实施差别化保护,改善生态环境质量;将国土综合整治作为主要手段,加快提升国土资源保障服务功能;并加强城乡统筹和区域协调,促进均衡发展;加强引导和管控,优化国土空间开发结构。

在生态文明理念的指导下,国土空间规划需要促进经济发展与生态保护的和谐,在不破坏环境或者减少环境破坏的前提下,充分利用土地资源及其他资源,为可持续发展的实现打牢基础。而要实现这一点,则需要准确评价资源环境承载力,基于评价结果设置科学的规划方案,在保护生态环境的前提下最大化经济发展力度,从而为广大人民群众幸福生活的实现提供有力支持。因此,有必要对资源环境承载能力进行全面分析与深入研究,从水资源、耕地资源、能源、矿产资源、大气、土壤、水环境、森林、湿地系统、生物多样性等方面,尽量提高资源环境承载能力评价的准确性,并从其中评价最低的方面着手,合理制定国土空间规划方案,确保国土开发规模与强度不会超过生态环境的承载能力。与此同时,还需要重点关注评价结果中的适宜开发空间,积极探寻合适的产业与建设项目。

11.3.2　生态文明视角下的国土空间规划技术创新体系

生态文明建设是中国近年来大力倡导和实践的重要政策,而国土空间规划是生态文明建设的空间途径,其本质是制定公共政策,其与国土空间规划有着密不可分的联系。环境承载力研究作为城市空间规划的重要研究内容之一,通过计算城市水、大气等环境要素的自然供给能力,结合未来人类活动强度,兼顾城市社会经济发展目标和环境承载力约束,可以确定城市及其内部不同地区允许承载的人口规模和经济规模。在结构方面,从环境承载力约束角度,同时考虑城市社会经济发展目标,通过对城市社会经济发展目标和环境承载力的协调性分析,确定城市发展的合理产业结构、用水结构与能源结构等。在布局方面,通过基于环境承载力开发利用潜力的聚类分区,可以明确城市未来发展空间布局。通过评价城市生态系统服务功能的重要程度,识别城市需要严格保护的具有一定敏感性和脆弱性的重要区域,结合城市内部其他需要给予特定保护的区域,划定严格保护的空间,并将其作为城市空间开发和建设的生态底线。因此,城市国土空间规划创新体系框架应首先在环境承载力约束下,通过设计不同发展情景,分析不同情景下城市社会经济发展对能源、资源与环境的开发利用与影响程度,并计算环境承载力综合指数综合评价其承载情况,进一步基于不确定多目标优化的方法,以地区经济总收益和人口最大化为目标,以环境承载力分量(包括环境容量、水资源、能源、土地资源等)、产值及人均 GDP 等为约束条件,构建环境承载力约束下的城市适度发展规模与合理结构优化模型,通过求解环境承载力不确定多目标优化模型,确定适度人口规模、行业结构和经济结构,以此为依据,确定"三区三线"与城市增长边界。

在生态文明视角下的城市国土空间规划创新体系中,"三区三线"和城市增长边界作为核心内容和重要落脚点,与环境承载力和生态保护红线进行有效融合,通过环境承载力开发利用潜力评价对城市内部不同地区进行空间优化布局分区,并以此从发展空间布局的角度确定城市未来的发展重点和方向。通过划定生态保护红线,构建城市空间增长的空间约束,明确城市土地利用功能分区,以及土地开发的限制性和适宜性,为城市可建设用地的规模和布局提供依据。从环境承载力约束角度,同时考虑城市社会经济发展目标,通过环境承载力优化调控确定保证城市可持续发展的适度规模(人口规模和经济规模)和合理结构(产业结构、用水结构及能源结构),以此为依据,确定"三区三线"和城市增长边界,进而为其他城市相关规划的编制提供科学的规模、结构和布局依据。

第12章　研究区概况

12.1　自然地理概况

12.1.1　区位条件

　　榆中县(103°49′15″—104°34′40″E,35°34′20″—36°26′30″N)位于甘肃省兰州市的南部近郊地区,1970年作为兰州市下辖三县(皋兰县、永登县、榆中县)之一划入兰州市,行政区划上最终确定隶属兰州市管辖,素有"丝路重镇,省城咽喉"的美誉。县域现辖11个镇9个乡,镇政府所在镇为城关镇。县域北部以黄河支流为界,与皋兰县、白银市平川区相望,南部以马衔山为界,与定西市临洮县相邻,西部与七里河区、城关区、兰州新区接壤,东部与定西市安定区交接(图12-1,书后彩图12-1)。

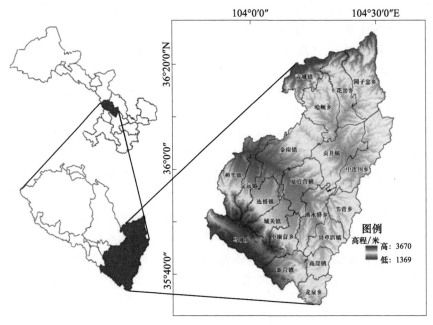

图12-1　研究区区位图

12.1.2　水文条件

　　榆中县地表水资源比较丰富,可利用水资源相对贫乏,2019年全年水资源总量1.75亿立方米,受大陆性气候影响,县域水资源时空分布极不平衡。黄河为辖区内最大的过境水源,黄河干流自西南东北走向流经县域北部的青城镇、上花岔乡、园子岔乡3个乡镇,尤其是在青城镇与糜鹿沟、红岘沟、改地沟等水流交汇,形成了东滩万亩湿地,塑造了青城古镇。同时,县域内还有宛川河、官川河、洮河等黄河一级支流,宛川河呈东南西北走向,源于临洮县站潭乡泉头村地界,自北流至龙泉乡刘家嘴村入县境,是贯穿县域的"母亲河",同时也是县域主要的可开发利用水资源;官川河是黄河水系祖厉河的支流,源于临洮县胡麻岭东北流;洮河源于县域境内西南马衔山南侧。此外,县域内还有较多的沟道,均为间接性河流,容易在雨季形成丰富的水流。

12.1.3　气候条件

　　榆中县是西北干旱区、青藏高寒区和东部季风区的交汇地带,区域气候复杂多样。县域位于中纬度内陆地区,气候干燥,四季分明,平均无霜期高达 100～140 天,受大陆性气候影响,夏季盛行东南风,冬季多为偏西风。区域夏季光照资源充足,光能资源丰富,年太阳总辐射量达 130.57 千卡/平方厘米,有效辐射量为 60%。县域降水集中在秋季,2019 年全年降水量 494.2 毫米,县域海拔高度 1400～3000 米,因此降水的区际差异较大;县域南部是降水最多的区域,年降水量可达 500 毫米左右,北部山区是降水最少的区域,年降水量为 300～400 毫米。县域年平均气温为 7.6～10.2 摄氏度,年日照时数为 1626.6～2666 小时,县域气温整体上差异较大,尤其是昼夜之间、冬春之间。

12.1.4　地形地貌

　　榆中县位于祁吕贺兰山字型构造西侧,是我国西北黄土高原西部的重要组成部分。县域从南到北呈现狭长分布样式,地势整体上呈现南高北低的态势,最低点位于县域北部青城镇东滩村,最高点位于县域南部马衔山。县域南部横列马衔山和兴隆山,区域林木丛生,是典型的石质山区,分布着少量的松软薄层土(LPm)、钙积栗钙土(KSk)、简育黑钙土(CHh)、钙积黑钙土(CHk)、石灰性雏形土(CMc)、潜育雏形土(CMg)以及大量的简育灰色土(GRh);县域北部为黄土丘陵和石质低山丘陵,是华家岭、铁木山隆起西延部分,山峦起伏,沟壑纵横,分布着人为堆积土(ATc)、石灰性雏形土(CMc)、简育黑钙土(CHh)、潜育雏形土(CMg);县域中部为宛川河谷地,地势平坦,主要为简育灰色土(GRh)、潜育雏形土(CMg)以及少量的过渡性砂性土(ARb)。县域中部和北部整体上可以宛川河为界进行划分,宛川河以南为黄土塬区,是由兴隆山山前冲积、洪积平原和宛川河谷地组成的小范围区域,宛川河以北为黄土丘陵区,黄土丘陵区以北为石质低山丘陵区。

12.1.5　资源条件

　　榆中县自然资源和人文资源丰富。境内除传统农作物以外,还分布大量的植物和动物,相关资料显示,县域现有种子植物、被子植物、裸子植物、蕨类植物、菌类植物等 203 科 1200 多种植物分布,兴隆山、马衔山自然生态环境优良,是野生植物和动物主要分布区域。此外,境内目前已探明的矿产品种有 48 种,同时也分布有中小型矿床、矿点和矿化点等。榆中建县历史可追溯到秦始皇时期,在历史发展中榆中县形成了独特的旅游资源,目前境内有省级文物保护区马家山新石器文化遗址、崇兰山下的"千年黄河第一古镇"青城古镇、"肃府官滩""甘肃的十三陵"明肃王墓、"陇右第一名山"兴隆山国家级自然保护区等,县域文旅资源相当丰富。

12.2　社会经济概况

12.2.1　人口状况

　　榆中县于 2019 年撤销原 23 个乡镇中的来紫堡乡、三角城乡和银山乡,并进行了行政区划调整,因此,据榆中县第七次全国人口普查数据显示,全县现辖 20 个乡镇,268 个行政村,共有 13.73 万户 47.39 万个常住人口,比 2010 年第六次人口普查数据多 3.7 万人,人口增长率为 8.4%。从年龄构成来看,全县 15～59 岁的人口占比最大,65 岁以上人口占比最小,且集中在城关镇与和平镇,这与区域基础设施配套的密度有关,同时从各乡镇人口总量来看,人口最多的为城关镇、夏官营镇、和平镇、定远镇等,人口少的乡镇为哈岘乡、贡井镇、韦营乡、中连川乡、园子岔乡、上花岔乡。

12.2.2 经济状况

2019年,榆中县国民经济和社会发展统计公报显示,全县年生产总值155.71亿元,其中第一、第二、第三产业增加值分别为14.09亿元、72.45亿元、69.17亿元。三产中,第一产业占比为9%,第二产业占比为47%,第三产业占比为44%,全年农作物播种面积86.89万亩,主要种植粮食、油料、蔬菜、药材、花卉等,工业发展主要包括乳制品、中成药、水泥、生铁、钢材、粗钢、钢筋等用品的制造,从旅游服务来看,全年共接待游客627.9万人次。全县年社会消费品零售总额42.28亿元,其中城镇消费品零售额为26.16亿元,乡村消费品零售额为16.12亿元,农村居民人均可支配收入1.15万元,城镇居民人均家庭总收入2.84万元,相比上年均增长10%左右,人民生活水平明显提高。

12.3 国土利用概况

榆中县地形复杂,土地利用方式多种多样,中部河谷平原区,地势平坦,土壤肥沃,土地利用多以建设用地和耕地为主,同时该区也是县域园地的主要分布地区,区域交通网络完善,基础设施和公共服务设施齐全,是榆中县主要的农业生产区和人类生活区;宛川河以北区域,多为黄土覆盖的干旱山区,气候干旱,降水稀少,植被稀疏,土地利用多以其他草地、林地和耕地为主,此外还分布着较多的裸土地,区域自然环境条件差,同时,由于丘陵山区沟壑纵横,因此该区域耕地的连片性较差;县域南部土石山区土地利用以林地为主,是区域森林资源最丰富的地方,因此是榆中县最主要的生态保障区,同时,马衔山和兴隆山之间的山谷处,也分布着部分耕地。

第 13 章 资源环境承载力和国土空间适宜性评价

13.1 评价思路与方法

13.1.1 评价原则

尊重规律。评价应体现尊重自然、顺应自然、保护自然的理念,根据生态保护、农业生产、城镇建设不同功能指向和承载对象,充分考虑土地、水、海洋、生态、环境、灾害等资源环境要素,统筹把握陆海自然生态环境的整体性和系统性,集成反映各要素间相互作用关系,客观全面地评价资源环境本底状况。

生态优先。按照生态文明建设要求,落实新发展理念和"以人民为中心"的发展思想,在坚守生态安全底线的前提下,科学评价适宜农业生产、城镇建设的空间及分布,满足高质量发展、高品质生活对空间发展和治理的现实需求。

因地制宜。充分考虑不同区域、不同尺度间存在的显著差异,开展评价时,在通用指标基础上,可结合当地资源环境实际情况和特征,补充个性化评价要素,因地制宜地丰富指标,细化分级阈值。

简单易行。在保证科学性的基础上,评价应尽可能简化,选择最少、最有代表性的指标。加强与相关数据基础的统筹衔接,做到评价数据可获取、评价方法可操作、评价结果可检验,确保科学、权威、好用、适用。

13.1.2 技术路线

"双评价"应本着尊重规律、生态优先、因地制宜、简便易行的原则,在充分搜集数据的基础上,串联递进地开展"资源环境要素单项评价-资源环境承载能力集成评价-国土空间开发适宜性评价",如果涉及海域,还将开展陆海统筹。对不同功能指向和评价尺度,采用差异化的指标体系,并进行综合分析,为贯彻落实主体功能区战略、科学划定"三区三线"提供支撑。

13.1.2.1 指标选择

"双评价"评价内容包括资源环境要素单项评价、资源环境承载能力集成评价和国土空间开发适宜性评价。在开展"双评价"工作时,根据榆中县的基本情况和地方特色,选取的评价指标主要包括土地资源、水资源、自然灾害和森林资源(图 13-1)。

13.1.2.2 评价方法

(1)基于经验公式的单要素评价

按照《资源环境承载力和国土空间开发适宜性评价技术指南》中的经验公式,计算直接求得评价结果。

(2)基于权重模型确定的综合评价

基于《资源环境承载力和国土空间开发适宜性评价技术指南》和当地的实际现状,选择合适的评价因子,通过层次分析法求得指标权重,确定各项评价因子的重要性。

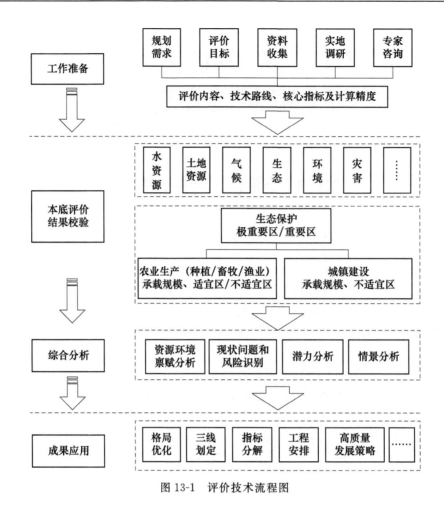

图 13-1 评价技术流程图

13.2 生态保护重要性评价

13.2.1 生态系统服务功能重要性评价

目前,生态系统服务功能采用的评估方法主要有模型评估法和净初级生产力(NPP)定量指标评估法。考虑县级层面数据的可获取性,此次采用 NPP 定量指标评估法,该方法以 NPP 数据为主,参数较少,操作较为简单。

13.2.1.1 水源涵养功能重要性评估

水源涵养是生态系统(如森林、草地等)通过其特有的结构与水相互作用,对降水进行截留、渗透、蓄积,并通过蒸散发实现对水流、水循环的调控,主要表现在缓和地表径流、补充地下水、减缓河流流量的季节波动、滞洪补枯、保证水质等方面。以水源涵养量作为生态系统水源涵养功能的评估指标。

以生态系统水源涵养服务能力指数作为评估指标,计算公式为:

$$WR = \mathrm{NPP}_{\mathrm{mean}} \times F_{\mathrm{sic}} \times F_{\mathrm{pre}} \times (1 - F_{\mathrm{slo}}) \tag{13-1}$$

式中:WR 为生态系统水源涵养服务能力指数,$\mathrm{NPP}_{\mathrm{mean}}$ 为多年植被净初级生产力平均值,F_{sic} 为土壤渗流因子,F_{pre} 为多年平均降水量因子,F_{slo} 为坡度因子。

$\mathrm{NPP}_{\mathrm{mean}}$:通过地理空间数据云平台下载 MODIS 250 米数据后处理得到。F_{sic}:根据美国农业部(US-DA)土壤质地分类,利用 ArcGIS 10.2 软件对榆中县土壤数据集中的土壤质地属性进行分析,将榆中县

4 种土壤质地类型分别在 0～1 均等赋值,通过克里金插值得到榆中县土壤渗流因子栅格图。F_{pre}:根据榆中县气象数据集处理得到,借助 Excel 数据透视表计算出榆中县所有气象站点的多年平均降水量,将这些值根据站点经纬度坐标生产点,在 ArcGIS 平台 Spatial Analyst 工具中选择 Interpolate to Raster 选项,选择克里金插值方法得到榆中县多年平均降水量因子栅格图。F_{slo}:根据榆中县数字高程模型(DEM,30 米×30 米)数据集,采用 ArcGIS 10.2 软件中 Spatial Analyst 工具条下的 Surface Analysis→Slope 选项,计算得到榆中县坡度因子栅格图。

考虑数据的分辨率存在差异,而在栅格计算器计算过程中,为保证数据的统一,采用相同的空间分辨率。将上述涉及的各单项评价因子通过重采样统一成 30 米分辨率的栅格数据,在 ArcGIS 栅格计算器(Spatial Analyst →Raster Calculator)中,计算得到榆中县水源涵养功能重要性评估图(图 13-2)。

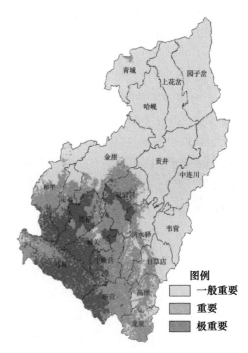

图例
一般重要
重要
极重要

图 13-2 榆中县水源涵养功能重要性分级图

13.2.1.2 水土保持功能重要性评估

以生态系统水土保持服务能力指数作为评估指标,计算公式为:

$$S_{pro} = NPP_{mean} \times (1-K) \times (1-F_{slo}) \tag{13-2}$$

式中:S_{pro} 为水土保持服务能力指数,NPP_{mean} 为多年植被净初级生产力平均值,F_{slo} 为坡度因子,K 为土壤可蚀性因子。

F_{slo}:根据评估区域高程数据集,采用 ArcGIS 软件中 Spatial Analyst 工具条下的 Surface Analysis→Slope 选项计算得到坡度栅格图。

K 指土壤颗粒被水力分离和搬运的难易程度,主要与土壤质地、有机质含量、土体结构、渗透性等土壤理化性质有关,计算公式如下:

$$K = (-0.01383 + 0.51575 K_{EPIC}) \times 0.1317 \tag{13-3}$$

$$K_{EPIC} = \{0.2 + 0.3\exp[-0.0256 m_s(1-m_{silt}/100)]\} \times [m_{silt}/(m_c+m_{silt})]0.3 \times$$
$$\{1-0.25 orgC/[orgC+\exp(3.72-2.95 orgC)]\} \times$$
$$\{1-0.7(1-m_s/100)/\{(1-m_s/100)+\exp[-5.51+22.9(1-m_s/100)]\}\}$$

$$\tag{13-4}$$

式中:K_{EPIC} 表示修正前的土壤可蚀性因子,K 表示修正后的土壤可蚀性因子,m_c、m_{silt}、m_s 和 orgC 分别为黏粒(小于或等于 0.002 毫米)、粉粒(大于 0.002 毫米且小于或等于 0.05 毫米)、砂粒(大于 0.05 毫米且小于或等于 2 毫米)和有机碳的百分比含量,数据来源于榆中县土壤数据库。

在 Excel 表格中,利用上述公式计算 K 值,然后以土壤类型图为工作底图,在 ArcGIS 10.2 软件中将 K 值连接到底图上,最终得到榆中县土壤可蚀性因子栅格图。

综合上述计算得到的 NPP_{mean}、F_{slo} 和 K,将各因子统一成 30 米分辨率的栅格数据,采用最大最小值法将各因子数据归一化到 0～1,在 ArcGIS 栅格计算器(Spatial Analyst→Raster Calculator)中,根据上述公式计算得到榆中县生态系统水土保持服务功能指数(图 13-3)。

13.2.1.3 生物多样性维护功能重要性评价

生物多样性维护是生态系统(如森林、草地、湿地、荒漠等)在维持基因、物种、生态系统多样性发挥的作用,是生态系统提供的最主要的功能之一。生物多样性维护功能与生境多样性密切相关,主要以生境常见参数为生物多样性保护功能的评价指标。

以生物多样性维护服务能力指数作为评价指标，计算公式为：

$$S_{bio} = NPP_{mean} \times F_{pre} \times F_{tem} \times (1 - F_{alt}) \tag{13-5}$$

式中：S_{bio}为生物多样性维护服务能力指数，NPP_{mean}为多年植被净初级生产力平均值，F_{pre}为多年平均降水量，F_{tem}为多年平均气温，F_{alt}为海拔因子。

F_{tem}：在 Excel 中计算出榆中县所有气象站点的多年平均气温，将这些值根据相同的站点名与 Arc-GIS 10.2 软件中的站点（点图层）数据相连接，在 Spatial Analyst 工具中选择 Interpolate to Raster 选项，选择相应的插值方法得到榆中县多年平均气温栅格图。

将各因子统一成 30 米分辨率的栅格数据，在 ArcGIS 栅格计算器（Spatial Analyst→Raster Calculator）中，根据上述公式计算得到榆中县生物多样性维护重要性分级图（图 13-4）。

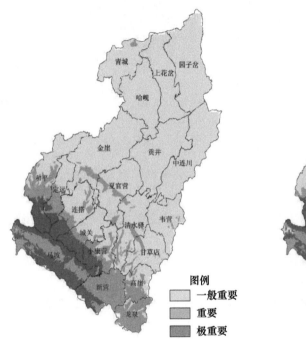 

图 13-3　榆中县水土保持功能重要性分级图　　图 13-4　榆中县生物多样性维护重要性分级图

13.2.1.4　生态系统服务功能重要性等级

通过 NPP 定量指标评估法得到水源涵养功能、水土保持功能、生物多样性维护功能栅格图。在地理信息系统软件中进行，运用栅格计算器，输入公式"Int（［某一功能的栅格数据］/［某一功能栅格数据的最大值］×100％）"，得到归一化后的生态系统服务值栅格图。导出栅格数据属性表，属性表记录了每一个栅格像元的生态系统服务值，将服务值按从高到低的顺序排列，计算累积服务值。分别将累积服务功能量占前 50％、51％～80％ 和 81％～100％ 的像元作为生态系统服务功能评估分级的分界点，利用地理信息系统软件的重分类工具，将生态系统服务功能重要性分为 3 级，即极重要、重要和一般重要（表 13-1）。

表 13-1　生态系统服务功能评估分级

重要性等级	极重要	重要	一般重要
累积服务值占服务总值比例/％	50	30	20

生态系统服务功能重要性等级评价。将对榆中县水源涵养功能、水土保持功能、生物多样性功能重要性评价结果划分为极重要、重要和一般重要 3 个等级，取各项结果的最高等级作为生态系统服务功能

重要性等级,具体集成过程通过构建判断矩阵来实现(图
13-5)。

13.2.2　生态环境敏感性评价

陆地生态环境敏感性评估主要包括水土流失敏感性、
土地沙化敏感性、石漠化敏感性、盐渍化敏感性评估。由
于榆中县属于黄土丘陵沟壑区,水土流失比较突出,在考
虑数据资料可获取的前提下,仅对榆中县水土流失敏感性
开展评价。

图例
一般重要
重要
极重要

13.2.2.1　水土流失敏感性评估

根据土壤侵蚀发生的动力条件,水土流失类型主要有
水力侵蚀和风力侵蚀。以风力侵蚀为主带来的水土流失
敏感性将在土地沙化敏感性中进行评估。本节主要对水
动力为主的水土流失敏感性进行评估。参照原国家环保
总局发布的《生态功能区划暂行规程》,根据通用水土流失
方程的基本原理,选取降水侵蚀力、土壤可蚀性、坡度坡长
和地表植被覆盖等指标,将反映各因素对水土流失敏感性
的单因子评估数据,用地理信息系统技术进行乘积运算,
公式如下:

图 13-5　榆中县生态系统服务功能重要性分级图

$$SS_i = \sqrt[4]{R_i \times K_i \times LS_i \times C_i} \tag{13-6}$$

式中:SS_i 为 i 空间单元水土流失敏感性指数,评估因子包括降雨侵蚀力(R_i)、土壤可蚀性(K_i)、坡长坡
度(LS_i)、地表植被覆盖(C_i)。

R_i:从资源环境数据云平台下载中国降雨侵蚀量数据,经过裁剪处理得到榆中县降雨侵蚀因子分布
图。LS_i:求地形起伏度的值,可先求出一定范围内海拔的最大值和最小值,然后对其求差值,具体步骤
为:(1)打 Focal Statistics,设置 Statistics Type 为最大值,邻域类型为矩形,领域大小为 15×15 窗口
(30×30 栅格一般采用 15×15 的邻域),得到一个领域为 15×15 的矩形的最大值图层;(2)重复第一步,
把 Statistics Type 设置为最小值,得到一个最小值图层;(3)打开工具 Spatial Analysis——Map Algebra--
Raster Calculator,输入第一步得到的最大值图层减去第二步得到的最小值图层,可得到一个新的图层,
即为每个栅格的值是以这个栅格为中心的确定领域的地形起伏度。C_i:植被覆盖度信息提取是在对光谱
信号进行分析的基础上,通过建立归一化植被指数(NDVI)与植被覆盖度的转换信息,直接提取植被覆盖
度信息。

$$C_i = (NDVI - NDVI_{soil}) / (NDVI_{veg} - NDVI_{soil}) \tag{13-7}$$

式中:$NDVI_{veg}$ 为完全植被覆盖地表所贡献的信息,$NDVI_{soil}$ 为无植被覆盖地表所贡献的信息。

从地理空间数据云平台下载覆盖相应范围的 MODIS NDVI 数据,提取得到榆中县 NDVI 数据,空间
分辨率为 250 米×250 米,时间分辨率为 16 天。运用地理信息系统软件进行图像处理,获取植被 NDVI
影像图。由于大部分植被覆盖类型是不同植被类型的混合体,所以不能采用固定的 $NDVI_{soil}$ 和 $NDVI_{veg}$
值,根据 NDVI 的频率统计表,计算 NDVI 的频率累积值,累积频率为 2% 的 NDVI 值为 $NDVI_{soil}$,累积频
率为 98% 的 NDVI 值为 $NDVI_{veg}$。然后在 Spatial Analyst 下使用栅格计算器 Raster Calculator,进而计
算植被覆盖度。

考虑数据的分辨率存在差异,而在栅格计算器计算过程中,为保证数据的统一,采用相同的空间分辨
率。将上述涉及的各单项评价因子通过重采样统一成 30 米分辨率的栅格数据,在 ArcGIS 栅格计算器
(Spatial Analyst→Raster Calculator)中,根据评估模型计算得到榆中县水土流失敏感性(图 13-6)。

13.2.2.2 生态环境敏感性等级

本次未对榆中县土地沙化敏感性、石漠化敏感性进行评价,但考虑了榆中县实际情况,榆中县土壤质地均为敏感等级,地形起伏度大部分地区小于 200,植被覆盖度最高在 0.8,将各项指标采用自然断点法确定分级赋值标准,对不同评估指标对应的敏感性等级赋值,综合集成形成榆中县生态环境敏感性等级(图 13-7)。

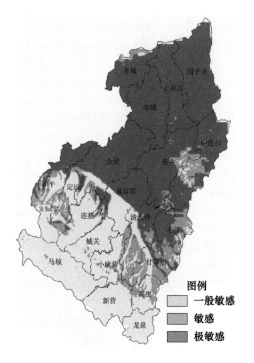

图 13-6 榆中县水土流失敏感性分级图   图 13-7 榆中县生态环境敏感性分级图

13.2.3 生态保护重要性评价等级

13.2.3.1 初判生态保护重要性等级

榆中县生态保护重要性等级初判过程考虑生态系统服务功能重要性和生态敏感性评价成果,分别选取生态系统服务功能重要性和生态敏感性评价结果的较高等级,作为生态保护重要性等级的初判结果,通过构建初判生态保护重要性等级矩阵(表 13-2),最终划分为极重要、重要、一般重要 3 个等级,生成榆中县生态保护重要性分级图(图 13-8)。

表 13-2 初判生态保护重要性等级矩阵

生态系统服务功能重要性	生态敏感性		
	极敏感	敏感	一般敏感
极重要	极重要	极重要	极重要
重要	极重要	重要	重要
一般重要	极重要	重要	一般

13.2.3.2 修正生态保护重要性等级

通过上述分析,得到初判生态系统重要性等级图。依据自然地理地形地貌或生态系统完整性确定的边界,在与榆中县兴隆山自然保护区、贡井林场和县柠条场等重要的自然保护范围分布界线进行对比后,按照自然保护范围线对榆中县生态保护重要性等级图中极重要等级的区域进行边界修正,最终得到榆中县生态保护重要性分级图(图 13-9)。

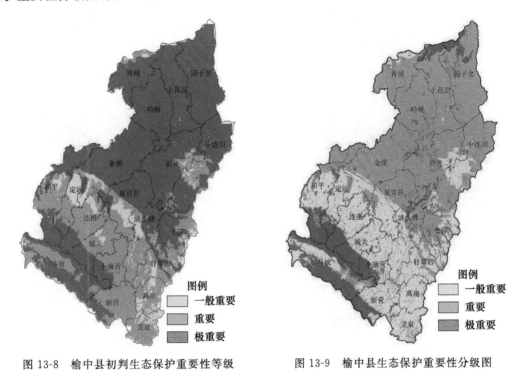

图 13-8　榆中县初判生态保护重要性等级　　　　图 13-9　榆中县生态保护重要性分级图

13.3　农业生产适宜性与承载规模评价

13.3.1　农业生产适宜性评价

13.3.1.1　农业生产适宜性单项评价

(1)土地资源评价

农业生产指向下土地资源评价是针对榆中县土地资源可支撑农业生产程度的评价,通过高程、地形坡度以及结合榆中县农业耕作条件等综合反映。评价时扣除了河流、水库水面区域,具体过程如下。

① 应用榆中县数字高程模型,借助 ArcGIS 中 Spatial Analyst 工具的表面分析工具,计算得到地形坡度,按≤2°、2°～6°、6°～15°、15°～25°、>25°的分级标准进行重分类,将其划分为高(平地)、较高(平坡地)、中等(缓坡地)、较低(缓陡坡地)、低(陡坡地)5 个等级,进而生成榆中县坡度分级图(图 13-10)。

② 以坡度分级结果为基础,结合榆中县土壤质地数据,将农业生产土地资源划分为高、较高、中等、较低、低 5 个等级。

③ 结合榆中县土壤有机质、有效土层厚度这两项评价结果,通过构建判断矩阵进行结果修正,最终得到榆中县农业生产适宜性土地资源分级图(图 13-11～图 13-13)。

农业生产适宜导向下土地资源评价结果显示出,划分农业耕作条件高、较高、中等、较低、低 5 级,面积分别为 307.87 平方千米、229.45 平方千米、555.01 平方千米、813.37 平方千米、1375.40 平方千米,分别占区域国土总面积的 9.38%、6.99%、16.92%、24.79%、41.92%(表 13-3)。

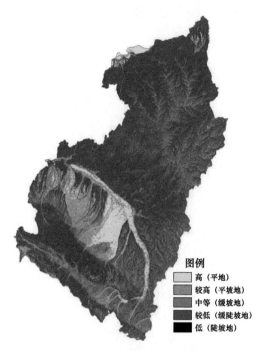

图 13-10　榆中县坡度分级图

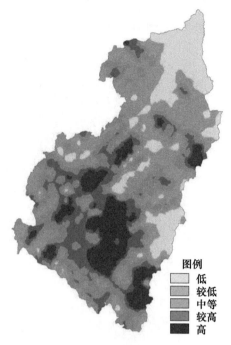

图 13-11　榆中县土壤有机质含量分级图

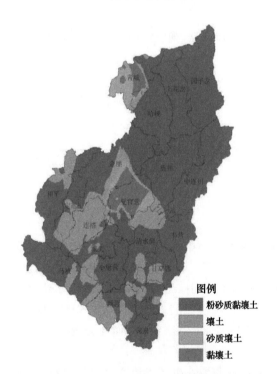

图 13-12　榆中县土壤质地空间分布图

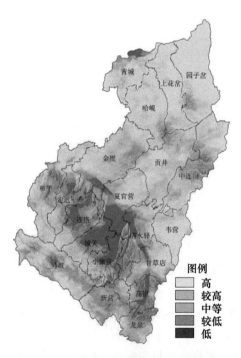

图 13-13　榆中县土地资源评价等级图

表 13-3　榆中县农业生产适宜导向下土地资源评价结果汇总表

（单位　面积/平方千米,比重/%）

区域	高		较高		中等		较低		低	
	面积	比重	面积	比重	面积	比重	面积	比重	面积	比重
榆中县	307.87	9.38	229.45	6.99	555.01	16.92	813.37	24.79	1375.40	41.92
城关镇	35.09	30.12	22.41	19.24	12.72	10.92	12.91	11.08	33.37	28.64

续表

区域	高		较高		中等		较低		低	
	面积	比重	面积	比重	面积	比重	面积	比重	面积	比重
定远镇	13.09	14.57	16.14	17.96	14.36	15.98	19.53	21.73	26.74	29.76
甘草店镇	11.11	9.18	8.58	7.09	35.53	29.35	44.08	36.42	21.74	17.96
高崖镇	8.52	11.18	8.37	10.99	21.48	28.18	25.13	32.97	12.71	16.68
贡井乡	7.80	3.32	6.02	2.56	41.13	17.53	75.94	32.36	103.78	44.23
哈岘乡	4.90	2.51	3.88	1.99	22.84	11.73	47.95	24.62	115.21	59.15
和平镇	14.46	7.17	17.20	8.53	30.03	14.90	39.03	19.37	100.86	50.03
金崖镇	24.06	8.00	20.05	6.67	30.69	10.21	67.40	22.41	158.52	52.71
连搭镇	18.83	14.65	36.35	28.29	25.57	19.90	17.43	13.56	30.33	23.60
龙泉乡	4.00	4.87	4.74	5.77	29.47	35.89	32.21	39.22	11.70	14.25
马坡乡	7.13	3.14	7.64	3.37	46.71	20.58	46.71	20.59	105.09	46.32
青城镇	19.83	14.44	5.95	4.34	6.91	5.03	12.57	9.15	92.08	67.04
清水驿乡	25.73	16.17	12.43	7.81	28.36	17.83	45.97	28.89	46.61	29.30
上花岔乡	4.61	2.63	3.37	1.92	23.90	13.62	45.71	26.05	97.88	55.78
韦营乡	4.44	3.58	4.10	3.31	27.46	22.16	46.35	37.40	41.58	33.55
夏官营镇	51.01	29.22	14.18	8.12	14.90	8.54	30.11	17.24	64.40	36.88
小康营乡	22.91	22.53	11.67	11.48	18.56	18.25	18.66	18.35	29.89	29.39
新营乡	8.99	6.35	13.08	9.24	43.32	30.62	48.27	34.10	27.87	19.69
园子岔乡	7.02	2.61	6.16	2.28	30.98	11.48	55.30	20.49	170.36	63.14
中连川乡	14.35	6.02	7.11	2.98	50.09	21.01	82.14	34.46	84.69	35.53

（2）水资源评价

基于区域内及邻近地区气象站点长时间序列降水观测资料,通过 ArcGIS 中 Spatial Analyst 工具空间插值,得到多年平均降水量分布图层。考虑到榆中县降水量实际情况,如果按照≥1200 毫米、800～1200 毫米、400～800 毫米、200～400 毫米、<200 毫米,分为好(很湿润)、较好(湿润)、一般(半湿润)、较差(半干旱)、差(干旱)5 个等级,则榆中县整体降水量属于一般(半湿润)、较差(半干旱)这两个级别,最终会导致评价农业生产适宜性结果偏低。因此,根据榆中县实际情况,以因地制宜、细化分级标准为原则,将降水量按照≥400 毫米、350～400 毫米、300～350 毫米、250～300 毫米、<250 毫米,分为好(很湿润)、较好(湿润)、一般(半湿润)、较差(半干旱)、差(干旱)5 个等级(图 13-14)。

因为榆中县现状供水结构中过境水源占比较大,水资源空间分布不均匀,且种植业中包括旱地、水浇地等不同种类的耕地类型,对于灌溉水资源量的需求也有所不同,故此处结合行政区用水总量控制指标模数进行评定农业生产适宜性。用水总量控制指标模数按≥25 万立方米/平方千米、13 万～25 万立方米/平方千米、8 万～13 万立方米/平方千米、3 万～8 万立方米/平方千米、<3 万立方米/平方千米,分为好、较好、一般、较差、差 5 个等级。

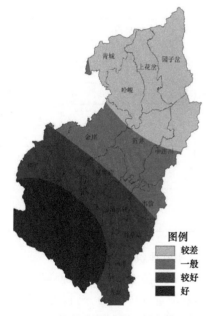

图 13-14　榆中县多年平均降水量分布图

榆中县地处干旱缺水的西北地区,水资源条件较差,降水量少,在农业种植方面多为旱地,主要种植需水量少的农作物。从水资源约束下农业生产适宜性评价结果来看,榆中县农业用水条件较差,但在榆中县北山缺水地区可种植需水量少的马铃薯、百合等作物,将其评价结果等级提高一级(表13-4)。

表13-4 榆中县用水总量控制指标模数下农业生产适宜性评价结果

行政区	现状耕地面积/平方千米	农业用水总量/万立方米	等级
榆中县	1115.10	7118	一般

(3)气候评价

通过大于或等于 0 摄氏度活动积温等指标,反映区域光热条件。基于区域内及邻近地区气象站点长时间序列气温观测资料,统计各气象台站大于或等于 0 摄氏度活动积温,进行空间插值,并结合海拔校正后(以海拔高度每上升 100 米气温降低 0.6 摄氏度的温度递减率为依据)得到活动积温图层,按≥7600 摄氏度·天、5800～7600 摄氏度·天、4000～5800 摄氏度·天、1500～4000 摄氏度·天、<1500 摄氏度·天,划分为好(一年三熟有余)、较好(一年三熟)、一般(一年两熟或两年三熟)、较差(一年一熟)、差(一年一熟不足)5 级(表13-5)。通过查阅资料可知,榆中县积温大部分区域相对不高,而在兴隆山自然保护区附近接近 1500 摄氏度·天。整体上,榆中县北山可以达到一般级别(一年两熟),农业生产适宜性评价为一般;榆中县南山几个乡镇处于较差级别(一年一熟),农业生产适宜性评价为较差。

表13-5 榆中县及其周边地区监测站活动积温水平

序号	站点名称	活动积温/(摄氏度·天)	序号	站点名称	活动积温/(摄氏度·天)
1	榆中	3203.89	16	高崖	3166.47
2	皋兰	3420.73	17	麻家寺	2848.12
3	兰州	4356.29	18	官滩沟	2665.27
4	武胜驿	2585.76	19	天池峡	3331.01
5	中堡	2833.58	20	庄园牧场	3795.20
6	吐鲁沟	2238.08	21	市良种场	3599.48
7	柳树	3247.41	22	三江口	3994.44
8	大同	3078.88	23	关山	3030.40
9	瑞芝村	3387.04	24	西北师大	3798.41
10	火家台	2588.13	25	沙井驿	4190.91
11	水阜村	3520.08	26	砭沟沿	3943.74
12	猩湾站	3466.57	27	韩家河	3887.51
13	白坡站	3193.69	28	九州区	3994.16
14	兰沟站	3963.07	29	徐家山	4140.63
15	白虎山	3364.79			

(4)环境评价

整理榆中县土壤污染状况详细调查等成果,包括重金属镉(Cd)、铬(Cr)、铜(Cu)、贡(Hg)、铅(Pb)、锌(Zn)和非金属砷(As),进行各点位主要污染物含量分析,通过 ArcGIS 中 Spatial Analyst 工具空间插值,得到土壤污染物含量分布图层。

依据《土壤环境质量 农用地土壤污染风险管控标准(试行)》(GB 15618—2018),当土壤中污染物含量小于或等于风险筛选值、大于风险筛选值但小于或等于风险管制值、大于风险管制值时,将土壤环境容量相应划分为高、中、低 3 个等级。在参考此标准的基础上,通过分析得出榆中县仅有高、中 2 个等级,最终生成土壤环境容量分级图(图 13-15)。

13.3.1.2　农业生产适宜性集成评价

（1）初判农业生产条件等级

初判农业生产条件等级基于土地资源和水资源评价结果，确定农业生产的水土资源基础，地势越平坦、水资源丰度越高，农业生产等级越高。通过构建农业生产的水土资源基础判别矩阵（表 13-6），初步确定榆中县农业生产条件等级。

表 13-6　农业生产的水土资源基础判别矩阵

土地资源	水资源				
	高	较高	中等	较低	低
好	好	好	较好	一般	差
较好	好	好	较好	较差	差
一般	好	较好	一般	较差	差
较差	较好	一般	较差	差	差
差	差	差	差	差	差

在上步结果的基础上，结合气候评价结果（表 13-7），得到农业生产条件等级的初步结果（图 13-16）。

表 13-7　农业生产的光热资源基础判别矩阵

土地资源	光热资源				
	好	较好	一般	较差	差
好	高	高	较高	一般	低
较好	高	高	较高	较低	低
一般	高	较高	一般	较低	低
较差	较高	一般	低	不适宜	低
差	低	低	低	低	低

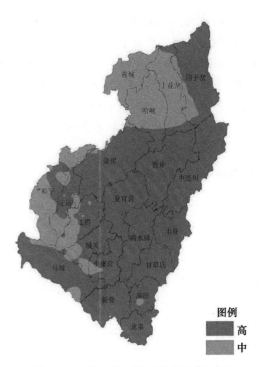

图 13-15　榆中县土壤环境容量分级图

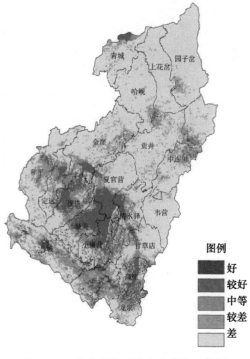

图 13-16　榆中县初判农业生产条件等级

（2）修正农业生产条件等级

农业生产条件等级的修正考虑土壤环境容量,同时兼顾现状农业生产空间。适宜农业空间布局的区域应具有一定平整度,且破碎程度较低,通过评价现状田块的规整程度来反映农业生产适宜性的现状情况,若单个地块越大,地块连片度越高,则农业空间适宜程度越高。

① 根据土壤环境容量修正。榆中县农业生产适宜性的修正,主要考虑根据土壤环境容量来完成。对于土壤环境容量评价结果为最低值的,将初步评价结果调整为低等级,土壤环境容量评价结果为中等级的,将初步评价结果下降一个级别。

② 根据田块规整度修正。现状耕地图斑形状特征反映耕地现实利用情况。田块规整度用来测度耕地斑块形状的复杂程度,该值越小,说明农村居民点图斑形状越规整,越适宜作为农村居民点用地,越利于农村居民点整理;该值越大,表明地块形状越复杂。其计算公式为:

$$D = \frac{2\ln(P/4)}{\ln(A)} \tag{13-8}$$

式中:D 为田块规整度,A 为斑块面积,P 为斑块周长。

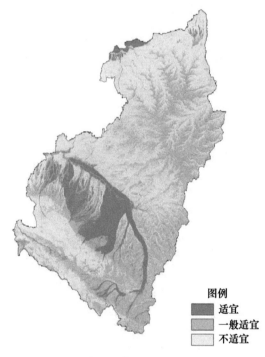

图 13-17 榆中县农业生产适宜性分级图

图例
适宜
一般适宜
不适宜

（3）确定农业生产适宜性等级

将修正得到的农业生产条件等级为高、较高的,确定为适宜;修正等级为一般、较低的,确定为一般适宜;修正等级为低的,划为不适宜。在西北地区缺水的总体形势与作物种植类型下,可将部分降水量少、农业灌溉用水量少的旱地区域提高为农业生产较为适宜的地区。评价后发现北山哈岘、上花岔区域评价结果与实际状况不太相符,但是榆中县北山缺水地区可种植需水量少的马铃薯、百合等作物,将其评价结果等级提高一级,最终综合分析得到榆中县农业生产适宜性分级图(图 13-17)。

通过分析发现,榆中县农业生产适宜性等级为适宜的面积为 525.72 平方千米,占国土总面积的 15.96%,主要分布在城关镇、连搭镇、夏官营镇和连搭镇;榆中县农业生产适宜性等级为一般适宜的面积为 1376.61 平方千米,占国土总面积的 41.78%,主要分布在金崖镇、连搭镇、和平镇、小康营乡、新营乡;榆中县农业生产适宜性等级为不适宜的面积为 1392.37 平方千米,占国土总面积的 42.26%,主要分布在金崖镇、哈岘乡、贡井乡、中连川乡、园子岔乡(表 13-8)。

表 13-8 榆中县农业生产适宜性等级评价结果汇总表

（单位　面积/平方千米,比重/%）

区域	适宜		一般适宜		不适宜	
	面积	比重	面积	比重	面积	比重
榆中县	525.72	15.96	1376.61	41.78	1392.37	42.26
城关镇	56.56	48.55	25.46	21.85	34.48	29.60
定远镇	28.94	32.20	33.59	37.38	27.34	30.42
甘草店镇	19.28	15.92	79.38	65.58	22.38	18.50
高崖镇	16.36	21.47	46.51	61.03	13.34	17.50
贡井乡	13.81	5.89	117.06	49.89	103.79	44.22

区域	适宜		一般适宜		不适宜	
	面积	比重	面积	比重	面积	比重
哈岘乡	8.72	4.48	70.69	36.30	115.36	59.22
和平镇	31.63	15.69	68.04	33.75	101.90	50.56
金崖镇	43.06	14.32	97.77	32.51	159.90	53.17
连搭镇	55.02	42.82	42.88	33.37	30.61	23.81
龙泉乡	8.62	10.50	61.37	74.74	12.12	14.76
马坡乡	14.52	6.40	106.68	47.02	105.67	46.58
青城镇	23.36	17.01	18.77	13.67	95.21	69.32
清水驿乡	36.68	23.06	73.72	46.34	48.69	30.60
上花岔乡	7.80	4.45	69.50	39.60	98.17	55.95
韦营乡	8.46	6.82	73.78	59.53	41.71	33.65
夏官营镇	63.71	36.49	44.80	25.66	66.10	37.85
小康营乡	33.98	33.41	37.03	36.41	30.69	30.18
新营乡	20.81	14.70	91.23	64.46	29.49	20.84
园子岔乡	13.00	4.82	86.17	31.94	170.64	63.24
中连川乡	21.41	8.98	132.18	55.45	84.78	35.57

13.3.2　农业生产承载规模评价

13.3.2.1　土地资源约束下农业生产承载规模

榆中县土地资源约束下农业生产承载规模在单纯考虑土地资源和土壤环境容量单向评价结果基础上进行分析,作为土地资源约束下农业生产的最大规模,考虑榆中县全域高程均小于 5000 米,从土地资源是否可作为耕地耕作的角度,选取单项评价中农业生产土地资源评价结果高至较低 4 级及土壤环境容量高和中 2 级区域,两者重叠区域作为可耕作土地。通过上述对土壤环境容量的分析可知,榆中县土壤环境容量为高和中 2 级,不存在差级的情况。

榆中县土地资源约束下农业生产承载规模可按照土地资源单项评价结果来分析,最终得到榆中县农业生产承载规模为 1881.71 平方千米,占全县国土总面积的 57.11%(表 13-9)。

表 13-9　榆中县土地资源约束下农业生产承载规模汇总表

（单位　面积/平方千米,比重/%）

乡镇	面积	比重	乡镇	面积	比重
城关镇	82.02	70.40	马坡乡	100.60	44.34
定远镇	62.52	69.58	青城镇	42.13	30.68
甘草店镇	98.66	81.50	清水驿乡	110.40	69.39
高崖镇	62.87	82.49	上花岔乡	77.30	44.05
贡井乡	130.87	55.77	韦营乡	82.23	66.35
哈岘乡	79.42	40.77	夏官营镇	108.51	62.14
和平镇	99.67	49.45	小康营乡	71.01	69.82
金崖镇	140.82	46.83	新营乡	112.04	79.16
连搭镇	97.89	76.18	园子岔乡	99.17	36.76
龙泉乡	69.99	85.24	中连川乡	153.59	64.43

13.3.2.2 水资源约束下农业生产承载规模

考虑到榆中县供水结构、粮食生产任务、三产结构等现实情况,结合数据的可获取性,榆中县水资源约束下农业生产承载规模测算包括灌溉可用水量、农田灌溉定额、可承载的灌溉面积和可承载耕地规模。

参照《甘肃省兰州市榆中县用水效率控制报告》《甘肃省兰州市榆中县用水总量控制指标报告》和《榆中县水资源管理和水功能区划分》等榆中县关于水资源的研究成果,暂采用到 2030 年供水情况预测。

(1)灌溉可用水量

根据《甘肃省兰州市榆中县用水总量控制指标》中的研究成果,2030 年全县三产用水比例为 50.2:33.4:16.4(第一产业:第二产业:第三产业),这使得全县用水结构更趋于合理,水资源效益进一步提高。在制定的总量控制指标下,榆中县 2030 年用水总量控制指标基本能支撑未来榆中县经济社会发展的需水要求。

灌溉可用水量结合榆中县水资源配置相关成果,在考虑三产用水结构的情景下,设定了农业用水合理占比,乘以榆中县用水总量控制指标,得到 2030 年榆中县灌溉可用水量。农业用水比例是指一个地区在统计期内,农业用水量与用水总量的比值,它在某种程度上反映了某个地区经济发展的水平。

用水总量和农业用水量:2030 年确定的榆中县用水总量为 1.843 亿立方米,其中地表水为 1.177 亿立方米,地下水为 0.666 亿立方米;2030 年确定的榆中县农业用水总量为 0.739 亿立方米,其中农田灌溉为 0.684 亿立方米,林牧渔业为 0.055 亿立方米(表 13-10)。

表 13-10　榆中县农业用水总量控制指标　　　　　　　　(单位　亿立方米)

年份	农业用水量			用水总量		
	小计	农田灌溉	林牧渔业	合计	地表水	地下水
2020	0.767	0.705	0.062	1.730	1.064	0.666
2030	0.739	0.684	0.055	1.843	1.177	0.666

(2)农田灌溉定额

根据榆中县农业生产实际情况,以代表性作物(水稻、小麦、玉米等)灌溉定额为基础,在不同种植结构、复种情况、灌溉方式(漫灌、管灌、滴灌、喷灌等)、农田灌溉水有效利用系数等情景下,分别确定农田综合灌溉定额。代表性农作物灌溉定额应采用评价区域水利或农业部门发布的最新版行业用水定额或农作物灌溉定额标准。

① 农田亩均灌溉用水量现状分析

农田亩均灌溉用水量是指实际灌溉用水量与实际灌溉面积的比值,反映一个地区的农业用水状况。根据相关统计资料整理得到,2017 年全县农业耕地总面积为 103.88 万亩,其中有效灌溉面积为 30.33 万亩,实际灌溉面积为 28.54 万亩,林牧渔业灌溉面积为 1.79 万亩。2017 年农业用水总量为 9870 万立方米,其中农田灌溉用水量为 9186 万立方米,林牧渔业灌溉用水量为 684 万立方米,农业用水为全县各行业用水大户,占到全县总用水量的 61.49%。农田亩均灌溉用水量 322 立方米,全县粮食产量 19 万吨。由于经济的发展及节水措施的有效利用,未来榆中县农田亩均灌溉用水量应较现状年有所减少。

② 农田灌溉水有效利用系数

农田灌溉水有效利用系数指在一次灌水期间,被农作物利用的净水量与水源渠首处总引进水量的比值,是衡量灌溉区从水源引水到田间作物吸收利用水的过程中灌溉水利用程度的重要指标。一般根据实际情况测算分析获得。根据相关研究成果中的设定,2030 年榆中县农田灌溉水有效利用系数为 0.64。

③ 农田灌溉定额分析确定

榆中县农业发展方向主要是以农业产业化经营为重点,发展特色农业、节水农业、生态农业和高效农业。农田灌溉定额预测采用经济用水定额与统计分析相结合的方法,既考虑当地水资源及其经济条件下的经济灌溉定额,又兼顾较为先进灌区主要农作物的净灌溉定额。同时,充分考虑农业节水应该达到的目标等综合因素。经过分析,将 2030 年全县农田用水毛灌溉定额设定为 165 立方米/亩。

(3)可承载的灌溉面积

灌溉可用水量和农田综合灌溉定额的比值,即为相应条件下可承载的灌溉面积规模。按照榆中县 2030 年农田灌溉用水总量控制指标 0.684 亿立方米为总水量,计算得出水资源约束下榆中县可承载耕地规模(表 13-11)。

表 13-11　水资源约束下榆中县可承载耕地规模评价汇总表

年份	农业用水量/亿立方米			农田灌溉有效利用系数	亩均耕地灌溉用水量/(立方米/亩)	可承载的灌溉面积/万亩	现状灌溉面积/万亩
	农田灌溉	林牧渔业	小计				
2030	0.684	0.055	0.739	0.64	165	41.45	38.29

(4)雨养耕地面积分布

从水资源角度,测算给出水资源约束下农业生产的最大规模。可承载的耕地规模包括可承载的灌溉面积和单纯以天然降水为水源的耕地面积(雨养耕地面积)。雨养农业需要适应当地降水规律,雨养农业面积取决于作物生长期内降水量以及降水过程与作物需水过程的一致程度。根据相关要求,结合榆中县实际情况,将全县划分为干旱雨养农业区和湿润雨养农业区。榆中县北山为干旱雨养农业区,主要为北山中药材＋百合＋特色养殖农业区;南部和中部盆地为湿润雨养农业区,主要发展河川都市农业区、南山高原夏菜农业区(图 13-18)。

图 13-18　榆中县雨养农业分区图

13.4　城镇建设适宜性与承载规模评价

13.4.1　城镇建设适宜性评价

13.4.1.1　城镇建设适宜性单项评价

(1)土地资源评价

① 利用榆中县 DEM 计算地形坡度,按≤3°、3°~8°、8°~15°、15°~25°、>25°生成坡度分级图,将城镇建设土地资源划分为高、较高、中等、较低、低 5 级。

② 对于高程≥5000 米的区域,土地资源等级直接取最低等;高程在 3500~5000 米的,将坡度分级降一级作为土地资源等级。通过 ArcGIS 10.2 软件中的重分类工具,将海拔高程数据分为两类,即<3500 米和≥3500 米,然后通过叠加分析将相应区域的等级降一级。

③ 计算地形起伏度,考虑采用的 DEM 数据分辨率为 30 米,通常采用 15×15 邻域来生成榆中县地形起伏度分布图(图 13-19)。对于地形起伏度>200 米的区域,将初步评价结果降两级,地形起伏度在 100~200 米的,将初步评价结果降一级作为城镇土地资源等级。综合考虑上述三个方面,最终得到城镇

土地资源等级(图13-20和表13-12)。

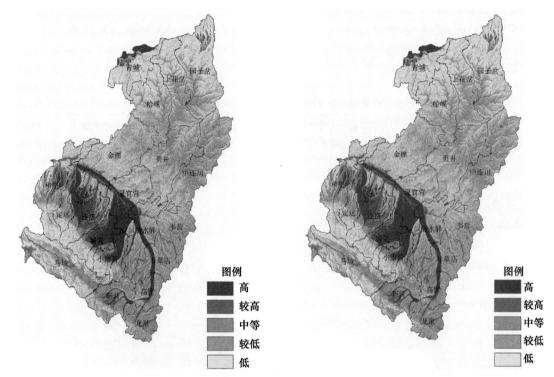

图 13-19　榆中县城镇建设坡度分级图　　　　图 13-20　榆中县城镇建设土地资源评价等级

表 13-12　榆中县城镇建设适宜导向下土地资源评价结果汇总表

（单位　面积/平方千米,比重/%）

区域	高		较高		中等		较低		低	
	面积	比重	面积	比重	面积	比重	面积	比重	面积	比重
榆中县	394.79	36.15	227.80	20.86	469.46	42.99	805.98	24.46	1375.50	41.74
城关镇	46.98	40.33	13.55	11.63	9.70	8.32	12.91	11.08	33.37	28.64
定远镇	21.34	23.75	11.25	12.52	11.00	12.24	19.53	21.73	26.74	29.76
甘草店镇	14.31	11.82	10.10	8.35	30.52	25.22	44.27	36.57	21.83	18.04
高崖镇	11.86	15.56	8.20	10.76	18.31	24.02	25.13	32.98	12.71	16.68
贡井乡	9.28	3.95	8.43	3.59	37.24	15.88	75.94	32.36	103.78	44.22
哈岘乡	5.84	3.00	5.44	2.79	20.33	10.44	47.95	24.62	115.21	59.15
和平镇	19.54	9.70	19.17	9.51	22.98	11.40	39.03	19.36	100.86	50.03
金崖镇	32.17	10.70	17.97	5.98	24.66	8.20	67.40	22.41	158.52	52.71
连搭镇	35.21	27.40	27.05	21.05	18.49	14.39	17.43	13.56	30.33	23.60
龙泉乡	4.65	5.66	8.01	9.75	25.54	31.12	32.21	39.22	11.70	14.25
马坡乡	8.26	3.64	14.10	6.21	39.12	17.24	39.12	26.62	105.09	46.32
青城镇	21.81	15.88	5.71	4.16	5.18	3.77	12.57	9.15	92.08	67.04
清水驿乡	29.84	18.76	12.65	7.95	24.03	15.10	45.97	28.89	46.61	29.30
上花岔乡	5.43	3.09	4.72	2.69	21.73	12.39	45.71	26.05	97.88	55.78
韦营乡	5.25	4.23	6.56	5.29	24.20	19.53	46.35	37.40	41.58	33.55
夏官营镇	57.33	32.84	10.75	6.16	12.01	6.88	30.11	17.24	64.40	36.88
小康营乡	28.56	28.08	9.00	8.85	15.59	15.33	18.66	18.35	29.89	29.39

续表

区域	高		较高		中等		较低		低	
	面积	比重	面积	比重	面积	比重	面积	比重	面积	比重
新营乡	12.79	9.04	15.76	11.14	36.84	26.03	48.27	34.10	27.87	19.69
园子岔乡	8.24	3.06	8.94	3.31	26.97	10.00	55.30	20.49	170.36	63.14
中连川乡	16.11	6.76	10.43	4.37	45.01	18.88	82.14	34.46	84.69	35.53

（2）水资源评价

榆中县水资源评价受数据资料的限制，无法采用小流域为评价单元进行评价。综合分析后，考虑采用用水总量控制指标模数来进行分析。根据《甘肃省兰州市榆中县用水总量控制指标》，用水总量控制指标模数按≥25 万立方米/平方千米、13 万～25 万立方米/平方千米、8 万～13 万立方米/平方千米、3 万～8 万立方米/平方千米、<3 万立方米/平方千米，分为好、较好、一般、较差、差 5 个等级。最后采用专家经验法，对评价结果进行修正。

就水资源总量评价成果而言，榆中县水资源总量模数处于 8 万～13 万立方米/平方千米，城镇供水条件一般，总体城市管网供水可满足一般城镇用水需求（表 13-13）。

表 13-13　榆中县用水总量控制指标模数下城镇建设适宜性评价结果

行政区	现状城镇用地面积/平方千米	城镇用水总量/万立方米	等级
榆中县	78.44	1185.15	一般

（3）气候评价

城镇建设适宜性评价中的舒适度采用温湿指数表征，计算公式为：

$$THI = T - 0.55 \times (1 - f) \times (T - 58) \qquad (13-9)$$

式中：THI 为温湿指数，T 为月均温度（华氏温度），f 为月均空气相对湿度（%）。

根据榆中县气象站点数据，分别计算各站点 12 个月多年平均的月均温度和月均空气相对湿度；通过 ArcGIS 10.2 软件空间分析工具中克里金插值法（温度差值需结合海拔校正，具体方法与积温插值部分相同）得到格网尺度的月均温度和月均空气相对湿度。通过栅格计算器，按照上述公式计算出 12 个月格网尺度的温湿指数，温湿指数按照表 13-14 划分舒适度等级。

表 13-14　舒适度分级标准

分级标准	舒适度等级
60～65	7（很舒适）
56～60 或 65～70	6
50～56 或 70～75	5
45～50 或 75～80	4
40～45 或 80～85	3
32～40 或 85～90	2
<32 或 ≥90	1（很不舒适）

榆中县 5—9 月月均温度湿度适宜，舒适度等级达到了 6 级，部分地区处于 7 级（很舒适），但 12 月至次年 2 月气温较低，舒适度等级平均为 1 级，处于很不舒适等级。对舒适度进行空间插值，计算温湿指数划分舒适度等级（图 13-21）。

图 13-21　榆中县城镇建设适宜性评价舒适度分级图

（4）环境评价

城镇建设环境评价包括大气环境评价和水环境评价。其中,大气环境评价通过静风日数、平均风速两项指标表征。

因数据资料和技术条件不支持采用复杂方法,本方案可采用简化方法:统计区域及周边地区气象台站3年平均风速(表13-15),按平均风速＞5米/秒、3～5米/秒、2～3米/秒、1～2米/秒、≤1米/秒,将大气环境容量指数划分为高、较高、一般、较低、低5级。综合评价结果得出,榆中县大气环境容量指数为一般。

表13-15 榆中县及周边各监测站多年平均风速

序号	站名	风速/(米/秒)	序号	站名	风速/(米/秒)
1	武胜驿	2.36	18	官滩沟	2.00
2	中堡	2.41	19	天池峡	2.65
3	吐鲁沟	0.88	20	庄园牧场	2.68
4	柳树	1.67	21	市良种场	1.82
5	大同	2.51	22	三江口	1.68
6	瑞芝村	0.00	23	关山	2.43
7	火家台	2.50	24	西北师大	1.23
8	古山	2.35	25	沙井驿	1.80
9	石门岘	3.17	26	硷沟沿	2.18
10	新站村	2.57	27	韩家河	1.97
11	水阜村	1.01	28	九州区	0.27
12	猩湾站	2.21	29	徐家山	1.87
13	白坡站	2.05	30	皋兰	1.60
14	兰沟站	1.40	31	榆中	1.90
15	白虎山	3.33	32	永登	2.30
16	高崖	2.00	33	兰州	0.90
17	麻家寺	2.70			

（5）灾害评价

根据兰州市各县区地质灾害点调查报告,截至2019年6月,兰州市共核查地质灾害隐患点2470处,其中滑坡335处、崩塌205处、不稳定斜坡1661处、泥石流257处、地面塌陷12处。采用以定性分析为主、定量分析为辅的方法,对2470处地质灾害隐患点进行了稳定性分析,得出335处滑坡中,稳定性好的有62处,稳定性较差的有214处,稳定性差的有59处;205处崩塌中,稳定性好的有42处,稳定性较差的有86处,稳定性差的有77处;1661处不稳定斜坡中,稳定性好的有59处,稳定性较差的有1296处,稳定性差的有306处;257条泥石流沟中,高易发的有2条,中易发的有135条,低易发的有120条;12处地面塌陷中,稳定性差的有1处,稳定性较差的有11处。

综合地质灾害影响因素和历史灾情,按其发育程度划分为极高易发区、高易发区、中等易发区和低易发区(图13-22)。

（6）区位优势度

区位优势度主要指由各评价单元与中心城市间的交通距离所反映的区位条件和优劣程度,其计算应根据各评价单元与最近中心城市的交通距离远近进行分级。其中,交通距离可采用时间里程反映,中心城市原则上选择地级及以上城市,还应考虑区域中邻近并确实对相关区域有影响的国家中心城市、副省级城市、省会城市等。

区域区位优势度根据区位条件、交通网络密度表征。收集整理榆中县全国第三次土地调查、榆中县现状公路数据等资料,将榆中县公路网作为交通网络密度评价主体,采用线密度分析方法计算。ArcGIS软件中线密度分析工具用于计算每个输出栅格像元邻域内的线状要素的密度,密度的计量单位为长度单位/面积单位。按照交通网络密度由高到低分为 5、4、3、2、1,共 5 个等级,并对区位优势度评价结果进行修正(图 13-23)。

图 13-22　榆中县地质灾害分区图

图 13-23　榆中县区位优势度分级图

13.4.1.2　城镇建设适宜性集成评价

基于土地资源和水资源评价结果,确定城镇建设的水土资源基础,作为城镇建设条件等级的初步结果。综合榆中县环境评价和灾害评价结果,这两个结果难以进行综合分析。城镇建设条件等级的修正主要考虑区位优势度。对区位优势度评价结果为最低值的,将初划城镇建设条件等级下降两个级别;对区位优势度评价结果为较差的,将初划城镇建设条件等级下降一个级别;对区位优势度评价结果为好的,将初划城镇建设条件结果为较低、一般和较高的分别上调一个级别;将城镇建设条件等级为高、较高的,划为适宜,等级为一般、较低的,划为一般适宜,等级为低的,划为不适宜。

榆中县城镇建设适宜性等级为适宜的面积为617.66 平方千米,占全县国土总面积的 18.75%,主要分布在城关镇、连搭镇、夏官营镇和连搭镇;榆中县城镇建设适宜性等级为一般适宜的面积为 1287.58 平方千米,占全县国土总面积的 39.08%,主要分布在金崖镇、连搭镇、和平镇、小康营乡、新营乡。榆中县城镇建设适宜等级为不适宜的面积为 1389.46 平方千米,占全县国土总

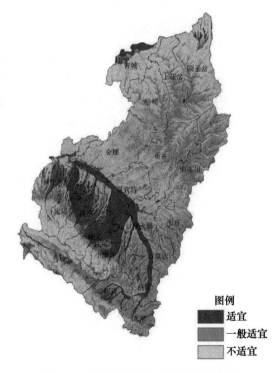

图 13-24　榆中县城镇建设适宜性分级图

面积的 42.17%,主要分布在金崖镇、哈岘乡、贡井乡、中连川乡、园子岔乡(表 13-16 和图 13-24)。

表 13-16　榆中县城镇建设适宜性等级评价结果汇总表

（单位　面积/平方千米,比重/%）

区域	适宜		一般适宜		不适宜	
	面积	比重	面积	比重	面积	比重
榆中县	617.66	18.75	1287.58	39.08	1389.46	42.17
城关镇	59.54	51.11	22.47	19.29	34.48	29.60
定远镇	32.26	35.90	30.26	33.68	27.34	30.42
甘草店镇	23.86	19.72	74.80	61.79	22.38	18.49
高崖镇	19.50	25.58	43.37	56.91	13.34	17.51
贡井乡	17.71	7.55	113.17	48.23	103.79	44.22
哈岘乡	11.22	5.76	68.20	35.01	115.36	59.23
和平镇	37.67	18.68	61.50	30.51	102.41	50.81
金崖镇	49.05	16.31	91.77	30.52	159.90	53.17
连搭镇	62.05	48.29	35.84	27.89	30.61	23.82
龙泉乡	12.50	15.22	57.49	70.02	12.12	14.76
马坡乡	22.04	9.71	99.16	43.71	105.67	46.58
青城镇	24.96	18.18	17.17	12.50	95.21	69.32
清水驿乡	40.90	25.71	69.50	43.68	48.69	30.61
上花岔乡	9.96	5.68	67.34	38.37	98.17	55.95
韦营乡	11.70	9.44	70.53	56.91	41.71	33.65
夏官营镇	66.56	38.12	41.94	24.02	66.10	37.86
小康营乡	36.94	36.32	34.07	33.50	30.69	30.18
新营乡	27.23	19.24	84.81	59.93	29.49	20.83
园子岔乡	16.99	6.30	82.18	30.46	170.64	63.24
中连川乡	35.02	14.69	121.99	51.18	81.37	34.13

13.4.2　城镇建设承载规模评价

13.4.2.1　土地资源约束下城镇建设承载规模

从土地资源是否可作为城镇建设的角度,选取城镇建设土地资源单项评价成果中等级高至较低4级,按照乡镇单元统计其面积,作为土地资源约束下城镇建设的最大规模。榆中县土地资源约束下农业生产承载规模可按照土地资源单项评价结果来分析,最终得到榆中县城镇建设承载规模为1918.62平方千米,占国土总面积的58.23%。占比较大的为甘草店镇、城关镇、高崖镇等区域(表13-17)。

表 13-17　榆中县土地资源约束下城镇建设承载规模汇总表

（单位　面积/平方千米,比重/%）

乡镇	面积	比重	乡镇	面积	比重
城关镇	83.13	71.36	马坡乡	45.26	32.96
定远镇	63.12	70.24	青城镇	112.49	70.70
甘草店镇	99.21	81.96	清水驿乡	77.59	44.22
高崖镇	63.50	83.31	上花岔乡	82.36	66.45
贡井乡	130.88	55.78	韦营乡	110.20	63.12
哈岘乡	79.56	40.85	夏官营镇	71.81	70.61
和平镇	100.72	49.97	小康营乡	113.66	80.31
金崖镇	142.20	47.29	新营乡	99.46	36.86
连搭镇	98.17	76.40	园子岔乡	153.68	64.47
龙泉乡	70.41	85.75	中连川乡	45.26	32.96

13.4.2.2　水资源约束下城镇建设承载规模

榆中县水资源约束下城镇建设承载规模用可承载城镇建设用地最大规模来体现,通过分析计算榆中县城镇人均需水量、城镇可用水量,进而采用城镇可用水量除以城镇人均需水量,得出评价区域内人口规模。

以集约高效利用国土空间为基本原则,基于现状和节约集约发展要求,在不同发展阶段、经济技术水平和生产生活方式情景下,合理设定人均城镇建设用地,乘以评价区域内人口规模,得出水资源约束条件下城镇建设用地规模。

参照《甘肃省兰州市榆中县用水效率控制报告》《甘肃省兰州市榆中县用水总量控制指标报告》和《榆中县水资源管理和水功能区划分》等榆中县关于水资源的研究成果,暂采用到2030年供水情况预测。

(1)城镇人均需水量

根据《城市居民生活用水量标准》(GB/T 50331—2002)、《甘肃省行业用水定额(修订本)》和《兰州市县级行政区用水总量控制指标》,合理确定不同地区城镇居民生活用水量。随着人民生活水平的提高,在把握城乡居民人均综合用水量上升趋势的基础上,同时考虑管网漏损率的进一步降低和农村居民大量转化为城镇居民户的现实情况,按照兰州市居民用水定额,结合榆中县现状居民生活用水水平,综合分析确定城镇居民生活用水定额。在不同发展阶段、经济技术水平和生产生活方式等情景下,设定生活和工业用水合理占比,综合确定城镇人均需水量。

城镇居民生活综合用水包括城镇居民生活用水和城镇公共生活用水两大类。据统计,2015年榆中县城乡生活用水总量为1055.93万立方米,占总用水量的8.16%;其中,城镇生活用水量为486万立方米。城镇居民人均生活日用水量为237升/(人·天),远高于同年甘肃省和兰州市的平均水平。

根据尊重现状、兼顾发展原则,结合分配全县城镇居民生活用水增量,最终确定全县城镇居民生活用水综合定额2030年达到95升/(人·天)。全国城市居民生活用水量标准如表13-18所示。

表 13-18　全国城市居民生活用水量标准

地域分区	日用水量/(升/(人·天))	适用范围
一	80～135	黑龙江、吉林、辽宁、内蒙古
二	85～140	北京、天津、河北、山东、河南、山西、陕西、宁夏、甘肃
三	120～180	上海、江苏、浙江、福建、江西、湖北、湖南、安徽
四	150～220	广西、广东、海南
五	100～140	重庆、四川、贵州、云南
六	75～125	新疆、西藏、青海

(2)可承载城镇建设用地最大规模

以评价区域城镇可用水量除以城镇人均需水量,得出评价区域内人口规模。以集约高效利用国土空间为基本原则,基于现状和节约集约发展要求,合理设定人均城镇建设用地,乘以评价区域内人口规模,得出水资源约束条件下城镇建设用地规模。水资源约束下榆中县城镇建设承载规模评价结果如表13-19所示。

表 13-19　水资源约束下榆中县城镇建设承载规模评价结果汇总表

行政区	城镇可用水量/亿立方米	城镇人均需水量/(升/(人·天))	可承载城镇人口规模/万人	现状人口数/万人	人均城镇建设用地面积/(平方米/人)	可承载城镇建设用地面积/平方千米	现状城镇建设用地面积/平方千米
榆中县	0.221	95	63.73	44.37	203	129.38	53.14

第 14 章　　生态文明理念下的全域综合整治分区

14.1　基于流域单元的全域土地综合整治分区研究

基于流域单元的全域土地综合整治分区是从现有整治分区研究的不足点出发，提出的一种新的理论框架，其重点是对传统整治分区基本单元的选取和整治分区方法框架进行改进。整治分区基本单元是指区域在开展土地整治工作时选取的最基本的空间单元，它是对评价对象进行研究的最小单元，是指自然地理、资源条件相对一致的均质区域。我国整治分区的基本分区单元主要包括行政单元、图斑单元和网格单元三类，其中行政单元是使用最广的，行政单元的优点是便于统计和获取相应的研究数据，但行政单元容易忽视整治要素之间的关联性，同时以行政单元为界也会破坏生态系统的整体性和完整性；图斑单元主要用在整治潜力分区的研究中，计算潜力时，选择图斑单元将有助于对研究区进行比较精细的测算和分析，但图斑单元只适合研究尺度较小的区域，在尺度较大的研究中选用图斑单元会造成分析冗杂的问题；网格单元主要涉及农用地的整治分区，网格单元在一定程度上打破了行政单元的限制，但是网格的划分常常缺乏客观和科学的依据，网格设置的大小不一也会影响分区的准确性，同时网格单元的划分也无法保证各单元内的国土性质的一致性。全域土地综合整治的背景下要求将全部国土要素视为一个统一的整体，因此要求基本分区单元的选择更偏向于自然生态地理单元，以确保整治要素之间具有关联，同时保持生态系统的整体性。

全域土地综合整治分区是为区域国土空间规划编制和生态文明建设服务的，其实质是对影响区域发展的多种要素进行优化组合，从而明确区域发展面临的有利条件和不足，然后尽可能发挥优势因素，改造限制因素，在充分利用资源禀赋、提高国土利用效率、优化空间布局、改善人居环境、提升生态服务的基础上，提出适合区域发展的最佳方向和路径，最终实现区域的振兴和发展。县域作为一个行政管理最为稳定的基本单元，其内部存在很大的差异，因此，在进行整治分区研究时要重视这种差异。流域单元是指借助流域特征和水文学、流域生态学等学科的知识，利用水文分析方法，确定的内部发展状况相一致的基本分析单元，各单元内部间的水体、地貌、土壤和植被等整治要素具有统一性。流域单元是自然生态和社会经济系统形成的复合单元，具有独立的生态系统功能和性质，流域单元之间的划分不以行政界线为依据，而是依据其所属的地理基础和社会经济环境。因此，基于流域单元划分整治分区可以增加整治要素的一致性，同时也可以提高整治工作实施的效率。县域空间是中国城乡交融最明显的空间规划基本单元，同时也是我国经济社会发展和行政管理的基本单元，因此在保持县域行政区域完整的前提下，借助流域单元自然地理分异的特点，将二者结合，从流域单元视角进行整治分区研究，这将有利于准确判断区域的发展水平，进而识别各分区的问题，提出有效的解决措施，以期实现县级区域的全面发展。

流域单元的划分已经过众多学者的研究，形成了完整、准确、成熟的发展路径，所以，流域单元是新时代进行综合整治分区研究选择的最佳基本单元。从流域单元的划分到各评价单元上整治分区要素的测度与评价，是探究区域国土利用现状，分析整治问题的关键环节。以流域单元为基础评价单元，进行整治分区研究，可以满足新时代生态文明建设背景下"全要素""全区域""系统性"综合整治的基本要求。我国土地整治经历了从追求耕地数量，到追求耕地质量，再到数量和质量并重的阶段。自党的十八大召开以来，生态文明建设愈发突出，在生态文明建设和乡村振兴双重背景下的全域土地综合整治被赋予了新的现实使命和历史使命，其主要任务是对农村生产、生活、生态空间进行调整，以优化区域布局，提高耕地质量，盘活存量建设用地，统一修复治理农村人居环境，进而调试乡村人地关系，满足乡村内生发展需求，最终实现人与自然和谐、可持续发展。整治分区基本单元是最小的空间单元,是进行分区研究的基础单元,在全域土地综合整治要求下的整治分区基本单元的选择应着重体现整治要素的"全面性"和"关联性"、整治内容的"整体性"、整治系统的"完整性",同时,整治分区研究应重点剖析研究区域的自然、社会、经济、资源禀赋等方面的差异性,在结合国家及地方战略定位与相关政策的基础上,将研究区划分成一系列整治问题和整治方向相对统一的区域,然后根据每一个区域的

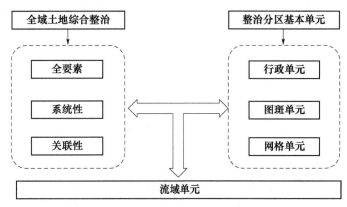

图 14-1　整治分区基本单元选取示意图

特点,制定与区域实际状况相符合的整治策略。因此,整治分区是制定整治策略,实施整治工作的基础,通过划定整治分区,可以从整体上明确区域发展面临的限制因素和有利条件,针对问题和区域特色,提出切实可行、因地制宜的土地整治策略,这有助于优化土地利用结构,改善区域生态环境,缓解用地矛盾。整治分区基本单元的选取如图 14-1 所示。

14.2　基于流域单元的全域土地综合整治分区指标体系构建

14.2.1　构建指标体系的依据

生态文明建设和乡村振兴背景下的全域土地综合整治总要求是对"田水路林村城"等全部国土要素进行治理,达到充分利用区域资源禀赋、提高国土利用效率、优化国土空间格局、改善人居环境和提升生态服务质量的目标,其最终目的是实现广大地区的振兴和发展。

区域资源禀赋是影响整治分区的物质基础,资源禀赋在很大程度上会决定区域的整体发展方向;土地资源是生态文明建设的物质载体,区域土地利用效率是反映土地利用水平高低的直接依据,提高利用效率是开展全域土地综合整治的基本目标和改善区域土地利用水平的关键环节;造成我国土地利用水平低的一个重要原因就是国土空间布局结构过于混乱,使得土地要素功能过于细化,进而引起生态环境质量退化,因此,优化国土空间布局是提高土地利用水平的基本途径,是实现农业农村现代化的重要支撑;环境品质是影响整治分区和土地利用的重要前提因素,同时也是反映土地利用水平高低的主要依据,不同区域的自然环境具有明显的差异性,土地利用在很大程度上会受自然环境的制约,土地利用水平和区域自然环境是密不可分的,环境品质是衡量区域生产生活状况的根本标准,可以明确表现出土地利用质量的高低状况和整治工作的必要性;土地利用是反映人地关系的基本环节,其受自然系统和社会系统相互作用的影响,而生态服务是耦合自然系统和社会系统的桥梁基础,土地利用格局的变化会影响到生态过程的变化,进而会影响到生态服务价值和功能的变化,因此,生态服务是用来反映土地利用水平和整治迫切性高低的重要条件。因此,只有立足于资源禀赋、布局结构、利用效率、环境品质、生态服务,才能对区域本底状况进行科学准确评价,这是科学划定整治分区,实现全域土地综合整治目标并推进整治工作的前提和基础(图 14-2)。

14.2.2　确定整治分区指标体系

按照全域土地综合整治的总要求和总目标,从资源禀赋、利用效率、布局结构、环境品质、生态服务 5 个维度出发,在参考相关研究,以及考虑评价指标科学性、可代表性、综合性和数据可获取性原则的基础之上,构建了基于流域单元的全域土地综合整治分区评价指标体系(表 14-1)。

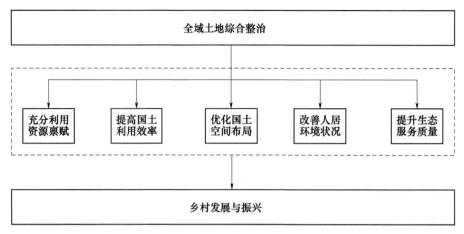

图 14-2 全域土地综合整治的目标

(1)资源禀赋。资源禀赋条件是影响区域土地利用的重要物质基础,一个区域的资源禀赋在很大程度上会决定区域的整体发展方向。区域资源禀赋包括众多方面,对于大多数农村地区,农业仍然是其发展的支柱产业,而农业的发展必须依靠国土资源,尤其是其中的耕地,这是人民生活的基本保障,永久基本农田覆盖度是反映耕地质量优劣的重要指标,因此考虑选取农田生产潜力、永久基本农田覆盖度和土地垦殖率来反映资源禀赋,其指标比重越高,说明区域农业生产条件越好,土地利用的质量水平越高,整治的难度较低。同时,考虑到乡村地区近些年来不断转型和发展,也更应该考虑资源禀赋带来的产品生产及服务和产业发展活力等方面的内容,产品生产及服务能力是指提供粮食、果品等农产品以及对外输出工业产品及服务的能力,因此,考虑选取果园占比、工业用地占地对其进行表征;资源禀赋带来的产业发展活力是指其依靠现代农业和旅游服务业等促进区域产业发展的能力,因此,考虑到数据的可获取性,选取设施农用地占比和旅游资源丰富度对其进行表征,二者数值越大,说明区域的资源禀赋条件越好,土地整治的难度越低。

(2)利用效率。国土资源是进行生态文明建设的空间载体,土地利用效率是用来衡量有限的资源是否合理利用的一个重要指标,我国全域土地综合整治的要求是合理利用每一寸土地,这也是生态文明建设的关注重点,提升土地利用效率是实现区域高质量发展的重要途径。有效灌溉率和田间道路通达度是反映农业利用效率的主要指标,其值越大,说明区域国土利用越高效,开展土地整治的必要性越小;土地利用率用来反映一个区域国土资源的利用程度,夜间灯光描述的是一个区域的夜间光源的变化情况,是区域发展水平的直观反映,其可以从侧面反映国土利用效率水平;人口密度反映了区域经济社会发展状况及土地利用强度,是影响国土利用效率的重要因素之一,一般人口密度越大的区域,土地利用方向越偏向于城镇发展,其土地利用效率一般高于农村地区,人口密度的提升可以促进资源的集聚,会使得经济发展朝着规模化、集聚化的方向,其最终会提高国土的利用效率,尤其是在我国国土资源稀缺的前提下,人口集聚后只能通过提高国土利用效率来解决资源稀缺的问题;土地经济密度是单位国土面积上经济活动效率和国土利用密集程度重要表征,其值越大,说明区域发展越趋向于集约高效,即区域土地利用效率越高,土地整治难度越小。

(3)布局结构。调整和优化国土空间结构和布局,是促进国土空间开发与保护,解决国土开发秩序混乱等问题的重要抓手和提升土地利用效率的重要手段。对布局结构进行调整优化的最终目的是使得生产空间集约高效、生活空间宜居适度、生态空间山清水秀。因此,选取耕地破碎度、耕地形状指数、农村居民点破碎度、农村居民点形状指数、生态用地破碎度、生态用地形状指数来反映区域国土布局结构。破碎度一般用来描述景观被分割的程度,可以用于量化景观空间结构的复杂性,景观形状指数用来反映景观空间形态的复杂程度以及景观斑块之间的分散和集聚信息,降低景观破碎化,是促进国土空间布局结构优化的重要途径。耕地破碎化是现阶段影响我国粮食生产的重要因素,耕地破碎程度越大,越难以发挥规模效应,耕地形状指数用来反映耕地整体形状的复杂程度,其值越小,说明耕地形状越简单、越规则,越有利于维持耕地景观的稳定性。农村居民点破碎度越大,说明村民居住越分散,国土利用格局越零散,人类活动易对其产生干扰,居住用地形状指数用来表征居住用地的整体形状复杂程度,其值越大,越说明居住用地的形状特征越复杂,景观格局的稳定性越差。生态用地面积的大小代表着其承载生物量的能力,面积越大,其承载的生物活动越多,相应的生物多样性越强,其受到外界干扰时的自我恢复能力越高。生态用地破碎度越大,表示生态用地景观被自然或人为分割得越严重,这会导致生物多样性降低,也会使生态用地景观之间的连通性变差,整体的生态功能难以发挥,生态用地形状指数越大,说明其形状越复杂,生态协同功能越单一,同时越不利于维持景观的稳定性,会影响到生态系统的结构和功能。

(4)环境品质。环境质量是影响广大农村社会经济发展的重要基础,是衡量土地利用质量好坏和是否需要整治的直接依据。环境品质可分为软环境品质和硬环境品质,其中,软环境品质是指有关生产生活的非物质要素,硬环境品质是指自然环境条件、居住环境条件以及农村基础设施等。因此,选取平均海拔、平均坡度、交通设施用地密度、距县政府距离、公园广场用地占比、基础设施和公服设施密度对其进行表征。其中,距县政府距离可以反映出评价单元距县域政治经济中心的距离,代表着其能否享受到城市发展带来的红利,距离政府越远,表示人民出行越不方便,且出行成本越高,区域的环境品质越差;交通设施用地密度表示一个区域与外界联系的交通便利程度,其值越大,说明区域道路越便利,区域环境品质越好;公园广场用地占比、基础设施和公服设施密度是衡量区域公共服务和基础设施供给的基本准则,其数值越大,表示区域环境品质越高。地质灾害是指在地质环境条件比较脆弱时,由于人类不合理的活动和本身的动力地质作用导致的一系列灾害活动,因此,地质灾害点密度是衡量区域是否宜居的重要指标,地质灾害点密度越大,说明区域生态环境越脆弱,越不利人类生存生活等活动的开展;地形条件是自然地理环境的直观表现,研究中采用高程和坡度来对其进行表征,海拔高度和坡度大小不仅会影响国土利用的投入,而且会对人居环境产生重要的影响,人类一般住址选择在海拔较低、坡度较小的区域,海拔和坡度的值越大,说明区域自然条件越恶劣,环境质量等级越低,越不易于土地资源开发利用。

(5)生态服务。生态服务关联着生态系统和人类福祉,是推动国土空间格局优化的重要工具。选取生态系统服务价值、生物丰度指数、景观多样性指数、生态用地占比、生态红线覆盖度、地质灾害点密度、水土流失敏感性对其进行表征。其中,生态系统服务是人类生存和发展依赖的物质基础,生态系统服务价值是区域生态系统服务功能的直接货币表现,其值反映了区域生态服务功能的强弱;生物丰度指数是指单位面积土地上不同生态系统类型在生物物种数量上的差异,其指标值越大,说明生物物种越丰富,生态调节能力越强;景观多样性指数是区域景观生态系统结构、功能等方面的多样性,该指标代表区域内部不同景观类型分布的均匀和复杂程度,其值越大,表明生态系统类型越丰富,景观多样性程度越高,生态系统服务能力越好。生态用地具有促进生态资源保护、生态环境净化、生态景观维度等多种功能,生态用地占比越大,其提供的生态系统服务越多元化;生态红线是区域生态环境安全的底线,是划分生态系统服务功能重要性的标准依据,生态红线覆盖度越大,其生态服务重要性越高。生境质量是区域生态系统服务功能的重要反映,生境质量功能的稳定性关乎区域生态环境保护,生境质量指数越大,其功能越稳定,区域生态服务功能越强。土地整治的目的就是维护生态系统结构和功能,提升生态系统服务。

表 14-1　基于流域单元的全域土地综合整治分区评价指标体系

准则层	指标层	权重
资源禀赋	永久基本农田覆盖度	0.0203
	农田生产潜力	0.0041
	土地垦殖率	0.0106
	旅游资源丰富度	0.1277
	设施农用地比重	0.0467
	园地面积比重	0.0884
	工业用地占比	0.1115

准则层	指标层	权重
利用效率	有效灌溉率	0.0551
	土地利用率	0.0012
	田间道路通达度	0.0085
	夜间灯光强度	0.0294
	人口密度	0.0409
	土地经济密度	0.0859
布局结构	耕地破碎度	0.0007
	耕地形状指数	0.0060
	居民点破碎度	0.0024
	居民点形状指数	0.0040
	生态用地破碎度	0.0006
	生态用地形状指数	0.0022
环境品质	平均坡度	0.0070
	平均海拔	0.0029
	交通设施用地密度	0.0201
	距县政府距离	0.0061
	公园绿地面积占比	0.1084
	基础设施和公服设施密度	0.0819
	地质灾害点密度	0.0027
生态服务	生态系统服务价值	0.0111
	生物丰度指数	0.0012
	景观多样性指数	0.0044
	生态用地占比	0.0017
	生态红线覆盖度	0.0917
	生境质量指数	0.0143

14.2.3 评价指标内涵说明

(1)资源禀赋指标

永久基本农田占比:用流域单元中永久基本农田面积占流域单元总面积的比重进行表示。

农田生产潜力:本研究利用中国科学院资源环境数据云平台上下载的农田生产潜力数据,借助 Arc-GIS 10.2 软件对其进行处理,掩膜裁剪得到研究区范围内的数据,然后利用投影和变换工具统一坐标系统,最后利用分区统计工具,得到各流域单元的农田生产潜力数据。

土地垦殖率:用流域单元中耕地面积占流域单元总面积的比例来进行表示。

旅游资源丰富度:旅游资源丰富度＝旅游景点个数/流域单元总面积。本研究通过中国科学院资源环境数据云平台获取榆中县旅游资源 POI 数据,利用 ArcGIS 10.2 软件中的分区统计得到每个流域单元中旅游资源的个数。

设施农用地比重:用流域单元中设施农用地面积占流域单元总面积的比例来进行表示。

果园面积比重:用流域单元中果园面积占流域单元总面积的比例来进行表示。

工业用地占比:用流域单元中工业用地面积占流域单元总面积的比例来进行表示。

（2）利用效率指标

有效灌溉率：用流域单元范围内有效灌溉面积占流域单元内耕地总面积的比例进行表示，其中有效灌溉面积是指水田和水浇地的总面积。

土地利用率：用流域单元范围内已利用土地的面积占流域单元总面积的比例表示。土地利用率＝已利用土地的面积/流域单元总面积＝（1－未利用地面积）/流域单元总面积。

田间道路通达度：用流域单元内农村道路的长度除以流域单元内耕地面积表示，单位为米/公顷。

夜间灯光强度：夜间灯光数据采用火石（Flint）数据集统计的全球平均夜光数值（分辨率为 1500 米）。利用掩膜工具提取出榆中县的数据，为了保障数据的准确性，利用投影和变换工具统一坐标系统，同时为了同其他数据保持一致的分辨率，要利用数据管理工具对其进行重采样处理，以统一数据分辨率，最后利用分区统计工具得到各流域单元的数据。

人口密度：中国人口空间分布公里网格数据来源于中国科学院资源环境数据云平台，分辨率为1000 米，利用掩膜工具在全国的栅格数据中提取出榆中县的数据，然后投影和变换工具统一坐标系统，并对其进行重采样处理，以统一数据分辨率，最后利用分区统计工具得到各流域单元的人口密度数据。

土地经济密度：用流域单元的国内生产总值除以流域单元内耕地面积。本研究利用中国科学院资源环境数据云平台上的中国 GDP 空间分布公里网格数据集对其进行表征，对数据集进行掩膜提取得到研究区的数据，然后进行投影和重采样，最后利用分区统计工具得到各流域单元的数据。

（3）布局结构指标

本研究所用的景观指数（破碎度和形状指数）均通过 Fragstats 4.2 进行计算，重点是将相关的栅格数据导入软件，然后通过在 Patch Metrics、Class Metrics、Landscape Metrics 中设置相关的景观指标进行计算。

耕地破碎度：用各流域单元内耕地斑块数目除以各流域单元内耕地面积。

耕地形状指数：$LSI_{耕地} = \dfrac{025E}{\sqrt{A}}$，其中 E 为流域单元内耕地斑块边界的总长度，即耕地斑块的周长，A 为单元内耕地总面积。

居民点破碎度：用流域单元内居民点斑块数除以流域单元内居民点面积。

居民点形状指数：$LSI_{居民点} = \dfrac{025E}{\sqrt{A}}$，其中 E 为流域单元内居民点斑块边界的总长度，即居民点斑块的周长，A 为单元内居民点总面积。

生态用地破碎度：用各流域单元内生态用地斑块数目除以单元内生态用地面积。

生态用地形状指数：$LSI_{生态用地} = \dfrac{025E}{\sqrt{A}}$，其中 E 为流域单元内生态用地斑块边界的总长度，即生态用地斑块的周长，A 为单元内生态用地总面积。

（4）环境品质指标

平均坡度：借助 ArcGIS 10.2 软件中的分区统计工具对其进行分析，取各流域单元中坡度的平均值。

平均海拔：借助上述平均坡度计算的步骤，取各流域单元中海拔的平均值。

交通设施用地密度：交通设施用地面积除以流域单元总面积。

距县政府距离：借助 ArcGIS 10.2 确定县政府所在位置，以点文件表示，然后确定各流域单元的中心点，利用领域分析下的近邻分析工具进行计算。

公园绿地面积比重：公园绿地面积除以流域单元总面积。

基础设施和公服设施密度：机关团体新闻出版用地、科教文卫用地和公用设施用地面积的总和除以流域单元总面积。

地质灾害点密度：地质灾害点个数除以流域单元总面积。本研究榆中县根据《榆中县"十四五"地质灾害防治规划》中的地质灾害点经纬度数据，通过 GIS 对其实现空间化表达，然后利用分区统计工具得到每个流域单元的地质灾害数据。

(5)生态服务指标

生态系统服务价值:本研究采用价值当量法对生态系统服务价值进行计算。

生物丰度指数:生物丰度指数的计算参照《生态环境状况评价技术规范》(HJ 192—2015)。计算公式为:生物丰度指数=511.264×(0.35×林地+0.21×草地+0.28×水域+0.11×耕地+0.04×建设用地+0.01×未利用地)/流域单元面积。

景观多样性指数:$D=-\sum_{k=1}^{i}N_k \ln N_k$,其中 D 为景观多样性指数,N_k 为斑块 k 在景观中出现的频率,i 为景观中斑块类型的总数量。

生态用地比重:本研究将耕地、园地、林地、草地和水域定为生态用地。生态用地比重=生态用地面积/流域单元面积=(耕地面积+园地面积+林地面积+草地面积+水域面积)/流域单元面积。

生态红线比重:流域单元内生态红线范围面积除以流域单元总面积。

生境质量指数:利用 InVEST 模型(生态系统服务和权衡的综合评估模型)进行计算,步骤包括确定威胁源和威胁因子、因子敏感性参数设置、生境退化度计算和生境质量计算。

14.3 基于流域单元的全域土地综合整治分区方法构建

14.3.1 总体技术框架

现有整治分区方法较多,但是多从方法本身角度出发,侧重对研究区域进行分区格局划定,或在此基础上多从政策建议角度出发,提出相应的整治方向和模式,只是将其作为分区研究的相关补充。本研究在对以往整治分区相关文献研究和现有政策分析的基础上,发现整治分区不应仅进行区域整治格局划定,而是应该从最初的整治分区基本单元选取,到最终的各分区发展路径模式识别,形成的一套完整的技术体系。因此,结合现有整治分区的不足,提出了一种基于流域单元的全域土地综合整治分区方法,其技术框架是"整治分区基本单元选取、整治分区指标体系建立、整治分区格局划定、主导问题方向判断、整治模式选择"。

选取整治分区基本单元是划定综合整治分区的前提和基础。本节提出的流域单元是继行政单元、网格单元和图斑单元之后的又一基本研究单元,该单元在不同的研究区的形态是不同的。由于流域单元的划分是根据高程数据和水文分析模型确定的,不同区域的最佳提取阈值是不同的,因此在进行分区角度单元划分时,要根据区域实际情况进行阈值选取。全域土地综合整治分区指标体系建立是进行综合整治分区研究的基础保障,是划分整治分区格局的基本依据,新时代国土整治工作强调"系统性、全面性",因此构建的整治分区指标体系要尽可能满足系统整治、全要素整治的要求。其关键步骤是:首先从全域土地综合整治的本质出发,判断全域土地综合整治的准则层,然后据此构建相应的分区指标体系。整治分区格局划定是开展全域土地综合整治工作的重要标志和关键环节,其是在综合整治分区指标体系建立的基础上,选择熵值法对指标的权重进行测算,并计算各准则层的得分,对各准则层进行深入分析,然后加权计算其综合得分,以便对研究区域范围内的国土利用状况、社会经济情况等现状进行综合评价,在此基础上结合相关的区划方法,划定整治分区格局的技术手段。整治分区主导整治方向判断可以为全域土地综合整治指明发展方向,是开展全域土地综合整治工作的重要举措,在上述分析的基础上,对各整治区域的优势劣势进行总结,识别其发展的限制因素,并提出相应的改进建议。各整治分区的整治模式选择是整治工作的收尾阶段,是促进全域土地综合整治工作精准实施的有效推手,其旨在因地制宜地对各个整治分区提出发展策略。从最初基本单元划分到最终模式选定,是一个"发现问题-分析问题-解决问题"、环环相扣、不可分割的逻辑思路。因此,本节提出的全域土地综合整治分区方法包括 5 要素,即"基本单元、指标体系、分区格局、问题方向、整治模式"(图 14-3)。

14.3.2　整治分区基本单元划分方法

　　整治分区基本单元划分即指流域单元的划分。本研究中整治分区基本单元的划分主要借助 ArcGIS 10.2 软件中的水文分析方法和数字高程模型完成。数字高程模型内含地形、地貌以及水文特征等多重信息,是进行流域单元划分的基础数据。自美国环境系统研究所(ESRI)推出水文分析模块后,国内外学者基于此模型进行了大量的研究,水文分析模型划分流域单元的步骤主要包括以下方面:地形预处理、流向分析、汇流分析、河网分析(生成河网时关键的环节是确定提取河网的阈值)以及流域分析(具体步骤详见第 4 章实证研究)。本研究在

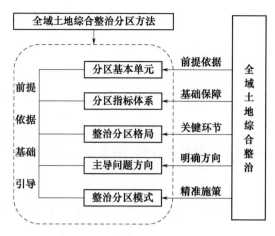

图 14-3　整治分区方法框架示意图

划分流域单元时,阈值的确定是采用河网密度法和河源密度法,主要是通过计算不同阈值下的河网密度和河源密度,然后分析集水面积阈值与二者的关系曲线,将曲线趋于平稳的拐点对应的阈值记为最佳集水面积阈值,此时的阈值也就是流域单元划分时最为合理的取值。

　　(1)河网密度法

　　河网密度是指单位流域面积上的河流长度,可以用流域总面积内设置不同阈值情况下得到的河流总长度与流域总面积的比值进行表示。

$$N = L/A \tag{14-1}$$

式中:N 为河网密度,L 为河流总长度,A 为流域总面积。

　　(2)河源密度法

　　河源密度是指单位流域面积上的河源个数,可以用流域总面积内设置不同阈值情况下得到的河源个数与流域总面积的比值进行表示,河源个数就是指一级以上河流的个数。

$$F = Q/A \tag{14-2}$$

式中:F 为河源密度,Q 为河源个数,A 为流域面积。

14.3.3　评价指标权重确定及数据标准化方法

　　确定指标权重值是进行多指标定量化评价的基础,熵值法是一种客观的确定评价指标权重的方法,其计算过程简单,结果直观,易于理解,因此,本研究采用熵值法确定评价指标的权重。同时,考虑到各评价指标之间单位差距较大,且存在正向指标和负向指标,因此,研究采用极值法对指标进行标准化处理。

　　正向指标:

$$X_{ij} = \frac{X_i - X_{\min}}{X_{\max} - X_{\min}} \tag{14-3}$$

　　负向指标:

$$X_{ij} = \frac{X_{\max} - X_i}{X_{\max} - X_{\min}} \tag{14-4}$$

式中:x_{ij} 为第 i 个流域单元的第 j 项指标值的标准化值,x_i 为第 i 个流域单元的指标值,$x_{\max}$ 为该指标的最大值,$x_{\min}$ 为该指标的最小值。

　　对数据进行标准化处理后,再利用熵值法计算各指标的权重,计算公式为:

$$P_{ij} = X_{ij} / \sum X_{ij} \tag{14-5}$$

$$e_j = -k \sum P_{ij} \ln P_{ij} = -\frac{1}{\ln n} \sum P_{ij} \ln P_{ij} \tag{14-6}$$

$$g_j = 1 - e_j \qquad (14\text{-}7)$$

$$W_j = g_j / \sum g_j \qquad (14\text{-}8)$$

式中：P_{ij} 为综合标准化值，e_j 为第 j 项指标的熵值，$k = 1/\ln n$ 是一个常数，n 为流域单元个数，g_j 为第 j 项指标的差异性系数，W_j 第 j 项指标的权重。

14.3.4　整治分区基本要素评价方法

整治分区基本要素评价是建立在数据标准化处理和权重确定之后的，将各指标的权重与其标准化值相乘并求和，计算流域单元各维度得分水平，评价模型计算公式如下：

$$S_i = \sum_{i=1}^{m} W_j X_{ij} \qquad (14\text{-}9)$$

式中：s_i 为第 i 个流域对应的 5 个维度的综合评价得分，w_j 为第 j 项指标的权重，x_{ij} 为标准化后的值。

14.3.5　整治分区格局划定方法

本节选取自组织神经网络方法进行整治分区格局划定的研究，该分区方法是一种较成熟的区划方法。本研究中整治分区的划定主要借助 Matlab 软件中的自组织映射神经网络算法完成。自组织映射神经网络简称 SOM 或 SOFM，是一种无监督的、基于神经网络的聚类算法，其基本原理就是模拟人脑工作程序，利用大脑中处于不同区域的神经元分工不同的特点，将外界特定信息的输入作为刺激神经元的模式，当神经元接受外界输入模式时会产生兴奋的反映，神经元对不同的输入模式产生的兴奋级别不同，根据输入模式的接近程度可以将神经元划分为不同的区域。SOM 包括输入层和输出层（竞争层）两层结构，输入层的输入数据通常是 $m \times n$ 的多维矩阵（向量），每个样本数据即为一个神经元；输出层通常为输入样本聚类之后形成的矩阵。输入层和输出层之间通过权值进行连接，每个输入神经元会根据数据的相似度匹配一个最佳的单元（BMU），将最佳单元激活后，与其邻近的单元会更新相应的权重，在对更新权重进行迭代以后，输出层就会变成一个或多个输入节点的矩阵（向量）。SOM 网络通过竞争、协作、适应过程，可以将输入的 n 维空间数据映射到一个较低的维度上，在这一系列过程中不会造成数据间原有拓扑逻辑关系的丧失，同时，SOM 网络具有较好的自适应性（分区实现过程不需要区分训练集和测试集）和可视化效果，因此是多维数据分类的良好工具。其计算步骤如下。

网络初始化：将输入层和输出层的连接权值 Weighs 初始化为很小的随机数，取值范围在 [0,1]。

竞争过程（Competitive Process）：目的是寻找获胜神经元，任意取一个输入样本数据，寻找到与它最相配的节点，通常是计算输入层（x）与输出层神经元（W_{ij}）之间的欧式距离，公式如下：

$$d_j(x) = \sqrt{\sum_{i=1}^{n} (X_i - W_{ij})^2} \qquad (14\text{-}10)$$

式中：d_j 为输入层的 i 神经元和输出层的 j 神经元之间的权值，将距离最小的 d_j 神经元定义为获胜神经元（j^*），所有的获胜神经元会形成一个邻接神经元集合。

合作过程（Cooperation Process）：由于获胜神经元会影响其邻近神经元的兴奋程度，同时也会抑制远处神经元的兴奋状态，当激活一个获胜神经元时，越靠近他的节点，更新幅度就要越大，越远离他的节点，更新幅度就要越小，因此，为了实现该目的，要在 SOM 网络内部构建一个随距离衰减的拓扑邻域 $h_{j,i}$，构建该拓扑邻域函数要求满足以下条件：

$$h_{j,i} = \exp\left(-\frac{d_{j,i}^2}{2\delta^2}\right) \qquad (14\text{-}11)$$

式中：i 是获胜神经元，j 是获胜神经元的邻接神经元，$d_{j,i}^2$ 是神经元 i 与神经元 j 在 SOM 二维平面上的欧式距离，δ 是拓扑邻域的"有效宽度"。$\delta(t) = \delta_0 \exp\left(-\dfrac{t}{\tau_1}\right)$，$t = 0,1,2,\cdots,n$。其中，$\delta_0$ 是有效宽度的初始

值，τ_1 是指数衰减的时间常数，t 是离散时间。

适应过程(Adaptation Process)：适应的大小通过学习率来控制，目的主要是调整权值，利用下述公式对获胜神经元及其邻接神经元的权值进行调整和更新：

$$\Delta W_{ij} = \delta h_{j,i}(X_i - W_{ij}) \tag{14-12}$$

$$W_{ij(t+1)} = W_{ij}(t) + \delta(t)h_{j,i}(t)(x(t) - W_{ij}(t)) \tag{14-13}$$

式中：X_i 为输入模式，W_{ij} 为输出模式，$\delta(t)$ 为 t 时的学习率，$\delta(t) = \dfrac{1}{t}$。

该过程是一个多次迭代的流程，经过更新后的领域函数可以产生一个有效的映射。如若该映射稳定，则学习过程结束；如若不稳定，则继续进行初始化和权值更新，即再一次开始竞争、合作、适应的训练。

14.4　整治分区基本单元选取

14.4.1　流域单元划分

(1)原始 DEM 流向分析

在 ArcGIS 10.2 中调动 ArcToolbox 工具下的 Spatial Analyst 工具，启动水文分析模块中的流向工具，输入 DEM，输出 flolwdir_dem。

(2)地形预处理

提取洼地(洼地判断)：通常在进行流向分析之前，要对研究区原始的 DEM 进行洼地判断，洼地区域是指水流方向不合理的地方。一般利用水文分析工具中的"汇"来提取洼地。打开"汇"对话框，输入流向 DEM，输出 sink，将洼地提取出来。

计算洼地贡献区域：打开水文分析下的分水岭工具，输入流向 DEM，输入 sink 倾泻点数据，字段选择默认为 value，输出 water_sink，结果表示洼地的贡献区域。

计算洼地区域的最低高程：双击 Spatial Analyst 工具，打开区域分析模块下的分区统计工具，在对话框中选择输入要素区域数据为 watersh_sink，区域字段为 value，赋值栅格为 dem，输出 zonal-min 数据。

计算洼地区域的最高高程：打开区域分析模块下的区域填充工具，在对话框输入区域栅格数据为 watersh_sink，输入权重栅格数据为 flolwdir_dem 数据，输出 zonal-max 数据。

计算洼地深度：双击 Spatial Analyst 工具，启动地图代数模块下的栅格计算器，输入"zonal-max-zonal-min"，输出 sinkdep 数据。

填充洼地：打开水文分析模块下的填洼工具，在对话框中输入要素表面栅格数据为 dem，输出数据为 fill-dem。

(3)无洼地 DEM 流向分析

打开水文分析模块下的流向工具，在对话框中输入 fill-dem 数据，输出 demfill-dir 数据。需要注意的是，这里输入的不是原始的 DEM，而是填洼后的 DEM。

(4)汇流累积量分析

打开水文分析模块下的流量工具，在对话框中输入流向栅格数据为 demfill-dir 数据，输出 flow-acc 数据。同时，需要注意的是，为保证流量计算结果的正确性，输入流向栅格数据中的必须是无洼地 DEM 生成的水流方向栅格数据。

(5)河网分析

生成河网：启动栅格计算器，输入"Con("flow-acc">7000,1)"，输出 streamnet 数据。本研究中确定的提取河网时的最佳阈值为 7000。

打开水文分析模块下的栅格河网矢量化，在对话框中输入河流栅格数据为 streamnet，流向栅格数据为demfill-dir,输出折线要素为streamnet.shp数据。最后,打开水文分析下的河流连接工具,在对话框中输入河流栅格数据为streamnet,流向栅格数据为demfill-dir,输出栅格为streamlink。

(6)河网分级

打开水文分析模块下的河网分级工具,在对话框中输入河流栅格数据为streamnet,流向栅格数据为demfill-dir,输出栅格为Strahler,河网分级方法为Strahler。

(7)流域单元划分

打开水文分析模块下的分水岭工具,输入流向栅格数据为demfill-dir,要素倾泻点数据为streamlink,倾泻点字段为value,输出栅格watershed。然后双击转换工具下的栅格转面工具,对其进行矢量化操作(图14-4)。

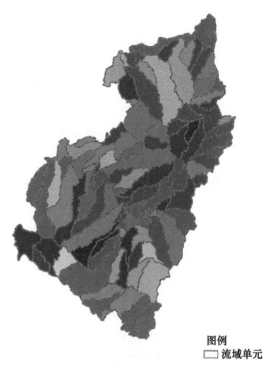

图例
☐ 流域单元

图14-4 流域单元划分结果

14.4.2 阈值单元选取

阈值的选择是提取河网的关键点,为了避免阈值选取的主观性和随意性,本研究选用河网密度法和河源密度法对其进行确定。研究表明,集水面积阈值等于栅格单元数量乘以栅格单元的面积,研究采用30米分辨率DEM时,一个栅格单元代表的面积是0.0009平方千米。参考相关文献资料,本研究分别选取汇流阈值1000~35000,即集水面积阈值为0.9~31.5平方千米,共30个阈值进行研究(表14-2)。通过GIS统计不同阈值下矢量化河网的长度和相对应的面积,然后按公式(14-1)和(14-2),计算河网密度和河源密度,并拟合曲线,其拟合优度R^2都大于0.99,说明曲线的拟合度较好。为了更容易、更准确地识别最佳集水面积阈值,利用Mathematica软件对拟合得到的幂函数进行二阶求导,然后拟合二阶导数和阈值,从图14-5中可以看出,集水面积阈值为6.3平方千米,即汇流阈值为7000时,二者对应的二阶导数都趋于0,且曲线在此之后基本保持不变,因此,确定榆中县流域单元划分时使用的最佳汇流阈值是7000,此时划分出的流域单元共有107个,各单元之间的异质性较强,各单元内部的相似性较强,符合整治工作的要求。

表14-2 榆中县不同集水面积阈值下的水系特征信息

汇流阈值	集水面积阈值/平方千米	河网密度/(千米/平方千米)	河源密度/(千米/平方千米)
1000	0.9	0.8020	0.1092
3000	2.7	0.4939	0.0398
5000	4.5	0.3800	0.0235
7000	6.3	0.3274	0.0157
9000	8.1	0.2904	0.0129
11000	9.9	0.2636	0.0114
13000	11.7	0.2439	0.0095
15000	13.5	0.2228	0.0082
17000	15.3	0.2085	0.0072
19000	17.1	0.1973	0.0070
21000	18.9	0.1862	0.0064
23000	20.7	0.1749	0.0054
25000	22.5	0.1689	0.0049

续表

汇流阈值	集水面积阈值/平方千米	河网密度/(千米/平方千米)	河源密度/(千米/平方千米)
27000	24.3	0.1630	0.0046
29000	26.1	0.1583	0.0046
31000	27.9	0.1539	0.0043
33000	29.7	0.1489	0.0043
35000	31.5	0.1414	0.0039

注:考虑篇幅原因,此表中按照间隔 1000 表示阈值与河网密度以及河源密度。

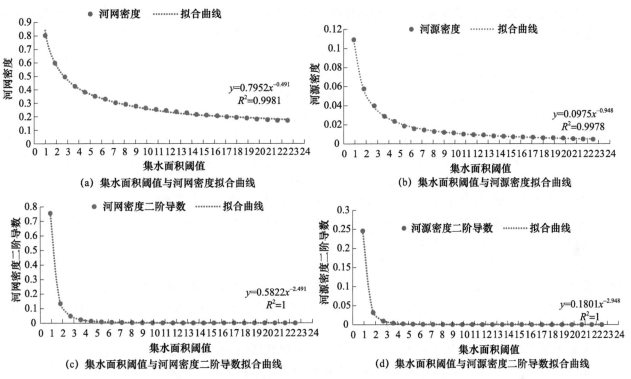

(a) 集水面积阈值与河网密度拟合曲线

(b) 集水面积阈值与河源密度拟合曲线

(c) 集水面积阈值与河网密度二阶导数拟合曲线

(d) 集水面积阈值与河源密度二阶导数拟合曲线

图 14-5　集水面积阈值与河网密度和河源密度的拟合曲线

14.5　整治分区基本要素评价

14.5.1　流域单元各维度空间分布格局

(1)资源禀赋(图 14-6a)。低值区主要位于宛川河以北的黄土丘陵山区和北部石质低山丘陵区的部分乡镇,在金崖镇、贡井乡、哈岘乡、园子岔乡等乡镇分布比较集中,该区受自然环境的影响,耕地资源禀赋较差,土地垦殖率低于县域其他地区,且现有耕地土壤肥力低,耕地质量差,基本农田占比较小,园地、设施农用地和工业用地的分布几乎为零,整个区域的资源禀赋差,不管是第一产业还是第二、第三产业,发展基础均薄弱。中值区主要分布在南部石质山地和东部区域,这些区域的耕地资源与低值区域相比,是比较丰富的,尤其是东部区域,耕地资源分布较多,土地垦殖率较高,且农田生产潜力也比较大,基本农田占比较高,耕地质量较好,同时也有设施农用地和旅游景点分布,因此区域的资源禀赋整体上比低值区域高,南部石质山地是县域地势最高点,该区域山势高耸、气候冷凉,农田生产潜力低。高值区主要分布在宛川河以南的黄土塬区,该区地势平坦,耕地资源丰富,且耕地质量和农田生产潜力高,是县域工农业发展最好的区域,是园地、工业用地、设施农用地和旅游资源的主要分布区域。此外,在县域北部也有小范围高值区域,主要是由于该区有黄河支流,地势平坦,果园面积较大,土壤肥沃,耕地质量好,同时作为"黄河第一古镇"的青城镇,是古丝绸之路上重要的商贸中心,拥有丰富的旅游资源,尤其近年来政府对旅游资源的重视和开发也为该区域提供了比较好的发展前景,因此该区域资源禀赋整体好于高值区。

(2)利用效率(图14-6b)。低值区主要分布在县域北部,集中在哈岘乡、上花岔乡、园子岔乡以及金崖镇北部、贡井镇西部,该区主要分布在黄土丘陵区和石质低山丘陵,地势较高,生产生活用水水源少,多依靠天然降水,农业生产的有效灌溉保障率极低,同时区域田间道路的配置水平、平均夜间灯光、人口密度的数值在县域整体范围内都处于低值水平,尤其是北部石质低山丘陵地区,由于地形地貌的影响,存在大量未利用的土地,这也导致人类在此处适宜居住的面积有限,区域土地利用率和土地经济密度均低,因此该区域整体上的利用效率水平低,还有待进一步提高。中值区主要分布在县域的南部、东南部和中部偏东的区域(主要是指贡井镇和中连川乡),南部受到兴隆山脉和马衔山脉的影响,有效灌溉率低,出于生态保护的目的,使得田间道路的通达度有限,同时高耸的地势也不适于人类居住,因此人口密度、夜间灯光和土地经济密度也较低,东南部受到宛川河的影响,有比较充分的灌溉水源,土地利用率较高,同时该区也比较适合人类居住,田间道路通达度、人口密度、夜间灯光和土地经济密度也均高于南部区域,此外中部偏东区域的土地经济密度和土地利用率也比较高,说明区域国土利用效率水平在县域整体上处于中间水平。高值区主要位于宛川河以南县域西部区域,该区域为兴隆山山前倾斜冲积、洪积平原,地势平坦,灌溉水源充足,是榆中县主要的工农业生产和人类生活区域,人口密度大,夜间灯光数据和土地经济密度高,田间道路通达度高,居民出行方便,是县域国土利用效率最高的区域,此外,县域北部黄河沿岸区域(主要指青城镇北部和西部),区域地势平坦,水源充足,土地利用率高,同时作为县域的重要旅游节点区,人口密度和土地经济密度也较高,使得该区国土利用效率也属于高值区。

(3)布局结构(图14-6c)。低值区主要位于宛川河以南的大部分区域,该区是县域居民点和耕地的主要分布区,耕地面积大,破碎度小,但由于受到河谷地形和山脉分布的影响,使得耕地空间分布形态复杂多样,稳定性差,同时该区为县域主要的生产生活区,交错的交通运输路网使得居民点空间形态复杂,分布零散,集聚度低,且容易受到自然和人为活动的干扰,因此破碎度高于其他区域,同时河谷地形也使得该区生态用地空间分布形状复杂多样,此外,低值区在县域北部(上花岔乡)也有小范围的分布,该区地势南高北低,耕地空间形态、居民点空间形态和生态用地空间形态由于受到地形的影响,均比较复杂,低值区域的空间布局整体上亟待进一步优化。中值区分布较为广泛,在宛川河南部主要是和低值区交叉分布,在宛川河北部主要分布在黄土丘陵山区,该区年降水量少,耕地多以坡耕旱地为主,耕地空间形态复杂,此外,居民点连片性差,布局也比较散乱,但由于该区分布有大量的生态用地,且生态用地多为天然生长的林地和草地,连片性也比较好,因此生态用地空间形态较简单。高值区主要分布在县域中部和县域北部的部分区域,该区是县域耕地资源和居民点分布最少的区域,土地利用大多数以林地和草地为主,因此生态用地破碎度小,同时林地和草地的连片性好,斑块之间的连通性高,空间形态整体上简单,生态用地分布较规则,空间布局整体上优于其他区域。

(4)环境品质(图14-6d)。低值区分布范围最大,包括南部石质山地区、黄土丘陵区和北部石质低山丘陵区,兴隆山和马衔山横列在南部石质山地区,区域地势高耸,平均海拔和坡度为县域最高,土地利用以林地为主,交通设施较缺乏,基础设施和公共服务设施密度低,居民日常生活需要的公园绿地面积也比较小,同时受到地形影响,该区地质灾害点较多,存在滑坡、泥石流等自然灾害隐患,居民居住的环境品质较差,黄土丘陵区和北部石质低山丘陵区海拔较高,自然环境差,社会经济的整体发展水平比较低,因此设施配套水平也处于低值状态。中值区主要分布在宛川河以南,以和平镇、定远镇、连搭镇、小康营乡、清水驿乡为主,基础设施和公共服务设施、交通设施、公园广场配套水平高于低值区域,同时由于地处河谷区,因此也存在一定的地质灾害点。高值区域主要集中在城关镇、夏官营镇,该区主要是黄土塬区,地势平坦,是县域发展的中心点,是县域基础设施、公共服务设施、交通运输设施、公园广场配套水平最高的区域,因此该区是县域范围内最适合居住的区域,整体人居环境品质优于其他地区。

（5）生态服务（图 14-6e）。低值区位于县域西部,该区分布有大量的草地,生态用地占比较大,因此生物丰度指数也比较高,但是由于大量草地分布,其调节、供给、支持、文化等服务均低于林地,因此其生态系统服务价值和生境质量较低,同时由于低值区域整体不涉及生态保护红线,因此其生态红线范围占比为零。中值区位于县域东部和东南部,东南部为宛川河流域上游地区,水源充足,适合多种动植物生长,因此区域生物丰度指数、土地利用多样性指数、生态系统服务价值和生境质量都优于低值区域。高中值区位于县域南部和西南部,该区是年降水量最多的区域,土地利用多以林地为主,生态服务功能整体上较优,同时受到兴隆山和马衔山的影响,区域生态红线范围较广,土地利用多以林地为主,生物丰度指数、土地利用多样性指数、生态系统服务价值和生境质量高,此外县域北部属典型的黄河谷地,也有小范围区域属于高值区,主要是受到黄河支流的影响,植被覆盖度高,生物丰度指数、土地利用多样性指数、生态系统服务价值都比低值区高。

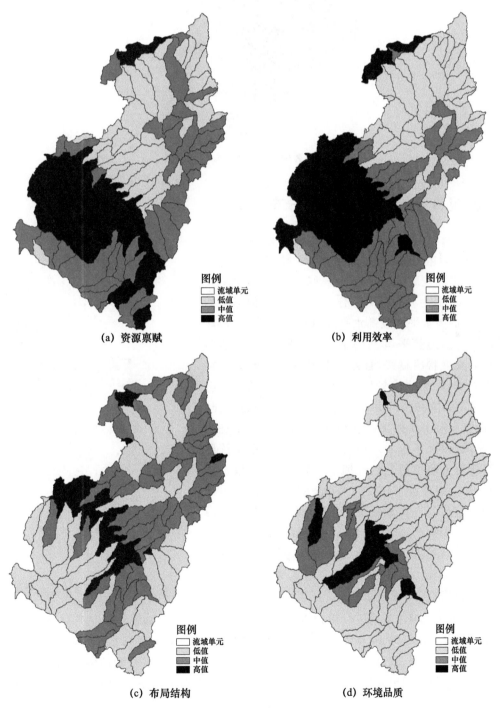

(a) 资源禀赋

图例
流域单元
低值
中值
高值

(b) 利用效率

图例
流域单元
低值
中值
高值

(c) 布局结构

图例
流域单元
低值
中值
高值

(d) 环境品质

图例
流域单元
低值
中值
高值

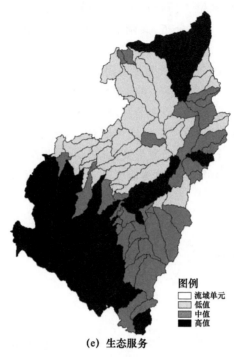

(e) 生态服务

图 14-6　各维度评价因子得分空间分布

14.5.2　流域单元综合得分空间分布格局

应用式(14-9)计算得出各流域单元的综合得分,采用自然断点法将榆中县流域单元综合得分水平分为 5 类(图 14-7)。

综合水平高值和较高值区共 24 个流域单元,占流域单元总数比例的 22.43%,主要包括两部分,一是以宛川河以南的黄土塬区为中心的高水平和较高水平发展区,宛川河流经该区涉及的流域单元,地势平坦、土壤肥沃、资源丰富、自然条件优越、工农业发展状况良好,且是县政府或者镇政府所在区域,邻近中心城区,区位优势显著,人口密度大,社会经济发展水平高,基础设施和公共服务设施配套完善,交通便捷,区域内兴隆山和马衔山横列县域南部,在提供了丰富生态旅游资源的同时,也改善了区域环境质量,提升了生态系统服务质量,最终使得人民生活居住环境水平提高;二是以县域北部青城镇为中心的高水平和较高水平发展区,该区属黄河谷地,黄河经西峡口流入青城镇境内,使得该区地表水资源丰富,形成了丰富的物产,该区域自古以来形成了地域特色鲜明的古镇,为该区提供了丰富的文旅资源,提高了经济产出,同时,109 国道和榆白公路等线路使该区构成了完善的区域交通网络,区域整体发展水平高。

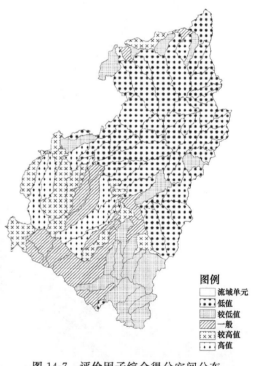

图 14-7　评价因子综合得分空间分布

综合水平一般的区域主要沿综合得分水平较高值区域和高值区域的外围呈片状分布,共 15 个流域单元,占流域单元总数比例的 14.02%,这些流域单元的基础条件略次于高水平和较高水平发展区,综合得分水平一般区域和高值、较高值区域占据县域南部。沿着综合得分水平较高值区域和高值区域外围分布的流域单元,与其他流域单元地区相比,更邻近县域中心,仍然可以享受到城市发展的红利,该区是县域人口密度较大、经济发展水平较高的区域,同时该区域自然条件也比较好,耕地资源丰富,灌溉水源充足,产业发展状况较好,国土利用效率高,降水量较多,植被覆盖度高,生态服务质量水平较高;除此之外,贡井林场是县域重点林木保护区,区域生态环境质量好,生态系统服务价值高。

综合水平低值区和较低值区的分布范围最大、最广,共 68 个流域单元,占流域单元总数比例的63.55%,主要分布在宛川河以北的大部分区域和县域东南部。这些流域单元涉及区域的基本地貌为黄土丘陵区和北部石质低山丘陵区,区域年降水量稀少,植被覆盖度低,地表土质疏松,自然环境恶劣,土壤肥力低,耕地质量低,资源禀赋差,同时由于地形影响,居民点和耕地连片度低,分布零散,国土利用效率整体不高,且分布有较多的草地,生态系统服务价值和稳定性有待提高,此外该区远离县城中心,难以享受中心城区发展带来的红利,区域交通路网完善度有待提高,群众日常需要的基础设施和公共服务设施配套度不够,同时也没有特色的产业推动,主要以传统农业生产为主,经济发展水平整体上低于县域其他区域,是县域发展急需解决的重要问题。

14.6　整治分区格局划定

本节从社会经济自然地理角度出发,引进流域单元作为整治分区基本单元,在对各流域单元进行自然地理、社会经济、生态环境质量等详细分析之后,利用 SOM 自组织神经网络进行整治分区格局划定研究,同时为了使分区结果更准确可靠,研究引进戴维森堡丁指数(DB 或 DBI),确定最佳聚类数,从而得到最终分区格局,在分区格局确定后,对各分区按照"地形+重点发展方向+整治区"的形式进行命名。

Matlab 2017 b 中构建 SOM 自组织神经网络有三个关键的步骤:一是要确定网络初次聚类的拓扑结构,根据经验公式表明,SOM 网络输出层神经元的个数(W)与输入样本个数(X)之间存在相应的函数关系,即 $W = \sqrt[5]{X}$,同时 SOM 输出的神经元必须为整数,因此根据上述公式确定出本节的输出神经元应该在 4~9。二是建立 SOM 神经网络时,要确定训练步长,研究表明训练次数一般是输入神经元维度的 500 倍,因此确定本

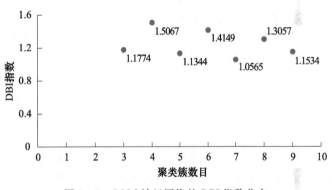

图 14-8　SOM 神经网络的 DBI 指数分布

研究的训练步长为 2500。三是要验证神经元聚类的准确性,本节采用戴维森堡丁指数进行衡量,选取原因是该指标利用欧式距离计算,其和 SOM 网络的适配性较好,一般 DBI 值越小越好,DBI 越小表示聚类结果同一类别之间的距离小,不同类别之间距离大,这是聚类结构的基本目的,经验公式表明,输出神经元的取值在 4~9,因此本研究聚类数分别取 3~9 的整数进行训练,由 DBI 的训练结果可知,DBI 指数最小值对应的聚类类别为 7(图 14-8)。SOM 可以在 Matlab 软件中调动 net 函数实现,DBI 指数可以在Matlab 软件中通过调动 eval 函数进行实现。

SOM 分类结果显示,榆中县的 107 个流域单元,最终可以划分为 7 个整治区域,在分区确定后,对各分区进行命名,这可以方便后续研究分析。本研究采取的命名形式为"地形+重点发展方向+整治区",具体分区如图 14-9 所示(书后彩图 14-9)。

14.6.1　河谷平原工旅融合型整治区(Ⅰ区)

Ⅰ区平均综合得分 0.039477,整体排名为 6,得分略高于Ⅶ区。Ⅰ区共包含 7 个流域单元,占流域单元总个数的 6.54%,区域国土综合得分水平整体偏低,其中资源禀赋水平在整个分区中处于中等水平,利

用效率水平、布局结构水平和环境品质水平略高于Ⅶ区，生态服务水平为 0.000822，是 7 个分区中得分最低的。该区位于县域中部宛川河下游以北的金崖镇，相比较而言，区域得分最高的维度为资源禀赋条件，最低的为生态服务维度。该区坡度较低，地势比较平坦，耕地资源禀赋条件较差，分布着大量的草地，草地是该区主要的土地利用类型，景观多样性水平和生境质量较低，因此，生态系统服务水平是县域最低的，但由于地处金崖镇，分布着金崖古镇、明肃潘王墓、明长城及沿城障峰燧等旅游景点，且具有金崖镇工业园区等金崖产业区，该区工业用地面积大，因此整体资源禀赋条件较好，同时距离县城中心距离较近，有县道 318 和陇海铁路、兰渝铁路通过，国土利用效率水平、布局结构和环境品质相较第Ⅶ分区略好，但整体水平在整个县域处于偏后。

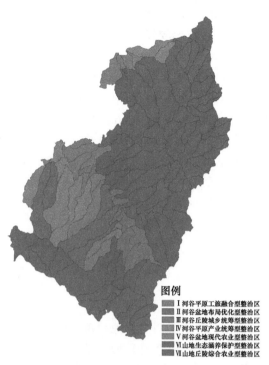

图例
■ Ⅰ 河谷平原工旅融合型整治区
■ Ⅱ 河谷盆地布局优化型整治区
■ Ⅲ 河谷丘陵城乡统筹型整治区
■ Ⅳ 河谷平原产业统筹型整治区
■ Ⅴ 河谷盆地现代农业型整治区
■ Ⅵ 山地生态涵养保护型整治区
■ Ⅶ 山地丘陵综合农业型整治区

图 14-9　整治分区格局分布

14.6.2　河谷盆地布局优化型整治区(Ⅱ区)

Ⅱ区平均综合得分 0.115903，整体排名为 1。Ⅱ区共包含 5 个流域单元，占流域单元总个数的 4.68%，该区是县域国土综合得分最高的区域，资源禀赋条件和环境质量水平得分均为分区中最高的，其得分分别为 0.046575 和 0.034851，利用效率水平略低于分区Ⅳ，布局结构和生态服务整体上也处于中上水平，该区域主要位于县域中部宛川河下游以南的城关镇、夏官营镇、和平镇及定远镇等乡镇，地势平坦，为宛川河冲击形成的河谷盆地，土壤肥沃，耕地资源丰富，是县域水浇地的集中分布区，设施农用地分布面积较大，耕地的有效灌溉率高，农业生产条件较好，同时区域也有兴隆山、大佛寺、瀚府石刻、李家庄文化广场、龙宫寺、金龙潭、张一悟烈士纪念亭、兴国寺、金牛山生态园等旅游景点，区域整体资源禀赋水平高，此外国道、县道、乡道、村道和铁路网完善，人民群众生产生活基础设施和公共服务设施配套完善，人民群众生活的环境品质水平高，土地利用效率高，人口分布数量多，是县域主要的中心发展区，由于受到生产生活的影响，区域土地利用中建设用地占比较大，而林地等具有较高生态服务的用地面积较少，区域生态服务质量水平略低于Ⅳ区和Ⅴ区。但该区域布局结构还有待调整和优化，布局结构水平得分低于Ⅳ区和Ⅴ区。

14.6.3　河谷丘陵城乡统筹型整治区(Ⅲ区)

Ⅲ区平均综合得分 0.048318，整体排名为 5。Ⅲ区共包含 9 个流域单元，占流域单元总个数的 8.41%，该区国土综合得分略高于Ⅰ区和Ⅶ区，其中环境品质水平是 5 个维度中得分最高的，其次是资源禀赋，得分最低的维度为布局结构，该区资源禀赋水平略高于Ⅶ区，得分为 0.015788，利用效率水平、布局结构水平、环境品质水平和生态服务水平高于Ⅰ区和Ⅶ区。该区呈条带状分布，主要集中在宛川河中游县域中部偏东的区域，该区海拔和坡度高于中部盆地区域，农田生产潜力较弱，耕地资源较丰富，土地垦殖率高，同时设施农用地和工业用地面积较小，旅游资源缺乏，因此资源禀赋水平整体偏低。但由于该区属宛川河流域，气候湿润，降水充足，有效灌溉率和田间道路通达度较高，交通设施用地面积大，分布着兰渝铁路、陇海铁路、宝兰客运专线、国道 G22 和 G312、省道 S309 等多条交通干线，人口分布也较多，因此环境品质、利用效率水平高于Ⅰ区、Ⅵ区和Ⅶ区，不过该区受道路交通的影响，景观地块破碎度高，连片性差，生态服务能力弱。

14.6.4　河谷平原产业统筹型整治区(Ⅳ区)

Ⅳ区平均综合得分 0.110091，整体排名为 2。Ⅳ区共包含 8 个流域单元，占流域单元总个数的

7.47%,该区国土综合得分略低于Ⅰ区,其中资源禀赋水平是 5 个维度中得分最高的,其次是利用效率,得分最低的维度为布局结构,但是该区利用效率和生态服务水平属于县域最高水平,布局结构、资源禀赋、环境品质水平均属于县域中等水平。该区呈条带状分布,主要集中在宛川河下游县域中部偏西的区域以及县域北部黄河支流下游区域,该区地势平坦,土地利用率高,且分布着县域的主要人口,人口密度和土地经济密度高,土地垦殖率和农田生产潜力高,园地、设施农用地和工业用地面积占比较大,分布着重要的工业园区,是县域重要的西部商贸发展区,景观多样性指数大,生物丰度指数高,生态服务水平优良,且具有部分旅游资源,资源禀赋水平较高,同时是县域主要的水田和水浇地的分布区,耕地有效灌溉率高,作为县域主要的生产生活区,交通网络完善,基础设施和公共服务设施配套齐全,环境品质水平高。但是由于河谷地形的影响,居民点分布零散,布局结构有待提高。

14.6.5　河谷盆地现代农业型整治区(Ⅴ区)

Ⅴ区平均综合得分 0.099534,整体排名为 3。Ⅴ区共包含 10 个流域单元,占流域单元总个数的9.35%,该区国土综合得分整体较高,其中资源禀赋和利用效率水平是 5 个维度中得分最高的,其次是环境品质和生态服务,得分最低的维度为布局结构,但该区生态服务得分和布局结构得分是全县最高的。该区位于宛川河中游县域偏中部和县域北部黄河支流上游区域,地形为河谷盆地,坡度低,耕地资源丰富,土地垦殖率高,灌溉资源丰富,设施农用地面积大,旅游资源丰富,如青城镇的古镇风貌、黄河大桥、黄河湿地等旅游资源,因此该区资源禀赋条件优良,同时区域经济发展较好,农业生产生活设施齐全,出行便利,土地利用率高,国土利用效率水平和环境品质水平均较高,且是县域的中心地带和河谷地形区,居民点分布数量多,分布零散不集中,布局结构得分是全县最高值,布局结构亟待优化。

14.6.6　山地生态涵养保护型整治区(Ⅵ区)

Ⅵ区平均综合得分 0.099534,整体排名为 4。Ⅵ区共包含 20 个流域单元,占流域单元总个数的18.69%,该区国土综合得分处于中等水平,其中资源禀赋是 5 个维度中得分最高的,其次是利用效率、环境品质,得分最低的维度为生态服务和布局结构,该区利用效率、布局结构和生态服务得分均高于Ⅰ区、Ⅲ区和Ⅶ区。该区分布位置可以分为三个块状区域,一是县域东北部,二是县域中部贡井林场,三是县域南部山区,这些区域地形多以山地为主,地势高耸,海拔高,坡度大,耕地资源有限,且以坡耕地为主,设施农用地、园地、工业用地稀少,资源禀赋条件较差,且区域适宜人口分布地点有限,因此居民点分布较为集中,居住用地破碎度较小,布局较为完整,人口密度和土地经济密度较小,土地利用率低,交通网络和公共服务、基础设施配套性差,环境品质水平低。但是该区分布着大量的林地,生态用地占比大,连片性好,生态红线占比大,生物多样性高,生境质量水平和生态服务质量水平高,是县域主要的生态保护区域。

14.6.7　山地丘陵综合农业型整治区(Ⅶ区)

Ⅶ区平均综合得分 0.016702,整体排名为 7。Ⅶ区共包含 48 个流域单元,占流域单元总个数的44.86%,是占比面积最大的一个分区,该区 5 个维度的得分均低。主要位于宛川河以北区域,并在宛川河上游区域有小部分分布,该区大部分为黄土丘陵山区,区域沟壑纵横,土质疏松,土壤肥力低,耕地以旱地为主,缺乏灌溉水源,农田生产潜力低,资源禀赋水平低下,且山大沟深、远离县城中心的现状使得区域人口分布较少,经济发展受限,国土利用效率低,基础设施、公共服务设施、道路网络等生活硬件亟待补充和完善。此外,黄土层使得植被覆盖度低于县域其他区域,且生境质量、生态系统服务价值水平低,是亟待整治、促进发展的区域。

14.7　整治分区主导问题和方向判断

14.7.1　河谷平原工旅融合型整治区（Ⅰ区）

该区目前存在的主要问题是：土地垦殖率水平在全县处于中等水平，其农田生产潜力低，耕地在整个土地利用类型中占比不大，且耕地质量还有待提高，因此基本农田占比低，区域存在大量的草地和较为集中的工业用地，区域生态红线占比为零，生态系统服务价值和生境质量低，同时该区基础设施和公共服务设施配套水平以及公园绿地占比在整个县域处于低等水平，人居环境质量还有很大的提升空间，相应的设施亟待配套完善。区域整治的重点方向是结合区位优势、工业基础、旅游资源等建设完善的基础设施，对传统工业进行提质增效，挖掘潜力，明确导向，并吸引邻近城区的游客开展观光体验游，一是保护并合理利用现存的历史文化名镇资源，发展文化旅游，在重点旅游景点区完善其设施，培育高水平的服务人员，开发具有文化内涵的旅游产品，二是借助区域草地资源丰富的特色，面向游客户外休闲度假的需求，开展户外宿营、烧烤等一系列体验型旅游项目，三是结合金崖产业区中的榆钢，抓住其淘汰落后产能、企业技改的契机，对现有工业用地进行优化和调整，引进新型工业化技术手段，促进新型工业化技术手段与原始的工业产业进行融合，促进原有产业转型升级，建设绿色产业园区，开发工业旅游项目，重点发展现代工业观光旅游和文化创意产业，如工业园区观光、钢厂生产科普展示、钢材生产体验项目等。

14.7.2　河谷盆地布局优化型整治区（Ⅱ区）

该区目前存在的主要问题是：自然地理条件、区位条件优越，三产发展水平都比较高，但是相比较而言，区域生态服务水平和布局结构水平还有待提升，这也是下一步需要整治的重点方向。由于该区大部分区域已纳入城市建设区，因此区域植被覆盖有限，整治重点是结合建设用地布局，科学规划，因地制宜，重点以"见缝插绿、留白增绿、见空补绿、拆围透绿"的方式，增加区域的绿地面积，拓展城市绿色生态空间，促进该区绿化美化，提升生态服务能力，达到高质量发展的水平，此外，区域整治重点是对城区范围内及其周边的居民点进行统一规划，完善交通网络体系，对于较为集中的、符合规划的、建筑质量较好的，可以予以保留，但是要加强维护修缮，使其与周围的建筑保持一致风格，整体提升城市风貌，对于建筑质量水平差且与周边建筑风格严重不统一的，要拆除重建，并加强基础设施和公共服务设施的配套水平，形成现代都市风貌，同时要提高居民点建设用地效率，对粗放型利用的居民点要进行结构调整和挖潜，尤其是"旧城区、城中村、旧街区"等是挖潜存量的重点区域，挖潜后的数量可以作为后续发展所需空间的预留，对低效建设用地进行挖潜并结合基础设施和绿地建设等进行综合整治，对该区布局结构进行调整和优化，提升城镇空间结构功能，促进其健康高效发展。

14.7.3　河谷丘陵城乡统筹型整治区（Ⅲ区）

该区整体发展水平一般，目前存在的主要问题和整治重点方向：该区国土利用效率水平高，但是布局结构和生态服务能力极弱，区域分布受到地形和交通干线的影响，呈狭长的条带状，由于有多条铁路公路线通过，导致居民点布局混乱，破碎度大，耕地、生态用地等景观地块的分布以小面积为主，连片性不强，整体生态服务水平低；该区整治重点是逐步引导农民向集中建设区靠近，促进自然村适当撤并，不断扩大中心村规模，促进建设用地规模化集约化利用，同时对现有建设用地布局进行调整，大力推进旧城区改造，闲置建设用地、低效建设用地的整理，利用城乡建设用地增减挂钩政策，大力开展村庄整理，挖掘建设用地存量，合理布局产业和交通设施用地，深化城乡之间资源配置的效率和水平，此外也要加强该区生态环境保护意识,增加林木覆盖度,适度适时开展退耕还林还草,因地制宜做到宜草则草、宜林则林,提高生物多样性水平,在此基础上,积极改善城乡环境水平,促进城乡和谐发展。

14.7.4 河谷平原产业统筹型整治区(Ⅳ区)

该区目前存在的主要问题和整治重点方向:该区整体发展水平较高,大多数指数整体上处于县域中等水平,区域自然环境条件和区位条件良好,兰州高新区榆中园区、卧龙川工业园区等分布在此,且区域农业产业结构比较完善,果园用地和设施农用地土地垦殖率、有效灌溉率、基本农田占比等面积较大,是县域粮、果、蔬的重要产区,因此该区整治发展的重点,首先应该是对产业结构进行进一步的深化和调整,加快构建现代化产业体系,其第一产业整治发展重点是提升农产品的质量和品质,在保证基本粮食作物种植面积和产量的基础上,结合区域日照充足、昼夜温差大的特点,继续引进高原夏菜新品种,不断调整夏菜种植结构,促进耕作制度创新,推广塑料大棚、无土栽培、地膜覆盖生产、配方施肥等技术,争取形成大规模的种植类型,培育无公害、绿色和有机蔬菜,并完善高原夏菜种植的基础配套设施建设,以提高区域夏菜的产量,达到规模化、品牌化、产业化的水平;第二产业整治发展重点是以几个工业园区为核心,利用现有的科技服务产业、生物医药产业、节能环保产业、新材料产业、物流产业、有色金属产业、安防和家居产业等产业基础,发挥临近兰州城区的区位优势和生物医药产业优势,发展旅游医药、保健品、旅游食品生产、旅游装备制造、旅游物流产业,同时结合第一产发展,在果蔬种植的基础上,从第二产业角度入手,对生产、保鲜、冷藏、加工、包装、储运、销售进行研究,逐步对产品开展分级整理,延长第一产业链条,增加产品附加值的同时,不断优化区域第二产业的结构;第三产业整治发展重点是借助兰州市中心城区东部郊区的区位优势,建设以"创意制造、商业贸易"为引爆点的郊区短期旅游休闲体验区,以大学城带来的科研优势为契机,运用新技术、新产业,开拓科教文化旅游、文化节庆活动等项目。其次,也要加强对该区建设用地布局的调整和优化。

14.7.5 河谷盆地现代农业型整治区(Ⅴ区)

该区目前存在的主要问题和整治重点方向:该区位于Ⅱ区的外围和县域青城镇,区域的区位条件和自然条件较好,土地垦殖率、土地利用率、农田生产潜力和有效灌溉率较高,区域经济发展水平高,在整个县域处于中部偏上的水准,但是区域居民点的形状指数得分高,居民点的分布较为分散,因此整治的重点方向之一是加强对区域居民点建设用地布局的优化和调整,提高建设用地的集约化程度,发挥其集聚效应,此外该区是县域设施农用地和园地面积占比最大的区域,因此其整治方向是以观光农业、生态农业、休闲农业、旅游农业等现代农业为重点,培育名、特、优、新农副产品等,发挥区位优势,为相邻城市居民提供蔬菜、水果、粮食等生活必需品。在此基础上要对农业种植作物品种进行选取和布局调整,一是将其作为提供生活品的源地,必须保障其产品生产能力和产品品质,因此重点是引进高科技农业技术,以园艺化、设施化、无害化、工厂化生产为主要手段,面向城市需求导向,建设高质高效和可持续发展的生态休闲观光农业;二是将其作为城市绿色植物来源,纳入城市生态系统中,充当城市绿色景观和绿化隔离带,在为城市提供生活产品、生态服务的同时,也作为与农村地区藩篱的临界点,以防止城市地区无限制扩展,保护农村地区独特的物质文化气息。

14.7.6 山地生态涵养保护型整治区(Ⅵ区)

该区目前存在的主要问题和整治重点方向:该区是县域植被覆盖度最高的一个分区,区域海拔高,降水充足,植被生长茂密,森林资源丰富,生境质量、生态系统服务价值、生态用地面积占比等均为高值,说明该区是生态涵养保护的重点区域,但是该区作为县域乃至整个兰州市以及甘肃省的重要生态屏障区,区域内绝大部分范围均涉及生态保护红线,人口分布数量有限,因此与之相关的基础设施、公共服务设施、田间道路、交通设施用地等面积较小,同时耕地面积、基本农田、工业用地、果园用地、设施农用地等较少,因此该区的整治发展重点是加强生态保护,继续增加植被覆盖度,提升区域生物多样性。具体而言:县域东北部进行加强公益林培育与建设,主要是培育针叶林、落叶阔叶林等,增加林地之间的连片性,提高其生态功能,同时作为黄河支流的下游区域,也要加强水源涵养及水土保持能力建设,县域中部贡井林场在新中国成立初期干旱少雨、生态脆弱、植被稀疏、自然条件严酷,常年呈现"方圆十千米没有人烟、林木,只有稀疏的蒿草"的场景,1959 年起,当地政府提出"建设贡井林场,恢复北山植被"的政策,经过 60 多年的建设,贡井林场目前已经形成规模化的林木,该区下一步整治重点是按照区域自然环境特点,宜造则造、宜封则封,在林场及林场周围地带统一规划,逐步、逐片推进退耕还林、容器育苗、深栽旱作、覆膜集雨、抢墒造林等,在结合黄土高原综合治理林业示范建设项目、"三北"防护林工程等建设的基础上,远期整治目标是对整个北山地区进行绿化,塑造榆中县绿色生态屏障,同时该区在重点培育公益林的同时,要加强对适宜经济林的引进和栽培,将区域生态优势转化为经济优势,此外该区整治还要结合政府生态专项补助、生态补偿等政策,在保障当地农民基本生活的基础上,广泛将其纳入生态治理中,最终造就秀美山川;县域南部山区是榆中县海拔最高的区域,气候湿润,降水较多,为县域一级河流宛川河的上游区域,该区整治重点是提高植被覆盖度和生物多样性保护,培育水源涵养林、水土保持林和生态公益林,在此基础上要延长现有生态旅游产业链,以生态旅游为重点,健全旅游基础设施和公共服务设施,打造集自然观光、研学教育、红色教育、亲子交流等为一体的现代生态观光基地。

14.7.7　山地丘陵综合农业型整治区(Ⅶ 区)

　　该区目前存在的主要问题是:由于地处黄土丘陵山地区,区域海拔较高、降雨稀少、气候干燥、土质疏松,农业生产以传统的天然降水为主,耕地的有效灌溉水源极度缺乏,且农业生产除了传统的粮食作物外,近年来该区也大量种植百合、中药材等经济作物,但是由于农田生产潜力和田间道路、农田水利设施的不配套,导致经济效益较低,因此该区整治的重点方向之一是加强农田水利设施建设,促进保收,推进高标准农田项目建设,平整地块,科学布局田间道路、水利设施和田块,推进规模化的农业生产经营,同时结合区域土质疏松的特点,建议要在田块、田间道路和沟渠旁边配备农田防护林,构造复合型的农田生产模式,加强水土保持功能建设,最终提升地均 GDP 水平,增加农民收入;同时,要在农业生产提质、提量上下足功夫,在保障传统农业生产种植的基础上,结合区域目前特色种植,在中药材和百合种植方面,建议要按照"合作社+基地+农户"或"公司+科研+基地"等产业化发展模式,以贡井镇为中心成立中药材产业联盟,建立北山大型中药材贮藏交易市场,引进中药材深加工企业,延长中药材种植和百合种植及加工产业链条,增加农户收入,提高生活幸福感,从而留住人口资源,为该区可持续发展预留人口红利;此外,该区沟壑纵横,人口密度小,宅基地分布零散,人居环境水平亟待提升,因此,加强基础设施、公服设施、公园绿地广场等设施配套,完善居民出行道路网络建设,优化居民点布局结构,是该区整治的又一重点方向。因此,丘陵山地综合农业型整治区的重点是对农业生产环境进行整治,同时要结合人居环境整治工作。

第15章　基于生态安全的生态修复关键区识别及其修复策略

15.1　生态安全格局识别与分析

15.1.1　基于 InVEST 模型提取生态源地

(1)InVEST 模型计算方法

① 生境质量计算方法

利用 InVEST 模型,以榆中县全域作为研究区,通过对研究区生境质量模块的计算,得到榆中县域的生境质量指数,并进行评估绘制生境质量图。生境质量模块是把生境质量当作与不同土地利用类型相关的生物多样性的代表,其假设是:生境质量较高的地区对物种的丰富度有较高的支撑作用,而伴随着生境质量的下降,物种多样性也会随之发生下降。生境质量计算公式包括 4 个函数,即每种威胁因子的相对影响程度、每种土地利用/覆被对每种威胁因子的相对敏感性、土地利用/覆被与威胁源之间的距离和土地受到法律保护的程度,其中,利用生境质量指数的差异来反映生境质量的高低,指数越大,生境质量越好,其生物多样性水平越高,生态服务功能越好,便可将其定义为生态源地备选区域。生境指数计算公式如下:

$$Q_{xj}=H_j\left(1-\left(\frac{D_{xj}^z}{D_{xj}^z+k^z}\right)\right) \tag{15-1}$$

式中:Q_{xj} 为土地利用 j 中栅格 x 的生境质量指数;H_j 为生境类型 j 的生境适宜度,取值范围 $0\sim1$;k 为半饱和常数,由用户根据使用数据的分辨率进行自定义,但一般为生境退化度最大值的 $1/2$;z 为归一化常量,通常设置为 2.5;D_{xj} 为生境退化程度指数,表示生境受胁迫压力后表现出退化的程度。D_{xj} 公式如下:

$$D_{xj}=\sum_{r=1}^{R}\sum_{y=1}^{Y_r}\left(\frac{w_r}{\sum_{r=1}^{R}w_r}\right)r_y i_{rxy}\beta_x S_{jr} \tag{15-2}$$

$$i_{rxy}=1-\left(\frac{d_{xy}}{d_{r\max}}\right)(线性)$$

$$i_{rxy}=\exp\left(-\left(\frac{2.99}{d_{r\max}}\right)d_{xy}\right)(指数) \tag{15-3}$$

式中:D_{xj}、R、W_r、y_r、r_y 分别表示生境退化度指数、威胁因子个数、威胁因子 r 的权重、威胁因子的栅格数、栅格上威胁因子的值,i_{rxy} 表示栖息地与威胁源之间的距离及威胁对空间的影响,β 是通过各种保护政策来减轻威胁对栖息地影响的因素(即法律保护程度,受法律保护的区域为 0,其余区域为 1),S_{jr} 为生境类型 j 对威胁因子 r 的敏感度,d_{xy} 为栅格 x 与栅格 y 的直线距离;$d_{r\max}$ 为威胁源 r 的最大威胁距离。计算得到的分值越高,说明威胁因子对生境造成的威胁程度越大,生境退化度越高。

在 InVEST 模型生境质量模块中需输入的数据主要有土地利用/覆被、区域主要威胁因子、威胁源因子权重和影响距离、土地利用/覆被对每种威胁源的敏感度等数据。参考 InVEST 模型用户指南手册和前人的研究成果对相应数据进行设置,具体如表 15-1 和表 15-2 所示。

表 15-1　威胁源的权重和最大影响距离

威胁因子	最大距离/千米	权重	衰退类型
城镇用地	10	1.0	指数
农村居民地	8	0.8	指数
其他建设用地	9	0.9	指数
耕地	6	0.6	线性
未利用地	4	0.4	线性

表 15-2　各土地利用类型对胁迫因子的敏感性

土地利用类型	生境适宜度	敏感程度				
		城镇用地	农村居民点	其他建设用地	耕地	未利用地
耕地	0.3	0.8	0.6	0.7	0	0.4
林地	1.0	0.8	0.7	0.7	0.6	0.2
草地	1.0	0.7	0.5	0.6	0.5	0.6
水域	0.9	0.7	0.6	0.7	0.4	0.4
建设用地	0	0	0	0	0	0
其他用地	0.6	0.6	0.5	0.6	0.4	0

② 产水量计算方法

InVEST 模型当中的产水量模块利用水量平衡法估算研究区产水服务,它的基本原理是将降水量减去实际蒸散量的差值作为产水量,在 InVEST 模型中是通过运算将每一个栅格内的降水量减去包括地表蒸发及植物蒸腾的蒸散量后剩余的那一部分水量作为该区域的产水量。该方法将流域视为一个研究尺度,利用 ArcGIS 10.2 中的水文分析模块,通过计算流向、凹陷和汇流等来获取流域边界,并以此对流域矢量边界进行修正,实现以小流域为单位的产出。区域年产水量是用于衡量一个区域水量平衡的重要指标,即年产水量值越高,则表明该区域水量越充沛,其生态系统服务功能也越好,便可将其列入生态源地的备选区域之内。年产水量计算公式如下:

$$Y_x = \left(1 - \frac{\mathrm{AET}_x}{P_x}\right) \times P_x \tag{15-4}$$

式中:Y_x 为栅格单元 x 的产水量(毫米),P_x 为栅格单元 x 的多年平均降水量(毫米),AET_x 为栅格单元 x 的多年平均蒸发量(毫米)。

根据 Budyko 曲线近似得到 $\dfrac{\mathrm{AET}_x}{P_x}$,具体公式如下:

$$\frac{\mathrm{AET}_x}{P_x} = \frac{1 + w_x + R_x}{1 + w_x + R_x + \dfrac{1}{R_x}} \tag{15-5}$$

$$R_x = \frac{\mathrm{PET}_x}{P_x} \tag{15-6}$$

$$\mathrm{PRT}_x = KC_x \times ET_{0x} \tag{15-7}$$

$$w_x = Z\frac{\mathrm{AWC}_x}{P_x} + 1.25 \tag{15-8}$$

$$\mathrm{AWC}_x = \min(\mathrm{MaxSoilDepth}, \mathrm{RootDepth}) \times \mathrm{PAWC} \tag{15-9}$$

式中:w_x 为非物理参数;R_x 为栅格单元 x 的 Budyko 干燥指数,是潜在蒸散量与降水量的比值,其值为无量纲;PET_x 为栅格单元 x 的潜在蒸发量(毫米);KC_x 为参考作物的蒸散系数;ET_{0x} 为参考作物蒸散量(毫米);AWC_x 为植物可利用水含量;Z 为 Zhang 系数,基于榆中县地理特征及相关参考文献将其取值为 4.2；MaxSoilDepth 为土壤深度的最大值（毫米）；RootDepth 为根系深度（毫米）。PAWC 为植被利用水分含量，根据土壤质地公式得到，具体公式如下：

$$PAWC=54.509-0.132SAND-0.003(SAND)^2-0.55SILT-0.006(SILT)^2-$$
$$0.738CLAY+0.007(CLAY)^2-2.688OM+0.501(OM)^2 \qquad (15\text{-}10)$$

式中：SAND、SILT、CLAY、OM 分别为土壤当中的沙粒、粉粒、黏粒、有机质的百分比含量。

③ 土壤保持计算方法

InVEST 模型中的 Sediment Delicery Ratiomodel(SDR)模块，在使用通用土壤流失方程（USLE）的基础上，对其进行修正和改进，使得计算结果更加精确。该方程主要包括土壤可蚀性因子、降雨侵蚀力因子、地形因子以及植被因子，土壤保持量是通过潜在土壤侵蚀量与实际土壤侵蚀量的差值计算而来的。区域内土壤侵蚀量小则土壤保持量就会高，土壤保持量越高其生态服务功能也就越好，便可将其定义为生态源地的被选取区域。公式如下：

$$R_{KLS}=R \times K \times L_S \qquad (15\text{-}11)$$
$$U_{SLE}=R \times K \times L_S \times P \times C \qquad (15\text{-}12)$$
$$S_D=R_{KLS}-U_{SLE} \qquad (15\text{-}13)$$

式中：R_{KLS} 为潜在土壤侵蚀量（吨/（公顷·年）），U_{SLE} 为实际土壤侵蚀量（吨/（公顷·年）），S_D 为土壤保持量（吨/（公顷·年）），R 为降雨侵蚀力因子（（兆焦·毫米)/（公顷·小时·年））。

利用年均雨量估算侵蚀力算法模型计算 R 值，具体公式如下：

$$R=\alpha_1 P^{\beta_1} \qquad (15\text{-}14)$$

式中：P 为年降水量；α_1、β_1 均为模型系数，分别为 0.0534、1.6548。

K 为土壤可蚀性因子（（吨·公顷·小时)/（公顷·兆焦·毫米）），采用 EPIC 模型计算 K 值，具体公示如下：

$$K=\left\{0.2+0.3 \times \exp\left[-0.0256SAND\left(1-\frac{SILT}{100}\right)\right]\right\}\left(\frac{SILT}{CLAY+SILT}\right)^{0.3} \times$$
$$\left[1-0.25 \times \frac{OM}{OM+\exp(3.72-2.95OM)}\right] \times \left[1-0.7 \times \frac{SN_1}{SN_1+\exp(22.9\,SN_1-5.51)}\right] \qquad (15\text{-}15)$$

$$SN_1=1-\frac{SAND}{100} \qquad (15\text{-}16)$$

式中：SAND、SILT、CLAY 分别为土壤当中的沙粒、粉粒、黏粒的百分比含量，OM 为有机碳的含量（%），SN_1 为常数。计算过程中的粒径含量乘以 100，将计算出的 K 值除以 7.59，则得到国际单位制的土壤可蚀性 K 值。

L_S 为坡度坡长因子，通过数字高程模型提取该因子。L_S 因子作为 InVEST 模型中最重要的临界参数之一，该模型会根据不同坡度区域自动选用不同的计算公式对 L_S 因子进行分析计算。

C 为植被覆盖因子，采用蔡崇法等提出的 C 因子法计算，具体公示如下：

$$c=\frac{NDVI-NDVI_{min}}{NDVI_{max}-NDVI_{min}} \qquad (15\text{-}17)$$

$$\begin{cases} C=1 & c=0 \\ C=0.6508-0.3436 \lg c & 0<c \leqslant 78.3\% \\ C=0 & c>78.3\% \end{cases} \qquad (15\text{-}18)$$

P 为水土保持措施因子，在 InVEST 模型中以 dbf 表格形式输入。该因子表示在采取水土保持措施后，土壤流失量与顺坡种植时土壤流失量的比值，其值在 0~1，极值 0 代表无侵蚀，极值 1 表示未来采取水土保持措施，根据榆中县"十四五"生态环境保护规划指导以及相关文献，结合当地实际情况和土地利用现状对水土保持措施因子 P 进行了赋值，具体如表 15-3 所示。

表 15-3　土地利用类型 C 值和 P 值

土地利用类型	耕地	林地	草地	水域	建设用地	其他用地
植被覆盖因子（C）	0.05	0.04	0.03	0	0	1
水土保持措施因子（P）	0.35	1	1	0	0	1

（2）InVEST 模型计算结果分析

① 生境质量分析

榆中县生境质量整体差异较大,其中最高值为 0.99,平均值为 0.197,标准差为 0.26,说明榆中县生境质量总体水平较低,生境质量指数异变幅度大。为了更好地对生境质量进行描述和分析,将生境质量结果进行重分类,划分为优、较好、中度、较差和差 5 个级别,选取前 3 级作为初选生态源地。各级别生境质量面积分布如表 15-4 所示,其中,生境质量为优的区域面积仅为 136.46 平方千米,占全域总面积的 4.14%,生境为差的区域占全域总面积的 77.10%。

表 15-4　榆中县生境质量指数统计

生境等级	差	较差	中度	较好	优
面积/平方千米	2540.42	262.71	158.48	197.06	136.46
占比/%	77.10	7.97	4.81	5.98	4.14

榆中县生境质量与土地利用类型分布大致相似(如图 15-1、书后彩图 15-1 所示),总体呈现出由西南向东北递减的趋势。西南部因兴隆山山脉地形影响,分布有大量的林地和草地。由于生态保育设施的存在,该区实施了封山育林、退牧还草、季节性封山等保护措施,较少受到人为干扰,因此该区域生物多样性水平高、生态系统服务较好、生境质量较高。中部地势平坦,是宛川河流经地区,河谷两侧生境质量较高,生境质量等级主要为较好和中度,其地类主要包括耕地以及分布于建设用地周边的草地和零星的林地,在空间上呈零星分散分布特征。东北部主要为黄土丘陵区,分布有大量裸地和旱地,该区域植被覆盖度相对低,土壤土质疏松,存在一定的水土流失情形,因此生境质量较低,大量差生境等级和小部分较差生境等级交错分布。总体来看,黄土丘陵区的榆中县生境斑块破碎度与生态脆弱性较高,受人类活动影响较为敏感。

② 产水量分析

榆中县产水总量为 1.67×10^9 立方米,全域单位面积产水量为 5093.56 立方米/公顷,如表 15-5 所示。由于榆中县各类不同的地貌单元广泛发育,降水时空分布不均,因此全域各乡镇产水量有所不同,总体呈现西南向东北递减的趋势(图 15-2,书后彩图 15-2)。其中,龙泉乡的单位面积产水量最高,达到了 5815.34 立方米/公顷,最低的青城镇则为 4307.05 立方米/公顷,在其他乡镇中,单位面积产水量高于全域平均水平的还有新营乡、马坡乡、高崖镇等。

图例
行政边界
生境质量值
高：1
低：0

图 15-1　榆中县生境质量空间分布

表 15-5　榆中县各乡镇年产水量统计表

乡镇名称	年产水量/(×10⁸ 立方米)	单位面积产水量/(立方米/公顷)
龙泉乡	0.47	5815.34
新营乡	0.81	5770.31
马坡乡	1.29	5724.55
高崖镇	0.43	5645.61
小康营乡	0.56	5506.40
甘草镇	0.66	5470.37
城关镇	0.63	5417.90
清水驿乡	0.85	5334.21
韦营乡	0.65	5317.90
连搭乡	0.68	5295.61
定远镇	0.46	5167.16
和平镇	1.03	5115.81
夏管营镇	0.89	5108.27
贡井乡	1.18	5013.01
中连川乡	1.17	5000.03
金崖镇	1.48	4920.36
哈岘乡	0.91	4688.33
上花岔乡	0.79	4523.96
园子岔乡	1.17	4383.71
青城镇	0.59	4307.05
总计	16.70	5093.56

全县产水量较高的区域主要分布在于总县的西南部马坡乡、新营乡和龙泉乡临近兴隆山的高寒山区,其单位面积产水量均在 5500 立方米/公顷以上,由于兴隆山属于高寒石质山区,海拔高,降水丰富且蒸散发低,使得境内宛川河及大小沟域河流广泛发育,区域性降水成为宛川河的主要水源补给,因此涉及兴隆山的几个乡镇产水量较高。涉及宛川河流域的乡镇产水量也相对比较高,宛川河主河道由高崖镇与夏官营镇两部分组成,由上、中、下三个部分组成,其中位于宛川河下游的夏官营镇单位面积产水量达到5108.27 立方米/公顷。产水量较低的区域主要分布在榆中县北侧青城镇、上花岔乡和园子岔乡,这些区域的地貌类型多为黄土丘陵山地,地形破碎,降水稀少且蒸发量高,因此其产水量较低。

③ 土壤保持分析

通过 InVEST 模型计算榆中县 2018 年的土壤实际侵蚀总量为 6.12×10⁸ 吨,不同土壤侵蚀强度面积占榆中县总面积的比例从大到小依次排序为:微度侵蚀＞轻度侵蚀＞中度侵蚀＞剧烈侵蚀＞极强度侵蚀(表 15-6)。其中,榆中县的土壤侵蚀强度以微度侵蚀为主,占总面积的

图 15-2　榆中县产水量空间分布

77.72％,其次为轻度侵蚀,占总面积的19.45％,两者所占面积较大,共达到97.17％。剧烈侵蚀、极强度侵蚀两者差异不大,分别占总面积0.33％、0.02％。可见,2018年榆中县的土壤侵蚀状况并不严重,微度及轻度的土壤侵蚀为该研究区的土壤侵蚀主要类型。榆中县的土壤侵蚀强度具有较显著的空间分布特征,微度侵蚀与轻度侵蚀区域面积最大且分布广泛,重点分布在榆中县中部地区,该区域主要为黄河支流宛川河流域分布地区,地势平坦,水热条件好,自然环境条件相对较好,侵蚀强度较低,剧烈及极强度侵蚀主要集中在榆中县的东北部丘陵沟壑水土流失区与岩石裸露区以及东南部清水驿乡、韦营乡和甘草店镇等几个乡镇内部,该区域属于黄土丘陵沟壑区,地形破碎,地势坡度起伏较大,再加上植被稀疏,故而土壤侵蚀较为严重。

表 15-6　榆中县土壤侵蚀程度统计

侵蚀程度	微度侵蚀	轻度侵蚀	中度侵蚀	剧烈侵蚀	极强度侵蚀
面积/平方千米	2550.69	638.36	81.21	10.84	0.79
占比/％	77.72	19.45	2.47	0.33	0.02

2018年榆中县土壤保持量主要集中分布在$0\sim1.2\times10^3$吨和$1.2\times10^3\sim4.07\times10^3$吨这两个等级,面积分别达到2151.13平方千米和947.79平方千米。气象条件、地形地貌以及植被覆盖状况等因素都会影响到土壤保持能力。在全域范围内,马坡乡南部、和平镇、定远镇、城关镇和小康营乡南部等地区的土壤保持能力较强,金崖镇、夏官营镇和清水驿乡的土壤保持供给能力最低(图15-3,书后彩图15-3)。

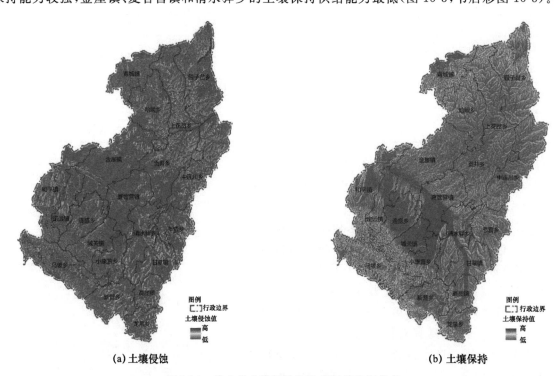

(a) 土壤侵蚀　　　　　　　　　　　　　　(b) 土壤保持

图 15-3　榆中县土壤侵蚀和土壤保持空间分布

就全域来看,土壤保持能力较强的区域主要分布在榆中县西南部兴隆山地区和北侧丘陵地区,土壤保持量均在9.78×10^3吨以上。从土壤保持和土壤侵蚀强度来看,榆中县土壤保持与土壤侵蚀强度基本呈相互对立的关系。兴隆山主要是高寒石质山区且植被覆盖较好,不存在土壤侵蚀发生的客观条件,而榆中县北部则是近20年来退耕还林还草的重点实验区域,因此这些区域的土壤保持能力较强。土壤保持能力较弱的区域主要分布在榆中县中部城镇聚集区和宛川河河道流经地区,这些区域有大面积的城镇分布,地面硬化强度大,土壤保持能力弱,其次为宛川河流域流经地区,该区域土壤疏松、地貌破碎、植被覆盖率低,是全域的主要侵蚀区,土壤保持能力相对薄弱。因此,要在土壤侵蚀潜力较大、生态环境较为恶劣的地区,做好当地的水土保持措施,这样对土壤保持功能的提升会越大。

15.1.2　基于 InVEST 模型的生态源地识别

区域的蓝绿空间是生态源地的主要构成要素,榆中县生态源地的识别是通过能够表征区域内蓝绿空间分布的各个要素的叠加进行提取而得到的。主要做法是对生境质量、产水量和土壤保持三类生态系统服务功能数值进行加权叠加,利用自然断点法对加权叠加结果进行分类,将数值由高到低划分为最优、较优、优、较差和最差 5 类,结合榆中县现状自然条件,提取分类的前 3 类作为生态源地。重点代表区域内的生境质量、产水量和土壤保持功能的最优级别,可以充分体现县域内部重点生态分布位置和水土问题集中的区域。群落的形成需要不同植物之间通过相互转换、移动、利益传输、竞争手段等交互作用,从而形成一个较为稳定的生存环境,即需要有一定的植物种群才能组成一个相对稳定的植物群落。若斑块的面积较小,斑块内部难以形成有效的植物群落,则对物种的生存贡献程度有限。因此,在源地的选择中,剔除面积小于 1 平方千米的细碎斑块,最后得到榆中县生态源地斑块共计 17 处,面积为 348.26 平方千米,占榆中县域总面积的 10.5%。面积最大的源地主要是兴隆山北麓和南麓的两片连片山脉,面积分别为 214.92 平方千米和 107.21 平方千米,总共占源地总面积的 92.5%(图 15-4)。

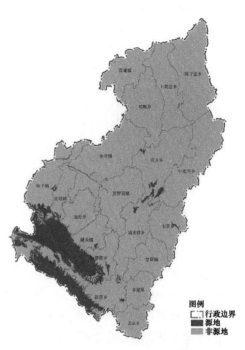

图 15-4　榆中县生态源地空间分布

从全域来看,生态源地主要分布在南部兴隆山区,是榆中县生态保护的核心区,兴隆山区所辖乡镇主要为马坡乡,因此马坡乡生态源地分布最多,面积为 140.42 平方千米。和平镇、定远镇、连搭乡、城关镇和小康营乡的西南侧分别涉及兴隆山区,贡井乡南侧与清水驿北侧相连接的地方也是生态源地数量较高的分布区域,这些地方的共同特征为植被覆盖度高,土地利用类型为大规模的林地和草地。同时,该区域也是生境质量、产水量和土壤保持这些生态系统服务数值的高值区,因此,这些区域是黄土丘陵区榆中县生态安全的主要区域,也是整个生态保护与修复工作中的重点区域,对榆中县乃至兰州市的生态安全起着重要的作用。青城镇、夏官营镇、龙泉乡和中连川乡的生态源地面积均小于 5 平方千米,在榆中县的中部,涉及城市建设与人口密集的区域也是生态源地数量的低值区,在城镇建成区要重点加强对城市绿地的建设和保护,在非城镇建设区要增加相应的植被覆盖数量,对于榆中县北部黄土高原丘陵地貌要进行水土保持工程和植树造林工程。叠加榆中县生态源地和现有生态保护红线,发现生态源地区域与生态保护红线重叠区域占生态源地总面积的 58.92%,且在生态源地内完全涵盖国家级自然保护地和省级森林公园,识别结果比较合理。

15.1.3　基于土地利用和 HRA 的生态阻力面构建

(1)生态阻力面构建

生态环境适宜性是指特定生态系统对物种生存、繁衍和迁徙活动的适宜程度。物种需要克服水平空间上的阻力才能保障斑块之间生态流、能量流运动。在生态系统建设中,阻力面是一个重要环节,它的数值可以反映出物种在翻越景观过程中的难易程度,阻力值越高,对生态系统的影响就越大,因此必须进行生态修复。

一般的生态阻力面构造方法根据不同的用地类型来分配,以求出各个类型的相对阻力系数。因此,本研究以不同土地类型的生境适宜度为基础,按此原理建立了研究区的生态阻力面,该方法与 LCP 方法中景观阻力设置与消费面 Cost Surface 构建过程相似。不同土地利用类型的阻力值参见表 15-7。需要说明的是,单一的土地利用类型作为生态阻力面存在一定的缺陷,仅能反映自然环境对于生物物种迁移的影响,无法有效表达人类活动对物种迁移产生的影响,因此采用生态风险指数对土地利用系数进行修正。生态风险是指由于人类活动降低了生境的品质,进而损害了他们的生态系统的服务,有研究表明,生态危险指数愈高,则对生物扩散的抵抗能力愈强,其阻力值就越大。生态风险指数利用 InVEST 模型中的 HRA(Habitat Risk Assess-ment)模块进行评价和计算。本研究生境因子和威胁源的选取与生境质量评估模型一致,按照 HRA 模块指南设置基础参数,具体公式如下:

$$E = \left(\sum_{i=1}^{N} \frac{e_i}{d_i \times W_i} \right) / \left(\sum_{i=1}^{N} \frac{1}{d_i \times W_i} \right) \tag{15-19}$$

$$C = \left(\sum_{i=1}^{N} \frac{c_i}{d_i \times W_i} \right) / \left(\sum_{i=1}^{N} \frac{1}{d_i \times W_i} \right) \tag{15-20}$$

$$R_{ij} = \sqrt{(E-1)^2 + (C-1)^2} \tag{15-21}$$

$$R_i = \sum_{j=1}^{J} R_{ij} \tag{15-22}$$

式中:E 表示暴露,C 表示影响,R_{ij} 表示由生态威胁因子 j 造成的生境 i 的风险,R_i 为生境 i 的生境风险值,e_i 为该威胁地类所有斑块的平均生态威胁影响得分,N 为每种生境评价标准数量,d_i 为数据质量得分,W_i 为每个栅格的威胁得分,c_i 为生境因子所有斑块受影响程度得分。

为了提供网格单元中所有栖息地或物种的综合风险指数,该模型还计算了生态系统风险。每个网格单元的生态系统风险 l 是该单元中栖息地或物种风险得分的总和。

表 15-7   榆中县生态用地阻力系数

地类	林地	草地	园地	耕地	水域	其他用地	建设用地
基本阻力面	1	2	3	4	5	8	10

(2)生态阻力面分析

将生态风险阻力面叠加到构建的土地利用阻力面上,得到本研究最终使用的综合阻力面。通过生态风险系数修正后的榆中县阻力面整体呈现由西南向东北递减的特点(图 15-5,书后彩图 15-5),生态阻力面在模拟区域生态过程差异方面表现得较好,阻力值分布范围为 1~7.12,阻力高值、低值分布较为集中,从阻力值分布图中可以看出,宛川河以南阻力值普遍较高,以北阻力值较低。阻力高值区主要分布在南部山区和中部城镇集中区,主要包括和平镇、定远镇、连搭镇、城关镇、新营镇、小康营乡和马坡乡。南部阻力高是由兴隆山的地形阻挡造成的,山脉的阻拦使得生态物种扩散范围缩小,中部城镇区人类活动频繁,城镇建设用地集中分布,阻碍物种流的扩散。北部阻力较低,因为丘陵区域地形起伏因素相比高海拔地区的影响较小,加之人类活动较为分散,尽管地表植被覆盖率不及南部山区,但是人为干扰小于中部城镇集中区,因此北部生态阻力值低。

15.1.4   基于电路理论的生态廊道识别

榆中县全域生态源地总面积 348.26 平方千米,占全域面积的 10.5%,但其发挥的景观连通性作用不一,通过电路理论模拟可识别重要斑块与重要廊道,对现有生态源地要素的保护具有重要意义。以前文确定的 17 处生态源地要素与阻力面为基础,利用 Circuitscape 原理通过 ArcGIS 工具嵌入 ArcMAP 中的 Linkage Mapper 工具识别研究区生态廊道。

研究区重要廊道分析结果显示,榆中县北部、中部和南部的电流值较大,而东北部园子岔乡和上花岔乡片区的电流值最低,这与生态源地斑块数量与斑块间的距离有关,斑块分布越密集、距离越近,其功能连通性就会越高。在中部和南部区域,因绿地斑块的质量及斑块间连接的联系不均匀,所以电流的分布呈现出高低不一致的特点。从提取出的研究区重要功能连通性廊道可以发现,研究区内有多条不同宽度的功能连通走廊,总体上,斑块密集的区域为功能连通性廊道。南部廊道数量最多,局部呈网状分布,分布网络密度大且破碎,结构复杂;其次为中部,以河流廊道为主,也就是宛川河的分布区;东北地区的廊道数量最小,且源地斑块多呈孤岛分布(图 15-6,书后彩图 15-6)。

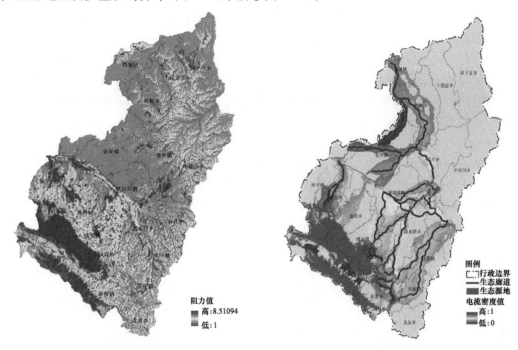

图 15-5　榆中县生态阻力空间分布　　　　图 15-6　榆中县生态廊道空间分布

15.1.5　基于距离分析和电路理论的生态"夹点"识别

生态"夹点"是由 McRae 等基于电路理论提出的概念,是表征生境连通性的景观关键点,其建立可以使生态系统在生态过程中的流动得以畅通,同时也可以维持生态系统的连通性,使生态系统整体稳定。一般情况下,生态节点主要分布在生态廊道交汇处、相邻源的等阻力线的相切点、最小路径与最大路径的交点等。目前,一种偏向于景观关键位置的"夹点"受到学者们的广泛关注。"夹点"是生态廊道中生物流运动通过的概率较高,并且有着较强不可替代性的区域。从保护和修复生态节点、维护生态系统过程的角度出发,提取生态源地质点、相邻廊道中点和基于电路理论提取的生态"夹点"作为研究区生态"夹点"。

(1)基于生态源地的生态节点识别

① 源地节点识别

生态节点是保持源地与源地间生态元素的重要战略节点,对生态流的运行具有关键作用,因为相邻源地之间的阻力值相等,以源地来确定生态节点能起到"源"间跳板的作用,所以利用生态源地图斑来选择生态节点。将生态源地栅格数据进行矢量化,剔除细碎斑块,根据榆中县具体生态用地范围,选择图斑面积大于 1 平方千米的斑块,将其中心质点定义为生态节点。

② 源地节点分析

研究区内基于生态源地提取的生态节点共有 17 个,分布如图 15-7 所示,分布区域以生态源地为主,大多数节点分布在南部山区,涉及和平镇、连搭镇、城关镇、新营镇、马坡乡和小康营乡 6 个乡镇,兴隆山山脉贯穿这些乡镇,其中马坡乡生态节点分布数量最多,因为该乡镇内部兴隆山的分布范围最广,其生境质量为优,生态源地面积占该乡镇的 60% 左右。中部川区和北部黄土丘陵区分别有 3 个生态节点,分别在贡井镇、清水驿乡和园子岔乡。贡井镇的生态节点位于贡井林场,植被类型为林地,生境质量为优,其分布走向由东北向西南方向延伸至清水驿乡,连接清水驿乡的生态节点。北部的生态节点主要分布在园子岔乡境内,植被类型大多为低矮的灌木林和草地,生境质量较好。北部与中部的 3 个生态节点连接南北生态物质流和能量流的重要作用,对南北廊道的传输功能具有关键性影响。

(2)基于生态廊道的生态节点识别

① 廊道节点识别

生态廊道作为生态安全中重要的结构要素,其作用就是为源地之间物种和能量流动提供一定的通道,促进物质、能量及信息交换的线状或面状景观要素,目前已被扩展到生态安全防护结构的范畴,也是生态系统运行中最有可能提高生态系统连接的结构元素或区域,从而能够降低物质能量运动被切断、生态过程被阻断的可能性。利用生态廊道识别的生态节点能够作为生态修复以及生态保护的重要节点,因为一旦生态廊道出现断裂或者破坏,则会影响整个区域生态系统的紊乱。根据榆中县生态廊道的分布,提取廊道中的点作为生态节点。

② 廊道节点分析

基于廊道提取的生态节点个数为 29 个,分布如图 15-8 所示。其中,研究区中部夏官营镇、城关镇、小康营乡、新营乡和清水驿乡廊道节点分布最多,节点个数均大于 2 个。西南部的马坡乡和连搭乡无廊道节点分布,这两个乡所在位置均有兴隆山山脉分布,该地是重要的生态源地节点分布区域。廊道节点分布的区域大多数在城镇建设和经济发展区范围之内,受人为活动影响较大,景观生态系统相对较为脆弱。

图 15-7　榆中县生态源地节点分布

图 15-8　榆中县生态廊道节点分布

(3)基于电路理论的生态"夹点"识别

① 生态"夹点"识别

在 Circuitscape 建模中,生态"夹点"为电流高度密集的区域,表明该区域替代路径极少或不存在,栖息地的退化或损失极大可能切断生境的连通性,故生态"夹点"可代表防止栖息地退化/改变的关键位置,需优先考虑栖息地保护。若生态"夹点"恰好处于生态阻力高值区,则表明该区域退化/损失的概率较大,应作为生态保护修复的关键区域。基于电路理论的生态"夹点"识别过程如下:将研究区域看作是一种传导面,其上的每一个栅格都具有一个有限的数值,以反映其能耗和运动难易程度。当一个生境与另一个生境相连时,另一个生境的电流设置为 1 安,然后用迭代法求出全区域最短的累积电流值,电流值越大,说明该区域对生物流运动越重要。通过 Circuitscape 软件的 Pinchpoint Mapper 工具实现景观的"夹点"识别。结合研究区实际情况,设置 5000 的阻力值来确定"夹点"。在 ArcGIS 10.2 中采用自然断点法将其划分为 4 级,提取最高等级的电流区域作为"夹点",如图 15-9 所示(书后彩图 15-9),最终将"夹点"的中心质点作为电流节点,如图 15-10 所示。

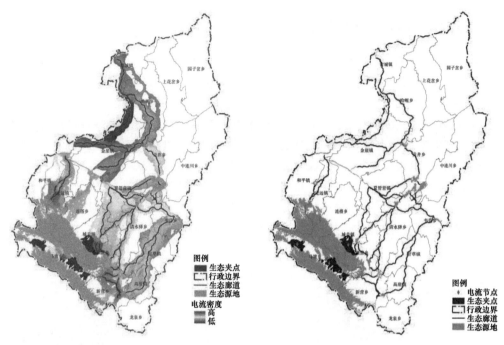

图 15-9　榆中县生态"夹点"分布　　　　　图 15-10 榆中县电流"夹点"分布

② 生态"夹点"分布分析

　　研究区识别出的生态"夹点"总共有 8 处,主要位于榆中县南部兴隆山南麓与北麓相交处,连接山脉南北的两大生态源地,总面积为 4.32 平方千米,占全域总面积的 0.12%。研究区生态"夹点"面积相差较大,最小的生态"夹点"斑块面积为 0.01 平方千米,最大的生态"夹点"斑块面积达到 14.75 平方千米,生态"夹点"的存在对于保持区域生态网络的连通性、生态系统的稳定性和整体性方面发挥着重要作用。目前,一种偏向于景观关键位置的"夹点"受到学者们的广泛关注。"夹点"是生态廊道中生物流运动通过概率较高,并且有着较强不可替代性的区域。一旦这些区域发生破坏或是用地类型发生变化,则会破坏生态廊道的连通性,在生态修复过程中应该注重这些区域的改善和恢复。

　　将生态源地的质点、相邻廊道的中点和基于电路理论提取的生态节点进行空间叠加,最终得到榆中县生态节点分布图。识别的生态节点共 54 处,主要分布在生态廊道和生态源地上,具体分布见图 15-11。

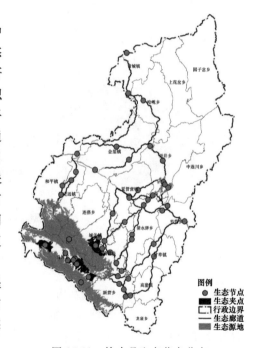

图 15-11　榆中县生态节点分布

　　位于研究区所在范围内兴隆山周围的生态节点分布数量最多,因为该区域无论是生境质量还是产水量等其他生态系统服务价值都是最高的,这类节点的建设能够有效保护生态源地,强化源地的生态涵养功能,提高生态系统服务价值。中部生态质量较好区域的生态节点密度也相对较高,尽管这些区域生态源地分布数量较少,但这类节点主要存在于生态廊道上,强化此类生态节点的建设能够保障生态廊道的畅通,但是由于这些区域分布在城镇内部,最容易受到人为干扰和破坏,在规划中应该加强生态修复和保护。研究区东北部的生态节点分布较少,这类生态节点的建设应该最大程度保护原有土地利用类型,从而对生物多样性进行重点保护,增加其生物种类,尽可能减少人为活动的干扰。

15.1.6 生态安全格局优化方案

基于"源地-阻力面-廊道"识别出的榆中县生态安全格局现状共有 18 个生态节点,32 条关键廊道,153 条潜在廊道和众多树枝状的现有廊道,生态节点主要分布在廊道交汇处,生态廊道贯穿整个榆中县县域。明确了生态源地区、生态过渡区和自然保留区(图 15-12a)。根据空间相互作用及协调共生原理,有必要在遵循现状的基础上,优化生态安全格局,达到保护和恢复区域生物多样性,维持生态系统结构和过程的完整性,并实现对区域生态环境问题的有效控制和持续改善,以指导区域生态修复、生态保护和可持续发展。本研究依托榆中县内现状水系、森林及生态要素本底布局,根据生态源地、生态缓冲区和生态廊道现状,构建"一廊一带三区"的生态安全空间结构(图 15-12b)。"一廊一带"可充分发挥榆中县的自然条件优势,保持其自然山水生态格局与城市形态之间的平衡,"三区"分别承接不同的景观生态功能和社会经济功能,"廊、带、区"三者协同发展,共同构成榆中县可持续的生态结构体系。

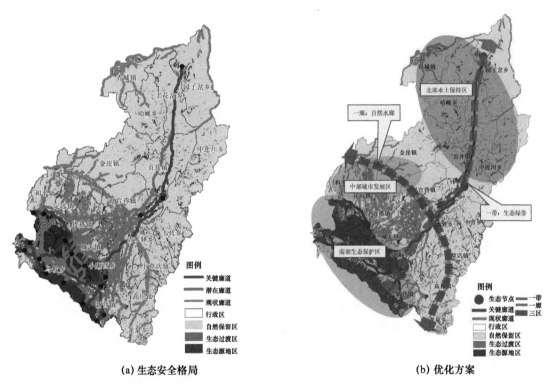

(a) 生态安全格局   (b) 优化方案

图 15-12 榆中县生态安全格局及优化方案

(1)"一廊":贯穿东西天然水廊

基于现状廊道,以宛川河为主轴打造天然生态水廊,连通以水坡河、苟家河、黑池沟河等支流为主线的自然水系,构建流域廊道生态保护带。合理控制生态水廊沿线开发强度,建设周边防护林绿化带,促使廊道成为生态源地核心斑块之间物质交换、能量流动、物种迁徙等关键载体。

(2)"一带":连接南北生态绿带

基于关键廊道和潜在廊道,以兴隆山和中部川区为南北主轴线打造天然生态绿带,连接兴隆山自然保护区、中部贡井林场与北部黄河流域支流生态保护区。其作为连通南北生物物种流传输的同时具有多种生态效益,需加强对其沿线生态源地的保护。有助于区域生物多样性的维持与更新,保障了区域生态功能与过程的整体性与延续性。

（3）三区"：协调全域功能分区

① 南部生态保护区：榆中县南部为兴隆山自然保护区，主要以林地、草地、水源保护地等众多生态源地为核心，生境质量为研究区最好，为研究区提供水源涵养、水资源供给等生态系统服务，在维持生物多样性、净化空气、调节气候方面作用重大，该区域降水量大，植被茂密，是全县的生态源地和重要的生态屏障，应重点保护。

② 中部重点发展区：榆中县中部地区的土地利用类型主要以建设用地和耕地为主，生态源地相对较少，是生态过渡区，该区域可依托现有产业集聚的条件下，打造城市内部发展组团，并依靠兰州市城市副中心的辐射作用扩宽城市化发展水平，带动周边乡镇的发展。同时，该区域拥有较高质量的土地，是农业生产适宜区，可发展生态农业，为区域提供基本粮食保障。但需要注意的是，该区城市发展和农业生产争地的矛盾日渐突出，要衔接好城市发展规划与基本农田保障之间的关系，合理控制城镇边界扩张占用耕地。

③ 北部生态修复区：榆中县北部区域生境质量较差，是自然保护区，该区地形起伏度相对较大，地表类型单一，植被覆盖率低，土地利用类型多为其他草地和裸土地、耕地，斑块面积较小且破碎度较高。该区域水土流失严重，因此将该区域作为水土保持的重点区域，需实施生态建设和生态修复工程，提高该区域生境质量和生态系统服务价值，改善生态环境。

15.2　生态修复关键区及修复策略

15.2.1　生态断裂点修复

生态断裂点的出现使得生态系统网络连接出现断裂，严重阻碍了物种、生态要素之间的流动，亟须采取措施修复和改善生态断裂点。根据生态断裂点的分布位置，部分断裂点位于生态修复盲区内，生态功能相较于其他的断裂点要弱，将这些位于生态修复盲区内的断裂点作为优先修复断裂点，其他生态断裂点作为重点修复断裂点，结果如图 15-13 所示。

位于生态盲区内的优先修复断裂点主要分布在夏官营镇、城关镇、甘草店镇和高崖镇，其中高崖镇分布有两个优先修复断裂点。高崖镇的两个优先修复断裂点均为廊道与建设用地的相交处，直接或部分切断了景观连接度，在修复过程中应因地制宜采取工程或生物措施进行修复和改善，并且要为生态建设预留一定的空间。如在道路阻断的生态断裂点处修建管状涵洞、隧道、天桥等野生动物迁移通道，设置标识牌，保护生物多样性，提高生态系统的稳定性；在农村居民点集中区的断裂点处尽可能降低人为干扰，同时结合相关规划对该类生态断裂点进行建设和保护。

位于生态盲区外的重点修复断裂点主要分布在榆中县

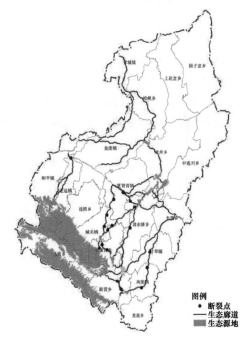

图 15-13　榆中县生态断裂点修复

中部的夏官营镇、清水驿乡、城关镇和小康营乡等几个乡镇，其中有道路与廊道的相交处，对于这类断裂点的修复应在生态断裂点处设立相关改良设施。

15.2.2 生态障碍区修复

障碍区的改善能够提高生态源地互相连通的效果,具有优先保护和修复的重要性。本研究根据障碍区的分布区域、斑块以及周围斑块利用类型,因地制宜,制定不同的生态修复方案。对于分布在榆中县城区内的障碍区,可通过增加绿地面积、绿色基础设施,改善人居环境;对于分布在水域的障碍区,可以进行重点水域、湿地的整治与保护,加速对重点生态区(如河岸坡)的绿化,建设滨水景观;对于分布在北部丘陵处的障碍区,在原用地上根据实际情况清退障碍物,并覆盖植被,恢复该区域的生态属性;对于分布在阻力值大处的障碍区,如夏官营镇、贡井乡处,可减少人为活动的干扰、增加植被丰富度;对于分布在耕地区域的障碍区,可进行退耕还林或者沿线种植防护林,加强生态要素之间的联系。

15.2.3 生态提升区修复

生态修复提升区以生态源地为导向,是榆中县经济生态发展的自然山水基底。要使生态修复提升区可以发挥其最大的生态辐射效益,必须加强该区域的整体保护。首先,要保护现有生态源地,利用宛川河、黄河等流域的丰富水系资源,对历史工矿区、地质灾害塌陷区进行土地整理,形成湿地生态效应。榆中县的兴隆山南北两山山体、宛川河、榆中县境内黄河支流等的自然生态源地要优先保护,以便充分发挥山、水、林的生态效应;其次,要保护人工和半人工生态环境,如公园绿地、耕地等,并充分发挥农用地和绿地的生态作用。要严格控制对水源、湿地、生态及景观恢复可能造成污染的项目设施,必要时可以采取封禁措施进行"山、水、林、湖、草"系统修复。

但是,可以看到榆中县生态源地分布不均,部分乡镇缺少生态源地,导致现有生态源地不足以支撑榆中县区域内生态建设的需求,要在保障生态源地面积不减少的前提下,将生态源地确定过程中的第4级较差分级的源地斑块确定为新增生态源地。根据现有生态源地以及源地等级较差的斑块位置和现状,确定新增生态源地位置,如图15-14所示。

计划新增生态修复提升区 35 处,面积为 26.10 平方千

图例
■ 新增源地
— 生态廊道
■ 生态源地

图 15-14 榆中县新增生态修复提升区分布

米,土地利用类型以草地、林地、耕地为主,其中夹杂少部分建设用地和其他用地,新增生态源地总面积较现存的生态修复提升区增加了 7.49%。新增斑块面积相对较小,作为踏脚石,有助于物种的迁移,同时增加了榆中县北部地区和中部以及南部地区的联系,要完善这些生态空间的建设,必要时可以向外围扩展,提高区域整体的生态质量。

15.2.4 生态盲区修复

结合上述生态盲区分类结果,将一级生态盲区规划为近期修复盲区,二级生态盲区规划为中期修复盲区。近期修复盲区的土地利用以建设用地为主,要调整该区域内用地结构,完善主城区中心集聚功能,提高土地资源利用节约集约水平,强化集聚利用土地资源,整合非农产业的分散布局。引导并逐步实现工业设施向集聚区集中、人口逐步向城镇集中,集聚生产要素,努力提高区域性社会资源的共享程度,提升产业层次,形成经济发展、土地利用、生态保护之间的良性循环。

中期修复盲区的土地利用以耕地为主,伴有少量的园林地和水域,要加强该区域内防护林建设工程、农田整治工程等,提升耕地质量,同时调整耕地、林地、草地布局措施,实现全域的综合治理,充分发挥耕地自身的生态功能,从而达到改善区域内生态环境的效果。

第4篇 生态经济体系

全球气候变化日益严峻,科技创新变革日益深入,我国"两山"理论和"双碳"目标顺势而出,为生态经济体系创新和建设提出了新目标。

当前,生态经济存在"三未变":一是以煤为主能源、以重化工为主产业、以公路货运为主运输的经济结构未变,二是高风险事件多发频发的生态态势未变,三是以污染排放凸显的生态形势未变。

目前,生态文明经济体系规划普遍存在如下问题:一是基于西方传统理论多,而具有社会主义新时代特色的生态经济理论尚属空白。二是规划套路多,因地制宜少。多数规划,体例规范,篇章厚实,符合相关规范和标准,但其实质内容针对性差,放之四海而皆准。三是生态文明建设规划多数存在"重生态,轻经济""有经济,轻项目""有项目,无特色"等现象。四是生态经济项目,多是在"十三五""十四五"规划项目基础上,做加减法,与生态经济系统严重脱节。

本篇是研究团队多年理论和实践的总结:一是基于中国传统生态文明观,着重研究社会主义新时代特色的生态经济理论和实践体系。二是"一方气候,一方水土,一方产品",根据地域识别理论,地域独特的水、土、气等孕育了独特的产品,构成了生态经济多样性,即从地域特色和资源特色的独特性、唯一性上寻找生态经济的突破口、发展方向和路径。三是作为生态文明建设重要体系,系统性构建完整的生态经济体系。四是基于多规合一,从生态经济系统内生出生态文明建设项目,避免简单加减法。

积极应对全球气候变化,勇于面对百年未有之大变局,我国领导人高瞻远瞩地提出生态文明理论和"双碳"目标,而探索新时代生态经济高质量发展,共绘人类命运共同体绿色未来,则是时代赋予的光荣使命,任重而道远!

第16章 全球气候、政策和科技背景

16.1 全球气候变化对生态经济提出新要求

自工业革命以来,人类活动已经引起全球气候急剧变化,大气、海洋和陆地的变暖问题愈发严重,并发高温干旱、极端海平面和复合型洪涝事件频繁加速。

16.1.1 气候变化已对人类产生严重影响

气候变暖,其影响前所未有。2010—2019 年的平均气温、冰川消融程度和海平面上升高度均创历史最高。大气方面,2021 年全球大气二氧化碳浓度超过百万分之 417,较工业革命前增长了 50%。海洋方面,2019 年海洋温度同步达到有记录以来的最高水平,大范围的海洋热浪席卷全球;2009—2018 年,海洋平均每年吸收约 22% 的二氧化碳排放,海水酸性较工业化前上升了 26%。陆地方面,2011—2020 年全球地表温度比工业革命时期上升了 1.09 摄氏度。

极端海平面、复合型洪涝、高温热浪和干旱等极端事件并发,其概率逐年增加。预计到 2100 年,50% 以上的沿海地区每年均将遭遇百年一遇极端海平面事件,同时叠加极端降水,陆地洪水将更为频繁。可能引发的气候系统临界要素事件,如南极冰盖崩塌、海洋环流突变、森林枯死等,将对人类生存环境带来极其严重的灾难(比尔·盖茨,2021)。

16.1.2　气候风险已成为全球首要危机

从偶发性的"黑天鹅"转化为长期性的"灰犀牛",全球气候变化带来了前所未知的风险,已成为影响全球安全和生存的首要危机。根据世界经济论坛的最新《全球风险报告》预测:"未来 10 年全球五大风险"首次全部为环境风险,其中与气候变化相关环境风险更加突出。极端气候以及地震、海啸、火山喷发和地磁暴等,将为生态资源带来灾难,尤其将导致工业资源严重枯竭。

16.1.3　气候应对已成为全球发展硬约束

根据政府间气候变化专门委员会(IPCC)发布的第六次评估报告中第一工作组报告《气候变化 2021:自然科学基础》:"未来 20 年,全球温升将达到或超过 1.5 摄氏度。如果未来几十年,能在全球范围内大幅减排二氧化碳和其他温室气体,温升将在 21 世纪内低于 2 摄氏度。只有采取强有力的减排措施,在 2050 年前后实现二氧化碳净零排放的情景下,温升有可能低于 1.6 摄氏度,且在 21 世纪末降低到 1.5 摄氏度以内。"1.5 摄氏度目标,已逐渐成为全球共识。为应对全球气候变化,至 2050 年,至 2070 年,乃至百年后,由减少碳排放过渡到净零碳排放已是必由之路。这将成为未来全球经济发展的硬约束(数据来源:IPCC 第六次评估报告《气候变化 2021:自然科学基础》)。

16.1.4　气候变化将引发新一轮深刻变革

积极应对气候变化而迈向减碳或零碳排放之路,将引发新一轮科技革命,将对生态、经济、社会、文化产生深远影响。化石原料危机催生新能源革命,气候变暖带来节能技术进步,非化石能源的进步,包括可再生能源和核能的巨大进步,正推动人类由工业文明走向生态文明,这将是新一轮全球共识的能源革命(杜祥琬,2021)。在碳中和的大势之下,未来风力发电、水力发电、光伏发电等将成为电力供应的主要方式。绿色能源相关企业就会迎来一个高速发展期。相关的基础设施和配套设施建设,相伴产生的基建工程,将催生大量投资需求(数据来源:国际可再生能源署发布的《可再生能源装机容量数据 2021》)。

气候变化为全球经济发展带来风险的同时,也带来了新机遇。世界各个国家产业绿色转型正成为经济的新增长点和新竞争点,产业结构转型将为全球经济带来新的增长动力,气候变化已经开始改写基础工业的竞争优势规则。钢铁、化工等高耗能和高碳排放行业的技术革新会催生新的投资,通过降低绿色投资融资成本与投资门槛,吸引大量社会资本,创造经济增长点。新能源、新材料等新兴产业及其产业链上下游的加速发展也会带来经济增长的显著增量(杜祥琬,2021)。

16.1.5　全球达成碳中和目标

(1)碳中和科学路径

碳排放主要来自对传统化石能源的使用以及人类日常生产生活的排放。碳中和可以用等式"碳排放量=碳吸收量"来概括,实现碳中和的科学路径也主要分为减少碳排放量和提高碳吸收量两大类,分为碳替代、碳减排、碳封存、碳循环。针对这四种主要的碳中和对策,预计 2020 年全球碳中和目标下碳替代的贡献度将逐步上升。对于发展中国家来说,首先要实现碳达峰。从发达国家的二氧化碳排放轨迹来看,碳排放呈倒 U 形趋势,二氧化碳排放量触及峰值之后持续下降。随着工业化、城市化进程的推进,碳达峰是必然的、可期的自然过程。但在短期内不仅要促进提前达峰,还要求削峰、压峰、拉低峰值水平,为碳中和预留空间。

(2)全球达成目标

为应对气候变化,197 个国家于 2015 年 12 月 12 日在巴黎召开的缔约方会议第二十一届会议上通过了《巴黎协定》。《巴黎协定》的签署标志着向低碳世界转型开始,为推动减排和建设气候适应能力的气候行动提供了路线图,其实施对于实现全球可持续发展目标至关重要。目前,全球已有超过 120 个国家和地区提出了自己的碳中和达成路线。

在全人类碳中和的美好愿景下,世界各组织、各国家相继制定了行动计划。2020 年 5 月,联合国秘书长古特雷斯在"地球日"提出"绿色高质量复苏倡议"。2019 年,欧盟发布《欧洲绿色新政》,2050 年前实现碳中和,制定能源、工业、建筑、交通、食品、生态、环保七个方面的政策和措施路线。

① "双碳"目标的提出

2020 年 9 月,习近平总书记在第七十五届联合国大会一般性辩论上郑重宣布,中国二氧化碳排放力争于 2030 年前达到峰值,努力争取 2060 年前实现碳中和。

2020 年 12 月举行的气候雄心峰会上,习近平总书记进一步宣布,到 2030 年,中国单位国内生产总值二氧化碳排放将比 2005 年下降 65％以上,非化石能源占一次能源消费比重将达到 25％左右,森林蓄积量将比 2005 年增加 60 亿立方米,风电、太阳能发电总装机容量将达到 12 亿千瓦以上。

从碳达峰到碳中和,欧盟计划用 70 年,美国计划用 45 年,中国力争用 30 年。习近平总书记还强调,中国历来重信守诺,将以新发展理念为引领,在推动高质量发展中促进经济社会发展全面绿色转型,脚踏实地落实上述目标,为全球应对气候变化作出更大贡献。

② "双碳"目标的本质

"双碳"目标的本质是高质量发展:采取调整产业结构、节约能源和资源、提高能源资源利用效率、优化能源结构、发展非化石能源、发展循环经济、增加森林碳汇、建立运行碳市场、开展南南合作等。

③ "十四五"时期发展路径

"十四五"时期,推动我国绿色发展迈上新台阶,需要牢固树立绿水青山就是金山银山的理念,按照《中华人民共和国国民经济和社会发展第十四个五年规划和 2035 年远景目标纲要》关于"推动经济社会发展全面绿色转型"的重大部署,以生态产业化、产业生态化为途径加快构建绿色产业体系,探索生态产品价值实现路径,发掘良好生态中蕴含的经济价值,推动生态与经济双赢,实现人与自然和谐共生。

16.2　"两山"理论、"双碳"目标夯实与发展基础

16.2.1　"两山"理论是"双碳"之路的理论基础

(1)"两山"理论是新发展理念的要义精髓

"绿水青山就是金山银山"(简称"两山"理论)是习近平生态文明思想的核心内涵。"绿水青山"与"金山银山"代指生态保护与经济建设,既不能竭泽而渔,也不能缘木求鱼,应将生态环境视为推动生产力发展的活跃因素。这既是对发展规律的深刻认识,又体现了新发展理念的要义精髓。

(2)"两山"理论逻辑主线是协调人与自然关系

"两山"理论的逻辑主线是妥善处理好人与自然的关系。习近平总书记指出:"自然是生命之母,人与自然是生命共同体,人类必须敬畏自然、尊重自然、顺应自然、保护自然。""两山"理论从根本上改变了生态环境无价或低价的传统认识。绿水青山既是自然财富、生态财富,又是社会财富、经济财富。习近平总书记提出"保护生态环境就是保护生产力,改善生态环境就是发展生产力"。

(3)"两山"理论指导生态经济高质量发展

我国正处于工业化和城镇化中后期,面临资源依赖程度高、环境污染物排放强度大的挑战,资源环境和生态状况决定了我国必须要走绿色低碳循环发展道路。"两山"理论对于我国从高速度增长转向高质量发展、打造生态文明发展新范式具有重要指导意义。党的十八大以后,我国把生态文明建设纳入"五位一体"的总体布局,全方位推动经济社会向绿色低碳可持续发展方向转型。党的十九大、二十大报告和全

国生态环境保护大会描绘了我国生态文明建设的时间表(庄贵阳,2021)。

16.2.2 "双碳"之路是"两山"理论的战略实践

(1)"双碳"目标的内涵及实现基础

"双碳"目标是我国按照《巴黎协定》规定更新的国家自主贡献强化目标以及面向 21 世纪中叶的长期温室气体低排放发展战略,表现为二氧化碳排放(广义的碳排放包括所有温室气体)水平由快到慢不断攀升、在年增长率为零的拐点处波动后持续下降,直到人为排放源和吸收汇相抵。从碳达峰到碳中和的过程就是经济增长与二氧化碳排放从相对脱钩走向绝对脱钩的过程,成为我国未来数十年内社会经济发展的主基调之一。

作为 2020 年唯一实现经济正增长的主要经济体,我国担负引领世界经济"绿色复苏"的大国重任。2020 年我国经济总量约占世界总量的 17.39%,二氧化碳排放约占世界总排放的 29%。2020 年,我国经济总量已迈上百万亿元的大台阶,强大的国家综合实力为实现"双碳"目标奠定坚实经济基础。

(2)"双碳"目标是生态文明建设的重要抓手

"双碳"目标对我国绿色低碳发展具有引领性、系统性,将带来环境质量改善和产业发展的多重效应。着眼于降低碳排放,有利于推动经济结构绿色转型,加快形成绿色生产方式,助推高质量发展。我国在实际工作中也正是按照标对我国绿色碳目标而扎实推进的。在《中共中央关于制定国民经济和社会发展第十四个五年规划和二〇三五年远景目标的建议》中,明确地将"碳排放达峰后稳中有降"列入中国 2035 年远景目标。

16.2.3 "两山"理论和"双碳"目标指引下的生态经济新实践

(1)生态经济转型是经济社会变革的本质

"两山"理论引领下,"双碳"目标将推动经济和社会的系统性变革,其本质是推动生态经济转型发展,即从资源依赖走向技术依赖。这将经历三个方式的转型:一是增长方式的转型,二是能源系统的转型,三是生活方式的转型(李俊峰,2021)。

(2)科技创新是生态经济发展的新驱动

科技创新是"双碳"目标驱动下生态经济发展的最强引擎。推进能源绿色低碳转型已经成为全球经济竞争的关键领域,美国等发达国家在科学技术方面仍然整体领先,在前沿技术、高端设备、先进材料领域具有较大优势,并试图通过科技脱钩阻止中国在绿色低碳领域巩固现有成果和进一步实现突破。我国在风能、光伏、氢能、地热、能源互联网等领域科研实力也比较雄厚,尤其是风电、光伏、动力电池的技术水平和产业竞争力处于全球前沿(高世楫 等,2021)。

(3)生态经济高质量发展重点

从长远看,"双碳"目标将促进生态经济实现高质量发展,促进生态环境改善。一是倒逼产业转型升级,提高经济增长质量;二是加速能源转型和能源革命进程;三是加快高耗能、重化工业等产业去产能和重组整合步伐;四是新增大量绿色投资需求,改善投资结构;五是有利于打破"碳壁垒",推动产品出口(高世楫 等,2021)。

16.3 科技变革和创新推进生态经济飞跃提质

16.3.1 各国科技创新战略

面对新兴技术不断发展的趋势,各主要国家纷纷制定科技和创新战略,从战略上把握新兴技术带来的机遇,以期最大限度地收获新兴技术带来的社会和经济效益。

(1)美国创新战略和人工智能战略

① 美国创新战略

2009 年、2011 年、2015 年美国分别制定三版《美国创新战略》。三版连贯三个层面,构成美国创新体系的基本构架:基础,夯实创新的基石(基础研究、STEM 教育、科学基础设施);机制,发挥市场机制促进创新的根本作用;突破,在国家的重点领域取得突破。2009 年版侧重清洁能源、先进汽车技术、医疗健康技术,应对 21 世纪"重大挑战",包括实施瞄准肿瘤细胞释放药物的智能抗癌疗法等;2011 年版突破清洁能源、生物科技、纳米科技先进制造、空间应用、健康科技、教育技术;2015 年版突破精准医疗、脑计划(神经技术)、医疗健康、先进汽车、智慧城市、教育技术、太空探索、计算机领域。

② 人工智能国家战略计划

2016 年,美国国家科学技术委员会和白宫相继发布《国家人工智能研究和发展战略计划》,提出了美国人工智能发展的七项长期战略:投资研发战略(长期投资人工智能研发领域)、人机交互战略(开发人机工作的有效方法)、社会影响战略(理解和应对人工智能带来的法律、伦理和社会经济问题)、安全战略(确保人工智能驱动系统的可靠性和安全性)、开放战略(为人工智能培训和测试开发共享公共数据集与环境)、标准战略(建立评估人工智能技术的标准,评估人工智能技术)、人力资源战略(深入了解国家人工智能研发人才需求)。2019 年 6 月,特朗普政府发布更新版《国家人工智能研究和发展战略计划》(表 16-1)。

表 16-1　《国家人工智能研究和发展战略计划》(2016 年、2019 年版战略)

项目	2016 年战略	2019 年战略
1	对人工智能研究进行长期投资	对人工智能基础研究长期投资
2	开发有效的人工智能协作方法	开发人工智能系统以补充和增强人的能力,关注未来工作
3	理解并应对人工智能的伦理、法律和社会影响	关注人工智能伦理、法律和社会问题
4	人工智能系统安全	创建可靠的人工智能系统
5	开发人工智能训练和测试的共享公共数据集和环境	增加数据集和相关挑战的可能性
6	通过标准和基准衡量和评估人工智能技术	支持人工智能技术标准和相关工具开发
7	更好地了解国家人工智能研发人员需求	提升 AI 研发劳动力,包括在人工智能系统内部和相关合作人员,维持美国领导力
8	—	加强公私伙伴关系,加速 AI 进展

(2)德国高技术战略

2006 年至今,德国制定了四期高技术战略,从单一的技术竞争导向,逐渐转为以社会和人为导向。2006 年,首次制定高技术战略,重点更新科技和创新政策,促进科学技术应用于经济发展,涵盖健康、通信及交通、前沿技术三大领域。2007 年,高技术战略进一步扩展到环境保护领域。2010 年,战略计划的重点从单纯技术领域转移到需求领域,重点在气候与能源、健康与营养、移动交通、安全、通信等方面。2014 年,高技术战略修订为:应对全球挑战,使德国成为世界科技创新的领导者,引入社会创新的思想。内容集中在社会需求和数字经济等领域。2018 年,高技术战略提出为人开展研究和创新、聚焦使命导向的发展理念(表 16-2)。

表 16-2　德国高技术战略四个阶段的演进

时间	名称	内容
2006 年	德国高技术战略	发展核心技术领域的市场潜力;首提产业集群战略;2007 年,高科技战略进一步扩展到环境保护领域

续表

时间	名称	内容
2010 年	德国 2020 高技术战略	具体领域的社会挑战,包括交通、通信、能源;战略重点从单技术扩展到社会需求和应对全球挑战
2014 年	新德国高科技战略	系统考虑创新政策;参与式方法,把所有利益相关者(科学、产业界和市民社会)带到一起;主旨修订为应对全球挑战,内容扩展到所有领域
2018 年	高技术战略 2025	提出"为人研究和创新",聚集使命导向的政策;数字化成为一个普遍主题

① 德国工业 4.0

德国工业 4.0 在 2011 年汉诺威工业博览会提出,即利用物联信息系统,将生产中的供应、制造、销售信息数据化、智能化,最后达到快速、有效和个人化的产品。纳入德国 2020 高技术战略的十大未来项目,投资计划达 2 亿欧元,用来提升制造业的计算机化、数字化和智能化。

德国工业 4.0 项目主要分为三大主题:一是"智能工厂",重点研究智能化生产系统及过程,以及网络化分布式生产设施的实现。二是"智能生产",主要涉及整个企业的生产物流管理、人机互动,以及 3D 技术在工业生产过程中的应用等。三是"智能物流",主要通过互联网、物联网、物流网,整合物流资源,充分发挥现有物流资源供应方的效率,而需求方则能够快速获得物流支持(图 16-1)。

② 高技术战略 2025

2018 年 9 月 5 日,德国联邦政府发布《研究与创新为人民——高技术战略 2025》。该战略以"为人研究和创新"为主题,确定三大行动领域分别为"应对社会重大挑战""加强德国未来能力"和"建立开放的创新和风险文化"(表 16-3)。

图 16-1　德国工业 4.0 内容框架

表 16-3　高技术战略 2025 领域、主题和使命

行动领域	优先主题	使命
应对社会重大挑战	健康与护理	使命 1:抗击癌症,发布国家十年抗癌计划 使命 2:发展智能医学,将数字化应用于研究与医疗
	可持续性、气候保护和能源	使命 3:减少塑料垃圾 使命 4:大规模中和工业温室气体 使命 5:发展可持续循环经济 使命 6:保护生物多样性
	零排放智能交通	使命 7:安全、互联、清洁的汽车 使命 8:扩大电池生产
	城市与农村	使命 9:关注农村工作与生活
	安全	—
	经济和工作 4.0	使命 10:为人类服务的技术
加强德国未来能力	关键技术、专业人才和社会参与	使命 11:推动人工智能应用
建立开放的创新和风险文化	吸引新参与主体,促进知识转化,增强中小企业	使命 12:开辟新科学的新来源

(3)日本《第五期科学技术基本计划》

① 日本科学技术基本法和科技基本计划

2016 年 1 月 22 日,日本内阁发布了《第五期科学技术基本计划》,提出四个目标:可持续增长和可持续的地区发展;确保国家及公民的安全以及高质量、繁荣的生活;应对全球性挑战,为全球发展作出贡献;

知识资产的可持续创造(表 16-4)。

表 16-4　《第五期科学技术基本计划》的主要任务

主要任务	具体主体
为未来产业的发展和社会转型创造新的价值而行动	1. 培育勇于挑战未来的研发和人力资源 2. 实现"社会 5.0('超级智能社会')" 3. 增强竞争力,巩固"超级智能社会"的基础技术
应对经济和社会挑战	1. 可持续增长和区域可持续发展 2. 确保国家和人民的安全保障,过上优质富裕的生活 3. 应对全球挑战,促进全球发展
加强科学、技术和创新(STI)的"基础实力"	1. 发展高质量的人力资源 2. 促进知识创造的卓越性 3. 加强资金改革
建立人力资源、知识和创新资本的良性循环系统	1. 健全促进开放创新机制 2. 加强中小企业和创业公司的创建,以应对新商机 3. 国际知识产权战略利用与标准化 4. 审查和改善创新监管环境 5. 发展有利于"区域振兴"的创新体系 6. 培养在全球需求预期下产生创新的机会

② 社会 5.0("超级智能社会")

《第五期科学技术基本计划》提出实现"社会 5.0('超级智能社会')",是继狩猎-采集社会、土地社会、工业社会和信息社会之后的下一个社会;是在规定的时间、以适当的数量向需要的人提供必要商品和服务的社会;对各种各样社会需要作出准确反应,随时获得高质量服务,克服年龄、性别、地域、语言差异,过着朝气蓬勃、安逸生活的社会。

"社会 5.0"主要目的是以最大可能应用新一代信息技术,透过网络空间与实体空间的融合,解决经济和社会问题,给人们带来愉悦生活的"超级智能社会"形态。一方面,瞄准解决日本的社会和经济发展问题,以物联网、机器人、人工智能和大数据等信息技术提高经济的发展,解决资源匮乏、老龄化等带来的社会问题;另一方面,研发"社会 5.0"建设所需的服务平台基础技术(如网络安全、物联网系统开发、"大数据"分析、人工智能和设备等)和优势技术(如机器人、传感器、生物技术、材料和纳米技术,以及光/量子技术等)。

(4)英国工业 2050 战略

英国政府科学办公室于 2013 年 10 月发布的报告《制造业的将来:英国新时代的机遇和挑战》中提出"英国工业 2050 战略"(图 16-2)。

英国工业 2050 战略有四大特点:从制造业价值链的新变化考察工业战略问题;从制造业看新兴技术的发展和作用,其视角更深刻;从制造活动角度,把技术分为普遍渗透的技术和次级技术或辅助技术,包括信息通信技术、传感

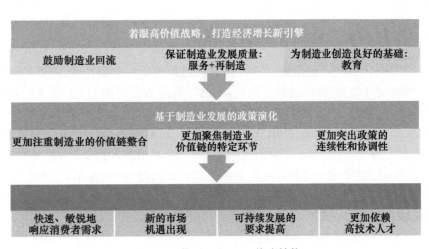

图 16-2　英国工业 2050 战略结构

器、先进材料和机器人技术,促进产品设计方式的根本转变,最终引领消费变革;对产品创新与工艺创新

之间的关系提出了新的认识。

制造业的价值来源:日益广泛的产品包装服务;利用嵌入式传感器和开源数据获得产品使用信息;剥离生产过程,成为无工厂式生产商,通过卖技术和知识创造价值;成为再制造商,将废弃产品通过再制造恢复至原始规格,甚至更好;定位于协作消费;通过部门内和部门间的战略联盟,创造新的价值;通过企业家的洞察力和实践能力,更快速地开发新技术。

(5)对各国科技创新战略的总结

① 科技战略日益受各国重视,是推动经济和社会发展的一种必要的手段,是建设国家创新体系、提高国家创新能力的一个重要途径。

② 其重要组成以科学技术竞争力为主,而为人类和社会发展服务的成分日益凸显。

③ 从全球化视角应对全球性的挑战,日益成为重要内容。

④ 各国科技战略,既有综合性和专业性之分,也根据国内、国外形势调整(樊春良,2020)(图 16-3)。

图 16-3 对未来制造重要的普遍渗透技术和次级技术

16.3.2 科技预测和关键技术群

2016 年,OECD 出版的《科学、技术和创新展望》,根据 6 个国家及国际组织(加拿大、芬兰、德国、英国、俄罗斯及欧盟)开展的技术预见,列出未来起重要影响的 40 项新兴关键技术,这些技术分为四组:数字技术、生物技术、能源和环境技术以及先进材料,并对其中最重要的 10 项技术——物联网、大数据分析、人工智能、神经技术、微小卫星、纳米材料、增材制造(3D 打印)、先进能源存储技术、合成生物学和区块链作了详细分析,概括了它们的主要特点、发展动态和前景(主要是当前及未来可能的经济、社会和环境影响),以及未来发展和应用可能涉及的主要问题,包括技术、伦理和监管问题。报告指出,物联网、大数据分析、人工智能和区块链 4 项新兴关键技术在不久的将来会成为普的信息通信技术,成为其他技术的赋能技术。

《2017 年新兴科技趋势》报告提出了 10 项贯通各领域的新兴科技趋势:机器人、自动系统和自动化,先进材料和制造,能源生产、收获、储存和部署,生物医学科学和人类增强,量子计算,混合现实和数字模拟,食品和水安全技术,合成生物学,空间技术,气候变化适应技术。

第17章 生态经济内涵、体系和发展

2018年5月,习近平总书记在全国生态环境保护大会上提出:"要加快构建生态文明体系,加快建立健全以生态价值观念为准则的生态文化体系,以产业生态化和生态产业化为主体的生态经济体系,以改善生态环境质量为核心的目标责任体系,以治理体系和治理能力现代化为保障的生态文明制度体系,以生态系统良性循环和环境风险有效防控为重点的生态安全体系。"2023年7月,习近平总书记出席全国生态环境保护大会并发表重要讲话,强调全面推进美丽中国建设,加快推进人与自然和谐共生的现代化。新时代社会主义的生态经济体系的丰富内涵、系统体系、发展路径如何?值得深入探讨。

17.1 起源、本质和辨析

17.1.1 起源

17.1.1.1 从希腊语理解生态与经济的和谐统一

英语的生态学和经济学两个词来自希腊文"oikos"(英语"eco"),意为"住所"或者"栖息地",都与居住环境有关。生态学成为自然科学,经济学成为社会科学。生态学研究自然界动植物之间及动植物与环境之间彼此的依存关系,研究如何协调生物与环境之间的关系,以改善人类的"居住"状况。而经济学研究商品之间及商品与人类之间相互的作用关系,研究如何最大限度地将"自然资本"转化成"人造资本",以改善人类的"生存"状况(蔡承智,2012)。

17.1.1.2 从中国汉字字源参悟生态经济本质

从中国汉字字源看生态经济一词。

甲骨文的"生"字,像地面上刚长出来的一株幼苗,其本义即指植物的生长、长出。后引申为泛指一切事物的产生和成长。生,寓意幼苗萌出,苗壮蓬勃。态,即形状、状态、动态,寓意生生不息,蓬勃态势。经,造字本义牵引丝线交叉穿过固定的纬线,寓意纵横排列,稳固成形。济,造字本义是众人在同一船上喊着号子,以统一节奏发劲,整齐划桨,强渡激流。寓意整齐有序,顺势而发。根据字源释义,生态经济可解释为源于自然的资源和环境,保持生生不息的态势;通过人类顺势的生产生活,形成纵横稳定、整齐有序的发展状态。

17.1.2 本质

17.1.2.1 追溯生态经济源起

1966年,美国经济学家肯尼斯·博尔丁在《一门科学——生态经济学》中首次正式提出"生态经济"。国内著名经济学家许涤新在20世纪80年代初发起生态经济学研究。

国内专家对此概念的理解基本上等同于可持续发展的概念。常见的有生态经济协调发展、生态与经济的良性循环、生态经济系统的协调和稳定、生态经济平衡等。生态与经济协调理论是生态经济学的核心理论,并为社会经济的可持续发展提供理论基础(周立华,2004)。

17.1.2.2 探索生态经济本质

根据团队对生态经济的研究和实践,笔者重新定义"生态经济"概念:

① 生态经济是对经济学的重新审视。古典经济学认为经济是有限或稀缺资源在不同竞争性目的之间的有效配置,主张利用市场机制刺激经济发展。新古典经济学(NCE)将消费者需求引入,认为通过供给和需求的动态平衡,进而影响价格、促进发展。而生态经济,以生态承载力为前提,且是具有一票否决权的时空生态警戒线;从时空两个维度,溯源过去、思索当下、探究未来的时空平衡;以人类的需求、福利、幸福为目标,重新审视全球生态资源有效配置。

② 生态经济是基于生态文明价值观,以生态系统承载力为前提,借助生态科技变革和能源技术革命,结合"双碳"战略目标,注重经济系统与生态系统的有机结合,通过构建物质、能量、信息的流动与转化的较为科学合理的生态经济复合系统,旨在实现生态、社会、文化、经济的可持续性协调发展。

17.1.2.3 关于绿色低碳循环

生态经济发展是融合了绿色发展、低碳发展和循环发展原则、规律及特征的一种经济社会发展战略或发展模式,是从发展方式视角中人与自然之间关系的维度定义的经济体系类型。其重要内涵——绿色低碳循环发展,是由绿色发展、低碳发展和循环发展这三个概念复合而成的。

① 绿色发展强调生态环境是一种不可替代的生产力,即人类发展活动必须尊重自然、顺应自然、保护自然,经济发展与生态环境质量改善必须从对立走向统一,进而产生良好的协同效应。

② 低碳发展是应对气候变化的重要战略之一。狭义的低碳发展是指确保单位生产总值所产生的二氧化碳排放呈现不断下降的趋势,同时保持经济适度发展。广义的低碳发展是指以单位生产总值所产生的各种污染物(含二氧化碳)排放、所消耗的能源及其他资源量不断下降为前提的经济适度发展。

③ 循环发展是以资源消耗的减量化、废旧产品的再利用、废弃物的再循环为基本原则,以低消耗、高效率、低排放为特征的生态经济发展模式。

17.1.3 内涵

17.1.3.1 生态经济是与资源环境协同的和谐态势

生态经济遵循经济规律,运用生态学原理和系统工程方法,在自然资源和生态环境承载力约束下,在生产消费过程中高效利用资源、有效控制污染物和温室气体排放,是实现经济发展与资源环境协调的经济发展方式。将经济发展建立在资源环境可承载的基础之上,形成经济、社会、生态环境良性循环的复合生态系统,实现经济社会发展和生态环境保护的良性循环。

17.1.3.2 生态经济是对传统经济模式的深刻反思

生态经济主要有循环经济、绿色经济、低碳经济等形态,其在出发点、内涵外延、实施路径、评价考核等方面各有侧重:循环经济侧重于资源循环利用,以提高资源产出效率;绿色经济尽可能减少经济活动对生态环境的不利影响;低碳经济侧重于优化能源结构,以应对气候变化。其都是对高投入、高消耗、高污染、低质量、低效益、低产出的传统经济模式反思后诞生的经济发展模式。

17.1.3.3 生态经济是发展实体经济的最优形态

生态经济,不仅包括生态农业、生态工业(工业生态化)、生态服务业等部门,可扩大生态产品生产和供给,包括物质的、精神的产品和服务的生产、流通等经济活动,还包括绿色消费以及一切有利于社会经济生态效益的活动和过程,具有提供基本生活资料、提高人的生活水平、增强人的综合素质等功能,是实体经济的最优形态。

17.1.3.4 生态经济是生态文明建设的重要基础

人类可持续发展以社会可持续发展为目标,以经济可持续发展为基础,以资源环境可持续作为支撑体系。而生态环境问题归根结底是经济发展方式问题,资源环境问题最终也要在经济发展过程中通过发展加以解决(周宏春 等,2020)。

17.1.4 辨析

17.1.4.1 与生态环境的关系

"绿色"与"发展"的协调,实质是"环境"与"经济"的关系,符合环境库兹涅茨曲线,即随着经济收入增加,环境状况恶化,但当经济发展达到一定程度后,环境问题达到顶峰,发生转折,之后则随着经济收入增加,环境会越变越好。产生这种状况的原因是在经济发展早期,人们可以接受经济增长带来的环境污染,但当经济发展到一定程度,人们生活水平提高到一定高度,则更加关注环境问题,因此会出台一些环境保护政策、法规、体制等,促进环境转好(图 17-1)。

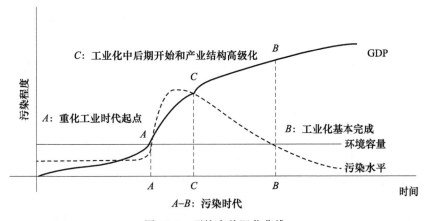

图 17-1 环境库兹涅茨曲线

17.1.4.2 与绿色、循环、可持续发展的关系

四个概念相同之处:一是追求的目标相同,以保护生态环境为目标(杨运星,2011);二是本质内涵相同,强调环境友好,资源节约,主张人与自然的和谐相处(杨美蓉,2009;杨运星,2011)。

四个概念不同之处:一是提出的背景不同,生态经济提出的背景是 20 世纪 50 年代生态环境和经济发展的矛盾加剧,循环经济提出的背景是 20 世纪 60 年代的环保运动,绿色经济提出的背景是 20 世纪 60 年代的绿色运动,低碳经济起源于 20 世纪 90 年代以来的气候问题(杨运星,2011)。二是研究的侧重点不同,生态经济的核心是经济与生态的协调,注重经济系统与生态系统的有机结合,绿色经济强调绿色生产、绿色流通、绿色分配,循环经济强调在经济活动中如何利用"R"原则,以实现资源节约和环境保护,低碳经济是针对碳排放量比较低的经济形态(杨美蓉,2009)。

17.1.4.3 与环境经济、绿色发展、产业生态的关系

生态经济学属于综合性的交叉学科。在学科交叉中不断产生新的生态经济理论增长点,是生态经济学发展的重要经验。这种交叉既包括理论与理论的交叉,又包括研究方法的交叉,形成了生态经济系统分析方法和生态经济协调发展理论(胡江霞,2019)。

生态经济学具有整体性、层次性、地域性、融合性、协调有序性、动态演替性等生态经济特性,以及协调发展、生态产业链、生态需求规律、生态价值增值等规律。环境经济学概括了资源环境与经济增长倒"U"型曲线关系。绿色发展经济学提出绿色生产力的核心概念,提出绿色是种生产力,绿色生产力是一种环境友好的可持续发展能力(周宏春 等,2021a)。产业生态学作为生态学领域的新兴学科分支,协调地看待产业系统与其周围环境的关系,提倡从产品全生命周期——原材料准备、产品加工、产品使用、废物管理,对流经社会经济系统的物质和能量加以优化利用(石磊 等,2016)。

17.2 体系类型和构建路径

17.2.1 生态经济类型

新时代生态经济体系划分为"生态利用、循环高效、低碳绿色、环境治理、智慧创新、融合集聚"六种产业类型(图 17-2)。

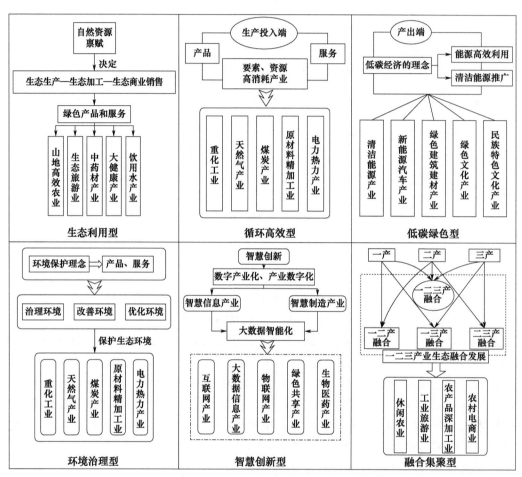

图 17-2 生态经济体系产业类型划分(李扬杰 等,2020)

17.2.2 生态经济"四化"

遵循自然生态有机循环机理,以自然系统承载能力为准绳,对区域内经济系统、自然系统和社会系统统筹优化,通过改进生产方式、优化产业结构、转变消费方式等途径,持续改善环境质量,提升生态系统质量和稳定性,全面提高生态资源利用效率,加快推动生态经济发展,促进人与自然和谐共生。

(1)基础高级化

基础高级化是生态经济能力高度化、结构合理化和质量巩固化的统一。其中,基础能力高度化,即需要建立和实现全流程、全要素、高技术、高效益、高保障的产业体系;基础结构合理化,即产业内和产业间以及底层结构要素间应呈现关系协调、比例恰当、技术集约、组织顺畅和运转安全的动态优化、适配的状态;基础质量巩固化,即在生产活动中,要素效率和组织效率以及所提供的产品和服务附加值应得到稳步提高(黄群慧,2020)。

(2)结构升级化

中国大多数省份总体上仍处于工业化中后期阶段,以重化工业为主的产业结构制约着绿色发展,粗放式发展模式不易在短期内转变。特别是其中一些中西部省份的经济结构调整还面临较大的压力,主要表现为污染治理任务重而专项资金不足、接续产业发展不到位、财政压力大等。中国的生态经济结构未来将呈现不断优化升级的趋势。

(3)协同创新化

根据我国地域广阔、市场需求差别大等国情,以地域识别理论为指导,结合区域特点与市场需求,协调好制造业与服务业、高新技术产业与传统优势产业、沿海地区与内陆地区产业发展的关系,推动一二三产业、实体经济与虚拟经济、城乡与区域等抓住制造业数字化、网络化、智能化发展趋势,促进新兴产业集群式发展,通过产业链整体跃升促进产业协调发展。区域间应充分发挥自身比较优势,形成优势互补,避免产业雷同和产能过剩。

(4)融合共生化

围绕"巩固、增强、提升、畅通"八字方针完善生态经济,强化科技、人才等要素支撑,支持上下游企业加强产业协同和技术合作攻关,构建融合共生、互动发展的协同机制,增强产业链韧性,提升产业链水平,形成上下游协同创新的生态经济(盛朝迅,2020)。

17.2.3　生态产业链现代化和全球化

产业链是指各个产业部门之间基于一定的技术经济联系和时空布局关系,而客观形成的链条式关联形态,包括价值链、企业链、供需链和空间链四个维度。产业链涵盖产品生产或服务提供的全过程,包括动力提供、原材料生产、技术研发、中间品制造、终端产品制造乃至流通和消费等环节,是产业组织、生产过程和价值实现的统一。

(1)生态产业链现代化

"产业链现代化"是产业现代化内涵的延伸、细化,其实质是用现代科学技术和先进产业组织方式武装、改造传统的产业链,使其具备高端链接能力、自主可控能力和领先于全球市场的竞争力水平;是破解我国产业基础能力不足和部分领域"卡脖子"瓶颈制约、提升产业链水平的必由之路;必须打造具有更强创新力、更高附加值、更安全可靠的现代化产业链,更好支撑现代产业体系建设。

① 生态产业链维度和运转形式

从生态产业链维度看,生态产业链现代化体现在价值链各环节的价值增值、企业链上下游分工的有序协同、供需链连接性的效率与生态安全均衡、空间链区域布局的集聚扩散与生态环境协调等方面。

从生态产业链运转形式看,生态产业链现代化体现在生态产业链韧性、生态产业链协同和生态产业链网络化三个方面。

② 生态产业链现代化创新

提升生态产业链现代化水平离不开构建有利于提升产业基础能力的产业创新。高度重视基础研究,共性技术、前瞻技术和战略性技术的研究;努力完善试验验证、计量、标准、检验检测、认证、信息服务等基础服务体系;构建产业创新网络,提高创新生态系统的开放协同性,构建全社会协同攻关的体制机制;通过不断改善中小企业创新,有效发挥中小企业在提升工业基础能力和生态产业链水平中的作用(黄群慧,2020)。

③ 生态产业链现代化提升路径

一是加快实施生态产业基础再造工程,加大重要产品和关键核心技术攻关力度,努力补齐短板;二是立足高铁、电力装备、新能源、通信设备等部分领域先发优势,努力锻造产业链供应链长板,形成局部领域领先的优势;三是加快培育产业生态主导企业,提升产业链控制力和主导能力,鼓励企业专业化发展,加快培育"专精特新"企业;四是继续深化拓展国际合作,积极推进供给来源多元化,提高产业链的开放性、安全性与可控性,在全球产业链重构中掌握主动权和先发优势,提升全球资源配置能力(盛朝迅,2021)。

(2)生态产业链全球化

受新冠肺炎疫情冲击,全球产业链供应链面临重构,出现本地化、多元化、分散化趋势,对我国产业链带来冲击。如何化危为机,需要更加精准的战略导向。

① 稳住基本盘,构造"新雁阵"

加大力度有针对性地对中小企业进行扶持,落实好减税降费各项政策,加大企业稳岗补贴,帮助企业渡过难关。在中西部地区选择若干工业基础较好、承载空间较大的城市集中力量打造一批承接产业转移示范区,构建我国经济发展"新雁阵"。

② 努力实现全球价值链分工地位跃升

以提高国际分工地位为核心,加大高附加值零部件环节的进口替代和本地化的产业链配套,促进我国制造业向高级组装、核心零部件制造、研发设计、营销网络等分工阶梯攀升,提高产业链分工地位。鼓励优势企业利用创新、标准、专利等优势开展对外直接投资,在垂直分工中打造优势凸显的国际化产业链。

③ 积极打造战略性和全局性的产业链

聚焦高端芯片、基础软件、生物医药、先进装备等影响产业竞争格局的重点领域,加快补齐相关领域的基础零部件、关键材料、先进工艺、产业技术等短板,培育壮大形成新兴优势产业集群。

17.2.4 三次产业生态化发展方向

(1)生态农业

生态农业要在现代种业培育、农业生产装备应用、农业技术服务和农民科技素质提升等方面发力,系统提高农业的生产能力与生产质量。重点鼓励发展生态种植、生态养殖,加强绿色食品、有机农产品认证和管理;发展生态循环农业,提高畜禽粪污资源化利用水平,推进农作物秸秆综合利用,加强农膜污染治理;强化耕地质量保护与提升,推进退化耕地综合治理;发展林业循环经济,实施森林生态标志产品建设工程;大力推进农业节水,推广高效节水技术;推行水产健康养殖;实施农药、兽用抗菌药使用减量和产地环境净化行动;依法加强养殖水域滩涂统一规划;完善相关水域禁渔管理制度;推进生态农业与旅游、教育、文化、健康等产业深度融合,加快一二三产业融合发展。

(2)生态工业

生态工业应紧紧围绕重大科技创新,努力突破和掌握核心技术,从创新平台建设、创新人才培养、创新激励强化、创新成果转化等方面,系统推进生态工业生产的绿色化、高端化、信息化和服务化。加快实施钢铁、石化、化工、有色、建材、纺织、造纸、皮革等行业绿色化改造;推行产品绿色设计,建设绿色制造体系;大力发展再制造产业,加强再制造产品认证与推广应用;建设资源综合利用基地,促进工业固体废物综合利用;全面推行清洁生产,依法在"双超双有高耗能"行业实施强制性清洁生产审核;完善"散乱污"企业认定办法,分类实施关停取缔、整合搬迁、整改提升等措施;加快实施排污许可制度。加强工业生产过程中危险废物管理。

(3)生态服务业

生态服务业要重视对最新科技的应用,不断改进服务质量、提升服务能力,提高服务业绿色发展水平。一是加快发展生产性服务业。鼓励发展智能化解决方案、众包等制造服务融合的新业态新模式,大力发展研发设计、现代物流、供应链管理等生产性服务业,促进先进制造业和现代服务业深度融合发展。加快信息服务业绿色转型,做好大中型数据中心、网络机房绿色建设和改造,建立绿色运营维护体系。促进商贸企业绿色升级,培育一批绿色流通主体。有序发展出行、住宿等领域共享经济,规范发展闲置资源交易。推进会展业绿色发展,指导制定行业相关绿色标准,推动办展设施循环使用。推动汽修、装修装饰等行业使用低挥发性有机物含量原辅材料。二是提升生活性服务业品质。紧扣人民美好生活需要,以标准化、品牌化、数字化为引领,加快发展医疗健康、文化旅游、育幼家政等服务业,推动生活性服务业向高品质和多样化升级。

17.2.5 生态经济体系构建路径

（1）三转化

生态经济发展新动能，是指相对于传统经济增长动能而言，以发展新技术、新产业、新业态、新模式以及促进传统产业与新技术融合发展升级为核心目标，推动生产方式进步、经济结构变迁、新经济模式对旧经济模式替代的发展驱动力。

① 新旧能源转型

优化能源结构，控制和减少化石能源，积极推进可再生能源利用，推动能源体系绿色低碳转型。坚持节能优先，完善能源消费总量和强度双控制度。提升可再生能源利用比例，大力推动风电、光伏发电发展，因地制宜发展水能、地热能、海洋能、氢能、生物质能、光热发电。加快大容量储能技术研发推广，提升电网汇集和外送能力。增加农村清洁能源供应，推动农村发展生物质能。促进燃煤清洁高效开发转化利用，继续提升大容量、高参数、低污染煤电机组占煤电装机比例。

② 新旧动能转换

加快促进基础设施优化升级，加强人工智能、工业互联网、物联网等新型基础设施建设，提升传统基础设施智能化水平。加快推动制造业高质量发展，积极发展智能制造、绿色制造、服务型制造，推动先进制造业和现代服务业深度融合，培育世界级先进制造业集群。加快拓展数字经济新空间，推动互联网、大数据、人工智能和实体经济深度融合，以新一代信息技术改造传统动能，促进产业数字化、数字产业化，不断形成经济高质量发展新动能。

③ 新旧科技转化

根据经济增长理论，新产业革命提高了劳动力、资本等生产要素素质，将大大提高全要素生产率，为经济增长带来新动能。从总需求看，大数据、云技术、互联网、物联网、智能终端等新一代基础设施的巨大投资需求，直接提高经济增长速度。由于分工协作方式变革，信息不对称程度降低，柔性生产、共享经济、网络协同和众包合作等分工协作方式日益普及，在规模经济基础上，极大拓展范围经济，挖掘经济增长的新源泉（黄群慧，2018）。

（2）五平衡

① 经济发展与人和自然的平衡

人类经济活动在较短时期内对自然资源过度开发，或是片面追求微观主体的经济利益，则超出生态承载力，将损害生态环境的恢复力与稳定性，经济发展也难以持续。生态经济发展应始终遵循自然规律、人口规律和经济规律，系统推进人与自然的和谐共生，实现人口、资源和环境的良性循环和永续发展。

② 经济发展与生态减碳的平衡

尚未完成工业化和城市化进程的条件下实现"双碳"目标，则要求既要坚定推进"双碳"目标实现，又要保持稳健发展，兼顾发展与减碳，避免顾此失彼、损失合理的增长空间。

③ 结构优化与产业链安全的平衡

在日益复杂的国际竞争和经贸环境背景下，我国作为制造业大国具有全产业的体系优势。在"双碳"目标下，注重结构优化调整与产业链、供应链安全之间的平衡，避免制造业占比过快下降和产业链过早外移风险。

④ 国内国际双循环之间的平衡

实现"双碳"目标必须着眼于全球，以开放的视野考量不同领域、环节、技术、资源的互补，在立足国内市场和资源的基础上，加强国际交流合作，实现资源、市场的国内国际双循环之间的平衡。

⑤ 东中西部地区之间的平衡

东中西部地区资源禀赋、产业结构和发展层次存在差距，减碳突破口、重点领域、阶段任务差异较大，应正视各区域技术基础、能效水平、环境承载等减碳条件的差异性，制定适合本区域的特色化方案，东西协同并进,避免国内区域"碳转移"。

(3)六着力

① 坚定推进能源绿色化,打造产业绿色供应体系

鉴于能源在碳排放中的核心角色,应将产业用能绿色化放于首位,应逐步减少对化石能源的使用比例,坚持化石能源"原料化"方向,探索加大绿氢、绿电(光伏、风电等)等绿色能源使用比例。

② 坚决淘汰落后产能,优化升级生态产业结构

调整好生态产业三个层面结构:在产业结构层面,降低整体碳排放强度,调整降低高耗能产业比重,提升新兴产业比重。项目结构层面,坚决限制"两高"项目上马,淘汰落后产能。产品结构层面,提升产品整体价值层次,强化质量、功能、品牌提升,降低价值链低端产品比重,以实现单位效益碳排放水平降低。

③ 壮大绿色环保产业,建设国家绿色产业示范基地

建设一批国家绿色产业示范基地,推动形成开放、协同、高效的创新生态系统。加快培育市场主体,鼓励设立混合所有制公司,打造一批大型绿色产业集团;引导中小企业聚焦主业增强核心竞争力,培育"专精特新"中小企业。进一步放开石油、化工、电力、天然气等领域节能环保竞争性业务,鼓励公共机构推行能源托管和环境托管服务。

④ 重点开展科技赋能,加强节能与循环技术研发

大力推动重大节能技术研发投入,组织资源进行关键技术攻关,提升专业技术装备水平。一是加快节能减排关键技术研发,推进节能技术系统集成应用,推动智能电网、分布式能源协同发展,实现生产系统和生活系统的循环链接。二是大力提升循环利用技术装备水平。开展循环发展重大共性或瓶颈式技术装备研发,实施新型废弃物高值清洁利用工程。

⑤ 推进资源全面节约,实现生产和生活系统循环链接

实现生产系统和生活系统的循环链接。大力发展资源循环利用新业态,加快构建资源循环利用"互联网十"体系,利用移动互联网、云计算、大数据、物联网等信息通信技术与资源循环利用产业深度融合,加速我国资源循环传统模式的转型升级,促进生产系统和生活系统的循环链接。推广智能回收终端机回收模式,积极推动资源循环利用第三方服务体系建设。

⑥ 大力发展公共服务体系,营造生态产业优质环境

生态产业的绿色低碳化建设起点是用能、原材料,末端是再生利用循环发展,中间要素是结构优化、技术赋能。整体过程充满挑战,需要汇聚技术、人才、信息、政策、资金等多方面要素,整合政府、企业、专业服务机构、行业协会、科研院所等各方资源,构建面向产业、企业的公共服务体系,设立相关平台载体,为产业绿色低碳发展打造生态优化环境。

(4)六突破

① 实施绿色低碳技术创新

研究发展可再生能源、智能电网、储能、绿色氢能、电动和氢燃料汽车、碳捕集利用与封存、资源循环利用、连接技术等具有推广前景的低碳、零碳和负碳技术。

② 推进节能低碳建筑和设施

落实绿色低碳理念,鼓励发展装配式建筑和绿色建材;加快发展超低能耗、净零能耗、低碳建筑,建设低碳智慧型城市和绿色乡村。

③ 升级城镇环境基础设施建设

推动城镇环境基础设施"厂网一体化",提升信息化、智能化监管水平,加快建设污泥无害化资源化处置设施、城镇生活垃圾处理设施以及危险废物集中处置、医疗废物应急处理、餐厨垃圾资源化利用和无害化处理等。

④ 构建绿色低碳交通运输体系

优化运输结构,提升交通基础设施绿色发展水平。积极打造绿色公路、绿色铁路、绿色航道、绿色港口、绿色空港。加强新能源汽车充换电、加氢等配套基础设施建设。积极推广应用温拌沥青、智能通风、

辅助动力替代和节能灯具、隔声屏障等节能环保先进技术和产品。加大工程建设中废弃资源综合利用力度，推动废旧路面、沥青、疏浚土等材料以及建筑垃圾的资源化利用。

⑤ 发挥"新基建"的引领作用

紧紧围绕现代生态产业体系需要，积极发展云计算平台、大数据中心、5G 网络等新型基础设施建设和产业发展。加快数字基础设施与交通基础设施、能源基础设施和水利基础设施的融合建设，促进基础设施和实体产业融合发展，打造系统完备、高效实用、智能绿色、安全可靠的现代化生态基础设施体系。

⑥ 改善城乡生态人居环境

贯彻绿色发展理念，统筹城市发展和安全，优化空间布局，合理确定开发强度，鼓励城市留白增绿。建立"生态城市""美丽城市"评价体系，开展"美丽城市"建设试点。增强城市防洪排涝能力。开展绿色社区创建行动，大力发展绿色建筑。加快推进农村人居环境整治，因地制宜推进农村改厕、生活垃圾处理和污水治理、村容村貌提升、乡村绿化美化等。

(5) 六保障

① 构建现代生态产业发展制度体系

健全市场监管体系，深化"放管服"改革，实施科学治理、协同治理，营造安全规范、鼓励创新、包容审慎的发展环境，支持新模式新业态持续健康发展。健全产业生态体系，推动构建大企业与中小企业协同创新、共享资源、融合发展的产业生态。健全产业政策体系，加快形成推动高质量发展的指标体系、标准体系、统计体系、绩效评价、政绩考核，增强政策前瞻性、针对性、协同性。

② 制定生态经济政策和改革措施

完善财政、税收、价格等鼓励性经济政策，制定鼓励目录、限制目录，引导资金、技术流向绿色、低碳领域。建立健全碳市场和碳定价体制机制，合理确定碳排放总量，公平分配碳排放指标。渐进式引入拍卖机制，建立碳储备机制，防止碳交易市场上价格的大起大落。

③ 多措并举促进生态产品价值实现

加大体制机制创新的力度、广度和深度，充分发挥好市场在资源配置中的决定性作用，更好发挥政府作用，推动有效市场与有为政府更好结合，鼓励各类市场主体通过多样化的交易活动，促进生态产品价值实现。

利用大数据打造生态资源资产"一张图"信息管理平台，掌握区域内生态资源资产的动态变化情况，科学构建生态产品价值核算体系。

采取租赁、托管等多种方式收储和流转零散的生态资源，促进资源集约化和规模化。将创新形成的优质生态资源资产包引入金融资本，为做大做强生态产业提供金融支持，形成"资源收储、资本赋能、市场化运作"的完整闭环，打通"资源-资产-资本-资金"的生态产业化转化通道。

④ 促进绿色金融与生态产业良性互动

提升金融服务现代产业体系建设的能力和实效，要着眼新一轮科技革命和产业变革大势，完善金融机构体系、金融市场体系，加强金融产品、金融服务创新，构建全方位、多层次金融支持服务体系，建立健全产融对接常态化机制，支持实体经济全产业链、全价值链升级；重点解决中小企业、科技企业、民营企业等融资难、融资贵问题，开发个性化、差异化、定制化金融产品，为中小微企业和民营企业提供精准、普惠金融服务。

⑤ 推动科技与产业无缝对接

着力加强产业创新体系建设，深化科技体制改革，建立以企业为主体、市场为导向、产学研深度融合的技术创新体系。提升原始创新能力摆在更加突出位置，强化新思想、新原理、新知识、新方法的源头储备，加速推动关键共性技术、前沿引领技术、颠覆性技术创新突破。加快科技创新成果产业化，系统布局技术创新中心、产业创新中心和制造业创新中心建设，培育一批创新型领军企业，构建开放、协同、高效的共性技术研发平台，加强对中小企业创新的支持。

⑥ 提高人才与产业匹配度

建设现代生态产业体系关键在人才,需要打造一支与全创新链、全产业链相匹配的大规模、多层次、高素质人才队伍。深化人才发展体制机制改革,完善人才培养、评价、流动、激励机制,最大限度支持和帮助科技人员创新创业;大力培养国内创新人才,更加积极主动引进国外人才,特别是高层次人才;加快优化人才结构,围绕基础学科、前沿技术领域以及新兴产业领域,培养造就一大批具有国际水平的战略科技人才、科技领军人才和高水平创新团队,同时要重视培养应用型、技能型人才(图 17-3)。

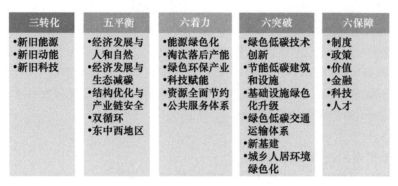

三转化	五平衡	六着力	六突破	六保障
•新旧能源 •新旧动能 •新旧科技	•经济发展与人和自然 •经济发展与生态减碳 •结构优化与产业链安全 •双循环 •东中西地区	•能源绿色化 •淘汰落后产能 •绿色环保产业 •科技赋能 •资源全面节约 •公共服务体系	•绿色低碳技术创新 •节能低碳建筑和设施 •基础设施绿色化升级 •绿色低碳交通运输体系 •新基建 •城乡人居环境绿色化	•制度 •政策 •价值 •金融 •科技 •人才

图 17-3　生态经济体系构建路径

17.3　我国生态经济发展现状和展望

17.3.1　现状问题和实践热点

17.3.1.1　发展现状

我国绿色生产生活方式尚未根本形成,实现碳达峰、碳中和任务艰巨,能源资源利用效率不高,生态环境治理成效尚不稳固,生态环境质量与人民群众的要求还有不小的差距,绿色技术总体水平不高,推动绿色发展的政策制度有待完善,距离构建现代高质量发展的生态经济体系尚有一段距离。

根据我国生态经济发展现状,理论学界与实践界在"三未变、三不清、三疑问"方面值得深入研究和实践(表 17-1)。

表 17-1　我国生态经济发展现状分析

三未变	三不清	三疑问
以重化工为主的产业结构、以煤为主的能源结构和以公路货运为主的运输结构没有根本改变	算不清:生态资源的总量、类型有哪些? 生态经济的总量、分类有多少?	什么是生态经济?
生态环境事件多发频发的高风险态势没有根本改变	想不清:想不清我们所处的现阶段生态经济发展的问题、难题和难点有哪些?	如何发展生态经济?
污染排放和生态破坏的严峻形势没有根本改变	看不清:看不清生态经济未来发展的方向,看不清生态与经济发展的平衡点?	生态文明发展中生态经济占比?

(1)三未变

生态环境保护结构性、根源性、趋势性压力总体上尚未根本缓解,最突出的是"三个没有根本改变"。一是以重化工为主的产业结构、以煤为主的能源结构和以公路货运为主的运输结构没有根本改变。二是生态环境事件多发频发的高风险态势没有根本改变。三是污染排放和生态破坏的严峻形势没有根本改变。

(2)三不清

一是算不清。算不清楚家底。生态资源的总量、类型有哪些? 生态经济的总量、分类有多少? 二是想不清,想不清楚所处的现阶段生态经济发展的问题、难题和难点有哪些? 三是看不清,看不清楚生态经济未来发展的方向,看不清楚生态与经济发展的平衡点?

(3)三疑问

疑问一:什么是生态经济? 普遍对生态经济概念理解模糊或不清晰。

疑问二:生态文明理论下的生态经济如何发展? 是根据现有项目重新包装、改头换面? 还是根据"十四五"规划直接落地? 这需要基于现实国情,根据国内外动态发展进行科学研判。

疑问三:生态文明发展中生态经济占比? 生态经济是生态文明发展中的重要体系之一。没有"放之四海而皆准"的占比标准,应因地制宜,根据区域生态、经济、社会、文化综合研判。

(4)三研判

研判一:平衡吗? 现阶段,生态保护与经济发展是否符合生态文明理念,是否有平衡标准? 亟须系统性的评价指标体系。

研判二:平衡点? 生态与经济发展的平衡点在哪里? 如何找? 评价指标体系也应是动态的,因地制宜的。

研判三:平衡了? 如何调整生态产业结构,如何科学地进行功能区划和空间区划,使得区域发展趋于可持续的相对平衡状态。

17.3.1.2 热点聚焦

(1)仍处于化石资源时代,能耗高而效率低

目前,我国能源结构以化石燃料为主,能源利用效率低、碳排放量高。主要表现为:一是制造业在国际产业价值链中仍处于中低端,产品能耗物耗高,增加值率低,生态经济结构调整和产业升级任务艰巨。二是煤炭消费比较高,超过 50%,单位能源消费二氧化碳排放强度比世界平均水平高约 30%,能源结构优化任务艰巨。三是单位 GDP 能耗仍然较高,为世界平均水平的 1.5 倍、发达国家的 2~3 倍,建立绿色低碳经济体系任务艰巨(彭文生,2021)。

(2)产业非生态化,产业链非生态化

产业生态化是遵循自然生态有机循环机理,以自然系统承载能力为准绳,通过改进生产方式、优化产业结构、转变消费方式等途径,对区域内产业系统、自然系统和社会系统进行统筹优化。目前,我国存在产业非绿色、非低碳、非循环,链条非生态、协作效率低、体系不完善等问题。

(3)国内市场供需不平衡的矛盾

从国内经济循环的角度来看,当前中国社会的主要矛盾是人民日益增长的美好生活需要和不平衡不充分发展之间的矛盾,集中表现为供给与需求不匹配、不协调和不平衡。一是供给结构不适应需求结构的变化,无效的低端产品供给过剩,产能利用率偏低;二是有效的中高端产品和服务供给不足,供给质量不能满足人民美好生活和消费升级的需求;三是产业的智能化和高端化发展不能满足经济转型升级的要求。

(4)人口与生态经济发展的关系不平衡

生态经济发展中,人口是影响因素之一。协调人口增长与生态保护、合理利用生态资源、加强生态建设、适度发展生态经济等方面的关系,实现人口与经济、社会、资源、环境相互协调的可持续发展(王松霈,2020)。

(5)绿色生产、生活和消费理念尚未形成

生态文明建设是系统工程,"绿水青山就是金山银山"更是源自于先进的生态文明理念指引下的绿色生产、生活方式和消费理念。培养绿色生产、生活和消费,形成绿色发展方式和生活方式,才能构建起生态经济发展体系。

17.3.2 必要性和侧重点

17.3.2.1 我国发展生态经济的必要性

(1)为解决我国现实生态环境问题

解决当代中国经济发展过程中面临的生态环境问题,是建设新时代生态经济体系的方向。中国生态

文明建设和经济社会的可持续发展,需要有能够正确对此加以解读的中国生态经济学——新时代生态经济学。

(2)由中国社会的主要矛盾决定

党的十九大报告指出:"中国特色社会主义进入新时代,我国社会主要矛盾已经转化为人民日益增长的美好生活需要和不平衡不充分的发展之间的矛盾。"以新时代社会主要矛盾为主线,新时代生态经济学的着力点是解决人民日益增长的优质生态产品需要和生态产品供给的不平衡不充分之间的矛盾。

(3)充分发挥社会主义制度政治优势

在中国特色社会主义制度下,生态系统的生态规律与经济系统的社会主义基本经济规律同时存在于生态经济系统之中。我国实行社会主义公有制,国有资本属于全体人民共同所有,国有经济控制国民经济命脉,对经济发展起主导作用。中国共产党的领导和社会主义制度是打破资本逐利性带来生态环境破坏的关键。

(4)由新时代经济高质量发展决定

新时代生态经济体系的构建过程,是实现经济高质量发展的过程,需要通过发展生态经济,降低经济发展的生态、资源和环境成本,提高各种资源的使用效率,建立资源节约型和环境友好型国民经济体系,减轻经济增长对资源环境的压力。

(5)由中国的传统文化决定

在文化的进化变迁过程中,产生了规范人们行为和思维模式的价值系统和道德秩序,成为生态经济产生和发展的文化与理伦基础。而新时代生态经济体系必须以中华优秀传统文化为背景。"道法自然""天人合一""阴阳五行""和合文化"等哲学理念,对新时代生态经济体系的构建产生重要影响(曾贤刚,2019)。

17.3.2.2 我国生态经济发展的侧重点

习近平总书记强调,建立以产业生态化和生态产业化为主体的生态经济体系。

侧重研究和实践方向:一是运用生态经济学理论,结合其他相关理论,对生态产品市场、生态价值、生态产权等方向进行深入科学探究和实践探索。二是对原材料类、环境容量类、舒适性类、生命支持性类四类生态资源的产业化进行系统研究、发展和实践。三是根据不同类型生态资源的地域特征对生态产业化的具体路径,如直接市场交易、政府生态购买、特许经营等进行深入政策研究和落地实践。四是对生态农业、生态工业和生态服务业等产业生态化进行研究探索和推进落实(曾贤刚,2019)。

"十四五"是碳达峰的关键期、窗口期,根据国务院《关于加快建立健全绿色低碳循环发展经济体系的指导意见》(国发〔2021〕4号)生态经济方面重点发展体系:一是构建清洁低碳安全高效的能源体系,控制化石能源总量,着力提高利用效能,实施可再生能源替代行动,深化电力体制改革,构建以新能源为主体的新型电力系统。二是建设产业减污降碳体系,实施重点行业领域减污降碳行动,工业领域要推进绿色制造,建筑领域要提升节能标准,交通领域要加快形成绿色低碳运输方式。三是建成绿色科技体系,推动绿色低碳技术实现重大突破,抓紧部署低碳前沿技术研究,加快推广应用减污降碳技术,建立完善绿色低碳技术评估、交易体系和科技创新服务平台。四是完善绿色低碳政策和市场体系,完善能源"双控"制度,完善有利于绿色低碳发展的财税、价格、金融、土地、政府采购等政策,加快推进碳排放权交易,积极发展绿色金融。五是倡导绿色低碳生活理念,反对奢侈浪费,鼓励绿色出行,营造绿色低碳生活新时尚。六是实施生态产业化和价值化转化,提升生态碳汇能力,强化国土空间规划和用途管控,有效发挥森林、草原、湿地、海洋、土壤、冻土的固碳作用,提升生态系统碳汇增量。七是加强应对气候变化国际合作,推进国际规则标准制定,建设绿色丝绸之路。

17.3.3 发展思路和目标

生态经济发展,必须遵循习近平生态文明思想,坚持目标、问题、过程、绩效四个导向,坚持"政府主导、市场推动,企业主体、全民行动,有序推动,重点突破、示范引领,精准施策,依法施治、永续发展"原则,构建生态产业体系、绿色消费体系、生态市场体系、科技创新体系、生态监管体系,繁荣兴盛生态文化;弘扬生态文明主流价值观,增强文化自信,着力激发企业、社会组织、公民等市场主体的自觉性、能动性和创造力,发挥政府主导作用、市场决定作用和社会自律作用,大幅提升资源环境与经济社会可持续发展能力和流通、消费、财税、金融等领域绿色化水平,走一条生态优先、绿色发展、经济高质量发展的新路子(周宏春 等,2020)。

17.3.3.1　生态经济发展总目标

建立健全清洁低碳、安全高效的现代能源体系和绿色、低碳、循环的现代生态经济体系。力争2030 年前碳排放达到峰值,努力争取 2060 年前实现碳中和,为绿色低碳可持续发展擘画宏伟蓝图。

17.3.3.2　生态经济发展分目标

(1)生态经济目标指标

① 生态经济增长速度

预测"十四五"期间,生态经济增长年平均 5.3%。2025—2045 年,生态经济增长年平均 4%。

② 国民生产总值预测

预测至 2050 年 GDP 可达 338 万亿元,2060 年 GDP 可达 435 万亿元。

③ 一、二、三产比重

一、二、三产比重呈现一产切实保障、三产逐年增加的态势(表 17-2)。

表 17-2　我国三次产业增加值比重预测表

年份	三次产业增加值比重(一∶二∶三)
2020 年	7.7∶37.8∶54.5
2030 年	6∶37∶57
2050 年	4∶33∶63
2060 年	4∶30∶66

(2)生态经济阶段发展目标

至 2025 年,产业结构、能源结构、运输结构明显优化,绿色产业比重显著提升,基础设施绿色化水平不断提高,清洁生产水平持续提高,生产生活方式绿色转型成效显著,能源资源配置更加合理、利用效率大幅提高,主要污染物排放总量持续减少,碳排放强度明显降低,生态环境持续改善,市场导向的绿色技术创新体系更加完善,法律法规政策体系更加有效,绿色低碳循环发展的生产体系、流通体系、消费体系初步形成。

至 2035 年,绿色发展内生动力显著增强,绿色产业规模迈上新台阶,重点行业、重点产品能源资源利用效率达到国际先进水平,广泛形成绿色生产生活方式,碳排放达峰后稳中有降,生态环境根本好转,美丽中国建设目标基本实现。

第18章 生态农业体系

农业是人类衣食之源、生存之本,是国民经济中最基本的生产部门。随着我国经济转型,农业现代化与工业化、信息化、城镇化同步发展日益紧迫,农产品有效供给与生态环境承载力的矛盾日益突出,立足国情,顺时顺势,如何走出具有中国特色的新型农业现代化道路已迫在眉睫。当前,生态农业发展问题突出表现在生态农业理念不明晰、水土气等地域生态特色不鲜明、质量安全问题日益凸显、生产方式绿色化程度低、产业模式仍然传统等。而学界的研究理论更加趋于宏观,技术更加微观,在应对气候变化、绿色循环模式、农业能源结构、农业互联网等新课题方面,亟待深入探讨。

本章从生态农业概念着手,通过国外典型模式借鉴,结合国内农业亟须解决的重大问题,构建新时代现代生态农业体系,积极探索未来建设农业能源互联网的可能性。

生态农业规划实践方面,倡导"一方气候,一方水土,一方产品"。一是以山西省大同市为例,研究如何在北方冷凉气候带条件下,构建因地制宜、绿色高效的长寿农业。二是以贵州省赤水市为例,在水土气等生态资源禀赋极佳的环境下,研究如何将基础较好的生态农业转型升级和高质量发展。

18.1 生态农业和农业碳排

18.1.1 生态农业概念

(1)生态农业

生态农业是基于生态学原理及生态经济规律为基础,通过吸取传统农业宝贵经验、利用现代科技成果,根据当地自然资源特点,将土地、空气、水等农业生态中各环节因素作为整体,以发挥该整体的最大功效,将合理开发利用资源、发展高效产业和恢复及改善生态系统相结合,达到经济、社会和生态"三效统一"(何琼 等,2017)。

(2)循环农业

循环农业是在尊重经济活动系统及生态系统规律的前提下,以农业经济系统与生态环境系统相互协调、相互依存的发展战略为倡导,以可持续协调发展评估体系及绿色 GDP 核算体系为向导,遵循减量化(Reduce)、再使用(Reuse)、再循环(Re-cycle)和可控化(Regulate)的"4R"原则,通过实施边界内有效干预,将农业经济系统纳入生态系统的物质循环过程中,优化农产品自生产到消费的全部产业链结构,基于物质的多级循环使用,实现产业活动对环境的最小危害及干预,利用生物、环境间的互相关联实现生态系统的能量、物质、信息及资源的有效转换(何琼 等,2017)。

(3)绿色农业

绿色农业是按照全面、协调、可持续发展的基本要求,以提高农业综合经济效益,实现资源节约型和环境友好型绿色农业为目标,采用先进的技术、装备和管理理念,注重资源的有效利用和合理配置,形成的一条"绿色引领、高效运行、协同发展"生态文明型现代农业发展道路(陈健,2009)。绿色农业的概念界定为 3 个层次,即为去污(农业生产过程的清洁化)、提质(产地绿色化和产品优质化)、增效(绿色成为农业高质量发展的内生动力)(金书秦,2021)。绿色农业更加注重资源节约、生态保育、环境友好和产品质量的高质量发展,以资源环境承载力为基准,以资源利用节约高效为基本特征,以生态保育为根本要求,以环境友好为内在属性,以绿色产品供给有力为重要目标的人与自然和谐共生的发展新模式(尹昌斌 等,2021)。

(4)三者关系

三者本质都依托生态资源,切实转变农业发展方式,从过去依靠拼资源消耗、拼农资投入、拼生态环境的粗放经营,转到注重提高质量和效益的集约经营上,确保国家粮食安全、农产品质量安全、生态安全和农民持续增收。生态农业侧重于水土气等生态资源保护和高质量可持续发展,循环农业更侧重能源和资源的循环产业链,绿色农业更侧重于产业体系的清洁优化高质量发展。

18.1.2 生态农业理论研究

国内生态农业理论研究始于 20 世纪 80 年代初,学者明确提出生态农业是我国农业发展中的一个重要战略问题(叶谦吉,1982)。随着研究的深入,实践模式不断创新,积极有效地推动了农业可持续发展。

在生态农业发展的战略意义及必要性方面,学者认为生态农业对我国资源利用与保护,缓解农业资源与人口增长的矛盾具有重要的战略意义(沈长江,1987)。建立一种高效良性循环的集约型生态农业体系,增强农业发展的后劲,实现持续稳定增产(刘书楷,1998)。以高效多功能的农林牧复合系统为基础、以农业生态工程配套技术为保证的生态农业,对于充分合理利用资源,有效保护和改善农村生态环境具有重要的意义,同时还有助于加速农业商品经济的发展、吸收农村剩余劳动力和促进农业生产的良性循环(张壬午 等,1989)。一种新的现代农业生产形式,体现了经济与生态的结合,为我国农业现代化指出了新的发展方向(王松霈,1995),是实现中国农业持续稳定协调发展的一种模式(刘书楷,1994),是解决我国农业持续发展中严峻生态环境问题的成功模式(张文庆,2015)。中国的可持续农业应建立在生态合理的基础上,在实施农业现代化的同时实现生态经济系统的良性循环(张壬午 等,2004)。其具有显著的增产、增收、增效和环境保护功能,对改善和优化农业生态环境、生产健康优质的安全食品具有重大意义(钱海燕,2007)。其对改善中国农业产地环境与农产品质量、保障农业可持续发展有着重要的现实意义(刘兴 等,2009)。生态农业是推动农业供给侧结构性改革的有效途径(于法稳,2016)。

在影响因素及问题方面,研究认为缺乏与生态农业技术相匹配的环境经济政策支持,需要明晰产权,通过财政、金融等环境经济政策手段来调控,更需要制定生态农业的产业化发展政策(毛显强 等,2000)。在实践层面上存在着思想认识、技术、资金、建设与管理等问题,在理论层面上还需要深入研究生态农业的基本内涵、分类、生态模式的内在过程与机理及其生态服务功能、模式的尺度转换以及生态农业模式变化规律、生态农业安全等问题(章家恩 等,2005)。

在发展模式方面,学者提出知识型、服务型、网络型、规模型(王如松 等,2001);因划分依据不同,分为景观模式、循环模式、立体模式、食物链模式、物种与品种搭配模式(骆世明,2009)。

在科学技术方面,学者认为生态农业实现了农业生产不同环节的有效连接,包括农业环境综合整治技术、农业资源的保护与增殖技术、小流域综合利用技术、立体种养技术、庭院资源综合利用技术、再生能源利用技术、农业副产物再利用技术、有害生物的综合防治技术(骆世明,1995)。农业生态工程是生态农业建设的重要内容、重要措施和技术手段。为此,要应用生态学原理,结合系统工程方法和现代技术手段,建立农业资源高效利用的生产方式和实施农业可持续发展的技术体系(卞有生,1999)。其创新既是生态环境的现实需求,又是农产品国际竞争力的市场需要,更是农业自身发展中结构调整的需要(吴文良,2001),将在食物生产结构、农业结构、种植结构、农牧循环模式、病虫害防控体系、生态工程体系等领域有所突破(韩纯儒,2001)。生态农业技术体系是能够支撑生态农业模式顺利运作并达到预期目标的多个单项技术的重要组合(骆世明,2010)。实施生态农业标准化是促进我国农业可持续发展的重要措施(杜清 等,2010)。

在循环经济方面,必须实现向规模化、产业化、无害化、标准化、市场化与功能多元化的转型与提升(章家恩 等,2006)。景观生态规划、循环系统建设和生物关系重建是生态农业建设的核心和重点,很好地继承了中国传统农业的精华,从而使中国生态农业发展之路不同于西方工业化国家农业发展的道路(骆世明,2008)。新时期社会经济发展出现了新的特点,资源环境瓶颈也更加突出,为此,中国生态农业需要在产业循环、多功能化、高品质、产业化以及融合传统知识精华与现代科学技术、实现农村可持续发展等方面多作努力(李文华 等,2010)。

经过近30年的实践和发展,中国生态农业发展进入瓶颈期(李文华 等,2012)。未来建设现代化的区域生态农业的核心要义,就是充分发挥乡村良好的环境与资源优势,促进农业产业生态化与生态农业产业化,同时赋予精耕细作的传统生态农业的新内涵,形成以"高产、优质、高效、安全、生态"为基本内核的区域现代生态农业发展新格局,引领农业增效、农民增收与富有区域特色的绿色家园建设(刘朋虎 等,2016)。

综上所述,学术界对生态农业理论与实践的研究,不仅为新时代生态农业理论研究提供了借鉴,而且为其实践提供了基础。

18.1.3 农业碳排

(1)农业碳排放和减排固碳

农业既是全球重要的温室气体排放源,又是一个巨大的碳汇系统。据联合国粮农组织的统计,农业用地释放出的温室气体超过全球人为温室气体排放总量的30%,相当于每年产生150亿吨的二氧化碳;农业生态系统可以抵消掉80%的因农业导致的全球温室气体排放量。有关学者研究指出,目前中国按农作物面积计算,年净吸收二氧化碳约22.8亿吨。

(2)农业碳排的类型和组成

联合国粮农组织数据库提供了农业活动和能源消耗两大类排放数据。农业活动包括肠道发酵、粪便管理、水稻种植、化肥施用、粪便还田、牧场残余肥料、作物残留、有机土壤培肥、草原烧荒、燃烧作物残留10类行为的碳排放数据;能源消耗涵盖了种植业、养殖业和渔业的机械用能。农业主要排放二氧化碳(CO_2)、甲烷(CH_4)、氧化亚氮(N_2O)3种温室气体,CO_2 主要来自能源消耗,CH_4 主要来自家畜反刍消化的肠道发酵、畜禽粪便和稻田等,N_2O 主要来自化肥使用、秸秆还田和动物粪便等(数据说明:上述碳排放量是将这3种温室气体折算成二氧化碳当量(CO_2 eq)的数量)。

(3)碳排量

农业碳排放总体呈上升趋势,1961年农业碳排放总量为2.49亿吨,到2016年达到8.85亿吨后略有下降,2018年为8.7亿吨。

(4)中国农业碳排放的结构性特征

中国农业排放的温室气体主要由甲烷、氧化亚氮、二氧化碳构成,以前以两类非二氧化碳温室气体为主。从来源看,由种植、养殖各占"半壁江山",到种植、养殖、能源消耗"三分天下"。

① 成分:农业温室气体以"非二氧化碳"为主

1979年以前,中国农业碳排放主要是甲烷和氧化亚氮;1979年以后,农业的能源消耗逐步变多,二氧化碳成为第三种温室气体来源。近年来趋势是:来源于甲烷的农业碳排放占比逐渐减少,而来源于氧化亚氮的比例平稳上升,来源于二氧化碳的比例呈上升趋势且占比增加越来越大。甲烷占比从1961年的72.62%下降至2018年的32.88%;氧化亚氮占比从1961年的27.38%增加至2018年的41.58%;二氧化碳占比从1979年的6.5%增加到2018年的25.54%。大体上,1979年以前甲烷和氧化亚氮比例为6:4,到2018年甲烷、氧化亚氮、二氧化碳比例为3:4:3。因此,农业碳排放仍以甲烷和氧化亚氮两类非二氧化碳温室气体为主,占据了农业碳排放的70%。

据《国家信息通报》显示,农业活动产生的甲烷和氧化亚氮分别占全国甲烷和氧化亚氮排放量的40.2%和59.5%。农业排放的"非二氧化碳"占比较高,在全球也是如此。IPCC第四次评估报告显示,全球范围内农业领域所排放的甲烷占由人类活动引起的甲烷排放总量的50%,氧化亚氮占60%。

② 来源:种植、养殖、能源消耗

1979年以前,种植业(主要包括水稻种植、化肥、土壤培肥、作物残茬等)、养殖业(主要包括肠道发酵、粪便管理、牧场粪便残留)基本各占"半壁江山",种植业略高于养殖业;近年来,随着能源占比的不断上升,逐步发展为种植、养殖、能源消耗"三分天下"。能源消耗、化肥、动物肠道发酵、水稻种植是4个最主要来源,2018 年占据总排放量的 76.9%。

③ 机械化带来的能源消耗成为农业碳达峰的最大不确定因素

自 1979 年有统计数据以来,能源消耗的碳排放一直呈上升趋势,能源消耗碳排放量从 1979 年的 3002.32 万吨持续上升至 2018 年的 2.37 亿吨,增长了近 8 倍。截至 2018 年,能源消耗带来的碳排放占比已达到农业碳排放的 27.18%,超过化肥成为第一大排放源。中国农业机械化还有提高的空间,由此产生的能源消耗带来的碳排放还将进一步上升,将成为影响中国农业整体碳达峰的最大不确定因素。

④ 水稻种植排放量基本与面积呈线性关系,单产碳排放大幅下降

1985 年以前,水稻种植一直是第一大碳排放源(由于泡田产生了大量甲烷)。水稻种植碳排放占比从 1961 年的 38.83% 下降至 2018 年的 12.8%。水稻的碳排放总量基本与种植面积呈线性关系。如果考虑稻谷产量,1961 年为 5364.8 万吨,2018 年为 21212.9 万吨,增幅达到近 300%。每吨稻谷对应的碳排放量从 1.8 吨下降到 0.52 吨 CO_2,单产碳排放降幅达 70%(金书秦 等,2021)。

18.2　国外借鉴和典型模式

世界各国为了摆脱农业发展困境,分别提出了精准农业、节水农业、永久农业、绿色能源农业、生态农业、有机农业等不同形式的可持续发展农业发展模式。

18.2.1　欧盟:绿色农业

欧洲多数国家已基本解决粮食供给问题,关注纯天然、无污染和高品质的农产品生产,重视将绿色理念植入现代农业和工业领域,引领社会经济可持续发展。2020 年 5 月,欧盟发布《从农田到餐桌》(*From Farm to Fork*)和《欧盟 2030 年生物多样性》(*The EU 2030 Biodiversity Strategy*)战略,重点加强有机农业,强制性限制和减少农药、化肥的使用,促进粮食系统向可持续转型。同时,欧洲各国重视生物经济发展,利用可再生资源和先进技术实现低碳经济增长。

(1)德国绿色能源农业

绿色能源农业是指人们利用农作物(绿色能源型)将太阳能转变为有机能,并将其储存于植物体内,再通过相关科学技术手段,将有机能转化为人类所需能源的一种农业生产活动。绿色能源农业特点:一是通过农作物(绿色能源型)将太阳能转变为有机能,属于绿色可再生能源;二是通过相应科学技术,将有机能转化为替代能源,被人类加以充分利用;三是绿色能源农业的生产过程,主要吸收大气中的二氧化碳和水,从生态系统能量流动和物质循环的角度,降低大气中二氧化碳浓度,减轻地球表层温室效应,有利于保持地球生态系统的碳平衡。

德国科学家通过对甜菜、油菜、玉米、马铃薯等农作物进行定向培育,从中可以成功制取甲烷、乙醇等绿色能源。目前,德国可以用油菜籽提取植物柴油,以代替化石燃料柴油用作动力燃料,另外,该植物通过技术转换还可用作化工原料。

(2)荷兰绿色科技农业

20 世纪 50 年代,在政府的大力支持下,荷兰农业逐渐形成了如今的高科技农业,主要体现在温室农业技术、无土栽培技术、生物防控技术、电子信息技术等方面。如今,卫星识别、分子识别,甚至是 DNA 识别都已在农业上广泛应用。荷兰有 80% 的农民已经使用 GPS、有无人机等方式收集田间信息。现代技术的应用不仅体现在高度机械化、精准环境控制(包括自动补光、调控温度和湿度、通风、补充 CO_2 等),也体现在生物技术、信息技术,如智能补光等。

(3)英国永久农业

永久农业是指合理地规划设计农业生产的生态系统,使其具有生物多样性、稳定性和自然生态系统的自我恢复性。永久农业的特点是在保护自然生态环境和节约资源的基础上,合理配置各种资源,实现

最大化的经济效益。永久农业是一种土地使用和社区建设的行为,目的在于努力将人类居住、区域气候、一年生和多年生植物、动物、土壤和水,和谐融入并形成稳定的具有生产力的社区。英国永久农业不仅局限于农业上的植物和动物生产,还包括社区规划与发展以及技术应用,如太阳能和风力发电、堆肥、温室、节能住宅、水回收与再利用系统、太阳能食品烹饪和干燥,通过模仿自然界的模式而进一步增强人与自然的协同作用。

18.2.2 日韩:科技农业

韩国、日本严重依赖粮食进口,高度重视利用高新技术突破土地、水等资源束缚,选择高度集约化与高值化的农业发展道路。

(1)日本绿色数字农业革命

日本重视生物与信息技术产业的融合,重点聚焦先进生物制造等新一代生物产业技术的发展。日本农业存在两大问题,一是人均耕地面积少,二是人口老龄化,当地媒体戏称为"老人农业"。而日本正在致力于利用互联网进一步提高农业的效率,日本人称之为"绿色数字革命",主要表现在如下方面:一是利用全球定位系统,无人驾驶拖拉机在大规模农场进行 24 小时耕作;二是通过高度传感器收集气象数据和农作物生产数据,实时发送,配合合理浇灌和施肥;三是通过互联网实时记录农产品消费,使生产者及时调整种植计划,避免信息不对称而导致滞销;四是食品溯源上,日本利用智能手机将农场生产过程中的数据作为食品信息。

(2)韩国科技农业战略

韩国在 2019 年发布的《未来农业科技战略》中提出,以智能农业和农业生物技术推动农业全产业高值化发展。2020 年发布《科学技术未来战略 2045——面向未来的挑战任务与科学技术政策的转换》,提出创新农渔业、制造业、能源,以应对资源枯竭。

18.2.3 美国:精准农业

美国是最早实施精准农业的国家之一。20 世纪 90 年代以来,美国将全球定位系统技术成功应用到农业生产领域。经过指导施肥的农作物,产量相较于采用传统方法进行施肥的农作物提高近 30%。

美国把农业列为国家优先发展领域,重视应用生物技术与数字技术提高农业生产效率。美国在将科学技术成功引入农业领域的同时,通过相关法规规定来严格控制农药、化肥等化学物质的施用量,保护农业生态环境,维护生态环境资源的自然属性,以求获得长期经济效益。

未来 10 年,美国在农业领域重点聚焦种业、畜牧业、食品科技、土壤科学、农业水分高效利用、数据科学和系统科学 7 大优先方向,以及系统认知分析、新一代传感器、农业食品信息学、基因组学与精准育种、微生物组 5 大突破性技术。美国能源部、农业部和国防部等机构都出台了相关重大计划,推动生物基产业创新发展。

18.2.4 以色列:农业能源互联网

以色列农业与能源结合的形式非常丰富,与能源结合的典型特点如下:一是清洁能源的利用程度高,例如以色列南部沙漠区的萨玛尔集体农场,利用 30 面巨大的反射镜将阳光汇集于 30 米高的锅炉炉壁来吸收热能,从而产生高压蒸汽发电,以此来全天候为萨玛尔农场的种植业与养殖业供电;二是农业用能方式多样化,以色列为缓和能源危机,利用太阳能、牛粪发电、风力发电、电厂供热、农作物残渣、地热能等多种能源形式来为农业供能;三是农业用水的能源消耗占比大,仅用于向农场供水的能源消耗就占以色列农业能源的 50%,农业供水部门是以色列电力的主要买家(魏中辉 等,2021)。

(1)光伏纳滤膜淡化灌溉技术

利用当地丰富的太阳能淡化含盐量较低的水是生产农业用水的有效途径。以色列学者将光伏纳滤膜淡化技术产生的淡水用于集约型农业灌溉。以色列哈特兹瓦的太阳能光伏纳滤膜微咸水淡化试点工厂设计的目的是淡化当地中等含盐量的水,纳滤膜淡化系统配置了光伏组件容量规模为 4.2 千瓦的组件阵列,产水量为 0.25 立方米/小时,灌溉 500 平方米的农业小区,光伏元件可以为整个纳滤膜淡化系统提供淡化的动力。以色列哈特兹瓦光伏纳滤膜淡化装置试验设计方案见图 18-1(魏中辉 等,2021)。

(2)电力污水处理灌溉技术

以色列农业采用滴灌技术灌溉的平行过程(图 18-2):处理过的污水成为了以色列农业部门的另一个重要用水来源。污水处理的过程中会消耗大量的电能,主要用能体现在泵送和处理阶段(魏中辉 等,2021)。

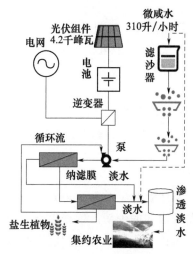

图 18-1　哈特兹瓦光伏纳滤膜
淡化装置试验设计方案(魏中辉 等,2021)

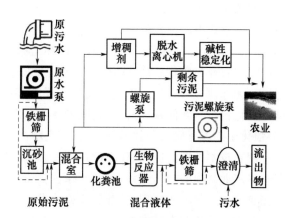

图 18-2　特拉维夫污水处理
设施示意图(魏中辉 等,2021)

(3)垂直农业

以色列进行垂直农场建设的主要优势在于以色列有充足的太阳能资源。以色列的垂直农场设计(图 18-3):垂直农场的规模为 12 层,每层的种植系统面积为 100 平方米,布局有 4 排 LED 灯,每排 LED 灯数量为 10 个。垂直农场内部的每一层都作为一个环境受控的生长室,每个生长室由 6 层水培盆组成;每一个生长室都有 LED 灯 24 小时为作物的生长提供稳定的光环境,营养丰富的水通过泵系统泵入生长室,该垂直农场每年共产出胡萝卜、土豆、草莓等 10 种农产品共计 929.5 吨(魏中辉 等,2021)。

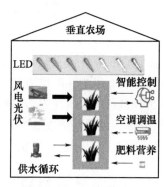

图 18-3　垂直农场组件图
(魏中辉 等,2021)

18.3　亟须解决的重大问题

(1)强化绿色发展理念的引领作用,替代落后的发展理念

生态农业发展应遵循生态文明发展理念,全面践行“绿水青山就是金山银山”的科学论断,实现农村生态环境的保护、农业生产环境的改善以及农产品质量安全等多重目标,满足人民日益增长的美好生活需要,助力健康中国战略、乡村振兴战略的实施。

(2)强化水土资源的核心地位,积极应对质量安全问题

新时代,提供安全优质农产品是生态农业发展最根本的出发点与最终的目标,其核心就是保护水土资源的数量,提升水土资源的质量。无论是在理论研究还是在农业实践中,水土资源质量的核心地位并

没有得到应有的关注。耕地土壤质量、灌溉用水水质,关系到农产品的质量安全。生态农业的发展应切实关注水土资源质量的保护,实现水土资源数量与质量的双重保障。

(3)强化农产品质量安全目标导向,统筹协调供需不平衡

新时代,我国社会主要矛盾已经转化为人民日益增长的美好生活需要和不平衡不充分的发展之间的矛盾。洁净的空气、清洁的饮水、安全的食品等主要生态公共产品供应不充分尤为凸显。在农业生产领域,突出表现为优质安全农产品供应的严重不足,区域之间显著的差异。生态农业的发展应以农产品质量安全为目标导向。

(4)强化农业生产方式的生态化,取代化肥、农药面源污染

传统农业生产方式下,依靠化学投入品已带来严重的农业面源污染。通过农业生产方式的生态化,加强农业面源污染防治,减少污染物存量,改善与提升农业生产环境,降低农业生产对自然生态环境产生的负面影响。农业生产方式的生态化,为农业高质量发展提供良好的生态基础。

(5)强化质量标准化体系的指导作用,填补无标、无规空白

推进生态农业高质量发展,实施农产品质量安全区域化管理,必须以质量标准化体系为指导,坚持"有标贯标,无标建标",为生态农业发展提供操作规范,实现生态农业生产的标准化,全面提升生态农产品质量。强化科技创新体系,为社会化服务体系提供保障。

(6)强化生态农业模式与技术创新,转变资源消耗经营方式

注重创新技术的广泛应用,建立循环型生态农业发展模式,实现农业生态系统物质的闭环循环,重构种植业与养殖业之间的生态关系,借助于绿色防控技术,实现发展模式的创新。依据生态学原理,加强传统中医在农业生产领域的应用,并开展相关技术的创新,注重中药替代抗生素技术的研究与应用,充分实现传统中医与现代农业发展的融合(于法稳,2021)。

18.4 农业体系生态化升级提质

中国特色农业现代化经过持续推进,目前处于中期阶段。由农业大国向农业强国转变,将表现为"四强一高",即农业供给保障能力强、农业竞争力强、农业科技创新能力强、农业可持续发展能力强和农业发展水平高。重点围绕粮食安全、现代农业产业体系、农业生态化转型、科教兴农等重点领域,实施分地区、分阶段、分重点的梯次推进战略,力争至2035年基本实现农业农村现代化,至2040年基本实现农业强国。其中,现代农业产业体系生态化转型将成为重中之重。

18.4.1 农业空间布局生态化

空间布局的生态化是实现农业生态发展的前提,是贯彻落实统筹推进"五位一体"总体布局和协调推进"四个全面"战略布局的重要着力点之一。按照"因地制宜"的原则,优化与调整农业主体功能布局。以永久性基本农田为基础,加快推进粮食生产功能区和重要农产品生产保护区划定,建立健全粮食主产区利益协调创新机制;创建特色农产品和高效农业优势区,构建评价标准和技术支撑体系,打造品种丰富、集群发展、生态高效的特色农产品优势区。建立农业产业准入负面清单制度,加强分类指导,分阶段、分区域、因地制宜制定禁止和限制发展产业目录,明确种植业与养殖业发展的方向和开发强度,强化准入管控和底线约束,推进重点地区资源保护和严重污染地区治理。

18.4.2 农业资源利用生态化

我国农业存在高投入、高消耗、资源透支和过度开发的现象。依靠科技创新和劳动者素质提升,提高土地产出率、水土资源利用率、劳动生产率,将传统农业的"资源-产品-废弃物"线性物质流动方式,转变为

现代农业的"资源-产品-废弃物-再生资源"循环流动方式和规模化科学种养模式,把粪便、秸秆和生活垃圾等农业废弃物,变成农业生产的肥料、饲料和燃料,高效配置农业资源,高效利用农业废弃物,降低农业生产环境污染,实现农业节本增效和节约增收。

18.4.3　农业生产手段生态化

现代生态农业发展依托农业基础设施、物质装备和高新技术,以农业发展中的矛盾和问题为导向,改变粗放式的农业生产模式,由物质要素投入向创新驱动转变,实现农业生产手段的生态化转型。大力提升农业基础设施建设,改造中低产田,发展节水灌溉,精准施肥,采用农业新技术,推广优良品种,适度经营规模等,利用"互联网＋"手段,发展数字农业,促进农业生产由追求数量增长到数量与质量并重的生态化升级。

18.4.4　农业产业链接生态化

现代生态农业是产业融合的大农业,一、二、三产业融合发展是农业生态发展的系统基础。农业生态转型的实质是用农业生物科技、信息科技等现代技术改造传统农业,使技术创新嵌入农产品生产、加工、流通等各环节,并提升全产业链的生态度,促进三次产业之间的优化重组、整合集成、交叉互渗,使生态产业范围不断拓展,生态产业功能不断增多,生态农产品规模不断扩大,生态产业链不断延伸,生态产业集聚不断加强,不断生成生态新业态、新技术、新商业模式和新空间布局,最终实现提高农业劳动生产率、提高农产品质量和效益、提高农产品的有效供给、减少农业废弃物带来的环境污染、降低生态安全风险、降低农产品成本的农业生态发展的目标。

18.4.5　农产品消费生态化

农业生态发展,不仅需要转变农业生产方式,还应引导消费生态化。2020 年 8 月,习近平总书记对制止餐饮浪费行为作出重要指示,要求加强立法,强化监管,采取有效措施,建立长效机制,坚决制止餐饮浪费行为。促进农产品消费的生态化,政府应当发挥主导作用,强化环境标志、有机食品和节能产品认证,利用财政、税收等经济手段加强引导和支持,鼓励公众生态消费。开展和推广"光盘行动""文明餐桌""$N-1$ 点餐"节约模式等活动,传承勤俭美德,遏制浪费行为。

18.4.6　农产品供给生态化

农产品作为食品加工的原材料,其质量安全直接决定和影响着其他食品安全。农业生态发展立足于生产无公害、绿色、有机产品,增加优质、安全、特色农产品供给,满足人民群众不断增长的健康绿色农产品的需求,促进农产品供给由"量"的需求向"质"的需求转变。在政策与物流管理方面,增加政府采购比例,减少贮藏、流通环节损耗,是实现农产品供给的生态化的重要方面。

18.5　生态农业能源互联网

生态农业能源互联网是能源互联网在农业领域的延伸,其以电力系统和新能源发电为核心,利用先进的信息技术、物联网技术,将能源系统与设施农业互联起来,从而实现对农业系统和能源系统的全面感知、管理与控制。

生态农业能源互联网的主要结构包括物理系统和信息系统两大部分,在物理侧通过各种农业用能技术将热网、电网等能源网络和农业的集约化生产联系起来;在信息侧通过农业传感器、能源量测仪表等仪器将农业物联网和电力物联网连接起来,实现农业信息和能源系统信息的互联共享。

18.5.1　南方沿海

结合南方海岛设施农业与能源结构的特点,引入电力海水淡化灌溉技术,可以加强海岛农业与能源的耦合联系,推动南方海岛地区农业能源互联网的发展。

18.5.2　中东部地区

结合中国中东部地区电力供给充足、电网覆盖率高和该地区农业规模大、农业灌溉用水缺乏的特点,建议在该地区园区农业能源互联网的负荷侧能源技术上推广利用以色列的电力污水处理灌溉技术。

18.5.3　西北地区

该地区(如宁夏、甘肃、陕西等地)电力供应不足,电网覆盖率低,同时农业灌溉用水缺乏限制着该地农业的发展,但是西北地区太阳能和咸水资源非常丰富,结合西北地区的能源现状与农业特点,在该地农业能源互联网的负荷侧能源技术的建设中建议引进基于光伏发电的纳滤膜微咸水淡化灌溉技术。

18.5.4　干旱半干旱地区

我国西部干旱地区蒸发问题最为严重,农业上的能源供应不充足,建议引进具有高效节能、节水特点的电力滴灌技术,可以在一定程度上解决该地区农业的能源供应不足以及农业灌溉用水缺乏的问题。

18.5.5　城市及城郊

通过建设城市被动式太阳能建筑等手段,在城市中充分利用太阳能。结合城市能源特点以及城市土地资源紧张的现状,建议在城市农业能源互联网的负荷侧建设中大力发展垂直农场技术。

18.6　山西省大同市生态文明建设的生态农业发展研究

大同市位于温带大陆性半干旱季风气候区,地处北方农牧交错带,农牧资源丰富,对水、土、气等环境依赖性很高。大同市现代生态农业的发展方向,以农产品"三品一标"(无公害农产品、绿色食品、有机农产品和农产品地理标志)升级为起点,优化产业结构,延伸产业链,发展农产品深加工、生态休闲农业、健康养生农业,促进一二三产业融合,围绕"健康养生特色农产品基地"愿景,创建京津冀生态农业协同示范区和生态安全农产品供应基地、蒙晋冀(乌大张)长城金三角康养农业基地和休闲农业基地。

18.6.1　大同市农业发展现状

(1)大同市农业发展格局

目前,大同市农业发展的格局:一是东西两山及北部高寒区以小杂粮种植、油料作物为主;河谷、盆周以粮食作物、蔬菜、瓜类、药类为主。二是畜牧业发展比较分散,东西两山区域主要以养羊为主;河谷、盆周区域结合粮食作物的秸秆,以奶牛养殖为主。三是黄芪、黄花菜、黄杏主要集中在大同盆地与山地丘陵交错带土质疏松的地区。

(2)大同市农业发展形成的板块

"十二五"期间,大同市的农业逐步形成了蔬菜、畜牧、杂粮、特色农业四大板块(图18-4)。

蔬菜基地:重点打造京津"菜篮子"基地,形成了以阳高县、天镇县、浑源县、南郊区为主的核心基地。露地蔬菜、设施蔬菜得到了一定规模的发展。

　　畜牧基地:形成了以左云县、浑源县为主的肉羊养殖核心基地,南郊区、天镇县、阳高县的奶牛养殖核心基地,灵丘县、左云县为主的肉牛养殖核心基地,大同县为主的蛋鸡养殖核心基地,阳高县、天镇县为主的生猪养殖核心基地(图 18-5)。

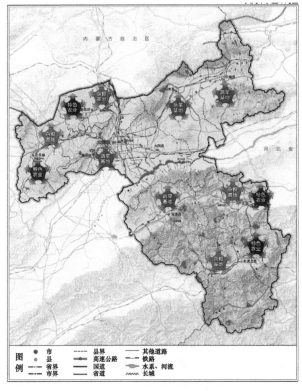

图 18-4　"十二五"期间大同市农业布局

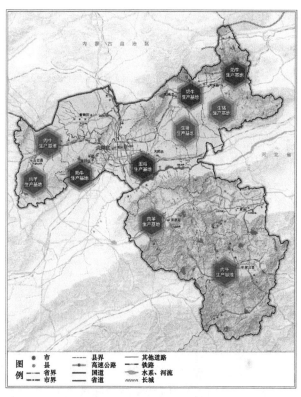

图 18-5　大同市畜牧业基地布局

　　杂粮基地:形成了左云县、新荣区、广灵县、灵丘县为主的特色优质杂粮核心基地。特色杂粮品种包括苦荞、胡麻、莜麦、蚕豆以及其他杂粮杂豆等。

　　特色农业:形成了以浑源县的黄芪,大同县的黄花,阳高县、大同县、天镇县的黄杏,广灵县的食用菌(白灵菇、双孢菇、黑木耳),"三黄一白一黑"为特色的农业产业。

18.6.2　大同市生态农业发展条件分析

　　(1)常规农业发展类型

　　传统农业:如广灵县、灵丘县、浑源县、左云县等山区小杂粮种植模式,阳高县、天镇县、大同县的黄杏栽培模式,属于传统农业模式。

　　现代农业:现代农业园区(农场)、规模化养殖场(小区)、设施农业、露地蔬菜、农产品加工、食用菌、玉米-马铃薯集约化种植基地、农产品物流批发市场等,属于现代农业生产模式。

　　(2)生态农业发展类型

　　无公害农产品、绿色食品、有机农产品和农产品地理标志统称"三品一标"。"三品一标"是当前我国政府主导的安全优质农产品公共品牌,是当前和今后一个时期我国农业生态发展的重要农业类型。

　　无公害农业:截至 2015 年末,全市有效认证无公害主体共有 26 家,产品数量 57 个,产地认定面积51.3 万亩。

　　绿色农业(经绿色食品认证的农业基地):如广灵县东方物华农业公司的"东方亮"绿色小米生产基地、新荣区荣康公司的燕麦绿色食品生产基地等。

　　有机农业:通过国家相关部门进行有机认证的基地,如灵丘县车河有机农业社区等。灵丘县发展有机农业示范区已经覆盖 5 个乡镇 1200 平方千米。

地理标志农业："灵丘荞麦""天镇唐杏""大同小明绿豆""广灵画眉驴""斗山杏仁""阳高长城羊肉"和"广灵大尾羊"7个产品通过农业部农产品地理标志登记保护；"大同黄花""浑源正北芪"和"广灵画眉驴"3个产品获得国家工商总局地理标志产品证明商标；"广灵小米"和"左云苦荞"登记为国家质检总局原产地保护地理标志产品。

(3)生态农业发展条件分析

① 优势分析

大同市地处我国黄土高原农耕区与牧区的交错带。农牧交错带的主要功能是：东部农耕区的生态屏障和畜产品供应基地，西部牧区的水源涵养带和饲草料供应基地。

在国家、省级主体功能区划中，农业产业的开发强度适中，生态农业建设具有较强的地域优势。

畜牧业养殖基础条件优势明显。大同市地处全球畜牧业发展黄金地带，天然草地、人工牧草资源丰富，历史上就有种粮养畜的传统习惯，天然草地680万亩，人工草地面积达到23.18万亩，规模化养殖园区达860个，是全国三大优势奶业产区之一和全省雁门关生态畜牧经济区重点市，发展畜牧业具有得天独厚的优势。

冷凉干旱，特色农业优势明显。大同市高寒冷凉、日照充足、昼夜温差大，独特的地理气候孕育出苦荞、小米、黄花、黄芪等一大批优势杂粮和特色农产品，如果进一步延伸产业链，进行精深加工，特色农产品的市场前景广阔，发展潜力巨大。

② 劣势分析

处于省级重点开发区域中的南郊区、大同县的畜牧业，特别是奶牛产业处在高强度的城镇化开发区域内，对资源环境的承载压力逐渐加大。

国家级的优势农产品"优"而不优。如：优势区域的马铃薯产业在育种方面没有突破，没有形成地方自主的加工型品种；马铃薯的深加工产业仅限于淀粉加工，向马铃薯主食产品方向开发的力度不够；高端肉羊没有地方独特品种，杂交品种纯度不够，羊肉质量达不到优质羊肉的标准。

国家级、省级特色农产品"特"而不特。如：广灵驴产业规模和开发力度不够；马身猪、同羊、山西黑猪等地方特色品种没有得到较好地开发和利用。

现代农业与传统农业中的生态模式没有形成体系，生态农业技术的支撑力不够。

杂粮生产中由于"轮作、套种"的特殊规律，各区县杂粮品种都"杂而不杂、杂而不特"。

③ 机遇分析

政策区位聚合效应明显。大同市地处晋冀蒙三省(区)交界，是全国42个交通枢纽城市之一，距首都北京300千米。随着蒙晋冀(乌大张)长城金三角合作区纳入《京津冀协同发展规划纲要》《环渤海地区合作发展纲要》正式签批，以及大张高铁的建设，作为山西省积极融入京津冀协同发展、环渤海地区合作、"一路一带"丝绸之路经济带的排头兵，京津冀农产品供应基地、产业承接基地的建设面临着新机遇。

随着国家进一步强化主体功能区划定位，倡导绿色协调发展、可持续发展的农业体系建设，以及国家粮改饲试点的推进实施，将使畜牧业发展迎来新机遇。

党的十八届五中全会明确提出"推进健康中国建设"。全民健康是促进人的全面发展的必然要求，是经济社会发展的基础条件，是全面建成小康社会的重要标志。随着《"健康中国2030"规划纲要》的实施，全社会对健康安全食品的需求加大，对地域特色农产品的认知度增强，大同市的特色健康养生农产品的开发面临着新的机遇。

④ 挑战分析

农业基础设施薄弱。旱作农业、半农半牧农业如何摆脱困境，走向高效生态农业。

农业科技化水平不高，农业转型滞后。如何通过发展现代农业园区、龙头企业，采用生态农业科学技术，开发生态农业重点项目，有效带动家庭农场、专业大户、合作社等多种形式的规模经营主体共同发展。

县域经济薄弱。大同市县域经济弱小，贫困面比较大，在9个农业县区中有5个贫困县，对农业的投入和扶持能力十分有限，农业和城乡一体化发展是短板。如何扬长避短，发展区域特色农业。

农业面源污染加重。大同市面源污染主要来源是农作物秸秆、化肥农药施用、畜禽养殖粪尿、废水废气排放、废旧地膜。如何解决这些农业污染源,如何降低农药化肥的使用,如何协调种植业养殖业关系(图 18-6)。

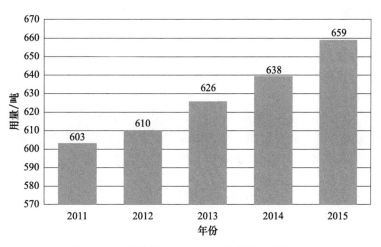

图 18-6　大同市 2011—2015 年农药用量(吨)

18.6.3　大同市生态农业指导思路和产业定位

(1)指导思想

牢固树立"创新、协调、绿色、开放、共享"的新发展理念,科学合理地构建现代生态农业产业体系、生产体系和经营体系,推动农业可持续发展,坚持发展绿色农业就是保护生态的观念,加快形成大同市资源利用高效、生态系统稳定、产地环境良好、产品质量安全的农业发展新格局。在全域旅游、全域养生、全域生态文明建设的基础上,实现一二三产业融合,打造健康养生农业产业链。

(2)研究原则

强化国家主体功能区定位为统领的原则。国家主体功能区是国家根据不同区域的资源环境承载能力、现有开发强度和发展潜力,统筹谋划人口分布、经济布局、国土利用和城镇化格局,而制定的不同区域的主体功能的战略性、基础性和约束性规划。它包含了"经济建设、社会建设、文化建设、生态建设"四位一体的发展内容。农业安全战略格局是国家主体功能区的重要组成部分。农业发展开发属于"经济建设"范畴,同时,又与各个生态功能区息息相关,因此,农业产业的开发要在国家和地方主体功能区规划的统领下进行规划和开发,要遵循"宜农则农、宜牧则牧,宜草则草,宜林则林"的规划原则。

根据自然条件适宜性开发理念,调整农业空间结构原则。大同市的国土空间复杂,有高原、有山地、有丘陵、有盆地、有河谷、有湿地、有湖泊、有防风林地,自然状况不同,生态脆弱性或生态功能属性也不一样。有的区域适宜高强度的农牧业开发,有的区域不适合高中强度开发。在已经形成的农业超强度开发或生态脆弱性区域,应该合理规划、科学布局,加大力度调整农业产业空间结构。

根据资源环境承载能力开发的理念,确定农业产业的发展模式和规模的原则。近年来,随着大同市城市发展的扩充,以及城镇化的快速发展,一部分国家级重点开发区域的功能要恢复。如南郊区、大同县奶牛产业,要进一步调整养殖规模和结构,降低养殖的各项污染带给环境带来的压力。城市重点开发区域的农业应向休闲农业、健康养生农业的转变。

依据生态农产品的理念,开发农业健康养生农产品的原则。生态农业是人类社会可持续性发展的必然选择,生态产品是人类生存的物质保障。我国的农业产业已经由过去的"提高产量,满足温饱""高效优质安全"型农业,向未来的"健康养生"型农业过渡,因此,结合大同市不同的生态农业自然资源禀赋,开发健康养生农产品是未来生态农业的发展方向。

应用现代生态农业技术,提升现代农业的原则。应用生态技术改造传统农业,用生态的理念指导现代农业,用生态技术改造现代农业,将"现代农业"转变为"现代生态农业",实现农业可持续性发展的目标。

（3）产业定位

依据大同市独特的冷凉自然资源条件，以及大同市进行全域旅游、全域养生、全域生态文明建设，创建国际养生文化旅游目的地发展目标，可将大同市未来的生态农业发展定位为：健康养生特色农产品基地。

（4）研究目标

发挥大同市在地理区位、农业资源方面的优势，把握北方农牧交错带的特殊自然环境及产业特点，以满足地区社会经济发展和居民消费需求的精品化、优质化、生态化、安全化、品牌化为导向，与生态文明建设相协调，转方式、调结构，推进农业供给侧结构性改革，大力发展现代生态农业，延伸现代农业产业链，发展农产品深加工产业、生态休闲农业、健康养生农业，优化产业结构，促进一二三产融合互动，生产、生态、生活协调发展。将大同市打造成为京津冀生态农业协同示范区、京津冀生态安全农产品供应基地、蒙晋冀（乌大张）长城金三角康养农业基地、冷凉资源条件下的养生农业旅游休闲基地。

18.6.4 大同市生态农业总体布局与功能分区

（1）总体布局

根据国家和山西省主体功能区布局，以及大同市自然地理状况，综合大同市现阶段农业产业布局以及产业现状分析，大同市的现代生态农业应构建"一心四带三组团"总体空间布局。

一心：指大同市南郊区国家现代农业示范区。

四带：指晋蒙边界生态农林草发展带、大同盆地生态农业发展带、浑河—壶流河谷盆地发展带、唐河河谷农业发展带。

三组团：指左—新高原农业发展组团、六棱山山地生态景观农业发展组团、浑—广—灵山区农业发展组团（图18-7）。

（2）功能分区

城市健康养生农业发展区：包括大同市城区、南郊区、新荣区、矿区。

生态涵养区：包括左云县、灵丘县两个省级生态功能区。

盆地农业发展区：包括天镇县、阳高县、浑源县、广灵县四个省级农产品主产区（图18-8）。

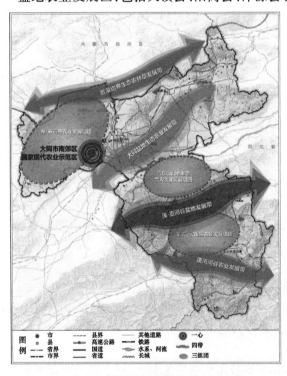

图18-7 大同市生态农业发展空间布局

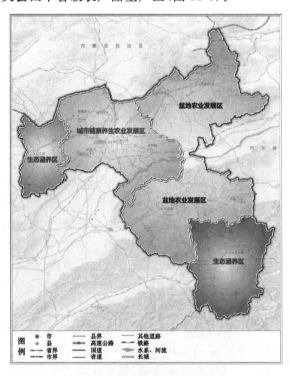

图18-8 大同市生态农业功能分区

18.6.5　大同市生态农业区划重点

(1)南郊区国家现代农业示范区

① 研究范围

为南郊区所辖 3 个镇、7 个乡、190 个行政村的全部范围,总面积 1068 平方千米(包括城区和矿区)。园区经过调整提升阶段(2012—2015 年)的发展,已经进入稳步发展实施阶段(2016—2020 年)。

② 发展思路

"十三五"期间,随着大同市各项规划的出台,"两河三区"城市空间的东扩西移,以及新型城镇化的快速发展,南郊区国家现代农业示范区的空间布局结构也发生了新的变化。因此,南郊区国家现代农业园区的发展布局也面临着空间布局和功能上的调整。

南郊区国家现代农业示范园区的发展势必要强化国家主体功能区划的功能要求,牢固树立"绿水青山就是金山银山"的生态发展理念,围绕着城市生态文明建设,把绿色发展、循环发展、低碳发展作为主要途径,为城市新型战略发展转型服务,实现与二三产业的融合,成为大同市全市生态农业发展的"核心引领区"。

③ 发展定位

北方农牧交错带现代生态农牧业示范区,都市型现代健康养生农业示范区,矿山采空区生态农林产业示范区。

④ 功能分区

部分产业进行微调,融入生态绿色发展理念,导入循环经济发展模式,植入生态循环农业新技术(图 18-9)。

现代农牧业示范区——畜牧养殖组团。区域范围主要包括水泊寺、口泉、西韩岭、平旺、马军营几个乡镇。发展思路:畜牧养殖组团现有牧同、冠鼎牧业、良种奶牛等 6 家奶牛养殖园区,奶牛存栏量达万头;肉羊养殖园(场)29 个,饲养量万只。

生态涵养发展区。区域范围包括高山、鸦儿崖、云冈的全部区域,以及平旺、口泉的采空区。生态涵养发展区建设范围全部是南郊区的矿区采空区。发展思路:区域水源缺乏,干旱严重,在进行生态修复建设时,应选择耐旱、抗寒,经济价值较高的灌木、牧草、中药材等,并与养殖业很好结合。

图 18-9　大同市南郊区功能分区图

(2)生态农业发展带

① 晋蒙边界生态农林草发展带

研究范围:涉及天镇县、阳高县、大同县、南郊区中部、左云县南部丘陵区域。

发展思路:结合三北防护林、长城沿线生态林建设,重点发展生态林草经济产业,林草、林药、林菜、乔灌结合,由生态林向生态经济林、生态景观林转变。如樟子松嫁接红松,获得松果籽效益;发展黑肋果花楸林业,实现生态防护、林果经济效益、环境景观为一体的生态效益。

建设内容:黑肋果花楸生态景观带、金银花生态林业带、药用枸杞产业带、樟子松-红松示范带。

② 大同盆地生态农业发展带

研究范围:涉及大同盆地的天镇县、阳高县、大同县平原谷地。

发展思路:大同盆地、盆州是山西省、大同市重要的粮食作物主产区、畜牧业的发展区,承担着大同市"米袋子、菜篮子、肉蛋奶"的生产供应功能。区域内有国控和省控的桑干河水源、南洋河水源监控地,还有桑干河、六棱山自然保护区,农牧业生产与环境保护双重重要。因此,在发展现代农牧业的同时,必须走循环经济、环境友好的绿色发展之路。

建设内容:玉米高效生态生产基地、马铃薯专用加工型基地、畜禽规范化生态养殖基地、绿色蔬菜生产基地、特色农产品生产基地、优质杂粮生产加工基地。

③ 浑河—壶流河谷盆地发展带

研究范围:浑源县浑河谷地、灵丘县壶流河谷地。

发展思路:浑河、壶流河谷盆地是大同市第二大粮食作物农业重点生产区域。盆谷地中,粮食作物中的玉米、谷子占播种面积和产量的比重较大。在现代农业的发展中,应强调生态优先的原则,发展无公害、绿色农业,降低农药化肥的使用量,实现农牧业有机结合,突出发展特色农业产业。

建设内容:现代种养循环农业基地、广灵驴特色养殖基地、黄芪羊养殖基地、蚕豆种植基地、苦荞种植基地。

④ 唐河河谷农业发展带

研究范围:灵丘县唐河河谷地,包括东河南镇、武灵镇、落水河乡、史庄乡的平川地带。

发展思路:灵丘县、左云县是大同市"山西省主体功能区"中的两个生态功能县。在良好的生态环境资源的基础上,灵丘县应以发展"生态有机农业产业"作为突破口,打造全域健康生态养生农业基地。

建设内容:有机农休闲观光园区、农产品加工园区、大青背山羊保种场、食用菌基地、绿色有机蔬菜基地。

(3)生态农业发展组团

① 左—新高原农业发展组团

研究范围:位于大同市西山区的左云县西北部、新荣区。

发展思路:该组团处在大同市的高海的低山丘陵区。年平均气温低于其他县区、无霜期短于其他县区,适合冷凉气候条件下的杂粮生产和天然牧草地的发展。在杂粮方面重点突出两地都有的豌豆、燕麦和胡麻产业的开发,畜牧业重点发展地方肉羊特色区域品牌和品种。

建设内容:特色马铃薯基地、养生杂粮高产示范基地、特色肉羊规模化养殖基地、农牧交错带优质牧草基地。

② 六棱山山区生态景观农业发展组团

研究范围:位于大同县、阳高县、浑源县、广灵县交界处六棱山自然保护区、六棱山风景区。

发展思路:主要借助六棱山自然保护区和自然风景区古迹、奇山、松海、高山草甸的自然优势,发展景观农业(金莲花、野菊花、刺玫、油菜花)、天然采摘农业(野生蘑菇、草地衣等)。

建设内容:金莲花种植基地、野菊花种植基地、油菜花种植基地。

③ 浑—广—灵山区农业发展组团

研究范围:包括浑源县东南部山区、广灵县西部山区、灵丘县北部山区、灵丘县南部山区。

发展思路:该区域有恒山自然保护区、恒山国家森林公园、广灵南壶森林公园、灵丘黑鹳自然保护区。区域内主要为丘陵山区,是大同市生态安全格局的重要节点板块,是典型的山区农业发展模式。由于地处太行山区,年降水量相较于大同市其他区域多,山区的杂粮等谷物产量要比西北区域高,发展山区特色杂粮、中药产业具有较强的优势。

建设内容:黄芪中药材种植基地、优质谷子种植基地、优质黍子种植基地、有机胡麻种植基地。

18.6.6 健康养生农业重大项目

(1)高效设施农业产业

高效设施农业产业重点布局在阳高县龙泉镇、大白登镇,天镇县南河堡乡,南郊区口泉乡、西韩岭乡和古店镇,浑源县东坊城乡。

发展思路:按照"产出高效、产品安全、资源节约、环境友好"的发展要求,突出特色、强化产业,提高设施物质装备水平,以市场为导向、以产业链条为骨架,由规模发展为主向提质、扩量、增效并重转变。

加快推进设施农业新品种、新技术、新模式的引进示范推广。根据北方冷凉气候的特点,栽培品种由普通产品向草莓、蓝莓、菌类、冬枣、油桃、樱桃、瓜果等珍稀品种转变;加快"南果北移"的引进和驯化,引进南方红色火龙果、青枣等品种,进行规模化种植,提高设施果蔬的经济效益。栽培技术由传统种植向绿色有机种植、立体种植、无土栽培转变。加快发展工厂化育苗,在 3 个设施农业主产县建设 5 个区域性的、配套冷链物流配送的产地批发市场,依托区位优势,供应大同市场,依托大同新发地农产品冷链物流市场全力开拓京津市场,推广天镇农产品北京直营店经营模式,建成京津地区"菜篮子"基地。

设施绿色蔬菜种植示范区,以生产绿色、有机生态蔬菜为主,推广循环生态模式。重点建设万亩设施蔬菜标准化示范园,并发展蔬菜种苗繁育基地。通过示范园、基地发展,辐射带动周边地区蔬菜产业的发展。

重点任务:提高农业设施装备水平,推进 30 万亩现代化温室设施建设。到 2020 年,全市设施农业总量达到 30 万亩,实现农民户均一亩的目标。如阳高县龙泉镇千栋日光温室园区建设。

建设优质种苗繁育示范基地,实行种苗的规模化、专业化生产,提高良种供应保障。依据高新技术,建设完备的设施设备和技术推广体系,根据市场需求,大力引进适于设施栽培和反季节栽培的国内外名特优新品种,在设施农业集聚区建 15 个工厂化育苗中心,实现全市区集约化育苗网络布局。

实施标准化设施蔬菜园区创建工程。在现有 253 个设施蔬菜园区中,大力创建以高标准、高技术、高水平、商品化、产业化设施蔬菜标准化园区为主的蔬菜生产基地,重点推广蔬菜的无公害蔬菜标准化、优种优法配套栽培技术、膜下微滴灌节水、防虫网、诱杀虫板、频振式杀虫灯等集成技术。

设施农业与光伏发电一体化工程。加快推进广灵县与中广核集团太阳能开发有限公司、内蒙古香岛生态农业开发有限公司在我市合作建设设施农业与光伏发电一体化的高标准现代化农业示范园区项目。

(2)冷凉农业产业

发展思路:大同市地处山西省北部、黄土高原高寒冷凉地区,适宜小杂粮、马铃薯、冷凉蔬菜产业发展,根据自然地理条件、产业基础、区位优势、市场条件、资源禀赋等方面因素,优化区域布局。以特色示范基地建设为支撑,以科技创新为引领,以规模化种植、标准化生产、产业化开发为途径,培育冷凉农业经营主体,开发品牌产品,构建小杂粮、马铃薯、蔬菜三大冷凉农业产业体系。形成资源共享、优势互补、特色突出、竞相发展的现代冷凉产业发展新格局。

(3)康养农业产业

发展思路:充分发挥大同市得天独厚的自然资源条件,建设食药同源的黄花、燕麦、绿豆、杏等优质健康养生农产品生产基地,延伸农业产业链,建设特色农产品加工基地,生产特色健康养生食品,融合生态农业、农耕文化、观光农业、休闲农业,实现一、二、三产业融合互动,建立健康养生农业产业体系。

立足当地黄芪等中药材产业的基础优势,深入挖掘中药养生特色,以文化、休闲为主导产业方向,发展特色化、差异化的中药养生产业,延伸中药材生产产业链条,拓展中药材加工和休闲观光、健康养生功能,以独特的自然山水和药用植物园为环境,结合中医养生理念,建设集观光旅游、度假养生、休闲娱乐、文化创意、科技研发等为一体的中草药康养园。

重点布局:在大同县、阳高县、天镇县、广灵县、浑源县、左云县等。

重点建设一批具有大同特色的绿色有机农产品生产基地、特色农产品加工基地、特色休闲农业观光基地。延伸农业产业链、创新农业发展模式。

(4)生态健康畜牧产业

发展思路:充分利用农牧交错带的地域优势,实施"粮草兼顾、农牧结合、循环发展"和"以农载牧、以牧富农"战略,因地制宜、科技兴牧,建设标准化、适度规模化的畜牧场,培育龙头经营主体,构建生态畜牧产业体系。大力发展羊牛草食畜牧养殖业,打造出 7 个畜牧强县,建成全国畜产品生产基地,京津地区菜篮子基地和全国畜牧强市。

重点工程:实施饲草料基地建设工程、优质畜产品基地建设工程、畜禽良种工程、龙头企业培育工程、物流体系建设工程、畜产品安全保障工程、草地生态修复工程。

做好畜牧养殖业中畜禽废弃物的资源综合利用、无害化处理工作,按照生态循环、资源节约的可持续性生产方式,发展现代生态畜牧业。

（5）休闲观光农业

发展思路：休闲观光农业是把休闲观光旅游与农业结合在一起的一种旅游活动,是利用田园景观、自然生态及环境资源等要素,结合农林牧渔生产、农业经营活动、农村文化及农家生活,融现代农业技术示范推广、科普教育、知识性、趣味性、参与性为一体,是结合生产、生活与生态"三位一体"的农业发展形势。

大同市的休闲观光农业应以促进农业提质增效、带动农民就业增收,传承中华农耕文明、建设美丽乡村为目标,以加强设施农业、特色农业、景观农业、沟域农业建设为主攻方向,结合特色景观旅游村镇建设,坚持走高起点、高标准、高效益的发展新路,发展生态休闲农业,促进一二三产业融合互动,生产、生态、生活协调发展。

重点工程:设施农业休闲观光集聚区。在大同县、南郊区、新荣区、阳高县等离市区较近的县区,依托大同市南郊区国家现代农业示范区、南郊区杨家窑农业示范园、阳高县龙泉镇万亩现代农业园区、阳高县新和堡移民新村设施农业园区、天镇县同煤宏丰设施农业园区、广灵县北野菌业示范园,以及阳高县、广灵县光伏农业等设施农业观光资源,发展设施农业休闲观光业。将现代农业技术示范推广、科普教育、知识性、趣味性、参与性融为一体,实现以科技促进生产,以生产促进观光,以观光带动农产品销售的目标,促进一二三产业融合互动,生产、生态、生活协调发展。

景观农业休闲区。包括大同县、左云县火山田园景观农业旅游观光区、大同县黄花景观农业休闲观光区、阳高县罗文皂温泉农业集聚区、桑干河湿地公园休闲农业园区、六棱山山地景观农业旅游区、大泉山生态文化旅游区等。

杏果林休闲农业区。以阳高县、浑源县、广灵县杏树经济林建设为基础,延伸杏果产业,提升阳高杏花节,开展杏花观赏、杏花摄影、杏果采摘等休闲农业活动。

沟域农业休闲养生区。主要选择大同市7县10条特色沟域进行研究和开发,结合每条沟域的资源禀赋、人文历史、可开发空间,打造沟域经济发展的样板,使之成为带动山区脱贫致富的示范基地、休闲养生最佳场所。选择的沟域有:大同县的麻地沟、天镇县的龙泉沟、灵丘县的桥沟、广灵县的白羊沟等。

（6）智慧农业发展

发展思路:以有效提升农产品消费、休闲农业服务消费需求为主线,推动互联网与农业种植业、养殖业、加工业和休闲农业深度融合,大力提升第一产业和休闲农业数字化、网络化、智能化水平,促进农业和休闲农业转型升级,创新基于互联网平台的现代智慧农业新模式,促进农村一二三产业融合发展。

重点工程:农业物联网智能化工程。应用物联网、云计算等信息技术,在设施农业、大田种植、果园生产、畜禽水产养殖中,实现生产过程的全程控制以及智能化、科学化管理,提高农业生产精准化、智能化水平,促进农业转方式调结构、节本增效。

"互联网＋"农业电子商务平台工程。积极组织、引导农业生产经营主体参加"互联网＋"农业和休闲农业行动,建立发展农业生产经营主体参与的电商平台。加强农业生产经营主体与电子商务平台对接,促进鲜活农产品、食品直配和网上销售。建立休闲观光农业电子商务平台,提供乡村采摘、农家院、生态园、民俗村等各种乡村休闲娱乐信息,实现休闲体验产品网上销售,延长供应链。

"互联网＋"公共服务平台工程。建立农产品、休闲体验产品"互联网＋"监测预警、质量标准和追溯体系,实现农产品质量安全全程精准监管和追溯,推动农业和休闲农业"互联网＋"平台相关数据信息开放共享,实现全产业链数据互联互通,不断完善农业"互联网＋"公共服务体系。

农业农村大数据中心工程。建设大同农业数据中心,推进数据整合共享和有序开放,充分发挥大数据的预测功能,深化大数据在农业生产、经营、管理和服务等方面的创新应用。支撑农业生产智能化,实施农业资源环境精准监测,开展农业自然灾害预测预报,强化动物疫病和植物病虫害监测预警,实现农作物种业全产业链信息查询可追溯。

建立大同市农产品微生物实验室,对产地及外地流通的产品质量进行安全检测。强化农产品产销信息监测预警数据支持,服务农业经营体制机制创新,推进农业科技创新数据资源共享,满足农户生产经营的个性化需求,促进农业管理高效透明,产品质量安全检测、检测新技术的研发、实验室认证。

18.7　贵州省赤水市生态文明
建设的生态农业发展研究

依托赤水市优异的生态环境和资源,生态农业产业发展较好,有规模、有品牌。未来如何在生态红线内,融入长寿健康理念,时空适宜性发展,产业链适度延展,是向绿色、低碳、循环转型升级的课题。

18.7.1　生态农业发展分析

(1)赤水市生态农业功能定位

①《全国农业可持续发展规划(2015—2030 年)》

《全国农业可持续发展规划(2015—2030 年)》提出:大力推动农业可持续发展,是实现"五位一体"总体布局、建设美丽中国的必然选择,是中国特色新型农业现代化道路的内在要求。

赤水市处在"适度发展区"中的西南区。国家对该区域的要求是:要坚持保护与发展并重,立足资源环境禀赋,发挥优势、扬长避短,适度挖掘潜力、集约节约、有序利用,提高资源利用率。突出小流域综合治理、在生态保护中发展特色农业,实现生态效益和经济效益相统一。通过修筑梯田、客土改良、建设集雨池,防止水土流失。发展水土保持林、水源涵养林和经济林,开展退耕还林还草,严格保护平坝水田,稳定水稻、玉米面积,扩大马铃薯种植,发展高山夏秋冷凉特色农作物生产。

②《贵州省主体功能区规划》(2014 年)

《贵州省主体功能区规划》按照开发内容,将贵州省分为城市化地区、农产品主产区、生态安全地区三大战略区域,按照层级划分,分为国家和省级两个层面。

国家级重点开发区:黔中地区。包括贵阳市和遵义市、安顺市、毕节市、黔南州、黔东南州的 24 个县级行政单元。

国家级限制开发区:贵州省赤水市桫椤国家级自然保护区(桫椤、小黄花茶等野生植物及森林生态)、竹海国家森林公园、燕子岩国家森林公园。

省级农产品主产区:其他重点开发的城镇,以县级行政区为单元划为国家农产品主产区的 27 个县(市、区)中的 178 个重点建制镇(镇区或辖区)。赤水市有市中街道办事处、文华街道办事处、金华街道办事处、天台镇、复兴镇、长沙镇、大同镇、旺隆镇、官渡镇 9 个重点城镇。

省级重点生态功能区(限制开发区域):明确了构建"五区十九带"为主体的农业战略格局。其中,"黔北山原中山农-林-牧区"重点建设优质水稻、油菜、蔬菜、畜产品产业带。区域县域包括遵义市的桐梓县、绥阳县、正安县、道真仡佬族苗族自治县、务川仡佬族苗族自治县、凤冈县、湄潭县、余庆县、习水县、赤水市、仁怀市、毕节市的金沙县、铜仁市的思南县、德江县。

主要农产品产业带和优势农产品生产基地——黔北山原中山农-林-牧区。重点建设以优质籼稻为主的水稻产业带,以"双低"油菜为主的优质油菜产业带,以夏秋反季节蔬菜为主的冷凉蔬菜产业带和以生猪、肉羊为主的优质畜产品产业带。

特色优势农产品基地(黔北)——黔北富硒(锌)优质绿茶,黔西、黔北优质干果基地,黔北中药材基地,黔北优质烤烟生产基地,黔北特色优质小杂粮基地,黔北林下经济产业基地等。

③《贵州省"十三五"现代山地特色高效农业发展规划》(2016—2020 年)

《贵州省"十三五"现代山地特色高效农业发展规划》将赤水市农业划分为:黔北大娄山现代农业区。

该区主要包括遵义市 14 个县(市、区),重点发展生态畜牧、茶、蔬菜、中药材、酒用高粱和特色渔业等产业,培育产业集聚区和农产品加工集群,打造规模化、标准化、商品化程度高,产业链条完整的农产品重点生产基地。丰富"四在农家·美丽乡村"内涵,培育生态农业与红色文化交相辉映休闲农业示范区。深化农业农村改革,建设生产经营方式转变、体制机制改革、科技创新引领、城乡一体化发展的先行区。

(2)赤水市现代农业发展现状

① 农业发展形成的空间板块

赤水市农业以赤水河流域和习水河流域为界,形成东西两大板块。

休闲农业示范带:复兴、大同、宝源、两河口、葫市等乡镇为重点的现代休闲观光农业示范带。

精品水果区:发展天台、大同、两河口、旺隆、葫市、元厚、官渡等乡镇建设精品水果体验、休闲、观光农业示范园。

山地生态鱼产业带:大同、两河口、宝源、官渡等乡镇发展山地生态鱼。

畜禽产业带:形成天台、复兴、大同、官渡、石堡、长期、长沙、白云等乡镇为重点的畜禽产业示范带。

金钗石斛产业带:以金钗石斛省级重点示范园区为平台,打造复兴、丙安、旺隆、长沙、长期等乡镇为重点的石斛产业示范带,新增天麻、天冬、黄柏、杜仲等特色中药材。

蔬菜基地:主要分布在两河口镇、宝源乡、官渡镇。

农产品加工布局:竹业加工,以竹业加工为例,原楠竹的加工都在各乡镇楠竹基地,就近加工为竹筷、竹箱板等;现在竹产品加工业主要向经开区工业园区转移,吸纳的企业多为竹地板、竹工艺品、竹门窗和生活用纸等竹产品精深加工企业。食品加工,晒醋、竹笋、白酒、乌骨鸡等特色农产品加工正在逐步向经开区集中;按照农产品优势产业布局优势区域集中的布局思路,正在逐步形成产业定位清晰、空间结构合理的农产品加工业发展格局。

② 农业产业现状

农业产业化发展。赤水市 2017 年出栏以乌骨鸡为主的家禽 600 万羽,累计建成赤水市乌骨鸡规模养殖场建设 55 个,建成标准棚舍 14 万平方米;种鸡场 1 个,建成标准种鸡舍 0.55 万平方米;原种场 1 个,建成标准种鸡舍 0.5 万平方米;建设种兔场 1 家,规模养兔场 54 家,年出栏肉兔 440 万只。

现代农业园区。结合"三区同创""国家级出口食品农产品质量安全示范区""国家级生态原产地产品保护示范区"和"国家级农产品认证示范区"创建工作,建成赤水市金钗石斛示范园区、赤水市乌骨鸡产业园 2 个省级现代农业园区。

休闲农业。有复兴张家湾转石奇观仙草园、葫市红岩洞天生态农业观光园、天台黔北四季花香、宝源梯田农业生态观光园、两河口大坝山农业生态观光体验园等 9 个休闲农业观光园区。

特色农业。抓好竹产业、石斛、乌骨鸡、山地生态鱼、精品果蔬等特色优势产业,形成"种养一体""农旅一体"发展模式,建设复兴张家湾乡村旅游、丙安兰溪康养度假区、官渡镇金宝村山地生态鱼、长期镇漏溪沟石斛原生态种植、长沙镇乌骨鸡原种场、生猪和肉牛为主的草地生态畜牧养殖项目,辐射带动周边贫困地区产业发展,推动产业扶贫。赤水市"十三五"农业发展规划:依托赤水市优越的生态环境优势,合理布局,适度有序养殖,大力发展赤水河特有鱼类原(良)种人工繁育,推进生态健康水产养殖,扶持发展山地生态鱼养殖基地,重点在大同、两河口、宝源、官渡等乡镇发展山地生态鱼。新建山地生态鱼基地 5000 亩。

③ 农业发展类型

传统农业:如水稻、玉米、红薯、蔬菜,属于传统农业模式。红薯面积 15 万亩,但是地块分散,不能形成加工规模。

现代农业:现代农业园区(农场)、规模化养殖场(小区)、设施农业、农产品加工等,属于现代农业生产模式。

特色农业:包括竹林、金钗石斛、生态养殖(生态鱼、生态乌骨鸡)、生态茶园等。

④ 生态农业发展模式

无公害农产品、绿色食品、有机农产品和农产品地理标志统称"三品一标"。"三品一标"是当前我国政府主导的安全优质农产品公共品牌,是当前和今后一个时期我国农业生态发展的重要农业类型。

赤水金钗石斛和乌骨鸡先后获得国家地理标志产品认证和无公害产品认定,赤水市于 2013 年荣获"中国绿色生态金钗石斛之乡"美誉,赤水金钗石斛基地于 2014 年通过国家 GAP(中国良好农业规范认证)现场认证。

2017 年,赤水市成功创建国家级出口食品农产品质量安全示范区,生态原产地产品保护示范区通过评定,成功列入国家有机产品认证示范区创建。有 21 家企业(合作社)获得无公害产地认证,7 家企业(合作社)获得无公害产品认证,8 家企业获得有机食品认证,3 个农产品获得贵州省名牌农产品称号,满足了广大群众的需求,保障了人民利益。

无公害农业:截至 2017 年末,全市有效认证无公害主体共有 36 家,产品数量 36 个,产地认定面积 5.295 万亩。

绿色农业(经绿色食品认证的农业基地):0 家。

有机农业:通过国家相关部门有机认证的基地 14 个,发展有机农业示范区覆盖 7 个乡镇。

地理标志农业:登记为国家质检总局原产地保护地理标志产品 2 个。

18.7.2　生态农业发展思路、重点与方向

(1)生态农业发展思路

在新确定的生态红线允许范围内,根据自然条件适宜性开发的理念,发展生态农业;根据国土空间的多功能布局,确定生态农业的发展空间;根据资源环境承载能力要求,建立生态农业的开发模式;依托生态科技支撑生态农业建设;依托中华民族中医养生思想,开发生态农林深加工产品,为长寿经济提供安全食品。

(2)生态农业产业发展重点与方向

赤水市生态农业发展方向如表 18-1 所示。

表 18-1　赤水市生态农业发展方向

序号	产业类别	产业属性	生态发展方向
1	竹林业	重点发展	优化竹林品种结构、优化专用竹林山区栽培空间布局,建立竹林"生产-砍伐-轮作"生态生产模式; 竹笋产业:优化竹笋生态生产模式,加快竹笋保鲜技术研发工作,生产优质竹笋产品,提高竹笋的价值
2	金钗石斛	重点发展	建立一整套石斛的生态栽培模式(石栽、岩栽、树栽),结合生态扶贫,建设一批石斛生态栽培基地
3	畜禽产业	稳定提升	乌骨鸡:继续优化"乌骨鸡林下生态养殖模式",解决林下养殖饲料成本高、林下养殖天敌危害等问题; 生猪:控制养猪业生产规模,解决好粪便综合利用等问题,挖掘区域地方猪品种资源,引进特色草食肉猪品种,发展生态养猪新模式; 肉牛:发展高端肉牛养殖,开发特色草业,解决肉牛饲草供应问题,发展循环农业; 肉兔:开发肉兔产业"林下饲养＋中草药＋饲料桑"生态养殖新模式; 肉羊:引进云南乌骨羊品种,与乌骨鸡相配合,形成特色肉羊新产业,创新"中草药＋饲料桑"生态肉羊养殖新模式
4	果蔬产业	培育新兴	林果:引进适合高山地区栽培的猕猴桃、李子、桃、杨梅等山地特色林果品种,为休闲农业提供优质果品; 蔬菜:开发地方特色蔬菜优质品种,引进特色高山蔬菜品种,建立为长寿养生服务的生态蔬菜基地
5	水产业	重点发展	生态渔业:利用水塘、稻田进行赤水河特有鱼类原(良)种人工繁育,如青驳、草鱼、鲤鱼、江团等特色鱼; 休闲渔业:开发垂钓、观赏鱼、渔事体验、科普教育、生态鱼旅游等休闲业态,稳定提升商品鱼的生产水平,强化品牌建设; 冷水鱼:利用涌泉、山泉、水库底层水等冷水资源,开展冷水鱼健康养殖技术
6	中草药	培育新兴	培育当地特色天麻、天冬、黄柏、杜仲等其他中药材基地;引进特色中草药品种,如佛手柑、宽叶缬草、神农香菊等
7	花卉苗木业	培育新兴	挖掘地方特色花卉品种,引进部分特色花卉苗木新品种,形成乡村扶贫致富特色产业

序号	产业类别	产业属性	生态发展方向
8	现代流通业	重点提升	推广提升"互联网+"的应用范围和水平,创新优质安全农产品流通方式,通过线上(虚拟)与线下(实体)相结合,建设现代农业的新型农产品流通体系
9	休闲农业	品质提升	以沟域经济、农业园区化、产业融合为依托,配套相关基础设施,完善休闲农业产业体系;提高休闲农业产业和项目的组织化、标准化程度

18.7.3 生态农业产业发展模式构建

(1)构建以竹林资源为载体的"竹笋-竹禽-竹菌"林下生态生产模式

研究范围:在两河口、宝源、大同、旺隆、白云、长沙等乡镇建立林下生态生产模式示范基地。

发展思路:采用先进的森林资源调查分析方法,对赤水市竹林资源种类、数量、质量和分布进行调研,在进行综合分析与评价基础上,确定赤水市各类笋用竹林利用方案,结合赤水市竹林产业发展规划,确立不同竹林优势产业发展区域。在将整个赤水市的竹林划分为"楠竹用材林主产区、竹浆用材林主产区、笋竹两用林主产区"的前提下,建立立体竹产业生态开发模式。优化竹林品种种植结构,发展竹林生态产业,在我国南方山区率先创建全国"竹笋-竹禽-竹菌"生态生产示范基地。

技术支撑:精准林业资源调查系统(车载三维激光扫描系统、森林经营作业方法与技术)、竹菌林下繁育技术、竹笋生态农业循环技术、有机农业生产技术等。

建设内容:竹林-特禽(肉兔)生态养殖示范基地、竹林-竹笋生态示范基地、竹林-竹菌生态示范基地、竹林-竹禽-竹笋复合型生态示范基地、竹林+竹鼠生态养殖基地。

(2)构建以石斛为载体的"丹霞石石斛-岩壁石斛-林木石斛"生态产业模式

发展思路:结合现有的石斛生态栽培模式,选择适合石斛共生的遮阳树种、生境苔藓,进行生态仿生栽培,实现优质与高效的石斛生产。

技术支撑:石斛生态栽培技术、石斛有机农业生产技术。

建设内容:金钗石斛保护与生产(野生抚育)基地、丹霞石石斛生态生产基地、岩壁石斛生态生产示范基地、丹霞石+林木+石柱型石斛生态生产基地、丹霞石+基质+林果复合型生态生产示范基地、丹霞石田坝型生态生产示范基地。

(3)构建以坡地为载体的"茶果-中药-花卉苗木"梯形生态生产模式

发展思路:充分利用赤水市众多中缓坡地带,发展以果茶、中药材、花卉苗木为主导的生态农业产业,在发展特色农业的基础上,获得较好的收益,同时,维护生态的平衡。

技术支撑:有机农业生产技术、现代农林药生产配套技术。

产业项目:大同镇大同村望云峰"茶果生态休闲农业"基地、安镇三佛村佛手中药生态生产基地、宝源乡玉丰村香水莲花生态生产基地、宝源乡回龙村方碑云海神农香菊生态生产基地、石堡乡红星村林下中药生态栽培示范基地、石堡乡大滩村菖蒲文化示范园、石堡乡益群村宽叶缬草生态生产基地、长期镇太平村白芨中药生态生产基地、元厚镇米粮村台湾特色林果生态示范基地。

(4)构建以丘陵山区坝坪为载体的"坪坝蔬菜"生态农业生产模式

研究范围:长期、官渡、葫市、两河口、复兴、宝源等乡镇。

发展思路:保护挖掘地方特色品种,引进食药价值高的新的高山蔬菜品种。充分发挥赤水市夏秋凉爽的气候优势,发展早熟及次早熟蔬菜基地,采用有机农业、绿色农业、无公害农业生产标准,进行坪坝蔬菜生态生产,带动乡村经济的振兴与发展。

地方品种:树仔菜、心形黄瓜、杭椒、藠头、虾仔辣椒。

地方特色品种:"奶奶青菜"(叶茎下端突出部呈奶嘴样而得名)、"杆杆青菜"(又称甜青菜,因青菜叶茎呈杆状而得名)、"缺缺青菜"(叶面边缘呈不规则锯齿状而得名)、解放菜等。

引进品种：大球盖菇，又名皱环球盖菇、皱球盖菇、酒红球盖菇。

未来引进品种：圆叶遏蓝菜、长寿菜、莳菜。

技术支撑：绿色、有机蔬菜生产技术，蔬菜生态栽培技术。

产业项目：宝源乡圆叶遏蓝菜生态生产基地、复兴镇凯旋村设施循环农业生态生产基地、两河口镇马鹿村生态蔬菜生态生产基地、葫市镇尖山村特色蔬菜生产基地、官渡镇火苕生产基地（和平村、龙宝村、鱼湾村）。

(5)构建以小池塘、稻田为载体的"鱼＋稻＋桑""鱼＋塘＋草""沟＋石蛙"高山生态水产生产模式

研究范围：研究范围内乡镇。

发展思路：2016 年 12 月，农业部发布了《关于赤水河流域全面禁渔的通告》，2017 年开始赤水河全面禁渔工作。这对赤水市保护生态环境，发展山地生态渔业是一个良好的机遇。迅速建立起一套高效、生态、特色的高山生态水产模式，摒弃传统池塘饲料喂养模式，是一个新的发展思路和模式。在赤水市现有的天然池塘放养的基础上，种植鱼草、桑叶、蚕豆等优质鱼饲料，对于提高养鱼产量、改善鱼肉品质，是一项很好的高效生态饲养模式。

技术支撑：桑基鱼塘、果基鱼塘、草基鱼塘养殖技术，石蛙、娃娃鱼等特色水产养殖技术。

产业项目：宝源乡药用水蛭生态养殖基地、宝源乡大鲵（娃娃鱼）生态养殖基地、大同镇中华倒刺鲃鱼生态养殖基地、石堡乡清溪沟生态鱼养殖基地、长期镇冷水鱼生态养殖基地、长沙镇生态鱼养殖基地、白云乡生态鱼养殖基地、天台镇竹叶鱼生态养殖基地、两河口竹叶鱼生态养殖基地、元厚镇陛诏村生态养殖基地、丙安镇艾华村石蛙生态养殖基地、丙安镇生态鱼养殖基地。

(6)构建以岩壁、石穴洞为载体的"丹霞岩蜜"生态养殖模式

研究范围：石堡、官渡、两河口、元厚等乡镇现有的养殖基地。

发展思路：赤水市山区农户有着岩壁、石洞、树干置箱养殖蜜蜂的传统和习惯。近年来，随着社会大众对生态原产蜂蜜需求的不断增长，生态养蜂业成了山区农户致富的一项重要手段。赤水市山区面积广阔，蜜源植物丰富，发展生态蜂业是一项具有可持续性的生态农业好项目。

技术支撑：中草药等特色蜜源植物栽培技术、高效特色蜂箱应用。

建设内容：石堡乡清溪沟村生态养蜂基地、两河口盘龙村和马鹿村生态养蜂基地、元厚镇虎头村生态养蜂基地、官渡镇金宝村丹霞生态养蜂基地（苦蜜）。

18.7.4　赤水市生态农业行动计划

(1)生态农业技术引领

① 重点生态农业高新技术

以农业生物技术和农业信息技术为主导，使未来农业由"资源依存型"向"生态科技型"转变。未来赤水市主推的生态农业技术如下。

常用技术：多维用地技术、物质能量多级利用及有机废弃物转化再生技术、物质良性循环技术、有害生物综合防治技术、生物能及再生能源的开发利用技术、农林（竹林、竹园）生产自净技术。

农业技术的生态化改造：肥料、农药、薄膜的生态化改造，微生物利用技术，精确农业技术体系（信息技术、生物技术、山区农林小型工程装备技术等），无土基质栽培技术类（箱式基质栽培、袋培、槽式基质栽培、墙体栽培等），金钗石斛-花卉蔬菜育苗技术类（工厂化无土育苗、电热温床育苗、蔬菜嫁接育苗、扦插育苗技术等），露地果树栽培技术类（果树育苗、果树嫁接、果树整形修剪、果树矮化密植技术等）。

② 栽培实用技术

物理技术：土壤连作障碍电处理、臭氧土壤消毒、电热硫黄熏蒸防病 、紫外线杀菌、高压静电杀菌、黄板/蓝板物理防虫、太阳能灯物理杀虫、空间电除雾等技术。

生物技术：酵素农业技术、秸秆生物反应堆、熊蜂授粉、声波助长器应用、保护和利用害虫天敌、趋避效应应用、二氧化碳施肥增产等技术。

（2）生态农业行动计划

① 行动目标

创建具有引领作用的生态农业典型模式 6 大类、65 个生态产业项目，初步构建良好的农林生态模式及产业体系。

农林废弃物利用资源化程度明显提高，主要农作物废弃物利用率达到 90％以上，农作物秸秆综合利用率达到 100％，规模化养殖场（区）畜禽粪便综合利用率达到 75％，林业废弃物综合利用率达到 80％以上。

② 推进思路

重点发展生态农业、循环农业，建立生态农业循环经济示范园、示范基地，倡导物质的循环利用和多级利用，培育具有引领作用的生态循环农业示范主体。

资源利用合理化：结合生态农林示范基地建设，在充分利用赤水市"山水林田草湖石"资源的基础上，合理开发坡地、沟域土地资源，在加强水土保持，保持生物多样性的前提下发展"农林药"产业、休闲观光农业。

推进生产过程清洁化：加强农业面源污染防治和农业生态环境保护。实施"到 2020 年农药使用量零增长行动"，推进绿色防控，全面推广高效、低毒、低残留农药；严禁使用国家禁止的高毒、高残留农药。

推进农林废弃物利用资源化：推进秸秆综合利用。重点推进秸秆过腹还田、腐熟还田和机械化还田。推进畜禽粪便资源化利用。在畜牧业养殖场推广畜禽废弃物干湿分离和设施化处理技术，推广应用有益微生物生态养殖技术，控制畜禽养殖污染物有序排放。推进农产品加工副产物综合利用。鼓励综合利用企业与合作社、家庭农场、农户有机结合，把副产物制作成饲料、肥料、食用菌基质等，实现综合利用、转化增值、治理环境。

推广总结多种循环农业发展典型模式，构建农业循环经济产业链：重点构建农牧结合型生态养殖模式、林业循环经济模式，总结凝练一批可借鉴、可复制、可推广的循环农业先进适用技术、循环农业发展典型模式，推动农业发展方式转变。大力发展林下经济，推广林上、林间、林下立体开发产业模式，建立林下循环经济示范基地 15 个以上，实现林菌、林药、林下养殖、林产品加工、林业废弃物的综合利用。

第19章　清洁能源和生态工业体系

能源安全关系国家经济发展命脉,而工业更是国民经济的主导。应对气候变化,一方面能源革命已然如火如荼地展开,而工业虽是重灾区,更是主力军。另一方面,新旧更替不会一蹴而就,未来一段时间,传统能源依然占据半壁江山,新能源不稳定带来若干不确定。

百年未有之大变局,危中有机,提前谋划,积极应对,结合"十四五"发展契机,思考生态工业高质量发展问题。当前学界研究的理论趋于传统,不足以应对全球气候变化和能源革命的新变化和新要求,各方都在积极努力探索中。

本章首先回顾能源革命历史和我国能源利用现状,提出构建新时代能源体系的目标、体系、重点和路径,重点发展清洁能源和可再生能源,大力发展储能产业,鼓励发展数字化能源和储能产业。其次梳理从清洁生产,到绿色工业,到工业生态化的生态工业理论以及各国(或地区)实践;再从全球工业绿色化发展趋势,到我国工业面临的机遇和挑战。最后以生态工业园和工业互联网为重点,进一步探讨我国生态工业高质量发展的目标、模式和路径。

生态工业规划实践方面,选取了两个案例:一是以山西省大同市为例,着重研究资源型城市工业化如何转型升级,如何选择和培育替代产业。二是以贵州省赤水市为例,以尊重生态环境和资源为前提,实现生态工业的内生成长,并与生态环境、生态城市共生共存。

19.1　关于能源和工业的思考

19.1.1　再思考

(1)化石能源时代的"碳繁荣"和"碳痛点"

化石能源以其独特的优势改写了人类文明的发展进程,成就了人类社会的"碳繁荣",对世界各国的社会主体技术群、产业结构、经济基础和发展范式具有决定性和锁定性影响。化石能源的固有弊端、过度消耗和高度依赖,已经成为影响人类可持续发展的现实危机,可能引发生态危机、气候危机和经济危机,并引发贫困危机、地缘政治危机两种次生风险。

(2)需求日益增长和资源过度消耗的矛盾

人类日益增长的消费需求和对全球生态资源过度消耗,已经对全球生态环境产生了不可逆的影响。美国环保组织"全球生态足迹网络"(GFN)测算,约从1970年起,人类对自然的索取开始超越地球生态的临界点。根据过去数十年的趋势显示,几乎每隔10年,提前透支地球的生态产品和服务都会导致生态资源耗尽提前1个月到来。2019年7月29日,人类已经把地球1年内的可再生资源消耗殆尽。

(3)能源和工业既是碳中和的困难户又是主力军

粗略估算,目前全球碳排放量每年约为401亿吨二氧化碳,其中86%源自化石燃料利用,14%由土地利用变化产生。排放出来的这些二氧化碳,大约46%留在大气,23%被海洋吸收,31%被陆地吸收。假如我国不得不排放的二氧化碳为每年25亿~30亿吨,那么电力系统为10亿吨,工业为10亿吨,水泥为5亿吨,其他为0~5亿吨。由此可见,在我国的碳中和之路上,能源和工业是重中之重,既是困难户,又是主力军。

(4)科技始终是社会变革的源动力和主动力

能源的变革或替代引发社会主体技术群的全面进步,而科技的进步最终打破并重构固有的经济基础、社会结构、政治制度和思想观念,引发一系列社会变革。以能源的转型为例,其关键在于科技突破。能源转型是从化石能源向可再生能源的深度电气化转型,更是构建辅以物联网操作系统的新碎片化波动的能源系统。

19.1.2 再认知

(1)误区一:生态工业是危机,弊大于利

狄更斯在《双城记》中提到:"这是一个最好的时代,也是一个最坏的时代。"有人认为发展生态工业是历史的倒退,是不得已而为之,是弊大于利。如果基于全球生态现状和经济发展阶段,生态工业无疑是最优选择,更是未来发展的方向。发展生态工业,是一次历史性机遇,实质是新一轮科技和产业革命。

(2)误区二:发展生态工业仅仅是环境治理问题

发展生态工业是涵盖生态工业制造体系、产业结构、国际分工格局等的发展战略性问题。加快推进能源行业转型发展,逐步提升我国环境标准,加大节能环保产业投入,推动实现绿色循环低碳发展,从源头上解决生态环境问题。抓住新一轮科技革命和产业变革机遇,构建生态经济体系,提供生态产品和服务。

(3)误区三:生态工业一定是高科技工业

生态工业不以高科技含量为标准。但随着全球新一轮科技革命开展,高科技工业未来一定是遵循低碳、节能、循环等原则开展的生态工业的重要形态。

19.1.3 再协调

(1)正确认识与处理好减污降碳和能源安全的关系

实现碳达峰、碳中和是一场广泛而深刻的经济社会系统性变革,事关中华民族永续发展和构建人类命运共同体。从能源安全的角度,能源结构和系统形态将面临巨大变革,短期内需要承受转型与变革的阵痛,但从长远来看,坚定不移地走生态优先、绿色低碳的高质量发展道路,逐步减少对化石能源的依赖,才能实现我国能源本质安全。

从近期看,减污降碳有助于缓解能源供应保障压力。2020 年我国能源消费总量在 49.8 亿吨标准煤左右,单位 GDP 能耗是世界平均水平的 1.5 倍,能源效率仍然偏低,节能降耗的空间很大。强化减污降碳,有助于以较低的能源消费增速支撑较快的经济社会发展,避免透支未来的战略资源、环境空间和发展潜力。

从长远看,减污降碳是保障我国能源安全的战略选择。根据有关研究机构初步测算,到 2060 年,我国非化石能源消费占比将由目前的 16% 左右提升到 80% 以上,非化石能源发电量占比将由目前的 34% 左右提高到 90% 以上,建成以非化石能源为主体、安全可持续的能源供应体系,实现能源领域深度脱碳和本质安全。

(2)有序且逐步实施清洁能源替代化石能源计划

新旧兼容,电储并蓄,稳字当先。我国已制定更加积极的新能源发展目标——加快发展风电和太阳能发电,因地制宜开发水电,在确保安全的前提下积极有序地发展核电,加快推进抽水蓄能、新型储能等调节电源建设,增强电力系统灵活调节能力,大力提升新能源消纳水平。

(3)传统用能模式与绿色用能模式的共存与平衡

实现碳达峰、碳中和,以经济社会发展全面绿色转型为引领,重点领域乃至全社会推行绿色用能模式,兼顾与传统用能模式的共存、平衡和过渡。采取严格的能耗标准,支持推动工业、建筑、交通等重点行业和领域非化石能源的替代和用能方式的改变。推动加快发展新能源汽车、建筑光伏一体化等绿色用能模式,提升全社会电气化水平。到 2025 年实现单位 GDP 能耗较 2020 年降低 13.5%,单位 GDP 二氧化碳的排放较 2020 年降低 18% 的目标(数据来源:中华人民共和国国民经济和社会发展第十四个五年规划纲要)。

（4）有力高效的政策、制度保障措施应先行一步

由国家能源局牵头，正在研究推动能源领域碳达峰、碳中和的实现路径和任务举措，围绕促进能源低碳智慧转型、新能源高质量发展、新型电力系统建设、新型储能发展等重点任务，制定配套政策措施，同时抓好国家和省级"十四五"能源规划衔接工作，把可再生能源的电力消纳责任权重、节能减排和碳达峰等目标落实到规划中，充分发挥规划的引领作用，压实各级各地碳减排责任，支持有条件的地方率先实现碳达峰（图 19-1）。

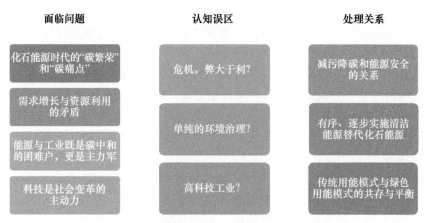

图 19-1　能源与工业本质的思考和分析

19.2　能源革命：从化石能源迈向清洁能源的历史性变革

19.2.1　能源变革历史与利用现状

（1）能源变革历程

① 化石能源成就了人类社会"碳繁荣"

能源革命曾经多次塑造世界，人类社会经历了原始文明、农业文明、工业文明和生态文明四个主要历史发展阶段，经历了两次科学革命（第一次科学革命发生于 16 世纪，以哥白尼天文学和牛顿经典力学为代表；第二次科学革命发生在 19 世纪，以相对论和量子论为代表）和三次工业革命（即机械化革命、电气化革命、自动化和信息化革命），同时人类社会也经历了四次社会主体能源的重大变革，即柴碳能源时代、煤炭能源时代、油气能源时代和综合能源时代。

工业革命之前，水能、风能和化石能源都已经被人类发现并广泛使用，但只有化石能源成为社会主体能源。化石能源具有三大独特性质：一是能量密度高、转化效率高、能量转化过程相对简单并且可控；二是能源形式多样、分布广泛、储量丰富、经济性高，可以大规模开发利用；三是可按需开采、封装储运和燃烧转化。经过长期技术进步，人类已经形成了成熟、高效的化石能源开采提炼和转化使用技术，这是化石能源能够成为支撑整个人类工业文明时代主体能源的关键。

化石能源整体占世界一次能源消费总量的比重一直维持在 85% 以上，其独特的优势改写了人类文明的发展进程，成就了人类社会的"碳繁荣"，对世界各国的社会主体技术群、产业结构、经济基础和发展范式具有决定性和锁定性影响。但人类对化石能源的高度依赖、化石能源的固有弊端和大量无节制消耗，已经成为影响人类可持续发展的现实危机，可能引发生态危机、气候危机和经济危机三种直接危机，并引发贫困危机、地缘政治危机两种次生风险。全球能源战略和供需格局已进入深度调整变革期，构建以清洁能源为主体的清洁低碳、安全高效能源体系，已成为全世界的共识和新一轮能源革命不可逆转的必然

趋势。从人类命运共同体和经济全球化视角看,这是人类社会实现可持续发展的必然趋势(卢纯,2021)。

② 各国资源禀赋与新能源革命

世界各国资源禀赋与技术优势的不同,决定了能源清洁低碳转型路径存在差异。

欧盟煤炭、石油、天然气资源匮乏,能源消费量大,但能源产量低,化石能源高度依赖进口,从而决定了其清洁低碳转型路径为大力发展非化石能源。英国采取"弃煤,增气,大力发展可再生能源"的减碳路径,1965—2020年煤炭消费占比降低56%,天然气消费占比增加14%,可再生能源占比增加13%;法国采取"保证核能基础性地位,大力发展可再生能源"的减碳路径,核能占比达到37%,可再生能源占比增加6%;德国采取"弃煤,弃核,大力发展可再生能源"的减碳路径,煤炭消费占比降低45%,核能占比降低6%,可再生能源占比增加16%。中国和印度资源禀赋相似,富煤但油气资源相对不足,短期内实现能源转型任重道远,只能考虑适合本国国情的低碳转型路径。

美国的煤炭、石油、天然气资源丰富,虽然能源消费量大,但能源产量较高,可基本实现自给,从而决定了其清洁低碳转型路径为大力发展天然气和可再生能源。2005年,美国能源消费达峰后长期保持总量稳定,天然气和可再生能源大量替代煤炭。2005—2020年,美国天然气消费占比由23%增至34%,可再生消费占比由1%增至7%。经测算,天然气和可再生能源替代煤炭减排约7.5亿吨二氧化碳,约占美国2005年以来碳减排总量的82%。

日本已完成工业化阶段,高能耗产业已退出或转移,经济增长与能源需求基本脱钩,通过节能和能效提升,控制能源消费总量、优化消费结构是实现碳减排的最主要途径。早在1996年,日本能源消费量就已经达峰,后期由于煤炭消费的增长,碳排放量仍处于增长期。2008—2020年,日本煤炭消费保持平稳,石油消费大幅下降,可再生能源增加,二氧化碳排放量快速下降。

各国经验表明,推进煤炭高效清洁利用,加快清洁用能替代,大力发展可再生能源和天然气是我国实现碳中和目标的现实选择。

(2)我国能源利用现状

我国作为全球最大的能源消费国和二氧化碳排放国,单位GDP能耗与碳排放量远高于发达国家,但历史人均累计碳排放量远低于发达国家。2020年,我国能源消费总量为49.8亿吨标准煤,能源相关的二氧化碳排放量约99亿吨,占全球总排放量的30.9%,比美国(13.9%)、印度(7.2%)和俄罗斯(4.5%)的总和还要多,居全球第一。2020年,我国单位GDP能耗为3.4吨标准煤/万美元,单位GDP碳排放量为6.7吨二氧化碳/万美元,均远高于世界平均水平及美国、日本、德国、法国、英国等发达国家。我国历史人均累计的碳排放量约为164吨二氧化碳/人,低于世界平均水平214吨二氧化碳/人,远低于美国1232吨二氧化碳/人、英国925吨二氧化碳/人、法国521吨二氧化碳/人,如图19-2所示(苏健 等,2021)。

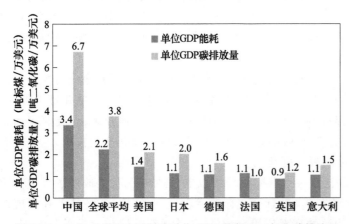

图19-2 2020年世界主要国家单位GDP能耗和二氧化碳排放量

从能源消费总量来看,2020年我国能源消费总量世界第一,占比超过全球总量的1/4,CO_2排放占全球总量的1/3。从能源消费结构来看,我国仍以化石能源消费为主,2020年占比超过84%;我国能源消费仍有一半以上的来源是煤炭,远高于全球能源消费结构中的煤炭占比。从我国发电类型来看,2020年全国总发电量中约68%来自于火电(图19-3)。根据我国不同行业碳排放数据来看,发电与热力(占比51%)和工业(占比28%)是我国来源最大的2个碳排放行业。从碳达峰时间看,20世纪90年代之前,欧盟主要国家已实现碳达峰,美国也于2007年实现碳达峰。欧盟主要国家提出2050年实现碳中和,从实现碳达峰到碳中和有60年以上时间;而我国因起步较晚,要实现碳达峰(2030年)到碳中和

(2060 年)的目标,时间只有欧盟主要国家的一半不到。我国需要用更短的时间,将占比达 84% 的化石能源转变成净零碳排放能源体系,时间紧、任务重,这是第二大挑战。

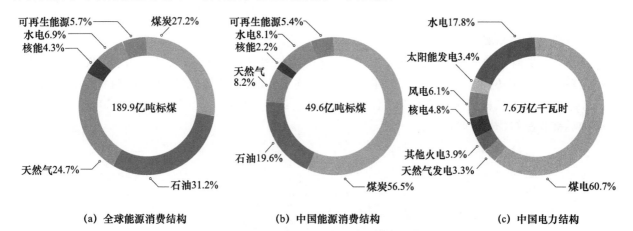

可再生能源5.7%　煤炭27.2%
水电6.9%
核能4.3%

189.9亿吨标煤

天然气24.7%
石油31.2%

(a) 全球能源消费结构

可再生能源5.4%
水电8.1%
核能2.2%
天然气8.2%

49.6亿吨标煤

石油19.6%
煤炭56.5%

(b) 中国能源消费结构

水电17.8%
太阳能发电3.4%
风电6.1%
核电4.8%

7.6万亿千瓦时

其他火电3.9%
天然气发电3.3%
煤电60.7%

(c) 中国电力结构

图 19-3　2020 年全球能源消费结构、中国能源消费结构和电力结构
(数据来源:英国石油公司、中国电力企业联合会)

我国发电的方式主要有火力发电(煤等可燃烧物)、水力发电、太阳能发电(光伏发电)、大容量风力发电、核能发电、氢能发电、潮汐发电、生物能发电、地热能发电等。

(3)我国能源领域成绩

2014 年,习近平总书记创造性提出"四个革命、一个合作"能源安全新战略,为新时代中国能源发展指明了方向。党的十八大以来,我国坚定不移推进能源革命,能源生产和利用方式发生重大变革,能源发展取得了历史性成就,为"十四五"开好局、起好步奠定了有利基础。

① 清洁低碳转型更快

2020 年,我国非化石能源占一次能源消费比重达到 15.9%,较 2012 年提高 6.2 个百分点,煤炭消费占比降至 56.8%,较 2012 年下降 11.7 个百分点,能源消费结构向清洁低碳加快转变。

② 供给能力质量更强

党的十八大以来,我国建立起多元清洁的能源供应体系,能源自主保障能力始终保持在 80% 以上。水电、风电、光伏、在建核电装机规模等多项指标保持世界第一,到 2020 年底,清洁能源发电装机规模增长到 10.83 亿千瓦,占总装机比重接近 50%。

③ 科技创新动力更足

我国建立了完备的清洁能源装备制造产业链,化石能源清洁高效开发利用技术水平明显提升,建成全球规模最大、安全可靠的电网,供电可靠性位居世界前列,技术进步已经成为推动能源发展动力变革的基本力量。

市场发展活力更强。深化重点能源领域和关键环节市场化改革,构建有效竞争的能源市场。油气勘探开发市场有序放开,油气管网运营机制改革取得关键进展;全国统一电力市场体系建设积极推进,逐步构建起了以中长期交易为"压舱石"、辅助服务市场为"稳定器"、现货试点为"试验田"的电力市场体系。

④ 国际合作全面开展

我国大幅度放宽外商投资准入,促进能源贸易和投资自由化、便利化;与 29 个国家发起成立"一带一路"能源合作伙伴关系,积极参与多边机制下的能源国际合作。

⑤ 惠民利民保障更实

新一轮农网改造升级,全国农村大电网覆盖范围内全部通电,农村电气化率达到 18%;建成 2636 万千瓦光伏扶贫电站,惠及 6 万个贫困村、415 万贫困户;北方地区清洁取暖取得明显进展,清洁取暖率提升到 65% 以上。

19.2.2 新时代新能源体系

(1)发展目标

① 一次性能源预测

我国一次能源消费总量预测。通过对各研究机构的模拟研判分析,我国一次能源消费量预计 2030 年前后达峰,峰值 52.9 亿~61.4 亿吨标准煤,年均值 55.7 亿吨标准煤,碳达峰后将快速进入下降期。综合研判,预计我国一次能源消费总量 2030 年左右达峰,峰值约 56 亿吨标准煤,2060 年有望降至 45 亿吨标准煤左右(图 19-4)。

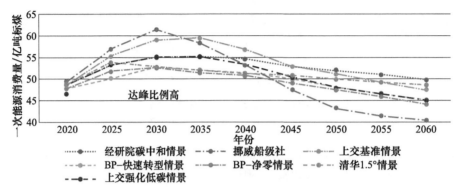

图 19-4　7 种对我国碳中和情景一次能源消费量预测对比

(数据来源:中国石油经济技术研究院《2050 世界与中国能源展望》(2020 版),贝励工程设计咨询有限公司《中国宣布力争 2060 年前实现碳中和这一承诺的影响》,挪威船级社《2020 年能源转型前景展望大中华区区域预测》,BP 公司 *Energy Outlook* 2020,清华大学气候变化与可持续发展研究院《中国长期低碳发展战略与转型路径研究》,上海交通大学《"能源战略 2035"专题报告》等)

② 能源消费结构及碳排预测

通过对 8 种可实现碳中和情景进行综合预测,统筹考虑天然气资源丰富、同热值天然气碳排放量不到煤炭一半、天然气发电是灵活高效的调峰电源、天然气可支撑可再生能源发展等诸多优势,研究推荐情景为天然气大发展情景。推荐情景中,煤炭消费预计 2025 年前达峰,占比持续下降,2030 年煤炭消费占比降至 43% 左右,2060 年降至 4.7%;石油消费预计 2025—2030 年达峰,峰值约 7.3 亿吨,2060 年石油消费降至 2 亿吨左右,占比 6.4%;天然气消费预计 2035—2040 年达峰,峰值约 6800 亿立方米,2060 年天然气消费降至 6000 亿立方米左右,占比 17.6%;非化石能源消费占比持续提升,预计 2030 年占比提升至 25% 以上,2060 年提升至 71.3%。

③ 能源体系目标

构建清洁低碳安全高效的能源体系,控制化石能源总量,着力提高利用效能,实施可再生能源替代行动,深化电力体制改革,构建以新能源为主体的新型电力系统。

(2)能源变革

① 供给侧变革

面向碳中和的能源变革如图 19-5 所示,2020 年底我国分类型发电装机容量如图 19-6 所示。

a. 电力零碳化

目前,全球高达 41% 的碳排放来自于电力行业,我国更是高达 51% 碳排放来自于发电和热力,电力脱碳与零碳化是实现碳中和目标的关键。

实现电力脱碳与零碳化,首先要大力发展可再生能源发电。近 10 年来,我国可再生能源实现跨越式发展,可再生能源开发利用规模稳居世界第一。2020 年,我国可再生能源发电量占比全社会用电量 29.5%,总发电量达到 2.2 万亿千瓦时;截至当年年底,我国可再生能源发电装机占比总装机 42.4%,总规模已达到 9.3 亿千瓦。可再生能源发电成本也在不断下降,全球光伏发电成本在过去 10 年(2010—

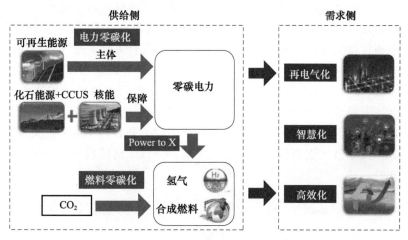

图 19-5 面向碳中和的能源变革

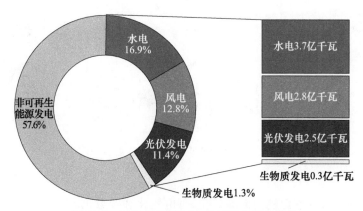

图 19-6 2020 年底我国分类型发电装机容量

2020 年)下降了 85% 左右。

实现电力脱碳与零碳化,核心是构建以新能源为主体的新型电力系统。高比例新能源和海量负荷的双重随机性与波动性,给电网功率平衡和安全运行带来了很大挑战,亟须变革"源随荷动"的传统电力供给模式,提高电力系统灵活性。重点突破区域电力系统"源网荷储"的深度互动与调控方法,提升电力电子化电力系统韧性,进行基于大数据电力供给和需求的预测与管理,建立电力分散自治互信交易机制。要深化电力体制改革,创新电力市场机制和商业模式。依赖遍布全国的分布式光伏发电和风电,将每一个建筑物转化为微型发电厂,大力发展虚拟电厂、智能微电网和储能技术,部署更多的新能源装机容量,发出与消纳更多的新能源电量,使常规火力发电从现在的基荷电力转变为调峰电力,实现电力脱碳与零碳化。

要实现电力脱碳与零碳化,化石能源发电可通过 CCUS 实现净零碳排放。"碳新能源发电+储能"与"火电+CCUS"将是不可或缺的技术组合,它们间的深度协同将成为未来清洁零碳、安全高效能源体系的关键。根据国际能源署研究结果,可持续发展情景下,2045 年前全球将淘汰所有非碳捕获与封存(CCS)煤电机组,将有 1000 太瓦时的电力由煤电结合 CCS 技术生产。因此,要加大 CCUS 技术研发投入,降低成本及能耗;研发新型吸收剂、吸附剂和膜分离材料,针对碳捕集、分离、运输、利用、封存及监测等各个环节开展核心技术攻关;要尽快建立 CCUS 标准体系及管理制度、CCUS 碳排放交易体系、财税激励政策、碳金融生态,推动火电机组百万吨级 CO_2 捕集与利用技术应用示范,实现 CCUS 市场化、商业化应用。

b. 燃料零碳化

燃料零碳化是以太阳能、风能等可再生能源为主要能量制取可再生燃料,包括氢、氨和合成燃料等。

基于零碳电力的可再生燃料制取,将创建一种全新的"源-储-荷"离线可再生能源利用形式,有望使交通和工业燃料独立于化石能源,实现燃料净零碳排放。可再生燃料是一项极具潜力的变革性技术,可为国家能源战略转型与碳中和目标实现提供全新的解决方案。可再生合成燃料是利用可再生能源通过电催化、光催化、热催化等转化还原 CO_2,以合成碳氢燃料或醇醚燃料,具有能量密度高、输运和加注方便、可利用目前加油站等基础设施、社会应用成本低等优点。诺贝尔化学奖得主乔治·安德鲁·欧拉等于 2006 年在著作《跨越油气时代:甲醇经济》中提出了利用可再生能源将工业排放及自然界的 CO_2 转化为碳中性醇醚燃料的观点。2018 年,施春风、张涛、李静海、白春礼 4 位院士联合在 *Joule* 发文提出,如果人类想要获取、储存及供给太阳能,关键就在于如何将其转化为稳定、可储存、高能量的化学燃料,"液态阳光"将可能成就未来世界(图 19-7)。

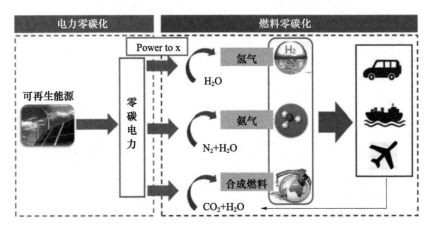

图 19-7　基于零碳电力的可再生燃料制取

② 需求侧变革

在能源需求侧,要加快实现能源利用的高效化、再电气化和智慧化。

a. 高效化

能源利用高效化、节能减碳是碳达峰、碳中和最基础的重要工作。2012 年以来,我国单位 GDP 能耗累计降低 24.4%,明显高于全球平均降速;但是,值得注意的是,2019 年我国单位 GDP 能耗仍高于全球平均水平 50%,是英国、日本的 3 倍左右,节能减碳潜力可观。我国要加大节能、节水、节材、减碳等先进技术研发和推广力度,全面推进电力、工业、交通、建筑等重点领域节能减碳;加快对电力、钢铁、石化化工、有色金属、建材等高耗能、高碳排放行业企业,以及交通运输车辆设备和公共建筑,实施节能和减碳技术改造,以降低单位 GDP 能耗和碳排放强度。

b. 再电气化

再电气化是指在传统电气化基础上,实现基于零碳电力的高度电气化;未来碳中和社会的能源一定是围绕零碳电力展开的。2018 年全球电气化水平,即电能占终端能源消费的比重仅为 19%,我国为 25.5%,预计 2050 年全球电气化水平将高于 50%。在加速零碳电力供给的基础上,加快工业、建筑、交通等领域的再电气化,是提高能源利用效率、实现能源利用脱碳和零碳的重要途径。

c. 智慧化

智慧化是通过互联网、物联网、人工智能、大数据、云技术等信息与控制技术,将人、能源设备及系统、能源服务互联互通,使电源、电网、负荷和能源存储深度协同,实现能源流与信息流的高度融合。把多种多样的分布式发电源和海量的负荷通过网络构架起来,给每个单元赋予智能,实现能源生产、交易、利用的高效化,以及能源基础设施的共享,这是提高能源利用效率、最大限度地消纳可再生能源的重要手段。区块链技术使数据或信息具有"全程留痕""可以追溯""公开透明""集体维护"等特征,将改变能源系统生产和交易模式,实现点对点新能源生产、交易、基础设施共享。例如,未来人们通过手机应用程序(APP)就能方便地把自家屋顶多余的光伏电卖给附近需要给电动汽车充电的陌生人,这种点对点的交易系统使能源系统中各节点成为独立的产销者。

③ 能源发展大趋势

面向碳中和的能源发展大趋势是通过能源变革,大力推进能源供给侧的电力脱碳与零碳化、燃料零碳化,以及能源需求侧的能源利用高效化、再电气化和智慧化。化石能源,尤其是煤炭将转变为保障性能源,通过 CCUS 实现化石能源净零碳排放,同时稳步发展核电;在此基础上,构建以新能源为主体、"化石能源＋CCUS"和核能为保障的未来清洁零碳、安全高效能源体系。

在能源生产形式上,将从现有电力系统自顶向下的树状结构(发电-输电-配电-用电)走向扁平化、大量分布式能源自治单元之间相互对等互联的结构。这种能源互联使可再生能源分层接入与消纳得以实现,构建以新能源为主体的新型电力系统。

在能源生产和消费的主体上,将从能源生产者、消费者互相独立转变为能源产销者一体。随着分布式能源系统和智能微网、局域网技术的日益成熟及电动汽车普及,电网中分散电源和有源负荷将不断增长,每一个建筑物转化为微型发电厂,原本需求侧的用户将扮演消费者和生产者的双重角色,成为独立的能源产销者。

在能源结构上,化石能源从主体能源逐步转变为保障性能源,在一次能源消费中的占比将大幅降低,可再生能源从补充能源变为主体能源,比例会持续大幅度提高。能源利用从高碳走向低碳,最后走向零碳能源的时代,这种变化将是革命性和颠覆性的。

(3)明确重点

① 碳中和愿景下的能源变革包括供给侧的电力零碳化、燃料零碳化,以及需求侧的能源利用高效化、再电气化、智慧化

电力脱碳与零碳化是实现碳中和目标的关键和重中之重,碳中和社会的能源一定是围绕零碳电力展开的。提高非碳基电力发展速度和供给能力,构建以新能源为主体的新型电力系统,是时不我待的重点。

② 面向碳中和,化石能源尤其是煤炭将转变为我国的保障性能源

CCUS 是目前实现大规模化石能源零碳排放利用的关键技术,结合 CCUS 的火电将推动电力系统净零排放,平衡可再生能源发电的波动性,提供保障性电力和电网灵活性。"新能源发电＋储能"与"火电＋CCUS"将是不可或缺的技术组合,这些将构成以新能源为主体、"化石能源＋CCUS"和核能为保障的未来清洁零碳、安全高效能源体系。

③ 碳达峰是量变,碳中和是质变,仅通过碳达峰的量变走不到碳中和的质变

如果没有能源变革、没有经济社会系统性社会变革、没有一场绿色革命,不可能实现碳中和。面向碳中和的未来能源,其核心是由一系列颠覆性、变革性能源技术作为战略支撑,形成的全新能源体系。

④ 实现"双碳"目标特别是碳中和与经济社会发展不是对立关系,不是"赛道超车"而是"换赛道",是重新定义人类社会的资源利用方式,是挑战更是机遇

碳中和将引领构建全新的零碳产业体系,人类将从基于自然禀赋的能源开发利用,走向基于技术创新的新能源开发利用。谁在零碳技术创新占据领先,谁就是"新赛道"上的"领跑者",谁就有可能引领下一轮产业革命。

⑤ 面向碳中和的能源变革,绝不仅是能源和环境问题

这是全局性、系统性问题;不是一蹴而就的,而是要循序而进、先立后破。能源变革的路径需要基于技术、市场和政策法规等多层面进行科学设计与决策(黄震,2021)。

(4)实施路径

① 谋划好碳中和实施路径的顶层设计

碳中和关乎社会经济发展的各个方面。建议尽早谋划我国碳中和实施路径,设定国家碳排放总量控制分阶段目标并明确地区、行业责任;与各省(区、市)和关键中央企业签订碳达峰、碳减排目标责任书,明确目标任务,抓好过程管理和评估考核,积极做好国家层面的统筹协调。英国、日本、墨西哥、欧盟、韩国、菲律宾、美国加利福尼亚州等国家和地区已经通过了应对气候变化法律。鉴于立法已经成为主要国家和

地区应对气候变化的重要抓手,建议我国尽早启动碳达峰、碳中和相关立法工作。

② 将示范区建设纳入国家碳中和长期战略

我国既要如期实现碳中和目标,也要实现碳减排和经济发展两不误,特别是煤炭、油气工业的稳定可持续发展对地区经济发展和社会稳定具有重要战略意义。西部地区是我国重要的石油化工基地,同时也是全国最大的煤炭资源转化产业基地。例如,新疆年排放二氧化碳达 5.8 亿吨,其中 80% 来自煤炭。碳中和约束下,清洁低碳发展是能源工业的唯一选择,也是迫切的需求。建议西部地区作为西气东输、西电东送等重大基础设施的发源地,作为碳排放的重点,输出清洁能源的同时,应采取有关措施将碳汇指标返还西部。

③ 推进煤炭高效清洁化利用和高质量发展

大力推进煤炭高效清洁化利用可有效控制二氧化碳排放,解决燃煤发电的清洁高效问题是煤炭高效清洁利用的重中之重。建议利用煤炭与可再生能源良好的互补性,将燃煤发电与可再生能源发电优化组合,既可以规避可再生能源发电的不稳定性,又可以利用可再生能源的碳中和能力为燃煤发电提供碳减排途径。此外,煤炭地下气化也是清洁利用的重要途径,可从根本上改变中深层煤炭开采利用模式,减少煤炭在开采和应用中造成的环境负面影响。

④ 油气企业保障能源安全而谋划新能源发展

油气领域碳中和,需要在国家能源安全特别是油气安全的背景下统筹考虑。建议促进常规天然气增产,重点突破非常规天然气勘探开发,以及积极提升天然气在低碳转型和碳中和过程中的促进作用。同时,在保障我国能源安全的前提下,随着碳排放进入平台期和快速下降期及新能源减排技术的不断成熟,油气企业可加快步伐,加速推进新能源业务,积极培育新能源发展的能力。可以通过二氧化碳转化与封存业务,为煤炭和电力企业排放的二氧化碳提供解决方案。此外,油气企业应重点关注低成本技术的研发,将低碳技术的创新性与经济性相结合,重点向降低成本倾斜,确保在新能源业务上稳健发展。

⑤ 加大 CCUS 技术攻关和产业发展

加强二氧化碳驱油和碳埋存技术攻关,推动技术产业成熟。CCUS 目前处于攻关试验与推广应用早期,基础研究和技术有待成熟。建议在基础研究方面统筹油气资源开发利用与碳中和,重点开展中长期经济发展态势研究、未来能源需求及二氧化碳排放走势情景分析与路径模拟。加强对碳捕集、分离、运输、利用、封存、监测等环节的关键核心技术攻关。优化源汇配置、超前布局二氧化碳专用输送管道、全面评价二氧化碳驱油和埋存效果。超前部署新一代低成本、低能耗、低水耗 CCUS 技术,与风光等可再生能源和数字技术深度融合,大幅提升全生命周期二氧化碳利用与封存比例。

⑥ 争取政府引导和财税金融等政策支持

建议通过政府强有力推动,建立"企-地-企"沟通机制,实现石油、化工、煤化工、煤电等产业融合发展,构建跨企业协调合作机制,协调企业利益分配,打破行业合作僵局,形成碳捕集-输送-埋存(利用)产业一体化发展模式。借鉴美国"45Q 税收法案",探索建立适合我国国情的 CCUS 税收和财政支持政策,形成提高效益和吸引投融资的良性循环。借助国家和地方碳交易平台,推动二氧化碳市场化交易,实现 CCUS 项目的规模化和商业化运作。

⑦ 推动碳汇林基地建设等"负碳行动"

推动开展苗圃和碳汇林基地建设等"负碳行动"计划,为示范区业务发展提供碳减排空间。随着碳中和目标提出和碳交易市场推进,碳资产将越来越成为紧缺、稀缺资源。建议全面普查示范区碳源,依托碳市场,推进资源有效配置。推进各能源企业苗圃和碳汇林基地建设,拓展生态防护林等植树造林工程建设主体,发起"绿色矿区、绿色作业区"建设,实现绿色发展和碳汇增加两不误。推动企业购买定点乡村振兴地区碳汇指标,推动区域绿色发展。

(5)清洁能源与可再生能源

清洁能源是指在生产和消费过程中对环境影响较小且环境污染风险极小的能源,同时在其利用过程中没有可能产生污染的 C、N、S 等元素迁移,如风能、水能、太阳能、地热能、海洋能等(崔荣国等,2021)。

清洁能源与可再生能源的区别:一是前者是根据生产和消费过程中产生的污染物多少来划分的,后者是根据能源是否能够再生来划分的。二是二者所包含的能源类别有差异,前者包括风能、水能、太阳能、地热能、海洋能等,后者不但包含所有清洁能源,还包括生物质能。

① 全球清洁能源现状

a. 全球清洁能源投资

清洁能源投资呈现增长态势。据国际可再生能源署(IRENA,2020)统计,2019 年全球清洁能源投资为 3830 亿美元,是 2010 年投资的 1.3 倍,占全球能源投资的 23.6%,比 2010 年提高了 6.1 个百分点。其中,风能投资最高,为 1430 亿美元;其后,依次为太阳能(1410 亿美元)、地热(770 亿美元);水电投入最少,为 220 亿美元,不足 2013 年投资最高峰 701 亿美元的 1/3(图 19-8)。

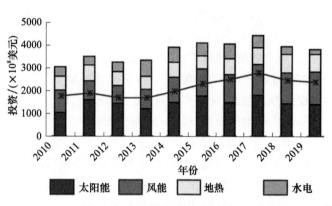

图 19-8 全球清洁能源投资变化

b. 全球装机容量

据国际可再生能源署(IRENA,2020)统计,2019 年全球清洁能源总装机容量为 2533 吉瓦,是 2010 年总装机容量的 2 倍。其中,太阳能总装机容量增长最快,2019 年为 586 吉瓦,是 2010 年的 14.1 倍。其后,依次是风能 623 吉瓦,是 2010 年的 3.4 倍;地热 13.9 吉瓦,是 2010 年的 1.4 倍;水电 1310 吉瓦,是 2010 年的 1.3 倍。此外,海洋能总装机容量相对较低,自 2011 年超过 500 兆瓦后保持缓慢增长态势,2019 年为 531 兆瓦(图 19-9)。

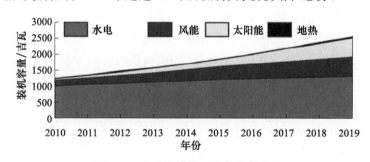

图 19-9 全球清洁能源装机容量变化

c. 我国清洁能源发展

21 世纪以来,我国加速开发利用清洁能源,2018 年我国消费了全球超过五分之一的清洁能源,高于排名第二的美国 16.3 个百分点。一方面是因地制宜地充分发挥了中国丰富的风能、太阳能等清洁能源,另一方面是政府出台了一系列鼓励清洁能源发展的政策措施。虽然我国清洁能源发展取得了巨大的成就,但在能源消费结构中占比相对较低,与煤炭、石油等一次能源差距较大(崔荣国 等,2021)。

② 清洁能源问题和瓶颈

a. 发电量和利用量不成正比

随着"双碳"目标的提出,我国绿电装机迎来爆发式增长。根据国家能源局统计数据,2020 年,全国电源新增装机容量 1.90 亿千瓦,占比 9.5%,总电力装机达 22 亿千瓦。新增装机中,水电 1323 万千瓦,占比 3.4%;风电 7167 万千瓦,占比 34.6%;太阳能发电 4820 万千瓦,占比 24.1%。新增风电和太阳能发电合计达 1.20 亿千瓦,新增占比约 63%,成为我国电源增长主导力量。但新增火电装机容量 5590 万千瓦,占比仅 4.7%。

截至 2020 年底,我国电力 22 亿千瓦总装机中,煤电装机 10.8 亿千瓦,占比 49%;气电近 1 亿千瓦,占比 4.5%;水电 3.7 亿千瓦,占比 16.8%;风电 2.8 亿千瓦,占比 12.8%;光伏 2.5 亿千瓦,占比 11.5%;核电近 5000 万千瓦,占比 2.3%。

从实际发电量来看,火电依旧是国内发电的压舱石,风电、光伏发电量表现与装机总量不成正比。

2020 年,中国火力发电量占全国发电总量的 67.87%,较 2014 年的 75.43% 减少了 7.56%;与之相对,风电和光电发电量占比分别为 6.12% 和 3.42%,占比合计 9.54%,不足 10%。

国家能源局数据:2020 年全国核电平均利用小时数最多,为 7453 小时;全国火电的平均利用小时数其次,为 4216 小时;全国水电平均利用小时数为 3827 小时、风电平均利用小时数 2097 小时、光伏平均利用小时数最低仅 1160 小时。

b.“靠天吃饭”,呈波动和间歇态势

清洁能源受自然条件影响较大,具有波动性大、间接性大的特点,且短期难以改变。光伏,夜晚无法发电。风电,白天用电需求大的时候风力小,晚上用电需求小发电量却较大。水电,分为丰水期和枯水期。

c.“清洁能源＋储能”成为“新煤炭”

清洁能源不能叫“新煤炭”,“清洁能源＋储能”才能叫“新煤炭”,即通过储能的稳定性弥补清洁能源的不稳定性。目前,储能配套系统能够提升光伏电站电力稳定性,同时能够削峰填谷,让电力合理分配,还需要解决绿电的消纳、输配、波动等问题。

d. 煤电清洁化是重点

燃煤发电占比超过 60%,超过 70% 的居民供暖和工业热负荷也来自煤电,因此煤电清洁化改造是重中之重。实施超低排放技术或固碳、碳捕捉技术,可以实现燃煤电厂二氧化碳的降低。目前,我国超过 80% 的燃煤电厂都已经实现了超低排放改造。

③ 太阳能

a. 资源分布

我国太阳能资源丰富,达到我国陆地表面的太阳辐射的功率约为 1.68×10^3 太瓦,水平面平均辐照度约为 175 瓦/平方米,高于全球平均水平。太阳辐射资源分布广泛,总体呈“西部高原大于中东部丘陵和平原、西部干燥区大于东部湿润区”的分布特点。根据年太阳总辐射量可划分为最丰富、很丰富、丰富和一般 4 个等级。2018 年,我国陆地表面平均年水平面总辐照量约为 1486.5 千瓦时/平方米,固定式光伏发电年最佳斜面总辐照量约为 1726.9 千瓦时/平方米。我国绝大多数地区均属于适宜太阳能利用的地区,其中太阳能很丰富区(年辐射总量达到 1400 千瓦时/平方米以上)大约占国土面积的 2/3,如表 19-1 所示(李耀华 等,2019)。

表 19-1　我国太阳能资源的总量等级划分及区域

等级	年总辐射辐照量/(兆焦/平方米)	年总辐射辐照量/(千瓦时/平方米)	年平均总辐射辐照度/(瓦/平方米)	占国土面积/%	主要分布地区
最丰富	≥6300	≥1750	≥200	约 22.8	内蒙古、甘肃、青海西部,西藏大部,新疆东部边缘地区,四川部分地区
很丰富	5040～6300	1400～1750	160～200	约 44.0	西藏、西北、华北大部,内蒙古东部,东北西部,山东东部,四川中西部,云南大部,海南
较丰富	3780～5040	1050～1400	120～160	约 29.8	内蒙古北部,东北中东部,华北部分地区,华中、华东、华南大部
一般	<3780	<1050	<120	约 3.4	四川盆地及周边地区(包括四川东部、重庆大部、贵州中北部、湖北西部、湖南西北部)

b. 产业概况

光伏是太阳能光伏发电系统的简称。太阳能光伏发电系统分为两种:一种是集中式,如大型西北地面光伏发电系统;另一种是分布式,如工商企业厂房屋顶光伏发电系统、民居屋顶光伏发电系统。

光伏产业链上游包括单/多晶硅的冶炼、铸锭/拉棒、切片等环节,中游包括太阳能电池生产、光伏发电组件封装等环节,下游包括光伏应用系统的安装及服务等。中国光伏产业经过多年发展,产业链完整,制造能力和市场占比均居全球首位(图 19-10)。

图 19-10　我国光伏累计装机量趋势
(数据来源:国家能源局)

c. 发展现状

据国家能源局统计,2020 年上半年,全国新增光伏发电装机约 1152 万千瓦,其中集中式光伏新增装机 708.2 万千瓦,分布式光伏新增装机 443.5 万千瓦。从新增装机布局来看,华北、华东地区新增装机较多,分别达 439 万千瓦、219 万千瓦。上半年,全国光伏发电量 1278 亿千瓦时,同比增长 20%;全国光伏利用小时数为 595 小时,同比增长 19 小时(数据来源:国家能源局)。

d. 发展方向

该产业发展重点方向:一是多举措促行业高质量发展,加快构建国内国际双循环发展新秩序;二是亟须加强产业链供应链管理,引导行业加强新兴技术储备,突破核心关键材料与设备;三是制定进一步推动智能光伏产业发展的行动计划,推进智能光伏创新升级和行业应用(叶伟,2021)。

e. 产业应用

基于光资源的广泛分布和光伏发电的应用灵活性特点,近年来我国光伏发电在应用场景上与不同行业相结合的跨界融合趋势愈发凸显,水光互补、农光互补、渔光互补等应用模式不断推广。未来光伏＋制氢、光伏＋建筑、光伏＋5G 通信、光伏＋新能源汽车等领域的应用模式将逐渐普及。

④ 风能

风能是一种无污染且较为丰富的清洁能源。风力发电是风能的主要应用形式,包括了以下类型:独立运行、联合发电、风力并网。风力提水、利用风能获取热量也是风能利用的主要途径。

a. 资源储量

中国风能资源丰富,开发潜力巨大。根据对全国 900 多个气象站陆地上离地 10 米高度资料进行估算,全国平均风功率密度为 100 瓦/平方米,风能资源总储量约 32.26 亿千瓦,可开发和利用的陆地上风能储量有 2.53 亿千瓦,近海可开发和利用的风能储量有 7.5 亿千瓦,共计约 10 亿千瓦。如果陆上风电年上网电量按等效满负荷 2000 小时计,每年可提供 5000 亿千瓦时电量,海上风电年上网电量按等效满负荷 2500 小时计,每年可提供 1.8 万亿千瓦时电量,合计 2.3 万亿千瓦时电量(表 19-2 和表 19-3)。

表 19-2　我国陆地风能资源可开发量预测

距离地面高度/米	风功率密度≥300 瓦/平方米	
	技术可开发量/兆瓦	技术可开发面积/平方千米
50	202393	555871
70	256709	704951
100	336778	948161

表 19-3　我国分区域和分省份陆上风电经济开发潜力　　（单位　十亿千瓦时）

区域		标杆电价经济开发量				2030 年电力需求预测
		I	II	III	IV	
		0.47 元/千瓦时	0.50 元/千瓦时	0.54 元/千瓦时	0.60 元/千瓦时	
西北	内蒙古西部	1626.7	1662.5	1669.2	1672.4	163.5
	新疆	1001.4	1062.8	1126.0	1185.7	244.1
	西藏	1059.6	1067.5	1074.4	1080.0	7.3
	甘肃	384.7	416.9	437.8	451.1	205.1
	青海	355.2	381.0	401.5	418.7	96.9
	宁夏	78.2	80.8	81.7	81.8	141.3
	陕西	26.1	29.8	33.1	36.9	233.5
	西北总计	4531.9	4701.3	4823.7	4926.6	1444.7
东北	内蒙古东部	1616.1	1617.9	1618.2	1618.2	272.4
	吉林	219.9	220.2	220.6	220.7	139.7
	黑龙江	194.5	196.8	197.9	198.2	153.5
	辽宁	177.8	178.0	178.1	178.1	409.3
	东北总计	2208.3	2212.9	2214.8	2215.2	1201.7
华北	北京	1.4	2.4	3.0	3.1	133.2
	天津	0	0	0.2	0.2	136.7
	河北	110.0	113.5	116.4	117.6	676.9
	山西	54.7	58.5	61.1	63.2	370.3
	山东	58.0	58.9	59.0	59.0	760.3
	华北总计	224.1	233.3	239.7	243.1	1357.1

b. 现存问题

我国风能开发现存问题：一是风能具有不稳定性、间歇性和能控性特点，而风能发电并网运营带来了诸多需解决的问题；二是资源区位和输送方面，风能资源丰富地区远离电力负荷地区，远距离电力输送成为瓶颈。如何开发低风速区风能资源和海上风能资源成为关键。

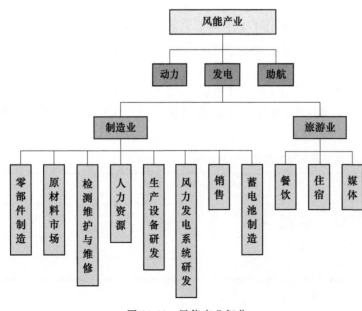

图 19-11　风能产业细分

c. 风能区划

东南沿海及其岛屿是我国最大风能资源区，内蒙古和甘肃北部是次大风能资源区，黑龙江和吉林东部以及辽东半岛沿海是较大风能资源区，青藏高原、三北地区的北部和沿海是大风能资源区，其他是最小风能资源区。

d. 风能产业

风能产业主要应用于三个方面：动力、发电、助航（图 19-11）。海上风能资源丰富，运输方便，地域宽广，是未来重点发展方向。动力是比较传统的形式，如风力提水，从古至今一直应用。助航是比较古老的形式，如帆船利用风能形成动力前进。风能产业能带动制造业和旅游业发展,从而带动交通运输业、餐饮业等其他产业发展(程友良 等,2016)。

e. 生态影响

国际上有关风能资源开发利用对区域生态和气候环境影响研究已有近 10 年的历史,取得的研究成果大多数的结论偏向于风电场运行会对鸟类、蝙蝠和海洋生物有负面影响,如噪音和视觉干扰;风电场建设对生态环境会带来如森林砍伐和土壤流失等影响;风电机组的运行使夜间地面温度升高,可能会产生气候变化影响(朱蓉 等,2018)。

⑤ 水能

我国的水能发电起步相对较早,现已形成了较为成熟的技术应用体系,通过修筑多座大中型水电站,将水能转化成为电能。当前的水电站依据水流落差的关系,可分为河床式水电站、引水式水电站、坝后式水电站。

a. 发展现状

我国幅员辽阔,水能资源技术可开发量 6.87 亿千瓦,位居世界首位。自新中国成立以来,常规水电发电量在全口径总发电量占比处 10～33%。2020 年常规水电年发电量 13552 亿千瓦时,占总发电量的 17.8%。截至 2020 年底,常规水电装机规模占水能技术可开发量的 49.5%,开发程度近半。其中:水能资源最为富集的十大流域中,乌江、大渡河、红水河水电资源开发程度已超过 90%;长江上游、金沙江水电资源开发程度在 80% 以上;雅砻江、澜沧江、黄河上游水电资源开发程度超过 60%。截至 2020 年底,我国抽水蓄能电站总装机容量 3149 万千瓦,在建规模 5373 万千瓦。

b. 发展定位

我国常规水电装机和发电量均多年稳居世界第一。常规水电可依托高坝大库,实现优越的调蓄能力,是电力系统中最重要的调节形式之一;为风电、光伏等新能源消纳提供支持,逐渐成为以新能源为主体新型电力系统安全、稳定、经济运行的重要保障之一。

我国抽水蓄能电站装机规模位居世界第一。抽水蓄能是技术成熟、清洁高效、经济安全的电力系统优质调节手段,具有电能量效益和辅助服务功能,同时具有运行方式灵活、调峰能力卓越、反应速度快捷和经济效益良好的特点。

c. 发展挑战

未来我国水电面对的主要挑战表现在生态约束和自然灾害上。一方面,很多水库大坝建成后,显著改善当地河流生态,还会形成风景秀丽的水库风景名胜区;另一方面,大坝改变了天然河流连通性,影响了原自然河道生态系统长期演变达到的平衡状态。自然灾害威胁严重制约着当地社会经济发展,对水电开发形成"灾害约束",应重视减灾效应研究,加强能量概算与防灾减灾设计。

d. 生态热点研究

生态格局及演变规律。针对地貌演变剧烈、生态系统响应复杂的河流生态本底需开展系统深入调查研究,融合水文水资源、水环境、生态学、地貌学等交叉领域的理论与技术,研究各类典型河流在不同时空尺度的环境特征及生物群落在不同环境水平上的生态特征,从而掌握河流生态环境演变的基本规律,为探究和评估我国水电开发对河流生态系统的影响提供坚实科学基础。重点研究水电生态效应评价体系和生态调度及修复(杨永江 等,2021)。

e. 愿景和路径

在生态文明建设、"双碳"目标背景下,水电发展着力从创新流域水电综合管理体系,打造流域清洁能源综合基地,依托水电梯级建设储能工厂,以抽水蓄能服务新型电力系统等,包括清洁能源基地建设、储能工厂示范推广、抽水蓄能电站规划布局等。

常规电站运营:一方面,对具备条件的水电工程增容改造、提质增效,以低成本拉动高效益;另一方面,以梯级水电站为依托,通过可逆式机组、储能泵站等扩机方式,建立循环水力联系,从低梯级抽水储能,用高梯级发电产生错峰效益,建成储能工厂。

抽水蓄能电站建设运营:一是根据经济社会发展,面向负荷中心能源电力需求,为电力系统综合调节,从电网侧满足高质量电能需求;二是针对风电、光伏、核电等清洁能源为主体的多能互补综合能源基地建设,通过抽水蓄能电站容量配置和配合运行,从电源侧实现高质量电能输出(彭程 等,2021)。

⑥ 生物质能

生物质能是一种重要的可再生能源,原材料主要包括能源作物、薪柴、农业残余物、林业残余物、动物粪便等多种形式。生物质能源具有污染少、易燃烧、灰分低等特点,尤其是农业生物质能源和林木生物质能源。生物质能技术主要包括生物质发电、生物液体燃料、生物燃气、固体成型燃料、生物基材料及化学品等。世界各国都提出了明确的生物质能源发展目标,制定了相关发展规划、法规和政策,促进可再生的生物质能源发展。例如,美国的玉米乙醇、巴西的甘蔗乙醇、北欧的生物质发电、德国的生物燃气等产业快速发展。

a. 地理分布

我国目前生产燃料乙醇的主要原料有陈化粮和非粮作物,如木薯、甜高粱、甘薯等。燃料乙醇研发的重点将主要集中在以木质纤维素为原料的第二代燃料乙醇技术上。我国生物质能源主要为农业废弃物、林木薪柴、加工业废弃物、城镇生活垃圾、动物粪便等方面(图 19-12 和图 19-13)。

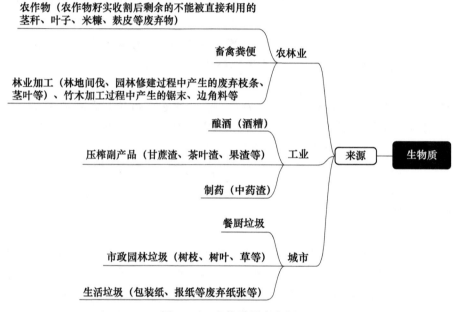

图 19-12 生物质固废来源

b. 利用潜力

农业废弃物利用潜力:根据我国的分布状况,可在农作物秸秆资源总量较大、较丰富的地区,如华东、东北等推进生物质沼气发电项目的建设。

林木薪柴资源利用潜力:我国林地总面积为 3125900 平方千米,有林木资源可用作木质能源的潜力约 3.5 亿吨,其总量可替代约 2 亿吨标准煤,而我国仅林木剩余物总量便已达 30000 万吨。

工业有机废水利用潜力:工业有机废水是"三废"之一,经处理可转化为清洁能源重新利用。

城镇生活垃圾利用潜力:据测定,城市垃圾的有机物含量高达 $60\%\sim70\%$,具有作为燃料供热的潜力。我国生活垃圾产生量年增长率为 $8\%\sim10\%$,平均每人每天生活垃圾产生量为 1.13 千克。

畜禽粪便资源利用潜力:我国畜禽粪便可利用资源量约为 8400 吨,目前仅 35.7% 已被利用。饲料化、基料化、能源化等处理方式亦是畜禽粪便资源当前的主要应用方式,厌氧消化产出大量的沼气使废弃物得到有效利用(赵思语 等,2019)。

c. 发展趋势

生物质能开发利用将呈现多元化、智能化和网络化的发展态势:一是积极发展非粮生物燃料;二是研

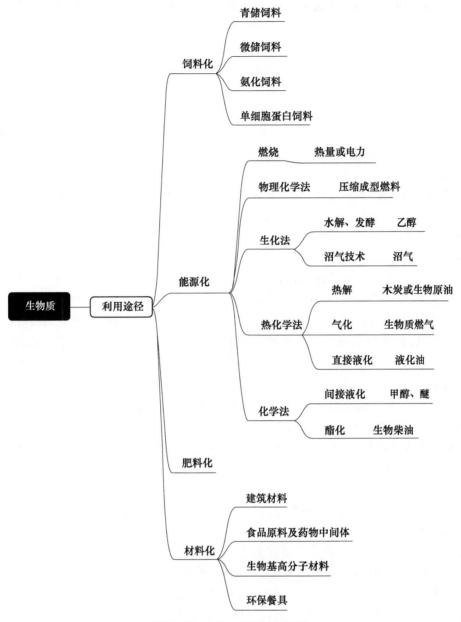

图 19-13　生物质主要利用技术

发纤维素乙醇技术,开发高产油藻,实现产业化(刘洪霞 等,2015);三是研发生物质液体燃料和生物质燃气产品;四是开发高值化生物质产品;五是"互联网+""大数据"和"人工智能"以及多学科深度融合将成为发展趋势。

d. 发展战略

一是采用燃煤耦合生物质混烧发电和高效煤电+生物质混烧+碳捕获封存,使 CO_2 接近零排放(倪维斗,2018)。二是开发生物质能源的"二代原料",以木质纤维类为主要成分的林木生物质将是生物质资源的"主力",如中国的刺槐、芒草、沙柳、柠条和能源柳等对中国边际性土地皆有很好的适应性和生物量产出。三是以多联产提高能源产品竞争力,生产多种高附加值的其他化工产品。四是建设国家生物质油气田,以畜禽粪便与作物秸秆为主,辅以城镇有机废弃物和垃圾为原料,在畜禽和粮食作物的集中地生产沼气(石元春 等,2019)。

e. 实施对策

生物质能实施对策:一是加强创新,促进生物质高值综合利用;二是加强顶层设计,进行系统设计规划;三是构建多种废物协同处理的能源化工系统;四是加强国际交流与合作,建立符合中国国情的生物质能开发利用结构体系。

⑦ 氢能

氢能是一种清洁高效的二次能源。发展氢能技术对于构建清洁低碳、安全高效现代能源体系,保障国家能源安全,改善大气环境质量,以及推进能源产业升级等具有重要意义。

a. 优势和瓶颈

氢能是未来能源系统的重要组成部分,其优势明显:一是高能量密度,氢的单位质量热值约是煤炭的4倍、汽油的3.1倍、天然气的2.6倍;二是能被储存且可实现灵活的时间转移或地域转移,来源多样,终端零排,应用领域广泛等。

但氢气不好储存和运输,极易爆炸,存在安全隐患,并且占地面积大、基建成本高,这些都制约了氢燃料电池汽车的发展。目前,其发展面临两个瓶颈:一是加氢站成本高,我国还须进口高压加氢站装备;二是氢主要来自化石能源。

b. 技术难题

与美国蓝氢、绿氢等氢能技术路线相比,我国蓝氢与绿氢的成本及未来下降潜力差异很大。除氢气生产需要提高效率、降低成本以外,氢气的储运也存在一些技术难题,氢气储存方式可以分为物理储氢和化学储氢。国内的物理储氢技术发展相对落后,以高压气态储氢为例,储罐关键材料仍依赖进口,储氢量低。相较于物理储氢,化学储氢具有能量密度高和相对安全的特点,未来有望替代物理储氢成为主流技术。

c. 路径和建议

加强顶层设计,集中国家优势力量,开展氢能关键技术、新技术路线及其应用的创新攻关,从核心技术上突破市场封锁。加大对绿氢,尤其是可再生能源制氢技术及相关制氢、储氢、运氢材料的研发研制。加强对氢能储备与氢能应用技术、氢能应用成套设备的研究,从技术链、产业链和供应链等角度开展氢能应用技术的研究。

⑧ 地热能

地热能是世界上第三大可再生能源,具有储量巨大、分布广泛、来源稳定和绿色环保可循环的特点。

a. 资源分类

地热资源可分为高温、中温和低温。温度大于150摄氏度的地热以蒸汽形式存在,称为高温地热;90~150摄氏度的地热以水和蒸汽的混合物等形式存在,称为中温地热;小于或等于90摄氏度的称为低温地热。低温地热又可进一步划分为温水(25~40摄氏度)、温热水(40~60摄氏度)、热水(60~90摄氏度)。按照储存方式可把地热能分为5种类型:热水型、蒸汽型、地压型、干热岩型、岩浆型。

b. 资源与产业

受中国地质构造特点及其在全球构造中所处部位的控制,全球地中海—喜马拉雅地热带和环太平洋地热带贯穿中国西南地区和东南沿海。我国高温地热带分布主要集中在藏南—川西—滇西地区和台湾地区。在板块内部地壳沉降区,中国广泛发育了中、新生代沉积盆地,蕴藏着丰富的中、低温地热资源伴随油气或其他矿产资源,如华北盆地、松辽盆地、四川盆地、鄂尔多斯盆地、渭河盆地、苏北盆地、准噶尔盆地、塔里木盆地和柴达木盆地等。

地热产业主要为直接利用和发电两种。直接利用主要用于供暖、制冷、医疗保健、温泉洗浴、旅游、水产养殖、温室种植等方面。目前,中国在利用方式上形成了以西藏羊八井为代表的地热发电,以天津、陕西、河北为代表的地热供暖,以沈阳为代表的浅层水源热泵供热制冷,以大连为代表的海水源热泵供热制冷,以北京、东南沿海为代表的疗养与旅游,以及以华北平原为代表的种植和养殖的开发利用格局。至2019年底,我国地热直接利用装机容量达40610兆瓦,连续多年居世界首位,其中浅层地热供暖制冷面积为8.41亿平方米,中深层地热供暖面积为2.82亿平方米,分别比2015年底增长115%和176%。

c. 优势和问题

我国地热能优势突出表现为：一是储量极大。中国陆上埋藏深度为 3～10 千米的干热岩储量为 20 兆艾焦[①]，相当于 7.1×10^{14} 吨标准煤。二是分布广泛。地热资源在全国各地均有分布，其中东南沿海地壳板块边缘是地热资源的密集区域，华北(渤海湾盆地)、东北(松辽盆地)等地区也有较为丰富的地热资源。三是发电稳定。其生产发电受外界环境影响较少，可实现全年全天候运行发电。四是具有循环可再生、环境无污染的特点。地热电站正常的生产周期为 15～20 年，关停地热井生产 50～300 年，热储会得到周围地层的热量补充，又恢复到较高温度。

我国的地热能源开发利用主要局限于供暖方面，在地热发电领域仍落后于世界领先水平，主要存在以下问题：一是地热发电的核心技术落后于世界领先水平，如高温或特高温钻井工艺、EGS(增强型地热系统)地热发电开发理论和评价体系、预测发电量的产热发电生产动态模型等；二是政策和资金支持力度不足；三是缺乏统一的开发规划，资源管理及利用不规范(檀之舟 等,2018)。

d. 区划和路径

随着地热广泛开发利用，地热应在北方冬季清洁取暖和夏热冬冷地区供暖制冷中，在西南地区清洁电力供应上，在油田社区供暖和生产用热中发挥积极作用。

充分开发利用北方五省两市地热资源，积极推进资源与市场相匹配的优质项目，形成地热供暖连片发展态势。城镇方面，充分借鉴"雄县模式"经验，利用中深层地热打造"无烟城"，提供清洁集中供暖。农村方面，优先考虑浅层地热资源，使用地埋管地源热泵，通过分散取暖方式利用地下土壤强大的储热蓄冷能力为农户供暖制冷，降低运行成本。

在西南部地区发电中发挥更大作用。我国西南部地区，尤其是西藏南部、云南西部、四川西部等地区中高温地热资源丰富，充分发挥地热资源分散分布，无须建设长距离输送管网的特点，在资源、需求匹配区域抓紧建成一批地热电站。

在油田社区供暖及生产用热中发挥更大作用。我国各油田应加大地热、余热资源开发力度，提升油田总体能源利用效率，扩大地热、余热项目规模。

⑨ 海洋能

海洋可再生能源通常是指海洋特有的、依附于海水的潮汐能、潮流能、波浪能、温差能和盐差能，除潮汐能和潮流能由月球和太阳引潮力的作用产生以外，其他均产生于太阳辐射。

a. 海洋能分类

按照作用方式的不同，海洋能分为两类：一类是由于太阳辐射形成的海洋能，包括温差能、盐差能；另一类是由于月球和太阳引力作用形成的海洋能，包括潮汐能和海流能。按照能量存储形式的不同，海洋能分为三类：一类是海洋机械能，包括潮汐能、波浪能、海流能；二类是海洋热能，包括温差能；三类是海洋物理化学能，包括盐差能。

b. 开发利用

我国拥有长达 1.8 万千米的大陆海岸线、1.4 万千米的岛屿海岸线、1 万多个大小不同的海岛和岛礁和广阔的海域，蕴藏着丰富海洋可再生能源，海洋潮汐能、波浪能、温差能、盐差能、海流能、化学能的可开发储量分别到达 1.1 亿千瓦、0.23 亿千瓦、1.5 亿千瓦、1.1 亿千瓦、0.3 亿千瓦、0.18 亿千瓦，占世界总储量的百分比处于世界前列。目前，仅对潮汐能和波浪能有一定的开发利用。

c. 技术研发

中国潮汐能技术与国际先进水平差距不大，潮流能、波浪能、温差能、盐差能等海洋能技术与国际先进水平差距较大。与国际先进技术相比，中国海洋能技术主要存在以下问题：海洋能基础研究比较薄弱，原创性技术较少；装置转换效率、可靠性和稳定性普遍不高；示范工程进展和效果不如预期。

---

① 　1 艾焦＝1×10^{18} 焦,下同。

d. 发展趋势

潮汐能:潮汐传统拦坝式电站向更大装机规模发展。从国际上看,潮汐潟湖发电、动态潮汐能、海湾内外相位差发电等环境友好型潮汐能利用技术已成为国际潮汐能技术新的研究方向。

潮流能:根据 MEM(Marine Energy Matters)发布的《2015 年全球海洋能技术回顾》,潮流能获能技术形式已进入收敛期,多数采用成熟度较高的水平轴式技术。

波浪能:波浪能技术种类较多,兆瓦级波浪能发电装置正在加紧研发。国际波浪能技术正朝着高效率、高可靠、易维护的方向发展,发电装置稳定性和生存性稳步提高。

温差能:温差能装置大型化趋势明显。随着大口径冷海水管制造、海上浮式工程技术等关键技术的不断突破,国际温差能技术的大型化趋势益发明显。另在海水淡化、制氢、空调制冷、深水养殖等方面有着广泛的综合应用前景。

盐差能:国际盐差能技术目前仍处于关键技术突破期,渗透膜、压力交换器等关键技术和部件研发仍需突破。实现低成本专用膜的规模化生产是盐差能技术的发展重点(刘伟民 等,2018)。

19.2.3　储能及储能产业

(1)储能及其特点

储能,是将较难储存的能源形式,转换成技术上较容易且成本低的形式储存。目前常见的储能方式包括:抽水蓄能、电化学储能、飞轮储能(新型储能技术,还处于商业化早期)、氢储能等。

① 重要意义

彻底解决清洁能源不稳定性、不可靠问题,最终需要储能。储能配套系统能够提升光伏电站电力稳定性,能够削峰填谷,让电力合理分配,弥补绿电的消纳、输配、波动等问题。

② 现存问题

储能产业现存问题:一是技术进步,通过技术的迭代升级迈向平价;二是安全问题,要进入大规模能源系统,安全问题必须解决;三是平价成本,2021 年我国储能系统成本为 1.5 元/瓦时左右,成本偏高;四是扶持性政策和投资汇报模式;五是储能与清洁能源的协同发展,如与清洁能源如何配置、并网、调度等。

③ 市场预期

"十四五"时期,市场对储能技术的要求较高,希望更加高安全、长寿命、高功率、高能量转换效率,响应速度快,低成本(度电成本控制在 0.2 元以下),规模达到吉瓦时级。

④ 新型模式

新型模式多样:一是多源融合发展"储能＋"模式,包括储能＋电网、储能＋新能源、储能＋源网荷储、储能＋风光水火储等。二是地域模式探索,如广东的辅助服务、江苏的用户侧电网侧、西部的新能源＋储能的模式。

(2)储能类型及优势

目前技术最成熟的储能技术是抽水蓄能,所以新型储能实际上是相对于抽水蓄能的,指除了抽水蓄能以外的其他新型的电化学储能或是物理储能技术。作为应用在电力系统的新型储能技术,应具有长寿命、高安全性、高可靠性的特点。抽水蓄能受到资源条件的限制,主要通过大规模集中式的抽水蓄能电站接入电网。新型储能技术具有更好的布置灵活性,尤其是电化学储能具有模块化的特点,可以更广泛接入用户侧。但新型储能在当前这个时段还不能代替抽水蓄能,因为抽水蓄能具有容量需求大、技术经济性好的特点。未来 5 年,新型储能会在度电使用成本上逐渐达到和抽水蓄能相竞争的水平。

① 抽水蓄能

抽水蓄能是储能系统应用最广泛的一种方式。2020 年,抽水蓄能电站占全球储能装机 90% 以上。我国是全球抽水蓄能电站在运、在建规模最大的国家,在运抽水蓄能电站 22 座,在建抽水蓄能电站 30 座,并规划"十四五"期间抽水蓄能投产超 20 吉瓦,到 2030 年运行装机将超 70 吉瓦。抽水蓄能存在水资源分布地域限制以及水资源储能不足等问题。

②化学储能

受益于电动汽车的发展,电化学储能技术近年来发展很快。但目前电化学储能的应用场景较少。化学储能大规模应用面临两大难题:一是安全性,由于化学电池性质不稳定,储能电站容易发生安全事故;二是经济性,成本较高,2020年电化学储能的度电成本在每次0.5元左右,距离规模应用的目标度电成本0.3～0.4元还有20%～40%的差距。

③氢储能

氢能属于二次能源,利用光伏制氢的过程是利用光伏先发电,再用电能制备氢气,将氢压缩储能,然后再用氢气发电。氢能现存问题主要为使用成本相比抽水储能、电化学储能过高,技术相对不成熟。

④飞轮储能

飞轮储能系统又称飞轮电池,是将能量以高速旋转飞轮的转动动能的形式来存储的装置,包括三种模式:充电模式、放电模式、保持模式(图19-14)。

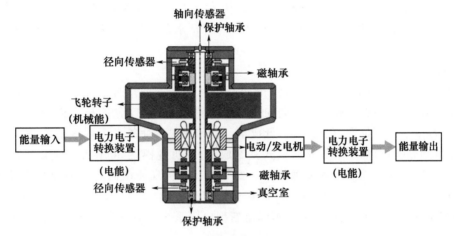

图 19-14　飞轮储能装置结构示意图

现代飞轮储能系统已经成为一种绿色的能量存储装置,鉴于飞轮储能技术的特性和优点,未来飞轮系统将在电力系统领域,包括可再生能源并网、调频等方向、轨道交通工具、航天航空等军工领域发挥重要作用。

⑤压缩空气储能

传统压缩空气储能系统是基于燃气轮机技术开发的储能系统。在用电低谷,将空气压缩并存于储气室中,使电能转化为空气的内能存储起来;在用电高峰,高压空气从储气室释放,进入燃烧室同燃料一起燃烧,然后驱动透平发电。目前已在德国(Huntorf 290兆瓦)和美国(McIntosh 110兆瓦)得到了商业应用。现存在三个主要技术瓶颈:一是依赖天然气等化石燃料提供热源;二是需要依赖大型储气洞穴,如岩石洞穴、盐洞、废弃矿井等;三是系统效率较低,Huntorf和McIntosh电站效率分别为42%和54%(陈海生 等,2022)。

(3)中国储能发展现状、机遇和方向

基于产业内生动力和外部政策及碳中和目标等利好因素多重驱动,储能产业如期步入规模化高速发展的快车道。根据中关村储能产业技术联盟(CNESA)全球储能项目数据库的不完全统计,截止到2020年底,中国已投运的电力储能项目累计装机容量(包含物理储能、电化学储能以及熔融盐储热)达到33.4吉瓦,2020年新增投运容量2.7吉瓦;其中,电化学储能新增投运容量首次突破吉瓦大关,达到1083.3兆瓦/2706.1兆瓦时(数据来源:《储能产业研究白皮书2021》)。2020年,电力储能项目装机的同比增长率为136%,电化学储能系统成本也突破1500元/千瓦时的关键拐点,储能已从"商业化初期"迈入了"规模化发展"的新阶段。

目前,储能产业多种储能技术路线并存,其中抽水蓄能仍然是当前最成熟、装机最多的主流储能技术；锂电池、压缩空气、液流电池、铅炭电池和储热（冷）技术是发展比较快的能量型储能技术；飞轮、超级电容是发展比较快的功率型储能技术。

① 发展机遇

碳中和目标的提出将加快推动可再生能源的跨越式发展，必将对储能提出更高的要求。为推动能源革命和清洁低碳发展，"十四五"可再生能源装机规模将实现跨越式发展，"可再生能源＋储能"已成为能源行业的共识，成为支撑可再生能源稳定规模化发展的关键和当务之急。

新能源跨越式发展以储能为支撑。得益于良好的政策扶持，我国新能源汽车产业发展迅速，也带动了储能用电池技术的进步，我国储能产业化发展基础也已形成。

电力市场化释放储能应用空间。随着电力市场化改革深入，市场规则开放了储能参与市场的身份，相应规则面向储能予以调整，辅助服务市场内各类服务和需求响应机制成为储能获取额外收益的重要平台。

"两个一体化"政策为储能产业注入强心剂。2020 年 8 月国家发改委、国家能源局联合发布了《关于开展"风光水火储一体化""源网荷储一体化"的指导意见（征求意见稿）》，给 2021 年储能行业发展注入一针强心剂。

② 发展目标

根据国家发改委、国家能源局《关于加快推动新型储能发展的指导意见》（发改能源规〔2021〕1051号），到 2025 年，实现新型储能从商业化初期向规模化发展转变。新型储能技术创新能力显著提高，核心技术装备自主可控水平大幅提升，在高安全、低成本、高可靠、长寿命等方面取得长足进步，标准体系基本完善，产业体系日趋完备，市场环境和商业模式基本成熟，装机规模达 3000 万千瓦以上。新型储能在推动能源领域碳达峰碳中和过程中发挥显著作用。到 2030 年，实现新型储能全面市场化发展。新型储能核心技术装备自主可控，技术创新和产业水平稳居全球前列，标准体系、市场机制、商业模式成熟健全，与电力系统各环节深度融合发展，装机规模基本满足新型电力系统相应需求。新型储能成为能源领域碳达峰碳中和的关键支撑之一。

③ 强化规划引导，鼓励储能多元发展

统筹开展储能专项规划。研究编制新型储能规划，进一步明确"十四五"及中长期新型储能发展目标及重点任务。省级能源主管部门应开展新型储能专项规划研究，提出本地区规模及项目布局，并做好与相关规划的衔接。相关规划成果应及时报送国家发改委、国家能源局。

大力推进电源侧储能项目建设。结合系统实际需求，布局一批配置储能的系统友好型新能源电站项目，通过储能协同优化运行保障新能源高效消纳利用，为电力系统提供容量支撑及一定调峰能力。充分发挥大规模新型储能的作用，推动多能互补发展，规划建设跨区输送的大型清洁能源基地，提升外送通道利用率和通道可再生能源电量占比。探索利用退役火电机组的既有厂址和输变电设施建设储能或风光储设施。

积极推动电网侧储能合理化布局。通过关键节点布局电网侧储能，提升大规模高比例新能源及大容量直流接入后系统灵活调节能力和安全稳定水平。在电网末端及偏远地区，建设电网侧储能或风光储电站，提高电网供电能力。围绕重要负荷用户需求，建设一批移动式或固定式储能，提升应急供电保障能力或延缓输变电升级改造需求。

积极支持用户侧储能多元化发展。鼓励围绕分布式新能源、微电网、大数据中心、5G 基站、充电设施、工业园区等其他终端用户，探索储能融合发展新场景。鼓励聚合利用不间断电源、电动汽车、用户侧储能等分散式储能设施，依托大数据、云计算、人工智能、区块链等技术，结合体制机制综合创新，探索智慧能源、虚拟电厂等多种商业模式。

④ 推动技术进步，壮大储能产业体系

提升科技创新能力。开展前瞻性、系统性、战略性储能关键技术研发，推动储能理论和关键材料、单元、模块、系统中短板技术攻关，加快实现核心技术自主化，强化电化学储能安全技术研究。坚持储能技术多元化,推动锂离子电池等相对成熟新型储能技术成本持续下降和商业化规模应用,实现压缩空气、液流电池等长时储能技术进入商业化发展初期,加快飞轮储能、钠离子电池等技术开展规模化试验示范,探索开展储氢、储热及其他创新储能技术的研究和示范应用。

加强产学研用融合。完善储能技术学科专业建设,深化多学科人才交叉培养,打造一批储能技术产教融合创新平台。支持建设国家级储能重点实验室、工程研发中心等。鼓励地方政府、企业、金融机构、技术机构等联合组建新型储能发展基金和创新联盟,优化创新资源分配,推动商业模式创新。

加快创新成果转化。鼓励开展储能技术应用示范、首台(套)重大技术装备示范。加强对新型储能重大示范项目分析评估,为新技术、新产品、新方案实际应用效果提供科学数据支撑,为国家制定产业政策和技术标准提供科学依据。

增强储能产业竞争力。通过重大项目建设引导提升储能核心技术装备自主可控水平,重视上下游协同,依托具有自主知识产权和核心竞争力的骨干企业,积极推动从生产、建设、运营到回收的全产业链发展。

⑤ 完善政策机制,营造健康市场环境

明确新型储能独立市场主体地位,研究建立储能参与中长期交易、现货和辅助服务等各类电力市场的准入条件、交易机制和技术标准,加快推动储能进入并允许同时参与各类电力市场。

健全新型储能价格机制。建立电网侧独立储能电站容量电价机制,逐步推动储能电站参与电力市场;研究探索将电网替代性储能设施成本收益纳入输配电价回收。

健全"新能源+储能"项目激励机制。对配套建设或共享模式落实新型储能的新能源发电项目,动态评估其系统价值和技术水平,可在竞争性配置、项目核准(备案)、并网时序、系统调度运行安排、保障利用小时数、电力辅助服务补偿考核等方面给予适当倾斜。

⑥ 实施战略布局,发展智慧型储能电站

大力发展智慧型储能电站具有重要意义,一是在大规模新能源发电环节,储能系统有利于削峰填谷,使不稳定电力平滑输出。二是在常规能源发电环节,储能系统可替代部分昂贵的调峰机组,解脱被迫参与调峰的基荷机组,提高系统效率。三是在输配电环节,储能系统能起到调峰和提高电网性能的作用。四是设置于用户侧的储能系统,通过电力储放可以提高供电安全性和经济性。

目前储能电站普遍受制于产业政策、市场定位、价格机制、规范标准等因素,现存问题:一是产业政策不够稳定,二是市场机制不够完善,三是产业定位不够清晰,四是标准规范不够健全。

19.2.4　能源革命的前沿技术和发展趋势

科技创新是实现碳中和的核心驱动力,推动和依靠绿色技术创新作为共同的战略选择来实现碳中和目标已成为主要发达国家的共识。2020 年后,发达国家通过制定面向碳中和的科技战略与计划,加快布局绿色低碳技术创新,以"减排"和"增汇"为 2 条主线,聚焦"零碳能源体系构建""低碳产业转型"和"生态固碳增汇/碳捕获、利用与封存"3 个维度,如:美国发布《清洁能源革命与环境正义计划》《变革性清洁能源解决方案》,英国以《绿色工业革命的十点计划》为基础发布《净零创新组合计划》,日本发布《革新环境技术创新战略》《2050 碳中和绿色增长战略》等。

(1)零碳能源体系构建

零碳能源关键技术体系涉及传统化石能源系统低排放转型、新能源大规模使用和广泛部署等,重点包括碳基能源高效催化转化、先进高效低排放燃烧发电等关键减排技术,以及氢能、太阳能、风能等新能源利用技术。

传统能源系统的低碳排放转型,其发展重点:一是催化过程和工艺革命性创新推进碳基能源高效催化转化。二是新型热力循环与高效热功转换实现清洁燃烧与高效发电。

新一代能源体系的重构建设,以可再生能源、先进核能、氢能、储能技术等碳零排关键技术作为抓手:一是高比例可再生能源系统被广泛认为是引领全球能源向绿色低碳转型的主体。二是先进裂变堆研发及聚变堆实验突破推进核能迈向安全高效可持续发展道路。

氢能是未来碳中和社会技术、产业竞争新的制高点。前沿热点方向包括：可再生能源电解制氢等绿色制氢技术，更高效、易运输储氢技术与基础设施网络建设，以及基于氢能的新型复合系统概念研究及验证等。未来氢能应用逐渐向灵活、高效的多能融合场景发展。

下一代新型电化学储能技术正处在重要突破关口。前沿热点方向包括：开发全固态锂电池、金属-空气电池、新概念化学电池等潜在颠覆性技术；重点开展充放电循环反应机理研究、中间产物认知、界面优化、新概念电池材料体系开发。

多能融合能源系统是各国低碳转型新的战略竞争焦点。前沿热点方向是解决能源的综合互补利用、多能系统规划设计，运行管理、能源系统智慧化等重大科技问题，以及开发多能互补系统变革性技术等。

（2）低碳产业转型关键技术体系

工业、交通等高排放行业绿色低碳转型是实现碳中和目标的重中之重，减排路径包括源头减排、革新技术和工艺流程再造、行业绿色低碳材料开发及末端治理等。技术创新是促进行业以成本效益实现碳减排的关键：一是原料/燃料替代、工艺技术创新和碳捕集与利用是工业过程碳减排的主要技术路径；二是节能提效、可持续性低碳燃料和电动化是交通部门绿色低碳转型的主要技术路径。

（3）生态固碳和负排放关键技术体系

负碳排放关键技术包括生态固碳增汇、CCUS、直接空气碳捕集（DAC）和碳循环利用等，重点解决生产活动中无法通过技术手段减排的碳，是实现碳中和目标技术组合的重要组成部分。一是生态固碳增汇技术是实现碳中和目标的有力技术手段，二是 CCUS 是应对全球气候变化的关键技术之一，三是 DAC 是减少分布源碳排放的有效技术途径，四是碳循环利用是构建碳循环经济不可或缺的关键一环。

19.2.5　能源革命的数字化变革

随着数据通信技术的快速发展，以智能传感、云计算、大数据和物联网等技术为代表的数字技术有望重塑能源系统。数字技术在碳足迹、碳汇等领域的深度融合可以促进能源行业的数字化监测、排放精准计量与预测、规划与实施效率提升，从而大幅提升能源使用效率，直接或间接减少能源行业碳排放量。数字技术引领的新业态、新模式变革还可以助推能源消费理念转变，重构能源商业模式，助力我国碳达峰、碳中和目标的实现。

（1）数字技术对碳排放的影响研究进展

数字技术对碳排放的影响及相关应用研究日益增多，以下简要从数字技术与碳足迹、数字技术与碳汇等领域简述现有研究及应用进展和存在的不足。

① 数字技术对碳足迹的影响

数字技术对碳足迹的影响具有正、反两方面。一方面，数字技术可以带来效率收益，促进能源资源和矿产资源安全绿色智能开采和清洁高效低碳利用，有利于实现能源消费供需平衡，减少碳足迹。另一方面，数字技术本身也可能引致更多能源消耗，特别是对电力的大量需求。

a. 能源互联网的发展是数字技术在碳排放的应用

通过将数字技术、分布式能源生产和利用技术，以及储能技术的高效融合，实现能源从供给侧的生产、传输到需求侧的消费、服务变得可计量、可控制和可预测，使能源互联网成为能源系统重要的战略资源和平台。借助能源互联网可以实现能源需求侧和供给端的双向互动，实现碳足迹的可定位和可溯源。国内外学者就能源互联网的核心概念和框架、能源互联网系统的设计和运行及其所涉及的信息技术支持和未来规划开展了相关研究，包括能源产销者、微电网、虚拟电厂、智能电网和能源网络安全框架等内容。

b. 煤炭行业是数字技术融合应用的另一重要领域

随着数字技术和现代化煤炭开发技术的应用，煤炭开采实现了综采装备、巷道掘进装备、运输装备等智能化变革，初步形成煤炭智能开采格局，并有效降低了碳排放。如借助数字孪生技术和 5G 通信技术的发展，可实现无人化、可视化精准勘探、开采和全方位智能监控，提高开采效率，降低对生态环境的破坏。

c. 数字技术助力企业管理转型，提高碳排放效率

《2019 年全球数字化转型收益报告》显示，在施耐德电气公司和全球 41 个国家的合作伙伴完成的 230 个客户项目中，部署数字技术平台的企业，其节能降耗幅度最高达 85%，平均降幅 24%；节约能源成本最高达 80%，平均节约 28%；二氧化碳足迹优化最高达 50%，平均优化 20%。由世界经济论坛和埃森哲咨询公司共同发布的《实现数字化投资回报最大化》显示，当公司将先进的数字技术融入生产时，其生产效率提升幅度可达 70%，而数字化部署较为缓慢的公司，其生产效率仅提高 30%。

d. 以数据中心和比特币为代表的高能耗数字

技术可挤占一定的能源消费空间，产生额外的碳足迹，不利于能源的绿色可持续发展。研究表明，在智能设备方便生活的同时，大量数据传输和远程处理均需要数据中心的支持，而数据中心的运转消耗了大量能源。2014 年，美国数据中心耗电量约占当年用电总量的 2%，已然超过高耗能的造纸业用电量。根据中国数据中心能耗与可再生能源使用潜力研究，2018 年中国数据中心总耗电约 1600 亿千瓦时，相当于三峡水电站全年发电量。

② 数字技术对碳汇的影响

对土壤、作物、森林等环境要素进行数字化采集、存储和分析，已成为数字技术在碳汇方面的一大应用。

借助可视化模拟、物联网、智能决策等技术建立起的数字化森林资源监测系统，能够实现高时效、高精度森林资源动态监测。

海洋碳汇因固碳效率高和储存长久性等特点，在全世界范围内得到了政策支持并进行了科学研究。例如，智慧海洋借助海洋实测数据、遥感数据、海洋经济数据等大数据技术，射频识别、无线传感等物联网技术，实现了海洋生态保护、经济发展及灾害防控等目标。

CCUS 技术被认为是实现碳达峰、碳中和目标的重要技术选择之一。目前，CCUS 技术多聚焦于物理、化学和地质理论，以及技术解决碳排放的捕集、利用和封存，而尚未开展与数字技术进行深入融合的研究。在生物质能-碳捕集与封存(BECCS)技术应用领域，目前主要在生物质发电技术研发，以及如何与生物质气体、生物质燃料和生物液体等结合方面进行了初步探索。

③ 数字技术应用于能源行业碳中和存在的问题

整体而言，如何借助快速发展的数字技术实现能源行业碳中和的路径机理研究尚处于初步探索阶段，有待进一步开展理论和应用探究。

大数据、物联网、数字孪生等技术在碳足迹监测、碳汇测量等领域的研究与应用远远不足，未形成天地空一体化的整体研究模式。

能源网络数字化整合相对滞后，借助云计算和云存储等实现能量流供需平衡与高效运转的研究有待强化。

与碳足迹相比，数字技术在碳汇方面的研究有很大的提升空间，但尚未形成"可衡量、可报告、可核查"的数字化智能观测和评估体系。

面对碳达峰、碳中和目标新要求，传统的碳排放与碳吸收计量与预测存在精准度不高、预测效果不佳等问题。一是碳排放因子体系有待优化，二是预测效果有待进一步提升，如图 19-15 所示(陈晓红 等,2021)。

(2)数字技术助力能源行业碳中和目标实现路径

根据碳中和进程中的数据监测、碳排放与吸收测算、碳达峰与碳中和进程预测、碳达峰与碳中和路径和相关政策规划及实施等工作，探索大数据、数字孪生、AI、区块链等技术实现能源行业碳中和目标路径。

① 大数据技术实现碳排放精准计量及预测

利用大数据技术和方法开展碳排放和碳吸收计量及预测，能够系统而有效解决精准度不高和预测效果不佳的问题：一是大数据技术实现对排放因子的优化调整，二是大数据技术实现碳排放和碳吸收的全面精确计量，三是大数据技术实现多情景碳达峰、碳中和进程的精准预测。

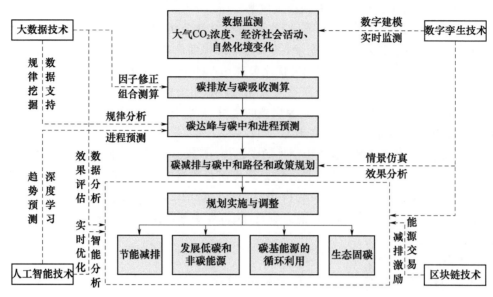

图 19-15 数字化技术推动中国碳中和进程的总体思路

② AI 实现能源高效调度利用

确保能源系统供能可靠性和高质性,应用 AI 技术实现能源高效调度和利用,成为碳减排的重要实践路径:一是碳中和对能源调度提出了智能化需求,二是 AI 助力实现能源精准调度,三是 AI 助力实现能源高效利用。

③ 区块链技术实现高效运转

面向"放开两端"能源交易市场服务要求的"主体对等、智能互信、交易透明、信息共享",结合区块链技术的"去中心化、透明安全、不可篡改、信息可溯"四大技术特征,形成新型分布式能源交易市场,为碳中和目标实现提供具体实施路径:一是区块链技术推动分布式能源市场创新,二是区块链技术优化能源市场架构及交易流程,三是区块链技术实现碳中和低碳行为激励。

④ 数字孪生技术助力精准实施

利用数字孪生技术,如何建立实时碳足迹追踪与全生命周期的评估体系是一大现实难题,应健全碳排放数据采集、监测碳中和精准规划的全生命周期数字化管理。基于数字孪生技术的二维或三维的可视化碳地图模型建立,构建排放驱动因素追踪、减排动态模拟推演、能耗告警检测分析等能力,建立清晰的碳排放监测、管控、规划和策略实施路径。

19.3 生态工业:实现"双碳"目标的主力军

19.3.1 生态工业发展历程

(1)清洁生产

清洁生产概念最早可追溯到 1976 年。欧盟在巴黎举行了"无废工艺和无废生产"国际研讨会,提出"消除造成污染的根源"。联合国环境署关于清洁生产的定义:清洁生产是一种新的创造性思想,该思想将整体预防的环境战略持续应用于生产过程、产品和服务中,以增加生态效率和减少人类及环境的风险。一是对生产过程,要求节约原材料和能源,淘汰有毒原材料,削减所有废物的数量和毒性;二是对产品要求减少从原材料提炼到产品最终处置的全生命周期的不利影响;三是对服务,要求将环境因素纳入设计和所提供的服务中。

（2）生态工业

工业生态学起源于 20 世纪 80 年代末 Frosch 等模拟生物的新陈代谢过程和生态系统的循环再生过程所开展的"工业代谢"研究。1990 年,美国国家科学院与贝尔实验室共同组织了首次"工业生态学"论坛,对工业生态学的概念、内容和方法及应用前景进行了全面系统的总结,形成工业生态学的概念框架。1991 年 10 月,联合国工业与发展组织提出"生态可持续性工业发展"概念,认为生态工业是指"在不破坏基本生态进程的前提下,促进工业在长期内给社会和经济利益作出贡献的工业化模式。"

（3）绿色工业

2009 年亚洲绿色工业国际会议上,联合国工业发展组织（UNIDO）提出"绿色工业"。联合国工业发展组织认为绿色工业是绿色经济的一部分,其生产和发展不以牺牲自然生态系统或损害人类的健康为代价,将环境、气候和社会因素纳入企业的经营范围,通过借助新兴产业及市场的力量,采取一系列即时可行、跨领域融合的方法和战略,为解决全球及相关挑战提供平台。其主要措施:一是以提高资源利用效率提升生产效率,通过减少浪费、污染物排放及提高废弃物管理来减少对环境的影响,推进工业绿色化;二是推动新技术及产业创新,扩大绿色技术开发及应用和相关服务的发展,包括培育可循环能源设备制造企业,开发工业、运输、建筑物、自动化领域清洁技术,以及推动循环再造、废弃物管理、水处理、能源监测分析等行业发展,如图 19-16 所示（朱苏远,2019）。

（4）基础理论

① 生命周期理论

生命周期理论,指对产品的整个生命周期从原材料获取到设计、制造、使用、循环利用和最终处理等,定量计算、评价产品实际、潜在消耗的资源和能源以及排出的环境负荷。生命周期评价中数据形成的阶段是生态规划设计的关键阶段。

② 循环经济理论

循环经济理论,是在物质的循环、再生、利用的基础上发展经济,是一种建立在资源回收和循环再利用

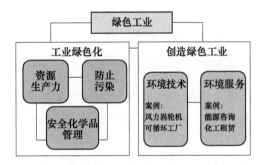

图 19-16　联合国工业发展组织提出"绿色工业"概念
（资料来源:联合国工业发展组织）

基础上的经济发展模式。其原则是资源使用的减量化、资源化、再循环。其生产的基本特征是低消耗、低排放、高效率。基于循环经济理论以及经济系统中环境-经济平衡关系建立"原料-产品-废物-原料"的绿色循环模式,从单纯追求产品利润最大化向可持续发展能力永续建设进行转变。

③ 产业生态学理论

产业生态学,是模拟生物和自然生态系统代谢功能的一种系统分析方法。与自然生态系统相似,产业生态系统同样包括"生产者""消费者""再生者"和"外部环境"。通过分析系统结构变化来研究产业生态系统的代谢机理和控制方法。产业生态系统同自然系统之间的流动可以通过"物质平衡"和"物质循环"的理论进行测度。其中,工业代谢分析为生态规划设计提供了系统的分析方法,构建"供给链网"模拟自然系统中的"食物链网",建立物流的"闭路再循环""生态通道"。

④ 社会网络分析理论

社会网络分析,是通过对研究主体及主体间各种类型的关系进行形式化定义来构建关系网,旨在分析网络整体结构特性及其对主体的影响和单个节点在网络的位置与作用。社会网络与生态规划设计基于区域的社会网络分析理论,是在原有国家安全和质量标准的基础上建立更加环保、经济、安全、高效、公平的绿色设计标准。

⑤ 人因分析理论

人因分析理论,抓住人因导致社会问题不可重复的本质,将社会中的人因看作人采取行为策略追求某种目标,从而干预社会发展进程,在生态文明理念下,构建较为普适的人因社会模型,通过求解行为策略集,在一定程度上预见行为后的结果,并不断左右人的行为,实现社会绿色设计。人因分析与绿色设计是在基于社

会人因分析理论以及原有国家质量和人类工效学标准的基础上,建立更加环境友好、资源节约、公平高效、安全满意、质量提高的绿色设计标准。人因分析评价中构建人因社会模型是绿色设计的基础,寻找社会状态与最优行为策略的匹配解是绿色设计的关键。通过对不同类型实际人因社会问题进行研究,选取对生活质量和心灵绿色影响大的指标作为评价标准,构建统一的、全面的绿色设计城市及社会数据库(姜景 等,2016)。

19.3.2 全球工业生态化发展趋势

(1)工业战略和规划引领未来发展

全球各主要经济体近年积极制定工业战略和规划,引领未来生态工业发展。

美国政府为保持其科技与产业创新优势,以工业战略作为政府干预手段。2012 年先后推出"国家先进制造战略计划"(NSPAM)、"国家制造业创新网络"(NNMI);2014 年提出"制造扩张伙伴关系"(MEP)计划,"复兴美国制造业与创新法案"成为法律,投资建设"国家增材制造研究院""数字制造和创新设计研究院"等 15 个研究院;2018 年发布《美国在先进制造业中的领先地位战略》;2021 年通过《美国创新与竞争法案》。

德国为提高工业的竞争力,在新一轮工业革命中占领先机,于 2013 年推出"工业 4.0",被认为是继机械化、电气化、信息化之后的新工业革命。2019 年发布《国家工业战略 2030》,首次将产业问题提高到了"工业主权和技术主导力"的高度,是"工业 4.0"战略的进一步深化和具体化,意在推动德国在数字化、智能化时代实现工业全方位升级。

英国政府 2013 年推出《英国工业 2050 战略》,提出发展与复苏的政策。报告认为,未来制造业的主要趋势是个性化的低成本产品需求增大、生产重新分配和制造价值链的数字化。

法国奥朗德 2013 年发表"工业新法国"讲话,在先进运载、新一代 ICT(信息通信技术)、生物医药、智能电网、绿色化工和材料、超级计算、纳米电子、物联网、机器人、网络安全、未来工厂等领域将实施 34 项工业复兴计划,迎接第三次工业革命。

日本政府 2016 年发布《第五期科学技术基本计划》,首次提出"社会 5.0"的概念。2017 年提出将实施"社会 5.0"战略,提出"互联工业"的概念,发表了"互联工业:日本产业新未来的愿景"。

(2)工业生态化带动全球合作

2009 年,联合国绿色工业国际会议通过《关于亚洲绿色产业和行动框架的马尼拉宣言》,呼吁政府、企业和国际组织共同推动工业绿色化发展。2011 年,联合国工业发展组织正式提出启动"绿色工业"倡议,并于 2012 年 6 月推出绿色工业平台。2013 年 12 月,联合国工业发展组织提出包容和可持续工业发展愿景(ISID),希望促进工业经济发展的同时,实现经济竞争力、社会责任和包容性三者间的协调,并维持生态环境平衡。2014 年 10 月,欧洲理事会就《2030 气候和能源政策框架》达成一致,确立欧盟内部至2030 年较 1999 年至少减少 40%温室气体排放的减排任务,以及至少提升欧盟整体可再生能源占能源消耗比例 27%的目标。2014 年末,二十国集团领导人共同达成《二十国集团能效行动计划》,在交通工具、联网设备、能效融资、建筑等 11 个重点领域开展合作。2015 年 9 月,联合国可持续发展峰会上通过193 个会员国共同达成的"2030 可持续发展议程",包括 17 项可持续发展目标和 169 项具体目标;目标之一是"建造具备抵御灾害能力的基础设施,促进具有包容性的可持续工业,推动创新"。2016 年 4 月,170 多个国家领导人在纽约联合国总部签署《巴黎气候协定》,进一步推动全球工业生态化进程。

(3)智能工厂推动生态制造发展

智能工厂是智能制造的载体,基于数字化工厂,利用物联网技术、设备监控技术、大数据技术等强化信息管理和服务,促进实现生产精益化,掌控产销流程,通过数据存储、分析,形成决策后指导生产与销售,辅助进行设计、原料采购、设备检测、销售,以及电量、能耗、事故等分析与预测,实现生产制造、运营、供应链、市场等精细化管理。智能工厂集合绿色智能方法及系统,更有利于促进高效节能生产和绿色环保。根据 Capgemini(凯捷)公司 2017 年 5 月发布的《智能工厂报告》,未来 5 年,制造企业投资建设智能工厂,将提升 27%的制造业生产效率,可能为全球经济带来每年 5000 亿美元的附加值。

（4）政策与实践助力生态供应链发展

生态供应链以核心企业为中心，覆盖生态采购、生态制造、生态销售、生态消费、生态回收以及生态物流等环节，是生态工业的重要组成。多国推出涉及生态供应链的法律及政策，如德国推出《电子电器设备法》《废旧车辆处理条例》《废旧电池处理条例》《政府采购法》等，要求减少废弃物的生成，增加企业废弃物回收的责任，实施生态环保采购，限制有害物质原料使用等。企业方面，如乐金（LG）公司推出"绿色项目＋"，重点帮助供应商提高环保作为；西门子公司严格控制"冲突矿产"的采购及使用；强生公司实施原料、供应商及药物处理等方面的管控等。

（5）生态技术创新应用不断深化

生态技术创新及应用正不断深化，覆盖广泛的经济部分，包括能源、交通、工业生产、材料、水与废水管理等，涉及如清洁生产技术（设计、工艺、设备、包装等）、能源技术、材料技术、生物技术、回收利用技术、净化治污技术、环境监测技术等。数字化生产正推动制造的环保与柔性，如美国建立 3D 打印创新中心。能源技术创新是重要的工业绿色化手段，如日本出台"氢燃料电池战略"。企业通过对设计、工艺、材料等生产源头实施技术创新，实现环保干预与改造，如马士基创新集装箱轻量、低能耗设计，LG 公司创新研发低耗材、轻量产品，联想集团独创新型低温锡膏焊接工艺，宝洁公司研发冷水洗净技术（节约 40％ 水和 75％ 能源）等。

（6）生态园区促进生态工业联动发展

联合国环境与发展大会首次提出"生态工业园区"的理念。2001 年，亚洲开发银行出版的《生态工业手册》中将生态工业园区定义为"一个由制造与服务企业组成的社区，寻求在环境和资源（包括能源、水及资源）管理问题领域的合作，提升环境绩效与经济表现。企业社区通过合作获得集体利益，而该集体利益大于每家公司独立优化各自业绩所实现的个体利益之总和"。在此基础上，"可持续工业园区"拓展生态工业园区所关注的生态需求，进一步涵盖高效生产、资源节约、环境保护、社会责任等。

根据世界银行的调查，生态工业园区已经成为全球工业园区发展的主流模式，有 40 多个国家正在对工业园区进行生态化改建。截至 2016 年底，全球约有 254 个严格意义上的生态工业园区，园区真正实施生态和可持续管理、运营及发展，其中运营中的生态工业园区为 77％，另有 20％ 在建或规划中，如表 19-4 所示（朱荪远，2019）。

表 19-4 "绿色经济"可持续工业园区三个维度

经济维度	经济型生产方式
	维持高品质
	通过协同效应、循环经济和能源网络等方式最大限度地降低成本
环境维度	维持能源与资源效率
	低污染、废弃物/废水管理
	高环保标准
	定期监测与透明化报告体系等
社会维度	工人友好型生产方式
	创收，维护社会治安
	关怀邻域的意识，保持透明度
	消除性别歧视等

资料来源：中德合作——低碳城市发展项目官网。

19.3.3 我国生态工业发展机遇和挑战

（1）我国处于重要战略机遇期，机遇和挑战并存

进入新阶段，我国人均国内生产总值超过 1 万美元，城镇化率超过 60％，中等收入群体超过 4 亿，国

内生产总值突破 100 万亿元,转向高质量发展具有诸多优势和有利条件。但我国发展不平衡不充分问题仍然突出,创新能力不适应高质量发展要求,产业链供应链稳定性和竞争力不强,城乡区域发展和收入分配差距较大,生产体制内部循环不畅和供求脱节现象显现,国内有效需求尚未得到充分释放。构建新发展格局,生态工业既是主战场,又是排头兵,努力实现工业化和信息化更高质量、更有效率、更加公平、更可持续、更为安全的发展。

(2)碳达峰、碳中和成为生态工业发展的重要导向

为实现碳达峰、碳中和目标,对产业结构低碳化提出更高要求。加快调整优化产业结构、能源结构,推动煤炭消费尽早达峰,大力发展新能源,加快建设全国用能权、碳排放权交易市场,完善能源消费双控制度。继续打好污染防治攻坚战,实现减污降碳协同效应。开展大规模国土绿化行动,提升生态系统碳汇能力。由规模化粗放型发展快速转向精细化高质量发展,产业链价值链必将全面升级,传统产业中技术、工艺、装备、产品等创新升级的领先企业将得到更好发展机遇和更强市场竞争力;新能源、节能环保、高端制造、清洁生产等新兴产业凭借自身的低碳属性和高技术禀赋,将迎来新一轮快速发展。

(3)新技术革命催生高质量的生态产品

新一轮科技革命为我国进入国际产业前沿创造了条件。新科技革命的核心是数字化、网络化和智能化,网络互联的移动化、泛在化以及信息处理的高速化、智能化,正在促进创新链、产业链的代际跃升。移动互联技术向物联网快速拓展,计算技术向高性能、量子计算发展,大数据技术促使人类生产生活方式全面数字化。全面建设社会主义现代化国家,必须加快推进制造业智能化、绿色化。产业结构高度化将更多体现为产业数字化转型带来的边际效率改善和全要素生产率提升,从而提供更多更高质量的生态产品。

(4)供给侧矛盾凸显,低碳转型时不我待

工业是强国之本,实现生态发展意义重大。从供给侧看,经济发展中不平衡不充分的结构性矛盾,症结在工业,难点在工业,突破点也在工业。以钢铁、水泥等为主的传统高耗能行业的占比仍然较高,对经济的拉动效应逐渐减弱。从需求侧看,满足不断增长的对绿色安全等高品质绿色产品的消费需求,离不开工业体系生态发展水平的提升。大力推动生态工业发展,才能补上供给能力的短板。资源能源利用效率、绿色制造水平已成为衡量国家制造业竞争力重要因素,加快制造业绿色低碳转型时不我待,必须着力挖掘绿色增长潜能,培育制造业竞争新优势。

(5)产业问题突出,创新能力亟待提高

我国的工业生态化存在以下不足:一是粗放生产方式依然存在,制造业及其产品能耗占全国能耗比重居高不下;二是资源利用效率与国际先进水平差距较大,单位产品能耗高出国际先进水平 20% 以上;三是重点工业产品绿色设计能力较弱,自主品牌占比明显偏低,主要装备仍然依赖进口,部分关键技术和设备遭遇"卡脖子"问题严重;四是制造工艺与装备水平不高,污染较严重,工业报废品再利用率低,资源化利用二次污染严重;五是法律法规和标准规范体系不完善(周宏春 等,2021b)。

19.3.4　我国生态工业发展目标和路径

"十四五"规划纲要明确未来 5 年经济社会发展主要目标和 2035 年远景目标。工业绿色低碳发展要主动对表对标,坚持目标引领、问题导向、过程控制、绩效管理,完善举措,细化施工图,强化创新驱动、改革推动、融合带动,以更大力度推进制造强国建设,为全面建设社会主义现代化国家开好局、起好步提供有力支撑。

(1)生态工业目标和定位

"十四五"规划明确提出"保持制造业比重基本稳定",首次对制造业比重问题作出要求。到 2030 年,我国制造业占 GDP 的比重保持在约 30% 的水平为宜。

国务院《关于加快建立健全绿色低碳循环发展经济体系的指导意见》(国发〔2021〕4 号)提出要求:一是产业方面,提出加快实施钢铁、石化、化工、有色、建材、纺织、造纸、皮革等行业绿色化改造;推行产品绿色设计,建设绿色制造体系;大力发展再制造产业,加强再制造产品认证与推广应用;建设资源综合利用基地,促进工业固体废物综合利用。二是制度方面,提出全面推行清洁生产,依法在"双超双有高耗能"行

业实施强制性清洁生产审核;完善"散乱污"企业认定办法,分类实施关停取缔、整合搬迁、整改提升等措施;加快实施排污许可制度;加强工业生产过程中危险废物管理。

(2)生态工业必由之路

工业化是经济发展的供给端。新型工业化、新型城镇化、农业现代化、信息化和绿色化协同推进、融合发展,城乡一体化发展,是中国特色社会主义现代化的基本路径和显著特征。

① 大力推进工业生态化

工业生态化是我国经济绿色化的关键、生态经济发展的重要领域。一是传统工业生态化以节能减排降碳为首要任务;从产业布局、结构调整、全生命周期管理、技术促进和创新、激励和约束机制等抓好抓实;把生态发展理念贯穿于工业经济全领域、工业生产各环节、企业管理全过程;采用先进适用技术改造传统产业,淘汰严重耗费资源和污染环境的落后生产力,推动清洁化、轻量化、去毒物、低碳化。二是发展生态产业,推进绿色标准、绿色生产、绿色管理;按照高质量发展要求,加快推进战略性新兴产业,壮大节能环保产业、清洁生产产业、清洁能源产业和绿色金融,发展循环经济,不断提高全要素生产率,增强经济活力和国际竞争力。

② 推进产城同建城乡一体

城市不仅是工业文明的空间载体,更应该成为生态文明的载体,带动全社会绿色低碳转型。城镇规模及其布局、产业转移的支配力量是食品供应、能源生产、商品运输、废物处理等成本,即所谓的"生态足迹"。产业发展是城镇化推进的原动力,产业振兴也是乡村振兴的基础和支撑。要遵循城镇化发展规律,以培育产业、增加就业为目标,坚定不移地走中国特色新型城镇化道路,避免"城市病"。统筹规划、科学布局城乡发展和生产生活生态空间,让居民望得见山、看得见水、记得住乡愁。建设生活环境整洁优美、生态系统稳定健康、人与自然和谐共生的美丽乡村。

③ 加快产业数字化赋智

加快信息化与工业化的深度融合,推动物联网、云计算、大数据等新一代信息技术创新应用,以"互联网+""智能制造"为主攻方向,加快发展数字经济、智能制造。推广信息应用智能化和新型信息服务,促进城市规划管理智能化、基础设施数字化、公共服务便捷化、产业发展现代化、社会治理精细化,提高城市管理效能,使人居环境更美好。推进"上云用数赋智"行动,全方位重构产业链、重塑创新链,打通堵点,促进全渠道、全链路供需调配和精准对接,促进产业循环、社会循环。全面推广农村电商,解决加工产品进城的"最初一公里""最后一公里"问题(周宏春 等,2020)。

(3)生态工业重点方向

① 着力推进工业生态化

工业生态化是迈向"资源集约利用、污染物减排、环境影响降低、劳动生产率提高、可持续发展能力增强"的必然选择。从产业布局、结构调整、全生命周期环境管理、技术创新与推广、激励和约束机制等方面,把生态文明建设理念贯穿于工业经济全领域、工业生产全过程、企业管理各环节。抓好工业节能减排降碳,推进设计生态化、过程清洁化和废物资源化,显著提升产品节能环保低碳水平。在重点行业领域建设生态示范工厂,实现厂房集约化、原料无害化、能源低碳化、环境宜居化,探索形成可复制推广的工厂生态化模式。大力发展生态园区,按照生态理念、清洁生产要求、产业耦合链接方式,加强园区规划和产业布局、基础设施建设和运营管理,培育示范意义强、特色鲜明的零排放生态低碳园区。

② 持续推进产业结构优化升级

坚持深化供给侧结构性改革主线,打好产业基础高级化和产业链现代化攻坚战,增强制造业供给体系对国内需求的适配性,实施工业绿色低碳行动。实施重大技术改造升级工程和质量提升行动,推广节能环保低碳技术与产品,实施关键核心技术和产品攻关工程,着重打好关键核心技术攻坚战,催生更多原创性、颠覆性技术,聚焦核心基础零部件、关键基础元器件、先进基础的制造工艺和装备、关键基础材料、工业软件,努力增品种、提品质、创品牌,提升产业整体水平。推动集成电路、5G、新能源、新材料、高端装备、新能源汽车、绿色环保等战略性新兴产业的发展壮大,打造一批具有国际竞争力的产业集群。健全优质企业梯度培育体系,大力培育专精特新"小巨人"企业、制造业单项冠军企业和具有生态主导力、核心竞争力的产业链龙头企业。

③ 加快提升产业创新能力

深入实施创新驱动发展战略,坚持把科技自立自强作为战略支撑。加快突破和快速发展新一代信息技术、新材料技术、新能源技术等。聚焦集成电路、关键软件、关键新材料、重大装备以及工业互联网,着力增强核心竞争力,深入推进制造业协同创新体系建设,强化基础共性技术供给。大力发展超低排放、资源循环利用、传统能源清洁高效利用等绿色低碳技术,加速绿色制造发展,打造更多的绿色园区、绿色工厂、绿色供应链等示范工程。支持行业龙头企业联合科研院所、高等院校和中小企业组建创新联合体,加快构建以国家制造业创新中心为核心节点的制造业创新中心网络体系,打造绿色制造研发及推广应用基地和创新平台,加快创新成果应用和产业化,加快现有产业数字化转型。强化企业创新的主体地位,促进新技术产业化、规模化应用,持续增强产业链的韧性和弹性。

④ 着力提升产业链供应链自主可控能力

保持产业链、供应链自主、完整并富有韧性和弹性,是经济平稳增长的重要保障。分行业做好战略设计和精准施策,突出现有产业集群功能,在产业优势领域精耕细作,挖掘产业链存量潜力,布局新兴产业链。提升产业链、供应链的稳定性和竞争力,实施制造业强链、补链行动和产业基础再造工程,加快补短板、锻长板,布局新兴产业链,着力增强产业链、供应链自主可控能力。全面加大科技创新力度,从进口替代入手推动产业结构升级、提升产品附加值和科技含量,构建自主可控、安全可靠的国内生产供应体系。

⑤ 共建双循环绿色丝绸之路

进一步高效联动和扩大对外开放,全面放开一般制造业,大幅放宽市场准入,更好利用国际国内两种资源、两个市场,形成具有更强创新力、更高附加值、更安全可控的产业链,培育产业参与国际合作和竞争新优势。吸引更多机构和人才来华发展,鼓励有实力的国内企业提高国际化经营水平,深度融入国际产业链、价值链、供应链、创新链。经济全球化、产业链国际分工是不可逆的大趋势,要继续共建"一带一路",推动产业链国际合作,推动国内国际双循环相互促进(周宏春 等,2021b)。

⑥ 建立健全生态工业市场机制

完善工业重点行业碳核算和标准体系。建立温室气体排放数据信息系统,加强工业企业温室气体排放管理。加快建立符合我国工业发展水平的碳排放测算体系,建立重点用能企业温室气体排放定期报告制度,构建工业产品碳排放评价数据库。发挥碳定价机制的市场信号和激励作用。

19.3.5 生态工业模式创新研究

20世纪后期,工业园区进入可持续发展、绿色发展的环境层面。进入21世纪,伴随生态工业概念的提出,先进工业园逐渐向生态工业园(EIP)发展。日本早在20世纪70年代就开始研究。1989年,Frosch和Gallopoulos在《科学美国人》发表了工业生态学的文章。21世纪,美国、英国、德国、瑞士、法国、意大利和韩国等国政府以不同方式制定、倡导EIP发展项目规划。1998年,意大利建设生态配备的工业区(EE-IA)。2014年,联合国工业发展组织和环境保护署已在56个国家成立了58个清洁生产中心,帮助发展中国家(如印度、越南等)推广EIP的建设。

(1)生态工业园理念、特征和分类

① 生态工业园概念

按照1995年耶鲁大学Thomas和Allenby的《工业生态学》,EIP是"有计划地进行物料和能量交换以寻求所使用的物料和能量最小化,并建设可持续的经济、生态和社会关系的工业系统"。美国环境保护局(USEPA)的定义:EIP是由制造业和服务业组成的一个社区,社区内的企业间通过在环境管理和循环利用等方面的合作,实现从原材料的提取,到产品的生产、消费,再到废弃物的处置,整个生命周期形成一个物质和能量的闭路循环系统。

② 生态工业园特征

根据近10年国外对于EIP研讨的状况,EIP的发展可以归纳为以下特点。

通过企业之间的物料和能量交换,提高资源的总体利用效率,可以降低成本,提高竞争力。

EIP 都有完善的一体化公用工程基础设施服务,使入园企业可以分享水、电、气/汽服务,引入第三方,使投资下降。

考虑园区的多功能性,实现生产、生活、服务共享。

可持续发展的三维度:经济-生态-社会统一协调发展,留有足够的绿地供景观设计,并考虑到与邻近周边城市的经济社会协调发展。

网络化信息共享,在企业数字化转型的基础上,园区内实现网络化的各企业和管理中心联网。

园区内产生的废弃物尽可能要自行消解处理。

最大化采用可再生能源,例如光伏发电、风力发电,生物质气体等。

重视知识共享和创新,配备科学研究机构和/或技术中心,保持活力和吸引力。

③ 生态工业园分类

现存的 EIP 可以分为老工业区改造而成和平地起家新建的两大类型。意大利国家立法的生态配备的工业区,给出了标准 EEIA 的配备模板,EIP 又可以分为自上而下型和自下而上型。

(2)我国工业园区生态演化

改革开放以来,我国工业园区不断发展,到 2018 年,有国家级园区 552 家,省级园区 1991 家。2000 年进行工业园区生态化的探索,通过各项政策逐渐推动了生态工业示范园区、循环经济园区、低碳园区、绿色园区等的建设,以试点示范带动工业园区生态化。工业园区的生态化对我国生态文明建设和绿色发展战略的实施具有重要的意义。主要特征是企业之间的产业共生,即原本独立的企业相互合作,通过材料、能量、水、副产品等的交换获得竞争优势。

我国工业园区生态化呈现特点:试点-示范-推广的一般模式,学习型的政策,参与政府部门的逐步多样化与最终整合的趋势,政策工具逐步多样化,产业共生与其他环境管理措施并行(图 19-17)。

我国工业园区生态化的前期经验来自各类试点和示范园区,这些园区往往有比较高效的园区管委会和较为充足的资金,有能力建立相应的机构,有效开展相关工作。未来的工业园区生态化工作需要谨慎评估国内园区的状况,把握好政策节奏,重视园区能力建设工作(杜真 等,2019)。

生态工业园分类方面,按企业的业务性质来分,现有的生态工业园区可以分为三大类型:综合实体园区、虚拟生态工业园(4R,即再生、循环、回用、替换原则形成的生态供应链的虚拟组织)和静脉生态工业园(从生产或消费后的废弃物排放到废弃物的收集运输、分解分类、资源化或最终废弃处理的过程),其差别是根据副产品/工业废物的处理方式不同而分类的。

(3)生态工业园区循环化改造

我国大力推动工业园区生态化发展,主要包括:国家生态工业示范园区建设、园区循环化改造、国家低碳工业园区以及绿色园区建设。国家生态工业示范园区建设侧重于通过产业共生链接与清洁生产达到全过程污染防控与生态环境保护;园区循环化改造侧重于实现产业耦合链式发展、固废资源化,使能源资源梯级利用率与资源效率提升;绿色园区建设则侧重于促进园区绿色制造体系的建设;国家低碳工业园区侧重于实现高能耗园区的节能减排。

① 工业园区循环化改造内涵

工业园区循环化改造围绕构建产业链条,坚持副产物减量化,从空间布局优化、产业结构调整、企业清洁生产、公共基础设施建设、环境保护、组织管理创新等方面,推进现有各类园区进行循环化改造。园区在推进实施循环化改造过程中,以 3~5 年的建设期,围绕"七化"目标推进实施。

② 工业园区绿色循环改造关键点和难点

由于我国工业园区数量众多、类型各异、发展阶段不同,全面推进园区绿色循环改造任重道远。一是共生体系建设缓慢,改造存在难度;二是物质流分析薄弱,循环产业链亟待提升;三是市场机制仍不完善,保障措施亟待健全。

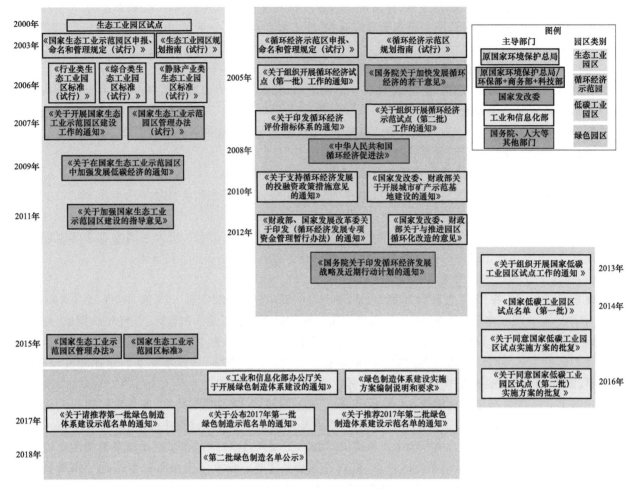

图 19-17 我国工业园区生态化政策演变

③ 工业园区循环化改造的实施要点

实施要点:一是优化整体布局,结合地理地形与产业关联性;二是推动产业循环耦合,重视废弃物的再生循环,推进副产物资源化链条;三是推动园区产业补链升级,建立产业集群,实现产业间资源共享,推动产业链横向耦合;四是在产业园区运转中实现物质梯级利用、能源梯级利用、水资源持续回用,实现资源和能源循环共享,提升资源和能源利用效率;五是实现企业资源效率提升,通过清洁生产技术应用、工艺设备更新、设备监管、减排技术改造等,最大限度地减少原料和物料的浪费、污染物泄漏及污染物末端排放(图 19-18)。

④ 工业园区生态循环改造实施路径

工业园区是建设生态制造体系、实施制造业强国战略最重要、最广泛的载体,未来工业园区生态发展仍将以存量园区生态循环改造提升为主。一是全面推进园区生态化规划设计,构建以企业单元-产业链-基础设施-园区为有机整体的生态园区系统,构建生态产业体系、完善循环链接、引进关键补链等。二是生态产业链、供应链是园区改造的关键和抓手,从传统产业链生态改造、发展生态新兴产业、加强产业循环链接、形成生态供应链四个方面重点推进。三是推进传统产业生态化转型改造,强化能耗、水耗、环保、安全和技术等标准约束,推动集中化、大型化、特色化、基地化转变。四是培育壮大生态新兴产业,壮大节能环保装备制造产业、绿色服务产业、清洁能源产业、生物技术等绿色战略性新兴产业规模,加快培育形成新动能;支持发展绿色未来产业,抢占人工智能、生物基可降解材料、区块链等技术制高点。五是完善园区产业循环链接,构建循环经济产业链,完善废弃物综合利用产业链,大力发展循环经济,培育节能环保产业基地。六是加强园区绿色基础设施建设,推进园区供水与排水、污水收集与处理、再生水回用、固废处置及资源化利用、危废收集处置等环境基础设施共建共享。七是加快传统产业智能化改造,推进互联网、大数据与传统产业深度融合,通过数字车间、智能工厂等方式,推动制造过程、装备、产品智能化升级,如图 19-19 所示(谢元博 等,2021)。

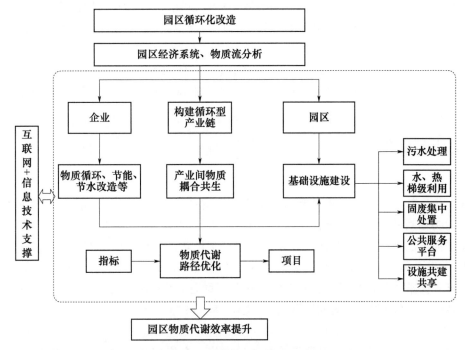

图 19-18 工业园区循环化改造系统框架(谢元博 等,2021)

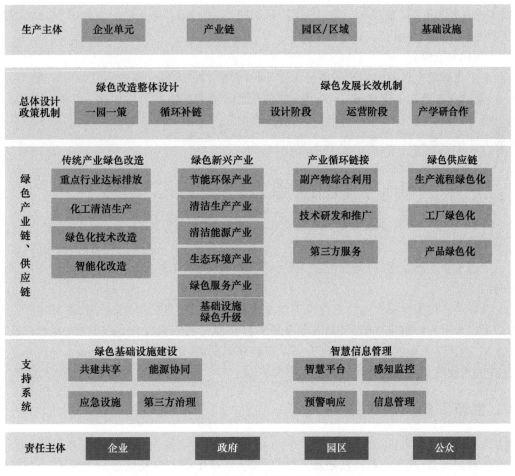

图 19-19 绿色化改造路径框架(谢元博 等,2021)

⑤ 未来智慧生态工业园区

"双碳"目标发布后,未来生态园区结合自身特点,积极开展低碳生产实践。

能源数字化转型方面,一是促进能源数字化转型发展,以能源互联网建设为着力点;二是推动"云、大、物、移、智"等现代信息技术和先进通信技术在系统运行控制、终端用户综合能源服务等方面的应用;三是促进能源信息双向流动和开放共享,实现各类资源灵活汇聚、系统运行智能决策、用户用能便捷高效。

综合能源服务方面:一是要鼓励能源企业、制造企业、信息服务企业开展跨界融合,搭建智慧能源服务平台。二是通过构建综合能源系统,打通电、热、气多种能源子系统间的技术壁垒、体制壁垒和市场壁垒(王轶辰,2021)。

19.3.6 工业互联网

(1)概念

工业互联网作为新一代信息技术与制造业深度融合的产物,是以数字化、网络化、智能化为主要特征的新工业革命的关键基础设施。美国通用电气公司 2012 年 11 月发布《工业互联网:打破智慧与机器的边界》,首次定义工业互联网:在一个开放的全球网络中连接设备、人员和数据,目标是通过大数据分析提升工业智能化水平、降低能耗和提高效率。美国五大工业企业(AT&T(美国电话电报公司)、思科、通用电气、IBM(国际商业机器公司)和英特尔)成立工业互联网联盟,将工业互联网定义为利用先进的数据分析方法辅助工业智能、提高商业产出的物联网络(左文明 等,2022)。

(2)数据和物联

在工业互联网发展进程中,工业互联网平台通过构建一个集成系统,成为一种新兴制造业生态系统。数据和物联是工业互联网的关键。其中,物联即万物相连的互联网,是指将各种信息传感设备与互联网相结合,以实现在任何时间、地点,人、机、物互联互通的网络。将工业互联网与物联网之间的关系定义为,工业互联网是物联网技术在工业中的应用。

(3)智能优化制造模式

以产品全生命周期全过程中的产品质量优化、原材料成本和运输成本最小等为目标,将订单信息、工艺设计任务、制造任务等在不同地域、不同规模的企业之间动态配置与协同优化。具体包括:面向规模定制的需求识别与预测、供应链和生产计划协同优化,面向新产品工艺设计的协同优化,基于产品使用过程质量分析的生产工艺智能优化(柴天佑 等,2022)。

19.4 山西省大同市生态文明建设的生态工业发展研究

大同市生态工业发展难题:一是如何在资源型城市转型中涅槃重生? 二是替代性产业如何培育? 三是再启航的抓手?

坚持把循环经济作为推动产业生态化发展的基本路径,按照"多联产、全循环、抓高端"的思路,充分发挥同煤塔山煤炭循环经济示范园区、阳高龙泉循环经济园区的示范效应,全面推进各类产业特别是煤炭、电力、化工、钢铁等产业的循环化发展,大力发展循环型工业,使循环经济成为基本经济形态和产业发展模式,已经成为大同市生态工业发展的重点方向。

19.4.1 生态工业发展思路

以生态文明建设为契机,以提高资源综合利用、降低废弃物排放为目标,按照"减量化、再利用、资源化"原则,以体制创新、管理创新和科技创新为动力,加快建设生态工业及生态工业园区。以清洁生产、绿色管理、循环经济为引导，逐步引导传统工业的生态化转型，重点围绕煤炭产业加快构建循环产业链，大力发展产业上下游企业，完善主导产业的产品链条和生产链条，实现产业产品链的合理化延伸。以生态优化为导向，以科技创新为助力，培育发展新能源产业、新型先进制造业、生物医药产业、绿色养生食品业、生态环保产业等生态新兴产业，加强企业生态过程中的污染物控制和生态化处理，降低对生态环境的影响。建设生态化工业园区，集聚生态工业发展，为产业生态化和生态工业提供发展平台，促进传统工业园区向生态工业园区转型。

统筹工业园区生态化建设，积极推进示范工程，"十三五"期间，建设 1～2 家特色鲜明、成效显著的国家生态工业示范园区，在经济发展、物质减量与循环、污染防控和园区管理等方面指标居国内领先水平，引领、辐射和带动各级各类工业园区的可持续发展。大力调整园区产业、产品结构、工业布局，进一步优化传统产业结构，通过资源、能量的高效循环利用，实现"低开采、高利用、低排放"的最佳运行模式，"十三五"期间，万元产值能耗年降率达到 8％以上，工业废水达标排放率为 98％以上，企业清洁生产比例达到75％以上，包装的回收利用率达到 95％以上，绿色产值比重达到 70％以上，工业用水循环利用率达到80％以上，工业废气综合利用率达到 45％以上，工业固废综合利用率达到 50％以上，全面提升园区生态经济整体运行质量和效益。

19.4.2　传统工业的生态化转型

（1）清洁生产

联合国环境规划署将清洁生产定义为：对生产过程与产品采取防预性的环境策略，以减少其对人类及环境可能的危害。清洁生产要求尽可能接近零排放闭路循环方式，尽可能减少能源和其他自然资源的消耗，建立极少产生废物或污染物的工业技术系统。清洁生产对工业生产的要求已不再局限于"末端治理"，而是贯穿整个生产过程中的各个环节，实质上是一种"生态化"或"绿色化"的工业生产模式，它是生态工业的具体实现途径。对生产过程，它要求节约原材料和能源，淘汰有毒原材料，削减所有废物的数量和毒性；对产品，它要求减少从原材料提炼到产品最终处置的全生命周期的不利影响。通过单个企业推行清洁生产，将进入个体生产系统的物质、能量减少到最小，废物的产出达到最少；通过多个企业间组成生态工业链，将上游企业的代谢物变为下游企业的原料，从而使整个生产系统内的能量、物质实现梯级循环利用。注重发展应用新的清洁生产技术，因地制宜地规划建设科学产业链是建立循环经济模式的核心步骤。

采用先进适用技术改造传统产业，支持企业新建、改造项目优先采用清洁生产技术、工艺和装备；大力开展以节能、降耗、减污、增效为目标的清洁生产，实现污染防治逐步由末端治理为主向生产全过程控制转变。针对污染物产生部位及产生原因，从燃料选择及净化处理、生产过程、污染物回用或综合利用、产品等方面论述提高资源利用率，减少或消除污染物，实现清洁生产的技术和途径。如：利用低热质煤和煤矸石发电，从发电产生的废渣粉灰提取氧化铝，把提取氧化铝过程中产生的废弃物钙渣用于联产水泥熟料，从水泥回转窑尾废气中提取二氧化碳。

（2）绿色管理

实施工业企业绿色管理的本质，就是要求把工业经济系统的运行与发展转到严格按照生态经济规律办事的轨道上来，工业企业的经营管理活动不仅要遵循市场经济规律的要求，而且要遵循生态规律的要求，由效益最大化原则向可持续发展转变，自觉协调工业经济环境的发展关系，并通过正确处理工业企业与自然环境、社会环境的关系，工业企业内部人与人、人与物、物与物的各种关系，使工业生产、技术、生态、经济、社会的各个方面能够协调发展。

健全企业环境管理体制及运行机制，制订公司安全、卫生、环境政策以及工作目标、环境质量指标，保证可持续发展战略的实施；明确绿色管理目标，建立贯穿整个产品生产各个环节中节约资源、降低消耗、减少污染等的目标体系，进而强化企业的绿色意识；加大绿色管理的投资力度，由政府和企业成立联合基金，更新保护生态环境的设施，支持研究新产品、新工艺以及治理污染的技术，充分利用资源开发绿色产品;改善制造设备、改变制造工艺、改良制造产品,控制副产品的产生或者使用无污染或低污染的原材料,全面推行清洁生产和绿色制造。

促进大同市工业企业逐步开展环境管理体系认证,促进企业不断提高清洁生产水平,不断完善企业绿色管理体系;加强对企业发展建设、产品生产和产品生命周期、企业环境管理体系的绿色监管,提高企业的绿色管理水平和环境管理质量。在重点行业组织开展创建清洁生产示范企业活动,树立一批资源利用率高、污染物排放量少、环境清洁优美、经济效益显著、具有国际竞争力的清洁生产企业,争取重点出口生产企业全部通过 ISO 14000 认证。

(3)循环经济

以大同市各级工业园区为依托,以产业链和产品链为主导,以区内拥有的优势产业为核心,优化、构建产业共生网络。构建循环经济产业链的主要任务:一是通过关键项目建设,完善企业内部清洁生产和循环经济,添加、延长或拓展产业链,提升资源产出率;二是紧密围绕企业间、产业间的物质交换关系,构建首尾相连、环环相扣、闭路循环的物质循环利用路径,促进原料投入和废物排放的减量化、再利用和资源化;三是完善嵌入式的废弃物回收利用服务,促进生产和生活废弃物分类回收、高值利用和危险废弃物的集中资源化利用和无害化处理;四是与周边地区加强协作,在开发区循环化改造带动下,构建区内外联动、一体化发展的物质循环利用网络,培育区域循环经济产业带,做大循环经济规模。

根据大同市现有产业实际和产业结构升级调整布局,循环经济产业链构建重点是煤炭产业的循环化。以煤炭及其相关产品为起点,以主导产业链为核心,根据矿区资源情况和配套产业情况,建立各产业共生耦合关系,形成纵横交错网络化、立体式循环经济框架。采用"资源-产品-废弃物-再生资源"模式,将煤炭作为一种再生资源,通过综合加工利用,延长煤炭产业链条,实现经济效益、环境效益和社会效益最大化。以煤炭产业为基础,大力发展非煤产业,通过产业结构调整,在企业涉及的多个产业内形成资源循环利用网络,逐渐加大对非煤产业投资力度,形成煤炭-化工、煤炭-电力-建材、煤炭-钢铁-机械以及固体废弃物开发、废水循环利用等多条产业链条,发展循环经济产业链。

① 煤炭-电力产业链

在矿区建设大型燃煤坑口电站和低热值燃料综合利用电站,变运煤为输电及供热,这种模式适宜于煤质较差以及煤炭运输不便的矿区。煤炭用于发电可以使有害物质的排放总量和排放浓度大为减少,煤矿的副产品煤矸石和电厂的粉煤灰作为水泥厂的原料,煤矿和电厂耗水量可进行集中处理后回用,发电厂的热量用于工业供热和居民区供热,是煤炭清洁利用的主要途径。大型发电厂采用燃烧技术将煤炭转化为电能,使用完善的装置除尘、脱硫、脱硝,利用先进的技术妥善处理废水、废渣,防止烟尘、二氧化硫等对大气、河流的污染。煤电综合开发模式在煤炭产业发展循环经济中的现实做法为煤电联营,即煤炭企业与发电企业的联合或合并。煤电联营有利于矿区煤炭、水、热、土地、设备等资源的综合利用,有利于矿区环境资源的保护,而且,从交易成本角度来看,煤电联营降低了煤炭企业和发电企业之间的交易成本,有利于缓解我国长期以来存在的煤、电价格矛盾问题,在煤炭企业和发电企业之间形成互保机制,促进煤炭企业和发电企业的可持续发展。

② 煤炭-化工产业链

煤化工主要是利用煤炭丰富的物质组分和化学活性,生产甲醇、苯等众多产品,并可进一步制取醋酸、甲酸、草酸等重要化工产品。大同市煤炭业可从发展煤的气化入手,以制醇为主,大力发展甲醇和乙醇下游系列产品,为深加工煤化工产品打下坚实基础,既能充分利用煤炭资源优势,又能大力发展煤化工产业,提高企业经济效益。

③ 煤炭-电力-建材产业链

以自建电厂或参股电厂方式发展电力产业,获取煤及其副产品的高附加值;采取热电联供方式,实现节能并减少燃煤对大气的污染。充分利用煤矸石、中煤、煤泥等资源,发展电力和建材等综合利用产业,实现资源循环利用,发展以煤炭及其副产品为起点的煤-电-建的产业链:原煤-电力-市场,原煤-电力-热能-市场,原煤-电力-粉煤灰-粉煤灰砖、水泥,煤矸石-多空烧结砖。

④ 煤炭-钢铁-机械产业链

钢铁和机械是基础产业,在循环经济发展模式下,要以尽可能少的能源消耗生产绿色钢铁产品。原煤经洗选后的精煤一部分用于生产钢铁产品,在钢铁生产中排出的废气、余热可以通过热能回收装置转换成蒸汽或电能;钢铁生产过程中产生的炉渣、钢渣、粉煤灰等,可以进行资源化利用,用于生产建材产品,产生的废水经处理后可循环利用。煤炭企业的钢铁和机械的产业链较短,主要有:精煤-钢铁-煤机产品,煤炭-钢铁-炉渣-建材。

重点项目支撑:大同煤矿清洁生产示范项目,以塔山循环经济产业园为依托,进一步延伸产业链条,提升技术水平,控制污染物排出。计划投资 20 亿元,加强园区循环经济的升级改造,增加补链产业,孵化系列项目:年产 20 万立方米粉煤灰加气块综合利用项目、年产 10 万吨粉煤灰玻璃微珠项目、80 万吨煤焦化项目、环境监测站项目、循环经济信息技术综合服务平台、循环经济创新型孵化器、循环经济教育培训中心、环保服务中心等,加快传统产业的清洁生产、绿色管理和循环经济的发展。加强原煤的清洁生产,力争原煤入洗率达到 70% 以上。依托同煤集团、同车公司两大龙头企业,积极引进高端煤化工产业,建设同煤中海油 40 亿立方米煤制天然气、同煤集团 60 万吨烯烃等项目。形成年产煤基甲醇 180 万吨、煤基甲醇制烯烃 60 万吨、煤制天然气 40 亿立方米、煤制芳烃 60 万吨、煤炭分质梯级利用 1000 万吨的生产能力。

19.4.3　生态新兴产业的发展

在生态文明建设和党的十八大创新理念的指导下,战略性新兴产业的发展应践行“生态+创新”的发展模式,从实际出发,充分利用优质的生态资源、生态条件,构建生态型新兴产业系统。立足大同市资源禀赋和产业发展基础,壮大煤炭产业,扩展新能源、先进制造、生物医药、养生食品、生态环保等新兴产业,培育发展生态工业链的补链产业;以产业重点功能单元为抓手,集聚资源,重点推进中小企业总部建设,打造战略性新兴产业集聚区,努力实现“规划先行、从容建设、产城融合、宜居宜业”。

(1)新能源产业

充分利用大同市风能、太阳能资源优质,闲置荒山荒坡多的优势,以光伏扶贫行动为契机,积极争取财政、税收优惠政策,完善配套基础设施,打造绿色新能源产业体系,建设具有全国典型示范意义的“千万风光”新能源城市和京津地区绿色清洁能源供应基地。

① 风力发电

2009—2014 年底,大同市风电装机达到了 125.35 万千瓦,占总发电装机比例从 0.74% 发展到 11.88%,风电累计发电量达到 58.47 亿千瓦时,相当于 2014 年大同市全社会用电量的 58.2%。未来将重点推动浑源县、天镇县、阳高县、左云县、大同县等风力资源突出和开发条件优越地区的风电场项目建设。加速提高风力发电机控制装置、增速器、主轴、叶片、法兰、塔筒等部件的规模化生产能力,提高风力发电机整机的研发能力,延伸产业链条。在 2014 年《山西省“十二五”第四批拟核准风电项目计划表》中,山西大同天镇神头山 10 万千瓦风电项目已批复同意开展前期工作,其他常规项目有大唐大同浑源密马鬃梁风电场三期 4.95 万千瓦项目、大唐国际大同左云小京庄 4.95 万千瓦风电场项目、山西广灵润广大同广灵卧羊场 4.95 万千瓦风电场二期项目。

② 光伏发电

以推进大同采煤沉陷区国家先进技术光伏示范基地和光伏扶贫为重点,鼓励地面大型光伏电站和分布式光伏发电同步发展;支持多晶硅、太阳能电池、太阳能电池组件、太阳能应用等新能源装备制造发展,扩大光伏电池和组件生产规模,建设光伏产业示范工程。落实《关于促进先进光伏产业技术产品应用和产业升级的意见》精神,实施“领跑者”计划,树立光伏产品技术和商业运用模式标杆,加快落后产能退出市场、先进技术产品进入市场的速度,促进光伏产业整体技术的迅速升级。光伏“领跑者”项目包括 12 个单体项目,总量为 950 兆瓦和一个 50 兆瓦的基地公共平台。积极推动大同市光伏示范基地建设,2015—2017 年,用 3 年时间在南郊区、新荣区和左云县的 13 个乡镇,总面积 1687.8 平方千米采煤沉陷区范围内,建设 300 万千瓦的光伏发电项目。依托国家出台的支持个人分布式光伏发电项目的政策,引进民间进入光伏产业领域,建立分布式光伏基地。

③ 电网建设

加快推进超高压外输通道和国网新源浑源抽水蓄能电站建设,提升对外输送电能力和调峰能力;推进智能电网技术和装备研发,尽快解决光伏发电、风电、沼气发电的接入障碍;积极适应不同用户的电力需求,逐步由以并网为主的应用形式向并网为主、离网和混合式应用为辅的多元化应用格局发展。建成大同北 500 千伏变电站,左云、塔山 220 千伏变电站,御东、御西 110 千伏变电站;市内形成以 500 千伏双回大环网为主干网架,城区、浑灵广(浑源县、灵丘县、广灵县)和大阳天(大同县、阳高县、天镇县)三个 220 千伏分区环网主网架,周边乡镇以 35 千伏、110 千伏为过渡的环网供电网架结构。在未来的 10～20 年中,全市将形成以 500 千伏电压为核心、220 千伏电压为主体的供电系统。城市供电逐步向 220 千伏、110 千伏、35 千伏、10 千伏四级电压过渡。

重点项目支撑:"十三五"期间,新增新能源装机容量 1070 万千瓦。其中,风力发电新增 250 万千瓦;太阳能地面光伏发电新增 570 万千瓦,重点完成 400 万千瓦的采煤沉陷区光伏发电基地项目建设;分布式光伏发电重点完成采煤沉陷区 30 万千瓦,浑源、天镇、阳高光伏扶贫项目 60 万千瓦;生物质能发电新增装机容量 10 万千瓦。完成投资 18 亿元、装机 150 万千瓦的浑源储水蓄能电站项目。加强区域电网建设,建设面向京津冀地区的特高压外输通道,扩建 500 千伏雁同变电站,建设大同北变电站。积极推动电网智能化建设,大幅提高电网输电能力。

(2)新型先进制造业

机械装备制造业是制造业的龙头,具有产业关联度高、产品链条长、带动能力强和技术含量高等特点,是关系到走新型工业化道路的重要环节。当前大同市正处于从煤炭、原材料资源型工业城市逐步转型的时期,调整优化产业结构,提升改造机械装备制造业,实现传统产业新型化,推进新型机械装备制造业加快发展,是实现转型发展的重要举措之一。根据区域的比较优势,结合机械装备制造业的现有基础,未来将重点引进先进适用技术,集中发展轨道交通制造、煤机制造、汽车制造、航空制造四大制造业态,形成研发、制造、销售、运营四位一体的全产业链。

① 轨道交通装备制造

依托龙头企业,实现主体龙头企业与中小配套企业的协同发展、配套发展。以同车、大齿公司为龙头,以大同铁路装备制造工业园为载体,以高端化、系列化、成套化为方向,提升轨道交通装备配套协作能力,围绕高速重载,打造配套完善的轨道交通装备制造产业体系,建设大同轨道交通装备制造基地。以同车公司整车研发为核心,配套产品生产为抓手,延伸轨道交通装备产业链条。围绕"一带一路",结合中俄高铁项目,建设轻轨地铁研发生产基地,做好对中亚、乌克兰、俄罗斯等国家和地区的机车及变速器、受电弓等配件的出口工作。

② 煤机装备制造

通过壮大龙头煤机企业,扶持中小煤机企业,发展服务性煤机企业,实现煤机装备制造业集群发展。重点发展同煤装备、同华煤机、恒岳重工等现有龙头、骨干煤机企业。支持骨干企业对加大高效智能化煤炭采掘及运输机械等关键技术研发,发展大型化、高端化、智能化的井下"三机一架"综采综掘成套设备、煤矿运输设备和煤机配套产品制造,培育在国内具有影响力的煤机品牌,建设全国有重要影响的成套煤机装备基地。

③ 新能源汽车制造

重点发展燃气重卡专用汽车制造、小型低速电动汽车制造以及重型车变速箱总成制造,重点支持重型商用汽车制造技术的研发,积极推进 LNG(液化天然气)、CNG(压缩天然气)汽车和混合动力汽车等新型能源汽车整车及关键零部件的研发、创新及市场化运作,寻求在煤层气汽化和液化技术上实现创新与突破。支持大同陕汽新能源汽车、北宇新能源汽车等骨干企业做强做大,支持和鼓励关键汽车零部件生产企业与整车企业统一规划、同步研发、同步改造,实现整车及配套产业的协调发展。

④ 轻型飞机制造

依托轻型飞机制造产业园,以轻型飞机全系制造为核心,聚集并培养一批轻型飞机技术专家,在引进德国轻型飞机公司(GLA)发动机生产线的基础上,加快提高独立的发动机研发生产能力,努力打造轻型飞机制造的全产业链,使之成为国内一流的轻型飞机研发、试验基地。以加快建设灵丘通用航空产业园项目和阳高通用机场建设项目为重点,打造集飞机制造与销售、展览与航空旅游、航空人才培训于一体的综合性产业集群。

重点项目支撑:以同车、大齿公司为龙头,以大同铁路装备制造工业园为载体,投资 50 亿元,完善园区基础服务设施,引进轨道交通研发中心、生产线扩能、生产技术升级改造、智能制造、检修等多方面的项目;依照现状装备制造业基础,引进综采综掘成套设备、煤矿运输设备和煤机配套产品制造项目,打造煤机制造产业集群;引进 20 万辆新能源汽车生产项目、5 万辆混合动力汽车项目、20 万辆新能源专用重卡汽车项目、6 万辆特种车辆改装项目、关键汽车零部件生产研发项目等,打造区域性新能源汽车基地。适应通用航空产业发展,引进年产 2000 架轻型飞机项目、航空人才培训中心、轻型飞机研发试验基地、通用航空展销中心等项目,重点建设灵丘通用航空产业园项目和阳高通用机场建设项目。

(3)生物医药产业

依托大同医药产业园区,承接产业梯度转移,加大科技创新和技术改造力度,围绕大健康理念,依托原料药优势,延伸产业链,重点发展抗生素原料药及中间体、现代生物制剂药、中草药制剂三大主导产品,做大经典国药和发展中药高端制剂。

① 原料药及中间体

以国药集团威奇达公司为龙头,以大同医药产业园区为载体,以特色创新药研发为主攻方向,积极开发全产业链抗生素绿色新工艺,重点加强对治疗心脑血管疾病、糖尿病、癌症等常见病、多发病、疑难杂症的新药研究开发。

② 中草药制剂

以同药集团大同制药公司、振动泰盛为重点,重点开展中药现代化综合利用研究、中药工艺标准化研究及标准样品制备技术研究,大力发展中草药提取制剂药、保健药,研制一批具有自主知识产权的现代中药。

③ 现代制剂药

重点支持生物工程新技术在医药领域的应用,积极推进粉针剂及冻干粉针、注射液、口服固体制剂、新型疫苗等创新药物品种开发,引导企业集聚和产业集群发展。

重点项目支撑:投资 3 亿元的头孢类无菌原料药及医药中间体项目、年产 300 吨医药原料药中间体项目、医药中间体项目、化学原料药及制剂项目、投资 3 亿元的中成药制剂生产项目、投资 4 亿元治疗肿瘤的中草药制剂项目、现代医药制剂项目、现代中药制剂及生物提取基地项目等产业项目,完善医药产业园基础设施,共投资 6 亿元建设污水处理厂升级改造项目、园区生态环境改造项目、基础设施完善项目等。

(4)绿色养生食品业

立足区域冷凉气候和绿色农业资源,以养生消费为导向,创新养生产品,提高产品保健功效,引导消费者树立正确的养生食品消费观念,重点发展绿色杂粮食品、黄芪保健产品、绿色果蔬加工、肉奶制品四大主导产品,高起点、高标准谋划养生食品产业园,集聚多元化的养生食品企业,打造一个有品质、可信赖的养生食品示范基地。

① 绿色杂粮食品

立足谷子、黍子、荞麦、燕麦、豆类、马铃薯等本地 60 多种杂粮产品,尤其是"东方亮"、灵丘苦荞、大同小明绿豆、广灵小米、左云苦荞等地理标识产品,积极发展食品精深加工,提高产品附加值。加大杂粮产品的无公害农产品、绿色食品、有机食品"三品"认证力度,努力提高杂粮产品质量和品位,不断开发名、优、特小杂粮品牌,如雁门清高苦荞健茶、"昊天牌"黄花菜等品牌,培育开拓国内外市场,积极推进我市小杂粮产业化进程。以现有加工企业为基础,择优选择市场拓展好、产品特色鲜明、带动农民增收效果显著、具有发展潜力的企业,从贷款贴息、税收优惠、项目建设等方面给予重点扶持。扶持建成了一大批规模较大的杂粮加工企业,如山西雁门清高、山西东方物华、山西荞宝生物科技有限公司、山西春阳生物科技有限公司、山西大山苦荞食品有限责任公司、浑源大瑞食品加工等,年加工能力达到10万吨以上。扶持山西纠偏古膳要道食品开发有限公司等中小型现代化杂粮加工企业,培育区域特色杂粮加工企业。

② 黄芪保健产品

在国际市场上,具有很高药用价值和保健功能的黄芪十分走俏。据有关资料报道,近年来每年出口美国、加拿大、日本、韩国、东南亚等地的黄芪均在1500吨以上,而且每年都以较高的速度增长。立足大同地区地理标识产品黄芪,形成"协会＋公司＋基地＋科技＋农户"的产业化经营模式,规模标准化种植,稳步发展黄芪种植业,提升黄芪加工原料品质。引导黄芪加工企业加大对高科技产品研发的投入力度,大力扶持抓好黄芪深加工与精加工,切实提高和增强黄芪加工企业对黄芪原料的吞吐能力,将黄芪原料最大限度地实现就地加工转化增值。进一步扩大大同丽珠芪源药材有限公司、万生黄芪公司、泽青芪业有限公司、北岳林芪基地有限公司等黄芪加工企业的生产规模,提升加工水平,开发更多的黄芪加工产品。

③ 绿色果蔬加工

立足本地果蔬产品,加大科技投入,在保证水果、蔬菜供应量的基础上,努力提高水果、蔬菜的品质并调整品种结构,加大果蔬采后贮运加工力度,培育果蔬加工骨干企业,加速果蔬产、加、销一体化进程,形成果蔬生产专业化、加工规模化、服务社会化和科工贸一体化;按照国际质量标准和要求规范果蔬加工产业,在"原料-加工-流通"各个环节中建立全程质量控制体系,用信息、生物等高新技术改造提升果蔬加工业的工艺水平。加快果蔬精深加工和综合利用的步伐,重点发展功能型果蔬制品、鲜切果蔬、脱水果蔬、谷-菜复合食品、果蔬功能成分的提取、果蔬汁的加工、果蔬综合利用等产业,生产含有丰富维生素、矿物质的纯天然绿色食品,如果蔬贮运保鲜、果蔬汁、果酒、果蔬粉、切割蔬菜、脱水蔬菜、速冻蔬菜、果蔬脆片等产品。

④ 肉乳制品加工

近年来,大同市畜禽饲养量快速增长。2015年,全市猪的饲养量为290万头;牛的饲养量为47万头,其中肉牛饲养量为37万头,奶牛存栏10万头,增加了370%;羊的饲养量为680万只,特别是具有当地特色的浑源县黄芪羊、新荣区百草香羊、大同县麻地沟羊有了大幅发展;家禽饲养量为1000万只。加强优势产业区建设,培育壮大一批现代畜牧业企业,在稳定畜禽饲养量的基础上,引进肉乳产品规模加工企业,培育扶持一批重点市场前景好、发展潜力大、带动力强的现代化肉乳制品加工龙头企业,重点发展低温肉制品和开发低胆固醇肉制品、低硝酸盐肉制品、含膳食纤维肉制品、复合功能肉制品等功能性保健肉制品;积极发展高品质、市场需求量大的乳制品,如巴氏奶、酸奶、超高温灭菌奶和乳酸菌饮料等,尤其要开发以新鲜为特点的巴氏奶、酸奶、营养强化奶等产品,以满足高端市场的需求。

重点项目支撑:2万吨五谷杂粮膨化有机绿色休闲食品加工项目、2万吨杂粮食品深加工项目、1万吨天然杂粮食品深加工项目、3万吨小杂粮食品深加工项目、50万亩优质杂粮种植基地项目、黄芪深加工项目、黄芪保健饮品项目、20万亩标准黄芪种植示范基地项目、黄芪产业园区项目、5万吨绿色蔬菜深加工项目、绿色有机蔬菜生产加工项目、1万吨沙棘等野生水果饮品项目、3万吨绿色果蔬饮料加工项目、果蔬产品物流配送项目、100万亩现代果蔬种植基地项目、肉制品深加工项目、杏仁系列产品深加工项目、蔬菜冷链物流项目、饲草饲料深加工项目、马铃薯精深加工项目、20万亩优质马铃薯生产基地项目、乳制品加工项目、蘑菇栽培及深加工项目、养生保健食品加工项目、观光农业基地建设项目、现代农业科技示范区综合开发项目、万吨婴幼儿奶粉生产项目、5万头奶牛饲养项目等。

(5)生态环保产业

着眼于发展生态环保产业,构建废物循环代谢链,有效实现园区废气、废水、固废的资源化利用,将促进产业与产业之间共融共生,达到相互间资源的最优化配置;坚持"循环利用",实现了"回收-再利用-设计-生产"的循环经济模式。大同经开区、塔山工业区等工业园区应按照"拉长产业链、培育新兴产业、促进产业聚集"的思路,引入了一批专业化程度高、配套能力强的高端补链产业,识别主要副产物、废弃资源的来源和数量,结合开发区发展需要和周边市场需求,利用先进技术,对各产业副产物和废弃资源等进行回收和资源化利用。把握产业发展机遇,逐步提升实现中心城市和县城区域生活垃圾焚烧发电的处理比重,新建 2～3 座生活垃圾焚烧发电厂或生物质发电厂,并结合其中较大规模的发电厂,打造循环经济生态环保产业园区。

重点项目支撑:建筑垃圾回收项目、新型煤渣建材项目、生活垃圾焚烧发电厂项目、生物质发电厂项目等。

19.4.4　生态产业园区建设

生态工业园区是依据循环经济理念、工业生态学原理及清洁生产要求设计建设的一种新型工业园区。伴随着工业社会对环境问题处理技术和理念的演变,从自由排放经末端治理、清洁生产、生态工业到循环经济,从单个的企业工业系统内的资源配置优化到面向区域系统的生态工业的循环经济发展,环境问题的综合化、集成化已成为当前工业生态文明建设的主要思路,生态工业园建设提上日程。按照经济可持续、循环发展和生态工业园区建设要求,大力推行清洁生产、循环经济为理念,把零排放企业和清洁生产企业引入园区,营造循环经济的园区建设生产氛围,按照"高利用、低排放"的要求,构建资源循环型、循环经济工业园区,在园区内建立了一个"资源-产品-消费-再生资源"循环经济体系。

(1)指导原则

① 循环经济导向原则

循环经济的理念核心是把传统的"资源-产品-污染排放"单行道流动的线性经济转变为"资源-产品-再生资源"的反馈式经济,通过园区各"生产者"生产过程对原料的"减量化、再利用、再循环"的实践,实现对废物资源的综合利用、物质利用的闭合循环、产品与服务的低物质化以及能源效率最大化等目标,体现生态工业园区战略导向作用和高新技术的区域辐射功能。

② 工业共生链接原则

鼓励园区企业从产品、企业合作、区域协调等多层次上进行物质、信息、能量的交换,降低系统物质、能量流动的比率,减少物质、能量流动的规模,建设并持续运行工业共生的生态链(网)的各种政策,强化对园区生态系统的人工调控,为园区的物质流、能量流、信息流等形成网状运动创造必要的条件。也就是说,园区的规划设计要本着促进企业间形成横向共生、纵向间有机耦合的原则,利用不同企业之间的共生与耦合以及与自然生态系统之间的协调来实现资源的共享,物质、能量的多级利用以及整个园区的高效产出与可持续发展。

③ 全面统筹和分步实现原则

不以行政区划的关系为局限,应基于工业生态链(网)构建的实际需要为原则,把与园区企业存在物质、能量等工业共生关系的外部企业,以虚拟生态工业园区的形式统筹考虑,从而拓展工业生态系统的时空范围,维持工业生态体系的健康运行,并发挥生态工业园区的辐射功能,实现效益的最大化。在具体的建设实施层面,要分步走,有先后有阶段有重点地加以推进,根据规划设计优先实施的一批重点工程,以大力发展主导产业、形成新的经济增长点,并通过各项绿色管理和支持系统的不断完善,逐步推进园区建设总目标的实现。

④ 绿色管理与科学运作原则

生态工业园区必须要体现生态化的绿色管理,从建设的开始就要严格地实施基于 ISO 14000 环境管理体系,建立起适应生态工业园区要求的绿色管理及其支持服务系统,以制度和政策来保证生态工业园区的正常运转。在遵循市场经济规律的前提下,按照有利于构建工业生态系统的需求选择性地进行各项目的招商,要对入园企业进行绿色资格核定,并通过园区绿色环境管理体系和制度,对入园企业施加影响,引导和鼓励企业进行清洁生产、废物交换、资源综合利用、环境认证以及实施集中仓储物流处理等,以保证园区生态工业体系的建立与有效运转。

(2)园区空间布局

根据交通区位条件、产业基础、资源禀赋和未来产业发展趋势,构筑以城镇为依托、以园区为载体、以生态环境承载力为依据的生态工业园区空间格局,形成"六主十副"的大同生态工业园区布局框架,积极推进市县各工业园区的生态进程。其中,"六主"指依托大同市中心城区的大同经济技术开发区(城区)、医药产业基地、装备制造产业基地、左云煤化工产业基地、塔山循环经济产业基地和阳高龙泉产业基地;"十副"指十个县区级工业组团,以清洁生产和循环经济为指导,重点打造以主导产业为主的循环经济链条和工业生态链(网络),从而实现县级园区的生态化发展(表19-5)。

表19-5 大同市六大核心产业基地一览表

园区名称	园区类型	主导产业发展方向
大同经济技术开发区(城区)	国家级经济技术开发区	重点发展高端商务、科技研发、食品加工、广告印刷与包装、服装服饰、工艺美术和旅游品等领域
塔山循环经济产业基地	山西省示范工业园区	以煤炭一体化、煤电循环经济为主:重点发展煤炭深加工、煤电产业和煤化工等产业,强化煤-煤矸石-电-建材、煤-焦-化、煤-电-化、煤-冶-机、煤-洗选配等产业链的协作,加强煤层气、瓦斯气、矿井水等的综合利用
装备制造产业基地	市级工业集中区	以装备制造业为核心,重点发展电力机、发电机、变速器等核心零部件的产品与技术研发;形成高端装备制造与新能源汽车、新能源新材料、环保节能等新兴产业多元繁荣的高新技术产业区
医药产业基地	市级工业集中区	重点发展成品药、生物医药、医疗器械等产品生产与技术研发,形成以抗生素原料药、头孢类化药等为龙头,黄芪类中成药为支撑,医药流通为辅的基地产业格局
左云煤化工产业基地	市级工业集中区	依托同煤集团与中海油联合投产项目,建设40亿立方米煤制天然气项目;同时,大力发展煤电产业,积极拓展煤矸石等煤矿副产品的加工应用,延长煤化工下游产业链
阳高龙泉产业基地	省级循环经济示范园区	重点发展氯丁橡胶及其配套上下游化工产品,将龙泉工业基地打造成为中国最大的氯丁橡胶生产基地;同时,稳步推进高效环保的新型电力能源和新型建筑材料(新型陶瓷纤维防火材料等项目)的建设

县级工业组团是县域经济和工业发展的重要平台和载体,有利于集约利用土地资源、降低企业生产成本,有利于集聚生产要素、形成产业集群,是发展壮大县域经济的重要抓手,是加快推进县域工业化和城镇化进程、促进项目建设、加快区域经济增长的重要途径。因此,加强县级生态工业园区建设是实现大同工业园区生态化的重要途径。立足各县的产业基础和资源特色,重点打造十个各具特色的生态工业组团。

广灵工业组团:立足地方农牧业资源,重点发展农畜产品加工业,如肉羊屠宰加工、野生天然沙棘叶茶加工、杏仁加工、菌类食品加工、荞麦食品精深加工、绿色调味品、养生杂粮加工、速冻糯玉米加工等项目。

灵丘巍山工业组团:锰矿及白银资源深加工、新材料、节能环保三大主导产业,集科研、企业孵化、金融、教育培训及商务服务为一体的多功能创新型省级、国家级循环经济工业园区。

灵丘固城工业组团:立足地方农牧业和矿产资源,着力发展花岗岩、白云岩、珍珠岩深加工和农资生产、荞麦深加工等项目。

灵丘通用航空组团:利用闲置的灵丘空军机场及周边土地资源,瞄准通用航空产业终端服务环节,重点发展为通航运营服务与配套保障、教育培训与商务会展、通航主题文化社区与综合旅游体验、通航工程试验与配药科研重点项目、通航制造五个领域。

浑源工业组团:依托便利的交通条件和现状产业基础,重点发展精品石材加工(石材加工、废弃料综合利用、景观工艺品生产等)、生物医药、特色农牧产品加工(黄芪、仁用杏、蔬菜、小杂粮、养殖等农副产品加工业)、旅游产品加工、机械维修与零部件制造等产业。

大同工业组团:加大现有工业点的改造和整合力度,重点发展农畜产品加工业、新型配套工业。积极探索符合县情的循环经济发展道路,逐步建立可持续的循环经济体系。

天镇廿里铺工业组团:对现有的机械制造、建材、化工、石墨电极、冶金和农副产品深加工等传统产业进行升级改造,发展脱水蔬菜加工项目、肉奶制品加工项目、农资生产项目、住宅产业化项目等。

天镇环翠山光伏产业组团:依托大唐、山西国际电力、国电、中电投、国润天能等国内知名企业,着力建设光伏发电产业园区。

新荣谢场工业组团:立足区域农牧业资源,重点发展农副产品加工业,如马铃薯淀粉加工、粮油制品、有机食品研制等。

新荣花园屯产业组团:对接城区及京津冀地区产业转移,重点发展新材料产业、矿山机械、新型建材、新能源设备等产业。

(3)工业生态链设计

生态工业园区建设的核心问题是如何实现园区内各生态单元,即各企业间通过的物质循环和能量流动,实现废物的减量化、再循环利用和资源化。根据企业在园区所处地理位置的不同,可将其划分为区内企业和虚拟企业;在此基础上,根据各企业的特点和其在工业生态链中所处的位置,将园区企业分为三种类型,即资源生产(物质生产者和技术生产者)、加工生产(消费者)和还原生产(分解者),共同组成了工业生态的网络关系。资源生产企业相当于自然生态系统中的初级生产者,主要承担着对各类资源的开发利用,为工业生产提供初级原料和能源;加工生产企业相当于生态系统中的消费者,将资源生产企业提供的初级资源加工成满足人类生产生活必备的工业品;还原生产企业则将各种副产物再资源化,或进行无害化处理,或加工转化为新的产品。除此之外,为了支撑和完善生态工业链,园区内还考虑了"补链"的辅助设施,以促进物质和能量的循环。

① 煤炭资源综合利用体系

以同煤塔山工业园区"煤炭-电力-建材""煤炭-电力-化工"等产业链条为基础,按循环经济理念全面规划建设大型煤炭工业园循环经济发展模式。以国家综合能源基地建设为抓手,以高端化、全循环、链条式发展为方向,推进煤电一体化融合、煤化工链条式延伸、煤层气全浓度利用、工业固废综合循环利用,形成具有大同特色的煤基循环经济发展模式。

煤炭资源绿色生产:积极开展"充填式开采""保水式开采""煤与瓦斯共同开采""地下气化开采""地下生物开采"等新型开采技术的研发与试验示范,提升煤炭产业的绿色化水平。依靠先进成熟技术,提高煤炭资源回采率。推广应用先进煤炭洗选、配煤、煤泥脱水干燥等洁净煤技术,提高洗配煤占商品煤的比重。

煤电一体深度融合:合理配置动力煤资源和环境容量,在富煤地区筹建若干大型坑口电站,推进大煤电基地建设,重点推进大容量低热值煤发电项目建设,大力推广风冷、超临界、超超临界机组。鼓励以股权为纽带的煤电联营或者以长期合同为纽带的煤电一体化,围绕煤炭资源综合利用和清洁低碳发展,推进煤炭基地与火电基地协同发展。积极争取国家政策和资金支持,加快外送电通道建设步伐。

煤化工链条式延伸:以大型和特大型项目为龙头和核心,集合煤化工原料关联度高、相互依托性强的特性,建设一批以新型煤化工为主体的循环经济产业园区,扩大和延伸产业链。发挥示范引领作用,加快推进煤制油、煤制气、煤制烯烃、甲醇制清洁燃料、煤制乙二醇等一批示范项目的建设步伐。创新产品结构,拓宽广度、引向深度、攀登精度,重点培育新型煤化工、精细化工和特色煤化工,向多品种、深加工和高端市场谋求大发展。

矿山生态修复治理:进行采空区、沉陷区、水土流失区、煤矸石山的生态环境治理,改善矿区生态环境质量。应用矿山污染治理技术、矿山地貌整治技术、矿山土地复垦技术和矿山植被修复技术等一系列生态修复技术,实施土地复垦、林地恢复、生物多样性保护、景观修复、矿山生态公园建设等多模式修复,把矿山废弃资源转化建设成为新型工业、农业、林业、旅游业以及畜牧业基地,并逐渐发展成为后续支柱产业(图 19-20)。

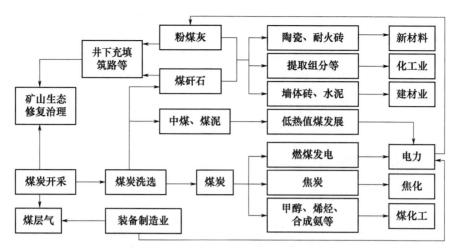

图 19-20　煤炭产业循环经济产业体系

② 绿色机械装备体系

以信息化与制造业深度融合为主线,全面推行绿色制造和再制造,加大先进节能环保技术、工艺和装备的研发力度,强化产品全生命周期绿色管理,建立涵盖整个产品研发制造产业链的绿色体系。

绿色改造升级:鼓励企业积极采用高效电机、锅炉等先进设备,用高效绿色生产工艺技术装备改造传统制造流程等,促进钢铁、建材、化工等重点行业企业绿色化改造和生产过程的节能降耗。组织开展工业节能、节水、资源综合利用、环保、废水循环回用等关键成套设备和装备产业化示范,实施一批示范工程,加强节能环保技术装备示范基地建设。

发展再制造:逐步扩大再制造产品领域,积极开展煤炭工程机械、机床、交通装备的易损件再制造。加快再制造关键技术研发,重点研发无损拆解、无损检测、表面预处理、寿命评估等再制造技术装备,在再制造关键技术与产品领域取得重要突破。建立专业化再制造旧件回收企业和区域性再制造旧件回收物流集散中心,加快完善以废旧汽车零部件、矿山机械、运输设备、重型机床等为主的逆向回收体系。开展再制造产品认定工作,规范再制造产品生产,引导再制造产品消费,打造绿色供应链。

③ 清洁循环生物医药产业

实施清洁生产,不断使用改进设计、使用清洁能源和原料、采用先进工艺技术和设备、改善管理、综合利用等措施,从源头上削减污染,提高资源利用效率。集成园区各企业间副产品或废弃物,加强企业关联度,进行产业链接,在企业之间形成物料、能源、废物综合利用等途径,通过产品链和废物链使废物在区域间相互构成横向联合关系,实现资源、能源利用效率最大化,形成循环经济产业链。

中医药资源的系统利用:加强科技投入,综合利用中药药渣,回收加工成不同用途的专用有机肥,如马铃薯专用肥、蔬菜专用肥、中药材专用肥等,部分药渣也可用来养殖牛羊,提升养殖业品质;采用新工艺、新设备、新技术,增加提取类药有机溶剂的循环利用;打造集药源基地规范化种植、精深化加工、规模化流通和仓储及药渣循环利用的中医药发展格局,形成"高利用、高清洁、低成本"的中药材循环发展模式。以《中医药发展战略规划纲要(2016—2030 年)》为指导,加快打造全产业链服务的跨国公司和知名国际品牌。

西医药产业的循环发展:在医药产业集群内引入循环经济机制,以再循环和再利用为特征,充分利用医药产业集群内废渣、废水、废气,实现生态化集群。按照集群化、高端化、生态化、循环式发展模式,延伸产业链,提高附加值,形成产业辐射带动和规模扩张效应增强市场核心竞争力。着力加强医药产业园区企业清洁生产和园区企业间废弃物和下游产品的循环发展,引入补链产业,实施技术创新工程,促进医药下游产品的技术研发和产业培育,有效提高了企业新产品开发和产业技术开发能力(图 19-21)。

④ 新能源产业链条延伸

全面贯彻国家和省级能源发展总体部署,开展太阳能、风能、水能、生物质能等新能源多种形式利用,以风电装备、光伏产业、新能源汽车及零部件为重点,延伸拓展新能源衍生和关联产业,形成新能源产业循环经济发展模式。

推进智能电网技术和装备研发,提高风力电机、发电机控制装置、增速器、主轴、叶片、法兰、塔筒等部件的规模化能力,

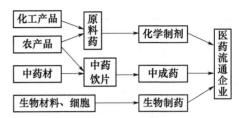

图 19-21　生物医药产业链

延伸风电产业链条。扩大光伏电池和组件生产规模,加大配套关键零部件的研发生产,形成多晶硅、硅棒、硅片、电池、组件、电站、应用系统的光伏产业链和多晶硅铸锭炉、多线切割机、硅料清洗机、光伏电池电极电镀装置等光伏装备制造能力。加快发展新能源汽车产业,积极推进煤基醇醚燃料汽车、煤层气燃料汽车和电动汽车、混合动力汽车等新型能源汽车整车及关键零部件的研发、创新及市场化运作,实现整车及配套产业的协调发展。

农产品加工的复合产业体系。推进农产品加工副产物和废弃物资源化利用,酿酒、酿醋行业产生的酒糟、醋糟可作为生产饲料、有机肥料、生物质能等原料利用,养殖及肉类加工业重点开展皮毛、内脏、血液等副产物的全资源化利用,粮食、干果加工业副产物可进行荞麦壳生产保健枕、核桃壳制滤料、玉米芯高产生物乙醇等高效资源化利用,木材加工产生的林业三剩物、次小薪材可用于生产板材和作为食用菌基料得到有效利用。推进种植业、养殖业、农产品加工业、生物质能产业、农林废弃物循环利用产业、休闲农业、科技服务业等产业循环链接,着力构建粮、畜、果、菜、药协调发展,产加销一体化经营,形成三次产业深度融合的农业循环经济产业体系。

(4)生态环境建设

生态工业园景观绿化建设是现代化工厂建设的重要组成部分,是保护环境的重要措施。在可能的条件下,应争取多一些的绿化面积,对防止污染、改善工厂的工作环境是必要的。由于工厂的性质、规模、所在地的自然条件以及对绿化的要求不同,绿化面积差异悬殊。一般来说,重工业类企业绿化面积占厂区总面积的20%,化学工业类企业绿化面积应占20%,轻工业、纺织工业类占40%,精密仪器工业类占60%,其他工业类占26%。

对生态工业园生产和生活中产生的各种污染和废弃物,都能按照各自的特点予以充分处理和处置,使各项环境要素质量指标达到较高的水平。通过产业控制规划、环境容量与污染物排放总量控制来保护园区水环境、大气环境、声环境等。实施雨污分流,完善污水处理制度,实现达标排放,进行水环境功能分区与污染物总量控制;实施集中供热,提高大气环境功能分区与总量控制指标要求,制定严格的大气污染综合防治措施;科学布局产业用地,严格控制各功能区环境噪声标准,加强各种降噪设施建设;根据《中华人民共和国固体废物污染环境防治法》《国家生态工业示范园区标准》(HJ 274—2015)及国家相关政策,完善固体废物处理处置设施及途径,综合防治固体废物污染(表 19-6)。

表 19-6　国家生态工业示范区环境保护评价指标

序号	指标	单位	要求	备注
1	工业园区重点污染源稳定排放达标情况	%	达标	必选
2	工业园区国家重点污染物排放总量控制指标及地方特征污染物排放总量控制指标完成情况	—	全部完成	必选
3	工业园区内企事业单位发生特别重大、重大突发环境事件数量	—	0	必选
4	环境管理能力完善度	%	100	必选
5	工业园区重点企业清洁生产审核实施率	%	100	必选
6	污水集中处理设施	—	具备	必选
7	园区环境风险防控体系建设完善度	%	100	必选

续表

序号	指标	单位	要求	备注
8	工业固体废物(含危险废物)处置利用率	%	100	必选
9	主要污染物排放弹性系数	—	见"注"	必选
10	单位工业增加值二氧化碳排放量年均削减率	%	≥3	必选
11	单位工业增加值废水排放量	吨/万元	≤7	2项指标至少选择1项达标
12	单位工业增加值固废产生量	吨/万元	≤0.1	
13	绿化覆盖率	%	≥15	必选

注:当园区工业增加值建设期年均增长率>0,主要污染物排放弹性系数≤0.3;当园区工业增加值建设期年均增长率<0,主要污染物排放弹性系数≥0.3。

(5)配套设施建设

强化组织领导,多渠道筹措资金,加快推进园区在建基础设施项目建设,夯实园区发展基础,加强生态工业园区道路基础设施建设,基本实现道路、供水、供电、排上下水、通信、排污、网络、地块自然平等"七通一平"标准。工业园的道路网布局应有全局观念,路网结构要力求均衡,发挥整体效益;园区的主干路通常与过境公路直接相连,以保证交通衔接便捷。与城市市政基础设施规划相比,工业园区市政基础设施建设应充分结合产业布局要求,综合考虑各产业的生产特点和实际需求。

完善园区居住、商服、教育、医疗、文化场馆等配套服务设施建设,提升人居环境质量,建设宜居工业园区;加强生态文明宣传,创造生态建设体验机会,通过多样化的方式引导企业和职工自觉遵守生态建设方案,提升园区生态建设氛围。组织实施人才培育计划,加大园区专业技术人才、经营管理人才和技能人才的培育力度,完善政产学研用协同创新机制和从研发、转化、生产到管理的人才培育体系。积极争取国家、省各项扶持资金,设立地方生态工业园区财政扶持专项资金,创优投资建设环境,优先发展补链产业,增强生态工业园区建设的项目实施能力。

(6)园区循环化改造

围绕依法设立的各类开发区、工业园区以及省重点规划布局的产业集聚区,按照主导产业明确、特色产业集聚、创新能力较好等要求,推进园区循环化改造,提高园区企业关联度和产业关联度,切实提升工业园区可持续发展能力。

① 构建园区循环经济产业链

围绕园区主导产业及发展定位,以横向产品的供应和副产品的交换为纽带,全面推进园区循环经济产业链的构建,形成企业与企业、企业与行业之间的耦合关联体系。以矿产资源开采为主的矿区循环经济着重点是矿产资源的就地转化和共伴生资源的综合开发利用,如煤矿开展集中洗煤、配煤,积极推进煤电一体化,集中中煤、煤泥、煤矸石进行低热值煤发电,开展煤矸石、煤层气、矿井水的综合利用;以炼焦为核心的焦化工业园区围绕煤焦生产和深加工,重点开展煤焦油深加工、粗苯深加工、焦炉煤气综合利用、污水废渣集中处理,提高产品收入的比重,逐步实现主导产业更替;以高硫煤或褐煤为原料的煤化工园区,以煤气化为龙头,进行联合循环发电、向城市供应煤气、生产各种化工产品及下游衍生产品,也可通过煤液化进行煤制油及相关产业,实现煤炭资源的多级利用和循环利用;冶金类、装备制造类等产业园区应根据园区规模,实施物质替代、源头减量、工艺改进等措施,并围绕主导产业建立废弃物或副产品交换关系和能量、废水的梯级循环利用,拓展资源综合利用产业的废物利用链,推进产品和产品链绿色、循环、低碳发展。建材类、耐火材料类主导产业集聚的产业园区注重产业内部的节能改造和产品层次的提高,从产业链低端向高端延伸,力争实现"材料加工"向"加工材料"转变;医药类产业园区注重引入高新技术产业,围绕企业中间品、副产品、废物的循环利用构建产业链;工农复合型园区及食品工业园区要围绕农副产品深加工利用和农业废弃物、食品加工废弃物资源化利用延伸产业链。新建和搬迁改造园区、省级工业集中区要注重顶层设计,从长远角度规划建设循环经济产业链。新引进企业要有利于园区产业链补链或延链。

② 促进资源共享和公共服务设施建设

按照循环经济减量化优先的原则,优化企业、产业和基础设施的空间布局,完善"能源岛"、污水集中处理、天然气管网等公用工程设施,切实提高园区的资源产出率、产业废物资源化利用率、水循环利用率,提高综合竞争力。对园区内运输、供水、供电、照明、通信、建筑和环保等基础设施进行绿色化、循环化改造,促进各类基础设施的共建共享、集成优化,降低基础设施建设和运行成本,提高运行效率。同时,强化园区的环境综合治理,组织企业开展环境管理体系认证,适时开展循环经济认证,构建园区、企业和产品等不同层次的环境治理和管理体系,最大限度地降低污染物排放水平。

根据物质流和产业关联性,对研究发展的园区进行循环化总体设计和布局优化,用符合循环经济要求的"一体化"理念规范园区发展,建立产品项目一体化、公用辅助一体化、物流传输一体化、产品项目一体化、服务管理一体化的园区发展模式,根据园区产业废物利用的特征,通过招商引资和接环补链,使符合上、中、下游产品的企业有机联系起来,促进产业集群循环化。

③ 建立园区"三圈"循环经济体系

严格项目准入,构建企业内部循环圈,引导、鼓励企业采用先进工艺和清洁生产技术,推进资源的减量化和综合利用,减少产业废物综合利用带来的"二次污染";循环利用园区资源,构建园区内部循环圈,企业间通过物质流通、能量利用和公用工程的有机联系,使园区内资源得到优化配置和高效利用;注重产业合作,构建园区之间和园区与区域社会、经济融合的循环圈,实现园区之间关键技术共享、产业耦合和产业废物交换利用,构建大尺度的区域产业废物综合利用循环圈,实现经济、社会、生态的和谐统一。

19.5　贵州省赤水市生态文明建设的生态工业发展研究

赤水市是长江经济带上的璀璨明珠,不仅拥有众多世界级、国家级生态资源,更肩负着生态保护、水源涵养的重任。生态工业作为生态经济的重要组成部分,既要坚守生态红线,更待寻找赤水特色地域价值,走出新时代可持续发展之路。

19.5.1　生态工业发展思路分析

(1)生态产业体系建设的主要目标

20 世纪 90 年代以来,赤水市通过生态示范区建设活动实践,生态产业观念深入人心,产业发展显现出竹业、旅游业"两业"并进的地方地域特点,但是其产业体系发育尚不完善、产业结构不合理、产业发展层次低。

从赤水市区位、资源、环境的现状出发,结合赤水市未来的生态市发展目标定位,赤水市生态产业体系建设的主要目标如下。

① 产业结构调整目标:以农业产业化扩大第一产业发展内涵,以加工业带动第二产业加快发展,以旅游业为第三产业重点,进一步提高二、三产业在国民经济中的比重,促进一、二、三产业比例进一步协调,进一步增强赤水市产业的地方特点和优势。三次产业结构比例力争达到 3∶2∶1(第一产业∶第二产业∶第三产业),产业结构完全达到优化组合、良性循环的要求。

② 能源、资源消耗目标:国民经济单位产值能源消耗、水耗进一步下降,竹、天然气资源利用效率达到全国先进水平。

③ 环境保护目标:生态产业促进社会经济、环境协调发展的作用进一步明显,各产业引导社会经济在生产方式、生活方式等各方面初步建立起人类社会系统与自然环境系统之间物质、能量、信息高效流动、和谐运转、融为一体的生态系统,各产业对资源、能源的消耗需求小于本地域和外区域输入可能获得的自

然环境生产贡献之和。

（2）生态产业体系建设的战略方针

以现有优势产业为基础，以竹和农产品的种植、生产、加工为链条，以利用其他地域资源的加工生产为补充，通过产业技术提升，降低主要产业发展的资源消耗和能源消耗水平，发展以农产品加工和竹加工利用为主的循环经济产业，资源节约型、环境友好型产业。在产业发展中突出对现有竹、农产品等物质资源的循环利用作用，重视产业发展与环境的关联性影响，充分考虑一、二、三产业的关系和国内生产总值增长对能源、水等资源消耗的影响。

（3）生态产业的战略重点

不断巩固、扩展和完善竹产业、旅游产业，建设以竹产业、农产品生产为主要代表的产业循环体系，进一步提高生态产业发展水平、发展质量，大力促进食品加工、水电、外来资源加工等其他产业发展，合理控制化工等重污染产业的发展。

19.5.2　生态工业空间格局分析

（1）赤水市的产业布局现状

生产力呈现沿河、沿路的点轴型布局模式，主要工业企业在市域东部的城区，第三产业集中在市域西北部的城区，部分加工业、水电企业和旅游观光设施分布在沿赤水河、习水河河谷及重要支流河谷旁，河谷纵深 2000 米以外基本没有布局工业、第三产业项目；河谷海拔 900 米以上以林地为主，习水河、赤水河河谷两侧海拔较低地带及复兴、天台丘陵地带为传统农业生产作业区。

（2）区域生态功能综合分析

综合赤水市生态功能区划、产业布局现状，将赤水市生态环境划分为海拔较高的高山和半高山重要生态功能保护区域、坡度小于 25°的丘陵河谷区域生态良好区域、城市规划经济开发区域三种生态产业发展类型。海拔较高的高山和半高山原生态完整性较好，生物资源富集，既是赤水河、习水河的水源涵养林区，又是旅游环境防护林区，是赤水风景名胜区和各自然保护区所在区域，对赤水市生态环境保护至关重要，是全市生态环境建设和保护的重点区域；坡度小于 25°的丘陵河谷区域，是农业人工生态系统，受人类活动影响较大，是兼具保护和开发性质的区域；城市规划区范围内包括复兴、天台集镇规划控制影响区域，生态系统比较单一，生态完整性差，为人工改造自然生态系统，是可以进行开发的区域。

（3）产业发展现状与生态功能区划一致性评价

从赤水市的产业布局现状、生态环境质量现状来看，目前赤水市生产力活动对生态环境影响较小，虽然局部产业布局对环境造成了一定负面影响，但是整体产业布局基本合理，生产力活动对环境的影响控制在环境承载能力范围内，产业布局与生态功能要求的一致性程度相对较高。

（4）生态产业发展空间布局

影响产业空间布局的最主要因素是生态环境的承载能力（环境容量）大小，另外还要考虑社会经济现状、交通及基础设施等。综合考虑以上方面，赤水市产业空间布局应坚持适度分区、相对集中的原则，以产业结构调整为手段，优化产业布局。海拔较高的高山和半高山区域，交通不便，农业生产技术原始，不宜再布局工农业生产活动，应开展以保护为主要手段的林业管护活动，同时结合退耕还竹、退耕还林政策，逐步减少农业生产活动，增强管护水平，发展经济林。坡度小于 25°的丘陵河谷区域，交通便利，土地条件较好，有一定农业基础，可以在保护的基础上进行开发，提高土地利用效率，可以进行以农业生产为主的开发活动和旅游观光活动。城市规划区范围内，基础条件好，已经具有人流、物流、商流、资金流和信息流的聚散作用；其生产力布局以现代服务业为主，工业为辅，适当布局一定规模工业项目和与旅游配套的第三产业重点，依托城市污染处理系统对旅游产业的污染进行防治，避免对生态环境的破坏和环境污染。

19.5.3　优化"一区多核"的生态工业布局

研究赤水市生态工业发展布局的总体思路是：按照"保护环境、点轴开发、组团发展、产业集聚、产城互动"的原则,充分发挥赤水市交通区位优势,把工业化、城镇化和保护生态环境紧密结合起来,以仁赤高速公路、S208 省道和赤水河航运等综合运输通道为支撑,以中心城市和沿交通干线的重点城镇为依托,以经济开发区为载体,以开发优势资源和发展新型工业为重点,进一步优化工业发展布局,加大力度对接成渝经济区产业发展,大力引进和培育发展一批重大工业项目,引导产业向经开区和东部工业园区集中,促进生产要素合理配置,加快构建赤水市"一核、两区、两带、多点"的工业发展基本架构。

一核,即以赤水市经济开发区为核心,充分利用区域内特色产业资源和电力能源充足的优势,便捷的交通环境,发挥经开区内各园区现有产业基础,促进产业集聚;抓住东部及周边经济区产业转移的机遇,积极引进外部的资金、技术和管理经验,发展竹业、酒业、食品加工业、机电业、新型化工业、新材料业等产业,促进产业链延伸;适度发展物流、包装、旅游商品加工、创意等生产性服务业,促进产业配套;鼓励低能耗、少排放和资源再利用,扶持节能、环保型产业,发展循环经济,努力打造新型生态经济开发区。

两区,即以赤水市东部经济开发区为核心,集聚发展特色轻工、装备制造和新兴产业;加快研究建设东部工业园区,加强与重庆市及泸州市的产业合作与配套,大力发展特色农产品加工、长寿食品加工等产业。

两带,即构建沿遵赤高速元厚—葫市—旺隆—天台—赤水市区的中部工业经济带,沿 S208 省道官渡—长期—长沙(白云)的东部工业经济带。

多点,积极支持建设官渡特色工业园、复兴白酒与特色食品工业园、旺隆农业产品加工与创业园、大同旅游商品产业园等乡镇工业园。高起点、高水平推进工业园区、经济开发区建设,着力加强园区基础设施与配套设施建设,建立健全园区管理体制,切实发挥产业园区的集聚带动作用,形成多组团发展格局(图 19-22)。

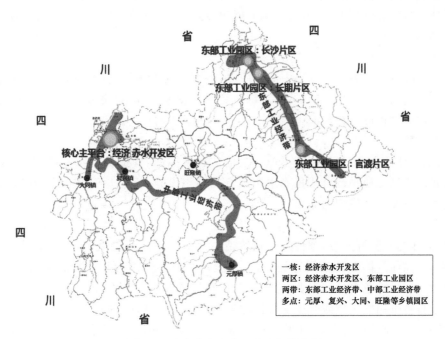

图 19-22　赤水市生态工业空间优化图

19.5.4　赤水市生态工业构建

赤水市环境承载能力弱、环境独特,要实现工业化,保护好生态环境资源发展旅游业,必须走循环经济理论指导下的新型工业化道路。纸制品、家具、特色食品药品、竹集成材、新技术新材料是赤水工业重点推进的"五大产业",但是现有工业具有加工层次低、产业链短、行业关联度小、结构松散、能耗高等特点。全市工业企业主要布局在城市规划控制区范围内,消耗的能源量比较大。

赤水市生态工业的发展目标是:在现有工业门类基础上,通过技术改造,引进、建立资源消耗少、环境污染小、经济效益高的地方产业集群,逐步建成五大生态工业体系,逐步建立1~2个生态工业园区,形成新型工业化的基本构架,推动资源节约型、环境友好型社会建设,为全面实现小康社会目标、构建和谐社会目标奠定物质经济基础。五大产业体系一是基地、加工、科研、营销为一体的竹产业体系,二是特色竹集成材体系,三是以家具为主体的轻加工体系,四是以绿色健康为主的地方特色旅游药品、食品生产加工体系,五是新技术新材料体系。

(1)新型工业化的构建

① 战略措施

以科技创新活动推动主要工业企业的先进技术应用(技术改造)活动和落后产业的控制(产业结构优化调整),逐步实现产业的园区集中;以重点工业企业的资源、能源消耗控制为突破,促进全市国民经济和社会发展能耗、水耗指标的下降,进一步促进竹循环产业建设和新材料、药品食品加工业的发展。

② 物质循环

水、天然气、竹木、煤炭资源是赤水工业利用的主要物质形式。水循环设计是确保工业生态化的基础。各工业园区在水的循环设计使用中,设立园区废水专业污水处理厂,将废水集中做专门处理后回收循环使用;对天然气、竹木、煤炭及其他资源循环利用,主要是加大对天然气和竹资源循环利用开发,对两者及其参与生产资源应以实现废物能量转化为重点,以重点企业为生态工业试点,建立企业内部的小循环,以生态型工业园区建设为载体,构建企业间、产业间的中循环,推动全社会的大循环。

③ 能源利用

工业生产主要能源动力使用天然气和电力,减少煤的使用;对现有煤动力进行改造,通过热能多级使用或回收,有效地提高能源利用效率,节约大量的能源;通过改造取代小锅炉,有效减少锅炉的煤炭消耗,从而减少燃煤污染,改善环境质量。

④ 设施共享

通过系统建设和改造,努力使污水集中处理厂、生活废物处理场等基础设施成为共享设施,加快建设废物回收中心和危险废物贮存中心、消防设施、绿地等共享设施;提高对交通运输设备、仓储设施、培训设施等的共享程度,以最大程度节约资源。

⑤ 信息传递

建立完善的信息交换平台,包括能够迅速连通的信息数据库、快捷的交流网络,以实现信息的收集、处理、共享和发布。信息交换平台可依托赤水市现有的网络设施,目的是保证信息有效流通、传播、分析和使用,保持生态经济发展旺盛的生命力。

(2)生态产业发展

依托赤水市的能源和资源开发,把传统产业改造与高新技术产业发展相结合,充分利用赤水市资源环境和产业优势,并抓住我国东部及周边经济区产业转移的机遇,积极引进外部的资金、技术和管理经验,大力发展竹业、酒业、特色食品加工业、电子信息和新材料等产业,促进产业集聚,延伸产业链,形成产业体系完整、产业特色鲜明的区域融合企业集群和各大产业先进基地;并积极培育打造现代物流业、包装印刷业和旅游商品加工业等配套产业,形成融合竹业基地、酒业基地、特色食品、现代制造、现代物流和旅游等多功能于一体的生态工业体系(图19-23)。

① 电子信息产业

依托区位优势、产业基础和政策导向,积极引进电子信息产品生产企业,积极拓展通信电子、节能电子、IT电子和机械电子等产品,培育产业链条,推动赤水市电子信息产业发展,通过产业链整体推进,扭转电子信息产业候鸟式频繁迁徙造成地方经济波动的尴尬局面,为赤水市可持续发展提供源源不断的动力,力争到2025年形成规模化的电子信息产业集群,建成我国西南地区重要的电子信息产业基地。

电子信息产业重点发展方向:通信电子、节能电子、IT电子、机械电子(图19-24)。

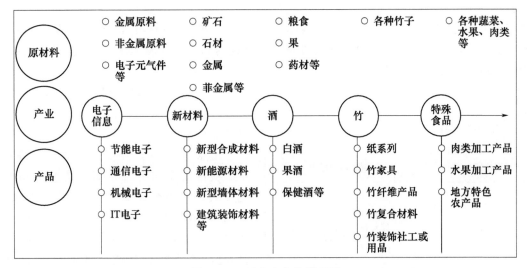

图 19-23 重点产业的联系图

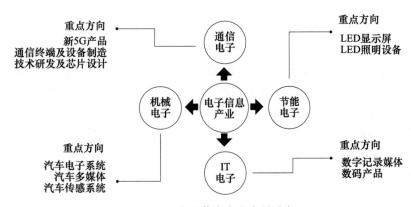

图 19-24 电子信息产业发展重点

重点发展通信电子：第五代移动通信、下一代互联网，如通信终端及设备制造、技术研发及芯片设计等。

重点发展节能电子：LED 芯片制造、LED 显示屏、LED 景观灯等。

重点发展 IT 电子：数字记录媒体、数码产品等。

重点发展机械电子：汽摩电子、自动变速器、汽摩防盗系统等。

重点引资项目：通信电子生产项目，新一代移动 5G 通信产品的开发和生产，建设自动化生产线。节能电子生产项目，年产高亮度 LED 及相关半导体器件 6 亿支，LED 关键芯片 4 寸①片 50 万片，LED 亮度节能灯及相关半导体应用产品 5000 万套。IT 电子生产项目，建设年产 20000 万片高密度光存储数字记录媒体生产线。汽车电子生产项目，建设汽车电子智能产品生产线，进行批量生产，第一年生产销售产品 10 万～20 万套，第二年生产销售产品 30 万～50 万套，第三年生产销售产品 100 万套以上。

② 新材料产业

赤水河流域矿产资源比较丰富，主要有煤、硅、磷、镁、铁、大理石、铜、高岭土、铀矿、磷块岩、石膏、锰、油页岩、雄黄、天然气等。其中，煤炭储量达 324.5 亿吨。从总体上看，目前除了煤炭、天然气、石材等资源开采比较成规模以外，其他矿产资源的勘探程度低，多数矿产资源开发水平低。

因此，依托赤水市及周边区域矿产资源、石油、天然气的勘探和开发，以及赤水市原有的化工工业的基础，提升发展新材料产业，进一步延伸产业链条、调整产业结构、扩大产业规模，大力发展高附加值的新

---

① 1 寸≈3.33 厘米，下同。

材料产品。

重点发展新型建筑材料:从功能上分,有墙体材料、装饰材料、门窗材料、保温材料、防水材料、黏结和密封材料,以及与其配套的各种五金件、塑料件及各种辅助材料等。从材质上分,不但有天然材料,还有化学材料、金属材料、非金属材料等。

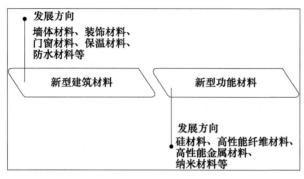

图 19-25　新型材料发展重点

重点发展新型功能材料:主要包括金属硅、多晶硅材料、有机硅材料、高性能纤维、纳米材料、无机功能材料等(图 19-25)。

重点项目:年产 100 万平方米人造石英石板生产项目,建设年产 100 万平方米人造石英石板生产线。新型塑钢管材及配件生产项目,建设 UPVC、PVC、PVC/HDPE 等塑钢管材及配件生产线。空心玻璃微珠隔热保温包装材料生产项目,建设年产空心玻璃微珠隔热保温包装材料 6000 吨生产线。铟硒镀膜玻璃项目,建设年产铟硒镀膜玻璃 240 万平米生产线。单元式幕墙、门窗、玻璃深加工项目,建设单元式幕墙、门窗、玻璃深加工生产线,规模达到年产 3000 万套。池窑法玻璃纤维生产项目,建设年产 30000 吨玻璃纤维生产线。

③ 竹产业

充分发挥赤水市的竹资源和产业优势,重点发展传统竹制品、竹材人造板、竹材制浆造纸、竹纤维制品、竹炭和竹醋液、竹叶有效成分提取物六大类竹产品及其产业链,大力引进知名竹产业企业。

传统竹制品。我国用原竹制造家具历史悠久,竹家具风格古朴、清新和高雅,广泛用于宾馆、饭店和酒店。竹制日用品是我国传统的竹产品,不仅在国内有着巨大的市场,而且以其鲜明的民族文化特色和物美价廉的优势,享誉国际市场,在出口竹产品中占有相当大的比重。近年来,将木质板式家具的概念引入竹家具的设计制造,生产出可拆装的竹层积材板式家具,款式新颖、贮存运输方便、成本低廉,具有广阔的发展前景。

竹材人造板。目前我国已经成功开发出竹材胶合板、竹编胶合板、竹篾层压板、竹木复合板、竹材集成板、竹材碎料板、竹胶合水泥板等几十种以竹材为主要原料的工业产品,主要用于家具制造、车厢底板、混凝土模板、建筑材料、室内装饰装修等。产品不仅受到国内市场的欢迎,而且远销欧美和日本。

竹材制浆造纸。中国是世界上仅次于美国的第二大纸品消费国,各类纸和纸制品的消费量占世界纸消费总量的 14% 以上。同时,中国也是世界上最大的纸贸易净进口国,每年用于进口纸及纸板、纸浆、废纸、纸制品的外汇高达 70 多亿美元,排在石油、钢材之后的第三位。发挥竹子生产大国的优势,利用竹材作为"第二木材"造纸,对进一步推动我国造纸业发展和竹材工业化利用都具有十分重要的意义。

竹纤维制品。新鲜的竹材经高温软化可制成纺织用竹纤维。这种纤维中空,透气性好,与麻、丝、毛等混纺后,可大大改善纯纺织品的性能。这是我国继大豆蛋白纤维后的又一项具有自主知识产权的纺织用材料,具有很好的预期效益。采用特殊技术制成的竹炭纤维,不仅可吸附异味,而且有抗菌、排汗、吸湿功能,市场潜力巨大。竹子粘胶纤维具有独特的和不可替代的性能,其织物和服装面料色泽鲜艳,质地柔软,吸湿性好,穿着舒服,没有静电,外观飘逸,绚丽多姿,且价格相对便宜,所以深受消费者青睐,市场需求不断扩大。

竹炭和竹醋液。竹炭具有较大的比表面积,吸附力强,对水和空气具有良好的净化作用,对环境湿度也具有很好的调节作用。竹炭内含钙、镁、铝、钾等多种微量元素,在保健品和抗静电产品等方面得到了很好应用。竹炭经活化后吸附功能更加突出,可从气体和溶液中吸附色素和杂质,还可作为催化剂和催化剂载体,在食品、制药、化学、冶金和国防等工业领域广泛应用,竹质活性炭作为新材料在高新技术领域也具有重要的开发前景。我国的竹炭产品不仅在国内,而且在日本和韩国均受到欢迎。竹醋液是竹炭烧制过程中产生的一种茶褐色液体副产品,含有多种化学成分和生物活性物质,具有除臭、杀菌和促进植物生长等功效,在农药、医药、保健和环境卫生等领域具有非常广阔的应用前景。

竹叶有效成分提取物。竹叶有效成分有黄酮、氨基酸和微量元素,具有优良的抗氧化、抗衰老和增强免疫力等生物学功效,引起了食品、营养和医学领域的重视。目前,竹叶黄酮保健药品和淡竹叶饮料已上市,受到国内外的广泛关注(图 19-26)。

重点项目:竹浆纸一体化建设项目,建设年产 30 万吨漂白商品竹浆板。工业特种纸生产项目,建设年产 10 万吨工业特种纸生产线,达到年产 4 万吨人造皮革离型纸、3 万吨重磅

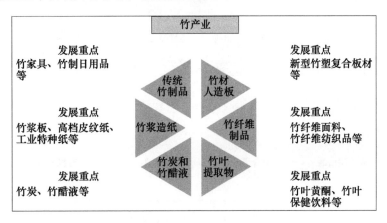

图 19-26　竹产业发展重点

纸和 3 万吨绝缘纸的生产规模。竹叶黄酮开发生产项目,建设年产 5000 吨竹叶黄酮生产线。新型竹复合材料生产项目,建设年产 50000 吨新型竹复合材料生产线,产品包括竹塑复合板材、竹皮、重竹、竹方等。竹装饰系列生产项目,建设竹装饰材料加工生产线,产品包括竹地板、竹地垫、竹地毯、竹屏风、竹窗帘、竹文化背景墙和办公用纸等。竹生活用品系列生产项目,建设竹生活用品加工生产线,产品包括竹筷、竹菜板、竹席、竹抱枕、竹餐垫、竹衣架等。竹纤维生产加工项目,建设年产 15 万吨竹纤维生产线,年生产粗竹纤维 75000 吨,半精细竹纤维 45000 吨,精细竹纤维 30000 吨;建设竹纤维面料生产线,形成年产 8000 万平方米生产规模。竹纤维服饰、婴童、洗浴系列纺织制品生产加工项目,建设竹纤维服饰、婴童、洗浴系列纺织制品生产线,产品包括服饰系列(袜子、内衣、内裤、T 恤、衬衫、休闲服、西服、领带、围巾等)、婴童系列(婴儿服、婴儿毯、儿童袜、儿童盖毯等)、洗浴系列(方巾、毛巾、浴巾、浴衣等)。竹纤维家纺系列纺织制品生产加工项目,建设竹纤维家纺系列纺织制品生产线,产品包括床单、盖毯、绒毯、毛巾被、被子、被套、床上用品组合等。竹纤维礼品、生活系列纺织制品生产加工项目,建设竹纤维礼品、生活系列纺织品生产线,产品包括礼品系列(竹纤维系列精美中高档礼品)、生活系列(竹纤维编织袋、竹纤维编织包等)。竹炭、竹醋液开发生产项目,建设年产竹炭 10000 吨、竹醋液 6500 吨生产线。竹家具板材生产加工项目,建设年产 20000 立方米竹家具板材加工生产线。竹家具综合加工项目,建设竹家具综合加工 10 万件加工厂及办公用房等配套设施,产品包括柜、桌、椅、门、窗等。淡竹叶保健饮料生产项目,建设年生产淡竹叶保健饮料 10000 吨及生产厂房、办公用房等配套设施。

④ 酒产业

充分发挥赤水市的资源环境和产业优势,积极抢抓国家支持建设赤水河流域优质白酒基地的战略机遇,坚持"高端引领、中低并举、以质取胜、打造品牌、配套发展"的总体思路,以扩大规模、提升质量、打造品牌为重点,以科技人才为支撑,以建设白酒产业聚集区为载体,加快发展以优质酱香型白酒为重点的优质白酒产业。大力实施名优白酒品牌战略、大企业发展战略,重点扶持一批企业,创建国内白酒品牌,支持发展一批跨区域的大型白酒企业集团,推进白酒产业科技进步和创新,大力发展白酒配套产业,全面提高赤水白酒产业核心竞争力。

以现有产业条件为基础,快速推进酒产业发展。构建名优白酒产业集群;以改造存量、做大总量、提升质量、打造品牌为目标;以市场为导向,加快调整行业产业结构;大力发展高中档白酒;以点面结合,促进产业带和产业聚集区协调发展;以自主创新为动力,加快推进产业升级和发展方式的转变;扶持龙头企业,振兴传统名优白酒,支持养生酒、果酒、茶叶发酵酒、保健酒等其他酒类加快发展,培育一批新兴名酒,形成高中低档酒并举、大中小企业协调发展的产业格局,并推进酒产业的循环发展(图 19-27)。

重点项目:千吨级酱香型白酒生产项目,建设办公楼、检测研究中心、固态发酵车间、仓库、灌装车间、包装车间、储酒罐,年产酱香型白酒 5000 吨。保健酒生产项目,建设保健酒标准化生产厂房、仓库用房、

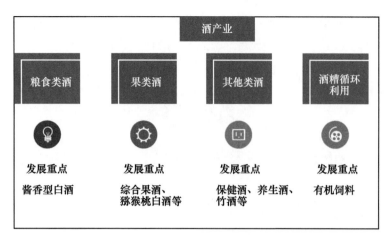

图 19-27　酒产业发展重点

职工生活用房、办公楼、综合楼(包括分析实验室),并配套建设道路、停车场、围墙、绿化、环保设施、供配电、给排水、消防等公用辅助工程;引进新型原料酒罐、中药炮制系列设备,集洗瓶、灌装、喷码、包装于一体的全自动生产线、质量分析检验设备及相应的环保设备,组建工艺先进的保健酒全自动生产线 6 条,年产 800 万件保健酒。酒糟综合利用项目,建设 4 条年处理 50 万吨酒糟的加工生产线,用于加工生产饲料。茶叶发酵酒生产项目,建设年产 10000 吨茶叶发酵酒加工厂 5 座,引进 5 条茶酒生产线及相应的质检设备。果酒生产项目,建设内容包括年产 1000 吨果酒生产线 1 条和原料处理车间、发酵车间、后处理车间、灌装车间,以及配套水、电、气等公共设施。小曲酒生产项目,建设年产 10 万件小曲酒生产加工厂 3 座,引进 3 条小曲酒生产线及相应的质检设备。果酒开发生产项目,建设年产果酒 1000 吨生产加工厂 3 座,引进 3 条果酒生产线及相应的质检设备。

⑤ 特色食品

充分开发赤水市农产品资源,推进工业化与农业现代化互动发展,发挥赤水红等优质食品品牌,大力发展优质蔬菜、水果、竹笋和畜禽等农产品深加工,做大做强特色食品工业。加大地方特色食品开发力度,积极发展竹笋制品、乌骨鸡产品、果蔬饮料等绿色食品,加快开发方便、安全的肉类食品。利用打造国际旅游城市的契机,大力开发系列养生、保健食品和特色风味旅游食品。积极开发赤水传统特色名优产品,打造知名品牌。依托优良生态环境与优质茶叶、水果等资源,积极发展茶叶加工,重点开发赤水虫茶、石斛茶等名优产品。大力发展果蔬汁饮料,重点开发天然、营养、有益健康的饮料新品种。支持知名品牌产品质量达到国际标准。通过特色食品产业的发展,建设一批规模化的特色农产品生产基地,带动加工、储藏、运输等相关产业的发展,形成区域性的支柱产业(图 19-28)。

依托赤水市得天独厚的自然环境和丰富的特色食品原料资源,重点发展蔬果食品加工、肉类食品加工、地方特色食品加工三大类特色食品产品。

重点项目:竹笋深加工及剩余物生产竹笋提取物项目,建设 10000 吨竹笋深加工及剩余物生产线,1000 吨竹笋提取物生产线,建设竹笋深加工生产线 3 条、竹笋加工剩余物提取生

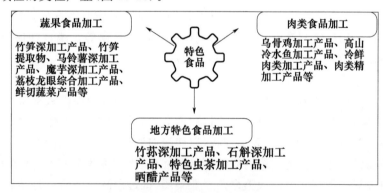

图 19-28　特色食品产业发展重点

产线 3 条。乌骨鸡产业化开发加工项目,建设乌鸡产业化基地,建设乌鸡种鸡场、孵化场、商品乌鸡场、乌鸡生加工厂、乌鸡熟制品厂、乌鸡饲料加工厂、鸡粪综合利用七个部分。石斛产业化项目,建设石斛产业化加工基地,开发加工石斛养生保健品,建设石斛茶、石斛软胶囊、石斛保健饮料生产线。特色虫茶加工项目,建设包括生产车间、检验车间、储运仓库、办公一体的加工厂,建设虫茶加工生产线。冷鲜肉类加工项目,生产加工冷鲜牛肉、猪肉,产品包括高档牛肉、猪肉(保鲜肉),优质牛肉、猪肉(保鲜肉),普通牛肉、猪肉(部分保鲜肉),副产品(皮、胃、头、骨)。肉类精加工项目,年加工生产西式肉制品(西式灌肠制品、西式火腿、西式培根)、中式肉制品(蒸煮制品、油炸制品、广味香肠、川味香肠、牛肉干)、杂骨综合利用(蛋白

脒、骨油、骨粉)。

(3)生态工业发展战略

① 着力实施大项目、大企业带动战略

把发展大项目、培育大企业作为推动全市工业转型发展的重要抓手。深入实施工业"百千万"工程和"双服务"行动,培育一批龙头企业。充分发挥大企业的资金、技术、人才优势和龙头带动作用,构建产业链、创新链、资本链"三链耦合"发展新模式,加快发展壮大赤天化纸业、贵州信天药业、贵州巴蜀液酒业、锦江醋业、贵州红赤水集团等优强企业,形成一批引领性较强的企业集团,带动全市工业发展转型升级和做大做强,推动5~7家企业上市,其中1~2家企业在主板上市。深入实施提高民营经济比重行动计划和"万户小老板工程"。

② 大力推进信息化与工业化"两化融合"

围绕重点产业、骨干企业和关键领域,深化信息技术在工业企业和行业管理领域的应用,积极利用大数据、互联网优化要素配置,探索发展工业和信息服务产业融合,提升工业发展质量和行业管理水平。积极实施信息化改造升级行动计划,创新发展"互联网＋制造业",推动移动互联网、云计算、大数据、物联网等新一代信息技术与现代制造及生产性服务业等领域融合,在化工建材、特色轻工、装备制造和新兴产业等重点领域和骨干企业加快推进装备智能化改造升级,鼓励建设一批数字化车间、智能工厂项目,推广应用数字化控制技术,推进生产过程和制造工艺智能化,增强信息技术与传统工业技术协同创新能力,加快工业生产向网络化、智能化、柔性化和服务化转变,延伸产业链,培育新业态,打造新优势。

③ 建立工业转型发展的体制和政策机制

大力实施工业强市战略的各项政策措施,强化工业发展的组织领导和产业政策支撑,积极营造工业强市战略的良好体制与政策环境。用足用好用活国家产业发展政策,积极创建赤水为川黔渝经济合作示范区,将竹纸浆一体化、天然气化工改造提升、港口物流等重大项目纳入国家重点项目给予政策支持。对符合国家产业政策的重大工业项目、发展新兴产业和循环经济项目、大健康医药产业等给予优先申报、审批或核准,在土地等资源配置上给予优惠政策。落实"供给侧"改革要求,完善产业准入制度,进一步强化淘汰和严格限制新上落后与过剩产能的项目,对"僵尸企业"和"圈地不建"企业实施"双退出"行动。制定鼓励企业科技创新的政策措施,对获得国家和省级科技成果的企业给予奖励。加强融资担保体系建设,降低实体经济企业成本。进一步加强财政、金融和土地等要素支持,强化政府投资的引导作用,加大对金融机构的协调力度,加快建立多层次多元化的投融资体系。加强工业用地储备,全面推进集约节约用地,提高土地利用效率。

第20章 生态服务业体系

服务业与农业、工业相比,特异性突出:一是"百业百态",其类型广博而又业态繁复;二是"共生共荣",与生产、流通、消费的渗透性强、关联度高,内外融会贯通;三是"生发升快",呈现出更新快、发展快、升级快的特点;四是"脆弱波动",容易受自然灾害、公共卫生事件、政治、经济等外部环境影响。全球服务业受新冠疫情影响较大,以旅游业为例,2021年全球旅游总人次和总收入仅恢复到疫情前(2019年)的不足60%(数据来源:2022年世界旅游城市联合会(WTCF)《世界旅游经济趋势报告(2022)》)。

目前,学界对于生态服务业的研究多为宏观,多基于西方分类口径和研究基础,在具有中国特色的生产性和生活性服务业的理论、概念、体系、路径等方面有待深入研究。针对全球气候变化,服务业如何向绿色循环低碳方向发展,还需要进一步研究。生态文明理论指导下、"双碳"目标引领下的新时代社会主义生态服务业如何高质量发展,更是值得深入探讨的课题。面对疫情常态化,生态服务业,尤其是部分生活性服务业已濒临生死线,何去何从,已是迫在眉睫。

因此,新时代生态服务业如何高质量发展?不是老生常谈,而是具有跨时代意义的崭新课题,更是刻不容缓的前沿课题。本章始于生态服务业概念,侧重研究低碳服务业概念、分类、困境和升级;创新探讨新时代现代生态服务业概念、特征、高质量发展、重点产业发展路径等前沿问题;深度剖析生产性服务业的内涵和外延、生长动因、内在机理、影响因素,重点探讨其与制造业在需求、分工、价值链等的共生关系;针对我国生活性服务业发展现状和面临的主要问题,明晰发展思路、任务和目标,并结合新冠疫情的冲击,提出产业高质量发展策略。

近年规划实践方面,选取两个案例:一是以山西省大同市为例,在资源型城市转型升级过程中,探讨如何发挥地缘优势,构建"旅游+健康""颜值+时代""冷凉+农牧"的地域特色鲜明的生态旅游服务业,打造"九州方圆、天下大同""融合古都、创新大同"和"全域国际长寿养生旅游目的地城市"。二是以山东省蒙阴县为例,围绕"岱崮地貌"地域生态品牌,以"红色崮乡,生态蒙阴"为形象,围绕生态休闲、长寿养生核心功能,建设集生态休闲、乡村与农业休闲、养生度假、山地运动、红色旅游等于一体的休闲度假旅游目的地和全域旅游示范区。

20.1 低碳化发展趋势

生态服务业是生态经济有机组成部分,包括绿色商业服务业、生态旅游业、现代物流业、绿色公共管理服务业等,是在充分合理开发、利用当地生态环境资源基础上发展的服务业。总体上有利于降低城市经济的资源和能源消耗强度,发展节约型社会,是整个循环经济正常运转的纽带和保障。"双碳"目标下,生态服务业应侧重低碳、绿色、循环方向。由于服务业的特殊性,低碳化是生态服务业发展的重要目标之一。

20.1.1 低碳服务业

低碳的概念是在应对全球气候变化、提倡减少人类生产生活活动中温室气体排放的背景下提出的。低碳发展是指在保障社会经济健康稳定发展的同时,保持能源消耗和二氧化碳排放处于较低水平。

低碳经济的概念始见于2003年英国政府发表的政策白皮书《我们能源的未来——构建一个低碳社会》。低碳经济是指经济增长与二氧化碳排放趋于脱钩的经济,其目标一是保持经济增长,二是减少化石能源消耗和二氧化碳排放。

低碳产业首次提出是在英国政府"低碳和环保产品与服务产业分析"的报告中,英国提出"新低碳概念"是在应对全球气候变化、提倡减少人类生产生活活动中温室气体排放的背景下。

美国将低碳产业的内容涵盖于环境产业当中,分为三个门类,包括污染治理、清洁能源与技术和能源管理。我国学者认为低碳产业是使用清洁能源提供产品和服务的行业与符合生态原理以更少的资源和能源消耗进行生产和服务的行业聚集;认为狭义的低碳产业是指以减少二氧化碳排放为目标的的服务和产品的行业;认为广义的低碳产业是指有助于节能减排的所有行业类别,增加了通过提供节能技术服务间接减少二氧化碳排放的行业,如清洁生产技术和处理已经产生二氧化碳的行业,森林碳汇及服务于碳排放权交易市场的所有行业。低碳产业发展方向主要有能源部门、工业部门、交通以及建筑和废物处理领域、陆地碳汇和碳捕捉和封存行业。该概念更加全面,但分类尚不清晰。在仅有的国内外低碳产业定义和分类中,与低碳相关的服务业概念尚不明确,仅含环境和节能服务业。

综上所述,低碳服务业涵盖一切服务于低碳经济发展的业态和为实现低碳目标提供的服务,如低碳技术研发、低碳解决方案、碳汇服务等。低碳服务业概念可定为:促进低碳经济发展,服务低碳城乡建设,为实现"双碳"目标的各种相关服务在市场机制运作下集聚形成的产业。统观全球低碳服务业发展,其服务内容包括技术服务、金融服务、综合管理三大块,涉及农业、工业、商业、建筑、市政和公共机构、居民生活等领域。低碳服务业是低碳经济发展中,由低碳产业、环保产业、生产性服务业与生活性服务业融合产生的具有高效益、高技术含量、高知识型和高层次的新兴服务业态。

20.1.2　低碳服务业分类

国内外经济学家因服务业的目的和标准不同,对其进行了分类。目前国际上服务业分类标准主要有:根据服务的性质与功能划分、根据服务业在不同经济发展阶段的特点划分、根据服务的供给(生产)导向型分类法、根据服务的需求(市场)导向型分类法等,流行的标准分类方法主要有辛格曼分类法、联合国标准产业分类法(2006 年)、北美产业分类体系(1997 年)等。

(1)按性质和功能分类

联合国标准产业分类法(ISIC)。联合国于 1958 年制定、1968 年修正了第一种国际标准产业分类,其中一级分类有 4 种,二级分类有 14 种。2006 年第四次修改,并沿用至今的国际标准行业分类(ISIC/Rev 4.0)共 21 个门类、88 个大类、238 个中类和 420 个小类。涉及服务业的分类增加了信息和通信业、行政管理及相关支持服务、科学研究和技术服务、艺术和娱乐、其他服务业 5 个门类,反映了服务业发展及其在经济活动中重要性的增强。

(2)按生产技术分类

北美产业分类体系(NAICS)是由美国、加拿大、墨西哥于 1967 年制定的,从服务的生产或供给角度,依据生产技术进行的分类,反映了 20 世纪 80 年代以来服务经济理论发展的最新研究成果,其结构变化主要表现在:第一,计算机和电子产品制造部门作为信息产业的硬件部门被列入制造业,原来的出版业则列入了新设置的信息业;服务业中的柔性生产被列入制造业。第二,独立建立了"信息业"。第三,原来的服务业细分为 11 个一级部门。但北美产业分类体系没有对服务业进行大的分类,而是成倍扩充了服务门类/部门的数量。

(3)按国民经济行业分类

我国之前没有专门的服务业分类。从 1985 年起的很长一段时间里,第三产业一直是服务业的同义词。直到 2003 年国家统计局根据《国民经济行业分类与代码》(GB/T 4754—2002)进行了新的三次产业划分,明确规定将农、林、牧、渔、服务业列入第一产业,服务业与第三产业不再等同,因此建立了专门的低碳服务业分类标准,对社会经济发展、低碳产业政策制定具有重要的意义。根据《国民经济行业分类》(GB/T 4754—2011),我国的三次产业划分是:第三产业即服务业,是指除第一产业、第二产业以外的其他行业。

借鉴国内外服务业分类标准,一是按照产业发展过程,将低碳服务业分成 3 个板块、6 大一级产业。这 3 大板块分别为低碳服务理论的产生、低碳服务理念的传播、低碳服务的运用;3 大板块下设 6 大一级产业分别为低碳技术、服务研究与发展,低碳教育、培训产业,低碳信息服务业,低碳综合管理服务业,低碳商务服务业,公共低碳管理服务业。其中,教育、培训与公共低碳管理属于低碳公共服务,是不带有盈利性质的低碳经济活动。二是对照联合国标准产业分类法,在6大一级产业下分别设置15个二级产业和54个三级产业,其中54个三级产业分别对应国家标准行业分类产业指标(2002年版本)中的四位代码,因此有很强的应用性和可操作性(曹莉萍,2011)。

20.1.3 低碳服务业发展困境

低碳政策不完善。首先,气候变化问题非常复杂,涉及面广,需要社会各个方面的综合协调发展。其次,低碳服务的法律法规、战略规划、政策体系还不完善。很多领域仍然处于起步状态,尤其是在现代服务业低碳化发展领域基本处于空白状态。

低碳消费观念薄弱。服务业相较于工业有更高的消费关联度,因此消费者崇尚健康、生态的低碳消费需求是拉动现代服务业低碳发展的强大动力。虽然目前我国居民的消费需求旺盛,但是民众的低碳消费增长受各种因素的影响依然缓慢。主要表现在低碳消费意识薄弱、消费结构不合理、奢侈浪费之风蔓延等。

低碳人才匮乏。现代服务业竞争的核心资源是人才,但目前市场上低碳行业人才的供给严重不足。与企业对低碳人才求贤若渴的态势相矛盾的是高等教育低碳专业的设置基本空白,已经严重阻碍了现代服务业低碳化的发展。

20.1.4 低碳优化和转型路径

我国的产业结构正处于转型时期,推进传统服务业向低消耗、高附加值的现代服务业过渡是我国经济发展的方向。现代服务业处于"微笑曲线"的上下两头,属于产业链的高端。改造传统服务业就是对服务业的优化升级,使其不断向高端服务业延伸和渗透,充分利用现有服务资源,用现代科学技术、先进的经营管理方式包装传统产业,冲破行业垄断,改造传统服务业高消耗、技术落后的现状,提高服务水平,增加产品附加值,逐步形成生态化的服务业态。一是运用新技术对传统产业进行改造,不断创新高端低碳服务产品;二是加快发展提高我国服务业比重,促进服务业的低碳化发展;三是大力推进低碳服务业技术进步和人才培养,走现代服务业道路;四是加强低碳服务业市场的培育和建设;五是企业强化低碳供应链管理,培育低碳企业文化;六是强化国民低碳消费意识,推行低碳消费方式(刘琛君,2015)。

20.2 现代生态服务业

20.2.1 概念和特征

(1)概念

服务业的概念最早起源于西方"第三产业"思想。1690年,威廉·配第在《政治算术》一书有阐述,西方很多经济学家从不同角度、不同程度上揭示第三产业的经济范畴及发展规律。20世纪60年代初,美国学者弗里茨·马克卢普最早在其著作《美国的知识生产与分配》中首次提出了近似现代服务业的概念,被译成"先进服务业"。20世纪70年代中期,辛格曼与布朗宁在对服务业具体分类中,正式提到类似现代服务业的相关概念。

国外文献提及现代服务业时,一般用新兴服务业、生产性服务业或者知识性服务业等概念代称。我国现代服务业概念的正式提出是在1997年9月的中共十五大报告中,认为它是"在工业化比较发达的阶段产生的,主要依托信息技术和现代管理理念发展起来的,信息和知识相对密集的服务部门"。2012年,科技部发布的《现代服务业科技发展"十二五"专项规划》中明确定义现代服务业为"以现代科学技术特别是信息网络技术为主要支撑,建立在新的商业模式、服务方式和管理方法基础上的服务产业。它既包括随着技术发展而产生的新兴服务业态,也包括运用现代技术对传统服务业的改造和提升"。2017 年,科技部发布的《"十三五"现代服务业科技创新专项规划》中,进一步将其定义为"在工业化比较发达的阶段产生的、主要依托信息技术和现代管理理念发展起来的、信息和知识相对密集的服务业,包括传统服务业通过技术改造升级和经营模式更新而形成的服务业,以及伴随信息网络技术发展而产生的新兴服务业"。

(2)特征

根据西方发达国家经济发展历程可以看出,伴随着第三产业持续繁荣发展,其内部结构也得到了持续优化,作为对经济发展有着最大推动作用的现代服务业在第三产业中的占比有了较大增长,而且其增长速度不仅比第三产业快,更远高于整体经济的增长率。分析以美国为代表的发达国家服务业发展经验,初步总结出现代服务业的活动及发展呈现出六个典型基本特征:高科技性或高技术性特征、知识性特征、高收益性或高附加值性特征、集聚性或集群性特征、高素质性特征、新兴性特征。

20.2.2 分类和特点

(1)分类

对于服务业的分类,早期大多根据克拉克提出的三次产业划分为基础。1984 年,联合国统计署第一次制定并发布国际标准产业分类,服务业分类才开始走向正轨。随后,根据不同服务的特点、性质,将服务业分为生产者服务业、流通服务业、个人服务业和社会服务业四类。之后形成了现在世界各国通行的分类方法。我国在制定《国民经济行业分类与代码》时更多参照的是联合国国际标准产业分类。现代服务业是相对于传统服务业而言的,在我国现行的统计制度和对服务业的分类中,并没有"现代服务业"以及与之相对应的具体分类条目。自政府文件明确提出发展现代服务业以来,国内学者就现代服务业含义形成以下主流观点。

第一,现代服务业即现代生产性服务业。由于生产性服务业在国内影响较大,持此观点的学者较多,其主要观点为发展现代服务业的本质是实现服务业的现代化,现代服务业特指经济在后工业化阶段所产生的现代生产性服务业。

第二,现代服务业是以高科技为主的新兴服务业。

第三,现代服务业是新兴服务业与经过现代技术改造后的传统服务业的总和。以《国民经济行业分类与代码》为蓝本,我国学者根据自己对现代服务业的定义与理解,对于现代服务业分类研究主要分为两种分类方法:其一,单级分类法,如将现代服务业划分为七大类,包括信息服务业,现代物流业,金融业,电子商贸服务业,文化、教育、体育、娱乐业,知识、技术咨询业及创意产业,以及适应居民生活水平提高所产生的高端消费服务业。其二,多级分类法,如将现代服务业划为四大类,大类下设各行业:一是基础服务部门,包括通信服务和信息服务部门;二是生产和市场服务部门,包括金融、物流、批发、电子商务、农业支撑服务以及包括中介和咨询等专业服务部门;三是个人消费服务部门,包括教育、医疗保健、住宿、餐饮、文化娱乐、旅游、房地产、商品零售部门;四是公共服务部门,包括政府的公共管理服务、基础教育、公共卫生、医疗以及公益信息服务等。

科技部发布的《现代服务业科技发展"十二五"专项规划》中,将现代服务业分为生产性服务业、新兴服务业和科技服务业,也属于多级分类法。参考国际国内行业分类标准及相关研究成果,基于政策原理与实际实施特征,将现代服务业分为三个大类。一是运用新技术或技术升级的现代生产性服务业。涉及生产和市场服务部门的金融、物流、批发、电子商务、农业支撑服务部门以及公共管理服务等。二是经现代技术改造后的现代生活服务业。涉及个人消费服务部门的教育、医养保健、住宿、餐饮、文化娱乐、旅游、房地产、商品零售部门和适应居民生活水平提高所产生的高端消费服务业,以及公共卫生、医疗公共服务部门。三是伴随信息网络技术发展而产生的以高科技为主的科技创新服务业。涉及通信服务和信息服务,研发、设计、知识、技术咨询业及创意产业,以及中介专业服务等。

(2)特点

伴随信息革命和网络技术以及经济全球化、科技全球化的飞速发展,当前现代服务业呈现出新的发展趋势。首先,现代服务业内部结构不断升级优化并不断加速,彰显出了知识经济的巨大潜力和优势。一是经济全球化加速产业细化分工,极大地带动了对全球性流动的现代服务业的中间需求,促使现代服务内嵌于商品生产体系内而蓬勃发展,集中表现在信息服务业上,特征是与商品生产、流通和消费密切关联的信息搜集、识别、处理、加工、分析等需求带动服务业务的迅猛发展。二是随着产业结构变革和企业组织创新发展,企业管理与市场运作方式在信息服务推动下发生革命性变化,推动了专业分工基础上的一批新兴服务业的独立化发展,如业务管理、咨询、广告、研发、会计等,这些服务越来越需要专业知识、专业技能及其相关信息。

20.2.3　研究和评价

(1)文献研究

党的十九大以来,关于经济高质量发展问题研究高涨,其文献可分两类:一类是定性研究,多层面多角度解读高质量发展内涵及其外延。对于经济增长的评价关注点由"量"转"质"的早期提法是经济增长质量、经济增长数量考察速度、经济增长质量考察优劣,其判断准则是能否满足人民日益增长的美好生活需要。高质量发展是以新发展理念为指导,实现经济内生性、生态性和可持续的有机统一,是过去数量型经济发展模式的扬弃。另一类是定量研究,宏观层面高质量发展水平测度、聚焦于产业行业层面研究,例如工业和制造业、金融业等。

现代服务业高质量发展的研究还处于起步阶段,很多学者从论述服务业高质量发展的紧迫性入手,说明服务业高质量发展为中国经济行稳致远提供重要支撑。李平等(2017)通过论证生产性服务业可以作为未来中国经济增长新动能,表明服务业高质量发展对中国经济稳定增长尤为重要;姚战琪(2019)从对外开放角度,阐述服务业对我国产业结构升级的正向影响;王佳元等(2018)从分析经济现状入手,论述服务业是推动经济迈向高质量发展的关键力量。瞄准行业发展痛点难点,来有为(2018)认为应对服务业行业管理体制、对外开放度、行业标准和规范、垄断性行业改革、高端人才供给这五个方面切实发力;刘奕等(2018)指出,服务业高质量发展阶段的三大任务是产业融合、服务创新和传统服务业转型升级,是其发展潜力所在;夏杰长等(2019)在分析对生产性服务业改造提升和优化升级时,强调提高对外开放水平和国际竞争力的重要性。现有文献多以阐释性研究和政策解读为主,相比之下,针对现代服务业高质量发展的定量研究明显不足(陈景华 等,2021)。

(2)评价体系

根据团队多年理论与实践研究,将现代服务业高质量发展评价体系从创新性、共享性、协调性、持续性和开放性五个方面评价(图 20-1 和表 20-1)。

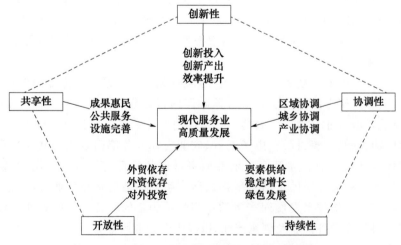

图 20-1　现代服务业高质量发展评价体系框架

表 20-1　现代服务业高质量发展评价体系

一级指标	二级指标	三级指标	指标量化
创新性	创新投入	R&D 经费投入强度	服务业 R&D 经费支出/GDP
		R&D 人员投入强度	服务业 R&D 从业人员/服务业从业人员
	创新产出	经济贡献率	服务业增加值增量/GDP 增量
		服务业数字化	软件业务收入/服务业增加值
		服务业人均专利占有量	国内服务业专利申请人均授权数
	效率提升	服务业生产效率	服务业全要素生产率
		服务业劳动生产率	服务业增加值/服务业从业人员
		服务业资本生产率	服务业增加值/服务业固定资产投资额
协调性	区域协调	服务业经济密度	服务业增加值/城市建成区面积
		地区人均服务业增加值	地区人均服务业增加值/全国人均服务业增加值
	城乡协调	城乡居民服务性收入水平	城镇居民人均第三产业经营净收入/农村居民人均第三产业经营净收入
		城乡居民服务性消费水平	城镇居民人均服务性消费/农村居民人均服务性消费
	产业协调	服务业结构合理化	服务业泰尔指数倒数
		服务业结构高级化	现代服务业产值/传统服务业产值
持续性	要素供给	资本要素市场化程度	金融增加值/GDP
		劳动要素市场化程度	服务业私营就业人员和个体企业人员/全部从业人员
	稳定增长	服务业规模	服务业增加值/GDP
		服务业产出稳定性	服务业增加值增速
		服务业就业稳定性	服务业就业人员/总就业人员
	绿色发展	服务业单位产出废气排放	服务业二氧化硫排放量/服务业增加值
		服务业单位产出废水排放	服务业污水排放量/服务业增加值
		环境建设投资水平	城镇环境基础设施建设投资/GDP
		建成区绿化覆盖率	建成区绿化覆盖率
开放性	外贸依存	服务业外贸依存度	服务贸易额/服务业增加值
	外资依存	服务业外资依存度	服务外贸直接投资/服务业增加值
	对外投资	服务业外资投资水平	服务对外投资净额/服务业增加值
共享性	成果惠民	收入分配水平	服务业城镇单位就业人员平均工资
		服务性消费支出	城镇居民家庭人均服务性消费支出/总消费支出
	公共服务	医疗卫生水平	每万人医疗卫生机构数
		教育投入水平	教育经费支出/财政支出
	设施完善	环卫设施完善水平	每万人拥有公共场所
		交通设施完善水平	每万人拥有公共车辆
		网络设施完善水平	互联网普及率

20.2.4　产业生态化发展策略

根据我国第三产业分类,第三产业包括批发零售业,交通运输、仓储和邮政业,住宿餐饮业,金融业和房地产业等行业在内的共 14 类产业,以绿色消费理念引领第三产业的生态发展,需要全行业的共同努力。

(1)住宿餐饮业

① 以生态酒店为代表的生态酒店业发展模式

未来消费者对于酒店的需求已不再满足于简单住宿,更好的消费体验将是选择酒店的重要条件。倡导绿色消费、推行绿色管理,已成为现代酒店发展的必然趋势。我国酒店的绿色化起步较晚,自 2006 年首个行业绿色标准《绿色旅游饭店》(LB/T 007—2006)发布实施后,酒店行业的绿色管理模式逐渐形成,并在全国范围内推广。随着国家对节能环保的重视,倡导安全、环保、健康的消费理念,从生态建材到生态管理,不仅可以增加酒店的收益,还能树立酒店良好的形象,使酒店在未来的发展竞争中处于领先地位,实现自身的可持续发展。

② 以生态餐饮为代表的生态餐饮业发展方向

随着人们对健康饮食的认识不断提高,绿色消费意识不断加强,消费者更多倾向于选择绿色、有机的优质食品,生态餐饮已成为现阶段广大消费者的关注重点,并成为餐饮业发展的新趋势。餐饮业实现生态化发展,除了为消费者提供绿色食品外,还应重视采购环节的生态环保化、生产环节的生态化和食品服务环节的生态化,以期实现从采购到服务全过程的生态化发展。同时,餐饮企业还应重视对生态餐饮品牌的建设,将企业的核心竞争力与生态餐饮相结合,提高生态餐饮在广大消费者中的口碑,树立起企业生态餐饮的优质形象,以此来吸引更多的消费者参与到生态餐饮当中,提高生态消费水平,享受生态餐饮所带来的安全、健康和营养。

(2)批发零售业

① 打造生态商场新零售模式

生态商场是指运用环保、健康、安全理念,实施节能减排、绿色产品销售和废弃物回收"三位一体"的实体零售企业,且能够持续改进、减少对环境的影响。零售企业通过开展各种形式的生态消费宣传,营造市场营销的生态氛围,传播生态消费、环保、节能的理念,从而引导消费者进行科学、适度、可持续的消费行为;通过向消费者宣传资源节约和垃圾分类的知识,利用以旧换新手段,进而提高废弃物的回收利用效率。对于零售企业来说,通过创建生态商场,可帮助零售企业找出与国内先进企业的差距与短板,促进零售企业的转型升级,对政府等主管部门而言,推动创建生态商场工作可深入了解企业的实际需求,提高服务管理的能力水平,通过推广生态商场的先进经验,带动中小零售业企业开展节能减排工作。

② 发展零售行业的生态采购体系

生态采购是指企业在采购活动中,推广绿色低碳理念,充分考虑环境保护、资源节约、安全健康、循环低碳和回收,促进节能、节水、节材等有利于环境保护的原材料、产品和服务的行为。通过树立生态采购理念,融入经营战略,贯穿到原材料、产品和服务采购的全过程,不断改进和完善采购标准和制度,以推动供应商持续提高环境管理水平,提高零售企业在采购环节的生态发展水平。

③ 引导消费者树立生态消费理念

通过开展多种方式的宣传手段,如广播、促销活动、免费体验等,让消费者参与其中,向消费者传播生态消费理念,加强对生态消费的认识,进而改变对生态消费认识不足的传统观念,充分发挥政府和企业的窗口作用,促进优质、绿色、环保、无公害等商品的销售,引导消费者逐步树立生态消费的健康理念。

(3)交通运输、仓储和邮政业

① 推广生态包装

随着我国电商业的迅猛发展,近年来快递业务呈明显上升趋势,产品包装随之带来的资源浪费、环境污染、使用效率低等问题日益突出,包装产业由传统模式转向绿色发展已成为必然趋势。推动流通领域的绿色包装,解决塑料污染、过度包装等问题,对促进绿色消费有重要作用。开展绿色包装可与创建绿色商场相结合,发挥绿色商场在减少塑料袋使用上的宣传、引导作用,快递等在产品包装时尽量做到"简包装",推广使用可循环利用的包装箱和托盘,回收废纸箱、塑料薄膜等包装物,实现包装环节的"资源化、减量化和再利用"。

② 发展生态物流

物流配送过程中的能源消耗是制约流通领域绿色发展的主要问题。降低物流成本,提高流通效率,发展绿色物流将是物流行业未来发展的主基调。物流企业可通过推广使用新能源汽车、使用智能快递网络等手段,减少运输过程中的碳排放,通过共享物流、共同配送、集中配送等手段,打通快递"最后 100

米",大力发展物流业的绿色创新模式,不断推动物流行业的绿色发展。

③ 建设生态仓储

仓储作为物流一体化运作和商品流通的重要环节,其运营管理效率直接影响物流企业的整体效率。仓储企业可通过利用信息技术和科技手段,加强仓储配送企业和仓库的内部管理,规范仓储配送服务流程,保持科学合理库存,提高商品配送周转效率,提升服务水平和能力,并与生态物流相结合,发展先进配送模式。此外,仓储企业可根据《绿色仓库要求与评价》(SB/T 11164—2016)中的有关规定,对仓库进行生态化改造,推动仓储行业的节能降耗、绿色减排工作,最大程度利用现有资源,节约运营成本,引导仓储行业的健康发展。

(4)金融业

① 探索生态消费模式

生态产业的最终拉动力在于生态消费。金融机构要加快创新生态金融产品和服务,出台新能源、节能减排等生态产品的消费信贷政策,体现出对生态产品的消费支持,而对污染项目和有害于公共健康和安全的产品的消费则应采取抑制性的信贷政策。因此,金融行业应积极探索生态信贷的消费模式,发挥生态金融的导向作用,引导企业发展生态经济,加大生态产品和生态技术的开发,刺激企业向生态化转型。

② 发行生态金融债券

生态消费信贷资金的筹集可通过发行"生态"金融债券来解决,尤其是社会效益好但需要大量资金的环保行业和清洁能源行业。此外,生态金融债券还可用于生态消费信贷,解决生态消费需求不足问题。

(5)房地产业

① 开发生态建筑

随着人民生活水平的不断提高,人们对居住环境质量的要求也越来越高,消费者在选购住宅时开始更多关注人与建筑、自然的和谐统一,开发生态建筑已成为房地产企业抢占市场份额的重要手段。生态建筑要求企业在开发房地产项目时,秉承尊重自然、节约资源、降低能源消耗和以人为本的原则,从源头进行优化设计,使用生态建筑材料替代不可再生材料,减少对自然资源的破坏,并在施工过程中减少对周边环境的影响,实现房地产业的生态发展。

② 倡导生态生活方式

房地产开发企业有责任向业主普及生态生活方式的相关知识,充分调动设计师、建设单位、物业管理、材料供应商和业主等各方面的积极性,达成生态消费的共识,形成发展生态房地产的良好氛围。利用各种宣传手段,提倡"先租后买、先小后大、逐步改善"的住房观念,鼓励消费者购买生态建筑,自觉使用节能灯、节水器具和生态装修材料,养成垃圾分类的良好习惯等,倡导生态生活方式(宁可 等,2020)。

20.3　生产性生态服务业

20.3.1　生产性服务业内涵及外延

20 世纪 60 年代,国外学者开始对生产性服务业内涵及外延进行研究,其界定方法如下:一是从生产性服务业生产产品的角度进行界定,二是从生产性服务业提供服务对象的角度进行界定,三是从生产性服务业服务功能的角度进行界定,四是从生产性服务业所包含服务类型的角度进行界定。

近年来,部分学者开始关注高级生产性服务业。高级生产性服务业是指在全球经济发展中发挥服务功能和统一管理作用的行业,它推动很多大城市走向国际,进而成长为全球化城市,促进世界经济的整合发展。倾向于集聚在"全球化大城市"中的高级生产性服务业,是特殊的行业部门,专门为全球的生产活动提供高端的服务。

国内学者通过研究指出,得以迅速发展起来的生产性服务业归因于工厂制度的确立,生产性服务业的本质是厂商服务业,它为社会物质生产提供多种多样非实物形态的服务。从功能角度界定生产性服务业,其最主要的特征是"中间投入",它不直接参与工业生产,而是通过降低企业交易成本来提高产出价值和运行效率。生产性服务业是被其他生产者用于中间投入的服务性企业的集合体,从生产性服务业的外延来看,具体包括与生产组织和管理相关的活动、与创新相关的活动、与生产本身相关的活动、与产品推广和销售相关的活动、与资源配置和流通相关的活动。2015年6月,国家统计局、国家发展和改革委员会印发了《生产性服务业分类(2015)》,界定了生产性服务业范围,包括为生产活动提供的研发设计与其他技术服务、货物运输仓储和邮政快递服务、信息服务、金融服务、节能与环保服务、生产性租赁服务、商务服务、人力资源管理与培训服务、批发经纪代理服务、生产性支持服务。

20.3.2 生产性服务业成长动因

许多国外学者以某一个国家的生产性服务业为研究对象来研究生产性服务业成长的动因。厂商外部化其内部提供的服务活动,是生产性服务业得以快速成长的动因。以美国生产性服务业为研究对象,研究其迅速发展的原因,发现市场制造业由内部提供服务转变为外部厂商提供服务,进而提高生产效率和竞争力,并降低成本。促使生产性服务业快速发展的缘由是企业对市场反映灵活性的需求,同时决定生产性服务业发展的因素还有服务贸易的发展、科学技术的进步和宏观经济外部环境的变化。工业企业的快速发展暴露出明显的内部技术缺陷,要想促进生产性服务业发展,需要不断加大工业企业对外部生产性服务业的购买来满足企业的内部需要。国内学者通过研究指出,生产性服务业快速成长的动因是生产技术的分工细化,专业厂商越来越多地负责提供服务的计划、协调、控制和评估等功能。导致生产性服务业发展的因素有很多,包括产品的创新与技术的改变、厂商营销地理范围的扩大、劳动力分工调节的扩张、厂商内部管理与厂商外部协调的需要、政府部门干预与管制的增加等。

20.3.3 生产性服务业发展内在机理

生产性服务业来源于制造企业内部,随着分工社会化和竞争专业化,专业化服务企业从制造企业中独立分离出来。20世纪80年代至90年代,欧美制造企业普遍出现了生产者服务外置的现象。由独立专业的生产者服务企业为制造企业提供生产者服务,不仅可以提高生产者的服务质量与效率,还可以提高制造企业的运作效率。生产性服务业是社会化深度分工的产物,与分工专业化形成互动机制,进而提高生产效率。国外学者认为,生产者服务之所以能够提升生产力,实质上是因为其充当了人力资本和知识资本。国内学者在研究生产者服务时,将它的提供者作为一个集合体,这个集合体可以提供知识和技术,使得生产更加专业化,资本更加深入化,在增加生产迂回度的同时,能够提高各种生产要素的生产力。经济效率不仅取决于生产活动本身的效率,更取决于不同生产活动之间建立起来的相互联系作用,生产者服务通过建立这种联系作用,而对经济效率和生产力产生促进效应。

20.3.4 生产性服务业发展影响因素

生产性服务业是制造业发展过程中逐渐分化出来的引致需求,因此制造业发展水平会制约生产性服务业发展水平。发达国家经济发展和演变的经验表明,产业结构和经济发展程度是生产性服务业产生和发展的重要前提,经济发展水平的不断提高,能够引起生产性服务业需求和供给的不断增加。对斯洛文尼亚生产性服务业的发展和现状进行深入研究,总结出生产性服务业发展的影响因素,包括完善的交通基础设施、良好的市场竞争环境、完备的信息通信设施和高素质的人才资源。国内部分学者采用不同的方法和理论,分析了生产性服务业的发展影响因素。利用英国"投入-产出"表的数据,理论分析和实证结合,检验高新技术产业与现代服务业的耦合现象,表明高新技术产业与生产性服务业也存在耦合现象,这有利于生产性服务企业拓展服务范围和提高核心能力。采用"投入-产出法",基于中国和13个经济合作与发展组织国家和地区的截面数据,通过比较研究生产性服务业的发展水平、部门结构、影响因素,得出政府制定政策应着力于打破市场垄断、完善市场机制、规范市场运行秩序,还应重视诚信经济、规范政府行为。另一部分国内学者主要采用面板数据模型和时间序列模型进行分析。采用1997—2006年中国30个省(区、市)的数据,建立模型,实证分析影响生产性服务业发展的多个因素,并进行区域性分析和比较研究,表明产权结构明晰、服务效率提升和专业分工深化等因素,均能有效促进东、中、西部地区生产性服务业的发展。利用上海市1978—2005年的时间序列数据,分析3种生产性服务业发展的影响因素,表明经济发展水平和分工水平在较大程度上影响了生产性服务业的发展。

20.3.5　产业:生产性服务业与制造业互动关系

随着社会生产分工深化,生产性服务部门从制造业中分离并建立起来,通过专业化提升整体水平,而后被越来越多地"嵌入"到制造业的生产环节中。生产性服务业提升了制造业效率,促进其转型发展及升级改造。制造业的升级和转型又对生产性服务业提出了新的更高要求,促进其技术和知识引入,提升其整体服务水平。

生产性服务业与制造业的互动关系在相互作用及彼此依赖中表现出来。生产性服务业与制造业互动关系的研究大多是基于产业和区域两个层面展开的,既有理论又有实证。理论方面的研究以古典经济学的分工理论、新制度经济学的交易成本理论、社会网络理论为基础,后来又从价值链理论、共生理论探讨二者的互动关系。实证方面主要从定量的角度测度二者产业的关联度以及投入产出分析等。

(1)互动需求

国内外学者提出需求遵从论、供给主导论、互动融合论等理论观点。需求遵从论观点是制造业服务功能的外部化,生产性服务业的发展是对制造业的一种需求遵从和附属。供给主导论认为生产性服务业高度发展促进了制造业生产效率的提高。互动融合论认为随着信息技术广泛应用,生产性服务业与制造业之间彼此互动和融合。

(2)分工与价值链

随着社会分工的深入和生产的专业化发展,生产性服务业和制造业互动关系逐渐形成。分工越细,交易费用越高,就越需要中介组织,生产性服务业的不断深化社会分工,会促使制造业的交易成本降低。从价值链角度探讨二者互动机理,认为产业价值链大致包括上游供应商、中游制造商、下游分销商、消费者,上游、下游两个环节集中的基本都属于生产性服务。应把制造业生产过程中的生产性服务环节占有资源释放出来,交由专业化的生产性服务企业完成。价值链的链接是产生共生关系的内因,内因是成本降低价值增值,生产性服务业与制造业之间建立了互利关系,形成了共生关系。

(3)产业关联

运用投入产出表,得出生产性服务与制造业间存在较好的产业关联,但生产性服务业水平尚不能支撑向高端制造业的升级。通过构建协同互动模型,得出二者的内部各部门间呈现出产业关联特征。采用向量自回归模型(MS-VAR)对我国生产性服务业与制造业相互关系进行实证分析,发现我国生产性服务业对制造业的影响要大于制造业对生产性服务业的影响。通过构建灰色网格关联度模型,对我国2003—2013年制造业与生产性服务业不同子行业的关联进行实证分析,发现两者的关联度存在阶段性变化,整体关联度不高,各细分子行业间内部关联发展存在差异性。

20.3.6　空间:生产性服务业与制造业协同集聚

越来越多的国内外学者从空间层面研究二者间的协同集聚问题,认为二者在空间上存在共同集聚与协同定位关系。从空间布局和地理位置的角度,发现二者互为函数,存在协同效应。运用面板数据,验证长三角地区27个地级以上城市两个产业在空间分布上呈现出协同集聚特点,提出不同规模城市的产业发展顺序。生产性服务业与制造业之间在空间集聚方面存在协同和相互促进效应,相互之间彼此促进,形成具有空间关联的集聚效应。运用空间联立方程研究方法,研究制造业与生产性服务业的空间关联与协同定位,发现二者在空间分布上存在着协同定位效应,并进一步发现成本和城镇化率是两个影响生产性服务业与制造业空间分布和协同定位的重要因素。

20.3.7　生态:生产性服务业与制造业共生关系

从共生视角研究生产性服务业与制造业的关系是近几年学界关注的焦点。在生态环境中,生产性服务业与制造业作为两个共生单元,按照某种共生模式形成一定的相互关系。对称性互惠共生是基于生态学视角,揭示二者间共生行为的演化。资源、技术和制度等环境因素制约两个种群数量,并构建了二者共生发展模型。从产业共生的视角,发现融合性、互动性、协调性是产业共生的三个基本特征;运用投入产出表对苏、浙、沪三地融合性、互动性、协调性进行比较,通过动态比较,发现三地产业共生的基本特征。引用投入产出表,对长三角地区、珠三角地区、环渤海地区三大增长极的生产性服务业与制造业的共生关系进行比较,发现三地两产处于非均衡内生状态,环渤海地区两产的内生状态优于其他两地。

20.4　生活性生态服务业

生活性服务业即满足居民最终消费需求的服务活动。按照国家统计局制定的《生活性服务业统计分类(2019)》,生活性服务业包括12大领域,即居民和家庭服务、健康服务、养老服务、旅游和娱乐服务、体育服务、文化服务、居民零售和互联网销售服务、居民出行服务、住宿餐饮服务、教育培训服务、居民住房服务、其他生活性服务,这是对国民经济行业分类中符合生活性服务业特征有关活动的再分类,以面向居民的服务活动为分类的主要依据。

20.4.1　我国生活性服务业发展状况

党的十八大以来,尤其是进入"十三五"时期,我国生活性服务业有效支撑了消费结构升级和经济增长,促进了产业发展,夯实了国民经济中高速增长和经济提质增效升级的根基。

(1)消费升级和需求分化,成为培育经济发展的新驱动

随着消费结构升级和消费需求个性化、多样化、品质化、高端化发展趋势,我国生活性服务业新技术、新业态、新模式迅速涌现,成为培育产业发展新动能、促进产业提质增效升级的重要途径。家庭医生、高端私人助理、健康咨询服务、专业陪聊服务、体育医疗康复服务、健康医疗旅游、中医药养生旅游、食品药品检测服务、第三方健康管理评价服务等新兴生活性服务业,日益成为生活性服务业的新增长点。

(2)新技术和新模式蓬勃发展,进一步深化供给侧改革

生活性服务业数字化、信息化、智能化步伐加快,加速出现电子商务、电子竞技、数据消费、网络零售、共享经济、智慧健康、智慧旅游、互联网金融等模式,重塑生活性服务业生产方式和社会生活方式,并带动全国或区域消费市场格局,供求匹配方式出现深刻变化。

(3)集聚集约式发展,建设点线面结合的区域消费中心

结合提升优化宜居宜业宜游环境,推进生活性服务业集聚区、示范街区等建设,或打造区域性甚至国际化都市商圈,有效推动了生活性服务业集聚集群集约发展和标准化、品牌化建设。一批国际旅游度假区、精品旅游线路、文化创意集聚区、新型专业市场和区域消费中心在区域发展中的影响力迅速提升。

(4)政策环境持续优化,政府支持力度不断增强

2015年11月,《国务院办公厅关于加快发展生活性服务业促进消费结构升级的指导意见》(国办发〔2015〕85号)发布;2019年10月,财政部、国家税务总局发布公告,到2021年底前进一步加大生活性服务

业减税力度,允许生活性服务业增值税加计抵减比例由 10%提高到 15%;2019 年 10 月,商务部等 14 个部门联合印发了《关于培育建设国际消费中心城市的指导意见》,明确提出国际消费中心城市是现代国际化大都市的核心功能之一,培育建设国际消费中心城市,聚集优质消费资源、建设新型消费商圈、推动消费融合创新、打造消费时尚风向标、加强消费环境建设,带动一批大中城市提升国际化消费水平,加快消费转型升级和产业结构优化升级。

20.4.2　生活性服务业发展面临的主要问题

(1)服务供给总量严重不足,难以满足人民日益增长的美好生活需要

近年来,服务业增加值的增速明显快于第二产业,特别是制造业。生活性服务业的发展却总体上慢于生产性服务业,供给总量不足仍是生活性服务业发展面临的突出问题之一。局部区域居民就医难、养老难、幼儿入园难,交通通信、居民服务等生活服务面临诸多不便;部分地方生活性服务业空间配置与人口分布格局失衡;部分新城新区和面向农业转移人口的生活性服务可获得性差、多样化程度低;部分地区城市公共服务向农村延伸不足,导致农民获取生活性服务成本高、难度大、集成性和及时性差,影响农民生活质量。

(2)供给侧结构性问题突出,服务质量、特色、品牌和有效供给能力亟待提升

生活性服务业发展存在严重的供给侧结构性问题,表现为:低端供给和无效供给过剩,中高端供给和有效供给不足,部分中高端需求和个性化、特色化、定制化需求存在严重的供给盲区;"重硬件、轻软件""重设施、轻体验",文化内涵和服务体验不足,影响生活性服务供给层次和质量的提升;规范化、标准化、品牌化程度低,服务质量参差不齐,品质品位不高;服务供给便捷化、精细化不足,加剧服务供给不适应服务需求和消费结构分化升级趋势的问题;供给创新不足,导致服务供给难以有效凝聚、引导和激发潜在服务需求,影响生活性服务消费结构。

(3)运行和发展风险明显加大,影响服务供给的稳定性和可持续性

运营成本增加,容易形成成本侵蚀利润现象,加大盈利难度,影响服务供给的稳定性和可持续性。基于经济高速增长阶段形成的乐观预期,盲目扩张,资金回收期过长,形成大量的资金占用或沉没成本;近年来在宏观经济增速下行、消费扩张放缓和模仿型排浪式消费阶段基本结束,个性化、多样化消费渐成主流,投资与发展模式未能及时转型,容易遭遇困境,陷入亏损或资金链断裂风险(姜长云,2019)。

20.4.3　发展生活性服务业战略意义

(1)深化生活性服务业供给侧结构性改革,满足人民日益增长的美好生活需要

当前,中国生活性服务业的发展既有总量问题,又有结构性问题,二者都值得高度重视。通过深化生活性服务业供给侧结构性改革,增加生活性服务业多层次多样化供给能力,促进其更好地适应需求、面向需求,并增强创新供给,引导需求的能力,有利于生活性服务业增加有效供给和中高端供给,减少无效供给和低端供给。"十四五"时期,发展阶段转变、经济下行和社会竞争压力加大,容易强化对居民心理适应性的挑战,增加各种精神性疾病的发生概率;容易导致城乡居民的生活性服务业需求,特别是对居民和家庭服务、健康服务、养老服务、旅游服务、体育服务、文化服务等需求迅速扩张。稳步推进生活性服务业,有助于舒缓社会压力,更好地维护居民身心健康和社会稳定和谐。

(2)坚持城镇与乡村"双轮驱动",提升人民群众的获得感、幸福感和安全感

推进新型城镇化和乡村振兴,都是当前、"十四五"时期乃至更长时期内,中国必须着力实施的大战略。将推进生活性服务业高质量发展放在更加突出的地位,为增强城市功能和服务品质、增强城市群内部不同城市的功能特色和不同城市之间的有机联系创造条件。将加快农村生活性服务业发展放在突出地位,不仅有利于促进城乡基本公共服务均等化和城乡公共服务共建共享,而且有利于围绕农民群众最关心、最直接、最现实的利益问题,加快补齐农村民生短板。巩固脱贫攻坚成果,建立解决相对贫困的长

效机制,需要推动贫困地区加快发展生活性服务业,借此有效支撑贫困人口拓展就业增收渠道、增强风险抵御和民生保障能力。

(3)培育经济发展新动能,有效应对经济下行压力和国内外风险挑战

部分传统产业产能严重过剩和消费结构加快升级的背景下,面对国内外风险挑战明显上升的复杂局面,新产业、新业态、新模式的增长难以有效弥补传统产业增速放缓带来的增长缺口。"十四五"时期积极培育生活性服务业新技术、新业态、新模式,对于有效应对经济下行压力、拓宽培育经济发展新动能的路径,具有特殊重要意义。大力发展生活性服务业,可吸收经济下行带来的就业增收问题,通过增加多样化、多层次化的生活性服务供给,舒缓社会矛盾,化解社会风险,更好地发挥生活性服务业作为社会稳定器的作用。

(4)推进数字化、信息化、智能化,积极应对人口老龄化

"十四五"时期,中国在人口总量继续增长的同时,老年人口数量的迅速增加和占比的迅速提高,特别是高龄、失能老人的明显增加,将会增加对养老、家庭服务、健康养生等生活性服务业的需求。"十四五"时期,生活性服务业高质量的数字化、信息化、智能化发展,将更好地满足城乡居民,特别是老年人口对养老、家政、健康等生活性服务的需求。通过支持生活性服务业基础设施和服务能力建设,为"十五五"时期乃至更长时期生活性服务业的发展提供基础和能力储备,提高中青年乃至青少年人口生活质量的需要。

20.4.4 生活性服务业发展思路

以习近平新时代中国特色社会主义思想为指导,全面贯彻党的二十大精神,牢固坚持新发展理念和以人民为中心的发展思想,按照高质量发展要求,顺应发展阶段转变和社会主要矛盾变化,以增进民生福祉,满足人民日益增长的美好生活需要为目标,以推进生活性服务业供给侧结构性改革为主线,以推进开放-改革-创新互动提升为支撑,以解决人民群众最关心、最直接、最现实的利益问题为切入点,坚持以人为本、功能优先、品牌引领原则,坚持市场化、产业化、社会化方向,夯实政府战略引导和保基本功能,着力增强多层次、多样化供给能力,统筹推进生活性服务业增加有效供给,提升服务质量,优化空间布局,增强创新供给引导需求能力,优先提升生活性服务业便捷化、精细化、品质化和网络化水平,创新完善生活性服务业治理体系,统筹发挥生活性服务业稳增长、促改革、调结构、惠民生、防风险、保稳定的作用,着力构建优质高效、竞争力强、亲民实惠、便捷体验的生活性服务业体系,为持续巩固全面建成小康社会成果,加快建设现代化经济体系提供强劲支撑,为更好地应对人口快速老龄化挑战,增进人民群众获得感、幸福感、安全感提供坚实保障,扎实开启全面建设社会主义现代化国家新征程。

20.4.5 生活性服务业任务与目标

(1)主要任务

引导生活性服务业增加有效供给。引导各类市场主体顺应消费需求扩张和消费结构升级趋势,增加和创新生活性服务业有效供给,着力解决生活性服务供给短缺和低端供给过剩、中高端供给不足的问题。统筹推进生活性服务业抓重点、补短板、强弱项,增强基本公共服务保基本功能。引导非基本公共服务更好地利用市场机制,增强生活性服务业多层次、多样化供给能力,提升生活性服务业品质化、安全化供给能力。支持城乡生活性服务业基础设施和消费环境建设,培育亲民体验,经济适用的生活性服务业消费环境。

鼓励生活性服务业提升服务质量。推进生活性服务业规范化、标准化、品牌化建设,鼓励生活性服务业创新商业模式和组织方式,推进连锁化、绿色化、网络化、集成化供给能力建设。鼓励商会、行业协会、产业联盟和标杆企业在推进服务业标准化、品牌化建设中发挥带动作用,制定高于国家标准的行业标准、企业标准。鼓励服务业优势行业、优势企业推进服务标准与国际标准接轨,鼓励新兴服务业推进标准研制。

优化生活性服务业空间布局。尊重产业特性和分布规律，顺应人口结构、人口空间布局演变趋势，推进生活性服务业产业融合、产城融合、城乡融合和跨界融合，优化空间布局，增强对改善民生、吸纳就业的支撑能力。按照构建更加有效的区域协调发展新机制的战略要求，鼓励结合国家重大区域战略的实施，打造集聚、集群、集约的各具特色和竞争力的国际（区域）消费中心、品质消费高地，提高中心城市和城市群综合承载力。

增强生活性服务业创新供给引导需求能力。鼓励发展"互联网＋生活性服务业"，鼓励生活性服务业创新技术业态和商业模式，增强引导、凝聚需求和激发潜在需求能力。引导各类生活性服务业平台型企业公平竞争，合作共赢，可持续发展。鼓励依托大数据和现代信息技术，推进生活性服务业生产、服务、消费融合提升，促进数字化、智能化、信息化和网络化。

加强生活性服务业风险防控和可持续发展能力建设。"十四五"时期很可能是生活性服务业发展风险的增发期。"十四五"时期，中国仍处于经济社会加速转型期，新科技革命和产业变革容易引发各种"灰犀牛""黑天鹅"事件，形成可预见的大概率高风险事件和难以预料的小概率高风险突发事件交织叠加的复杂局面。经济下行压力加大、国内外风险挑战明显上升时间的延续，很容易激发生活性服务业潜在风险的显性化。"十四五"期间，加强和创新生活性服务业治理方式，建设风险防控机制。

（2）重点领域

从人民群众最关心、最直接、最现实的问题入手，鼓励优先发展供给短板突出、需求潜力大、行业带动性强、促进就业和惠及民生作用显著的生活性服务业。

① 着力推进旅游、文化、体育、健康、养老、教育培训等幸福型服务业转型升级，协调增加服务供给、提升服务品质、推进可持续发展能力建设。

② 坚持就业促进、产业优先、服务为重原则，积极发展居民和家庭服务业，促进其专业化、规模化、网络化发展，提升个性化、特色化、集成化服务能力。

③ 积极发展惠及流动人口，特别是进城农民工家庭的生活性服务业，引导其更好地融入城市安居乐业。

④ 结合城镇老旧小区改造和新城新区发展，增强批发零售、住宿餐饮等系列化生活性服务业供给能力，夯实普惠性、基础性、兜底性服务保障能力。

⑤ 顺应推进生活方式向发展型、现代型、服务型转变和推进产业结构转型升级的需求，加快推进法律服务、教育培训服务供给侧结构性改革，培育跨越式发展能力。

⑥ 推进从业人员专业化、职业化发展。鼓励发展"文化＋生活性服务业""互联网＋生活性服务业"，推进生活性服务业融合发展。

⑦ 鼓励生活性服务业瞄准细分市场和特殊消费人群，加强产品开发、市场营销、品牌推广和服务质量监测，助力生活性服务业改善消费体验，促进线上线下融合互动。

⑧ 鼓励通过大数据等推广应用和对接平台型企业、供应链组织，增强金融对生活性服务企业提供差异化、个性化服务能力，以及金融机构对生活性服务企业的风险防控和管理能力。

（3）主要目标

到 2025 年，生活性服务业规模持续扩大，新旧动能稳健转换取得突破性进展，便利化、多元化和规范化、标准化、品牌化水平大幅提升，质量、效益、竞争力显著提升，消费对经济增长的基础性作用进一步夯实；生活性服务业基础设施和发展环境明显优化，数字化、智能化、信息化水平大幅度提高，平台型企业的引领能力显著增强。生活性服务业空间布局明显优化，城市群、都市圈内部生活性服务业分工协作、融合互动、网络联动格局稳定形成，以城带乡、城乡融合、产业融合、产城融合格局稳定形成，人力资本质量大幅提升，顾客满意度和服务体验显著改善（姜长云，2019）。

20.4.6　新冠疫情影响和后疫情时代对策

2019 年末至今，突如其来的新型冠状病毒肺炎疫情给全球经济带来了较大影响。由于服务业具有生产和消费的不可分离性、异质性、聚集和流动性大等特点,其受疫情冲击最直接、最严重,特别是生活性服务业。

(1)疫情对生活性服务业的冲击

受疫情冲击最大的主要是以线下服务为主的餐饮、住宿、旅游、航空等行业。

① 旅游业

据文化和旅游部数据中心测算,2019年春节假期,全国旅游接待总人数4.15亿人次,实现旅游收入5139亿元。而在2020年春节期间,受疫情影响,旅行社纷纷暂停营业,旅游行业损失了5000亿元,收入微乎其微。根据国家统计局统计,2019年全国餐饮收入46721亿元,其中春节期间占比在15%以上。而2020年春节期间餐饮业损失严重。根据中国烹饪协会调查,与2019年春节相比,疫情期间,78%的餐饮企业营业收入损失100%以上。餐饮行业不仅仅是遭受了营业收入剧降这一大难题,整个餐饮行业还遭受了全方位、多业态的重创。由于旅游业具有人员密集的特点,在短期内旅游业恢复生产不会带来过多的经济增长。

② 文化产业

根据国家统计局统计,2020年第一季度,全国规模以上文化及相关产业企业营业收入16889亿元,比上年同期下降13.9%。在文化及相关产业的9个行业中,受疫情影响,文化娱乐休闲服务营业收入降幅最大,比上年同期下降59.1%,其中的娱乐服务和景区游览服务分别下降62.2%和61.9%;文化传播渠道下降31.6%,其中的广播影视发行放映和艺术表演分别下降78.5%和46.2%。以电影业为例,按照2020年票房增长速度和2019年持平,疫情持续3个月计算,不计其他营收,单电影票房损失接近170亿元。由于文化产业与旅游业、广告业、会展业等渗透性强、关联度大,受影响后将对文化产业造成影响。

③ 小微企业

从企业层面来看,本次疫情对小微企业影响最大,特别是对餐饮、娱乐等行业。根据国家统计局网站所公布的数据,2020年的1—2月私营企业规模以上工业生产与去年同期相比,增长率为-20.2%。根据清华大学经济管理学院对全国多地1435家中小企业受疫情影响情况进行的问卷调查显示:35.96%的企业现金流只能维持1个月,31.92%的企业可以维持2个月。中小企业因面临着成本上升、资金链断链、上游企业供应不足等问题而停产。

(2)疫情倒逼传统产业结构升级,催生新业态

疫情发生以来,餐饮、购物、旅游等行业受冲击较大,线下消费严重受限。受疫情影响,餐饮、家政以及住宿等服务业都在改变运营模式。最明显的变化在于由线下向线上发展,通过独立开发数字化平台,或者服务外包,完成相关订单的接收、配送、仓储等。根据2020年3月23日发布的首期数字文旅产业发展指数报告显示,在疫情防控期间,以数字内容为核心的数字文旅产业在线下旅游业遭遇严重冲击的情况下呈现迅猛增长的趋势。数字转型在不断提速,疫情转变了传统生活性服务行业的商业模式,产业结构有望快速升级。

疫情为在线医疗、网络学习、线上办公等新兴的生活性服务业提供了契机,消费变得更加线上化、社群化、圈层化。疫情加速了数字化和网络化进程,各个层面对新应用形态接受程度更高。

(3)后疫情时代生活性服务业高质量发展

① 线上线下无缝对接,稳定产业链条

建立柔性韧性产业链条,线上服务与线下生产和物流实现无缝对接,及时供应以及资源得到更有效配置。稳住企业自身的现金流、员工安全以及金融链。对收入剧降或者低收入消费群体,可采取价格机制,在产品和价格的组合下功夫。疫情期间应收集各行业信息,对疫情后的经济形势进行预测,灵活、积极应对疫情后的消费反弹。

② 调整优化形成灵活高效的服务业新结构

把握产业发展新趋势、新需求。基于互联网的新业态、新模式,打破时间和空间的限制,实施柔性化生产机制,避免人员聚集。数字化产品,如远程办公、视频会议、在线教育等短时间内快速增长,展现出巨大

的发展潜力。疫情期间,政府应加大对新领域的支持,引导新型健康产业、教育城市等新业态、新模式发展。

③ 推进商事制度改革,优化营商环境

当前服务业企业的营商环境不够完善,服务业市场准入限制依然较多,服务业开放程度有待进一步提高。以北京市朝阳区为例,优化营商环境所采取的措施有:新办企业最快 20 分钟可领取营业执照、不动产登记实现一窗办理、设立外籍人才一站式政务工作站、建立高价值专利培育中心、制定 7×24 小时预约通关政策、APP 办理政务服务、为企业定制服务包等。

④ 将提振消费作为经济复苏的重点

近些年来消费在 GDP 中所占的比重为 70%~80%,增强民众的消费能力显得尤为重要。疫情平稳时,可以采取多项措施来提振消费,具体包括以下方面:一是进一步放宽消费券使用的限制(包括满减金额以及使用门店限制),各大平台可以互相合作,如通过发放消费券的方式等;二是利用 5G、人工智能和云计算等新基建项目,促进投资;三是挖掘现有优势服务产业潜力,推动新型消费结构升级。

20.5　山西省大同市生态文明建设中生态旅游服务业研究

大同市位于我国农牧交错带上,因其悠久的历史、多彩的资源、众多的名片、独特的区位而璀璨多彩,更是北方地区不可多得的长寿区。大同生态旅游服务业发展思路是以生态文明为引领,以全域旅游为视角,以"旅游+健康""颜值+时代""冷凉+农牧"为特色,以全域资源整合、全域产品升级、全域产业融合、全域服务设施配套为四大升级方向,构建以"九州方圆、天下大同"为旅游形象、以"融合古都、创新大同"为旅游理念、以全域养生文化旅游为特色的"全域国际长寿养生旅游目的地城市"。

20.5.1　大同市生态旅游服务业 SWOT 分析

大同市是国务院首批 24 座历史文化名城之一,拥有"中国九大古都""中国优秀旅游城市""国家旅游名片""中国雕塑之都""中国最具生态竞争力城市""中国避暑旅游城市""中国十佳运动休闲城市"等美誉。大同市历史悠久,是北魏帝都、两朝陪都,拥有云冈石窟、长城、北岳恒山、悬空寺、大同古城、大同火山群、平型关大捷遗址、汉白玉石林、广灵剪纸等一批优质而宝贵的资源,是全国当之无愧的历史名城、文化名城、艺术名城和旅游资源富集城市。

"十二五"时期,紧紧围绕"转型发展、绿色崛起"和努力建设古都、佛都、煤都、夏都以及国际旅游目的地的发展战略,大力推动以古城保护与修复为核心的"名城复兴"和以道路建设为重点,以生态绿化为亮点的环境治理和城市旅游公共基础设施建设,举全市之力全面改善旅游发展环境。旅游经济总量取得新突破,旅游服务能力和旅游安全保障水平不断提高,旅游产业作为大同市经济的支柱产业地位日趋凸显。大同市现有旅游经营单位 1000 余家,其中:景区(点)63 家,全市住宿接待单位 819 家,客房 22906 间,床位 42334 张。包括星级宾馆 21 家,客房 2694 间套;旅行社 74 家,旅行社分社 18 家,旅行社服务网点 188 家;旅游汽车公司 7 家;国家级工农业旅游示范点 4 家,升级农业旅游示范点 16 家,升级旅游点 12 家。全市累计接待海内外游客 11848.88 万人次,为"十一五"期间 2.19 倍;实现旅游总收入 1019.59 亿元,为"十一五"期间 2.5 倍。

在大同市煤炭资源城市转型中,从 2015 年统计数据可见,第三产业已占到国民生产总值 52.9%,成为替代产业中的"中流砥柱"。其中,旅游业占国民生产总值 26.7%,占第三产业的 50.5%,已成为服务业乃至国民经济的"支柱产业"。因此,大同市以旅游业为主的现代服务业已具备了作为龙头替代产业的必备条件,应大力提升发展。

(1)优势:"融合而长寿的古都"

地处游牧交错带,"融合"凸显。大同市地处游牧交错带,游牧与农耕文化融合,在美食、文化、生态等多方面表现出典型而鲜明的特征。

古都底蕴深厚,遗产众多。大同市古为北魏都城,是中国古都之一,是全国首批 24 个文化名城,拥有世界文化遗产云冈石窟和长城,人类非物质文化遗产广灵剪纸,历史文化遗存和非物质文化遗产众多。

养生资源广布,长寿健康。从北部火山田园、温泉、杏树、小杂粮富集区到南部太行山水生态区,养生资源全域覆盖,长寿老人众多。

冷凉宜人气候,避暑胜地。大同市的冷凉气候,平均气温在 19～21.8 摄氏度,适合夏季避暑,现已成为知名的全国避暑城市。

服务设施基础好,商贸零售稳步增长。大同市餐饮、住宿等旅游服务设施档次较高、数量较多,商贸、零售等生活性服务业稳步增长,发展势头较好。

(2)劣势:破解"资源诅咒"和"文化沉睡"难题

煤炭资源城市转型,培育替代产业迫在眉睫。大同市属于国家确定的资源型城市之一,处于资源型城市转型发展期,培育新兴替代产业已迫在眉睫。借助国外资源型城市转型的成功经验,以旅游为龙头的现代服务业可作为替代产业中的重点培育发展,通过工业遗产旅游、工业参观旅游、旅游装备制造业等业态培育,积极探索旅游在资源型城市转型中的发展路径和友好模式。

从地域识别角度,"冷凉"是大同市的独特之处,但该特点并未与资源结合,全域无一处主题产品。为了增强大同市旅游竞争力,应着力创新发展大同市独具特色的旅游产品。

历史文化沉睡,需要保护、挖掘和展示。散布全域的历史文化资源和非物质文化遗产资源,缺乏有效保护,尚未实现物化、活化和产业化。

大同市北部区域和塌陷区生态敏感而脆弱,部分区县水资源紧缺,应在生态保护的前提下发展生态旅游,必要时"以水定人""以水定业"。

旅游单体品位高,缺乏整合和配套,亟待"全域旅游"。大同市旅游单体级别高,世界级旅游区 3 处(云冈石窟、长城、广灵剪纸),国家级旅游区 30 余处,属于资源富集城市。但目前仅以云冈、恒山悬空寺等观光旅游景区(点)为主要吸引物,其他停留在资源而非产品,周边服务配套设施不完善,亟待通过"全域旅游"实现突破升级。

(3)机遇:转型、交通、会展,多轮驱动

2019 年大张高铁通车,大同市纳入 1 小时环京津冀城市游憩带,大同旅游将迈入飞速阶梯级的发展阶段。

2022 年第 22 届北京—张家口冬奥会将为大张乌区域带来新一轮的发展契机,大同市应借此机遇实现飞跃发展。

山西省正面临资源型城市转型,以旅游业作为替代产业,是此次转型升级的重要发展方向。

2016 年大同市成功获得山西省旅游发展大会的举办权,有助于全域旅游产业整体提升、旅游设施的进一步完善以及旅游形象深入市场推广。

(4)威胁:保护性开发,错位发展

生态环境保护与资源开发利用的协调问题。遵循生态环境保护优先原则,协调生态环境保护与旅游资源开发利用的关系。

资源具有区域相似性,形成一定的竞争关系。长城资源、非物质文化遗产、太行山水等在一定区域内存在相似性,应做好定位,避免与周边市县的竞争。

20.5.2 大同市生态旅游业发展思路和目标

(1)发展思路

以生态文明为引领,以全域旅游为视角,以"旅游＋健康""颜值＋时代""冷凉＋农牧"为特色,以全域资源整合、全域产品升级、全域产业融合、全域服务设施配套为提升方向,构建以全域养生文化旅游为特色的一、二、三产业融合的国际长寿养生旅游目的地城市。大同市旅游服务业发展方向呈现三个特征。

① 旅游＋健康

以全域旅游为视角,以健康长寿为主题,全产业、全要素、全行业、全业态整合提升融合型旅游产业,与政策和市场紧密结合,有效促进大同城市转型升级、增容提质。

② 颜值＋时代

从供给侧改革方面看,在厚重的"老颜值"(云冈、火山、恒山、平型关、长城)旅游产品推出时间较长而缺乏新意的现状下,市场迫切期待"新颜值"旅游产品问世。在生态文明的视角下,重新审视旅游资源,将研究推出中国生态名山、世界地质公园、国际长寿养生基地、生态沟域等系列"新颜值"产品。

③ 冷凉＋农牧

大同市处于农耕与游牧交错带,植被上属于温带草原与暖温带落叶阔叶林交错区,种养殖方面表现尤为突出。而冷凉的气候,使其适合作为夏季纳凉避暑胜地。旅游产品应从"冷凉"和"农牧"主题着手,突出特色。

(2)产业定位

① 旅游发展定位:全域国际长寿养生旅游目的地城市

② 旅游形象定位:"九州方圆、天下大同"

③ 旅游理念定位:"融合古都、创新大同"

(3)发展目标

2016—2020 年,大同市旅游服务业发展目标是聚焦整合、特色突出、融合产业、提升配套。

城市目标:国际长寿养生旅游目的地城市。

产业目标:中国全域融合产业示范区、资源型城市旅游服务转型示范区。

品牌目标:世界地质公园、中国生态名山、中国生态文明沟域示范区。

等级目标:AAAAA 级旅游区 1～2 个,国家中医药健康旅游示范区 20～30 个,全国工农业旅游示范区 10～15 个,长城古镇/风情小镇 10～15 个,美丽智慧乡村 50～100 个。

指标目标:以旅游业为龙头的服务业占本地 GDP 比重 55％以上,以旅游业为龙头的服务业从业人数占本地就业总数比重的 20％以上,年游客接待人次达到本地常住人口数量 10 倍以上,当地农民纯收入 20％以上来源于旅游和服务业收入,旅游税收占地方财政税收 10％以上。

2021—2036 年,大同市旅游服务业发展目标是全面升级、全域联动、品质提升、品牌塑造,成为特色鲜明、具有较高知名度和吸引力的国际长寿养生旅游目的地城市。

指标目标:以旅游业为龙头的服务业增加值占本地 GDP 比重 65％以上,以旅游业为龙头的服务业从业人数占本地就业总数比重的 60％以上,年游客接待人次达到本地常住人口数量 15 倍以上,当地农民纯收入 20％以上来源于旅游和服务业收入,旅游税收占地方财政税收 10％以上。

20.5.3　大同市生态旅游业空间格局构建

以"全域"为理念,按照"市景一体"原则,将大同市生态旅游业空间格局构建为"一区、一心、一环、三团、四廊、五区、多组团、多基地"(图 20-2 和图 20-3)。

(1)一区:国家全域健康长寿旅游区

紧抓"冷凉""长寿""融合"特色,将大同市全域作为国家级健康长寿旅游区建设,全域构建产业链条、产品体系、项目设计、设施配套以及相关产业的融合带动。

(2)一心:历史传承和文化创新服务核心

以古城修复建设为契机,将古城作为载体,一方面有效传承悠久的历史文化;另一方面作为文化创意和现代旅游服务的新空间,大力发展文化创意、创新研发、科技咨询、金融、法律、高端商业、餐饮、住宿等业态,成为多业态集聚、多产业融合的现代旅游服务核心区。

(3)一环:环城市生态文化遗产游憩环

以云冈石窟、北魏方山永固陵、大同火山群、文瀛湖等优质旅游吸引物为节点,范围辐射至南郊区、矿区、新荣区、大同县等,着力发展历史文化遗存、现代休闲农业、文化创意产业、养生养老产业、工业遗产等,融合商贸物流、消费品零售、软件信息、科技研发等服务业态,形成环城市生态文化遗产游憩环。

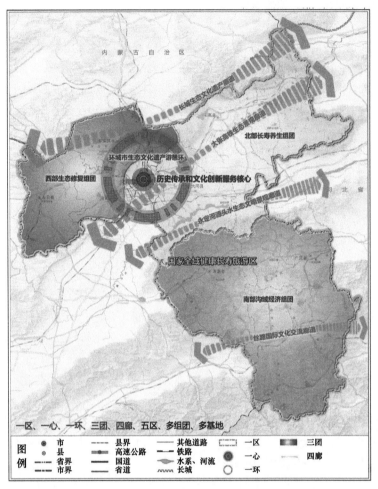

图 20-2　大同市旅游发展空间结构图(一)

（4）三团

① 北部长寿养生组团

该组团包括大同县、阳高县、天镇县,属于长寿养生区,拥有火山、温泉、杏、长城、非物质文化遗产等长寿资源,合理构建长寿养生产业组团。

② 南部沟域经济组团

该组团包括浑源县、灵丘县、广灵县,属于太行山区域,山水资源优异,以恒山、汉白玉石林、高山草甸等为代表。以沟域经济理论为指引,通过沟域生态治理,带动沟域经济全面提升,大力发展绿色服务经济。

③ 西部生态修复组团

该组团包括左云县、新荣区,借助采煤塌陷区的生态修复契机,创新"旅游＋工业遗产"模式,实现废弃空间的再利用,是煤炭资源型城市转型的重地。

（5）四廊

① 丝路国际文化交流廊道

大同市历史上是北魏平城,是丝路重要节点,在国际交流中起到重要作用。构建丝路国际文化交流廊道,实现大同市对外的跨区域、国际化发展。

② 长城生态文化遗产廊道

长城作为世界文化遗产中线性遗产廊道,全长约 256 千米,分布于左云、新荣、阳高、天镇等县区,其纵深防御体系分布较广、辐射面大,应作为线性文化遗产整体保护性开发。

③ 永定河源头水生态文明景观廊道

借助京津冀协同发展契机,以北京母亲河——永定河的源头为起点,自下游构建水生态文明廊道,配置滨水养生设施。

④ 大张高铁生态景观廊道

大张高铁是大同市与京津冀地区沟通的重要交通纽带,沿线建设线性生态景观廊道,有利于展示和提升大同旅游形象。

（6）五区

① 火山温泉与长城长寿产业区

该区涵盖大同县、阳高县、天镇县,着重发展以火山、温泉、长城、黄花、杏果为主要资源的长寿养生产业。

② 太行山水与生态养生经济区

该区涵盖浑源县、广灵县、灵丘县,以苦荞和黄芩为特色,大力发展依托优质山水和宜人环境的生态康养产业。

③ 产业转型与产业融合引领区

该区涵盖左云县、新荣区,依托工业转型契机,与新能源、新材料结合,旅游与农业、工业、服务业结合,实现产业融合、转型和提升。

④ 工业遗产与生态修复示范区

该区涵盖矿区、新荣区、左云县,在资源型城市转型背景下,充分利用废弃矿山资源,结合生态修复,融入旅游元素,创新融合产品,再利用废弃空间。

⑤ 历史传承与文化创新服务区

该区涵盖大同市城区、南郊区、新荣区等,将北魏平城、明代大同古城等厚重的历史文化与现代文化创意结合,形成文化与旅游的融合新业态服务区。

(7)多组团

① 世界地质公园(大同火山—恒山—汉白玉石林)研究、规划与申报项目

依托大同火山群国家地质公园基础,整合恒山、汉白玉石林、土林、熔岩台地、恐龙化石遗址、温泉、峡谷等丰富的地质资源,构建火山群长寿旅游区,通过进一步研究,申报世界地质公园。

② 中国生态名山(恒山)研究、规划与建设项目

以恒山为试点,通过中国生态名山研究、申报与创建,从生态角度,进一步科学挖掘名山特色,有利于旅游开发建设工作。

③ "中国生态文明沟域示范区"规划与创建

各区县选取 1～2 个沟域作为试点,通过生态沟域培育和沟域产业建设,全域优化提升大同市沟域空间,构建中国生态文明沟域示范区。

④ 工矿遗产与生态修复旅游示范项目

借助大同资源型城市转型的契机,将工矿遗产与生态修复和旅游相结合,创新业态,力争成为全国试点。

⑤ "遗产城市"旅游研究与建设项目

整合大同市丰富的自然遗产与文化遗产,从"世界遗产城市"角度进行研究,指导未来城市发展建设。

⑥ 大同古城文化创意集聚服务区和 AAAAA 级旅游区建设项目

依托古都历史文化,借助大同古城修复契机,以 AAAAA 级为标准,建设融合历史文化、现代科技、智慧服务等功能于一体的文化创意服务集聚区,配备完善设施,使得古城真正"活起来""火起来"。

⑦ 御河"一河两岸"(文瀛湖)水生态文明产业带建设项目

该项目体现了大同市在水生态文明方面的领先理念和建设成绩,着力配套滨水景观、养生健康、运动健身、美食购物、娱乐休闲等设施。远期可申报国家水利风景区。

⑧ 平型关国际文化旅游沟域(国家公园)建设项目

将平型关红色旅游遗址与长城历史文化遗址、生态沟域结合,从国家公园的角度构建产品体系,配置设施全面提升。

⑨ 汉白玉石林—空中草原生态旅游区建设项目

以汉白玉石林和空中草原优质生态旅游资源为基础,深入研究成因机制,研究旅游产品,设计旅游项目,配套旅游服务设施,建设生态型休闲旅游区。

(8)多基地

① 健康养生职业培训和温泉康养基地(天镇县)

以天镇县家政保姆培训学校为依托,大力拓展健康养生服务的职业培训,包括健康保健、养生调理、银发看护等,融合温泉养生功能,配置高档服务设施,形成大健康养生培训基地。

② 临空经济和培训服务基地(大同县)

依托大同县通用航空产业园,大力发展临空经济,着力发展航空培训、临空服务和低空旅游等服务业。

③ 绿色健康养生服务基地(阳高县)

依托阳高县绿色种养殖基础和长寿百岁老人多的优势,着力打造绿色健康养生服务基地。

④ 现代电子商务与绿色智慧物流示范基地(南郊区)

依托南郊区近城优势和交通优势,集中发展现代电子商务与绿色智慧物流示范基地。

⑤ 大同电子信息产业基地(矿区)

借助矿区废弃矿山生态修复和再利用,依托电子信息产业基础,大力发展应用性更广泛的电子信息科技研发和服务产业。

⑥ "百工小镇"文化创意基地(广灵县)

以广灵剪纸为龙头,借助百工小镇建设契机,着力发展以传统手工艺、传统制作等非物质文化遗产为核心,衍生动漫、影视、文化、娱乐、多媒体等形式的文化创意基地。

⑦ 会展艺术和影视娱乐产业基地(开发区)

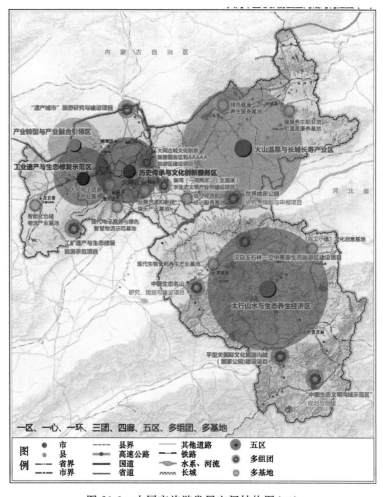

图 20-3 大同市旅游发展空间结构图(二)

依托现有会议和展示场馆、艺术团体、影视娱乐企业,集中打造大同市的会展艺术和影视娱乐产业基地。

⑧ 智能化仓储物流园区(左云县)

依托左云县的区位交通优势、物流仓储优势和新兴工业产业优势,积极发展智能化仓储物流园区。

⑨ 现代生物食药基地(浑源县)

依托浑源县中草药种植基础、食品加工基础和药品生产基础,大力发展集种植、加工、养生、食药生产等功能于一体的现代生物食药基地。

20.5.4 大同市生态旅游服务产品体系建设

(1)全域旅游

大同市的旅游区如图 20-4 所示。

① 大同古城 5A 级旅游区和古城文化创意集聚服务区

② 御河国家级水利风景区和湿地旅游区

③ 平型关世界文化旅游区

④ 广灵国家生态旅游示范区

⑤ 天镇龙眼泉森林旅游沟域和温泉养生度假旅游区

⑥ 大同火山群和火山田园旅游区

⑦ 阳高大泉山生态文明旅游示范区

⑧ 恒山国家生态名山和 5A 级旅游区

⑨ 矿区口泉沟生态警示园区

⑩ 新荣民族融合文化旅游区

⑪ 长城大地博物旅游区

⑫ 桑干河湿地养生旅游区

⑬ 文瀛湖旅游综合体长寿养生区

⑭ 云冈石窟保护和佛教艺术鉴赏区

(2)生态沟域

沟域经济以自然沟域为单元,以其范围内的产业资源、自然景观、人文遗迹为基础,通过对山、水、林、田、路、村和产业发展研究,集生态治理、新农村建设、种植养殖业、民俗旅游业、观光农业发展为一体,在旅游产业龙头效应的带动下,对沟域内的产业进行合理配置,对村庄布局进行科学调整,将农业与旅游业进行有效的对接和融合,将农产品转变为旅游文化消费品,有效地提升农产品的附加值,实现产业发展与生态环境和谐,开辟生态友好型可持续发展道路,是山区区域经济发展新模式。

全市八条沟域,如图 20-5 所示。

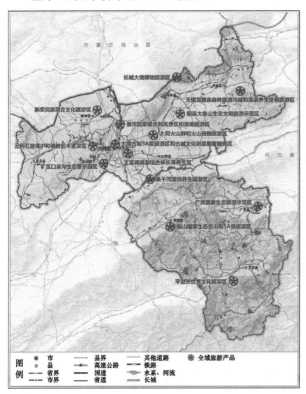

图 20-4　大同市旅游产品发展研究——旅游区

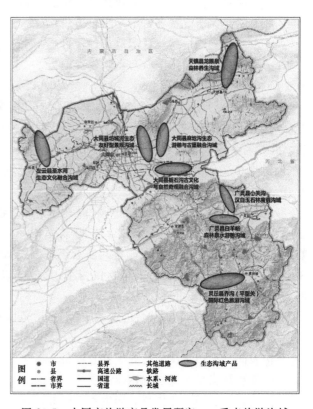

图 20-5　大同市旅游产品发展研究——重点旅游沟域

① 灵丘县乔沟(平型关)国际红色旅游沟域

② 左云县圣水河生态文化融合沟域

③ 天镇县龙眼泉森林养生沟域

④ 广灵县小关沟汉白玉石林度假沟域

⑤ 广灵县白羊峪森林泉水游憩沟域

⑥ 大同县麻地沟生态游憩与古堡融合沟域

⑦ 大同县坊城河生态友好型景观沟域

⑧ 大同县板石沟古文化与自然奇观融合沟域

(3)休闲农业

大同市的休闲农业项目如图20-6所示。

① 大同"火山黄花"大地田园休闲区

② 南郊现代休闲农业主题园集群

③ 天镇"五谷杂粮"农旅主题园群

④ 阳高"长寿养生"农旅主题园群

⑤ 左云"边塞农牧"养生主题园群

⑥ "浑源黄芪"健康主题农园

⑦ 广灵"壶泉百味"美食健康主题园

⑧ "灵丘苦荞"主题农业园

(4)旅游村镇

建设一批特色风情小镇和美丽智慧旅游乡村,以"一镇一品,一村一特"为要求,近期选择试点培育,远期积极推广成熟模式。

① 南郊区杨家窑美丽智慧乡村生态旅游区建设项目

② 广灵县特色小镇和美丽智慧乡村建设项目

③ 大同县美丽智慧乡村示范建设项目

④ 左云县美丽智慧乡村示范建设项目

⑤ 灵丘县生态与休闲旅游乡镇建设项目

(5)养生养老

构建大同全域长寿养生旅游产业体系。一是温泉养生,积极建设温泉度假养生设施,开发温泉养生产品;二是小杂粮(通航粮贸)美食养生,包括健康种植、健康加工和长寿美食等;三是文化养生,从众多历史文化遗存和非物质文化遗产中挖掘长寿养生元素,通过文化怡情达到养生目的;四是运动养生,依托长城,建设生态文化骑游和健走绿道;五是结合古城风貌修复和旅游环境整治,以县城为旅游综合服务中心,配套完善各类医疗、康养、保健设施。

各区县结合生态沟域、休闲田园、湿地水库、长城古堡、温泉矿泉、废弃矿山整治等,近期建设1～2个,远期达到3～4个养老养生综合体,建筑面积3000～6000平方米,配置完善的医疗、保健、休闲、文化、娱乐等设施。针对京津冀市场,近期以老年旅游团队(60～70岁)为主,中远期吸引异地养老市场。其中,南郊区、新荣区、矿区以服务大同市民为主,其他县以服务异地养老、异地养生避暑为主要目标。大同市的养生养老项目如图20-7所示。

① "国家健康养生旅游目的地城市"阳高示范区建设项目

② 天镇长城温泉养生养老项目

③ 大同县火山田园生态养生养老项目

④ 浑源汤头皇家温泉行宫建设项目

⑤ 左云县长城文化创意和养生养老服务基地

(6)户外运动

① 广灵县冰雪体育休闲产业建设项目

② 大同火山田园低空飞行和户外运动区

③ 阳高"双百"＋"长城"生态长廊建设项目

(7)历史文化

大同市的历史文化和文化创意类项目如图20-8所示。

① 天镇古城风貌保护与旅游开发项目

② 浑源县历史文化街区和古村落集群建设项目

③ 灵丘县唐河峡谷传统村落保护工程

(8)工业旅游

大同市的工业旅游类项目如图 20-9 所示。

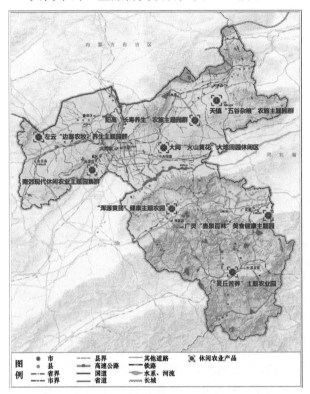

图 20-6　大同市旅游产品发展研究——休闲农业项目

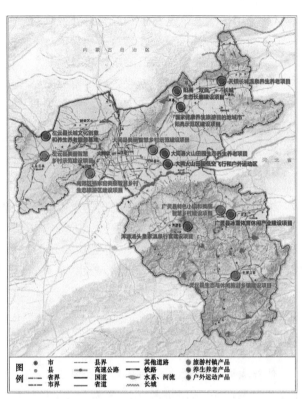

图 20-7　大同市旅游产品发展研究——养生养老项目

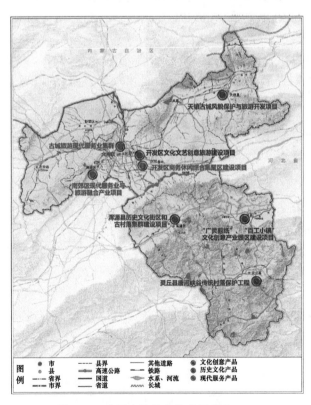

图 20-8　大同市旅游产品发展研究——
历史文化和文化创意类项目

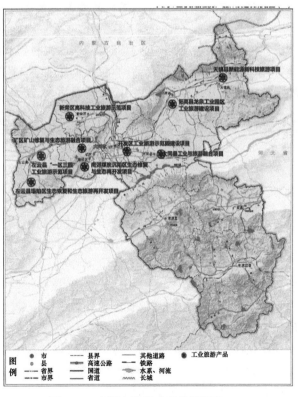

图 20-9　大同市旅游产品发展研究——
工业旅游类项目

① 南郊煤炭沉陷区生态修复与生态再开发项目
② 矿区矿山修复与生态旅游融合项目
③ 塌陷区生态恢复和生态旅游再开发项目
④ 新荣区高科技工业旅游示范项目
⑤ 开发区工业旅游示范园建设项目
⑥ 左云县"一区三园"工业旅游示范项目
⑦ 阳高县龙泉工业园区工业旅游建设项目
⑧ 天镇县新能源新科技旅游项目
⑨ 大同县工业与旅游融合项目
(9)文化创意
① 开发区文化文艺创意旅游建设项目
② "广灵剪纸""百工小镇"文化创意产业园区建设项目
(10)现代服务

大同市大力发展为国际长寿养生旅游目的地服务的现代服务业,在餐饮、住宿、商贸、文化等优势服务产品的基础上,应大力发展健康、养生、体育、科研等产品。

① 古城旅游现代服务业集群
② 南郊区现代服务业与旅游融合产业项目
③ 开发区商务休闲综合集聚区建设项目
(11)生态美食

依托大同市冷凉、长寿和农牧交错特点,打造"天下大同,美食海纳"形象,重点扶持古城历史文化主题美食集聚产品、云冈佛教艺术素斋产品、中国农牧美食名城(左云县)、温泉杂粮长寿美食产品(天镇县)、火山田园美食产品(大同县)、黄芩健康美食产品(浑源县等)、苦荞主题养生美食产品(灵丘县等)、"壶泉百味"系列产品(广灵县等)、长寿杏美食产品(大同县、阳高县、天镇县)。

(12)生态教育

积极推进旅游景区(点)、旅游沟域、旅游村镇和绿色学校的生态旅游教育活动,针对大众、游客、学生等群体,开展生态旅游教育活动,包括低碳生活、节能减排、野生动植物保护、绿色出行等方面,可适当开展户外生态教育活动和国际生态夏令营活动。

20.5.5 大同市全域旅游服务硬件与软件建设

(1)旅游公共服务系统
① 建设旅游公共服务信息系统

建设和完善大同市旅游网。为旅游者提供全方位信息的智能服务,配合"市民主页",提供各类整合的移动服务信息,将大同市旅游网打造成大同市旅游的名牌。

建设大同市旅游公共信息服务平台。以物联网、现代通信技术为基础,建立旅游公共信息服务云平台,建立旅游公共信息数据库,建立基于地理信息的旅游服务平台,实现旅游行业信息的收集、分类、处理、发布的自动化。

完善大同市旅游公共信息服务管理平台。建立健全相应的规章制度,加强旅游信息收集、发布的管理平台建设。

② 推进"智慧旅游"电子商务系统建设

发展大同市电子商务,积极推进大同市旅游卡建设,建设和推广刷卡无障碍支付工程。推动旅游营销信息发布及旅游服务在线预定平台建设,推进旅游饭店、景区等旅游企业提供在线预定和智能服务。

③ 推进"智慧旅游"便民服务系统建设

建立大同市虚拟景区旅游平台。编制网络虚拟旅游建设规范。以大同市旅游信息网为载体,开发大同市旅游区网络虚拟旅游平台。

推动建立景区自助导游平台。编制景区自助导游系统建设规范。采取多种形式,鼓励各 A 级景区开发、使用自助导游软硬件系统。

推动开发建设大同市城市自助导览平台。编制城市自助导览系统建设规范。开展城市自助导览的研究、探索和开发工作。

推动旅游信息传播渠道多元化。编制旅游信息展示终端建设规范,推动旅游饭店、景区、旅行社、旅游乡村等旅游企业旅游信息传播渠道多元化。

推动无线宽带网覆盖。采取多种方式,促进饭店、旅游乡村、景区等旅游企业建设开通无线宽带网。

④ 游客服务中心

共分为三个等级。

一级游客服务中心:建设"大同城市会客厅",即游客集散服务中心(IC),建筑面积 3000 平方米,具备旅游集散、咨询、票务、交通、餐饮、购物、非物质文化展示演绎等功能,并做好与云冈石窟、恒山悬空寺等景区游客咨询点的对接。

二级游客服务中心:区县城市会客厅,共 9～10 处,面积 1000～2000 平方米,分别位于各区县,具备旅游集散、咨询、票务、交通、餐饮、非物质文化展示演绎、购物等功能,并做好与大同市和各景区游客咨询点的咨询对接以及公共交通对接。

三级游客服务中心:游客服务点,近期 200～300 处,面积 50～500 平方米;远期 1000～2000 处,分别位于各主要交通交叉口以及景区、休闲农园、旅游乡村入口处,具有咨询、购票、购物等功能。

⑤ 公共厕所

根据国家旅游局的要求,大同市应启动旅游厕所建设管理大行动(旅游厕所革命)。目前,旅游厕所问题尤为突出,数量过少、质量低劣、分布不均、管理缺位。通过政策引导、资金补助、标准规范等手段持续推进。积极引导生态环保型旅游厕所实施落地,并通过技术手段解决污水处理、冬季结冰以及日常维护等问题。

各区县新建旅游公共厕所 20～30 座,提升旅游公共厕所 5～10 座。远期最终实现旅游景区、旅游线路沿线、交通集散点、旅游餐馆、旅游娱乐场所等的厕所全部达到优良标准,并实现"数量充足、干净无味、实用免费、管理有效"的要求。旅游厕所建筑面积按照每蹲位 9 平方米计算,男女蹲位比为 1：1 至 1：1.5。

⑥ 公共停车场

随着自驾车数量的逐年增长,大同市应对公共停车场进行合理的空间安排、数量预留以及淡旺季调配。从空间上,固定停车场应选择在游客服务中心、景区、休闲农园以及旅游村的门区;景观大道应在两侧设置停车观景港湾,并配备小型停车场。旺季应提前做好临时停车和交通疏导预案,可在热点景区外侧占用废弃用地等,作为临时停车场。旅游旺季和重大节庆活动,城市中心区以及主要旅游景区(点)应做好停车预案和游客疏导预案。

(2)旅游道路交通系统

① 旅游景观大道系统

旅游景观大道系统,分为三个等级:一级旅游景观大道,位于主干道两侧,包括高铁沿线、长城沿线、桑干河沿线以及主要旅游公路(S201、S203、S204、S210、S301、S302、S339)等,配置以乔灌草结合,打造"四季有景、三季开花"的景观;二级旅游景观沟域道路,位于主要旅游沟域,沿着沟域走向,为自驾车道,两侧景观以主题自然风景为主,点缀条带状草本花卉;三级为主题景观路,以公路通达重点景区道路为主,包括云冈佛教艺术景观道、恒山中国名山景观道、长城怀古景观道、火山田园景观道等。

② 骑游绿道系统

大同市骑游绿道为生态型绿道,空间上形成"多横多纵多沟"的绿道网,一是与山西省及周边绿道系统预留接驳,二是大同市及区县沿着主要交通干线以及各个主要旅游沟域形成绿道网络。建设规模:人行道 1.5 米、骑游道(1.5～2 米)、综合游步道(2.5～3 米)。绿道旅游服务功能系统具体包括如下内容。

游道系统:按照使用功能划分为步行游道、骑游道、无障碍游道和综合游道等,综合游道为步行游道、骑游道、无障碍游道的综合体。

景观节点系统:包括地文景观、水域风光、生物景观、天象与气候景观、遗址遗迹、建筑与设施等自然和人工景观游憩空间。

基础设施:包括出入口、停车场所、卫生间、照明、通信等设施。

导向系统:包括公共信息标志、安全标志(禁止、警告、指令、提示、消防)、道路交通标志、信息索引标志、示意图(导览图、导游图、全景图)、便携印刷品(导游图、旅游指南)等。

服务系统:包括安全应急、环境卫生、休憩、车辆租赁、无障碍设施、餐饮、购物、旅游接待、救护等(表 20-2)。

表 20-2　大同市绿道建设基准要素体系表

系统代码	系统名称	要素代码	要素名称	建设内容
1	绿廊系统	1-1	绿化保护带	—
		1-2	绿化隔离带	—
2	慢行系统	2-1	步行道	根据实际情况选择其中之一
		2-2	自行车道	
		2-3	综合慢行道	
3	交通衔接系统	3-1	衔接设施	非机动车桥梁、码头等
		3-2	停车设施	公共停车场、公交站点、出租车停靠点等
4	服务设施系统	4-1	管理设施	管理中心、游客服务中心等
		4-2	商业服务设施	售卖点、自行车租赁点、饮食点等
		4-3	游憩设施	文体活动场地、休憩点等
		4-4	科普教育设施	科普宣教设施、解说设施、展示设施等
		4-5	安全保障设施	治安消防点、医疗急救点、安全防护设施、无障碍设施等
		4-6	环境卫生设施	公厕、垃圾箱、污水收集设施等
5	标识系统	5-1	信息墙	—
		5-2	信息条	—
		5-3	信息块	—

③ 自驾车港湾系统

该港湾是为自驾车设置的集停车、观景、野营、房车停靠、充电等功能的服务设施系统,共分二级,大型港湾(即房车基地),功能包括房车停靠、野营、烧烤、供电、供水、加油等,在生态容量较大的沟域沿线;中小型港湾,功能为停车、观景、休闲等,空间上主要设置在旅游景观大道沿线、旅游沟域沿线、湿地水库景观沿线、长城沿线等。

(3)生态旅游标识服务系统

大同市全域应标识统一,以达到最佳的视觉信息传递效果。

① 生态全景导览标识

大同市全景导览标识(或全景导游图),共 15～20 块,位于主要道路出入口、机场、高铁站、火车站、客运站,应说明(或标出)全域所处地点、方位、面积、主要景点、服务点、游览线路(包括无障碍游览线路)以及咨询投诉和紧急救援(及夜间值班)电话号码等信息。

② 生态区域导览标识

大同市区域导览标识(或区域导游图),共 20～30 块,位于各区县城市会客厅和重要旅游景区集散服务中心,说明(或标出)区域辐射景点名称、最佳游览观赏方式、旅游线路、周边设施等信息。

③ 生态景区（点）介绍标识

大同市景区（点）介绍标识要讲究科学性，突出重点，通俗易懂，共 300～500 块。

沟域、森林、湿地、滨河的景观介绍牌，应说明地质地貌性质、构造特征、形成年代、科学价值、环境价值。

农业休闲和动植物景观介绍牌，如休闲农园等，应说明景物的科属、外观特征、习性、珍稀程度、保护等级。

文化艺术景观介绍牌，如文化创意馆、乡土风情展馆等，应突出语言的艺术性和美感，营造和烘托艺术享受的意境。遗址遗迹景观介绍牌要说明产生年代、背景、发展历程、文化内涵、保护等级。

建筑与宗教景观介绍牌，如云冈石窟、华岩寺、悬空寺、慈云寺、楞严寺等，应说明建造年代、结构特点、民族文化内涵、建造者等基本信息。

体育游乐设施介绍，如滑雪场等，应说明设施的运行方式、运行时间、可能产生的感觉效果，并提示不宜参与的人群。

生态旅游教育标识，包括低碳生活、节能环保、环境保护、动植物认识、垃圾分类等。

④ 道路交通引导标识

参照《国家道路交通标牌、标识、标志、标线设置规范及验收标准》执行，分为一级、二级两个级别，分别标注景区（中英文名称、符号）、指示方向及公里数等，数量若干。

⑤ 生态旅游服务设施引导标识

停车场、售票处、出入口、游客中心、厕所、购物点、公交车站、游船码头、摄影部、餐饮点、电话亭、邮筒、医务室、住宿点、博物馆存包处等场所标识必须使用标志用公共信息图形符号。

服务引导标识：景区、景点、景观、服务设施、出入口等处设置引导牌，并视功能需要标明方向、位置、距离等。

⑥ 警戒关怀标识

区域必须在相应显要位置以牌示形式给游人以警示忠告，含安全警示、友情提示、公益提议等，必要地带需设置安全须知牌并明示区域内可能发生危险的地带、景区所采取的防护措施、需要游客注意的事项。

（4）要素服务设施系统

根据国家旅游局"515"战略，大同市旅游要素包括六个基本要素和六个拓展要素。

① 旅游基本六要素

餐饮：大同市餐饮主题应突出"冷凉、长寿、融合"特点，设施共分两类，一是主题餐设施，主要位于酒店、度假村、休闲农园等，是主题特色鲜明的餐饮设施；二是快餐设施，包括中式和西式快餐，主要位于游客服务中心以及旅游乡镇。

住宿：大同市住宿设施共分四类，一是宾馆、酒店，集中于大同市城区、旅游景区及旅游乡镇，设施档次为中高档；二是主题度假村，主要分布在生态环境优良的沟域，设施档次为高档；三是乡村民宿，分布在旅游乡镇和旅游村，设施档次为中档；四是野营地/房车营地，分布在森林茂密的沟域和湿地库区等。鼓励使用节能建筑材料和清洁能源。

出行：大同市出行工具方面，城市公交枢纽至各县城、重要景区应配置公交车或旅游专线，主干道以自驾车为主，景区、度假村以电瓶车为主，沟域以自驾车、自行车为主，绿道以自行车为主。鼓励游客绿色、环保、低碳出行。

游览：大同市游览设施方面，水上以电瓶船为主，生态陆地以电瓶车、自行车、徒步、滑板车、小轮车、滑索、观光塔、动物（牛车、马车）为主要游览工具，低空包括滑翔伞、蹦极、低空飞机等。

购物：大同市购物设施分为三类，一是综合型购物设施，位于大同市城区和养生养老设施附近，以高档生活旅游商品为主；二是特色旅游商业街区，位于旅游县城、乡镇街区，包括生态旅游产品、水产品、绿色有机农业旅游商品、文化宗教旅游商品等，未来形成规模，打造特色旅游商业街区；三是主题旅游商品点，各景区、休闲农园、旅游乡村等，充分挖掘各自主题，形成品牌化的主题旅游商品，设施以园区内购物点形式,规模应根据游客量调整。

娱乐:大同市娱乐设施分为两类,包括以滑雪、滑草、低空、拓展、主题公园(方特)为主的室外娱乐,以及温泉、健身、康体、KTV等室内娱乐设施。

② 旅游拓展六要素

商务休闲:大同市商务设施,一是位于大同市城市中心,以商务洽谈、会议会展、商业物流等为主,可与大同市城市会客厅结合;二是位于近郊区、南郊区、新荣区、大同县和矿区,以临空商务、商务洽谈以及城市游憩服务为主;三是与远郊县度假村、休闲农园、沟域等结合,形成商务庄园。

养生养老:大同市养生设施主题鲜明,与度假村、休闲农园和乡村结合,如石窟古寺参禅悟道、温泉养生保健、杂粮健康养生、绿色有机果蔬养生、松林负氧离子养生、森林芬多精养生等。养老设施集中于近城区县,养生设施集中于远郊县,包括养老医疗综合体、养老度假村等形式。

修学:大同市修学设施应根据各景区、农园的主题而设定,主要体现在生态、低碳、节能、农业、植物、地质、考古、历史、文化、宗教等方面,可与古城文化创意、南郊国际夏令营基地、天镇家政培训学校、广灵百工小镇、广灵剪纸文创基地以及其他工农业旅游示范区结合。

休闲度假:大同市休闲度假设施主要分为宾馆酒店、主题度假村、休闲农园、乡村民宿四类,积极满足大同市民的休闲需求和国内、国际游客的避暑度假、文化感悟需求。

情感感悟:大同市情感设施主要针对都市减压、亲近自然、爱心亲子、生态环保、敬老爱老、康体保健等方面设置,依托历史文化资源,大力开展文化感悟项目。

探奇运动:大同市探奇运动设施主要包括滑雪、低空飞行、户外徒步、溯溪探险、长城探奇、湿地探索、季节观鸟等。

20.6 山东省蒙阴县生态文明建设旅游发展研究

"岱崮地貌"是蒙阴县生态资源的最大亮点。张义丰研究员的著作《岱崮地貌形成演化及开发价值》是其重要的理论创作之一。围绕"岱崮地貌"生态品牌,以生态休闲为核心功能,以长寿养生为主要内容,以构建全域旅游服务体系为支撑,以"红色崮乡,生态蒙阴"为形象,建设集生态休闲、乡村与农业休闲、养生度假、山地运动、红色旅游等于一体的休闲度假旅游目的地,打造以乡村休闲旅游和大健康产业为主导的全域旅游示范区。

20.6.1 旅游资源调查与评价

(1)旅游资源的定量评价

结合实地考察、网络搜索和旅游研究文本获得旅游资源单体名录和信息,按照《旅游资源分类、调查和评价》(GB/T 18972—2003)对蒙阴县旅游资源单体进行分类,得出长寿旅游发展可依托的资源包括7个主类、19个亚类、33个基本类型、327个资源单体。其资源评价体系如表20-3所示。

表 20-3 蒙阴县旅游资源评价体系

分值	资源等级	主要旅游资源	数量	特征
≥90	五级	孟良崮旅游区、岱崮小镇、云蒙湖	3	特品级
75~89	四级	烟庄沂蒙六姐妹旅游区、杏山园、上山下乡旅游区、椿树沟、海润渔业、岱崮地质公园、刘洪文化园	7	优良级
60~74	三级	小山口、河东新村、河头泉村、毛坪村、东夷部落影视基地、中山寺、腾龙崮、瞭阳崮、地下银河、云蒙湖湿地、八达峪村、蔡庄乡村农家乐、普朋山庄、蒙山桂花园、杏山溶洞、源泉山庄、九女山公园、桃花湖、古道沟、云蒙湖漂流、黄金流域	21	

续表

分值	资源等级	主要旅游资源	数量	特征
45～59	二级	王母行宫、东汶河湿地公园、炒鸡店农家乐、毛崮寨、向阳峪村、古槐、迎仙桥、将军洞、丁家庄四合院、龙泉寺、梭子崮、蒙山海棠园、望海楼、前城紫藤、桃园古村、石马庄水库、千年黄连树、碧霞元君庙、秦家老宅、金桂湖水库、石榴采摘园、云蒙湖大坝、朱家坡水库、伊氏集团	24	普通级

(2)旅游资源的定性评价

旅游资源在空间上呈现全域化分布,在类型上具有集聚分布特征。总体上分布有六大旅游资源组团:一是英雄孟良崮及周边的沂蒙红色旅游资源集聚区,二是以奇特的地质地貌为特色的"中国崮乡"旅游资源模块,三是野店—旧寨—高都—坦埠生态林果旅游资源模块,四是沂蒙风情美丽乡村旅游资源板块,五是以优良山水环境为特色"养生度假"旅游资源板块,六是云蒙湖康养旅游资源板块(图 20-10)。

图 20-10　蒙阴县优良级旅游资源空间分布

旅游资源具有全年候、全天候的开发价值。从四季旅游看,蒙阴县每个季节一个主题,分为春季赏花踏青、夏季运动休闲好时节、秋季采摘休闲、冬季民俗体验。从四时旅游看,星空、月亮、日出、日落等气象旅游资源突出,适合构建全天旅游时间价值。此外,还有健康的四时生活环境:以早读、早锻炼、早茶、跑步为代表的健康早间时光;以光棍鸡、红烧兔子头等为代表的午间美味时光;普照夕阳金碧辉煌的下午中山晚照时光;以龙泉漱玉为代表的夏月临之、冷然忘暑的浪漫夜间时光。

蒙阴县优良级资源占 10%,特色较明显。在类别构成上,蒙阴旅游资源以红色文化、历史文化、地质地貌、绿色生态、水域风光、人文活动为主。其中,现有孟良崮、岱崮地貌、绿色生态、云蒙湖、麦饭石是现有蒙阴县的拳头资源。

20.6.2 旅游市场分析

(1)旅游市场总量分析

蒙阴县接待人次和旅游收入逐年增长,2018年蒙阴县实现旅游总收入49.4亿元,接待旅游654万人次,2015—2018年接待人次年均增长率为15.38%,旅游收入年均增长21.17%,说明旅游发展势头良好,潜力较大。蒙阴县入境旅游市场较小,入境游客以港澳台、韩国市场为主;入境旅游发展水平不高,需要进一步开拓国际市场(图20-11)。

图 20-11 蒙阴县 2014—2018 年接待人次与旅游收入情况

各景区的接待人次和旅游收入集中于孟良崮旅游区、岱崮地貌旅游区,接待人次分别占所有景区总接待人次的33.48%、31.69%,旅游收入分别占统计景区的29.93%、22.63%,其次为椿树沟望海楼景区、刘洪文化园,旅游接待人次占比为7.58%、9.39%,旅游收入占比为9.66%、11.62%。其余景区的接待人次和旅游收入的占比均低于6.5%,说明蒙阴县旅游景区发展不平衡,接待超过50万人次的景区只有3家,景区发展亟须提质升级(图20-12)。

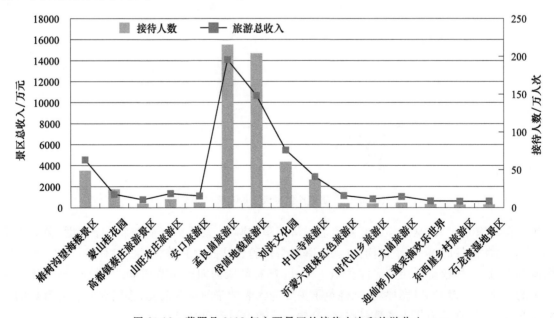

图 20-12 蒙阴县 2018 年主要景区的接待人次和旅游收入

(2)旅游人群与消费特征分析

基于3000份问卷的数据分析与旅游互联网大数据的分析,蒙阴县旅游市场客群基本形成如下特征。

蒙阴县游客以男性为主,占 55.3%,女性占 44.7%,男性游客较女性游客高出 10.6 个百分点,女性旅游市场还具很大的发展空间。年龄结构中,以青壮年为主,其中,18~45 岁占 58.4%,45~60 岁占 26.8%;而 18 岁以下、60 岁及以上的游客分别占 9.7%、5.1%。蒙阴县目前开发的旅游产品种类较多,能够比较好地满足各种人群的需求。18 岁以下层次的游客比较喜欢随自己意愿计划出游,但经济基础还不稳定,交通、食宿标准较低。18~45 岁的人群社会经济基础稳定、消费能力强。充分考虑青少年的旅游需求,配套设施家庭化,将更有助于旅游产品的推销。

青壮年阶段的人精力充沛且具有较强的经济支付能力,出游能力强。他们所承受的各方面压力也大得多,更倾向于逃离城市,回归自然,主动参与意识也较强,因此优美的自然风光或富有挑战性、体验性的旅游产品对他们更具吸引力。老年游客对革命文化类的旅游产品比较感兴趣。

蒙阴县游客职业构成主要为公务员、企业管理者、服务行业人员、军人、教科文卫人员、离退休人员、其他,分别占总数的 11.0%、17.0%、19.4%、4.5%、20.1%、14.8%、13.2%。游客的文化层次分布较为平均,硕士及以上占 16.11%,大学占 33.01%,高中及以下占 50.88%。文化程度越高,消费能力越强,对旅游的需求越大,在旅游产品开发中,需适当提高产品的文化含量,增加挑战性较强的游憩项目;一些适合低文化层次人群的旅游产品也要做适当开发。

来蒙阴县旅游的游客选择团队出游的占 53.6%,选择散客出游的占 46.4%。到达蒙阴县的游客平均滞留时间为 1.29 天,54.8%的游客选择当日离开,并且表示即使时间充裕,也不愿意在此停留过宿,考虑到有相当一部分游客是来探亲访友的,这说明目前蒙阴县对游客的吸引力较小,没有开发足够的旅游产品吸引游客。游客大部分花费集中在 301~1000 元,300 元及以下、1000 元以上比较少。

(3)旅游市场区域分布分析

无论是散客还是团队游客,到访的国内游客以省内为主,省外游客则以毗邻省份为主。蒙阴县基本上属于区域性旅游目的地,全国市场和国际市场需要进一步开拓。从地域来看,蒙阴县客源市场表现出明显的距离衰减规律,绝大多数游客集中在蒙阴县周边 100~200 千米的辐射圈内,以省内游客及周边地区为主,来自临沂、济宁、济南、泰安、菏泽、枣庄、青岛、莱芜、淄博、潍坊等地;其他省份客流量较少,以江苏、安徽、京津地区游客为主。近年来,客源市场由原来的本省市场逐渐扩展到北京、东北、江苏、浙江等地,其中来自河北、河南、北京、天津、上海、江苏、南京等地的游客比重较大,占 30%以上。

总体来说,蒙阴县已经初步形成全域化的多层次、多样化市场;以国内市场为主,国际化水平比较低,入境游客少,旅游外汇收入少;游客停留时间较短,人均消费较低;在国内市场中,区域游客占比较重,长途游客占比少;在旅游主题吸引上,红色旅游、休闲旅游占比大,长寿旅游吸引力不足;在旅游空间活动上,以孟良崮、岱崮、垛庄区域为主,尚未覆盖到全域。

(4)旅游市场关注度分析

蒙阴大旅游交通圈正逐渐形成。蒙阴县将形成交通 1 小时生活旅游圈、2 小时休闲旅游圈、3 小时旅游度假圈、5 小时假日圈以及以生态文化、休闲文化、红色文化等特色主题文化为核心吸引力的无距离主题旅游圈。

通过大数据分析发现,垛庄镇、岱崮镇获得的评论最多。各景区评论起伏基本趋势一致,高峰主要集中在节假日,工作日市场有待进一步开发。通过市场调研发现,受访者对蒙阴县的旅游供给产品最为在意的是生态与人文体验。这也是蒙阴县的旅游产品需要突破升级的地方。根据"岱崮地貌""蒙阴旅游""孟良崮""革命老区""沂蒙"等关键词的舆情热度对比发现,长期以来,孟良崮热度远高于其他景区,孟良崮的宣传对临沂旅游的带动有很大效果,并可进一步放大,其他景区则有进一步宣传价值以使游客量突破的潜力。

蒙阴旅游具有休闲吸引、文化吸引、生态吸引三大主题吸引力。孟良崮、岱崮地貌很大程度上代表了蒙阴县的主体客源,也是辐射面最广的核心旅游吸引物。以林果为代表的生态市场和以沂蒙精神、六姐妹、户外运动为代表的文化市场也是蒙阴旅游的重要吸引物,需要围绕 2 小时自驾旅游圈与高铁旅游圈进行扩充辐射。

20.6.3 旅游服务业发展思路

(1)总体定位

以生态休闲为核心功能,以长寿养生为主要内容,以构建全域旅游服务体系为支撑,把蒙阴县打造成为新旅游模式下生态环境优美、自然景观独特、地域文化浓郁、服务设施完善,集生态休闲、乡村与农业休闲、养生度假、山地运动、红色旅游等于一体的休闲度假旅游目的地,整体打造以乡村休闲旅游和大健康产业为主导的全域旅游示范区。

(2)形象定位

主题形象:红色崮乡,生态蒙阴。

形象宣传口号:中国"崮乡"。

形象宣传口号解读:蒙阴县是岱崮地貌主要区域,岱崮地貌在国家地理地貌类型史上和世界地貌类型历史上都很罕见,现已发展岱崮地貌旅游区,境内山清水秀,奇崮遍布,风景宜人,"春展林海花潮,秋则果香四溢",美丽"崮乡"名副其实。此外,"崮乡"与故乡同音,随着现代人工作日益繁重,故乡成为了人们享受优良环境质量与绿色健康食品的短暂休养生息的度假休闲地,与"长寿蒙阴"的主题契合。

(3)功能定位

① 沂蒙山世界地质公园生态旅游示范区

以蒙阴岱崮地貌、云蒙湖、蒙山等山水资源为依托,以自然山体景观、山地水体景观、动植物景观和山地立体气候景观等为旅游资源,以山地观光、生态休闲、养生度假等为特色旅游项目,兼顾山地运动、山地野营、野外拓展、丛林探险等为重要补充的原生态旅游目的地。

② 沂蒙精神展示区的核心园区

军民水乳交融、生死与共铸就的沂蒙精神,与延安精神、井冈山精神、西柏坡精神一样,是党和国家的宝贵精神财富。蒙阴县应率先行动,敢于担当,依托孟良崮、沂蒙六姐妹等红色文化资源,推动红色文物资源的保护利用,加快打造沂蒙精神展示核心园区和沂蒙精神研学教育基地,推动红色旅游与生态旅游融合发展。

③ 江北最美的乡村旅游目的地

以百万亩果林田园为本底,以江北典型山村村落为主要特色,依托果林、特色村落、文化民俗打造体现江北最美乡村的休闲体验产品。依托资源、气候、生态优势,将土地增减挂与农业产业发展相结合,创新打造全域低密度山村居住、康体、养生度假产品。

20.6.4 旅游业空间布局

(1)总体布局

基于蒙阴县旅游资源空间格局,在全域化交通基础上,结合全域旅游发展趋势,将蒙阴长寿旅游发展空间布局为"双核突破、三带联动、六区支撑"的空间格局。

(2)双核突破

区域范围:即城湖一体,蒙阴城区与云蒙湖互动发展,作为长寿旅游的双核进行突破。该区域包括蒙阴县城、蒙阴街道及云蒙湖周边区域。

发展思路:坚持城湖一体发展战略,将中心城区、云蒙湖作为旅游发展两大核心引擎,在中心城区配套设置长寿康养旅游综合服务中心、旅游集散中心,大力发展城市旅游产品,完善基础设施配套以及餐饮、住宿、购物、娱乐、休闲、商贸、商务、会务、会展等旅游业态,打造核心服务区,构建康养小镇、刘洪文化旅游区、特色商业街区等活动空间,形成夜间养生休闲空间,通过美食、酒吧、康养住宿等业态的聚集,打造夜间游客聚集区。整合云蒙湖及其周边山峪、林果、乡村等资源,内外结合,上下互动,以运动、休闲、观光、康养、度假等功能为主题,打造环云蒙湖运动休闲康养产品集群。

功能定位:蒙阴城区与云蒙湖一体化发展,发展城市休闲、养生度假、运动休闲、旅居养老等休闲娱乐项目,承担行政、文化、商业、金融、居住、旅游、休闲等功能,是核心城市化地区,对蒙阴县全域的旅游发展发挥服务和集散作用。

(3)三带联动

依托蒙阴县境内 G205、S234、S335 三条交通主干道,整合沿线空间、旅游资源,打造三条特色旅游风景道,形成一个贯通蒙阴全境的支撑体系。通过三带连接县内各交通道路、景观道、旅游点,形成全域旅游的核心脉络。将三条公路和环湖公交线以"旅游＋公路"打造最美风景路,构建全域旅游供给新体系。

G205 旅游发展带:205 国道是连接蒙阴县东西方向及县城的重点交通干道。依托现有的 205 国道和城湖公交线双线并进,结合 G2 高速公路以及各个县乡道路,串联整合沿线垛庄、桃墟、县城、联城、常路等乡镇的长寿旅游产品,打造东西横贯的旅游产品带。将沿线打造成为蒙阴全域旅游的第一印象区和优先发展带。

S335 旅游发展带:依托 335 省道,串联起坦埠镇、旧寨乡、蒙阴街道、蒙阴城区、联城镇等乡镇街道,对外联系沂水县、平邑县,形成一条"生态原美、人文丰美、和谐质美"旅游发展带。

S234 旅游发展带:234 省道南北方向贯穿蒙阴全境,联系桃墟镇、蒙阴街道、蒙阴县城、旧寨乡、野店镇、岱崮镇。串联起南部山水养生度假,中部城区休闲,中北部乡村旅游、林果田园、红色文化,北部岱崮地貌等旅游资源,打造纵贯南北的蒙阴旅游产品带。

(4)六区支撑

六区支撑:"崮乡"休闲康养旅游区、红色文化体验区、齐鲁风韵旅游区、红韵果乡低密度乡村养假区、山水田园养生度假区、云蒙湖体育康养度假区。

①"崮乡"休闲康养旅游区

区域范围:主要包括岱崮镇、野店北部和东部崮群、坦埠北部和东南部崮群、旧寨北部崮群。

发展定位:"崮乡"康养旅游,岱崮地貌观光,军工文化体验上山下乡度假。

发展思路:依托岱崮独特的崮状地貌景观发展康养度假休闲区,融合崮群观光、地貌探秘、沂蒙民俗、红色文化和三线文化体验、休闲度假、科普修学等为主题,对接周边著名的崮及美丽乡村,完善各项服务设施建设,引进先进养生保健服务,大力发展生态文化养生体验,打造特色"中国崮乡"康养休闲旅游区。

② 红韵果乡低密度乡村养假区

区域范围:主要包括坦埠镇、野店镇、旧寨乡、高都镇以及蒙阴街道北部区域。

发展定位:红色文化体验,果乡观光采摘,乡村旅游度假。

发展思路:区域内红色文化底蕴深厚,沂蒙六姐妹支前文化、知青文化、三同教育基地、六十八棵老苹果树故事等红色文化资源,以红色文化为主题,整合区域内优势林果生产资源,依托蜜桃、苹果、樱桃等林果资源发展林果生产、果乡观光、乡村旅游、果品贸易、旅游节庆、旅游购物等功能,构建集山、水、果、村于一体的,观光、娱乐、度假集一身,独具蒙阴红色果乡特色的乡村养生度假地。

③ 齐鲁风韵旅游区

区域范围:主要包括常路镇、联城镇以及蒙阴街道西部区域。

发展定位:麦饭石康养,历史文化展示,齐鲁风情体验。

发展思路:整合该区域的历史文化、古村、新村、麦饭石等旅游资源,以麦饭石康养休闲度假为主体功能,以齐鲁风情、蒙恬故里等历史文化为依托,以近地域的城市近郊休闲市场为主体目标市场,重点拓展临沂、泰安、莱芜等三大周边都市圈周末休闲市场,形成以历史文化体验、乡村风情观光以及康养休闲度假为主体的综合型旅游产品体系。

④ 山水田园养生度假区

区域范围:包括桃墟镇、蒙阴街道南部以及垛庄镇黄姑庵流域、双石峪流域、豆角峪流域等区域。

发展定位:江北水乡,诗意田园,生态田园养生度假,中高端民宿体验。

发展思路:依托蒙山天然氧吧的优势,结合蒙山、金水河的山水生态资源优势,融合区域悠久的历史文化、独特的民俗风情文化,打造一处集山水观光、休闲娱乐、养生度假、民宿体验等功能于一体的综合性山水田园养生度假区。

⑤ 红色文化体验区

区域范围:主要包括垛庄镇北部和东部区域。

发展定位:红色旅游,绿色食品加工贸易,蒙河生态湿地体验。

发展思路:依托孟良崮红色文化,结合小城镇建设及旅游发展,完善基础设施配套,同时对现有的项目进行提升,使展览活态化,增加参与性、体验性项目,同时与周边社区、蒙河沿线等项目结合,丰富产品体系。打造一个特色红色文化旅游、革命传统教育、特色绿色食品加工贸易为主要内容的片区。

⑥ 云蒙湖体育康养度假区

区域范围:主要包括云蒙湖及其周边区域。

发展定位:康养圣地,运动天堂。

发展思路:以云蒙湖为核心景观,吸引生态化开发,向上下游、向周边各种村落深入发展,大力发展生态旅游,使旅游项目从单一的水库工程观赏,到初步形成吃、住、行、游、购、娱、商、养、学、闲、情、奇有机结合,集观光、休闲、度假、运动、康养等功能于一体,建设沂蒙山最具生态特色的滨水康养度假综合体。

20.6.5 旅游服务业发展项目

(1)旅游产品体系

依托蒙阴县优良的山水生态环境和特色文化资源,重点发展以下旅游产品谱系。

① "长寿之乡"健康养生旅游产品

重点打造生态养生产品、运动养生产品、饮食养生产品、中医药养生产品4大健康养生产品,布局5个康养旅游板块:联城镇为麦饭石养生,桃墟镇为天然氧吧养生,云蒙湖为运动养生,坦埠镇为中草药养生,岱崮镇为崮乡民俗养生。

大力发展药膳保健品,推进十足全蝎、灵芝、天麻、葛根、丹参、山楂等为主要原料的药食同源保健品开发,以及中药材为重点的中医药膳健康养生品目和方法,建设一批中药养生滋补保健中心。

发展温泉酒店、度假酒店、康复中心等健康养生场馆,建设乡村度假、养生养老等以养疗、避暑、避寒、度假等为主要功能和服务的第二居所。

② 蒙阴山水生态休闲旅游产品

建设以环蒙山区域为代表的森林氧吧养生基地,以云蒙湖为代表的湿地休闲基地,以东汶河为代表的亲水体验基地,以岱崮地貌世界地质公园为代表的生态旅游和研学基地。

依托蒙阴县高峻雄奇的山脉和纵横交错的沟岔,大力开发户外生态运动项目,如登山步道、自行车绿道、攀岩蹦极、野宿露营、房车营地、丛林穿越等。

③ 沂蒙风情乡村旅游与休闲农业产品

营造春季桃花海洋、夏季农田彩绘、秋季林果飘香等大地景观;利用农业场地和废弃农作物秸秆,举办农业艺术节庆活动,丰富冬季旅游产品;加快建设以蒙阴蜜桃、樱桃峪、烟庄苹果为代表的农业休闲基地,建设集观光、农事体验、瓜果采摘、农产品销售、乡村住宿等为一体的综合性乡村休闲旅游区;开发乡村客栈、乡村营地、养生庄园、养老公寓、郊野度假基地等一系列乡村度假产品,可采用分时度假的方式,使城市居民拥有"自己"的乡间别墅。

④ 蒙阴地域文化系列体验产品

推出红色文化系列体验产品,依托孟良崮可歌可泣的红色文化优势,营造氛围,着力提升项目参与性和体验性,打造观光、休闲、度假、演艺等功能为一体的红色文化体验产品,实现孟良崮、沂蒙六姐妹、将军洞等红色旅游区联网。

启动蒙阴旅游演艺项目,在旧寨乡、岱崮镇等特色景观区谋划建立影视拍摄基地,将影视体验和生态旅游结合起来。

开发蒙阴名人文化旅游产品,包括蒙恬故里旅游区、算圣刘洪文化园、张子书堂旅游区、薛其坤院士故里科技文化旅游区。

发展工业文化旅游,依托蒙阴县银麦啤酒、欢乐家食品有限公司及 9381 老兵工厂,配套旅游功能,以文化、工艺、体验、旅游商品等方面为切入点,定期举办各类展会、博览会、工艺展示等活动。

⑤ 山地和滨水体育运动产品

依托岱崮地貌等众多山地、洞穴和森林资源开发登山、攀岩、探洞、溜索、滑草、蹦极、汽车越野、密林探险、野外生存等一批运动休闲项目,以云蒙湖环湖自行车运动、岱崮地貌拓展训练基地等为龙头打造一批全国重要的运动基地和国家级、省级体育旅游基地。

建设标准化体育运动设施,积极承办自行车大赛、山地自行车越野赛、马拉松比赛、徒步竞走、传统武术锦标赛等大型赛事活动,扩大蒙阴体育旅游品牌影响力。

开辟主客共享的体育休闲空间与设施,在城区建设体育主题公园,可供举办体育比赛和文化演出,向市民开设体育训练班。加快城市绿道、城市休闲街区、城市公园、环湖自行车道、步行道建设。

⑥ 沂蒙山地理环境研学旅游产品

将岱崮地貌地质博物馆、孟良崮纪念馆及部分历史遗存、工农业示范点纳入中小学生游学线路中,打造青少年文博旅游、工业旅游、农业旅游等研学旅游产品,打造经典科普线路。

开发自然科普研学产品,以地下银河、杏山溶洞、岱崮地貌等地质特征显著的自然生态资源为基础,开展地质地貌科普研学活动,申报国家研学旅行基地。以云蒙湖为依托,打造湿地与鸟类科普研学旅行基地。

开发红色文化研学旅行产品,围绕孟良崮、沂蒙六姐妹、将军洞军事文化体验区等打造红色文化研学中心,开展红色文化教育体验活动,举办中国(沂蒙)红色文化研讨会等。

⑦ 蒙阴全域美景自驾游服务产品

依托主要公路、景区景点、旅游度假区、工农业旅游示范点等,建设提升遍布全县的 159 个自驾游驿站,具备基本的旅游服务功能。

依托现有公路交通网络,完善旅游功能,提升沿线景观,形成全域风景道体系,通过风景道网络连接蒙阴县各个旅游节点。例如,在旧寨乡打造百里桃花风景道,沿岱崮镇对接沂水县,建设岱崮地貌旅游景观道等。

出台自驾游奖励措施,招徕和吸引自驾游车队。

(2)分区旅游项目建设指引

① "崮乡"休闲康养旅游区

以岱崮地貌景观为依托,结合周边的崮群和岱崮地貌地质博物馆,开展岱崮地貌观光、地质科普、乡村景观写生等旅游产品

以燕窝村、笊篱坪等村落为依托,结合周边的果林资源和民俗风情,融入知青文化和三线建设元素,打造农家风情体验、岱崮地貌景观欣赏、果园采摘、知青文化体验等乡村旅游产品。

整合岱崮地貌旅游区,对接沂水县天上王城景区,联合打造岱崮地貌 5A 级旅游区。

② 红韵果乡低密度乡村养假区

大力发展野店镇红色果乡的文化优势,依托沂蒙六姐妹红色文化和较好的林果业基础,整合目前已有的沂蒙六姐妹红色旅游区、毛坪村、樱桃峪等资源,构建集山、水、果、村于一体的,观光、娱乐、度假集一身的,独具蒙阴红色果乡特色的乡村休闲度假产品。

加大对岩杏园、中山寺林场、中草药等农林产业的开发力度,打造成为面向周边市民和山东商务人士的高端休闲、商务会议、养生度假产品。

依托薛其坤院士故里,开发科技文化和研学旅游产品,筹备科技文化节。

依托边家干煸辣肉丝等老字号发展美食文化创意园区。

③ 齐鲁风韵旅游体验产品

充分发挥区域儒家文化、齐鲁文化、历史文化等文化资源,以齐鲁风情、蒙恬名人文化、孝和文化为依

托,打造齐鲁风韵文化体验产品。

依托区域优越的山乡生态环境,打造乡村风情观光以及康养休闲度假产品体系。

发展以麦饭石为核心的长寿康养产品。

④ 山水田园养生度假产品

充分利用背靠蒙山、面向云蒙湖的山水生态资源优势,开发长寿之乡——蒙阴天然氧吧休闲养生度假游旅游产品体系。

加快度假酒店、星级酒店、文化主题酒店、精品民宿等接待设施建设,打造特色民宿集聚区。

打造金水河"云蒙绿桥"旅游廊道,打通云蒙湖和蒙山的生态廊道,使得世界地质公园的两个园区连接起来。

依托公鼐名人文化打造公鼐书院旅游区。

⑤ 孟良崮红色文化体验产品

依托孟良崮红色文化,结合小城镇建设及旅游发展,完善基础设施配套,打造一个特色红色文化主题小镇。

孟良崮旅游区继续完善基础配套服务设施,提升孟良崮红色小镇知名度。同时对现有的项目进行提升,使展览活态化,增加参与性、体验性项目。

⑥ 云蒙湖体育康养度假产品

以"山水田园度假"理念为引导,以云蒙湖为核心景观,整合云蒙湖及其周边山峪、林果、乡村等资源,内外结合,上下互动,以康养、度假等功能为主题,整合沿线旅游资源,通过市场协作和空间联动,打造环云蒙湖运动休闲康养产品集群;开发环湖体育运动产品,营造云蒙湖生态荷塘景观。

⑦ 县城文化旅游综合服务产品

在中心城区配套设置全域旅游综合服务中心、旅游集散中心,大力发展城市旅游产品,完善基础设施配套以及餐饮、住宿、购物、娱乐、休闲、商贸、商务、会务、会展等旅游业态,打造核心服务区。

对区域内城市公园绿地、田园水系、景区景点等公共休闲资源进行整合提升,并通过打造东汶河4A级旅游区、汶河水上游线(含夜游)、若干城市绿道、环城休闲旅游带等动态线路产品对其进行串联,形成主客共享的绿色城市休闲空间。

培育夜间多元消费业态,通过实施夜间景观亮化工程,为游客提供休憩消费场所等方式培育夜间多元消费业态。构建康养小镇、刘洪文化旅游区、特色商业街区等活动空间,形成夜间娱乐空间,通过美食、酒吧、住宿等业态的聚集,打造夜间游客聚集区。

(3)旅游线路和风景道

① 经典旅游线路

a. 蒙阴红色风情游:孟良崮旅游区—高都镇科技文化旅游区—古道沟旅游区—"毛主席赠苹果树"主题公园—沂蒙六姐妹红色旅游区—坦埠镇将军洞旅游区。

b. 蒙阴诗画田园游:金水河生态旅游区—刘洪文化园—东汶河旅游区—樱桃峪康养旅游区—中华岩杏养生园—朱家坡果香渔家—伊氏崮人家—岱崮地貌旅游区。

c. 沂蒙山世界地质公园游:孟良崮旅游区—蒙山旅游区—沂蒙钻石国家矿山公园—刘洪文化园—东汶河旅游区—云蒙湖旅游区—杏山园—岱崮地貌旅游区。

d. 蒙阴历史文化游:齐鲁风情园—地下银河旅游区—刘洪文化园—东汶河旅游区—银麦啤酒工业旅游区—云蒙湖旅游区—蒙阴桂花园—孟良崮旅游区—孟良崮国家森林公园。

② 旅游风景道

蒙阴县境内234省道被山东省交通厅评为省级旅游风景道。蒙阴县立足"四好农村路"和"旅游风景道"建设,把各大景区景点连为一体,把旅游全要素全部联通,把全域做成一个大旅游区。

依托蒙阴县境内G205、S234、S335等干线公路,整合沿线空间、旅游资源,美化两侧景观,打造红、绿、蓝、彩四条旅游风景道主干道,通过四条风景道连接县内各交通道路、景观道、旅游点,形成全域风景游赏的主干网络。将四条风景道和环湖公交线以"旅游+公路"打造最美风景路,形成一个贯通蒙阴全境的风景道体系,具体如下。

　　红道:依托 G205 打造,与县域发展主轴吻合,串联孟良崮镇、齐鲁风情园、刘洪文化园等文化旅游区,打造一条具有文化景观特色的风景道。

　　绿道:依托 S234、桃联路、孟蒙路打造,主要串联蒙山旅游区、岱崮地貌旅游区,打造一条绿野林海风景道。

　　蓝道:依托 S335 和 S336 打造,主要串联云蒙湖、蒙山、梓河,通往沂水县,打造生态水乡风貌特色的风景道。

　　紫道:依托坦常路等公路打造,凸显花海果乡、五彩缤纷的风貌特色。

　　③ 自驾游营地与线路

　　a. 自驾游旅游线路。根据蒙阴县交通网络和旅游资源分布现状,拟建设一条自驾游大环线,基本串联蒙阴全域主要的旅游区,在此基础上,建设三条自驾游支线,为游客提供多样化选择。同时,自驾游线路布局一级、二级营地体系,形成自驾游服务网络。

　　b. 自驾车营地体系。依托主要生态旅游区建设一级和二级旅游营地,相关部门可以在旅游景点周边和交通要道沿线选择合适的地点,采用诸如降低土地使用费、延长承包期等优惠措施以吸引投资者。鼓励自驾营地的连锁式和特许经营式发展,以统一的品牌和服务规范标准,创立旅游营地品牌(表 20-4)。

表 20-4　蒙阴县自驾游营地体系

营地级别	名称	功能
一级营地	云蒙湖亲水生态营地(周家沟村)、孟良崮旅游区营地(孟良崮森林公园)、蒙阴街道刘洪—汶河旅游区营地、岱崮地貌旅游区营地(岱崮村)、坦埠镇中山森林养生园营地(中山寺林场)、常路镇齐鲁风情园营地(南围子村)	为自驾游游客提供复合型服务功能,既包括汽车维护、汽车租赁、信息服务、医疗救援服务,又包括住宿、露营、越野、户外运动、休闲娱乐及度假功能
二级营地	联城镇:小山口时代山乡旅游区营地(小山口村); 桃墟镇:金水河营地(安口村); 野店镇:沂蒙六姐妹旅游区营地(烟庄村); 高都镇:朱家坡水库营地(朱家坡村); 旧寨乡:杏山园营地(杏山村); 垛庄镇:椿树沟营地(椿树沟村)、桂花园营地(河头泉村); 高都镇:古道沟营地(古道沟村)	为自驾爱好者与散客提供自助或半自助服务,以汽车维修护理、信息服务等基本服务为主,提供水电供给、基本露营活动、露营休闲度假设施

　　注:括号内为自驾游营地的建设位置。

第21章 生态文明形象和品牌体系

生态文明形象和品牌体系是生态文明建设规划的新增内容,是生态文明建设的底蕴名片,是生态经济高质量发展的象征抓手,是深入贯彻习近平总书记关于品牌建设的重要指示精神的重要表现。

21.1 中西方哲学意涵和发展历程

21.1.1 中西方哲学意涵

"形象"一词在中西方语言中略有差异,汉语多关注事物的外形,而英语多注重事物所留下的印象。

(1)中国"形象"内涵和哲学理解

形象,由"形"和"象"两个字构成。"形"字有形状、形体等释义。《荀子·天论》云:"形具而神生。"《老子》云:"大音希声,大象无形。"《孙子兵法·虚实》云:"兵无常势,水无常形。""象"字有事物的外形、轮廓、相貌等释义。《老子》云:"惚兮恍兮,其中有象。恍兮惚兮,其中有物。"《周易·系辞上》云:"在天成象,在地成形,变化见矣。"《战国策·燕策二》云:"宋王铸诸侯之象。"

"形"与"象"二字合成"形象"一词,最早追溯到孔安国《尚书注疏》。《尚书·说命上》云:"(武丁)梦帝赍予良弼,其代予言。乃审厥象,俾以形旁求于天下。"孔安国在《尚书注疏》中对此注:"审所梦之人,刻其形象,四方旁求之于民间。"

"形"与"象"二字的意思近似,多表示事物的外形、外貌。现代汉语中,"形象"多指事物的形状或姿态,或指文艺作品中人物的性格特征或精神面貌。

(2)西方"形象"内涵和哲学理解

英语中的"形象"一词是"image"。Image 词源是拉丁文 imago,意思是表象、心之图像等。《韦氏辞典》1994 年版中 image 有三种含义:一是人的大脑对事物的反映或由此产生的观念、概念,二是物体被镜子反射或光线折射所形成的图像,三是人们采用绘画、雕塑或照相等方式制作的人、动物或其他事物的相似物。

英国学者雷蒙德·威廉斯认为 image 作为"形象"之意最早出现在 13 世纪,表示人的肖像或画像。约翰·菲斯克等认为形象最初是指对社会现实生活中想象的事物(如文学或音乐中的),或者实际存在的事物的视觉性表述。菲利普·科特勒认为形象是指人们对某一对象所持有的印象、观念与信念。

形象一词从事物外形内外兼顾,再到对事物的印象、认识和评价,其含义在不断发展。

21.1.2 形象的相关概念

(1)形象

形象是一种抽象概念,由内在的精神产生,是人的五官对客体所生成的综合信息,能引起人的思想或感情活动的具体形状和形态。它是某一被认知对象的外在及内在因素总和,也反映内里的真实形象的产生基于主体与客体相互作用。由于视觉接收信息最快速有效,因此通过视觉符号向外界传达信息。

(2)品牌形象

① 品牌形象概念

品牌形象,指某个品牌在市场、社会公众心中被接受的个性特征,是公众对品牌评价和认知的集中体现。形象是品牌的根基,品牌特征需要形象表现,品牌本质需要形象反映。品牌形象即关于品牌的特定感知,是公众感受体验和接收到的信息,留存在头脑中的关于品牌的印象和联想的集合。

② 品牌形象构成

品牌形象一般由内在的或外在的形象构成,体现为思想观念、行为举止和视觉感官形象。品牌形象的内在方面表现为精神理念、经营哲学或价值观等,外在方面表现为行为举止、员工素养及形象、生产经营、产品形象、环境形象和广告宣传等视觉形象。内在价值可以分为有形及无形,有形价值表现在商品属性与被公众所识别、所认同的直观的形象表达相符合;而无形价值表现在品牌的市场占有率及公众对品牌的识别认同上。公众对品牌形象的认可与忠诚度,是对品牌的理解。

(3)CIS 与 VI

① CIS:企业识别系统

20 世纪 90 年代,日本企业形象识别系统(CIS)模式孕育而生。根据企业活动的所有现象、行动、想法,在设计、沟通、形象、文化等方面进行筛选,通过企业的理念、素质、经营方针、开发、生产、商品、流通等方面,确定企业潜力,实现有效的功能、高效的辨别,这种设计方法即为 CIS。其由理念识别系统(MI)、行为识别系统(BI)、视觉识别系统(VI)三个部分构成。这种设计方法,至今仍在全世界广泛应用。

② VI:视觉识别系统

视觉识别,是 CIS(MI、BI、VI)的静态识别。将品牌的理念、价值、文化等抽象概念和外在信息,转换为可记忆和可识别的形象统一的视觉符号系统,从视觉层面上传达精神、理念和文化,进而形成品牌视觉形象。

视觉识别设计是以标志及图形、标准字或专有字体、标准形象色为核心,通过符号化、标准化和系统化的视觉符号表现形式,构建的完整的、系统的视觉表达体系。通过有组织、有计划地广泛、直接传播,使公众快速识别和认知品牌形象,进而最有效起到识别和宣传作用,关键在于品牌形象差异化、高效而针对性强的推广和传播和深刻全面的受众体验。

(4)生态文明形象

生态文明形象是以生态文明建设理念为指导,贯彻新发展和可持续发展理念,按照系统工程的思路,根据地域识别找寻区域、产业、企业的最大差异化个性特征,设计具有强烈个性特征、高度辨识性、有效传播且被社会、市场、人民大众所高度认可的系列图文符号。

生态文明形象与品牌形象、视觉识别的本质区别是前者遵循绿色、低碳、可持续发展的思想,具有科学性、前瞻性、系统性,与生态、社会、文化、经济高度协调统一,积极推动形成全社会绿色发展方式和生活方式。

21.1.3　发展历程和研究综述

(1)发展历程

对形象的研究和应用,最早追溯至 20 世纪 60 年代。1955 年美国 IBM 公司率先导入企业识别系统理论,后品牌形象设计理论在欧美企业界广泛推广和应用。20 世纪 80 年代至 90 年代,以日本为主导,借鉴品牌概念和理论,并引入相关领域和行业,除了企业和产品外,社会团体组织、文化体育活动、政府机构和城市也开始形象设计。当前,从国家、企业到团体,甚至个体,都在尝试借助品牌形象,在特定领域内树立形象。品牌形象正日益成为企业、组织或活动最重要和最独特的部分。在世界范围内,品牌化已成为通用的获取成功的模式(图 21-1)。

(2)国内生态形象研究概述

国内学界对生态形象没有明确的概念,相关研究相对较少且较为分散。一是研究重点在城市生态形象设计,例如对乐平市提出"一大四小"的鄱阳湖生态经济区绿色生态长廊形象;通过 CIS 理论完善具有绿色生态属性的城市形象;开展北京市生态形象设计探索。二是关注区域生态形象和传播,例如通过生态媒介探究城市生态形象传播问题;将数字化生态文化遗产与城市形象联系,探索数字化文化遗产对城市形象塑造与传播的影响。

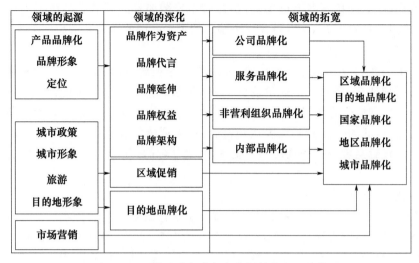

图 21-1　区域品牌与形象主流领域的发展脉络

21.2　体系、要素和评价体系

21.2.1　体系构成

（1）意：基于地域识别的生态意象

意象是抽象形态，是客观存在物体的表象中局部与个性特征的表达，是审美和创意表达的感受、情志、意趣。通过理解客观的形象含义与文字信息，创意客观事物。创意思维的实践活动使多种感知形成多样意象形态，这是多维化与多向性的意象形态的功能属性。

生态形象意象的表现是基于地域识别理论，对生态意象要素的汇聚、分解、解析后的再创造过程。通过不同的意象表达方式，形成具有可识别功能和美感的意象形式的设计方案。

① 意象组成

生态文明形象的意象要素，由地域特征、文化特征、产业特征三个维度组成。

a. 地域特征维度

地域特征维度包括区位条件、气候气象、地质地貌、水体土壤、生物环境。

b. 文化特征维度

文化特征维度包括遗迹与古建筑、历史文化、宗教文化、民间文化、社会文化。

c. 产业特征维度

产业特征维度包括特色、规模、产品、组合、融合、安全和韧性。

② 意象表现方式

意象表现方式主要体现在联想与想象的表达、象征与寓意及形态表达、分解与重构的意象传达三个方面，为生态文明形象提供创意基础。

a. 联想与想象的意象表达

联想塑造方法是以适形为原则，以二维图形符号为形式，运用联想思维，总结归纳由素材形态联想到的概念和画面，重塑素材形态，借助图形语言诠释传达内涵及寓意。联想形态的塑造表现方法是意象的符号与图形，将抽象的概念转化为具象的图形进行联想与想象。

b. 象征与寓意的意象表达

象征是以物证事的意象表现手法，借助客观存在事物的外在功能与特征，结合创意联想与想象，或表达富有特殊含义的意象表现手法,运用客观事物的表象暗示特定的人物或事件。该形式可提供简练、新颖的存在感,表达真挚情感和美好寓意,丰富受众视觉审美,展示无限广阔想象意境。

寓意是依靠客观事物假意、谐音的意象形象,运用夸张和拟人的意象表现方法,视觉化、形象化和意象化地传播情感和含义。可使复杂深刻的事理表象化、直观化,还可以延伸设计的内涵,创造一种新的视觉艺术意象。

c. 分解与重构的意象传达

分解是重新认识理解客观事物,突破传统模式的单一观察与认知,将客观物象全面解析和分解,将客观物象片段按意象思维构成原则进行重组。分解与重组的意象表达形式形成更新颖的视觉形态,扩大视觉空间与结构元素的表现,提供了更多的视觉传达信息。

在生态文明形象设计中,分解与重构是为了增强视觉表现和意象语言表达。将客观从原来的视觉环境和语境中分离、挖掘,拼合、重组在一个新的意象语境中,突破自然的元素组合,实现自主的组合。

(2)形:基于美学的生态形态

形,指客观事物存在表象的外观轮廓。依据视觉认知学,受众对形的认知是客观事物的表象投射在视网膜上的视觉意象。态,更多加入了主观思维和感受,即人自身活动经验与知识储备能动地对被观察事物进行的认知。

① 形态美学设计

a. 生态形象美学设计

生态形象美学设计,是以设计美学为基础理论,按照生态文明建设要求,对客体进行生态形态设计。

b. 生态形象设计支撑理论

生态形象设计支撑理论包括设计美学、历史设计美学、实践设计美学。

c. 生态形象设计审美属性

生态形象设计审美属性包括信息传达的功能美、感知效应的形式美、媒介感官的体验美三个方面。

d. 生态形象设计审美价值

生态形象设计审美价值包括经营、消费、传播。

e. 生态形象设计历史与演进

生态形象设计的历史与演进,一是艺术流派与设计风格变迁方面,主要受现代艺术与现代主义设计运动、国际主义平面设计、纽约平面设计派、后现代主义风格等影响。二是设计的历史渊源方面,可以追溯到欧美视觉识别设计、日本 CIS 设计模式、中国视觉识别设计。三是设计的演进要素方面,受到技术进步与媒介变革、社会变革与经济发展、风格与审美观念更迭等影响较大。

f. 生态形象设计审美基础要素

生态形象设计审美基础要素,一是开发方面,包括目的、构成、设计。表现为设计目的、品牌形象与构成、设计概念的设定。二是要素方面,表现为图形的视觉语言美、色彩的情感认知美、文字的视觉表征美。三是规范方面,由多样形态、组合秩序、标准化构成的规范美,表现为形态缜密与多样美、要素组合秩序之美、标准化应用与管理。

g. 设计审美判断基准

设计审美判断基准,一是原创性与多维表现传达个性美,表现为追求创新精神、差异化的体现、多维视觉表达。二是系统性与灵活应用构筑整体美,表现为系统构成的整体性、系统化思维与整体设计、适用性的表达、灵活应用与多样统一。三是持久性与多元文化体现时代美,表现为时尚性与持久性、设计提升与更新、多元文化的交融。

② 色彩多元体系

新时代背景下会形成不同时期的特点,生态文明形象中的色彩也应结合当下时代背景适时做出优化,即掌握时代、文化和心理等特征,打破传统的习惯性思维,创造出整体系统的色彩体系,使生态文明形象色彩符号更好地传达文化理念,在视觉运用效果上既要适应消费者对生态形象的心理需求,又要符合生态文明社会的可持续发展趋势。

a. 应用现状

随着经济的多元化发展,如何在市场环境中脱颖而出保持自身的独特性,通过整体系统色彩策略使形象重塑活力非常重要。当前,视觉形象色彩概念以单一色彩策略为主,系统色彩体系策略相对较少。其原因主要体现在以下方面:一是设计教育理论体系没有即时更新,停留在 20 世纪 80 年代刚导入 CIS 色彩体系的应用中,导致色彩应用单一,一种色调贯彻到整个形象识别且还在延续。二是色彩应用体系的同质化日益严重,未能随着市场环境的变化而变化,各企业间尚未适时地采取措施优化形象的色彩识别。

b. 系统性策略

色彩要有整体的色彩策略思维,即整体系统的色彩观。设计中重点强调系统色彩原则,发挥整体色彩优势,形成具有强烈识别性的色彩个性,且符合市场环境变化,并被消费者所认同、喜爱和追逐。

c. 主辅协同策略

形象识别第一印象,取决于生态文明形象的大面积色彩的主色调,而面积最大的颜色性质决定了整体色彩的特征。但一味强调整体色调的统一,会使画面缺少生机和活力。在把握整体色系布局的基础上,适当调剂组合色彩的面积之比,即以"主体色为主,辅助色为辅"。根据市场环境的变化,对色彩做优化识别。

d. 市场共生策略

色彩要有整体变动的色彩策略体系,如何将色彩巧妙地与市场空间环境相融合,使色彩呈现出一种新的视觉效果和感受,应打破常规的习惯性思维,更多考虑色彩与市场的环境、物料的选择、陈列的方式等因素。色彩的发展也不再局限于二维的平面,更多要与立体空间环境相结合,注重消费的体验和交互性。

(3)媒:新媒体与新传播

使用新媒体重新整合包装生态文明视觉形象设计,跟上新时代步伐,提供更多的可能性、视觉性、交互性和观看性。

① "5W"传播模式

美国学者哈罗德·拉斯韦尔提出"5W 模式"或"拉斯维尔程式"的传播过程模式。5 个"W"分别是:Who(传播者)、Says What(信息)、In Which Channel(媒介)、To Whom(接受者)、With What Effect(传播效果)。

② 新媒体与新传播

新媒体,是相对于传统媒体(报刊、杂志、广播、电视等)而发展起来的一种新的媒体形态。学界普遍认为新媒体即数字化新媒体。其形式包括数字化的传统媒体、数字报纸杂志、数字电视、网络媒体、移动端媒体等。其显著特征是具有海量性与共享性、多媒体与超文本、交互性与即时性、个性化与社群化、所有人对所有人的传播。

③ 数媒助推互动设计

数字新媒体时代下形象设计的观念、创意、内涵和方法与手段将不断地得到延伸和拓展,加大其深度、宽度和广度,向静态、动态、交互融合的全方位视觉设计发展,更多地向感官延伸,注重图形、文字、色彩更丰富的形态与组合,更重视受众与品牌的忠诚度与亲密度,突出与客户的沟通交流,更加致力于客户体验至上的互动效果。充分利用数字媒体的交互特点让消费者参与互动,增加趣味性、参与性,使受众感受到重视,产生认同感,提供与众不同的体验,形成差异化优势。

④ 跨界合作创新传播推广

传统的形象设计具有静态、单一化的特点。新媒体时代下,生态文明形象设计应跨界融合更多的技术和手段,取得更加多元化和更精彩的传播效果。利用新的媒体传播方式与手段对生态文明形象进行设计与推广。

(4)三者关系:语言钉、视觉锤和展示板的协同关系

① 概念

语言钉概念:语言钉是语言符号,它是形象的关键词,让消费者深入了解定位,形成语言标签。

视觉锤概念:劳拉·里斯在《视觉锤》中提出,视觉锤是定位理论的传承与发展。视觉锤是一个非语言信息的视觉符号,核心是以打造品牌为中心,以竞争导向和进入消费者的心智为基本点。消费者的心智是有限的,视觉锤在消费者的头脑中占据一个有价值的、可识别的视觉符号。

展示板概念:展示板是载体,当视觉锤将语言钉安装在适当的展示板时,才能获得更加稳固、有效的呈现。展示板不唯一,但不同展示板承载了语言钉,将呈现不同的效果。

② 传播规范和系统化方案

语言钉传播规范和系统化方案:语言钉主要通过广告语、系统文案和品牌营销策划的方式进行传达。广告语属于产品或者服务的关键词语和卖点,是消费者接触最多的语言信息符号,属于语言钉的核心部分。系统文案包含故事、设计理念、广告软文等内容,起到丰富品牌广告语的体系和场景的作用。营销策划属于语言钉的推广环节,通过传播与消费者建立沟通,将形象植入消费者的心智。

视觉锤传播规范和系统化方案:视觉锤主要包括 CIS、故事体系架构、品牌内容场景、生态体系建设等内容。CIS 通过搭建差异性认知的平台,对形象规范管理,提升形象的认知度。故事体系架构以视觉锤为中心,进行表情包、壁纸、动画、宣传片等视觉语言的延展,使得品牌形象更加立体化。品牌内容场景为海报系统,主要有日常海报、节日海报和热点海报,丰富了视觉锤的内容场景,使得品牌形象更具有宽度。生态体系建设的作用在于提高品牌的广度,主要包括官网的搭建、百度百科等基础推广、微信公众平台的完善等内容,全方位打造视觉锤的视觉语言体系。

③ 协同开发路径

生态文明形象塑造是提升竞争力的重要手段,重点在于提炼关键性信息,获得定位的视觉符号和语言符号,确定视觉锤与语言钉。视觉锤的挖掘可以从颜色、包装、创始人等方面入手,通过 CIS、故事体系架构、品牌内容场景、生态体系建设等内容进行传播。语言钉的挖掘可以从产品功能、产品特点、价值理念等角度切入,通过品牌广告语、品牌系统文案和品牌营销策划的方式进行传达。

两者属于相辅相成的关系,视觉锤强化了语言钉表述的语言信息,语言钉确定产品或者服务的定位关键词。两者需要不断地重复,并且准确、有力地传达信息(图 21-2)。

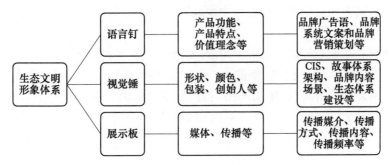

图 21-2　生态文明形象体系内涵及关系

21.2.2　构成要素

(1)基本要素

① 名称

享誉世界的美国营销大师阿尔·里斯在 1988 年《自上而下的市场营销》中提出,产品或服务的命名是建立品牌的第一任务。生态形象名称最主要的功能是唤起对产品属性(功能、品质、特色等)的美好联想,塑造品牌在公众心目中的独特印象。

生态形象名称的决策因素,一是生态形象名必须是合法可注册的;二是尊重文化和语言的多元性,如不同国家的风俗习惯、历史文化和价值观念的差异性;三是生态形象取名应遵循简洁易记忆的原则,简单好记且利于传播;四是生态形象名应上口易读,易于发音;五是生态形象名称应引导消费者关于产品或服务的正能量和正联想;六是生态形象名称应准确传递产品或服务的属性。

② 标志

生态形象标志设计,本质是图形艺术设计,兼具时代性和持久性,遵循简练明了、形式美观、传达特征三项基本原则。通过其独特性,吸引眼球,产生联想,识别感知。在字体与色彩上,应根据生态形象特征和文化习俗采用不同策略;在颜色的应用上,应因地制宜,灵活调整。

③ 标准字

生态形象标准字是指经过精心设计的用于辅助强化生态形象诉求力的字体,根据生态形象特色在基础字体的粗细、形态上进行统一配置,以最直接的视觉观感传递生态形象产品信息与生态形象理念,增强消费者对生态形象的认知。

生态形象字体主要可分为装饰字体和书法字体两大类。装饰字体是指在现有的基础字体上运用各种装饰手法进行加工设计而构成的新的具有图形识别功能的字形,它的特点是可以突破传统印刷字体限制,并结合生态形象所属行业性质和生态形象价值理念赋予字体一定精神含义,从而达到增强生态形象感染力的目的。运用不同的装饰手法可以形成丰富多彩的字体内涵。书法字体是汉字艺术的表现形式,自由洒脱、笔触鲜明。

④ 标准色

从心理学效应角度来说,生态形象标准色与使用者体验密切相关,作为视觉审美的核心要素之一,不同的颜色可以传递不同的心理暗示,进而影响消费者的直观感受与内在情绪。

对生态形象目标群体的喜好,由于色彩的象征意义会因为社会文化、风俗习惯以及地域性差异而有所不同,生态形象选色应尊重不同民族、不同人群对色彩的爱好和禁忌。

生态形象色彩的考量尽量以单色为首选,当同一种颜色高频率并长时间出现在使用者视觉范围内时,生态形象更容易被消费者记忆。生态形象选色的难点在于,颜色的设计既要符合现代审美要求,又得避免流行色的使用,以免过分追求时尚。

对生态形象个性的考量,生态形象的色彩语意应该与生态形象产品或服务所属行业的特质相吻合,同时以辅助生态形象从诸多同质化产品或服务中脱颖而出。

⑤ 标语

生态形象标语的核心功能是传达生态形象理念,加强目标消费群体对产品或服务的深刻印象。其设计应遵循以下原则:简明扼要,易于记忆,朗朗上口;富有内涵,具有号召力;个性表述鲜明,突出品牌特点;具有亲切感,能够引发消费者共鸣;阐明产品利益,激发目标消费群体的兴趣。生态形象标语具有传递生态形象的核心价值理念,表达生态形象产品或服务所属行业的功能属性,提升生态形象内涵和利益点等功能。

⑥ 象徽

生态形象象徽是为了强化品牌个性而衍生的角色,根据生态形象产品或服务的特征而设计的具象化动植物或人物的卡通漫画式视觉形象,可帮助提高品牌亲和力和吸引力,增强生态形象识别度并激发目标消费群体的购买兴趣。其包括吉祥物、徽标、卡通动漫形象等,是生态形象、生态个性、生态价值主张的艺术化和具象化,可拉近消费者与生态形象的距离。

(2)应用要素

① 包装

生态形象包装指的是基于生态形象核心理念,遵循美观、经济、实用原则,巧用工艺手段和包装材料而设计的一整套容器结构造型和美化装饰。生态形象包装是生态产品或生态服务品质的外部表现形态,其能够传递生态形象产品资讯、生态形象个性地域特征与文化理念,加强生态形象产品或服务的辨识度,方便购买者携带和储藏,促进生态形象产品销售。

② 用品

在生态形象视觉识别体系中,用品是极为有效的视觉传达工具,它的特点是传播率高、应用面广、扩散性强且作用时间久。用品不仅有传递产品或服务的基本信息之实用，还具有加强形象视觉识别度的功能，它既服务于产业、产品，又有助于生态视觉形象的塑造。办公用品的具体构成有名片设计、信封设计、信笺设计、制服设计等。户外设施，包括交通工具、标识系统、公共设施、公共小品等。

③ 广告

广告策略的定位尤其重要，即在了解目标消费者的心理需求基础上找出与同类竞争者的与众不同之处，再通过图形、色彩等创造性、视觉性符号传递品牌特质与文化理念，逐步形成品牌在消费者心中的特有形象。

通过创意广告的视觉冲击力传播理念，以满足大众的心理需求，维护良好的形象，提高知名度便成为形象长期投资并最终扩大市场占有率的有效途径。

21.2.3　评价体系

生态文明形象是一个多因素、多层次的系统。根据层次分析法，整个体系可划分为总指标层、子指标层、组类指标层、基础指标层（表 21-1）。

表 21-1　生态文明形象体系评价指标

总指标层	子指标层	组类指标层	基础指标层
生态文明形象体系	意象识别	地域	区位条件、天气气候、地质地貌、水体土壤、生物环境等
		文化	遗迹与古建筑、历史文化、宗教文化、民间文化、社会文化等
		产业	特色、规模、产品、组合、融合、性能、安全、韧性等
	形态识别	理念	历史延续、文化内涵、创新能力、绿色低碳、行为等
		设计	名称、商标、色彩、风格、美学、表达、包装、价格等
		形态	款式、材料、图案、档次等
	组成要素	基本要素	名称、标志、标准字、标语、象徽等
		应用要素	包装、用品、设施、广告等
	媒介传播	媒介	多样性、结合度、有效性、性价比等
		传播	多样性、针对性、广泛性等

21.3　区域生态文明形象和品牌

21.3.1　概念

形象研究目前涉及较为广泛，涉及心理学、社会学、管理学、传播学、地理学、美学等多个学科，且"区域"是个相对概念，具有国家、地方、目的地、城市等多个外延。

区域形象是一个区域内在政治、经济、文化、社会、生态等多因素抽象化、综合化的外在反映，是一个区域有别于其他区域最具差异化的要素集合，更是区域发展过程中极为重要的无形财富。构建科学合理的区域形象能够有效提升区域的影响力与竞争力。

区域形象体系（RIS），是在 CIS 的基础上，根据独特地域、历史、文化、产业等环境和元素而提炼，明确而有效展示区域发展、现实和未来的形象体系。

21.3.2　结构

区域生态文明形象是一个完整的系统，由三大部分组成：理念识别系统、行为识别系统和视觉识别系统,以区域理念为核心,向行为规范与视觉扩展。

① 区域形象的理念识别系统

区域的理念内涵包括:区域的生态发展、文化发展、社会发展和经济发展。独特的理念,对区域的个性和特色的挖掘起到积极的作用。从大众的角度来看,区域理念来自于传统文化、思想观念,是区域人格化的表达。文化资源作为区域形象影响系统的核心要素,为区域形象理念系统的构建提供核心价值,是区域理念识别系统构建的精神文化源泉。

② 区域形象的行为识别系统

区域形象的行为识别系统是区域理念的具体化表现,体现为区域的各种活动,以广告、展览、演出、博览会、体育赛事等形式展示经济、社会、科技、文化、生态等相关活动。让社会全员在一定程度上能够形成共同的文化认知,在多样化的群体行为中,在与社会互动的同时创造新的文化行为。

③ 区域形象的视觉识别系统

因为感受到的外界刺激有83%来自视觉,所以视觉识别成为区域信息传达的重要手段,也是区域形象中最直观部分。

区域形象的视觉系统,是区域历史变迁的表现符号。构成区域的空间包括历史街区、城市空间、雕塑等,要素包括造型、外观、体量、色彩,是直接可视化的区域外在形象,对于区域内活动性主体的人而言,是容易留下深刻印象的。

区域视觉识别系统应注重文化与区域形象的关系,以文化资源来决定视觉识别设计的思路,结合区域独特的自然、历史、人文资源的特殊性,以区域内大众的新观念、新价值以及和谐为导向,挖掘丰富的文化内涵,提高其文化品质,结合现代科学技术,使视觉要素变成可积累的财富,具有恒久的美感。

21.3.3　城市生态文明形象

21.3.3.1　基本特征

城市定位是指城市为了实现其利益最大化,根据其经济基础、消费需求、区位条件和外界环境等的动态变化,科学确定城市的发展目标、空间选择、角色扮演和竞争策略。城市定位的内容涉及发展定位、功能定位和产业定位等方面,其中,发展定位是灵魂,功能定位是核心,产业定位是基础。所以,发展决定功能,功能决定产业,产业决定城市的规划、建设和发展。

① 城市定位的原则

要对城市定位内涵有准确而深入的把握,那么在具体进行城市定位时应遵从独特性、美誉性、连续性原则。

② 城市定位的作用

城市定位对于现代城市生态文明建设和生态经济发展具有重要意义。一是城市定位体现着城市发展的方向和竞争战略的核心,二是城市定位是建立城市品牌和城市形象设计的基础。

③ 城市特色

城市特色是指一座城市在内容和形式上明显区别于其他城市的个性特征,是由特色资源及其转化的产业群、物质形态及个性文化所组成的,以资源为基础、文化为动力、产业为中轴、空间为焦点的城市发展系统。它是一个城市长期的历史文化积淀的凝结,并通过城市性质、产业结构、经济特点、民俗风情、环境景观等外在表现出来,渗透出独特的气质和魅力。

④ 城市特质

特质是城市的灵魂,城市之灵魂不失,城市特色可显,城市的特质是独有的,是一个城市区别于其他城市的关键所在,一旦城市失去了这种独特性,城市也就变得平庸。城市特色的建构与表达,首先需要正确认识城市特色与城市特质的关系,城市特色体现城市特质,是特色城市规划建设的重要内容,这对城市未来的特色化发展具有重要意义。重点包括城市产业、城市空间形态、城市历史文化、城市气候环境、城市生态环境、城市地质环境。

21.3.3.2 形象定位

城市形象是一座城市的内在历史底蕴和外在时代特征的综合表现,是城市总体的特征和风格。城市经济和物质基础是物化的文化,是城市之"形",而城市理念和城市精神是精神化的物质,是城市之"神",形神兼备,城市就有了神韵。

城市形象定位是城市形象建设的灵魂和核心。城市形象定位的准确适当与否,影响着整个城市形象建设。

① 城市形象

城市拥有较好的自然环境、建设环境和社会文化环境,具有广阔的发展潜力和生态魅力,但整体城市形象及其特色还是不够彰显独特魅力。在推进城市形象建设中设计一个独特、鲜明、具有较强感召力的城市形象,应该从以下方面入手。

一是借助"节事活动"的品牌优势,塑造个性鲜明的城市形象。城市形象突显自己的特色,要充分利用节事活动,把节事纳入城市形象设计的标识,以此促进城市形象的传播,提高城市熟悉度和改善城市形象。

二是把握"可读性"和"可意象性",彰显城市特色。把城市景观的"可读性"和"可意象性"作为形象建设的重要理念,彰显城市特色。第一,城市建设;第二,城市园林绿化;第三,着力塑造特色城市风貌;第四,着力优化特色生态环境;第五,着力营造特色人文环境。

三是延续城市的历史剖面,彰显城市形象建设的亮点。城市形象必须能延续历史剖面,寻找亮点,以体现城市形象的多元性——历史的延续性、空间的拓展性、文化的多样性。

四是凸显城乡文化截面,展示形象符号。继承历史、立足当代、展望未来,在原有城市景观文脉的基础上进行再创造。挖掘潜在的城市历史文脉,保护并发展现存的城市历史文脉;充分展示历史文脉的合理性与必要性,不应将发展历史文脉简单地看作营造一些符号化景观小品,而是要认识文脉产生的机理和意义。

五是体现以人为本的理念,寻求天人合一。城市形象建设要体现生态意识,倡导天人合一,以生态机制理论为指导,保持构成城乡空间结构诸要素,即城市的节点、通道、面域之间以及各要素之间环境的和谐共生,设计思想的核心是以人为本,寻求天人合一的城市自然环境。

② 政府形象

政府形象是社会公众对政府机关及其对社会公共事务的管理活动的总体印象和评价。一是组织风格。如政府行政理念、政府行为规范、精神面貌、服务水准及在公众中的信誉等。二是政府公务员的形象。即政府工作人员的工作态度、言行举止、工作能力和衣着仪表等。三是政府的象征物。

政府形象的特征包括三个方面。一是客观内容与主观形式的有机统一。政府形象是政府客观存在和政府运行的各种要素共同作用于公众,从而在公众头脑中所形成的一种主观反映。二是整体性与个体性的有机统一。整体性与个体性的有机统一主要是相对于公众的整体性和个体性而言的。三是稳定性和动态性的有机统一。政府形象的稳定性是指政府的形象在公众心中的一种长期积淀,是在一段时期内公众对政府的总体看法和评价。

政府形象的影响因素是多方面的。一是政府的政策,它是影响公众对政府形象评价的一个因素;二是政府的办事效率,它也是影响政府形象的一个非常重要的因素;三是政府的诚信度,它是社会组织和公众对政府信誉的一种主观评价;四是政府的廉洁度,它是公众对政府的基本期望,也是影响政府形象的重要因素;五是政府的法制化程度,它是衡量政府政治开明公正的标志。

政府形象定位方面,在民主化进程不断推进、公众权力诉求日益高涨、信息越发公开透明的时代,对政府形象的准确定位,对于塑造政府良好形象具有重要意义。在网络时代,社会公众对政府形象的定位是清正廉洁的政府形象、责任高效的政府形象、公开公正的政府形象、法治的政府形象。

③ 企业形象

企业形象指的是人们通过企业的各种标志(如产品特点、行销策略、人员风格等)而建立起来的对企业的总体印象,是企业文化建设的核心。企业形象是企业精神文化的一种外在表现形式,它是社会公众与企业接触交往过程中所感受到的总体印象。这种印象是通过人体的感官传递获得的。成功的企业形象宣传并非只靠打广告来提高知名度就够了,必须靠长期的积累和沉淀,期望短期内树立良好企业形象是不现实的。

企业形象是社会公众通过各种媒介接触企业的种种活动或实态,经过思维与情感的整理和分析而形成的对企业的总体评价与社会印象。企业形象的内容可分为物质方面、社会方面、精神方面。物质方面包括企业办公大楼,生产车间,设施设备,产品、环境、标识。社会方面包括职工队伍、技术力量、经济效益、公众关系、管理水平等。精神方面包括企业信念、道德水准、口号精神、厂歌等。

企业形象具有全员性、特色性、社会性和持久性四个特点,以良好的企业形象面对市场,以优质的产品质量打入市场,以正面的价值传播进入市场。

④ 市民形象

市民形象的构成要素:价值观念、精神状态、行为取向、市场与竞争意识、风土人情、待人接物、工作效率与责任、教育水平、语言规范、消费方式、社会治安、服务水平、卫生习惯、秩序。

市民行为形象:国家至上、社会为先,家庭为根、社会为本;爱我春城、兴我春城;关怀扶助、尊重个人;文明热情;求同存异、团结向上、民族和睦;重教尚文,尊重科技,尊重人才;坚持正义与公道;诚信友爱、追求高雅;勤俭节约、注意身心健康;敬业爱业,在踏踏实实的工作中实现自我。

市民形象的基本特征:集中创业的奉献精神,公正和谐的社会风气,崇智重教的文化氛围,诚信自律的道德风尚。

21.3.3.3 城市精神

城市精神凝集了一座城市的历史传统、文化底蕴和时代风貌,集中反映了公民的价值追求、思想观念和道德风尚。城市精神是城市文明发展阶段的智慧结晶,是生态文明进步的标志和象征。

① 城市精神的表现

城市精神由发展阶段沉淀而成,更应展现某些发展的共性以及时代的特色。城市精神是以人为本,追求人的全面自由发展的精神;是公民精神的具体表现;是法治精神的具体体现;是和谐精神的具体表现。

② 城市精神的功能

城市精神与城市发展相生相伴,真实地反映城市的经济社会发展水平和文明程度,又对城市未来的发展起着重要的推动作用。城市精神具有凝聚功能、导向功能、动力功能、形象功能。

③ 城市精神的凝练

城市精神凝练应把握"四个结合",即历史性、时代性与前瞻性相结合,民俗文化与地域特色相结合,内涵丰富与语言精美相结合,稳定性与动态性相结合。

21.3.3.4 城市市树市花

市树市花既是城市形象的重要标志,也是城市文化的浓缩和城市繁荣富强的象征。因此,目前已有很多城市确立了自己的市树市花,既有省会级城市,也有经济条件好或者文化旅游资源丰富的地级城市。

市树市花的选择与确立是生态文明建设,尤其是生态文化建设的标志性成果之一。通过市树市花的选择与确立,利用有限的财力和物力投入,构建一个具有城市认同感的标志,这对塑造全新城市形象和提高城市文化品位具有重要的现实意义。同时,市树市花的确立对优化城市人文及生态环境、提高城市品位和知名度、促进地方文化的传承和发展也起到不可替代的作用。

(1)选择的原则和依据

一是充分考虑到城市的地域特征和植物的适应性,最大程度地适应当地气候特征和代表当地的地域特点。二是具有一定的历史或文化内涵,能够代表城市形象。

(2)价值体现

① 观赏价值

通过感官欣赏而体现出来的价值就是市树市花的观赏价值。根据欣赏部位的不同,可以将市树市花分为：观花类、观叶类、观果类、观干类、香花类五大类。

② 产业价值

市树市花可以具有一种或多种的产业价值。市树市花除本身的经济价值外，很多城市都在开发其附属价值，旨在提高市树市花的旅游价值、食用价值和药用价值等特殊应用价值。

③ 精神内涵

市树市花作为区域的特殊象征，其精神内涵因其花容、花姿、历史和社会价值的不同而不同。市树市花普遍具有积极的精神内涵，这些积极向上的精神内涵有助于激发民众爱城爱家的热情和对幸福生活的追求，增强城市的创造力和凝聚力。

21.3.3.5　城市宣传口号建设路径

目前，很多城市在城市宣传口号的建设方面存在着一些误区，一是对城市功能认识不清，二是未能体现城市精神和个性，三是缺乏语言美感，四是城市自恋情结突出。

宣传口号的确立通过认真的科学考察，了解不同受众的不同认知形象的比例关系，强调科学性、注重艺术性、凸显城市特性、具有城市创新性，把城市资源中最具特色的、排他性的要素提炼出来，并运用语言符号加以表现和传播。

21.3.4　乡村生态文明形象

（1）概念

乡村生态文明形象是乡村所表现的内外结合的视觉形象，载体包含乡村的公共空间、乡土文化、地方民俗或田园风光等。树立良好的乡村生态文明形象，能够发挥出乡村产业的综合效益，促进乡村生态和谐、生产和旺、生活和美。

乡村生态文明形象传达的是优秀乡村文化和核心价值，对传统文化起着积极的影响，增强乡村知名度和核心竞争力，有效吸引社会资本、科技和人才关注，使资源得到有效集聚和合理配置。

（2）组成

乡村生态文明形象是乡村内涵的呈现，更是美丽乡村建设的门面工程，包括乡村理念识别系统、行为识别系统和视觉识别系统三大构成要素。理念识别系统表现乡村独特的核心价值、语言凝练和概括的定位、宣传口号等；行为识别系统是乡村核心价值传达的具体行为表达，是通过乡村村集体、合作社或社会相关组织和企业的具体活动表现；视觉识别系统是体现乡村生态文明形象的视觉外在表现，包括村名、标志、标准色、辅助图形及应用系统等。

（3）问题

乡村生态文明形象现存问题与生态、生产、生活息息相关：一是乡村品牌形象"千篇一律"，影响力弱，特色产品竞争无优势；二是乡村特色及核心产业不突出，导致乡村特色不鲜明；三是乡村产业化层次较低，产业链条有待延伸；四是乡村形象设计与营销推广人才专业技能和素质有待提升；五是形象传播组织形式不完善，协同发展合力不足。

（4）策略

遵循地域性、艺术性、共享性原则，从理念识别、行为识别、视觉识别深入，构建乡村生态文明形象体系，设计精准定位，突出地域形象，创新媒介传播，完善管理维护，建设具有较强地域化、特色化、个性化的乡村生态文明形象。

① 科学地域识别，个性特色彰显

科学谋划策划，规划设计引导，明确形象发展方向和发展目标，科学利用乡村地域各种资源要素，彰显地域特色、产业特色和文化特色。一是识别地域科学元素，寻找差异特色。二是提取乡土人文元素，突出乡村属性。三是融合乡村产业元素，体现三产融合。

② 现代农业为主,产业融合发力

农业方面,与新的"三品一标"要求相契合,积极推进农业的标准化生产,提高农产品的品质和内在价值,加强绿色、有机农产品等认证,保障质量安全,发展现代农产品加工业和现代农业服务业。

③ 放大品牌效应,拓展营销推广

加快推动乡村生态文明形象建设,注册具有区域特色、有亮点的注册商标,申请农产品名牌。积极参加优农产品展销会等,多途径、多角度运用现代传媒手段,扩大宣传的辐射面,提高"一村一品"品牌的特色度、信誉度和知名度。

④ 增设专业培训,提高乡村素质

加强对电商带头人、新媒体推介能手的培训。因地制宜开展不同类型的培训课程,尤其是要与农时季节相结合,将理论培训和现场指导相结合,使培训具有实效性。

⑤ 完善组织形式,促进协调合作

结合政府支持政策,完善社会化服务体系,建立专业性服务公司、专业服务合作社、农民经纪人组织等,发挥其在生产资料供应、技术服务、营销推广等方面的优势,助力乡村生态文明形象更好发展。

21.4 生态农业形象和品牌

农业区域品牌形象作为包含地理信息的产权概念,承载了深厚的农耕文化与独特的地域特色。它不仅在促进产业集聚、提升农业附加值、拓展农业功能属性等方面有着显著作用,而且对深入推动农业供给侧结构性改革,落实乡村振兴战略有着积极的实践意义。

21.4.1 概念

① 农业区域品牌形象

农业区域品牌是指在农业及农产品领域的一个特定区域范围内能代表区域特色以及传达区域形象的品牌类型。农业区域品牌由农业相关组织注册控制,并授权由若干农业生产经营者共同使用,以"产地名+产品(类别)名"形式构成。农业区域品牌能促进农业品牌化效应,提升农产品溢价能力,是相关农业产业集中化和标准化的综合经济体现。

② 农产品区域公用品牌

农产品区域公用品牌是指由政府建设或随该地农业发展自然形成的,对当地特色的自然资源和人文历史资源进行整合,提炼出地方农产品核心特色,在一定区域内的企业和小农户生产者都享有使用权的农产品品牌。

21.4.2 研究概述

地理标志品牌的研究受到国内外学者们的广泛关注,研究内容主要体现在以下方面:一是地理标志保护法律与政策研究,保护制度的兼容性与后果、法律保护存在的问题分析及建议,政策对于地理标志发展的影响等。二是地理标志对经济、社会与生态的影响,如地理标志对生态环境间接保护的机理与间接作用、地理标志的减贫效应、地理标志对旅游的正向效应等。三是地理标志发展的影响因素,如农产品质量、物流配送、品牌知名度等涉及消费者支付意愿研究,市场对地理标志产品价值链的影响,不同产地对地理标志产品的溢价,政府对地理标志农产品质量的影响,申请过程中人的感知等方面。四是地理标志品牌建设相关研究,如品牌价值评估、品牌竞争力分析、品牌价值提升路径等方面。

21.4.3 现存问题

农产品区域公用品牌设计有助于提高农产品竞争力,有利于推动区域经济持续发展,实现乡村振兴。

农产品区域公用品牌现存缺乏完整的品牌策略、缺乏规范化的品牌视觉形象（缺乏规范的设计以及应用、品牌设计风格缺乏独特性）、品牌营销推广力度不足等问题。

21.4.4　设计定位

一是品牌定位，应有清晰自我认知，分析内外部环境，找准核心竞争优势，将定位差异化，将优势最大化。二是地域性定位，农产品区域公用品牌因其独特的地域性与消费者购买行为的紧密相关性，应基于地域识别和市场需求定位。三是构建完整的品牌战略，包含品牌发展定位和品牌价值梳理。

21.4.5　设计框架

农业区域品牌形象或农产品区域公用品牌在设计环节要保持地域特色，更要规范设计，保证设计完整性，更好地将现代农业和优质农产品推向市场。

① 基础设计

农业区域品牌形象或农产品区域公用品牌的基础设计部分为整个视觉形象设计定下基调，在整个设计体系中具有重要地位。其基础视觉要素主要包括品牌名称、品牌标志、标准字体、标准色彩、辅助图形、组合规范等。

一是品牌命名是关键。区域公用品牌名称最好有地名，便于识别，直观展现，简洁明了，朗朗上口。

二是地域特色是基础形象设计的关键。遴选具有地域代表性的元素融入标志的视觉设计中，具有较高的辨识度和较强的视觉冲击力，使得区域品牌的地域性更加突出。通过调整标志的色彩、鲜艳度、亮度等，使得设计风格更加符合品牌定位，彰显出地方文化，增加消费认同感。如"丽水山耕""宁海珍鲜"等。

三是辅助图形以造型丰富、色彩饱满、风格独特且展现农业农村乡土风貌为评判标准。将产品信息作为符号融入辅助图形，更好地诠释品牌的经营理念以及品牌文化，对品牌的发展、营销具有积极影响。

② 应用设计

应用部分包括包装、广告、商业展示以及网络宣传等设计。包装设计作为应用设计的重要组成部分，突出"农""土""乡"，是品牌与消费者联系的最直接的媒介。围绕标志符号等基础设计展开，以辅助图形作为重要元素，通过乡土色彩、字体、图形的统一关系，使农业或农产品形象设计体系达到高度的视觉和谐。

21.4.6　设计要点

① 视觉语言融合的特征转化

一是深入实地考察了解地域乡土文化、历史、自然等，提取特色元素，是地域文化视觉特征转化的第一步；二是充分挖掘特色地域符号，将其解构、设计、展示、传播；三是提高特色地域符号的文化创新融合和再设计再创作；四是特色设计地域内容进行视觉语言可识别性转化；五是特色地域视觉符号的形态、色彩和纹饰的形态特征转化和文化内涵特征的再构，生成具有辨识度和识别性的视觉语言特色。

② 精神情感融合的精准传达

提升农业区域品牌精神情感的辨识度，引起受众情感共振，进而平衡农业区域品牌形象商业属性和文化属性。一是以受众情感需求为出发点，融合新时代现代消费审美和生活方式。二是创新形象精神情感的多元化呈现方式，增加受众接触点，进而满足受众的情感体验。三是通过与地域文化情感特色的融合展现，增强农业区域品牌形象的情感识别度和可记忆性。

③ 文化体验融合的互动强化

在视觉层面上需要将受众对特定地域的具有强烈认同性和共鸣性的文化符号进行具有文化特征联想性的特征转化设计。行为风格层面上表达其核心价值观并与受众产生代入感的互动体验，更好地达到宣传和表达地域或者农业区域文化的作用。

④ 传播素材融合的品质建设

视觉元素的特征是形象面对受众最直观的风格表达,设计和储备形态、色彩、纹饰、文字等要素的图库品质建设,对形象内容匹配农业区域文化且形成自身风格特色来说是举足轻重的存在。如一年四季、二十四节气、春种夏长秋收冬藏等农业或农产品的生长状态、花果叶种状态、生态环境的美景、农业农村的乡土风情等。

21.4.7　包装设计

① 包装视觉设计

一是文字方面,应明确传递农产品与品牌信息。二是整体观感,采取简约简洁设计,符合新时代生态文明生活理念和消费审美。三是位置方面,标识与名称应位于醒目显眼位置。四是装饰设计方面,辅助图形发挥辅助作用,避免与标识和文字冲突。五是协调性方面,包装主辅色彩、标识、文字间保持协调。六是特色凸显,农业或农产品的地域特色应由色彩和图案得以凸显。七是系列协同,同一区域农业或同一企业农产品间包装应和而不同,保持文化、主题、样式、色彩的相对统一和区别。

② 包装结构设计

一是包装应具有保鲜保质的基础功能,依据产品特性设计,充分考虑季节、温度、湿度等,以及交通、运输、搬运等环境和条件。二是以绿色低碳节能环保为前提,包装结构趋于简约,包装材料趋向于自然取材,契合农产品原生状态。三是包装遵循人体功能学原理,考虑市场消费习惯、人体适应性,更加方便和快捷。

21.4.8　营销推广

为将品牌形象理念和品牌文化转化为商品价值,制定完整的营销策略显得尤为重要。一是农业区域品牌应通过推广,实现大众市场的广泛认知和目标市场的深刻共识。二是农业区域品牌与农业产业紧密结合,推广渠道和推广方式应与农业主产业、农业核心产品的销售市场紧密结合。三是农业区域品牌,尤其是农产品区域公用品牌,应与电子商务紧密结合,多使用市场认可度高的新媒体,如微信公众号、淘宝旗舰店铺、抖音、快手等,同步实现网络宣传与销售。

21.5　北京市平谷区生态文明形象体系建设研究

21.5.1　平谷区生态文明形象体系建设

区域形象既是客观的社会存在,又是主观的社会评价,是指平谷区作为一个整体的区域在公众心目中形成的总体印象和总体评价。它是平谷区凝聚力、吸引力和辐射力的基础,又是平谷区软实力的直接表征。通常情况下,区域形象由硬形象和软形象构成。其中,硬形象是指平谷区具有客观形体或可以测度的各种因素,包括地理形象、经济形象、交通形象、科技形象、资源形象、教育形象等;软形象是指平谷区很难精确测度、受心理影响较大的因素,包括旅游形象、历史形象、文化形象、生态文明形象、政府形象等。

21.5.1.1　平谷区生态形象建设存在的问题

目前,平谷区的形象建设就如生态文明建设一样,还处于初步探索阶段,干部和群众对生态文明形象的认识还停留在一般的对号入座的状态。受其影响,各级政府还没有把生态形象建设问题纳入议事日程。一是各级政府在生态形象建设上缺乏对软项目建设的重视,至今还没有完整而长远的生态形象建设思路,尤其是如何让社会参与生态形象建设方面;二是在现状条件下,仅有个别的乡镇或园区提出了形象定位和宣传口号,整体而言,大多数部门仍停留在观望状态,至今全区还没有形成一体化的区域整体生态文明形象;三是平谷区的优势和特色资源具有较高的品味和区域整合能力,但没有得到充分的挖掘和利用,导致形象建设停滞不前。这些问题的存在对平谷区生态形象影响较大。

21.5.1.2　平谷区生态形象建设的总体思路

平谷区生态形象建设是一个系统工程,需要长期、持续、多方位的系统建设,这就要求全区各级政府动员各方力量共同参与,充分发挥区域的整体优势,以区委区政府为主导,以专家、企业和媒体为先锋,以公众参与为主体,并借助民间团体的助力,共同推动生态形象的建设。

① 发挥区委区政府的主导作用

生态形象建设是长期而持续的战略,需要科学的长远规划,更需要稳定有力的组织力量。区委区政府可以运用组织、领导和控制等行政手段将社会各种力量、资源进行有效整合,在专家的指导下,推动生态形象建设规划的实施。一是政府应做好平谷区生态形象建设的推动者。政府要有长远的眼光,借助科学手段,对平谷区生态形象进行合理定位,并制定长期的实施对策。二是政府应做好生态形象资源的整合者。把分散在全区不同层次、不同方面的形象资源进行有效整合。三是政府更要做好平谷区生态形象的营销者。抓住生态文明建设的机遇,特别是抓紧各种节庆会展活动,大力展示平谷区的生态形象。政府应做好平谷区生态形象的"发动机"和"方向盘",充分发挥生态形象建设中的主导作用。

② 政府引导,充分发挥社会公众的主体作用

社会公众是平谷区生态形象建设的主体,又是生态形象的创造者。一是政府要积极引导社会公众注重自身素质的发展,塑造良好的公众形象。二是政府要积极引导社会公众对生态形象价值的认识,使每位公民有意识地在同外部公众交流中为生态形象做宣传,成为塑造和维护平谷区生态形象的主要力量。三是政府要积极引导社会公众对"平谷人"的认同,提高区域公众凝聚力和集体责任感,引导公众积极参与平谷区生态形象建设的工作,这是平谷区生态形象建设的重要途径之一。

③ 政府引导,积极发挥民间团体的助力作用

政府要对民间团体在平谷区对内对外的巨大影响力进行合理的运用,这将能够有力推动生态形象的建设。一是民间团体具有一定的影响力和号召力,能够凝聚社会公众的力量。二是各种民间团体,有些是具有区域或北京市性质的,有些则是乡镇或区及北京市民间团体的分部。只要政府能够对这些团体加以正确引导,使之成为生态形象的宣传力量,那就能够为平谷区生态形象的建设提供较大的支持。

21.5.1.3　平谷区生态形象建设的路径

突出平谷区的生态、环境、资源特色,展现全区的特色优势是生态形象建设中的最高效快捷的路径之一,也是树立平谷区生态立区的形象品牌,是提高吸引力、辐射力和美誉度的最佳选择。通过对平谷区特色和优势生态形象资源的开发利用,能够加深社会公众对平谷形象的印象,并形成良好的评价。平谷区区位优势明显,生态与环境格局清晰,历史文化底蕴深厚,自古就是京津的要冲,山区单元、浅山单元、平原单元和城市单元各具优势与特色。因此,在生态形象的建设中,应针对不同的地理单元的客观现实和可持续发展能力,充分发挥各自的优势,努力塑造特色的区域品牌,从而达到提升平谷区整体生态形象的目的。

① 突出平谷区位优势,塑造"京津冀一体化地缘"形象

平谷位于北京市东部,是燕山山脉或沟河流域的重要组成部分,既是重要的生态涵养发展区,又是新型产业聚集区,还是北京山区县唯一与津冀接壤的区域。新时期,平谷区位优势的发挥须做到以下方面:一方面,平谷区应继续利用生态涵养发展区的优势,保持生态经济的快速增长,使其能够保持北京山区生态发展的先锋形象;另一方面,要转变生态涵养区的传统发展模式,把平谷区发展的重心转移到生态文明上来,把平谷区打造成基于生态涵养发展条件下的生态经济和京津冀一体化示范区域,重新塑造平谷的区域形象。

② 有效利用平谷区生态文化多元性特色,塑造"自然与人文和谐统一"的旅游与文化特色形象

在提升平谷区域形象的战略中,应力促自然与人文的融合共通,提升平谷区的吸引力和活力,塑造旅

游和文化上的新形象。就地理环境而论,一是首都与新城的二元性,二是地域上的梯形多元性(深山、浅山、平原)。在区域旅游形象建设上,应强调自然景观与人文景观的同等地位,一是要大力开发以燕山为代表的自然景观建设,确立"山风河韵"的形象定位;二是促进人文与自然景观的共融共建,打造人文与自然景观的和谐统一的旅游形象。

平谷区形象建设的提升是一项系统工程,它既要求全区及社会力量的多方参与,也要依据平谷的具体区情实施特色的区域形象提升战略。一是要依靠政府主导下的集体力量优势,充分发挥企事业单位、民间团体和公众的力量;二是要协调深山、浅山、平原、新城、乡镇在形象上的差距,重点扶持山区、新城和新型业态的形象建设,增加区域凝聚力,塑造良好的区域整体形象;三是要突出平谷区位优势以及文化与地理上的多元特色,塑造平谷区作为"生态文明特色强区"的魅力形象,能为区域经济发展特别是招商引资和旅游业的发展注入新的动力,能为区域政治、社会、文化等方面的可持续发展带来新的契机。

21.5.2 平谷区城市定位

21世纪是城市竞争的世纪,是确立和塑造城市核心竞争力的时代。面对这样一个城市崛起的时代,作为北京山区重要的生态发展区,怎样准确地进行城市定位,并在此基础上建设城市,确立一种既符合地域和文化特色,又富有独特竞争优势的城市发展模式,迫切地摆在了区委区政府的面前。通过对平谷区发展条件的分析,平谷区的城市定位可以表述为"北京体量经济实验区"。城市定位决定城市功能,城市功能决定城市产业,这一思路为平谷区的城乡发展和取得生态竞争优势提供了一种路径选择。

21.5.2.1 平谷区城市定位:北京体量经济实验区

根据平谷区所具有的地缘、生态、农业、资源、政策、文化优势等特点,把地域、功能和人文三个方面融合起来,形成平谷区的个性和特色,这样的城市定位才具有长久的生命力,才能得到社会和消费者的认可和接纳。平谷区的城市定位可以表述为"北京体量经济实验区"。

体量经济是指特定的区域在资源承载力、环境承载力、生态承载力的基础上的国土空间优化格局。遵循低碳、循环、绿色发展,构建城乡协调、产业融合的全新发展理念,其特征是量天、量地、量城、量乡、量人。

北京市尤其是生态涵养区内6个区县的经济发展必须量体裁衣,在区域资源禀赋的基础上,摸清区域的资源、生态、环境本底,从而确定区域发展的方向和规模。将平谷区作为北京体量经济实验区进行典型示范,以体量经济的发展要求来总体谋划平谷区的发展定位、发展目标、发展格局和发展战略等,开创北京市首个以体量经济为约束,以生态、智慧、高效的产业体系和产业格局为依托的生态文明城区。

21.5.2.2 平谷区乡镇定位

平谷区的乡镇定位如表21-2所示。

表21-2 平谷区乡镇定位

编号	乡镇	总体定位	发展定位
1	镇罗营镇	生态文明试验镇	健康养老新福地,山里老家镇罗营
2	金海湖镇	生态经济试验区	湿地文明水镇,生态度假新区
3	黄松峪乡	生态旅游示范镇	生态文明十八弯,健康养生黄松峪
4	刘家店镇	生态文化特色区	燕山养生地,生态丫髻山
5	峪口镇	循环发展示范区	循环经济新地标,生态文明峪口镇
6	马昌营镇	生态经济试验区	生态经济港,智慧马昌营
7	大华山镇	生态田园示范区	画里画外桃世界,山水分明和谐城
8	熊儿寨乡	健康养老养生区	山林和谐地,长城风情乡
9	王辛庄镇	平北生态新区	生态的城中有市,休闲的乡村有城

编号	乡镇	总体定位	发展定位
10	南独乐河镇	生态休闲试验区	颐养山水，乐活河谷
11	山东庄镇	和谐共生示范区	龙脉峡谷，轩辕圣地
12	大兴庄镇	平西城乡协调新区	生态综合体，城乡新业态
13	东高村镇	平南城市功能拓展新区	龙山乐谷，低碳高地
14	夏各庄镇	平东生态服务新区	生态文明安固区，风落宝地夏各庄
15	马坊镇	新型产业聚集示范区	生态文明田园城，绿色经济智慧港
16	平谷镇	首善生态文明新区	新城明珠，生态水湾
17	滨河街道	新城的总部文化区	文化新高地，美丽新滨河
18	兴谷街道	都市产业聚集区	都市经济高地，生态文明兴谷

21.5.3　平谷区特色定位

平谷特色是平谷区的生命线，是长远发展的坐标，是支撑平谷区生存、竞争、发展的根基，也是平谷区区别于其他区县的魅力所在。一个拥有独特风韵的区域，其向心力和影响力会不断提升，就会拥有其他区县所没有的发展机遇。同时，平谷特色是社会经济发展的助推器，是聚集人气、吸引资金、推动产业发展和促进旅游业兴旺的宝贵资源。

平谷城市特色代表平谷区的个性特征，承载地域文化，延续平谷历史，体现时代特征。在当今"千城一面"的城镇化建设中，如何把握平谷的特色，已成为本次规划的一项重要任务。

城市特色定位："洳河生态综合体""北京文明先导区"。平谷区以其旖旎秀美的自然风光、悠久灿烂的历史文化、独特浓郁的燕山风情和京津冀一体化发展的优势区位而闻名。本次研究希望结合各类丰富资源，通过城市特色定位与转化，做强平谷特色产业、打造城市平谷特色空间、塑造平谷人文精神，全方位、多层次凸显平谷区这座"宜居宜业宜游"城市的独特魅力。图 21-3 为平谷区生态文明形象 Logo——燕山韵·洳河魂·桃花情。

以生态文明引领城市的发展转型，以低碳、绿色、循环引领产业结构调整，以文明和谐引领社会风气打造，构建生态文明意识、生态文明环境、生态文明经济、生态文明人居、生态文明制度"五位一体"的可持续、健康的区域发展模式，建设平谷区林业生态文明城区、水生态文明城区、美丽智慧农业城区、生态旅游城区的四城合一的生态文明综合体系。

图 21-3　平谷区生态文明形象 Logo 设计
——燕山韵·洳河魂·桃花情

以平谷区生态文明城区建设为统领，建设循环高效的城市生态经济体系、集约利用的城市资源保障体系、持续承载的城市环境支撑体系、优美舒适的城市人居环境体系、绿色和谐的城市生态文化体系和高效文明的城市生态制度体系，凸显平谷区在首都生态文明涵养区的地位，完善生态文明建设体系，打造成为北京文明首善区。

21.5.4　平谷区形象定位

（1）形象定位

城市形象已经成为市场竞争制胜的有力武器。而平谷区是个生态城市，城市形象设计更显得重要。要研究如何保护好、规划好、开发好平谷区形象，探索平谷区形象发展的出路，规避平谷区形象的短板，必须采取创新战略，突破竞争，创造需求，引导消费，开拓新的市场空间。因此，平谷区的形象定位为：燕山韵,沟河魂,桃花情。

(2)政府形象

政府形象是社会公众对政府机关及其对社会公共事务的管理活动的总体印象和评价。一是组织风格。如政府行政理念、政府行为规范、精神面貌、服务水准及在公众中的信誉等。二是政府公务员的形象。即政府工作人员的工作态度、言行举止、工作能力和衣着仪表等。三是政府的象征物。平谷区政府形象主要包括清正廉洁、责任高效、透明公正、诚信服务。

(3)企业形象

一是建立理念、行为和视觉识别系统。二是塑造名牌产品形象。重点打造企业特色产品,塑造企业名牌产品。以高品质、高质量来引领市场。三是提供优质的服务形象。良好的服务是企业赖以生存的根本,企业要让企业核心服务价值观深入人心。四是创建出色的员工形象。优秀的人员是公司立足于市场的关键因素,人才培养与技术创新是企业发展的永续动力。

(4)市民形象

① 市民形象的基本特征

通过分析平谷区文明建设的成果,它具有四大基本特征:集中创业的奉献精神、公正和谐的社会风气、崇智重教的文化氛围、诚信自律的道德风尚。

② 市民形象建设具体措施

市民形象建设应该系统考虑,且要分阶段分区域安排,既有宣传号召,又有实际行动,政府与民众密切配合才能形成一种互动的形象建设格局。

a. 区政府举行新闻发布会,向全区干部、市民、农民宣传号召平谷区市民形象;

b. 组织全区民众参与"做文明市民"征文讨论,在公共场所制作关于平谷区精神文明用语等宣传牌;

c. 以自然单位为主,组织学习遵守《平谷区市民守则》,适时举办竞赛;

d. 开展群众广泛参与的"以提高市民素质,提高文明程度"为主题的市民自我教育竞赛评比活动;

e. 全区推行"振兴平谷"读书活动;

f. 用三年时间对16-60岁市民进行基本社会公德培训,并持之以恒地以基本道德准则为基础的教育;

g. 建立2-3个相对固定的艺术欣赏活动基地;

h. 举办市民形象演讲会、研讨会;

i. 对各窗口行业从"学会说话"抓起,举办"讲文明服务用语,不讲服务禁语"活动,每半年或一年组织一次创优评差活动;

j. 市公安交警队伍要实施文明规范化执勤,以实际行动叫响"有困难,找公安"的口号;

k. 对出租车司机进行"不讲禁语"活动及文明行车的培训;

l. 军地团组织开展"争做文明青年、争当优秀士兵"活动。

21.5.5 平谷精神

平谷区是北京山区的一座神韵、灵韵、古韵的名城,人称"万年智慧上宅地、四水环绕千古情"。平谷城市精神可表达为:重信、尚智、求实、争先。这四个词都是动宾式结构的动词。每个词的第一个字都表示某种行为,第二个字都表示某种行为的对象、结果或目标。重信,就是重视诚信;尚智,就是崇尚智慧;求实,就是实事求是;争先,就是争取先进。其中,重信突出"德"的元素,尚智突出"知"的元素,求实突出"行"的元素,争先突出"意"的元素。

(1)重信

重信是立人、立区之本,相信重信守诺精神会被现代平谷人赋予更名、更新的内涵,焕发新的生命力,在城市的建设发展中发挥更重要的作用。重信守诺的精神一直为平谷人所继承践行。

(2)尚智

平谷是一方钟灵毓秀的土地,崇尚智慧、尊重知识之风甚浓,使得平谷日益博大精深而声誉远播。现代以来,平谷人民秉承尚智的传统,改善公民心智模式,凝聚城市共同愿景,提高城市学习力、创新力和竞争力。

(3)求实

在人际交往中,求实就是真诚的态度。对待传统文化要用实事求是的态度。科学事业要建立在实事求是的基础之上。经济建设要脚踏实地,不能只做表面文章。制定政策要从实际出发,否则就会失去支持。求实就要反对教条主义。评价一个人,要实事求是。求实态度要求我们有错必改。破除迷信是一种求实的科学态度。

(4)争先

"重信、尚智、求实、争先"作为平谷精神,既是历史写照,又是现实展示,还是未来追求;既体现了民俗文化,又体现了地域特色。其中,重信是平谷的传统美德,尚智是平谷的文化特征,求实是平谷的事业追求,争先是平谷的奋斗目标,四者相辅相成,具有合理的内在联系。这一城市精神对于推动平谷的建设与发展必将产生重大作用。

21.5.6　平谷区区树区花

(1)平谷区区树——核桃(文玩核桃)

① 文玩核桃的缘起

文玩核桃,是指在形质上具有较好的品相和特色,经过甄选和加工后形成的具有收藏价值的核桃。它发端于汉唐之际,成熟于唐宋两代,盛行于明清之时;上起庙堂之高,下达江湖之远,从高官到黎民,从市井到田园,把玩收藏之风遍及华夏,贯穿千年历史文脉。一是文玩核桃在人类文明史中一脉相承,是独特的审美什物;二是文玩核桃与社会的和平安定有关,和平的年代,安逸的生活,富足的岁月是文玩核桃发端、形成的必要条件;三是文玩核桃与国人独特的文化性格有关。

② 平谷区区树

平谷区历史上就是文玩核桃的主产区。一是由于其距离文玩核桃的主要城市北京、天津比较近,位于两个城市中间。二是核桃也便于流通。最著名的老树焖尖狮子头,皮质坚硬,纹路好,大肚、大底座是其主要的特征。四座楼狮子头受平谷北部山区整体气候、环境、水土因素影响,在综合品相方面(包括分量、纹路、形状、把玩多年以后的颜色、润度)是所有文玩核桃中的传统名品。四座楼狮子头外形庄重大气、纹路规整舒展、矮桩大肚、平底厚边、皮质密度好。

(2)平谷区区花——桃花

桃花作为平谷区的区花已得到社会的广泛认可,其具有深厚的文化经济内涵。平谷区是名副其实的大桃之乡,平谷人更加喜爱桃花,这其实不仅是一种经济行为,也是一种文化行为。桃花作为区花更具平谷特色。桃花是人地和谐、幸福美满的象征,与平谷区生态文明建设、经济发展、社会进步、区之思强、民之思富相吻合。桃花作为区花可激励平谷人民自强不息,实现城乡的幸福和繁荣。

21.5.7　平谷区歌——谷色谷香

(一)

带着对首都憧憬的渴望
寻觅安居乐业的地方
在燕山的脚下
在洵河的身旁
与你相遇
叫我如痴如狂
再见吧,选择的烦恼

再见吧,难忍的霾荒
四座楼清心洗肺的痛快
丫髻山天人合一的透亮
静静的平谷
甜甜的平谷
感受你的亲和气息
惊叹你的落落大方

（二）

带着对山区美丽的向往	忘了吧，生存的感伤
寻找记住乡愁的地方	桃花海豁然开朗的怡然
在燕山的脚下	金海湖心平气和的度量
在泃河的身旁	静静的平谷
与你相会	甜甜的平谷
叫我神清气爽	感谢你的山水情缘
忘了吧，奔波的疲惫	让我回到梦里故乡

21.5.8　平谷区赋

主持生态文明建设规划，吾得以躬亲热土，熏淋风情，弥补对平谷区太多的偶有观感，愿得其全，更得其深。吾将不辱使命，诺出而践行。人地感情与日俱增，昼探夜索，其心之戚戚、思之融融，谋定而后动，倾心而相行。

基于此，平谷应该勇于担当，敢为人先。君子何忧何虑？当今首都，舍我其谁？首善文明，孰能当之？相约群贤，相约平谷，聚会燕山脚下，共商平谷大计。

山水冠绝，燕山环拱，江河相望，貌若金盆，既丽且康。不以地貌单元分割，得以山川统筹相连，山区与平原并存，生态与美丽齐振。子曰：得尽山水之宠，尽享绿色之胜。探京津之冲要，如虎添翼以展芳华。

寻胜方觉历史厚重，寄景更觉朴实民风。常怀勤劳坚毅，其言既诚，其行既真，其品既馨，尽一份责任，尽一份力量，尽一份贡献，无愧于古人，无愧于时代，无愧于未来。为首都添彩，为山区争光，为平谷提气。今为昨继，明为今承。人之贵，贵在功丰而不傲。开拓难，难在步阔而不停。平谷自来多志士，遨然不可攀。平谷元素，燕山精神，叹乎地杰人灵。

活力引四方聚集，魅力招八方来贺。远景渐成近观，蓝图转化新颜。苍苍然，莽莽然，生气而蓬勃，紫气东来灵动而浩然。万家灯火阑珊处，百里青山半入城。乡村同奏幸福曲，万户共享旅游篇；情切切，意绵绵，欢声笑语甜，摩踵又比肩。在那桃花盛开的地方，入口难忘蜜甜；金海湖之北国江南，让人魂绕梦牵；上宅之农耕密码，让人寻根溯源；京东峡谷之巧夺天工，让人流连忘返；丫髻山之香会道场，让人祈福平安；泃洳玉带之绕廊，恰似金蕴呈祥；一塔盘龙卧峰，犹如盛世宣言。好一个鸟鸣在林，鱼跃与渊，天厚平谷，福山寿乡，大美无言。

环视今朝，成就斐然。生态文明跨越，平谷再上征程，实现转型发展。破解创新路径，战略定位前瞻，目标愿景明确，科学先行试验。把握一个核心：国家生态文明试点城市；实现一个目标：首都人地和谐样板；打造一个平台："新四化"博览。为天地立心，为生民立命，为人与自然和谐，为平谷盛世太平，上连天道自然，下通人伦日用，不求物质最优，但求人生意境。

地灵先塑源头，人杰始于当前，奠发展之基趾，决战略之宏观，谋千秋之大业，建生态之家园。先声夺人须生态蓝图，纵横捭阖依科学研判。走进平谷，心酣气畅，兴以所致，乐赋此文。曰：大道骋宇，一展宏图。

21.5.9　平谷区宣传口号

（1）平谷区

青青的燕山，甜甜的平谷。

（2）平谷区工业园区

马坊物流园区：向京津冀要空间，向一体化要活力。

马坊工业区：兴平谷经济，富马坊百姓。

兴谷开发区:新业态,新起点,平谷新未来;城添彩,人添彩,兴谷才精彩。

中国乐谷:最有创意的小镇,最具活力的乐城,诺无止境。

(3)平谷风景区

丫髻山风景区:天人合一,如来如愿。

四座楼自然保护区:到明长城养眼,来四座楼洗肺。

京东大峡谷:清风拂岭,一峡独秀。

京东大溶洞:燕山一绝,别有洞天。

石林峡风景区:常来,常往,石全,石美。

(4)平谷乡镇和街道

镇罗营镇:处处都是美景,人人都是天使。

大华山镇:自古华山一桃树(一条路),感受桃花海,天下无桃源。

黄松峪乡:梦回黄松峪,神游十八弯。

熊儿寨乡:只要来过便不曾离去。

金海湖镇:早知有上宅,何必去西山,一城文化,半城仙境。

南独乐河镇:北寨有幸(杏),独乐文章。

峪口镇:送你一个玉(峪)口。

马昌营镇:马踏飞燕去,兴旺贵客来。

东高村镇:民间乐宫,富丽堂皇。

夏各庄镇:天地相通,物我两忘。

大兴庄镇:大兴藏锦绣,新城入画廊。

山东庄镇:轩辕圣地,千古一庄。

王辛庄镇:水舞平北,心泊湿地。

马坊镇:集智,集商,集天下;争新,争意,争朝夕。

刘家店镇:生态丫髻山,养生刘家店。

平谷镇:平谷找乐。

滨河街道:结缘滨河,相约新城。

21.6　山西省广灵县黄芪生态品牌定位和形象设计研究

21.6.1　品牌定位

研究野生黄芪生态原产地的品牌定位为:白羊芪山,中国药山(中国首个生态中药名山);三病七养,十药九芪(多功能,重疗效);三羊开泰,正气君子(扶正气,重文化)。

21.6.2　形象设计

白羊芪山 Logo 整体视觉上造型灵动,色彩清新,将野生黄芪生态原产地的雄伟厚重、潇洒自如的风骨、青山绿水的淡然传达得淋漓尽致(图 21-4 和图 21-5,书后彩图 21-4 和彩图 21-5)。

色彩上,由生态绿和黄芪黄构成标志主色调,寓意"绿水青山就是金山银山"。黄芪黄,彰显天才地宝的野生黄芪的淳朴质地和浩然正气;生态绿,凸显弥足珍贵的野生黄芪生境的和谐之韵和静谧之美。

造型上,用三角拼图的形式代表山谷层叠,展示了白羊芪山隶属"太行叠翠"的大气磅礴;山谷重叠的造型,又组成了灵动山羊的形象,尽显广灵古八景之一"白羊暮霭"的历史悠久和俊秀空灵。

白羊芘山 Logo 可广泛应用于野生黄芪生态原产地的品牌推广、招商引资、市场宣传、产品包装、旅游商品、办公用品、纪念礼品等(图 21-6～图 21-9,书后彩图 21-6～彩图 21-9)。

图 21-4　白羊芘山 Logo 标准组合(一)　　　　图 21-5　白羊芘山 Logo 标准组合(二)

图 21-6　白羊芘山 Logo 应用(一)　　　　图 21-7　白羊芘山 Logo 应用(二)

图 21-8　白羊芘山 Logo 应用(三)　　　　图 21-9　白羊芘山 Logo 应用(四)

21.6.3　文化 IP

(1)野生黄芪文化 IP 受众和市场价值定位

① 野生黄芪属于老经典 IP

老经典 IP,指已经超过著作权保护期或公共版权的 IP 内容,一般来源于民族物质文化遗产、非物质文化遗产或自然山水资源,具有典型的民族个性和地方特色。如果对中国古代四大名著中的人物形象与故事内容进行开发,则所形成的 IP 都属于老经典 IP 的范畴。

老经典 IP 得益于文化基因,是民族文化在历史长河中深厚积淀的集体硕果,是民族精神的集中体现和民族文化的基因载体。文化产业视域下的老经典 IP 包含的关键要素是传统文化基因、民族价值认同、时代精神风貌和文化创新意识。老经典 IP 的文化生命力经久不衰,不同时代的作者和读者都对其进行着不同的诠释和再造。

野生黄芪 IP 定位：浩然正气，中国精神。具有民族认同、人文情怀与低准入性，最能体现中华民族的传统价值观，具有高度持久的文化热度与历久弥新的新时代文化价值。

② 野生黄芪老经典 IP 的受众价值

民族文化认同。老经典 IP 的繁荣能够强化民族身份认同。以野生黄芪为主的中医药传统文化是中华民族拥有五千年的灿烂文化的代表，老经典 IP 的重现活力意味着这些文化元素没有被历史淘汰，而是在当代依然散发活力，甚至能够传播到更广阔的国际市场，如迪士尼的《花木兰》就是改编自中国的经典文化。老经典 IP 的持续开发和跨文化传播能够增强中国人的文化自信心与民族自尊心。

体现人文情怀。野生黄芪老经典 IP 改编的出发点是一种对人文情怀的关照，很多受到过高等教育的人士对于传统文化精粹有着强烈的热爱。老经典 IP 对国粹的致敬，通常能够满足该类消费者对于文化情怀的需求。

低认知准入性。野生黄芪老经典 IP 具有广泛的认知基础，对于绝大多数受众来说，其认知准入门槛较低，往往能够配合文化企业的宣传营销吸引到各个年龄段、各种教育背景的人群前来消费。

（2）野生黄芪文化 IP 五要素

研究将野生黄芪文化 IP 打造为明星 IP，目标是具有较高曝光度、知名度和稳定粉丝群的优质 IP。野生黄芪明星 IP 包含五项基本要素，即核心价值观、鲜明形象、故事、多元演绎与商业变现。在图 21-10 的模型中，越向内层，IP 价值的实现越由内容创意者决定，IP 的文化属性则越强；越向外层，IP 价值的实现越由文化企业决定，IP 的商业属性则越强。

① 价值观——内容基石——中国正气

价值观是原创 IP 内容是否具有开发和传播价值的第一标准。野生黄芪文化 IP 价值观定位为"中国正气"。黄芪因"扶正气"的药理特征，以及广泛适用、药食同源的特征，是中华民族优秀传统文化的"正气"代表，更是新时代中国精神中"正气"的代表，着重表达契合社会共同认同的核心价值，将得到受众的广泛认可。同时，其是广灵独特地域文化代表，将具有生态、社会、文化、经济综合效益，将代表大同、山西乃至中国，代表大国文化形象。

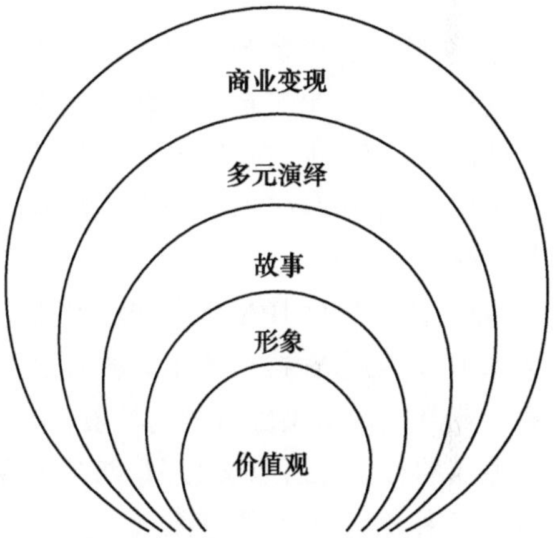

② 形象——基本单元——"质地温和""欣长俊美""醇心仁厚""天地正气""润物无声"

形象鲜明是潜力 IP 跨界开发的落脚点，尤其是可视化的角色形象。根据张义丰研究员的《黄芪赋》，以"黄芪

图 21-10　野生黄芪明星 IP 基本要素的洋葱模型

质地温和，保持欣长俊美，修得醇心仁厚，得天地阳气，润物无声"为 IP 形象，紧抓"质地温和""欣长俊美""醇心仁厚""天地正气""润物无声"，设计个性鲜明、别具一格、识别度较高的卡通角色形象，并不断地进行发散演绎，创意出各种引人入胜的故事。

③ 故事——受众连结——野生黄芪明星 IP 故事

从中国古典美学视角，故事是"象"的一种形式，是引发情感共鸣或文化认同的内容。《易传》有言，"言不尽意""立象以尽意"，指概念不能将事物的意涵完全表达清楚。文化产品所承载的"象"，往往能通过让人感同身受而把意涵、意蕴表达清楚，并有效接受。无论是儒道哲学还是社会知识，流传千古的学说道理大都载于故事与传奇之中，而非抽象的概念或体系的法则里。

故事在某些创作语境中又被称为世界观，具有共鸣性的内容表达。野生黄芪明星 IP 的故事，以仁厚、憨萌、热心、正义的卡通人物为主角，通过创意富含情感且打动观众的系列故事，表达人与自然的和谐、可持续发展，传承中华民族优秀文化和品质，传达新时代浩然正气的世界观和人生观。

④ 多元演绎——"粉丝"扩容

多元演绎是野生黄芪优质IP在形象的基础上、在不同的内容载体上对故事进行的延伸,通过持续建立情感连结来扩容受众,并将更多的受众转化成"粉丝"。

"粉丝"是忠诚度和热情度都非常高的受众,IP孵化与开发的目的就是将更多的普通受众转化为超级"粉丝",通过"粉丝"的忠实消费实现IP价值开发的最大化,进而延长IP的生命周期与变现能力。

多元演绎不仅是明星IP吸引受众的关键要素,而且在维系超级"粉丝"的过程中发挥着更加重要的作用。野生黄芪明星IP的跨界开发过程就是要不断深化和强化"粉丝效应",有效地延长野生黄芪生黄的生命周期,实现明星IP的可持续开发。

⑤ 商业变现——资本转化

IP是受法律保护的知识产权,具有可流转的财产属性,可以从文化资本转化为经济资本。在"内容为王"的文化产业中,优质的内容在经营好价值观、形象、故事和多元演绎的野生黄芪生黄要素后,便能够获得持续可观的商业收益。野生黄芪生黄原创内容可以通过授权的形式在文化企业之间实现买卖,不同的文化企业通过对原创内容的多元演绎而生产不同的文化商品,借助原有内容的影响力来销售更多形式的文化商品,可降低市场风险,扩大收益渠道。如与国货优质品牌联合打造限量版、节庆版产品,如同仁堂(中医药)、海尔电器、小米手机以及服装、箱包、食品、化妆品、日用品等。

(3)野生黄芪文化IP产业链和产业升级

① 野生黄芪文化IP产业链构建

生产新时代野生黄芪文化IP,并重构一条生态链,让流量自然化,各产业之间敞开怀抱,延续IP更长久的价值。

内容层:除了野生黄芪主题文学以外,漫画、表情包、综艺节目、体育赛事等都会产生创作。

变现层:通过野生黄芪主题相关电影、电视剧、游戏、网剧、动画等方式变现。

延伸层:范围更大,包括野生黄芪主题公园、衍生品、主题展等。

支撑层:包括版权价值的挖掘、版权确权和维权、设计制作、授权交易、供应链管理等服务,构成了野生黄芪文化IP产业。

② 野生黄芪文化IPX传统产业升级

文化IP以创意、内容、技术为核心要素,这些核心要素有助于提高产品的附加值,促进传统产业结构调整和产业升级。从供应链的角度看,文化IP行业是前端驱动的产业,即以IP的内容创作、设计及创意环节为主导的行业。所以文化IP创新是传统行业与企业打造差异化产品、提高产品辨识度、提升产品竞争力和知名度、助力产业转型发展。

a. 文化IPX文旅

文旅融合是新的经济增长极,也是未来文化IP发展的重点方向。目前,文化IP与区域及文旅的融合可以归类为融合、跨界、转型三个类别(图21-11)。

融合类:以城市文物建筑、商场业态为主,该环节对应野生黄芪和广灵城市特色文化元素的挖掘与放大,并结合互联网思维、网红经济、超级IP等热点,赋予全新形象,快速聚集人气。

跨界类和转型类:通过打造野生黄芪IP形象并架构有着良好故事延展性和综合效应的故事,衍生康养、文旅融合产品和关联产业。

b. 产业升级项目

飙山越野·长江峪挑战。依托长江峪沟域绵长、生态植被良好、嶂石岩地貌发育较好等特点,研究集合跑步、登山等多元素的综合极限运动。不仅对参赛选手有超高的跑步技巧要求,而且是一场意志与体能的双重考验。飙山越野是咪咕旗下的国际性系列赛事品牌,拥有飙山越野·龙腾亚丁和飙山越野·魔山挑战两项系列赛事。飙山越野将文化、文旅、文体做了有机结合,已连续4年举办7场赛事,每场赛事吸引超1000人参与,成为中国规模最大的越野赛之一,吸引了中国工商银行等行业一流品牌赞助。单场赛事引发超4亿阅读量,在国内国外社交媒体产生强烈反响。赛事还设计了以飙山越野赛事主题设计的品

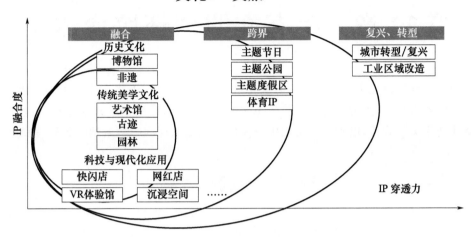

图 21-11　文化 IPX 文旅产业链

牌联名运动衍生品,广受好评。研究打造飙山越野·长江峪挑战,其复杂多变的道路和景观是特色之一,跑手将穿过狭窄的峡谷,攀登至高山草甸,直至长江峪源头。

圣眷峪康养避暑目的地。以野生黄芪 IP 卡通人物形象为主人公,围绕 IP 呆萌形象和清新配色,融入中药梯田、避暑度假、康养文旅等项目,充分契合年轻人对治愈系动漫形象的热爱及对莫兰迪色系的审美,适用于各种文创开发与推广。

第22章　生态文明情怀培育体系

生态文明情怀培育体系是生态文明体系的重要组成内容,是习近平生态文明思想的重要体现。以生态文明情怀培育体系为指导,大力弘扬新时代生态文明情怀培育、铸牢家国共同体意识、在全社会唱响爱家爱国爱党爱社会主义主旋律,以破解在实现中华民族伟大复兴征程中所遇到的各种"疑难杂症"。

22.1　缘起背景

22.1.1　研究背景

当今整个世界正处于百年未有之大变局,中国也正处在实现中华民族伟大复兴的关键时期。人们更容易受到外来文化甚至意识形态的冲击。如何推进新时代家庭文明建设,正确处理个人、家庭与国家、社会之间的关系,厚植生态文明情怀,培育精神家园,传承中华优秀传统文化,培育和践行社会主义核心价值观,实现中华民族伟大复兴中国梦,成为当下急需解决的新使命、新课题。

(1)中国几千年以来延续的生态文明情怀正在遭受严重的冲击,传统的家庭观念也在逐渐瓦解,家庭成员之间的"孝亲"思想淡泊,甚至演变成为"代际不平等"。

(2)随着物质财富的不断丰富,人们反而漠视伦理责任,不愿承担相应的责任和义务,"啃老"与"巨婴"现象逐渐增多,留守儿童、空巢老人的现象日益突出。

(3)经济社会从"一元"向"多元"变迁带来的挑战、新自由主义等不良文化思潮的干扰、世界局势变化带来的新考验等。一是对国家和民族发展的使命感降低,二是青年人的担当意识有待加强。

(4)由于我国发展不平衡不充分问题,出现了市场经济对集体主义的影响,历史虚无主义对爱国主义的危害等。

22.1.2　问题产生

中国崛起、中国模式、中国风、中国梦,这些话语都很响亮,但是所折射出的政治、经济和思想变化,并没有彻底改变国际意识形态领域西强我弱的局面,中国仍缺少一种被广泛认同的、能够与西方相抗衡的价值观,特别是能够同世界大多数人民分享的价值观。

生态文明情怀培育体系的形成不仅对于捍卫国家主权和民族利益具有价值引导作用,也向世界上其他国家在当前局势下处理国际问题给出了中国方案和中国外交理念。

生态文明情怀培育体系核心要义为民族复兴新蓝图,铸牢家国共同体意识,增厚爱国与爱党、爱社会主义相统一的鲜明底色,强化爱国情怀的历史基底,彰显"天下一家"和"兼济天下"的格局与气度。

(1)新时代捍卫国家主权和民族利益的时代挑战

① 西方普世价值观削弱了我国公民的国家和民族文化认同感。

② 世情国情的变化对中国未来发展提出新要求。

(2)新时代处理家庭关系及社会矛盾的迫切要求

① 家庭规模的缩小意味着家庭内部资源的减少和抗风险能力的减弱,在遇到问题时束手无策,心有余而力不足。

② 家庭模式的改变带来了诸多问题:如何做好赡养父母与养育子女的责任和义务?如何平衡好家庭

生活与个人事业？如何平衡好家庭责任与个人自由？这些都成为棘手问题。

（3）推动全面从严治党及党风政风建设的现实需要

① 领导干部把市场经济的等价交换原则引入党内，权钱交易等行为屡禁不绝，从而导致社会上"关系学"十分盛行。

② 曾有的政商联合敛财，甚至形成庞大的敛财"关系网"，玩弄权势，逐渐演变成人身依附，人治现象时有发生。

22.2　体系内涵

生态文明情怀要义缘于中华民族家国文化基因，凝炼于中华民族从站起来、富起来到强起来的伟大奋斗实践，继承了爱家爱国精神传统，蕴含着中华民族家国一体精神的精髓，又立足于中国特色社会主义语境予以时代提升；既有"本固邦宁""兼济天下"的道德气度与格局，又有"自强不息""旧邦新命"的精神气质和面貌。

生态文明情怀培育体系是一种基于爱家、爱国的情感，其中个人家国认知、家国情感、家国意志、家国行为的统一共同构成了生态文明情怀的基本要素。

生态文明情怀培育体系蕴含着由家延伸到国的递进圆融关系，其形成既是对优秀传统家国理念的传承与发展，又是对中华儿女奋斗历程的省察与总结，同时也是对新时期国内外形势的研判与回应。

（1）生态文明把爱国情、强国志、报国行自觉融入，以实现中华民族伟大复兴，结合新历史时期的背景和任务，对生态文明情怀发展产生了新的影响。

（2）生态文明情怀继承了家国同构的重要理念，凝结着中国共产党人奋斗百年的光辉历程，蕴含着由家到国，再由国到家的双向奔赴关系，目标指向实现中华民族伟大复兴的中国梦。

（3）生态文明情怀培育体系赋予了新的时代内涵，主要体现在三个层面：一是在个体层面，提出了"我将无我，不负人民"的无我情怀；二是在群体层面，指明了"人民群众是真正的英雄"的英雄情怀；三是在人类层面，扩大了生态文明情怀的外延，秉承了"天下一家"的世界情怀。

（4）中华民族历经各种挫折后仍然能实现从站起来到富起来再到强起来的飞跃，不断对人类文明进步作出新的贡献，离不开隐藏于中华民族血液里深沉的生态文明情怀。

（5）伴随着历史的演进，生态文明情怀既保留了与生俱来的优秀基因，又不断地被时代变迁赋予新的元素、谱写新的形态。生态文明以民族复兴为己任，站在历史的交汇点上，诠释了新时代生态文明情怀的内涵。

22.3　主要内容

进入新时代，生态文明情怀不仅仍保留其原有优秀基因，还不断被赋予新元素，展现出更加旺盛的生命力。生态文明站在历史的节点，结合中国实际，对新时代生态文明情怀作出了系列新阐发和解读，形成了生态文明情怀培育体系。

22.3.1　以家庭为基点，注重家庭家教家风一体化

（1）重视家庭

无论时代如何变化，无论经济社会如何发展，对一个社会来说，家庭的生活依托都不可替代，家庭的社会功能都不可替代，家庭的文明作用都不可替代。

（2）重视家教

家教的根本宗旨是要建立社会主义伦理观和培养社会主义先进人物，要充分认识父母教育对孩子成

长的重要性,认识到品德教育是家庭教育的核心。

① 父母是孩子的第一任老师。

② 家庭教育最重要的是品德教育。

③ 要充分发挥妇女的独特作用。

(3)重视家风

家风是一个家庭的整体风气、风尚,是人类在不断繁衍生存的过程中形成的生活作风、传统习俗、道德面貌和价值观念的综合体,代表着一个家庭的社会形象,是一家的名片。

① 家风是一个家庭的精神内核,是一种巨大的精神力量,是一个社会的价值缩影,是一种潜在的价值导向。

② 继承和弘扬优秀传统家风和革命前辈红色家风。一是通过家训、家规、格言等潜移默化地传达社会规范,教导后辈;二是发扬红色家风,彰显了爱国爱民、勤俭节约、艰苦奋斗、大公无私的优良作风。

③ 要把家风作为领导干部作风建设的重要内容。一是以家风促党风政风;二是领导干部要过好廉政关,在理顺公与私、情与理的关系的基础上,不得以权谋私、肆意妄为,要明大德、守公德、严私德,做廉洁自律、廉洁用权的模范。

22.3.2　以国家为核心,强调爱家和爱国的统一性

"生态文明情怀"本质上包括了对国家和民族的热爱,以及高度的认同感、归属感和使命感。

(1)正确认识"爱国"

"爱国"是一种对祖国无比忠诚和热爱的强烈而深厚的情感,一种"对本民族的心理依附",包括热爱祖国的国土、人民、国家的情感、思想和行为。

① 明确爱国是第一位的。

② 认识到爱国、爱党和爱社会主义是有机统一的。

③ 把爱国主义教育作为永恒主题。一是明确爱国主义教育的内容,二是了解爱国主义教育的意义,三是拓宽爱国主义教育的途径,四是赢得爱国主义教育的主体。

(2)认识"家"与"国"的辩证关系

站在中华民族伟大复兴战略高度,把爱家爱国统一起来,把个人前途、家庭幸福与民族命运统一起来。

① 充分认识家是国的基础。

② 充分理解国是家的延伸。

③ 把爱家和爱国统一起来。

22.3.3　以人民为中心,彰显"我将无我,不负人民"的为民情怀

(1)一切发展都是为了人民

一是要找准工作目标定位,二是不断满足人民对美好生活的需要。

(2)一切发展都要依靠人民

一是人民是物质财富和精神财富的创造者,二是人民是实现中华民族伟大复兴的中坚力量,三是人民是全面推进党的建设的依靠力量。

(3)发展成果由人民共享

让每个人获得发展自我和奉献社会的机会,共同享有人生出彩的机会,保证人民平等参与、平等发展权利,维护社会公平正义,使发展成果更多、更公平。惠及全体人民,朝着共同富裕方向稳步前进。

① 人民是共享的主体。

② 共享内容的全方位。一是在经济上,要把共同富裕作为出发点和落脚点;二是在政治上,要充分尊

重人民群众主体地位；三是在文化上，通过文化的繁荣兴盛，不断满足人民群众对精神文化生活的新需求；四是在社会建设上，从教育、医疗、社会保障等方面入手，逐步实现幼有所育、学有所教、劳有所得、病有所医、老有所养、住有所居、弱有所扶。

（4）工作成效由人民检验

党和国家的权利来自人民，也必须接受人民的监督，政绩的好坏只能由人民来评判。

① 强调工作成效要由人民检验，金杯银杯不如群众的口碑。

② 强调党和政府要向人民群众学习，受人民群众监督。

22.3.4　以天下为己任的人类命运共同体的天下情怀

世界是同呼吸共命运的"地球村"，形成了你中有我、我中有你，一荣俱荣、一损俱损的命运共同体。合则强，孤则弱，也逐渐成为各国之间的"共识"。

（1）政治上坚持对话协商

一是建立平等相待的政治共同体，二是建立互商互谅的政治共同体。

（2）经济上坚持合作共赢

（3）文化上坚持交流互鉴

（4）生态上坚持绿色低碳

① 与自然和谐相处，尊重自然，树立天人协调、道法自然的生态观。

② 坚持绿色低碳发展，秉持"我们既要绿水青山，也要金山银山。宁要绿水青山，不要金山银山，而且绿水青山就是金山银山"的发展理念。

（5）安全上坚持共建共享

① 国际性问题呈现国内化趋势。

② 国内问题呈现国际化趋势。

22.4　体系特征

从社会发展角度，吸收了传统家国观"家国统一"的合理内涵和生态文明情怀的文化理念，创新性地把政治伦理融入生态文明情怀，着眼长远发展，纳入国家治理总体框架，体现出鲜明的传承性、创新性和战略性。

生态文明情怀培育体系具有鲜明的特征，主要体现在理论指导与实践表率相统一、继承传统与时代发展相统一、着眼现实与价值引领相统一、中国立场与人类胸怀相统一。

22.4.1　理论指导与实践表率相统一

从理论层面来看，生态文明情怀培育体系作为一种对"家-国-天下"的系统认识和思想主张，具有鲜明的理论性和思想性。

① 提出以家庭为基点，注重家庭家教家风一体化。

② 明确"爱国"是第一位的，爱国、爱党和爱社会主义是有机统一的。

③ 无论是对家的情感还是对国家的热爱，主体都是人，落脚点都是为了实现人们对美好生活的追求。

④ 世界各国是命运与共、唇齿相依的关系，谁也不能置身事外、独善其身。

22.4.2　继承传统与时代发展相统一

随着时代的发展、国内外环境的变化，生态文明情怀培育体系在现实的客观条件下又添加了新的要素,是对原本家国理念的创造性转化和创新性发展。

① 在国家治理层面表现为"为民利民",在外交层面表征为"家国天下"的道德格局。

② 凡事要从全人类的幸福出发,而不是只为一己之私。

③ 从中国共产党人的生态文明情怀基因中汲取养分,始终不忘为民初心,牢记复兴使命。

④ 为中国人民谋幸福,为中华民族谋复兴,更是为世界谋大同。

22.4.3 着眼现实与价值引领相统一

真理与主流价值必须是合乎规律性和目的性的有机统一,生态文明情怀培育体系就是着眼现实与价值引领相统一作出的相关真理性总结,并具有鲜明的价值性。

① 一切从实际出发,实事求是,强调对"问题意识"的把握。

② 始终坚持人民立场,始终坚持为实现最广大人民的美好生活而不懈奋斗。

22.4.4 中国立场与人类胸怀相统一

生态文明情怀培育体系将中国的发展与世界的未来相结合,在提出实现中华民族伟大复兴的中国梦的同时也提出了共圆"世界梦",以及世界各国携手构筑"人类命运共同体"的伟大构想,既表明了中国立场,又极具人类胸怀。

① 坚持和平发展才是人间正道。

② 主张中国梦与世界梦同频共振。

③ 中国愿主动承担更多国际责任。

22.5 价值意蕴

生态文明情怀培育体系为新时代大力弘扬厚植生态文明情怀提供了基本遵循以及正确方向,对强化个体国家意识、提升社会文明程度、增强中华民族凝聚力、助推人类命运共同体的构建具有重要的现实价值。

22.5.1 强化个体国家意识

国家意识既是连接个人与国家的关键环节,也是激发公民爱国情感、铸牢民族共同体意识的动力源泉,更是维护国家统一、民族团结,反对分裂的锐利武器。

生态文明情怀是强化个体国家意识的精神坐标,引导人们牢固树立正确的祖国观、民族观、文化观、历史观,必须把维护祖国统一和民族团结作为重要着力点和落脚点。

22.5.2 提升社会文明程度

文明是"社会的素质",是现代化国家的显著标志,注重对尊老爱幼、男女平等、邻里团结等优良家风的培育和弘扬,倡导人们养成忠、孝、信、勤、廉、善等传统美德,自觉践行奉献、忠诚、公益的价值理念,提高精神境界、培育文明风尚。

22.5.3 增强中华民族凝聚力

坚定文化自信,提升对中华文化的认同感、归属感和自豪感,以共同的文化理念和价值观念超越血缘、地缘、业缘等差异,进而将整个民族紧密团结,增强中华民族的凝聚力和向心力。

22.5.4　助推人类命运共同体的构建

以全人类共同利益和福祉为落脚点，倡导不同历史文化、不同社会制度、不同宗教信仰的人团结一心、相互尊重、合作共赢、同舟共济、守望相助、互利共赢、和平发展，共同实现过上美好幸福生活的梦想。

22.6　推进路径

生态文明情怀对国家和人民都有非常重要的意义，是我国的文化标识，也是重要的精神动力，能够促进人民保持积极健康、努力奋斗的精神状态，以此增强民族凝聚力和向心力，为民族的振兴和国家的富强起到巨大的推动作用。

生态文明情怀作为一种精神坐标，在新时代突出体现为深爱祖国和人民，为实现人民幸福、民族昌盛、国家富强的中国梦不断接力奋斗。

22.6.1　生态文明情怀需要一代又一代人的传承接力

接力实现中华民族伟大复兴的中国梦，是生态文明情怀在新时代的生动践行与实践主题，也是生态文明情怀培育体系的重要内容。

我们的责任，就是要团结带领全党全国各族人民，接过历史的接力棒，继续为实现中华民族伟大复兴而努力奋斗。

22.6.2　生态文明情怀关系每个家庭、每个人的智慧与力量

重视家庭和国人的智慧与力量，强调家庭梦、个人梦与中国梦的交汇融合。

家庭的社会功能和文明作用永远是不可替代的，中国梦需要汇集每个家庭的力量，只有实现中华民族伟大复兴的中国梦，家庭梦才能梦想成真。

22.6.3　爱国、爱家、爱党与爱社会主义要相互统一

爱国与爱家相互统一是家国关系的基本要求。没有国家繁荣发展，就没有家庭幸福美满。

爱国、爱党、爱社会主义相互统一。当代中国，爱国主义的本质就是坚持爱国和爱党、爱社会主义高度统一。

22.6.4　强化生态文明情怀的历史基底

历史是一个国家和民族安身立命的基础，是最好的清醒剂和营养剂，尊重和传承中华民族历史和文化，学好党史、国史、改革开放史和社会主义发展史，充分依托历史文化资源达到增强爱党爱国情怀的目的。

在了解、尊重、传承中华民族历史和文化中强化爱国情怀。

心有所爱，方能弥坚。学好党史、新中国史、改革开放史、社会主义发展史，是弘扬爱国主义精神、厚植爱党爱国情怀的重要路径。

22.6.5　蕴含"兼济天下"的伦理气度

生态文明情怀不是封闭式的民族主义和极端排外主义，而是"海纳百川，有容乃大"的宏大格局与道德气魄。

生态文明情怀蕴含"天下一家、心怀天下"的伦理气度和文化底蕴，体现了"美美与共、兼济天下"的大国责任担当和世界胸怀。

第 23 章　生态文明区域创建

生态文明建设是关系中华民族永续发展的根本大计。党的十八大以来，以习近平同志为核心的党中央统筹推进"五位一体"总体布局。2018 年，全国生态环境保护大会确立习近平生态文明思想是新时代生态文明建设的根本遵循与最高准则，生态文明创建系列工作取得了卓越成效，生态文明建设进入全面推进的新时代。

23.1　发展历程和政策指导

生态环境部（原环境保护部、原国家环境保护总局、原国家环境保护局）通过组织生态示范区、生态建设示范区、生态文明建设示范区三个阶段的创建，积极推动生态文明建设试点示范工作，积极打造一批生态文明建设的示范案例和实践典范。

23.1.1　发展历程

20 世纪 90 年代，环保部门以示范建设为抓手，积极推进生态文明建设，其发展历程共分三个阶段。

（1）第一阶段：国家生态示范区

1994 年，原国家环境保护局制定"全国生态示范区建设规划"，1995 年发布《全国生态示范区建设规划纲要（1996—2050 年）》，明确 20 世纪末至 21 世纪初生态文明创建示范工作以市、县、乡域为基本单位。

1995 年，生态示范区建设正式启动。国家生态示范区建设以可持续发展为目标，以生态学和生态经济学为原理，积极推进区域社会经济和环境保护的协调发展。

（2）第二阶段：国家生态建设示范区

1999 年，原国家环境保护总局基于生态示范区提出"生态省"建设，将建设范围扩大到省域。2000 年起，全国形成以生态省、生态市、生态县、生态乡镇、生态村、生态工业园区 6 个层级的生态建设示范体系，其中生态省、生态市、生态县是主要形式。

2003 年 5 月，原国家环境保护总局印发了《生态县、生态市、生态省建设指标（试行）》（环函〔2003〕53 号），从经济发展、生态环境保护、社会进步 3 个方面，制定量化指标，出台管理规程，积极推进生态县、生态市、生态省建设。

2007 年后，原国家环境保护总局规范生态县、生态市、生态省考核验收的依据和程序，印发《生态县、生态市、生态省建设指标（修订稿）》（环发〔2007〕195 号）、《关于进一步深化生态建设示范区工作的意见》（环发〔2010〕16 号）和《国家生态建设示范区管理规程》（环发〔2012〕48 号）。国家生态建设示范区是统筹经济发展、社会进步、环境保护，落实省、市、县小康社会和生态文明建设目标的全面综合决策和社会行动。

（3）第三阶段：国家生态文明建设示范区

国家生态文明建设示范区是对国家生态建设示范区的全面深化和提档升级。2008 年 5 月，原环境保护部批准了首批 6 个全国生态文明建设试点地区。2008 年 12 月，原环境保护部印发了《关于推进生态文明建设的指导意见》（环发〔2008〕126 号），提出积极推广生态文明建设试点示范，符合生态文明产业体系、环境安全、文化和体制机制。2009 年 6 月，原环境保护部发布《关于开展第二批全国生态文明建设试点工作的通知》（环函〔2009〕135 号），全国各地由原生态市、生态县建设逐渐转入生态文明建设的试点阶段。

党的十八大后,2013 年 6 月,中共中央批准将"生态建设示范区"正式更名为"生态文明建设示范区",原环境保护部发布《关于大力推进生态文明建设示范区工作的意见》(环发〔2013〕121 号),明确生态省、生态市、生态县建设是生态文明建设的第一阶段,生态文明建设试点是第二阶段。2016 年 1 月,原环境保护部印发《国家生态文明建设示范区管理规程(试行)》《国家生态文明建设示范县、市指标(试行)》,以优化国土空间开发格局、全面促进资源节约、加大自然生态系统和环境保护力度、加强生态文明制度建设为重点,制定生态空间、生态经济、生态环境、生态生活、生态制度、生态文化 6 个指标体系,积极推动各省份以县、市为主体的创建。

2018 年 5 月,全国生态环境保护大会确立习近平生态文明思想是新时代生态文明建设的根本遵循与最高准则,同年 6 月,《中共中央国务院关于全面加强生态环境保护 坚决打好污染防治攻坚战的意见》中明确要求,"推动生态文明示范创建、绿水青山就是金山银山实践创新基地建设活动",我国生态文明建设进入全面推进又重点突破的新时代。

2019 年,生态环境部对 2016 年印发试行的国家生态文明建设示范区管理规程和指标体系进行修订,正式印发《国家生态文明建设示范市县建设指标》《国家生态文明建设示范市县管理规程》《"绿水青山就是金山银山"实践创新基地建设管理规程(试行)》,进一步科学指导、规范推进生态文明建设示范市县、"绿水青山就是金山银山"实践创新基地建设工作。

23.1.2　建设成效

通过生态示范区、生态建设示范区、生态文明建设示范区三个阶段的示范建设,现已在全国形成了系统有序的全国生态文明建设空间格局和建设体系。

(1)国家生态示范区建设

1995—2011 年,全国分七批共建立了 528 个国家生态示范区建设试点,其中,地市级 62 个,县级 456 个,其他 10 个。但区域创建工作发展不平衡,经济较发达的东、中部省(区、市)建设生态示范区的积极性较高,经济欠发达的西部省(区、市)创建工作相对落后。

528 个生态示范区建设试点中,东部省(市)有 231 个,占总数的 43.8%;中部省有 185 个,占总数的 35.0%;西部省(区、市)有 112 个,占总数的 21.2%(图 23-1)。东部地区(浙江、江苏、山东)以及黑龙江、河南、湖南等省建设数量相对较高,西部地区陕西、广西、四川 3 个省(区)比较积极(李庆旭,2021)。

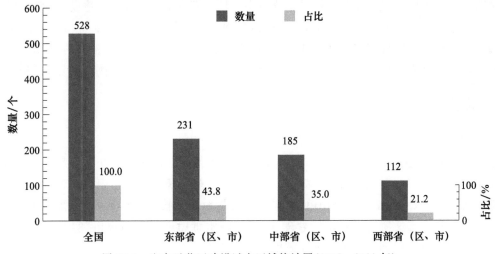

图 23-1　生态示范区建设试点区域统计图(1995—2011 年)

该阶段生态文明建设取得良好示范和成效,但生态示范区建设存在些许问题,在创建过程中需不断总结和积累经验,如指标标准目标偏低、缺少系统性顶层设计、生态经济谋划不充分等。

(2)生态省、生态市、生态县、生态乡镇建设

近年,全国共有海南、吉林、黑龙江、福建、浙江、山东、安徽、江苏、河北、广西、四川、辽宁、天津、山西、河南、湖北16个省(区、市)先后开展了生态省(区、市)建设试点。浙江省省于2019年6月正式通过生态环境部验收,建成全国首个生态省。

这一阶段全国共有1000多个市、县(区)开展了生态市、县(区)建设试点,183个市、县(区)获得了国家生态建设示范区称号,建成4596个国家生态乡镇,各地形成一批先进典型。

该阶段东、中、西部不均衡的现象更加突出。16个生态省(区、市)中,东、中、西部地区所占比例分别为50%、37.5%、12.5%;183个生态市、县(区)中,东、中、西部地区所占比例分别为79.2%、8.2%、12.6%(图23-2和图23-3)。建设地区主要集中在江苏、浙江、福建、四川等。

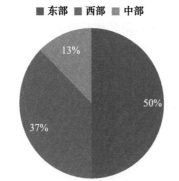

图23-2 生态省(区、市)区域占比图
(1995—2011年)

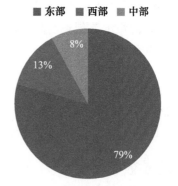

图23-3 生态市、县(区)区域占比图
(1995—2011年)

该阶段实践,地方政府落实科学发展观,建设资源节约型、环境友好型社会,推动环境保护历史性转变,积极协同发展生产发展、生活富裕、生态良好的文明发展道路,发挥了富有成效的积极作用。

(3)国家生态建设示范区建设

国家生态文明建设示范区首批创建于2017年,原环境保护部以示范建设为工作平台和抓手,启动第一批国家生态文明建设示范区(市、县)及"两山"基地建设工作。

截至2022年底,全国共命名了六批共468个国家生态文明建设示范区、187个"两山"基地,形成东、中、西部有序布局,长江经济带、黄河流域、青藏高原地区重点建设的全面系统体系。

生态文明建设示范区建设阶段重点通过国家生态文明建设示范区(市、县)建设,从生态制度、生态经济、生态空间、生态安全、生态生活、生态文化方面,统筹推进"五位一体"总体布局,鼓励和推动各地区积极探索生态文明建设的不同发展路径和模式;"两山"基地建设,打造区域因地制宜的"绿水青山就是金山银山"实践样本,推动地方走生态优先、绿色发展之路,在脱贫攻坚、乡村振兴中起到积极的推动作用。

23.1.3 相关政策

(1)国家政策

国家层面,为进一步提高示范创建工作的科学性和规范性,生态环境部印发了系列规范性文件。最新政策发布集中在2021年,陆续印发《国家生态文明建设示范区规划编制指南(试行)》《生态文明建设示范区复核工作规范》《"绿水青山就是金山银山"实践创新基地评估技术导则》,修订《国家生态文明建设示范区建设指标》《国家生态文明建设示范区管理规程》《"绿水青山就是金山银山"实践创新基地建设管理规程(试行)》等,为地方开展创建提供了极大鼓励和科学指引。

为进一步指导各地区生态文明示范建设,2021年2月,生态环境部还发布了《副省级城市创建国家生态文明建设示范区工作方案》,明确在下辖区(县、市)全部获得国家生态文明建设示范区称号后,副省级城市可提出创建申请,进一步因地制宜、质量为本,鼓励优先发展。

（2）地方政策

各地近年来积极推进创建申报与实践创新，积极制定因地制宜的相关政策。

浙江省 2020 年相继印发《浙江省生态文明建设示范市县管理规程》和《浙江省生态文明建设示范市县建设指标》，积极指导地方生态文明建设发展。

北京市积极推进创建工作制度化、规范化、精细化，印发《北京市生态文明示范创建管理办法（试行）》，建立了储备库入库机制，指导各区开展生态文明示范创建工作。

四川省印发了《关于〈四川省省级生态县管理规程〉和〈四川省省级生态县建设指标〉的通知》，标志着四川省将启动省级生态县创建工作，从而形成国家级、省级生态文明示范创建体系。

甘肃省高度重视生态文明示范创建工作，每年召开现场推进会，印发《甘肃省生态文明建设示范区创建工作方案》，积极探索建立示范创建奖补机制。

河北省 2022 年发布《深入推进全省生态文明建设示范区和"两山"基地创建工作方案》，积极推进生态文明创建工作。

23.2　国家级生态文明建设示范区创建

生态文明建设是一项系统性、长期性工程。生态环境部将以习近平生态文明思想为指引，不断深化生态文明示范建设体系，健全动态管理机制，从严把控，系统提炼典型案例与模式，积极利用 COP15（《联合国气候变化框架公约》第十五次缔约方会议）等国内、国际场合加强宣传推广，为全球生态文明建设提供中国智慧、中国案例和中国方案。

23.2.1　生态文明建设示范区

生态文明示范区建设是贯彻落实习近平生态文明思想的重要举措，是统筹推进"五位一体"总体布局、践行"两山"理论、促进人与自然和谐共生现代化的先行先试的载体和平台。

（1）创建意义

① "示范引领"成效显著

创建地区在绿色发展水平、生态文明制度创新、繁荣生态文化、培育生态生活等方面走在前、做表率，不仅生态环境"颜值高"，而且绿色发展有"内涵"。空气环境质量、水环境质量、单位 GDP 能耗水平处在国家或所在省市领先水平，圆满完成水、气、土等污染防治攻坚战目标任务，推动解决了一批突出环境问题。

② "集群效应"作用凸显

示范建设正不断由个体示范向区域整体推进。截至目前，长江经济带、黄河流域、青藏高原地区分别有 305 个、187 个、47 个地方获得生态文明建设示范区和"两山"基地命名（图 23-4）。全国有 70 个地级行政区成功创建，示范建设正逐步成为区域统筹推进"五位一体"总体布局的重要抓手。

③ "两山"转化模式和机制丰富多样

各地积极探索"两山"转化路径，形成了"生态修复、生态农业、生态旅游、生态工业、'生态＋'复合产业、生态市场、生态金融、生态补偿"等多种实践模式，为全国"绿水青山就是金山银山"实践提供了经验借鉴和参考样本，在推动生态惠民方面取得实实在在的进展。

④ 显著提升全社会生态文明意识和参与水平

生态文明建设示范区党政领导干部积极参加生态文明培训，公众生态文明建设的参与度和满意度均达到 80％以上，政府绿色采购比例超过 80％，新建绿色建筑、公共交通出行等均达 50％以上，全社会生态文明意识和参与水平显著提升。

（2）分批创建

截至 2022 年底，生态环境部共命名六批 468 个生态文明建设示范区和 187 个"两山"基地，在提高区

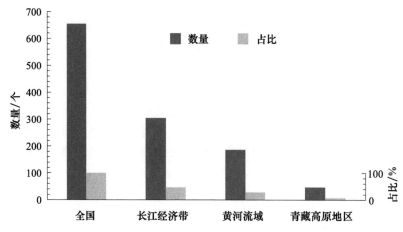

图 23-4　国家生态文明建设示范区和"两山"基地创建区域统计图

域生态环境质量、推动生态产品价值实现、支撑国家重大战略、提升生态文明建设水平等方面发挥了重要作用,起到标杆引领作用(表 23-1)。

表 23-1　国家级生态文明建设示范区分省(区、市)名录表(2017—2022 年)

省(区、市)	第一批(2017 年)	第二批(2018 年)	第三批(2019 年)	第四批(2020 年)	第五批(2021 年)	第六批(2022 年)	总数/个
浙江省	湖州市、杭州市临安区、象山县、新昌县、浦江县	安吉县、嘉善县、开化县、仙居县、泰顺县、德清县、遂昌县、嵊泗县	杭州市西湖区、宁波市北仑区、舟山市普陀区、义乌市、磐安县、天台县	杭州市富阳区、宁波市镇海区、温州市永嘉县、嘉兴市海盐县、湖州市吴兴区、绍兴市诸暨市	嘉兴市、衢州市、杭州市余杭区(含临平区)、温州市鹿城区、绍兴市上虞区、宁波市宁海县、湖州市长兴县、舟山市岱山县、丽水市缙云县	绍兴市、金华市、丽水市、杭州市萧山区、宁波市海曙区、衢州市柯城区、舟山市定海区	41
福建省	永泰县、厦门市海沧区、泰宁县、德化县、长汀县	门市思明区、永春县、将乐县、武夷山市、柘荣县	泉州市鲤城区、明溪县、光泽县、松溪县、上杭县、寿宁县	三明市宁化县、三明市建宁县、泉州市安溪县、南平市顺昌县、南平市邵武市、龙岩市武平县	三明市、龙岩市、福州市鼓楼区、厦门市湖里区、厦门市集美区、漳州市南靖县、南平市浦城县、宁德市周宁县	厦门市(同安区、翔安区)、南平市、福州市马尾区、福州市闽侯县、泉州市洛江区、泉州市惠安县、宁德市古田县	38
四川省	蒲江县	成都市温江区、金堂县、南江县、洪雅县	成都市金牛区、大邑县、北川羌族自治县、宝兴县	成都市邛崃市、绵阳市盐亭县、乐山市峨眉山市、南充市仪陇县、阿坝藏族羌族自治州九寨沟县	成都市锦江区、成都市武侯区、成都市青白江区、乐山市金口河区、眉山市青神县、雅安市天全县、巴中市通江县、阿坝藏族羌族自治州松潘县	巴中市、成都市双流区、成都市郫都区、成都市都江堰市、成都市彭州市、广元市青川县、眉山市丹棱县、宜宾市长宁县、甘孜藏族自治州色达县、凉山彝族自治州西昌市	32

省(区、市)	第一批(2017 年)	第二批(2018 年)	第三批(2019 年)	第四批(2020 年)	第五批(2021 年)	第六批(2022 年)	总数/个
江苏省	苏州市、无锡市、南京市江宁区、泰州市姜堰区、金湖县	南京市高淳区、建湖县、溧阳市、泗阳县	南京市溧水区、盐城市盐都区、无锡市锡山区、连云港市赣榆区、扬州市邗江区、泰州市海陵区、沛县	泰州市、无锡市惠山区、无锡市滨湖区、无锡市宜兴市、苏州市昆山市、苏州市太仓市	盐城市、南京市浦口区、苏州市吴江区、南通市通州区、苏州市常熟市	南通市、无锡市江阴市、盐城市射阳县、盐城市东台市	31
湖北省	京山县	保康县、鹤峰县	十堰市、恩施土家族苗族自治州、五峰土家族自治县、赤壁市、恩施市、咸丰县	十堰市竹溪县、咸宁市崇阳县、恩施土家族苗族自治州巴东县	十堰市郧阳区、鄂州市梁子湖区、宜昌市远安县、宜昌市秭归县、黄冈市罗田县、恩施土家族苗族自治州宣恩县、神农架林区	宜昌市、武汉市新洲区、十堰市郧西县、襄阳市谷城县、荆门市钟祥市、咸宁市通城县、恩施土家族苗族自治州建始县	26
山东省	曲阜市、荣成市	—	威海市、商河县、诸城市	济南市济阳区、日照市东港区、临沂市蒙阴县、滨州市惠民县	济南市历下区、青岛市西海岸新区、济宁市任城区、青岛市胶州市、潍坊市高密市、威海市乳山市、德州市齐河县、潍坊峡山生态经济开发区	济南市市中区、济南市历城区、青岛市崂山区、青岛市城阳区、淄博市沂源县、潍坊市临朐县、济宁市微山县、日照市五莲县	25
江西省	靖安县、资溪县、婺源县	井冈山市、崇义县、浮梁县	景德镇市、南昌市湾里区、奉新县、宜丰县、莲花县	九江市武宁县、赣州市寻乌县、吉安市安福县、宜春市铜鼓县、抚州市宜黄县	九江市共青城市、赣州市石城县、吉安市吉安县、抚州市广昌县	南昌市安义县、九江市庐山市、赣州市上犹县、吉安市遂川县	24
广东省	珠海市、惠州市、深圳市盐田区	深圳市罗湖区、深圳市坪山区、深圳市大鹏新区、佛山市顺德区、龙门县	深圳市福田区、佛山市高明区、江门市新会区	广州市黄埔区、深圳市(含南山区、宝安区、龙岗区、龙华区、光明区)、肇庆市、韶关市始兴县、清远市连山壮族瑶族自治县、清远市连南瑶族自治县	佛山市、汕尾市、东莞市	韶关市、江门市恩平市、肇庆市广宁县	23
湖南省	江华瑶族自治县	张家界市武陵源区	长沙市望城区、永州市零陵区、桃源县、石门县	长沙市宁乡市、邵阳市新宁县、岳阳市湘阴县、永州市东安县、怀化市通道侗族自治县	怀化市鹤城区、长沙市长沙县、湘潭市韶山市、岳阳市平江县、郴州市汝城县、永州市祁阳市	邵阳市绥宁县、张家界市桑植县、益阳市安化县、怀化市新晃侗族自治县	21

续表

省(区、市)	第一批(2017年)	第二批(2018年)	第三批(2019年)	第四批(2020年)	第五批(2021年)	第六批(2022年)	总数/个
安徽省	宣城市、金寨县、绩溪县	芜湖县、岳西县	宣城市宣州区、当涂县、潜山市	安庆市太湖县、池州市石台县、宣城市宁国市	马鞍山市含山县、安庆市桐城市、黄山市黟县、六安市舒城县	合肥市肥西县、安庆市怀宁县、六安市霍山县、宣城市旌德县	19
广西壮族自治区	上林县	蒙山县、凌云县	三江侗族自治县、桂平市、昭平县	防城港市东兴市、河池市凤山县、崇左市凭祥市	南宁市良庆区、桂林市荔浦市、玉林市容县、百色市乐业县	柳州市鹿寨县、钦州市灵山县、贵港市平南县、贺州市富川瑶族自治县	17
河南省	栾川县	新县	新密市、兰考县、泌阳县	平顶山市汝州市、许昌市鄢陵县、南阳市西峡县	洛阳市洛宁县、南阳市淅川县、商丘市永城市	鹤壁市、南阳市、郑州市巩义市、安阳市滑县、信阳市商城县	16
陕西省	凤县	西乡县	陇县、宜君县、黄龙县	宝鸡市太白县、汉中市留坝县、安康市岚皋县	宝鸡市渭滨区、宝鸡市麟游县、汉中市宁强县、安康市石泉县	汉中市城固县、汉中市镇巴县、商洛市商州区、商洛市柞水县	16
云南省	西双版纳傣族自治州、石林彝族自治县	保山市、华宁县	盐津县、洱源县、屏边苗族自治县	楚雄彝族自治州、怒江傈僳族自治州、保山市昌宁县	楚雄彝族自治州双柏县、大理白族自治州南涧彝族自治县	临沧市、迪庆藏族自治州、昭通市绥江县	15
西藏自治区	林芝市巴宜区	林芝市、亚东县	昌都市、当雄县	拉萨市、山南市、阿里地区	拉萨市堆龙德庆区、拉萨市曲水县、林芝市工布江达县	昌都市江达县、林芝市波密县、山南市琼结县	14
山西省	右玉县	芮城县	沁源县、沁水县	临汾市蒲县	晋城市阳城县、长治市平顺县、临汾市安泽县	晋城市陵川县、晋中市左权县、运城市垣曲县、临汾市隰县	12
贵州省	贵阳市观山湖区、遵义市汇川区	仁怀市	贵阳市花溪区、正安县	遵义市红花岗区、遵义市凤冈县、遵义市习水县	遵义市绥阳县	遵义市余庆县	10
内蒙古自治区	—	阿尔山市	鄂尔多斯市康巴什区、根河市、乌兰浩特市	兴安盟、呼和浩特市新城区、鄂尔多斯市鄂托克前旗	包头市达尔罕茂明安联合旗	呼和浩特市、锡林郭勒盟	10
吉林省	通化县	集安市	通化市、梅河口市	白山市、长白山保护开发区池北区	通化市辉南县	白山市抚松县、延边朝鲜族自治州敦化市	9
河北省	—	—	兴隆县	唐山市迁西县	张家口市崇礼区、保定市阜平县、承德市滦平县	张家口市怀来县、承德市丰宁满族自治县、承德市围场满族蒙古族自治县	8

省(区、市)	第一批(2017年)	第二批(2018年)	第三批(2019年)	第四批(2020年)	第五批(2021年)	第六批(2022年)	总数/个
黑龙江省	虎林市	—	黑河市爱辉区	大兴安岭地区漠河市、农垦建三江管理局	大兴安岭地区呼玛县、大兴安岭地区塔河县	双鸭山市饶河县、伊春市丰林县	8
青海省	湟源县	—	贵德县	海东市平安区、黄南藏族自治州河南蒙古族自治县	黄南藏族自治州	玉树藏族自治州、海北藏族自治州祁连县、黄南藏族自治州泽库县	8
新疆维吾尔自治区	伊犁哈萨克自治州昭苏县	—	巩留县、布尔津县	伊犁哈萨克自治州特克斯县、阿勒泰地区哈巴河县	伊犁哈萨克自治州尼勒克县、阿勒泰地区阿勒泰市	巴音郭楞蒙古自治州博湖县、阿克苏地区温宿县、新疆生产建设兵团第三师图木舒克市	10
辽宁省	盘锦市大洼区	—	盘锦市双台子区、盘山县	—	盘锦市、本溪市桓仁满族自治县	本溪市本溪满族自治县、朝阳市喀喇沁左翼蒙古族自治县	7
甘肃省	平凉市	两当县	张掖市	平凉市崇信县、甘南藏族自治州迭部县	甘南藏族自治州合作市	天水市清水县	7
北京市	延庆县	—	密云区	门头沟区	海淀区、怀柔区	平谷区	6
重庆市	璧山区	—	北碚区、渝北区	黔江区、武隆区	—	城口县	6
天津市	—	—	西青区	蓟州区	宝坻区	津南区	4
上海市					青浦区	金山区	2
宁夏回族自治区				吴忠市	固原市		2
海南省	—	—	—			五指山市	1
合计/个	46	45	84	87	100	106	468

(3)创建总结

总量上,2017—2022 年,总共评选六批生态文明建设示范区,累计批准 468 个基地。

区域上,长江流域、黄河流域以及东部沿海、西部生态本底较好的区域,凭借优异的生态环境、有力的保护措施、全面的治理方略,积极创建并取得了富有成效的成绩。

分省方面,浙江省(41 个)、福建省(37 个)创建积极性较高,四川省、江苏省、湖北省、山东省、江西省、广东省、湖南省创建数量超过 20 个。

23.2.2　"绿水青山就是金山银山"实践创新基地

为深入贯彻习近平生态文明思想,2016 年,原环境保护部将浙江省安吉县列为"绿水青山就是金山银山"理论实践试点县。安吉县积极践行,扎实推进试点工作,在生态文明建设中发挥了示范引领作用。在试点经验的基础上,原环境保护部决定命名浙江省安吉县等 13 个地区为第一批"绿水青山就是金山银山"实践创新基地。

(1)创建重点

"两山"理论实践创新基地要建立组织领导机制,进一步明确目标、重点任务、进度安排、配套政策、保障措施、预期成果等内容,确保工作有力推进。相关省份环保厅要进一步加强对"两山"理论实践创新基地工作的指导,创新推进机制,组织开展理论研究和实践探索,及时上报工作进展。

积极探索"绿水青山"转化为"金山银山"的有效途径,提升生态产品供给水平和保障能力,创新生态价值实现的体制机制,打造绿色惠民、绿色共享品牌。要建立组织领导机制,进一步明确目标、重点任务、进度安排、配套政策、保障措施、预期成果等内容,确保工作有力推进。

加强对"两山"理论实践创新基地的政策指导,适时组织开展跟踪评估,并及时总结典型做法与经验在全国推广。

（2）分批创建

2017—2022年,"绿水青山就是金山银山"实践创新基地分省(区、市)名录如表23-2所示。

表 23-2　"绿水青山就是金山银山"实践创新基地分省(区、市)名录表(2017—2022 年)

省(区、市)	第一批(2017 年)	第二批(2018 年)	第三批(2019 年)	第四批(2020 年)	第五批(2021 年)	第六批(2022 年)	总数/个
浙江省	湖州市、衢州市、安吉县	丽水市、温州市洞头区	宁海县、新昌县	杭州市淳安县	宁波市北仑区、温州市文成县	杭州市桐庐县、丽水市庆元县	12
山东省	—	蒙阴县	长岛县	青岛市莱西市、潍坊峡山生态经济开发区、威海市环翠区威海华夏城	德州市乐陵市、济南市莱芜区房干村	威海市好运角、德州市齐河县	9
陕西省	留坝县	—	镇坪县	安康市平利县	宝鸡市凤县、汉中市佛坪县、商洛市柞水县	宝鸡市麟游县、汉中市宁强县、安康市岚皋县	9
内蒙古自治区		杭锦旗库布齐沙漠亿利生态示范区	阿尔山市	巴彦淖尔市乌兰布和沙漠治理区、兴安盟科尔沁右翼中旗	兴安盟、呼伦贝尔市根河市	巴彦淖尔市五原县、锡林郭勒盟乌拉盖管理区	8
江苏省	泗洪县	—	徐州市贾汪区	常州市溧阳市、盐城市盐都区	南通市崇川区、扬州市广陵区	南京市高淳区、泰州市姜堰区	8
安徽省	旌德县	—	岳西县	芜湖市湾沚区、六安市霍山县	六安市金寨县	安庆市潜山市、黄山市歙县、六安市舒城县	8
四川省	九寨沟县	巴中市恩阳区	稻城县	巴中市平昌县	雅安市荥经县、甘孜藏族自治州泸定县	乐山市沐川县、阿坝藏族羌族自治州汶川县	8
江西省	靖安县	婺源县	井冈山市、崇义县	景德镇市浮梁县	抚州市资溪县	九江市武宁县、宜春市铜鼓县	8
福建省	长汀县	—	—	漳州市东山县、泉州市永春县	三明市将乐县、南平市武夷山市	莆田市木兰溪流域、南平市邵武市	7
湖北省	—	十堰市	保康县尧治河村	十堰市丹江口市	恩施土家族苗族自治州、宜昌市五峰土家族自治县	十堰市武当山旅游经济特区、宜昌市环百里荒乡村振兴试验区	7
湖南省			资兴市	张家界市永定区	长沙市浏阳市、常德市桃花源旅游管理区	长沙市长沙县、怀化市靖州苗族侗族自治县、永州市金洞管理区	7

续表

省(区、市)	第一批(2017 年)	第二批(2018 年)	第三批(2019 年)	第四批(2020 年)	第五批(2021 年)	第六批(2022 年)	总数/个
广东省	东源县	—	深圳市南山区	江门市开平市	深圳市大鹏新区、梅州市梅县区	深圳市龙岗区、茂名市化州市	7
云南省	—	腾冲市、红河州元阳哈尼梯田遗产区	贡山独龙族怒族自治县	丽江市华坪县、楚雄彝族自治州大姚县	文山壮族苗族自治州西畴县	普洱市景东彝族自治县	7
山西省	右玉县	—	—	长治市沁源县	晋城市沁水县、临汾市蒲县	长治市平顺县、运城市芮城县	6
河南省	—	栾川县	新县	信阳市光山县	安阳市林州市、南阳市邓州市一二三产融合发展试验区	驻马店市泌阳县	6
贵州省	贵阳市乌当区	赤水市	兴义市万峰林街道	贵阳市观山湖区	铜仁市江口县太平镇	贵阳市花溪区	6
新疆维吾尔自治区		—	—	伊犁哈萨克自治州霍城县、兵团第九师 161 团	阿克苏地区温宿县、第三师图木舒克市四十一团草湖镇	阿勒泰地区布尔津县、新疆生产建设兵团第四师 71 团	6
北京市	—	延庆区	门头沟区	密云区、怀柔区	平谷区	丰台区	6
河北省	塞罕坝机械林场	—	—	石家庄市井陉县	承德市隆化县、承德市围场满族蒙古族自治县	石家庄市赞皇县、邯郸市复兴区	6
吉林省	—	前郭尔罗斯蒙古族自治县	集安市	白山市抚松县	通化市梅河口市	通化市辉南县	5
广西壮族自治区		南宁市邕宁区	金秀瑶族自治县	桂林市龙胜各族自治县	河池市巴马瑶族自治县	贺州市富川瑶族自治县	5
宁夏回族自治区			—	石嘴山市大武口区	固原市泾源县、银川市西夏区镇北堡镇	宁夏贺兰山东麓葡萄酒产业园区、固原市隆德县	5
重庆市	—	武隆区	—	南岸区广阳岛	北碚区、渝北区	巫山县	5
辽宁省	—	—	凤城市大梨树村	本溪市桓仁满族自治县	朝阳市喀喇沁左翼蒙古族自治县	沈阳市棋盘山地区	4
甘肃省	—	—	古浪县八步沙林场	庆阳市华池县南梁镇	张掖市临泽县	陇南市两当县	4
青海省	—	—	—	黄南藏族自治州河南蒙古族自治县、海南藏族自治州贵德县	海东市平安区、海西蒙古族藏族自治州乌兰县茶卡镇	4
天津市	—	—	蓟州区	西青区王稳庄镇	西青区辛口镇	滨海新区中新天津生态城	4
西藏自治区	—	—	隆子县	—	拉萨市柳梧新区达东村	林芝市巴宜区	3
海南省	—	昌江黎族自治县王下乡	—	—	白沙黎族自治县	保亭黎族苗族自治县	3

续表

省(区、市)	第一批(2017年)	第二批(2018年)	第三批(2019年)	第四批(2020年)	第五批(2021年)	第六批(2022年)	总数/个
黑龙江省	—	—	—	—	佳木斯市抚远市	佳木斯市汤原县	2
上海市	—	—	—	—	金山区漕泾镇	闵行区马桥镇	2
合计/个	13	16	23	35	49	51	187

(3)创建总结

总量上,2017—2022年,"两山"实践创新基地总共评选六批,累计批准187个。

区域上,东部沿海地区、西部地区以及生态本底较好的区域,凭借生态环境优异优势、资源富集优势、产业发展优势,具有较高的创建积极性。

分省方面,浙江省、江苏省、山东省、陕西省、内蒙古自治区分别创建9个基地及以上,位列第一梯队;安徽省、四川省、山西省、福建省、江西省、湖北省、湖南省、广东省、云南省,分别创建7个或8个,位列第二梯队(表23-3)。

表 23-3　"绿水青山就是金山银山"实践创新基地梯队表

梯队	省(区、市)	创建总数
第一梯队	浙江省、江苏省、山东省、陕西省、内蒙古自治区	9个及以上
第二梯队	安徽省、四川省、山西省、福建省、江西省、湖北省、湖南省、广东省、云南省	7个或8个
第三梯队	河南省、贵州省、新疆维吾尔自治区、北京市、河北省、吉林省、广西壮族自治区、宁夏回族自治区、重庆市	5个或6个
第四梯队	辽宁省、甘肃省、青海省、天津市、西藏自治区、黑龙江省、海南省、上海市	4个及以下

生态经济方面,以2021年第五批49个基地为例,生态产业的主导产业中,生态农林牧业占比100%,生态旅游占比96%,生态工业占比10%,生态技术创新(生态产品价值评价、生态文明创新发展模式等)占比4%(图23-5)。

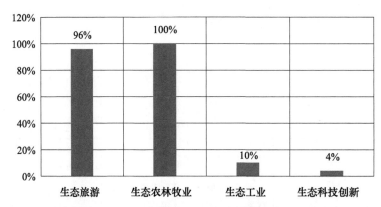

图 23-5　第五批"绿水青山就是金山银山"实践创新基地生态经济类型占比图

23.2.3 "中国生态文明奖"创建

(1)创建背景

中国生态文明奖是经中共中央批准设立的评选表彰项目,面向生态文明建设基层和一线,旨在表彰在生态文明实践探索、宣传教育和理论研究等方面有突出成绩的集体和个人。为贯彻落实中共中央、国务院《关于加快推进生态文明建设的意见》精神,生态环境部先后组织开展了两届中国生态文明奖评选表彰工作,为全社会树立了榜样,为美丽中国建设营造了良好的社会氛围。

（2）建设历程

2014 年,全国评比达标表彰工作协调小组批复将中国生态文明奖列入评选表彰项目目录。2015 年,为认真做好中国生态文明奖评选表彰工作,确保评选表彰活动公开、公平、公正,原环保部制定印发《中国生态文明奖评选表彰办法》(环发〔2015〕69 号)。2016 年,原环保部组织开展第一届中国生态文明奖评选工作,共评选出 19 个先进集体和 33 名先进个人。2019 年,经与人社部积极沟通,新增 50 名先进集体和先进个人名额。第二届中国生态文明奖共评选出 35 个先进集体和 54 名先进个人。2022 年,第三届中国生态文明奖共评选出 40 个先进集体和 60 名先进个人。累计表彰了 94 个先进集体,147 名先进个人。

（3）评选表彰对象

中国生态文明奖主要面向生态文明建设基层和一线,每三年评选表彰一次。

先进集体:从事生态文明建设的基层单位,主要包括基层政府或部门、企事业单位、社团和社区等。副司局级或者相当于副司局级及以上单位、县级(含)以上党委政府不在评选范围内。

先进个人:从事生态文明建设的一线工作者,主要包括学者、教育工作者、新闻工作者、社会组织工作者、企业管理人员、工人、农民、公务员、军人等。副司局级或者相当于副司局级及以上干部不在评选范围内。

（4）评选流程

中国生态文明奖的评选流程分为部门申报、资格审查、专家初评、评委会评审阶段。

（5）工作进展及成效

经过两届评选,生态环境部累计表彰了 75 个先进集体,114 名先进个人。来自不同行业不同部门,在各自的岗位上为守护青山绿水、蓝天白云,为全社会树立了榜样,充分调动了全社会参与生态文明建设的积极性,进一步弘扬了社会主义生态文明价值观,为美丽中国建设营造了良好的社会氛围。

23.2.4　"绿色中国年度人物"创建

（1）创建背景

绿色中国年度人物是由全国人大环资委、全国政协人资环委、生态环境部、国家广电总局、共青团中央、军委后勤保障部军事设施建设局共同主办的,联合国环境规划署特别支持的,生态环境保护领域设立的奖项之一。自 2004 年以来,环保部门联合相关部委开展了十届绿色中国年度人物评选表彰活动,有力推动了生态文明建设和生态保护事业发展,为美丽中国建设营造了良好社会氛围。

（2）建设历程

绿色中国年度人物是经中共中央批准设立的评选表彰项目,秘书处设在文促会。2005 年 8 月 22 日,启动了首届绿色中国年度人物评选工作,评选出 5 名绿色中国年度人物,在社会上产生了广泛反响。2006—2009 年,绿色中国年度人物评选工作每年开展一次,累计评选出 35 名获奖人物。2011 年 10 月 26 日,以"低碳减排·绿色责任"为主题,启动了 2010—2011 年绿色中国年度人物评选活动,评选周期改为两年一次,主办部委增至 8 个。2012—2019 年,先后组织开展了四届绿色中国年度人物评选工作,累计评选出 35 名获奖人物。2019 年,文促会与研促会合并,秘书处设在研促会。

（3）评选表彰对象

绿色中国年度人物主要面向学术界、文艺界、传媒界、民间组织、行政服务界在内的社会公众,评选类型如下。

民间行动:长期关注并持续开展生态环境保护公益活动,推动形成公众参与生态环境保护的新机制。

公共服务:不断探索生态环境保护的方法和途径,推动建立绿色发展社会共治的新格局。

企业责任:严格遵守生态环境保护法律法规,积极实践绿色生产,自觉履行企业社会责任。

学术精神:深入研究生态文明理论,取得提升生态环境保护内在动力和创新力的学术成果。

传播影响:充分利用传媒平台弘扬环境保护理念,引导生态文明主流价值观在全社会形成。

艺术创新：潜心创作倡导生态文明的各类文化作品，用先进的生态文化提升公众的环境意识。

（4）评选流程

评选流程分为评选启动、推荐提名、资格审查及初评、公示及复评阶段。

（5）工作进展及成效

截至目前，生态环境部联合相关部委开展了十一届绿色中国年度人物评选工作，累计表彰了95名绿色中国年度人物（表23-4）。通过表彰先进，树立典型，推动全社会形成保护生态环境的良好风尚，构建了绿色低碳的生产方式，培育了文明健康的生活方式，为美丽中国建设营造了良好社会氛围。

表 23-4　历届绿色中国年度人物获奖人数

批次	年份	获奖人数/名
第一届	2005 年	5
第二届	2006 年	9
第三届	2007 年	10
第四届	2008 年	10
第五届	2009 年	6
第六届	2010—2011 年	10
第七届	2012—2013 年	8
第八届	2014—2015 年	10
第九届	2016—2017 年	7
第十届	2018—2019 年	10
第十一届	2020—2021 年	10

23.3　省级生态文明建设示范区创建

23.3.1　总体评价

各省份积极推进省级生态文明建设示范区创建与"绿水青山就是金山银山"实践创新基地建设工作。一方面梯级做好省级储备库，积极推进国家级项目申报；另一方面，各省份各项指导性政策陆续出台，因地制宜，更具有地方指导意义。

23.3.2　分省（区）经验

（1）陕西省

近年来，陕西省生态环境厅扎实开展生态文明建设示范区创建与"绿水青山就是金山银山"实践创新基地建设工作，坚持不断完善顶层设计，完成了《陕西省生态文明建设示范区管理规程》和《陕西省生态文明建设示范区建设指标》的优化，生态文明建设省级示范创建体系更加科学、指导性更强，形成了点面结合、多层推进、亮点突出的良好局面。

① 创建成果

陕西省以国家生态文明建设示范区、"绿水青山就是金山银山"实践创新基地建设等为载体的生态文明建设示范成果不断凸显。截至2022年底，全省16个县荣获国家生态文明建设示范县，9个县荣获国家"绿水青山就是金山银山"实践创新基地命名。

陕西省通过以点带面、上下联动，初步形成了陕南、关中、陕北有序布局的建设体系，陕南、关中、陕北示范县(区)占比分别为 55%、39%、6%,涵盖了不同资源禀赋、区位条件、发展定位的县(区),打造了一批生态文明示范创建的鲜活案例。

② 生态文明建设示范工作树立"陕西样板"

陕西省严格按照国家生态文明建设示范工作要求,从生态制度、生态安全、生态空间、生态经济、生态生活、生态文化六大体系综合提升生态文明建设水平,推动入选县(区)在改善生态环境质量、发展壮大绿色产业及落实生态文明体制改革任务三个方面树立新亮点,为践行习近平生态文明思想提供了陕西样板。

通过从严考核,树立多个生态环境保护的新标杆。入选县(区)在改善生态环境质量方面走在全省和全国前列,多年空气质量优良率均高于 90%。入选县(区)地表水监测断面均达到Ⅱ类水标准,集中式饮用水水源地水质达标率 100%,农村生活污水、垃圾治理率普遍提升。入选县(区)生态环境重点目标任务均超额完成,生物多样性日趋丰富。生态环境保护的尖子生、优等生均列入了生态文明建设示范队伍,充分发挥了生态环境保护走在前列、做出表率的示范辐射作用。

③ 创新"两山"经济模式,转化实践基地新典范

通过鼓励引导,形成多个转化"金山银山"的新典范。入选县(区)充分立足自身生态优势的基础,在推动绿色发展转型方面走在全省前列,探索出"生态+旅游""生态+农业""生态+工业"等"两山"转化模式。

(2)江西省

绿色生态是江西省最大财富、最大优势、最大品牌。在习近平生态文明思想指引下,全省生态环境系统深入践行"绿水青山就是金山银山"理念,不断深化生态文明示范创建工作,取得了明显成效。至 2022 年底,全省已成功创建国家级生态文明建设示范区 31 个、国家级"绿水青山就是金山银山"实践创新基地 9 个;创建了 41 个省级生态县(市、区),25 个"绿水青山就是金山银山"省级实践创新基地,872 个省级生态乡镇。

① 以高规格协调机制促责任落实

坚持高位部署调度,省委省政府明确要求继续奋勇争先、努力进位赶超。将其作为污染防治攻坚战新一轮八大标志性战役,30 个专项行动之一来推进,持续巩固提升创建成果。首次增加了专项资金,对成功获评国家级示范创建荣誉的市(县、区)共拨付了 1240 万元奖补资金,支持各地加强生态示范创建能力建设。

② 以高目标建设管理促规范运行

构建了省、市、县三级创建工作体系,系统推进国家级创建"样板工程"、省级创建"精品工程"和市级创建"细胞工程"。将生态文明建设规划作为推动各地统筹、谋划生态示范创建工作的先行条件,充分发挥规划的引领作用。会同省文化和旅游厅在全国率先开展省级"两山"基地创建。制定印发了省级"两山"基地、省级生态市县管理规程、"两山指数"评估指标体系和建设指标等制度文件,保障了创建工作的顺利实施。

③ 以高标准定位树创建典型样板

聚焦重点区域、重点指标、重点环节"三个重点"。2022 年指导帮扶一批县(市、区)开展第六批国家级创建,命名了 7 个县市为第六批省级生态县(市、区)。严把技术关、审核关、监管关"三个关口",开展省级生态县(市、区)、省级"两山"基地和省级生态乡镇复核评估工作。坚持好中选优,保证创建质量,绿色发展指数连续多年在中部六省排名第一。

④ 以高质量创建成效促绿色崛起

以生态示范创建为抓手,推动打好污染防治攻坚战,改善生态环境质量。2022 年 1—8 月,全省县(市、区)水质综合指数排名前 10 位均为生态示范创建地区,PM$_{2.5}$排名前 10 位中有 7 位为生态示范创建地区。助推做好生态产品价值实现机制试点工作,推动创建地区积极构建绿色低碳工业体系,推进经济社会发展全面绿色转型。全省 6 个国家级"绿水青山就是金山银山"实践创新基地均为美丽建设县级试点县,试点工作已取得初步成效。

⑤ 以高密度宣传教育促全民参与

在主流媒体、"双微一端"等新老媒体,进行多层次宣传报道,组织开展生态创建典型案例征集活动,利用新老媒体世界环境日等重要时机,向全省乃至全国推广以生态示范创建拓展"两山"转化通道的典型案例。靖安"一产利用生态、二产服从生态、三产保护生态",婺源"全域旅游",井冈山生态"好钱景",崇义"生态三产融合发展",浮梁"生态＋模式",资溪设立"两山"转化中心等,均在全省乃至全国颇具影响力。景德镇、靖安、婺源、浮梁、资溪 5 个市县的经验先后在全国生态文明论坛上进行交流。

(3)湖北省

① 创建成果

湖北省生态文明示范创建保持全国前列,截至 2022 年底,全省成功创建 7 个"绿水青山就是金山银山"实践创新基地,累计命名国家生态文明建设示范县市 26 个,省级生态文明建设示范县 67 个,省级生态乡镇 787 个,省级生态村 6059 个。

② 现状与问题

湖北省国家生态文明建设示范市县和"绿水青山就是金山银山"实践创新基地数量位居全国前列,但仍存在比较优势不足、引领示范作用不够的问题,需要扩面提质。

③ 发展目标

湖北省将把生态示范创建与推进碳达峰碳中和、深入打好污染防治攻坚战、实施长江大保护等重要战略任务结合起来,协调推动生态环境高水平保护和经济社会高质量发展,力争 2025 年基本建成生态省。

④ 五级联创

湖北省将推进"五级联创"提档升级,进一步擦亮"生态文明建设示范区"品牌,巩固提升示范创建成果。未来,湖北将推动实现省、市、县、乡、村"五级联创"全覆盖,确保 2025 年底前,国家生态文明建设示范区数量达到 30 个,有更多的市县进入国家"绿水青山就是金山银山"实践创新基地行列,为生态省建设提供坚实的基础支撑。

⑤ 实施措施

为提升创建的示范效应,湖北省将以切实解决突出问题和补齐短板为出发点,积极探索形成具有示范价值的先进模式和典型经验,增强比较优势,打造特色鲜明的"湖北样板",全方位提升创建水平。

(4)河南省

① 创建成果

通过积极培育和各地的持续努力,河南省生态文明示范创建工作进展良好,成效显著。示范创建地区在改善区域生态环境质量、促进绿色高质量发展、推动生态文明改革任务落地、促进生态产品价值实现、提升公众生态环境保护意识等方面,都取得了积极的成效。尤其是随着创建工作的稳步推进和深化发展,河南省已经形成了国家先进指标引领、地方因地制宜建设的工作模式,建立了点面结合、多层次推进、有序布局的建设体系和格局,促进了经济高质量发展和生态环境高水平保护协同推进。

② 统筹与分类

坚持统筹谋划、分类指导。生态文明示范创建工作主要以县域为单位开展,结合河南省县域自然禀赋条件和经济发展基础,因地制宜、分类施策、积极培育,科学引导推动各地找准创建的途径和模式。一方面,突出重点,对黄河流域、南水北调中线工程水源地、大别山革命老区等重点流域、重点区域,开展专项帮扶,指导各地深入分析当地实际,选对方向、用对方法,更好开展创建工作,更快提升创建成效。另一方面,分类指导,对全面完成各项生态环境保护目标任务的地区,优先支持创建省级生态县;对成功创成省级生态县,且生态环境保持优良、发展质量持续提升的地区,优先支持创建国家生态文明建设示范区;对生态资源优势突出、"两山"转化成效显著的地区,优先支持创建"绿水青山就是金山银山"实践创新基地。

③ 制度与规范

坚持制度引领、规范创建。在省级层面,河南省研究出台了《河南省省级生态县管理规程》《河南省省级生态县建设指标》(2020 年版),在创建程序和创建指标上与国家进行了有效衔接,有利于各地统筹考虑两级创建活动,也有利于更好培育和促进省级生态县向国家生态文明建设示范区的提档升级。

④ 政策与资金

坚持政策激励、资金支持。为充分调动各地开展生态文明示范创建工作的积极性和主动性,不断完善政策激励和资金支持机制,在国家重点生态功能区县域生态环境质量监测与评价中,开展生态文明示范创建的地区根据工作进展情况,给予不同的加分,在国家重点生态功能区转移支付资金分配中起到了很大的积极作用,有力激发了各地的创建热情。

(5)广西壮族自治区

① 创建成果

近年来,自治区生态环境厅全面落实《中共广西壮族自治区委员会关于厚植生态环境优势推动绿色发展迈出新步伐的决定》,深入推进广西生态文明示范创建工作,践行"生态优先、绿色发展"的新时代高质量发展道路。截至 2022 年底,全区先后成功创建了 17 个国家生态文明建设示范区和 5 个"绿水青山就是金山银山"实践创新基地。通过开展生态文明示范创建活动,为广西打造了一批绿色发展的先进典型。

② 不断提升生态环境质量

国家生态文明建设示范区的生态环境质量总体优良,平均森林覆盖率达 71.45%,2022 年 1—10 月城市环境空气质量优良天数比率为 97.9%,国家地表水考核断面水质优良比例达到 100%。

③ 有效促进创建地区经济高质量发展

各示范区和"两山"基地协同推动经济高质量发展和生态环境高水平保护,通过产业优化升级与动能转换,走出一条绿色转型发展道路。2022 年 1 月公布,凭祥市、三江县和平南县入围广西高质量发展先进县名单,金秀县被评为广西高质量发展进步县,南宁市良庆区被评为广西高质量发展先进城区,成为高质量发展的先进代表。

④ 有效促进创建地区农村人居环境改善

各创建地区通过国家生态文明示范创建,有效促进了农村环境整治,提升了人居环境条件。目前,示范创建区已建成农村污水处理设施 1400 多座,设计日处理污水能力近 7.6 万立方米,创建区的农村无害化卫生厕所普及率在 96% 以上,高于非创建地区。

23.3.3　创建总结

① 省级储备库是国家级创建的预备军

省级生态文明建设示范区(市、县)和"绿水青山就是金山银山"实践创新基地是国家级生态文明建设示范区和"绿水青山就是金山银山"实践创新基地的重要项目储备,是科学申报国家级项目、系统项目管理的基础系统体系。

② 各省份创建步伐和管理制度不统一

各个省(区、市)根据各自立地条件,积极开展省级创建,但步伐、进度不一致。如浙江省、福建省、江西省已率先创建了六批省级生态文明建设示范市县,创新示范均走在前列。部分省份仍沿用生态县的创建体系,或省级生态文明建设示范市县体系建设初具规模。

③ 各省份应基于地域识别而因地制宜开展创建

各省份基于省情,因地制宜,积极推出了各项政策措施。如 2020 年浙江省印发的《浙江省生态文明建设示范市县管理规程》和《浙江省生态文明建设示范市县建设指标》,2021 年陕西省生态环境厅《关于印发陕西省生态文明建设示范区管理规程和陕西省生态文明建设示范区建设指标的通知》(陕环发〔2021〕48 号),2022 年河北省《深入推进全省生态文明建设示范区和"两山"基地创建工作方案》,2022 年云南省发布《云南省省级生态文明建设示范区管理规程》(征求意见稿)和《云南省省级生态文明建设示范区建设指标》(征求意见稿)。

④ 对标生态文明建设强省(区、市),借鉴典型有效模式

一是对标生态文明建设强省(区、市)建设目标,持续深化生态文明示范创建工作,推动更多的地区参

与到创建工作中来;二是加强成功经验有效模式的总结,形成更多可推广、可复制的模式,提升各地区生态文明建设水平。

⑤ 生态文明建设示范区和"绿水青山就是金山银山"实践创新基地有何异同

这两项创建既有区别,也有关联,总体上都是为了贯彻落实新时期中共中央对生态文明建设的总体部署和习近平生态文明思想,实现正面引导和示范带动的载体。生态文明建设示范区,是统筹推进生态文明"五位一体"总体布局,落实五大发展理念的示范样本;"绿水青山就是金山银山"实践创新基地,是践行习近平总书记"两山"理论的实践平台,旨在创新探索"两山"转化的制度实践和行动实践。

这两项创建工作的基本程序,特点是:生态文明建设示范区创建——包括规划及实施、申报和预审、核查及命名、动态巩固等流程,适用于市、县两级行政区域创建申报,经过建设努力达到相应考核标准后由省级生态环境厅或中华人民共和国生态环境部核查通过可命名,属于示范达标建设。"绿水青山就是金山银山"实践创新基地建设——包括建设申报、遴选命名、建设实施、回头评估等流程,适用于市、县行政区域以及具有较好基础的乡镇、村、小流域等建设主体开展实践探索,重点探索"绿水青山转化为金山银山"的有效路径和模式,经省级生态环境厅或中华人民共和国生态环境部遴选后命名,属于试点择优遴选。

23.4 创新与建议

习近平总书记指出,试点是改革的重要任务,更是改革的重要方法。生态文明建设涉及的范围广、层次深,是一项系统性、长期性工程,应运用习近平生态文明思想,聚集有利条件、聚焦重点任务、聚合多方力量,在实践中不断探索。国家生态文明示范建设就是把习近平生态文明思想的深刻内涵转化为具有区域特色的地方实践,把宏伟蓝图转变成人民群众可感知的阶段性目标。

23.4.1 创新研究与实践方向

(1)中共二十大精神指导中国式生态现代化持续发展新模式

中共二十大精神明确指引生态文明创建,一是瞄准中国式,努力探寻中国特色发展道路;二是生态现代化,积极寻找生态文明建设的现代化发展模式;三是生态文明建设的可持续发展,深入探寻其内生动力和可持续路径。

(2)科学识别创建区的地域性、独特性和差异性

以地域识别理论为指导,探索生态文明建设,尤其是生态文明建设示范区和"绿水青山就是金山银山"实践创新基地、生物多样性保护引领区等创建中的地域性、独特性、差异性,即"一方水土、一方产品、一方人;一方气候、一方品质、一方个性"。

(3)因地制宜将生态现代化与生态文明创建结合

生态文明创建应因地制宜,与区域本底、现状、发展相互结合。既要充分考虑本底生态、资源禀赋和产业基础,又要凸显特色产业;既要尊重已有成绩和荣誉,又要战略性谋划未来蓝图。

(4)拓宽创建主体、深化创建领域、谋定创新特色

结合乡村振兴战略,创建主体建议逐渐由市(县、区)向乡镇延伸;创建领域由生态文明建设示范区、"绿水青山就是金山银山"实践创新基地等,向更多生态领域延展,如生物多样性引领区等;积极探索生态文明建设示范区的创新方向、创新技术和创新路径,"绿水青山就是金山银山"实践创新基地在生态经济的模式创新和技术引领,生物多样性考虑不同地域如何在保护中平衡发展。

(5)高度重视面向生态经济和绿色品牌的生态资源转化

高度重视由生态资源向生态经济转化,其中生态经济发展模式、绿色品牌创建等是未来创新与实践重点。

23.4.2　创建国家级、省级专家智库

（1）制定生态文明创建"专家思想、政府推动"机制

按照"专家思想、政府推动"思路，即专家从科学角度提出科学发展建议和措施，涵盖战略、规划、实施、政策等一揽子体系，再由政府组织评估、推动和实施。

（2）建立国家级专家评选论证的创建评估体系

生态文明建设的各类国家级创建项目，其评估体系，应由国家级专家担任，多学科组成，包括生态、环境、经济、农业、乡村、文旅、历史等，全面科学评估和系统论证。

（3）建立省级"国家专家智库"，推动生态文明建设高质量发展

各省份应高度重视国家级专家资源，形成国家级、省级专家智库，积极邀请和组织国家级专家进入省级生态文明创建、规划、论证、交流和合作，科学推动省级生态文明建设高质量发展。

（4）鼓励学术界将生态文明创建纳入研究领域

生态文明各类创建均具有多学科、多交叉、多融合等特征，鼓励学术界积极将生态文明创建方向纳入研究领域，开展多学科支撑的学术创新理论和实践研究。

23.4.3　国家战略层面建议

（1）积极将生态文明创建纳入国家战略

根据中国发展国情，从国家战略层面，制定《2030—2050 年中国生态文明战略研究》，系统性统筹谋划，进一步优化创建思路。

（2）依据部委政策，咨询报告引导

根据"专家思想、国家推动"原则，依据各部委相关政策，结合生态现代化、乡村振兴、生态文明建设等精神，由专家团队制定咨询报告进行科学评估和发展指引。

（3）从国家层面，制定各项激励措施

为激发各省份创建积极性，保障各省份创建质量，从国家层面，以部委为依托，及时制定各项激励措施。

（4）创建虽好，得落到实处

地方创建国家级项目的积极性较高，创建拿牌后，继续深入落实各项目标，是一种坚持、一种韧劲、一种精神、一种境界，是技术战，更是持久战，应一以贯之。

23.4.4　地方发展层面建议

（1）积极申报国家级创建项目，争取政策资金支持

鼓励各省份根据自身生态条件、发展阶段和发展方向，依托资源禀赋，积极推动各类国家级生态文明创建项目，争取各类政策和资金支持。

（2）主动纳入地方发展和经济社会发展五年规划

主动将省级生态文明创建项目纳入地方经济社会发展五年规划，一方面与地方规划和部门主动衔接，如国土、农林水等；另一方面，与其他部门的创建活动主动衔接，如长寿之乡等。

（3）建立生态文明建设联盟，开展省与省的交流和学习

成立生态文明建设示范区联盟、"绿水青山就是金山银山"实践创新基地联盟、生物多样性保护联盟，积极开展省与省、市与市、县与县、镇与镇之间的交流和学习。

（4）创新激励措施，建立回头看、绩效、末位淘汰等考核措施

既要创新激励措施，积极鼓励地方生态文明建设主体申报、创建，督促示范创建地区在生态文明建设方面走在前、做表率，又要建立考核机制，严格准入和退出机制，包括回头看、绩效考核、末位淘汰等。

参考文献

比尔·盖茨,2021.气候经济与人类未来[M].北京:中信出版集团.

卞有生,1999.中国农业生态工程的主要技术类型[J].中国工程科学(2):83-86.

蔡承智,2012.中外生态经济研究综述[J].生态经济评论:3-11.

柴天佑,刘强,丁进良,等,2022.工业互联网驱动的流程工业智能优化制造新模式研究展望[J].中国科学:技术科学,52(1):14-25.

陈海生,李泓,马文涛,等,2022.2021年中国储能技术研究进展[J].储能科学与技术,11(3):1052-1076.

陈健,2009.我国绿色产业发展研究[D].武汉:华中农业大学.

陈景华,徐金,2021.中国现代服务业高质量发展的空间分异及趋势演进[J].华东经济管理,35(11):61-76.

陈晓红,胡东滨,曹文治,等,2021.数字技术助推我国能源行业碳中和目标实现的路径探析[J].中国科学院院刊,36(9):1019-1029.

程友良,薛占璞,戴峥峥,等,2016.新经济形势下风能产业发展趋势创新研究[J].中国能源,38(4):32-35.

崔荣国,郭娟,程立海,等,2021.全球清洁能源发展现状与趋势分析[J].地球学报,42(2):179-186.

杜清,冯远娇,王建武,2010.中国生态农业标准化的现状与对策[J].生态科学,29(2):176-180.

杜祥琬,2021.加快能源转型促进减污降碳协同[J].科学新闻,23(6):10-12.

杜真,陈吕军,田金平,2019.我国工业园区生态化轨迹及政策变迁[J].中国环境管理,11(6):107-112.

樊春良,2020.科技举国体制的历史演变与未来发展趋势[J].国家治理(42):23-28.

高世楫,王海芹,王文军,等,2021.协同推进保护生态环境和应对气候变化加快推动构建人类命运共同体[J].当代中国与世界(3):10-17,126-127.

韩纯儒,2001.中国的食物安全与生态农业[J].中国农业科技导报(5):17-21.

何琼,杨敏丽,2017.基于国外循环农业理念对发展中国特色生态农业经济的启示[J].世界农业(2):21-25.

胡江霞,2019.生态经济学若干理论问题研究综述[J].西部经济管理论坛,30(5):66-72.

黄群慧,2018.中国产业结构演进的动力与要素[J].中国经济报告(12):63-66.

黄群慧,2020.以产业链供应链现代化水平提升推动经济体系优化升级[J].马克思主义与现实(6):38-42.

黄震,谢晓敏,2021.碳中和愿景下的能源变革[J].中国科学院院刊,36(9):1010-1018.

姜景,张立超,刘怡君,2016.基于系统动力学的突发公共事件微博舆论场实证研究[J].系统管理学报,25(5):868-873.

姜长云,2019.服务业高质量发展的内涵界定与推进策略[J].改革(6):41-52.

金书秦,2021.推进农业绿色发展实现人与自然和谐共生[J].中国经济报告(4):57-58.

金书秦,林煜,牛坤玉,2021.以低碳带动农业绿色转型:中国农业碳排放特征及其减排路径[J].改革(5):29-37.

来有为,2018.推动服务业高质量发展需解决几个关键问题[N].经济日报,15.

李俊峰,2021.以能源转型助力"双碳"目标实现[N].社会科学报,1.

李平,付一夫,张艳芳,2017.生产性服务业能成为中国经济高质量增长新动能吗[J].中国工业经济(12):5-21.

李庆旭,刘志媛,刘青松,等,2021.我国生态文明示范建设实践与成效[J].环境保护,49(13):32-38.

李文华,刘某承,闵庆文,2010.中国生态农业的发展与展望[J].资源科学,32(6):1015-1021.

李文华,刘某承,闵庆文,2012.农业文化遗产保护:生态农业发展的新契机[J].中国生态农业学报,20(6):663-667.

李耀华,孔力,2019.发展太阳能和风能发电技术 加速推进我国能源转型[J].中国科学院院刊,34(4):426-433.

刘琛君,2015.基于低碳经济视角的服务业提升之路研究[J].中国物价(1):82-85.

刘洪霞,冯益明,2015.世界生物质能源发展现状及未来发展趋势[J].世界农业(5):117-120.

刘朋虎,仇秀丽,翁伯琦,等,2016.推动传统生态农业转型升级与跨越发展的对策研究[J].中国人口·资源与环境,26(s2):178-182.

刘书楷,1994.中国现代生态农业的主题——生态经济协调发展合理利用农业资源[J].生态经济(2):1-9.

刘书楷,1998.可持续利用资源经济学的产生与学科体系建设[J].中国农村观察(6):60-64.

刘兴,王启云,2009.新时期我国生态农业模式发展研究[J].经济地理,29(8):1380-1384.

刘奕,夏杰长,2018.推动中国服务业高质量发展:主要任务与政策建议[J].国际贸易(8):53-59.

刘伟民,麻常雷,陈凤云,等,2018.海洋可再生能源开发利用与技术进展[J].海洋科学进展,36(1):1-18.

卢纯,2021.开启我国能源体系重大变革和清洁可再生能源创新发展新时代——深刻理解碳达峰、碳中和目标的重大历史意义[J].人民论坛·学术前沿(14):28-41.

骆世明,1995.中国多样的生态农业技术体系[J].自然资源学报(3):225-231.

骆世明,2008.生态农业的景观规划、循环设计及生物关系重建[J].中国生态农业学报(4):805-809.

骆世明,2009.论生态农业模式的基本类型[J].中国生态农业学报,17(3):405-409.

骆世明,2010.论生态农业的技术体系[J].中国生态农业学报,18(03):453-457.

毛显强,郭秀锐,胡涛,2000.激励生态农业发展的环境经济政策分析[J].中国人口·资源与环境(2):66-69.

倪维斗,2018.改善煤电运行成本促进新能源发电市场化[J].电力设备管理(9):1.

宁可,孙晓峰,钱堃,等,2020.绿色消费理念下的第三产业发展趋势研究[J].中国商论(16):5-7.

彭程,彭才德,高洁,等,2021.新时代水电发展展望[J].水力发电,47(8):1-3.

彭文生,2021.中国实现碳中和的路径选择、挑战及机遇[J].上海金融(6):2-7.

钱海燕,2007.破解资源瓶颈实现经济发展和谐[J].云南财贸学院学报(社会科学版)(5):13-14.

沈长江,1987.我国的资源利用与生态农业[J].农业现代化研究(4):1-6.

盛朝迅,2020.统筹推进产业基础高级化和产业链现代化[J].智慧中国(8):37-39.

盛朝迅,2021.多措并举保障产业链供应链安全[J].中国发展观察(24):8-10,7.

石磊,陈伟强,2016.中国产业生态学发展的回顾与展望[J].生态学报,36(22):7158-7167.

石元春,程序,朱万斌,2019.当前中国生物质能源发展的若干战略思考[J].科技导报,37(20):6-11.

苏健,梁英波,丁麟,等,2021.碳中和目标下我国能源发展战略探讨[J].中国科学院院刊,36(9):1001-1009.

檀之舟,朱林,2018.我国开发利用地热资源的几点思考[J].中国国土资源经济,31(11):61-65.

王佳元,李子文,洪群联,2018.推动服务业向高质量发展[J].宏观经济管理(5):24-29,63.

王如松,蒋菊生,2001.从生态农业到生态产业——论中国农业的生态转型[J].中国农业科技导报(5):7-12.

王松霈,1995.论我国的自然资源利用与经济的可持续发展[J].自然资源学报(4):306-314.

王松霈,2020.生态经济协调发展[M].北京:北京出版社.

王轶辰,2021.能源产业加速拥抱数字时代[N].经济日报,6.

魏中辉,付学谦,2021.以色列现代农业用能对我国建设农业能源互联网的启示[J].电力需求侧管理,23(4):20-25.

吴文良,2001.论我国生态农业的技术创新与保障体系建设[J].中国农业科技导报(5):13-16.

夏杰长,肖宇,2019.生产性服务业:发展态势、存在的问题及高质量发展政策思路[J].北京工商大学学报(社会科学版),34(4):21-34.

谢元博,张英健,罗恩华,等,2021.园区循环化改造成效及"十四五"绿色循环改造探索[J].环境保护,49(5):15-20.

杨美蓉,2009.循环经济、绿色经济、生态经济和低碳经济[J].中国集体经济(30):72-73.

杨永江,张晨笛,2021.中国水电发展热点综述[J].水电与新能源,35(9):1-7.

杨运星,2011.生态经济、循环经济、绿色经济与低碳经济之辨析[J].前沿(8):94-97.

叶谦吉,1982.生态农业[J].农业经济问题(11):3-10.

姚战琪,2019.服务业对外开放对我国产业结构升级的影响[J].改革(1):54-63.

叶伟,2021.光伏业将进入跃升发展新阶段[N].中国高新技术产业导报,2.

尹昌斌,李福夺,王术,等,2021.中国农业绿色发展的概念、内涵与原则[J].中国农业资源与区划,42(1):1-6.

于法稳,2016.生态农业:我国农业供给侧结构性改革的有效途径[J].企业经济(4):22-25.

于法稳,2021.多措并举保护东北黑土地[N].中国社会科学报,3.

曾贤刚,2019.中国特色社会主义生态经济体系研究[M].北京:中国环境出版集团.

张壬午,冯宇澄,王洪庆,等,1989.论具有中国特色的生态农业——我国生态农业与国外替代农业的比较[J].农业现代化研究(3):23-27.

张壬午,高怀林,2004.现阶段中国生态农业展望[J].中国生态农业学报(2):28-30.

张文庆,2015.关于现代农业的几点思考[J].现代农业(10):80-82.

章家恩,骆世明,2005.现阶段中国生态农业可持续发展面临的实践和理论问题探讨[J].生态学杂志(11):115-120.

章家恩,骆世明,2006.面向循环经济的生态农业现代化转型[J].中国生态农业学报(4):1-4.

赵思语,耿利敏,2019.我国生物质能源的空间分布及利用潜力分析[J].中国林业经济(5):75-79.

周光伟,2020.我国先进制造业和现代服务业融合发展生态体系研究[J].科技和产业,20(11):59-66.

周宏春,管永林,2020.生态经济:新时代生态文明建设的基础与支撑[J].生态经济,36(9):13-24.

周宏春,史作廷,2021a.碳中和背景下的中国工业绿色低碳循环发展[J].新经济导刊(2):9-15.

周宏春,霍黎明,管永林,等,2021b.碳循环经济:内涵、实践及其对碳中和的深远影响[J].生态经济,37(9):13-26.

周立华,2004.生态经济与生态经济学[J].自然杂志(4):238-242.

朱蓉,石文辉,王阳,等,2018.我国风电开发利用的生态和气候环境效应研究建议[J].中国工程科学,20(3):39-43.

朱苏远,2019.全球工业绿色化态势[J].竞争情报,15(2):50-57.

庄贵阳,2021.我国实现"双碳"目标面临的挑战及对策[J].人民论坛(18):50-53.

左文明,丘心心,2022.工业互联网产业集群生态系统构建——基于文本挖掘的质性研究[J].科技进步与对策,39(5):83-93.

IRENA,2020. Renewable Energy Statistics 2020[EB/OL].(2020-07-01)[2023-08-01]. https://www.irena.org/publications/2020/Jul/Renewable-energy-statistics-2020.

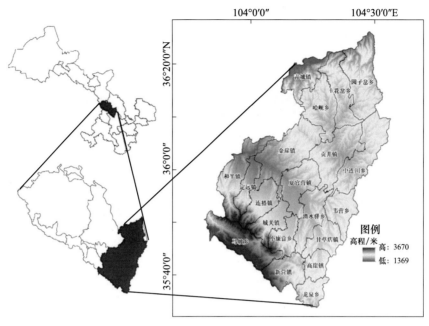

彩图 12-1 研究区区位图

图例
I 河谷平原工旅融合型整治区
II 河谷盆地布局优化型整治区
III 河谷丘陵城乡统筹型整治区
IV 河谷平原产业统筹型整治区
V 河谷盆地现代农业型整治区
VI 山地生态涵养保护型整治区
VII 山地丘陵综合农业型整治区

彩图 14-9 整治分区格局分布

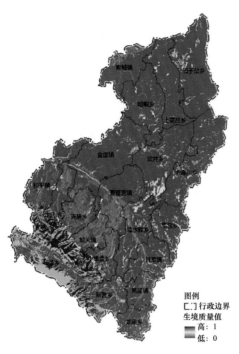

图例
□□ 行政边界
生境质量值
高：1
低：0

彩图 15-1　榆中县生境质量空间分布

图例
□□ 行政边界
产水量值/立方米
高：615.026
低：335.952

彩图 15-2　榆中县产水量空间分布

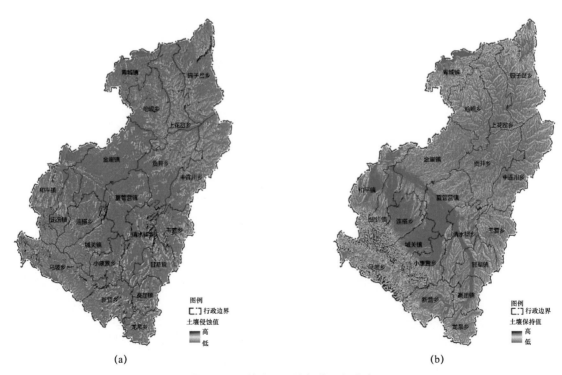

(a)

图例
□□ 行政边界
土壤侵蚀值
高
低

(b)

图例
□□ 行政边界
土壤保持值
高
低

彩图 15-3　榆中县土壤保持空间分布

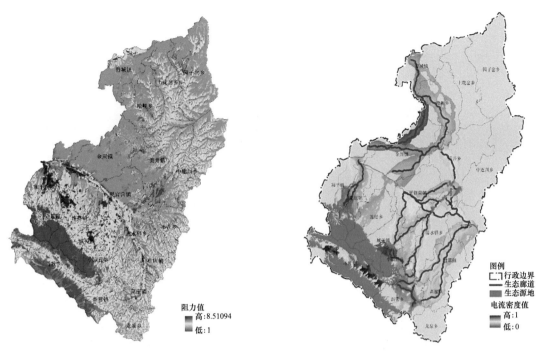

彩图 15-5　榆中县生态阻力空间分布　　　　　彩图 15-6　榆中县生态廊道空间分布

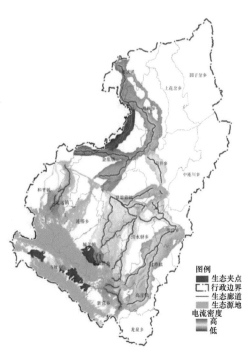

彩图 15-9　榆中县生态"夹点"分布

彩图 21-4　白羊芘山 Logo 标准组合（一）　　　　　　彩图 21-5　白羊芘山 Logo 标准组合（二）

彩图 21-6　白羊芘山 Logo 应用（一）　　　　　　彩图 21-7　白羊芘山 Logo 应用（二）

彩图 21-8　白羊芘山 Logo 应用（三）　　　　　　彩图 21-9　白羊芘山 Logo 应用（四）